全国高等院校水利水电类精品规划教材

水工钢结构

主　编　王正中
副主编　李平先　尹志刚

黄 河 水 利 出 版 社
·郑州·

内 容 提 要

本书主要依据国家标准《钢结构设计规范》(GB 50017—2003)和《水利水电工程钢闸门设计规范》编写。全书共分六章,基本内容包括绪论、钢结构的材料及设计方法、钢结构的连接、钢梁、钢柱与钢压杆、钢桁架、平面钢闸门。章节前有内容提要、中有例题、后有章节小结,并附有思考题和习题等。

本书为全国高等院校水利水电类精品规划教材,可供水利水电工程建筑、农业水利工程、工程管理专业及相关专业选用,亦可作为水利水电工程专业技术人员的参考用书。

图书在版编目(CIP)数据

水工钢结构/王正中主编. —郑州:黄河水利出版社,2010.3
全国高等院校水利水电类精品教材
ISBN 978-7-80734-653-1

Ⅰ.①水… Ⅱ.①王… Ⅲ.①水工结构:钢结构-高等学校-教材 Ⅳ.①TV34

中国版本图书馆 CIP 数据核字(2010)第 024435 号

组稿编辑:马广州 电话:13849108008 E-mail:magz@yahoo.cn

出版社:黄河水利出版社
地址:河南省郑州市顺河路黄委会综合楼 14 层 邮政编码:450003
发行单位:黄河水利出版社
发行部电话:0371-66026940、66020550、66028024、66022620(传真)
E-mail:hhslcbs@126.com
承印单位:河南省瑞光印务股份有限公司
开本:787 mm×1 092 mm 1/16
印张:18.25
字数:419 千字 印数:1—3 100
版次:2010 年 3 月第 1 版 印次:2010 年 3 月第 1 次印刷

定价:35.00 元

出版者的话

近年来，随着我国对基础设施建设投入的加大，水利水电工程建设也迎来了前所未有的黄金时间。截至2006年，全国已建成堤防28.08万公里，各类水库85 849座，2006年水利工程在建项目4 614个，在建项目投资总规模达6 121亿元(《2006年全国水利发展统计公报》)。据《可再生能源发展“十一五”规划》，到2010年，我国水电总装机容量将达到1.9亿千瓦。水利水电工程的大规模建设对设计、施工、运行管理等水利水电专业人才的需求也更为迫切，如何更好地培养适应现今水利水电事业发展的优秀人才，成为水利水电专业院校共同面临的课题。作为水利水电行业的专业性科技出版社，我社长期关注水利水电学科的建设与发展，并积极组织水利水电类专著与教材的出版。

在对水利水电类本科层次教材的深入了解中，我们发现，以应用型本科教学为主的众多水利水电类专业院校普遍缺乏一套完整构建在校本科生专业知识体系又兼顾实践工作能力的教材。在广泛调研与充分征求各课程主讲老师意见的基础上，按照高等学校水利学科专业教学指导委员会对教材建设的指导精神与要求，并结合教育部实施的多层次建设、打造精品教材的出版战略，我社组织编写了本系列“全国高等院校水利水电类精品规划教材”。

此次规划教材的特点是：

(1)以培养水利水电类应用型人才为目标，充分重视实践教学环节。

(2)在依据现有的专业规范和课程教学大纲的前提下，突出特色，力求创新。

(3)紧扣现行的行业规范与标准。

(4)基本理论与工程实例相结合，易于学生接受与理解。

本系列教材除了涵盖传统专业基础课及专业课外，还补充了多个新开课程的教材，以便于学生扩充知识与技能，填补课堂无合适教材可用的空缺。同时，部分教材由工程技术人员或有工程设计施工从业经历的老师参与编写，也是此次规划教材的创新。

本系列教材的编写与出版得到了全国21所高等院校的鼎力支持，特别是三峡大学党委书记刘德富教授和华北水利水电学院副院长刘汉东教授对系列教材的编写与出版给予了精心指导，有效保证了教材出版的整体水平与质量。在此对推进此次规划教材编写与出版的各院校领导和参编老师致以最诚挚的谢意，是他们在编审过程中的无私奉献与辛勤工作，才使得教材能够按计划出版。

“十年树木，百年树人”，人才的培养需要教育者长期坚持不懈的努力，同样，好的教材也需要经过千锤百炼才能流传百世。本系列教材的出版只是我们打造精品专业教材的开始，希望各院校在对这些教材的使用过程中，提出改进意见与建议，以便日后再版时不断改正与完善。

黄河水利出版社

前 言

本教材根据全国高等院校水利水电类精品规划教材的出版规划，定位于培养应用型人才的目标，结合国家标准《钢结构设计规范》(GB 50017—2003)和《水利水电工程钢闸门设计规范》编写。

本书可作为高等院校水利水电工程建筑、农业水利工程、工程管理专业及相关专业教材，亦可作为水利水电工程专业技术人员的参考用书。全书共分六章，基本内容包括钢结构设计的基本知识及基本理论、钢结构的连接和基本构件的设计及计算、平面钢闸门设计。为了便于学习和掌握重点，各章前有内容提要、中有例题、后有小结，并附有思考题和习题等；同时，为了培养强化实践能力和精简学时，单独编写了《水工钢闸门设计指导书》配套辅助教材。

本教材编写中注重概念、原理、方法、思路及适用条件的阐述，简化公式推演；注重与相关课程联系和区别的介绍，避免与相关课程的重复，适当兼顾知识的系统性；注重分析问题、解决问题能力的培养，适当兼顾规范、经验及构造的介绍。打破水利、土木专业局限，在钢结构计算方法中对比两种规范异同，本书中只介绍极限状态法，避免了重复和混淆。

本教材由西北农林科技大学、郑州大学、长春工程学院、华北水利水电学院、黑龙江大学、南昌工学院等六所院校合编。参加编写的人员有：郑州大学李平先(绪论、第一章)、黑龙江大学田春竹(第二章)、华北水利水电学院彭成山(第三章)、长春工程学院尹志刚(第四章)、南昌工学院郑克红(第五章)、西北农林科技大学王正中(第六章)。全书由王正中负责统稿。

本书编写过程中得到了各兄弟单位和工程单位的大力支持，特别是得到黄河水利出版社编辑的精心帮助，在此表示衷心的感谢！

书中的错误和缺点在所难免，恳请读者批评指正。

编 者

2009 年 9 月

目　录

绪 论

内容提要

钢结构的特点和应用，钢结构的发展概况和发展方向。

第一节 钢结构的特点和应用

用型钢或钢板作为基本构件，根据使用要求，通过焊接或螺栓连接等方法，按照一定规律组成的承载结构叫做钢结构。

一、钢结构的特点

与其他材料的结构相比，钢结构具有以下特点。

（一）强度高，重量轻

钢与混凝土、砌体和木材相比，虽然容重较大，但强度高，故其密度与强度的比值较小，在同样受力条件下，钢结构构件的截面面积小、用料少、重量轻。

（二）材质均匀，可靠性高

与混凝土和砌体材料相比，钢材属单一材料，内部组织比较均匀，接近于均质各向同性体，在一定应力条件下，属于理想弹性材料，最符合固体力学对材料性能所作的基本假定，其计算结果与实际工作状态比较符合，因此钢结构可靠性高。

（三）塑性、韧性好

由于钢材的塑性好，钢结构在一般情况下不会因偶然超载或局部超载而突然断裂破坏；此外，钢材还具有良好的韧性，能很好地承受动力荷载。因此，它比混凝土及砌体结构的抗震性好，这些性能也为钢结构的安全可靠提供了充分的保证。

（四）具有可焊性

由于钢材具有可焊性，使钢结构的连接大为简化，可适应制造各种复杂结构形状的需要。但焊接时产生很高的温度，温度分布很不均匀，结构各部位的冷却速度也不同，因此不但在高温区（焊缝附近）的材料性质有变坏的可能，而且还产生较高的焊接残余应力和残余变形，使结构中的应力状态复杂化。

（五）工业化程度高

钢材由各种型材组成，都可采用机械加工，在专业化的金属结构制造厂加工制造，因而制作简便，成品的精度高。制成的构件运至施工现场拼装，制造周期短，施工方便。

（六）拆迁方便

由于钢材强度高，故可建造出重量轻、连接简便的可拆迁结构。

（七）密封性好

钢材本身组织非常致密，当采用焊接连接的钢板结构时，具有较好的水密性和气密性,可用来制作压力容器、管道等。

(八)具有可重复使用性

钢结构加工制造过程中产生的余料和碎屑,以及废弃和破坏了的钢结构或构件,均可回炉重新冶炼成钢材重复使用。因此,钢材被称为绿色建筑材料或可持续发展的材料。

(九)耐腐蚀性差

钢材在潮湿环境中,特别是处在有腐蚀性介质的环境中容易锈蚀,因此必须对钢结构采取防护措施,如除锈、刷漆、镀锌等,而且使用期间还应定期维护。这就使钢结构的维护费用较砌体和钢筋混凝土结构高。

(十)耐热但不耐高温

钢材耐热但不耐高温。随着温度的升高,钢材的强度降低。当温度小于 200 ℃时,钢材的性能变化很小,具有较好的耐热性能;当温度达到 450 ~ 600 ℃时,钢材的强度为零。因此,在有特殊防火要求的结构中,钢结构须采取隔热或防火措施。

二、钢结构的应用

根据钢结构的特点,结合我国国情,同时考虑建筑物的使用要求,钢结构在我国的应用范围大致如下。

(一) 大跨结构、空间钢结构(包括膜结构)

结构跨度越大,自重在荷载中所占的比例就越大,减轻结构的自重会带来明显的经济效益。由于钢材轻质高强,因此钢结构在大跨空间结构和大跨桥梁结构中得到了广泛的应用。近年来,以网架和网壳为代表的空间结构迅速发展并且广泛应用于体育馆、候机楼、大剧院、博物馆等。如 2008 年北京奥运会体育场馆"鸟巢"(见图 0-1),主体钢结构形成整体的巨型空间马鞍形钢桁架编织式"鸟巢"结构,主体建筑呈空间马鞍椭圆形,南北长 333 m、东西宽 294 m、高 69 m,钢结构总用钢量 4.2 万 t。图 0-2 为 2008 年北京奥运会体育场馆"水立方",地上部分的外形是长宽均为 177 m、高为 31 m 的立方体,是由钢网架组成的新型多面体空间延性钢架结构。

图 0-1　2008 年北京奥运会体育场馆"鸟巢"

图 0-2　2008 年北京奥运会体育场馆"水立方"

(二)工业厂房

重型工业厂房的主要承重骨架、有强烈辐射热的车间(见图 0-3)等,常采用钢结构。结构形式多为由钢屋架和阶形柱组成的门式刚架或排架,也有采用网架做屋盖的结构形式。

近年来,随着压型钢板等轻型屋面材料的采用,轻钢结构工业厂房得到了迅速发展。其结构形式主要为实腹式变截面门式刚架(见图0-4)。

图0-3　首钢曹妃甸钢铁厂

图0-4　轻型工业厂房门式刚架

(三)受动力荷载影响的结构

由于钢材具有良好的韧性,直接承受起重量较大或跨度较大的桥式吊车梁以及设有较大锻锤或产生动力作用的其他设备的厂房等,即使屋架跨度不大,也往往由钢制成。对于抗震能力要求高的结构,也多采用钢结构。

(四)高耸结构和高层建筑

高耸结构包括高压输电线路的塔架、广播、通信和电视发射用的塔架及桅杆、火箭(卫星)发射塔架等(见图0-5)。由于钢结构的综合效益指标优良,近年来在多层、高层民用建筑中也得到了广泛的应用(见图0-6)。

图0-5　上海的东方明珠电视塔

图0-6　上海世界金融中心

(五)活动式结构

钢结构广泛应用于水利工程中的钢闸门、阀门、拦污栅、船闸闸门、升船机和钢引桥等,图0-7为活动桥梁结构。图0-8为三峡工程永久船闸人字钢闸门,门高38.5 m、宽20.2 m、厚3m,每扇门重约804 t,是目前世界上最大的船闸闸门。

图 0-7　活动桥梁结构

图 0-8　三峡工程永久船闸人字钢闸门

(六)装拆式结构

在水利工程中经常会遇到需要搬迁和周转使用的结构。例如,施工用的钢栈桥,钢模板,装配式的混凝土搅拌楼和砂、石骨料的输送架等。这类结构充分发挥了钢结构自重较轻、便于运输和安装的特点。

(七)钢-混凝土组合结构

钢-混凝土组合结构是充分发挥钢材和混凝土两种材料各自优点的合理组合,不但具有优良的静、动力工作性能,而且能大量节约钢材、降低工程造价和加快施工进度,同时对环境污染也较小,符合我国建筑结构发展的方向。

(八)容器和其他构筑物

冶金、石油、化工企业中大量采用钢板做成的容器结构,包括油罐、煤气罐、高炉、热风炉等。此外,经常使用的还有皮带通廊栈桥、管道支架、锅炉支架等其他钢构筑物,海上采油平台也大都采用钢结构(见图 0-9 和图 0-10)。

图 0-9　管道工程

图 0-10　海上采油平台

第二节　钢结构的发展概况和发展方向

一、钢结构的发展概况

钢结构的应用在我国已有悠久的历史。据历史记载,早在东汉明帝(公元 60 年前后)时,便在我国西南地区交通要道的高山峡谷上建造了铁链桥,其中兰津桥是最早的一座。其后,以明代建造的云南沅江桥、清代建造的四川泸定桥最为著名。泸定桥建于1706年,净跨100 m、宽2.7 m,由9根桥面铁链(上铺木板)和4根手扶铁链组成,每根铁链重约16 kN,铁链系于直径20 cm、长4 m的铸铁锚桩上。当时的条件下,在水流湍急的大渡河上架起这样的铁链桥,充分表明了我国劳动人民的聪明才智和创造力。

除铁链悬桥外,我国古代还建有许多铁塔,如公元1061年(宋代)在湖北荆州玉泉寺建成的13层铁塔(塔身高17.9 m,由生铁铸造,目前依然存在),还有山东济宁铁塔寺铁塔和江苏镇江甘露寺铁塔等。所有这些成果表明,中华民族对钢结构的应用曾经居于世界领先地位。

国外钢结构的应用比我国晚几个世纪,直到1779年,英国用生铁在塞文河上建造了第一座铸铁拱桥——科尔布鲁克代尔(Coalbrookdal)肋拱桥,跨长30.5 m。随着冶金技术的发展,出现了熟铁铆钉连接结构,铸铁结构逐渐被锻铁结构取代。1850年英国威尔士建成了麦奈海峡(Menaistraits)四跨箱型截面铁路桥,由锻铁型板和角铁经铆钉连接而成。随着1855年英国人发明贝氏转炉炼钢法和1865年法国人发明平炉炼钢法,以及1870年成功轧制出工字钢之后,形成了钢材生产的工业化及批量化,钢材开始在建筑领域逐渐取代锻铁材料,如1889年法国建成的巴黎埃菲尔铁塔(Eifel)高321 m。20世纪初焊接技术的出现,以及1934年高强度螺栓连接的出现,极大地促进了钢结构的发展。如1931年美国建成了帝国大厦,高381 m,102层;1974年在芝加哥建造了西尔斯(Cears)大厦,高440 m,110层;1981年建成的英国亨伯(Humber)吊桥,主跨1 410 m等。此外,钢结构在苏联和日本等国家也获得了广泛的应用。

我国由于长期受封建制度的束缚,近代又遭受帝国主义的侵略,到新中国成立前钢结构在我国的发展比较缓慢。其间虽建有一些为数不多的钢结构桥梁和建筑物,但绝大多数是由外商承包设计和施工的。

新中国成立后,随着国家经济的飞速发展,在钢结构设计理论、结构制造安装水平等方面都有了较快的发展。在钢结构大跨度工业厂房、高耸结构和高层建筑、桥梁、水工钢闸门、采油平台等方面都有较多的应用。如2008年建成的体育场馆“鸟巢”和“水立方”,成为2008年北京奥运会标志性建筑。在钢结构桥梁方面,1957年建成了武汉长江大桥,1968年建成了南京长江大桥,1991年建成了上海黄浦大桥,1993年建成了九江长江大桥等。

随着科技的进步和国民经济的发展以及市场经济的不断完善,我国的钢结构技术政策也从“限制使用”改为积极合理地推广应用,应用范围日益扩大,特别是我国新的《钢结构设计规范》(GB 50017—2003)(简称《规范》)、《冷弯薄壁型钢结构技术规范》(GB 50018—2002)和《水利水电工程钢闸门设计规范》(SL 74—95)的颁布实施,为钢结构在我国的快速发展创造了条件。

二、钢结构的发展方向

随着我国经济建设和国际贸易的迅速发展、钢产量的提高、钢材品种的逐渐增多,钢结构的应用也会更加发展。为了迎接这一挑战,在钢结构的发展中应注重以下几个方面。

（一）高效钢材的研制和应用

高效钢材包括低合金钢材、热强化钢材、经济截面钢材、表面处理钢材、冷加工钢材、金属制品和粉末冶金等。采用高强度钢材可以用较少的材料做成功效较高的结构，对于跨度大、荷载大的结构和移动式结构极为有利。我国结构用钢主要为普通低合金钢，《钢结构设计规范》（GB 50017—2003）中规定的低合金结构钢有 Q345（16Mn）、Q390（15MnV 和 15MnTi）和 Q420（15MnVN），它们的屈服强度分别为 345 N/mm^2、390 N/mm^2 和 420 N/mm^2。目前，屈服强度为 460 N/mm^2 的 Q460 钢已成功应用于 2008 年北京奥运会体育场馆"鸟巢"结构，但与国外水平相比仍有较大差距，如美国早在 1969 年已采用屈服点为 700 N/mm^2 的钢材。

另外，我国冶金工业部门正在努力研制和生产适合于结构用的新钢种，如《高层建筑结构用钢板》（YB 4104—2000），有专门用于高层建筑和其他重要建（构）筑物厚板焊接截面构件的钢板，还有用于抗震耗能部件的低屈服点钢材以及耐候钢等。

（二）新型结构的应用

新型结构包括轻型钢结构、空间结构、预应力钢结构、组合结构和膜结构等。

（1）轻型钢结构。主要采用冷弯型钢和压型钢板等高效经济截面钢材，减轻结构自重，降低工程造价。

（2）空间结构。近年来，大跨度空间结构在我国已有较大发展，如网架和网壳结构、悬挂结构等。

（3）预应力钢结构。一般是在结构体系中采用少量高强钢材，对其施加预应力，提高结构的承载力或刚度。如三峡工程中永久船闸人字钢闸门采用了预应力的门背斜拉杆，有效地减小了门扇在水中旋转时产生的挠曲变形和扭转变形。

（4）组合结构。将钢与混凝土组合起来共同受力并发挥各自的优点，可有效节约材料。目前，推广应用的是钢与混凝土的组合梁和钢管混凝土结构。钢梁与钢筋混凝土板间用抗剪键相连而使整个结构整体工作。钢管混凝土结构不仅使混凝土受到钢管的约束而提高了其抗压强度，同时由于管内混凝土的填充也提高了钢管抗压的稳定性，因而构件的承载能力大为提高，且具有良好的塑性和韧性，经济效益显著。

（5）膜结构。用高强膜材料和加强构件（如钢架、钢柱及钢索）组成。膜既是覆盖物，又是结构的一部分，重量轻，广泛应用于体育场馆、机场候机厅等。

（三）更新设计理论

水工钢结构一直沿用容许应力设计法，这种方法的优点是计算简便，可以满足正常的使用要求，但缺点是所给定的容许应力不能保证各种结构具有比较一致的可靠度。因此，采用以概率理论为基础的极限状态设计法是其发展的必然趋势，水工钢结构应研究以一次二阶矩概率论为基础的极限状态设计法，我国《钢结构设计规范》（GB 50017—2003）采用的就是这一方法。

（四）创新设计方法

由于计算机的广泛应用，为水工钢结构的优化设计及空间结构有限元分析提供了可能。如将水工钢闸门按空间结构进行分析计算，考虑面板与水平次梁的整体作用，其结果较真实地反映了闸门的工作情况。根据实践经验及理论分析，对于大型闸门，按空间结构计算可节省钢材 10% ~15%。

(五)研究和推广钢结构的新型连接方法

目前,钢构件的连接多采用焊接和螺栓连接,为提高焊接质量、改进焊接工艺,应研究与高强度结构钢相匹配的高质量焊接材料和焊接工艺,如采用二氧化碳气体保护焊、电渣焊等。摩擦型高强螺栓,由于其连接具有较好的塑性和韧性,避免了焊接中存在的焊接应力和焊接变形等缺点,因此在工程中应用较多。

第三节 水工钢结构课程的主要内容、性质、任务和基本要求

一、水工钢结构课程的主要内容

水工钢结构课程的主要内容包括材料、连接、基本构件(包括钢梁、钢柱等)和钢桁架、钢闸门等。

二、水工钢结构课程的性质

钢结构是结构工程中按材料划分出来的一门学科。这门学科主要是建立在建筑材料、材料力学、结构力学和其他工程力学及工程实践知识的基础上,按照结构物使用的目的,在预计的各种荷载作用下和预定的使用期间不致使结构失效。因此,在进行钢结构设计时就必须考虑具体的材料性能及其连接,综合运用力学知识及结构理论,研究结构在使用环境和荷载作用下的工作状况,才能设计出既安全适用,又经济合理的结构。本课程有时需要直接引用力学课程中的有关计算公式,有时还要通过适当的假定,把某些复杂公式转化成实用方便的简化公式。所以,对于设计工作者,必须熟悉这些力学课程的有关内容。

需要指出的是,钢结构这门学科不仅仅是力学的简单分析和运算,一个优秀的设计师,除应具备钢结构的基本知识外,还必须熟悉结构的使用要求,了解结构的工作状况,同时还需要有丰富的工程实践经验。

三、水工钢结构课程的任务和基本要求

本课程的任务是阐述常用的结构钢的工作性能、钢结构的连接设计、钢结构各类基本设计原理以及结合水利工程专业的要求讲述平面钢闸门的设计原理和方法。通过对本课程的学习,要求能具备钢结构的基本知识,掌握正确的设计原理和方法,能够对钢梁、钢柱等基本构件以及钢桁架、平面钢闸门进行设计。

小 结

(1)认识钢结构的特点,了解钢结构在我国的发展概况以及目前的应用情况,特别是在水利工程中的应用情况。

(2)了解钢结构在我国的合理应用范围及发展方向,随着我国经济的高速增长和现代化建设步伐的加快,钢结构的应用范围将日益扩大。

(3)钢结构是一门理论性较强但又密切联系实践的课程。学习时应掌握好基本理论,学习好基本概念,理论联系实际,不断总结经验。

思考题

0-1 钢结构有哪些特点?结合你所在地区使用钢结构的情况,你认为应该怎样合理选用钢结构?

0-2 该课程有哪些主要内容和特点?你准备怎样进行学习?

第一章　钢结构的材料及设计方法

内容提要

钢材的破坏形式，钢材的主要力学性能及其影响因素，钢材的疲劳特性及验算方法，钢材的分类、牌号、规格及选用，钢结构的设计方法，钢材和连接的强度设计值及容许应力值。

学习重点

钢材的主要机械性能、破坏形式及影响因素，钢结构的设计计算方法。

钢结构的主要材料是钢材，其性能对钢构件的工作特性有着直接影响。钢材的性能与其化学成分、组织构造、冶炼和成型方法等内在因素密切相关，同时也受到荷载类型、结构形式、连接方法和工作环境等外界因素的影响。由于钢材的种类繁多，性能差别很大，适用于钢结构的钢材只是其中的一小部分，为了确保质量和安全，这些钢材应具有较高的强度、塑性和韧性，以及良好的加工性能。

了解和掌握钢材在各种应力状态和不同使用条件下的工作性能，根据结构的重要性和试验要求、荷载性质、连接方法、构件的工作温度和周围环境、构件的受力特性和应力分布等，慎重地选择合适的钢材，降低造价。

本章重点介绍钢材的主要性能及其影响因素，钢材的疲劳特性及验算方法，钢材的种类、规格及选用原则。

第一节　钢材的破坏形式

钢材有两种完全不同的破坏形式：塑性破坏和脆性破坏。钢结构所用的钢材在正常使用条件下，虽然具有较高的强度、较好的塑性和韧性，但在某些条件下，仍然有发生脆性破坏的可能性。

钢材在常温和静力荷载作用下产生很大的变形以后发生的断裂破坏称为塑性破坏。其破坏特征是塑性变形很大且只有当构件中的应力达到抗拉强度 f_u 后才会发生破坏，破坏后的断口呈纤维状，色泽灰暗。由于破坏前的塑性变形很大，且变形持续时间较长，有十分明显的预兆，极易发现，故能及时采取必要的措施，防止事故发生。同时，由于较大塑性变形可使结构的内力重分布，使结构中部分应力趋于均匀，因而提高结构的承载力，钢结构的塑性设计就是建立在这种足够的塑性变形能力上的。

脆性破坏是指当钢材承受动荷载(包括冲击荷载和振动荷载)或处于复杂应力、低温等情况下所发生的低应力突然断裂现象。此时，其应力常低于钢材的屈服点 f_y，破坏断口平直，呈有光泽的晶粒状。由于破坏前的变形甚微，没有明显的塑性变形，破坏速度极快，无法察觉和补救，属突发性的破坏，而且个别构件的断裂常引起整个结构的坍塌，后果严重，损失较大。因此，在钢结构的设计、施工和使用过程中，要特别注意防止这种破坏的发生。

第二节　钢材的主要力学性能

由于钢结构在使用过程中要受到各种形式的外力作用，所以要求钢材应具有能抵抗外力作用而不超过允许的变形和不会引起破坏的能力，这种能力通称为钢材的力学性能（或机械性能）。钢材在外力作用下所表现出来的各种特性，如弹性、塑性、韧性、强度等称为力学性能指标，须由试验测定。

一、强度和塑性

（一）强度

在常温和静力荷载作用下，对钢材标准试件（见图 1-1）进行单向拉伸试验是力学性能试验中最具代表性的。该试验简单易行，可得到反映钢材强度和塑性的几项主要性能指标，且对其他受力状态（如受压、受剪等）也有代表性。

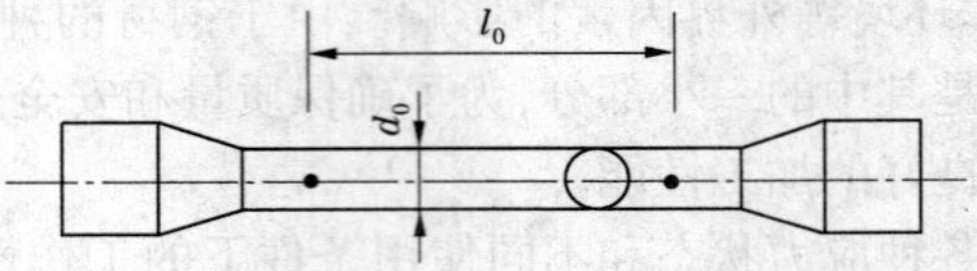

图 1-1　静力单向拉伸标准试件

图 1-2 为低碳钢和低合金结构钢标准试件在常温及静力荷载情况下的单向拉伸应力—应变曲线，通过该曲线可以获得钢材的多项性能指标。

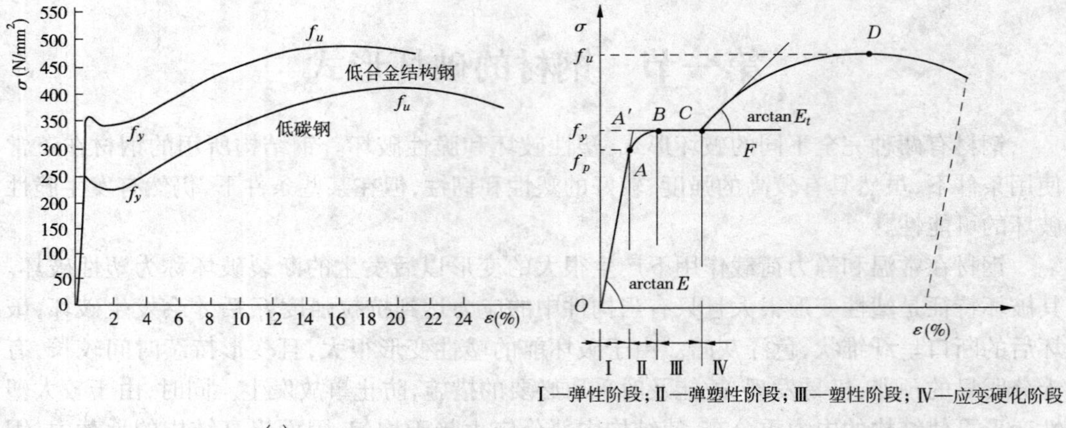

图 1-2　钢材单向拉伸应力—应变曲线

由图 1-2 可以看出，低碳钢和低合金结构钢从加载到破坏经历了四个阶段：弹性阶段（Ⅰ）——应力由零到比例极限 f_p，这是应力—应变图中直线段的最大应力值。严格地说，比f_p略高处还有弹性极限，但弹性极限与f_p极其接近，所以通常略去弹性极限的点，把f_p看做是弹性极限。弹塑性阶段（Ⅱ）——在f_p之后应变ε不再与应力成正比，而是曲线关系，一直到屈服点f_y。塑性阶段（Ⅲ）——应力维持屈服点f_y不变，而应变不断增加，即出现了一段纯塑性变形，也称为塑性平台。应变硬化阶段（Ⅳ）——屈服平台之后，钢材内部结晶组织自行调整，强度又有所提高，应力—应变曲线又上升，但相对来说应变比弹性阶段增加得快，直至在试件的某一薄弱截面发生颈缩现象而断裂破坏。破坏时，钢材达到其极限抗拉强度f_u。这种破坏形式就是前面提到的塑性破坏。

根据钢材的单向拉伸应力—应变曲线，可以得到钢材的三个重要力学性能指标：抗拉强度f_u、伸长率δ和屈服强度f_y。

抗拉强度f_u是钢材一项重要的强度指标，它反映钢材受拉时所能承受的极限应力，同时反映了钢材内部组织的优劣，并与疲劳强度有着密切关系。

虽然钢材在应力达到极限抗拉强度f_u时才发生断裂，但是结构强度设计时却以钢材的屈服点f_y作为静力强度的承载力极限，即屈服点f_y是钢结构设计中应力允许达到的最大限值，因为当构件中的应力达到屈服点时，结构会因过度的塑性变形而不适于继续承载。试验表明：当应力开始进入塑性阶段时，曲线的波动较大，而后才逐渐趋于平稳，即出现上屈服点和下屈服点。上屈服点与试验时的加载速度及试件形状等试验条件有关，而下屈服点则对此不太敏感，因而以下屈服点作为材料强度的标准。

由图1-2可以看到，屈服点以前的应变很小，若把钢材的弹性工作阶段提高到屈服点，且不考虑应变硬化阶段，则可把应力—应变曲线简化为如图1-3所示的两条直线，称为理想弹塑性体应力—应变曲线。它表示钢材在屈服点以前应力与应变关系符合虎克定律，接近理想弹性体工作；屈服点以后塑性平台阶段又近似于理想的塑性体工作。这一简化与实际误差不大，却大大方便了计算，成为钢结构弹性设计和塑性设计的理论基础。

钢材在一次压缩或剪切时所表现出来的应力与应变关系变化规律基本上与拉伸试验相似，只是剪切时的强度指标数值比拉伸或压缩时的小。

碳素结构钢和低合金结构钢有明显的屈服点和屈服平台（见图1-2（a））。热处理钢材和调质处理的低合金结构钢却没有明显的屈服点和塑性平台。这类钢的屈服点以卸载后试件中残余应变为0.2%所对应的应力来人为定义，称为名义屈服点或协定流限（见图1-4），用$\sigma_{0.2}$表示。为简便起见，也可以用$\varepsilon=0.5\%$所对应的应力作为其屈服强度，因为它与$\sigma_{0.2}$相差不多。为简明统一，在钢结构中对f_y与$\sigma_{0.2}$不再区分，均用符号f_y表示，并统一用屈服强度一词。

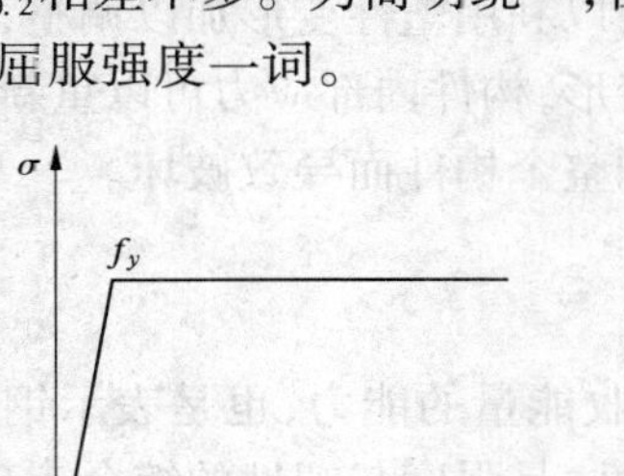

图1-3　理想弹塑性体应力—应变曲线

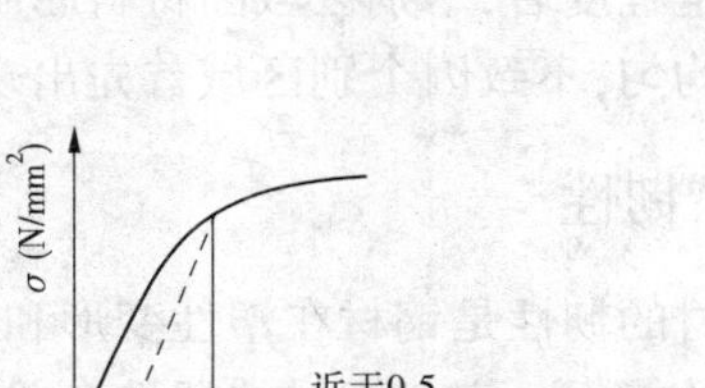

图1-4　名义屈服点

(二)塑性

钢材的塑性一般是指当应力超过屈服点后,能产生显著的残余变形(塑性变形)而不立即断裂的性质。衡量钢材塑性好坏的主要指标有伸长率δ和断面收缩率ψ。

1. 伸长率δ

伸长率δ是反映钢材在荷载作用下塑性变形能力的指标,它等于试件拉断后原标距间的伸长度与原标距长度的比值,以百分数表示,即

$$\delta = \frac{l_1 - l_0}{l_0} \times 100\% \tag{1-1}$$

式中 l_0——试件原标距长度(见图1-1);

l_1——试件拉断后标距的长度。

δ随试件的标距长度与试件直径(见图1-1)的比值(l_0/d_0)增大而减小。取圆试件直径的5倍或10倍为标距长度,其相应伸长率分别用δ_5或δ_{10}表示。一般$\delta_5 > \delta_{10}$,因为颈缩区塑性变形不受标距长度的影响,标距长度越大,颈缩区塑性变形相对值越小。

2. 断面收缩率ψ

断面收缩率ψ是指试件拉断后,颈缩区的断面面积缩小值与原断面面积的比值,以百分数表示,按式(1-2)计算

$$\psi = \frac{A_0 - A_1}{A_0} \times 100\% \tag{1-2}$$

式中 A_0——试件原来的断面面积;

A_1——试件拉断后颈缩区的断面面积。

断面收缩率ψ也是单向拉伸试验提供的一个塑性指标。ψ越大,塑性越好。现行国家标准《厚度方向性能钢板》(GB/T 5313—1985)中,使用沿厚度方向的标准拉伸试件的断面收缩率来定义Z向钢的种类,如ψ分别大于等于15%、25%、35%时,为Z15、Z25、Z35钢。

伸长率δ是钢材均匀变形和集中变形(颈缩区)的总和,因此它不能代表钢材的最大塑性变形能力。断面收缩率ψ是衡量钢材塑性的一个比较真实和稳定的指标,但是在测量时容易产生较大的误差。

在实际工程中,结构和构件难免会存在一些缺陷(如应力集中、材质缺陷等)。当钢材具有良好的塑性时,构件缺陷所造成的应力集中可以利用塑性变形加以调整,即在受力达到一定程度后,个别区域因材料屈服而产生塑性变形,构件内部应力可以重新分布而趋于比较均匀,不致因个别区域首先出现裂纹并扩展到整个构件而导致破坏。

二、韧性

钢材的韧性是钢材在塑性变形和断裂过程中吸收能量的能力,也是表示钢材抵抗冲击荷载的能力。它与钢材的塑性有关而又不同于塑性,是强度与塑性的综合表现。

钢材在一次拉伸静力作用下断裂时所吸收的能量,用单位体积吸收的能量来表示,其值等于图1-2(a)中应力—应变曲线与横坐标所包围的总面积。塑性好的钢材,其应力—应变曲线下的面积大,所以韧性值大。由单向拉伸试验获得的韧性没有考虑应力集中和

动荷作用的影响，只能用来比较不同钢材在正常情况下的韧性好坏。然而，实际结构中脆性断裂并不发生在单向受拉的地方，而总是发生在有缺口高峰应力的地方，在缺口高峰应力的地方常呈三向受拉的应力状态。因此，最具有代表性的是钢材的缺口冲击韧性，简称冲击韧性。

冲击韧性也称缺口韧性，是评定带有缺口的钢材在冲击荷载作用下抵抗脆性破坏能力的指标，通常用带有夏比V形缺口的标准试件做冲击试验（见图1-5），由于V形缺口比较尖锐，因此缺口根部的高峰应力及其附近的应力状态能更好地描绘实际结构的缺陷。夏比缺口韧性用 A_{kv} 表示，其值为击断试件所消耗的冲击功，单位为 J（1 J = 1 N·m，即 1 焦耳 = 1 牛顿·米）。

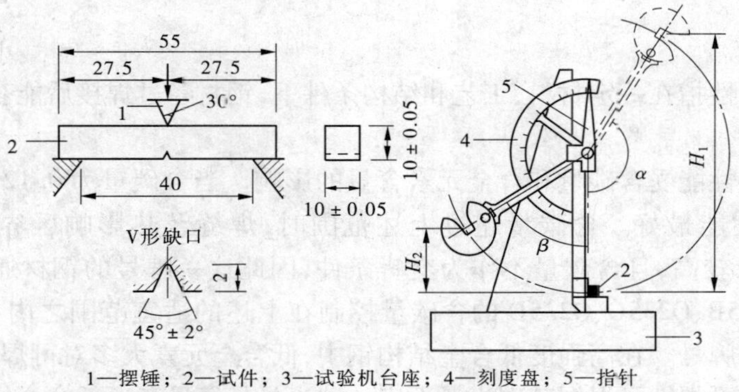

1—摆锤；2—试件；3—试验机台座；4—刻度盘；5—指针

图1-5　夏比V形缺口冲击试验和标准试件　（单位：mm）

试验表明，钢材的冲击韧性值随温度的降低而降低，但不同牌号和不同质量等级的钢材的降低规律又有很大的不同。因此，在寒冷地区承受动力作用的重要承重结构，应根据其工作温度和所用的钢材牌号，对钢材提出相应温度下的冲击韧性指标的要求，以防发生脆性破坏。

三、冷弯性能

冷弯性能指钢材在冷加工（即在常温下加工）产生塑性变形时，对产生裂缝的抵抗能力。用冷弯试验来检验钢材承受规定弯曲程度的弯曲变形性能，并显示其缺陷程度。

冷弯试验在材料试验机上进行（见图1-6）。试验时，根据钢材的牌号和板厚，按国家相关标准规定的弯心直径，通过冷弯冲头加压，在试验机上把试件弯曲180°，检查试件弯曲部分的外面、里面和侧面，若无裂纹、裂断或分层，即认为试件冷弯性能合格。

冷弯试验一方面是检验钢材能否适应构件制作中的冷加工工艺，另一方面通过试验还能暴露出钢材的内部缺陷（颗粒组织、结晶情况和非金属夹杂物分布等缺陷），鉴定钢材的塑性和可焊性。因此，钢材的冷弯性能是判别钢材塑性变形能力及冶金质量的综合指标，常作为静力拉伸试验和冲击试验等的补充试验。焊接承重结构以及重要的非焊接承重结构采用的钢材，均应具有冷弯试验的合格保证。

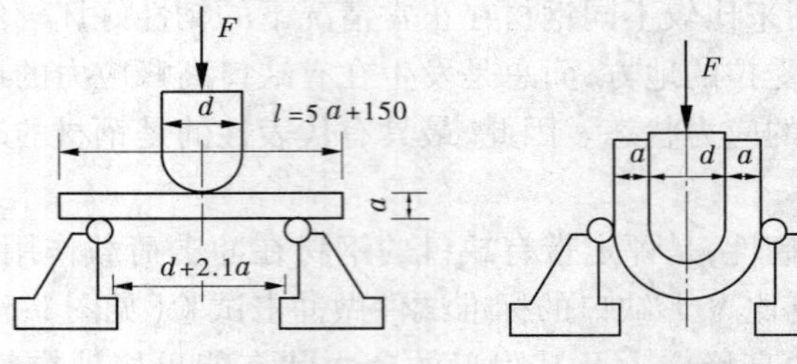

(a)试验前　(b)试验后

图 1-6　冷弯试验　（单位:mm）

四、可焊性

钢材的可焊性指在一定材料、工艺和结构条件下,钢材经过焊接后能获得良好的焊接接头的性能。

钢材的焊接性能受含碳量和合金元素含量的影响。当含碳量为 0.12% ~0.20% 时,碳素钢的焊接性能最好。含碳量超过上述范围时,焊缝及热影响区容易变脆。一般 Q235A 的含碳量较高,且含碳量不作为交货条件,因此这一牌号的钢材通常不能用于焊接构件。而 Q235B、Q235C、Q235D 的含碳量控制在上述的适宜范围之内,是适合焊接使用的普通碳素钢牌号。在高强度低合金结构钢中,低合金元素大多对可焊性有不利影响。低合金结构钢的可焊性可根据其碳当量而定。碳当量是衡量普通低合金结构钢中各元素对焊后母材的碳化效应的综合性能,按各元素的重量百分比计算,其计算式为

$$C_E = \mathrm{C} + \frac{\mathrm{Mn}}{6} + \frac{\mathrm{Cr} + \mathrm{Mo} + \mathrm{V}}{5} + \frac{\mathrm{Ni} + \mathrm{Cu}}{15} \tag{1-3}$$

其中 C、Mn、Cr、Mo、V、Ni、Cu 分别为碳、锰、铬、钼、钒、镍、铜的百分含量。当 C_E 不超过 0.38% 时,钢材的可焊性很好,可以直接施焊;当 C_E 为 0.38% ~0.45% 时,钢材呈现淬硬倾向,施焊时需要控制焊接工艺,采取预热措施并使热影响区缓慢冷却,以免发生淬硬开裂;当 C_E 大于 0.45% 时,钢材的淬硬倾向更加明显,须严格控制焊接工艺和预热温度才能获得合格的焊缝。

钢材焊接性能的优劣除与钢材的碳当量有直接关系外,还与母材厚度、焊接方法、焊接工艺参数以及结构形式等条件有关。目前,国内外都采用可焊性试验的方法来检验钢材的焊接性能,从而制定出重要结构和构件的焊接制度与工艺。

第三节　影响钢材力学性能的主要因素

钢结构中常用的钢材,如 Q235、Q345 钢等,在一般情况下,既具有较高的强度,又有很好的塑性和韧性,是比较理想的承重结构材料。但是,仍有可能出现脆性断裂。促使钢材发生脆性断裂的因素很多,主要的因素有钢材的化学成分、冶炼和浇铸方法、轧制过程、时效、冷作硬化、工作温度、受力状态、加载速度等。

一、化学成分的影响

钢的基本元素是铁(Fe),碳素钢中纯铁约占99%,此外便是碳(C)、硅(Si)、锰(Mn)等杂质元素,以及在冶炼过程中不易除尽的有害元素硫(S)、磷(P)、氧(O)、氮(N)等,它们的总和约占1%。在低合金钢中,除上述元素外,还有少量合金元素,如铜(Cu)、钒(V)、钛(Ti)、铌(Nb)、铬(Cr)等,总含量通常不超过3%。尽管钢材中除铁外的其他元素含量不大,但对钢材的物理力学性能却有着极大的影响。

(一) 碳(C)

碳是各种钢中的重要元素之一,在碳素结构钢中是铁以外的最主要元素。钢材中大部分空间内为柔软的纯铁体,而化合物渗碳体(Fe_3C)及渗碳体与纯铁体的混合物——珠光体则十分坚硬,它们形成网络夹杂于纯铁体之间。钢材的强度来自渗碳体与珠光体,因此碳是形成钢材强度的主要成分。随着含碳量的提高,钢的强度逐渐增高,而塑性和韧性下降,冷弯性能、焊接性能和抗锈蚀性能等也变劣。碳素钢按碳的含量区分,小于0.25%的为低碳钢,0.25%~0.6%的为中碳钢,大于0.6%的为高碳钢。当含碳量超过0.3%时,钢材的抗拉强度很高,但却没有明显的屈服点,且塑性很小;当含碳量超过0.2%时,钢材的焊接性能将开始恶化。因此,规范推荐的钢材含碳量均不超过0.22%,对于焊接结构则严格控制在0.2%以内。

(二) 硅(Si)

在普通碳素钢中,硅是一种强脱氧剂,常与锰共同除氧,生产镇静钢。适量的硅可以细化晶粒、提高钢的强度,而对塑性、韧性、冷弯性能和焊接性能无显著不良影响。硅的含量在一般镇静钢中为0.12%~0.30%,在低合金钢中为0.2%~0.55%。过量的硅会恶化焊接性能和抗锈蚀性能。

(三)锰(Mn)

锰是有益元素,在普通碳素钢中,它是一种弱脱氧剂,可提高钢材强度,降低硫、氧对钢材的热脆影响,改善钢材的热加工性能和冷脆倾向,且对钢材的塑性和韧性无明显影响。锰还是我国低合金钢的主要合金元素,其含量为0.8%~1.8%,但锰可使钢材的可焊性降低,故应限制其含量。

(四) 硫(S)

硫是有害元素,常以硫化铁形式夹杂于钢中。当温度达800~1 000 ℃时,硫化铁会熔化使钢材变脆,因而在进行焊接或热加工时,有可能引发热裂纹,称为热脆。此外,硫还会降低钢材的冲击韧性、疲劳强度、抗锈蚀性能和焊接性能等。非金属硫化物夹杂经热轧加工后还会在厚钢板中形成局部分层现象,在采用焊接连接的节点中,沿板厚方向承受拉力时,会发生层状撕裂破坏。因此,对硫的含量必须严加控制,一般不得超过0.045%~0.05%,对抗层间断裂的钢(厚度方向性能钢板),其含硫量限制更加严格。

(五) 磷(P)

磷既是有害元素也是能利用的合金元素。磷可提高钢材的强度和抗锈蚀能力,但却严重降低钢的塑性、韧性、冷弯性能和焊接性能,特别是在温度较低时使钢材变脆,称为冷脆。因此,应严格控制其含量,一般不超过0.05%。在焊接结构中不超过0.045%。

(六)氧(O)和氮(N)

氧和氮是冶炼时从空气进入钢材的有害气体,使钢材变得极脆。氧的作用与硫类似,引起钢材热脆;而氮的影响与磷类同,引起钢材冷脆。故其含量必须严加控制,一般氧的含量应低于0.05%,氮的含量应低于0.008%。

(七)钒(V)、铌(Nb)、钛(Ti)

钒、铌、钛等元素在钢中形成微细碳化物,加入适量能起到细化晶粒和弥散强化作用,从而既提高了钢材的强度和韧性,又可保持良好的塑性。我国的低合金钢都含有这三种元素,作为锰以外的合金元素。

(八)铝(Al)、铬(Cr)、镍(Ni)

铝是强脱氧剂,用铝进行补充脱氧,不仅进一步减少钢中的有害氧化物,而且能细化晶粒。低合金钢的C、D级及E级钢都规定铝含量不低于0.015%,以保证必要的低温韧性。铬、镍是提高钢材强度的合金元素,用于Q390及以上牌号的钢材中,但其含量应受到限制,以免影响钢材的其他性能。

二、钢材生产过程的影响

(一)冶炼

钢材的冶炼方法主要有平炉炼钢、氧气顶吹转炉炼钢、碱性侧吹转炉炼钢及电炉炼钢。

平炉炼钢是利用煤气或其他燃料供应热能,把废钢、生铁溶液或铸铁块和不同的合金元素等冶炼成各种用途的钢。平炉的原料广泛,容积大,产量高,冶炼工艺简单,化学成分易于控制,炼出的钢质量优良。但平炉炼钢周期长、效率低、成本高,现已逐渐被氧气顶吹转炉炼钢所取代。

氧气顶吹转炉炼钢是利用高压空气或氧气使炉内生铁溶液中的碳和其他杂质氧化,在高温下使铁液变为钢液。氧气顶吹转炉冶炼的钢中有害元素和杂质少,质量和加工性能优良,且可根据需要添加不同的元素冶炼碳素钢和合金钢。由于氧气顶吹转炉可以利用高炉炼出的生铁溶液直接炼钢,生产周期短、效率高、质量好、成本低,已成为国内外发展最快的炼钢方法。

碱性侧吹转炉炼钢生产的钢材质量较差,目前基本已被淘汰。

电炉炼钢是利用电热原理,以废钢和生铁等为主要原料,在电弧炉内冶炼。由于不与空气接触,易于清除杂质和严格控制化学成分,炼成的钢质量好。但因耗电量大,成本高,一般只用来冶炼特种用途的钢材。

因此,在建筑钢结构中,主要使用氧气顶吹转炉生产的钢材。冶炼这一冶金过程形成钢的化学成分与含量、钢的金相组织结构,不可避免地存在冶金缺陷,从而确定不同的钢种、钢号及其相应的力学性能。

(二)浇铸

把熔炼好的钢水浇铸成钢锭或钢坯有两种方法:一种是浇入铸模做成钢锭,另一种是浇入连续浇铸机做成钢坯。前者是传统的方法,所得钢锭需要经过初轧才能成为钢坯;后者是近年来迅速发展的新技术,浇铸和脱氧同时进行。铸锭过程中因脱氧程度不同,可将碳素结构钢分为沸腾钢、镇静钢、半镇静钢和特殊镇静钢四类。沸腾钢采用脱氧能力较弱的锰做脱氧剂,脱氧不完全,在将钢液浇入钢锭模时,会有气体逸出,出现钢液的沸腾现象。沸腾钢在铸模中冷却很快,钢液中的氧化铁和碳作用生成的一氧化碳气体不能全部逸出,凝固后在钢材中夹杂有较多的氧化铁和气孔,这种钢的质量较差。镇静钢采用锰加硅做脱氧剂,脱氧较完全,硅在还原氧化铁的过程中还会产生热量,使钢液冷却缓慢,气体充分逸出,浇铸时不会出现沸腾现象,这种钢质量好,但成本高。半镇静钢的脱氧程度介于上述二者之间。特殊镇静钢是在锰硅脱氧后,再用铝补充脱氧,其脱氧程度高于镇静钢。低合金高强度结构钢一般都是镇静钢。

(三)轧制

钢材的轧制在1 200~1 300 ℃高温下进行,使钢具有很好的塑性和锻焊性能。在辊轧压力作用下,使钢锭中的小气泡、裂纹等缺陷焊合起来,使金属组织更加致密。轧制还可以破坏钢锭的铸造组织,使钢的晶粒变细,并消除显微组织缺陷,因而改善了钢材的力学性能。薄板因辊轧次数多,其强度比厚板略高,浇铸时的非金属夹杂物在轧制后能造成钢材的分层,所以分层是钢材(尤其是厚板)的一种缺陷。设计时应尽量避免拉力垂直于板面的情况,以防止层间撕裂。

(四)热处理

钢的热处理是将钢在固态范围内施以不同的加热、保温和冷却措施,以改变其内部组织构造,达到改善钢材性能的一种加工工艺。钢材的普通热处理包括退火、正火、回火和淬火四种基本工艺。

退火和正火是应用非常广泛的热处理工艺:在炉中将钢材加热至850~900 ℃,保温一段时间后,若随炉温冷却至500 ℃以下,再放至空气中冷却的工艺称为完全退火;若保温后从炉中取出在空气中冷却的工艺称为正火。正火的冷却速度比退火快,正火后的钢材组织比退火细,强度和硬度有所提高。如果钢材在终止热轧时的温度正好控制在上述范围内,可得到正火的效果,称为控轧。如果热轧卷板的成卷温度正好在上述范围内,则卷板内部的钢材可得到退火的效果,钢材会变软。回火是将钢材重新加热至650 ℃并保温一段时间,然后在空气中自然冷却。淬火加回火也称调质处理,淬火是把钢材加热至900 ℃以上,保温一段时间,然后放入水或油中快速冷却。

三、钢材缺陷的影响

钢在冶炼及浇铸过程中会不可避免地产生冶金缺陷。常见的冶金缺陷有偏析、非金属夹杂、裂纹及分层等。偏析是指钢中化学成分不一致和不均匀性,特别是硫、磷偏析严重恶化钢材的塑性、韧性和可焊性。非金属夹杂指钢中含有硫化物和氧化物等杂质,它会降低钢材的力学性能和工艺性能。无论是微观抑或宏观的裂纹,不论其成因如何,均使钢材的冷弯性能、冲击韧性和疲劳强度显著降低,并增加钢材脆性破坏的危险。分层指沿钢材厚度方向形成层间并不相互脱离的分层,不影响厚度方向的强度,但显著降低冷弯性能。在分层的夹缝处还易锈蚀。

四、钢材的硬化

钢材的硬化有三种情况:时效硬化、应变(冷作)硬化和应变时效。

在冶炼时溶于铁中的少量氮和碳,随着时间的增长逐渐从固溶体中析出,生成氮化物和碳化物,散存在铁素体晶粒的滑动界面上,对晶粒的塑性滑移起到遏制作用,从而使钢材的强度提高,塑性和韧性下降(见图1-7)。这种现象称为时效硬化,又称老化。产生时效硬化的过程一般较长,但在振动荷载、反复荷载及温度变化等情况下会加速发展。

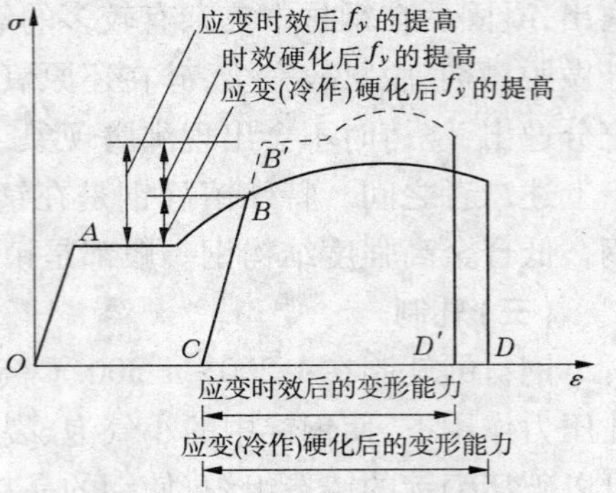

图1-7　钢材的硬化

在常温下加工叫冷加工。在冷加工(或一次加载)使钢材产生较大的塑性变形的情况下,卸荷后再重新加载,钢材的屈服点提高,塑性和韧性降低的现象称为应变(冷作)硬化。

当钢材产生塑性变形后,晶体中的氮化物和碳化物将更容易析出(特别是在高温作用下),因此使已经冷作硬化的钢材又伴着时效硬化,故称为应变时效。

硬化使钢材的塑性和韧性降低,故在普通钢结构中不利用硬化现象所提高的强度。对于重要的结构,要求对钢材进行人工时效后检验其塑性和冲击韧性,有时还要采取措施,消除或减轻硬化的不良影响,保证结构具有足够的抗脆性破坏能力。对局部硬化部分可用刨边或钻孔予以消除。

五、温度的影响

前面所讨论的均是钢材在常温下的工作性能,但当温度升高时,钢材的抗拉强度、屈服强度及弹性模量均有变化,一般来说,随着温度升高,钢材强度降低、塑性增大。然而在250 ℃左右时,钢材的抗拉强度却略有提高,而塑性和韧性则下降,这种现象称为兰脆现象(因表面氧化膜呈兰色)。在兰脆区进行热加工可能引起裂纹,因此应避免在兰脆区进行热加工。当温度为260 ~320 ℃时,钢材将产生徐变现象。当温度达600 ℃时,钢材的抗拉强度、屈服强度和弹性模量均接近于零。因此,当结构的表面长期受辐射热达150 ℃以上或可能受到火焰作用时,须采取隔热层加以保护。

当温度从常温开始下降时,随着温度的降低,钢材的强度虽略有提高,但其塑性和韧性降低,材料逐渐变脆,尤其是当温度下降到某一温度区时,钢材的冲击韧性急剧降低,材料的破坏特征明显地由塑性破坏转变为脆性破坏,即出现通常的低温脆断。因此,对于低温下工作的结构,特别是受动力荷载作用的钢结构,使用的钢材应具有负温冲击韧性的合格证,以提高抗低温脆断的能力。

六、应力集中的影响

在钢结构中一般都存在着刻槽、孔洞、凹角、裂纹(内部的或表面的)以及截面的厚度或宽度改变部位，在这些部位，由于应力线曲折、密集，将出现高峰应力，而距这些部位较远处应力降低，且分布很不均匀，这种现象称为应力集中。在应力高峰区域总是存在着同号的双向或三向应力场，这是因为材料的某一点在 x 方向伸长的同时，在 y 方向（横向）将要收缩，当板厚较大时还将引起 z 方向收缩。处于复杂受力状态的钢材，特别是处于同号应力场时，钢材的塑性变形受到限制，有变脆的倾向。

具有不同缺口形状的钢材拉伸试验结果也表明（见图 1-8，其中第 1 种试件为标准试件，第 2、3、4 种试件为不同应力集中水平的对比试件），截面改变的尖锐程度越大的试件，应力集中现象就越严重，引起钢材脆性破坏的危险性就越大。第 4 种试件已无明显屈服点，表现出高强钢的脆性破坏特征。

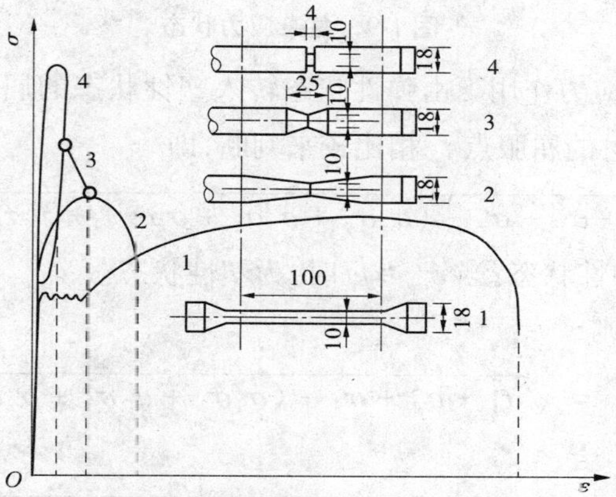

图 1-8　应力集中对钢材性能的影响　（单位：mm）

应力集中现象还可能由内应力产生。内应力的特点是力系在钢材内自相平衡，而与外力无关，其在浇铸、轧制和焊接加工过程中，因不同部位钢材的冷却速度不同，或因不均匀加热和冷却而产生。其中，焊接残余应力的量值往往很高，在焊缝附近的残余拉应力常达到屈服点，而且在焊缝交叉处经常出现双向甚至三向残余拉应力场，使钢材局部变脆。当外力引起的应力与内应力处于不利组合时，会引发脆性破坏。

因此，在进行钢结构设计时，应尽量使构件和连接节点的形状与构造合理，防止截面的突然改变。在进行钢结构的焊接构造设计和施工时，应尽量减少焊接残余应力。

第四节　复杂应力下钢材的工作性能

在单向拉伸试验中，单向应力达到屈服点时，钢材即进入塑性状态，则单向应力作用下钢材的屈服条件是 $\sigma \geqslant f_y$。但在复杂应力作用下，钢材是否进入塑性状态就不能按其中某一项应力是否达到 f_y 来判定，这时确定钢材的屈服条件则要用强度理论来解决。对于接近理想弹塑性体的建筑钢材来说，用能量强度理论（或称第四强度理论）来确定屈服条件比较合适。

能量强度理论认为，当钢材单元处于三向应力状态下（见图 1-9）由弹性状态转入塑性状态时,其单位体积的形状改变能应等于单向拉伸达到屈服状态时积聚于单位体积中的应变能。

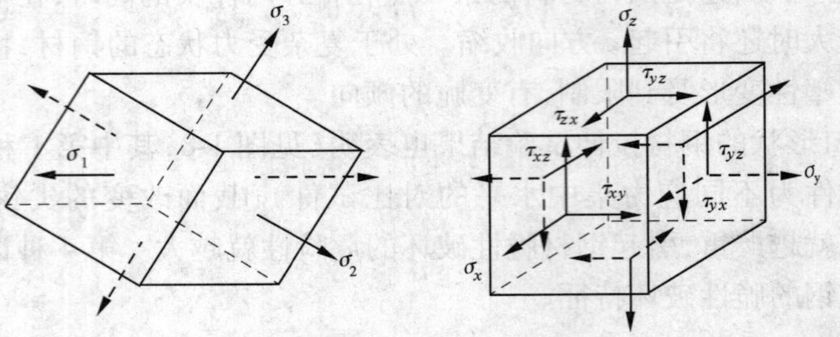

图 1-9 复杂应力状态

因此,钢材在多轴应力作用下由弹性状态转入塑性状态的屈服条件可以用折算应力 σ_{eq} 与钢材在单向应力时的屈服点 f_y 相比较来判断,即

$$\sigma_{eq} = \sqrt{\sigma_x^2 + \sigma_y^2 + \sigma_z^2 - (\sigma_x\sigma_y + \sigma_y\sigma_z + \sigma_z\sigma_x) + 3(\tau_{xy}^2 + \tau_{yz}^2 + \tau_{zx}^2)} \tag{1-4}$$

当 $\sigma_{eq} < f_y$ 时,为弹性状态;当 $\sigma_{eq} \geqslant f_y$ 时,为塑性状态。

若用主应力表示,则

$$\sigma_{eq} = \sqrt{\sigma_1^2 + \sigma_2^2 + \sigma_3^2 - (\sigma_1\sigma_2 + \sigma_2\sigma_3 + \sigma_3\sigma_1)} \tag{1-5}$$

也可表示为

$$\sigma_{eq} = \sqrt{\frac{1}{2}[(\sigma_1 - \sigma_2)^2 + (\sigma_2 - \sigma_3)^2 + (\sigma_3 - \sigma_1)^2]} \tag{1-6}$$

由式(1-6)可以看出,如果材料处于三向同号应力场,它们的绝对值又相差不大,即使 σ_1、σ_2、σ_3 的绝对值很大,甚至远远超过屈服点,材料也不易进入塑性状态,因而材料处于同号应力场中容易产生脆性破坏;反之,当其中有异号应力,且同号的两个应力相差又较大时,即使最大的一个应力尚未达到屈服点 f_y,材料也已进入塑性工作状态,这说明钢材处于异号应力状态时,容易发生塑性破坏。

当材料处于平面应力状态时,式(1-4)和式(1-5)可分别简化为

$$\sigma_{eq} = \sqrt{\sigma_x^2 + \sigma_y^2 - \sigma_x\sigma_y + 3\tau_{xy}^2} \tag{1-7}$$

$$\sigma_{eq} = \sqrt{\sigma_1^2 + \sigma_2^2 - \sigma_1\sigma_2} \tag{1-8}$$

在一般实腹梁腹板中,只存在正应力 σ 和剪应力 τ,则

$$\sigma_{eq} = \sqrt{\sigma^2 + 3\tau^2} \tag{1-9}$$

当处于纯剪切状态时,$\sigma_{eq} = \sqrt{3\tau^2} = \sqrt{3}\tau = f_y$,由此得

$$\tau = f_{vy} = \frac{f_y}{\sqrt{3}} \approx 0.58 f_y \tag{1-10}$$

因此,钢结构设计规范确定钢材抗剪强度设计值为抗拉强度设计值的 0.58 倍。

第五节　钢材的疲劳

一、疲劳破坏的特点

钢材在连续反复荷载作用下，虽然应力还低于抗拉强度，甚至低于屈服强度，也有可能发生脆性断裂破坏，这种现象称为钢材的疲劳。疲劳断裂是微观裂缝在连续反复荷载作用下不断扩展直至断裂的脆性破坏。断口可能贯穿于母材，可能贯穿于连接焊缝，也可能贯穿于母材及焊缝。

虽然从宏观看，疲劳断裂是突然发生的，但实际上是在钢材内部经历了长期的发展过程才出现的。在连续反复荷载作用下，总会在钢材内部质量薄弱的个别点（如不均匀夹杂、化学成分偏析、轧制时形成的微裂纹，或加工制造形成的刻槽、孔洞和裂纹等）上首先出现塑性变形，并硬化而逐渐形成一些微裂痕，以后裂痕的数量增加并互相连通形成钢材内部的裂缝。这时，有效截面减小、应力集中现象加剧，最后晶体内的结合力终于抵抗不住高峰应力，钢材突然断裂。由此可见，钢材的疲劳破坏首先是由钢材内部构造不均匀和应力分布不均匀引起的。应力集中可以使个别晶粒很快出现塑性变形、硬化等，从而大大降低钢材的疲劳强度。

疲劳破坏后的截面断口，一般具有光滑和粗糙两个部分。光滑部分由裂缝扩张和闭合缓慢进展而形成，粗糙部分由钢材瞬间断裂而形成。

钢材在某一连续反复荷载作用下，发生疲劳破坏时相应的最大应力 σ_{max} 称为疲劳强度。钢材的疲劳强度与反复荷载引起的应力种类（拉应力、压应力、剪应力和复杂应力等）、应力循环形式、应力循环次数、应力集中程度和残余应力等有着密切关系。

二、影响疲劳强度的主要因素

试验表明，影响钢材疲劳强度的主要因素为应力集中、作用的应力幅和应力的循环次数，而与钢材的静力强度无关。

（一）应力集中

应力集中对疲劳强度的影响以截面几何形状突然改变处最为明显。但对截面没有改变的钢材，其本身也存在着微观裂纹等引起应力集中的因素，如焊接结构的焊缝及其附近主体金属中的裂纹、夹杂等，非焊接结构中的孔洞、刻槽，钢材内部的偏析、非金属夹渣，制造过程的剪切、冲孔、切割等，热轧和焊接时产生的热残余应力等。根据试验研究，可将构件和连接形式按应力集中的影响程度由低到高分为 8 类（见表 1-1），其中第 1 类为没有应力集中的主体金属，第 8 类为应力集中最严重的角焊缝，第 2 ~ 7 类为有不同程度应力集中的主体金属。

表 1-1　疲劳计算的构件和连接分类

项次	简图	说明	类别
1	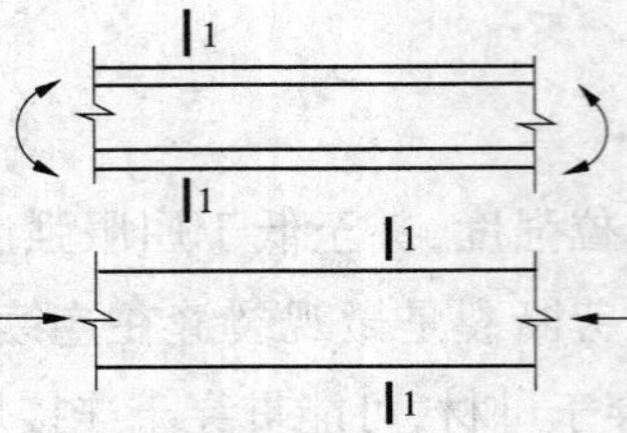	无连接处的主体金属 (1) 轧制型钢 (2) 钢板 a. 两边为轧制边或刨边 b. 两边为自动、半自动切割边(切割质量标准应符合现行国家标准《钢结构工程施工质量验收规范》(GB 50205—2001)	 1 1 2
2	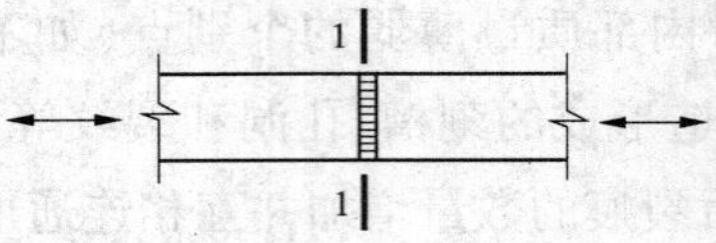	横向对接焊缝附近的主体金属 (1) 符合现行国家质量标准《钢结构工程施工质量验收规范》(GB 50205—2001)中的一级焊缝标准 (2)经加工、磨平的一级焊缝	 3 2
3	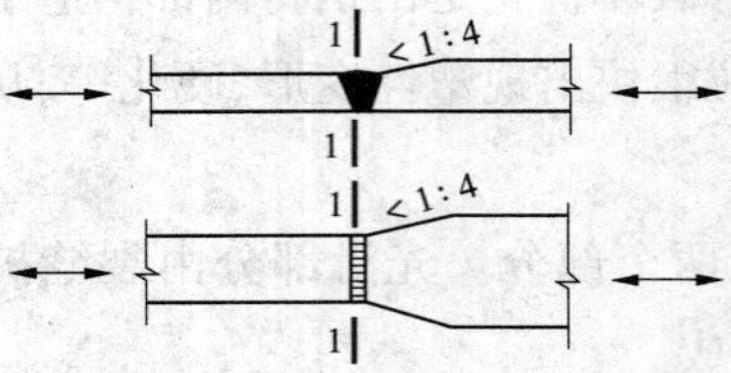	不同厚度(或宽度)横向对接焊缝附近的主体金属,焊缝加工成平滑过渡并符合一级焊缝标准	2
4	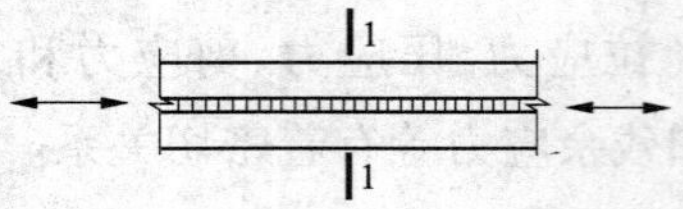	纵向对接焊缝附近的主体金属,焊缝符合二级焊缝标准	2
5	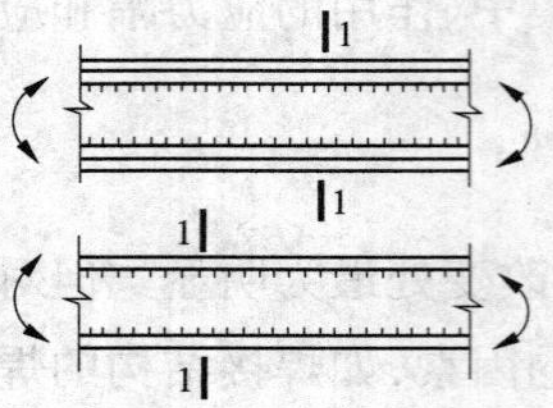	翼缘连接焊缝附近的主体金属 (1)翼缘板与腹板的连接焊缝 a. 自动焊,二级 T 形对接和角接组合焊缝 b. 自动焊,角焊缝,外观质量符合二级标准 c. 手工焊,角焊缝,外观质量符合二级标准 (2)双层翼缘板之间的连接焊缝 a. 自动焊,角焊缝,外观质量符合二级标准 b. 手工焊,角焊缝,外观质量符合二级标准	 2 3 4 3 4
6	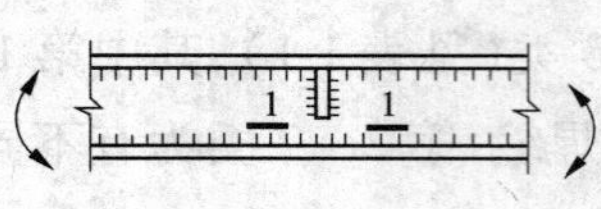	横向加劲肋端部附近的主体金属 (1) 肋端不断弧(采用回焊) (2) 肋端断弧	 4 5

续表 1-1

项次	简图	说明	类别
7	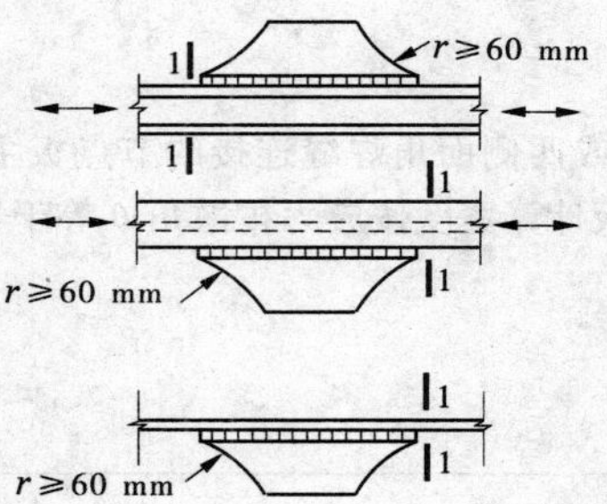	梯形节点板用对接焊缝焊于梁翼缘、腹板以及桁架构件处的主体金属，过渡处在焊后铲平、磨光、圆弧过渡，不得有焊接起弧、灭弧缺陷	5
8	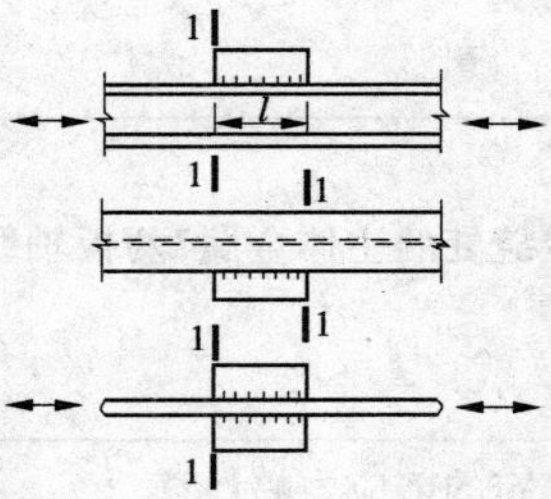	矩形节点板焊接于构件翼缘或腹板处的主体金属，$l>150$ mm	7
9	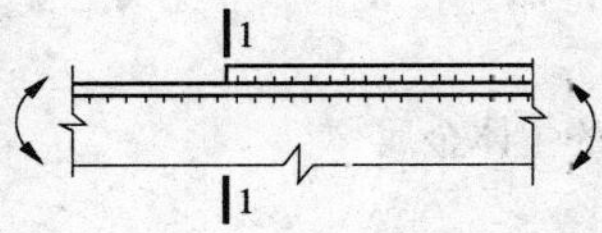	翼缘板中断处的主体金属（板端有正面焊缝）	7
10		向正面角焊缝过渡处的主体金属	6
11	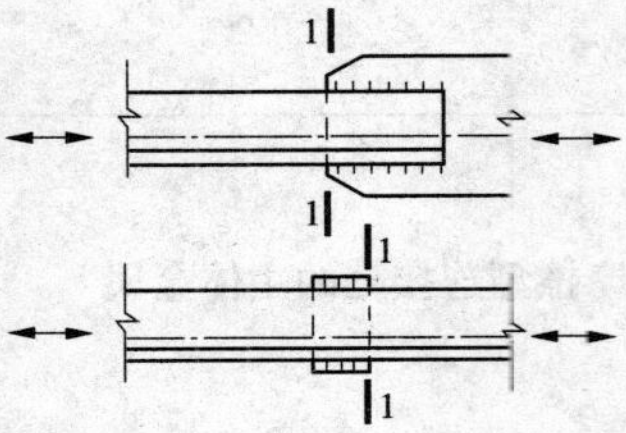	两侧面角焊缝连接端部的主体金属	8
12	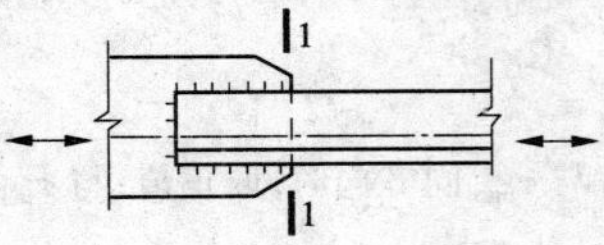	三面围焊的角焊缝端部主体金属	7

续表 1-1

项次	简图	说明	类别
13	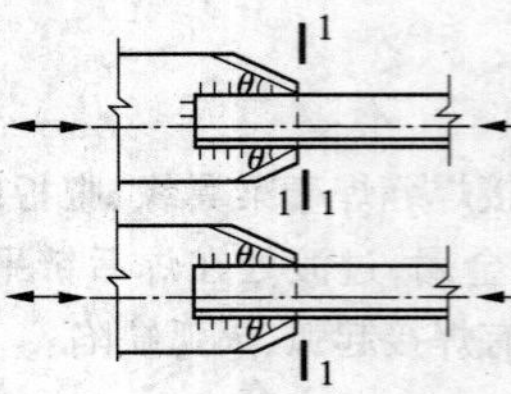	三面围焊或两侧面角焊缝连接的节点板主体金属(节点板计算宽度按应力扩散角 θ 等于 30°考虑)	7
14	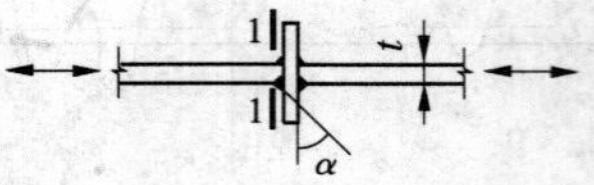	K 形坡口 T 形对接与角接组合焊缝处的主体金属,两板轴线偏离小于 0. 15t,焊缝为二级,焊趾角 $\alpha\leqslant45°$	5
15	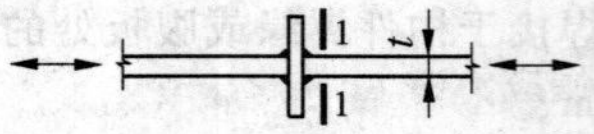	十字接头角焊缝处的主体金属,两板轴线偏离小于 0. 15t	7
16	角焊缝	按有效截面确定的剪应力幅计算	8
17	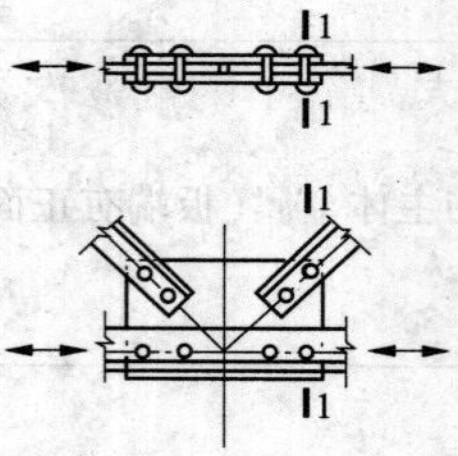	铆钉连接处的主体金属	3
18	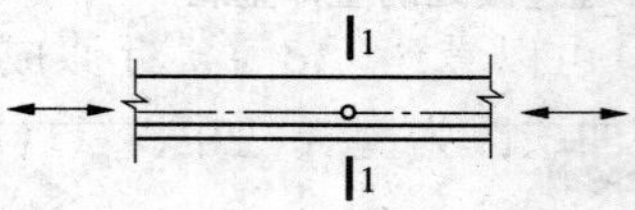	连系螺栓和虚孔处的主体金属	3
19	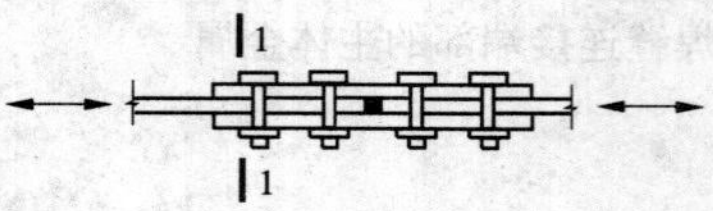	高强度螺栓摩擦型连接处的主体金属	2

注:1. 所有对接焊缝及 T 形对接和铰接组合焊缝均须焊透。所有焊缝的外形尺寸均应符合现行标准《钢结构焊缝外形尺寸》(JB/T 7949—1999)的规定。

2. 角焊缝应符合《钢结构设计规范》第二章第四节的构造要求。

3. 第 16 项中的剪应力幅 $\Delta\tau=\tau_{max}-\tau_{min}$,其中 τ_{min} 的正负值为:与 τ_{max} 同方向时,取正值;与 τ_{max} 反方向时,取负值。

4 第 17、18 项中的应力应以净截面面积计算,第 19 项中的应力应以毛截面面积计算。

(二)应力幅

每次循环中的最大拉应力 σ_{max}(取正值)和最小拉应力或压应力 σ_{min}(拉应力取正值,压应力取负值)之差称为应力幅,即

$$\Delta\sigma = \sigma_{max} - \sigma_{min} \tag{1-11}$$

按照应力幅是常幅(所有应力循环中的应力幅保持常量,不随时间变化)或变幅(应力幅随时间随机变化),应力幅循环特征可分为常幅循环应力谱和变幅应力谱两种谱形(见图1-10)。

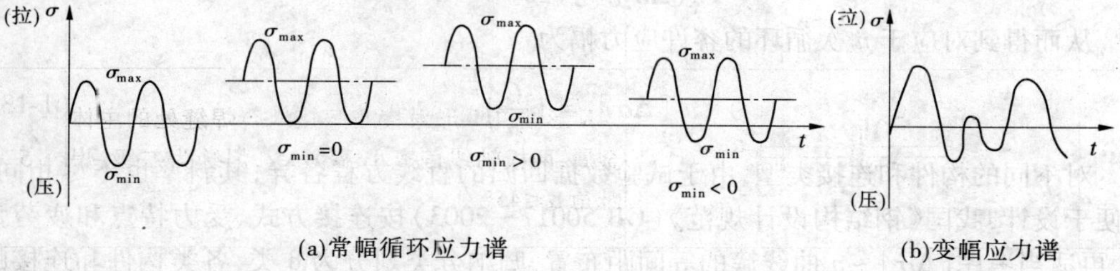

图1-10　常幅循环应力谱和变幅应力谱

试验表明,无论哪种形式的应力循环,不管最大应力 σ_{max} 是否相同,只要它们的应力幅 $\Delta\sigma$ 相等,其对构件及其连接的疲劳效应是相同的。

(三)应力循环次数

应力循环次数是指在连续反复荷载作用下应力由最大到最小的循环次数。在不同的应力幅作用下,各类构件及其连接发生疲劳破坏的应力循环次数不同,应力幅越大,循环次数越少;反之,则越多。

三、疲劳曲线($\Delta\sigma \sim n$ 曲线)

对不同构件和连接在疲劳试验机上用不同的应力幅进行常幅循环应力试验,可绘出 $\Delta\sigma \sim n$ 关系,即疲劳曲线(见图1-11)。由图1-11(a)可以看出,$\Delta\sigma \sim n$ 近似成双曲线关系。为便于计算,目前国内外都采用双对数坐标轴使曲线改为直线,如图1-11(b)所示。

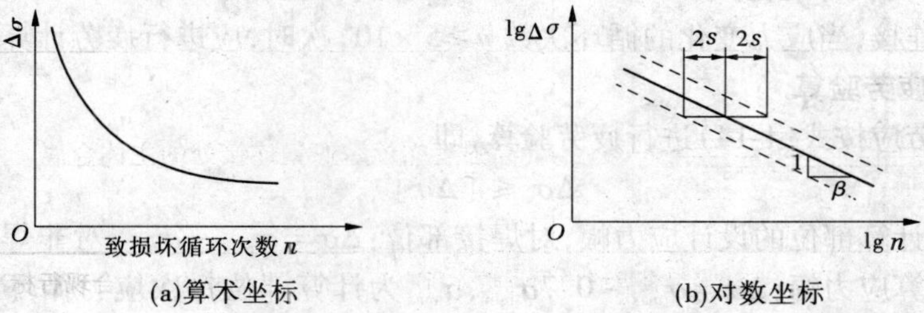

图1-11　疲劳曲线

在双对数坐标系中,疲劳直线方程为

$$\lg n = C_1 - \beta \lg\Delta\sigma \tag{1-12}$$

式中　n——循环次数；

　　C_1——横坐标轴上的截距；

　　β——直线对纵坐标的斜率。

考虑到试验数据的离散性，取平均值减去 2 倍 lg$n$ 的标准差（$2s$）作为疲劳强度的下限值；如果 lg$\Delta\sigma$ 服从正态分布，从构件或连接抗力角度来讲，其保证率为 97.73%。因而，疲劳直线方程为

$$\lg n = C_1 - \beta \lg \Delta\sigma - 2s = C_2 - \beta \lg \Delta\sigma$$

或

$$n(\Delta\sigma)^{\beta} = 10^{C_2} = C$$

从而得到对应于 n 次循环的容许应力幅为

$$[\Delta\sigma] = \left(\frac{C}{n}\right)^{\frac{1}{\beta}} \tag{1-13}$$

对不同的构件和连接类型，由于试验数据回归的直线方程各异，其斜率也不尽相同。为便于设计，我国《钢结构设计规范》（GB 50017—2003）按连接方式、受力特点和疲劳强度，再适当考虑[$\Delta\sigma$] ~ n 曲线簇的等间距布置，归纳分类划分为 8 类，各类构件和连接的 β、C 值列于表 1-2。如无应力集中的主体金属，两侧为轧制边或刨边的属于第 1 类，两侧为自动或半自动火焰切割边的属于第 2 类，其余各种连接附近的主体金属分别属于第 3 ~ 8 类。查相应的 C 值和 β 值，计算所对应的容许应力幅[$\Delta\sigma$]。

表 1-2　系数 C 值和 β 值

构件和连接类型	1	2	3	4	5	6	7	8
$C(\times 10^{12})$	1 940	861	3.26	2.18	1.47	0.96	0.65	0.41
β	4	4	3	3	3	3	3	3

四、疲劳验算

我国《钢结构设计规范》（GB 50017—2003）规定，对直接承受动力荷载反复作用的钢结构构件及其连接，当应力变化的循环次数 $n \geqslant 5 \times 10^4$ 次时，应进行疲劳计算。

（一）常幅疲劳验算

对常幅疲劳应按式（1-14）进行疲劳验算，即

$$\Delta\sigma \leqslant [\Delta\sigma] \tag{1-14}$$

式中　$\Delta\sigma$——计算部位的设计应力幅，对焊接部位：$\Delta\sigma = \sigma_{max} - \sigma_{min}$，对非焊接部位为折算应力幅：$\Delta\sigma = \sigma_{max} - 0.7\sigma_{min}$，$\sigma_{max}$ 为计算部位每次应力循环中的最大拉应力（取正值），σ_{min} 为计算部位每次应力循环中的最小拉应力或压应力（拉应力取正值，压应力取负值）。

必须指出，与以概率论为基础的极限状态设计法不同，疲劳计算仍采用容许应力幅法。疲劳计算采用荷载的标准值按结构在弹性阶段工作进行应力分析，且不考虑动力系

数，这是由于现阶段对疲劳裂缝的形成、扩展以至断裂这一过程的极限状态定义及有关影响因素的研究还不充分。

（二）变幅疲劳验算

对变幅疲劳，若能预测结构在使用寿命期间各种荷载的频率分布、应力幅水平及频次分布总和所构成的设计应力谱，则可按线性积累损伤法将其折算为等效常幅疲劳，按式(1-15)计算，即

$$\Delta\sigma_e \leqslant [\Delta\sigma] \tag{1-15}$$

$$\Delta\sigma_e = \left[\frac{\sum n_i(\Delta\sigma_i)^\beta}{\sum n_i}\right]^{\frac{1}{\beta}} \tag{1-16}$$

式中　$\Delta\sigma_e$——变幅疲劳的等效应力幅；

n_i——预期寿命内应力幅达 $\Delta\sigma_i$ 的应力循环次数；

$\sum n_i$——以应力循环次数表示的结构预期使用寿命。

但是在实际结构中，往往无法预测到结构使用期内的实际变幅规律，则可按设计的最大应力幅考虑欠载效应后，按常幅疲劳计算，即

$$\alpha_f\Delta\sigma \leqslant [\Delta\sigma]_{2\times10^6} \tag{1-17}$$

式中　$\Delta\sigma$——在计算部位的最大应力幅；

$[\Delta\sigma]_{2\times10^6}$——循环次数 n 为 2×10^6 次的容许应力幅，按式(1-13)计算；

α_f——欠载效应的等效系数，对重级工作制硬钩吊车 $\alpha_f=1.0$，重级工作制软钩吊车 $\alpha_f=0.8$，中级工作制吊车 $\alpha_f=0.5$。

第六节　钢材的种类、规格及选用

一、钢材的种类

钢材的种类简称钢种，钢结构用的钢材主要为碳素结构钢、低合金结构钢。另外，优质碳素结构钢、厚度方向性能钢板、焊接结构用耐候钢、铸钢等在某些情况下也有应用。

（一）碳素结构钢

按国家标准《碳素结构钢》（GB/T 700—2006），我国生产的碳素结构钢有 Q195、Q215、Q235、Q255 和 Q275 等五种钢号，其中 Q 是屈服强度中“屈”字汉语拼音的字首，后接的阿拉伯数字表示屈服强度，单位为 N/mm^2。阿拉伯数字越大，含碳量越高，强度和硬度越大，塑性越低。由于碳素结构钢冶炼容易、成本较低，并且具有良好的加工性能，所以使用广泛。其中，Q235 钢的强度适中，塑性、韧性均较好，是钢结构常用的品种之一。

Q235 钢按质量等级将其分为 A、B、C、D 四个等级，按字母顺序由 A 到 D 表示质量等级由低到高。除 A 级外，其他三个级别的含碳量均在 0.20% 以下，焊接性能也很好。A 级钢只保证抗拉强度、屈服点、伸长率，必要时尚可附加冷弯试验要求，无冲击功规定，化学成分中对碳、锰可以不作为交货条件。B、C、D 级钢均保证抗拉强度、屈服点、伸长率、冷弯和冲击韧性（夏比 V 形缺口试验，温度分别为 +20 ℃、0 ℃、−20 ℃时的冲击功

A_{kv}≥27 J)等力学性能。不同质量等级对化学成分的要求也不尽相同。

根据脱氧程度的不同,钢材分为沸腾钢、镇静钢、半镇静钢和特殊镇静钢,并用汉字拼音字首分别表示为 F、Z、b 和 TZ,在标示牌号时 Z 和 TZ 可以省略。

碳素结构钢的钢号由代表屈服点的字母 Q、屈服点数值(N/mm^2)、质量等级符号、脱氧方法符号等四个部分组成。例如,碳素结构钢钢号表示示例如下:

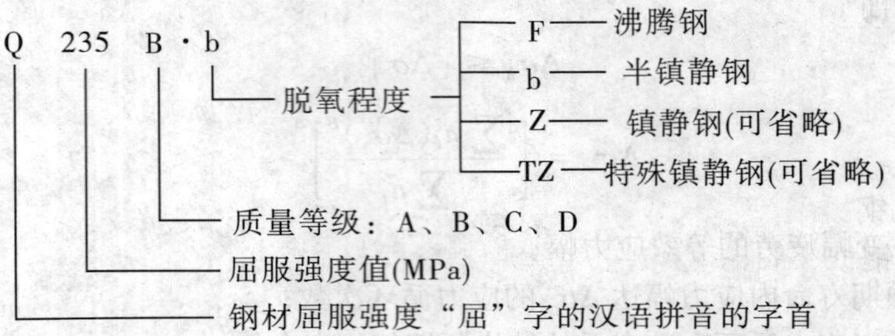

(二)低合金结构钢

低合金结构钢是在钢的冶炼过程中添加少量一种或几种合金元素(合金元素的总量低于5%),使钢的强度明显提高,故称低合金结构钢。按国家标准《低合金高强度结构钢》(GB/T 1591—2008),我国生产的低合金结构钢有 Q295、Q345、Q390、Q420 和 Q460 等五种钢号,其中阿拉伯数字表示该钢种屈服强度的大小,单位为 N/mm^2。Q345、Q390 和 Q420 为钢结构常用的钢种。

Q345、Q390 和 Q420 按质量等级分为 A、B、C、D、E 五个等级,按字母顺序由 A 到 E,表示质量等级由低到高。其中,A、B 级为镇静钢,C、D、E 级为特殊镇静钢。A 级钢应进行冷弯试验,其他质量等级钢若供方能保证弯曲试验结果符合规定要求,可不做试验。Q460 和各牌号 D、E 级钢一般不供应型钢、钢棒。

不同质量等级对冲击韧性(夏比 V 形缺口试验)的要求不同:A 级无冲击功的要求,B 级要求提供 20 ℃时冲击功 A_{kv}≥34 J(纵向),C 级要求提供 0 ℃时冲击功 A_{kv}≥34 J(纵向),D 级要求提供 -20 ℃时冲击功 A_{kv}≥34 J(纵向),E 级要求提供 -40 ℃时冲击功 A_{kv}≥27 J(纵向)。不同质量等级对碳、硫、磷、铝的含量要求也有区别。

(三)优质碳素结构钢

优质碳素结构钢与碳素结构钢的主要区别在于钢中含杂质元素较少,磷、硫等有害元素的含量均不大于0.035%,其他缺陷的限制也较严格,具有较好的综合性能。

按照国家标准《优质碳素结构钢》(GB/T 699—1999)生产的钢材共有两大类:一类为含锰量普通的钢,另一类为含锰量较高的钢。两类的钢号均用两位数字表示,它表示钢中的平均含碳量的万分数,前者数字后不加 Mn,后者数字后加 Mn。如 45 号钢,表示平均含碳量为0.45%的优质碳素钢;45Mn 号钢,则表示同样含碳量,但锰的含量也较高的优质碳素钢。可按不热处理和热处理(正火、淬火、回火)状态交货,用做压力加工用钢(热压力加工、顶锻及冷拔坯料)和切削加工用钢,由于价格较高,钢结构中使用较少,仅使用经过热处理的优质碳素结构钢冷拔高强钢丝或制作高强螺栓、自攻螺钉等。

(四)其他建筑用钢

在某些情况下,要采用一些有别于上述钢号的钢材时,其材质应符合国家的相关标准。例如,当焊接承重结构为防止钢材的层状撕裂而采用 Z 向钢时,应符合《厚度方向性能钢板》(GB/T 5313—1985)的规定;处于外露环境对耐腐蚀有特殊要求或在腐蚀性气、固态介质作用下的承重结构采用耐候钢时,应满足《焊接结构用耐候钢》(GB/T 4172—1984)的规定;当在钢结构中采用铸钢件时,应满足《一般工程用铸造碳钢件》(GB/T 11352—1989)的规定等。

二、钢材的规格

钢结构所用钢材主要为热轧成型的钢板和型钢,以及冷加工成型的冷轧薄钢板和冷弯薄壁型钢等。

(一)热轧钢板

钢板分厚钢板、薄钢板和扁钢(或带钢)三种,其规格和用途如下。

厚钢板:厚为 4.5 ~ 60 mm,常用厚度间隔为 2 mm,宽为 600 ~ 3 000 mm,长为 4 ~ 12 m。主要用做梁、柱、实腹式框架等构件的腹板和翼缘及桁架中的节点板等。

薄钢板:厚为 0.35 ~ 4 mm,宽为 500 ~ 1 500 mm,长为 0.5 ~ 4 m。主要用来制造冷弯薄壁型钢。

扁钢:厚为 4 ~ 60 mm,宽为 12 ~ 200 mm,长为 3 ~ 9 m。可用做组合梁和实腹式框架构件的翼缘板、构件的连接板、加劲肋等,也是制造螺旋焊接钢管的原材料。

另外,还有非承载钢板,即花纹钢板:厚为 2.5 ~ 8 mm,宽为 600 ~ 1 800 mm,长为 0.6 ~ 12 m。主要用做走道板和钢梯踏步板。

钢板截面的表示方法为在符号"—"后加"宽度 × 厚度 × 长度",如—600 × 10 × 1 200,单位为 mm。

(二)热轧型钢

常用的热轧型钢有角钢、工字钢、槽钢、T 型钢、钢管等,如图 1-12 所示。

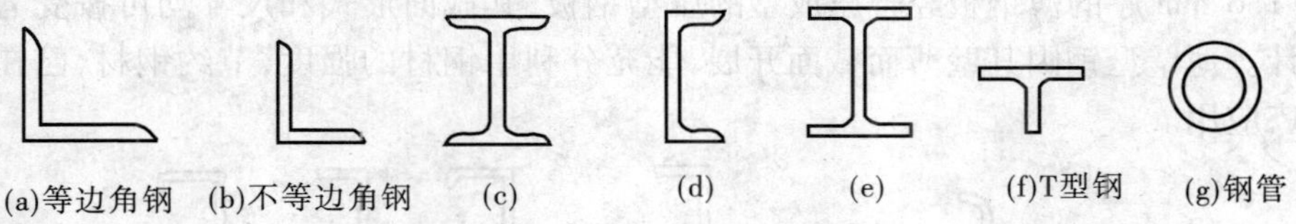

图 1-12　热轧型钢截面

角钢:分为等边(又叫等肢)角钢和不等边(又叫不等肢)角钢两种,主要用来制作桁架等格构式结构的杆件和支撑等连接杆件。角钢型号的表示方法为在符号"∠"后加"长边宽 × 短边宽 × 厚度"(对不等边角钢,如∠100 × 80 × 8),或加"边长 × 厚度"(对等边角钢,如∠100 × 8),单位均为 mm。我国目前生产的最大等边角钢肢宽为 200 mm,最大不等边角钢的两个肢宽分别为 200 mm 和 125 mm。角钢的供应长度一般为 3 ~ 19 m。

工字钢:有普通工字钢、轻型工字钢和 H 型钢三种。普通工字钢和轻型工字钢的两个主轴方向的惯性矩相差较大,不宜单独用做受压构件,而宜用做腹板平面内受弯构件,或由工字钢和其他型钢组成的组合构件或格构式构件。宽翼缘 H 型钢平面内外的回转半径较接近,可单独用做受压构件。

普通工字钢的型号用符号"I"后加截面高度的厘米数来表示,20号以上的工字钢,又按腹板的厚度不同,分为a、b或a、b、c等类别,其中a类腹板较薄,c类腹板较厚。例如,I30a表示高度为300 mm、腹板厚度为a类的工字钢。轻型工字钢的腹板和翼缘均较普通工字钢的薄,因而在相同重量下其截面刚度大,能节约钢材。我国生产的普通工字钢的型号为10~63号,轻型工字钢的型号为10~70号,供应长度均为5~19 m。

H型钢与普通工字钢相比,其翼缘板的内外表面平行,便于与其他构件连接。H型钢可分为宽翼缘H型钢(HW,翼缘宽度B与截面高度H相等)、中翼缘H型钢[HM,$B=(1/2\sim2/3)H$]和窄翼缘H型钢[HN,$B=(1/3\sim1/2)H$]三类。各类H型钢均可剖分为T型钢供应,代号分别为TW、TM和TN。H型钢和相应的T型钢的型号分别用代号后加"高度$H\times$宽度$B\times$腹板厚度$t_1\times$翼缘厚度t_2"表示,如HM340×250×9×14,其剖分T型钢为TM170×250×9×14,单位均为mm。宽翼缘和中翼缘H型钢可用于钢柱等受压构件,窄翼缘H型钢则适用于钢梁等受弯构件。目前,国内生产的最大型号H型钢为HN700×300×13×24。供货长度可与生产厂家协商,长度大于24 m的H型钢不成捆交货。

槽钢:分普通槽钢和轻型槽钢两种。适于做檩条等双向受弯构件,也可用其组成组合构件或格构式构件。槽钢的型号与工字钢相似,如[32a指截面高度为320 mm、腹板较薄的槽钢。目前,国内生产的最大型号为[40c,供货长度为5~19 m。

钢管:分无缝钢管和焊接钢管两种。由于回转半径较大,常用做桁架、网架、网壳等平面和空间格构式结构的杆件,在钢管混凝土柱中也有广泛的应用。用符号"ϕ"后加"外径×厚度"表示,如ϕ400×6,单位为mm,供货长度为3~12 m。焊接钢管的外径可以做得更大,一般由施工单位卷制。

(三)薄壁型钢

薄壁型钢厚采用1.5~6 mm厚的钢板经冷弯和辊压成型的型材(见图1-13)和采用0.4~1.6 mm厚的薄钢板经辊压成型的压型钢板,其截面形式和尺寸均可按受力特点合理设计。薄壁型钢因其壁薄而截面开展,能充分利用钢材的强度,节约钢材,已在我国广泛推广应用。

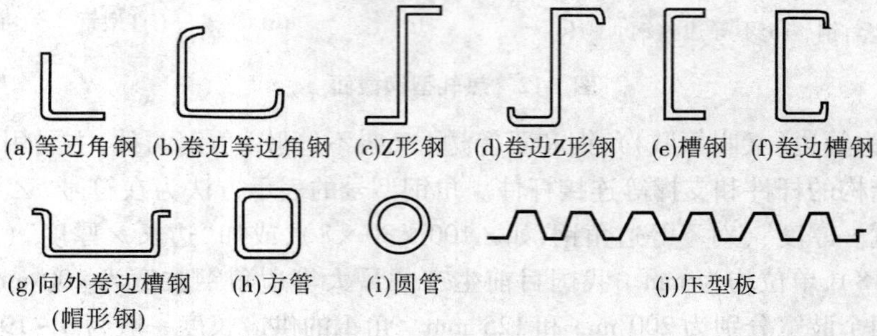

图1-13　薄壁型钢截面

三、钢材的选用原则和建议

钢材的选用既要确保结构物的安全可靠,又要经济合理,是钢结构设计中首要的一

环,必须慎重对待。钢材的选用应考虑的主要因素有以下几个方面:

(1)结构的重要性。建筑物安全等级不同,要求的钢材质量也应不同,分为重要的(一级)建筑物或构件高于一般的(二级)和次要的(三级)建筑物或构件。

(2)荷载情况。直接承受动力荷载的构件及强震区的结构应选用综合性能好的钢材,重级工作制吊车梁和做局部开启的深孔工作闸门以及吊车桁架等对钢材的要求高于中、轻级工作制吊车梁及吊车桁架,受拉构件高于受压构件。

(3)连接方法。钢结构的连接方法分焊接连接和非焊接连接两种。由于焊接是一种不均匀热作业,在焊接过程中,构件中会产生焊接应力、焊接变形及其他一些焊接缺陷,如咬肉、气孔、裂纹、夹渣等,有导致结构产生裂缝或脆性断裂的危险。因此,焊接结构对材质的要求应严格一些。例如,在化学成分方面,焊接结构必须严格控制碳、硫、磷的极限含量,而非焊接结构对含碳量的要求则可降低。

(4)结构所处的温度和环境。钢材处于低温状态时材质变脆,因而在低温条件下工作的结构,尤其是焊接结构,应选用具有良好抗低温脆断性能的镇静钢,根据具体情况提出适当的负温冲击韧性要求。此外,露天的结构容易产生时效,受有害介质作用的钢材容易腐蚀和断裂,也应加以区别地选择不同材质。

(5)钢材的厚度。厚度大的钢材不但强度较低,而且塑性、韧性和可焊性也较差。因此,厚度大的结构对材质的要求高于薄钢板结构。

水工钢结构中的支承滚轮等部件,其外形尺寸和所受外力较大,可采用《一般工程用铸造碳钢件》(GB 11352—1989)中的 ZG230 - 450、ZG270 - 500、ZG340 - 640 等铸钢,或《合金铸钢件》(JB/ZQ 4297—1986)中的 ZG35CrMo、ZG50Mn2、ZG34CrNi3Mo 等合金铸钢。水工钢闸门的主轨、支承结构的轮轴等常采用锻钢制作,也可采用 35、45 号优质碳素结构钢或 35Mn2、40Cr、34CrNi3Mo 等合金钢。

第七节　钢结构的设计方法

钢结构设计的基本原则是要做到技术先进、经济合理、安全适用和确保质量。

一、结构的功能要求和极限状态

(一)结构的功能要求

根据《建筑结构可靠度设计统一标准》(GB 50068—2001)规定,结构在预定的使用期限内应完成以下功能。

1. 安全性

结构在正常施工和正常使用时,能承受可能出现的各种作用(包括直接施加在结构上的各种荷载,或引起结构外加变形或约束变形的其他间接作用,如温度变化、地震等)和在偶然事件发生时和发生后,仍能保持必需的整体稳定性,不发生倒塌或连续破坏。

2. 适用性

结构在正常使用时具有良好的工作性能,如不发生过大的变形,不产生影响正常使用的振动等。

3. 耐久性

结构在正常维护下具有足够的耐久性能，如不产生影响结构预期使用寿命的严重锈蚀等。从工程概念上讲，足够的耐久性能就是指在正常维护条件下结构能够正常使用到规定的设计使用年限。

这些功能要求概括起来称为结构的可靠性。即结构在规定的时间内（设计基准期）、在规定的条件下（正常设计、正常施工、正常使用维护）完成预定功能（安全性、适用性和耐久性）的能力。显然，增大结构设计的余量，如加大结构构件的截面尺寸，或提高对材料性能的要求，总是能够增加或改善结构的安全性、适用性和耐久性要求，但这将使结构造价提高，不符合经济的要求。因此，结构设计要根据实际情况，解决好结构可靠性与经济性之间的矛盾，既要保证结构具有适当的可靠性，又要尽可能地降低造价，做到经济合理。

（二）结构的极限状态

整个结构或结构的一部分超过某一特定状态就不能满足设计规定的某一功能要求，此特定状态称为该结构的极限状态。极限状态是区分结构工作状态可靠或失效的标志。结构的极限状态可以分为两类：承载能力极限状态和正常使用极限状态。

1. 承载能力极限状态

这种极限状态对应于结构或结构构件达到了最大承载能力或不适于继续承载的变形。当结构或构件出现下列状态之一时，即认为超过了承载能力极限状态：①整个结构或构件的一部分作为刚体失去平衡（如结构发生倾覆、过大的滑移等）；②结构构件或连接因材料强度被超过而破坏（包括疲劳破坏），或因过度变形而不适于继续承载；③结构转变为机动体系；④结构或构件丧失稳定，如压杆屈曲等。

2. 正常使用极限状态

这种极限状态对应于结构或构件达到正常使用或耐久性能的某项规定限值。当结构或构件出现下列状态之一时，即认为超过了正常使用极限状态：①影响正常使用或外观的变形（如过大的挠度）；②影响正常使用的振动；③影响正常使用或耐久性能的局部损坏（包括裂缝）；④影响正常使用的其他特定状态。

二、近似概率极限状态设计法

以概率为基础的极限状态设计方法，简称概率极限状态设计法。该法是以结构的失效概率或可靠指标来度量结构可靠度的。

（一）功能函数、极限状态方程

若设计时需要考虑影响结构可靠性的几个相互独立的随机变量 $X_i(i=1,2,\cdots,n)$，则结构的功能函数可用式（1-18）表示为

$$Z = g(X_1, X_2, \cdots, X_n) \tag{1-18}$$

式中 X_i——影响结构或构件可靠度的基本变量，指结构上的各种作用和材料性能、几何参数等。

若将影响结构可靠性的随机变量简化为结构抗力 R 和作用效应 S 两个随机变量，则式（1-18）所定义的结构功能函数可表达为

$$Z = g(R,S) = R - S \tag{1-19}$$

它可以用来表示结构的三种工作状态(见图1-14)：

当 $Z>0$ 时，结构能够完成预定的功能，处于可靠状态；

当 $Z<0$ 时，结构不能完成预定的功能，处于失效状态；

当 $Z=0$ 时，即 $R=S$，结构处于极限状态。

$Z=g(R,S)=R-S=0$，称为极限状态方程。

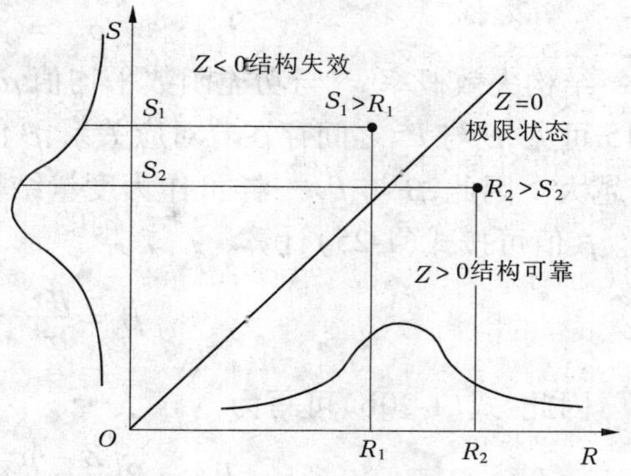

图1-14　结构所处的状态

由于 R 和 S 是受多种因素影响的随机变量，故功能函数 Z 也是随机变量。从概率论的观点来看，结构是否达到极限状态并非确定的事实。这就是说，按正常设计建造的结构仍不能认为它就是绝对安全可靠的，其仍然存在着抗力 R 小于荷载效应 S 的可能性。但只要这种可能性(抗力小于荷载效应的概率)非常小，即可认为此结构是可靠的。

(二)结构可靠度、失效概率及可靠指标

结构在规定的时间内、规定的条件下完成预定功能的概率，称为结构的可靠度。可靠度是对结构可靠性的一种定量描述，亦即概率度量。

按照结构可靠度理论，结构能够完成预定功能的概率称为可靠概率 P_s，结构不能完成预定功能的概率称为失效概率 P_f。显然，二者是互补的，即 $P_s+P_f=1.0$。因此，结构可靠性也可用结构的失效概率来度量，失效概率愈小，结构可靠度愈大。P_s 可用式(1-20a)表示为

$$P_s = P(Z>0) = P(R-S>0) \tag{1-20a}$$

相应结构的失效概率 P_f 可表示为

$$P_f = P(Z<0) = P(R-S<0) \tag{1-20b}$$

显然

$$P_s = 1-P_f \tag{1-21}$$

因此，结构可靠度 P_s 的计算可以转化为失效概率 P_f 的计算。只要结构的失效概率 P_f 小于预定的可以接受的程度，就认为此结构是安全可靠的。

设结构抗力 R 和荷载效应 S 都为服从正态分布的随机变量，R 和 S 互相独立。由概率论知，结构功能函数 $Z=R-S$ 也是正态分布的随机变量，用式(1-22)表示为

$$P_f = P(Z=R-S<0) = \int_{-\infty}^{0} f(Z)\mathrm{d}Z \tag{1-22}$$

Z 的概率分布曲线如图1-15所示。失效概率 P_f 就是图1-15中阴影部分的面积。设结构抗力 R 的平均值为 μ_R，标准差为 σ_R；荷载效应的平均值为 μ_S，标准差为 σ_S。则功能函数 Z 的平均值及标准差为

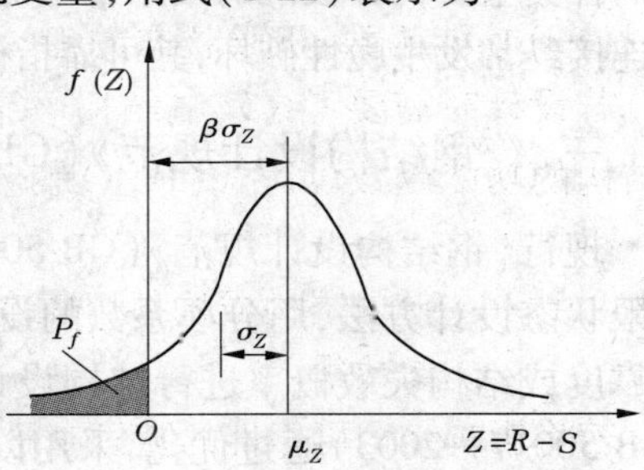

图1-15　功能函数 Z 的分布曲线

$$\mu_Z = \mu_R - \mu_S \tag{1-23}$$

$$\sigma_Z = \sqrt{\sigma_R^2 + \sigma_S^2} \tag{1-24}$$

结构失效概率 P_f 与功能函数平均值 μ_Z 到坐标原点的距离有关,取 $\mu_Z = \beta\sigma_Z$。由图 1-15 可见,β 与 P_f 之间存在着对应关系:β 值越大,失效概率 P_f 越小;β 值越小,失效概率 P_f 越大。因此,β 与 P_f 一样可作为度量结构可靠度的一个指标,故称 β 为结构的可靠指标。β 值可按式(1-25)计算

$$\beta = \frac{\mu_Z}{\sigma_Z} = \frac{\mu_R - \mu_S}{\sqrt{\sigma_R^2 + \sigma_S^2}} \tag{1-25}$$

因此,式(1-20b)可写为

$$P_f = P\left(\frac{Z - \mu_Z}{\sigma_Z} < -\beta\right) = \Phi(-\beta) \tag{1-26}$$

式中　$\Phi(-\beta)$——标准正态分布函数。

若为非正态分布,可用当量正态化方法转化为正态分布。

将式(1-23)和式(1-24)稍加变换,则

$$\mu_R = \mu_S + \beta\sqrt{\sigma_R^2 + \sigma_S^2} \tag{1-27}$$

当结构处于可靠状态时,要求

$$\mu_R - \alpha_R\beta\sigma_R \geqslant \mu_S + \alpha_S\beta\sigma_S \tag{1-28}$$

其中

$$\left.\begin{aligned} \alpha_R &= \frac{\sigma_R}{\sqrt{\sigma_R^2 + \sigma_S^2}} \\ \alpha_S &= \frac{\sigma_S}{\sqrt{\sigma_R^2 + \sigma_S^2}} \end{aligned}\right\}$$

式(1-28)左、右即分别为 R、S 的设计验算点坐标 R^*、S^*,要求

$$R^* \geqslant S^* \tag{1-29}$$

由于式(1-20)~式(1-29)不考虑 Z 的分布,只考虑均值和均方差(二阶矩),对非线性函数用泰勒级数展开取线性项,故此法称为一次二阶矩法,也称近似概率设计法。

式(1-29)中可靠指标的取值用校准法求得。所谓"校准法",即对现有结构构件进行反演计算和综合分析,求得其可靠指标,并用于确定今后设计时应采用的目标可靠指标。对钢结构各类主要构件校准的结果,β 一般为 3.16~3.62,故钢结构构件 β 一般取为 3.2。钢结构连接经常发生脆性破坏,其可靠指标应比塑性破坏的构件高,一般推荐用 4.5。

三、《钢结构设计规范》(GB 50017—2003)的计算方法

现行《钢结构设计规范》(GB 50017—2003)除疲劳计算外,采用以概率理论为基础的极限状态设计方法,用分项系数的设计表达式进行计算。这是因为考虑到直接应用结构可靠度或结构失效概率进行结构设计的运算复杂,为方便工程设计,《钢结构设计规范》(GB 50017—2003)通过优化,采用以分项系数表达的概率极限状态设计法,在各个分项系数中,隐含了可靠指标 β。

对于承载能力极限状态,当考虑荷载效应基本组合进行强度和稳定性设计时,按设计

表达式(1-30)和式(1-31)中的最不利值确定。

可变荷载效应控制的组合

$$\gamma_0(\gamma_G\sigma_{G_k}+\gamma_{Q_1}\sigma_{Q_{1k}}+\sum_{i=2}^{n}\gamma_{Q_i}\psi_{ci}\sigma_{Q_{ik}})\leqslant f \tag{1-30}$$

永久荷载效应控制的组合

$$\gamma_0(\gamma_G\sigma_{G_k}+\sum_{i=1}^{n}\gamma_{Q_i}\psi_{ci}\sigma_{Q_{ik}})\leqslant f \tag{1-31}$$

式中　γ_0——结构重要性系数,考虑到结构破坏时可能产生后果的严重性分为一、二、三级等三个安全等级,分别采用1.1、1.0、0.9;

γ_G——永久荷载分项系数,当永久荷载效应对结构构件的承载能力不利时取1.2,但对式(1-31)则取1.35,当永久荷载效应对结构构件的承载能力有利时取1.0;

σ_{G_k}——永久荷载标准值G_k在结构构件截面或连接中产生的应力;

G_k——永久荷载的标准值,如结构自重等;

γ_{Q_1}、γ_{Q_i}——第1个和其他第i个可变荷载分项系数,当可变荷载效应对结构构件的承载能力不利时取1.4(当楼面活荷载大于4.0 kN/m^{2}时取1.3),有利时取0;

Q_{1k}、Q_{ik}——第1个和其他第i个可变荷载的标准值,如楼面活荷载、风荷载、雪荷载等;

$\sigma_{Q_{1k}}$——起控制作用的第1个可变荷载标准值Q_{1k}在结构构件截面或连接中产生的应力(该值使计算结果为最大);

ψ_{ci}——第i个可变荷载的组合值系数,可按荷载规范的规定采用;

$\sigma_{Q_{ik}}$——其他第i个可变荷载标准值Q_{ik}在结构构件截面或连接中产生的应力;

f——结构构件或连接的强度设计值$f=f_k/\gamma_R$,见表1-3～表1-5,γ_R为抗力分项系数,经概率统计分析对Q235钢取$\gamma_R=1.087$,对Q345、Q390和Q420钢取$\gamma_R=1.111$,f_k为钢材(或焊缝熔敷金属)强度的标准值。

表1-3　《钢结构设计规范》(GB 50017—2003)规定的钢材强度设计值　(单位:N/mm^2)

钢材		抗拉、抗压和抗弯f	抗剪f_v	端面承压(刨平顶紧)f_{ce}
钢号	厚度或直径(mm)			
Q235钢	≤16	215	125	325
	>16～40	205	120	
	>40～60	200	115	
	>60～100	190	110	
Q345钢	≤16	310	180	400
	>16～35	295	170	
	>35～50	265	155	
	>50～100	250	145	

续表 1-3

钢材		抗拉、抗压和抗弯 f	抗剪 f_v	端面承压(刨平顶紧) f_{ce}
钢号	厚度或直径(mm)			
Q390 钢	≤16	350	205	415
	>16~35	335	190	
	>35~50	315	180	
	>50~100	295	170	
Q420 钢	≤16	380	220	440
	>16~35	360	210	
	>35~50	340	195	
	>50~100	325	185	

注:表中厚度指计算点的钢材厚度,对于轴心受拉和轴心受压构件是指截面中较厚板件的厚度。

表 1-4　《钢结构设计规范》(GB 50017—2003)规定的焊缝强度设计值　(单位:N/mm^2)

焊接方法和焊条型号	构件钢材		对接焊缝				角焊缝
	钢号	厚度或直径(mm)	抗压 f_c^w	在不同焊缝质量级别下的抗拉和弯曲抗拉 f_t^w		抗剪 f_v^w	抗拉、抗压和抗剪 f_f^w
				一、二级	三级		
自动焊、半自动焊和 E43 型焊条的手工焊	Q235 钢	≤16	215	215	185	125	160
		>16~40	205	205	175	120	160
		>40~60	200	200	170	115	160
		>60~100	190	190	160	110	160
自动焊、半自动焊和 E50 型焊条的手工焊	Q345 钢	≤16	310	310	265	180	200
		>16~35	295	295	250	170	200
		>35~50	265	265	225	155	200
		>50~100	250	250	210	145	200
自动焊、半自动焊和 E55 型焊条的手工焊	Q390 钢	≤16	350	350	300	205	220
		>16~35	335	335	285	190	220
		>35~50	315	315	270	180	220
		>50~100	295	295	250	170	220
	Q420 钢	≤16	380	380	320	220	220
		>16~35	360	360	305	210	220
		>35~50	340	340	290	195	220
		>50~100	325	325	275	185	220

注:1. 自动焊和半自动焊所采用的焊丝和焊剂应保证其熔敷金属抗拉强度不低于相应手工焊焊条的数值;

2. 焊缝质量等级应符合现行《钢结构工程施工质量验收规范》(GB 50205—2001)的规定;

3. 对接焊缝在受压区抗弯强度设计值取 f_c^w,受拉区的抗弯强度设计值取 f_t^w;

4. 表中厚度指计算点的钢材厚度,对于轴心受拉和轴心受压构件是指截面中较厚板件的厚度。

表 1-5　《钢结构设计规范》(GB 50017—2003)规定的螺栓连接强度设计值　(单位:N/mm^2)

螺栓钢材的等级和构件的钢号		普通螺栓						锚栓	承压型连接高强度螺栓		
		C 级螺栓			A、B 级螺栓						
		抗拉 f_t^b	抗剪 f_v^b	承压 f_c^b	抗拉 f_t^b	抗剪 f_v^b	承压 f_c^b	抗拉 f_t^a	抗拉 f_t^b	抗剪 f_v^b	承压 f_c^b
普通螺栓	4.6 级、4.8 级	170	140	—	—	—	—	—	—	—	
	5.6 级	—	—	—	210	190	—	—	—	—	—
	8.8 级	—	—	—	400	320	—	—	—	—	—
锚栓	Q235 钢	—	—	—	—	—	—	140	—	—	—
	Q345 钢	—	—	—	—	—	—	180	—	—	—
承压型连接高强度螺栓	8.8 级	—	—	—	—	—	—	—	400	250	—
	10.9 级	—	—	—	—	—	—	—	500	310	—
构件	Q235 钢	—	—	305	—	—	405	—	—	—	470
	Q345 钢	—	—	385	—	—	—	510	—	—	590
	Q390 钢	—	—	400	—	—	—	530	—	—	615
	Q420 钢	—	—	425	—	—	—	560	—	—	655

注:1. A 级螺栓用于 $d \leqslant 24$ mm 和 $l \leqslant 10d$ 或 $l \leqslant 150$ mm(按较小值)的螺栓,B 级螺栓用于 $d > 24$ mm 或 $l > 10d$ 或 $l > 150$ mm(按较小值)的螺栓,d 为公称直径,l 为螺杆公称长度;

2. A、B 级螺栓孔的精度和孔壁表面粗糙度,C 级螺栓孔的允许偏差和孔壁表面粗糙度,均应符合现行国家标准《钢结构工程施工质量验收规范》(GB 50205—2001)的要求。

钢材尺寸分组见表 1-6。

表 1-6　钢材的尺寸分组　(单位:mm)

组别	钢材尺寸		
	Q215、Q235		Q345(16Mn、16Mnq)
	钢材厚度(直径)	型钢和异型钢的厚度	钢材厚度(直径)
第一组	≤16	≤15	≤16
第二组	>16～40	>15～20	>16～25
第三组	>40～60	>20	>25～36
第四组	>60～100	—	>36～50
第五组	>100～150	—	>50～100(方、圆钢)
第六组	>150	—	—

注:1. 型钢包括角钢、工字钢和槽钢;

2. 工字钢和槽钢的厚度指腹板厚度。

对于正常使用的极限状态，用式(1-32)进行计算

$$w = w_{G_k} + w_{Q_{1k}} + \sum_{i=2}^{n} \psi_{ci} w_{Q_{ik}} \leqslant [w] \tag{1-32}$$

式中 w——结构或结构构件中产生的变形值；

w_{G_k}——永久荷载的标准值在结构或构件中产生的变形值；

$w_{Q_{1k}}$——第 1 个可变荷载的标准值在结构或构件中产生的变形值，它大于其他任意第 i 个可变荷载标准值产生的变形值；

$w_{Q_{ik}}$——其他第 i 个可变荷载标准值在结构或构件中产生的变形值；

$[w]$——结构或构件的变形限值；

其他符号意义同前。

对水利工程中水上部分的钢结构也可采用《钢结构设计规范》(GB 50017—2003)进行设计。

四、水工钢结构按容许应力计算法

水工钢结构设计由于所受荷载涉及水文、泥沙、波浪等自然条件，所以比较复杂，统计资料不足，同时经常处于水位变动或盐雾潮湿等容易腐蚀的环境，在计算中如何反映实际问题尚待解决。因此，水工钢结构目前还不具备采用概率极限状态法计算的条件，目前仍采用容许应力计算法。

《水利水电工程钢闸门设计规范》(SL 74—95)所采用的容许应力计算法是以结构的极限状态(强度、稳定、变形等)为依据，对影响结构可靠度的某种因素以数理统计的方法，并结合我国工程实践，进行多系数分析，求出单一的设计安全系数，以简单的容许应力形式表达，实质上属于半概率、半经验的极限状态计算法。其强度计算的一般表达式为

$$\sum N_i \leqslant \frac{f_y S}{K_1 K_2 K_3} = \frac{f_y S}{K} \tag{1-33}$$

即

$$\sigma = \frac{\sum N_i}{S} \leqslant \frac{f_y}{K} = [\sigma] \tag{1-34}$$

式中 N_i——根据标准荷载求得的内力；

f_y——钢材的屈服点；

K_1——荷载安全系数；

K_2——钢材强度安全系数；

K_3——调整系数，用以考虑结构的重要性、荷载的特殊变异和受力复杂等因素；

S——构件的几何特性；

$[\sigma]$——钢材或连接的容许应力，《水利水电工程钢闸门设计规范》(SL 74—95)规定的钢材容许应力见表 1-7 ~ 表 1-9，机械零件的容许应力见表 1-10。

式(1-33)和式(1-34)对荷载、钢材强度及其相应的安全系数均取为定值，而没有考虑荷载和材料性能的随机变异性，这也是容许应力计算法与概率极限状态法的主要区别所在。

表 1-7　《水利水电工程钢闸门设计规范》(SL 74—95)规定的钢材容许应力　(单位:N/mm^2)

应力种类	符号	碳素结构钢 Q215 第1组	第2组	第3组	第4组	第5组	第6组	碳素结构钢 Q235 第1组	第2组	第3组	第4组	第5组	第6组	低合金结构钢 Q345(16Mn、16Mnq) 第1组	第2组	第3组	第4组	第5组
抗拉、抗压和抗弯	$[\sigma]$	145	135	125	120	115	110	160	150	145	135	130	125	230	220	205	190	180
抗剪	$[\tau]$	90	80	70	65	60	55	95	90	85	80	75	70	135	130	120	110	105
局部承压	$[\sigma_{cd}]$	220	200	190	180	170	160	240	230	220	210	200	190	350	330	310	290	270
局部紧接承压	$[\sigma_{cj}]$	110	100	95	90	85	80	120	115	110	105	100	95	175	165	155	145	135

注:1. 局部承压应力不乘调整系数;

2. 局部承压是指构件腹板的小部分表面受局部荷载的挤压或断面承压(磨平顶紧)等情况;

3. 局部紧接承压是指可动性小的铰在接触面的投影平面上的压应力。

表 1-8　《水利水电工程钢闸门设计规范》(SL 74—95)规定的焊缝容许应力　(单位:N/mm^2)

焊缝分类	应力种类			符号	自动焊、半自动焊和用E43××型焊条的手工焊 Q215 第1组	第2组	第3组	Q235 第1组	第2组	第3组	自动焊、半自动焊和用E50××型焊条的手工焊 Q345(16Mn、16Mnq) 第1组	第2组	第3组	第4组
对接焊缝	抗压			$[\sigma_c^w]$	145	130	125	160	150	145	230	220	205	190
对接焊缝	抗拉	用自动焊时		$[\sigma_t^w]$	145	130	125	160	150	145	230	220	205	190
对接焊缝	抗拉	用半自动焊或手工焊时,焊缝质量的检查	(1)精确方法	$[\sigma_t^w]$	145	130	125	160	150	145	230	220	205	190
对接焊缝	抗拉	用半自动焊或手工焊时,焊缝质量的检查	(2)普通方法	$[\sigma_t^w]$	125	110	105	135	120	115	200	190	175	165
对接焊缝	抗剪			$[\tau^w]$	85	75	70	95	90	85	135	130	120	110
角焊缝	抗拉、抗压和抗剪			$[\tau_t^w]$	105	95	90	115	105	100	160	150	140	130

注:1. 检查焊缝质量的普通方法指外观检查、测量尺寸、钻孔检查等方法,精确方法是在普通方法的基础上,用X射线、超声波等方法进行补充检查;

2. 仰焊焊缝的容许应力按表中降低20%;

3. 安装焊缝的容许应力按表中降低10%。

表 1-9　《水利水电工程钢闸门设计规范》(SL 74—95)规定的普通螺栓连接的容许应力

（单位：N/mm^2）

螺栓种类	应力种类	符号	螺栓的钢号		构件的钢号									
			Q235	Q345	Q215			Q235			Q345（16Mn、16Mnq）			
					第1组	第2组	第3组	第1组	第2组	第3组	第1组	第2组	第3组	第4组
精制螺栓	抗拉	$[\sigma_t^b]$	125	185	—	—	—	—	—	—	—	—	—	—
	抗剪（Ⅰ类孔）	$[\tau^b]$	130	190	—	—	—	—	—	—	—	—	—	—
	承压（Ⅰ类孔）	$[\sigma_c^b]$	—	—	265	240	—	290	275	—	420	395	370	345
粗制螺栓	抗拉	$[\sigma_t^b]$	125	185	—	—	—	—	—	—	—	—	—	—
	抗剪	$[\tau^b]$	85	125	—	—	—	—	—	—	—	—	—	—
	承压	$[\sigma_c^b]$	—	—	175	160	—	190	185	—	280	265	250	235
锚栓	抗拉	$[\sigma_t^b]$	105	150	—	—	—	—	—	—	—	—	—	—

注：1. 孔壁质量属于下列情况者为Ⅰ类孔：①在装配好的构件上按设计孔径钻成的孔；②在单个零件和构件上按设计孔径分别用钻模钻成的孔；③在单个零件上先钻成或冲成较小的孔径，然后在装配好的构件上扩钻至设计孔径的孔。

2. 当螺栓直径大于 40 mm 时，螺栓容许应力应予以降低，对于 Q235 钢降低 4%，对于 Q345(16Mn)钢降低 6%。

表 1-10　机械零件的容许应力

（单位：N/mm^2）

应力种类	符号	碳素结构钢		低合金结构钢	优质碳素结构钢		铸造碳钢			合金铸钢		合金结构钢	
		Q235	Q275	16Mn	35	45	ZG230－450	ZG270－500	ZG310－570	ZG50Mn2	ZG35CrMo	35Mn2	40Cr
抗拉、抗压和抗弯	$[\sigma]$	100	120	140	130	145	115	120	140	190	170 (235)	130 (280)	(320)
抗剪	$[\tau]$	65	75	90	85	95	85	90	105	150	130 (180)	85 (190)	(215)
局部承压	$[\sigma_{cd}]$	150	180	210	195	220	170	180	200	280	250 (345)	195 (430)	(485)
局部紧接承压	$[\sigma_{cj}]$	80	95	110	105	120	90	95	110	155	135 (190)	105 (230)	(265)
孔壁抗拉	$[\sigma_k]$	120	145	180	150	170	130	140	155	220	190 (265)	150 (330)	(375)

注：1. 括号内为调质处理后的数值；

2. 孔壁抗拉容许应力指固定结合的情况，若为活动结合，则应按表值降低 20%；

3. 表列“合金结构钢”的容许应力，适用于钢材厚(径)不大于 25 mm 者，若由于厚度影响，屈服点有减少，各类容许应力可按屈服点减少比例予以减少。

小　结

(1)钢材有塑性破坏和脆性破坏两种形式。后者为变形小的突然性断裂,危险性大,应在设计、制造、安装中严格防止。围绕钢材可能发生的这两种破坏形式掌握各种因素对钢材性能的影响。

(2)钢材的机械性能包括强度、塑性、韧性等方面。强度指标为屈服点f_y和抗拉强度f_u,塑性指标为伸长率和冷弯试验,韧性指标为冲击功A_{kv}。它们可分别由单向均匀拉伸试验、冷弯试验和冲击试验获得。

(3)在影响钢材机械性能的诸因素中,重点认识应力集中是引起钢材脆性破坏的主要原因之一,掌握应力集中的特征、原因,以及防止或改善应力集中的合理措施。

(4)影响钢材疲劳的主要因素是应力集中、作用的应力幅和应力的循环次数。疲劳验算仍属容许应力法范畴。

(5)《规范》推荐采用的钢材为Q235钢、Q345钢、Q390钢和Q420钢。钢结构所用钢材应根据结构的重要性、荷载特征、连接和工作条件等选用。

(6)钢结构采用的设计方法是概率极限状态设计法,它是在结构的可靠性与经济之间选择一个合理的平衡点。水工钢结构由于工作条件的复杂性,仍然采用容许应力设计法。

(7)结构的极限状态分承载能力极限状态和正常使用极限状态两类。前者包括强度破坏、丧失稳定、疲劳破坏和达到不适于继续承载的过大变形等。后者指正常使用下结构的变形使其不适于继续使用,如挠度过大、局部失稳等。

(8)《规范》采用以分项系数表达的概率极限状态设计法,应掌握公式中各符号的意义并正确使用。同时,弄清与水工钢结构容许应力计算法的区别。

通过本章内容的学习,要求掌握钢材的性能及影响因素,在进行钢结构设计时能正确选择钢材并提出适当的性能指标要求,能在设计中正确处理各种细部构造,防止结构或构件发生脆性破坏,从而保证结构的安全可靠。

思考题

1-1　钢材的塑性破坏和脆性破坏各有何特点?与其化学成分和组织构造有何关系?如何防止脆性破坏?

1-2　试述钢材的主要力学性能指标及其测试方法。

1-3　影响钢材性能的主要化学成分有哪些?碳、硫、磷对钢材性能有何影响?

1-4　什么叫钢材的疲劳?它属于什么性质的破坏?其主要影响因素和防止措施有哪些?

1-5　选择建筑钢材时主要应考虑哪些影响因素?

1-6　钢材的力学性能为何要按厚度分类?在选用钢材时,应如何考虑板厚的影响?

1-7　《规范》新采用的极限状态设计法与水工钢结构的容许应力设计法有何异同?

第二章　钢结构的连接

内容提要

本章讲述钢结构中的焊缝连接、普通螺栓连接及高强度螺栓(摩擦型和承压型)连接的构造和设计方法。

学习重点

连接的构造及强度计算。

第一节　钢结构的连接方法

钢结构是以一定的连接手段将型材、板材制成基本构件(如梁、柱、桁架等),然后在工地连接各种基本构件组成整体结构。因此,连接在钢结构中占有非常重要的地位,在设计中必须予以重视。

钢结构的连接方法有焊接连接、螺栓连接和铆钉连接三种(见图2-1)。目前,焊接连接应用普遍;螺栓连接中高强度螺栓连接发展迅速,使用越来越多;铆钉连接现在基本被螺栓连接和焊接连接所代替。

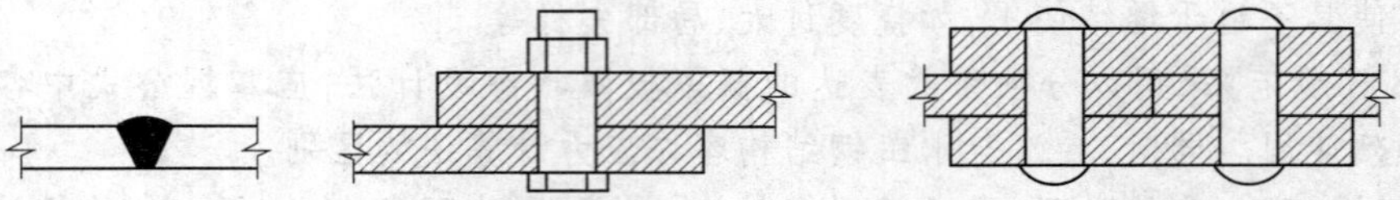

(a)焊接连接　(b)螺栓连接　(c)铆钉连接

图2-1　钢结构的连接方法

一、焊接连接

焊接是现代钢结构最主要的连接方法。通过电弧产生的热量同时熔化焊条和焊件,然后冷却凝结成焊缝,从而把钢材连接成一体。任何形状的结构都可以采用焊接连接。

优点:构造简单、加工方便、操作简便省工、工业化程度高、一般不需要拼接材料、节省钢材、刚度大、密闭性能好。

缺点:焊缝附近的钢材在焊接过程中形成热影响区,使材质变脆;塑性和韧性较差,施焊时容易产生焊接缺陷,使疲劳强度降低;焊接过程中的不均匀高温和冷却,使结构产生焊接残余应力和残余变形,对结构的刚度和使用性能有一定的影响;连接刚度大,局部裂缝一旦产生便容易扩展到整体,尤其是在低温下易发生脆断。

二、螺栓连接

螺栓连接是通过扳手施拧使螺栓产生紧固力,将被连接构件连接成一体。螺栓连接分为普通螺栓连接和高强度螺栓连接两种。

优点：施工工艺简单、安装拆卸方便、可以提高工程进度。适用于工地安装连接及装拆结构和临时性的连接。

缺点：螺栓连接需要开孔，对构件截面有一定的削弱，加之制孔比较费工，且被连接的构件在拼接和安装时必须对孔，制造精度要求比较高。有时还需要增设辅助连接件，使钢材用料增加。

(一) 普通螺栓连接

普通螺栓连接分为A、B、C三级，A、B级称为精制螺栓，C级称为粗制螺栓。精制螺栓表面须经车床加工，故其尺寸准确、精度较高，须配精度较高和孔壁表面粗糙度较低的Ⅰ类孔(一般须钻小孔，组装后再铰孔或铣孔)。孔径 d_0 比螺栓杆径 d 大0.3～0.5 mm，受剪性能良好，但由于制造和安装比较费工，已很少采用。粗制螺栓表面不经特别加工，不仅粗糙且尺寸误差大，只须配用精度和孔壁粗糙度一般的Ⅱ类孔(通常一次冲成或钻成设计孔径)。一般情况下，当 $d \leqslant 16$ mm 时，孔径 d_0 比螺栓杆径 d 大1.5 mm；当 $d=18 \sim 24$ mm 时，d_0 比 d 大2 mm；当 $d=27 \sim 30$ mm 时，d_0 比 d 大3 mm。粗制螺栓连接由于与螺栓孔径间空隙较大，受剪时板件间将发生较大的相对滑移变形，直至螺栓杆与孔壁接触，受剪性能较差。由于操作简单、施工方便、无特殊设备、应用广泛，常用于承受拉力的安装螺栓连接、次要结构和可拆卸结构的受剪连接以及安装时的临时连接。

(二) 高强度螺栓连接

高强度螺栓是采用强度较高的钢材制成，利用特制的扳手对栓杆施加强大的紧固预拉力，夹紧被连接构件。高强度螺栓连接分为摩擦型和承压型两种。在使用期间外力不超过板件接触面间的最大摩擦力，以外力达到板件接触面的最大摩擦力为极限状态，板件间不会发生相对的滑移，被连接构件弹性受力，称为高强度螺栓摩擦型连接。相反，如果外力超过板件接触面间的最大摩擦力，并产生相对的滑移，依靠栓杆受剪和孔壁承压以及板件接触面间的摩擦传力，则称为高强度螺栓承压型连接。此时，以栓杆剪切或孔壁承压破坏为极限状态，其后期的受力同普通螺栓连接。

高强度螺栓摩擦型连接的优点是加工方便、对构件截面削弱较小、可拆卸、能承受动力荷载、耐疲劳、韧性和塑性好。高强度螺栓承压型连接的优点是克服摩擦力产生相对滑移后可继续承载，设计承载力大，可节省螺栓用量；缺点是与摩擦型相比变形大、刚度较差、动力性能较差、强度储备小，只适用于承受允许一定滑移的静力荷载或间接动力荷载的结构。螺栓孔采用钻成孔，摩擦型连接螺栓的孔径 d_0 比螺栓杆的直径 d 大1.5～2.0 mm，承压型连接螺栓的孔径 d_0 比螺栓杆的孔径 d 大1.0～1.5 mm。

三、铆钉连接

铆钉连接是用一端带有半圆形预制钉头的铆钉，经加热后插入被连接件的钉孔中，用铆钉枪连续锤击或用压铆机挤压铆成钉头，使连接件被铆钉夹紧形成固定的连接。铆钉连接传力可靠，塑性和韧性均较好，但制造费工费料、打铆噪音大、工作条件差，目前基本被焊接和螺栓连接所取代。

第二节　焊接连接

一、焊接方法

钢结构中一般采用的焊接方法有手工电弧焊、自动或半自动埋弧焊、电阻焊和气体保护焊。

(一)手工电弧焊

图 2-2 是手工电弧焊的原理示意图,它由焊条、焊钳、焊件和导线等组成电路。手工电弧焊是利用通电后焊条和焊件之间产生的强大电弧,使电弧周围的金属变成液态,形成熔池,融化的焊条滴落在熔池中,并与焊件融化部分结合,冷却后形成焊缝。焊条药皮在焊接过程中产生气体和熔渣覆盖着熔池,防止空气中的氧、氮等气体与融化的液体金属接触,避免形成脆性易裂的化合物。

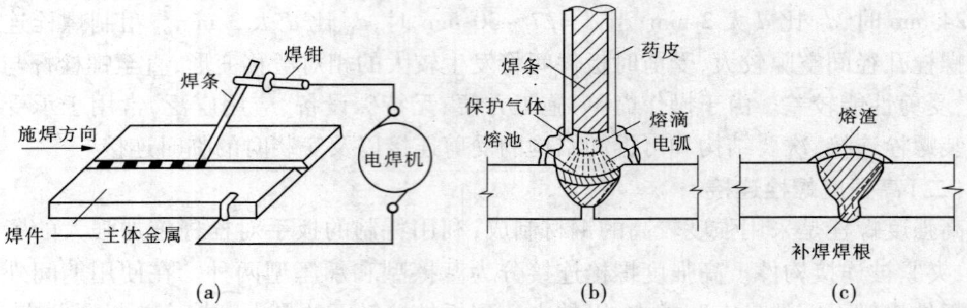

图 2-2　手工电弧焊的原理示意图

手工电弧焊的设备简单、操作灵活方便,适用于任意空间位置的焊接,特别适用于焊接短焊缝。但生产效率低、劳动强度大,焊接质量与焊工的技术水平有很大的关系。

手工电弧焊常采用的焊条有碳钢焊条和低合金钢焊条,符合《碳钢焊条》(GB/T 5117—1995)或《低合金钢焊条》(GB/T 5118—1995)的规定。标准中焊条型号的表示方法按熔敷金属的抗拉强度、药皮类型、焊接位置和电源种类等确定。其中,E 表示焊条,前两位数字表示焊条熔敷金属抗拉强度的最小值,单位为 kgf❶/mm^2;碳素钢有 E43 和 E50 两种系列,低合金钢焊条在钢结构中仅采用 E50 和 E55 两种系列。型号的第三位数字表示焊条适用的焊接位置,0 和 1 表示适用于全位置(平、立、仰、横)焊接,2 表示适用于平焊和平角焊,4 表示适用于向下立焊。第三位和第四位数字组合在一起,表示焊接电流种类和药皮类型。低合金钢焊条的后缀符号表示熔敷金属化学成分的分类符号,如 A1 表示碳钼钢焊条,D3 表示锰钼钢焊条,G、W 表示其他根据合金元素需要的其他低合金钢焊条。

在选用焊条时,应与主体金属相匹配。一般情况下,对 Q235 钢采用 E43 型焊条,对 Q345 钢采用 E50 型焊条, 对 Q390 钢和 Q420 钢采用 E55 型焊条。当不同强度的两种钢

❶ 1 kgf = 9.806 65 N。

材进行连接时，宜采用与低强度钢材相适应的焊条。

（二）自动或半自动埋弧焊

图 2-3 所示为自动埋弧焊原理图。采用设有涂层的焊丝插入从漏斗中流出的覆盖在被焊金属面上的焊剂中，通电后高温的电弧熔化了焊丝和焊剂，熔化的焊剂浮在熔化的金属表面上，保护熔化金属不与外界空气接触，有时焊剂还可提供焊缝必要的合金元素，改善焊缝质量。当焊丝随着焊机的自动移动而下降和熔化时，颗粒状的焊剂不断从漏斗流下埋住炫目电弧，全部焊接过程自动进行时，称为自动埋弧焊。焊机移动由人工操纵时，称为半自动埋弧焊。

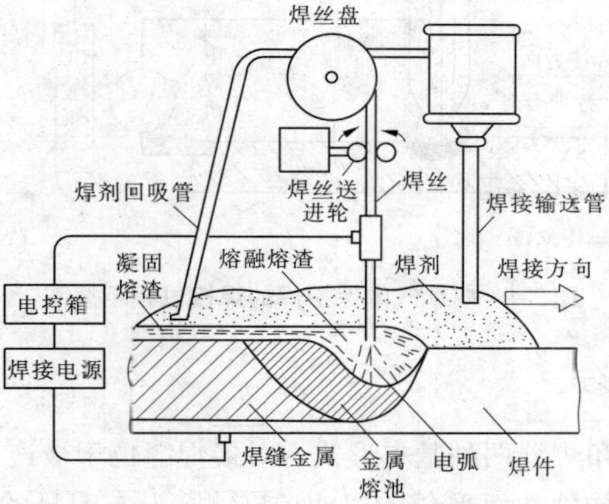

图 2-3 自动埋弧焊原理示意图

埋弧焊的焊接速度快、生产效率高、成本低、工作条件好。自动埋弧焊由于电流较大、电弧热量集中、熔深大、焊缝质量均匀、内部缺陷比较少、塑性和冲击韧性都好，所以质量优于手工电弧焊，但它只适用于焊接较长的直线焊缝。半自动埋弧焊质量介于手工电弧焊和自动埋弧焊之间，由人工操作，故适用于焊接曲线或任意形状的焊缝。

自动或半自动埋弧焊采用的焊丝和焊剂应与主体金属强度相适应，即熔敷金属的强度和韧性与主体金属的相匹配。焊丝应符合《熔化焊用钢丝》（GB/T 14957—1994）、《碳钢药芯焊丝》（GB/T 10045—2001）和《低合金钢药芯焊丝》（GB/T 17493—1998）的规定，焊剂则根据需要按《埋弧焊用碳钢焊丝和焊剂》（GB/T 5293—1999）和《低合金钢埋弧焊用焊剂》（GB/T 12470—1990）相配合。

（三）电阻焊

电阻焊利用电流通过焊件接触点表面产生的热量来熔化金属，再通过压力使其焊合。冷弯薄壁型钢的焊接常采用电阻焊。电阻焊适用于板叠厚度不超过 12 mm 的焊接。

（四）气体保护焊

气体保护焊是利用惰性气体或 CO_2 气体作为保护介质，在电弧周围形成保护层，使被熔化的金属与空气隔绝，以保护焊接过程的稳定。由于焊接时没有焊剂产生的熔渣，便于观察焊缝的成型过程，但操作时须在室内避风处，在工地须搭设防风棚。

气体保护焊电弧加热集中、焊接速度较快、熔深大、热影响区较窄、焊接变形小，故焊接强度比手工焊的高，塑性好，具有较高的抗腐蚀能力。但设备较复杂，电弧光较强，金属飞溅多，焊缝表面成型不如埋弧焊平滑。适用于厚钢板或特厚钢板（$t \geq 100$ mm）的焊接。

CO_2 气体保护焊采用的焊丝应符合《气体保护电弧焊用碳钢、低合金钢焊丝》（GB/T 8110—1995）的规定，二氧化碳应符合《焊接用二氧化碳》（HG/T 2537—2008）的规定。CO_2 气体保护焊的焊接过程示意图如图 2-4 所示。

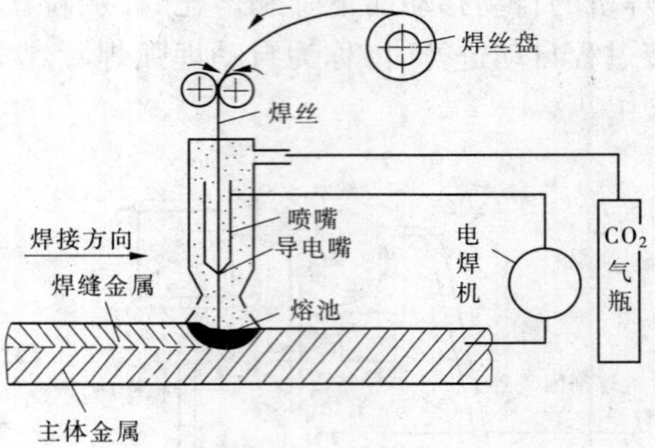

图 2-4 CO_2 气体保护焊的焊接过程示意图

二、焊接连接的形式

焊缝有对接焊缝和角焊缝两种基本形式。对接焊缝位于被连接板件或其中一个板件的平面内且焊缝截面与构件截面重合，传力均匀平顺，没有明显的应力集中，受力性能较好，用量经济，多应用于直接承受动力荷载的接头中，但是焊件边缘需要加工，对被连接两板的间隙和坡口尺寸有严格的要求。角焊缝位于板件边缘，传力不均匀，受力情况复杂，受力不均匀容易引起应力集中；但因不需要开坡口，尺寸和位置要求精度稍低，使用灵活，制造较方便，故得到广泛应用。应用时，结合构造、安装和焊接条件进行合理选择。

焊缝连接按所连接构件的相对位置分为对接、T 形连接、搭接和角接 4 种类型（见图 2-5）。

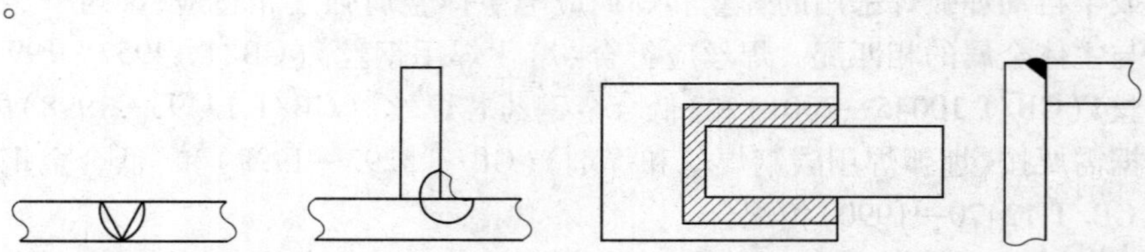

图 2-5 焊接连接形式

按作用力与焊缝方向之间的关系，对接焊缝可分为直缝和斜缝，角焊缝可分为正面角焊缝、侧面角焊缝和斜向角焊缝（见图 2-6）。

角焊缝按沿其长度方向的布置还可分为连续角焊缝和间断角焊缝两种（见图 2-7）。连续角焊缝受力情况较好、应用广泛，为主要的角焊缝形式；间断角焊缝的起弧和灭弧处容易引起严重的应力集中，重要结构应避免使用，只能用于次要构件的连接或受力很小的

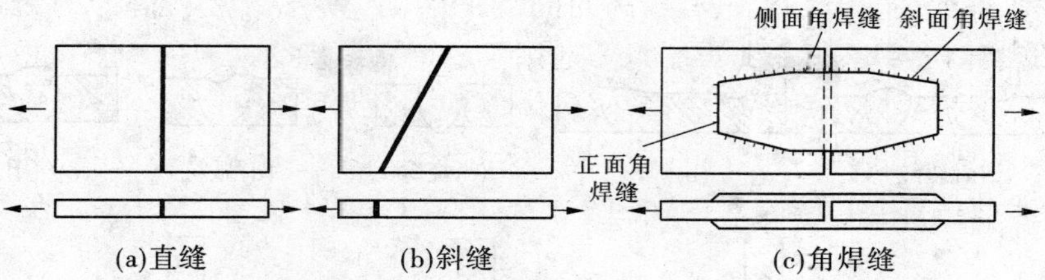

图 2-6　焊缝形式

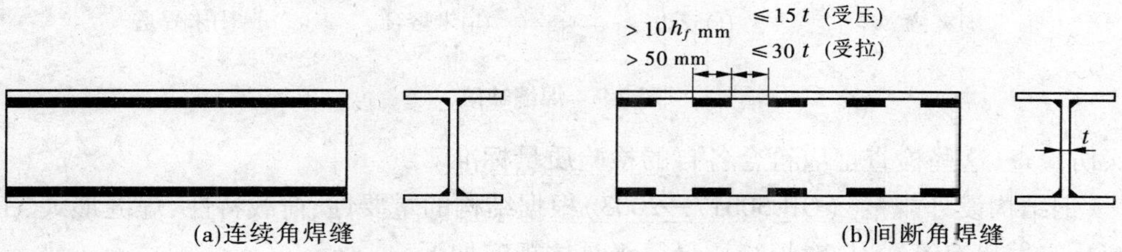

图 2-7　连续角焊缝和间断角焊缝

连接。受力间断角焊缝的间断距离不宜过大，对于受压构件应满足 $l \leqslant 15\ t$，对于受拉构件应满足 $l \leqslant 30\ t$（t 为较薄焊件厚度）。

焊缝按施焊位置分为平焊、立焊、横焊和仰焊（见图 2-8）。平焊亦称为俯焊，施焊方便，质量易保证；立焊、横焊施焊较难，质量和效率均低于平焊，要求焊工的操作水平较高。仰焊最为困难，施焊条件最差，质量不易保证，故设计和制造时应尽量避免。

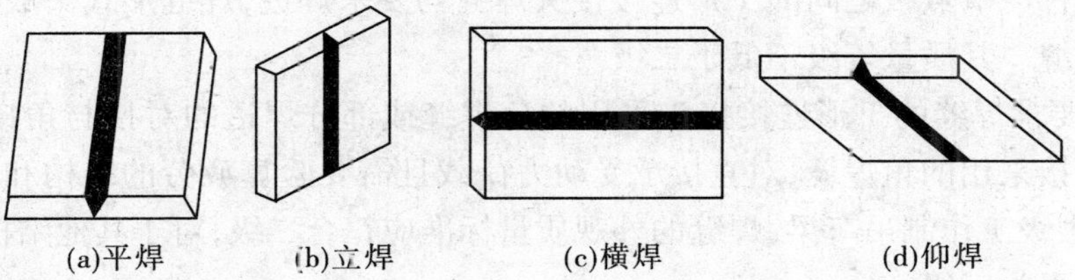

图 2-8　焊缝施焊位置

三、焊接连接的缺陷及焊缝质量检验

焊接连接的缺陷是指在焊接过程中，产生于焊缝金属或附近热影响区钢材表面或内部的缺陷。最常见的缺陷有裂纹、焊瘤、烧穿、弧坑、气孔、夹渣、咬边、未熔合、未焊透（规定部分焊透者除外）及焊缝外形尺寸不符合要求、焊缝成型不良等（见图 2-9）。它们将直接影响焊缝质量和连接强度，使焊缝受力面积削弱，且在缺陷处引起应力集中，导致产生裂纹，并由裂纹扩展引起断裂。

焊缝的质量检验，按《钢结构工程施工质量验收规范》（GB 50205—2001）分为三级，其中：三级焊缝只要求对全部焊缝作外观检查；二级焊缝除要求对全部焊缝作外观检查外，还须对部分焊缝作超声波等无损探伤检查；一级焊缝要求对全部焊缝作外观检查及无

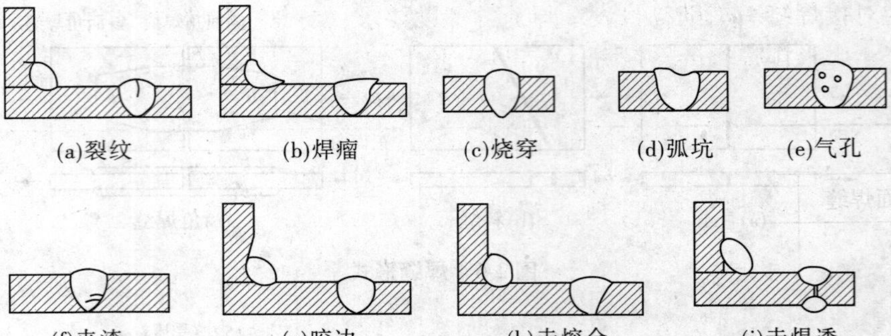

图 2-9　焊缝缺陷

损探伤检查,这些检查都应符合各自的检验质量标准。

《钢结构设计规范》(GB 50017—2003)根据结构的重要性、荷载特性、焊缝形式、工作环境及应力状态等情况,对焊缝质量等级具体规定如下:

(1)对于需要计算疲劳的构件:作用力垂直于焊缝长度方向的横向对接焊缝或T形对接与角接组合焊缝,受拉时应为一级,受压时应为二级;作用力平行于焊缝长度方向的纵向对接焊缝应为二级。

(2)不需要计算疲劳的构件,凡要求与母材等强的对接焊缝应焊透,受拉时质量等级不低于二级,受压时宜为二级。

(3)重级工作制和起重量 $Q \geqslant 50$ t的中级工作制吊车梁的腹板与上翼缘之间以及吊车桁架上弦杆与节点板之间的T形连接接头焊缝均要求焊透,焊缝形式一般为对接与角接的组合焊缝。其质量等级不低于二级。

(4)不要求焊缝的T形连接接头采用的角焊缝或部分焊透的对接与角接组合焊缝,以及搭接连接采用的角焊缝,对直接承受动力荷载且需要验算疲劳的结构和吊车起重量 $Q \geqslant 50$ t的中级工作制吊车梁,焊缝的外观质量标准应符合二级;对于其他结构,焊缝的外观质量标准可为三级。

从《钢结构设计规范》(GB 50017—2003)规定的四条原则可以看出焊缝质量等级选用的基本规律:受拉焊缝高于受压焊缝,受动力荷载焊缝高于受静力荷载焊缝。对接焊缝一般要求全焊透并与母材等强,作无损探伤检查,质量等级不宜低于二级。角焊缝一般只进行外观检查,质量等级为三级。

四、焊缝代号

焊缝代号由引出线、图形符号和辅助符号三部分组成。引出线由横线和带箭头的斜线组成。箭头指到图形当中的相应焊缝处,横线的上下面用来标注图形符号和焊缝尺寸。当引出线的箭头指向焊缝所在位置一侧时,将图形符号和焊缝尺寸标注在横线的上面;反之,则将图形符号和焊缝尺寸标注在水平横线的下面。必要时,可以在水平横线的末端加一尾部作为标注其他说明。图形符号表示焊缝的基本形式,如用◣表示角焊缝,V表示V

形坡口的对接焊缝。辅助符号表示焊缝的辅助要求，如⊢表示现场安装焊缝等。在表2-1中列举了一些常用焊缝的表示方法，可供参考。

表2-1　焊缝的代号

项目	角焊缝				对接焊缝	塞焊缝	三面围焊
	单面焊缝	双面焊缝	安装焊缝	相同焊缝			
形式	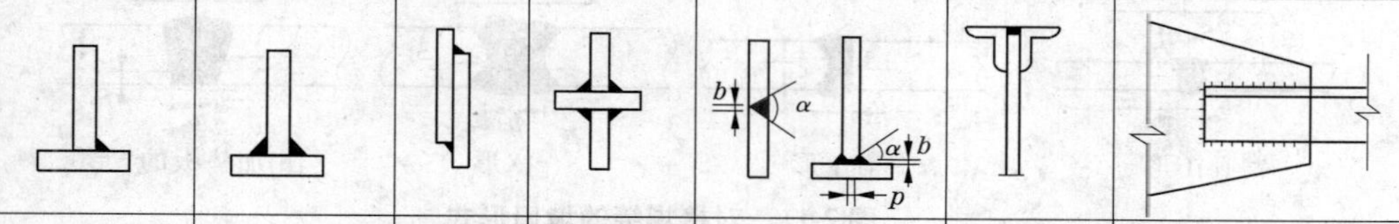						
标注方法	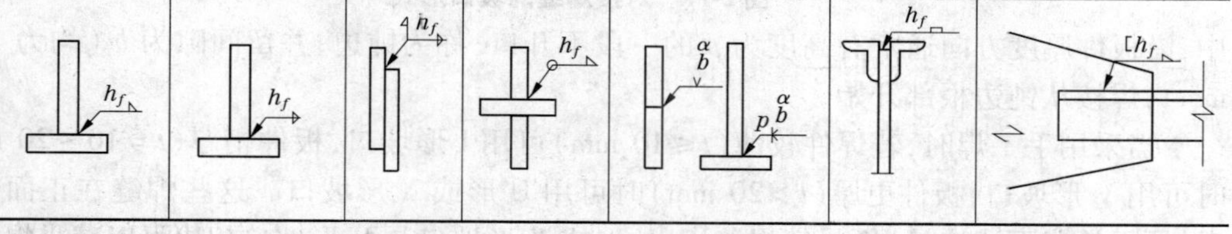						

当焊缝分布比较复杂或用上述标注方法无法表达清楚时，可在图形上加栅线表示（见图2-10）。

(a)正面焊缝　　(b)背面焊缝　　(c)安装焊缝

图2-10　用栅线表示焊缝

第三节　对接焊缝连接

一、对接焊缝的构造

对接焊缝按是否焊透可分为焊透的和部分焊透的两种。焊透的对接焊缝强度高，受力性能好，故一般均采用焊透的对接焊缝。只有当板件较厚而内力较小或甚至不受力时，才可采用部分焊透的对接焊缝，以省工省料和减小焊接变形。但由于它们未焊透，应力集中和残余应力严重，对于直接承受动力荷载的构件不宜采用。这里仅介绍焊透的焊接连接。

采用对接焊缝时，为了保证焊接质量，常常需要对焊件边缘加工成适当形式和尺寸的坡口，以便焊接时有必要的焊条运转空间，保证在板件全厚度内焊透。坡口形式随着板厚和焊接方法而不同。板越厚或手工焊时，坡口要相应加大，但应尽量减少对接焊缝的截面面积或体积。对接焊缝用料经济、传力均匀，无明显的应力集中，利于承受动力荷载，但需要开坡口，焊件长度要精确。

对接焊缝坡口的具体形式与尺寸应根据国家标准来确定。坡口形式通常有I形（即不开坡口）、单边V形、双边V形、J形、U形、K形和X形等，如图2-11所示。在各种坡口

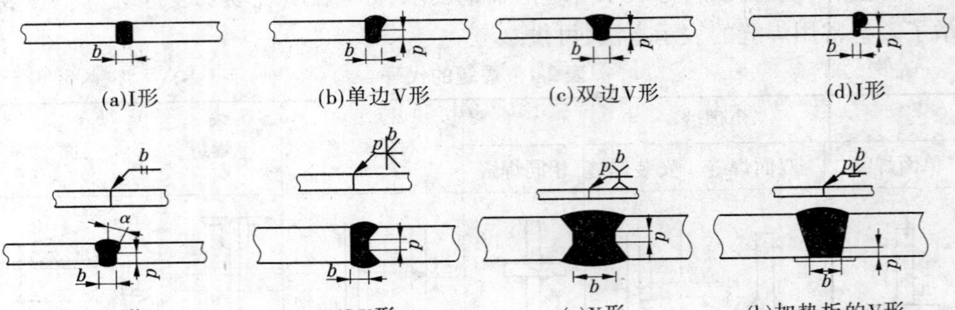

图 2-11 对接焊缝的坡口形式

中，沿板件厚度方向通常有高度为 p 的一段不开口，称为钝边，并留间隙为 b（均为 1 ~ 3 mm），焊接从钝边根部开始。

当采用手工焊时，若焊件较薄（$t \leqslant 10$ mm）可用 I 形坡口，板件稍厚（$t = 10 \sim 20$ mm）时可用 V 形坡口，板件更厚（$t > 20$ mm）时可用 U 形或 X 形坡口。这些焊缝在正面焊好后，须再从背面清渣补焊（封底焊缝）。U 形或 X 形坡口与 V 形坡口相比可以减小焊缝体积。其中，U 形加工较困难，X 形加工较简单，焊缝体积也小，常用于有翻转条件的焊件，以便从两面施焊。

在 T 形连接或角接接头中以及对接接头一边板件不便开坡口时，可采用单边 V 形、J 形或 K 形坡口。

埋弧焊的熔深较大，故同样坡口形式的适用板厚 t 可以适当加大，对接间隙 b 可稍小，钝边高度 p 可稍大。

在钢板厚度或宽度有变化的焊接中，为了使构件传力均匀、减少应力集中，应在板的一侧或两侧做坡度不大于 1∶2.5 的斜坡（见图 2-12），形成平缓的过渡。若板厚相差不大于 4 mm，则可不做斜坡。对于直接承受动力荷载且需计算疲劳的结构，上述变宽、变厚处的坡度不应大于 1∶4。

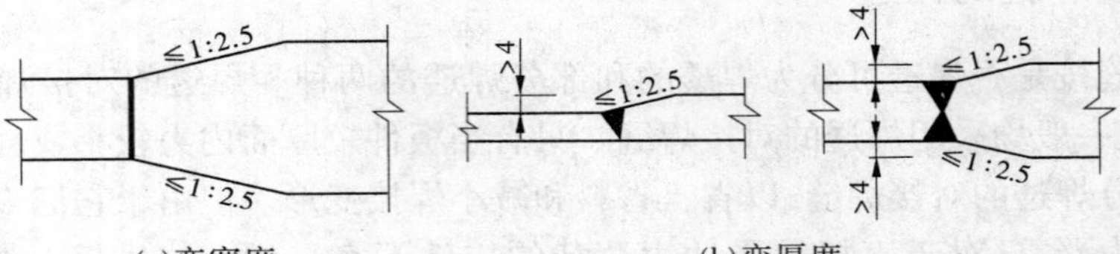

图 2-12 变截面钢板拼接 （单位：mm）

常因不能熔透而出现凹形的焊口，受力后易出现裂缝及应力集中。为消除这种不利情况，施焊时常将焊缝两端施焊至引弧板上，然后再将多余的部分割掉（见图 2-13），并用砂轮将表面磨平。在工厂焊接时可采用引弧板；在工地焊接时，除受动力荷载的结构外，一般不用引弧板，而在计算时将每条焊缝长度减去 $2t$（t 为连接件较小厚度）。

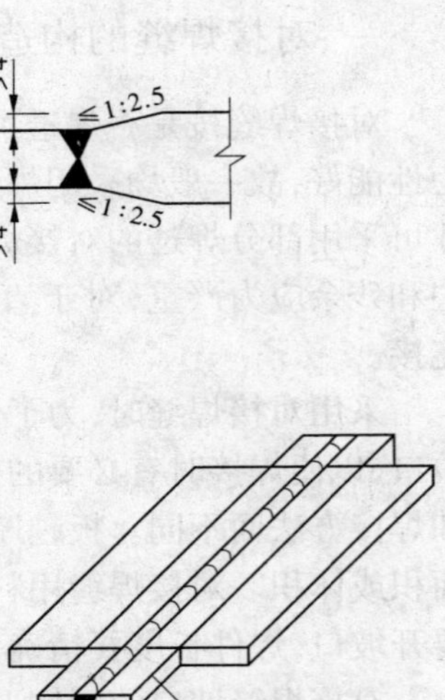

图 2-13 对接焊缝施焊用引弧板

二、对接焊缝的计算

对接焊缝的截面与被连接件截面基本相同，故焊缝中应力与被连接件截面的应力分布情况一致，设计时采用的强度计算式与被连接件的相同。

(一)轴心受力的对接焊缝的计算

轴心受力的对接焊缝示意图如图 2-14 所示。

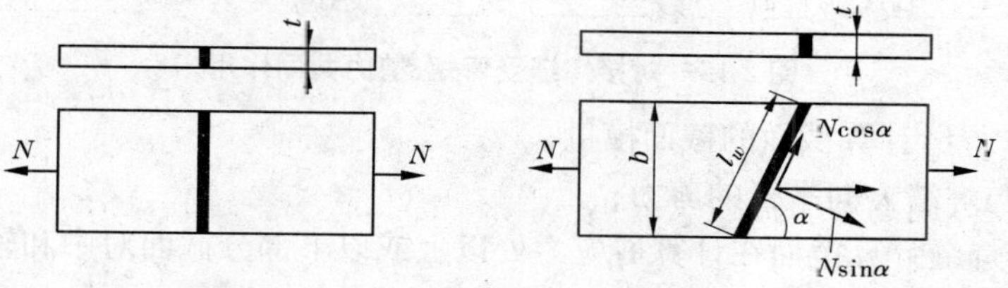

(a)直焊缝　　(b)斜焊缝

图 2-14　轴心受力的对接焊缝示意图

对接焊缝受垂直于焊缝长度方向的轴向力(拉力或压力)，焊缝强度按式(2-1)计算

$$\sigma = \frac{N}{l_w t} \leqslant f_t^w \text{ 或 } f_c^w \tag{2-1}$$

式中　N——轴心拉力或压力；

l_w——焊缝的计算长度，当采用引弧板时取焊缝的实际长度，当未采用引弧板时每条焊缝的计算长度取实际长度减去 $2t$；

t——板件较小厚度，T 形连接中为腹板厚度；

f_t^w、f_c^w——对接焊缝的抗拉强度、抗压强度设计值，按表 1-4 采用。

当按公式(2-1)计算的对接直焊缝的强度低于焊件的强度时，为了提高连接的承载能力，可将直焊缝移到受力较小的部位；不便移动时，可改为二级直焊缝或者可以改用斜焊缝(见图 2-14(b))。《钢结构设计规范》(GB 50017—2003)规定，当斜焊缝和作用力间夹角 θ 符合 $\tan\theta \leqslant 1.5$($\theta \leqslant 56°$)时，强度不低于母材，可不计算焊缝强度。

对于按一、二级标准检验焊缝质量的重要构件，焊缝和构件等强，不必计算。对有拉应力构件中的三级对接直焊缝，则须进行焊缝抗拉强度计算。

(二)弯矩、剪力共同作用时对接焊缝的计算

1. 矩形截面

图 2-15(a)为在弯矩 M、剪力 V 共同作用下的矩形截面对接焊缝连接。由于焊缝截面中的最大正应力和最大剪应力不在同一点上，故应用式(2-2)和式(2-3)分别验算其最大的正应力和剪应力，即

$$\sigma = \frac{M}{W_w} = \leqslant f_t^w \tag{2-2}$$

$$\tau_{\max} = \frac{VS_w}{I_w t} \leqslant f_v^w \tag{2-3}$$

式中　M——计算截面的弯矩；

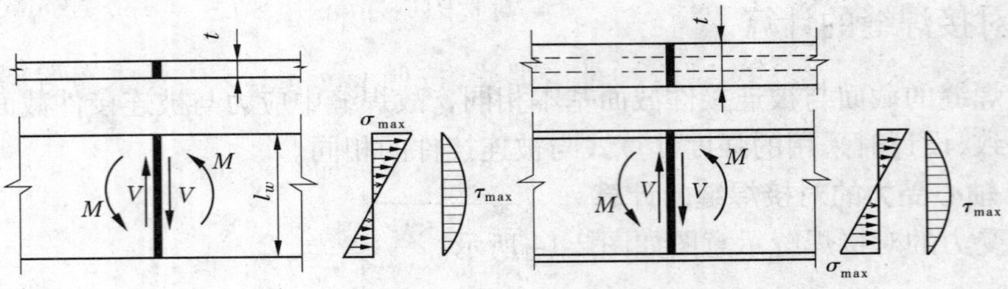

(a)矩形截面　(b)工字形截面

图 2-15　对接焊缝受弯矩、剪力共同作用

W_w—— 焊缝计算截面的截面模量;

V—— 与焊缝方向平行的剪力;

S_w—— 焊缝计算截面在计算剪应力处以上或以下部分截面对中和轴的面积矩;

I_w—— 焊缝计算截面对中和轴的惯性矩;

f_v^w—— 对接焊缝的抗剪强度设计值,按表 1-4 采用。

2. 工字形截面

图 2-15(b)为在弯矩 M、剪力 V 共同作用下的工字形截面对接焊缝连接,同时截面中的最大正应力和最大剪应力也不在同一点上,所以也应按式(2-2)和式(2-3)分别进行验算。此外,在同时受较大正应力 σ_1 和较大剪应力 τ_1 的翼缘与腹板交接处,还应按式(2-4)验算其折算应力,即

$$\sqrt{\sigma_1^2 + 3\tau_1^2} \leq 1.1 f_t^w \tag{2-4}$$

式中　σ_1—— 腹板对接焊缝端部处的正应力,按 $\sigma_1 = \sigma_{max}\dfrac{h_0}{h}$ 计算;

h_0—— 腹板高度;

τ_1—— 腹板对接焊缝端部处的剪应力,按 $\tau_1 = \dfrac{VS_{w1}}{I_w t_w}$ 计算;

I_w—— 工字形截面对中和轴的惯性矩;

S_{w1}—— 工字形截面受拉翼缘对截面中和轴的面积矩;

t_w—— 工字形截面腹板厚度;

1.1—— 考虑最大折算应力只在腹板端部处局部出现,而焊缝强度最低限值与最不利应力同时存在的几率较小,故将其强度设计值 f_t^w 提高 10%。

【例 2-1】　设计截面为 500 mm × 14 mm 钢板的对接焊缝拼接,见图 2-16。钢板承受轴心拉力,其中恒荷载和活荷载标准值引起的轴心拉力值分别为 700 kN 和 400 kN,相应的荷载分项系数分别为 1.2 和 1.4,已知钢材为 Q235BF,采用 E43 型焊条手工电弧焊,三级质量标准,施焊时未采用引弧板。

解:焊缝承受的轴心拉力设计值为

$$N = 700 \times 1.2 + 400 \times 1.4 = 1\ 400(\text{kN})$$

三级对接焊缝抗拉强度设计值　$f_t^w = 185\ \text{N/mm}^2$

先考虑用直焊缝验算其强度

$$\sigma = \frac{N}{l_w t} = \frac{1\ 400 \times 10^3}{(500 - 2 \times 14) \times 14} = 211.9(\text{N/mm}^2) > f_t^w = 185\ \text{N/mm}^2$$

直焊缝强度不够,故建议采用斜对接焊缝,按照 $\tan\theta \leqslant 1.5$ 的要求布置斜焊缝(见图 2-16)。

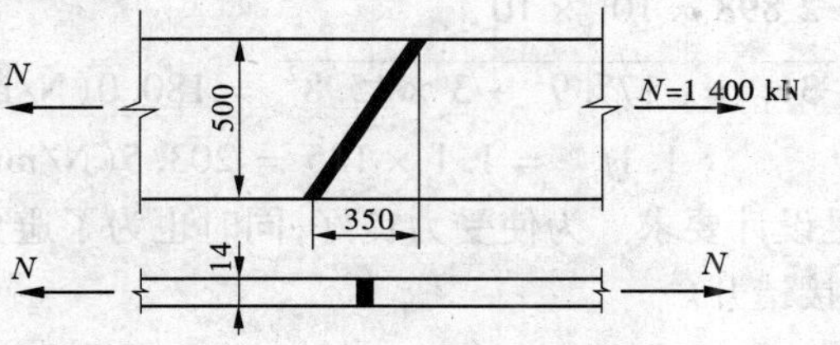

图 2-16　例 2-1 计算简图　(单位:mm)

【例 2-2】　8 m 跨度简支梁的截面和荷载设计值(梁自重包括在内)如图 2-17 所示,拟在离支座 2.5 m 处做翼缘和腹板的拼接,试设计其拼接对接焊缝。已知钢材为 Q235BF,采用 E43 型焊条手工电弧焊,三级质量标准,用引弧板施焊。

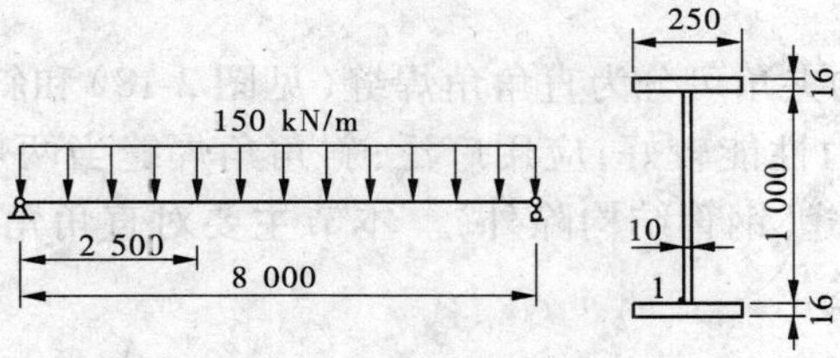

图 2-17　例 2-2 计算简图　(单位:mm)

解:离支座 2.5 m 处的内力设计值为

$$M = \frac{qab}{2} = \frac{150 \times 2.5 \times (8 - 2.5)}{2} = 1\ 031.25(\text{kN} \cdot \text{m})$$

$$V = q\left(\frac{l}{2} - a\right) = 150 \times \left(\frac{8}{2} - 2.5\right) = 225(\text{kN})$$

梁截面参数

$$I_w = \frac{250 \times 1\ 032^3 - 240 \times 1\ 000^3}{12} = 2\ 898 \times 10^6(\text{mm}^4)$$

$$W_w = \frac{2\ 898 \times 10^6}{516} = 5.616 \times 10^6(\text{mm}^3)$$

$$S_{1w} = 250 \times 16 \times 508 = 2.032 \times 10^6(\text{mm}^3)$$

$$S_w = S_{1w} + \frac{10 \times 500^2}{2} = 3.282 \times 10^6(\text{mm}^3)$$

先考虑翼缘和腹板都用直对接焊缝拼接,验算其强度

$$\sigma = \frac{M}{W_w} = \frac{1\ 031.25 \times 10^6}{5.616 \times 10^6} = 183.6(\text{N/mm}^2) < f_t^w = 185\ \text{N/mm}^2$$

$$\tau = \frac{VS}{I_w t} = \frac{225 \times 10^3 \times 3.282 \times 10^6}{2\ 898 \times 10^6 \times 10} = 25.5(\text{N/mm}^2) < f_v^w = 125\ \text{N/mm}^2$$

腹板和翼缘交接点 1 处

$$\sigma_1 = \sigma_{max}\frac{h_0}{h} = 183.6 \times \frac{1\ 000}{1\ 032} = 177.9(N/mm^2) < f_t^w = 185\ N/mm^2$$

$$\tau_1 = \frac{VS_{1w}}{I_w t} = \frac{225 \times 10^3 \times 2.032 \times 10^6}{2\ 898 \times 10^6 \times 10} = 15.8(N/mm^2) < f_v^w = 125\ N/mm^2$$

$$\sqrt{\sigma_1^2 + 3\tau_1^2} = \sqrt{177.9^2 + 3 \times 15.8^2} = 180.0(N/mm^2) <$$

$$1.1f_t^w = 1.1 \times 185 = 203.5(N/mm^2)$$

直焊缝拼接能满足设计要求。为使受力良好，同时也为了避免焊缝集中，在实际设计中，通常将三块板的拼接错开。

第四节　角焊缝的构造和计算

一、角焊缝的形式与构造

（一）角焊缝的形式

角焊缝按两焊脚边的夹角可分为直角角焊缝（见图 2-18）和斜角角焊缝（见图 2-19）两种。直角角焊缝的受力性能较好，应用广泛；斜角角焊缝当两焊脚边夹角 $\alpha > 120°$ 或 $\alpha < 60°$ 时，不宜作受力焊缝（钢管结构除外）。本节主要对直角角焊缝的构造、工作性能和计算方法加以详细论述。

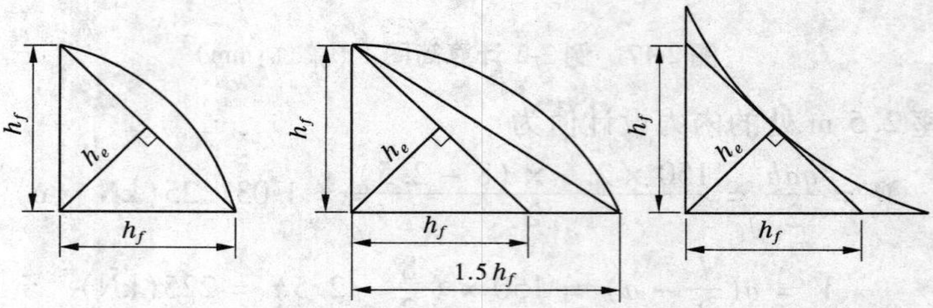

(a)普通型　　(b)平坦型　　(c)凹面型

图 2-18　直角角焊缝截面形式

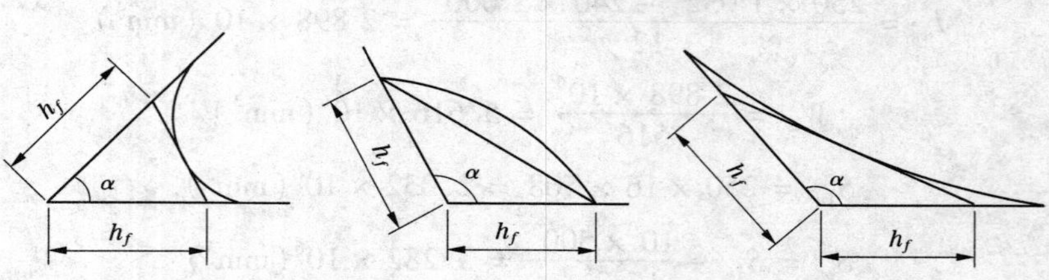

图 2-19　斜角角焊缝截面形式

角焊缝按其与外力作用方向的不同可分为平行于力作用方向的侧面角焊缝、垂直于力作用方向的正面角焊缝（也可称端焊缝）和与力作用方向斜交的斜向角焊缝三种（见图 2-20）。

角焊缝按其截面形式可分为普通型、平坦型和凹面型三种（见图 2-18）。一般情况下

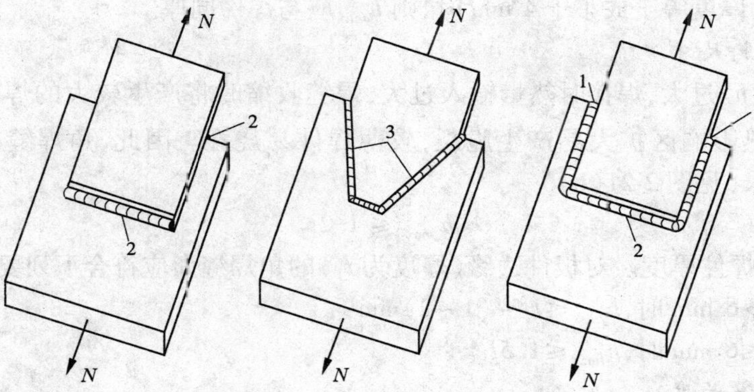

图 2-20　角焊缝的受力形式

采用普通型角焊缝,但其力线弯折,应力集中严重;对于正面角焊缝也可采用平坦型或凹面型角焊缝;对于承受直接动力荷载的结构,为使传力平缓,正面角焊缝宜采用平坦型(长边顺内力方向),侧面角焊缝则宜采用凹面型角焊缝。

普通型角焊缝截面的两个直角边长 h_f 称为焊脚尺寸。计算焊缝强度时,按最小截面即 $\alpha/2$ 角处截面(直角角焊缝在 45° 处截面)计算,该截面称为有效截面或计算截面。其截面厚度称为计算厚度 h_e(见图 2-18(a))。

直角角焊缝的计算厚度 $h_e=0.7h_f$,不计凸出部分的余高。平坦型焊缝和凹面型焊缝的 h_f 和 h_e 按图 2-18 采用。

(二)角焊缝的构造要求

1. 最小焊脚尺寸

如果板件厚度较大而焊缝焊脚尺寸过小,则施焊时焊缝冷却速度过快,可能产生淬硬组织,易使焊缝附近主体金属产生裂纹。因此,《规范》规定角焊缝的最小焊脚尺寸 $h_{f\min}$ 应满足式(2-5)的要求(见图 2-21(a)),即

$$h_{f\min} \geqslant 1.5\sqrt{t_1} \tag{2-5}$$

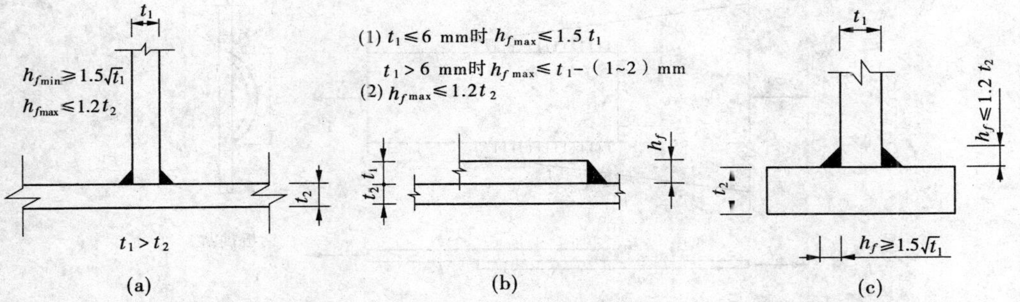

图 2-21　角焊缝的焊脚尺寸

此处 t_1 为较厚焊件的厚度,以 mm 计。自动焊的热量集中,因而熔深较大,故最小焊脚尺寸 $h_{f\min}$ 可较式(2-5)减小 1 mm。T 形连接单面角焊缝可靠性较差,$h_{f\min}$ 应较式(2-5)增加

1 mm。当焊件厚度等于或小于 4 mm 时，则 $h_{f\min}$应与焊件同厚。

2. 最大焊脚尺寸

角焊缝的 h_f 过大，焊接时热量输入过大，焊缝收缩时将产生较大的焊接残余应力和残余变形，且热影响区扩大易产生脆裂，较薄焊件易烧穿。因此，角焊缝的 $h_{f\max}$ 应满足式(2-6)的要求(见图 2-21(b))

$$h_{f\max} \leqslant 1.2t_2 \tag{2-6}$$

t_2 为较薄焊件厚度。对板件边缘(厚度为 t_1)的角焊缝尚应符合下列要求：

(1)当 $t_1>6$ mm 时，$h_{f\max} \leqslant t_1-(1\sim2)$ mm；

(2)当 $t_1 \leqslant 6$ mm 时，$h_{f\max} \leqslant 1.5t_1$。

3. 最小计算长度

角焊缝的焊缝长度过短，焊件局部受热严重，且施焊时起落弧坑相距过近，再加上一些可能产生的缺陷使焊缝不够可靠。因此，规定角焊缝的最小计算长度 $l_w \geqslant 8h_f$ 且不小于 40 mm。

4. 侧面角焊缝的最大计算长度

侧面角焊缝沿长度方向的剪应力分布很不均匀，两端大而中间小，且随焊缝长度与其焊脚尺寸之比的增大而更为严重。当焊缝过长时，其两端应力可能达到极限，而中间焊缝却未充分发挥作用。因此，侧面角焊缝的最大计算长度取 $l_w \leqslant 60h_f$。当侧缝的实际长度超过上述规定数值时，超过部分在计算中不予考虑；若内力沿侧面角焊缝全长分布，则不受此限制，例如工字形截面柱或梁的翼缘与腹板的角焊缝连接等。

5. 最小搭接长度

在搭接连接中，为减小因焊缝收缩产生过大的焊接残余应力及因偏心产生的附加弯矩，要求搭接长度 $l \geqslant 5t_2$，且不小于 25 mm。

6. 仅用两侧连接的构造要求

板件的端部仅用两侧面角焊缝连接时(见图 2-22)，为避免应力传递过于弯折而致使板件应力过于不均匀，应使焊缝长度 $l_w \geqslant b$；同时，为避免因焊缝收缩引起板件变形拱曲过大，应满足 $b \leqslant 16t$(当 $t>12$ mm 时)或 190 mm(当 $t \leqslant 12$ mm 时)。若不满足此规定则应加焊端缝。

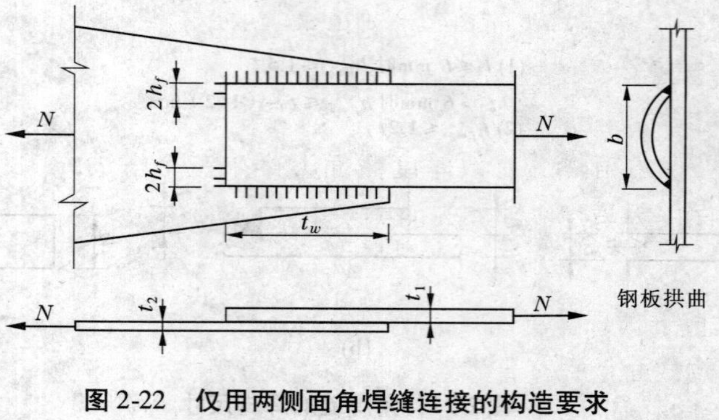

图 2-22　仅用两侧面角焊缝连接的构造要求

7. 角焊缝的绕角焊

当角焊缝的端部在构件的转角处时，为避免起落弧缺陷发生在此应力集中较大部位处，宜做长度为 $2h_f$ 的绕角焊（见图 2-23），且转角处必须连续施焊，以改善连接的受力工作。

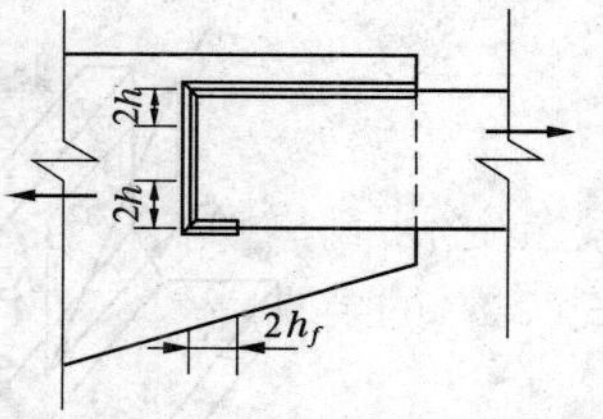

图 2-23　角焊缝的绕角焊

二、角焊缝的基本计算公式

（一）角焊缝的应力状况和强度

1. 侧面角焊缝

在图2-24（a）所示的轴向力 N 作用下，侧面角焊缝主要承受平行于焊缝长度方向的剪应力 $\tau_{/\!/}$。由于构件的内力传递集中到侧面，力线产生弯折，故在弹性阶段，$\tau_{/\!/}$ 沿焊缝长度方向分布不均匀，两端大、中间小，侧面角焊缝塑性较好，在长度适当的情况下，应力经重新分布渐趋均匀。侧面角焊缝的破坏常由两端开始，在出现裂缝后，通常沿 45°喉部截面迅速断裂。

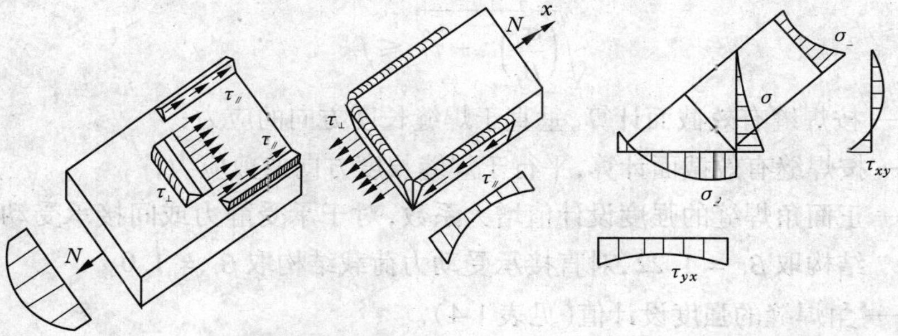

(a)侧面角焊缝　　(b)正面角焊缝

图 2-24　角焊缝的应力状态

2. 正面角焊缝

在轴向力 N 作用下，正面角焊缝中应力沿焊缝长度方向分布比较均匀，两端比中间略低，但应力状态比侧面角焊缝复杂。两焊脚边均有正应力和剪应力，且分布不均匀（见图 2-24（b）），在45° 喉部截面上有剪应力 $\tau_{/\!/}$ 和正应力 $\sigma_\perp$。由于在焊缝根部应力集中严重，裂缝首先在此处产生，随即整条焊缝断裂，破坏面不太均匀，除沿 45°喉部截面处，亦可能沿焊缝的两熔合边破坏。正面角焊缝刚度大、塑性较差、破坏时变形小，但强度较高，其平均破坏强度为侧面角焊缝的 1. 35 ~1. 55 倍。

（二）角焊缝有效截面上的应力

在外力作用下，直角角焊缝有效厚度截面上产生三个方向应力，即 $\tau_{/\!/}$、$\sigma_\perp$、$\tau_\perp$（见图 2-25）。三个方向应力与焊缝强度间的关系用式（2-7）表示为

$$\sqrt{\sigma_\perp^2+3(\tau_{/\!/}^2+\tau_\perp^2)}\leqslant\sqrt{3}f_f^w \tag{2-7}$$

式中　$\sigma_\perp$ —— 垂直于角焊缝有效截面上的应力；

$\tau_\perp$ —— 有效截面上垂直于焊缝长度方向的剪应力；

$\tau_{/\!/}$ —— 有效截面上平行于焊缝长度方向的剪应力；

f_f^w—— 角焊缝的强度设计值（见表 1-4）。

将 $\sigma_\perp$、$\tau_\perp$ 和 $\tau_{/\!/}$ 代入式（2-7）得到角焊缝的一般强度计算表达式为

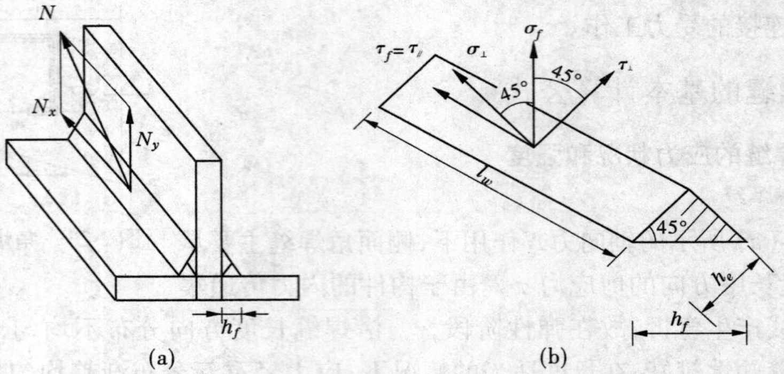

图 2-25　角焊缝的应力分析

$$\sqrt{\left(\frac{\sigma_f}{\beta_f}\right)^2+\tau_f^2}\leqslant f_f^w \tag{2-8}$$

式中　σ_f—— 按焊缝有效截面计算,垂直于焊缝长度方向的应力;

τ_f—— 按焊缝有效截面计算,平行于焊缝长度方向的剪应力;

β_f—— 正面角焊缝的强度设计值增大系数,对于承受静力或间接承受动力荷载的结构取 $\beta_f=1.22$,对直接承受动力荷载结构取 $\beta_f=1.0$;

f_f^w—— 角焊缝的强度设计值(见表 1-4)。

三、角焊缝连接的计算

(一)角焊缝受轴心力作用时的计算

当作用力通过角焊缝群形心时,焊缝沿长度方向的应力均匀分布。由于作用力与焊缝长度方向间的关系不同,计算表达式有所不同,分别为:

(1)侧面角焊缝或作用力平行于焊缝长度方向的角焊缝强度计算表达式为

$$\tau_f=\frac{N}{h_e\sum l_w}\leqslant f_f^w \tag{2-9}$$

(2)正面角焊缝或作用力垂直于焊缝长度方向的角焊缝强度计算表达式为

$$\sigma_f=\frac{N}{h_e\sum l_w}\leqslant \beta_f f_f^w \tag{2-10}$$

(3)由侧面、正面角焊缝组成的三面围焊时,应分别计算在两个方向作用下的应力,然后按式(2-8)计算强度。

(4)由侧面、正面和斜向角焊缝组成的周围角焊缝,假设破坏时各部分角焊缝都达到各自的极限强度,则

$$\frac{N}{\sum(\beta_f h_e l_w)}\leqslant f_f^w \tag{2-11}$$

对于承受静力和间接动力荷载的结构,β_f 按下列规定取用:侧面角焊缝部分取 β_f =

1.0；正面角焊缝部分取 $\beta_f = 1.22$；斜向角焊缝部分取 $\beta_f = \beta_{f\theta} = \dfrac{1}{\sqrt{1-\frac{1}{3}\sin^2\theta}}$ 计算，$\beta_{f\theta}$ 称为斜向角焊缝强度增大系数，其值为1.0～1.22，按表2-2取用。对直接承受动力荷载的结构 $\beta_f = 1.0$。

表2-2　斜向角焊缝强度增大系数 $\beta_{f\theta}$

θ	0°	20°	30°	40°	45°	50°	60°	70°	80°～90°
$\beta_{f\theta}$	1.0	1.02	1.04	1.08	1.10	1.11	1.15	1.19	1.22

设计角焊缝时，考虑到每条焊缝起弧和灭弧的缺陷，每条焊缝的计算长度取实际长度减去 $2h_f$。

（二）在轴向力作用下，角钢用角焊缝连接的计算

角钢用角焊缝连接可以采用两侧面焊缝、三面围焊和L形围焊三种方式。为了避免偏心受力，应使焊缝传递的合力作用线与角钢杆件的轴线重合。

1. 两侧面焊缝连接时

当两侧面焊缝连接时（见图2-26(a)），由于角钢截面重心轴线到肢背和肢尖的距离

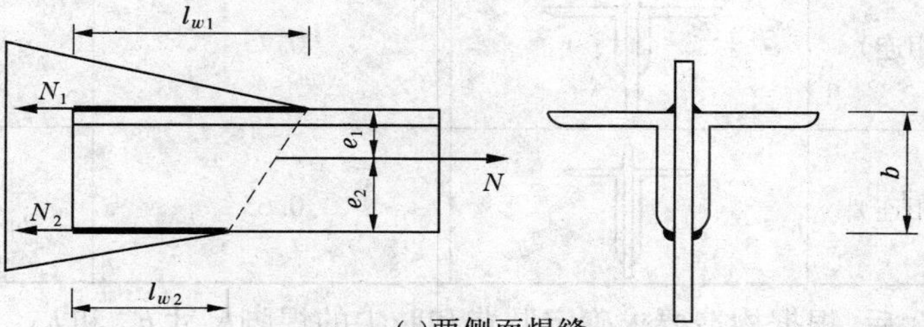

(a)两侧面焊缝

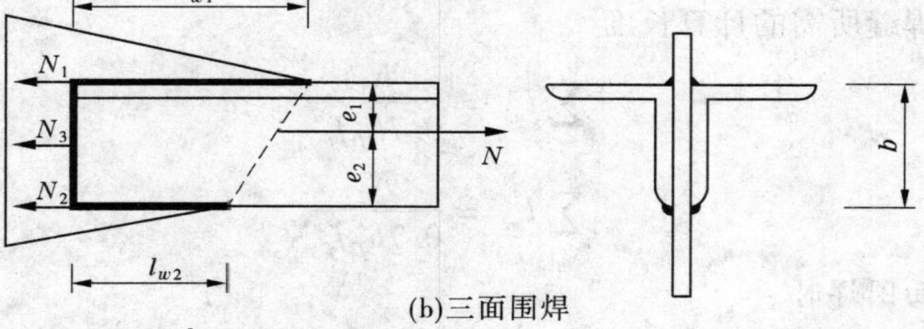

(b)三面围焊

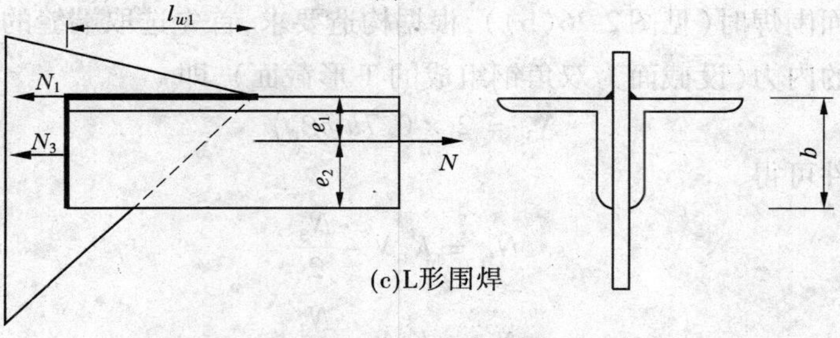

(c)L形围焊

图2-26　角钢与钢板的角焊缝连接

不相等，靠近重心轴线的肢背焊缝承受较大的内力。设 N_1、N_2 分别为角钢肢背和肢尖焊缝承受的内力，由力矩平衡条件可得

$$N_1 = \frac{e_2}{e_1 + e_2}N = K_1 N \tag{2-12}$$

$$N_2 = \frac{e_1}{e_1 + e_2}N = K_2 N \tag{2-13}$$

式中　e_1、e_2——角钢与连接板贴合肢重心轴线到肢背、肢尖的距离；

K_1、K_2——角钢肢背、角钢肢尖焊缝的内力分配系数，实际设计时，可按表 2-3 的近似值采用。

表 2-3　角钢侧面角焊缝内力分配系数

角钢类型	连接情况	分配系数	
		角钢肢背 K_1	角钢肢尖 K_2
等边	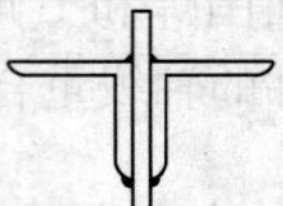	0.70	0.30
不等边（短肢相连）	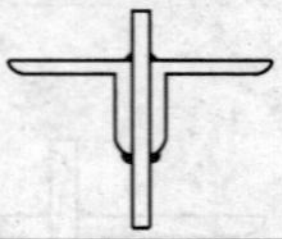	0.75	0.25
不等边（长肢相连）		0.65	0.35

算得 N_1、N_2 后，根据构造要求确定肢背和肢尖的焊脚尺寸 h_{f1} 和 h_{f2}，然后分别计算角钢肢背和肢尖焊缝所需的计算长度

$$\sum l_{w1} = \frac{N_1}{0.7h_{f1}f_f^w} \tag{2-14}$$

$$\sum l_{w2} = \frac{N_2}{0.7h_{f2}f_f^w} \tag{2-15}$$

2. 采用三面围焊时

当采用三面围焊时（见图 2-26(b)），根据构造要求，首先选取端缝的焊脚尺寸 h_f 并计算其所能承受的内力（设截面为双角钢组成的 T 形截面），即

$$N_3 = 2 \times 0.7h_f b\beta_f f_f^w \tag{2-16}$$

由平衡条件可得

$$N_1 = K_1 N - \frac{N_3}{2} \tag{2-17}$$

$$N_2 = K_2 N - \frac{N_3}{2} \tag{2-18}$$

同样，由 N_1、N_2 分别计算角钢肢背和肢尖的侧面焊缝。

3. 采用 L 形围焊时

当采用 L 形围焊时(见图 2-26(c)),L 形围焊中由于角钢肢尖无焊缝,可令式(2-18)中的 $N_2=0$,可得到

$$N_3 = 2K_2N \tag{2-19}$$

$$N_1 = N - N_3 = (1-2K_2)N \tag{2-20}$$

求得 N_1 和 N_3 后,可分别计算角钢正面角焊缝和肢背侧面角焊缝。

【例 2-3】　如图 2-27 所示为一双盖板的角焊缝对接接头。已知钢板截面为 400 mm × 14 mm,承受轴向力设计值 $N=920$ kN(静力荷载),钢材为 Q235BF,手工焊,焊条为 E43 型,采用三面围焊。试设计此连接。

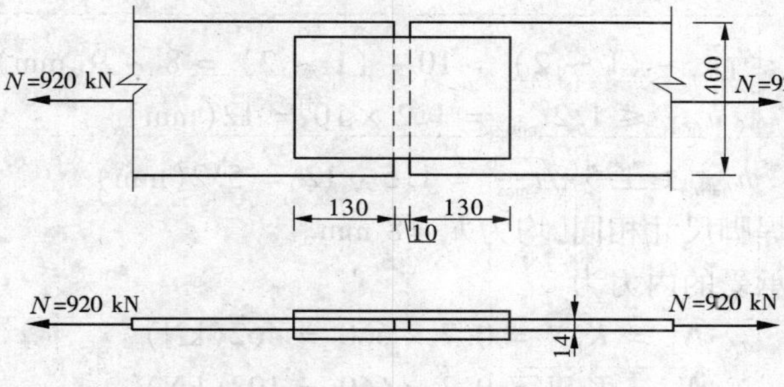

图 2-27　例 2-3 计算简图　(单位:mm)

解:根据盖板与母材等强的原则,取盖板为 2 – 360 mm × 8 mm,则

$$A = 2\times 360\times 8 = 5\,760(\text{mm}^2) \approx 400\times 14 = 5\,600(\text{mm}^2)$$

角焊缝的焊接尺寸

$$h_{f\max} \leqslant t_{\min} - (1\sim 2) = 8-(1\sim 2) = 6\sim 7(\text{mm})$$

$$h_{f\max} \leqslant 1.2t_{\min} = 1.2\times 8 = 9.6(\text{mm})$$

$$h_{f\min} \geqslant 1.5\sqrt{t_{\max}} = 1.5\sqrt{14} = 5.6(\text{mm})$$

取 $h_f=6$ mm,角焊缝的强度设计值为 $f_f^w=160$ N/mm²。

采用三面围焊,端焊缝承受的内力为

$$N' = 2\times 0.7h_f b\beta_f f_f^w = 2\times 0.7\times 6\times 360\times 1.22\times 160 = 590\,285(\text{N}) \approx 590 \text{ kN}$$

侧面角焊缝实际长度为

$$l_w = \frac{N-N'}{4h_e f_f^w} + h_f = \frac{(920-590)\times 10^3}{4\times 0.7\times 6\times 160} + 6 = 129(\text{mm})$$

取 $l_w=130$ mm。

拼接盖板的长度为

$$l = 2l_w + 10 = 2\times 130 + 10 = 270(\text{mm})$$

【例 2-4】　如图 2-28 所示,角钢和节点板采用两侧面焊缝连接。$N=660$ kN(静力荷载设计值),角钢为 2∠100 × 10,节点板厚度 $t=12$ mm,钢材为 Q235BF,焊条为 E43 型,手工焊。试确定所需的角焊缝的长度和焊脚尺寸。

解:角焊缝的强度设计值为　　$f_f^w=160$ N/mm²

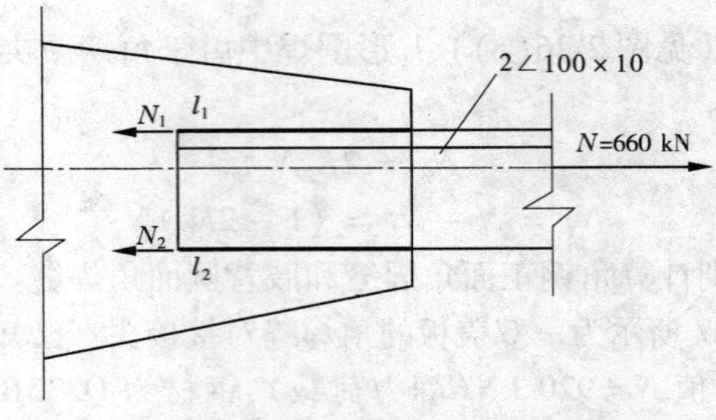

图 2-28　例 2-4 计算简图

焊缝尺寸

$$h_{f\max} \leqslant t_{\min} - (1 \sim 2) = 10 - (1 \sim 2) = 8 \sim 9(\mathrm{mm})$$

$$h_{f\max} \leqslant 1.2t_{\min} = 1.2 \times 10 = 12(\mathrm{mm})$$

$$h_{f\min} \geqslant 1.5\sqrt{t_{\max}} = 1.5\sqrt{12} = 5.2(\mathrm{mm})$$

取肢背和肢尖的焊脚尺寸相同，均为 $h_f = 8$ mm。

肢背和肢尖处所承受的内力为

$$N_1 = K_1 N = 0.7 \times 660 = 462(\mathrm{kN})$$

$$N_2 = K_2 N = 0.3 \times 660 = 198(\mathrm{kN})$$

肢背和肢尖焊缝所需要的计算长度为

$$l_{w1} = \frac{N_1}{2 \times 0.7 h_f f_f^w} = \frac{462 \times 10^3}{2 \times 0.7 \times 8 \times 160} = 257.8(\mathrm{mm})$$

$$l_{w2} = \frac{N_2}{2 \times 0.7 h_f f_f^w} = \frac{198 \times 10^3}{2 \times 0.7 \times 8 \times 160} = 110.5(\mathrm{mm})$$

肢背和肢尖焊缝所需的实际长度为

$$l_1 = l_{w1} + 2h_f = 257.8 + 2 \times 8 = 273.8(\mathrm{mm})$$

取 275 mm。

$$l_2 = l_{w2} + 2h_f = 110.5 + 2 \times 8 = 126.5(\mathrm{mm})$$

取 130 mm。

（三）在弯矩、剪力和轴心力共同作用下的 T 形连接角焊缝计算

图 2-29 所示为一同时承受弯矩 M、剪力 V 和轴心力 N 作用的 T 形连接。焊缝的 A 点为最危险点。计算时，先分别计算角焊缝在弯矩、剪力和轴心力作用下所产生的应力，然后按公式(2-8) 进行组合。

在轴心力 N 作用下，产生垂直于焊缝长度方向的应力为

$$\sigma_f^N = \frac{N}{A_w} = \frac{N}{2h_e l_w} \tag{2-21}$$

在弯矩作用下，产生垂直于焊缝长度方向呈三角形分布的应力为

$$\sigma_f^M = \frac{M}{W_w} = \frac{6M}{2h_e l_w^2} \tag{2-22}$$

在剪力作用下，产生平行于焊缝长度方向的应力为

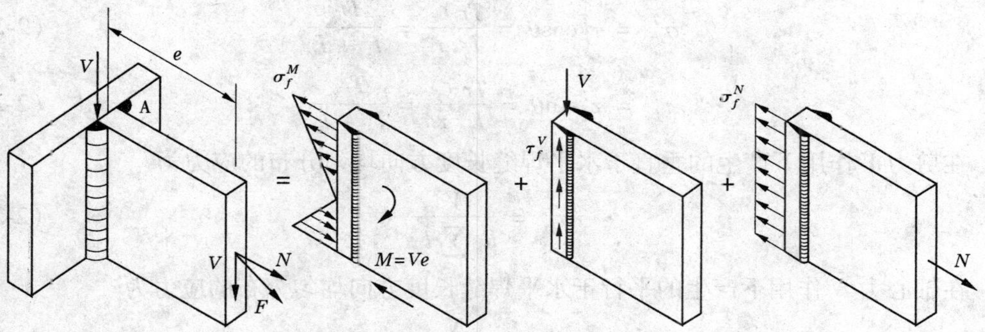

图 2-29　弯矩、剪力和轴心力共同作用时 T 形接头角焊缝

$$\tau_f^V = \frac{V}{A_w} = \frac{V}{2h_e l_w} \tag{2-23}$$

代入式（2-8）得

$$\sqrt{\left(\frac{\sigma_f^N + \sigma_f^M}{\beta_f}\right)^2 + \tau_f^2} \leqslant f_f^w \tag{2-24}$$

式中　A_w—— 角焊缝的有效截面面积；

　　　W_w—— 角焊缝的有效截面模量。

（四）扭矩、剪力和轴心力共同作用下的角焊缝计算

如图 2-30（a）所示为一受斜向力 F 作用的角焊缝连接搭接接头。将力 F 分解并向角焊缝有效载面的形心 O 简化后，可与图 2-30（b）所示的 $T = Ve$、V 和 N 共同作用等效。

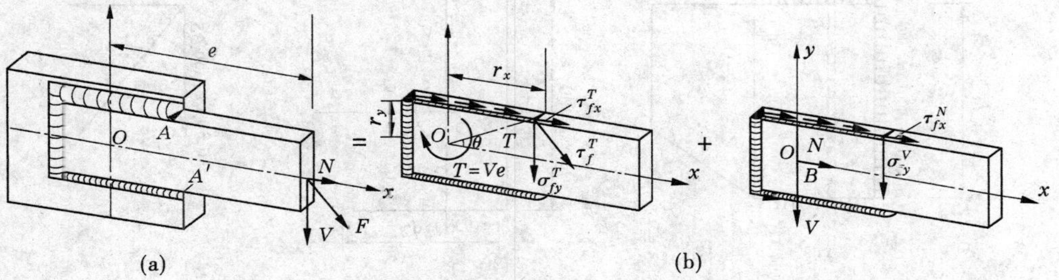

图 2-30　扭矩、剪力和轴心力共同作用时搭接接头的角焊缝

在计算扭矩 T 作用下焊缝产生的应力时，采用如下的假定：①被连接构件是绝对刚性的，而角焊缝是弹性的；②被连接构件绕角焊缝有效截面形心 O 旋转，角焊缝上任意一点的应力方向垂直该点与形心的连线，且应力大小与连线的距离 r 成正比。最危险点在 r 最大处（即 A 点或 A' 点）。A 点的应力按式（2-25）计算

$$\tau_f^T = \frac{Tr}{I_p} = \frac{Tr}{I_x + I_y} \tag{2-25}$$

式中　I_x、I_y—— 角焊缝有效截面对 x 轴、y 轴的惯性矩。

可 τ_f^T 分解为垂直于水平焊缝长度方向的分应力 σ_{fy}^T 和平行于水平焊缝长度方向的分应力 τ_{fx}^T。其计算公式分别为

$$\sigma_{fy}^{T}=\tau_f^T\cos\theta=\frac{Tr}{I_p}\frac{r_x}{r}=\frac{Tr_x}{I_x+I_y} \tag{2-26}$$

$$\tau_{fx}^{T}=\tau_f^T\sin\theta=\frac{Tr}{I_p}\frac{r_y}{r}=\frac{Tr_y}{I_x+I_y} \tag{2-27}$$

在剪力 V 作用下产生的垂直于水平焊缝长度方向均匀分布的应力为

$$\sigma_{fy}^{V}=\frac{V}{h_e\sum l_w} \tag{2-28}$$

在轴心力 N 作用下产生的平行于水平焊缝长度方向均匀分布的应力为

$$\tau_{fx}^{N}=\frac{N}{h_e\sum l_w} \tag{2-29}$$

根据式(2-8),A 点焊缝应满足

$$\sqrt{\left(\frac{\sigma_{fy}^{T}+\sigma_{fy}^{V}}{\beta_f}\right)^2+(\tau_{fx}^{T}+\tau_{fx}^{N})^2}\leqslant f_f^w \tag{2-30}$$

【例 2-5】 如图 2-31 所示为一支托板与柱的搭接连接,$l_1=300$ mm,$l_2=400$ mm。作用力的设计值 $V=200$ kN,钢材为 Q235B,焊条为 E43 型,手工焊,作用力距柱边缘距离 $e=300$ mm,支托板厚度 $t=12$ mm,试设计角焊缝。

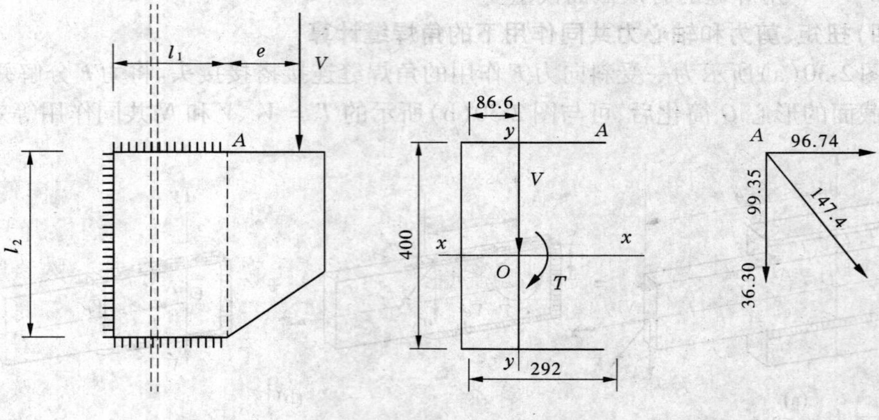

图 2-31　支托板与柱的搭接连接　(单位:mm)

解:设三边的焊缝尺寸相同,取 $h_f=8$ mm,并近似地按支托板与柱的搭接长度来计算角焊缝的有效截面。因为水平焊缝和竖向焊缝在转角处连续施焊,在计算焊缝长度时,仅在水平焊缝端部减去 $h_f=8$ mm,竖向焊缝不必减少。

角焊缝有效截面的形心位置为

$$x=\frac{2\times0.7\times8\times292^2/2}{0.7\times8\times(2\times292+400)}=86.6(\text{mm})$$

角焊缝有效截面的惯性矩为

$$I_x=0.7\times8\times(400^3/12+2\times292\times200^2)=1.607\times10^8(\text{mm}^4)$$

$$I_y=0.7\times8\times[400\times86.6^2+2\times292^3/12+2\times292\times(292/2-86.6)^2]=0.515\,8\times10^8(\text{mm}^4)$$

$$I=I_x+I_y=1.607\times10^8+0.515\,8\times10^8=2.122\,8\times10^8(\text{mm}^4)$$

扭矩为

$$T = V(l_1 + e - x) = 200 \times (0.3 + 0.3 - 0.0866) = 102.68(\text{kN}\cdot\text{m})$$

角焊缝有效截面上 A 点应力为

$$\tau_A^T = \frac{Ty_y}{I} = \frac{102.68 \times 10^6 \times 200}{2.1228 \times 10^8} = 96.74(\text{N/mm}^2)$$

$$\sigma_A^T = \frac{Ty_x}{I} = \frac{102.68 \times 10^6 \times (292 - 86.6)}{2.1228 \times 10^8} = 99.35(\text{N/mm}^2)$$

$$\sigma_A^V = \frac{V}{A} = \frac{200 \times 10^3}{0.7 \times 8 \times (400 + 2 \times 292)} = 36.30(\text{N/mm}^2)$$

$$\sqrt{\left(\frac{\sigma_A^T + \sigma_A^V}{\beta_f}\right)^2 + (\tau_A^T)^2} = \sqrt{\left(\frac{99.35 + 36.30}{1.22}\right)^2 + 96.74^2} = 147.4(\text{N/mm}^2) < f_f^w = 160\ \text{N/mm}^2$$

满足要求。

第五节　焊接残余应力和残余变形

一、残余应力和残余变形的成因

钢结构在焊接过程中，焊件局部范围加热至熔化，而后又冷却凝固，结构经历了一个不均匀的升温冷却过程，导致焊件各部分热胀冷缩不均匀，从而在结构内残余应力并引起变形，通称为焊接残余应力和残余变形。

以下面的例子说明残余应力和残余变形的成因。图 2-32 有三块钢板，其两端均与一刚度极大的挡板连接，且钢板之间互不传热。若对中间钢板均匀加热，设其自由伸长量为 Δl，但由于另两块受常温钢板的约束，故其实际伸长量仅为 $\Delta l'$。此时，两边板由于伸长了 $\Delta l'$，在板内产生了拉应力，而中间板则因变形受阻产生了压应力。如果加热的温度很高，此压应力可达钢材的屈服点，板将产生热塑性压缩变形。热源去掉待钢板冷却时，未引起压应力的变形将有较大的收缩，但又因受到两边板的限制而不能完全恢复，最终在中间板内产生较大的残余拉应力，两边板内侧产生了残余压应力，并相互平衡。钢板则较原长缩短，产生了焊接残余变形 δ。

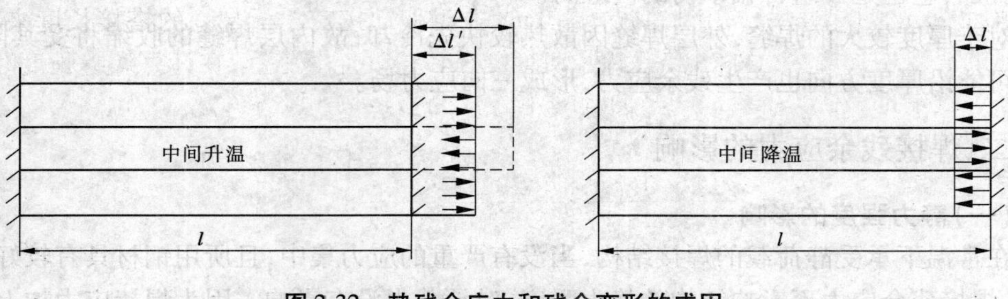

图 2-32　热残余应力和残余变形的成因

焊接残余应力和焊接残余变形是焊接结构的主要问题之一，将影响结构的使用。焊接残余应力有纵向残余应力、横向残余应力和厚度方向的残余应力。

图 2-33 是焊接残余应力的示例。图 2-33(a)是两块钢板对接连接。焊接时钢板焊缝一边受热，将沿焊缝方向纵向伸长。但伸长量会因钢板的整体性，受到钢板两侧未加热区域的限制，由于这时焊缝金属是熔融塑性状态，伸长虽受限，却不产生应力（相当于塑性受压）。随后焊缝金属冷却恢复弹性，收缩受限将导致焊缝金属纵向受拉，两侧钢板则因焊缝收缩倾向牵制而受压，形成图 2-33(b)所示的纵向焊接残余应力分布。它是一组在外荷载作用之前就已产生的自相平衡的内应力。

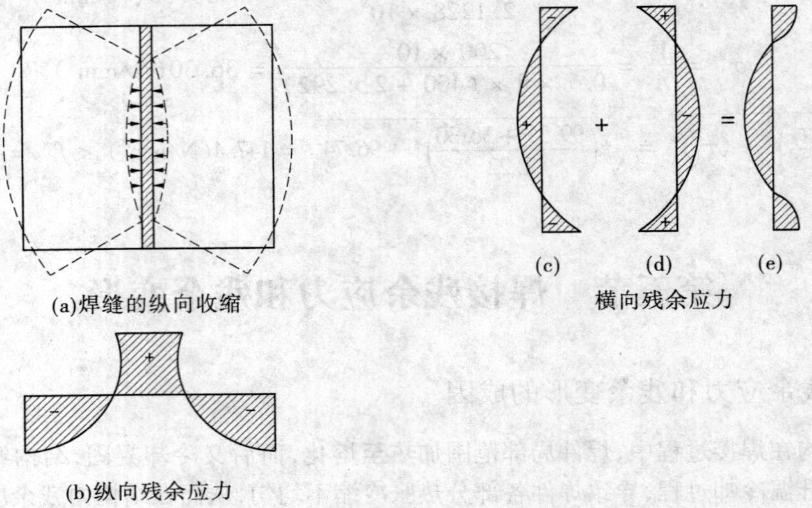

图 2-33　焊接残余应力

两块钢板对接连接除产生上述纵向残余应力外，还可能产生垂直于焊缝长度方向的残余应力。由图 2-33 可以看出，焊缝纵向收缩将使两块钢板有相向弯曲变形的趋势（见图 2-33(a)中虚线）。但钢板已焊成一体，弯曲变形将受到一定的约束，因此在焊缝中段将产生横向拉应力，在焊缝两端则产生横向压应力，如图 2-33(c)所示。此外，焊缝冷却时除纵向收缩外，焊缝横向也将产生收缩。由于施焊是按一定顺序进行的，先焊好的部分冷却凝固恢复弹性较早，将阻碍后焊部分自由收缩，因此先焊部分就会横向受压，而后焊部分则横向受拉，形成如图 2-33(d)所示的应力分布。图 2-33(e)是上述两项横向残余应力的叠加，它也是一组自相平衡的内应力。

对于厚度较大的焊缝，外层焊缝因散热较快先冷却，故内层焊缝的收缩将受其限制，从而可能沿厚度方向也产生残余应力，形成三向应力场。

二、焊接残余应力的影响

（一）静力强度的影响

在常温下承受静荷载的焊接结构，当没有严重的应力集中，且所用钢材具有较好的塑性时，焊接残余应力不影响结构的静力强度，对承载力没有影响。因为焊接应力加上外力引起的应力达到屈服点后，应力不再增大，外力由两侧弹性区承担，直到全截面达到屈服点为止。

(二)刚度的影响

具有残余应力的钢板,由于在残余拉应力区域提前进入塑性状态而刚度降为零,继续增加的外力仅由弹性区承担,因此构件必然变形增大,刚度减小。

(三)构件稳定性的影响

焊接残余应力使压杆的挠曲刚度减小,从而降低压杆的稳定性。

(四)疲劳强度的影响

焊缝及其近旁较高的焊接残余应力对疲劳强度有不利的影响,将使疲劳强度减低。

(五)低温冷脆的影响

由于焊缝中存在三向应力,阻碍了塑性变形,在低温下使裂缝易发生和发展,加速构件的脆性破坏。

三、减少和消除焊接残余应力及残余变形的措施

焊接残余应力和残余变形对结构性能均有不利影响,因此钢结构从设计到制造安装都应尽量减少和消除焊接残余应力及残余变形。

(一)设计方面

(1)应注意选用合适的焊脚尺寸和焊缝长度;

(2)焊缝应尽可能地对称布置,尽量避免焊缝过度集中和多方向相交;

(3)连接过渡尽量平缓;

(4)焊缝布置应尽可能考虑施焊方便,如尽量避免仰焊等。

(二)制造加工方面

(1)采用合理的施焊次序。例如,对于长焊缝,实行分段倒方向施焊(见图2-34(a));对于厚的焊缝,进行分层施焊(见图2-34(b));工字形顶接焊接时采用对称跳焊(见图2-34(c));钢板采用分块拼焊(见图2-34(d))等。这些做法的目的是避免焊接时热量过于集中,从而减少焊接残余应力和残余变形。

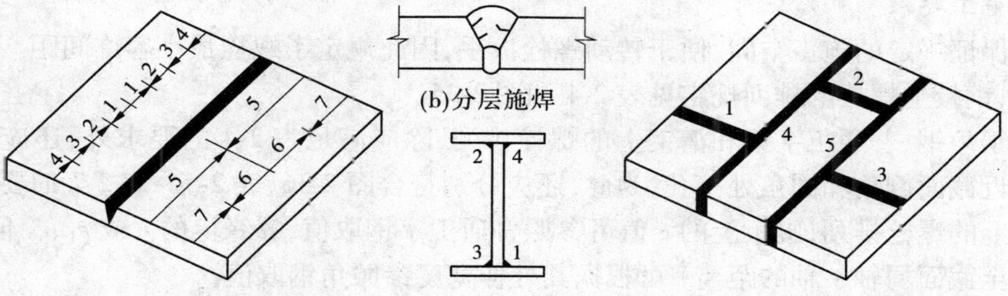

(a)分段倒方向焊　(b)分层施焊　(c)对称跳焊　(d)分块拼焊

图2-34　合理的焊接次序

(2)采用对称焊缝,使其变形相反而相互抵消,并在保证安全可靠的前提下,避免焊缝厚度过大。

(3)在施焊前使构件有一个和焊接残余变形相反的变形,使焊接后产生的焊接残余变形与预变形相互抵消,以减小最终的总变形。

(4)对已经产生焊接残余变形的结构,可局部加热后用机械的方法进行矫正。对于焊接残余应力,可采取退火法、锤击法等措施来消除或减小。条件允许时,可在施焊前将构件预热再行焊接,这样可减少焊缝不均匀收缩和冷却速度,是减小和消除焊接残余应力及残余变形的有效方法。

第六节　普通螺栓连接

一、普通螺栓连接的构造

(一)普通螺栓的规格

钢结构采用的普通螺栓形式为六角头型,其代号用字母 M 和公称直径的毫米数表示。为制造方便,一般情况下,同一结构中应尽可能采用一种栓径和孔径的螺栓,需要时也可采用 2 ~ 3 种螺栓直径。

螺栓直径 d 应根据整个结构及其主要连接的尺寸和受力情况选定,受力螺栓一般用不小于 M16,建筑工程中常用 M16、M20、M24 等。

(二)螺栓的排列

螺栓在构件上的布置、排列应满足受力要求、构造要求和施工要求。

1. 受力要求

在受力方向,螺栓的端距过小时,钢板有被剪断的可能。当各排螺栓距和线距过小时,构件有沿直线或折线破坏的可能。对受压构件,当沿作用力方向的螺栓距过大时,在被连接的板件间易发生张口或鼓曲现象。因此,从受力的角度规定了最大和最小的容许间距。

2. 构造要求

当螺栓栓距及线距过大时,被连接构件接触面不够紧密,潮气易侵入缝隙而产生腐蚀,所以规定了螺栓的最大容许间距。

3. 施工要求

要保证一定的施工空间,便于转动螺栓扳手,因此规定了螺栓最小容许间距。根据上述要求,钢板上螺栓的排列规定见表 2-4 和图 2-35。

对于角钢、普通工字钢和槽钢上的螺栓排列,除应满足表 2-4 的要求外,还应注意不要在靠近截面倒角和圆角处打孔,为此,还应分别符合图 2-36、表 2-5 ~ 表 2-7 的要求。在 H 型钢上的螺栓排列,腹板上的 e 值可参照普通工字钢取值,翼缘上的 e 或 e_1、e_2 值(指螺栓轴线至截面弱轴 y 轴的距离)可根据其外伸宽度参照角钢取值。

二、普通螺栓连接的受力性能和计算

(一)普通螺栓的受力性能

普通螺栓连接按螺栓传力方式分为受剪螺栓、受拉螺栓和剪拉螺栓。当外力垂直于螺杆时,该螺栓为受剪螺栓(见图 2-37(a));当外力沿螺栓杆长方向时,该螺栓为受拉螺栓(见图 2-37(b))。

表 2-4　钢板上的螺栓容许间距

名称	位置和方向			最大容许间距（取两者的较小值）	最小容许间距
中间间距	任意方向	外排		$8d_0$ 或 $12t$	$3d_0$
		中间排	构件受压力	$12d_0$ 或 $18t$	
			构件受拉力	$16d_0$ 或 $24t$	
中间至构件边缘的距离	顺内力方向			$4d_0$ 或 $8t$	$2d_0$
	垂直内力方向	切割边			$1.5d_0$
		轧制边	高强度螺栓		
			其他螺栓		$1.2d_0$

注：1. d_0 为螺栓孔径，t 为外层较薄板件厚度；

2. 钢板边缘与刚性构件（如角钢、槽钢等）相连的螺栓或铆钉最大间距，可按中间排数值采用。

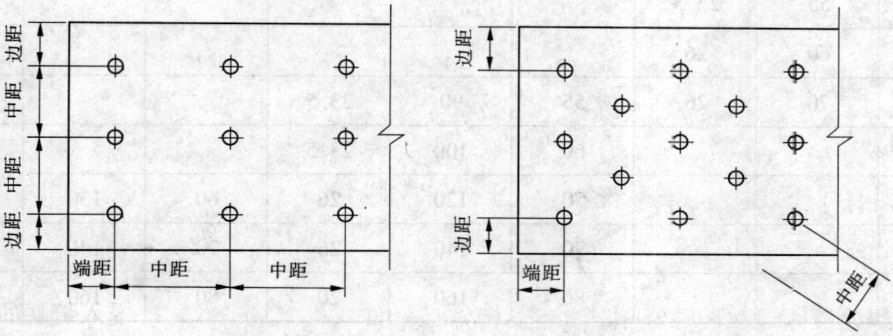

图 2-35　螺栓的并列排列和错列排列

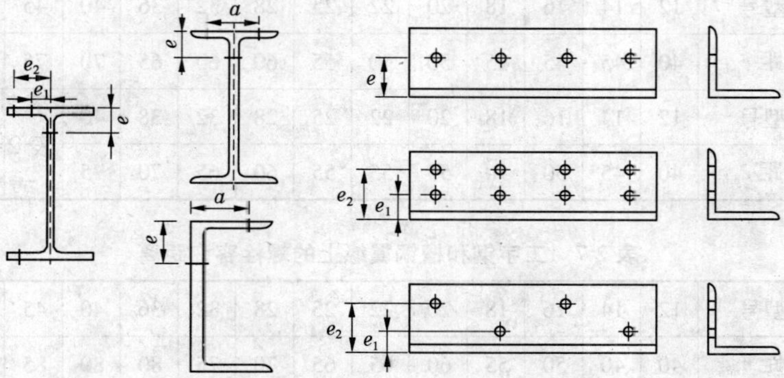

图 2-36　型钢的螺栓排列

表 2-5　角钢上螺栓容许最小间距　　（单位:mm）

肢宽	单行		双行错列			双行并列		
	e	d_0	e_1	e_2	d_0	e_1	e_2	d_0
40	25	12						
45	25	13						
50	30	14						
56	30	15.5						
63	35	17.5						
70	40	20						
75	40	21.5						
80	45	21.5						
90	50	23.5						
100	55	23.5						
110	60	26						
125	70	26	55	90	23.5			
140			60	100	23.5			
160			70	120	26	60	130	23.5
180			70	140	26	70	140	23.5
200			80	160	20	80	160	26

表 2-6　工字钢和槽钢腹板上的螺栓容许距离　　（单位:mm）

工字钢	型号	12	14	16	18	20	22	25	28	32	36	40	45	50	56	63
	线距 e_{min}	40	45	45	45	50	50	55	60	60	65	70	75	75	75	75
槽钢	型号	12	14	16	18	20	22	25	28	32	38	40				
	线距 e_{min}	40	45	50	50	55	55	55	60	65	70	75				

表 2-7　工字钢和槽钢翼缘上的螺栓容许距离　　（单位:mm）

工字钢	型号	12	14	16	18	20	22	25	28	32	36	40	45	50	56	63
	线距 e_{min}	40	40	50	55	60	65	65	70	75	80	80	85	90	95	95
槽钢	型号	12	14	16	18	20	22	25	28	32	38	40				
	线距 e_{min}	30	35	35	40	40	45	45	45	50	56	60				

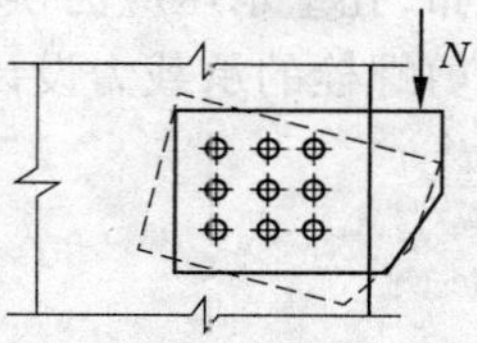

(a)受剪螺栓

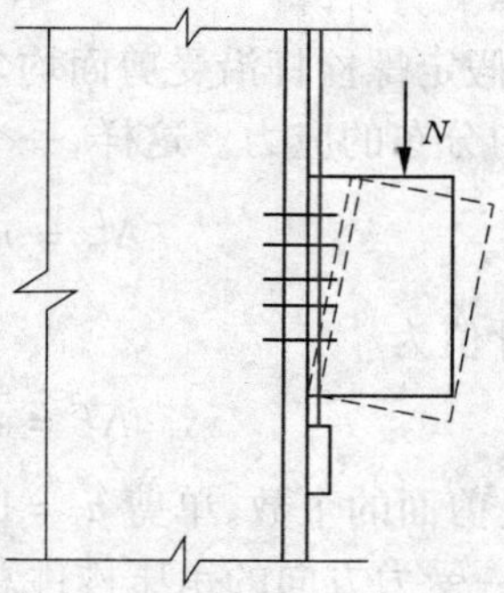

(b)受拉螺栓

图 2-37　受剪螺栓与受拉螺栓

1. 受剪螺栓连接

1)受剪螺栓的工作性能

受剪螺栓连接在受力以后,当外力并不大时,由构件间的摩擦力来传递外力;当外力继续增大而超过极限摩擦力后,构件之间出现相对滑移,螺栓杆开始接触螺栓孔壁而使螺栓杆受剪,孔壁则受压。

受剪螺栓连接在达到极限承载力时可能出现以下五种破坏形式:

(1)栓杆被剪断(见图 2-38(a))。当螺栓直径较小而钢板相对较厚时可能发生。

(2)孔壁挤压破坏(见图 2-38(b))。当螺栓直径较大而钢板相对较薄时可能发生。

(3)钢板被拉断(见图 2-38(c))。当钢板因螺栓孔削弱过多时可能发生。

(4)端部钢板被剪断(见图 2-38(d))。当顺受力方向的端距过小时可能发生。

(5)栓杆受弯破坏(见图 2-38(e))。当螺栓过长时可能发生。

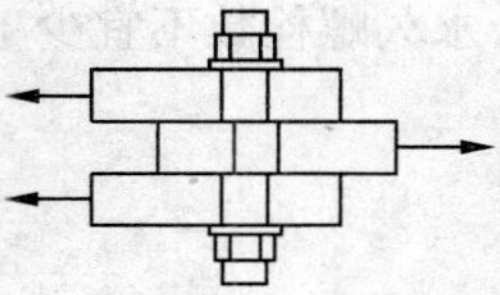

(a)栓杆被剪断

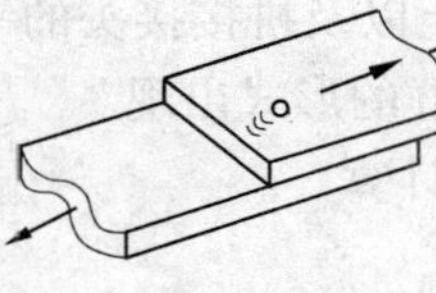

(b)孔壁挤压破坏

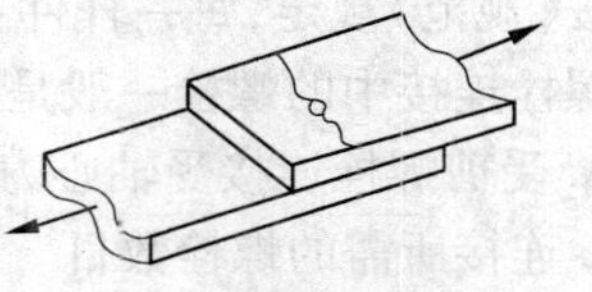

(c)钢板被拉断

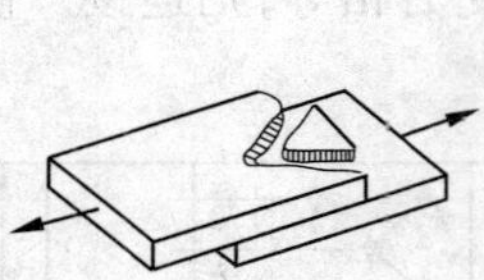

(d)端部钢板被剪断

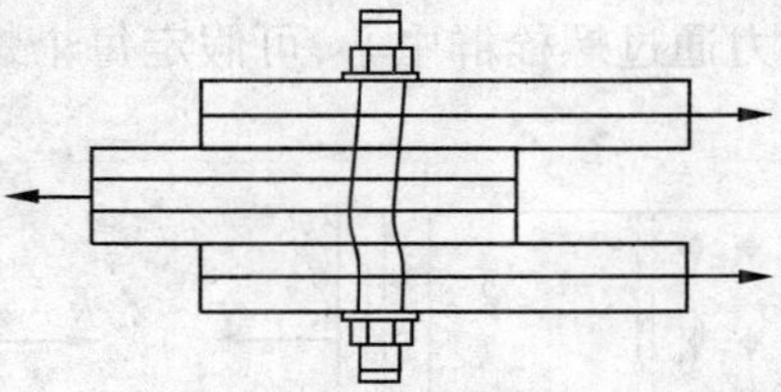

(e)栓杆受弯破坏

图 2-38　受剪螺栓连接的破坏形式

前三种破坏要通过计算来防止,后两种在选用最小容许端距 $\geqslant 2d_0$ 和板叠厚度 $\leqslant 5d$(d 为螺栓直径)等构造要求来防止。

2) 受剪螺栓的承载力计算

在受剪螺栓中，假定螺栓杆沿受剪面均匀分布，孔壁承压应力换算为沿栓杆直径投影宽度内板件面上均匀分布的应力。这样，一个受剪螺栓的承载力设计值为

$$N_v^b = n_v \frac{\pi d^2}{4} f_v^b \tag{2-31}$$

承压承载力设计值为

$$N_c^b = d f_c^b \sum t \tag{2-32}$$

式中　n_v——螺栓受剪面的个数，单剪 $n_v = 1$，双剪 $n_v = 2$，四剪 $n_v = 4$（见图 2-39）；

$\sum t$——在同一受力方向的承压构件总厚度的较小值；

d——螺栓杆直径；

f_v^b、f_c^b——螺栓的受剪、承压强度设计值，按表 1-5 采用。

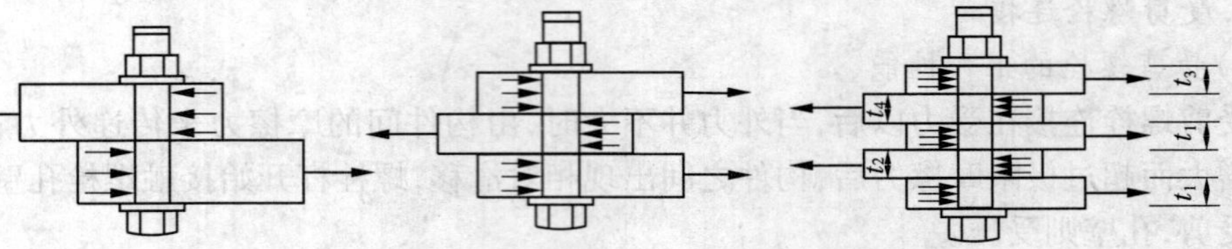

(a)单剪　　(b)双剪　　(c)四剪

图 2-39　受剪螺栓连接

单个受剪螺栓的承载力设计值应取 N_v^b、N_c^b 中的较小值，即 $N_{\min}^b = \min(N_v^b, N_c^b)$。

为了保证能正常连接工作，每个螺栓在外力作用下所受实际剪力不得超过其承载力设计值，即 $N_v \leqslant N_{\min}^b$。

3) 受剪螺栓连接的计算

按《规范》规定，每一杆件在节点上以及拼接接头的一端，永久螺栓数不宜少于两个，因此螺栓连接中的螺栓一般是以螺栓群的形式出现。

A. 受剪螺栓连接受轴心力作用的计算

a. 连接所需的螺栓数目

图 2-40 所示为两块钢板通过上下两块盖板用螺栓连接，在轴心拉力 N 作用下，螺栓受剪，由于轴心拉力通过螺栓群中心，可假定每个螺栓受力相等，则连接一侧所需螺栓数 n 为

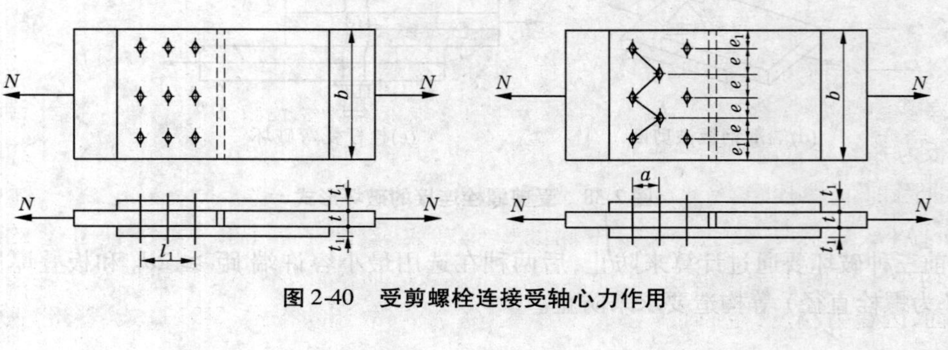

图 2-40　受剪螺栓连接受轴心力作用

$$n = \frac{N}{N_{\min}^b} \tag{2-33}$$

当拼接一侧所排一列螺栓的数目过多，致使首尾两螺栓之间距离 l_1 过大时（见图 2-41），各螺栓实际受力会严重不均匀，两端的螺栓受力将大于中间的螺栓，可能首先达到极限承载力而破坏，然后依次向内逐个破坏。故《规范》规定，当 $l_1 \geqslant 15d_0$ 时，各螺栓受力仍可按均匀分布计算，但螺栓承载力设计值 N_v^b 和 N_c^b 应乘以下列折减系数 β 给予降低（高强度螺栓连接亦如此），即

当 $l_1 \geqslant 15d_0$ 时

$$\beta = 1.1 - \frac{l_1}{150d_0} \tag{2-34}$$

当 $l_1 \geqslant 60d_0$ 时

$$\beta = 0.7 \tag{2-35}$$

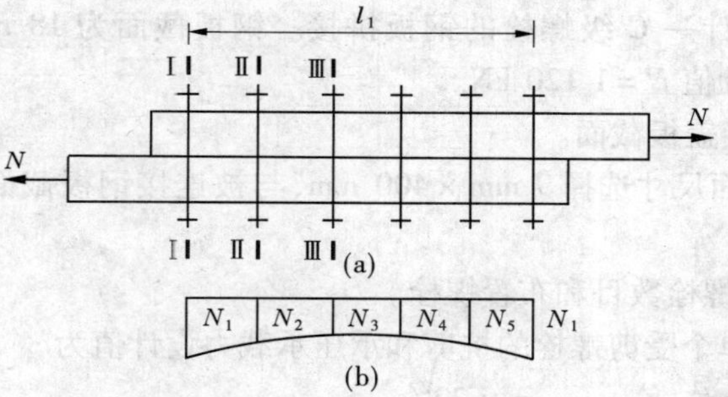

图 2-41　螺栓群不均匀受力状态

b. 构件净截面强度验算

在螺栓连接中，由于螺栓孔削弱了构件截面，因此需要验算构件开孔处的净截面强度，即

$$\sigma = \frac{N}{A_n} \leqslant f \tag{2-36}$$

式中　A_n—— 连接件或构件在所验算截面上的净截面面积；

N—— 连接件或构件验算截面处的轴心力设计值；

f—— 钢材的抗拉（或抗压）强度设计值，按表 1-3 选用。

净截面强度验算应选择最不利截面，即内力最大或螺栓孔较多的截面。如图 2-41 所示钢板为并列布置时，构件最不利截面Ⅰ—Ⅰ，其内力最大为 N，而截面Ⅱ—Ⅱ和截面Ⅲ—Ⅲ因前面螺栓已传递部分力，故内力分别递减为 $N-(n_1/n)N$ 和 $N-[(n_1+n_2)/n]N$（n、n_1 和 n_2 分别为连接一侧的螺栓总数、截面Ⅰ—Ⅰ和截面Ⅱ—Ⅱ上的螺栓数），均小于截面Ⅰ—Ⅰ的内力，如果螺栓孔数未增加，可以不必计算。但对于连接盖板各截面，因受力相反，截面Ⅲ—Ⅲ受力最大，宜为 N，故还须按式（2-37）、式（2-38）比较它

和构件截面Ⅰ—Ⅰ的净截面面积，以确定最不利截面。

被连接构件截面Ⅰ—Ⅰ

$$A_n = (b - n_1 d_0)t \tag{2-37}$$

连接盖板截面Ⅲ—Ⅲ

$$A_n = 2(b - n_3 d_0)t_1 \tag{2-38}$$

式中 n_1、n_3——截面Ⅰ—Ⅰ和截面Ⅲ—Ⅲ上的螺栓孔数；

t、t_1、b——构件厚度及连接板的厚度、宽度。

当螺栓为错列布置时，构件或连接板除可能沿直线截面Ⅰ—Ⅰ破坏外，还可能沿折线截面Ⅱ—Ⅱ破坏，其长度虽较大，但螺栓孔较多，还须按式(2-39)计算其净截面面积，以确定最不利截面。

$$A_n = [2e_1 + (n_2 - 1)\sqrt{a^2 + e^2} - n_2 d_0]t \tag{2-39}$$

式中 n_2——折线截面Ⅱ—Ⅱ上的螺栓孔数。

【例 2-6】 试设计一 C 级螺栓的钢板拼接。钢板截面为 18 mm × 400 mm，钢材为 Q235B，轴心拉力设计值 $N = 1\ 120$ kN。

解：(1)确定连接盖板截面。

采用双盖板，截面尺寸选择 9 mm × 400 mm，与被连接钢板截面面积相等，钢材亦为 Q235B。

(2)计算需要的螺栓数目和布置螺栓。

选 M22 螺栓。单个受剪螺栓的抗剪和承压承载力设计值为

$$N_v^b = n_v \frac{\pi d^2}{4} f_v^b = 2 \times \frac{\pi \times 22^2}{4} \times 140 = 106\ 383.2(\text{N}) = 106.4 \text{ kN}$$

$$N_c^b = d f_c^b \sum t = 22 \times 305 \times 18 = 120\ 780(\text{N}) = 120.8 \text{ kN}$$

取 $N_{\min}^b = 106.4$ kN。连接一侧螺栓需要的数目为

$$n = \frac{N}{N_{\min}^b} = \frac{1\ 120}{106.4} = 10.5(\text{个})，取\ n = 12\ 个$$

采用并列布置，如图 2-42 所示。连接盖板尺寸为 9 mm × 400 mm × 530 mm。中距、端距、边距均符合表 2-4 的容许距离要求。

(3)验算被连接钢板的净截面强度。

被连接钢板截面Ⅰ—Ⅰ受力最大，连接盖板截面Ⅱ—Ⅱ受力最大。但两者截面面积相等，只须验算被连接钢板的净截面强度。螺栓孔径为 $d_0 = 24$ mm。

$$A_{n\text{I}} = (b - n_1 d_0)t = (400 - 4 \times 24) \times 18 = 5\ 472(\text{mm})$$

$$\sigma = \frac{N}{A_{n\text{I}}} = \frac{1\ 120 \times 10^3}{5\ 472} = 204.7(\text{N/mm}^2) < f = 205 \text{ N/mm}^2 \quad (满足)$$

B. 受剪螺栓连接受扭矩和轴心力共同作用的计算

图 2-43 所示的螺栓连接，受外荷载 F 及 N 作用，将 F 向螺栓群的中心平移，产生扭矩 $T = Fe$ 及竖向轴心力 $V = F$。扭矩 T、竖向力 F 及水平轴心力 N 均使各螺栓受剪。

螺栓群在扭矩作用下，每个螺栓实际受剪。计算时假定：①被连接构件是绝对刚性的，螺栓则是弹性的；②各螺栓都绕螺栓群的形心 O 旋转，其受力大小与到螺栓群形心的

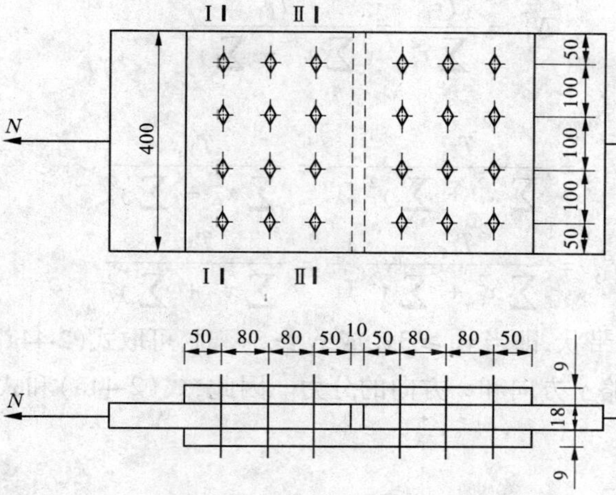

图 2-42　例 2-5 计算简图　（单位:mm）

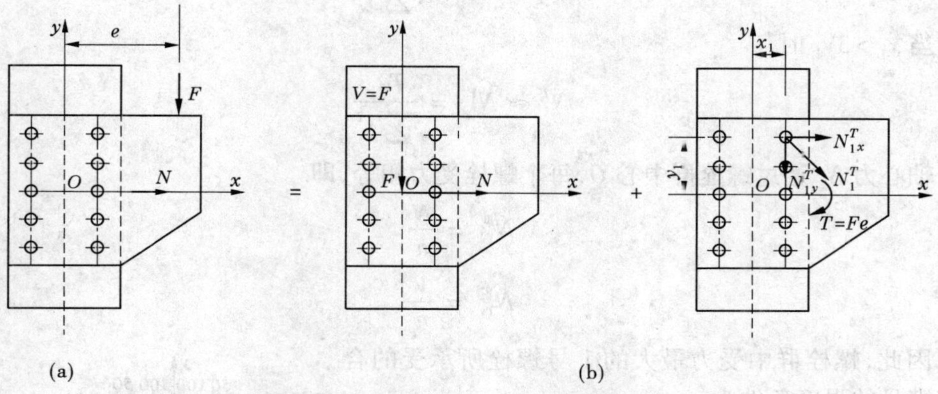

图 2-43　螺栓群受偏心压力作用时的受剪螺栓

距离成正比,方向与螺栓到形心的连线垂直。

设螺栓 1,2,3,…,n 到螺栓群形心 O 点的距离为 $r_1,r_2,r_3,\cdots,r_n$,各螺栓承受的剪力分别为 $N_1^T,N_2^T,N_3^T,\cdots,N_n^T$,则由基本假定和平衡条件得

$$T = N_1^T r_1 + N_2^T r_2 + N_3^T r_3 + \cdots + N_n^T r_n \tag{2-40}$$

$$\frac{N_1^T}{r_1} = \frac{N_2^T}{r_2} = \frac{N_3^T}{r_3} = \cdots = \frac{N_n^T}{r_n} \tag{2-41}$$

由式(2-41)可以得到

$$N_2^T = \frac{r_2}{r_1}N_1^T, N_3^T = \frac{r_3}{r_1}N_1^T, \cdots, N_n^T = \frac{r_n}{r_1}N_1^T \tag{2-42}$$

将式(2-42)代入式(2-40)得到

$$T = \frac{N_1^T}{r_1}(r_1^2 + r_2^2 + r_3^2 \cdots + r_n^2) = \frac{N_1^T}{r_1}\sum r_i^2$$

1 号螺栓所受的剪力最大,其值为

$$N_1^T = \frac{Tr_1}{\sum r_i^2} = \frac{Tr_1}{\sum x_i^2 + \sum y_i^2} \tag{2-43}$$

将 N_1^T 沿坐标轴分解得

$$N_{1x}^T = \frac{Tr_1}{\sum x_i^2 + \sum y_i^2}\frac{y_1}{r_1} = \frac{Ty_1}{\sum x_i^2 + \sum y_i^2} \tag{2-44a}$$

$$N_{1y}^T = \frac{Tr_1}{\sum x_i^2 + \sum y_i^2}\frac{x_1}{r_1} = \frac{Tx_1}{\sum x_i^2 + \sum y_i^2} \tag{2-44b}$$

当螺栓群布置成狭长带状，即当 $y_1 \geqslant 3x_1$ 或 $x_1 \geqslant 3y_1$ 时，可取式(2-44a)中 $\sum x_i^2 = 0$ 或取式(2-44b)中 $\sum y_i^2 = 0$，忽略 y 方向和 x 方向的分力。因此，式(2-44a)和式(2-44b)可以简化为

当 $y_1 > 3x_1$ 时

$$N_1^T \approx N_{1x}^T = \frac{Ty_1}{\sum y_i^2} \tag{2-45}$$

当 $x_1 > 3y_1$ 时

$$N_1^T \approx N_{1y}^T = \frac{Tx_1}{\sum x_i^2} \tag{2-46}$$

轴心力 N_v 通过螺栓群中心 O，每个螺栓受力相等，即

$$N_{1x}^N = \frac{N}{n} \tag{2-47}$$

$$N_{1y}^V = \frac{V}{n} \tag{2-48}$$

因此，螺栓群中受力最大的 1 号螺栓所承受的合力应满足的强度条件为

$$\sqrt{(N_{1x}^T + N_{1x}^N)^2 + (N_{1y}^T + N_{1y}^V)^2} \leqslant N_{\min}^b \tag{2-49}$$

【例 2-7】 试验算一斜向拉力设计值 $F = 120$ kN 作用的 C 级普通螺栓连接的强度(见图 2-44)。螺栓为 M20，钢材为 Q235。

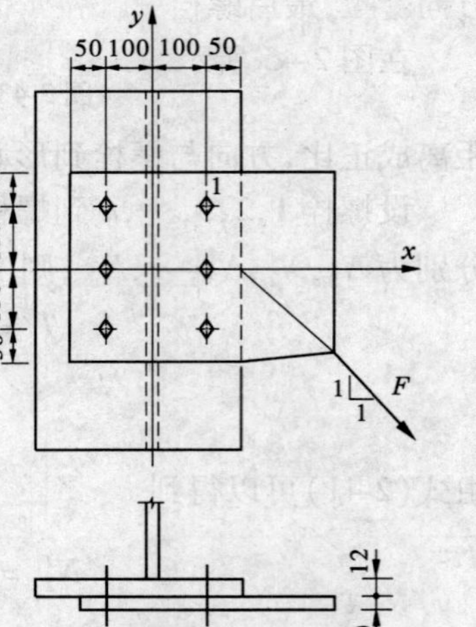

图 2-44　例 2-7 计算简图　(单位：mm)

解：(1)单个螺栓的承载力由表 1-5 查得 $f_v^b = 140$ N/mm²，$f_c^b = 305$ N/mm²。

$$N_v^b = n_v \frac{\pi d^2}{4} f_v^b = 1 \times \frac{\pi \times 20^2}{4} \times 140$$
$$= 43\ 982(\text{N}) = 43.98 \text{ kN}$$

$$N_c^b = d f_c^b \sum t = 20 \times 305 \times 10 = 61\ 000(\text{N}) = 61 \text{ kN}$$

故应按 $N_{\min}^b = N_v^b = 43.98$ kN 进行计算。

(2)内力计算。

将 F 简化到螺栓群形心 O，则作用于螺栓群形心 O 的轴力 N、剪力 V 和扭矩 T 分别为

$$N = \frac{F}{\sqrt{2}} = \frac{120}{\sqrt{2}} = 84.85(\text{kN})$$

$$V = \frac{F}{\sqrt{2}} = \frac{120}{\sqrt{2}} = 84.85(\text{kN})$$

$$T = Ve = 84.85 \times 150 = 12\ 728(\text{kN} \cdot \text{mm})$$

(3)螺栓强度验算。

在上述的 N、V 和 T 作用下,1 号螺栓最为不利,对 1 号螺栓进行验算,即

$$\sum x_i^2 + \sum y_i^2 = 6 \times 100^2 + 4 \times 150^2 = 150\ 000(\text{mm}^2)$$

$$N_{1x}^N = \frac{N}{n} = \frac{84.85}{6} = 14.142(\text{kN})$$

$$N_{1y}^V = \frac{V}{n} = \frac{84.85}{6} = 14.142(\text{kN})$$

$$N_{1x}^T = \frac{Ty_1}{\sum x_i^2 + \sum y_i^2} = \frac{12\ 728 \times 150}{150\ 000} = 12.728(\text{kN})$$

$$N_{1y}^T = \frac{Tx_1}{\sum x_i^2 + \sum y_i^2} = \frac{12\ 728 \times 100}{150\ 000} = 8.485(\text{kN})$$

1 号螺栓承受的合力为

$$\sqrt{(N_{1x}^N + N_{1x}^T)^2 + (N_{1y}^V + N_{1y}^T)^2} = \sqrt{(14.142 + 12.728)^2 + (14.142 + 8.485)^2}$$
$$= 35.13(\text{kN}) < N_{\min}^b = 43.98\ \text{kN} \quad (\text{满足})$$

2. 受拉螺栓连接

在受拉螺栓连接中,外力使被连接构件的接触面有互相分离的趋势,而使螺栓沿杆轴方向受拉,最后螺栓杆被拉断而破坏,破坏部位多在螺栓截面削弱处。

在图 2-45 所示的 T 形连接中,如果角钢的刚度不大,受拉后,垂直于拉力作用方向的

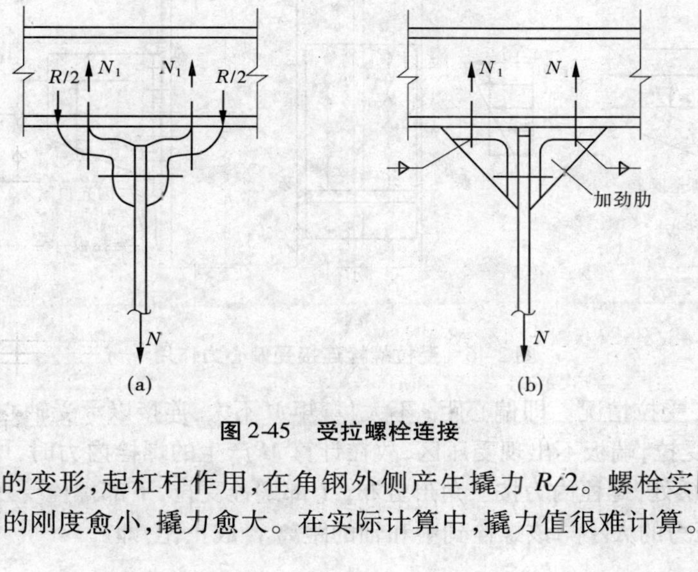

图 2-45 受拉螺栓连接

角钢会发生较大的变形,起杠杆作用,在角钢外侧产生撬力 $R/2$。螺栓实际所受拉力为 $(R+N)/2$,角钢的刚度愈小,撬力愈大。在实际计算中,撬力值很难计算。目前,在计算

中对普通螺栓连接不考虑撬力作用,而是将螺栓抗拉强度设计值降低,一般取螺栓钢材抗拉强度设计值的0.8倍。此外,在构造上也可以采取在角钢中设加劲肋或增加角钢厚度等措施来减少或消除撬力。

一般假定拉应力在螺栓螺纹处截面上均匀分布,因此单个螺栓的抗拉承载力设计值为

$$N_t^b = A_e f_t^b = \frac{\pi d_e^2}{4} f_t^b \tag{2-50}$$

式中 A_e、d_e—— 螺栓螺纹处的有效截面面积、内径,按表2-8选用;

f_t^b—— 螺栓的抗拉强度设计值,按表1-5选用。

表2-8 普通螺栓的标准直径及螺纹处的有效截面面积

外径(mm)	16	18	20	22	24	27	30	33	36	42	48
内径 d_e(mm)	14.12	15.65	17.65	19.65	21.19	24.19	26.72	29.72	32.25	37.78	43.31
有效截面面积 A_e(mm^2)	156.7	192.5	244.8	303.4	352.5	459.4	560.6	693.6	816.7	1 121.0	1 473.0

1)受拉螺栓连接轴心受拉计算

当外力通过螺栓群形心,假定所有受拉螺栓受力相等时,所需的螺栓数目为

$$n = \frac{N}{N_t^b} \tag{2-51}$$

2)受拉螺栓连接偏心受拉计算

图2-46所示为钢结构常见的一种普通螺栓连接形式。螺栓群受偏心拉力 F(与图2-46中所示的 $M = Fe$ 和 $N = F$ 共同作用等效)和剪力 V 作用。由于有焊在柱上的支托板承受剪力 V,故螺栓群只承受偏心拉力的作用。但在计算时还须根据偏心距的大小将其区分为下列两种情况:

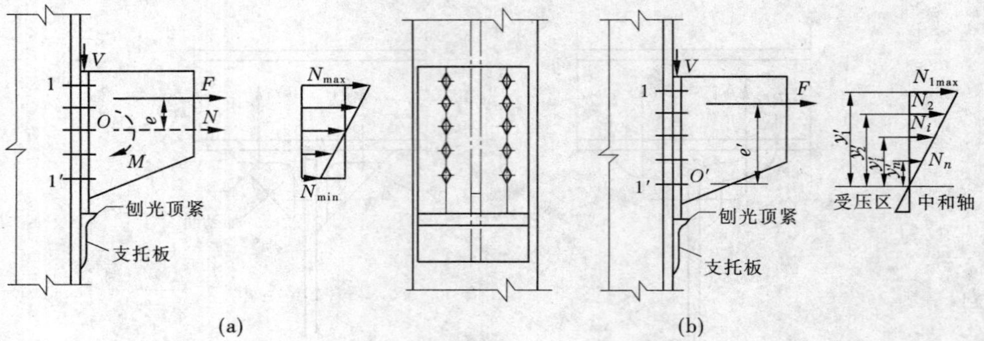

图2-46 受拉螺栓连接受偏心力作用

(1)小偏心受拉情况。即偏心距 e 不大,弯矩 M 不大,连接以承受轴心拉力 N 为主时,螺栓群将全部受拉,端板不出现受压区,故在计算 M 产生的螺栓内力时,中和轴应取在螺栓群的形心轴 O 处,螺栓内力按三角形分布(上部螺栓受拉,下部螺栓受压),即每个螺栓 i 所受拉力或压力的大小与该螺栓到中和轴的距离 y_i 成正比,即

$$\frac{N_1^M}{y_1}=\frac{N_2^M}{y_2}=\cdots=\frac{N_i^M}{y_i}=\cdots=\frac{N_n^M}{y_n} \tag{2-52}$$

因而 $N_2^M=\frac{y_2}{y_1}N_1^M, N_3^M=\frac{y_3}{y_1}N_1^M, \cdots, N_i^M=\frac{y_i}{y_1}N_1^M, \cdots, N_n^M=\frac{y_n}{y_1}N_1^M$

由力的平衡条件，并引入式(2-52)关系，可得

$$\begin{aligned} M = Ne &= m(N_1^M y_1 + N_2^M y_2 + \cdots + N_i^M y_i + \cdots + N_n^M y_n) \\ &= m\frac{N_1^M}{y_1}(y_1^2 + y_2^2 + \cdots + y_i^2 + \cdots + y_n^2) \\ &= m\frac{N_1^M}{y_1}\sum y_i^2 \end{aligned}$$

式中　m——螺栓的列数。

可得最顶端螺栓由弯矩产生的拉力为

$$N_1^M=\frac{My_1}{m\sum y_i^2} \tag{2-53}$$

在轴心力 N 作用下，每个螺栓均匀受力，其拉力值为

$$N_1^N=\frac{N}{n} \tag{2-54}$$

因此，螺栓群中螺栓所受最大拉力及最小拉力应符合下列条件

$$N_{\max}=\frac{F}{n}+\frac{Ney_1}{\sum_{i=1}^{n}y_i^2}\leqslant N_t^b \tag{2-55}$$

$$N_{\min}=\frac{F}{n}-\frac{Ney_1}{\sum_{i=1}^{n}y_i^2}\geqslant 0 \tag{2-56}$$

式中　F——偏心拉力设计值；

e——偏心拉力至螺栓群中心的距离；

n——螺栓数；

y_1——最外排螺栓到螺栓群中心的距离；

y_i——第 i 排螺栓到螺栓群中心的距离。

(2)大偏心受拉情况。当偏心距 e 较大，式(2-56)计算不能满足要求时，端板底部出现受压区，螺栓群转动轴位置下移。为了方便计算，偏安全地近似取转动轴在弯矩指向一侧最外排螺栓处 O'，则

$$N_{1\max}=\frac{Fe'y_1'}{\sum y_i^2}\leqslant N_t^b \tag{2-57}$$

式中　F——偏心拉力设计值；

e'——偏心拉力到转动轴 O' 的距离，转动轴通常取在弯矩指向一侧最外排螺栓处；

y_1'——最外排螺栓到转动轴 O' 的距离；

y_i^2——第 i 排螺栓到转动轴 O' 的距离。

3. 同时受剪力和拉力的普通螺栓连接

C级螺栓的抗剪能力差,对重要连接一般在端板下设置支托来承受剪力。对于次要连接,若端板不设支托,螺栓将同时承受剪力和偏心拉力的作用。计算时应考虑两种可能的破坏形式:一是螺杆受剪兼受拉破坏,二是孔壁承压破坏。

根据试验,螺杆同时受剪和受拉的强度条件应满足下列圆曲线方程

$$\sqrt{\left(\frac{N_v}{N_v^b}\right)^2+\left(\frac{N_t}{N_t^b}\right)^2}\leqslant 1 \tag{2-58}$$

孔壁承压的计算式为

$$N_v\leqslant N_c^b \tag{2-59}$$

式中 N_v^b、N_c^b、N_t^b——单个螺栓的抗剪、承压、抗拉承载力设计值。

第七节 高强度螺栓连接

一、概述

前面已经介绍,高强度螺栓有摩擦型和承压型两种。摩擦型高强度螺栓在抗剪连接中,设计时以剪力达到板件接触面间可能发生的最大摩擦力为极限状态。而承压型在受剪时允许摩擦力被克服并发生相对滑移,螺杆与孔壁接触,使螺杆受剪和孔壁受压的最终破坏为极限状态。受拉时,两者没有区别。

高强度螺栓连接的构造和排列要求,除螺杆与孔径的差值较小外,与普通螺栓相同。

(一)高强度螺栓的预拉力值

高强度螺栓的预拉力值应尽可能高些,但须保证螺栓在拧紧过程中不会屈服或断裂,是保证连接质量的关键性因素。高强度螺栓预拉力计算时应考虑:①在扭紧螺栓时扭矩使螺栓产生的剪力将降低螺栓的抗拉承载力;②施加预拉力时补偿应力损失的超张拉;③材料抗力的变异。规范规定预拉力设计值按式(2-60)确定

$$P=\frac{0.9\times 0.9\times 0.9}{1.2}A_e f_u=0.607\,5A_e f_u \tag{2-60}$$

式中 A_e——螺栓的有效截面面积;

f_u——螺栓材料经热处理后的最低抗拉强度,8.8级取 $f_u=830\ \text{N/mm}^2$,10.9级取 $f_u=1\,040\ \text{N/mm}^2$。

单个高强度螺栓的预拉力 P 见表2-9。

表2-9 单个高强度螺栓的预拉力 P (单位:kN)

螺栓的强度等级	螺栓的公称直径(mm)					
	M16	M20	M22	M24	M27	M30
8.8级	80	125	150	175	230	280
10.9级	100	155	190	225	290	355

(二)高强度螺栓的紧固方法

高强度螺栓不论是用于摩擦型连接中的受剪螺栓,还是用于受拉或拉剪螺栓,其受力都是依靠螺栓对连接板施加强大的法向压力,即紧固预拉力 P。即使在高强度螺栓承压型连接中,也要部分利用这一性能,其预拉力也应与摩擦型连接的相同。因此,控制预拉力即控制螺栓的紧固程度,是保证高强度螺栓连接质量的一个关键性因素。

高强度螺栓的预拉力是通过扭紧螺母实现的。一般采用扭矩法、转角法和扭断螺栓尾部梅花卡头法。

1. 扭矩法

先用普通扳手初拧(不小于终拧扭矩值的50%),使连接件紧贴,然后用可以显示扭矩的特制扳手终拧。终拧扭矩值根据事先测定的扭矩和螺栓拉力之间的关系确定。施拧的偏差不得超过±10%。

2. 转角法

先用人工扳手初拧螺母至拧不动为止,并作标记线,再用长扳手将螺母转动1/2～3/4圈(终拧)。终拧角度根据螺栓直径和板叠厚度等确定。不需专业扳手,工具简单但不够精确。

3. 扭断螺栓尾部梅花卡头法

先对螺栓初拧,然后用特制电动扳手的两个套筒分别套住螺母和螺栓尾部梅花卡头(见图2-47(b))操作时。大套筒正转施加紧固扭矩,小套筒则施加紧固反扭矩,将螺栓紧固后,再进而沿尾部槽口将梅花卡头拧掉。由于螺栓尾部槽口深度是按终拧扭矩和预拉力之间的关系确定的,故当梅花卡头拧掉,螺栓即达到规定的预拉力值。扭剪型高强度螺栓由于具有上述施工简便且便于检查漏拧的优点,近年来在国内也得到广泛应用。

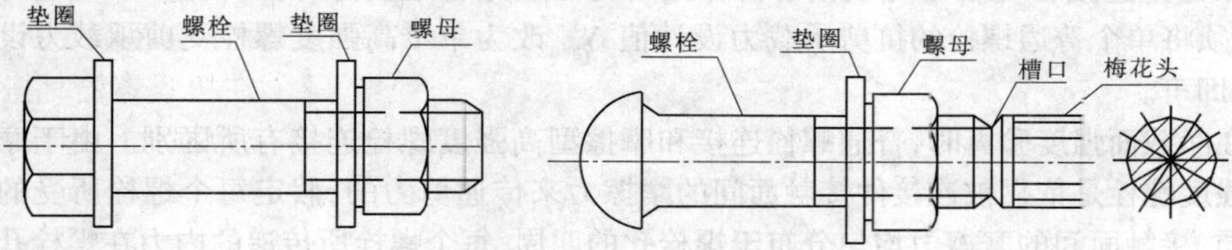

图2-47　高强度螺栓

(三)高强度螺栓连接摩擦面抗滑移系数

使用高强度螺栓摩擦型连接时,被连接构件接触面间的摩擦力不仅与螺栓的预拉力有关,还与被连接构件材料及其接触面处理方法所确定的摩擦面抗滑移系数 μ 有关,常用处理方法的摩擦面抗滑移系数 μ 值如表2-10所示。承压型连接的构件接触面只要求清除油污及浮锈。接触面涂红丹或在潮湿、淋雨状态下进行拼装,摩擦面抗滑移系数 μ 将严重降低,故应严格避免,并应采取措施保证连接处表面干燥。

二、高强度螺栓摩擦型连接的计算

高强度螺栓连接和普通螺栓连接一样,分为受剪螺栓连接、受拉螺栓连接和剪拉螺栓连接三种。

表 2-10　摩擦面抗滑移系数 μ

在连接处构件接触面的处理方法	构件的钢号		
	Q235	Q345 或 Q390	Q420
喷砂	0.45	0.50	0.50
喷砂后涂无机富锌漆	0.35	0.40	0.40
喷砂后生赤锈	0.45	0.50	0.50
钢丝刷清除浮锈或未经处理的干净轧制表面	0.30	0.35	0.40

(一)受剪高强度螺栓摩擦型连接计算

1. 受剪高强度螺栓摩擦型连接承载力计算

高强度螺栓承受剪力时的设计准则是外力不超过摩擦力。每个螺栓的承载力设计值与预拉力 P、摩擦面抗滑移系数 μ、摩擦面的数目 n_f 有关，计入抗力分项系数后，即得单个高强度螺栓的抗剪承载力设计值

$$N_v^b = 0.9 n_f \mu P \tag{2-61}$$

式中　0.9——抗力分项系数 γ_R 的倒数($\gamma_R = 1.111$)；

n_f——传力摩擦面数目；

μ——摩擦面抗滑移系数；

P——每个高强度螺栓的预拉力设计值。

2. 受剪高强度螺栓摩擦型连接的计算

受剪高强度螺栓摩擦型连接的受力分析方法与受剪普通螺栓连接一样，受剪高强度螺栓摩擦型连接在受轴心力或偏心力作用时可以利用普通受剪螺栓的计算公式进行计算，只须将单个普通螺栓的抗剪承载力设计值 $N_{\min}^b$ 改为单个高强度螺栓受剪承载力设计值 N_v^b 即可。

在净截面强度验算时，普通螺栓连接和摩擦型高强度螺栓连接有所区别。由于摩擦型高强度螺栓是依靠被连接件接触面间的摩擦力来传递剪力的，假定每个螺栓所受的内力相同，接触面间的摩擦力均匀分布于螺栓孔的四周，每个螺栓所传递的内力在螺栓孔中心线的前面和后面各传递一半，这种现象称为孔前传力。由于一半剪力已由孔前摩擦面传递，所以净截面上的拉力 $N' < N$。最外列螺栓截面已传递 $0.5n_1(N/n)$(n、n_1 分别为构件一端和最外列截面处高强度螺栓数目)，则最外列构件的净截面强度按式(2-62)计算

$$\sigma = \frac{N'}{A_n} = \frac{N}{A_n}\left(1 - \frac{0.5n_1}{n}\right) \leqslant f \tag{2-62}$$

由于最外列以后各列螺栓处构件的内力显著减小，只有在螺栓数目显著增加的情况下，才进行其他截面的净截面强度验算。因此，一般只须验算最外列螺栓的净截面强度。此外，由于 $N' < N$，所以除对有孔截面进行验算外，还应对毛截面进行验算，即应验算 $\sigma = N/A \leqslant f$。

螺栓群受轴心力作用时的摩擦型连接受剪高强度螺栓如图 2-48 所示。

(二)受拉高强度螺栓摩擦型连接计算

高强度螺栓连接由于受预拉力作用，构件间在承受外力作用前已经有较大的挤压力，

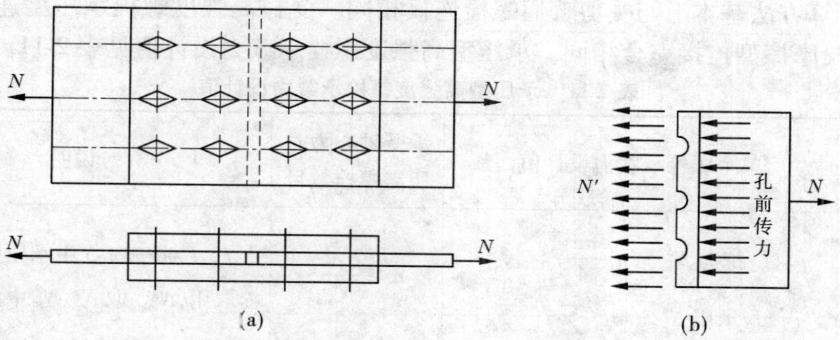

图 2-48　螺栓群受轴心力作用时的摩擦型连接受剪高强度螺栓

高强度螺栓受到外拉力作用时，首先要抵消这种挤压力，在克服挤压力之前，螺杆的预拉力基本不变。当施加外力 N_t 使螺栓受拉时，螺栓略有伸长，使拉力增加 ΔP，而压紧的板件略有放松，使压力减小，对预拉力没有太大的影响。直到外拉力大于螺栓杆的预拉力时，板叠松开，产生松弛现象。为使板件间保留一定的挤压力，《规范》规定，单个受拉摩擦型高强度螺栓的承载力设计值为

$$N_t^b = 0.8P \tag{2-63}$$

受拉高强度螺栓摩擦型连接受轴心力 N 作用时，假定每个螺栓均匀受力，连接所需的螺栓个数为

$$n \geqslant \frac{N}{N_t^b} \tag{2-64}$$

受拉高强度螺栓摩擦型连接受偏心拉力作用时，螺栓最大拉力不应大于 $0.8P$，以保证板件紧密贴合，端板不会被拉开，因此按受拉普通螺栓连接小偏心受拉情况，由式(2-65)计算

$$N_{1\max} = \frac{N}{n} + \frac{My_1}{\sum y_i^2} \leqslant N_t^b = 0.8P \tag{2-65}$$

（三）剪拉高强度螺栓摩擦型连接计算

高强度螺栓摩擦型连接随着外力的增大，构件接触面挤压力由 P 变化为 $P-N_t$，每个螺栓的抗剪承载力也随之减小，同时摩擦系数也下降。因此，《规范》规定，当高强度螺栓摩擦型连接同时承受摩擦面间的剪力和螺栓杆轴方向的外拉力时，其承载力按式(2-66)计算

$$\frac{N_v}{N_v^b} + \frac{N_t}{N_t^b} \leqslant 1 \tag{2-66}$$

式中　N_v、N_t——某个高强度螺栓所承受的剪力、拉力；

N_v^b、N_t^b——一个高强度螺栓的受剪、受拉承载力设计值。

三、高强度螺栓承压型连接计算

前面已经介绍，受剪高强度螺栓承压型连接以栓杆受剪破坏和孔壁承压破坏为极限

状态，其计算方法基本上与受剪普通螺栓连接相同。受拉高强度螺栓承压型连接与受拉高强度螺栓摩擦型连接完全相同。承压型高强度螺栓承载力设计值见表2-11。

表2-11　承压型高强度螺栓承载力设计值

连接种类	单个螺栓承载力设计值	承受轴心力时所需螺栓数目	说明
受剪螺栓	抗剪 $N_v^b = n_v \dfrac{\pi d_e^2}{4} f_v^b$ 承压 $N_c^b = d f_c^b \sum t$	$n \geqslant \dfrac{N}{N_{\min}^b}$	f_v^b、f_c^b 按表1-5中承压型高强度螺栓取用，$N_{\min}^b$ 取 N_v^b、N_c^b 中的较小值
受拉螺栓	$N_t^b = 0.8P$	$n \geqslant \dfrac{N}{N_t^b}$	
剪拉螺栓	$\sqrt{\left(\dfrac{N_v}{N_v^b}\right)^2 + \left(\dfrac{N_t}{N_t^b}\right)^2} \leqslant 1$ 且 $N_v \leqslant \dfrac{N_c^b}{1.2}$		N_v、N_t 分别为每个承压型高强度螺栓所受的剪力和拉力

注：在抗剪计算中，当剪切面在螺纹处时，采用螺杆的有效直径 d_e，即按螺纹处的有效面积计算 N_v^b。

对于剪拉高强度螺栓承压型连接，要求螺栓所受的剪力 N_v 不得超过孔壁承压设计值除以1.2。这是考虑到螺栓同时承受拉力，使连接件之间压紧力减小，导致孔壁承压强度降低的缘故。

【例2-8】　如图2-49所示，设计用高强度螺栓的双拼接板连接，承受轴心拉力设计值 N=1 530 kN，钢板截面尺寸为340 mm×20 mm，钢材为Q345，采用8.8级M22高强度螺栓，连接处构件接触面作喷砂处理。

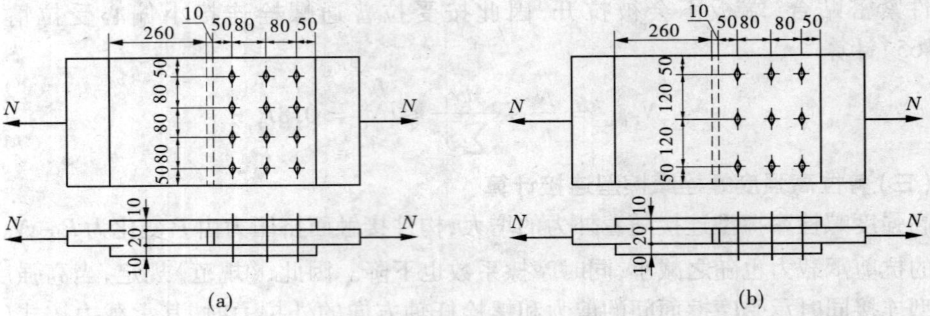

图2-49　例2-8计算简图　（单位：mm）

解：(1)采用摩擦型高强度螺栓时，查表2-9和表2-10可知8.8级M22高强度螺栓的预应力 P=150 kN，抗滑移系数 μ=0.5，则单个螺栓的抗剪承载力设计值为

$$N_v^b = 0.9 n_f \mu P = 0.9 \times 2 \times 0.5 \times 150 = 135(\text{kN})$$

所需螺栓数为 $n = \dfrac{N}{N_v^b} = \dfrac{1\ 530}{135} = 11.33$，取 n =12，螺栓排列如图2-49(a)所示。

构件净截面强度验算：钢板端部最外排螺栓孔截面最危险。

$$N' = N\left(1 - \frac{0.5n_1}{n}\right) = 1\ 530 \times (1 - \frac{0.5 \times 4}{12}) = 1\ 275(\text{kN})$$

$$A_n = t(b - n_1 d_0) = 20 \times (340 - 4 \times 24) = 4\ 880(\text{mm}^2)$$

$$\sigma = \frac{N'}{A_n} = \frac{1\ 275 \times 10^3}{4\ 880} = 261.3(\text{N/mm}^2) \leqslant f = 295\ \text{N/mm}^2 \quad (\text{安全})$$

(2)采用承压型高强度螺栓时,查表1-5得f_v^b =250 kN,f_c^b =590 kN,单个螺栓的抗剪承载力设计值为

$$N_v^b = n_v \frac{\pi d^2}{4} f_v^b = 2 \times \frac{\pi \times 22^2}{4} \times 250 = 1.901 \times 10^5(\text{N}) = 190.1\ \text{kN}$$

$$N_c^b = d f_c^b \sum t = 22 \times 20 \times 590 = 259\ 600(\text{N}) = 259.6\ \text{kN}$$

$$N_{\min}^b = \min\{N_v^b, N_c^b\} = 190.1\ \text{kN}$$

所需螺栓数为$n = \frac{N}{N_{\min}^b} = \frac{1\ 530}{190.1} = 8.05$,取$n$ =9,螺栓排列如图2-49(b)所示。

构件截面强度验算:钢板端部最外排螺栓孔截面最危险。

$$A_n = t(b - n_1 d_0) = 20 \times (340 - 3 \times 24) = 5\ 360(\text{mm}^2)$$

$$\sigma = \frac{N}{A_n} = \frac{1\ 530 \times 10^3}{5\ 360} \approx 285.4(\text{N/mm}^2) \leqslant f = 295\ \text{N/ mm}^2 \quad (\text{安全})$$

【例2-9】 高强度螺栓计算.荷载与螺栓布置如图2-50所示,用8.8级M20高强度螺栓,构件接触面经喷砂后涂无机富锌漆。验算螺栓连接是否安全?

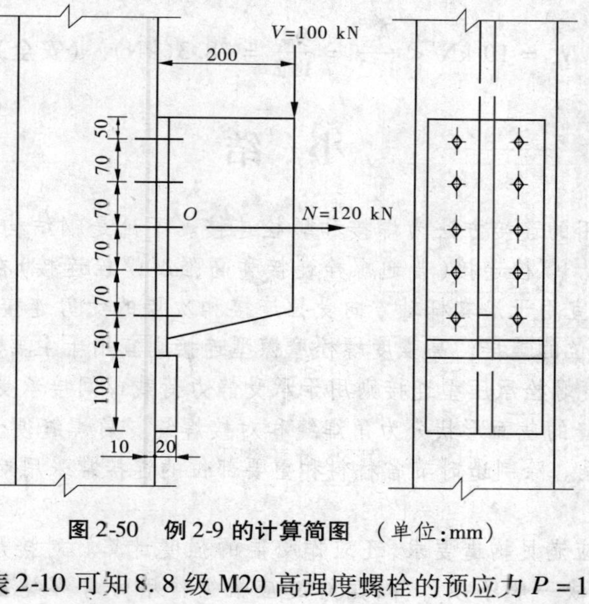

图2-50　例2-9的计算简图　(单位:mm)

解:查表2-9和表2-10可知8.8级M20高强度螺栓的预应力P =125 kN,抗滑移系数μ =0.35。

单个螺栓的抗拉承载力设计值为

$$N_t^b = 0.8P = 0.8 \times 125 = 100(\text{kN})$$

顶排螺栓的拉力为

$$N_{max} = \frac{N}{n} + \frac{My'_1}{\sum y'^2_i} = \frac{120}{10} + \frac{100 \times 200 \times 280}{2 \times (280^2 + 210^2 + 140^2 + 70^2)} = 31.05(\mathrm{kN})$$

(1)采用摩擦型高强度螺栓时,单个螺栓受剪承载力设计值为

$$N_v^b = 0.9n_f\mu P = 0.9 \times 1 \times 0.35 \times 125 = 39.375(\mathrm{kN})$$

单个螺栓所受平均剪力为

$$N_v = \frac{V}{n} = \frac{100}{10} = 10(\mathrm{kN})$$

对顶排螺栓有

$$\frac{N_v}{N_v^b} + \frac{N_t}{N_t^b} = \frac{10}{39.375} + \frac{31.05}{100} = 0.254 + 0.310\ 5 = 0.564\ 5 < 1 \quad (安全)$$

(2)采用承压型高强度螺栓时,查表1-5得$f_t^b = 400$ kN,$f_v^b = 850$ kN,$f_c^b = 470$ kN,有

$$N_t^b = \frac{\pi d_e^2}{4} f_t^b = \frac{\pi \times 17.65^2}{4} \times 400 = 978\ 18(\mathrm{N}) = 97.818\ \mathrm{kN}$$

$$N_v^b = n_v \frac{\pi d^2}{4} f_v^b = 1 \times \frac{\pi \times 20^2}{4} \times 850 = 266\ 900(\mathrm{N}) = 266.9\ \mathrm{kN}$$

$$N_c^b = d f_c^b \sum t = 20 \times 10 \times 470 = 94\ 000(\mathrm{N}) = 94\ \mathrm{kN}$$

则

$$\sqrt{\left(\frac{N_v}{N_v^b}\right)^2 + \left(\frac{N_t}{N_t^b}\right)^2} = \sqrt{\left(\frac{10}{266.9}\right)^2 + \left(\frac{35.05}{97.818}\right)^2} \approx \sqrt{0.001\ 4 + 0.128\ 3} \approx 0.36 < 1$$

$$N_v = 10\ \mathrm{kN} < \frac{N_c^b}{1.2} = \frac{94}{1.2} = 78.3(\mathrm{kN}) \quad (安全)$$

小　结

(1)钢结构常用的连接方法为焊接和螺栓连接。不论是钢结构的制造或安装,焊接均是主要连接方法。螺栓连接(普通螺栓连接和高强度螺栓连接)在安装连接中应用较多。普通螺栓连接宜用于沿其杆轴方向受拉连接和次要的受剪连接,高强度螺栓连接适用于钢结构重要部位的连接。高强度螺栓摩擦型连接则宜用于主要部位和直接承受动力荷载的连接,高强度螺栓承压型连接则用于承受静力荷载或间接承受动力荷载的连接。

(2)焊接按焊缝的截面形状分为角焊缝和对接焊缝。角焊缝便于加工但受力性能较差,对接焊缝则相反。除制造时节省材料和重要部位的连接常采用对接焊缝外,一般多采用角焊缝。

(3)焊接不仅应满足构造要求,还应作必要的强度计算。对接焊缝除三级受拉焊缝外,均与母材等强,故一般不须计算;角焊缝应根据作用力与焊缝长度方向间的关系按式(2-8)计算。不论焊缝是受轴心力还是兼受弯矩(扭矩)和剪力,均可按危险点计算其所受的垂直于焊缝长度方向按焊缝有效截面计算的应力和平行于焊缝长度方向按焊缝有效截面计算的剪应力,然后代入公式计算。

(4)焊接残余应力和残余变形是焊接过程中局部加热和冷却,导致焊件不均匀膨胀

和收缩而产生的。在焊缝附近的残余拉应力很高，常可达钢材屈服点。残余应力是自相平衡的力系，故对结构的静力强度无影响，但使结构的刚度和稳定承载力降低。由于其影响，焊接结构疲劳计算必须采用应力幅计算准则。

(5)普通螺栓连接不仅应满足构造要求，还应作必要的强度计算。对于受剪和受拉螺栓连接，均需计算其最不利螺栓所受的力(剪力或拉力)不大于单个螺栓的承载力设计值；对于受剪螺栓连接，还须验算构件因螺孔削弱的净截面强度；对于偏心力作用的受拉螺栓连接还须区分大、小偏心情况；对于剪拉螺栓连接，则使其最不利螺栓的强度应满足相关公式。

(6)高强度螺栓连接分摩擦型和承压型两类，摩擦型应用普遍。对于受剪和受拉高强度螺栓连接的计算与普通螺栓类似，只须代入相应的高强度螺栓的强度设计值；对于受剪高强度螺栓连接的构件净截面强度计算须考虑孔前传力，同时还须验算毛截面强度；对于偏心力作用的受拉高强度螺栓连接不论偏心距大小，因接触面始终密合，其中和轴取螺栓群的形心轴；对于剪拉高强度螺栓连接计算，考虑螺栓承受拉力后抗剪承载力的降低。

思考题

2-1　钢结构常用的连接方法有哪几种？它们各在哪些范围应用较合适？

2-2　手工焊条型号应根据什么选择？焊接 Q235B 钢和 Q345 钢的一般结构须分别采用哪种型号的焊条？

2-3　角焊缝的尺寸有哪些要求？

2-4　螺栓在钢板和型钢上的容许距离都有哪些规定？它们是根据哪些要求制定的？

2-5　普通螺栓群受偏心力作用时的受拉螺栓计算应怎样区分大、小偏心情况？它们的特点有何不同？高强度螺栓承压型连接是否也要区分大、小偏心情况？其中和轴应取螺栓群的什么位置？

2-6　高强度螺栓摩擦型连接与承压型连接的受力特点有何不同？它们在传递剪力和拉力时的单个螺栓承载力设计值的计算公式有何区别？

2-7　在受剪连接中使用普通螺栓或摩擦型高强度螺栓对构件开孔截面净截面强度的影响哪一种较大？为什么？

2-8　剪拉普通螺栓连接与剪拉高强度螺栓摩擦型连接的计算方法有何不同？与剪拉高强度螺栓承压型连接的计算方法又有何不同？

习　题

2-1　试验算图 2-51 所示牛腿与柱连接的对接焊缝强度。荷载设计值 $F=270$ kN，钢材为 Q235B，焊条为 E43 型，手工焊，无引弧板，焊缝质量为三级。提示：假定剪力由腹板上的焊缝承受。

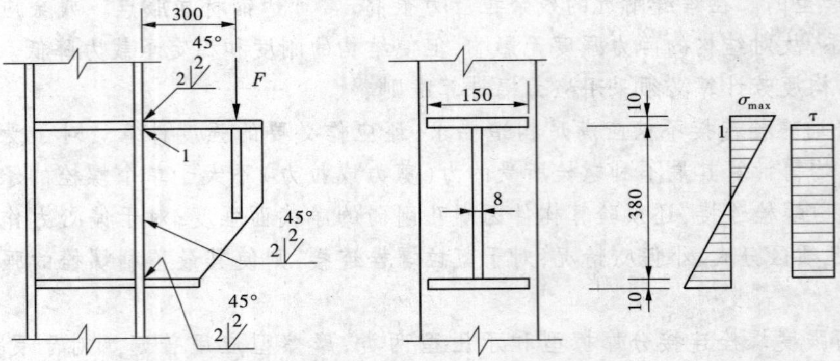

图 2-51　习题 2-1 图　（单位：mm）

2-2　试设计图 2-52 所示连接中的角钢与节点板间的角焊缝 A。轴心拉力设计值 N = 240 kN（静力荷载）。钢材为 Q235B，焊条为 E43 型，手工焊。

2-3　试验算图 2-53 所示连接角焊缝的强度，荷载设计值 F = 140 kN（静力荷载）。钢材为 Q235B，焊条为 E43 型，手工焊。提示：假定焊缝在端部绕角焊缝起落弧，计算长度不考虑弧坑影响。

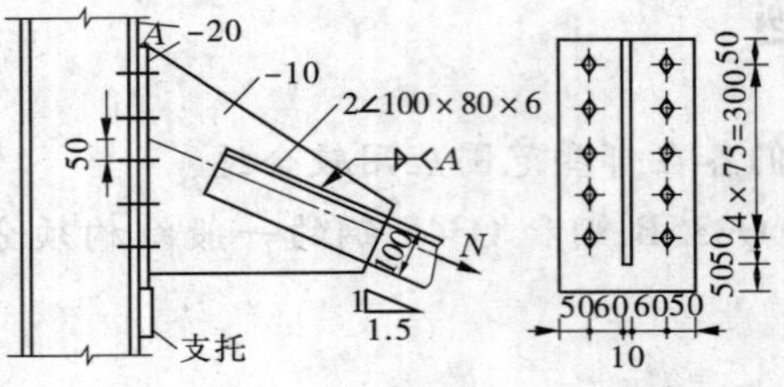

图 2-52　习题 2-2 图　（单位：mm）

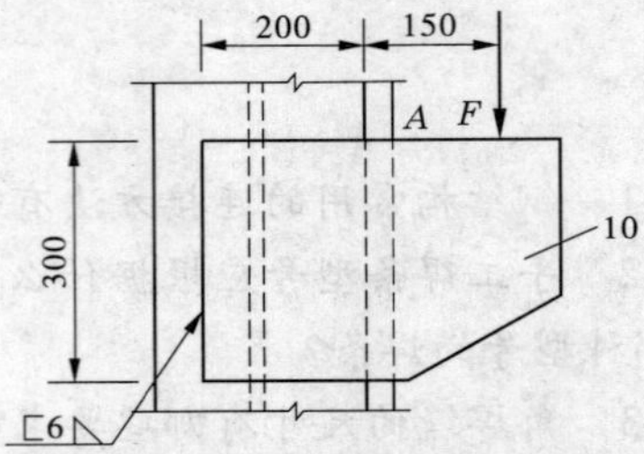

图 2-53　习题 2-3 图　（单位：mm）

2-4　图 2-54 为一用 M20C 级普通螺栓的钢板拼接，钢材为 Q235A，d_0 = 22 mm。试计算此拼接能承受的最大轴心力设计值。

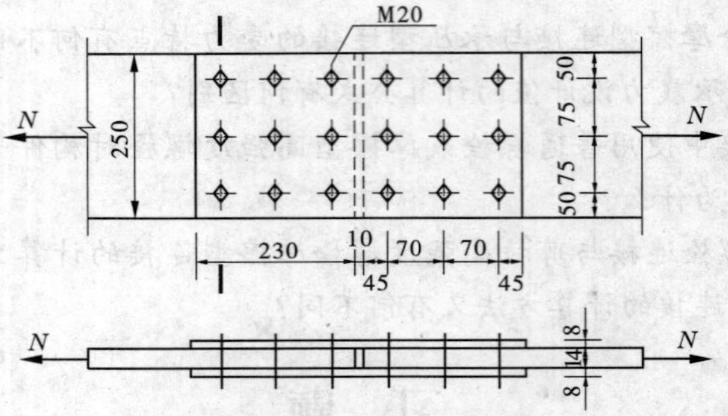

图 2-54　习题 2-4 图　（单位：mm）

2-5　试计算习题 2-2 连接中端板与柱连接的 C 级普通螺栓强度。螺栓为 M22，钢材为 Q235。

2-6　若将习题 2-5 中端板与柱的连接螺栓改为 M24，并取消端板下的支托，其强度能否满足要求？

第三章 钢 梁

内容摘要

钢梁是一种应用广泛的承受横向荷载的受弯构件，本章主要讲解的内容有：钢梁的截面形式、工作性能及刚度和强度计算，梁的整体稳定性概念及保证措施和计算方法，薄板稳定性基本概念，组合梁腹板加劲肋设计、型钢梁设计、焊接组合梁设计（设计步骤、截面选择、截面改变、翼缘与腹板的连接、梁的拼接）。

学习重点

理解整体稳定及局部稳定的概念及保证措施；掌握钢梁刚度和强度、整体稳定及局部稳定的计算方法，能进行组合梁设计。

第一节 钢梁的形式及应用

钢梁是一种承受横向荷载的受弯构件，广泛应用于工作平台梁、钢桥、钢闸门和厂房结构中。钢梁按加工制作方式分为型钢梁和组合梁。

钢梁常用的截面形式如图 3-1 所示。型钢梁构造简单、价格低廉、制造较容易，应优先采用，但在荷载及跨度较大时，例如钢闸门和钢引桥的主梁等，由于钢材规格的限制，不能满足承载力和刚度的要求时，就必须采用焊接组合梁。

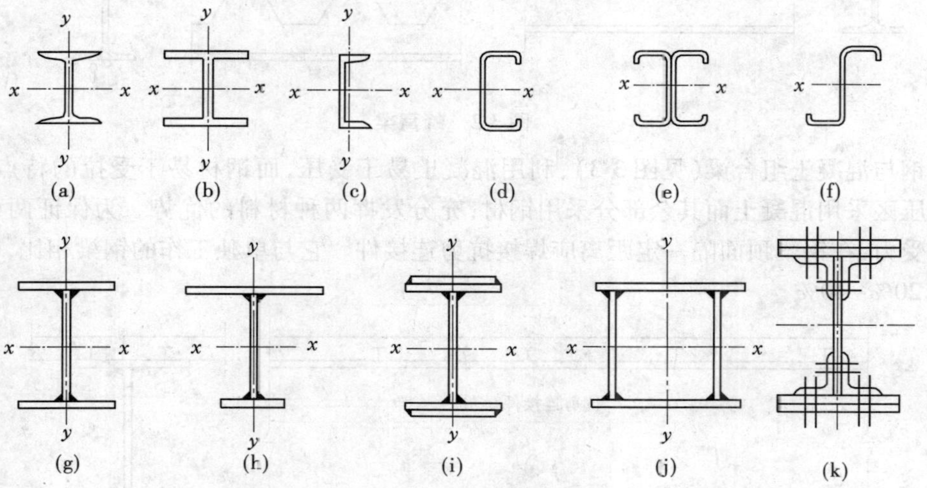

图 3-1 钢梁常用的截面形式

型钢梁中常采用热轧型钢梁。热轧型钢梁主要采用工字钢和槽钢（见图 3-1（a）、（b）、（c）），其截面高而且较窄，适用于在腹板平面内受弯的梁，但由于这种工字钢侧向刚度较小，因而计算时往往由侧向整体稳定起控制作用。图 3-1(b)的工字钢具有相对较宽的翼缘，一般称为 H 型钢，H 型钢梁具有较大的侧向刚度、抗扭刚度和整体稳定性。槽钢截面因左右不对称，弯曲中心位于腹板的外侧。当荷载作用于翼缘上时，梁同时受弯和受扭，故只有在构造上能使荷载作用线接近弯曲中心或能防止截面扭转时才宜采用。冷弯薄壁型钢梁常用于承受较轻荷载(轻屋面、轻墙面等)的情况(见图 3-1(d)、(e)、(f))，如轻型檩条和墙梁等，其用钢量较省。

组合梁由钢板或型钢用焊接、铆钉或螺栓连接而成。最常用的是由三块钢板焊接组成的工字形截面梁(见图 3-1(g)、(h))。由于其构造简单、加工方便，而且可根据所受荷载大小调整翼缘和腹板的尺寸，故用钢量较省。对于多层翼缘板焊接组成的焊接梁(见图 3-1(i))，焊接工作量增加并会产生较大焊接应力和焊接变形，而且各翼缘板间受力不均匀，故目前应用的较少。双腹板的箱形截面梁(见图 3-1(j))，具有较大的抗扭刚度和侧向抗弯刚度，用于荷载和跨度较大而梁高受到限制，或侧向刚度要求较高或受双向较大弯矩的梁，但用钢量较多，施焊不方便，制造较费工。

对于跨度和动力荷载较大的梁，若所需厚钢板的质量不能满足焊接结构或动力荷载的要求，可采用摩擦型高强螺栓或铆接连接而成的工字形截面组合梁(见图 3-1(k))。

将工字钢沿折线切成两部分，然后错开，齿尖对齿尖地焊接起来，就形成一种有孔洞的工字形梁，这种梁称为蜂窝梁(见图 3-2)。与原工字钢相比，其承载能力和刚度均显著增大、自重减轻，是一种较为经济合理的构件形式，在国内外都得到了比较广泛的研究与应用。

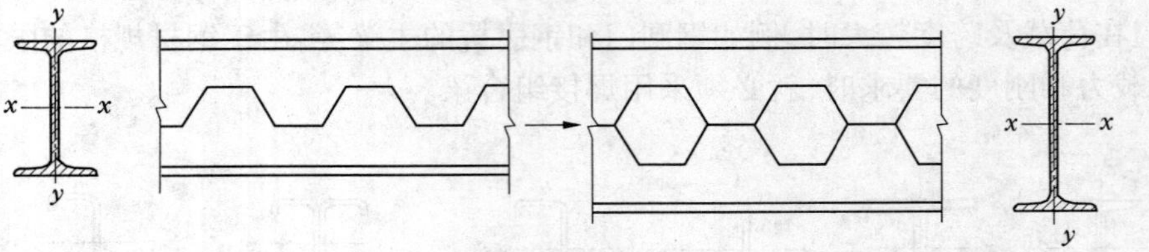

图 3-2　蜂窝梁

钢与混凝土组合梁(见图 3-3)，利用混凝土易于受压，而钢材易于受拉的特点，在梁的受压区采用混凝土而其余部分采用钢材，充分发挥两种材料的优势。为保证两种材料共同受力，在钢梁顶面隔一定距离应焊接抗剪连接件。它与单独工作的钢梁相比，可节约钢材 20%~40%。

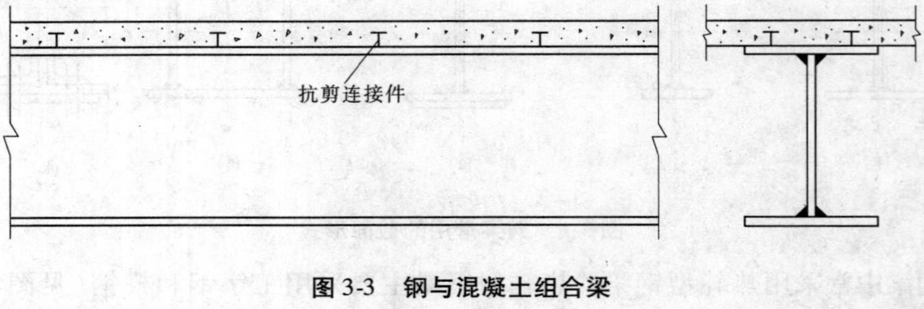

图 3-3　钢与混凝土组合梁

钢梁可做成简支梁、连续梁和悬臂梁等。虽然简支梁的钢材用量较大,但由于制造、安装、修理、拆换方便,而且不受温度变化和支座沉降的影响,因而使用最广泛。

组合梁一般采用双轴对称截面(见图3-1(g)、(i)、(j)、(k)),也可采用加强受压翼缘单轴对称截面,以提高受压翼缘及梁的侧向刚度和稳定性。

在钢梁中,除少数情况(如吊车梁、起重机大梁等)可单独或成对地布置外,通常是由许多梁(常有主梁和次梁)纵横交叉连接成梁格,并在梁格上铺放直接承受荷载的钢板或钢筋混凝土面板,例如楼盖、工作平台、桥梁、钢闸门等。

根据主梁和次梁的排列情况,梁格可分为下列三种形式:

(1)单向梁格(见图3-4(a))。只有主梁,适用于主梁跨度较小或面板长度较大的情况。

(2)双向梁格(见图3-4(b))。在主梁间再设次梁,次梁由主梁支承,次梁上再支承面板,是应用最广泛的梁格类型。

(3)复式梁格(见图3-4(c))。在主梁间设纵向次梁,纵向次梁间再设横向次梁,荷载传递层次多、构造复杂,只适用于主梁跨度大和荷载重的情况。

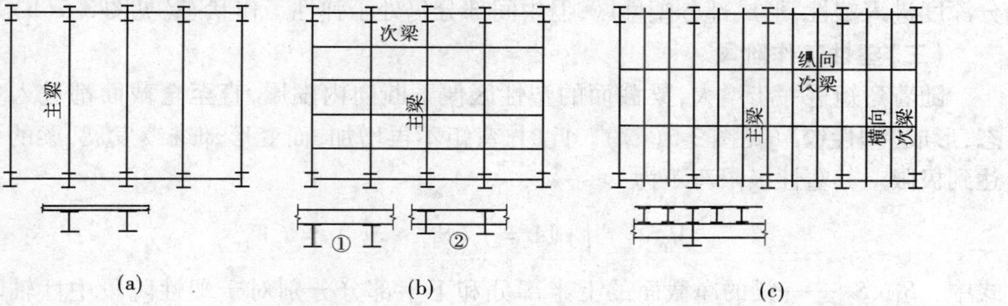

图3-4　梁格的三种形式

第二节　钢梁的弯曲强度及其计算

梁的强度计算包括梁净截面、考虑塑性发展的抗弯强度和抗剪强度、局部承压强度以及复杂应力状态下的折算应力计算。

一、抗弯强度

梁在受弯时,钢材符合理想弹塑性假定,当弯矩逐渐增大时,截面中的应力应变始终符合平面假定。正应力的发展过程可分为下述三个阶段。

(一)弹性工作阶段

当作用于梁上的弯矩较小时,梁截面上最大应变 $\varepsilon_{max} \leq f_y/E$,整个梁截面处于弹性工作状态,此时截面上的应力成三角形直线分布,其边缘的最大正应力不超过屈服极限 f_y(见图3-5(a))。其相应的极限弯矩为

$$M_e = f_y W_n \tag{3-1}$$

式中　W_n——梁的净截面抵抗矩,或称截面模量。

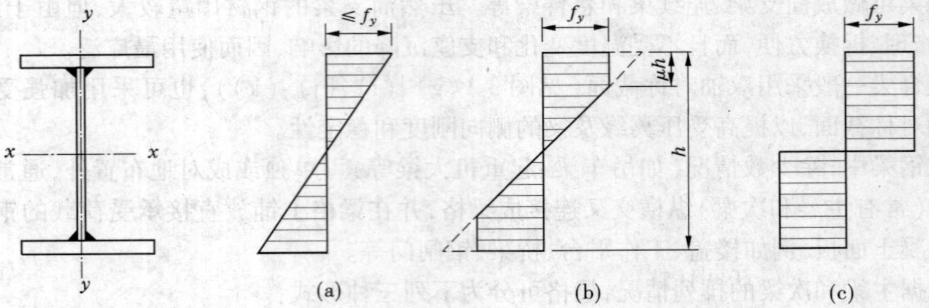

图 3-5　钢梁受弯时各阶段弯曲应力

(二)弹塑性工作阶段

当梁的边缘应力达到屈服点时,若继续增加荷载,按平面假定,应变 ε 仍按直线规律增加,但因钢材有屈服台阶,按理想弹塑性考虑,边缘应力保持 f_y 不变,而且在截面的上下两边,凡是应变达到或超过钢材屈服时应变 ε_y 的部分,其应力均等于 f_y,截面的边缘部分深度进入塑性,形成部分塑性区,但中间部分仍处于弹性工作状态(见图 3-5(b))。

(三)塑性工作阶段

随着弯矩进一步增大,梁截面的塑性区便不断向内发展,直至全截面都进入塑性状态,形成"塑性铰"(见图 3-5(c))。此时,弯矩不再增加,而变形却继续发展,梁的承载力达到极限。其塑性极限弯矩为

$$M_p = f_y \int_A y \mathrm{d}A = f_y (S_{1n} + S_{2n}) = f_y W_{pn} \tag{3-2}$$

式中　S_{1n}、S_{2n}——梁的净截面的上半部分和下半部分分别对于塑性阶段中性轴的面积矩,当截面上下不对称时,塑性阶段的中性轴为截面面积 A 的平分线,不再同形心轴重合;

W_{pn}——梁的净截面塑性抵抗矩。

塑性极限弯矩 M_p 与弹性最大弯矩 M_e 之比为

$$\gamma_F = \frac{M_p}{M_e} = \frac{W_{pn}}{W_n} \tag{3-3}$$

γ_F 值只取决于截面的几何形状,而与材料的性质无关,称为截面形状系数。对于矩形截面 $\gamma_F = 1.5$;圆形截面 $\gamma_F = 1.7$;圆环形截面 $\gamma_F = 1.27$;工字形截面对 x 轴 $\gamma_F = 1.10 \sim 1.17$,对 y 轴 $\gamma_F = 1.5$。

可见,梁的抗弯强度可按塑性工作阶段计算,亦称塑性设计,也可按弹性工作阶段计算,亦称弹性设计。前者比后者更能充分发挥材料的作用,经济效益较高。考虑到塑性变形过大将引起梁的挠度过大,受压翼缘过早失去局部稳定性,同时对于梁截面来说,除存在正应力外,还同时存在剪应力及局部压应力等。在这样的复杂应力状态下,梁在形成塑性铰之前就已丧失承载能力,再考虑一些不利因素(如残余应力等),也会使梁提前失去承载能力。因此,对于直接承受动力荷载的梁,不考虑截面塑性工作,仅按弹性设计;对于承受静力荷载或间接动力荷载的梁,只考虑部分截面塑性工作。上下两边塑性区的深度

μh（见图 3-5(b)），一般控制在$\frac{h}{8} \sim \frac{h}{4}$，相应塑性区的发展用塑性发展系数 γ 来表示，对于双轴对称工字形截面 $\gamma_x = 1.05$、$\gamma_y = 1.2$，对于箱形截面 $\gamma_x = \gamma_y = 1.05$。

《规范》规定梁的抗弯强度按下列公式计算：

仅在弯矩 M_x 作用下

$$\frac{M_x}{\gamma_x W_{nx}} \leqslant f \tag{3-4}$$

在弯矩 M_x 和 M_y 共同作用下

$$\frac{M_x}{\gamma_x W_{nx}} + \frac{M_y}{\gamma_y W_{ny}} \leqslant f \tag{3-5}$$

式中　M_x、M_y——绕 x 轴、y 轴的弯矩（对工字形截面，x 轴为强轴，y 轴为弱轴）；

W_{nx}、W_{ny}——对 x 轴、y 轴净截面模量；

γ_x、γ_y——截面塑性发展系数，对工字形截面取 $\gamma_x = 1.05$、$\gamma_y = 1.20$，承受动力荷载时取 $\gamma_x = \gamma_y = 1.0$（按弹性工作阶段设计），对其他截面按表 3-1 取值；

f——钢材的抗弯强度设计值，按表 1-3 采用。

表 3-1　截面塑性发展系数 γ_x、γ_y 值

截面形式	γ_x	γ_y	截面形式	γ_x	γ_y
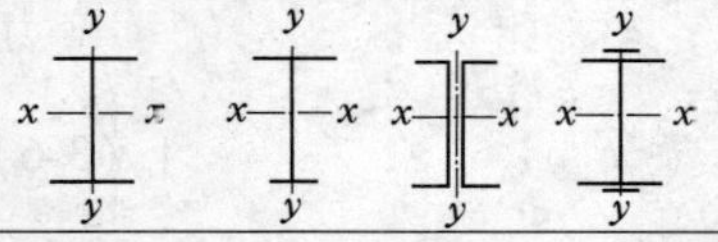	1.05	1.2	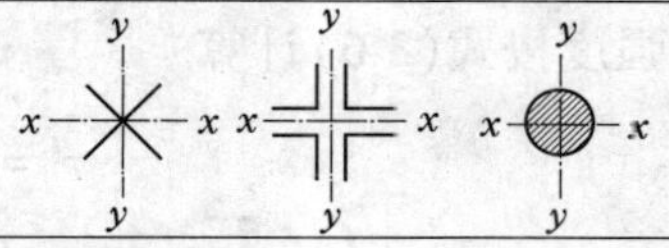	1.2	1.2
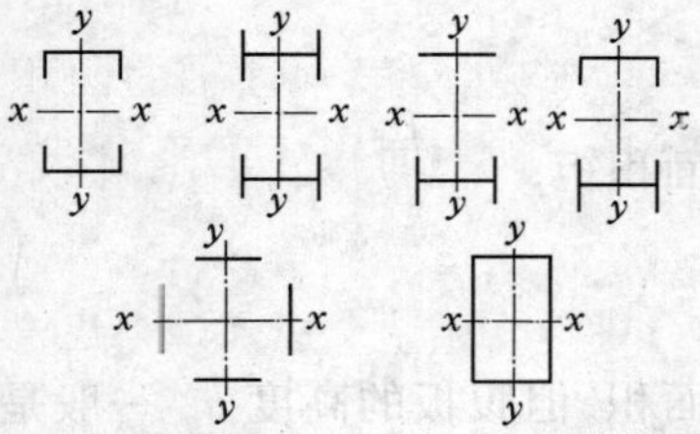		1.05	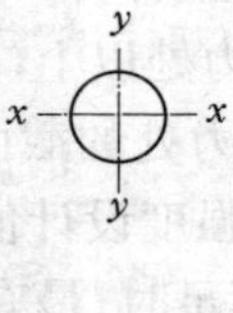	1.15	1.15
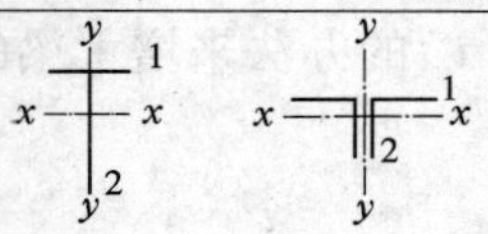	$\gamma_{x1}=1.05$	1.2	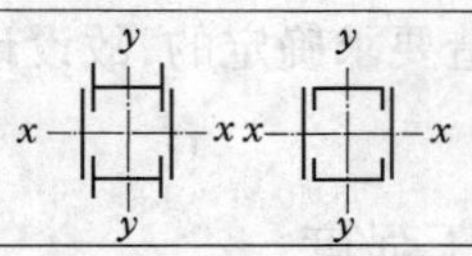	1.0	1.05
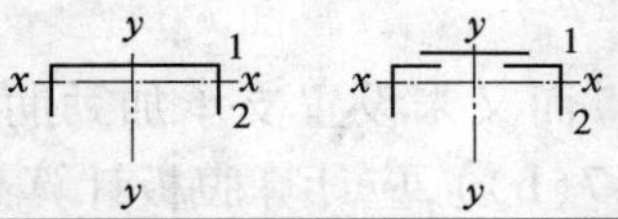	$\gamma_{x2}=1.2$	1.05	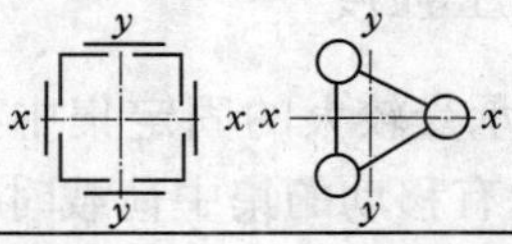		1.0

γ_x、γ_y 是考虑塑性部分深入截面的系数，也称为截面塑性发展系数，与式(3-3)的截面形状系数 γ_F 的含义是有区别的。为避免梁在失去强度之前受压翼缘局部失稳，《规范》规定：当梁受压翼缘的自由外伸宽度 b 与其厚度 t 之比大于 $13\sqrt{235/f_y}$ 但不超过 $15\sqrt{235/f_y}$ 时应取 $\gamma_x = 1.0$，f_y 为钢材的屈服点，即不分钢材厚度一律取为：Q235 钢，$f_y = 235\ \text{N/mm}^2$；Q345 钢，$f_y = 345\ \text{N/mm}^2$；Q390 钢，$f_y = 390\ \text{N/mm}^2$；Q420 钢，$f_y = 420\ \text{N/mm}^2$。

对于直接承受动力荷载或需要计算疲劳的梁，塑性深入截面将使钢材发生硬化，促使疲劳断裂提前出现，因此按式(3-4)和式(3-5)计算时，$\gamma_x=\gamma_y=1.0$，即按弹性工作阶段进行计算，不考虑截面塑性的发展。

当梁的抗弯强度不能满足要求时，以增大梁高最为有效。

二、抗剪强度

在横向荷载作用下，梁在受弯的同时又承受剪力，工字形截面和槽形截面腹板上剪应力分布如图3-6所示，对于工字形截面和槽形截面，其最大剪应力在腹板中性轴处。

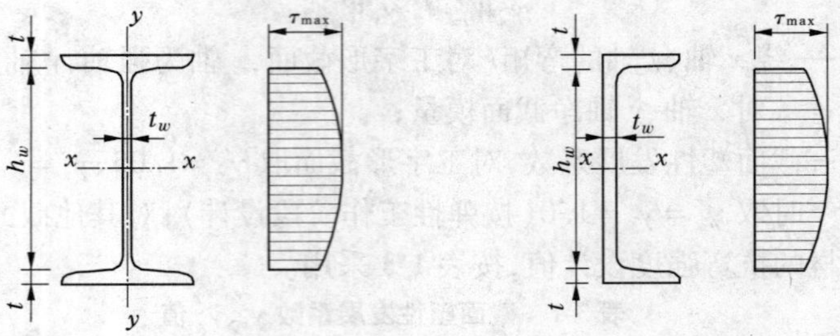

图3-6　腹板剪应力分布

梁的抗剪强度按式(3-6)计算

$$\tau=\frac{VS}{It_w}\leqslant f_v \tag{3-6}$$

式中　V——梁的剪力设计值；

I——毛截面惯性矩；

S——计算剪应力处以上(或以下)部分对中性轴的面积矩；

t_w——计算剪应力处的截面宽度；

f_v——钢材抗剪强度设计值，见表1-3。

当梁的抗剪强度不足时，最有效的办法是增大腹板的面积，但腹板的高度 h_w 一般是由刚度条件和构造要求确定的，故设计时常采用加大腹板厚度 t_w 的办法来增大梁的抗剪强度。

三、局部承压强度

当梁的翼缘承受较大的固定集中荷载(包括支座反力)而又未设置支承加劲肋(见图3-7(a))，或受有移动的集中荷载时，如吊车轮压(见图3-7(b))，应计算腹板计算高度边缘的局部承压强度。

荷载通过翼缘传至腹板，使之受压，腹板边缘在压力 F 作用点处所产生的压应力最大，向两侧边则逐渐减小，其压应力的实际分布并不均匀，如图3-7(c)所示。可以认为集中荷载从作用处以1∶2.5(在 h_y 高度范围)和1∶1(在 h_R 高度范围)扩散，在计算中假定压力 F 均匀分布在腹板计算高度边缘一段较短的范围 l_z 内。《规范》规定分布长度 l_z 取为：

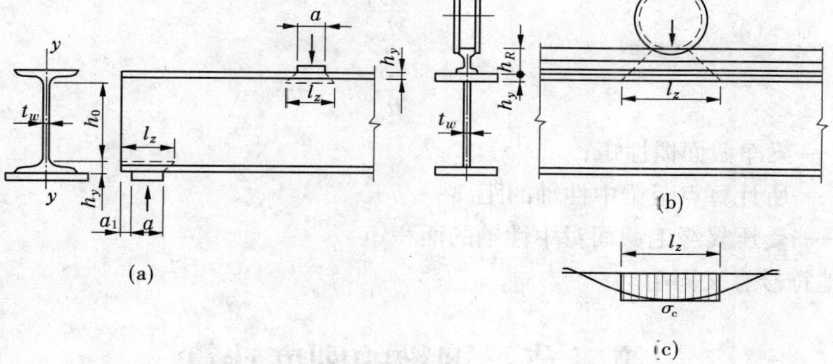

图 3-7　局部压应力

对于跨中承受集中荷载

$$l_z = a + 5h_y + 2h_R \tag{3-7}$$

对于梁端承受支座反力

$$l_z = a + 2.5h_y + a_1 \tag{3-8}$$

式中　a——集中荷载沿梁跨度方向的支承长度，对于钢轨上的轮压可取为 50 mm；

h_y——自梁顶面（或底面）至腹板计算高度边缘的距离，对于焊接梁 h_y 为翼缘厚度，对于型钢梁 h_y 包括翼缘厚度和圆弧部分；

h_R——轨道的高度，对于无轨道的梁 $h_R = 0$。

在腹板计算高度边缘处的局部压应力验算公式为

$$\sigma_c = \frac{\psi F}{t_w l_z} \leqslant f \tag{3-9}$$

式中　F——集中荷载，对于动力荷载需要考虑动力系数；

ψ——集中荷载增大系数，对于重级工作制吊车梁取 $\psi = 1.35$，其他梁取 $\psi = 1.0$；

f——钢材抗压强度设计值，见表 1-3。

若验算不满足，对于固定集中荷载处（包括支座处）可设置支承加劲肋，并对支承加劲肋进行验算。对移动集中荷载，则应加大腹板厚度。

对于翼缘上受均布荷载的梁，因腹板上边缘局部压应力不大，不需进行局部压应力验算。

四、折算应力

在组合梁的腹板计算高度边缘处，当同时受有较大的正应力、剪应力和局部压应力时，或同时受有较大的正应力和剪应力时（例如，连续梁的支座处或梁的翼缘截面改变处等），应按下式验算该处的折算应力

$$\sqrt{\sigma^2 + \sigma_c^2 - \sigma\sigma_c + 3\tau^2} \leqslant \beta_1 f \tag{3-10}$$

式中　σ、τ、σ_c——腹板计算高度边缘同一点上的弯曲正应力、剪应力、局部压应力，σ_c 按式（3-9）计算，σ 和 τ 分别按式（3-11）和式（3-12）计算；

β_1——计算折算应力的强度设计值增大系数，当 σ 与 σ_c 异号时取 $\beta = 1.2$，当 σ 与 σ_c 同号或 $\sigma_c = 0$ 时取 $\beta_1 = 1.1$。

$$\sigma = \frac{My_1}{I_n} \tag{3-11}$$

$$\tau = \frac{VS_1}{It_w} \tag{3-12}$$

式中　I_n——梁净截面惯性矩；

y_1——所计算点至梁中性轴的距离；

S_1——受压翼缘毛截面对中性轴的面积矩；

其他符号意义同前。

第三节　钢梁的刚度计算

为保证梁的正常使用要求，梁应有足够的刚度，梁的刚度可用梁的最大挠度 ω 来衡量，要求不超过规范规定的最大挠度的容许值$[\omega]$，其表达式为

$$\omega \leqslant [\omega] \quad 或 \quad \frac{\omega}{l} \leqslant \left[\frac{\omega}{l}\right] \tag{3-13}$$

式中　l——梁的跨度（对悬臂梁取悬臂长度的 2 倍）；

ω——梁的最大挠度，按荷载标准值（不考虑荷载分项系数和动力系数）计算；

ω/l——梁的相对挠度；

$[\omega]$——梁的容许挠度值；

$[\omega/l]$——梁的相对挠度容许值，见表 3-2。

表 3-2　钢梁的相对挠度容许值$[\omega/l]$

<table>
<tr><th>水工钢结构</th><th>[ω/l]</th><th colspan="2">建筑钢结构</th><th>[ω/l]</th></tr>
<tr><td rowspan="2">潜孔式工作闸门和事故闸门的主梁</td><td rowspan="2">1/750</td><td rowspan="4">吊车梁</td><td>手动吊车和单梁吊车（含悬挂吊车）</td><td>1/500</td></tr>
<tr><td>轻级工作制桥式吊车</td><td>1/800</td></tr>
<tr><td rowspan="2">露顶式工作闸门和事故闸门的主梁</td><td rowspan="2">1/600</td><td>中级工作制桥式吊车</td><td>1/1 000</td></tr>
<tr><td>重级工作制桥式吊车</td><td>1/1 200</td></tr>
<tr><td>检修闸门和拦污栅的主梁</td><td>1/500</td><td rowspan="2">无重轨的工作平台和楼盖梁</td><td>主梁</td><td>1/400</td></tr>
<tr><td>次梁</td><td>1/250</td><td>其他梁</td><td>1/250</td></tr>
<tr><td rowspan="2">船闸工作闸门和输水阀门的主梁</td><td rowspan="2">1/750</td><td rowspan="3">屋盖檩条</td><td>支承无集灰的瓦楞铁和石棉瓦等屋面者</td><td>1/150</td></tr>
<tr><td>支承压型金属板、有积灰的瓦楞铁和石棉瓦等屋面者</td><td>1/200</td></tr>
<tr><td>浮码头钢引桥的主梁</td><td>1/400</td><td>支承其他屋面材料者</td><td>1/200</td></tr>
</table>

第四节　梁的整体稳定

一、梁整体稳定的概念

为了提高抗弯强度、节省钢材，钢梁截面一般设计成高而窄且壁较薄的开口截面形式，受荷方向刚度大，侧向刚度较小，如果梁的侧向支承较弱（如仅在支座处有侧向支承），梁的弯曲会随荷载大小的不同而呈现两种截然不同的平衡状态。

如图3-8所示的工字形截面梁，荷载作用在其最大刚度平面内，当荷载较小时，梁的弯曲平衡状态是稳定的。虽然外界各种因素会使梁产生微小的侧向弯曲和扭转变形，但外界影响消失后，梁仍能恢复原来的弯曲平衡状态。然而，当荷载增大到某一数值后，在很小的侧向力干扰下，梁在向下弯曲的同时将突然向刚度较小的侧向弯曲，并伴随扭转变形而破坏，这种现象称为梁的侧向弯扭屈曲或整体失稳。梁维持稳定平衡状态所承担的最大荷载或最大弯矩称为临界荷载或临界弯矩。

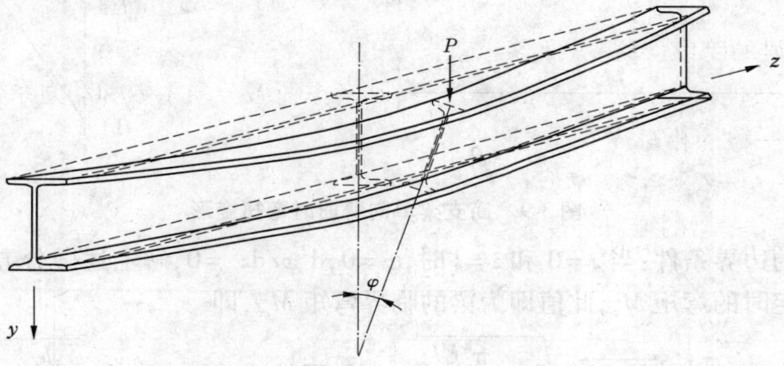

图3-8　简支梁丧失整体稳定现象

二、梁整体稳定的基本理论

对两端铰支（梁端截面不产生扭转，但可以自由翘曲）的双轴对称工字形截面梁（见图3-9），在刚度较大的 yz 平面内，梁两端受相等的弯矩作用（纯弯曲）。假定梁为无初弯曲的均质弹性材料，不考虑残余应力的影响，按照材料力学中弯矩与曲率符号关系和内外扭矩间的平衡关系，可以写出如下的三个微分方程

$$EI_x\frac{d^2v}{dz^2}=-M_x \tag{3-14}$$

$$EI_y\frac{d^2u}{dz^2}=-M_x\varphi \tag{3-15}$$

$$GI_t\frac{d\varphi}{dz}-EI_w\frac{d^3\varphi}{dz^3}=M_x\frac{du}{dz} \tag{3-16}$$

式中　u、v——剪力中心沿 x、y 方向的位移；

φ——扭转角；

I_x、I_y——对 x、y 轴的截面惯性矩；

I_t、I_w——扭转惯性矩、扇性惯性矩，对于工字形截面 $I_w = I_y \dfrac{(h_1+h_2)^2}{4}$，

$$I_t = \frac{k}{3}\sum_{i=1}^{n} b_i t_i^3；$$

h_1、h_2——受压翼缘、受拉翼缘形心至整个截面形心的距离；

b_i、t_i——组成截面的各狭长矩形的宽度、厚度；

k——考虑连接处的有利影响系数，其值由试验确定，对于工字形截面 $k = 1.25$，对于 T 形截面 $k = 1.15$，对于槽形截面 $k = 1.12$；

E、G——钢材的弹性模量、剪切模量。

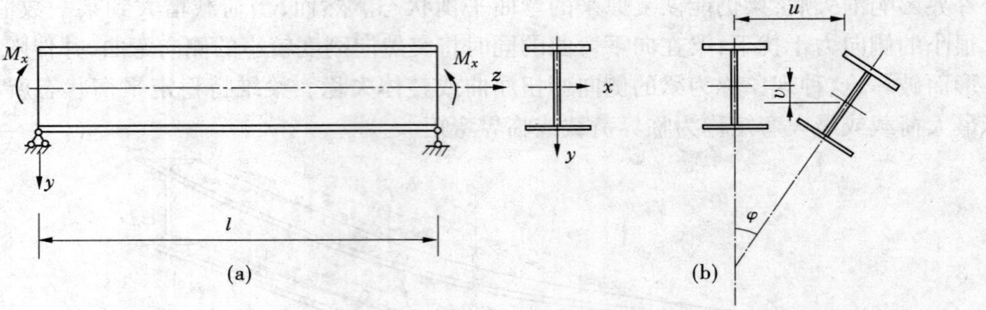

图 3-9　简支梁单向弯曲时弯扭变形

根据梁的边界条件：当 $z=0$ 和 $z=l$ 时，$\varphi=0$，$\mathrm{d}^2\varphi/\mathrm{d}z^2=0$，解上述微分方程，可求得梁丧失整体稳定时的弯矩 M_x，此值即为梁的临界弯矩 M_{cr}，即

$$M_{cr} = \frac{\pi}{l}\sqrt{EI_yGI_t}\sqrt{1+\frac{\pi^2 EI_w}{l^2 GI_t}} \tag{3-17}$$

式(3-17)是根据双轴对称工字形截面简支梁受纯弯曲时所导出的临界弯矩。由式(3-17)可见，临界弯矩值与梁的侧向弯曲刚度、扭转刚度以及翘曲刚度有关，也与梁的跨长有关。

加长梁的受压上翼缘，有利于梁的整体稳定性。这种单轴对称截面简支梁（见图 3-10）在不同荷载作用下，依据弹性稳定理论可导出其临界弯矩的通用计算公式为

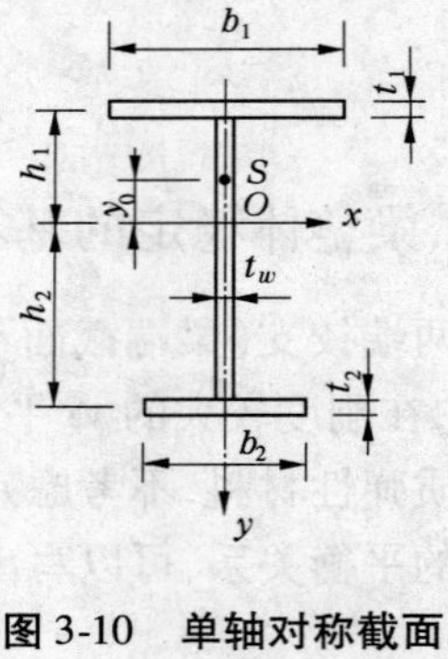

图 3-10　单轴对称截面

$$M_{cr} = \beta_1 \frac{\pi^2 EI_y}{l^2}\left[\beta_2 a + \beta_3\beta_y + \sqrt{(\beta_2 a+\beta_3\beta_y)^2 + \frac{I_w}{I_y}\left(1+\frac{l_1^2 GI_t}{\pi^2 EI_w}\right)}\right] \tag{3-18}$$

$$\beta_y = \frac{1}{2I_x}\int y(x^2+y^2)\,\mathrm{d}A - y_0 \tag{3-19}$$

式中　β_y——截面特征系数，当截面为双轴对称时 $\beta_y = 0$，当截面为单轴对称时 β_y 按式(3-19)计算；

l_1——梁侧向支承点之间的距离；

y_0——剪力中心至形心的距离（剪力中心在形心之下取正值，反之取负值），$y_0 = -(I_1h_1 - I_2h_2)/I_y$，$I_1$、$I_2$ 为受压翼缘、受拉翼缘对 y 轴的惯性矩，h_1、h_2 为受压翼缘、受拉翼缘形心至整个截面形心的距离；

a——荷载在截面上的作用点与剪力中心之间的距离，当荷载作用点在剪力中心以下时取正值，反之取负值；

β_1、β_2、β_3——荷载类型系数，其值如表 3-3 所示；

其他符号意义同前。

表 3-3　系数 β_1、β_2、β_3 值

荷载类型	β_1	β_2	β_3
跨度中点集中荷载	1.35	0.55	0.40
满跨均布荷载	1.13	0.46	0.53
纯弯曲	1.00	0	1.00

由临界弯矩 M_{cr} 的计算公式，可总结出以下规律：

(1) 梁的侧向抗弯刚度 EI_y、抗扭刚度 GI_t 越大，则临界弯矩 M_{cr} 越大。

(2) 梁受压翼缘的自由长度 l_1 越大，临界弯矩 M_{cr} 越小。

(3) 荷载作用于下翼缘比作用于上翼缘的临界弯矩 M_{cr} 大。

(4) 梁支承对位移的约束程度愈大，则临界弯矩 M_{cr} 愈大。

三、梁整体稳定的保证

为保证梁的整体稳定或增强梁抗整体失稳的能力，任何钢梁在其端部支承处都应采取构造措施，以防止其端部截面的扭转。当梁上有密铺的刚性铺板（楼盖梁的楼面板或公路桥、人行天桥的面板等）时，使之与梁的受压翼缘牢固相连；若无刚性铺板或铺板与梁受压翼缘连接不可靠，则应设置平面支撑。楼盖或工作平台梁格的平面支撑有横向平面支撑和纵向平面支撑两种，横向平面支撑使主梁受压翼缘的自由长度由其跨长减小为 l_1（次梁间距）；纵向平面支撑是为了保证整个楼面的横向刚度。不论有无连牢的刚性铺板，支承工作平台梁格的支柱间均应设置柱间支撑，除非柱列设计为上端铰接、下端嵌固于基础的排架。

《规范》规定，当符合下列情况之一时，梁的整体稳定可以得到保证，不必计算：

(1) 有刚性铺板密铺在梁的受压翼缘上并与其牢固连接，能阻止梁受压翼缘的侧向位移时。

(2) 对于 H 型钢或等截面工字形简支梁，当梁受压翼缘的自由长度 l_1 与其宽度 b_1 之比满足表 3-4 所规定的数值时。

(3) 对于箱形截面简支梁，当其截面（见图 3-11）

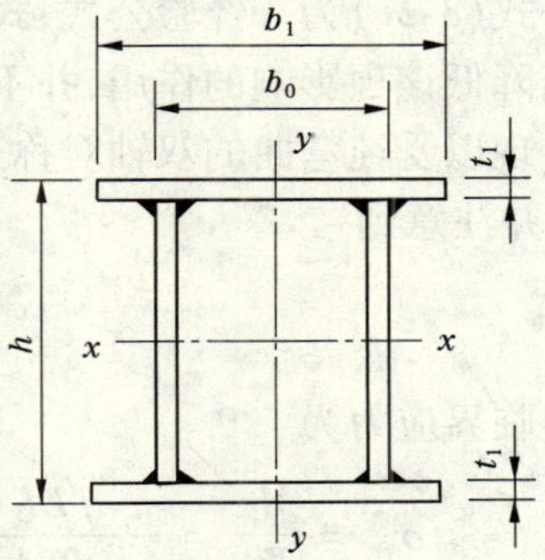

图 3-11　箱形截面

尺寸满足 $h/b_1 \leqslant 6, l_1/b_1 \leqslant 95\ (235/f_y)$ 时(对于箱形截面的此条件很容易满足)。

表 3-4　H 型钢或等截面工字形简支梁不需要计算整体稳定性的最大 l_1/b_1 值

钢号	跨中无侧向支承点的梁		跨中受压翼缘有侧向支承点的梁,不论荷载作用于何处
	荷载作用在上翼缘	荷载作用在下翼缘	
Q235	13.0	20.0	16.0
Q345	10.5	16.5	13.0
Q390	10.0	15.5	12.5
Q420	9.5	15.0	12.0

四、梁整体稳定的计算

当不满足前述不必计算整体稳定条件时,应对梁的整体稳定进行计算。

(一)在最大刚度主平面内受弯的梁的整体稳定的计算

$$\sigma = \frac{M_x}{W_x} \leqslant \frac{\sigma_{cr}}{\gamma_R} = \frac{\sigma_{cr}}{f_y}\frac{f_y}{\gamma_R} = \varphi_b f$$

写成规范采用的形式为

$$\frac{M_x}{\varphi_b W_x} \leqslant f \tag{3-20}$$

式中　M_x——绕强轴作用的最大弯矩;

W_x——按受压翼缘确定的梁毛截面绕 x 轴的抵抗矩;

φ_b——梁的整体稳定系数。

(二)在两个主平面内受弯的工字形截面梁的整体稳定的计算

$$\frac{M_x}{\varphi_b W_x} + \frac{M_y}{\gamma_y W_y} \leqslant f \tag{3-21}$$

式中　W_x、W_y——按受压翼缘确定的梁毛截面绕 x 轴、y 轴的抵抗矩;

φ_b——绕强轴弯曲所确定的梁整体稳定系数;

γ_y——截面塑性发展系数。

式(3-21)为一经验公式,式中第二项表示绕弱轴弯曲的影响,分母中 γ_y 在此处仅起适当降低该项影响的作用,并不表示截面允许发展塑性。

现以受纯弯曲的双轴对称工字形截面简支梁为例,导出 φ_b 的计算公式。由式(3-17) M_{cr},并注意到

$$I_w = \frac{I_y(h_1 + h_2)^2}{4} \approx \frac{I_y h^2}{4} \tag{3-22}$$

可得临界应力为

$$\sigma_{cr} = \frac{M_{cr}}{W_x} = \frac{\pi\sqrt{EI_y GI_t}}{W_x l}\sqrt{1 + \left(\frac{\pi h}{2l}\right)^2 \frac{EI_y}{GI_t}} = \frac{\pi^2 EI_y h}{2l^2 W_x}\sqrt{1 + \left(\frac{2l}{\pi h}\right)^2 \frac{GI_t}{EI_y}} \tag{3-23}$$

将数值 $E = 2.06 \times 10^5\ \mathrm{N/mm^2}$、$E/G = 2.6$ 代入式(3-23)中,令 $I_y = Ai_y^2$、$l_1/i_y = \lambda_y$,并假

定扭转惯性矩近似值为 $I_t \approx \frac{1}{3}At_1^2$（$t_1$ 为翼缘厚度），可得

$$\varphi_b = \frac{\sigma_{cr}}{f_y} = \frac{4\ 320}{\lambda_y^2} \times \frac{Ah}{W_x}\sqrt{1 + \left(\frac{\lambda_y t_1}{4.4h}\right)^2}\ \frac{235}{f_y} \tag{3-24}$$

对于一般受横向荷载或端弯矩作用的焊接工字形等截面简支梁，包括单轴对称和双轴对称工字形截面，应按下式计算其整体稳定系数，即

$$\varphi_b = \beta_b \frac{4\ 320}{\lambda_y^2} \times \frac{Ah}{W_x}\left[\sqrt{1 + \left(\frac{\lambda_y t_1}{4.4h}\right)^2} + \eta_b\right]\frac{235}{f_y} \tag{3-25}$$

式中 β_b——梁整体稳定的等效临界弯矩系数，按附录 1 中附表 1-1 中采用；

λ_y——梁在侧向支承点间对截面弱轴 y—y 的长细比，$\lambda_y = l_1/i_y$；

l_1——梁的受压翼缘侧向支承点间的距离；

i_y——梁截面对 y 轴的回转半径；

A——梁的毛截面面积；

h、t_1——梁截面的全高、受压翼缘厚度；

η_b——截面不对称影响系数，对于双轴对称工字形截面 $\eta_b = 0$，对于单轴对称工字形截面：加强受压翼缘 $\eta_b = 0.8(2\alpha_b - 1)$，加强受拉翼缘 $\eta_b = 2\alpha_b - 1$，$\alpha_b = \frac{I_1}{I_1 + I_2}$，$I_1$、$I_2$ 分别为受压翼缘、受拉翼缘对 y 轴的惯性矩。

上述整体稳定系数是按弹性稳定理论求得的，因此只适用于弹性阶段。研究证明，当求得的 φ_b 大于 0.6 时，梁已进入非弹性工作阶段，整体稳定临界应力有明显的降低，必须对 φ_b 进行修正。规范规定，当按上述公式或表格确定的 $\varphi_b > 0.6$ 时，用式(3-26)求得的 φ'_b 代替 φ_b 进行梁的整体稳定计算，即

$$\varphi'_b = 1.07 - \frac{0.282}{\varphi_b} \tag{3-26}$$

当梁的整体稳定承载力不足时，可采用加大梁的截面尺寸或增加侧向支承的办法予以解决，前一种办法中尤其是增大受压翼缘的宽度最有效。

必须指出的是，不论梁是否需要进行整体稳定的计算，梁的支承处均应采取构造措施以阻止其端截面的扭转。

【例 3-1】 一焊接工字形等截面简支梁，跨度 12 m，在跨度中点有一个侧向支承点，如图 3-12 所示，在跨度三分点处作用有集中荷载设计值 $F = 202$ kN，钢材为 Q235 钢，试验算该梁的整体稳定性。

解：梁受压翼缘的侧向自由长度 l_1 与其宽度 b_1 的比值为

$$\frac{l_1}{b_1} = \frac{6\ 000}{240} = 25 > 16$$

超过了表 3-4 规定的数值，所以需要计算梁的整体稳定性。

(1)求梁的自重。

钢材的容重为

$$\gamma = 76.98\ \text{kN/m}^3$$

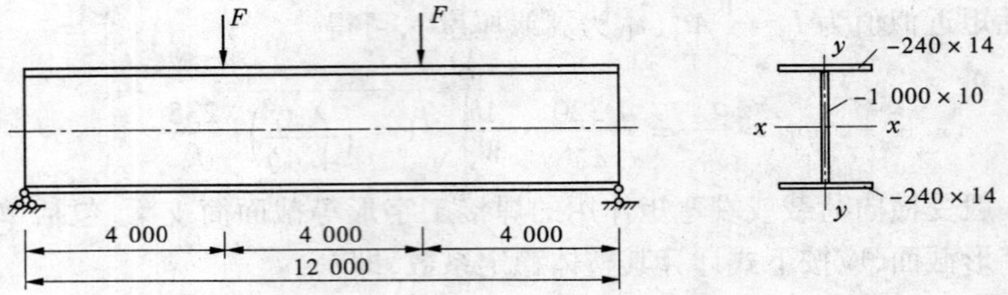

图 3-12　双轴对称焊接组合截面简支梁　（单位:mm）

梁的自重为

$$q = \gamma_G g_b = \gamma_G A\gamma = 1.2 \times (2 \times 0.24 \times 0.014 + 1.0 \times 0.01) \times 76.98 = 1.54(\text{kN/m})$$

(2)求梁跨中的最大弯矩。

梁长 $l = 12$ m,跨中最大弯矩为

$$M_{\max} = \frac{1}{8}ql^2 + F \times \frac{l}{3} = \frac{1}{8} \times 1.54 \times 12^2 + 202 \times \frac{12}{3} = 836.0(\text{kN}\cdot\text{m})$$

(3)截面几何特性计算。

$$A = 2 \times 24 \times 1.4 + 100 \times 1.0 = 167.2(\text{cm}^2)$$

$$I_x = \frac{1}{12} \times 24.0 \times (100.0 + 2 \times 1.4)^3 - \frac{1}{12} \times (24.0 - 1.0) \times 100.0^3 = 256\,081.2(\text{cm}^4)$$

$$I_y = 2 \times \frac{1}{12} \times 1.4 \times 24.0^3 = 3\,225.6(\text{cm}^4)$$

受压翼缘的截面抵抗矩为

$$W_x = \frac{I_x}{y_{\max}} = \frac{256\,081.2}{(100/2 + 1.4)} = 4\,982.1(\text{cm}^3)$$

$$i_y = \sqrt{\frac{I_y}{A}} = \sqrt{\frac{3\,225.6}{167.2}} = 4.39(\text{cm})$$

$$\lambda_y = \frac{l_1}{i_y} = \frac{600}{4.39} = 136.7$$

(4)计算梁的整体稳定性。

按附录一计算系数 β_b、η_b。

按附表 1-1 计算 β_b 时,由项次 5 和注 3,应按均布荷载作用在上翼缘的情况考虑,取 $\beta_b = 1.15$。

双轴对称工字形截面 $\eta_b = 0$。

将以上所求的各参数代入整体稳定系数计算式,即

$$\varphi_b = \beta_b \frac{4\,320}{\lambda_y^2} \times \frac{Ah}{W_x}\left[\sqrt{1 + \left(\frac{\lambda_y t_1}{4.4h}\right)^2} + \eta_b\right]\frac{235}{f_y}$$

$$= 1.15 \times \frac{4\,320}{136.7^2} \times \frac{167.2 \times (100 + 2 \times 1.4)}{4\,982.1} \times$$

$$\left\{\sqrt{1+\left[\frac{136.7\times1.4}{4.4\times(100+2\times1.4)}\right]^2}+0\right\}\times\frac{235}{235}$$

$$=0.996>0.6$$

因 $\varphi_b=0.996>0.6$，故应修正为

$$\varphi'_b=1.07-\frac{0.282}{\varphi_b}=1.07-\frac{0.282}{0.996}=0.787$$

计算梁的整体稳定性，即

$$\frac{M_{max}}{\varphi'_b W_x}=\frac{836.0\times10^6}{0.787\times4\,982.1\times10^3}=213.2\ (\text{N/mm}^2)<f=215\ \text{N/mm}^2$$

梁的整体稳定性满足要求。

第五节　型钢梁设计

型钢梁截面应满足强度、刚度、整体稳定和局部稳定要求。

一、单向弯曲型钢梁

(一)确定设计条件

根据建筑使用或工艺条件确定荷载、跨度和支承情况，以及选择钢材品种。

(二)计算梁的内力

其内容包括计算最大弯矩 M_{max} 和最大剪力 V_{max}。

(三)初选截面

按下式计算梁所需的净截面抵抗矩，即

$$W_{nx}=\frac{M_{max}}{\gamma_x f}$$

γ_x 值根据不同截面查表 3-1 选用。按 W_{nx} 值查型钢表，选择相近的型钢型号。

(四)截面验算

按所选择的型钢，考虑其自重影响后，应进行下列验算。

1. 强度验算

截面的强度应满足下式要求：

抗弯强度
$$\frac{M_x}{\gamma_x W_{nx}}\leqslant f$$

抗剪强度
$$\tau=\frac{VS}{It_w}\leqslant f_v$$

局压强度
$$\sigma_c=\frac{\psi F}{t_w l_z}$$

折算应力
$$\sqrt{\sigma^2+\sigma_c^2-\sigma\sigma_c+3\tau^2}\leqslant\beta_1 f$$

热轧型钢的腹板较厚，若截面无削弱和无较大固定集中荷载，可不验算抗剪强度、局部承压强度、折算应力和局部稳定。

2. 刚度验算

根据《钢结构设计规范》(GB 50017—2003)，按荷载标准值计算梁的挠度，并应满足下式要求

$$\omega \leqslant [\omega] \quad 或 \quad \frac{\omega}{l} \leqslant \left[\frac{\omega}{l}\right]$$

3. 整体稳定验算

当型钢梁无保证整体稳定的可靠措施时，应按下式验算整体稳定性，即

$$\frac{M_x}{\varphi_b W_x} \leqslant f$$

二、双向弯曲型钢梁

垂直于坡屋面的檩条，截面沿两主轴方向受弯，墙梁则承受墙体竖向重力和墙面传来的水平风荷载，因而墙梁截面也沿两主轴方向受弯，两者均为双向弯曲型钢梁。双向弯曲斜放檩条的受力分析如图 3-13 所示。

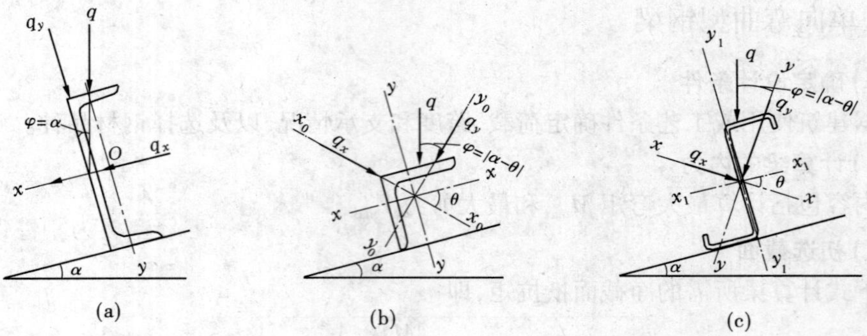

图 3-13　双向弯曲斜放檩条的受力分析

(一)确定双向弯曲型钢梁的截面形式

型钢檩条常用槽钢或角钢与檩托短角钢用螺栓或焊缝连接而成，或用 Z 形冷弯薄壁型钢和角钢檩托连接而成。

(二)荷载内力计算

竖向荷载 q 可分解为两主轴方向的分力：$q_y = q\cos\varphi$，$q_x = q\sin\varphi$。

弯矩分别为：$M_x = \frac{1}{8}q_y l_x^2$，$M_y = \frac{1}{8}q_x l_y^2$。

若沿弱轴 x—x 方向设置钢拉条，可减小 l_y 的计算长度，当跨中设一根钢拉条时，$l_y = l/2$。

剪力分别为：$F_{vx} = \frac{1}{2}q_y l_x$，$F_{vy} = \frac{1}{2}q_x l_y$。

(三)初选截面

根据 M_x、M_y、γ_x、γ_y 按下式初选截面

$$\sigma = \frac{M_x}{\gamma_x W_{nx}} + \frac{M_y}{\gamma_y W_{ny}} = \frac{M_x}{\gamma_x W_{nx}}\left(1 + \frac{\gamma_x}{\gamma_y}\frac{W_{nx}}{W_{ny}}\frac{M_y}{M_x}\right) = \frac{M_x + \alpha M_y}{\gamma_x W_{nx}} \leqslant f$$

$$W_{nx} \geqslant \frac{M_x + \alpha M_y}{\gamma_x f}$$

其中，$\alpha = \frac{\gamma_x W_{nx}}{\gamma_y W_{ny}}$，对 I 型钢常取 $\alpha = 6$；[型钢，常用 $\alpha = 5$。由 W_{nx} 查型钢表可初选截面。

(四)截面验算

1. 强度验算

按下式进行验算

$$\frac{M_x}{\gamma_x W_{nx}} + \frac{M_y}{\gamma_y W_{ny}} \leqslant f$$

2. 刚度验算

先分别求得梁某一截面 ω_x 和 ω_y，再合成为 $\omega = \sqrt{\omega_x^2 + \omega_y^2}$，并要求满足

$$\omega \leqslant [\omega] \quad 或 \quad \frac{\omega}{l} \leqslant \left[\frac{\omega}{l}\right]$$

3. 稳定性验算

一般可不作稳定性验算，若需要，按下式验算

$$\frac{M_x}{\varphi_b W_x} + \frac{M_y}{\gamma_y W_y} \leqslant f$$

【例 3-2】　某工作平台的梁格布置如图 3-14 所示，平台上作用有静荷载，永久荷载标准值 4.5 kN/m^2，活荷载标准值 6.2 kN/m^2，钢材用 Q235 钢，假定平台板为刚性铺板并与次梁焊接，试设计中间次梁（工字形）。

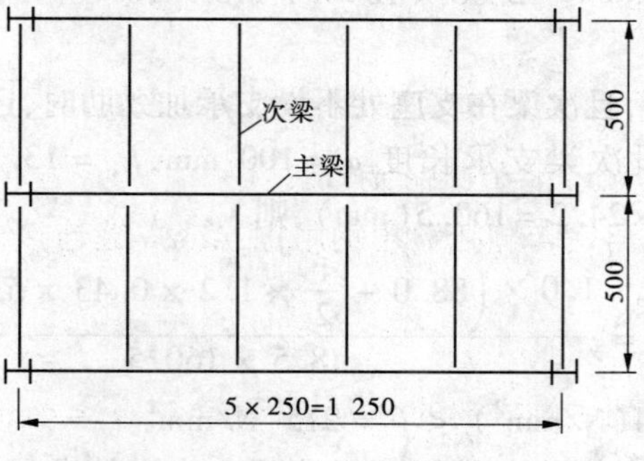

图 3-14　工作平台梁格布置　（单位：cm）

解：(1)作用在中间次梁上的荷载设计值为

$$q = (1.2 \times 4.5 + 1.4 \times 6.2) \times 2.5 = 35.2(kN/m)$$

跨中最大弯矩设计值为

$$M_x = ql^2/8 = 35.2 \times 5.0^2/8 = 110.0(kN \cdot m)$$

支座处最大剪力为

$$V = ql/2 = 35.2 \times 5.0/2 = 88.0\ (kN)$$

(2)所需要的净截面抵抗矩为

$$W_{nx} = \frac{M_x}{\gamma_x f} = \frac{110.0 \times 10^5}{1.05 \times 215 \times 10^2} = 487.3(\mathrm{cm}^3)$$

查附表2-2,选工字钢I28a。$W_x = 508.2\ \mathrm{cm}^3$,$I_x = 7\ 115\ \mathrm{cm}^4$,自重为 $g = 43.47 \times 9.8 = 426(\mathrm{N/m}) = 0.43\ \mathrm{kN/m}$,$S_x = 292.7\ \mathrm{cm}^3$,$t_w = 8.5\ \mathrm{mm}$。

(3)截面验算。

考虑梁自重后的最大弯矩设计值为

$$M_{\max} = 110.0 + \frac{1}{8} \times 1.2 \times 0.43 \times 5^2 = 111.6(\mathrm{kN \cdot m})$$

弯曲正应力为

$$\sigma = \frac{M_{\max}}{\gamma_x W_x} = \frac{111.6 \times 10^6}{1.05 \times 508.2 \times 10^3} = 209.1(\mathrm{N/mm^2}) < f = 215\ \mathrm{N/mm^2}$$

剪应力为

$$\tau = \frac{VS}{I_x t_w} = \frac{\left(88.0 + \frac{1}{2} \times 1.2 \times 0.43 \times 5\right) \times 292.7 \times 10^6}{7\ 115 \times 10^4 \times 8.5}$$

$$= 43.0(\mathrm{N/mm^2}) < f_v = 125\ \mathrm{N/mm^2}$$

可见型钢梁的腹板较厚,剪应力一般不起控制作用。

(4)挠度验算。

考虑自重后的线荷载标准值为

$$q_k = (4.5 + 6.2) \times 2.5 + 0.43 = 27.18(\mathrm{kN/m})$$

$$\frac{\omega}{l} = \frac{5}{384}\frac{q_k l^3}{EI_x} = \frac{5}{384} \times \frac{27.18 \times 5\ 000^3}{2.06 \times 10^5 \times 7\ 115 \times 10^4} = \frac{1}{331} < \left[\frac{\omega}{l}\right] = \frac{1}{250}$$

刚度满足要求。

当次梁放在主梁顶面,且次梁在支座处不设支承加劲肋时,还要验算支座处次梁腹板下边缘的局部压应力。设次梁支承长度 $a = 100\ \mathrm{mm}$,$h_y = 13.7 + 10.5 = 24.2(\mathrm{mm})$,$l_z = a + 2.5h_y = 100 + 2.5 \times 24.2 = 160.5(\mathrm{mm})$,则

$$\sigma_c = \frac{\psi F}{t_w l_z} = \frac{1.0 \times \left(88.0 + \frac{1}{2} \times 1.2 \times 0.43 \times 5.0\right) \times 10^3}{8.5 \times 160.5}$$

$$= 65.4(\mathrm{N/mm^2}) < f = 215\ \mathrm{N/mm^2}$$

折算应力可不验算(读者可试验算)。若次梁在支座处设有支承加劲肋,则可不验算局部压应力。

【例3-3】　条件同例3-2,平台与次梁不焊接,试重新选择次梁截面。

解:对于轧制普通工字钢简支梁,其整体稳定系数可由附表1-2直接查出。假定工字钢型号在I22～I40之间,均布荷载作用在上翼缘,梁的自由长度 $l_1 = l = 5\ \mathrm{m}$,查附表1-2得 $\varphi_b = 0.73$,则所需毛截面抵抗矩为

$$W_x = \frac{M_x}{\varphi_b f} = \frac{110.0 \times 10^5}{0.73 \times 215 \times 10^2} = 700.9(\mathrm{cm}^2)$$

查附表 2-2 选用 I32b，$W_x = 726.7\ \text{cm}^3$，工字钢质量 57.71 kg/m，自重为

$$g = 57.71 \times 9.8 = 565.6(\text{N/m}) = 0.5656\ \text{kN/m}$$

$$M_{\max} = 110.0 + \frac{1}{8} \times 1.2 \times 0.5656 \times 5.0^2 = 112.1(\text{kN} \cdot \text{m})$$

$$\frac{M_{\max}}{\varphi_b W_x} = \frac{112.1 \times 10^6}{0.73 \times 726.7 \times 10^3} = 211.3(\text{N/mm}^2) < f = 215\ \text{N/mm}^2$$

满足稳定性要求。

【例 3-4】 试设计双向弯曲构件——轻型屋盖的檩条(见图 3-15)。已知屋面材料为波形石棉瓦，自重为 0.25 kN/m²，屋面坡度为 1∶2.5，$\alpha = 21.8°$。屋面均布活荷载 0.3 kN/m²。檩条跨度 5 m，水平间距 0.7 m，钢材为 Q235。

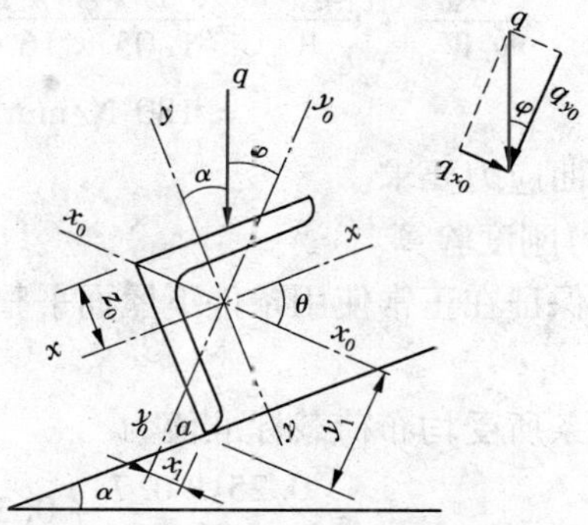

图 3-15　角钢檩条受力图

解：(1)檩条荷载。

檩条上的均布荷载设计值为

$$q = \frac{1.2 \times 0.25 \times 0.7}{\cos 21.8°} + 1.4 \times 0.3 \times 0.7$$
$$= 0.52(\text{kN/m})$$

(2)初选截面。

选择角钢∠80×6，则角钢边长为 80 mm，$z_0 = 21.9$ mm，$A = 9.4\ \text{cm}^2$，$g = 7.38$ kg/m，$I_x = 57.4\ \text{cm}^4$，$i_{x0} = 3.11$ cm，$i_{y0} = 1.59$ cm。

主轴 x_0 与 x 轴的夹角 $\theta = 45°$，均布荷载 q 与主轴 y_0 的夹角 φ 为

$$\varphi = \theta - \alpha = 45° - 21.8° = 23.2°$$

$$y_1 = 80 \times \sin 45° \times 10^{-1} = 5.657(\text{cm})$$

$$x_1 = 80 \times \cos 45° \times 10^{-1} - 21.9/\sin 45° \times 10^{-1} = 2.560(\text{cm})$$

$$W_{x0} = \frac{Ai_{x0}^2}{y_1} = \frac{9.4 \times 3.11^2}{5.657} = 16.072(\text{cm}^3)$$

$$W_{y0} = \frac{Ai_{y0}^2}{x_1} = \frac{9.4 \times 1.59^2}{2.560} = 9.283(\text{cm}^3)$$

(3)分弯矩和弯曲应力强度验算。

角钢自重标准值

$$q_x = 7.38 \times 9.8 \times 10^{-3} = 0.072(\text{kN/m})$$

角钢自重设计值

$$q_1 = 1.2 \times q_k = 1.2 \times 0.072 = 0.086(\text{kN/m})$$

角钢所受总荷载设计值为

$$q = 0.52 + 0.086 = 0.606(\text{kN/m})$$

沿二主轴方向的分荷载为

$$q_{y0} = q\cos 23.2° = 0.606\cos 23.2° = 0.557(\text{kN/m})$$

$$q_{x0}=q\sin23.2^\circ=0.606\sin23.2^\circ=0.239(\text{kN/m})$$

绕二主轴的分弯矩为

$$M_{x0}=\frac{1}{8}q_{y0}l^2=\frac{1}{8}\times0.557\times5^2=1.741(\text{kN}\cdot\text{m})$$

$$M_{y0}=\frac{1}{8}q_{x0}l^2=\frac{1}{8}\times0.239\times5^2=0.747(\text{kN}\cdot\text{m})$$

验算 a 点(最不利点)的弯曲应力,即

$$\frac{M_{x0}}{\gamma_x W_{x0}}+\frac{M_{y0}}{\gamma_y W_{y0}}=\frac{1.741\times10^2}{1.05\times16.072}+\frac{0.747\times10^2}{1.05\times9.283}=18.0(\text{kN/cm}^2)$$

$$=180\ \text{N/mm}^2<f=215\ \text{N/mm}^2$$

满足弯曲应力要求。

(4)刚度验算。

为保证在正常使用条件下屋面平整,应按荷载标准值验算檩条在垂直于屋面方向的分挠度 ω_y。

檩条所受均布荷载标准值为

$$q=\frac{0.25\times0.7}{\cos21.8^\circ}+0.3\times0.7+0.072=0.47(\text{kN/m})$$

式中 0.072 为角钢自重标准值 q_k。

$$\frac{\omega_y}{l}=\frac{5}{384}\frac{q\cos\alpha l^3}{EI_x}=\frac{5}{384}\times\frac{0.47\times\cos21.8^\circ\times(5\times10^3)^3}{2.06\times10^5\times57.4\times10^4}=\frac{1}{166}<\left[\frac{\omega}{l}\right]=\frac{1}{150}$$

满足刚度要求。

角钢檩条可不必验算整体稳定,但只适用于荷载与跨度都很小的情况。

第六节　组合梁设计

一、截面选择

组合梁的截面选择首先要根据梁的跨度与荷载情况初步估算梁的截面高度、腹板的厚度和翼缘尺寸,然后对组合梁进行强度、刚度和稳定性验算。

(一)截面高度 h 和腹板高度 h_0 的选择

确定梁的截面高度应考虑建筑高度、刚度条件和经济条件。

建筑高度是指梁的底面到铺板顶面之间的高度,它往往由生产工艺和使用要求决定。给定了建筑高度也就决定了梁的最大高度 h_{max},有时还限制了梁与梁之间的连接形式。对于钢闸门来说,一般不受净空限制,可不予考虑。

1. 最小梁高 h_{min}

最小梁高是指在正常使用条件下,梁的挠度不超过容许挠度的最小梁高 h_{min},使组合梁在充分利用钢材强度的前提下,同时又满足梁的刚度要求。

现以承受均布荷载的双轴对称等截面简支梁为例来推求最小梁高 h_{min}。梁的相对挠

度应满足

$$\frac{\omega}{l}=\frac{5}{384}\frac{q_k l^3}{EI_x}=\frac{5}{48}\frac{M_k l}{EI_x} \tag{3-27}$$

式中 q_k——均布荷载标准值；

M_k——最大弯矩标准值。

若取分项系数平均值为 1.3，则最大弯矩设计值 $M=1.3M_k$，代入式(3-27)得

$$\frac{\omega}{l}=\frac{5}{1.3\times 24}\frac{\sigma l}{Eh} \tag{3-28}$$

令式(3-28)中的 $\sigma=f$，$\frac{\omega}{l}=\left[\frac{\omega}{l}\right]$，即可求得最小梁高为

$$h_{\min}\geqslant\frac{5}{1.3\times 24}\frac{f\,l}{E\left[\frac{\omega}{l}\right]} \tag{3-29}$$

对采用容许应力设计法的水工钢结构，梁的弯曲应力 σ 和挠度 ω 都按同一荷载 q 计算，因而在上式中不再除以 1.3，并取 $[\sigma]=f$，则得到相应的最小梁高计算公式为

$$h_{\min}\geqslant\frac{5}{24}\frac{[\sigma]l}{E\left[\frac{\omega}{l}\right]} \tag{3-30}$$

由式(3-29)和式(3-30)并取 $E=2.06\times10^5\ \text{N/mm}^2$，得出对应于不同钢材时的最小梁高，见表 3-5。

表 3-5 受均布荷载作用简支梁的最小梁高 $h_{\min}$

项目		$\left[\frac{\omega}{l}\right]$				
		1/750	1/600	1/500	1/400	1/250
Q235	$f=215\ \text{N/mm}^2$	l/8.0	l/10.0	l/12.0	l/15.0	l/24.0
	$[\sigma]=160\ \text{N/mm}^2$	l/8.2	l/10.3	l/12.4	l/15.5	l/24.7
Q345	$f=315\ \text{N/mm}^2$	l/5.5	l/6.9	l/8.3	l/10.4	l/16.6
	$[\sigma]=230\ \text{N/mm}^2$	l/5.7	l/7.2	l/8.6	l/10.7	l/17.2
Q390	$f=350\ \text{N/mm}^2$	l/4.9	l/6.1	l/7.3	l/9.2	l/14.7
Q420	$f=380\ \text{N/mm}^2$	l/4.5	l/5.6	l/6.8	l/8.5	l/13.5

当梁的上、下翼缘不对称时，其截面惯性矩 $I=W_{\min}\times y_2$（y_2 为短翼缘距中性轴的距离），因此在推导最小梁高时应以 y_2 代替 $h/2$。根据截面不对称程度，通常 $y_2=(0.52\sim0.6)h$；将其分别代入式(3-29)或式(3-30)，可以得到不对称截面梁的最小梁高，其值为对称截面最小梁高的 0.96~0.83 倍。

对于承受非均布荷载和非简支梁，也可按上述类似方法求得最小梁高。

2. 经济梁高 h_{ec}

最经济的截面高度应使梁翼缘和腹板的总用钢量为最小。根据抗弯强度的要求，当

梁截面系数 W_x 已确定时，腹板高度 h_0 大，则腹板用钢量大而翼缘用钢量小；反之，则结果相反。

梁单位长度用钢量为翼缘和腹板用钢量之和，下面以双轴对称工字形截面为例，计算在满足抗弯强度情况下梁的用钢量最少的经济梁高。对图 3-16所示的截面有

$$I_x = 2A_1\left(\frac{h_1}{2}\right)^2 + \frac{1}{12}t_w h_0^3 \tag{3-31}$$

$$W_x = \frac{2I_x}{h} = A_1\frac{h_1^2}{h} + \frac{1}{6}t_w\frac{h_0^3}{h} \tag{3-32}$$

式中　h_1——翼缘中心之间的距离；

A_1——一个翼缘的面积。

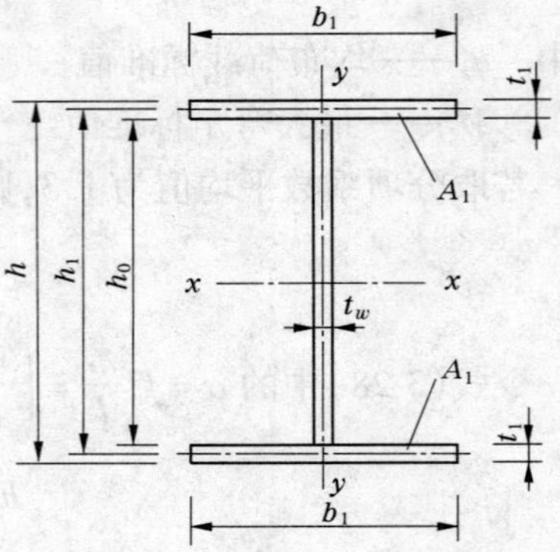

图 3-16　工字形截面

考虑到 $h \approx h_1 \approx h_0$，可得每个翼缘需要的截面面积，即

$$A_1 = \frac{W}{h} - \frac{1}{6}t_w h \tag{3-33}$$

在梁所需 W_x 一定的条件下，梁重 g 与梁高 h 的关系为

$$g = \gamma\psi_w t_w h + 2\gamma\psi_f\left(\frac{W_x}{h} - \frac{1}{6}t_w h\right) \tag{3-34}$$

式中　ψ_w——腹板重的构造系数，主要是考虑加劲肋重，通常取 $\psi_w = 1.1 \sim 1.2$；

ψ_f——翼缘重的构造系数，等截面梁可取 $\psi_f = 1.0$，变翼缘梁可取 $\psi_f = 0.8$。

式(3-34)中的腹板厚度 t_w 与梁高 h 的关系可采用经验公式估算

$$t_w = \sqrt{h}/11 \tag{3-35}$$

式中，t_w 和 h 的单位均为 cm。

根据上式，并取 $\psi_w = 1.2$，$\psi_f = 1.0$，即得等截面梁的自重为

$$g = \gamma\left(\frac{2W_x}{h} + 0.078\,8h^{\frac{3}{2}}\right) \tag{3-36}$$

令 $\mathrm{d}g/\mathrm{d}h = 0$，即可导出经济梁高为

$$h_{ec} = 3.1W^{0.4} \tag{3-37}$$

对于变翼缘的梁，考虑到翼缘宽度减小使翼缘用钢量减少，取 $\psi_f = 0.8$，可得

$$h_{ec} = 2.8W^{0.4} \tag{3-38}$$

式中　W——梁所需截面的抵抗矩，以 cm^3 计。

根据统计，h 与 h_{ec} 即使相差达20%，梁重 g 也只增大4%左右，而选择较小的梁高，不仅对梁的稳定有利，而且能减小结构的建筑高度，并节省横向联系的钢材。因此，在一般的设计中宜选梁高 h 比经济梁高 h_{ec} 小10% ~20%，但不小于按刚度条件而定的最小梁高 h_{min}。

3. 腹板高度 h_0 的确定

腹板高度 h_0 与梁高 h 相差不大，故按上述要求，选用符合钢板宽度规格的整数作为

腹板高度。钢板宽度的级差通常为 50 mm。

(二)选择腹板厚度 t_w

腹板厚度应满足抗剪强度、局部稳定性、防锈等要求。对于工字形截面而言，腹板选的薄一些比较经济。但高而薄的腹板在梁受荷载时易丧失局部稳定性，所以腹板也不宜选的太薄。

考虑抗剪强度要求时可近似地假定最大剪应力为腹板平均剪应力的 1.2 倍，则腹板抗剪强度计算公式为

$$\tau_{\max} = 1.2\frac{V_{\max}}{h_0 t_w} \leqslant f_v \tag{3-39}$$

于是

$$t_w \geqslant 1.2\frac{V_{\max}}{h_0 f_v} \tag{3-40}$$

考虑局部稳定和构造等因素，腹板厚度可按式(3-35)经验公式估算。实际采用的腹板厚度还应考虑钢板规格，一般为 2 mm 的倍数，通常腹板厚度不小于 8 mm。

(三)选择翼缘尺寸 b_1 和 t_1

组合梁的翼缘尺寸主要决定于弯曲应力强度条件，同时还应满足整体稳定、局部稳定和有关的构造要求。

根据所需的截面抵抗矩和腹板尺寸，可由式(3-33)计算，并考虑到 $h \approx h_0$，故可按式(3-41)计算

$$A_1 = \frac{W}{h_0} - \frac{1}{6}t_w h_0 \tag{3-41}$$

由式(3-41)求得 A_1 后即可根据其他条件选择翼缘宽度 b_1 和厚度 t_1。翼缘板的宽度通常采用 $b_1 = (1/5 \sim 1/3)h$，且不超过 $h/2.5$，厚度 $t_1 = A_1/b_1$。考虑到翼缘板局部稳定的要求，使受压翼缘的外伸宽度 b 与其厚度 t_1 之比 $b/t_1 \leqslant 15\sqrt{235/f_y}$（弹性设计取发展系数 $\gamma_x = 1.0$）或 $b/t_1 \leqslant 13\sqrt{235/f_y}$（考虑塑性发展 $\gamma_x = 1.05$）。同时，考虑制造和构造要求，翼缘板最小宽度一般不小于 180 mm。

翼缘板也不宜太厚，对于 Q235 钢不宜大于 40 mm，对于 Q345 钢不宜大于 25 mm，以免翼缘焊缝产生过大的焊接应力，同时厚板的轧制质量较差，容许应力或设计强度也较低。此外，翼缘板厚度也应符合现有的钢板规格。

当组合梁直接和钢面板用连续焊缝连接时，部分面板可兼作组合梁的上翼缘的一部分而参与整体弯曲。其下翼缘所需的截面面积 A_1 仍可按式(3-41)计算，与钢面板相连的上翼缘板则可按构造要求选用较小的尺寸（可不考虑整体稳定要求）。

(四)截面验算

根据试选的截面尺寸，计算截面的各种几何特性数据，如惯性矩、截面模量等，然后进行验算。梁的截面验算包括强度、刚度、整体稳定和局部稳定几个方面。其中，腹板的局部稳定通常是采用配置加劲肋来保证的。

二、组合梁沿跨度方向的改变

梁的弯矩是沿梁的跨度变化的，因此梁的截面若能随弯矩而变化，则可节约钢材。对

跨度较小的梁，截面改变经济效果不大，或者改变截面节约的钢材不能抵消构造复杂带来的加工困难时，则不宜改变截面。当梁的跨度较大时，可根据使用要求和节约钢材等要求，沿着梁的跨度改变梁高或改变翼缘尺寸。

（一）梁高的改变

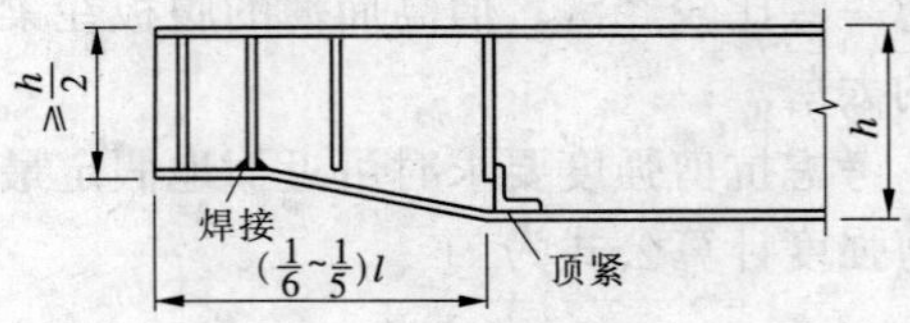

图 3-17　变高度梁

有时为了降低梁的建筑高度，将简支梁靠近支座处的高度减小，而使翼缘截面保持不变（见图 3-17），特别是对于水工钢闸门，由于跨度较大，且主梁较高，为了减小闸门的门槽宽度，常采用改变梁高的办法。梁高改变的位置一般在离支座 $l/6\sim l/5$ 处，但不宜小于跨中梁高度的 1/2。改变后的梁高应按式(3-6)验算其抗剪强度，并注意式中的惯性矩 I 应取支承端的截面惯性矩。如果支承端的剪力很大，腹板厚度不能满足抗剪强度的要求，亦可将支点附近的一段腹板改用较厚的钢板。

（二）翼缘的改变

单层翼缘板的焊接组合梁，宜改变翼缘板的宽度，而不改变翼缘板的厚度，以免在改变处造成较大的应力集中，翼缘板宽度改变可采用分段改变（见图 3-18(a)）和连续改变（见图 3-18(b)）。一般采用分段改变，且在半跨内只改变一次。若改变两次，其经济效益并不显著增加。为了减小拼接处的应力集中，应将较宽的翼缘板从改变点起按 1∶2.5 的坡度逐渐切窄，再与较窄的翼缘板相连，对接焊缝一般采用直焊缝，当对接焊缝的设计强度比钢材的设计强度小时，可采用斜焊缝。

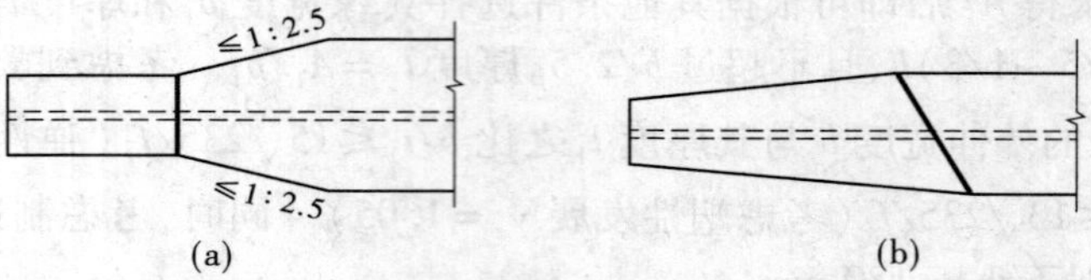

图 3-18　焊接梁翼缘宽度改变

对于承受均布荷载或多个集中荷载作用的简支梁，翼缘宽度改变的位置一般在离支座 $l/6$ 处比较经济，改变后的翼缘宽度应由截面改变处的弯矩确定，同时应对该截面腹板与翼缘连接处的折算应力进行验算。

对于多层翼缘板的梁，可用切断外层翼缘板的办法来改变梁的截面，理论切断点的位置可由计算确定，而实际切断点的位置应向弯矩较小侧延伸一定距离（详见《钢结构设计规范》(GB 50017—2003)）。

当采用连续改变时，靠近两端的翼缘板是由一块钢板斜向切割而成的，中间的翼缘板须相应切去一点，以便布置对接焊缝。

三、焊接组合梁焊缝的计算

由三块钢板焊接而成的工字形截面梁，通过连接焊缝保证截面的整体工作。为了了解焊缝的受力性能，可取如图 3-19(a)所示三块叠放的受弯板材为例进行说明。如果三块板材之间的接触面上无摩擦力存在或克服摩擦力之后，则在横向荷载作用下各板将分别产生如图 3-19(b)所示的变形，各板之间产生相互错动。若保证各板整体工作，不产生相互错动，则如图 3-19(c)所示，必须在板与板间加以焊接，用焊缝来承担各板之间所产生的剪力作用。

图 3-19　叠放板材的弯曲变形

在焊接组合梁中，翼缘与腹板的连接采用连续的角焊缝或 K 形焊缝，当梁弯曲时，由于相邻截面中作用在翼缘截面的弯曲正应力有差值，在翼缘与腹板之间将产生水平剪应力，如图 3-20 所示，沿着翼缘与腹板接缝处单位长度上的剪力为

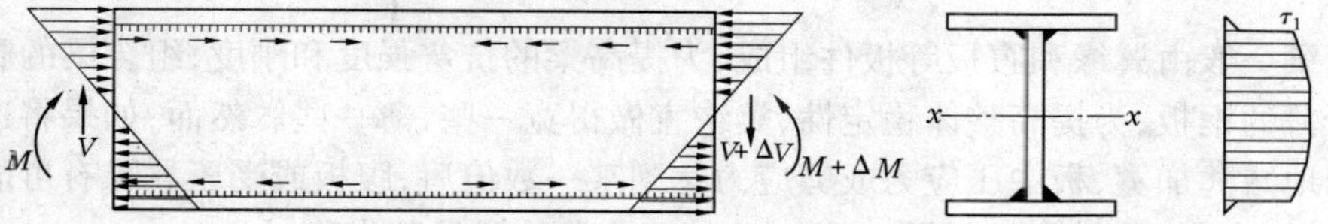

图 3-20　翼缘焊缝的水平剪力

$$T = \tau_1 t_w = \frac{VS_1}{I_x t_w} t_w = \frac{VS_1}{I_x} \tag{3-42}$$

式中　V——在计算位置上梁的剪力；

I_x——在计算位置上梁截面惯性矩；

S_1——一个翼缘截面面积 A_1 对梁的中性轴的面积矩，当部分钢面板参与梁的受弯工作时，S_1 为一个翼缘和参与工作的部分钢面板截面对梁的中性轴的面积矩之和。

当翼缘与腹板采用角焊缝连接时，为了保证翼缘板和腹板的整体工作，应使两条角焊缝的剪应力 τ_f 不超过角焊缝的强度设计值 f_f^w，即

$$\tau_f = \frac{T}{2 \times 0.7 h_f} = \frac{VS_1}{1.4 h_f I_x} \leqslant f_f^w \tag{3-43}$$

从而可得翼缘焊缝厚度 h_f 为

$$h_f \geqslant \frac{VS_1}{1.4 f_f^w I_x} \tag{3-44}$$

当梁的翼缘上承受有移动集中荷载或承受有固定集中荷载而未设置支承加劲肋时，翼缘与腹板间的连接焊缝不仅承受沿焊缝长度方向的剪力 T 的作用，同时还承受竖向局部压应力引起的竖向剪应力的作用。

单位长度上的竖向剪力为

$$T_v = \sigma_c t_w = \frac{\psi F}{t_w l_z} \times t_w \times 1 = \frac{\psi F}{l_z} \tag{3-45}$$

在 T_v 作用下，两条焊缝相当于下面角焊缝，其应力为

$$\sigma_f = \frac{T_v}{2 \times 0.7 h_f \times 1} = \frac{\psi F}{1.4 h_f l_z} \tag{3-46}$$

因此，在 T 和 T_v 共同作用下，应满足

$$\sqrt{\left(\frac{\sigma_f}{\beta_f}\right)^2 + \tau_f^2} \leqslant f_f^w$$

从而

$$h_f \geqslant \frac{1}{1.4 f_f^w} \sqrt{\left(\frac{\psi F}{\beta_f l_z}\right)^2 + \left(\frac{VS_1}{I_x}\right)^2} \tag{3-47}$$

当翼缘与腹板采用 K 形焊缝时，可认为焊缝和腹板等强度而不必计算。

第七节　梁的局部稳定和腹板加劲肋设计

组合梁一般由翼缘和腹板等板件组成，为提高梁的抗弯强度和刚度，组合梁的腹板宜做成高而薄的钢板；为提高整体稳定性，翼缘宜做得宽一些、薄一些。然而，如果将这些板件不适当地减薄加宽，板中压应力或剪应力达到某一数值后，腹板或受压翼缘有可能偏离其正常位置，出现波形鼓曲（见图 3-21），这种现象称为梁局部失稳。

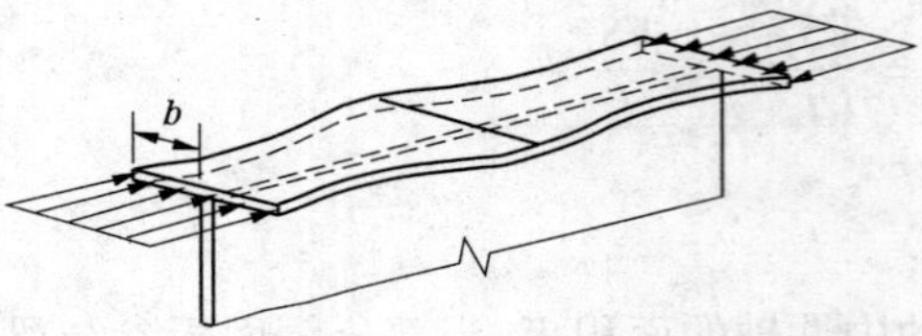

(a)

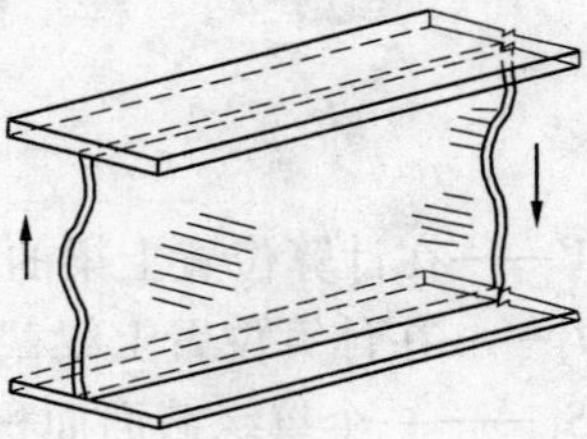

(b)

图 3-21　组合梁局部失稳

当腹板和翼缘局部失稳后，截面中的应力可进行重分配，使梁不会立即失去承载能力，但薄板的屈曲部分迅速退出工作，截面变为不对称，弯曲中心偏离荷载的作用平面，以致截面发生扭转而提早丧失整体稳定。因此，在《钢结构设计规范》（GB 50017—2003）中规定了对其宽厚比的限值，使其不至于产生局部失稳；否则应采取措施来防止局部失稳的发生。

下面先分析矩形薄板的稳定问题，然后介绍梁局部稳定的计算方法和加劲肋的设计。

一、矩形薄板的屈曲

板按照其厚度分为厚板、薄板和薄膜三种。对于厚板，由于板内的横向剪力产生的剪切变形与弯曲变形相比属于相同量级，计算时要加以考虑。对于薄板，剪切变形与弯曲变形相比很微小，可以忽略不计。对于薄膜，其抗弯刚度几乎为零。这种板完全靠薄膜拉力来支承

横向荷载的作用。薄板既具有抗弯能力,又可能存在薄膜拉力。平分板的厚度且与板的两个表面平行的平面称为中面。本节只介绍外力作用于中面内的等厚度薄板的屈曲问题。这些受力的薄板常常是受压和受弯构件的组成部分,如工字形截面构件的翼缘和腹板以及冷弯薄壁型钢中的板件。板在屈曲时产生平面的凸曲现象,产生双向弯曲变形。

下面先介绍薄板屈曲的小挠度平衡方程,然后介绍不同受力条件下薄板的弹性屈曲问题。

(一)薄板屈曲的小挠度平衡方程

在板的中面内荷载的作用下,根据弹性力学的小挠度理论,板的屈曲平衡方程为

$$D\left(\frac{\partial^4 \omega}{\partial x^4}+2\frac{\partial^4 \omega}{\partial x^2 \partial y^2}+\frac{\partial^4 \omega}{\partial y^4}\right)+N_x\frac{\partial^2 \omega}{\partial x^2}+2N_{xy}\frac{\partial^2 \omega}{\partial x \partial y}+N_y\frac{\partial^2 \omega}{\partial y^2}=0 \tag{3-48}$$

式中　ω——板的挠度;

N_x、N_y——在 x、y 方向上板中面内单位宽度上所承受的力;

N_{xy}——单位宽度的剪力;

D——板单位宽度的抗弯刚度,$D=\dfrac{Et^3}{12(1-\mu^2)}$,此抗弯刚度较宽度为 1、高度为 t 的矩形截面梁的抗弯刚度大(因为板条弯曲时,截面的侧向应变受到临近板条限制);

μ——材料的泊松比,钢材在弹性范围内时为 0.3。

(二)四边简支薄板的屈曲荷载

1. 单向均匀受压四边简支薄板

对于图 3-22 所示在 x 方向承受均布压力的四边简支矩形薄板,有 $N_{xy}=0$ 和 $N_y=0$,

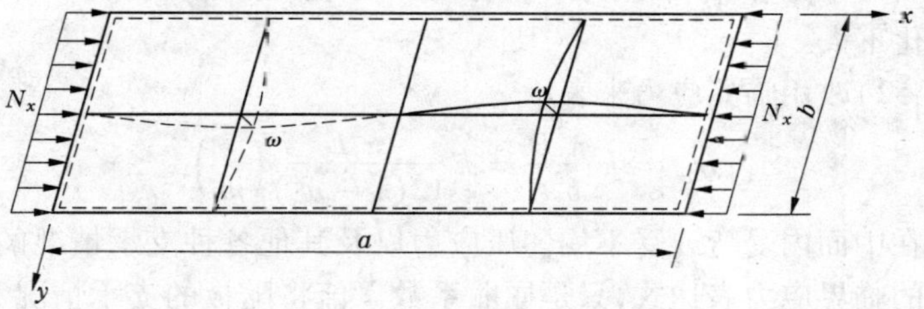

图 3-22　单向均匀受压四边简支矩形薄板屈曲

代入式(3-48)可得

$$D\left(\frac{\partial^4 \omega}{\partial x^4}+2\frac{\partial^4 \omega}{\partial x^2 \partial y^2}+\frac{\partial^4 \omega}{\partial y^4}\right)+N_x\frac{\partial^2 \omega}{\partial x^2}=0 \tag{3-49}$$

满足边界条件:$x=0$ 和 $x=a$ 时,$\omega=0$,$\dfrac{\partial^2 \omega}{\partial x^2}=0$,$\dfrac{\partial^2 \omega}{\partial y^2}=0$;$y=0$ 和 $y=b$ 时,$\omega=0$,$\dfrac{\partial^2 \omega}{\partial x^2}=0$,$\dfrac{\partial^2 \omega}{\partial y^2}=0$。板挠度可用二重无穷三角级数表示为

$$\omega=\sum_{m=1}^{x}\sum_{n=1}^{x}A_{mn}\sin\frac{m\pi x}{a}\sin\frac{n\pi y}{b} \tag{3-50}$$

式中　m、n——板屈曲时沿 x 轴、y 轴方向的半波数。

将式(3-50)代入式(3-49),可求得板单位宽度内的临界应力为

$$N_{cr} = \frac{\pi^2 D}{b^2}\left(\frac{mb}{a} + \frac{n^2 a}{mb}\right)^2 \tag{3-51}$$

从式(3-51)可以看出,当 $n=1$ 时,N_{cr} 为最小,即板屈曲时沿 y 方向只有一个“半波”。则

$$N_{cr} = \frac{\pi^2 D}{b^2}\left(\frac{mb}{a} + \frac{a}{mb}\right)^2 = k\frac{\pi^2 D}{b^2} \tag{3-52}$$

式中　k——板的屈曲系数,$k=[mb/a + a/(mb)]^2$。

取 x 方向不同的半波数,可绘出 k 与 a/b 的关系曲线如图 3-23 所示。

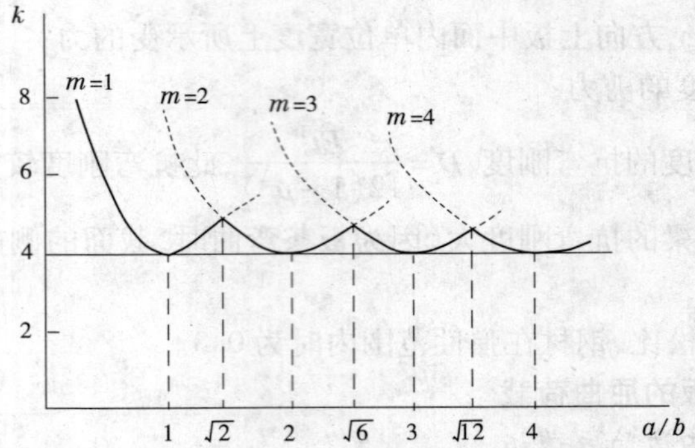

图 3-23　k 与 a/b 的关系曲线

从图 3-23 中看出,k 的最小值为 4,对于任一 m 值,除 $a/b=1$ 的一段外,图 3-23 中实曲线的 k 值变化不大。

现将式(3-52)改用临界应力来表示

$$\sigma_{cr} = k\frac{\pi^2 D}{b^2 t} = k\frac{\pi^2 E}{12(1-\mu^2)}\left(\frac{t}{b}\right)^2 \tag{3-53}$$

对于薄板在中面内受弯或受不均匀压应力以及其他各种支承情况的板,用类似的方法可得到相同的临界应力表达式,只是屈曲系数 k 值将随板的支承情况和应力分布情况不同而异。

2. 四边简支的受剪矩形板

四边简支的受剪矩形板,如图 3-24(a)所示。

当 $\frac{a}{b} \leqslant 1$ 时　$$k = 4.0 + \frac{5.34}{(a/b)^2} \tag{3-54}$$

当 $\frac{a}{b} > 1$ 时　$$k = 5.34 + \frac{4.0}{(a/b)^2} \tag{3-55}$$

3. 三边简支、一边自由的板

三边简支、一边自由(与压应力方向平行的一边自由)的板的屈曲系数为

$$k = 0.425 + \left(\frac{b}{a}\right)^2 \tag{3-56}$$

4. 四边简支受弯曲应力作用的矩形板

四边简支受弯曲应力作用的矩形板,如图 3-24(b)所示。

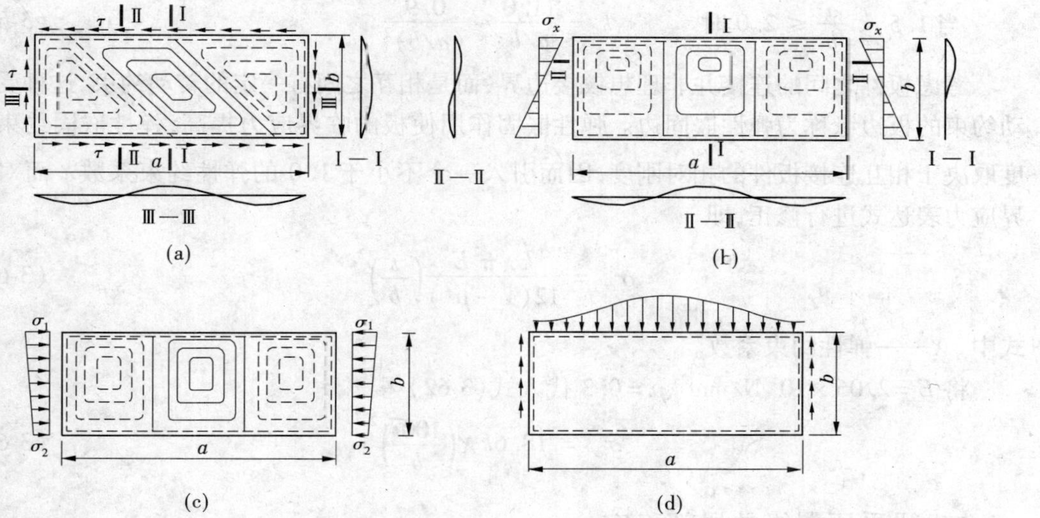

图 3-24 各种应力单独作用下矩形板及屈曲形状

四边简支板受弯曲应力作用时的 k 值见表 3-6。

表 3-6 四边简支薄板受弯曲应力作用时的屈曲系数 k

a/b	0.4	0.5	0.6	0.667	0.75	0.8	1.0	1.33	1.5
k	29.1	25.6	24.1	23.9	24.1	24.4	25.6	23.9	24.1

注:b 为板的受荷载边宽度,等于梁腹板的计算高度。

由表 3-6 可知,四边简支板受弯曲应力作用时的 k 的最小值为 $k_{min}=23.9$。

5. 单向非均匀受压的四边简支矩形板

单向非均匀受压的四边简支矩形板,如图 3-24(c)所示。

当 $0 \leq \alpha_0 \leq \frac{2}{3}$ 时 $$k=\frac{4}{1-0.5\alpha_0} \tag{3-57}$$

当 $\frac{2}{3} < \alpha_0 \leq 1.4$ 时 $$k=\frac{4.1}{1-0.47\alpha_0} \tag{3-58}$$

当 $1.4 < \alpha_0 \leq 2$ 时 $$k=6\alpha_0^2 \tag{3-59}$$

式中 α_0——应力梯度,$\alpha_0=\frac{\sigma_1-\sigma_2}{\sigma_1}$,$\sigma_1$、$\sigma_2$ 分别为最大应力、最小应力,以压应力为正、拉应力为负。

6. 一个边缘受压的四边简支矩形板

一个边缘受压的四边简支矩形板,如图 3-24(d)所示。

在工程实践中,往往遇到矩形板在一个边缘受压的情况。例如,吊车梁的腹板,受有由轨道上的轮压在腹板上边缘产生的非均匀分布压应力。此种单侧受压板的屈曲系数为:

当$0.5 \leqslant \frac{a}{b} \leqslant 1.5$时　　$k = \frac{7.4}{a/b} + \frac{4.5}{(a/b)^2}$　　(3-60)

当$1.5 < \frac{a}{b} \leqslant 2.0$时　　$k = \frac{11.0}{a/b} - \frac{0.9}{(a/b)^2}$　　(3-61)

考虑板件之间的连接并非理想铰接边界，而是相互之间有一定的转动约束，这种受转动约束的板边缘称为弹性嵌固边。弹性嵌固作用使板的临界应力提高，弹性嵌固约束程度取决于相互连接板件的相对刚度，因而引入一个不小于1.0的弹性约束系数χ而对临界应力表达式进行修正，即

$$\sigma_{cr} = \frac{k\chi\pi^2 E}{12(1-\mu^2)}\left(\frac{t}{b}\right)^2 \tag{3-62}$$

式中　χ——弹性约束系数。

将$E = 2.06 \times 10^5\ \text{N/mm}^2$、$\mu = 0.3$代入式(3-62)得

$$\sigma_{cr} = 18.6k\chi\left(\frac{100t}{b}\right)^2 \tag{3-63}$$

二、梁受压翼缘的局部稳定

对不需要验算疲劳的梁，按式(3-4)和式(3-5)计算其抗弯强度时，已考虑部分塑性发展，因而翼缘板已进入塑性，但在和压应力相垂直的方向材料仍然是弹性的。这种情况属正交异性，其临界应力的精确计算比较复杂。一般可在式(3-62)中用$\sqrt{\eta}E$（η为切线模量E_t与弹性模量E之比，$\eta \leqslant 1$）代替E来考虑这种弹塑性的影响，所以有

$$\sigma_{cr} = 18.6k\chi\sqrt{\eta}\left(\frac{100t}{b}\right)^2 \tag{3-64}$$

受压翼缘的悬伸部分为三边简支板，而边长a趋于无穷大情况，由式(3-56)可得其屈曲系数$k = 0.425$。支承翼缘板的腹板一般较薄，对翼缘板的约束作用很小，因此忽略腹板对翼缘板的约束作用，取弹性约束系数$\chi = 1.0$，如取$\eta = 0.25$，由条件$\sigma_{cr} \geqslant f_y$得

$$\sigma_{cr} = 18.6 \times 0.425 \times 1.0 \times \sqrt{0.25}\left(\frac{100t}{b}\right)^2 \geqslant f_y$$

则

$$\frac{b}{t} \leqslant 13\sqrt{\frac{235}{f_y}} \tag{3-65}$$

按弹性设计时（即取发展系数$\gamma_x = 1.0$），翼缘板内的平均压应力约为$0.95f_y$，相应$\eta = 0.4$，稳定条件为$\sigma_{cr} \geqslant 0.95f_y$，由此可得

$$\frac{b}{t} \leqslant 15\sqrt{\frac{235}{f_y}} \tag{3-66}$$

箱形梁两腹板之间的部分，相当于四边简支单向均匀受压板，其屈曲系数见图3-23，取$k = 4$、$\chi = 1.0$，$\eta = 0.25$，由稳定条件$\sigma_{cr} \geqslant f_y$得

$$\frac{b_0}{t} \leqslant 40\sqrt{\frac{235}{f_y}} \tag{3-67}$$

三、梁腹板的局部稳定

腹板的受力状态比较复杂，除受有弯曲应力 σ 外还有剪应力 τ 和局部压应力 σ_c，而且在各个区域的大小和分布不尽相同，当局部稳定性不满足要求时，可增加腹板厚度，也可设置加劲肋，加劲肋的布置如图 3-25 ~ 图 3-27 所示。其中，图 3-25 仅布置横向加劲肋，图 3-26 同时布置横向加劲肋和纵向加劲肋，图 3-27 除布置横、纵向加劲肋外还设置短加劲肋。

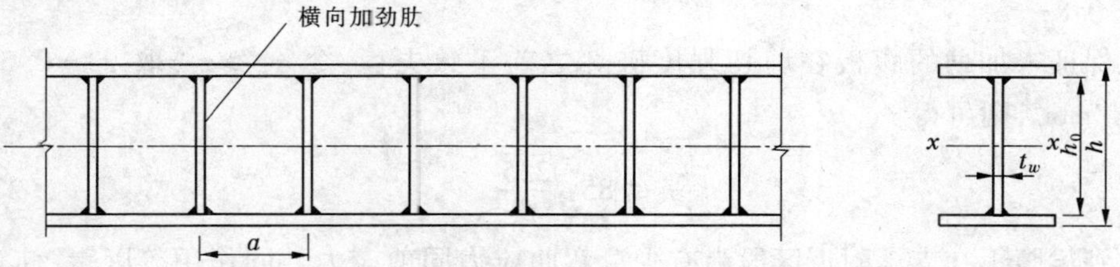

图 3-25　腹板横向加劲肋的布置

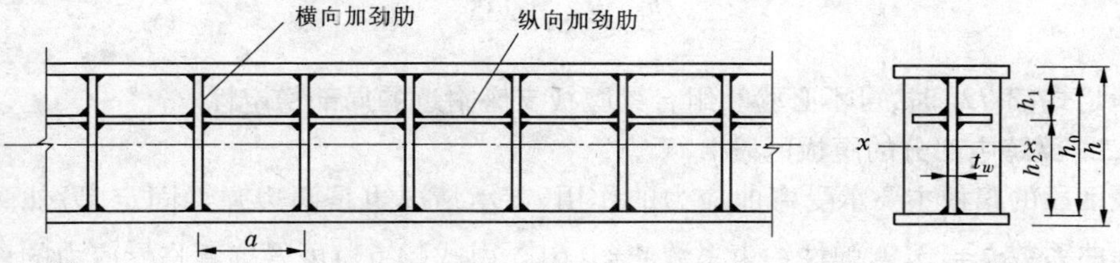

图 3-26　腹板同时布置横向加劲肋和纵向加劲肋

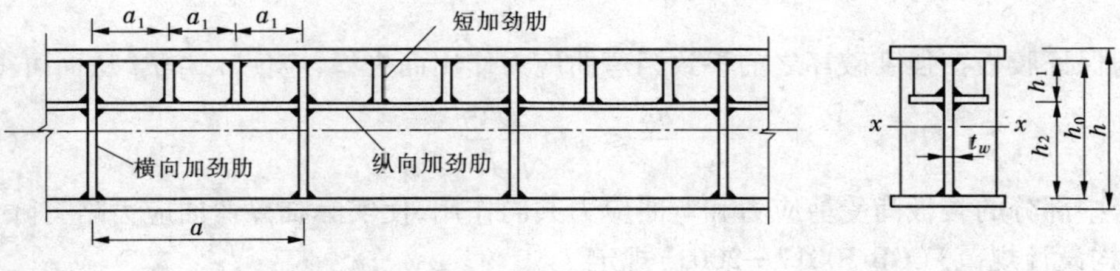

图 3-27　腹板布置横、纵向加劲肋和短加劲肋

梁的加劲肋和翼缘使腹板成为若干四边支承的矩形板区格，横向加劲肋主要防止由剪应力和局部压应力可能引起的腹板失稳，纵向加劲肋主要防止由弯曲压应力可能引起的腹板失稳，短加劲肋主要防止由局部压应力可能引起的腹板失稳。

（一）梁支承附近的腹板区段

在梁支承附近的腹板主要受剪应力作用，可以认为腹板有两边弹性固定于翼缘上，另外两边可视为简支，其屈曲系数 k 可按式（3-55）取值，弹性约束系数 $\chi = 1.24$。由式（3-53）可得抗剪临界应力表达式为

$$\tau_{cr} = 18.6 \times \left[5.34 + \frac{4}{(a/b)^2}\right] \times 1.24\left(\frac{100t_w}{h_0}\right)^2 \qquad (3\text{-}68)$$

当腹板不布置横向加劲肋时，因 a/b 值很大，式(3-68)括号中的第二项可略去不计，则弹性阶段的临界应力为

$$\tau_{cr} = 123\left(\frac{100t_w}{h_0}\right)^2 \tag{3-69}$$

非弹性阶段的临界应力为

$$\tau'_{cr} = \sqrt{\tau_p \tau_{cr}} \tag{3-70}$$

式中，$\tau_p = 0.8\tau_y$。

为了保证未加劲的腹板在剪切强度破坏之前不致失稳，令 $\tau'_{cr} \geqslant \tau_y$，取 $\tau_y = 0.58f_y$，$f_y = 235\ \text{N/mm}^2$，则可得

$$\frac{h_0}{t_w} \leqslant 85\sqrt{\frac{235}{f_y}} \tag{3-71}$$

考虑到梁腹板在支承附近区段尚有少量弯曲应力同剪应力共同作用等因素，使实际临界应力略有降低，故规范规定

$$\frac{h_0}{t_w} \leqslant 80\sqrt{\frac{235}{f_y}} \tag{3-72}$$

满足式(3-72)时，可不必验算组合梁腹板支座附近的局部稳定性。

(二)梁跨中部分的腹板区段

该区段的腹板主要承受弯曲应力的作用，支承情况也是两边弹性固定，另外两边简支。屈曲系数 $k = 23.9$，弹性约束系数 $\chi = 1.61$。由式(3-63)可得抗弯临界应力的最小值为

$$\sigma_{cr} = 715\left(\frac{100t_w}{h_0}\right)^2 \tag{3-73}$$

为保证腹板在强度破坏之前不致因弯曲应力作用而失稳，应使 $\sigma_{cr} \geqslant f_y$，从而可得

$$\frac{h_0}{t_w} \leqslant 174\sqrt{\frac{235}{f_y}} \tag{3-74}$$

跨中部分的腹板尚受剪应力和弯曲应力共同作用，使实际临界弯曲应力略有降低，故《钢结构设计规范》(GB 50017—2003)规定

$$\frac{h_0}{t_w} \leqslant 170\sqrt{\frac{235}{f_y}} \tag{3-75}$$

满足式(3-75)时，可不必验算组合梁跨中腹板的局部稳定性。

(三)腹板在局部压应力作用下的屈曲

在工程实践中往往遇到一个边缘受压的情况，例如吊车梁的腹板，受有由轨道上的轮压在腹板上边缘产生的非均匀分布压应力(见图 3-24(d))。此种单侧受压板仍可采用式(3-63)的表达形式。k 值按式(3-60)和式(3-61)选取，取约束系数为 $\chi = 1.81 - 0.255\dfrac{h_0}{a}$。局部临界应力为

$$\sigma_{c,cr} = 18.6k\chi\left(\frac{100t_w}{h_0}\right)^2 \tag{3-76}$$

(四)腹板在多种边缘应力共同作用下的屈曲

梁腹板在二横向加劲肋之间的板段,同时有弯曲正应力 σ、剪应力 τ,还有一个边缘局部压应力 σ_c 的共同作用。当这些应力达到某种组合的一定值时,腹板将由平板稳定状态转变为微曲的平衡状态,此临界状态常采用近似的相关方程来表达。

(1)在弯曲正应力 σ、剪应力 τ 和局部压应力 σ_c 共同作用下(见图3-28(a)),有

$$\left(\frac{\sigma}{\sigma_{cr}}+\frac{\sigma_c}{\sigma_{c,cr}}\right)^2+\left(\frac{\tau}{\tau_{cr}}\right)^2=1 \tag{3-77}$$

(2)在剪应力 τ、弯曲正应力 σ 和上下边缘均匀压应力 σ_c 共同作用下(见图3-28(b)),有

$$\frac{\sigma}{\sigma_{cr}}+\frac{\sigma_c}{\sigma_{c,cr}}+\left(\frac{\tau}{\tau_{cr}}\right)^2=1 \tag{3-78}$$

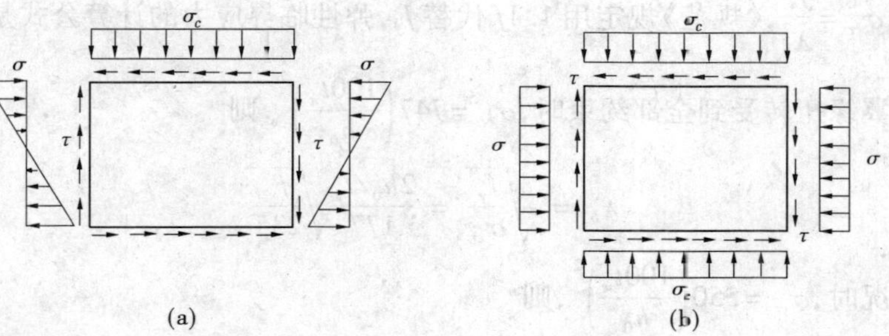

图3-28 多种应力共同作用下的腹板

四、腹板加劲肋的配置

(1)无局部压应力($\sigma_c=0$)的梁,当 $h_0/t_w\leqslant100\sqrt{235/f_y}$ 时,宜按构造要求配置横向加劲肋(间距 $a\leqslant2.5h_0$),若 $h_0/t_w\leqslant80\sqrt{235/f_y}$ 可不配置加劲肋。

(2)有局部压应力($\sigma_c\neq0$)的梁,当 $h_0/t_w\leqslant80\sqrt{235/f_y}$ 时,宜按构造配置横向加劲肋(间距 $a\leqslant2h_0$)。

(3)无局部压应力($\sigma_c=0$)的梁,当 $100\sqrt{235/f_y}<h_0/t_w\leqslant170\sqrt{235/f_y}$ 时或有局部压应力($\sigma_c\neq0$)的梁,当 $80\sqrt{235/f_y}<h_0/t_w\leqslant170\sqrt{235/f_y}$ 时,应按计算配置横向加劲肋。

(4)当 $h_0/t_w>170\sqrt{235/f_y}$ 时,应按计算配置横向加劲肋和在受压区的纵向加劲肋,必要时(σ_c 很大时)尚应在受压区配置短加劲肋。当考虑腹板屈曲后强度时,应只配置横向加劲肋,但 $a\geqslant0.5h_0$。

(5)任何情况下,h_0/t_w 均不宜超过 $250\sqrt{235/f_y}$。

(6)梁的支座处和上翼缘受有较大固定集中荷载处,宜设置支承加劲肋。

五、梁腹板各区段的局部稳定计算

(一)仅配置横向加劲肋加强的腹板

腹板在每两个横向肋之间的区格,同时承受弯曲应力、剪应力和一个边缘压应力共同

作用稳定条件可用下式表示

$$\left(\frac{\sigma}{\sigma_{cr}}\right)^2+\left(\frac{\tau}{\tau_{cr}}\right)^2+\frac{\sigma_c}{\sigma_{c,cr}}\leqslant 1 \tag{3-79}$$

式中 σ——所计算腹板区格内，由平均弯矩产生的腹板计算高度边缘的弯曲正应力；

τ——所计算腹板区格内，由平均剪力产生的腹板平均剪应力，按 $\tau=V/(h_0/t_w)$ 计算；

σ_c——腹板边缘的局部压应力，应按式(3-9)计算，但取式中的 $\psi=1.0$；

σ_{cr}、τ_{cr}、$\sigma_{c,cr}$——在 σ、τ、σ_c 单独作用下板的临界应力，按下列方法计算。

(1)σ_{cr}的表达式。采用国际上通行的表达方法，以通用高厚比 $\lambda_b=\sqrt{\frac{f_y}{\sigma_{cr}}}$ 作为参数。即临界应力 $\sigma_{cr}=\frac{f_y}{\lambda_b^2}$，《规范》规定用1.1$f$代替$f_y$，弹性临界应力的计算公式是：$\sigma_{cr}=\frac{1.1f}{\lambda_b^2}$。

当受压翼缘扭转受到全部约束时，$\sigma_{cr}=747\left(\frac{100t_w}{h_0}\right)^2$，则

$$\lambda_b=\sqrt{\frac{f_y}{\sigma_{cr}}}=\frac{2h_0/t_w}{177}\sqrt{\frac{f_y}{235}} \tag{3-80}$$

其他情况时，$\sigma_{cr}=550\left(\frac{100t_w}{h_0}\right)^2$，则

$$\lambda_b=\sqrt{\frac{f_y}{\sigma_{cr}}}=\frac{2h_0/t_w}{153}\sqrt{\frac{f_y}{235}} \tag{3-81}$$

《规范》规定 σ_{cr}的计算如下：

对于理想弹塑性板 $\lambda_b=1.0$ 时才是临界应力由塑性转入弹性的分界点，此时 $\sigma_{cr}=f_y$。考虑到存在残余应力和几何缺陷，把塑性范围缩小到 $\lambda_b\leqslant 0.85$，弹性范围则推迟到 $\lambda_b=1.25$开始，$0.85<\lambda_b\leqslant 1.25$ 属于弹塑性过渡范围。

在梁整体稳定的计算中，弹性界限为 $0.6f_y$。如果以此为界，则弹性范围 λ_b 起始于 $\sqrt{f_y/0.6f_y}=\sqrt{1/0.6}=1.29$，鉴于残余应力对腹板局部稳定的影响不如对整体失稳的影响大，《规范》取1.25。图3-29所示的实线表示塑性、弹塑性和弹性三个范围，虚线则属于理想弹塑性板。按照以上塑性和弹塑性分界点 $\lambda_b=0.85$、弹塑性和弹性分界点 $\lambda_b=1.25$，弹塑性区临界应力用直线来表示，则临界应力由下式表达(见图3-29)：

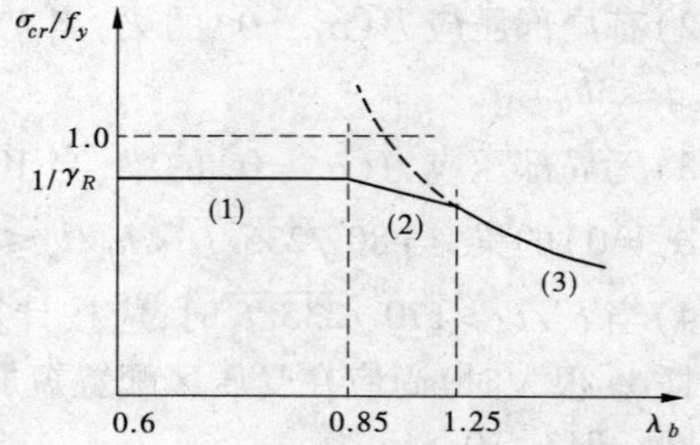

(1)—塑性区；(2)—弹塑性区；(3)—弹性区

图3-29 临界应力修正曲线

当 $\lambda_b\leqslant 0.85$ 时 $\sigma_{cr}=f$ (3-82)

当 $0.85<\lambda_b\leqslant 1.25$ 时 $\sigma_{cr}=[1-0.75(\lambda_b-0.85)]f$ (3-83)

当 $\lambda_b>1.25$ 时 $\sigma_{cr}=\frac{1.1f}{\lambda_b^2}$ (3-84)

式中 λ_b——用于腹板受弯计算时的通用高厚比。

(2) τ_{cr}表达式。以 $\lambda_s=\sqrt{\tau_y/\tau_{cr}}$ 作为参数(τ_y为剪切屈服强度,其值为$f_y/\sqrt{3}$)。

当 $a/h_0\leqslant1.0$ 时,$\tau_{cr}=23.3[4+5.34(h_0/a)^2](100t_w/h_0)^2$,则

$$\lambda_s=\frac{h_0/t_w}{41\sqrt{4+5.34(h_0/a)^2}}\sqrt{\frac{f_y}{235}} \tag{3-85}$$

当 $a/h_0>1.0$ 时,$\tau_{cr}=23.3[5.34+4.0(h_0/a)^2](100t_w/h_0)^2$,则

$$\lambda_s=\frac{h_0/t_w}{41\sqrt{5.34+4.0(h_0/a)^2}}\sqrt{\frac{f_y}{235}} \tag{3-86}$$

塑性和弹塑性分界点 $\lambda_s=0.8$、弹塑性和弹性分界点 $\lambda_s=1.2$,弹塑性区临界应力仍用直线来表示,则临界应力由下式表达:

当 $\lambda_s\leqslant0.8$ 时 $$\tau_{cr}=f_v \tag{3-87}$$

当 $0.8<\lambda_s\leqslant1.2$ 时 $$\tau_{cr}=[1-0.59(\lambda_s-0.8)]f_v \tag{3-88}$$

当 $\lambda_s>1.2$ 时 $$\tau_{cr}=\frac{1.1f_v}{\lambda_s^2} \tag{3-89}$$

式中 λ_s——用于腹板受剪计算时的通用高厚比。

(3) $\sigma_{c,cr}$表达式。以 $\lambda_c=\sqrt{\dfrac{f_y}{\sigma_{e,cr}}}$ 作为参数,由稳定公式 $\sigma_{c,cr}=18.6k\chi\left(\dfrac{100t_w}{h_0}\right)^2$,其 k 值可按式(3-60)或式(3-61)选取,并取$\chi=1.81-0.255\dfrac{h_0}{a}$。

当 $0.5\leqslant\dfrac{a}{h_0}\leqslant1.5$ 时,$k\chi=\left[7.4\dfrac{h_0}{a}+4.5\left(\dfrac{h_0}{a}\right)^2\right]\left(1.81-0.255\dfrac{h_0}{a}\right)$

$$\approx10.9+13.4\left(1.83-\frac{a}{h_0}\right)^3$$

则
$$\lambda_c=\frac{h_0/t_w}{28\sqrt{10.9+13.4\left(1.83-\dfrac{a}{h_0}\right)^3}}\sqrt{\frac{f_y}{235}} \tag{3-90}$$

当 $1.5<\dfrac{a}{h_0}\leqslant2.0$ 时,$k\chi=\left[11.0\dfrac{h_0}{a}-0.9\left(\dfrac{h_0}{a}\right)^2\right]\left(1.81-0.255\dfrac{h_0}{a}\right)\approx1.89-5\dfrac{a}{h_0}$,则

$$\lambda_c=\frac{h_0/t_w}{28\sqrt{1.89-5\dfrac{a}{h_0}}}\sqrt{\frac{f_y}{235}} \tag{3-91}$$

塑性和弹塑性分界点 $\lambda_c=0.9$、弹塑性和弹性分界点 $\lambda_c=1.2$,弹塑性区临界应力仍用直线来表示,则临界应力由下式表达:

当 $\lambda_c\leqslant0.9$ 时 $$\sigma_{c,cr}=f \tag{3-92}$$

当 $0.9<\lambda_c\leqslant1.2$ 时 $$\sigma_{c,cr}=[1-0.79(\lambda_c-0.9)]f \tag{3-93}$$

当 $\lambda_c>1.2$ 时 $$\sigma_{c,cr}=\frac{1.1f}{\lambda_c^2} \tag{3-94}$$

式中　λ_c——用于腹板受局部压力计算时的通用高厚比。

(二) 同时用横向加劲肋和纵向加劲肋加强的腹板局部稳定计算

纵向加劲肋将腹板分隔成两个区格，应分别计算这两个区格的局部稳定性(见图 3-26)。

1. *受压翼缘与纵向加劲肋之间的区格*

此区格用式(3-95)计算其局部稳定性，即

$$\frac{\sigma}{\sigma_{cr1}}+\left(\frac{\tau}{\tau_{cr1}}\right)^2+\left(\frac{\sigma_c}{\sigma_{c,cr1}}\right)^2 \leqslant 1.0 \tag{3-95}$$

式中的 σ_{cr1}、τ_{cr1}、$\sigma_{c,cr1}$ 分别按下列方法计算：

(1) σ_{cr1} 按式(3-82)～式(3-84)计算，但式中的 λ_b 用下列 λ_{b1} 代替：

当受压翼缘扭转受到完全约束时　$$\lambda_{b1}=\frac{h_1/t_w}{75}\sqrt{\frac{f_y}{235}} \tag{3-96}$$

其他情况　$$\lambda_{b1}=\frac{h_1/t_w}{64}\sqrt{\frac{f_y}{235}} \tag{3-97}$$

(2) τ_{cr1} 按式(3-85)～式(3-89)计算，但将式中 h_0 用 h_1(h_1 为纵向加劲肋至腹板计算高度受压边缘的距离)代替：

(3) $\sigma_{c,cr1}$ 按式(3-82)～式(3-84)计算，但式中的 λ_b 用下列 λ_{c1} 代替：

当受压翼缘扭转受到完全约束时　$$\lambda_{c1}=\frac{h_1/t_w}{56}\sqrt{\frac{f_y}{235}} \tag{3-98}$$

其他情况　$$\lambda_{c1}=\frac{h_1/t_w}{40}\sqrt{\frac{f_y}{235}} \tag{3-99}$$

2. *受拉翼缘与纵向加劲肋之间的区格*

此区格用式(3-100)计算其局部稳定性，即

$$\left(\frac{\sigma_2}{\sigma_{cr2}}\right)^2+\left(\frac{\tau}{\tau_{cr2}}\right)^2+\frac{\sigma_{c2}}{\sigma_{c,cr2}} \leqslant 1.0 \tag{3-100}$$

式中　σ_2——所计算区格内，腹板在纵向加劲肋处压应力的平均值；

σ_{c2}——腹板在纵向加劲肋处的横向压应力，取 $0.3\sigma_c$；

τ——所计算腹板区格内，由剪力产生的腹板平均剪应力。

(1) σ_{cr2} 按式(3-82)～式(3-84)计算，但式中的 λ_b 用下列 λ_{b2} 代替

$$\lambda_{b2}=\frac{h_2/t_w}{194}\sqrt{\frac{f_y}{235}} \tag{3-101}$$

(2) τ_{cr2} 按式(3-85)～式(3-89)计算，但将式中 h_0 用 h_2 代替(见图 3-26)。

(3) $\sigma_{c,cr2}$ 按式(3-90)～式(3-94)计算，但式中的 h_0 用 h_2 代替(见图 3-26)。当 $a/h_2>2$ 时，取 $a/h_2=2$。

在受压翼缘与纵向加劲肋之间设有短加劲肋的区格(见图 3-27)，其局部稳定性应按式(3-95)计算。该式中 σ_{cr1} 按无短加劲肋时取值；τ_{cr1} 应按式(3-85)～式(3-89)计算，但将 h_0 和 a 分别用 h_1 和 a_1(a_1 为短加劲肋间距)代替；$\sigma_{c,cr1}$ 应按式(3-82)～式(3-84)计算，但式中的 λ_b 应用下列 λ_{c1} 代替。

当受压翼缘扭转受到约束时 $\lambda_{c1} = \frac{a_1/t_w}{87}\sqrt{\frac{f_y}{235}}$ (3-102)

当受压翼缘扭转未受到约束时 $\lambda_{c1} = \frac{a_1/t_w}{73}\sqrt{\frac{f_y}{235}}$ (3-103)

对于 $a_1/h_1 > 1.2$ 的区格，式(3-102)和式(3-103)右侧应乘以$\left(1\Big/\sqrt{0.4+0.5\frac{a_1}{h_1}}\right)$；对于受拉翼缘与纵向加劲肋之间的区格，仍按式(3-100)计算。

六、腹板加劲肋的截面尺寸和构造要求

加劲肋常在腹板两侧成对配置，如图3-30(a)、(b)、(c)所示，对于仅受静荷载作用或受动荷载作用较小的梁腹板，为了节省钢材和减轻制造工作量，其横向加劲肋和纵向加劲肋亦可考虑单侧配置，如图3-30(d)、(e)所示。但对支承加劲肋和重级工作制吊车梁的加劲肋不应单侧设置。

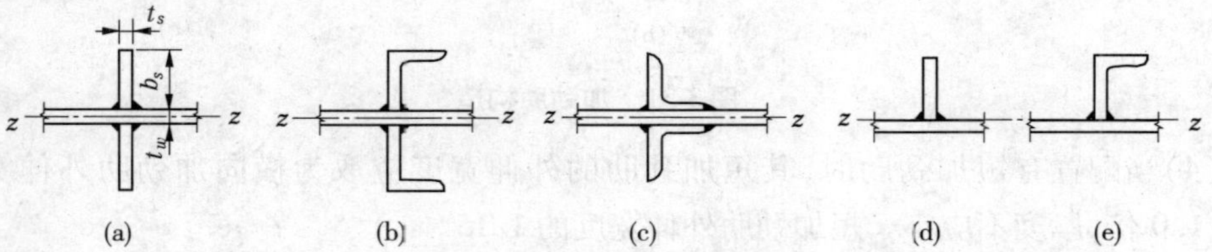

图3-30 加劲肋形式

加劲肋可以用钢板或型钢做成，焊接梁一般常用钢板。

为了保证梁腹板的局部稳定，加劲肋应具有一定的刚度，为此有以下几点要求。

(1)在腹板两侧成对配置的钢板横向加劲肋，如图3-31(a)所示，其截面尺寸符合下列要求：

外伸宽度 $b_s \geqslant \frac{h_0}{30} + 40$ (3-104)

厚度 $t_s \geqslant \frac{b_s}{15}$ (3-105)

(2)单侧布置的钢板横向加劲肋，其外伸宽度应大于按式(3-104)算得值的1.2倍，厚度应不小于其外伸宽度的1/15。

(3)在同时用横向加劲肋和纵向加劲肋加强的腹板中，应在其相交处将纵向加劲肋断开，横向加劲肋保持连续，如图3-31(b)所示。此时，横向加劲肋的截面尺寸除应满足上述要求外，其绕 z 轴(见图3-30)的惯性矩还应满足式(3-106)的要求

$$I_z \geqslant 3h_0 t_w^3 \tag{3-106}$$

纵向加劲肋截面绕 y 轴的惯性矩应满足下列公式的要求：

当 $a/h_0 \leqslant 0.85$ 时 $I_y \geqslant 1.5h_0 t_w^3$ (3-107)

当 $a/h_0 > 0.85$ 时 $I_y \geqslant \left(2.5 - 0.45\frac{a}{h_0}\right)\left(\frac{a}{h_0}\right)^2 h_0 t_w^3$ (3-108)

式中的 z 轴和 y 轴：当加劲肋双侧成对配置时，为腹板的轴线；当加劲肋单侧配置时，

为与加劲肋相连的腹板边缘线。

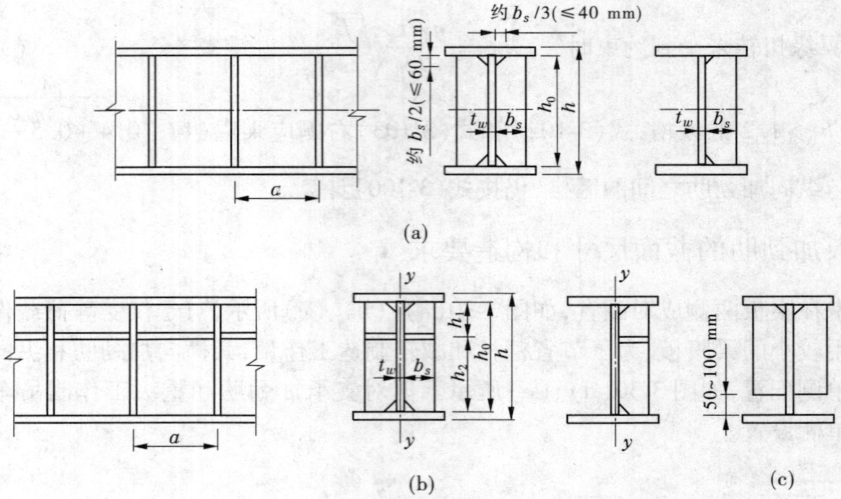

图 3-31　加劲肋构造

(4)当配置有短加劲肋时,其短加劲肋的外伸宽度应取为横向加劲肋外伸宽度的 0.7~1.0 倍,厚度不应小于短加劲肋外伸宽度的 1/15。

(5)用型钢做成的加劲肋,其截面相应的惯性矩不得小于上述对于钢板加劲肋惯性矩的要求。

为了避免焊缝交叉,减小焊接应力,横向加劲肋的端部应切去宽约 $b_s/3$(但不大于 40 mm)、高约 $b_s/2$(但不大于 60 mm)的斜角(见图 3-31(a)),以使梁的翼缘焊缝连续通过。在纵向加劲肋与横向加劲肋相交处,应将纵向加劲肋两端切去相应的斜角,使横向加劲肋与腹板连接的焊缝连续通过。

吊车梁横向加劲肋的下端应与上翼缘刨平顶紧,当为焊接吊车梁时,尚宜焊接。中间横向加劲肋的下端一般在距受拉翼缘 50~100 mm 处断开,如图 3-31(c)所示。不应与受拉翼缘焊接,以改善梁的抗疲劳性能。

七、支承加劲肋的计算

支承加劲肋指承受固定集中荷载或者支座反力的横向加劲肋,这种加劲肋应在腹板两侧成对布置(见图 3-32),其截面常比一般中间横向加劲肋的截面大,并应进行稳定性计算和端面承压计算。

(一)稳定性计算

支承加劲肋按承受固定集中荷载或梁支座反力的轴心受压构件,计算其在腹板平面外的稳定性。此受压构件的截面面积 A 包括加劲肋和加劲肋每侧 $15t_w\sqrt{235/f_y}$ 范围内的腹板面积(见图 3-32 的阴影部分),计算长度近似地取为 h_0。

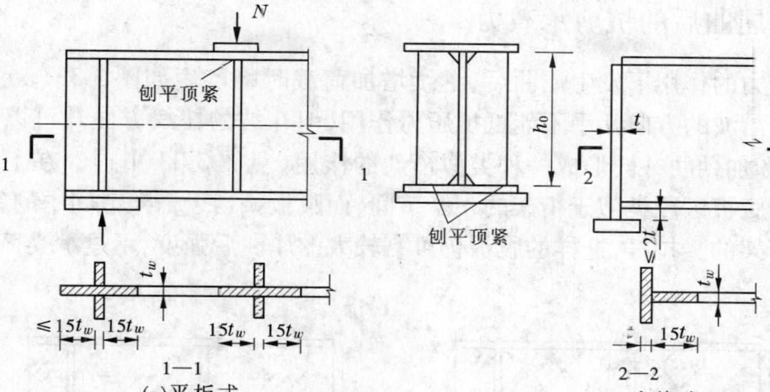

(a)平板式 (b)突缘式

图 3-32 支承加劲肋构造

(二)端面承压计算

梁支承加劲肋的端部应按所承受的固定集中荷载或支座反力计算,当加劲肋的端部刨平顶紧时,应用下式计算其端面承压应力,即

$$\sigma_{ce}=\frac{N}{A_{ce}}\leqslant f_{ce} \tag{3-109}$$

式中 f_{ce}——钢材端面承压的强度设计值;

A_{ce}——端面承压面积。

突缘式支座(见图 3-32(b))的伸出长度不应大于加劲肋厚度的 2 倍。

第八节 组合梁腹板考虑屈曲后强度的计算

为防止钢梁发生局部失稳,通常限制板件的宽厚比或设置加劲肋,因而往往要耗用较多的钢材,且设置加劲肋还要增加制作工作量。根据理论分析和试验研究,板件在屈曲后仍能继续承担更大的荷载,即具有屈曲后强度。

对于承受反复荷载作用的结构,因多次反复屈曲可能导致钢材出现疲劳裂纹,同时,构件的工作性能也逐渐恶化,而且目前关于这方面的研究还不充分,因此在这类荷载的作用下,一般不考虑利用屈曲后强度。

按照塑性方法设计时,考虑局部失稳将使构件塑性性能不能充分发展,因此《规范》规定不利用屈曲后强度。

工字形截面的受压外伸翼缘,虽然屈曲后强度也有所提高,但屈曲后继续承载的潜力不是很大,因此在工程设计中,一般不考虑利用翼缘的屈曲后强度,只考虑利用腹板的屈曲后强度。

对于承受静力荷载和间接承受动力荷载的组合梁,其腹板宜考虑屈曲后强度,则可仅在支座处和固定集中荷载处设置支承加劲肋,其高厚比可以达到 250,也不必设置纵向加劲肋。

一、腹板屈曲后的抗剪承载力

腹板在剪力的作用下发生屈曲后，继续增加荷载时将产生如图 3-33(a)所示的波浪形变形。板在沿波的方向几乎不能抵抗压力作用，但在波的棱线方向却可以承受很大的拉力，与翼缘和加劲肋共同形成一种类似桁架的作用(见图 3-33(b))。在上下翼缘和二加劲肋之间的腹板区段类似于桁架的一个节间，而腹板相当于桁架节间中的斜拉杆，加劲肋则相当于桁架的竖拉杆，这样的腹板仍可有较大的屈曲后强度，不过承受荷载的机制与屈曲前不同。

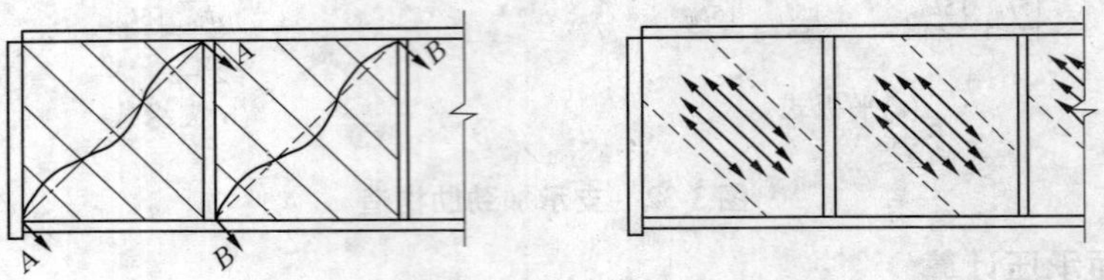

(a)　　(b)

图 3-33　腹板的张力场作用

《规范》采用简化的计算方法：引用式(3-85)和式(3-86)中定义的高厚比 λ_s，梁腹板抗剪承载力设计值 V_u 由下列公式计算：

当 $\lambda_s \leqslant 0.8$ 时　$$V_u = h_0 t_w f_v \tag{3-110}$$

当 $0.8 < \lambda_s \leqslant 1.2$ 时　$$V_u = h_0 t_w f_v [1 - 0.5(\lambda_s - 0.8)] \tag{3-111}$$

当 $\lambda_s > 1.2$ 时　$$V_u = \frac{h_0 t_w f_v}{\lambda_s^{1.2}} \tag{3-112}$$

式中　f_v——钢材的抗剪强度设计值。

当梁仅设置支座加劲肋时，由于 $a/h_0 \gg 1$，取式(3-86)中的 $h_0/a = 0$，故 λ_s 按式(3-113)计算

$$\lambda_s = \frac{h_0/t_w}{41\sqrt{5.34}\sqrt{\frac{f_y}{235}}} = \frac{h_0/t_w}{95}\sqrt{\frac{f_y}{235}} \tag{3-113}$$

二、腹板屈曲后的抗弯承载力

在弯矩的作用下腹板的受压区可能屈曲，梁腹板屈曲后的性能与剪切作用下的情况有所不同。例如，图 3-34(a)所示受纯弯曲作用下的腹板区段，腹板发生屈曲时的临界应力 σ_{cr} 小于钢材屈服点的 f_y。当弯矩继续增加时，由于腹板已经屈曲成波形，部分截面无力承受增大的压力，因此截面的应力增加是非线性的。应考虑板屈曲后强度，计算梁截面的极限弯矩时，一种实用的分析方法是取如图 3-34(b)所示的截面，认为受压区部分腹板退出工作，不起受力作用，且将受压区以及受拉区的应力均视为直线分布，当梁受压翼缘的最外纤维应力达到 f_y 时，梁截面达到极限状态。这种方法本质上属于按梁腹板的有效高度进行计算。《规范》给出的梁腹板屈曲后的抗弯承载力设计值 M_{eu} 的下列计算公式，就是基于这种概念而进一步简化的近似计算公式，即

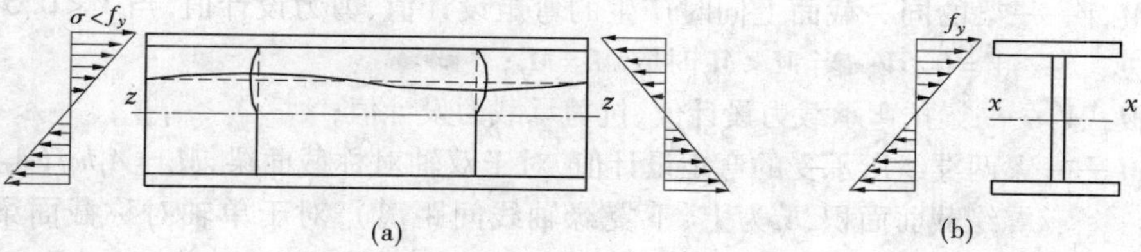

图 3-34 弯曲应力作用下屈曲后性能

$$M_{eu} = \gamma_x \alpha_e W_x f \tag{3-114}$$

$$\alpha_e = 1 - \frac{(1-\rho) h_c^3 t_w}{2I_x} \tag{3-115}$$

式中 γ_x——梁截面塑性发展系数；

α_e——梁截面模量考虑腹板有效高度的折减系数；

I_x、W_x——按梁截面全部有效算得的绕 x 轴的惯性矩、截面模量；

h_c——按梁截面全部有效算得的腹板受压区高度；

ρ——腹板受压区有效高度系数，按式(3-116)~式(3-118)计算。

当 $\lambda_b \leqslant 0.85$ 时 $$\rho = 1.0 \tag{3-116}$$

当 $0.85 < \lambda_b \leqslant 1.25$ 时 $$\rho = 1 - 0.82(\lambda_b - 0.85) \tag{3-117}$$

当 $\lambda_b > 1.25$ 时 $$\rho = \frac{1}{\lambda_b}\left(1 - \frac{0.2}{\lambda_b}\right) \tag{3-118}$$

式中 λ_b——式(3-80)和式(3-81)中定义的通用高厚比。

三、腹板屈曲后的承载力

梁腹板常在大范围内同时承受弯矩和剪力。这种腹板屈曲后对梁承载力的影响，分析起来比较复杂。弯矩 M 和剪力 V 的相关关系有多种不同的相关曲线可表达。

我国《规范》引用弯矩 M 和剪力 V 的无量纲化的相关关系如图 3-35 所示。首先假定弯矩不超过翼缘所能承受的最大弯矩 M_f 时，腹板不参与承担弯矩作用。当截面全部有效而腹板边缘屈服时，腹板可以承受剪应力的平均值约为 $0.65\tau_y$（τ_y 为剪切屈服强度）。对于薄腹板梁，腹板也同样可以承受剪力，可偏安全地取为仅承受剪力时最大值 V_u 的 0.5 倍，即当 $V/V_u < 0.5$ 时，取 $M/M_{eu} = 1.0$。在图 3-35所示的相关曲线的 A 点（M_f/M_{eu}，1）和 B 点（1，0.5）之间的曲线可用抛物线来表达，由此抛物线确定的验算式为

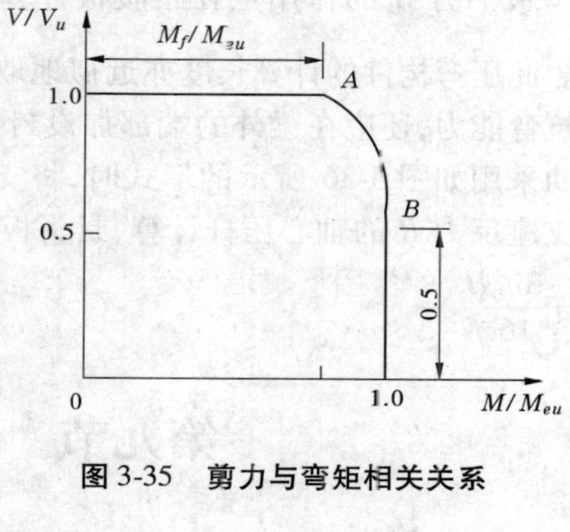

图 3-35 剪力与弯矩相关关系

$$\left(\frac{V}{0.5V_u} - 1\right)^2 + \frac{M - M_f}{M_{eu} - M_f} \leqslant 1.0 \tag{3-119}$$

式中　M、V——梁的同一截面上同时产生的弯矩设计值、剪力设计值，当 $V<0.5V_u$ 时取 $V=0.5V_u$，当 $M<M_f$ 时取 $M=M_f$；

M_{eu}、V_u——梁抗弯承载力设计值、抗剪承载力设计值；

M_f——梁两翼缘所承受的弯矩设计值，对于双轴对称截面梁，$M_f=A_fh_ff$（A_f 为一个翼缘截面面积，h_f 为上、下翼缘轴线间距离），对于单轴对称截面梁，$M_f=\left(A_{f1}\dfrac{h_1^2}{h_2}+A_{f2}h_2\right)f$（$A_{f1}$、$h_1$ 为较大翼缘截面面积及其形心至梁中性轴的距离，A_{f2}、h_2 为较小翼缘截面面积及其形心至梁中性轴的距离）。

四、腹板屈曲后梁的加劲肋设计

如果仅设置支承加劲肋不能满足式(3-119)，应在腹板两侧成对设置横向加劲肋以减小区格的长度，其间距 $a=(1.0\sim2.0)h_0$。这时，横向加劲肋的截面尺寸除要满足式(3-104)和式(3-105)外，还需考虑拉力场竖向分力对其的作用。《规范》要求将中间横向加劲肋当做轴心受压构件，按以下轴心力计算其在腹板平面外的稳定性，即

$$N_s = V_u - \tau_{cr}h_0t_w + F \tag{3-120}$$

式中　V_u——按式(3-110)~式(3-112)计算；

h_0——梁腹板高度；

τ_{cr}——按式(3-87)~式(3-89)计算；

F——作用于中间支承加劲肋上端的集中荷载。

当 $\lambda_s>0.8$ 时，支座加劲肋除承受梁支座反力 R 外，还承受拉力场的水平分力 H，计算公式为

$$H = (V_u - \tau_{cr}h_0t_w)\sqrt{1+\left(\frac{a}{h_0}\right)^2} \tag{3-121}$$

水平力 H 的作用点在距腹板计算高度上边缘 $\dfrac{h_0}{4}$ 处。此压弯构件的计算长度亦近似地取为 h_0。为了增强抗弯能力，还应在梁外的端部加设封头板，当支座加劲肋采用如图 3-36 所示的形式时，将支座加劲肋按承受支座反力 R 的轴心压杆计算，封头板截面面积 A_c 不小于 $\dfrac{3h_0H}{16ef}$。

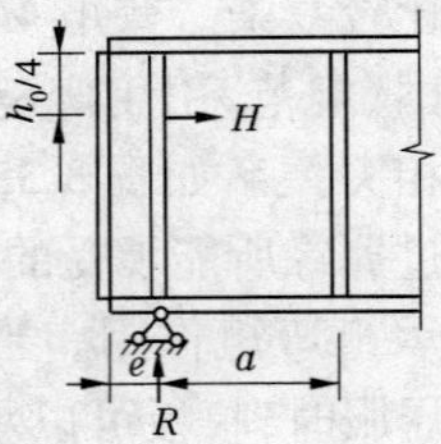

图 3-36　梁端支座加劲肋构造

第九节　梁的拼接与连接

一、梁的拼接

梁的拼接是板件在梁段之间的相互连接。梁的拼接有工厂拼接和工地拼接两种类型。由于钢材规格受到限制，必须将翼缘或腹板在工厂车间里拼宽或接长的工艺方式称

为工厂拼接。由于运输或安装条件的限制，将构件在工厂车间分段制作后运到工地现场拼接的工艺方式称为工地拼接。

型钢梁的拼接可采用对接焊缝连接（见图 3-37（a）），但由于翼缘与腹板连接处不易焊透，故有时采用拼接板拼接（见图 3-37（b））。其拼接位置均宜放在弯矩较小处。

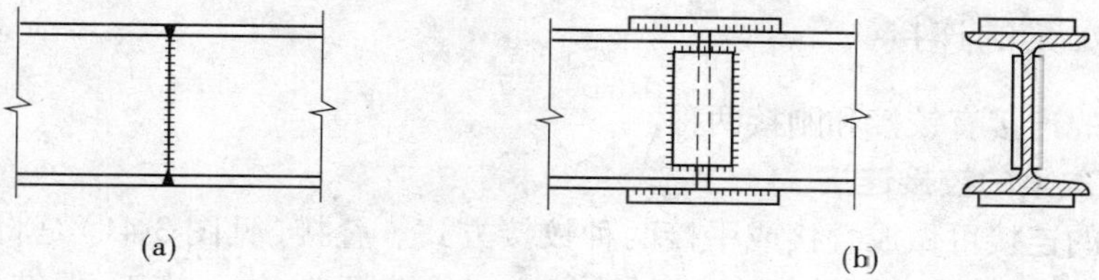

图 3-37　型钢梁的拼接

焊接组合梁的工厂拼接，翼缘和腹板的拼接位置宜错开并用直对接焊缝相连，避免交叉焊缝，故应避开加劲肋和次梁的连接位置，腹板的拼接焊缝与横向加劲肋之间至少应相距 $10t_w$（见图 3-38）。对接焊缝施焊时宜加引弧板，并采用一级或二级焊缝质量检验时，可认为焊缝与母材等强度。对于三级焊缝，由于焊缝抗拉强度低于母材强度，可采用斜焊缝或将拼接位置布置在弯矩较小的区域。

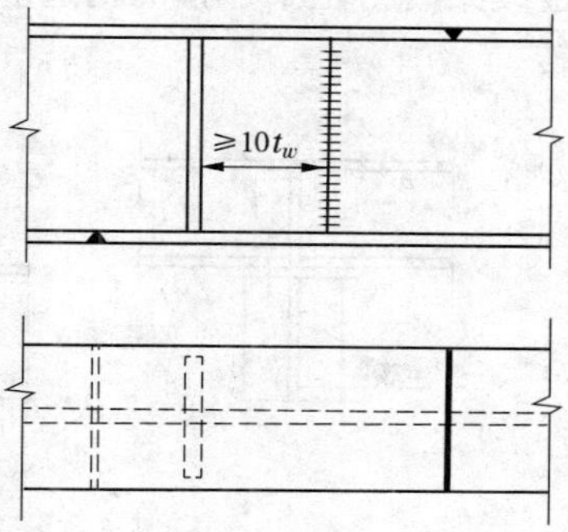

图 3-38　组合梁的工厂拼接

梁的工地拼接位置宜放在弯矩较小处，梁的翼缘和腹板应尽量在同一截面处断开，以便于分段运输。但同一截面拼接会使薄弱部位集中，为保证焊缝质量，应将上下翼缘的拼接边缘做成向上开口的 V 形坡口，以便俯焊（见图 3-39（a））。有时将翼缘和腹板的接头略错开一些（见图 3-39（b）），这样受力情况较好，但运输构件突出部分应特别保护，以免碰损。

在工地施焊条件较差、焊缝质量难以保证时，对较重要的或受动力荷载的大型组合梁，宜采用高强度螺栓连接（见图 3-40）。翼缘拼接板和每侧的高强度螺栓通常均由等强度条件确定，即拼接板的净截面面积不小于翼缘板的净截面面积。高强度螺栓应能承受按翼缘板净截面面积计算的轴向力 N_1，即

$$N_1 = A_{fn}f \tag{3-122}$$

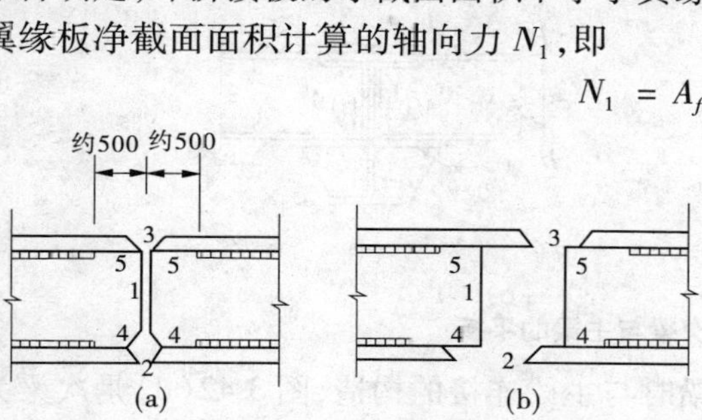

1、2、3、4、5—拼接顺序

图 3-39　组合梁的工地拼接　（单位：mm）

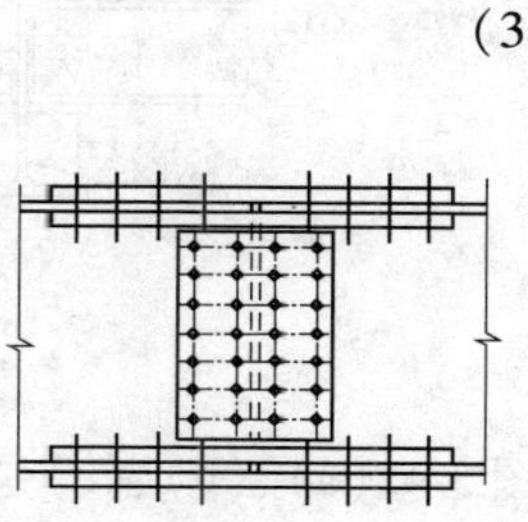

图 3-40　采用高强度螺栓的工地拼接

式中　A_{fn}——被拼接的翼缘板净截面面积。

腹板拼接板及其连接主要承受梁截面上的全部剪力 V，以及按刚度分配到腹板上的弯矩 $M_w = \frac{MI_w}{I}$（I_w 为腹板截面惯性矩，I 为整个梁截面的惯性矩）。

二、主次梁的连接

主次梁的连接有铰接和刚接两种。

（一）主次梁的铰接连接

主次梁的连接可做成叠接或平接两种铰接方式。叠接（见图 3-41）是将次梁直接搁置在主梁上面，用螺栓或焊缝相连，这种连接方式构造简单、便于施工，但结构高度较大，使用常受到限制。图 3-41（a）是次梁为简支梁时与主梁连接的构造，而图 3-41（b）是次梁为连续梁时与主梁连接的构造。若次梁截面较大，应另采取构造措施防止支承处截面的扭转。

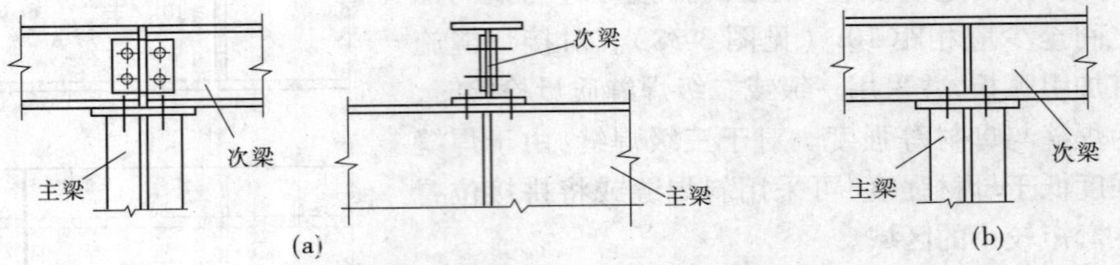

图 3-41　次梁与主梁的叠接

平接（见图 3-42）是次梁从侧面与主梁相连，次梁与主梁可以等高，或略高、略低于主梁顶面。

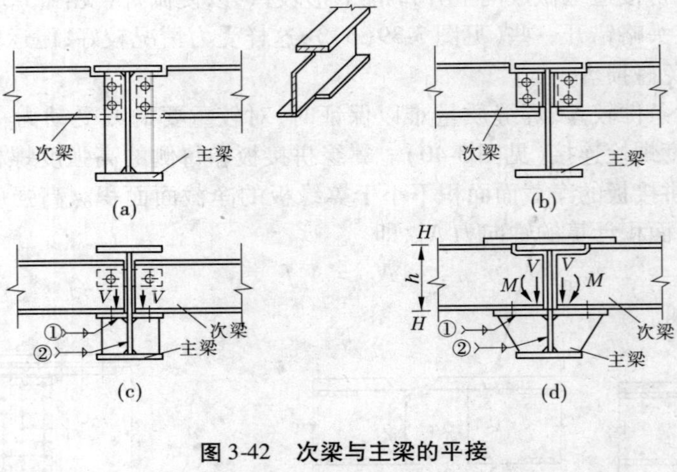

图 3-42　次梁与主梁的平接

图 3-42（a）、（b）、（c）是次梁为简支梁时与主梁连接的构造，图 3-42（d）是次梁为连续梁时与主梁连接的构造。为便于与主梁加劲肋相连，次梁上下翼缘应切割一段，从侧面与主梁的加劲肋或在腹板上专设的短角钢或支托相连接。这种连接构造简单、安装方便，

且降低结构高度，故在实际工程中应用较广泛。

在图3-42(c)、(d)中，次梁支座压力 V 先由焊缝①传给支托竖直板，然后由焊缝②传给主梁腹板。在其他的连接构造中，支座压力的传递途径与此相似，在此不一一分析。具体计算时，在形式上可不考虑偏心作用，而将次梁支座压力增大20%～30%，以考虑实际上存在的偏心的影响。

(二)主次梁的刚接连接

刚接连接也可做成叠接和平接。次梁为连续梁和主梁连接时，只需将连续次梁置于主梁顶面直接连续通过，做法同铰接叠接。次梁与主梁平接时，次梁应支承于主梁的承托上，梁顶面上应设置连接盖板。次梁支座反力靠承托传递给主梁，次梁的支座负弯矩所产生的上翼缘拉力由盖板传递，下翼缘压力由承托水平顶板传递，并按此水平力 H 计算连接盖板的截面及次梁的连接焊缝和承托顶板与主梁腹板的连接焊缝。水平力 $H=M/h$（M 为次梁支座弯矩，h 为次梁高度）。盖板和主梁上翼缘间连接焊缝，因不受力，按构造要求施焊。为了避免仰焊，上层板件应比下层板件稍窄。

三、梁的支座

梁的支座有墩座、钢筋混凝土柱或钢柱。梁上荷载通过支座传递给下部支承结构。下面介绍梁与墩座或钢筋混凝土柱的连接形式。

梁常用的支座形式有平板支座、弧形支座和滚轴支座三种(见图3-43)。

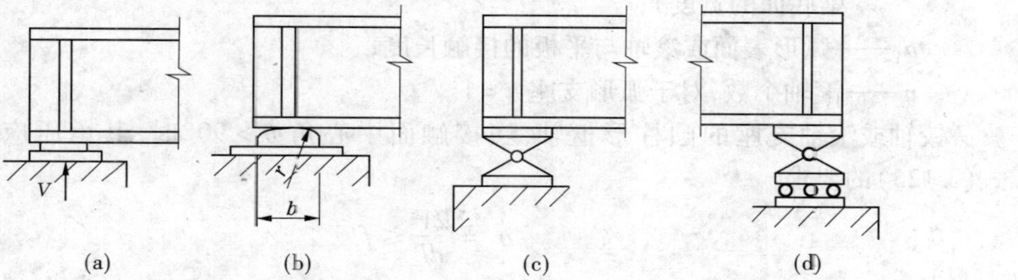

图3-43 梁的支座形式

(一)平板支座

平板支座(见图3-43(a))一般是在梁端下面垫上钢板做成的，平板支座不能自由转动，其作用主要是通过平底板来保证梁的支承端对钢筋混凝土墩台有足够的承压面积，但梁端不能自由移动和转动。当梁弯曲而引起梁端转动时，将使底板下的承压应力分布不均，严重时会导致混凝土被压坏。因此，平板支座一般用于跨度 $l<20$ m 的梁。为了防止支承材料被压坏，支承板与支承结构顶面的接触面积按式(3-123)计算

$$A = ab \geqslant \frac{V}{f_c} \tag{3-123}$$

式中 V——支座反力；

f_c——支承材料的承压强度设计值；

a、b——支座垫板的长、宽；

A——支座板的平面面积。

支座底板的厚度,按均布支反力产生的最大弯矩进行计算。

(二)弧形支座

弧形支座(见图 3-43(b))与梁的支承面成弧形曲面,由厚为 40 ~ 50 mm、顶面切削成圆弧形的钢垫板制成,使梁能自由转动并可产生适量的移动(摩阻系数约为 0.2),使下部结构在支承面上的受力较均匀,常用于跨度 $l = 20 \sim 40$ m 的梁和支反力不超过 750 kN(设计值)的梁。

(三)铰轴及滚轴支座

铰轴支座(见图 3-43(c))由上、下支承板,中间枢轴和滚轴组成。枢轴可自由转动形成理想铰,完全符合梁简支的力学模型,梁端可以自由转动;铰轴支座下设滚轴时称为滚轴支座(见图 3-43(d)),滚轴可自由移动。滚轴支座可以消除由于梁弯曲变形和温度变化引起的附加应力,适用于跨度 $l > 40$ m 的梁。梁的一端使用该轴支座时,另一端需采用平板支座或弧形支座。

为了防止弧形支座的弧形垫块和滚轴支座的滚轴被劈裂,其圆弧面与钢板接触面(系切线接触)的承压力(劈裂应力)应满足

$$\sigma = \frac{25V}{2nra_1} \leqslant f \tag{3-124}$$

式中 r——弧形支座板表面半径或滚轴支座的滚轴半径,对于弧形支座 $r \approx 3b$(b 为支承梁底面的宽度);

a_1——弧形表面或滚轴与平板的接触长度;

n——滚轴个数,对于弧形支座 $n = 1$。

铰轴或滚轴支座的圆柱形枢轴,当接触面中心角 $\theta > 90°$ 时,其承压应力应满足式(3-125)的要求

$$\sigma = \frac{2V}{dl} \leqslant f \tag{3-125}$$

式中 d——枢轴直径;

l——枢轴纵向接触长度。

小 结

钢梁是钢结构中重要的基本构件,本章主要内容包括三部分:第一部分是梁的强度、刚度及截面选择,第二部分是梁的整体稳定和局部稳定,第三部分是梁的构造要求及支承等。重点掌握钢梁的强度及稳定设计计算方法。

(1)钢结构中最常用的钢梁有型钢梁和焊接组合梁两种。

(2)钢梁的计算包括强度、刚度及整体稳定和局部稳定等。

(3)梁的强度包括抗弯强度 σ、抗剪强度 τ、局部承压强度 σ_c 和折算应力 σ_{eq} 四项,其中 σ 必须计算,后三项则视情况而定。如型钢梁若截面无削弱可不计算 τ,且可不计算 σ_c 和折算应力 σ_{eq}。组合梁在固定集中荷载处设有支承加劲肋时也不需要计算 σ_c。

(4)在钢梁的抗弯强度设计中,单向弯曲时按式(3-4)计算,双向弯曲时按式(3-5)计算。式中 γ_x 和 γ_y 只用在承受静力荷载或间接承受动力荷载的梁,以考虑部分截面发展塑性。对直接承受动力荷载或需要计算疲劳的梁则不考虑截面发展塑性,即 $\gamma_x=\gamma_y=1.0$。

(5)梁的抗剪强度、局部承压强度和折算应力分别按式(3-6)、式(3-9)和式(3-10)计算。折算应力只在同时受有较大弯曲应力 σ 和剪应力 τ,或还有局部压应力 σ_c 的部位才作计算,如梁截面改变处的腹板计算高度边缘。

(6)在验算梁的刚度时,荷载应采用标准值,即不乘荷载分项系数,对动力荷载不考虑动力系数。

(7)梁的整体稳定应特别重视,因失稳是在强度破坏前突然发生的,往往事先无明显征兆。应尽量采取构造措施以提高整体稳定性能,如将密铺的铺板与受压翼缘焊牢、增设受压翼缘的侧向支承等。掌握梁的整体稳定验算公式以及整体稳定系数 φ_b 的计算公式。当算出的 $\varphi_b>0.6$ 时,须换算成 φ'_b(弹塑性阶段整体稳定系数)计算。

(8)梁整体失稳的临界应力与梁截面的几何形状及尺寸(受压翼缘宽有利)、受压翼缘的侧向自由长度(长度短有利)、荷载类型(均布荷载比集中荷载不利)和作用位置(作用在上翼缘比作用在下翼缘不利)等因素有关。

(9)梁的局部稳定对型钢梁可不考虑。对工字形组合梁翼缘的局部稳定,应掌握其失稳现象以及限制其宽厚比以满足局部稳定的要求;对工字形组合梁腹板的局部稳定,应掌握三种局部失稳现象及原因,限制腹板的高厚比或设置加劲肋以提高腹板局部稳定性。

(10)支承加劲肋受力端应刨平并顶紧,其截面除应符合横向加劲肋的刚度要求外,还应满足其稳定性和端面承压强度的要求等。

(11)了解次梁与主梁的连接方法及有关的构造措施,了解梁支座的形式和应用。

思考题

3-1 常用钢梁形式有哪几种?钢梁截面为什么常用工字形?工字形钢梁与槽钢梁的受力性能有什么特点?

3-2 在静荷载作用下钢梁的弯曲可分为几个阶段?各阶段的应力图形如何?

3-3 对于简支钢梁,什么条件下可按部分截面发展塑性计算抗弯强度?

3-4 钢梁丧失整体稳定的原因是什么?整体稳定临界应力受哪些因素的影响?如何提高和保证梁的整体稳定性?

3-5 焊接组合钢梁的整体稳定如何验算?公式中的 φ_b 代表什么意义?为什么当 $\varphi_b>0.6$时要将 φ_b 修正为 φ'_b?

3-6 焊接组合梁的设计包括哪几项内容?应满足哪些基本要求?

3-7 焊接组合梁的高度由哪些条件确定?最小梁高和经济梁高是根据什么条件和要求确定的?

3-8 选择焊接组合梁腹板的高度和厚度应考虑哪些要求?腹板选择太厚或太薄会发生什么问题?

3-9 选择焊接组合梁翼缘尺寸时应考虑哪些要求?什么是主要的?翼缘选择太窄

太厚,或太宽太薄各会发生什么问题?

3-10 焊接组合梁为什么要沿跨度改变截面?改变方式和应用情况如何?梁高的改变位置和端部梁高如何确定?

3-11 什么是梁的局部失稳?梁的整体失稳和局部失稳在概念上有何不同?保证梁局部稳定的措施有哪些?

3-12 焊接组合梁不满足局部稳定条件时应如何处理?

3-13 焊接组合梁支承区段和跨中区段的局部稳定性有何异同?在什么情况下设置横向加劲肋与纵向加劲肋?

3-14 试从薄板失稳时的屈曲形状和临界应力公式两方面来阐明横向加劲肋与纵向加劲肋的作用。

3-15 设置焊接组合梁的横向加劲肋和纵向加劲肋时,应注意哪些问题?布置纵向加劲肋时为何不设在中性轴附近?

3-16 说明支承加劲肋的作用、传力途径和受力情况,在验算其稳定性和承压强度时所取的面积有何区别?

3-17 梁的支座有哪几种形式?如何进行计算?

习 题

3-1 试验算双轴对称工字形等截面简支梁的整体稳定性和弯曲应力强度。已知梁跨度 7.2 m,跨中有一集中荷载作用在上翼缘,其设计值为 600 kN,跨中无侧向支承,腹板选用 −1 200×10,翼缘选用 −300×16,钢材选用 Q235。

3-2 验算如图 3-44 所示焊接工字形等截面简支梁的整体稳定性。已知钢材选用 Q345 钢,梁跨度 $l=6$ m,跨中无侧向支承,集中荷载作用在上翼缘,最大弯矩 $M_{max}=5\ 433$ kN·m,$I_x=1\ 564\ 336\ \text{cm}^4$,$I_y=28\ 395\ \text{cm}^4$。

3-3 一平台梁格的布置如图 3-45 所示。铺板为预制钢筋混凝土板(板与次梁上翼

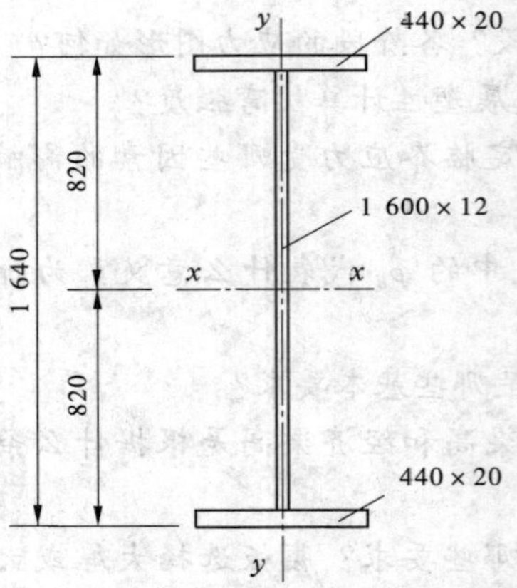

图 3-44 习题 3-2 计算简图 (单位:mm)

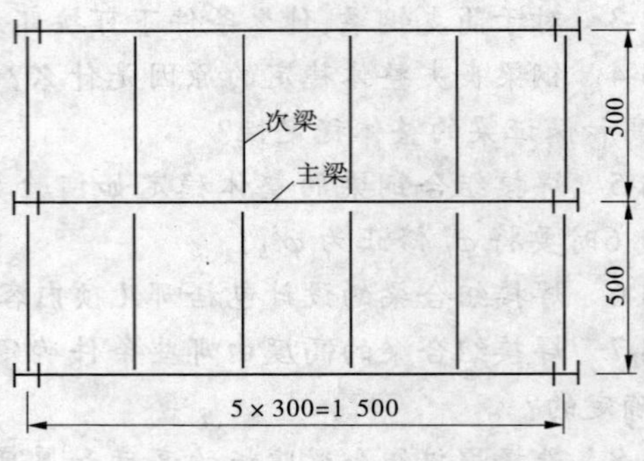

图 3-45 习题 3-3 计算简图 (单位:cm)

缘焊牢)。设平台永久分布荷载设计值为 3.86 kN/m^2,静力活荷载设计值为 39 kN/m^2。次梁用型钢与主梁等高连接,钢材选用 Q345 钢,试选择次梁截面。

3-4　验算如图 3-46 所示的单轴对称工字形截面简支梁的整体稳定性和弯曲应力强度。已知计算跨度 $l=6$ m,跨中无侧向支承,跨中上翼缘作用有集中荷载,按荷载设计值计算的跨中最大弯矩 $M_x=500$ kN · m。

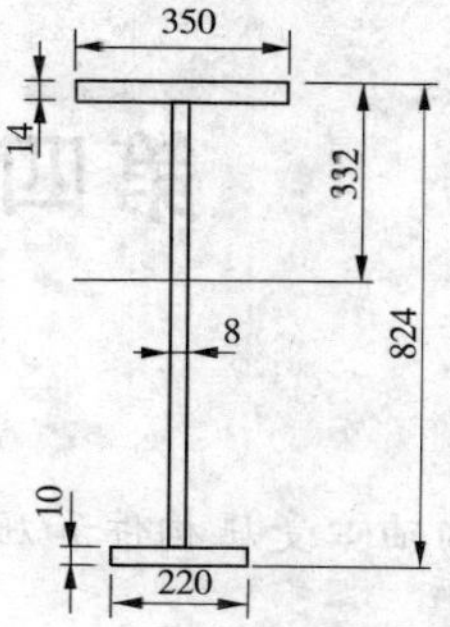

图 3-46　习题 3-4 计算简图　(单位:mm)

3-5　如图 3-47 所示为一工字形截面组合梁,已知其腹板的高厚比 $h_0/t_w \geqslant 170\sqrt{235/f_y}$,为保证腹板的局部稳定,试在支座处及梁段内布置加劲肋。

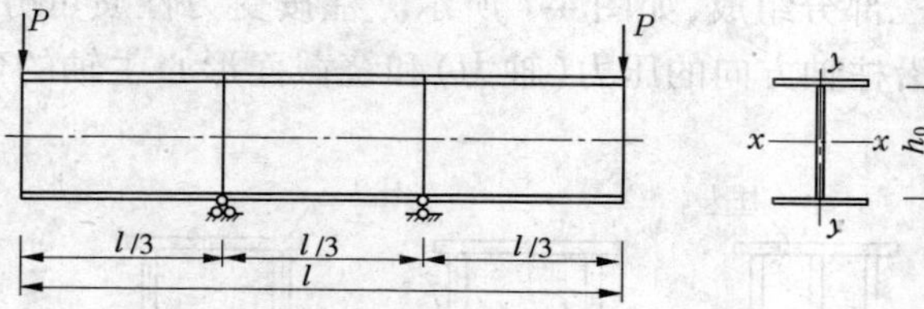

图 3-47　习题 3-5 计算简图

3-6　按习题 3-3 中的资料设计该工作平台的主梁(焊接工字形截面),材料选用 Q345 钢,E50 焊条。设计内容包括截面选择、截面改变、翼缘焊缝和腹板加劲肋。

3-7　按简支梁设计电动葫芦轨道梁。已知计算跨度 $l=6$ m,作用于工字形钢梁下翼缘的轮压按一个集中荷载 $P=22$ kN(标准值)计算,荷载分项系数 $\gamma_Q=1.4$。钢材选用 Q235 钢。考虑梁的下翼缘受轮子磨损,截面惯性矩 I_x 应乘以 0.9。容许挠度 $[\omega]=l/400$。

第四章　钢柱与钢压杆

内容摘要

钢结构轴心受压构件和压弯构件的强度、刚度、整体稳定和局部稳定计算方法。

学习重点

钢柱的整体稳定和局部稳定计算方法及其设计。

柱是用来支撑梁、桁架等结构并将荷载传至基础的受压构件。它由柱头(或梁柱连接节点)、柱身和柱脚三部分组成,如图4-1所示。柱按受力性质可分为轴心受压柱和压弯柱两种。构件受到沿柱轴方向的压力(轴力)和绕截面形心主轴的弯矩作用,称为压弯

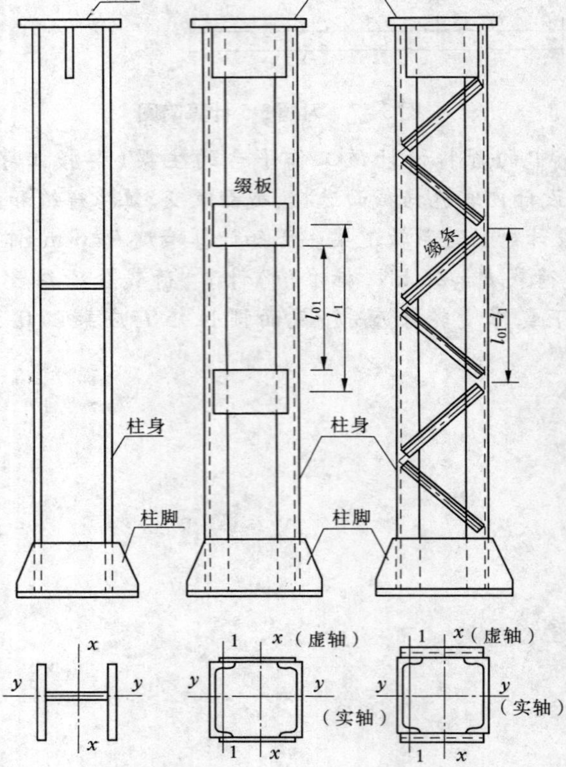

(a)实腹柱　(b)格构柱(缀板式)　(c)格构柱(缀条式)

图4-1　柱的组成及分类

柱。如果只有绕截面一个形心主轴的弯矩，称为单向压弯柱；如果绕两个形心主轴都有弯矩，称为双向压弯柱。弯矩由偏心轴力引起时，这种情况又称为偏压柱。

柱按构造形式可分为实腹式和格构式两类（见图 4-1）。实腹式构件制作较为节省工时，与其他构件的连接构造也较简单。格构式构件制作费工，但可节约钢材。实腹柱和格构柱的常用截面形式如图 4-2 所示。

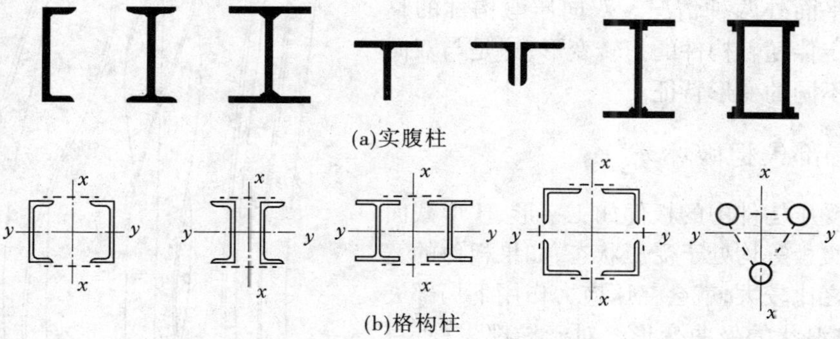

图 4-2　柱的常用截面形式

柱与压杆在受力性质和计算方法等方面并无区别，只是在构造和截面形式上有所不同。因此，本章关于柱的计算方法同样也适用于压杆。

第一节　柱的可能破坏形式

柱的可能破坏形式有强度破坏、整体失稳破坏和局部失稳破坏等。

一、强度破坏

强度破坏指截面的一部分或全部应力都达到甚至超过钢材屈服点的状况。内力最大的截面、等截面构件中因孔洞等原因局部削弱较多的截面、变截面构件中内力相对大而截面相对小的截面可能首先达到这一状况。

二、整体失稳破坏

受压构件所受压力超过某一值后，构件突然产生很大的变形而丧失承载能力，称这种现象为构件丧失整体稳定性或屈曲。轴心受压构件丧失整体稳定性常常是突发性的，容易造成严重后果，应予以特别重视。

整体失稳破坏是受压柱的主要破坏形式。轴心受压柱的失稳形式根据其失稳时的变形可分为弯曲失稳、扭转失稳和弯扭失稳。

轴心受压柱整体失稳的破坏形式与截面形式有密切关系，有时与构件的细长程度也有关系。一般情况下，双轴对称截面如工字形截面、H 形截面在失稳时只出现弯曲变形，称为弯曲失稳，如图 4-3（a）所示。单轴对称截面如不对称工字形截面、[形截面、T 形截面等，在绕非对称轴失稳时也是弯曲失稳；而绕对称轴失稳时，不仅出现弯曲变形还有扭转变形，称为弯扭失稳，如图 4-3(c)所示。无对称轴的截面如不等肢 L 形截面，在失稳时均为弯扭失稳。对于十字形截面和 Z 形截面，除会出现弯曲失稳外，还有可能出现只有扭转变形的扭转失稳，如图 4-3(b)所示。

压弯构件的整体失稳破坏有多种形式。单向压弯构件的整体失稳分为弯矩作用平面内和弯矩作用平面外两种情况。双向压弯构件的整体失稳一定伴随着构件的扭转变形，这是与双向弯曲显著不同的变形特征。

三、局部失稳破坏

轴心受压构件中的板件如工字形、H 形截面的翼缘和腹板等均处于受压状态，如果板件的宽度与厚度之比较大，就会在压应力作用下局部失稳，出现波浪状的鼓曲变形。对于局部失稳，目前有两种处理观点：一种是不允许出现局部失稳，认为虽然局部失稳后，板件仍有屈曲后强度，构件仍能继续承担荷载，但局部失稳会使板件出现明显的凹凸变形，在使用中是不可取的；另一种是允许出现局部失稳，并利用板件弯曲后的强度，进一步达到节约用钢的目的。在工程设计中，应根据具体对象具体分析，以确定采用哪一种方法。压弯构件的受压翼缘和腹板也会发生类似的局部失稳现象。

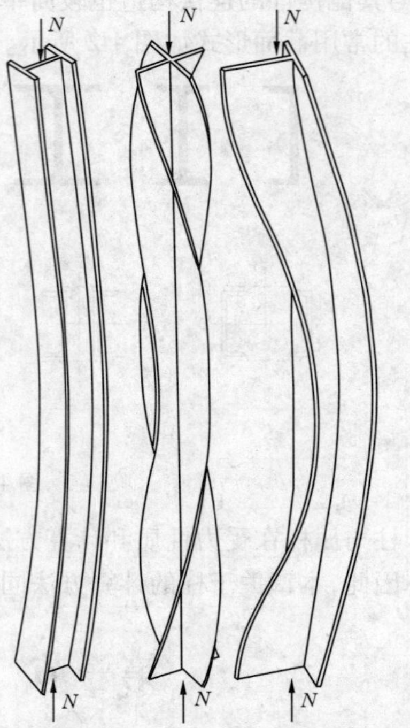

图 4-3　轴心压杆整体失稳的形态

第二节　柱的截面强度与刚度

一、轴心受压构件的强度与刚度

截面有局部削弱的轴心受压构件才有可能出现强度破坏。当截面应力超过屈服点后，截面应变会迅速增加，并诱发受压板件局部失稳。因此，通常以截面的平均应力达到屈服点 f_y 为轴心受压构件强度破坏的准则。在设计时，则以截面的平均应力达到材料的强度设计值 f 时的轴心压力作为轴心受压构件的强度承载力设计值，即

$$\sigma = \frac{N}{A_n} \leqslant f \tag{4-1}$$

式中　N——轴心受压构件承受的轴心压力；

A_n——净截面面积。

轴心受拉构件的强度计算除高强度螺栓摩擦型连接处外，也可按式(4-1)计算。

为满足结构的正常使用要求，避免杆件在制作、运输、安装和使用过程中出现刚度不

足的现象，轴心受力构件不应做得过分柔细，而应具有一定的刚度，以保证构件不会产生过度的变形。轴心受压构件的刚度是通过限制长细比来保证的。计算构件的长细比时，应分别考虑围绕截面两个主轴即 x 轴和 y 轴的长细比 λ_x 和 λ_y，应不超过《钢结构设计规范》(GB 50017—2003)规定的容许长细比[λ]，即

$$\left.\begin{aligned}\lambda_x &= \frac{l_{0x}}{i_x} \leqslant [\lambda] \\ \lambda_y &= \frac{l_{0y}}{i_y} \leqslant [\lambda]\end{aligned}\right\} \tag{4-2}$$

式中　l_{0x}、l_{0y}——构件绕截面主轴 x、y 轴的计算长度；

i_x、i_y——构件绕截面主轴 x、y 轴的回转半径。

当截面主轴在倾斜方向时，例如单角钢截面和双角钢十字形截面，应按规范计算它们的相当长细比。受压构件的容许长细比[λ]见表4-1。

表4-1　受压构件的容许长细比

项次	构件名称	容许长细比
1	柱、桁架和天窗架中的杆件	150
	柱的缀条、吊车梁或吊车桁架以下的柱间支撑	
2	支撑(吊车梁或吊车桁架以下的柱间支撑除外)	200
	用以减小受压构件长细比的杆件	

注：1. 桁架(包括空间桁架)的受压腹杆，当其内力等于或小于承载能力的50%时，容许长细比可取200。

2. 计算单角钢受压构件的长细比时，应采用角钢的最小回转半径；在计算交叉杆件平面外的长细比时，应采用与角钢肢边平行轴的回转半径。

3. 跨度大于或等于60 m的桁架，其受压弦杆和端压杆的容许长细比值宜取100，其他受压腹杆可取150(承受静力荷载或间接承受动力荷载)或120(直接承受动力荷载)。

4. 由容许长细比控制截面的杆件，在计算长细比时，可不考虑扭转效应。

二、压弯构件的截面强度和刚度

在实际工程设计中，根据压弯构件的荷载作用性质、截面形式和受力特点等，以不同的截面应力状态作为强度计算准则。《钢结构设计规范》(GB 50017—2003)规定，对于需要计算疲劳强度的压弯构件，以弹性极限状态作为构件的强度设计依据，按弹性应力状态计算；对于承受静力荷载或不需要计算疲劳强度的承受动力荷载的压弯构件，按截面部分发展塑性进行强度计算；对于绕虚轴弯曲的格构式压弯构件，由于边缘纤维屈服后截面很快进入全部屈服状态，塑性发展对提高承载能力作用不大，以截面边缘纤维屈服(即弹性极限状态)作为构件的强度设计依据。

(一)单向压弯构件

单向弯矩作用时，截面强度采用下式计算

$$\frac{N}{A_n} + \frac{M_x}{\gamma_x W_{nx}} \leqslant f \tag{4-3}$$

式中　A_n——净截面面积；

M_x——作用在压弯构件截面的 x 轴方向的弯矩；

W_{nx}——对 x 轴的净截面抵抗矩；

γ_x——截面塑性发展系数，按表 3-1 采用。

（二）双向压弯构件

双向弯矩作用时，截面强度采用下式计算

$$\frac{N}{A_n}+\frac{M_x}{\gamma_x W_{nx}}+\frac{M_y}{\gamma_y W_{ny}}\leqslant f \tag{4-4}$$

式中　M_x、M_y——作用在压弯构件截面的 x 轴、y 轴方向的弯矩；

A_n——净截面面积；

W_{nx}、W_{ny}——对 x 轴、y 轴的净截面抵抗矩；

γ_x、γ_y——截面塑性发展系数，按表 3-1 采用。

在下列情况下，要按弹性设计：

(1) 当压弯构件受压翼缘的自由外伸宽度与其厚度之比 $b/t>13\sqrt{235/f_y}$（但不超过 $15\sqrt{235/f_y}$）时，取 $\gamma_x=1.0$。

(2) 对需要计算疲劳强度的压弯构件，不考虑截面塑性发展，宜取 $\gamma_x=\gamma_y=1.0$。

(3) 弯矩绕虚轴作用的格构式压弯构件，相应截面塑性发展系数 $\gamma_x=1.0$。

（三）压弯构件的刚度

与轴心受力构件相同，压弯构件的刚度也是通过限制长细比来保证的。《钢结构设计规范》（GB 50017—2003）规定压弯构件的容许长细比取轴心受压构件的容许长细比值，即

$$\lambda\leqslant[\lambda] \tag{4-5}$$

式中　λ——压弯构件围绕对应主轴的长细比；

$[\lambda]$——受压构件的容许长细比，见表 4-1。

第三节　轴心受压实腹式构件的整体稳定

一、理想轴心压杆的整体稳定

欧拉（Euler）早在 18 世纪就对轴心压杆的整体稳定问题进行了研究，采用的是“理想压杆模型”，即假定杆件是等截面直杆，压力的作用线与截面的形心纵轴重合，材料是完全均匀和弹性的，得到了著名的欧拉临界力和欧拉临界应力，即

$$N_{cr}=\frac{\pi^2 EA}{\lambda^2} \tag{4-6}$$

$$\sigma_{cr}=\frac{N_{cr}}{A}=\frac{\pi^2 E}{\lambda^2} \tag{4-7}$$

式中　N_{cr}——欧拉临界力；

E——材料的弹性模量；

A——压杆的截面面积；

λ——压杆的最大长细比；

σ_{cr}——欧拉临界应力。

当轴心压力 $N < N_{cr}$ 时，压杆维持直线平衡，不发生弯曲；当 $N = N_{cr}$ 时，压杆发生弯曲并处于曲线平衡状态，压杆发生屈曲，因此 N_{cr} 是压杆的屈曲压力，欧拉临界力也因此得名。

欧拉公式是根据材料处于弹性范围得到的。当临界应力 σ_{cr} 大于材料的比例极限 f_p 时，压杆的工作进入弹塑性范围，弹性模量 E 不再保持为常数。此时，临界应力可采用香莱(Shanley)提出的切线模量 E_t 代替欧拉公式中的弹性模量 E 进行计算，即

$$\sigma_{cr} = \frac{\pi^2 E_t}{\lambda^2} \tag{4-8}$$

理想轴心压杆屈曲后，其弯曲变形会迅速增加，因此将屈曲压力和屈曲应力作为压杆的稳定极限承载力和临界应力，考虑安全因素后的设计值，就作为轴心受压杆件的稳定承载力设计值和临界应力设计值。临界应力设计值 σ_{cr}/f_y 与长细比 λ 的关系也可按如图 4-4的形式绘出。

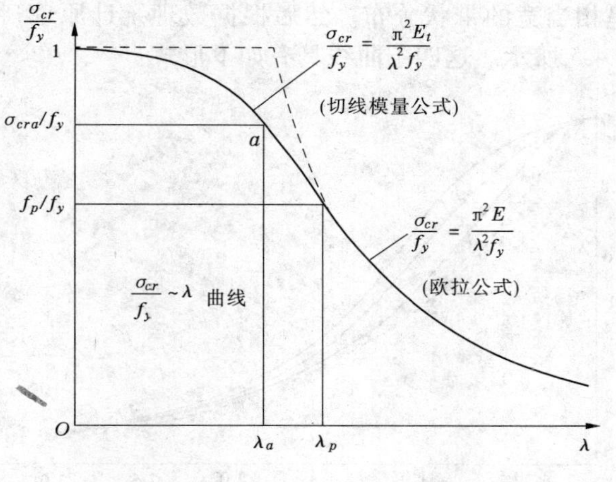

图 4-4　欧拉以及切线模量临界应力与长细比的关系曲线

二、实际轴心压杆的整体稳定

实际轴心压杆与理想轴心压杆有很大区别。实际轴心压杆都带有多种初始缺陷，如杆件的初弯曲、初扭曲、荷载作用的初偏心、制作引起的残余应力、材料的不均匀等。这些初始缺陷使轴心压杆在受力一开始就会出现弯曲变形，降低了轴心压杆的承载力，也使得实际轴心压杆的稳定极限承载力不再是长细比 λ 的唯一函数。这个情况也得到了大量试验结果的证实。

因此，目前世界各国在研究钢结构轴心压杆的整体稳定时，基本上摒弃了理想轴心压杆的假定，而以具有初始缺陷的实际轴心压杆作为研究的力学模型。

三、实际轴心压杆的稳定极限承载力

(一)轴心压杆失稳极限承载力的准则

目前,常用的准则有两种:一种是采用边缘纤维屈服准则,即当截面边缘纤维的应力达到屈服点时就认为轴心压杆达到了极限承载力;另一种则是采用稳定极限承载力理论,即当轴心压杆的压力达到极值型失稳的顶点时,才达到了弯曲失稳极限承载力。

我国《冷弯薄壁型钢结构技术规范》(GB 50018—2002)中采用边缘纤维屈服准则,《规范》中采用稳定极限承载力理论。

(二)实际轴心压杆的稳定极限承载力

由于轴心受压构件考虑初始缺陷后的受力属于压弯受力状态,因此其计算方法与压弯构件的完全一样,可参见本章第七节。

采用稳定极限承载力方法可以考虑影响轴心压杆稳定极限承载力的许多因素,如截面的形状和尺寸、材料的力学性能、残余应力的分布和大小、构件的初弯曲和初扭曲、荷载作用点的初偏心、构件的失稳方向等,因此是比较精确的方法。我国《规范》采用了这个方法:以初弯曲为 $l/1\,000$,选用不同的截面形式、不同的残余应力模式计算出近 200 条柱子曲线,这些曲线呈相当宽的带状分布。然后根据数理统计原理,将这些柱子曲线分成 a、b、c、d 四组,如图 4-5 所示。这四条曲线具有如下形式:

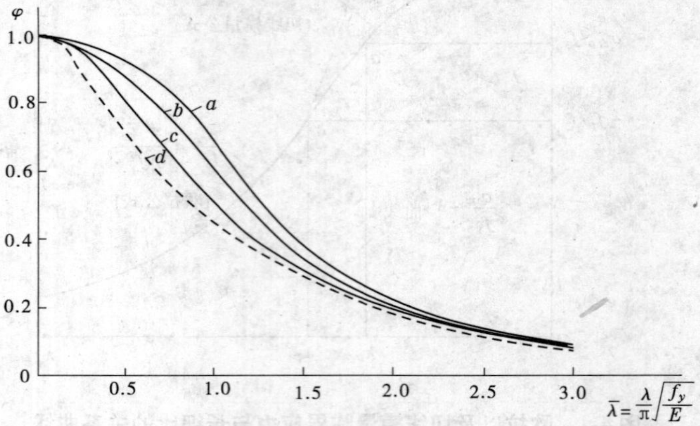

图 4-5　轴心受压构件的稳定系数

当 $\overline{\lambda}\leqslant 0.215$ 时

$$\varphi=\frac{\sigma_{cr}}{f_y}=1-\alpha_1\overline{\lambda}^2 \tag{4-9a}$$

当 $\overline{\lambda}>0.215$ 时

$$\varphi=\frac{\sigma_{cr}}{f_y}=\frac{1}{2\overline{\lambda}^2}\left[(\alpha_2+\alpha_3\overline{\lambda}+\overline{\lambda}^2)-\sqrt{(\alpha_2+\alpha_3\overline{\lambda}+\overline{\lambda}^2)^2-4\overline{\lambda}^2}\right] \tag{4-9b}$$

$$\overline{\lambda}=\frac{\lambda}{\pi}\sqrt{\frac{f_y}{E}} \tag{4-10}$$

式中　$\overline{\lambda}$——相对长细比;

α_1、α_2、α_3——系数,根据不同曲线类别按表 4-2 取用。

表 4-3 和表 4-4 给出了对应曲线 a、b、c、d 的截面形式。

表 4-2　系数 α_1、α_2、α_3

曲线类别		α_1	α_2	α_3
a		0.41	0.986	0.152
b		0.65	0.965	0.300
c	$\bar{\lambda}\leqslant 1.05$	0.73	0.906	0.595
	$\bar{\lambda}>1.05$		1.216	0.302
d	$\bar{\lambda}\leqslant 1.05$	1.35	0.868	0.915
	$\bar{\lambda}>1.05$		1.375	0.432

表 4-3　轴心受压构件的截面分类（板厚 $t<40$ mm）

截面形式和对应轴		类别
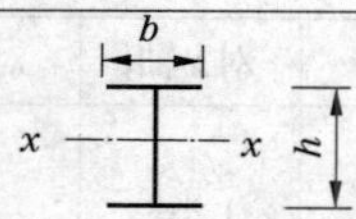 轧制，$b/h\leqslant 0.8$，对 x 轴	 轧制，对任意轴	a类
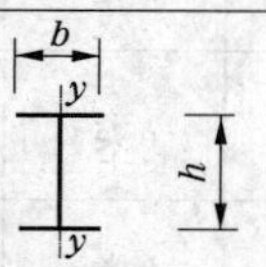 轧制，$b/h\leqslant 0.8$，对 y 轴	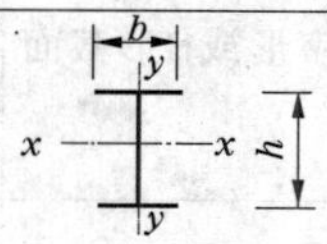 轧制，$b/h>0.8$，对 x、y 轴	b类
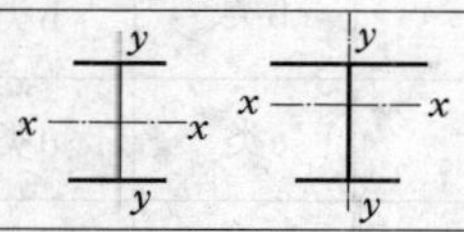 焊接，翼缘为焰切边，对 x、y 轴	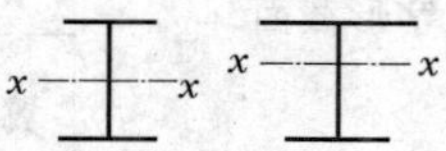 焊接，翼缘为轧制或剪切边，对 x 轴	
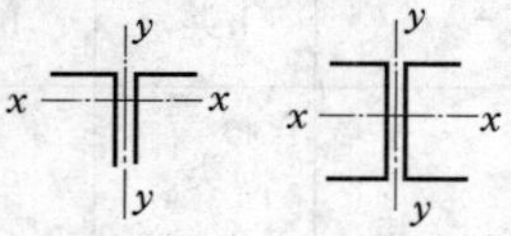 轧制，对 x、y 轴	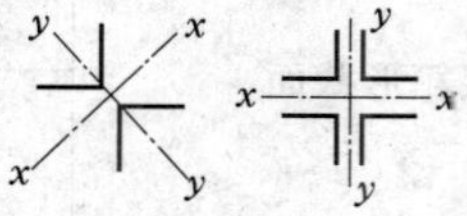 轧制，对 x、y 轴	
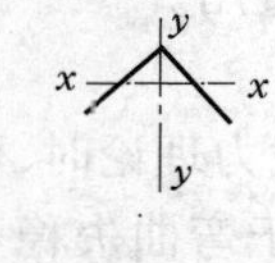 轧制(等边角钢)，对 x、y 轴	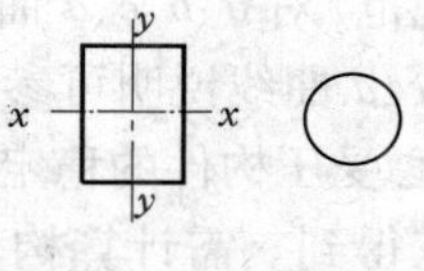 轧制矩形和焊接圆管，对任意轴；焊接矩形，板件宽厚比大于20，对 x、y 轴	
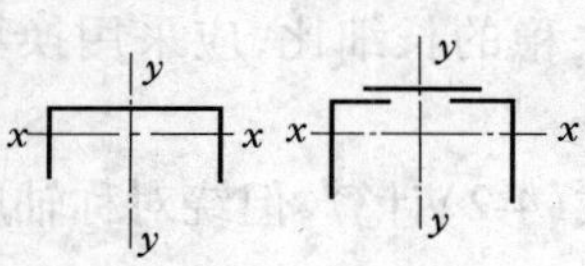 轧制或焊接，对 x、y 轴	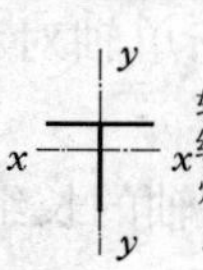 轧制截面和翼缘为焰切边的焊接截面，对 x、y 轴 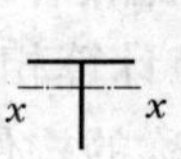 焊接，翼缘为轧制或剪切边，对 x 轴	
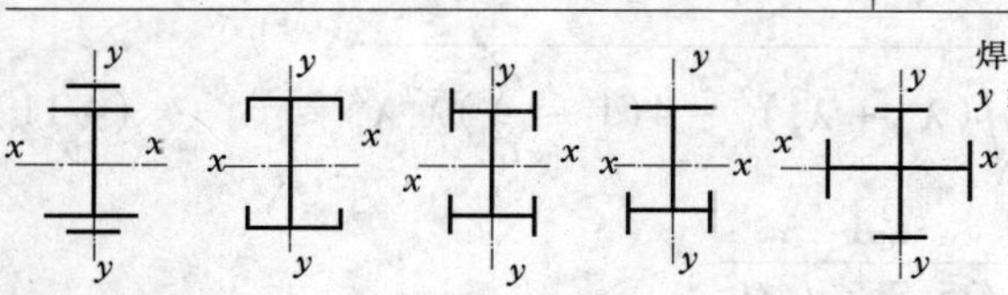 焊接，对 x、y 轴	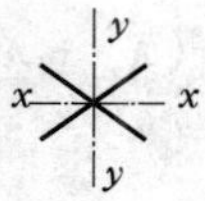 焊接，板件边缘焰割，对 x、y 轴	
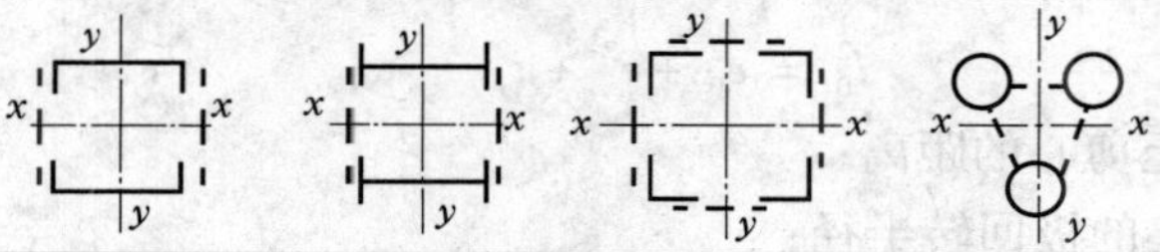 格构式，对 x、y 轴		

续表 4-3

截面形式和对应轴		类别
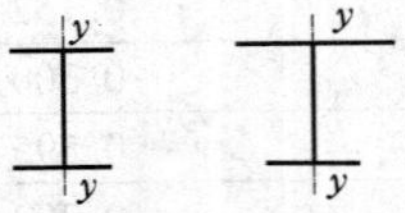 焊接，翼缘为轧制或剪切边，对y轴	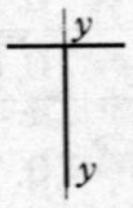 焊接，翼缘为轧制或剪切边，对y轴	c类
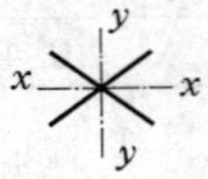 焊接，板件边缘轧制或剪切，对x、y轴	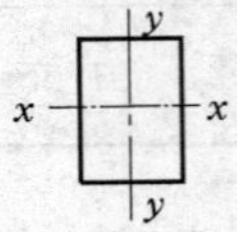 焊接，板件宽厚比≤20，对x、y轴	

表 4-4　轴心受压构件的截面分类（板厚 $t \geq 40$ mm）

截面情况			对x轴	对y轴
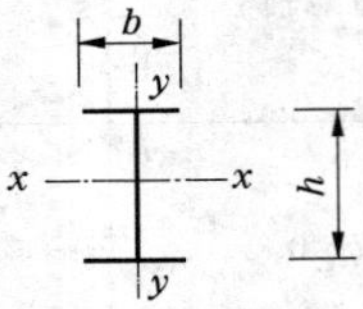	轧制工字形或H形截面	$t<80$ mm	b类	c类
		$t \geq 80$ mm	c类	d类
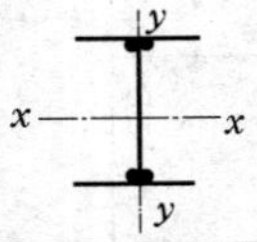	焊接工字形截面	翼缘为焰切边	b类	b类
		翼缘为轧制或剪切边	c类	d类
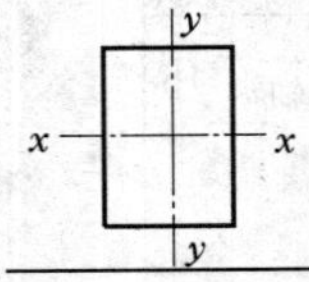	焊接箱形截面	板件宽厚比>20	b类	b类
		板件宽厚比≤20	c类	c类

附录三给出了我国《规范》对 a、b、c、d 曲线计算得到的 φ 值表，可供查用。

对于构件划分为 a、b、c、d 曲线说明可参见《规范》。

一般应用附录三查轴心受压构件的稳定系数 φ，当采用稳定极限承载力理论时，可按式(4-9)计算 φ 或查附录三得到。需计算构件受压时的长细比 λ 时，对于弯曲失稳和扭转失稳的长细比 λ 比较容易计算；对于单轴对称截面弯扭失稳的长细比，应采用换算长细比，再由式(4-10)计算相对长细比 $\bar{\lambda}$。

截面为单轴对称的构件，绕非对称轴的长细比 λ_x 仍按式(4-2)计算，但绕对称轴应取计扭转效应的换算长细比 λ_{yz} 代替 λ_y，即

$$\lambda_{yz} = \frac{1}{2}(\lambda_y^2 + \lambda_z^2) + \frac{1}{2}\sqrt{(\lambda_y^2 + \lambda_z^2)^2 - 4\left(1 - \frac{e_0^2}{i_0^2}\right)\lambda_y^2\lambda_z^2} \tag{4-11}$$

$$\lambda_z^2 = \frac{i_0^2 A}{I_t/25.7 + I_w/l_w^2}$$

$$i_0^2 = e_0^2 + i_x^2 + i_y^2$$

式中　e_0——截面形心至剪心的距离；

i_0——截面对剪心的极回转半径；

λ_y——构件绕对称轴的长细比；

λ_z——扭转屈曲的换算长细比；

I_t——毛截面抗扭惯性矩；

I_w——毛截面扇形惯性矩；

A——毛截面面积；

l_w——扭转屈曲的计算长度，对两端铰接端部截面可自由翘曲或两端嵌固端部截面的翘曲完全受到约束的构件，取 $l_w = l_{0y}$。

确定稳定系数 φ 以后，即得到计算实腹式轴心受压构件整体稳定的设计公式，即

$$\frac{N}{\varphi A} \leqslant f \tag{4-12}$$

式中　N——轴心压力；

A——构件的毛截面面积；

φ——轴心受压构件的稳定系数，应根据表 4-3、表 4-4 的截面分类，由附录三查得；

f——钢材的抗压强度设计值。

第四节　轴心受压格构式构件的整体稳定

一、轴心受压格构式构件绕实轴的整体稳定

轴心受压格构式构件通常由 2～4 个肢件组成，如图 4-2(b) 所示。一般采用双轴对称截面，如肢件采用槽钢或工字钢，用缀材把它们连成整体（见图 4-6），以缀条连接分肢

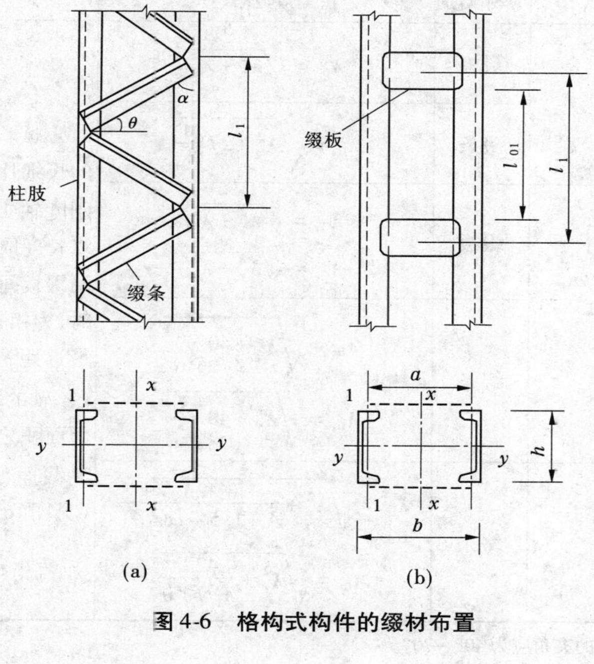

图 4-6　格构式构件的缀材布置

的称为缀条式构件（缀条柱），以缀板连接分肢的称为缀板式构件（缀板柱）。槽钢肢件的翼缘宜向内伸，以使缀件的长度较小，且外观平整。

截面上横穿缀条或者缀板平面的轴称虚轴，如图 4-6 中的 x 轴，横穿两个肢的轴为实轴，如图 4-6 中的 y 轴。

轴心受压格构式构件绕实轴失稳时，它的整体稳定与实腹式受压构件相同。因此，其整体稳定的极限承载力计算公式同式（4-12）。

二、轴心受压格构式构件绕虚轴的整体稳定

格构式构件绕虚轴失稳时，其整体稳定性与实腹式构件不完全相同，需要考虑在剪力作用下柱肢和缀条或缀板变形的影响。

根据弹性稳定理论，轴心受压格构式构件绕虚轴失稳时的临界力为

$$N_{cr} = \frac{\pi^2 EA}{\lambda_x^2 + \pi^2 EA\gamma_1} \tag{4-13}$$

式中　γ_1——单位剪切角。

令

$$\lambda_{0x} = \sqrt{\lambda_x^2 + \pi^2 EA\gamma_1} \tag{4-14a}$$

则

$$N_{cr} = \frac{\pi^2 EA}{\lambda_{0x}^2} \tag{4-14b}$$

式（4-14b）与轴心受压实腹式构件的弯曲失稳临界力式（4-6）完全相同，因此称 λ_{0x} 为换算长细比，其计算公式见表 4-5。轴心受压格构式构件绕虚轴失稳，采用换算长细比后即可与实腹式构件一样计算。

表 4-5　格构式构件的换算长细比 λ_{0x} 的计算公式

项次	构件截面形式	缀材类别	计算公式	符号意义
1	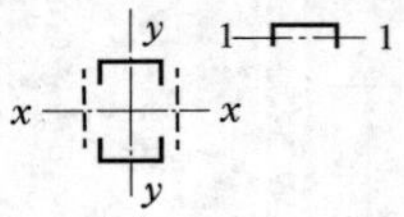 (a)	缀板	$\lambda_{0x} = \sqrt{\lambda_x^2 + \lambda_1^2}$	λ_x、λ_y 为整个构件对 x、y 轴的长细比。λ_1 为单肢对最小刚度轴 1—1 的长细比，其计算长度取：焊接连接时为相邻两缀板间的净距离；螺栓连接时，为相邻两缀板边缘螺栓的最近距离。A_{1x}、A_{1y} 为垂直于 x、y 轴的平面内各斜条的毛截面面积之和。A_1 为各斜缀条毛截面面积之和。θ 为夹角（见图（c））
2		缀条	$\lambda_{0x} = \sqrt{\lambda_x^2 + 27\frac{A}{A_1}}$	
3	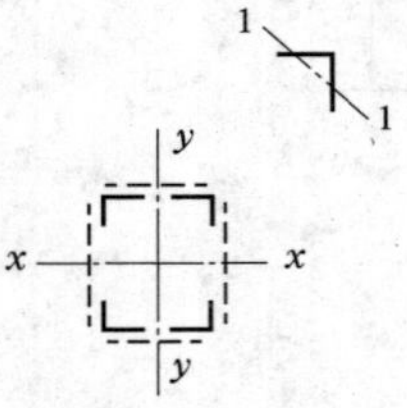 (b)	缀板	$\lambda_{0x} = \sqrt{\lambda_x^2 + \lambda_1^2}$ $\lambda_{0y} = \sqrt{\lambda_y^2 + \lambda_1^2}$	
4		缀条	$\lambda_{0x} = \sqrt{\lambda_x^2 + 40\frac{A}{A_{1x}}}$ $\lambda_{0y} = \sqrt{\lambda_y^2 + 40\frac{A}{A_{1y}}}$	
5	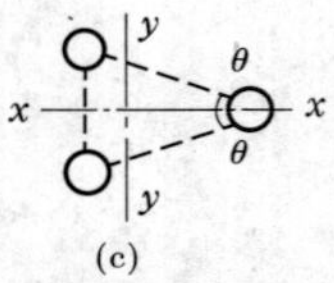 (c)	缀条	$\lambda_{0x} = \sqrt{\lambda_x^2 + \frac{42A}{A_1(1.5 - \cos^2\theta)}}$ $\lambda_{0y} = \sqrt{\lambda_y^2 + \frac{42A}{A_1\cos^2\theta}}$	

注：斜缀条与构件轴线间的夹角应为 40°～70°。

式(4-13)中的 γ_1 为单位剪力作用下的剪切角度，考虑了缀条或者缀板剪切变形的影响，它与缀条的截面尺寸、缀条布置的方式和缀板的截面尺寸、缀板的间距等有关。下面以图 4-7所示缀条布置体系为例，说明 γ_1 的计算。

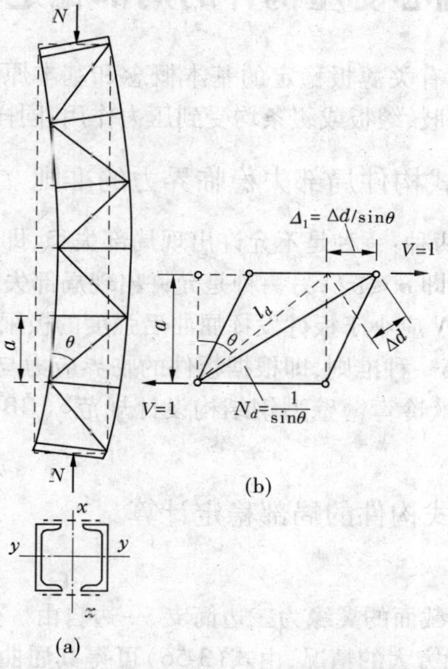

图 4-7　缀条式格构式轴心受压构件的剪切角变形示意图

$$\Delta d = \frac{N_d l_d}{EA_{1x}} = \frac{1}{\sin\theta\cos\theta}\frac{a}{EA_{1x}} \tag{4-15}$$

式中　Δd——斜缀条的伸长；

N_d——前后两个平面内斜缀条内力总和；

l_d——斜缀条的长度；

A_{1x}——前后两个平面内斜缀条毛截面面积总和；

a——节间距离；

θ——斜缀条与压杆分肢间的夹角。

$$\gamma_1 = \frac{\Delta_1}{a} = \frac{\Delta d/\sin\theta}{a} = \frac{1}{\sin^2\theta\cos\theta}\frac{1}{EA_{1x}} \tag{4-16}$$

将式(4-16)代入式(4-14a)得

$$\lambda_{0x} = \sqrt{\lambda_x^2 + \frac{\pi^2}{\sin^2\theta\cos\theta}\frac{A}{A_{1x}}} \tag{4-17}$$

在 $\theta = 40° \sim 70°$时，$\frac{\pi^2}{\sin^2\theta\cos\theta} = 25.6 \sim 32.7$。为了简便，《规范》统一规定采用 27，由此得简化式

$$\lambda_{0x} = \sqrt{\lambda_x^2 + 27\frac{A}{A_{1x}}} \tag{4-18}$$

第五节　轴心受压构件的局部稳定和单肢稳定

在第三章中已介绍了有关薄板稳定的基本概念和基本原理。在轴心受压构件中翼缘、腹板、格构式构件的单肢、缀板或缀条均受到压力作用，同样存在着局部屈曲的问题。

一、轴心受压实腹式构件局部失稳临界力的准则

目前，采用的准则有两种：一种是不允许出现局部失稳，即板件受到的应力 σ 应小于局部失稳的临界应力 σ_{cr}，即 $\sigma \leqslant \sigma_{cr}$；另一种是允许出现局部失稳，并利用板件屈曲后的强度，要求板件受到的应力 N 应小于板件发挥屈曲后强度的极限承载力 N_u，即 $N \leqslant N_u$。

《规范》中采用的是第一种准则，即根据板件的临界应力与构件的临界应力相等的原则来确定板件的宽厚比。《冷弯薄壁型钢结构设计规范》(GB 50018—2002)采用的是第二种准则。

二、轴心受压实腹式构件的局部稳定计算

(一)翼缘的宽厚比

如图 4-8 所示工字形截面的翼缘为三边简支、一边自由。受压翼缘的悬伸部分，为三边简支板而边长 a 趋于无穷大的情况，由式(3-56)可得其屈曲系数 $k = 0.425$。支承翼缘板的腹板一般较薄，对翼缘板的约束作用很小，因此忽略腹板对翼缘板的约束作用，取弹性约束系数 $\chi = 1.0$。代入式(3-64)，引入弹塑性折减系数 η 并使 $\sigma_{cr} \geqslant \varphi f_y$，将 f_y 表达为 $\frac{f_y}{235}$。在弹性工作范围内，如果都不考虑缺陷对板件和构件的影响，根据前述等稳定的原则，可以得到

$$\sigma_{cr} = 8 \times \left(\frac{100t}{b}\right)^2 \sqrt{\eta} \geqslant \frac{\pi^2 E}{\lambda^2} \tag{4-19}$$

式中　b——翼缘板的外伸宽度；

　　t——翼缘板的厚度；

　　η——考虑弹塑性阶段时弹性模量的折减系数，由试验资料给出。

根据式(4-19)可以绘出 d/t 与 λ 的关系曲线，如图 4-9 所示，为便于设计中采用，《规范》中将式(4-19)简化为直线式，即

$$\frac{b}{t} \leqslant 10 + 0.1\lambda \tag{4-20}$$

为了用于不同钢号，式(4-20)右端乘以 $\sqrt{235/f_y}$，即得适用于各种钢号轴心受压构件翼缘板外伸宽度 b 与其厚度 t 之比的限值为

$$\frac{b}{t} \leqslant (10 + 0.1\lambda)\sqrt{\frac{235}{f_y}} \tag{4-21}$$

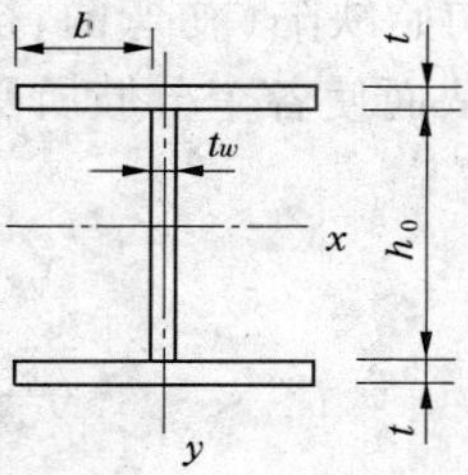

图 4-8　板件尺寸

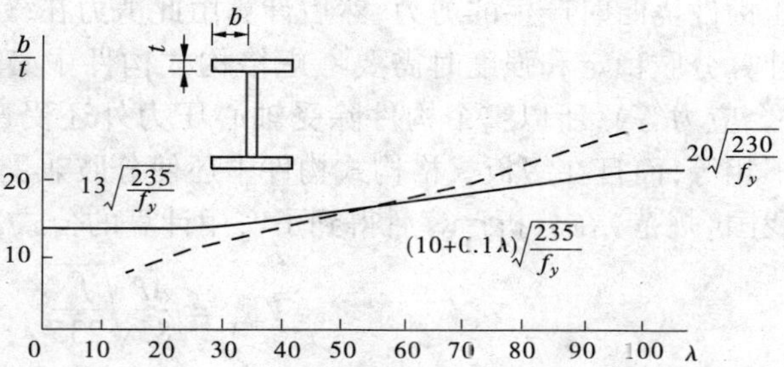

图 4-9　翼缘板的宽厚比

式中，λ 取构件两个方向长细比的较大者。当 $\lambda<30$ 时，取 $\lambda=30$；当 $\lambda\geqslant100$ 时，取 $\lambda=100$。

（二）腹板的高厚比

采用类似翼缘板的分析方法，可得腹板计算高度 h_0 与厚度 t_w 之比为

$$\frac{h_0}{t_w}\leqslant 25+0.5\lambda\sqrt{\frac{235}{f_y}} \tag{4-22}$$

式中，λ 取构件中长细比的较大者。当 $\lambda<30$ 时，取 $\lambda=30$；当 $\lambda\geqslant100$ 时，取 $\lambda=100$。

双腹壁箱形截面的腹板高厚比为

$$\frac{h_0}{t_w}\leqslant 40\sqrt{\frac{235}{f_y}} \tag{4-23}$$

其不与构件的长细比发生关系，是偏于安全的。

三、轴心受压格构式构件的局部稳定计算

（一）轴心受压缀条式格构式构件的局部稳定

轴心受压缀条式格构式构件的局部稳定包括以下三个方面的内容，即受压构件单肢截面板件的局部稳定、受压构件单肢自身的稳定以及缀条的稳定。

1. 受压构件单肢截面板件的局部稳定

受压构件单肢截面板件的局部稳定计算与轴心受压实腹式构件的局部稳定计算相同。

2. 受压构件单肢自身的稳定

格构式构件的单肢在两个相邻缀条节点之间是一个单独的轴心受压实腹式构件，其长细比 $\lambda_1=l_1/i_1$，l_1 为计算长度，取缀条节点间的距离（见图 4-6），i_1 为单肢绕自身截面 1—1 轴的回转半径。

为了保证单肢的稳定性不低于受压构件的整体稳定性，应使 λ_1 不大于整个构件的最大长细比 λ_{max}（即 λ_y 和 λ_{0x} 中的较大值）的 0.7 倍，即

$$\lambda_1\leqslant 0.7\lambda_{max} \tag{4-24}$$

3. 缀条的稳定

轴心受压格构式构件中缀条的实际受力情况不容易确定。构件受力后压缩、构件的初弯曲、荷载和构造上的偶然偏心以及失稳时的挠曲等均会使缀条受力。通常先估算轴

心受压构件挠曲时产生的剪力，然后计算由此剪力在缀条中产生的内力。

计算分肢稳定和强度时需要考虑格构式构件中必然存在的初始缺陷（初弯曲、初偏心、残余应力等），所以整个构件除受轴心压力外还受弯矩作用，从而使各个分肢所受轴力并不相等，而且在缀板式格构式构件中还使分肢兼受弯矩作用。

我国《规范》在分析计算后得到了实用计算的公式，即

$$V_{max} = \frac{Af}{85}\sqrt{\frac{f_y}{235}} \tag{4-25}$$

在剪力 V_{max} 的作用下，缀条的内力可与桁架的腹杆一样计算。由图 4-10 可得一条斜缀条的内力 N_t 为

$$N_t = \frac{V_1}{n\cos\alpha} \tag{4-26}$$

式中　V_1——分配到一条缀条面上的剪力；

n——承受剪力 V_1 的斜缀条数，对于单缀条 $n=1$，对于交叉缀条 $n=2$；

α——缀条的倾角，见图 4-10。

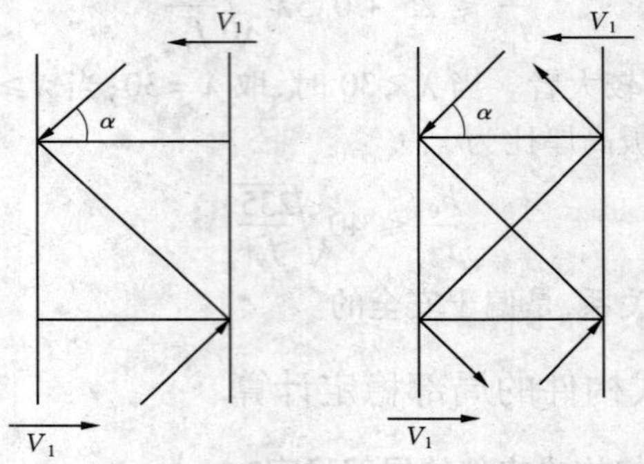

图 4-10　缀条式构件的剪力及缀条的内力

缀条可按轴心受压构件计算，当缀条采用单角钢时，考虑到受力偏心的不利影响，引入折减系数 γ_0，并按下式计算整体稳定，即

$$\sigma = \frac{N_t}{\varphi A_t} \leqslant \gamma_0 f \tag{4-27}$$

式中　γ_0——折减系数；

A_t——缀条的截面面积；

φ——轴向受压稳定系数，根据缀条最小回转半径求得的长细比查附录三。

等边角钢，$\gamma_0 = 0.6 + 0.001\,5\lambda$；短边连接的不等边角钢，$\gamma_0 = 0.5 + 0.002\,5\lambda$；长边连接的不等边角钢，$\gamma_0 = 0.7$；当 $\gamma_0 > 1.0$ 时，取 $\gamma_0 = 1.0$（λ 为按角钢的最小回转半径计算的长细比，当 $\lambda < 20$ 时，取 $\lambda = 20$）。

（二）轴心受压缀板式格构式构件的局部稳定

轴心受压缀板式格构式构件的局部稳定包括以下三个方面的内容，即受压构件单肢截面板件的局部稳定、受压构件单肢自身的稳定以及缀板的稳定。

1. 受压构件单肢截面板件的局部稳定

受压构件单肢截面板件的局部稳定计算与轴心受压实腹构件的局部稳定计算相同。

2. 受压构件单肢自身的稳定

图 4-11 为缀板式格构式构件在剪力作用下的受力示意图。从图 4-11 中可以看出，受压构件的单肢除受轴力外还受弯矩的作用，应按压弯构件计算其稳定性。

我国《规范》经过计算分析，提供了实用的计算公式，即

$$\lambda_1 \leqslant 40 \tag{4-28a}$$

且

$$\lambda_1 \leqslant 0.5\lambda_{max} \tag{4-28b}$$

式中　λ_{max}——缀板式格构式构件的最大长细比，当 $\lambda_{max} < 50$ 时，取 $\lambda_{max} = 50$。

3. 缀板的稳定

缀板式格构式构件在剪力作用下如一多层刚架，可假定缀板中点和缀板之间各单肢的中点为反弯点，如图 4-11 所示。从中取出脱离体见图 4-11(b)，就可得到缀板所受的剪力 T 和端部弯矩 M 为

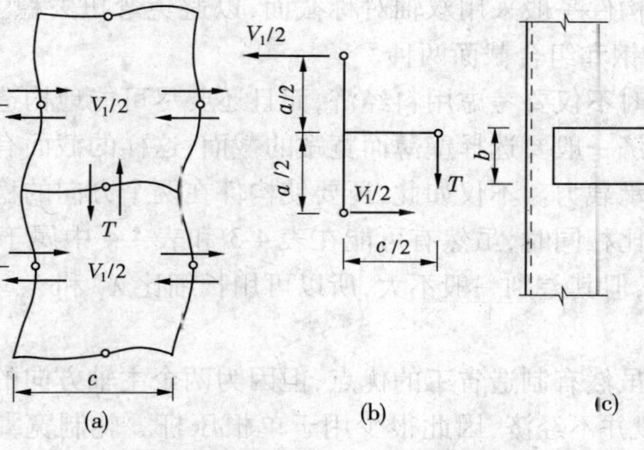

图 4-11　缀板式格构式构件的剪力及受力分析

$$T = V_1 \frac{a}{c} \tag{4-29}$$

$$M = V_1 \frac{a}{2} \tag{4-30}$$

式中　V_1——分配到一个缀板面上的剪力；

a——缀板中心线间的距离；

c——单肢轴线间的距离。

为了保证缀板的局部稳定，缀板厚度 t_b 应满足式(4-31)，即

$$t_b \geqslant \frac{c}{40} \tag{4-31}$$

且不小于 6 mm。

满足这一条件后，缀板可只计算其强度，即

$$\sigma = \frac{M}{W} \leqslant f \tag{4-32}$$

$$\tau = 1.5\frac{T}{bt_b} \leqslant f_v \tag{4-33}$$

式中　W——缀板截面的截面模量；

b——缀板宽度。

缀板的内力一般不大，其截面尺寸可由构造要求确定。规范规定，同一截面处两侧缀板线刚度之和不得小于较大分肢线刚度的 6 倍，一般取 $b \geqslant 2c/3$，端缀板可适当加宽，可取 $b = c$。

第六节　轴心受压柱设计

一、轴心受压实腹柱设计

(一) 截面形式

轴心受压实腹式构件一般采用双轴对称截面，以避免弯扭失稳。常用的截面形式有如图 4-2(a) 所示的型钢和组合截面两种。

选择截面的形式时不仅要考虑用料经济，而且还要尽可能地构造简便、制造省工和便于运输。为了用料经济一般要选择壁薄而宽敞的截面，这样的截面有较大的回转半径，使构件具有较高的稳定承载力。不仅如此，还要使构件在两个方向的稳定系数相近，当构件在两个方向上的长细比相同时，虽然有可能在表 4-3 和表 4-4 中属于不同类别，而它们的稳定系数不一定相同，但其差别一般不大，所以可用长细比 λ_x 和 λ_y 相等作为考虑等稳定的方法。

热轧普通工字钢虽然有制造省工的优点，但因为两个主轴方向的回转半径差别较大，而且腹板又较厚，一般并不经济，因此很少用于单根压杆。轧制宽翼缘 H 型钢的宽度与高度相同时，对强轴的回转半径约为弱轴回转半径的 2 倍，对于中点有侧向支撑的独立支柱最为适宜。

焊接工字形截面最为简单，利用自动焊可以做成一系列定型尺寸的截面，腹板按局部稳定的要求可以做得很薄以节省钢材，应用十分广泛。

圆钢管截面轴心受压杆件的承载力较高。但是轧制钢管取材不易，应用不多。焊接圆管压杆用于海洋平台结构，因其腐蚀面小又可做成封闭式构件，故比较经济合理。

方管或由钢板焊成的箱形截面，因其承载力和刚度都较大，虽然连接构造困难，但可以用做高大的承重支柱。

(二) 轴心受压实腹柱的计算步骤

在确定了钢材的强度设计值、轴心压力设计值、计算长度以及截面形式以后，可以按照下列步骤设计截面尺寸。

(1) 先假定柱子的长细比 λ，计算需要的截面面积 A。

根据以往的设计经验，对于轴心压力小于 1 500 kN，计算长度为 5 ~ 6 m 的柱，可以假定 $\lambda = 80 \sim 100$；轴心压力为 3 000 ~ 3 500 kN 的柱，可以假定 $\lambda = 60 \sim 70$。再根据截面形式和加工条件由表 4-3 和表 4-4 查得界面分类，然后从附录三查出相应的稳定系数 φ，则

所需要的截面面积为

$$A = \frac{N}{\varphi f} \tag{4-34}$$

（2）计算出对应于假定长细比的两个主轴回转半径 $i_x = l_{0x}/\lambda$ 和 $i_y = l_{0y}/\lambda$。利用表4-6中截面回转半径和其轮廓尺寸的近似关系 $i_x = \alpha_1 h$ 和 $i_y = \alpha_2 b$ 确定截面的高度和宽度为

$$h \approx \frac{i_x}{\alpha_1} \qquad b \approx \frac{i_y}{\alpha_2} \tag{4-35}$$

并根据等稳定条件、便于加工和板件稳定的要求确定截面各部分的尺寸。

表4-6　组合截面回转半径近似值

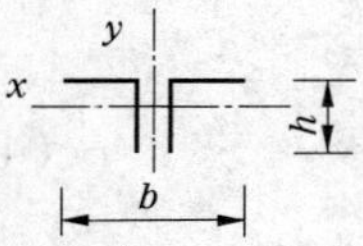 等边 i_x=0.30 h i_y=0.215 b	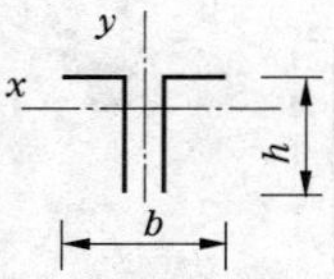 长边相连 i_x=0.32 h i_y=0.20 b	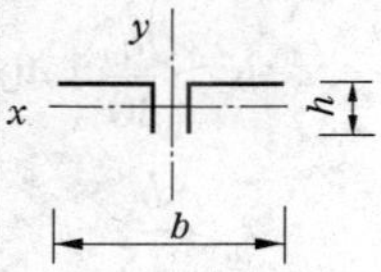 短边相连 i_x=0.28 h i_y=0.24 b	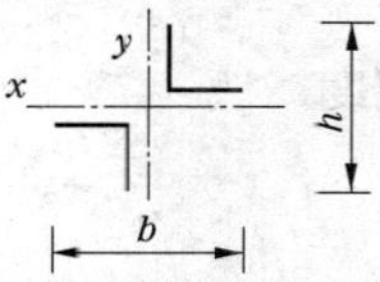 i_x=0.21 h i_y=0.21 b
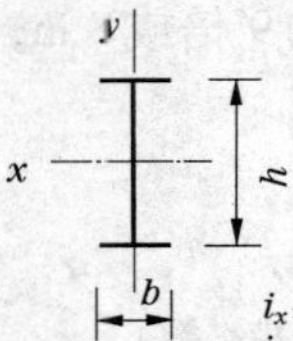 i_x=0.39 h i_y=0.20 b	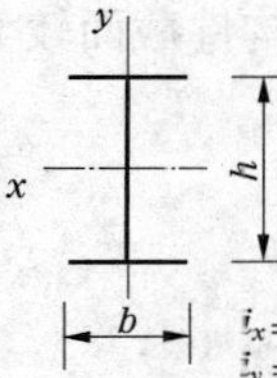 i_x=0.43 h i_y=0.24 b	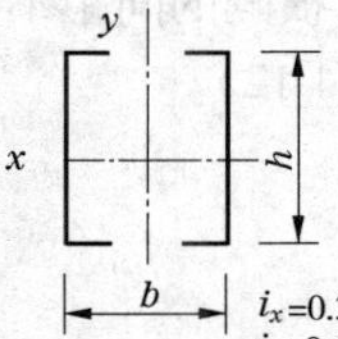 i_x=0.38 h i_y=0.44 b	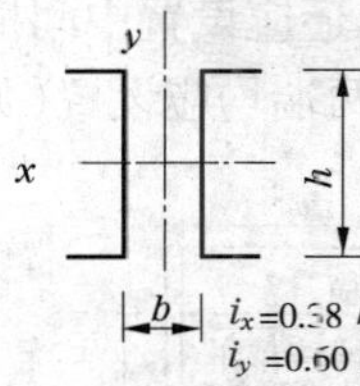 i_x=0.38 h i_y=0.60 b
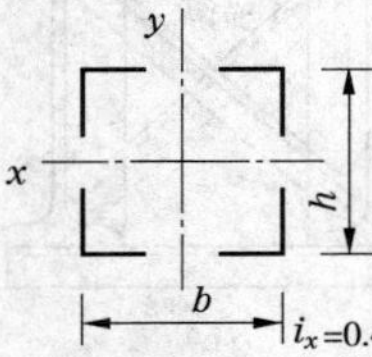 i_x=0.43 h i_y=0.43 b	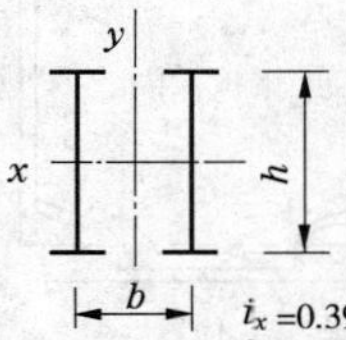 i_x=0.39 h i_y=0.51 b	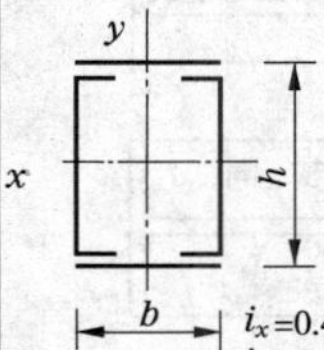 i_x=0.44 h i_y=0.38 b	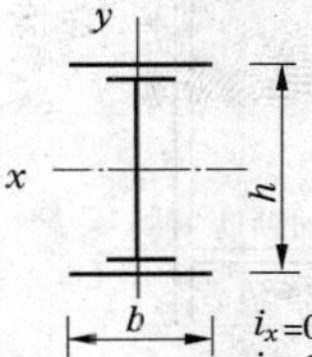 i_x=0.42 h i_y=0.22 b

截面各部分的尺寸也可以参考已有的设计资料确定。

（3）计算出截面特性，按照式（4-12）验算杆件的整体稳定。若不满足要求，则对截面尺寸加以调整并重新计算，直至满足为止。当截面有较大削弱时，还应验算净截面的强度。

（4）局部稳定性验算。如前所述，轴心受压实腹式构件的局部稳定是以限制其组成板件的宽厚比来保证的。对于热轧型钢截面，由于板件的宽厚比较小，一般都能满足要求，可以不必验算；对于组合截面，则应根据式（4-21）~式（4-23）对板件的宽厚比进行验算。

（5）刚度验算。轴心受压实腹式构件的长细比还应符合规范所规定的容许长细比和最小截面尺寸的要求。事实上，在进行整体稳定验算时，构件的长细比已经预先求出或假定，以确定整体稳定系数 φ，因而杆件的刚度验算和整体稳定验算应同时进行。

(6)当截面有削弱时还要按式(4-1)验算截面强度。

(三)构造要求

轴心受压构件中,一般只是由于构件初弯曲、初偏心或偶然横向力作用下才在截面中产生剪力。当轴心压力达到极限承载力时,剪力达到最大,但是数值也并不大。因此,焊接实腹式轴心受压构件中,翼缘与腹板之间的剪力很小,其连接焊缝一般按构造取 h_f = 4 ~ 8 mm。

当实腹式构件的腹板高厚比 h_0/t_w 大,规范规定,$h_0/t_w \geqslant 80\sqrt{\dfrac{235}{f_y}}$ 时,应采用横向加劲肋加强(见图 4-12),其间距不得大于 $3h_0$,这样可以提高腹板的局部稳定性,增大构件的抗扭刚度,防止制造、运输和安装过程中截面变形。横向加劲肋通常在腹板两侧成对配置,其尺寸应满足:

$$\left.\begin{aligned}&\text{外伸宽度}\qquad b_s \geqslant \frac{h_0}{30} + 40\ \text{mm}\\&\text{厚度}\qquad t_s \geqslant \frac{b_s}{15}\end{aligned}\right\}\tag{4-36}$$

此外,为了保证构件截面几何形状不变和提高构件抗扭刚度,以及传递必要的内力,对大型实腹式构件,在受有较大横向力处和每个运送单元的两端,还应设置横隔(见图 4-13)。构件较长时,还应设置中间横隔,横隔的间距不得大于构件截面较大宽度的 9 倍或 8 m,且在运输单元的两端均应设置(见图 4-12)。

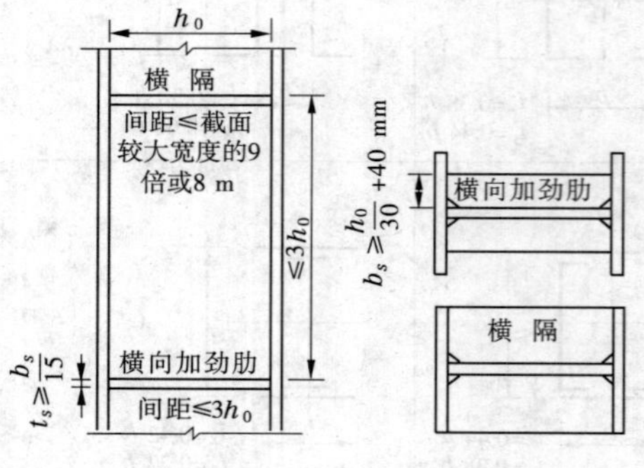

图 4-12　横向加劲肋布置

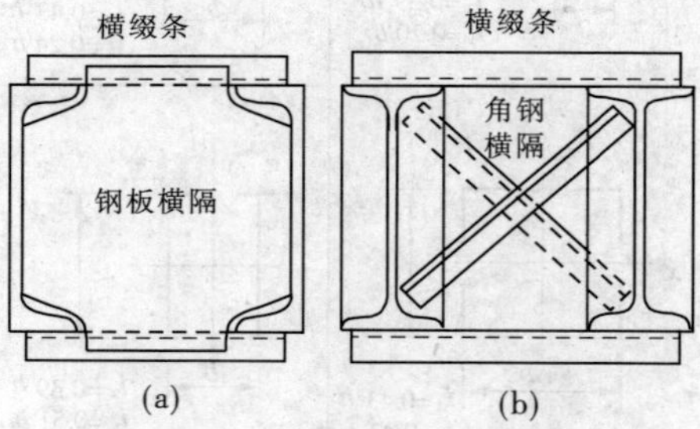

图 4-13　横隔

【例 4-1】　如图 4-14 所示为一根上端铰接、下端固定的轴心受压柱,所承受的轴心压力设计值 N = 900 kN,柱的长度 l = 5.25 m,钢材为 Q235,焊条为 E43 型,试设计选择柱的截面。如果柱的长度改为 l = 7.0 m,试计算原截面能够承受多大设计力。

解:柱的计算长度系数 $\mu = 0.707$,则 $l_{0x} = l_{0y} = 0.707 \times 5.25 \approx 3.712$(m),$f$ = 215 N/mm^2。

采用三块板焊接而成的工字形截面,翼缘为轧制边,容许长细比取[λ] = 150。

(1)假定长细比取 $\lambda = 80$,由附表 3-2 查得 $\varphi_x = 0.688$,由附表 3-3 查得 $\varphi_y = 0.578$。

所需截面面积为

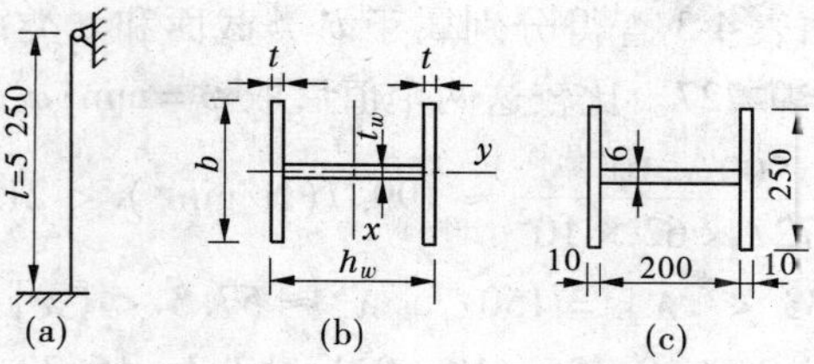

图 4-14　例 4-1 计算简图　（单位:mm）

$$A = \frac{N}{\varphi f} = \frac{900 \times 10^3}{0.578 \times 215} \approx 7\,242(\text{mm}^2) = 72.42\ \text{cm}^2$$

所需回转半径为

$$i = \frac{l_{0x}}{\lambda} = \frac{371.2}{80} = 4.64(\text{cm})$$

(2)确定截面尺寸。

利用表 4-6 的近似关系可得 $\alpha_1 = 0.43$，$\alpha_2 = 0.24$。

$$h = \frac{i}{\alpha_1} = \frac{4.64}{0.43} \approx 10.8\ (\text{cm}) \qquad b = \frac{i}{\alpha_2} = \frac{4.64}{0.24} \approx 19.3(\text{cm})$$

截面宽度取 $b = 20$ cm，截面高度按照构造要求选择和宽度大致相同，因此也取 $h = 20$ cm。

翼缘截面采用 10 mm×200 mm 的钢板，面积为 $20 \times 1 \times 2 = 40(\text{cm}^2)$，宽厚比 $b/t = 20$，能够满足局部稳定要求。

腹板所需面积为 $A - 40 = 72.42 - 40 = 32.42(\text{cm}^2)$。这样，所需腹板厚度为 $32.42/(20-2) \approx 1.80(\text{cm})$，比翼缘厚度大得多，说明假定的长细比偏大，材料过分集中在弱轴附近，不是经济合理的截面，应当把截面放宽一些。因此，翼缘宽度 $b = 25$ cm，厚度 $t = 1.0$ cm；腹板高度 $h_w = 20$ cm，厚度 $t_w = 0.6$ cm。截面尺寸见图 4-14。

(3)截面特性计算。

$$A = 2 \times 25 \times 1 + 20 \times 0.6 = 62(\text{cm}^2)$$

$$I_x = \frac{0.6 \times 20^3}{12} + 50 \times 10.5^2 = 5\,913(\text{cm}^4)$$

$$i_x = \sqrt{\frac{I_x}{A}} = \sqrt{\frac{5\,913}{62}} = 9.77(\text{cm})$$

$$I_y = \frac{2 \times 1 \times 25^3}{12} = 2\,604(\text{cm}^4)$$

$$i_y = \sqrt{\frac{I_y}{A}} = \sqrt{\frac{2\,604}{62}} = 6.48(\text{cm})$$

$$\lambda_x = \frac{l_{0x}}{i_x} = \frac{371.2}{9.77} \approx 38$$

$$\lambda_y = \frac{l_{0y}}{i_y} = \frac{371.2}{6.48} \approx 57.3$$

(4)验算柱的整体稳定、刚度和局部稳定。

截面绕 x 轴和 y 轴由表4-3 查得分别属于 b 类截面和 c 类截面,查附表 3-2 得 $\varphi_x=0.899$,查附表 3-3 得 $\varphi_y=0.727$。比较这两个值后取 $\varphi=\min\{\varphi_x,\varphi_y\}=0.727$,则

$$\frac{N}{\varphi A}=\frac{900\times10^3}{0.727\times62\times10^2}\approx199.7(\text{N/mm}^2)<215\ \text{N/mm}^2$$

$$\lambda_x\approx38<[\lambda]=150\qquad\lambda_y\approx57.3<[\lambda]=150$$

翼缘的宽厚比 $b/t=250/10=25<10+0.1\times57.3=15.73$

腹板的高厚比 $h_w/t_w=200/6=33.3<25+0.5\times57.3=53.65$

以上数据说明所选截面对整体稳定、刚度和局部稳定都满足要求。

(5)确定柱长度 $l=7.0$ m 的设计承载力。

$$l_{0x}=0.707\times700=494.9(\text{cm})\quad\lambda_x=494.9/9.77\approx50.7$$

查附表 3-2 得 $\varphi_x=0.852$。

$$l_{0y}=0.707\times700=494.9(\text{cm})\quad\lambda_y=494.9/6.48\approx76.4$$

查附表 3-3 得 $\varphi_y=0.665$。

$\varphi=\min\{\varphi_x,\varphi_y\}=0.665$,则

$$N=\varphi Af=0.665\times62\times10^2\times215=886\,445(\text{N})\approx886.4\ \text{kN}$$

柱的长度为原长度的 1.33 倍,承载能力降低了

$$\frac{0.727-0.665}{0.727}\times100\%\approx8.53\%$$

由于存在残余应力和初弯曲的影响,柱在弹塑性阶段屈曲,柱的长度增加后,承载力的降低不遵循弹性稳定规律,即不与柱的长度的平方成反比,不是降低 $(494.9^2-371.2^2)/494.9^2\times100\%\approx43.74\%$。

二、轴心受压格构柱设计

(一)构造形式

格构柱常用截面形式如图 4-2(b)所示。布置槽钢时,宜将其翼缘向内伸,这样可使缀条或缀板的长度与宽度较小,且外表平整。当承受荷载较大时,可采用两个工字钢,甚至两个组合工字形截面作为单肢。

对荷载较小而长度很大的轴心受压构件,应具有扩展的截面,以保证必需的刚度。为此,可采用由四个角钢组成的截面,在其四周用缀条或缀板相连。这种截面回转半径大,稳定性好,但制造较费工。

在工程中也有采用由 3 根或 4 根钢管组成的格构式构件,在各管之间用钢管或圆钢缀条相连。

缀板式格构柱构造简单,外形平整,因此受力不大的柱常采用缀板式格构柱。但缀条式格构柱刚度大,对受力较大的柱,应采用缀条式格构柱。

与大型实腹式柱相似,格构式构件在受有较大水平力处和每个运输单元的两端,应设置横隔。

(二)截面选择

实腹轴心受压构件的截面设计应当考虑的原则在格构柱截面设计中也是适用的。但

是，格构式构件是由分肢组成的，在具体设计步骤上有其特点。当格构式轴心受压构件的压力设计值 N、计算长度 l_{0x} 和 l_{0y}、钢材强度设计值 f 和截面类型都已知时，在截面选择中主要有两大步骤：首先按照实轴稳定要求选择截面分肢的尺寸，其次按照虚轴与实轴等稳定性确定分肢间距（见图 4-15）。

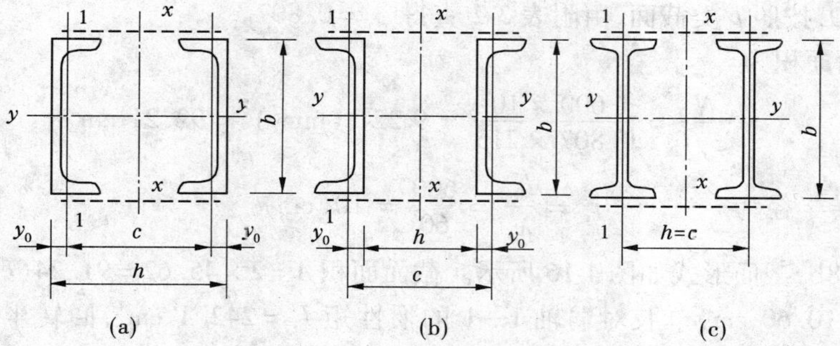

图 4-15　格构式构件截面设计

1. 按实轴（设为 y 轴）稳定条件选定截面尺寸

（1）假定绕实轴长细比 λ_y，一般可先在 60 ~ 100 范围选取，当 N 较大而 l_{0y} 较小时取较小值，反之取较大值。根据 λ_y 及钢号和截面类别查得整体稳定系数 φ 值，按照式（4-34）求所需截面面积。

（2）求所需绕实轴回转半径 i_y，若分肢为组合截面，则还应由 i_y 按表 4-6 查得 α_2（α_1）的近似值求所需截面宽度 b。

$$i_y = \frac{l_{0y}}{\lambda_y} \qquad b = \frac{i_y}{\alpha_2} \tag{4-37}$$

（3）根据所需 A、i_y（或 A、b）初选分肢型钢规格（或界面尺寸），进行实轴整体稳定验算和刚度验算，必要时还应进行强度验算和板件宽厚比验算。

2. 按虚轴（设为 x 轴）与实轴等稳定原则确定两分肢间距 c 及截面高度 h

（1）根据换算长细比 $\lambda_{0x} = \lambda_y$，可得所需 λ_x 的最大值。

对于缀条式格构式构件　$$\lambda_x = \sqrt{\lambda_{0x}^2 - \frac{27A}{A_{1x}}} = \sqrt{\lambda_y^2 - \frac{27A}{A_{1x}}} \tag{4-38}$$

对于缀板式格构式构件　$$\lambda_x = \sqrt{\lambda_{0x}^2 - \lambda_1^2} = \sqrt{\lambda_y^2 - \lambda_1^2} \tag{4-39}$$

（2）根据 λ_x 求所需 i_x，即

$$i_x = \frac{l_{0x}}{\lambda_x} \tag{4-40}$$

（3）根据 i_x 和 i_1 求两分肢轴线间距 c 和 h，即

$$c = 2\sqrt{i_x^2 - i_1^2} \tag{4-41}$$

$$h = c \pm 2y_0 \tag{4-42}$$

两分肢翼缘间的净距 c 应为 100 ~ 150 mm，以便油漆防腐处理；h 的实际尺寸应放大到 10 mm 的倍数。

(三)按第五节的内容进行缀材设计

【例 4-2】 设计一轴心受压焊接缀条式格构柱的截面。已知荷载设计值(包括估算构件自重)为轴心压力 1 600 kN,柱高 6.0 m,两端铰接,钢材为 Q235,截面无削弱。

解:柱的计算长度在两主轴方向相等,即 $l_{0x}=l_{0y}=6.0$ m。

(1)按对实轴(y 轴)的整体稳定选择分肢。

设 $\lambda_y=60$,按照 b 类截面,由附表 3-2 查得 $\varphi_y=0.807$。

所需截面面积为

$$A=\frac{N}{\varphi_y f}=\frac{1\ 600\times 10^3}{0.807\times 215}=9\ 221\ (\mathrm{mm}^2)=92.21\ \mathrm{cm}^2$$

所需回转半径为 $$i_y=\frac{l_{0y}}{\lambda_y}=\frac{600}{60}=10(\mathrm{cm})$$

选用 2[28b,截面形式如图 4-16 所示。截面面积 $A=2\times 45.62=91.24(\mathrm{cm}^2)$,对实轴回转半径 $i_y=10.60$ cm,单肢对弱轴 1—1 的惯性矩 $I_1=242.1\ \mathrm{cm}^4$,回转半径 $i_1=2.30$ cm,形心距 $z_1=2.02$ cm。

(2)按两主轴方向的等稳定性确定两分肢轴的间距。

实轴方向长细比为

$$\lambda_y=\frac{l_{0y}}{i_y}=\frac{600}{10.60}=56.6$$

假设缀条截面为 ∠45 × 4,则

$$A_{1x}=2\times 3.486=6.97(\mathrm{cm}^2)$$

则由式(4-18)得

$$\lambda_x=\sqrt{\lambda_y^2-27\frac{A}{A_{1x}}}=\sqrt{56.6^2-27\times\frac{91.24}{6.97}}=53.4$$

$$i_x=\frac{l_{0x}}{\lambda_x}=\frac{600}{53.4}=11.24(\mathrm{cm})$$

由表 4-6 查得 $\alpha_1\approx 0.44$,得 $h=\dfrac{i_x}{\alpha_1}=\dfrac{11.24}{0.44}=25.55(\mathrm{cm})$,取 26 cm。

整个截面对虚轴的惯性矩为

$$I_x=2\times[242.1+45.65\times(\frac{26}{2}-2.02)^2]=11\ 491(\mathrm{cm}^4)$$

则 $$i_x=\sqrt{\frac{11\ 491}{91.24}}=11.22(\mathrm{cm})$$

$$\lambda_x=\frac{l_{0x}}{i_x}=\frac{600}{11.22}=53.5$$

$$\lambda_{0x}=\sqrt{\lambda_x^2+27\frac{A}{A_{1x}}}=\sqrt{53.5^2+27\times\frac{91.24}{6.97}}=56.7$$

(3)截面验算。

取 $\lambda=\max\{\lambda_{0x},\lambda_y\}=56.7<[\lambda]=150$,刚度满足。

查附表 3-2 得 $\varphi=0.825$,则

$$\frac{N}{\varphi A}=\frac{1\ 600\times 10^3}{0.825\times 9\ 124}\approx 213(\text{N/mm}^2)<f=215\ \text{N/mm}^2$$

整体稳定满足，因截面无削弱，不必验算截面的强度。

(4)单肢验算。

缀条按 $\alpha=45°$ 布置，如图 4-16 所示，得：

单肢计算长度　　$l_{01}=21.96$ cm

单肢回转半径　　$i_1=2.30$ cm

单肢长细比

$$\lambda_1=\frac{l_{01}}{i_1}=\frac{21.96}{2.30}=9.55<0.7\lambda_{\max}=39.7$$

满足要求。

(5)缀条设计。

作用在柱上的计算剪力为

$$V=\frac{Af}{85}\sqrt{\frac{f_y}{235}}=\frac{9\ 124\times 215}{85}\sqrt{\frac{235}{235}}=23\ 078(\text{N})\approx 23.08\ \text{kN}$$

作用在缀条上的轴力为

$$N_t=\frac{V}{n\cos\alpha}=\frac{23\ 078}{2\times 0.707}=16\ 321(\text{N})$$

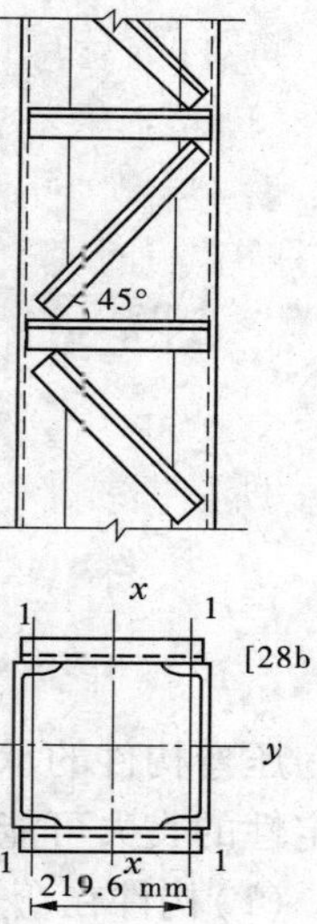

图 4-16　例 4-2 计算简图

缀条的几何特性：

面积 $A_t=3.486\ \text{cm}^2$，最小回转半径 $i_{\min}=0.89$ cm。

计算长度　　$l_t=\dfrac{l_{01}}{\cos\alpha}=\dfrac{21.96}{0.707}=31.06(\text{cm})$

长细比　　$\lambda=\dfrac{l_t}{i_{\min}}=\dfrac{31.06}{0.89}=34.9$

缀条稳定验算：

由 $\lambda=34.9$ 查附表 3-2 得 $\varphi=0.918$。

单边连接强度折减系数为

$$\gamma_0=0.6+0.001\ 5\lambda=0.6+0.001\ 5\times 34.9=0.652$$

$$\sigma=\frac{N_t}{\varphi A_t}=\frac{16\ 321}{0.918\times 348.6}=51(\text{N/mm}^2)<\gamma_0 f=0.652\times 215=140(\text{N/mm}^2)$$

满足要求。

单角钢与柱肢连接的角焊缝，取 $h_f=4$ mm，需要焊缝长度为

$$\sum l_w=\frac{N_t}{0.7h_f\times 0.85f_f^w}=\frac{16\ 321}{0.7\times 4\times 0.85\times 160}=42.9(\text{mm})$$

横缀条也取∠45×4。由于三杆相交，需在节点处设一节点板，图中未画出。

第七节　实腹式压弯构件的稳定

压弯构件是同时承受轴向压力和弯矩作用的构件。由于这种构件兼有梁和柱两方面

的性质，故又称为梁柱。压弯构件的弯矩可以由横向荷载、轴向力的偏心或端弯矩等三种因素引起，如图 4-17 所示。

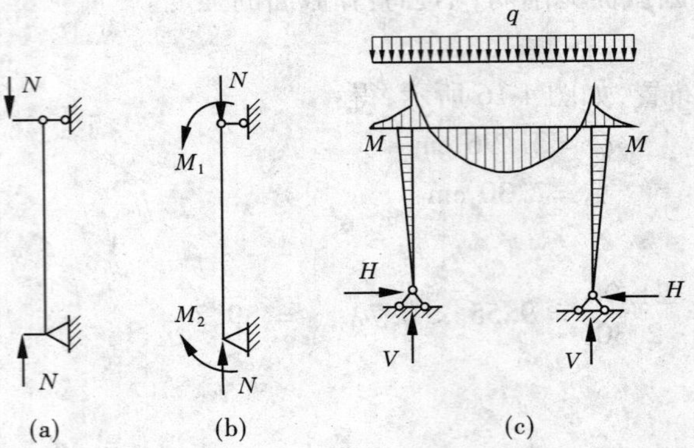

图 4-17 压弯构件

压弯构件的承载力取决于构件的整体稳定性与强度，通常由整体稳定性控制，其整体稳定性的丧失可能有以下两种情况：

(1)构件在弯矩作用平面内的弯曲失稳。

(2)构件在弯矩作用平面外的弯曲扭转失稳。

为了保证压弯构件的整体稳定性，必须分别进行弯矩作用平面内和弯矩作用平面外的稳定计算。

一、弯矩作用平面内的整体稳定性

压弯构件是介于轴心受压和梁之间的构件，其计算公式应尽量与两者相衔接，故目前多采用相关公式来确定构件的稳定承载力。

压弯构件在弯矩作用平面内相关公式是由截面受压边缘纤维刚达到屈服强度所得的相关公式推广修正而来的。

边缘屈服准则是以构件截面应力最大边缘纤维开始的荷载作为压弯构件的稳定承载力(见图 4-18(a)中的 a 点)。这时，构件截面仍处于弹性阶段。其准则表达式为

$$\frac{N}{A}+\frac{M_{\max}}{W_{1x}}=f_y \tag{4-43}$$

轴心压力 N 作用下总挠度对初始挠度(挠度曲线为正弦半波)的放大系数为 $1/(1-N/N_{Ex})$，其中 $N_{Ex}=\pi^2EA/\lambda_x^2$ 为欧拉临界力。N 对其他荷载作用下压弯构件的挠度放大系数，一般也可近似用此式表达。

现以受均匀弯矩的压弯构件(见图 4-18(b))为例说明(为简化不考虑初始挠度 y_0，这时 $Y=y$)。其平衡微分方程和挠度曲线如下

$$\frac{\mathrm{d}^2y}{\mathrm{d}z^2}+k^2y=\frac{-M}{EI} \tag{4-44}$$

式中，$k^2=N/EI$。

由边界条件可得构件中点最大挠度为

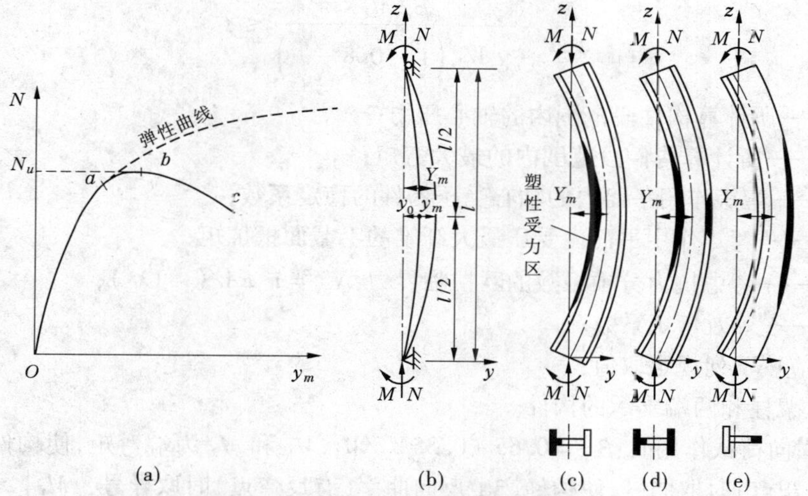

图 4-18　单向压弯构件在弯矩作用平面内的整体失稳

$$y_m \approx \delta_0 \frac{1}{1 - N/N_{Ex}} \tag{4-45}$$

式中，$\delta_0 = Ml^2/(8EI)$ 为不考虑 N 时受均匀弯矩 M 简支梁的跨度中点挠度，$1/(1 - N/N_{Ex})$ 为轴心压力 N 作用下的压弯构件挠度放大系数，是根据均匀弯矩作用的压弯构件导出的。对于其他任意荷载条件下的压弯构件，同样可以得到挠度放大系数近似为 $1/(1 - N/N_{Ex})$。

压弯构件由于轴心压力 N 作用，对弯矩 M_x 具有增大的影响，因此压弯构件实际作用的最大弯矩 $M_{\max}$ 与弯矩 M_x 相比，可以采用弯矩增大系数表示，即

$$M_{\max} = \frac{\beta_{mx} M_x}{1 - N/N_{Ex}} \tag{4-46}$$

式中，β_{mx} 称为弯矩修正系数或等效弯矩系数，$\beta_{mx}/(1 - N/N_{Ex})$ 即弯矩增大系数。

对于有初始缺陷的压弯构件，通常可以采用一个等效初始挠度 v_0^* 表示综合缺陷。由边缘纤维屈服准则得

$$\frac{N}{\varphi_x A} + \frac{\beta_{mx} M_x}{W_{1x}(1 - \varphi_x N/N_{Ex})} = f_y \tag{4-47}$$

式中　φ_x——在弯矩作用平面内的轴心受压构件整体稳定系数。

式(4-47)即为压弯构件按边缘屈服准则得出的相关公式。

构件截面受压边缘纤维屈服后，再适当考虑截面的塑性发展，在式(4-47)中第二项分母中引入截面塑性发展系数 γ_x，并将 N_{Ex} 改为 N'_{Ex} 引入抗力分项系数后得

$$\frac{N}{\varphi_x A} + \frac{\beta_{mx} M_x}{\gamma_x W_{1x}\left(1 - \varphi_x \frac{N}{N'_{Ex}}\right)} \leqslant f \tag{4-48a}$$

同时，通过对多种常用截面的计算表明，将式(4-48(a))中第二项分母中的 φ_x 取为 0.8，可提高计算精度与方便使用，因此《规范》规定实腹式压弯构件在弯矩作用(绕 x 轴)平面内的稳定性按下式计算

$$\frac{N}{\varphi_x A}+\frac{\beta_{mx}M_x}{\gamma_x W_{1x}\left(1-0.8\frac{N}{N'_{Ex}}\right)}\leqslant f \tag{4-48b}$$

式中　N——所计算构件段范围内的轴心压力；

M_x——所计算构件段范围内的最大弯矩；

φ_x——弯矩作用平面内的轴心受压构件的稳定系数；

W_{1x}——弯矩作用平面内受压最大纤维的毛截面抵抗矩；

N'_{Ex}——考虑抗力分项系数的欧拉临界力，$N'_{Ex}=\pi^2EA/(1.1\lambda_x^2)$；

β_{mx}——等效弯矩系数。

β_{mx}应按下列规定取值：

(1)框架柱和两端支承的构件。

①无横向荷载作用时：$\beta_{mx}=0.65+0.35M_2/M_1$，$M_1$ 和 M_2 为端弯矩，使构件产生同向曲率(无反弯点)时取同号，使构件产生反向曲率(有反弯点)时取异号，$|M_1|\geqslant|M_2|$。

②有端弯矩和横向荷载同时作用时：使构件产生同向曲率时，$\beta_{mx}=1.0$；使构件产生反向曲率时，$\beta_{mx}=0.85$。

③无端弯矩但有横向荷载作用时：$\beta_{mx}=1.0$。

(2)悬臂构件，$\beta_{mx}=1.0$。

对于T型钢、双角钢组成的T形等单轴对称截面压弯构件，当弯矩作用于对称轴平面而且使较大翼缘受压时，构件失稳出现的塑性区除存在前述受压区屈服和受压、受拉区同时屈服两种情况外，还可能在受拉区首先出现屈服而导致构件失去承载力，如图4-18(e)所示，故除按式(4-48b)计算外，还应按下式计算

$$\left|\frac{N}{A}-\frac{\beta_{mx}M_x}{\gamma_x W_{2x}\left(1-1.25\frac{N}{N'_{Ex}}\right)}\right|\leqslant f \tag{4-49}$$

式中　W_{2x}——受拉侧最外纤维的毛截面抵抗矩；

γ_x——与 W_{2x} 相应的截面塑性发展系数；

1.25——经过与理论计算结果比较后引进的修正系数。

二、弯矩作用平面外的整体稳定性

当压弯构件两个方向的刚度相差较大，且弯矩作用在刚度较大的平面内时，对这样的构件，当其侧向刚度较小又没有足够的支撑时，它就有可能首先产生侧向弯曲及扭转的屈曲而丧失承载力，我们常称此为弯矩作用平面外的稳定问题。

(一)单向压弯构件的平面外整体稳定

假定双轴对称截面的压弯构件没有弯矩作用平面外的初始几何缺陷(初挠度与初扭转)，从其平面外失稳的平衡微分方程可得到如下平面外弯扭屈曲的临界力相关方程为

$$\left(1-\frac{N}{N_{Ey}}\right)\left(1-\frac{N}{N_\theta}\right)-\frac{M_x^2}{M_{crx}^2}=0 \tag{4-50}$$

式中　N_{Ey}——构件绕 y 轴弯曲屈曲的临界力；

N_θ——构件绕 z 轴扭转屈曲的临界力；

M_{crx}——临界弯矩。

实际结构构件的情况远非如上各种规定那样简单理想。如果截面只有一个对称轴，扭转中心与截面形心不重合，平衡方程及其解的形式都会发生改变。此外，构件比较粗短时，可能发生弹塑性失稳；构件有初始几何缺陷时，平面外稳定承载力也将成为极值型的问题；当构件截面单轴对称而弯曲平面不在对称轴平面内，或者截面无对称轴时，构件在截面两主轴方向的弯曲失稳和纵轴的扭转失稳将耦联在一起。在这些情况下，通常采用数值解法或试验方法来确定构件的失稳临界力。

式(4-50)可绘成图 4-19 的形式，$\frac{N}{N_{Ey}} \sim \frac{M_x}{M_{crx}}$的曲线形式依赖于系数$\frac{N_\theta}{N_{Ey}}$。根据钢结构构件常用的截面形式分析，绝大多数情况$\frac{N_\theta}{N_{Ey}}$都大于 1.0，可以近似采用下列直线方程

$$\frac{N}{N_{Ey}} + \frac{M_x}{M_{crx}} = 1 \tag{4-51}$$

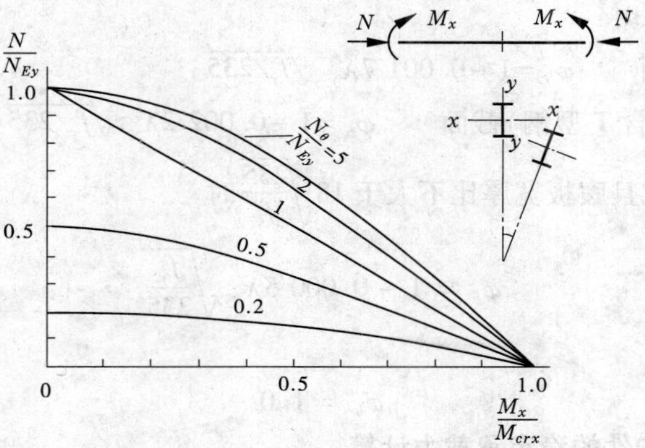

图 4-19　压弯构件弹性弯曲失稳相关曲线

将实际工程中计算表达式 $\varphi_y A f_y$ 和 $\varphi_b W_{1x} f_y$ 分别替换 N_{Ey}和 M_{crx}，并引入考虑弯矩非均匀分布时的弯矩等效系数 β_{tx}和截面影响系数 η 得到

$$\frac{N}{\varphi_y A f_y} + \eta \frac{\beta_{tx} M_x}{\varphi_b W_{1x} f_y} = 1 \tag{4-52}$$

在工程设计中，用强度设计值 f 代替屈服点 f_y，则式(4-52)成为

$$\frac{N}{\varphi_y A} + \eta \frac{\beta_{tx} M_x}{\varphi_b W_{1x}} \leqslant f \tag{4-53}$$

式中　M_x——所计算构件段范围内的最大弯矩；

β_{tx}——等效弯矩系数，应根据所计算构件段的荷载和内力情况确定，取值方法与弯矩作用于平面内的等效弯矩系数 β_{mx} 相同；

η——截面影响系数，箱形截面 $\eta = 0.7$，其他截面 $\eta = 1.0$；

φ_y——弯矩作用平面外的轴心受压构件稳定系数；

φ_b——均匀弯曲梁的整体稳定系数。

为了便于设计，规定对压弯构件的整体稳定系数 φ_b 采用近似计算公式。这些公式已考虑了构件的弹塑性失稳问题，因此当 φ_b 大于 0.6 时，不必再换算。

(1)工字形截面(含 H 型钢)。

双轴对称时

$$\varphi_b = 1.07 - \frac{\lambda_y^2}{44\,000}\frac{f_y}{235} \tag{4-54a}$$

当 $\varphi_b > 1.0$ 时，取 $\varphi_b = 1.0$。

单轴对称时

$$\varphi_b = 1.07 - \frac{W_{1x}}{(2\alpha_b + 0.1)Ah}\frac{\lambda_y^2}{14\,000}\frac{f_y}{235} \tag{4-54b}$$

当 $\varphi_b > 1.0$ 时，取 $\varphi_b = 1.0$。

式中 $\alpha_b = I_1/(I_1 + I_2)$，$I_1$ 和 I_2 分别为受压翼缘和受拉翼缘对 y 轴的惯性矩。

(2)T 形截面(弯矩作用在对称轴平面，绕 x 轴)。

弯矩使翼缘受压时：

双角钢 T 形截面　　$\varphi_b = 1 - 0.001\,7\lambda_y\sqrt{f_y/235}$　　(4-55a)

两板组合 T 形(含 T 型钢)截面　　$\varphi_b = 1 - 0.002\,2\lambda_y\sqrt{f_y/235}$　　(4-55b)

弯矩使翼缘受拉且腹板宽厚比不大于 $18\sqrt{\frac{235}{f_y}}$ 时

$$\varphi_b = 1 - 0.000\,5\lambda_y\sqrt{\frac{f_y}{235}} \tag{4-56}$$

(3)箱形截面。

$$\varphi_b = 1.0$$

(二)双向压弯构件的稳定承载力计算

双向压弯构件的稳定承载力与 N、M_x、M_y 三者的比例有关，无法给出解析解，只能采用数值解。对于实腹式构件，可给出实用计算公式。因为双向压弯构件当两方向弯矩很小时，应接近非理想压杆受压力时的情况；当某一方向的弯矩很小时，应接近平面压弯问题，因此稳定承载力计算可采用以下近似公式，即

$$\frac{N}{\varphi_x A} + \frac{\beta_{mx}M_x}{\gamma_x W_x\left(1 - 0.8\frac{N}{N'_{Ex}}\right)} + \eta\frac{\beta_{ty}M_y}{\varphi_{by}W_y} \leqslant f \tag{4-57a}$$

$$\frac{N}{\varphi_y A} + \frac{\beta_{my}M_y}{\gamma_y W_y\left(1 - 0.8\frac{N}{N'_{Ey}}\right)} + \eta\frac{\beta_{tx}M_x}{\varphi_{bx}W_x} \leqslant f \tag{4-57b}$$

式中 M_x、M_y——所计算构件段范围内对 x 轴(对于工字形截面和 H 型钢，x 轴为强轴)和 y 轴的最大弯矩；

φ_x、φ_y——对 x 轴和 y 轴的轴心受压构件稳定系数；

φ_{bx}、φ_{by}——均匀弯曲的受弯构件的整体稳定系数，按式(4-54)计算；

其他符号意义同前。

三、压弯构件的局部稳定

除圆管截面外，实腹式构件板件局部稳定都表现为受压翼缘和受有压应力作用的腹板的稳定。

实腹式压弯构件翼缘受力情况与轴心受压构件及受弯构件的受压翼缘基本相同。因此，采用受弯构件受压翼缘局部稳定性的控制方法。《规范》规定如下：

工字形和T形截面(见图4-20)翼缘外伸宽度与厚度之比为

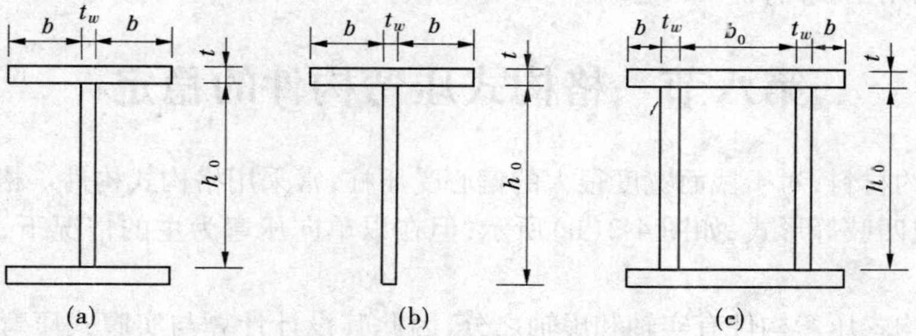

图4-20　实腹式压弯构件的截面

$$\frac{b}{t} \leqslant 13\sqrt{\frac{235}{f_y}} \tag{4-58}$$

当构件按弹性设计，即强度和稳定计算中取 $\gamma_x = 1.0$ 时，可放宽到 $b/t \leqslant 15\sqrt{235/f_y}$。

偏心受压构件工字形截面的腹板同时承受非均匀正应力和均布剪应力的作用，腹板的高厚比限值计算较为复杂，设计规范推荐使用的简化公式为

当 $0 \leqslant \alpha_0 \leqslant 1.6$ 时

$$\frac{h_0}{t_w} \leqslant (16\alpha_0 + 0.5\lambda_x + 25)\sqrt{\frac{235}{f_y}} \tag{4-59a}$$

当 $1.6 < \alpha_0 \leqslant 2.0$ 时

$$\frac{h_0}{t_w} \leqslant (48\alpha_0 + 0.5\lambda_x - 26.2)\sqrt{\frac{235}{f_y}} \tag{4-59b}$$

$$\alpha_0 = \frac{\sigma_{max} - \sigma_{min}}{\sigma_{max}}$$

式中　λ_x——构件在弯矩作用平面内的长细比，当 $\lambda_x < 30$ 时，取 $\lambda_x = 30$，当 $\lambda_x > 100$ 时，取 $\lambda_x = 100$；

σ_{max}——腹板计算高度边缘的最大压力，计算时不考虑构件的稳定系数和截面塑性发展系数；

σ_{min}——腹板计算高度另一边缘的应力，压应力取负，拉应力取正。

箱形截面的压弯构件腹板受力情况与工字形截面的腹板相同，考虑两块腹板受力可能不一致，而且翼缘对腹板的约束也不如工字形截面，因而箱形截面的宽厚比限值应按式(4-59)的右边乘以0.8后的值采用。当 $h_0/t_w < 40\sqrt{235/f_y}$ 时，应取 $h_0/t_w = 40\sqrt{235/f_y}$。

T 形截面的压弯构件腹板，当 $\alpha_0 \leq 1.0$（弯矩较小）时，T 形截面腹板中压应力分布比较均匀，其高厚比限值近似按翼缘板取值，即 $h_0/t_w \leq 15\sqrt{235/f_y}$；当 $\alpha_0 > 1.0$（弯矩较大）时，应力分布对稳定有利，高厚比限值可适当放宽，取 $h_0/t_w \leq 18\sqrt{235/f_y}$。

如果压弯构件腹板高厚比 h_0/t_w 不满足要求，可以调整腹板的厚度或高度；也可采用纵向加劲肋加强腹板，这时应验算纵向加劲肋与翼缘间腹板高厚比，特别在受压较大翼缘与纵向加劲肋之间的高厚比，应符合上述要求；还可以在计算构件的强度和稳定性时将腹板的截面仅考虑计算高度边缘范围内两侧宽度各为 $20t_w\sqrt{235/f_y}$ 的部分（计算构件的稳定系数时，仍用全截面）。

第八节　格构式压弯构件的稳定

为了节约材料，对于截面宽度很大的偏心受压柱，常采用格构式构件。格构式构件有双肢、三肢或四肢等形式，如图 4-2（b）所示，但在以单向压弯为主的情况下，通常采用双肢的形式。

由于格构式压弯构件有实轴和虚轴之分，因此其设计计算与实腹式压弯构件有一定差异。进行强度计算时，格构式压弯构件当弯矩绕着截面虚轴作用时，应以截面边缘纤维屈服（即弹性极限状态）作为构件的强度设计依据，相应于截面虚轴的塑性发展系数 $\gamma = 1.0$。在稳定计算和刚度计算中涉及到绕虚轴的长细比，要采用换算长细比，换算长细比按轴心受压格构式构件中的方法计算。这类构件整体稳定计算方法与实腹式压弯构件差异较大，是本节主要介绍的内容。

一、整体稳定计算

双肢压弯格构式构件的截面一般是绕虚轴（通常记为 x 轴）的惯性矩和截面模量较大，该轴是弯曲轴。弯矩作用平面内的稳定性计算，采用式（4-48）计算，但取式中截面塑性发展系数 $\gamma_x = 1.0$。通常在计算格构式构件绕虚轴的截面模量 $W_x = I_x/y_0$ 时，y_0 按图 4-21（b）、（c）、（d）的规定取用。需要注意式中轴心受压构件的整体稳定系数 φ_x，应按换算长细比 λ_{x0} 计算。弯矩作用平面外的稳定性，将转变为单肢在弯矩作用平面外的稳定计算，详见单肢稳定计算。

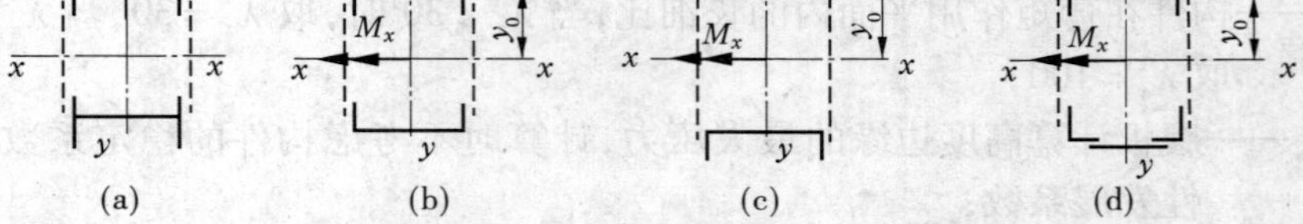

图 4-21　格构式压弯构件截面

工程上可能出现以实轴（通常记为 y 轴）为弯曲轴的情况见图 4-21（a）。此时，弯矩作用平面内外的稳定计算均与实腹式构件相同。

二、单肢稳定计算

弯矩绕虚轴作用的格构式压弯构件,可能因弯矩作用平面外的刚度(即对实轴的刚度)不足而失稳,但其失稳形式与实腹式压弯构件不尽相同。实腹式压弯构件在弯矩作用平面外失稳通常呈现弯扭屈曲变形,而格构式压弯构件由于缀件比较柔弱,在较大的压力作用下,构件趋向弯矩作用平面外弯曲时,分肢之间的整体性不强,以致呈现为单肢失稳。因此,弯矩绕虚轴作用的格构式压弯构件在弯矩作用平面外的整体稳定计算用各个分肢的稳定计算代替。

如图 4-22 所示,可将构件视为一个平行弦桁架,构件的两个分肢视为桁架的弦杆,将压力和弯矩分配到两个分肢,每个分肢按轴心受压构件计算。若各分肢的两个主轴方向稳定得到保证,则整个构件在弯矩作用平面外的整体稳定也就得到保证。

两分肢的轴心力应按下列公式计算(见图 4-22):

分肢 1 $$N_1 = N\frac{y_2}{c} + \frac{M_x}{c} \tag{4-60a}$$

分肢 2 $$N_2 = N - N_1 \tag{4-60b}$$

缀条式压弯构件的分肢按轴心受压构件计算。分肢的计算长度,在缀材平面内(见图 4-22 中的 1—1 轴)取缀条体系的节间长度;在缀条平面外,取整个构件两侧向支承点间的距离。

当缀材采用缀板时,分肢除受轴心力 N_1(或 N_2)作用外,还应考虑剪力作用引起的局部弯矩,按实腹式压弯构件验算单肢的稳定性。

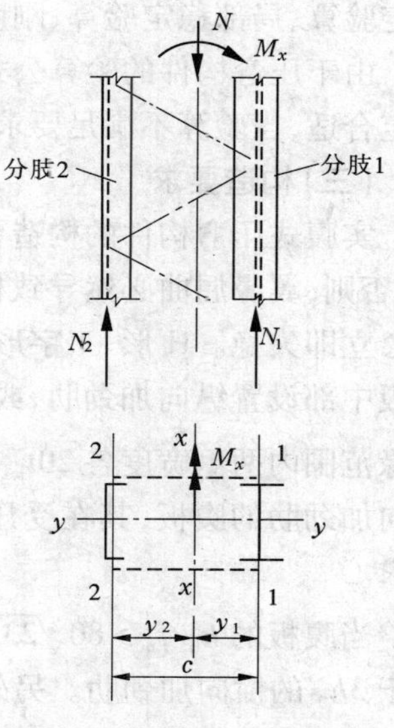

图 4-22　分肢的内力计算

三、缀材的计算

格构式压弯构件的缀材计算方法与格构式轴心受压构件相同。这里不再赘述。

第九节　偏心受压柱设计

一、偏心受压实腹柱设计

(一)设计原则

实腹式压弯构件的截面设计应满足强度、刚度、整体稳定、局部稳定的要求。通常根据压弯构件的受力大小和方向、使用要求、构造要求,选择截面形式。在满足局部稳定和使用与构造要求时,截面应做得轮廓尺寸大而板件较薄,以获得较大的惯性矩和回转半径,充分发挥钢材的有效性,从而节约钢材。同时,为取得较好的经济效果,宜使弯矩作用平面内和平面外的整体稳定性相接近,即等稳定性。对于单向压弯构件,根据弯矩的大小,使截面的高度适当大于宽度,以减小弯曲应力。

(二)设计步骤

(1)确定压弯构件的内力设计值,包括弯矩、轴心压力、剪力。

(2)选择截面的形式,实腹式压弯构件的截面可参考第一节给出的形式。

(3)确定钢材及其强度设计值。

(4)计算弯矩作用平面内和平面外的计算长度 l_{0x} 和 l_{0y}。

(5)结合经验或参照已有资料,初选截面尺寸。

(6)验算截面,包括强度验算、弯矩作用平面内整体稳定验算、弯矩作用平面外整体稳定验算、局部稳定验算、刚度验算等。

由于压弯构件的验算公式中所牵涉到的未知量较多,根据估计所初选的截面尺寸不一定合适,当验算不满足要求时,往往需要进行多次调整,直到满足计算要求。

(三)构造要求

实腹式压弯构件的构造要求同轴心受压构件。其翼缘宽厚比必须满足局部稳定的要求,否则,翼缘屈曲必然导致构件整体失稳。但当腹板屈曲时,由于存在屈曲后强度,构件不会立即失稳。H 形、工字形和箱形截面当腹板的高厚比不满足局部稳定性要求时,可在腹板中部设置纵向加劲肋,或在计算构件的强度和稳定时,将腹板的截面仅考虑计算高度边缘范围内两侧宽度各 $20t_w\sqrt{235/f_y}$ 的部分(计算构件的稳定系数时仍用全截面),设置纵向加劲肋的腹板,其在受压较大翼缘与纵向加劲肋之间的高厚比应符合局部稳定性要求。

当腹板的 $h_0/t_w > 80\sqrt{235/f_y}$ 时,为防止腹板在施工和运输中发生变形,应设置间距不大于 $3h_0$ 的横向加劲肋。另外,设有纵向加劲肋的同时也应设置横向加劲肋。

大型实腹式柱在受有较大水平力处和运送单元的端部应设置横隔,保证截面形状不变,提高构件的抗扭刚度,防止施工和运输过程中变形。若构件较长,则应设置中间横隔,其间距不得大于构件截面较大宽度的 9 倍或 8 m。

【例 4-3】 如图 4-23 所示双轴对称焊接工字形截面压弯构件的截面。已知翼缘板为剪切边,截面无削弱。承受的荷载设计值为:轴心压力 $N = 850$ kN,构件跨度中点横向集中荷载 $F = 180$ kN。构件长 $l = 10$ m,两端铰接并在两端和跨中各设有一侧向支承点。材料用 Q235BF 钢。试验算该截面。

解:(1)截面的几何特征。

截面面积为

$$A = 2bt + h_w t_w = 2 \times 40 \times 1.4 + 50 \times 0.8 = 152(\text{cm}^2)$$

惯性矩为

$$I_x = \frac{1}{12}bh^3 - \frac{1}{12}(b - t_w)h_w^3$$

$$= \frac{1}{12} \times 40 \times 52.8^3 - \frac{1}{12} \times (40 - 0.8) \times 50^3$$

$$= 82\ 327(\text{cm}^4)$$

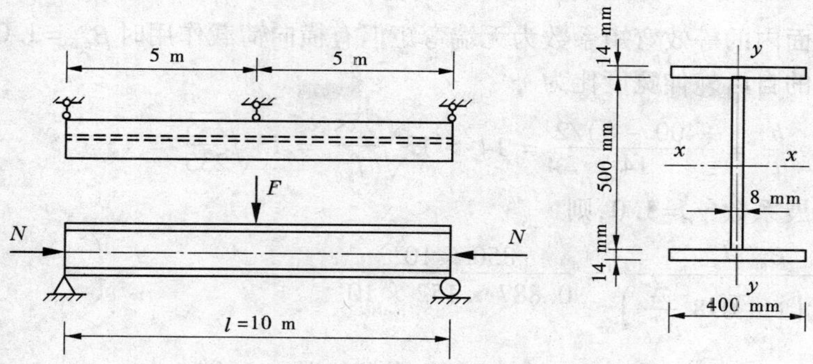

图 4-23　例 4-3 计算简图

$$I_y \approx 2 \times \frac{1}{12}tb^3 = \frac{1}{6} \times 1.4 \times 40^3 = 14\,933(\mathrm{cm}^4)$$

回转半径为

$$i_x = \sqrt{\frac{I_x}{A}} = \sqrt{\frac{83\,237}{152}} = 23.4(\mathrm{cm})$$

$$i_y = \sqrt{\frac{I_y}{A}} = \sqrt{\frac{14\,933}{152}} = 9.91(\mathrm{cm})$$

弯矩作用平面内受压纤维的毛截面抵抗矩为

$$W_{1x} = W_x = \frac{2I_x}{h} = \frac{2 \times 82\,327}{52.8} = 3\,118(\mathrm{cm}^3)$$

(2)验算强度。

最大弯矩设计值为

$$M_x = \frac{1}{4}Fl = \frac{1}{4} \times 180 \times 10 = 450(\mathrm{kN \cdot m})$$

$$\frac{N}{A_n} + \frac{M_x}{\gamma_x W_{nx}} = \frac{850 \times 10^3}{152 \times 10^2} + \frac{450 \times 10^6}{1.05 \times 3\,118 \times 10^3} = 193.4(\mathrm{N/mm^2}) < f = 215\ \mathrm{N/mm^2}$$

(3)弯矩作用平面内的稳定。

弯矩作用平面内计算长度　　$l_{0x} = 10\ \mathrm{m}$

长细比　　$\lambda_x = \frac{l_{0x}}{i_x} = \frac{10 \times 10^2}{23.4} = 43.0$

由表 4-3 知翼缘板为剪切边的焊接工字形截面构件对 x 轴屈曲时属 b 类截面，对弱轴 y 轴屈曲时属 c 类截面。

稳定系数 $\varphi_x = 0.887$(b 类截面，查附表 3-2)。

欧拉临界力为

$$N'_{Ex} = \frac{\pi^2 EA}{(1.1\lambda_x)^2} = \frac{\pi^2 \times 206 \times 10^3 \times 152 \times 10^2}{(1.1 \times 43)^2} \times 10^{-3} = 13\,813(\mathrm{kN})$$

$$\frac{N}{N'_{Ex}} = \frac{850}{13\,813} = 0.061\,5$$

弯矩作用平面内的等效弯矩系数为无端弯矩但有横向荷载作用时 $\beta_{mx}=1.0$。

受压翼缘板的自由外伸宽度比为

$$\frac{b}{t}=\frac{(400-8)/2}{14}=14>13\sqrt{\frac{235}{f_y}}=13\sqrt{\frac{235}{235}}=13$$

故取截面塑性发展系数 $\gamma_x=1.0$，则

$$\frac{N}{\varphi_x A}+\frac{\beta_{mx}M_x}{\gamma_x W_{1x}\left(1-0.8\dfrac{N}{N'_{Ex}}\right)}=\frac{850\times10^3}{0.887\times152\times10^2}+$$

$$\frac{1.0\times450\times10^6}{1.0\times3\,118\times10^3\times(1-0.8\times0.061\,5)}$$

$$=63.0+151.8=214.8(\text{N/mm}^2)<f=215\ \text{N/mm}^2$$

满足要求。

(4)弯矩作用平面外的稳定。

弯矩作用平面外计算长度　　$l_{0y}=5\ \text{m}$

长细比　　$\lambda_y=\dfrac{l_{0y}}{i_y}=\dfrac{5\times10^2}{9.91}=50.5$

稳定系数 $\varphi_y=0.772$（c 类截面，查附表 3-3）。

受弯构件整体稳定系数近似值为

$$\varphi_b=1.07-\frac{\lambda_y^2}{44\,000}\frac{f_y}{235}=1.07-\frac{50.5^2}{44\,000}\times\frac{235}{235}=1.012>1.0$$

取 $\varphi_b=1.0$。

构件在两相邻侧向支承点间无横向荷载作用，弯矩作用平面外的等效弯矩系数为

$$\beta_{tx}=0.65+0.35\frac{M_2}{M_1}=0.65+0.35\times\frac{0}{M_1}=0.65$$

$$\frac{N}{\varphi_y A}+\frac{\beta_{tx}M_x}{\varphi_b W_{1x}}=\frac{850\times10^3}{0.772\times152\times10^2}+\frac{0.65\times450\times10^6}{1.0\times3\,118\times10^3}$$

$$=72.4+93.8=166.2(\text{N/mm}^2)<f=215\ \text{N/mm}^2$$

满足要求。

(5)局部稳定性。

①受压翼缘板。

受压翼缘板的自由外伸宽厚比为

$$\frac{b}{t}=14<15\sqrt{235/f_y}=15$$

满足要求。

②腹板。

腹板计算高度边缘的最大压应力为

$$\sigma_{\max}=\frac{N}{A}+\frac{M_x}{I_x}\frac{h_0}{2}=\frac{850\times10^3}{152\times10^2}+\frac{450\times10^6}{82\,327\times10^4}\times\frac{500}{2}$$

$$=55.9+136.7=192.6(\text{N/mm}^2)$$

腹板计算高度另一边缘相应的应力为

$$\sigma_{\min} = \frac{N}{A} - \frac{M_x}{I_x}\frac{h_0}{2} = 55.9 - 136.7 = -80.8(\mathrm{N/mm^2})(拉应力)$$

应力梯度为

$$\alpha_0 = \frac{\sigma_{\max} - \sigma_{\min}}{\sigma_{\max}} = \frac{192.6 - (-80.8)}{192.6} = 1.42$$

腹板计算高度 h_0 与其厚度 t_w 值比的容许值为

$$\left[\frac{h_0}{t_w}\right] = (16\alpha_0 + 0.5\lambda_x + 25)\sqrt{\frac{235}{f}} = (16 \times 1.42 + 0.5 \times 43 + 25)\sqrt{\frac{235}{235}} = 69.22$$

实际为

$$\frac{h_0}{t_w} = \frac{500}{8} = 62.5 < \left[\frac{h_0}{t_w}\right] = 69.22$$

满足要求。

(6)刚度。

构件的最大长细比为

$$\lambda_{\max} = \max\{\lambda_x, \lambda_y\} = \lambda_y = 50.5 < [\lambda] = 150$$

故通过上述验算,构件截面适合。

二、偏心受压格构柱设计

为了节约材料,对于截面宽度很大的偏心受压柱,常采用格构式构件。根据受力情况和使用要求,偏心受压格构柱可以是双轴对称截面或单轴对称截面。由于弯矩作用平面内的截面宽度一般较大,所以柱肢间常采用缀条连接。

截面设计可按以下步骤进行:

(1)确定压弯构件的内力设计值,包括弯矩、轴心压力、剪力。

(2)选择截面的形式。

(3)确定钢材及其强度设计值。

(4)计算弯矩作用平面内和平面外的计算长度 l_{0x}、l_{0y}。

(5)计算换算长细比。

(6)结合经验或参照已有资料,初选截面尺寸。

(7)验算截面,包括强度验算、弯矩作用平面内整体稳定验算、弯矩作用平面外整体稳定验算、局部稳定验算、刚度验算等。

【例 4-4】 有一单向压弯格构式双肢缀条柱,其缀条和截面的规格尺寸如图 4-24 所示,截面无削弱,材料采用 Q235 钢。承受的荷载设计值为:轴心压力 $N = 400$ kN,弯矩 $M_x = \pm 120$ kN·m,剪力 $V = 30$ kN,柱高 $H = 6.0$ m,在弯矩作用平面内,上端为有侧移的弱支撑,下端固定,其计算长度 $l_{0x} = 8.0$ m,在弯矩作用平面外,柱两端铰接,计算长度 $l_{0y} = H = 6.0$ m。焊条 E 43型,手工焊。试验算该柱。

解:(1)柱截面几何特性参数。

2[22a 的截面面积为

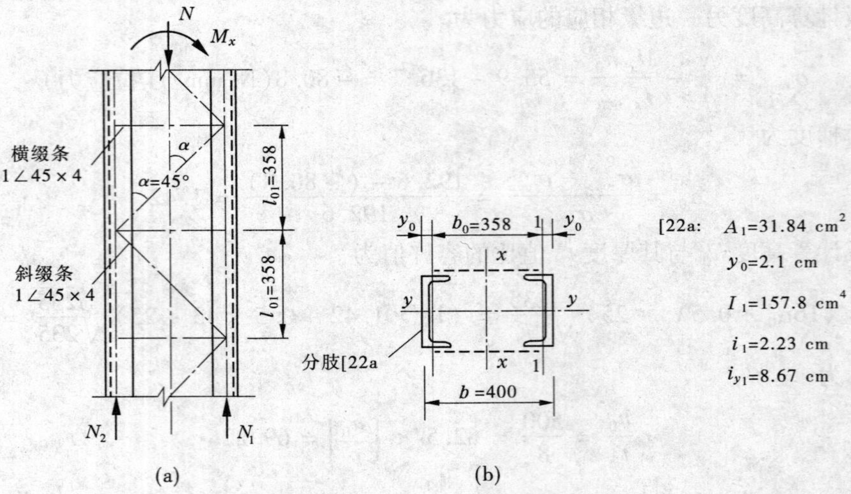

图 4-24　例 4-4 计算简图　（单位：mm）

$$A = 2A_1 = 2 \times 31.84 = 63.68(\text{cm}^2)$$

惯性矩为

$$I_x = 2 \times \left[I_1 + A_1 \left(\frac{b_0}{2} \right)^2 \right] = 2 \times \left[157.8 + 31.84 \times \left(\frac{40 - 2 \times 2.1}{2} \right)^2 \right] = 20\,719\ (\text{cm}^4)$$

回转半径为

$$i_x = \sqrt{\frac{I_x}{A}} = \sqrt{\frac{20\,719}{63.68}} = 18.04(\text{cm})$$

抵抗矩为

$$W_x = \frac{2I_x}{b} = \frac{2 \times 20\,719}{40} = 1\,035.95(\text{cm}^3)\quad（验算强度时用）$$

$$W_{1x} = \frac{I_x}{y_1} = \frac{I_x}{b/2} = W_x = 1\,035.95(\text{cm}^3)\quad（验算稳定时用）$$

式中，y_1 为由 x 轴到压力较大的轴线距离或到压力较大分肢腹板边缘的距离，取其较大者。

(2)弯矩作用平面内的整体稳定性验算。

对弯矩绕虚轴 x 轴作用的格构式压弯构件，其弯矩作用平面内的整体性应按下式计算

$$\frac{N}{\varphi_x A} + \frac{\beta_{mx} M_x}{W_{1x}\left(1 - \varphi_x \dfrac{N}{N'_{Ex}}\right)} \leqslant f$$

长细比为

$$\lambda_x = \frac{l_{0x}}{i_x} = \frac{8.0 \times 10^2}{18.04} = 44.3$$

垂直于 x 轴的缀条∠45×4 毛截面面积之和为

$$A_{1x} = 2 \times 3.49 = 6.98(\text{cm}^2)$$

换算长细比为

$$\lambda_{0x} = \sqrt{\lambda_x^2 + 27\frac{A}{A_{1x}}} = \sqrt{44.3^2 + 27 \times \frac{63.68}{6.98}} = 47$$

稳定系数 $\varphi_x = 0.870$（b 类截面，查附表 3-2）。

欧拉临界力为

$$N'_{Ex} = \frac{\pi^2 EA}{(1.1\lambda_{0x})^2} = \frac{\pi^2 \times 206 \times 10^3 \times 63.68 \times 10^2}{(1.1 \times 47)^2} \times 10^{-3} = 4\,844(\text{kN})$$

$$\varphi_x \frac{N}{N'_{Ex}} = 0.870 \times \frac{400}{4\,844} = 0.071\,8$$

在弯矩作用平面内柱上端有侧移，属于弱支撑，取相应的等效弯矩系数 $\beta_{mx} = 1.0$，则

$$\frac{N}{\varphi_x A} + \frac{\beta_{mx} M_x}{W_{1x}\left(1 - \varphi_x \frac{N}{N'_{Ex}}\right)} = \frac{400 \times 10^3}{0.870 \times 63.68 \times 10^2} + \frac{1.0 \times 120 \times 10^6}{1\,035.95 \times 10^3 \times (1 - 0.071\,8)}$$

$$= 72.2 + 124.8 = 197(\text{N/mm}^2) < f = 215\ \text{N/mm}^2$$

弯矩作用平面外的整体稳定计算用分肢的稳定计算代替。

(3)分肢稳定计算。

轴心压力为

$$N_1 = \frac{N}{2} + \frac{M_x}{b_0} = \frac{400}{2} + \frac{120 \times 10^2}{40 - 2 \times 2.1} = 535.2(\text{kN})$$

分肢对 1—1 轴的计算长度 l_{01} 和长细比 λ_1 分别为

$$l_{01} = 35.8\ \text{cm}$$

$$\lambda_1 = \frac{l_{01}}{i_1} = \frac{35.8}{2.23} = 16.1$$

分肢对 y 轴的长细比 λ_{y1} 为

$$\lambda_{y1} = \frac{l_{0y}}{i_{y1}} = \frac{6.0 \times 10^2}{8.67} = 69.2 > \lambda_1 = 16.1$$

按 $\lambda_{y1} = 69.2$ 查附录三，得分肢稳定系数 $\varphi_1 = 0.756$，则

$$\frac{N_1}{\varphi_1 A_1} = \frac{535.2 \times 10^3}{0.756 \times 31.84 \times 10^2} = 222.3(\text{N/mm}^2) > f = 215\ \text{N/mm}^2$$

虽大于 f 但不超过 5%，故安全。

不必验算分肢的局部稳定性（钢材 Q235 的热轧普通槽钢，其局部稳定性有保证）。

(4)刚度验算。

最大长细比　$\lambda_{max} = \max\{\lambda_{0x}, \lambda_1, \lambda_{y1}\} = \lambda_{y1} = 69.2 < [\lambda] = 150$

满足要求。

柱截面无削弱且 $\beta_{mx} = 1.0$ 和 $W_{1x} = W_x$，强度不必计算。

(5)缀条验算。

柱的计算剪力为

$$V = \frac{Af}{85}\sqrt{\frac{f_y}{235}} = \frac{2 \times 31.84 \times 10^2 \times 215}{85}\sqrt{\frac{235}{235}} \times 10^{-3} = 16.1(\text{kN})$$

小于柱的实际剪力 $V=30$ kN，计算缀条内力时取 $V=30$ kN。

每个缀条截面承担的剪力为

$$V_1 = \frac{1}{2}V = \frac{1}{2}\times 30 = 15\ (\text{kN})$$

①缀条的内力。

按平行弦桁架的腹杆计算为

$$N_1 = \frac{V_1}{\sin\alpha} = \frac{15}{\sin 45^\circ} = 21.2(\text{kN})$$

②缀条截面验算。

缀条按轴心受压构件计算：

缀条计算长度为

$$l_d \approx \frac{b_0}{\sin\alpha} = \frac{40-2\times 2.1}{\sin 45^\circ} = 50.6(\text{cm})$$

缀条 1∠45×4 的几何参数为

$$A_d = 3.49\ \text{cm}^2 \qquad i_{\min} = i_{y0} = 0.89\ \text{cm}$$

$$\lambda_d = \frac{l_d}{i_{\min}} = \frac{50.6}{0.89} = 56.85 \qquad \varphi_d = 0.822$$

$$\frac{N_1}{\varphi_d A_d} = \frac{21.2\times 10^3}{0.822\times 349} = 73.9 < \eta f = 0.685\times 215 = 147.3(\text{N/mm}^2)$$

式中，η 为单面连接等边角钢强度折减系数，其值为

$$\eta = 0.6 + 0.0015\lambda = 0.6 + 0.0015\times 56.85 = 0.685$$

满足要求。

从上述计算结果可以看出，该柱的截面和缀件选择合适。

第十节 梁柱连接

柱的顶部与梁（或桁架）连接的部分称为柱头，其作用是将梁等上部结构的荷载传递到柱身。轴心受压柱是一根独立的构件，与梁的连接应为铰接，否则产生弯矩作用，使柱成为压弯构件。按照与梁连接的位置不同，有两种连接方式：一种是将梁直接放在柱顶上，谓之顶面连接；另一种是将梁连接于侧面，谓之侧面连接。连接构造设计的原则是：传力明确、可靠、简捷，便于制造安装，经济合理。

一、顶面连接

顶面连接通常是将梁安放在焊于柱顶面的柱顶板上（见图 4-25(a)～(d)）。按照梁的支承方式不同，又有以下两种做法：

(1)梁端支承加劲肋采用突缘板形式，底部刨平（或铣平），与柱顶板顶紧。

这种连接即使两相邻梁的支座反力不相等，对柱引起的偏心也很小，柱仍接近轴心受压状态，是一种较好的轴心受压柱—梁连接形式。顶板厚度一般采用 16～25 mm。

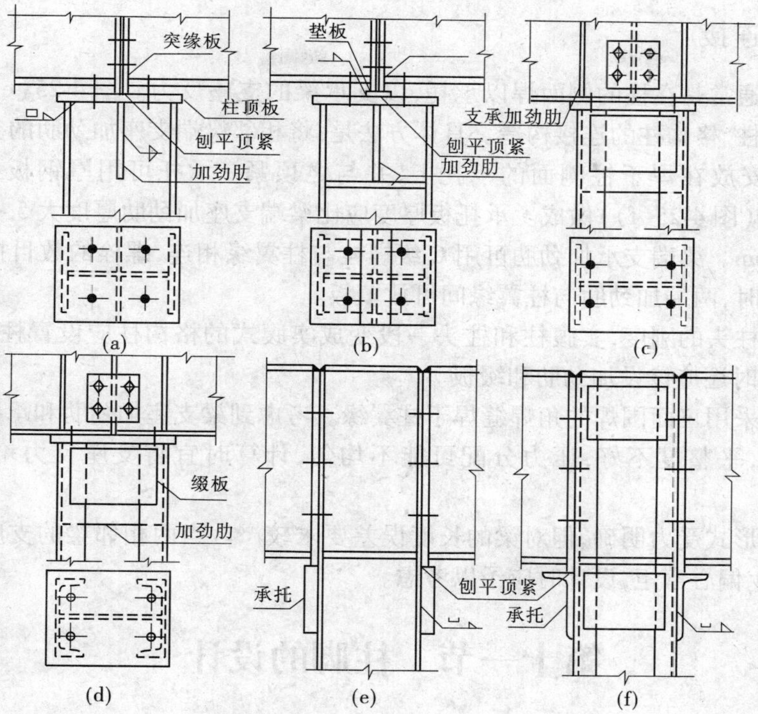

图 4-25　轴心受压柱柱头

当梁的支座反力较大时，可以对着梁端支座加劲肋位置，在柱腹板上、顶板下面焊一对加劲肋以加强腹板；加劲肋与顶板可以焊接，也可以刨平顶紧，以便更好地将梁支座反力传至柱身，这种做法利用承压可以传递更大的压力。当梁的支座反力更大时，为了加强刚度，常在柱顶板中心部位加焊一块垫板（见图 4-25（b））。有时为了增加柱腹板的稳定性，在柱的腹板上再设水平加劲肋。

柱顶板平面尺寸一般向柱四周外伸 20～30 mm，以便与柱焊接。为了便于制造和安装，两相邻梁相接处预留 10～20 mm 间隙，等安装就位后，在靠近梁下翼缘处的梁支座加劲肋间填以钢板，并用螺栓相连。这样既可使梁相互连接，又可避免梁弯曲时由于弹性约束而产生支座弯矩。

（2）梁端支承加劲肋对准柱的翼缘放置，使梁的支座反力通过承压直接传给柱翼缘。

这种采用与中间加劲肋相似的形式构造简单、施工方便，适用于相邻梁的支座反力相等或差值较小的情况。当支座反力不等且相差较大时，柱将产生较大的偏心距，设计时应予考虑。两相邻梁可在安装就位后，用连接板和螺栓在靠近下翼缘处连接起来。

当轴心受压柱为格构式时，可在柱的两分肢腹板内侧中央焊一块加劲肋（或称竖隔板），使格构式柱在柱头一段变为实腹式。这样，格构柱与梁的顶面连接构造可与实腹柱作同样处理（见图 4-25（d））。

无论采用哪种形式，每个梁端都应采用两个螺栓将梁下翼缘与柱顶板加以连接，使其位置固定在柱顶板上。

二、侧面连接

侧面连接通常是在柱的侧面焊以承托，以支承梁的支座反力。图 4-25(e)、(f)分别表示梁与实腹柱、格构柱的连接构造。具体方法是：将相邻梁端支座加劲肋的突缘部分刨平（或铣平），安放在焊于柱侧面的承托上，并与之顶紧。承托可用厚钢板（见图 4-25(e)）或厚角钢（图 4-25(f)）做成。承托板厚度应比梁端支座加劲肋厚度大 5 ~ 10 mm，一般为 25 ~ 40 mm。梁端支承加劲肋可用 C 级螺栓与柱翼缘相连，螺栓的数目按照构造要求布置。必要时，两端加劲肋与柱翼缘间可放填板。

为了加强柱头的刚度，实腹柱和柱头一段变成实腹式的格构柱应设置柱顶板（起横隔作用），必要时还应该设加劲肋和缀板。

承托通常采用三面围焊的角焊缝焊于柱翼缘。考虑到梁支座加劲肋和承托的端面由于加工精度差，平整度不好，压力分配可能不均匀，计算时宜将支座反力增加 25% ~ 30%。

侧面连接形式受力明确，但对梁的长度误差要求较严。当两相邻梁的支座反力不相等时，对柱产生偏心弯矩，设计时应予以考虑。

第十一节　柱脚的设计

柱下端与基础相连的部分称为柱脚。柱脚的作用是将柱身所受的力传递和分布到基础，并将柱固定于基础。基础一般由钢筋混凝土或混凝土做成，强度远远低于钢材。因此，必须将柱身的底端扩大，以增加与基础接触的面积，使接触面上承压力小于或等于基础的抗压强度。这就要求柱脚应有一定的宽度和长度，也应有一定的刚度和强度，使柱身压力比较均匀地传递到基础。所以，柱脚构造比较复杂，用钢量较大，制造比较费工。柱脚设计时应当做到传力明确、可靠、简捷、构造简单、节约材料、施工方便，并符合计算模型和简图。

一、轴心受压柱的柱脚形式和构造

轴心受压柱的柱脚一般设计成铰接，通常由底板、靴梁、肋板和锚栓等组成。图 4-26 是常用的铰接柱脚的几种形式，用于轴心受压柱。当柱轴力较大时，需要在底板上采取加劲措施，以防在基础反力作用下底板抗弯刚度不够。

当柱轴力较小时，可采用图 4-26(a)的形式，柱通过焊缝将压力传给底板，底板将此压力扩散至混凝土基础。底板是柱脚不可缺少的部分，在轴心受压柱柱脚中，底板接近正方形。

一般情况下，还应当保证柱端与底板间有足够长的传力焊缝。这时，常用的柱脚形式如图 4-26(b)、(c)、(d)所示。柱端通过竖焊缝将力传给靴梁，靴梁通过底部焊缝将压力传给底板。靴梁成为放大的柱端，不仅增加了传力焊缝的长度，也将底板分成较小的区格，减小了底板在反力作用下的最大弯矩值。采用靴梁后，当底板区格仍较大因而弯矩值较大时，可再采用隔板与肋板，这些加劲板又起到了提高靴梁稳定性的作用。图 4-26(c)

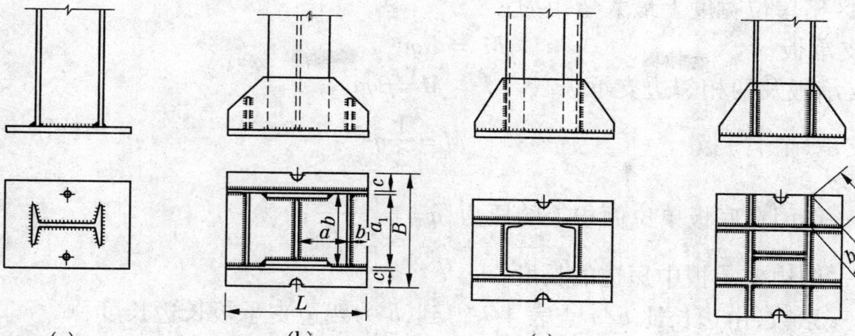

图 4-26　铰接柱脚

是仅采用靴梁的形式，图 4-26(b)和(d)是分别采用了隔板与肋板的形式。靴梁、隔板、肋板等都应有一定的刚度。此外，在设计柱脚焊缝时，要注意施工的可能性，如柱端、靴梁、隔板等围成的封闭框内，有些地方不能布置受力焊缝。

柱脚通过锚栓固定在基础上。铰接柱脚一般只沿着一条轴线设置两个连接于底板上的锚栓，以使柱端能绕此轴线转动；当柱端绕另一轴线转动时，由于锚栓固定在底板上，底板抗弯刚度很小，在受拉锚栓下的底板会产生弯曲变形，对柱端转动的阻力不大，接近于铰接。底板上的锚栓孔的直径应比锚栓直径大 1 ~ 1.5 mm，待柱就位并调整到设计位置后，再用垫板套住锚栓并与底板焊牢。垫板上的孔径只比锚栓直径大1 ~ 2 mm。在铰接柱脚中，锚栓不需计算，按构造设置。

二、轴心受压柱柱脚计算

轴心受压柱柱脚是一个受力复杂的空间结构，计算时通常作适当的简化，对底板、靴梁和隔板等分别进行计算。

1. 底板的计算

底板的计算包括底板平面尺寸和厚度。

1)底板的平面尺寸

底板与基础之间接触面上的压应力可假定是均匀分布的，底板长度 L 和宽度 B 按下式确定

$$LB \geqslant \frac{N}{\beta_1 f_c} + A_0 \tag{4-61}$$

式中　N——柱的轴心压力；

f_c——基础所用钢筋混凝土抗压强度设计值；

β_1——混凝土局部承压强度提高系数；

A_0——锚栓孔的面积。

2)底板厚度

底板的厚度由底板在基础的反力作用下产生的弯矩计算决定。靴梁、肋板、隔板和柱的端面等均可作为底板的支承边，将底板分成几块各种支承形式的区格，其中有四边支承、三边支承、两相邻边支承和一边支承(见图 4-26(b)、(d))。在均匀分布的基础反力

作用下,各区格单位宽度上最大弯矩为:

四边支承板　　$M = \alpha q a^2$　　(4-62)

三边支承板及两相邻边支承板　　$M = \beta q a_1^2$　　(4-63)

一边支承(悬臂)板　　$M = \frac{1}{2} q c^2$　　(4-64)

式中　q——作用在底板单位面积上的压力,$q = \frac{N}{LB - A_0}$;

a——四边支承板中短边的长度;

α——系数,由边长比 b/a 查表 4-7 得到,b 为四边支承板长边长度;

a_1——三边支承板中自由边长度或两相邻边支承中对角线长度;

β——系数,由边长比 b_1/a_1 查表 4-8 得到,b_1 为三边支承板中垂直于自由边方向的长度或两相邻边支承板中内角顶点至对角线的垂直距离,当三边支承板的 $b_1/a_1 \leqslant 0.3$ 时,按照悬臂长为 b_1 的悬臂板计算;

c——悬臂长度。

表 4-7　四边支承板弯矩系数 α

b/a	1.0	1.1	1.2	1.3	1.4	1.5	1.6
α	0.047 9	0.055 3	0.062 6	0.069 3	0.075 3	0.081 2	0.086 2
b/a	1.7	1.8	1.9	2.0	2.5	3.0	≥4.0
α	0.090 8	0.094 8	0.098 5	0.101 7	0.113 2	0.118 9	0.125

表 4-8　三边支承板及两相邻边支承板弯矩系数 β

b_1/a_1	0.3	0.35	0.4	0.45	0.5	0.55	0.6	0.65	0.7	0.75
β	0.027 3	0.035 5	0.043 9	0.052 2	0.060 2	0.067 7	0.074 7	0.081 2	0.087 1	0.092 4
b_1/a_1	0.8	0.85	0.9	0.95	1.0	1.1	1.2	1.3	≥1.4	
β	0.097 2	0.101 5	0.105 3	0.108 7	0.111 7	0.116 7	0.120 5	0.123 5	0.125 0	

取各区格弯矩中的最大值 M_{max} 来计算板的厚度,即

$$t = \sqrt{\frac{6M_{max}}{f}} \tag{4-65}$$

2. 焊缝计算

柱的压力一部分由柱身通过焊缝传给靴梁、肋板或隔板,再传给柱底板;另一部分则直接通过柱端与底板之间的焊缝传给底板。但制作柱脚时,柱端不一定平齐,有时为控制标高,柱端与底板之间可能出现较大的且不均匀的缝隙,因此柱端与底板之间的焊缝质量不一定可靠;而靴梁、隔板和肋板的底边可预先刨平,拼装时可任意调整位置,使之与底板密合,它们与底板间的焊缝质量是可靠的。所以,计算时可偏安全地假定柱端与底板间的焊缝不受力,靴梁、隔板、肋板与底板的角焊缝则可按柱的轴心压力 N 计算;柱与靴梁间的角焊缝也按受力 N 计算。角焊缝厚度由下式计算

$$h_f = \frac{N}{0.7\sum l_w \times 1.22f_f^w} \tag{4-66}$$

式中　$\sum l_w$——焊缝的总长度，可根据靴梁、隔板、肋板与柱脚底板之间可能焊到的地方确定，但柱身与柱脚底板之间的联系焊缝不计入$\sum l_w$之内。

3. 靴梁、隔板、肋板计算

靴梁可作为承受由底面焊缝传来的均布力并支承于柱边的双悬臂简支梁计算（见图 4-27）。可先根据靴梁与柱身之间的焊缝长度要求来确定靴梁的高度，其厚度取略小于柱翼缘，然后再验算其抗弯强度和抗剪强度。靴梁与柱身间的竖直焊缝应能传递全部

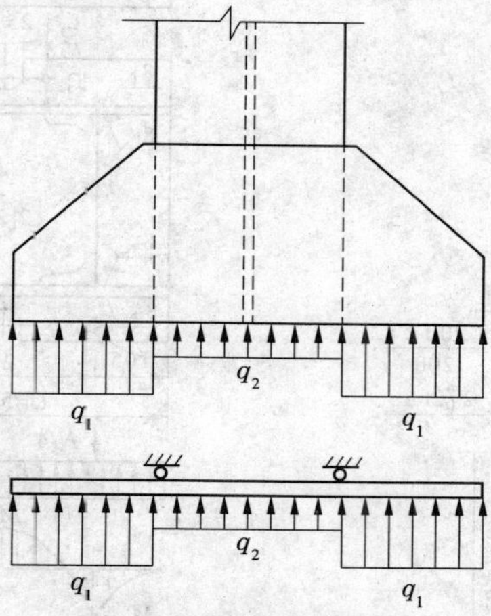

图 4-27　靴梁计算简图

柱压力 N，则靴梁的高度为

$$h \geqslant \frac{N}{n \times 0.7h_f f_f^w} + 2h_f \tag{4-67}$$

隔板作为底板的支承边，应具有一定的刚度，其厚度可以比靴梁略薄些，高度略小些。在较大的柱脚中，隔板需要计算，计算时在它两侧的底板区格中划出适当部分作为它的受载面积，按两端支承于靴梁上的简支梁计算。

肋板则可按悬臂梁计算强度和与靴梁间的焊缝。

【例 4-5】　试设计如图 4-28 所示轴心受压格构式柱的柱脚。轴心压力设计值 N = 1 420 kN（静力荷载），钢材 Q235，焊条 E43 型，基础混凝土强度等级 C15。

解：选用带靴梁的柱脚如图 4-28 所示。

(1)确定底板平面尺寸 $B \times L$。

基础混凝土强度等级 C15，$f_c = 7.2\ \text{N/mm}^2$。

采用 $d = 24$ mm 锚栓，锚栓孔面积为

$$A_0 = 2 \times (50 \times 30 + \pi \times 25^2/2) \approx 5\ 000\ (\text{mm}^2)$$

靴梁厚度取 $t_b = 10$ mm，悬臂 c 取 $c = 3d \approx 75$(mm)，则

$$A = BL = \frac{N}{f_c} + A_0 = \frac{1\ 420 \times 10^3}{7.5} + 5\ 000 = 194\ 330(\text{mm}^2)$$

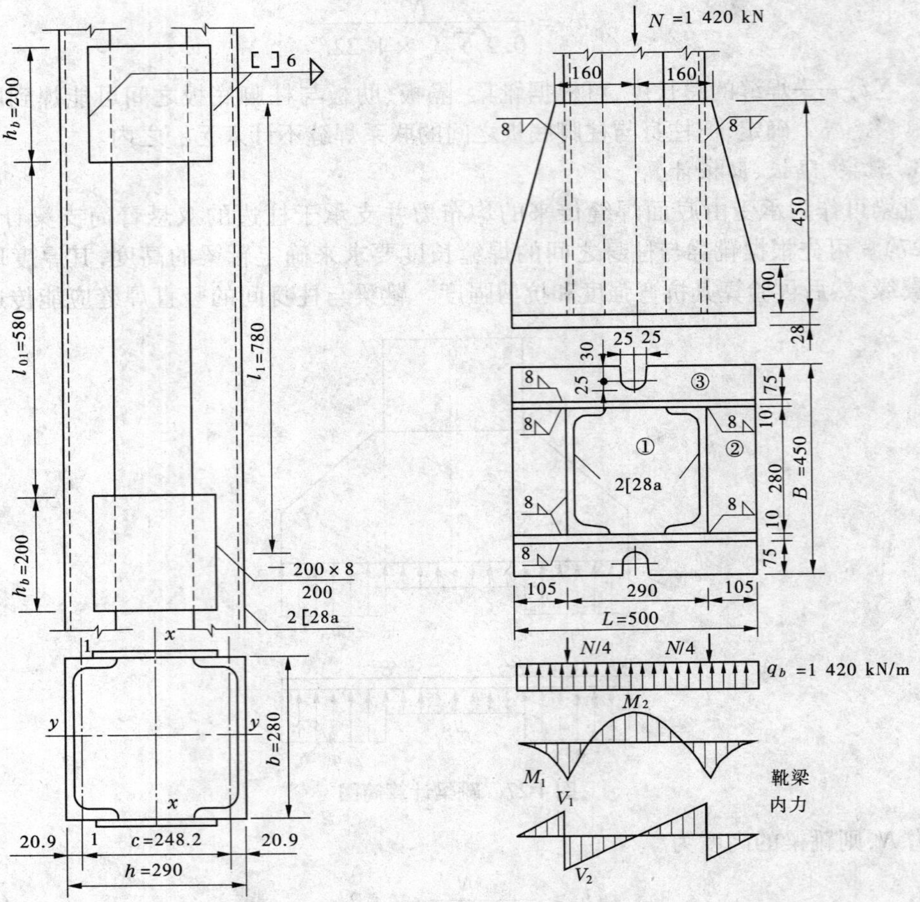

图 4-28　例 4-5 计算简图　（单位:mm）

$$B = b + 2t_b + 2c = 280 + 2 \times 10 + 2 \times 75 = 450(\text{mm})$$

$$L = \frac{194\ 330}{450} = 432(\text{mm})$$

采用 $B \times L = 450 \times 500$,则

$$q = \frac{1\ 420 \times 10^3}{450 \times 500 - 5\ 000} = 6.45(\text{N/mm}^2)$$

(2)确定底板厚度。

区格①为四边支承板,$b/a = 290/280 = 1.036$,查表 4-7,$\alpha = 0.050\ 6$,则

$$M = \alpha q a^2 = 0.050\ 6 \times 6.45 \times 280^2 = 25\ 590(\text{N} \cdot \text{mm})$$

区格②为三边支承板,$b_1/a_1 = 105/280 = 0.375$,查表 4-8,$\beta = 0.039\ 7$,则

$$M = \beta q a_1^2 = 0.039\ 7 \times 6.45 \times 280^2 = 20\ 080(\text{N} \cdot \text{mm})$$

区格③为悬臂板,则

$$M = qc^2/2 = 6.45 \times 75^2/2 = 18\ 140(\text{N} \cdot \text{mm})$$

最大弯矩为 $M_{\max} = 25\ 590\ \text{N} \cdot \text{mm}$,$f = 200\ \text{N/mm}^2$(16 mm $< t \leqslant 40$ mm 钢板),柱承受

静力荷载,钢板受弯时 $\gamma = 1.2$,则

$$t = \sqrt{\frac{6M_{max}}{\gamma_x f}} = \sqrt{\frac{6 \times 25\ 590}{1.2 \times 200}} = 25.3(\text{mm})$$

取 28 mm。

(3)靴梁与柱身的竖向焊缝计算。

焊缝共有 4 条,则

$$h_f l_w = \frac{N}{4 \times 0.7 f_f^w} = \frac{1\ 420 \times 10^3}{4 \times 0.7 \times 160} = 3\ 170(\text{mm}^2)$$

取 $h_f \times l_w = 8 \times 440 = 3\ 520(\text{mm}^2) > 3\ 170\ \text{mm}^2$,则靴梁高度取 450 mm。

(4)靴梁与底板连接焊缝计算。

焊缝总长度为

$$\sum l_w = 2 \times (500 - 16) + 4 \times (105 - 8) = 1\ 356(\text{mm})$$

所需焊缝尺寸为

$$h_f = \frac{N}{0.7\beta_f f_f^w \sum l_w} = \frac{1\ 420 \times 10^3}{0.7 \times 1.22 \times 160 \times 1\ 356} = 7.66(\text{mm})$$

取 8 mm。

$$h_f = 8\ \text{mm} > 1.5\sqrt{t} = 1.5\sqrt{28} = 7.94(\text{mm})$$

满足要求。

(5)靴梁验算。

截面采用　　$t_b \times h_b = 10 \times 450$

线均布荷载　　$q_b = \dfrac{N}{2L} = \dfrac{1\ 420 \times 10^3}{2 \times 500} = 1\ 420(\text{N/mm})$

支座和跨中的弯矩和剪力分布分别为

$$M_1 = \frac{q_b l_1^2}{2} = \frac{1\ 420 \times 105^2}{2} = 7.83 \times 10^6(\text{N} \cdot \text{mm})$$

$$M_2 = \frac{q_b l_2^2}{8} - M_1 = \frac{1\ 420 \times 290^2}{8} - 7.83 \times 10^6$$

$$= 14.93 \times 10^6 - 7.83 \times 10^6 = 7.10 \times 10^6(\text{N} \cdot \text{mm})$$

$$M_{max} = 7.83 \times 10^6\ \text{N} \cdot \text{mm}$$

$$V_1 = q_b l_1 = 1\ 420 \times 105 = 149.1 \times 10^3(\text{N})$$

$$V_2 = q_b l_2/2 = 1\ 420 \times 290/2 = 205.9 \times 10^3(\text{N})$$

$$V_{max} = 205.9 \times 10^3\ \text{N}$$

$$\sigma_{max} = \frac{6M_{max}}{\gamma_x t_b h_b^2} = \frac{6 \times 7.83 \times 10^6}{1.2 \times 10 \times 450^2} = 19.3(\text{N/mm}^2) < f = 215\ \text{N/mm}^2$$

$$\tau_{max} = \frac{1.5V_{max}}{t_b h_b} = \frac{1.5 \times 205.9 \times 10^3}{10 \times 450} = 68.6(\text{N/mm}^2) < f_v = 125\ \text{N/mm}^2$$

满足要求。

三、偏心受压柱柱脚

偏心受压柱柱脚可以做成铰接和刚接两种。铰接柱脚仅传递轴心压力和剪力，其计算和构造与轴心受压柱的柱脚相同，但所受的剪力较大，需采取抗剪的构造措施。刚接柱脚除传递轴心压力和剪力外，还要传递弯矩。工程中多采用与基础刚性连接的柱脚。

根据柱的形式及其宽度，偏心受压柱柱脚多采用整体式。图 4-29、图 4-30 所示的柱脚为整体式刚接柱脚，实腹柱和分肢距离较小（一般分肢间距≤1.5 m）的格构柱常采用整体式刚接柱脚。

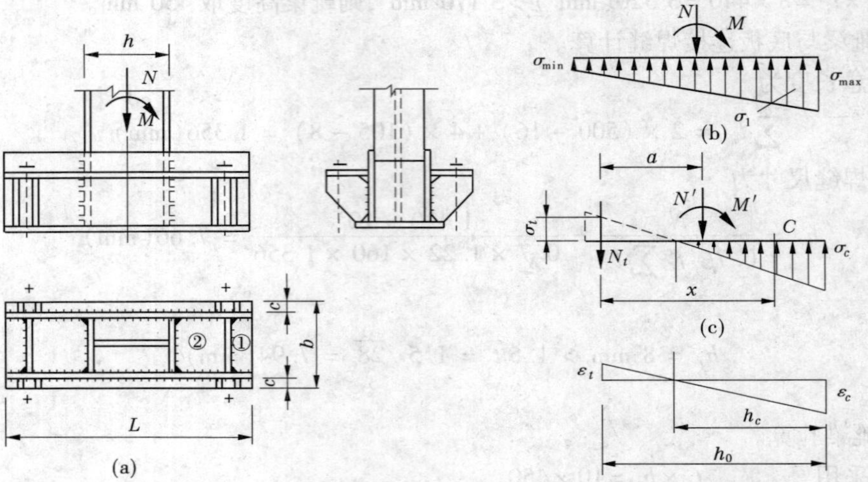

图 4-29　整体式的刚接柱脚

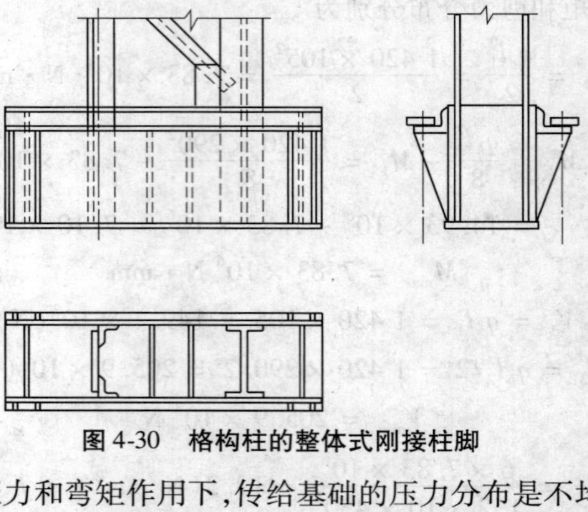

图 4-30　格构柱的整体式刚接柱脚

刚接柱脚在轴心压力和弯矩作用下，传给基础的压力分布是不均匀的，可能会在底板某一侧产生拉力，因此需要由锚栓承受拉力，应对锚栓进行计算。一般情况下，柱脚每边各设置 2 ~ 4 个直径为 30 ~ 75 mm 的锚栓。

如图 4-29 所示，为保证柱脚与基础刚性连接，锚栓不应直接固定在底板上，宜固定在靴梁侧面焊接的两块肋板上面的顶板上。同时,为便于安装,调整柱脚的位置,锚栓位置宜在底板之外,顶板上锚栓孔的直径应是锚栓直径的1.5~2.0倍,待柱子就位并调整到设计要求后,再用垫板套住锚栓并与顶板焊牢,垫板上的孔径比锚栓直径大1~2 mm。

当柱截面刚度较大时,如箱形截面或加强腹板的工字形截面,也可以不设置靴梁而将锚栓固定在柱翼缘外侧的支承托座上。

偏心受压柱整体式柱脚有实用近似计算方法以及考虑锚栓和混凝土基础弹性性质计算方法两种。下面介绍比较简单实用的计算方法。

(一)底板的计算

1. 底板的面积尺寸

通常需根据柱截面、柱脚内力的大小和构造要求初步选取底板的宽度 b 和长度 L,宽度方向的外伸长度 c 一般取20~30 mm。然后,按底板下的压应力为直线分布,计算底板对基础混凝土的最大应力为

$$\sigma_{\max} = \frac{N}{bL} + \frac{6M}{bL^2} \leqslant f_c \tag{4-68}$$

式中 N、M——柱脚所承受的轴心压力、最不利弯矩,取使基础一侧产生最大压应力的内力组合;

f_c——混凝土的轴心抗压强度设计值。

根据混凝土的强度等级选择承压强度设计值 f_c,当为C15、C20、C25时,f_c 分别为7.2 N/mm²、9.6 N/mm²、11.9 N/mm²。

如果不满足式(4-68)的条件,初选宽度 b 和长度 L 不合适,应修改并重新计算。

而另一侧的应力为

$$\sigma_{\min} = \frac{N}{bL} - \frac{6M}{bL^2} \tag{4-69}$$

于是,可以绘出底板下的压应力分布图形,如图4-29(b)所示。

2. 底板的厚度

按照此压应力产生的弯矩计算底板的厚度,计算方法同轴心受压柱脚。对于偏心受压柱脚,因底板压应力分布不均,分布压应力 q 可偏安全地取为底板各区格的最大压应力。但这种方法只适用于底板全部受压的情况。如果底板出现拉应力,即 $\sigma_{\min}<0$(以压为正,拉为负),则应计算锚栓,并按锚栓计算中所算得的基础压应力进行底板的厚度计算。

(二)锚栓设计

当弯矩较大时,$\sigma_{\min}<0$,表明底板与基础混凝土之间仅部分受压,这时锚栓不仅起到固定柱脚于基础之上的作用,而且将承受拉力。

设计锚栓时,应按照产生最大拉力的基础内力 N' 和 M' 组合考虑,按式(4-68)和式(4-69)近似求得底板两侧的应力,并假设底板与基础混凝土间的应力是直线分布的,拉应力的合力完全由柱脚锚栓承受,如图4-29(c)所示。根据 $\sum M_c=0$ 条件,即可求得锚栓拉力为

$$N_t = \frac{M' - N'(x-a)}{x} \tag{4-70}$$

式中　a——锚栓至轴力 N' 作用点的距离；

x——锚栓至基础受压区合力作用点的距离。

$$A_e \geqslant \frac{N_t}{n f_t^a} \tag{4-71}$$

式中　n——锚栓的数量；

f_t^a——锚栓的抗拉强度设计值；

A_e——锚栓的有效截面面积。

(三)靴梁、隔板及其连接焊缝的计算

设计靴梁、隔板、肋板及其连接焊缝应按使底板产生最大压应力的内力为最不利组合，并应按不均匀底板压应力所产生的实际荷载情况计算。

靴梁与柱身的连接焊缝应按可能产生的最大内力 N_1 计算，并以此焊缝所需要的长度来确定靴梁的高度，则

$$N_1 = \frac{N}{2} + \frac{M}{h} \tag{4-72}$$

靴梁按支于柱边缘的悬伸梁来验算其截面强度。靴梁的悬伸部分与底板间的连接焊缝共有四条，应按整个底板宽度下的最大基础反力计算。

隔板的计算同轴心受力柱脚，它所承受的基础反力应取该计算段内的最大值计算。

肋板顶部的水平焊缝以及肋板与靴梁的连接焊缝应根据每个锚栓的拉力来计算。锚栓支承垫板的厚度根据其抗弯强度计算。

小　结

(1)轴心受压构件的可能破坏形式有强度破坏、整体失稳破坏和局部失稳破坏等几种。轴心受压构件的截面若无削弱，一般不会发生强度破坏，因为整体失稳或局部失稳总发生在强度破坏之前。

(2)轴心受压格构式构件绕实轴失稳时，整体稳定计算方法与实腹式构件相同；绕虚轴失稳时整体稳定计算应采用换算长细比。

(3)轴心受压构件翼缘、腹板、格构式构件的单肢、缀板或缀条在压力作用下有可能发生局部失稳，规范通过限定翼缘的宽厚比、腹板的高厚比和单肢的长细比等来保证。

(4)实腹式压弯构件的整体稳定计算分为平面内和平面外。规范是按照边缘纤维屈服准则，通过压力与弯矩的相关关系得到计算公式的。格构式压弯构件的弯矩作用平面内绕虚轴的整体稳定采用换算长细比，与实腹式压弯构件弯矩作用平面内的计算方法相同。而弯矩作用平面外的稳定计算转化为单肢的稳定计算。

(5)梁柱连接有两种连接方式：一是顶面连接，一是侧面连接。

(6)轴心受压柱的柱脚一般设计成铰接，通常由底板、靴梁、肋板和锚栓组成。偏心受压柱柱脚常采用整体式刚接柱脚。

思考题

4-1　影响轴心受压稳定极限承载力的初始缺陷有哪些？在钢结构设计中如何考虑？

4-2　如何判断轴心受压构件将产生哪一种形式的屈曲？

4-3　轴心受压构件采用什么样的截面形式合理？

4-4　工字形截面轴心受压构件翼缘和腹板的局部稳定性计算公式中，λ 为什么应取构件两个方向长细比的较大值？

4-5　简述轴心受压构件的设计步骤。设计时需注意哪些问题？

4-6　压弯构件采用什么样的截面形式合理？

4-7　为什么要采用等效弯矩系数？其值是怎样确定的？

4-8　简述压弯构件的设计步骤。设计时需注意哪些问题？

习　题

4-1　有一工作平台柱高 6 m，两端铰接，截面为焊接工字形，翼缘为轧制边，柱的轴心压力设计值为 5 000 kN，钢材为 Q235B，焊条为 E43 型，采用自动焊。试设计该柱的截面。

4-2　某轴心受压柱的长度为 6.5 m，截面组成如图 4-31 所示，缀板式柱，两端铰接，单肢长细比 $\lambda_1 = 35$，材料为 Q235 钢。试确定柱的轴心压力设计值。

4-3　设计如图 4-32 所示焊接工字形截面轴心受压柱的铰接柱脚。柱的设计压力 $N = 1\ 000$ kN，钢材为 Q235 钢，焊条为 E43 型，采用手工焊，基础混凝土强度等级为 C15，并请按照比例绘制柱脚构造图。

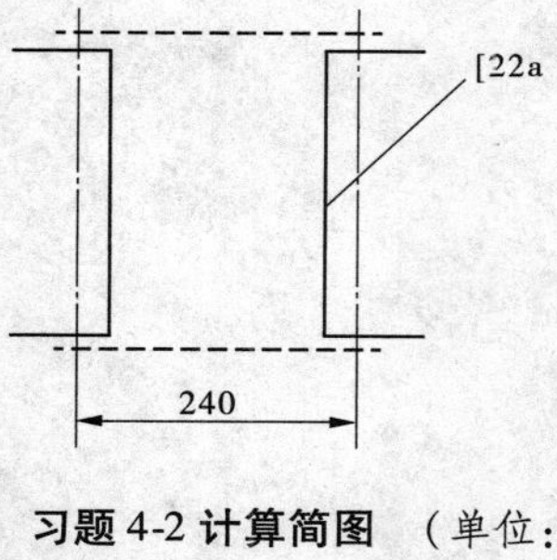

图 4-31　习题 4-2 计算简图　（单位：mm）

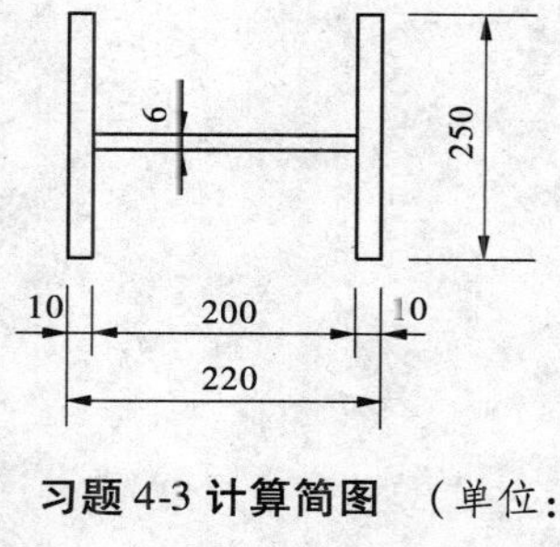

图 4-32　习题 4-3 计算简图　（单位：mm）

4-4　试设计某支承工作平台的轴心受压柱，柱身为由两个热轧工字钢组成的缀条柱。单缀条体系，缀条用单角钢∠45 × 5，倾角为 45°，钢材为 Q235 钢，柱高 10.0 m，上端铰接，下端固定，由平台传递给柱身的轴心压力设计值为 1 550 kN。请选择柱肢工字钢型号，并验算缀条的稳定性。

4-5　有一高度为 4.0 m 的压弯构件，两端铰接，材料采用 Q235，截面选择 HN400 × 200 × 8 × 13，承受的荷载：轴心压力的设计值 $N = 500$ kN，弯矩设计值 $M_x = 80$ kN · m。试验算该构件的截面。

4-6　试设计图 4-33 所示的柱。承受的设计压力 $N=1\ 750$ kN，$M_x=525$ kN · m。在弯矩作用平面外有支撑体系如图 4-33(a)所示，柱上端自由，下端固定。要求选定热轧 H 型钢或焊接工字形截面，材料为 Q235。

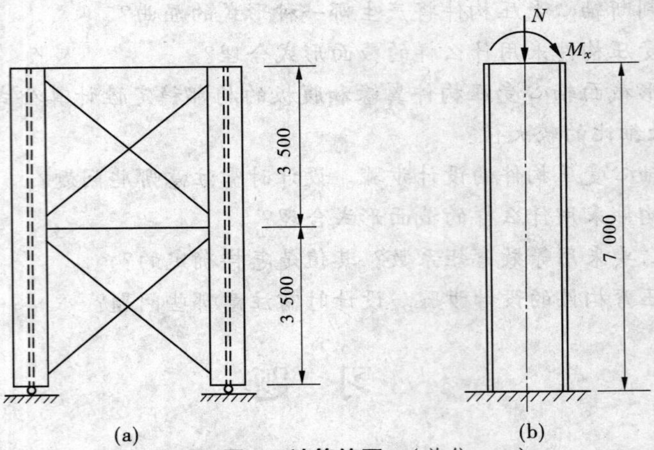

图 4-33　习题 4-6 计算简图　（单位：mm）

第五章　钢桁架

内容提要

本章主要介绍桁架的特点，桁架外形选择、尺寸的确定和腹杆布置，桁架支撑设计，桁架的荷载和杆件内力计算，桁架杆件截面的选择、节点的设计以及施工图的绘制。通过学习，了解桁架的类型、构造和应用范围；掌握桁架间支撑的作用、桁架的荷载和杆件内力计算、桁架杆件截面选择及节点的设计、桁架设计步骤及设计方法。

学习重点

掌握桁架内力计算方法、杆件截面选择及节点设计、桁架设计步骤及方法。

第一节　概　述

桁架是指由直杆在杆端相互连接而成的以抗弯为主的格构式结构。桁架中的杆件大多只承受轴向力，杆件截面上应力分布均匀，材料性能发挥较好，从而能节省钢材、减轻结构自重，特别适用于跨度或高度较大的结构。

最常用的是平面钢桁架，在横向荷载作用下其受力实质是格构式的梁。平面钢桁架和钢梁一样，是钢结构中应用非常广泛的基本受弯构件。钢桁架与实腹式钢梁相比较，主要特点是以弦杆代替梁的翼缘和以腹杆代替梁的腹板，而在节点处通过节点板（或其他零件）用焊缝或其他连接将腹杆和弦杆互相连接，有时也可不用节点板而直接将各杆件互相焊接（或其他连接）。这样，平面桁架整体受弯时的弯矩表现为上、下弦杆的轴心受压和受拉，剪力则表现为各腹杆的轴心受压或受拉，且应力沿截面分布均匀，能充分利用材料。所以，结构自重较轻，型钢又较钢板价廉，特别是当结构的跨度很大而荷载较小时，采用桁架更显得经济合理。此外，桁架还便于按照不同要求制成各种外形。因此，钢桁架是一种刚度较大、用材经济、外形美观的格构式结构，但是桁架杆件和节点较多，制造较为费工。

桁架在钢结构中应用很广，例如工业与民用建筑中的大跨度屋架、水工建筑中各种类型的大跨度钢闸门，浮码头的钢引桥、水利施工和海上油码头钢栈桥、海洋采油平台，以及各种类型塔架（如输电、钻井、通信及起重机用塔架）等常用桁架作为承重结构的主要构件。海洋采油平台的桩基导管架也是一种空间桁架结构。此外，桁架也常作为承重结构之间的支撑系统。

在水工钢结构中，梁式简支静定桁架最为常用。因为这种桁架受力明确，杆力不受支座沉陷和湿度变化的影响，构造简单、安装方便，但用钢量稍大。刚架式及多跨连续桁架等虽能节约钢材，但对支座沉陷和温度变化的影响较敏感，制造安装精度要求较高，因此采用较少。

桁架按照杆件受力大小、截面形式以及节点构造，可分为重型桁架、普通桁架、轻型桁架和薄壁型钢桁架四种。重型桁架杆件受力很大，需采用强大的 H 形截面或箱形截面，在节点处用两块平行的节点板与杆件连接，构造较为复杂，一般只适用于大跨度桥梁，闸门、海洋平台以及升船机等重型结构中。普通桁架一般采用单腹式杆件，如常用两个角钢组成的 T 形截面等，在节点处用一块节点板连接而成，构造简单，应用最为普遍。轻型桁架由圆钢和小角钢（小于∠45 ×4 或∠56 ×36 ×4）组成，它仅适用于跨度不超过 18 m 的轻屋盖结构中。薄壁型钢桁架的杆件分为开口截面和闭口截面，壁厚一般为 1.5 ~5 mm，目前主要用于荷载较小的屋架中。

本章将着重讲述钢桁架选型、腹杆布置、支撑设计、桁架荷载计算及杆件内力计算、杆件截面设计、节点设计等内容。

第二节　桁架的外形、尺寸和腹杆设计

一、桁架外形的选择

设计桁架首先要选择合理的桁架外形，选择时主要考虑以下几个因素：

（1）满足使用要求。对屋架来说，上弦的坡度应满足屋面防水材料的要求。此外，桁架与柱是简支还是刚接、建筑净空要求、有无吊顶和悬挂吊车、有无天窗和天窗形式以及建筑造型的需要等，也都影响桁架的外形。

（2）受力合理。只有受力合理时才能充分发挥材料的作用，从而达到节省材料的目的。桁架的外形应尽量与弯矩图接近，以使弦杆内力均匀、材料充分发挥作用。腹杆的布置应使内力分布合理、短杆受压、长杆受拉，且节点和腹杆数量宜少、腹杆的总长度宜短。同时，应尽量使荷载作用在节点上，以避免弦杆因受节点间荷载产生的局部弯矩而加大截面。当梯形桁架与柱刚接时，其端部应有足够的高度，以便有效地传递支座弯矩，而端部弦杆不致产生过大的内力。

（3）便于制造和安装。桁架杆件的数量和品种规格宜少、尺寸力求统一、构造应简单，以便制造。杆间夹角宜为 30° ~60°，夹角过小，将使节点构造困难。

（4）综合技术、经济效果好。传统的分析方法多着眼于构件本身的省料与节省工时，这样是不全面的。在确定桁架形式与主要尺寸时，除上述各点外还应考虑到各种有关的因素，如跨度大小、荷载状况、材料供应条件等。尤其应该考虑建设速度的要求，以期获得较好的综合技术、经济效果。

常用的平面桁架形式的外形如图 5-1 所示。在梁式桁架中，平行弦、梯形、多边形、三角形桁架较为典型，工程实践中都有应用。

平行弦桁架（见图 5-1（a）、（b））在水工钢结构中应用最广。它的最大优点是弦杆和腹杆长度均能一致，节点的构造可以统一，上、下弦杆的拼接数量较少。其主要用于平面闸门、钢引桥、栈桥及海洋采油平台导管架等。平行弦桁架两端可与钢柱做成刚性连接，共同形成承重刚架，这样可提高整体结构的刚度，如弧形闸门主框架。

梯形桁架（见图 5-1（c））上弦带有缓坡，常用的坡度是 1∶8 ~1∶12，以适应卷材（如高

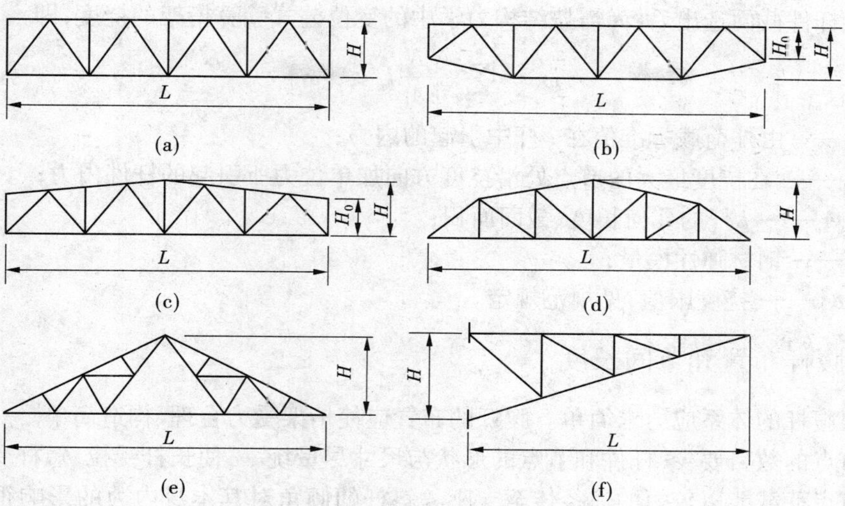

图 5-1　桁架的外形

聚物卷材）防水屋面的排水要求，它是厂房屋架的基本形式，桁架两端和柱子连接也易于构成刚性框架，因而可提高厂房横向刚度。

多边形桁架（见图 5-1(d)）由于外形接近于弯矩图形，不但腹杆内力较小，而且各节间弦杆内力相差也不大，这样，可用同一截面尺寸。这种桁架由于上弦杆需要做成折线形，比较费工，但是用于大跨度桁架中能节约钢材，如油码头钢栈桥等。

三角形桁架（见图 5-1(e)）上弦坡度一般大于 1∶5，适用于轻屋面材料的屋架。跨度在 18 m 以下由小角钢和圆钢组成的轻型钢屋架，常可取得经济合理的效果。

三角形悬臂式桁架（见图 5-1(f)）多用于海洋采油平台上直升飞机场承重支架。

二、桁架的基本尺寸

桁架的基本尺寸是指桁架的跨度 L 和高度 H（见图 5-1）。跨度主要决定于结构的使用要求。

对于屋面采用钢筋混凝土大型屋面板的屋架，因受大型屋面板（常用宽 1.5 m 或 3 m）的尺寸限制，故屋架跨度一般为 3 m 的倍数，常用跨度为 15 m，18 m，21 m，…，36 m 等，屋架间距采用 6 m。

桁架高度与组合梁的高度相似，主要应根据经济和刚度的要求而定。桁架的经济高度应由桁架的弦杆和腹杆总重量最轻的条件决定。桁架由刚度条件要求的高度，是根据相对挠度的限值 $[\omega/L]$ 来决定的。在水工钢闸门中主桁架的 $[\omega/L]=1/700\sim1/600$，钢屋架的 $[\omega/L]=1/500$，钢引桥的 $[\omega/L]\approx1/400$。

根据上述要求，梯形桁架和平行弦桁架的高度常采用 $H=(1/10\sim1/5)L$，$[\omega/L]$ 限值愈小，则桁架高度 H 应愈大。三角形桁架 $H=(1/6\sim1/4)L$，三角形悬臂式桁架 $H=(1/2.5\sim1/1.5)L$。桁架的最大高度还应考虑运输条件的限制（如铁路运输限高为 3.85 m）。

当桁架与柱刚接时桁架端部高度 H_0 应有足够的大小，以便形成力臂来传递支座弯矩而不使端部弦杆产生过大的内力，则通常要求 $H=(1/18\sim1/9)L$。

桁架杆件截面选出后，尚需按结构力学中的变位公式验算桁架的挠度，即

$$\omega = \sum_{i=1}^{n} \frac{N_i N_1}{EA_i} l_i \leqslant [\omega] \tag{5-1}$$

式中 N_i——由外荷载标准值在 i 杆中引起的内力；

N_1—— 在挠度最大的节点处沿挠度方向加单位力所引起的杆件内力；

l_i、A_i—— i 杆的几何长度、截面面积；

E—— 钢材弹性模量；

$[\omega]$—— 挠度限值，见规范规定。

三、腹杆布置和节间长度

桁架腹杆的体系应力求简单。腹杆的布置应使桁架受力合理、构造简单。一般来说，腹杆和节点的数目要少，杆件和节点的形状与尺寸尽量统一，使长杆受拉、短杆受压，并且尽量使节点荷载能以较短的途径传至支座。斜杆的倾角对其本身内力的影响很大，一般应为 30° ~60°，最好是 45°左右，这样可以使节点的构造合理，节点板尺寸不致过长或过宽。这样，均可以减少钢材用量和制造的劳动量。

腹杆布置和桁架节间长度的划分应同时进行。节间数宜为偶数，这样能使腹杆布置对称，以适应桁架之间支撑的布置。当钢闸门和钢引桥中桁架与次梁相连接时，宜使次梁布置在桁架弦杆的节点上，以避免弦杆因受节间荷载而引起的弯矩，故节间长度的划分一般应与次梁的间距配合一致。桁架节间一般不宜超过 1.5 ~2.5 m。

在平行弦桁架或梯形桁架中，腹杆体系通常用人字式（见图 5-2(a)）或单斜式（见图 5-2(d)），以人字式最为常用。人字式腹杆数及节点数最少，适用于跨度较小或节点荷载数较少的桁架。从受力情况分析，腹杆承受剪力，人字式腹杆体系中荷载从所作用的节点至支座的内力传递途径最短。对于中等以上跨度的桁架，由于斜杆中合理倾角的要求，节间长度将随桁架高度而增大，常需附加竖杆，借以减小上弦的节间长度，适应次梁或屋架檩条间距的要求，并减小上弦压杆的计算长度（见图 5-2(b)），故较经济、常用，如水工闸门和上承式钢引桥中的主桁架等。下承式钢引桥主桁架下弦节点与次梁连接，为传递次梁的节点荷载尚需附加受拉竖杆（吊杆）（见图 5-2(c)）。附加受压或受拉竖杆因只承受局部节点荷载，故所需截面较小。有时也采用单斜式腹杆体系（见图 5-2(d)），其优点是较长的斜杆受拉、用钢较省、节点形状相同、加工方便，但杆数和节点数较多，比人字式腹杆费工。单斜式腹杆中从荷载作用的节点向支座传递内力的途径最长。在大跨度、大高度桁架中，为了缩小受压弦杆长度和竖杆长度，并使斜杆保持合理倾角，可采用较复杂的杆体系，如再分式（见图 5-3(a)、(c)）、K 形（见图 5-3(b)、(d)）及菱形桁架（见图 5-3(e)）等。这些桁架常用于大跨度结构中。

此外，当桁架作为支撑桁架时，常采用交叉式的腹杆体系（见图 5-2(e)）。它的特点是腹杆可以承受变向荷载（如风荷载、水压力等），并能提高结构的稳定性和刚度。这种多次超静定桁架一般可以简化为静定桁架来计算，即认为只有一组受拉斜杆起作用，而另一组受压斜杆将因长细比较大，稍一受力就会发生纵向弯曲而退出工作。当荷载的方向改变时，两组斜杆的工作即互相交换。

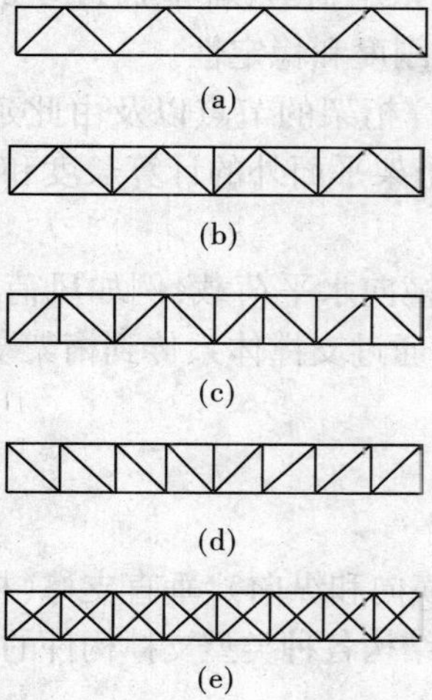

图 5-2　常用的腹杆体系

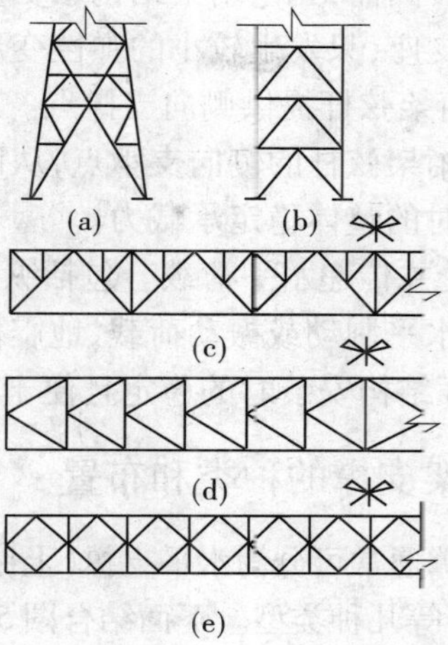

图 5-3　较复杂的腹杆

第三节　桁架支撑设计

一、桁架支撑的作用

平面桁架在其本身平面内具有较大的刚度，能承受桁架平面内的各种荷载。但在垂直于桁架平面方向（称为桁架平面外）不能保持其几何不变，即使桁架上弦与檩条或屋面等铰接相连，桁架仍会侧向倾倒，如图 5-4（a）中虚线所示。为了防止桁架侧向倾倒破坏和改变桁架工作性能，对于平面桁架体系，必须设置支撑系统，在水工结构中称之为联结系。桁架支撑的作用主要有：

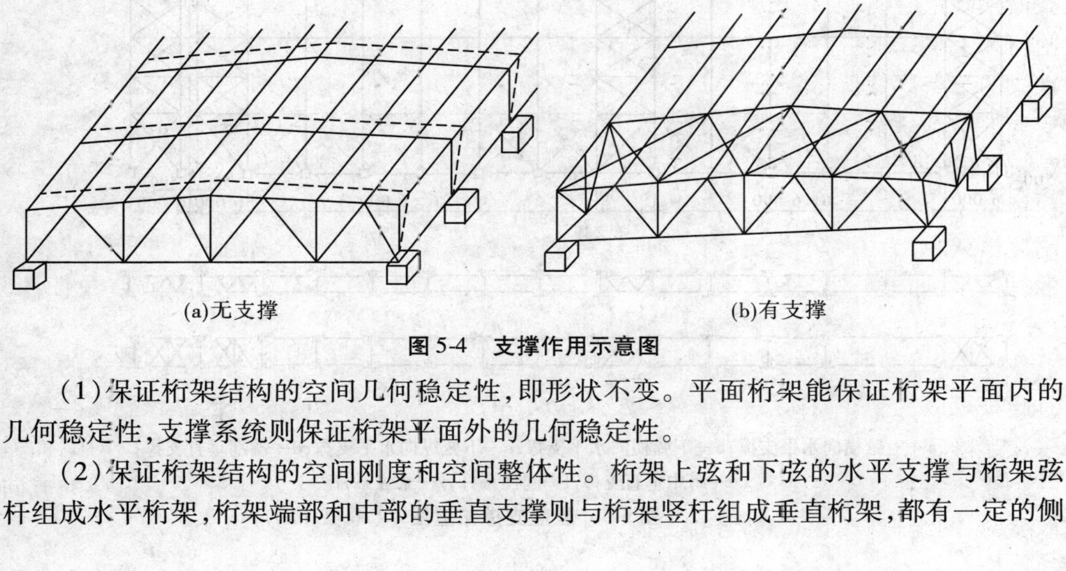

图 5-4　支撑作用示意图

（1）保证桁架结构的空间几何稳定性，即形状不变。平面桁架能保证桁架平面内的几何稳定性，支撑系统则保证桁架平面外的几何稳定性。

（2）保证桁架结构的空间刚度和空间整体性。桁架上弦和下弦的水平支撑与桁架弦杆组成水平桁架，桁架端部和中部的垂直支撑则与桁架竖杆组成垂直桁架，都有一定的侧向抗弯刚度。因而,无论桁架结构承受竖向或纵、横向水平荷载,都能通过一定的桁架体系把力传向支座,只发生较小的弹性变形,即有足够的刚度和稳定性。

(3)为桁架弦杆提供侧向支撑点。水平和垂直支撑桁架的节点以及由此延伸的支撑系杆都成为桁架弦杆的侧向支承点,从而减小弦杆在桁架平面外的计算长度和长细比,并提高其受压时的整体稳定承载力。

(4)承受并传递水平荷载。包括纵向水平荷载和横向水平荷载,例如风荷载、悬挂或桥式吊车的水平制动或振动荷载、地震荷载等,最后都通过支撑体系传到桁架支座。

(5)保证结构安装时的稳定且便于安装。

二、桁架支撑的种类和布置

桁架支撑通常可分为水平支撑(上弦和下弦平面、横向和纵向)、垂直支撑(桁架两端和中间)和系杆等几种类型。下面结合图5-5阐述钢屋架结构各种类型支撑构件的布置要求。

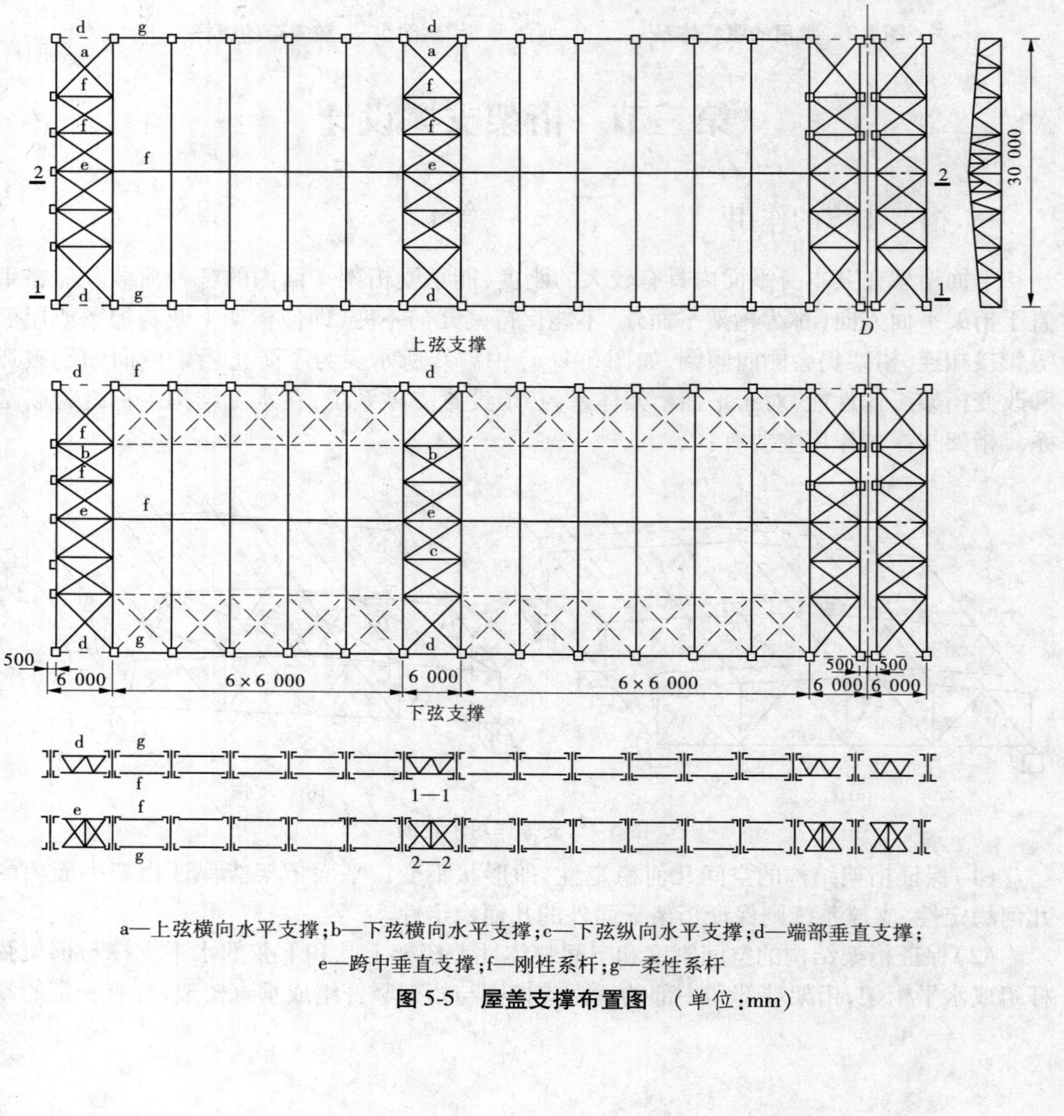

a—上弦横向水平支撑;b—下弦横向水平支撑;c—下弦纵向水平支撑;d—端部垂直支撑;
e—跨中垂直支撑;f—刚性系杆;g—柔性系杆

图5-5　屋盖支撑布置图　(单位:mm)

(一)上、下弦横向水平支撑

在组成空间桁架结构的相邻两榀屋架的上弦和下弦平面内沿跨度全长设置。为了提高屋盖结构刚度和缩短系杆传力途径,一般在房屋或每个温度区段的两端各设置一道,区段较长时还应在中间增设一道或几道,以使其净距不超过60 m(见图5-5)。

从受力考虑,端部横向支撑最好设在端部第一开间(见图5-5),这样房屋端部抗风柱顶风荷载传给横向水平支撑更为直接;但当区段较长,中间也设横向支撑,且端部第一开间比其他开间缩进0.5 m时,横向支撑(上、下弦水平支撑和垂直支撑)将有正常开间和缩小开间两种规格尺寸(见图5-5中6 m和5.5 m)。在这种情况下,为了把横向支撑规格统一为正常开间,常将端部横向支撑移到端部第二开间。当屋盖有天窗时,由于天窗常从区段第二开间开始(第二开间不设天窗,以便消防灭火时屋面通行),横向支撑也常设在端部第二开间,以便屋盖和天窗横向支撑都集中在同一开间内得到重点加强。

横向水平支撑桁架的节间划分应与屋架节间相配合,一般为4.5~6 m,个别可小至3 m,因其杆件较长而受力较小,通常采用交叉斜腹杆体系。交叉斜腹杆常采用单角钢柔性杆(即按只能受拉设计,受压时失稳退出受力),横腹杆采用双角钢组成的十字形截面刚性杆(即按兼能受压设计和受拉设计)。

当屋架跨度较小($L\leqslant18$ m),且没有悬挂式吊车,或虽有悬挂式吊车但起重吨位不大,厂房内也无较大的振动设备时,可不设下弦横向水平支撑。

(二)垂直支撑

在组成空间桁架的两榀屋架间,除设置在上、下弦横向水平支撑外,还应在端部竖杆和某些跨中竖杆平面内设置垂直支撑。某些桁架形式无适当竖杆时,垂直支撑也可设于斜杆平面内。垂直支撑与屋架的连接节点应该也是横向水平支撑的连接节点。

通常情况下,梯形屋架在跨度$L\leqslant30$ m、三角形屋架在跨度$L\leqslant24$ m时,在端部和跨中共设置三道垂直支撑;当跨度大于上述数值时,宜在两端和跨度约1/3处或天窗架侧柱处共设置四道垂直支撑。三角形屋架没有端部竖杆,故只设跨中垂直支撑:通常$L\leqslant18$ m时在跨中设一道,$L>18$ m时在跨中约1/3处或天窗架侧柱处共设两道。

垂直支撑本身是一个平行弦桁架,根据高宽尺寸比例可采用图5-6所示腹杆体系,使斜杆与弦杆夹角为35°~55°。垂直支撑的弦杆一般采用双角钢组成的T形截面。腹杆较短时采用单角钢(按受压设计),较长时采用单角钢柔性(受拉)交叉斜腹杆和双角钢受压竖杆(见图5-6)。

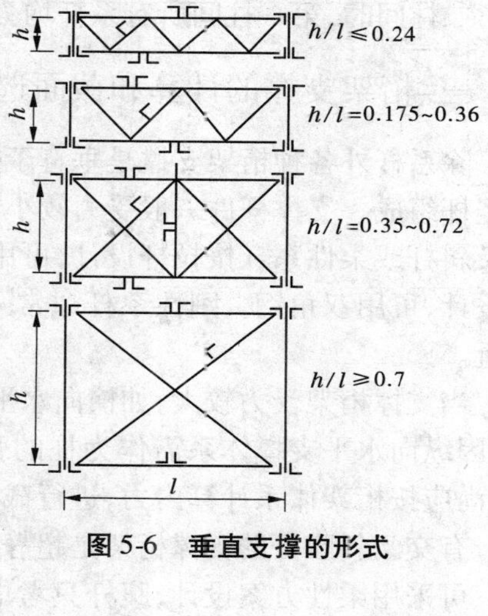

图5-6　垂直支撑的形式

(三)天窗架支撑

当屋盖有天窗架时,对天窗架也应与屋架一样设置天窗架上弦横向水平支撑和垂直支撑(一般配合屋架横向支撑设于同一开间内)以及相应系杆。天窗架垂直支撑通常设于天窗架两个侧柱平面,天窗架跨度$\geqslant12$ m时还设于跨度中央。

(四)下弦纵向水平支撑

一般房屋的屋盖结构不设纵向水平支撑。当房屋内设有托架,或有较大吨位的重级、中级工作制的桥式吊车,或有壁行吊车,或有锻锤等大型振动设备,以及房屋较高、跨度较大、空间刚度要求较高时,均应布置下弦纵向水平支撑(见图 5-5 中虚线)。当房屋排架柱间距较大而中间设有墙架柱,且墙架柱顶需以下弦纵向水平支撑为水平支承点,以便把侧向风荷载等传给排架柱时,也应设置下弦纵向水平支撑。

单跨房屋的下弦纵向水平支撑一般设于房屋两侧(见图 5-5 中虚线)。对多跨的等高房屋或不等高房屋的等高部分,可仅沿两侧边柱列处设置,并根据各跨吊车和振动情况在中间柱列处适当增设,一般可每隔一列柱设置于一侧屋架。这样,下弦纵向水平支撑与横向水平支撑组成封闭水平框,可大大提高屋盖的纵、横向水平刚度。

当屋盖有托架时,为了保证托架的侧向刚度和稳定性,以及传递侧向水平力,应在托架范围及其两端至少各延伸一个柱间的下弦端部设置下弦纵向水平支撑。

对于三角形屋架、主要支座节点在上弦的梯形屋架以及在某些情况下,纵向水平支撑也可设于上弦平面。

(五)系杆

不设横向支撑的其他屋架,其上、下弦的侧向稳定性由与横向支撑点相连的系杆来保证。能承受拉力也能承受压力的系杆,叫刚性系杆;只能承受拉力的系杆,叫柔性系杆。它们的长细比分别按压杆和拉杆控制。

上弦平面内,大型屋面板的肋可起系杆作用,但为了安装屋架时的方便与安全,在屋脊及两端设刚性系杆。当用檩条时,檩条可兼作系杆。有天窗时,屋脊节点的系杆对于保证屋架的稳定有重要作用,因屋架在天窗范围内没有屋面板或檩条,屋脊处仍需设置刚性系杆。

下弦杆受拉,为保证下弦杆在桁架平面外的长细比满足要求,也应设置系杆。

系杆的布置原则:在垂直支撑的平面内一般设置上、下弦杆;屋脊节点及主要支承节点处需设置刚性系杆,天窗侧柱处及下弦跨中附近设置柔性系杆;当屋架横向支撑设在端部第二柱间时,第一柱间所有系杆均为刚性系杆。

三、桁架支撑的计算和截面选择

除系杆外各种桁架支撑是垂直于桁架平面的平面桁架,由设置的支撑与桁架的弦杆或竖杆组成。支撑杆件一般受力较小,可不作内力计算,杆件截面按容许长细比来选择。交叉斜杆或柔性系杆按拉杆设计,可用单角钢;非交叉斜杆、弦杆、竖杆以及刚性系杆按压杆设计,可用双角钢。刚性系杆通常采用双角钢组合十字形截面,以便两个方向的刚度相近。

当支撑桁架受力较大,如横向水平支撑传递较大的山墙风荷载,或结构按空间工作计算,因纵向水平支撑体系需作为柱的弹性支座时,支撑杆件除需满足允许长细比的要求外,尚应按桁架体系计算内力,进行截面设计。

有交叉斜腹杆的支撑桁架是超静定体系,但因受力比较小,一般常用简化方法进行分析。可采用柔性方案设计,腹杆只考虑拉杆参与工作。如图 5-5 中用虚线表示的一组斜杆因受压而退出工作，此时桁架按单斜杆体系分析。当荷载反向作用时，则认为另一组斜杆退出工作。当按斜杆可以承受压力设计（刚性方案设计）时，可按结构力学的方法进行内力分析。

第四节　桁架的荷载和杆件内力计算

一、荷载的计算

作用于桁架上的荷载可分为永久荷载和可变荷载两大类。以屋架为例进行说明：

永久荷载。如桁架自重（包括支撑）、天窗架自重、屋面材料重等。

可变荷载。如风荷载、雪荷载、积灰荷载、吊棚重量、吊挂管道重量等。

作用在屋架上的荷载标准值及它们的分项系数、组合系数等，可参阅《建筑结构荷载规范》（GB 50009—2001）或其他有关手册查得。

计算桁架内力时，应根据使用过程和施工过程可能出现的最不利荷载组合进行计算。对屋架设计应考虑以下三种荷载组合：

（1）全跨永久荷载＋全跨可变荷载；

（2）全跨永久荷载＋半跨可变荷载；

（3）全跨屋架、支撑及天窗自重＋半跨檩条、屋面板和活（雪）荷载（屋面活荷载主要指人群荷载，它与雪荷载不会同时出现，可取两者中的较大值计算）。

在荷载组合中，对轻质屋面的屋架，在风荷载和永久荷载作用下，由于风荷载可能出现负压的情况（当屋面坡度很小时），桁架杆件内力可能会变号，即原来受拉的杆件可能变为受压，设计时应当注意这种可能性。

二、桁架内力计算

实际桁架节点多为焊接，也有采用高强度螺栓连接的，具有很大的刚性，接近于刚接。按刚接节点分析桁架时，各杆件既受轴心力又受弯矩作用。但是，通常钢桁架中各杆件截面的高度都较小，仅为其长度的 1/10（弦杆）和 1/15（腹杆）以下，抗弯刚度较小，因而按刚接桁架算得的杆件弯矩 M 较小，引起的弯曲应力（称为次应力）相对于轴心力引起的应力（称为主应力）较小，且杆件的轴心力 N 也与铰接桁架计算结果相差很小，故一般情况下都按铰接桁架进行计算。

对于承受较大荷载的重型钢桁架，如铁路桁架桥等，当杆件在桁架平面内的截面高度超过其几何长度的 1/10（对弦杆）或 1/15（腹杆）时，次应力的比重逐渐增大，可达 10% ~ 30% 或以上，应按刚接桁架进行内力计算。

当桁架只承受节点荷载时，其杆件内力一般按节点荷载作用下的铰接桁架计算。这样，所有杆件都是轴心受压或轴心受拉杆件，不承受弯矩。具体计算可用数解法（节点法或截面法）、图解法（主要是指节点法）、有限单元法进行计算。有节间荷载作用的桁架如图 5-7 所示，可先把所有节间荷载按该段节间为简支，求出支座反力，再把支座反力反向与节点荷载叠加，按只有节点荷载作用，计算桁架各杆的轴力。然后对有节间荷载的杆件计算局部弯矩。局部弯矩可按刚接桁架用计算机求解，但通常采用简化法，取中间节间正弯矩及节点负弯矩为 $M=0.6M_0$，两端节间正弯矩为 $M=0.8M_0$，其中 M_0 为将上弦节间视为简支梁所得跨中弯矩，当在节间中点仅作用一集中荷载 Q 时，$M_0=Qa_1/4$。弦杆端节点按铰接（$M=0$）或取悬臂负弯矩 M_e（见图 5-7(b)）。

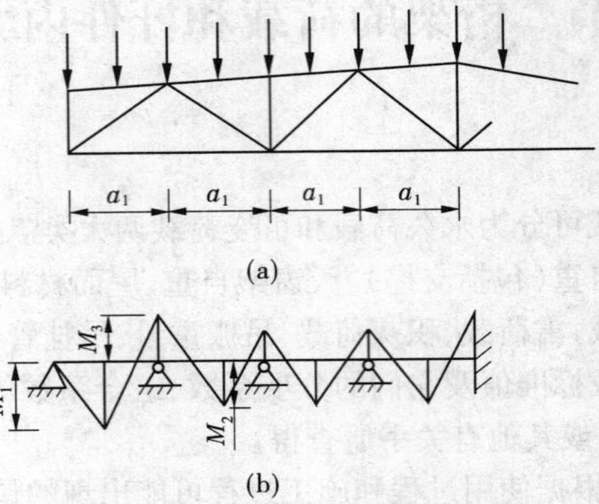

图 5-7　上弦杆局部弯矩计算简图

当进行内力计算时，应进行荷载组合对比，求出杆件的最不利内力。受拉（压）构件的最不利内力是最大轴心拉（压）力，受拉为主并可能受压的杆件，如梯形桁架跨中的一些腹杆，在满跨荷载作用时受拉，但在半跨荷载作用时可能受压。这些杆件的最不利内力为最大轴心拉力和可能最大轴心压力。压杆比拉杆长细比限制严格，且整体稳定承载力一般小于强度承载力，因此最大压力虽小，但也应作为最不利内力。对于拉（压）弯杆件，还应考虑最大正或负弯矩的不利组合。

三、桁架杆件的内力组合

桁架不同荷载情况，即永久荷载和各种活荷载的不同组合情况，将对各杆件引起不同的内力。设计时应考虑各种可能的荷载组合，并对每根杆件分别比较考虑哪一种荷载组合引起的内力最为不利，取其一组或几组作为该杆的设计内力。

对于桁架的轴心受力杆件，最不利内力是指：

(1)拉杆的最大轴心拉力；

(2)压杆的最大轴心压力；

(3)受压为主可能受拉杆件的最大轴心压力；

(4)受拉为主可能受压杆件的最大轴心拉力和最大轴心压力两组内力并列，受压杆件的长细比限制较严，且整体稳定计算时要考虑 φ_b，故最大压力虽小于最大拉力也应并列为最不利内力。

对于兼受弯矩的杆件，还应考虑最大正或负弯矩的不利情况。

(一) 梯形屋架杆件的内力组合

对于梯形屋架的设计内力，通常应考虑下列三种组合：

(1)组合一。全跨永久荷载 + 活荷载（选用活荷载或雪荷载的较大值）。

(2)组合二。全跨永久荷载 + 左或右半跨活荷载（选用活荷载或雪荷载的较大值）。

(3)组合三。全跨屋架重+左或右半跨檩条、屋面板重和施工时活荷载(选用施工活荷载或雪荷载的较大值)。

当为不上人屋面时,使用活荷载即取施工活荷载值,屋面有积灰荷载时,在组合一、组合二的使用活荷载中应予以加入。组合三是针对通常的屋盖安装方法和步骤而规定的,即屋架(包括支撑和可能有的天窗架)安装完毕后从其一侧顺次吊装檩条和屋面板,并在其上暂时堆放待装的屋面板或其他建筑材料。

对多数杆件只需考虑组合一。只对靠近跨中的个别腹杆,左半跨荷载使其受拉(压),而右半跨荷载使其受压(拉),则需考虑组合二、组合三,这时少加某一个半跨的活荷载将使杆件拉(压)力增加,少加另一个半跨的活荷载则有可能使杆件由受拉变为受压。

(二)三角形屋架杆件的内力组合

(1)对于三角形屋架的杆件内力,通常只需考虑组合一,即全跨永久荷载和活荷载(施工活荷载和雪荷载的较大值)。

三角形屋架中,左或右半跨荷载均使上弦杆受压和下弦杆受拉,对腹杆则是左或右半跨荷载只使本半跨腹杆受力,因而组合二、组合三的杆件内力不会变号也不会超过组合一,故不必考虑。

(2)对轻屋面并承受较大风荷载的屋架,还应考虑下列组合:全跨永久荷载+向左或向右风荷载。本组合可能使某些腹杆(甚或某些弦杆)发生较大反号内力或由受拉变为受压、支座反力由受压变为受拉需要锚固等。

(3)风荷载使屋面某些部分引起风压力时(屋面坡度>30°或有天窗时),还应考虑下列两种组合:全跨永久荷载+0.85全跨活荷载+0.85向左或向右风荷载,全跨永久荷载+向左或向右风荷载。这两种组合可能使受风压力处某些腹杆(甚或某些弦杆)的内力更大。0.85是考虑最大活荷载和最大风荷载同时发生的概率较小而引入的荷载组合系数。

第五节　桁架杆件的截面选择

桁架经选定形式和确定钢号,并求出各杆件的设计内力 N(或 N 和 M)后,需再确定杆件在各个方向的计算长度、截面的组成形式、节点板厚度等,便可进行截面选择。

一、桁架杆件的计算长度

(一)杆件的计算长度

桁架中压杆和拉杆都必须先求得其计算长度 l_0,因为确定了计算长度才能按稳定性选择压杆的截面以及进行压杆和拉杆刚度验算。

1. 桁架平面内(对 x 轴)的计算长度 l_x

桁架按理想铰接节点考虑时,各杆件两端接近不动铰接,在桁架平面内的计算长度大致为 $l_x=l$(l 为杆件的几何长度,即相邻节点中心间距离)(见图5-8(a))。但在钢桁架中,由于汇交于节点的各杆通过节点板焊接在一起而且具有一定的刚性,同时节点上还有受拉杆件对节点转动起到约束作用,因此在桁架平面内,节点不是真正的铰接(见

图 5-9)。

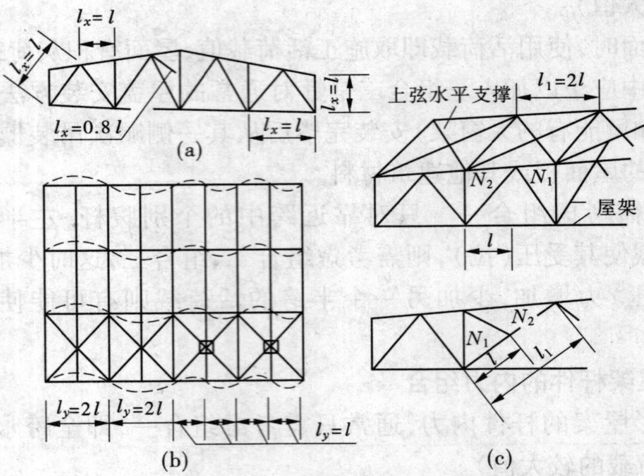

图 5-8　桁架杆件计算长度

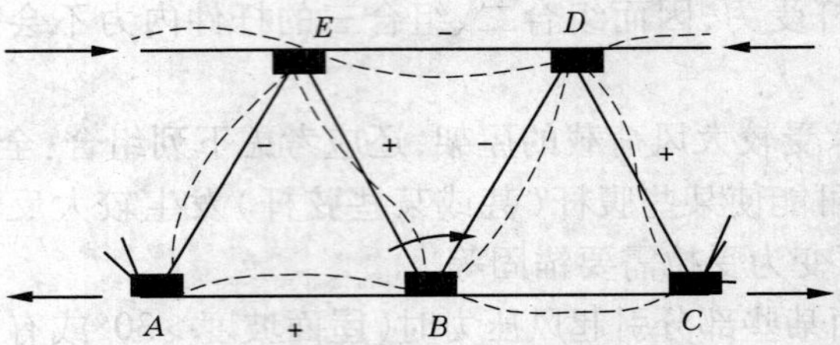

图 5-9　桁架杆件在节点上的嵌固

当某一压杆如 ED 在桁架平面内屈曲而绕节点转动时，将受到与节点相连接的其他杆件的约束，节点的这种弹性嵌固作用对压杆的工作是有利的。理论分析和试验证明，约束节点转动的主要因素是拉杆。它有拉直绷紧的倾向，节点上的拉杆数量愈多，拉力和拉杆的线刚度愈大，则节点的嵌固程度也愈大；而压杆易屈曲，有促使节点转动的倾向，节点上的压杆数量愈多，则节点转动倾向也愈大。因此，可把汇集压杆较多的上弦节点和桁架的端节点视为铰接，其他节点视为弹性嵌固，由此可确定杆件在桁架平面内的计算长度。图 5-8(a)和图 5-9 所示桁架的受压弦杆以及支座竖杆和斜杆的计算长度一律取 $l_x=l$。对于中间腹杆的计算长度取 $l_x=0.8l$。至于受拉弦杆，其所受嵌固作用比受压杆要大些，但为了简化取 $l_x=l$。

2. 桁架平面外(对 y 轴)的计算长度 l_y

受压杆的计算长度 l_y 应等于侧向支撑点的间距 l_1，因为它在垂直于桁架平面方向发生纵向弯曲时，只能在侧向支撑点间发生弯曲。在无横向支撑的开间，则由纵向系杆作为侧向支撑点。如图 5-8(b)的左半部分，由于横向水平支撑在交叉点与系杆无连接，故 l_y 为 2 倍的节间长度；图 5-8(b)的右半部分，由于横向水平支撑在交叉点与系杆相连，故 l_y 为节间长度。

由于节点板在桁架平面外的刚度很小，相当于板铰，故不能约束腹杆端部的转动，因此受压腹杆在桁架平面外的计算长度 $l_y=l$。

单角钢腹杆和双角钢十字形截面腹杆，当截面的两主轴均不在桁架平面内时，杆件沿最小刚度平面（斜平面）发生纵向弯曲，杆端的节点板起着不完全的嵌固作用，故其计算长度 $l_y=0.9l$。

现将各种桁架的计算长度综合列于表 5-1。

表 5-1　桁架弦杆和单系腹杆的计算长度

项次	弯曲方向	弦杆	腹杆	
			支座斜杆和支座竖杆	其他腹杆
1	桁架平面内	l	l	$0.8l$
2	桁架平面外	l_1	l	l
3	斜平面	—	l	$0.9l$

注：1. l 为构件的几何长度（节点中心间距离），l_1 为桁架弦杆侧向支承点之间的距离。

2. 斜平面指与桁架平面斜交的平面，适用于构件截面两主轴均不在桁架平面内的单角钢腹杆和双角钢十字形截面腹杆。

3. 无节点板的腹杆计算长度在任意平面内均取其等于几何长度（钢管结构除外）。

如果桁架弦杆侧向支撑点之间的距离 l_1 为 2 倍节间长度（$l_1=2l$），且两个节间杆件内力不等（见图 5-8（c）），一边有较大的压力 N_1，另一边有较小的压力或拉力 N_2（计算时压力取正，拉力取负），此时，这种杆件在桁架平面外的稳定性比支撑点之间均受较大压力有利，故当按较大压力 N_1 验算该弦杆在桁架平面外的稳定性时，其计算长度可进行折减，按式（5-2）确定

$$l_y = l_1\left(0.75 + 0.25\frac{N_2}{N_1}\right) \tag{5-2}$$

但 l_y 不小于 $0.5l_1$。确定桁架交叉腹杆的计算长度，在桁架平面内应取节点中心到交叉点间的距离，即$l_x=0.5l$（见图 5-10（a））；在桁架平面外的计算长度，应根据另一斜杆的受力情况和在交叉点的构造形式而定（见图 5-10（b）、（c）），其具体规定如下。

1）压杆

（1）当与压杆相交的另一杆受压，且两杆截面相同并在交叉点均不中断时，则按式（5-3）计算

$$l_y = l\sqrt{\frac{1}{2}\left(1+\frac{N_0}{N}\right)} \tag{5-3}$$

（2）相交的另一杆受拉，此压杆在交叉点中断但以节点板搭接，则

$$l_y = l\sqrt{1+\frac{\pi^2}{12}\frac{N_0}{N}} \tag{5-4}$$

（3）相交的另一杆受拉，两杆截面相同并在交叉点均不中断，则

$$l_y = l\sqrt{\frac{1}{2}\left(1-\frac{3}{4}\frac{N_0}{N}\right)} \geqslant 0.5l \tag{5-5}$$

（4）相交的另一杆受拉，此拉杆在交叉点中断但以节点板搭接，则

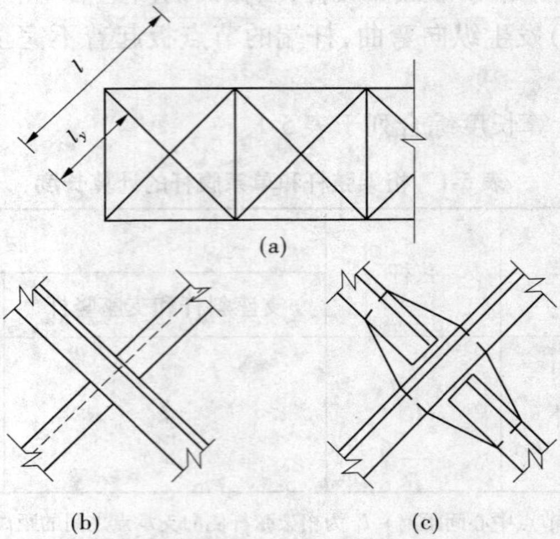

图 5-10 桁架交叉腹杆计算长度的确定

$$l_y = l\sqrt{1-\frac{3}{4}\frac{N_0}{N}} \geqslant 0.5l \tag{5-6}$$

当此拉杆连续而压杆在交叉点中断但以节点板搭接，若 $N_0 \geqslant N$ 或拉杆在桁架平面外的抗弯刚度 $EI_y \geqslant \frac{3N_0 l^2}{4\pi^2}\left(\frac{N}{N_0}-1\right)$（$l$ 为节点中心间距离（交叉点不作为节点考虑），N 为所计算杆的内力，N_0 为相交另一杆的内力，均为绝对值）时，取 $l_y = 0.5l$。

两杆均受压时，$N_0 \leqslant N$，两杆截面应相同。

2）拉杆

应取 $l_y = l$。当两交叉杆都受压时，宜做成两杆均不中断。

3）斜平面的计算长度 l_a

斜平面指与桁架平面斜交的平面，其构件截面的两个主轴均不在桁架平面内且与桁架平面成 α 角（α 一般为 45°），如单角钢做成的腹杆或双角钢十字形截面腹杆，它们在斜平面的计算长度一般取上述 l_x 及 l_y 的平均值，即支座腹杆等 $l_a = l$，一般腹杆 $l_a = 0.9l$。

钢管桁架和轻型钢桁架的节点连接不采用节点板时，节点对腹杆的嵌固作用很小，腹杆在桁架平面内及平面外的计算长度取 $l_x = l_y = l$。

（二）桁架杆件的容许长细比

桁架或支撑杆件应设计成具有一定刚度的杆件，长细比（$\lambda = l_0/i$）对于受压杆具有特别重要的意义。过于细长的杆件不仅对压杆的稳定不利，而且在使用中将因自重而变形下垂，使杆件出现不利的偏心，在动载作用下容易产生振动，另外也不便于运输和安装。对于受拉杆件同样也不应过于细柔，以防在运输和安装时因偶然碰撞而弯曲和损坏。在动荷载作用下，若拉杆的刚度不够也会引起振动。静载作用时的拉杆，一般只需验算在竖直平面内的长细比，以防过大的垂度。《规范》对不同用途的压、拉杆规定了不同的容许长细比[λ]，见表 5-2 和表 5-3。

表 5-2　受压杆件的容许长细比[λ]

项次	构件名称	容许长细比
1	柱、桁架和天窗架中的杆件 柱的缀条、吊车梁或吊车桁架以下的柱间支撑	150
2	支撑(吊车梁或吊车桁架以下的柱间支撑除外) 用以减小受压构件长细比的杆件	200

注:1. 桁架(包括空间桁架)的受压腹杆,当其内力等于或小于承载能力的50%时,容许长细比值可取200。

2. 计算单角钢受压构件的长细比时,应采用角钢的最小回转半径,但计算在交叉点相互连接的交叉杆件平面外的长细比时,可采用与角钢肢边平行轴的回转半径。

3. 跨度等于或大于60 m的桁架,其受压弦杆和端压杆的容许长细比值宜取100,其他受压腹杆可取150(承受静力荷载或间接承受动力荷载)或120(直接承受动力荷载)。

4. 由容许长细比控制截面的杆件,在计算其长细比时,可不考虑扭转效应。

表 5-3　受拉构件的容许长细比

项次	构件名称	承受静力荷载或间接承受动力荷载的结构		直接承受动力荷载的结构
		一般建筑结构	有重级工作制吊车的厂房	
1	桁架的杆件	350	250	250
2	吊车梁或吊车桁架以下的柱间支撑	300	200	—
3	其他拉杆、支撑、系杆等(张紧的圆钢除外)	400	350	—

注:1. 承受静力荷载的结构中,可仅计算受拉构件在竖向平面内的长细比。

2. 在承受动力荷载的结构中,单角钢受拉构件长细比的计算方法与表5-2中注2相同。

3. 中、重级工作制吊车桁架下弦杆的长细比不宜超过200。

4. 在设有夹钳或刚性料耙等硬钩吊车的厂房中,支撑(表中第2项除外)的长细比不宜超过300。

5. 受拉构件在永久荷载与风荷载组合作用下受压时,其长细比不宜超过250。

6. 跨度等于或大于60 m的桁架,其受拉弦杆和腹杆的长细比不宜超过300(承受静力荷载或间接承受动力荷载)或250(直接承受动力荷载)。

二、桁架杆件的截面形式

在选择桁架截面形式时,应考虑既便于弦杆和腹杆在桁架平面内的节点连接,又便于在垂直于桁架平面上与支撑、次梁、檩条等相连接。对于作为桁架外框的上、下弦杆还要具有足够的侧向刚度,以免在运输和安装时发生侧向弯曲。对于轴心受力杆件应使其两主轴方向的稳定性近似相等,即 $\lambda_x \approx \lambda_y$,以便节约钢材。当有弯矩作用时,则适当加大弯矩作用方向的截面高度。

普通桁架杆件通常采用由两个等肢角钢或不等肢角钢组成的T形截面、十字形截面或管形截面(见图5-11),能较好地满足上述构造要求。

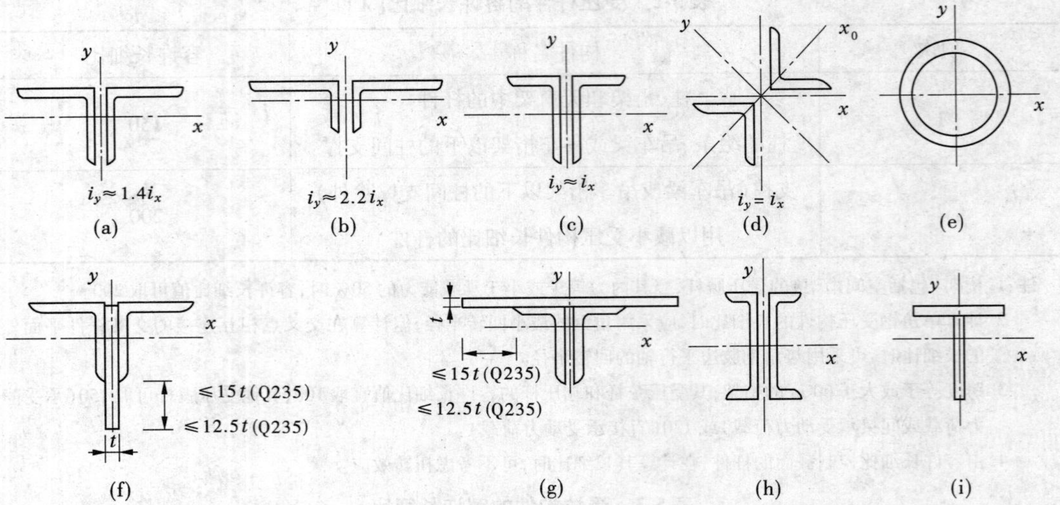

图 5-11　普通桁架杆件截面形式

(一)弦杆截面

当弦杆为轴心受压杆时,根据等稳定性要求,截面形式应按两方向的计算长度而定。当 $l_y=2l_x$ 时,应采用两个不等肢角钢以短肢拼合的截面(见图 5-11(b)),因其回转半径 $i_y=2.2i_x$,则两方向的稳定性大致相等。当 $l_y=l_x$ 时,若仅考虑等稳定性要求,可采用两个不等肢角钢以长肢拼合的截面(见图 5-11(c))。但实际上,还应考虑运输和安装对弦杆侧向刚度要求,故常采用两个等肢角钢拼合的截面(见图 5-11(a))。

当弦杆为压弯杆件时,若弯矩很小,仍可采用等肢角钢拼合或不等肢角钢长肢拼合截面;若弯矩较大,为了增大桁架平面内的抗弯能力,可采用两角钢间夹一钢板条来加强(见图 5-11(f))。钢板条外伸部分不得超过板厚的 15 倍(对于 3 号钢),并且弦杆高度不宜超过 1/10 节间长度。当弦杆直接与钢面板相连(如钢闸门主桁架)时,可利用部分钢板参加弦杆截面(见图 5-11(g));当弯矩很大时,也可采用一对槽钢组成的截面(见图 5-11(h)),但这种截面形式与横向联结系的连接构造较复杂;当具备自动焊条件时,可采用由两块钢板条焊成的 T 形截面(见图 5-11(i))。

轴心受拉弦杆不必考虑等稳定性以及桁架平面内抗弯刚度问题,在选择截面形式时主要考虑与腹杆的连接方便。运输及安装时对弦杆侧向刚度的要求,一般采用等肢角钢或不等肢角钢以短肢拼合截面。

(二)腹杆截面

受压腹杆一般采用等肢角钢拼合截面,因 $l_x=0.8l=0.8l_y$,即 $l_y=1.25l_x$,而截面的回转半径 $i_y\approx1.4i_x$,两方向稳定性比较接近,但对于支承端压杆因 $l_x=l_y$,故宜采用两长肢拼合的截面。受拉腹杆一般也采用等肢角钢拼合截面。

当桁架竖杆须与纵向垂直支撑连接时,宜采用两个等肢角钢拼合的十字形截面(见图 5-11(d)),其回转半径较大则对压杆稳定有利,而且纵向垂直支撑的杆件轴线能通过十字形截面中心,受力较好。

对于受力很小或不受力的腹杆也可采用单角钢截面。但由于单面连接偏心的影响，若按轴心受力杆件验算其强度和连接时，《规范》规定其设计强度应乘以相应的折减系数0.85，按轴心受压计算稳定性时，设计强度折减系数的选取见《规范》。

（三）钢管截面

钢管截面也是钢桁架截面的一种好形式。钢管壁较薄，而截面材料分布离几何中心较远，且各方向的回转半径均相等（见图5-11（e）），与其他型钢截面相比回转半径较大，相应的长细比较小，因而管形截面作为受压或受弯构件比其他型钢截面的承载能力要大得多。钢管的抗扭能力也较其他截面强。圆管绕流条件好，当承受风载或波浪压力时，其阻力可降低2/3左右。一般轧制无缝钢管及焊接钢管规格均可满足管壁的局部稳定性。设计大直径的焊接薄壁钢管构件，为了保证局部稳定性要求，应按有关规范确定直径和壁厚的比值。露天结构采用封闭圆管的壁厚不应小于4 mm。钢管结构的节点一般不用另加节点板，而将腹管端部切成马鞍形与弦管壁直接焊接，构造简单，连接平滑，作为大跨度的钢管平面桁架或空间桁架结构较方便。因此，钢管结构比型钢结构可节约钢材20%～30%。此外，钢管端部可以密封，有利于耐大气及海水腐蚀，管截面周长最小，所需油漆等维护费用也小；缺点是无缝钢管价格较普通型钢贵，目前国内生产的管径规格少，大直径焊接钢管制造较费工，对管节点的切割和焊接质量要求较高。对于海洋工程的桁架结构来说，管形截面是主要形式，如固定式采油平台桩基导管架、自升式钻井船的桁架桩腿结构、平台间大跨度连络桥以及平台上直升飞机场支承桁架等杆件也多采用钢管截面。

三、杆件截面设计

桁架杆件一般为轴心受力构件，当桁架弦杆节间有荷载时，弦杆为压弯或拉弯构件。

（一）桁架杆件截面设计的一般原则

（1）应优先选用肢宽壁薄的角钢，使在相同用钢量的情况下截面具有较大的惯性矩和回转半径，减小螺栓等孔洞的可能削弱，节省钢材。

（2）对于杆力很小或不受力的杆件，其截面尺寸须按容许长细比[λ]或构造要求确定。水工闸门钢结构中桁架最小角钢一般为∠50×6或∠63×40×6，建筑钢结构中最小角钢为∠45×4或∠56×36×4（对焊接结构）及∠50×5（对螺栓连接结构）。

（3）桁架的弦杆一般采用等截面，若采用变截面宜在节点处改变宽度而保持厚度不变，一般只改变一次；同一屋架的角钢规格应尽量统一，不宜超过6～9种，边宽相同的角钢厚度相差至少2 mm，以便识别。

（二）截面计算

轴心受拉杆件应按强度条件计算杆件需要的净截面面积：$A_n=F/f$。轴心受压杆件应按整体稳定性条件计算杆件需要的毛截面面积：$A=F/(\varphi A)$。压弯或拉弯杆件，当上弦或下弦杆件受节间荷载时，杆件同时承受轴心力和局部弯矩作用，应按压弯或拉弯构件计算，通常采用试算法初估截面，然后再验算其强度和刚度，对压弯构件尚应验算弯矩作用平面内和平面外的稳定性。

内力很小或按构造设置的杆件，可按容许长细比选择构件的截面。首先计算截面所需的回转半径，$i_x=l_{0x}/[\lambda]$，$i_y=l_{0y}/[\lambda]$或$i_{min}=l_0/[\lambda]$，再根据所需的i_x、i_y、i_{min}，查角钢规格表选择角钢,确定截面。

【例 5-1】　某梯形桁架上弦杆的轴向压力设计值及侧向支承点位置如图 5-12 所示,上弦杆截面无削弱,材料为 Q235AF 钢,节点板厚 10 mm。上弦杆采用两角钢组合 T 形截面,试选择上弦杆的截面。

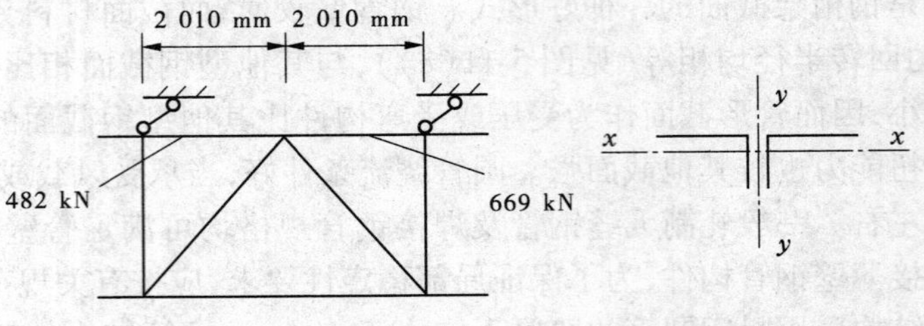

图 5-12　例 5-1 计算简图

解:上弦杆桁架平面内的计算长度为 $l_{0x}=2\ 010$ mm。

桁架平面外的计算长度为

$$l_{0y}=l_1\left(0.75+0.25\frac{N_2}{N_1}\right)=4\ 020\times\left(0.75+0.25\times\frac{482}{669}\right)=3\ 739(\text{mm})$$

$l_{0y}/l_{0x}=3\ 739/2\ 010=1.86$,由 $\lambda_x=\lambda_y$,有 $i_y/i_x\approx1.86$,可以选用两不等肢角钢短肢相并或两等肢角钢组合的 T 形截面。

设 $\lambda=70$,双角钢组合 T 形截面属 b 类,查附录三得 $\varphi=0.751$。

取强度设计值 $f=215$ N/mm^2,根据所设的 λ 可知

$$A=\frac{N_1}{\varphi f}=\frac{669\times10^3}{0.751\times215}=4\ 143(\text{mm}^2)$$

$$i_x=\frac{l_{0x}}{\lambda}=\frac{2\ 010}{70}=28.7(\text{mm})$$

$$i_y=\frac{l_{0y}}{\lambda}=\frac{3\ 739}{70}=53.4(\text{mm})$$

根据求出的 A、i_x 及 i_y,并已知节点板厚 $\delta=10$ mm,由型钢表初选 2$\angle$140×90×10(见图 5-12),查得 $A=2\times2\ 230=4\ 460(\text{mm}^2)$, $i_x=25.6$ mm,$i_y=67.7$ mm。

截面验算

$$\lambda_x=l_{0x}/i_x=2\ 010/25.6=78.5<[\lambda]=150$$

$$\lambda_y=l_{0y}/i_y=3\ 739/67.7=55.2$$

由 $\lambda_{\max}=\lambda_x=78.5$,查附录三得 $\varphi=0.698$,则可得

$$\frac{N_1}{\varphi A}=\frac{669\times10^3}{0.698\times4\ 460}=214.9(\text{N/mm}^2)<215\ \text{N/mm}^2$$

截面无削弱时强度不必验算,所选截面合适。

【例 5-2】　桁架承受的荷载及内力如图 5-13 所示,节点荷载设计值 $P=29.4$ kN,试选择上弦杆截面。

解:(1) 初选截面。

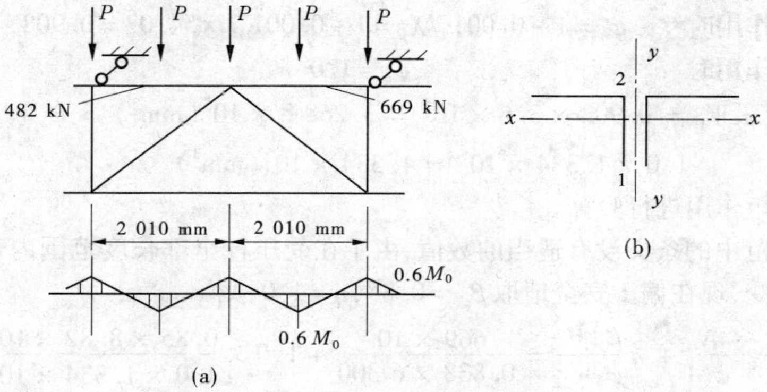

图 5-13　例 5-2 计算简图

上弦杆承受有节间荷载，为压弯构件。在节间和节点处的正负弯矩为（见图 5-13(a)）

$$M_x = 0.6M_0 = 0.6Pd/4 = 0.6 \times 29.4 \times 10^3 \times 2\ 000/4 = 8.82 \times 10^6 (\text{N} \cdot \text{mm})$$

$$N'_{Ex} = \frac{\pi^2 EA}{1.1\lambda_x^2} = \frac{\pi^2 \times 2.06 \times 10^5 \times 6\ 300}{1.1 \times 40.36^2 \times 10^3} = 7\ 148.5(\text{kN})$$

(2)桁架平面内稳定验算。

处于节间的上弦杆相当于两端支承的杆件，杆件承受有端弯矩和横向荷载同时作用，使构件产生反向曲率，故取等效弯矩系数 $\beta_{mx} = 0.85$。

上弦杆在弯矩作用平面内，节间正弯矩和支座负弯矩都是最大弯矩且值相等。验算如下

$$\gamma_{x1} W_{1x} = 1.05 \times 3.6 \times 10^5 = 3.78 \times 10^5 (\text{mm}^3) > \gamma_{x2} W_{2x} = 1.2 \times 1.334 \times 10^5$$
$$= 1.60 \times 10^5 (\text{mm}^3)$$

只需按负弯矩作用来验算平面内稳定性，即

$$\frac{N}{\varphi_x A} + \frac{\beta_{mx} M_x}{\gamma_{x2} W_{2x}(1 - 0.8N/N'_{Ex})}$$
$$= \frac{669 \times 10^3}{0.898 \times 6\ 300} + \frac{0.85 \times 8.82 \times 10^6}{1.2 \times 1.334 \times 10^5 \times (1 - 0.8 \times 669/7\ 148.5)}$$
$$= 168.88(\text{N/mm}^2) < f = 215\ \text{N/mm}^2$$

此时，还应对正弯矩作用使 2 点（指背）受拉的情况进行附加验算，即

$$\left| \frac{N}{A} - \frac{\beta_{mx} M_z}{\gamma_{x2} W_{2x}(1 - 1.25N/N'_{Ex})} \right|$$
$$= \left| \frac{669 \times 10^3}{6\ 300} - \frac{0.85 \times 882 \times 10^4}{1.2 \times 1.334 \times 10^5 \times (1 - 1.25 \times 669/7\ 148.5)} \right|$$
$$= 53.15(\text{N/mm}^2) < f = 215\ \text{N/mm}^2$$

桁架平面内的稳定性满足要求。

(3)桁架平面外稳定性验算。

由例 5-1 可知平面外的计算长度 $l_{0y} = 3\ 739$ mm，则

$$\lambda_y = l_{0y}/i_y = 3\ 739/69.2 = 54.03 < [\lambda] = 150$$

查表得 $\varphi_y=0.838$。

正弯矩作用时　　$\varphi_b=1-0.0017\lambda_y=1-0.0017\times54.03=0.908$

负弯矩作用时　　$\varphi_b=1.0$

$$\varphi_b W_{1x}=0.908\times3.6\times10^5=3.2688\times10^5(\text{mm}^3)>\varphi_b W_{2x}=1.0\times1.334\times10^5=1.334\times10^5(\text{mm}^3)$$

只需按负弯矩作用进行验算。

β_{tx}按规范中的条文没有适当的数值，由于在受压杆全部长度范围内弯矩和曲率出现多次符号改变，现在偏于安全地取 $\beta_{tx}=0.85$，$\eta=1.0$，则

$$\frac{N}{\varphi_y A}+\eta\frac{\beta_{tx}M_x}{\varphi_b W_{2x}}=\frac{669\times10^3}{0.838\times6300}+1.0\times\frac{0.85\times8.82\times10^6}{1.0\times1.334\times10^5}=182.92(\text{N/mm}^2)<f=215\ \text{N/mm}^2$$

桁架平面外的稳定性满足要求。

(4)强度验算。

$\gamma_{x2}W_{2x}<\gamma_{x1}W_{1x}$，只需按负弯矩作用时验算强度。

$$\frac{N}{A}+\frac{M_x}{\gamma_{x2}W_{2x}}=\frac{669\times10^3}{6300}+\frac{8.82\times10^6}{1.2\times1.334\times10^5}=161.29(\text{N/mm}^2)<f=215\ \text{N/mm}^2$$

强度满足要求。

例 5-2 中的上弦杆除承受节间荷载外，上弦杆的计算长度和轴心力都与例 5-1 相同，由于存在节间荷载，上弦杆的用钢量显著增加。可采用加大檩距或设再分腹杆的办法，使上弦杆不再承受节间荷载。实际设计中不应仅看上弦杆的用钢量，还要看总体方案的用钢量。

【例 5-3】　某 24 m 钢屋架支座斜杆 abC 的尺寸和内力设计值见图 5-14（全部永久荷载、活荷载），试设计其截面。已知钢材选用 Q235，杆件截面为双角钢，节点板厚 12 mm（支座节点板厚 14 mm）。

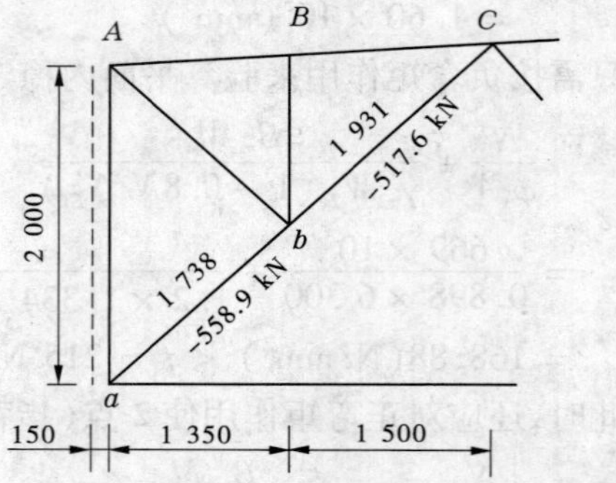

图 5-14　例 5-3 计算简图　（单位：mm）

解：支座斜杆 ab 段 $N_1=-558.9$ kN（压），bc 段 $N_2=-517.6$ kN（压）。桁架平面内计算长度 $l_{0x1}=1738$ mm，$l_{0x2}=1931$ mm。

支座斜杆两段长度即 l_{0x1} 和 l_{0x2} 不相等，但相差不多，且压力较大的是短段，故其桁架平面外计算长度（压杆）仍按式(5-2)计算

$$l_y=\sum l\left(0.75+0.25\frac{N_2}{N_1}\right)=(1738+1931)\times\left(0.75+0.25\times\frac{517.6}{558.9}\right)=3669\times0.9815=3601(\text{mm})$$

通常再分主斜杆中 $N_2=N_1$，为简化可不分拉压杆均取 $l_y=\sum l=3\ 669$ mm，差别很小，并偏安全。

现按内力较大的 ab 段初选截面。$\dfrac{l_y}{l_x}=\dfrac{3\ 601}{1\ 738}=2.07$，可采用短边相并的不等边角钢或一对等边角钢组合的T形截面。计算 i_y 时节点板厚度按12 mm。

假设 $\lambda_{max}=70$，b类 $\varphi=0.751$，需要

$$A=\frac{N}{\varphi f}=\frac{558.9\times 10^3}{0.751\times 215}=3\ 461(\text{mm}^2)$$

$$i_x=\frac{l_x}{\lambda_{max}}=\frac{1\ 738}{70}=24.83(\text{mm})$$

$$i_y=\frac{l_y}{\lambda_{max}}=\frac{3\ 601}{70}=51.44(\text{mm})$$

查角钢表，较好符合上列要求的规格为：

(1)┑┏100×10($A=3\ 852$ mm^2，$i_x=30.5$ mm，$i_y=46.0$ mm)；

(2)┑┏125×8($A=3\ 950$ mm^2，$i_x=38.8$ mm，$i_y=55.5$ mm)；

(3)┑┏140×90×8($A=3\ 605$ mm^2，$i_x=25.9$ mm，$i_y=68.0$ mm)。

上述第(1)种规格的 i_y 略不够但 A 有富裕，第(2)、(3)种规格的 A、i_x、i_y 都略富裕。经比较考虑，暂选用双等边角钢，取截面面积 A 较小的┑┏100×10验算

$$\lambda_{x1}=\frac{1\ 738}{30.5}=57.0,\lambda_{x2}=\frac{1\ 931}{30.5}=63.3,\lambda_y=\frac{3\ 601}{46.0}=78.3$$

两段均为 $\lambda_{max}=\lambda_y=78.3<[\lambda]=150$，b类 $\varphi=0.699$，则

$$\sigma_1=\frac{558.9\times 10^3}{0.699\times 3\ 852}=207.6(\text{N/mm}^2)<f=215\ \text{N/mm}^2$$

$$\sigma_2=\frac{517.6\times 10^3}{0.699\times 3\ 852}=192.2(\text{N/mm}^2)<f=215\ \text{N/mm}^2$$

截面合适，故确定用┑┏100×10。

第六节 桁架节点设计

桁架各杆件截面形式和尺寸确定后，即可进行各节点构造设计。桁架一般在节点处设置节点板，把交汇于节点的各杆件都与节点板相连接，形成桁架的节点，各杆件把力传给节点板并互相平衡。节点设计是桁架设计中的重要环节，在设计中首先要确定各杆件的相互位置，再根据杆件内力和焊缝构造要求确定杆件与节点板之间的焊缝尺寸，定出节点板形状及尺寸。节点构造要既符合受力要求又便于制造、保证焊接质量。

一、节点构造

(一)杆件的轴线

在理论上，各杆件的形心应与杆件轴线重合，以免各构件在节点连接处产生偏心而引起附加弯矩，但是考虑到制造方便，在焊接桁架中取角钢肢背外表面到桁架轴线距离 Z_0

为 5 mm 的倍数。如果弦杆采用两种不同的截面尺寸,为了便于拼接和放置次梁等构件,则将角钢水平肢的外边缘对齐。一般在节点处改变截面,改变后的两截面重心距的平均值 $Z_0=(Z_1+Z_2)/2$ 也取 5 mm 的倍数处作为弦杆的公共轴线,各腹杆的轴线交汇于公共轴线上。

(二)节点板的形状及其厚度

节点板的作用主要是通过它将交汇于节点上的腹杆连接到弦杆上,并传递和平衡节点上各杆件内力。因此,节点板的形状和尺寸取决于被连接杆件的受力和构造要求。节点板的形状应尽量简单,一般采用矩形、梯形或平行四边形等,使切割节点板时省工且杆件传力好。腹杆内力是通过焊缝逐渐传给节点板的,故节点板宽度应随其受力的逐渐增大而放宽,一般规定节点板边缘与杆件轴线夹角不应小于 15°~20°(见图 5-15(a)、(b))。此外,节点板的形状还应避免有凹角,以防止形成严重的应力集中和切割困难。

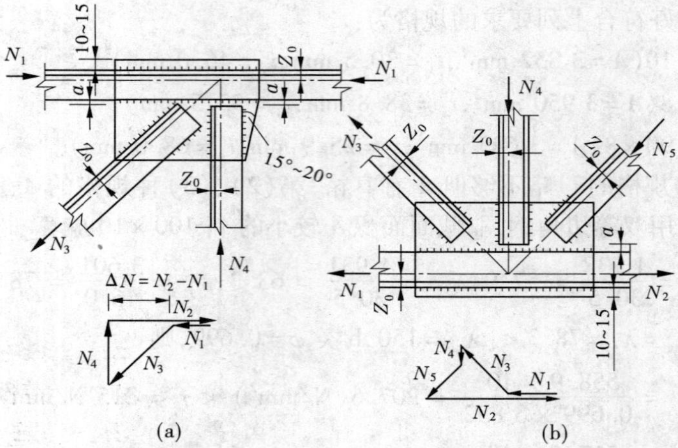

图 5-15　桁架节点的构造　(单位:mm)

节点板厚度取决于腹杆最大内力的大小,因为弦杆一般是连续的,腹杆内力是通过节点板相平衡的,但节点板上的应力状态比较复杂,既有压应力,也有拉应力,还有剪应力,应力分布极不均匀,且有较大的应力集中,因而难计算。在一般桁架设计中,中间节点板的厚度可根据桁架最大内力(对于三角形桁架可根据端部弦杆内力)参照表 5-4 中的经验数据来确定(此表用于 Q235 号钢的节点板,如用 Q345 钢或 Q390 钢可将其厚度减薄 1~2 mm),并在整个桁架中采用相同的厚度。桁架支座节点板厚度应较中间节点板加厚 2 mm。

表 5-4　节点板厚度的经验数据

梯形、平行弦桁架腹杆最大内力, 三角形桁架端节间弦杆内力(kN)	≤150	160~250	260~400	410~600	610~900
中间节点板厚度(mm)	6	8	10	12	14

(三)腹杆角钢的切割和腹杆长度的确定

角钢切割通常垂直于轴线,当角钢肢较宽时,为了减小节点板尺寸,可将角钢与节点板相连的一肢切去一个角,当构造上有特殊要求时,可将一肢斜切。但不得采用将一肢完全切割的斜肢,如图5-16所示。

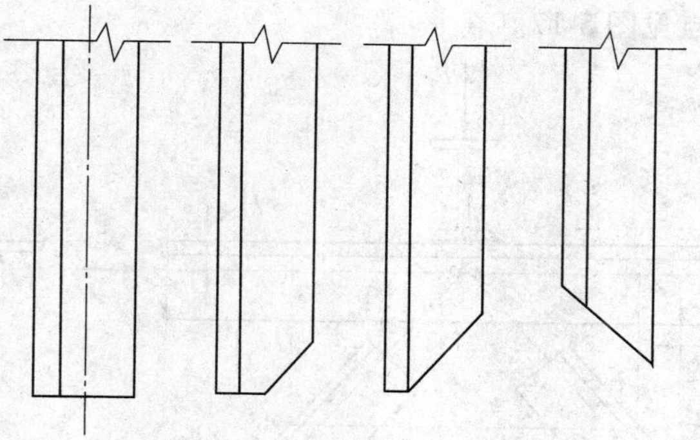

(a)正常　(b)允许　(c)特殊　(d)不允许

图5-16　角钢切割

为了减小节点板尺寸,应尽量将腹杆端部靠近弦杆,使布置紧凑,但其间须保持一定的间隙 a(见图5-15),以免焊缝过分密集,使节点板经多次焊接而变脆,或产生过高的应力集中。在不直接承受动荷载的桁架中,间隙 a 不宜低于10~20 mm;在直接承受动荷载的桁架中,间隙不宜小于40 mm,在绘制节点图时即可确定腹杆的实际长度。

(四)腹杆焊缝

桁架腹杆与节点板的连接焊缝,一般采用两边侧焊,当内力较大以及在直接承受动荷载的桁架中可采用三面围焊,这样可使节点板尺寸减小,改善节点抗疲劳性能。当内力较小时也可采用仅有角钢肢背和杆端的L形围焊。围焊转角处必须连续施焊。此外,为了简化制造,在同一桁架中角焊缝的厚度不宜多于三种。

二、节点设计

(一)无集中荷载的节点

无集中荷载的节点见图5-15。首先按各腹杆的内力计算出腹板与节点板相连的角焊缝尺寸为

$$\sum l_w = \frac{N_3(N_4\text{ 或 }N_5)}{2\times 0.7h_f f_f^w} \tag{5-7}$$

式中　N_3、N_4、N_5——双角钢腹杆内力。

$\sum l_w$ 是一个角钢与节点板之间需要焊缝总长度(不包括两端焊口缺陷值 $2h_f$),然后将 $\sum l_w$ 按比例分配于肢尖和肢背。再考虑到上述构造要求,就可确定节点板的外形和尺寸。

弦杆采用通长的角钢与节点板连接时,其连接角焊缝只承受与该节点相邻的两个节间弦杆内力差值,即

$$\Delta N = N_1 - N_2 \quad (\text{设 } N_1 > N_2) \tag{5-8}$$

求得 ΔN 后，仍按式(5-7)进行计算。但一般 ΔN 很小，所需焊缝一般按构造要求用连续焊缝沿节点板全长布置，焊缝厚度可采用6 mm。节点板伸出弦杆角钢肢背 10 ~ 15mm，以便施焊。

（二）有集中荷载的节点

有集中荷载的节点见图 5-17。

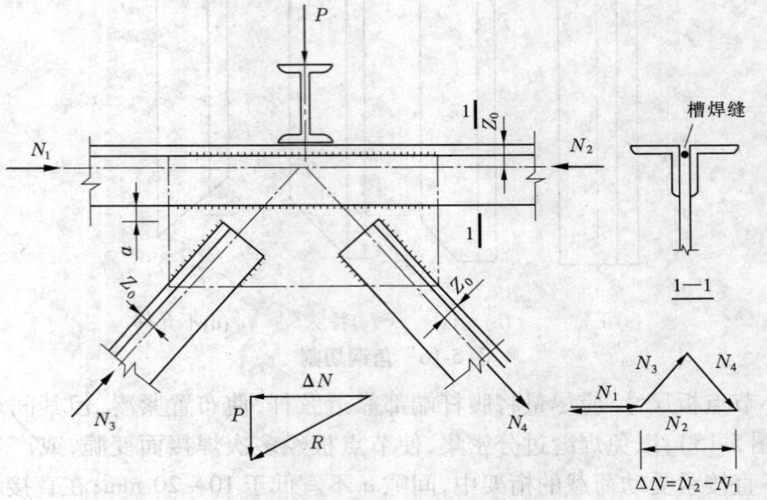

图 5-17　上弦杆设置次梁的节点构造

在集中荷载作用下，根据荷载情况和构造要求，节点板有伸出弦杆表面和缩进弦杆表面两种做法。做法不同，计算方法也不同。

1. 当节点板伸出弦杆表面时

弦杆与节点板之间的焊缝将承受集中荷载 P 和弦杆内力差 ΔN。在 ΔN 作用下，弦杆肢背与节点板之间角焊缝所引起的剪应力为

$$\tau_{\Delta N} = \frac{k_1 \Delta N}{2 \times 0.7 h_f l_w} \tag{5-9}$$

式中　k_1——角钢和节点板搭接时两侧焊缝内力分配系数。

在 P 作用下，倘若忽略 P 与焊缝形心 C 的影响（一般偏心小且焊缝长）。弦杆与节点板之间的四条角焊缝引起的剪应力为

$$\tau_p = \frac{P}{0.7 l_w \sum_{i=1}^{4} h_{fi}} \tag{5-10}$$

当弦杆为水平或倾斜不大时，可认为 $\tau_{\Delta N}$ 与 τ_p 相互垂直，其合成剪力 τ_f 应满足强度要求，即

$$\tau_f = \sqrt{\tau_{\Delta N}^2 + \left(\frac{\tau_p}{1.22}\right)^2} \leqslant f_f^w \tag{5-11}$$

当 P 为直接动力荷载时，式(5-11)中 τ_p 项的分母 1.22 改为 1，设计时取 h_f 及 l_w（l_w 为实际长度减 $2h_f$），然后按上述公式验算。

2. 当节点板缩进弦杆表面时

桁架上弦为便于搁置其他构件，常将节点板缩进弦杆角钢肢背约 $0.6t$（t 为节点板厚度），用塞焊缝"K"施焊，而弦杆角钢肢尖处仍用角焊缝"A"施焊。

对于塞焊缝因质量不易保证，常假设它只承受荷载 P 的作用，并将焊缝设计强度适当降低，近似地按两条焊脚尺寸为 $h'_f=t/2$ 的角焊缝进行强度验算

$$\tau=\frac{P}{2\times0.7h'_f\ l_w}\leqslant0.7f_f^w \tag{5-12}$$

肢尖焊缝"A"除承受弦杆内力差 $\Delta N=N_1-N_2$（当 $N_1>N_2$ 时）外，还承受 ΔN 沿角钢轴线到肢尖所形成的偏心弯矩 $M=\Delta Ne$（e 为角钢轴线到肢尖的距离）。ΔN 在焊缝"A"中引起的平均剪应力为

$$\tau_{\Delta N}=\frac{\Delta N}{2\times0.7h_fl_w} \tag{5-13}$$

由 M 在焊缝"A"中引起的剪应力为

$$\sigma_M=\frac{6M}{2\times0.7h_fl_w^2} \tag{5-14}$$

焊缝"A"两端的最大合成应力应满足

$$\tau_f=\sqrt{\tau_{\Delta N}^2+\left(\frac{\sigma_M}{1.22}\right)^2}\leqslant f_f^w \tag{5-15}$$

（三）弦杆拼接节点

由于运输条件和材料定货尺寸的限制，以及构造的要求（如弦杆有弯折），弦杆需要拼接，其位置通常布置在节点上，如图 5-18 所示。在设计弦杆的拼接时，应保证拼接的强度和在两个方向的刚度不低于弦杆的强度与刚度，并应尽量使拼接处传力平顺。由于节点板的厚度只是根据传递腹杆的最大杆力的需要而定，因此断开的弦杆不能依靠节点板来传递弦杆内力，而依靠另加拼接角钢或拼接板。拼接角钢一般采用与弦杆相同规格的角钢。

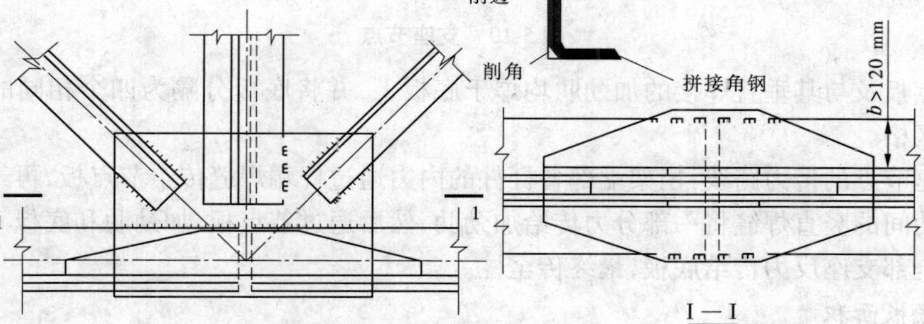

图 5-18 桁架下弦的拼接节点构造

拼接角钢与弦杆相连的焊缝可按相邻节间的最大杆力来计算（偏于安全）。为了便于拼接角钢与弦杆角钢贴合紧密，须将拼接角钢肢背的棱角铲去，同时为了便于焊接，它的竖直肢应切去 $\Delta=t+h_f+5$ mm（t 为拼接角钢的厚度，h_f 为焊缝的焊脚尺寸，5 mm 为避

开弦杆角钢肢尖圆角的余量）。当拼接角钢肢宽较大（大于 120 mm）时，应将角钢斜切（见图 5-18），使它沿全部截面上均匀传递内力而减缓应力集中。

（四）支座节点

桁架与柱的连接分铰接和刚接两种形式。图 5-19 所示为梯形桁架的铰接支座支点，采用由节点板、支座底板、加劲肋和锚栓组成的构造形式。加劲肋的作用是分布支座反力，减小底板弯矩和提高节点板的侧向刚度；加劲肋应设在节点的中心，其轴线与支座反力的作用线重合。支座底板的作用是增加支座节点与混凝土柱顶的接触面积，把节点板和加劲肋传来的支座反力均匀地传递到柱顶上。为便于施焊，下弦杆和底板间应保持一定的距离（见图 5-19 中 s），一般应不小于下弦角钢水平肢的宽度。锚栓常用 M20 ~ M24。为便于桁架安装和调整，底板上的锚栓孔径取锚栓直径的 2.0 ~ 2.5 倍或做成 U 形缺口。待桁架调整定位后，用孔径比锚栓直径大 1 ~ 2 mm 的垫板套进锚栓，并将垫板与底板焊牢。

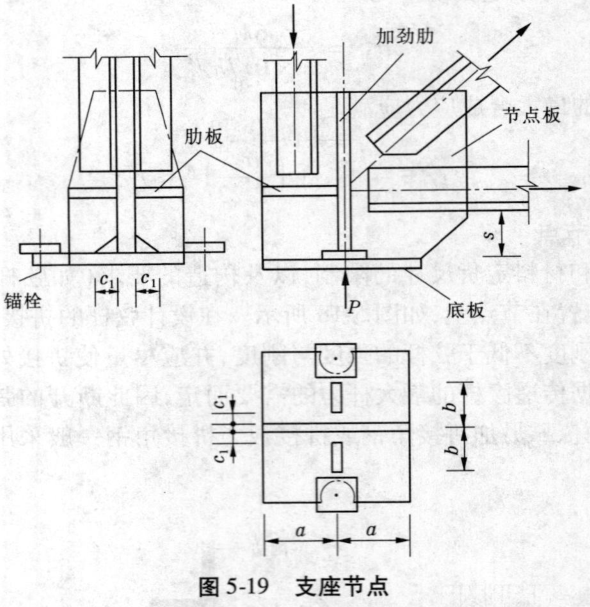

图 5-19　支座节点

节点板及与其垂直焊接的加劲肋均焊于底板上，并将底板分隔为四个相同的两邻边支承的区格。

支座节点的传力路线：桁架端部各杆件的内力通过杆端焊缝传给节点板，再经节点板和加劲肋间的竖直焊缝将一部分力传给加劲肋，然后通过节点板、加劲肋和底板间的水平焊缝将全部支座反力传给底板，最终传至柱。

1. 底板面积

底板面积按式(5-16)计算

$$A = BL = N/f_c + A_0 \tag{5-16}$$

式中　N——柱的轴心压力设计值；

f_c——基础混凝土的抗压强度设计值，当基础上表面面积 A_c 大于底板面积 A 时，混凝土的抗压强度设计值应考虑局部承压引起的提高；

A_0——锚栓孔面积，锚栓孔的直径一般取锚栓直径的 1.5～2.0 倍。

一般当支座反力不大时，可按设置锚栓孔等构造要求决定，通常以短边尺寸不小于 200 mm 为宜。

2. *底板厚度*

底板厚度按式(5-17)计算

$$t \geqslant \sqrt{6M_{\max}/(\gamma_x f)} \tag{5-17}$$

式中 $M_{\max}$——两边为直角支承板时，单位板宽的最大弯矩值 $M=\beta q a_1^2$；

q——底板单位板宽承受的计算线荷载；

a_1——自由板边长度；

β——系数；

γ_x——受弯构件的截面塑性发展系数，当构件承受静力或间接动力荷载时取 1.2，当构件承受直接动力荷载时取 1。

为使柱顶压力分布均匀，底板不宜太薄：一般当屋架跨度 $l \leqslant 18$ m 时，$t \geqslant 16$ mm；当 $l > 18$ m 时，$t \geqslant 20$ mm。

3. *加劲肋*

加劲肋的厚度可取与节点板相同，高度对于梯形屋架由节点板尺寸决定，对于三角形屋架支座节点加劲肋，应紧靠上弦杆角钢水平肢并焊接。

加劲肋可视为支承于节点板的悬臂梁，每个加劲肋近似按承受 1/4 支座反力考虑，偏心距可近似取支承加劲肋下端 $b/2$ 宽度，则每条加劲肋与节点板的连接焊缝承受的剪力为 $F_v = F_R/4$，弯矩为 $M = \dfrac{F_R}{4}\dfrac{b}{2} = \dfrac{F_R b}{8}$，按角焊缝强度条件验算，即

$$\sqrt{\left(\frac{6M}{2\beta_f \times 0.7h_f l_w^2}\right)^2 + \left(\frac{F_v}{2\times 0.7h_f l_w}\right)^2} \leqslant f_f^w \tag{5-18}$$

加劲肋的强度验算按悬臂梁计算，内力为 M、F_v。

节点板、加劲肋和底板连接的水平焊缝按全部支承反力 F_R 计算，总焊缝长度应满足下列强度条件

$$\sigma_f = \frac{F_R}{\beta_f \times 0.7h_f \sum l_w} \leqslant f_f^w \tag{5-19}$$

式中 $\sum l_w$——水平焊缝总长度，应考虑加劲肋切角及每条焊缝从实际长度中减去 10 mm。

【例 5-4】 桁架节点各杆内力及截面如图 5-20 所示，下弦有拼接，节点板厚 $t=10$ mm，钢材为 Q235，角焊缝强度设计值 $f_f^w = 160$ N/mm²，试设计节点。

解：下弦采用∠90×8 的拼接角钢，拼接角钢切棱并按 $\Delta = t + h_f + 5 = 13$(mm) 切肢。两相邻下弦角钢使肢背外表齐平以便拼接角钢能贴合(见图 5-20)。两角钢形心线间有间距 e。取两角钢形心线间的中线作为整个下弦的公共轴线，同时得节点偏心弯矩 $M = (N_1 + N_2)e/2$。当 e 较大时，应将此偏心弯矩按线刚度分配给汇交于节点的各杆，各杆按

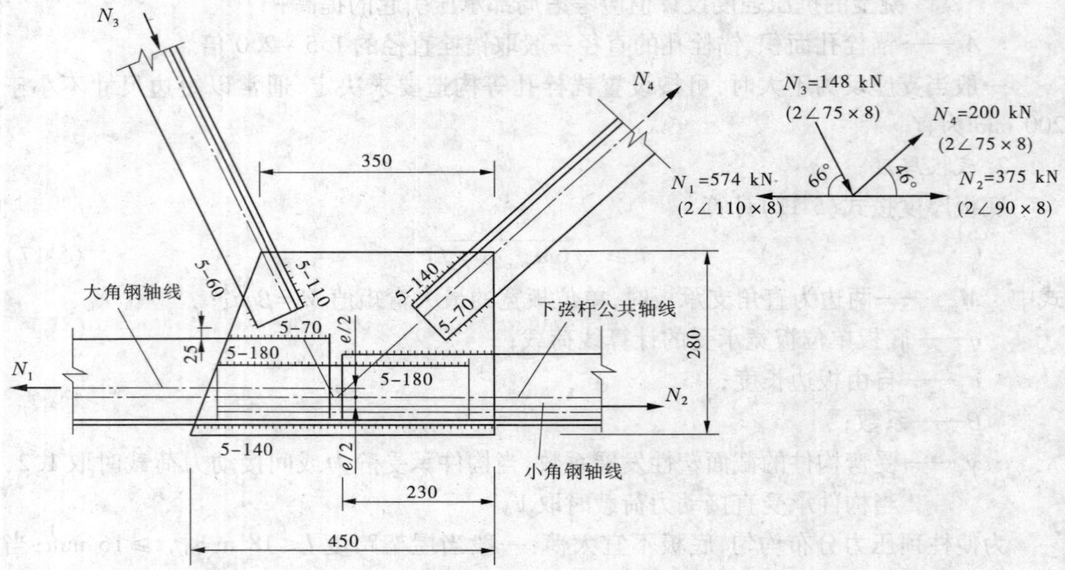

图 5-20　例 5-4 计算简图　（单位:mm）

压弯或拉弯杆设计并且传力焊缝也受到偏心弯矩作用。当 e 较小,例如小于下弦较大角钢肢宽的5%时,计算中可略去偏心影响。本题中 $e=30.1-25.2=4.9(\text{mm})<0.05\times110=5.5(\text{mm})$,故计算时对偏心作用不予考虑。

(1)拼接焊缝设计。

拼接角钢一侧所需焊缝面积为

$$h_f l_w=\frac{N_2}{4\times0.7f_f^w}=\frac{375\times10^3}{4\times0.7\times160}=837(\text{mm}^2)$$

取 $h_f=5$ mm,则 $l_w=837/5=167.4(\text{mm})$,实际取 180 mm。

拼接角钢长度采用 $2\times180+10=370(\text{mm})$。

(2)连接焊缝设计。

N_3 杆:肢背　　$h_f l_w=\frac{0.7N_3}{2\times0.7f_f^w}=\frac{0.7\times148\times10^3}{2\times0.7\times160}=463(\text{mm}^2)$

取 $h_f=5$ mm,则 $l_w=463/5=93(\text{mm})$,实际焊缝长度用 110 mm。

肢尖　　$h_f l_w=\frac{0.3}{0.7}\times463=201.4(\text{mm}^2)$

取 $h_f=5$ mm,则 $l_w=198.4/5=39.7(\text{mm})$,实际用 60 mm。

N_4 杆:同理得肢背 $h_f=5$ mm,$l_w=125$ mm,实际用 140 mm。

肢尖 $h_f=5$ mm,$l_w=54$ mm,实际用 70 mm。

下弦:N_1 杆与节点板间的焊缝面积为

肢背　　$h_f l_w=\frac{0.7(N_1-N_2)}{2\times0.7f_f^w}=\frac{0.7\times(574-375)\times10^3}{2\times0.7\times160}=622(\text{mm}^2)$

取 $h_f=5$ mm,则 $l_w=622/5=124.4(\text{mm})$,实际用 140 mm。

肢尖　$h_f l_w = \frac{0.3}{0.7} \times 622 = 267(\text{mm}^2)$

取 $h_f = 5$ mm，则 $l_w = 53$ mm，实际用 70 mm。

N_2 杆与节点板间的焊缝理论上不传力，但按节点构造要求，采用与 N_1 杆所用相同的焊缝。

节点板尺寸要能框住各杆所需焊缝，并且各边较整齐（由作图量出），见图 5-20，节点板尺寸确定后，有些焊缝应延长满焊。

第七节　桁架的施工图绘制

钢结构施工图是制造厂加工制造构件和工地结构安装的主要依据，一般包括构件布置图和构件详图两部分，它们是钢结构制造和安装的主要依据，必须绘制正确，表达详尽。

一、结构布置图

结构布置图是表达各类构件（如柱、吊车梁、屋架、墙架、平台等系统）位置的整体图，主要用于钢结构安装。其内容一般包括平面图、侧面图和必要的剖面图，图中应标明有关轴线、尺寸和标高；表示出全部需要安装构件（柱、屋架、天窗架、檩条、屋面板和各种支撑等）的编号、安装位置（轴线、标高、相邻构件位置关系）和控制尺寸等；并用剖面符号、引出线和圆圈等标明有关安装节点及大样的索引编号。

结构布置图中每一构件用与其他构件断开的单根粗线条或简单外形图表示。同类构件只要略有差异就应给以不同编号，或相同编号附不同尾标。每张图应列出本张图的构件统计表。

安装节点大样图可包括正面图、侧面图、剖面图等，每个图的编号应与结构布置图的索引编号相一致。图中应表示不同构件间的位置、尺寸和安装关系，以及螺栓或焊缝连接的尺寸和要求等。每个图应尽量简化通用于同类型但细节尺寸或规格上略有差别的安装连接。必要时可在图旁作一些简要文字说明或注明几种尺寸关系。

二、构件详图

构件详图是表达所有单体构件（按构件编号）的详细图，主要用于钢结构制造。其内容包括众多方面，现将钢桁架详图的主要内容和绘制要点叙述如下：

（1）桁架详图一般应按运输单元绘制，但当桁架对称时，可仅绘制半榀桁架。

（2）构件详图应包括屋架的正面图，上、下弦的平面图，必要的侧面图和剖面图，以及某些安装节点或特殊零件的大样图。桁架施工详图通常采用两种比例绘制，杆件的轴线一般用 1∶20～1∶30；节点和杆件截面图尺寸用 1∶10～1∶15。重要节点大样，比例还可较大，以能够清楚地表达节点的细部尺寸为准。

（3）在图面左上角用合适比例绘制桁架简图。图中左半部分应注明杆件的几何长度（mm），右半部分注明杆件的轴力设计值（kN）。当梯形桁架 $l \geqslant 24$ m、三角形屋架 $l \geqslant 15$ m 时，为防止挠度值较大，不影响使用和外观，须在制造时起拱。拱度一般取桁架跨度的1/500,并在桁架简图中注明。

(4)应注明各零件(型钢和钢板)的型号和尺寸,包括加工尺寸(宜取5 mm的倍数)、定位尺寸、孔洞位置以及对工厂制造和工地安装的要求。定位尺寸主要有轴线至角钢肢背的距离、节点中心至各杆件杆端和节点板上下左右边缘的距离等。螺栓位置应符合型钢上容许线距和螺栓排列的最大、最小容许距离的要求。对制造和安装的其他要求,包括零件切斜角、孔洞直径和焊缝尺寸等都应注明。工地拼接焊缝要注意标出安装焊缝符号,以适应运输单元的划分和拼接。

(5)应对零件详细编号,编号应按构件主次、上下、左右顺序逐一进行。完全相同的零件用同一编号。如果两个零件的形状和尺寸完全一样,仅因开孔位置或因切斜角等原因有所不同,但系镜面对称时,亦采用同一编号,在材料表中应注明正或反字样,以示区别。有些桁架仅在少数部位的构造略有不同,如与支撑相连的桁架和不与支撑相连的桁架只在螺栓孔上有区别,可在图上螺栓孔处注明所属桁架的编号,这些桁架就可绘在同一张施工图上。

(6)材料表应包括各零件的编号、截面规格、长度、数量(正、反)和重量等。材料表的作用不但可归纳各零件以便备料和计算用钢量,同时也可供选择起吊和运输设备时参考。

(7)文字说明应包括钢号和附加条件、焊条型号、焊接方法和质量要求,图中未注明的焊缝和螺栓孔尺寸、油漆、运输、安装和制造要求,以及一些不易用图表达的内容。

小　结

本章主要介绍桁架的特点及应用,桁架外形选择、尺寸拟订和腹杆布置,桁架支撑设计,桁架的荷载和杆件内力计算,桁架杆件截面的选择、节点的设计以及施工图的绘制。作为第三、四章的后续章节,学习完本章后,应该重点掌握桁架的设计方法与设计原理,会进行桁架结构设计。

本章的主要内容有:

(1)桁架的构造,桁架的受力特点,桁架按照杆件受力大小、截面形式以及节点构造,可分为重型桁架、普通桁架、轻型桁架和薄壁型钢架四种。

(2)常用的平面桁架形式有平行弦、梯形、多边形、三角形等,掌握其特点及适用范围;桁架的基本尺寸拟订及腹杆布置。

(3)桁架支撑的作用,桁架支撑的分类。

(4)桁架上承受的荷载计算、内力计算及其组合。

(5)桁架杆件的平面内计算长度与平面外计算长度的确定。

(6)普通桁架杆件通常采用由两个等肢角钢或不等肢角钢组成的T形截面、十字形截面或管形截面,在设计时适当选取杆件的截面形式,并掌握截面设计的一般原则。

(7)桁架节点构造的一般要求。

(8)桁架节点的分类及其设计方法。

(9)桁架的施工图一般包括结构布置图和构件详图两部分,掌握每一部分内容及要点。

学习本章的重点与难点：

（1）重点是桁架的受力特点，桁架支撑的作用及种类，桁架的内力计算及其组合，杆件计算长度的确定，节点设计的要求与方法，施工图绘制的内容及要点。

（2）难点是掌握桁架的设计思路、设计步骤及设计原理，进行钢桁架的设计。

思考题

5-1　钢桁架与钢梁相比有哪些特点？为什么它适合大跨度？

5-2　三角形、梯形屋架各适用于哪种情况？优缺点如何？

5-3　三角形、梯形、平行弦桁架各有何特点？各适用于何种情况？

5-4　腹杆布置的原则是什么？

5-5　桁架的支撑有哪几种类型？桁架支撑的作用是什么？

5-6　双角钢组合T形截面中的等肢角钢相并，不等肢角钢短肢相并和不等肢角钢长肢相并截面各适用于何种情况？

5-7　桁架的节点设计有哪些基本要求？

5-8　桁架节点板的厚度应如何确定？

5-9　桁架内力计算时考虑了几种荷载组合，为什么？

5-10　桁架施工图应表述哪些主要内容？

习　题

5-1　某桁架腹杆设计内力 $N=-430$ kN（压力），$l_{0x}=l_{0y}=250$ cm，选用 $2\angle 100\times 80\times 10$的角钢与厚度为 12 mm 的节点板用长肢相连，用 Q235 钢，查得强度设计值 $f=215$ N/mm^2，试验算杆件的稳定性。

5-2　试设计一桁架上弦杆用不等肢双角钢组成的截面尺寸。已知设计内力 $N=-880$ kN，$l_{0x}=150$ cm，$l_{0y}=300$ cm，节点板厚度为 12 mm，短肢相靠。钢材为 Q235，强度设计值 $f=215$ N/mm^2。

第六章　平面钢闸门

内容提要

平面钢闸门是水工钢结构中最典型的结构形式,应用非常广泛。本章着重钢闸门的结构组成与布置原则、方法,平面钢闸门的结构设计方法,包括面板、主梁、次梁、纵横联结系及边梁的结构计算简图、构件截面选择、强度验算方法等,零部件的构造和设计、选择方法及原则。

第一节　概　述

一、闸门的类型

闸门的类型较多,一般可按闸门的工作性质、设置部位及结构形式等分类。

(一)按闸门的工作性质分类

(1)工作闸门:经常用来调节孔口流量、承担主要工作、能在动水中启闭的闸门。

(2)事故闸门:当上下游设施发生事故时能在动水中关闭的闸门。

(3)检修闸门:相关设施需要检修时在静水中启闭的闸门。

(4)施工导流闸门:能在动水中关闭导流孔的闸门。

(二)按闸门的设置部位分类

(1)露顶式闸门:设置在开敞式泄水孔口的闸门,需设置三边止水。

(2)潜孔式闸门:设置在潜没式泄水孔口的闸门,需要设置顶部、两侧和底缘四边止水。

(三)按闸门的结构形式分类

(1)平面闸门:挡水面板形状为平面的一类钢闸门(见图6-1)。根据门叶结构的运移方式又可分为直升式平面闸门、升卧式平面闸门、横拉式平面闸门(船闸中采用)、绕竖轴转动的平面闸门及绕横轴转动的平面闸门等。

(2)弧形闸门:挡水面板形状为圆弧形的一类钢闸门。其又可分为绕横轴转动的弧形闸门和绕竖轴转动的立轴式弧形闸门等(见图6-2)。

二、闸门的形式和孔口尺寸

闸门的形式及尺寸主要取决于建筑物整体布置及运行要求、水力条件、安装制造及安全经济,单扇门总水压力及其绝对尺寸是闸门规模的主要表征尺度,如伊泰普水电站导流底孔平面闸门总水压力达19 000 t。

三、闸门结构设计的基本要求

闸门结构是一复杂空间结构,结构计算与设计常应用有限元法及优化设计理论进行

图 6-1　平面闸门的工程实例

图 6-2　弧形闸门的工程实例

分析设计，但工程上因平面简化法简单、误差小，应用则更为广泛。

（一）闸门结构的计算方法

《水利水电工程钢闸门设计规范》（SL 74—95）规定钢闸门结构采用容许应力法进行结构强度验算。

（二）结构分析方法

（1）按平面体系设计法：可采用手算，简单易行，但不太精确。

（2）按空间体系设计法：可采用有限元法（FEM）进行结构分析，合理，但较复杂。

第二节　平面钢闸门的组成和结构布置

一、平面钢闸门的组成

平面钢闸门由活动的门叶结构、埋固构件和启闭机械三部分组成。

（一）门叶结构的组成

门叶结构是用来封闭和开启孔口的活动挡水结构。由门叶承重结构、行走支承以及止水和吊具等组成，如图 6-3 和图 6-4 所示。

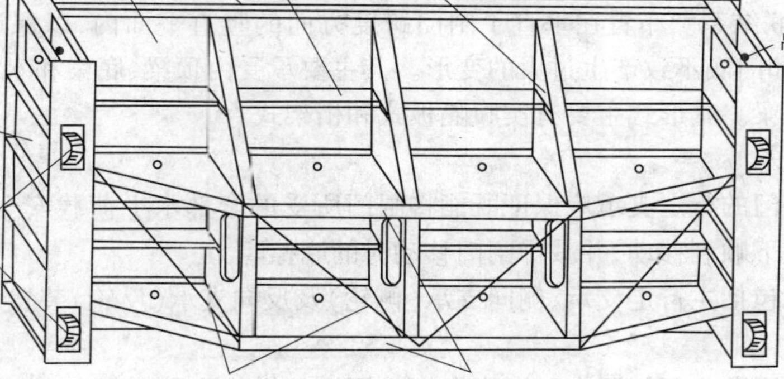

图 6-3　平面钢闸门门叶结构立体示意图

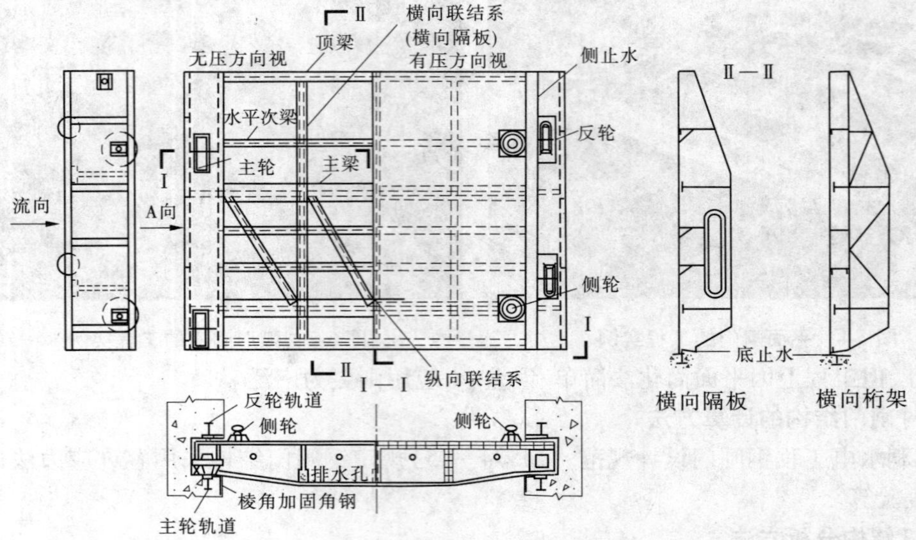

图 6-4　平面钢闸门门叶结构总图

1. 平面钢闸门的承重结构

平面钢闸门的承重结构一般由钢面板、梁格，以及纵、横向联结系组成。

(1)面板。用来挡水，直接承受水压并传给梁格。面板通常设在闸门的上游面，这样可以避免梁格和行走支承浸没于水中而积聚污物，也可以减小因门底过水而产生的振动。

(2)梁格。由互相正交的梁系(水平次梁、竖立次梁、主梁和边梁等)组成，用来支承面板并将面板传来的全部水压力传给支承边梁，然后通过设置在边梁上的行走支承将闸门上的水压力传给闸墩。

(3)纵向联结系。布置在闸门下游面主梁(或主桁架)的下翼缘(或下弦杆)之间的纵向竖直平面内，承受闸门部分自重和其他竖向荷载，并可增强闸门纵向竖平面的刚度，当闸门受双向水头时还能保证主梁的整体稳定性(当闸门承受反向水头时，主梁下翼缘受压)。

(4)横向联结系。布置在垂直于闸门跨度方向的竖直平面内，以保证闸门横截面的刚度，使门顶和门底不致产生过大的变形。其主要承受由顶梁、底梁和水平次梁传来的水压力并传给主梁。其形式主要有实腹隔板式和桁架式。

2. 行走支承

平面钢闸门的行走支承应保证既能将闸门所受的全部水平荷载安全地传递给闸墩，又能沿门槽上下顺利移动，并减小闸门移动时的摩擦阻力。

行走支承包括主行走支承、侧向支承(侧轮)及反向支承(反轮)装置三部分。

3. 止水

止水是为了防止闸门漏水而固定在门叶周边的橡胶止水。

4. 吊具

吊具是用来连接闸门启闭机的牵引构件。

(二)埋固构件

平面闸门的固定埋设部件一般包括：①主轮或主滑道的轨道，简称主轨；②侧轮和反轮的轨道，简称侧轨和反轨；③止水埋件，顶止水埋件简称门楣，底止水埋件简称底坎；④门槽护角、护面和底槛，用以保护混凝土不受漂浮物的撞击、泥沙磨损和气蚀剥落。

闸门上水压力的传递路径为：水平水压力→面板(齐平连接时)→水平次梁／→竖立次梁→主梁→边梁→主轮(或主滑块)→轨道→混凝土闸墩。

(三)闸门的启闭机械

常用的闸门启闭机有卷扬式、螺杆式和液压式三种。它们又可分为固定式和移动式两类。

二、平面钢闸门的结构布置

布置内容：确定闸门上需要设置的构件及其数目和位置。应统筹考虑、全面安排并进行必要的方案比较后最终确定。

(一)主梁的布置

1. 主梁的数目

主梁是闸门的主要承重部件。主梁的数目主要取决于闸门的尺寸和水头的大小。平面闸门按主梁的数目可分为双主梁式和多主梁式。建议当闸门的跨高比 $L/H \geqslant 1.2$ 时，采用双主梁；而当闸门的跨高比 $L/H \leqslant 1.0$ 时，采用多主梁。在大跨度的露顶式闸门中常采用双主梁。

2. 主梁的位置

主梁的位置确定应考虑下列因素：

(1)主梁宜按等荷载要求布置，可使每根主梁所需的截面尺寸相同，便于制造；

(2)主梁间距应适应制造、运输和安装的条件；

(3)主梁间距应满足行走支承布置的要求；

(4)底主梁到底止水的距离应符合底缘布置的要求。

对于实腹式主梁的工作闸门和事故闸门，一般应使底主梁的下翼缘到底止水边缘连线的倾角不应小于30°(见图6-5、图6-6)，以免启门时水流冲击底主梁和在底主梁下方产生负压而导致闸门振动。当闸门支承在非水平底槛上时，该角度可适当增减，当不能满足

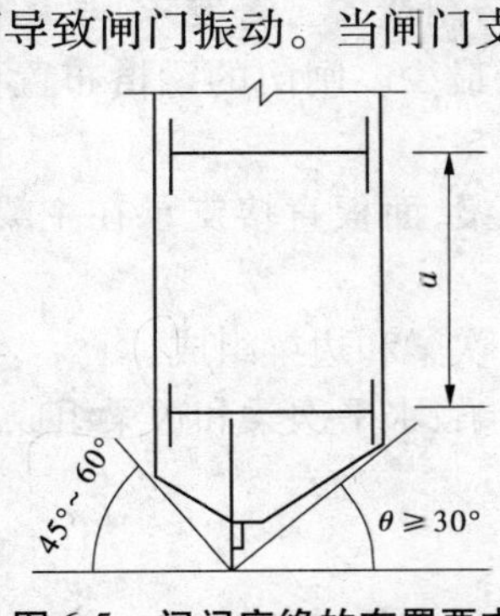

图6-5　闸门底缘的布置要求

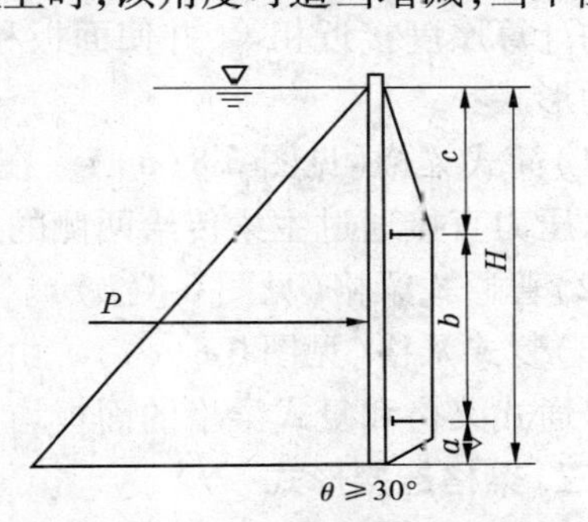

图6-6　双主梁闸门的主梁布置图

30°要求时,应对门底部采取补气措施。部分利用水柱闭门的平面闸门,其上游倾角不应小于45°,宜采用60°(见图6-5)。

如图6-6所示,双主梁式闸门的主梁位置应对称于静水压力合力 P 的作用线,在满足上述底缘布置要求的前提下,两主梁的间距 b 宜尽量大些,并注意上主梁到门顶的距离 c 不宜太大,一般不超过 $0.45H$。

多主梁式闸门的主梁位置,可根据各主梁等荷载的原则确定。具体做法有图解法和数解法两种,下面按数解法进行介绍。

假定水面至门底的距离为 H,主梁的数目为 n,第 $k(k=1,2,\cdots,n)$ 根主梁至水面的距离为 y_k。

对于露顶闸门(见图6-7(a))有

$$y_k = \frac{2H}{3\sqrt{n}}[k^{1.5} - (k-1)^{1.5}] \tag{6-1}$$

对于潜孔闸门(见图6-7(b))有

$$y_k = \frac{2H}{3\sqrt{n+m}}[(k+m)^{1.5} - (k+m-1)^{1.5}] \tag{6-2}$$

式中　$m = \frac{na^2}{H^2 - a^2}$;

a——水面至门顶止水的距离。

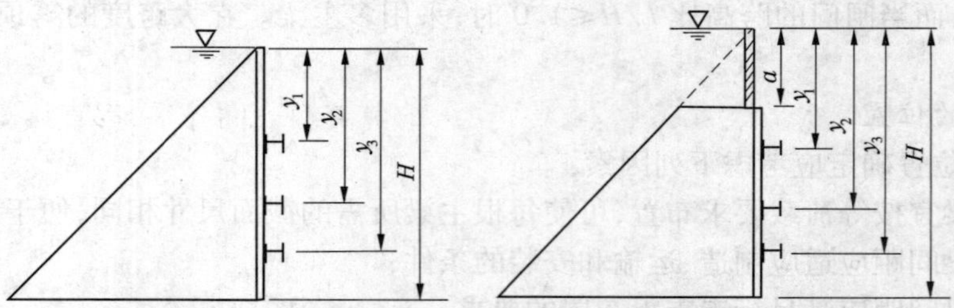

(a)露顶闸门　　(b)潜孔闸门

图6-7　主梁位置

(二)梁格的布置形式

梁格的布置应考虑钢面板厚度的经济合理性和梁格制造省工等要求,尽量使面板各区格的计算厚度接近相等,并使面板和梁格的总用钢量最少。闸门的梁格布置可分为以下三种形式:

(1)简式梁格(见图6-8(a))。在主梁之间不设次梁,面板直接支承在主梁上,面板上的水压力直接通过主梁传给两侧的边梁。

(2)普通式梁格(见图6-8(b))。由水平主梁、竖立次梁和边梁组成。

(3)复式梁格(见图6-8(c))。由水平主梁、竖立次梁、水平次梁和边梁组成。

普通式梁格和复式梁格的面板均为四边支承板。

(三)梁格连接形式

如图6-9所示,梁格的连接形式有以下三种:

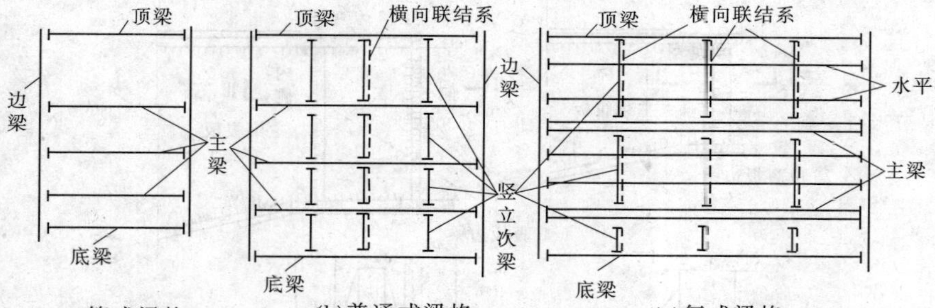

(a)简式梁格　(b)普通式梁格　(c)复式梁格

图 6-8　梁格布置图

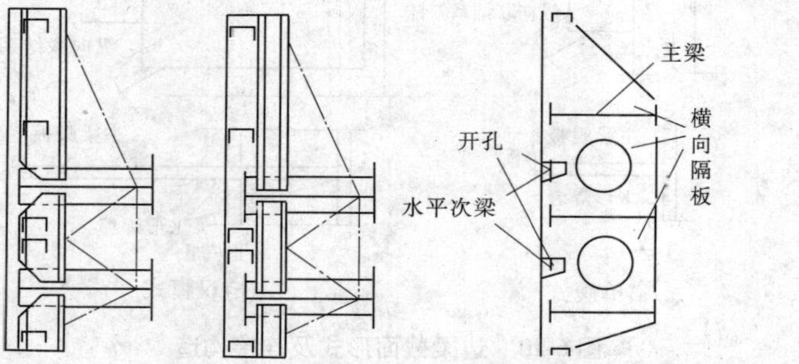

(a)齐平连接　(b)降低连接　(c)具有横向隔板的齐平连接

图 6-9　梁格连接形式

(1)齐平连接，即水平次梁、竖立次梁和主梁的前翼缘表面齐平，都直接与面板相连，又称为等高连接。

(2)降低连接，即主梁和水平次梁直接与面板相连，竖立次梁则离开面板降低到水平次梁下游，这样水平次梁可以在面板与竖立次梁间穿过而成为连续梁。

(3)层叠连接，即水平次梁和竖立次梁直接与面板相连，主梁放在竖立次梁后面。由于该连接形式使得闸门的整体刚度和抗振性能有所削弱，且增大了闸门的总厚度，故在平面闸门中现已很少采用。

(四)边梁的布置

边梁的截面形式有单腹式(见图 6-10(a))和双腹式(见图 6-10(b))两种。

单腹式边梁构造简单，便于与主梁相连接，但抗扭刚度差，这对于闸门因弯曲变形、温度胀缩及其他力作用而在边梁中产生扭转的情况是不利的。单腹式边梁主要用于滑道式支承的闸门。

双腹式边梁的抗扭刚度大，也便于设置滚轮和吊轴，但构造复杂且用钢量较多，截面内部的焊接也较困难。双腹式边梁广泛用于定轮闸门中。

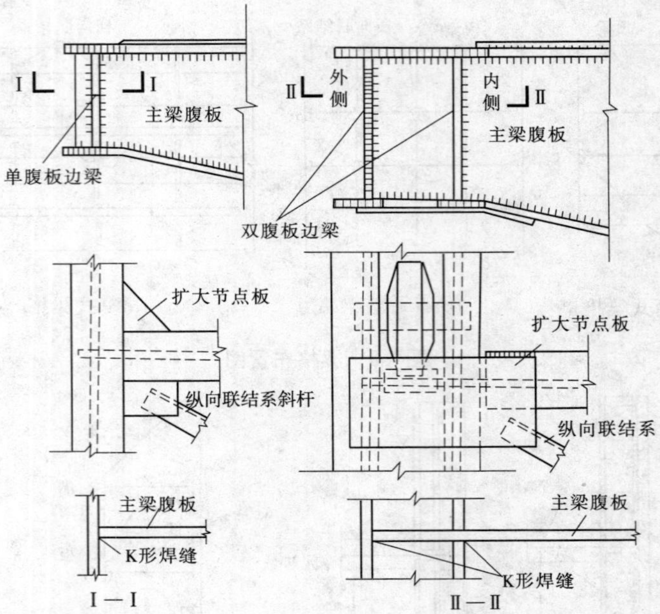

图 6-10　边梁截面形式及连接构造

第三节　平面钢闸门的结构设计

一、钢面板的设计

对于四边固定支承面板（见图 6-11），根据理论分析和试验研究，在均布荷载作用下最大弯矩出现在面板支承长边的中点 A 处。但是当该点的应力达到所用钢材的屈服点 f_y 时，面板的承载能力还远远没有耗尽，随着荷载的增加，支承边上其他各点的弯矩都随之增加，而使面板上、下游面局部逐步达到屈服点，此时，面板仍然能够承受继续增大的荷载。试验及理论分析表明，当荷载增加到设计荷载（点 A 屈服时）的 3.5 ~ 4.5 倍时，面板跨中部分才进入弹塑性阶段。这说明此时面板有很大的强度储备。

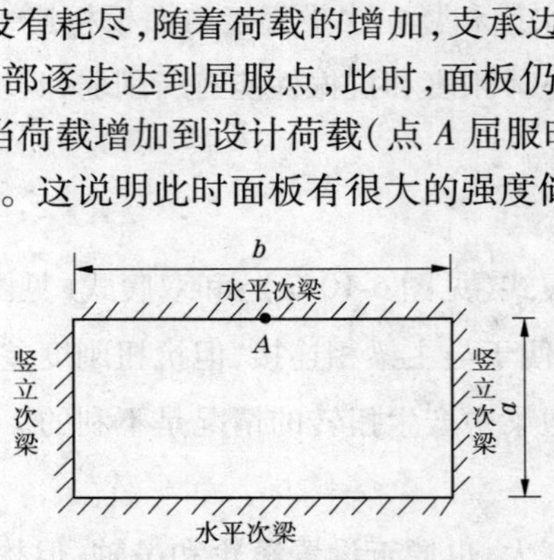

图 6-11　四边固定支承面板

因此，在强度计算中，容许面板在高峰应力（点 A）附近的局部小范围进入弹塑性阶段工作，故可将面板的容许应力 $[\sigma]$ 乘以大于 1 的弹塑性调整系数 α 予以提高。

(一)初选面板厚度 t

钢面板是支承在梁格上的弹性薄板,在静水压力作用下,面板的应力由两部分组成:一是局部弯曲应力,即矩形薄板本身的弯曲应力;二是整体弯曲应力,即面板兼作主(次)梁翼缘参与梁系弯曲的整体弯曲应力。初选面板厚度时,由于主(次)梁的截面尚未确定,面板参与主(次)梁的整体弯曲应力尚未求得,故面板的厚度可先按面板支承长边中点 A 的最大局部弯曲应力强度条件初步计算(见图 6-12)。

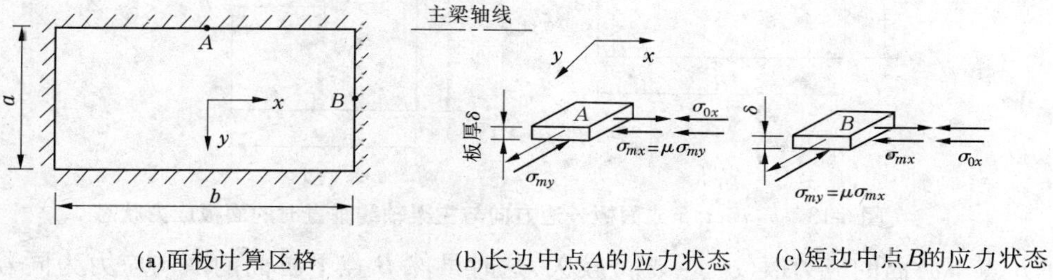

图 6-12　$b/a>1.5$ 且面板长边沿主梁轴线方向时的面板应力状态

$$\sigma_{\max}=\frac{M_{\max}}{1\times t^2/6}=kpa^2/t^2\leqslant\alpha[\sigma]\quad\left(t\geqslant a\sqrt{\frac{kp}{\alpha[\sigma]}}\right)\tag{6-3}$$

式中　k——弹性薄板支承长边中点(A 点)的弯曲应力系数(见附录四);

p——面板计算区格中心的水压力强度,MPa,$p=\gamma hg$;

h——区格中心的水头,m;

a、b——面板计算区格的短边、长边长度,mm,从面板与主(次)梁的连接焊缝算起;

α——弹塑性调整系数,当 $b/a\leqslant3$ 时,$\alpha=1.5$,当 $b/a>3$ 时,$\alpha=1.4$;

$[\sigma]$——钢材的抗弯容许应力,MPa。

对于普通式和复式梁格布置的面板,其支承情况实际上为双向连续板。根据试验研究,面板的中间区格在水压力作用下,其在各支承边上的倾角均接近于零,故为简化计算,中间区格可当做四边固定板计算。对于顶、底梁截面比较小的顶、底部区格,因面板在刚度较小的顶梁和底梁处会产生较大的倾角,接近于简支边,故顶、底部区格按三边固定另一边(顶或底边)简支的矩形板计算。

钢面板厚度的计算需与水平次梁间距的布置同时进行,因钢面板的重量占闸门比重量大,为节约钢材,钢面板宜选用较薄的钢板,但考虑锈蚀余量要求,一般不应小于 6 mm,通常可取 8 ~16 mm。

(二)面板参加主(次)梁整体弯曲时的强度计算

在初步选定面板厚度,并在主(次)梁截面选定后,考虑到面板本身在局部弯曲的同时还随主(次)梁受整体弯曲的作用,则面板为双向受力状态,故应按第四强度理论验算面板的折算应力强度。

(1)当面板的边长比 $b/a>1.5$,且长边 b 沿主梁轴线方向时(见图 6-12(b)),只需按式(6-4)验算面板 A 点在上游面的折算应力,即

$$\sigma_{eq} = \sqrt{\sigma_{my}^2 + (\sigma_{mx} - \sigma_{0x})^2 - \sigma_{my}(\sigma_{mx} - \sigma_{0x})} \leqslant 1.1\alpha[\sigma] \quad (6\text{-}4)$$

式中，局部弯曲应力 $\sigma_{my} = k_y pa^2/t^2$，$\sigma_{mx} = \mu\sigma_{my}$，$\mu = 0.3$。

（2）当面板的边长比 $b/a \leqslant 1.5$ 或面板长边方向与主（次）梁垂直时（见图 6-13），面板

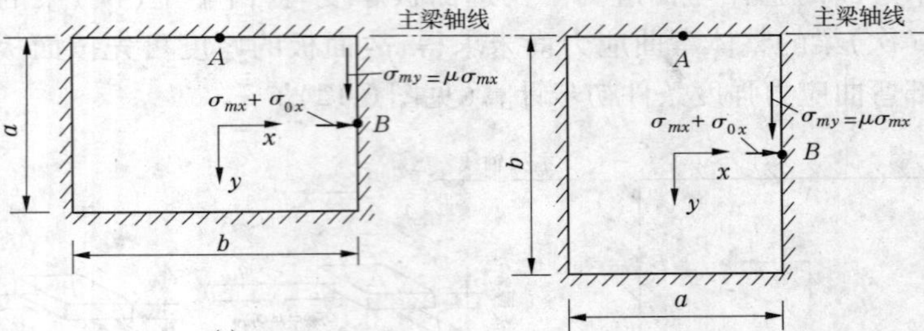

(a)　　(b)

图 6-13　$b/a > 1.5$ 或面板长边方向与主梁轴线垂直时的面板应力状态

在 B 点下游面的应力值（$\sigma_{mx} + \sigma_{0x}$）较大，这时虽然 B 点下游面的双向应力为同号（均受压），但还是可能比 A 点上游面更早地进入塑性状态，故应按式（6-5）验算 B 点下游面在同号平面（压）应力状态下的折算应力强度，即

$$\sigma_{eq} = \sqrt{\sigma_{my}^2 + (\sigma_{mx} + \sigma_{0x})^2 - \sigma_{my}(\sigma_{mx} + \sigma_{0x})} \leqslant 1.1\alpha[\sigma] \quad (6\text{-}5)$$

σ_{0x} 是对应于面板验算点（B 点）主梁前翼缘的整体弯曲应力。考虑整体弯曲应力沿面板宽度分布不均影响后，可按式（6-6）计算

$$\sigma_{0x} = (1.5\xi_1 - 0.5)M/W \quad (6\text{-}6)$$

式中　ξ_1——面板兼作主（次）梁前翼缘工作的有效宽度系数（见表 6-1），式（6-6）的适用条件为 $\xi_1 \geqslant 1/3$。

表 6-1　面板的有效宽度系数 ξ_1 和 ξ_2

l_0/b	0.5	1.0	1.5	2.0	2.5	3	4	5	6	8	10	12
l_1	0.20	0.40	0.58	0.70	0.78	0.84	0.90	0.94	0.95	0.97	0.98	1.00
ξ_2	0.16	0.30	0.42	0.51	0.58	0.64	0.71	0.77	0.79	0.83	0.86	0.92

注：l_0 为主（次）梁弯矩零点之间的距离，对于简支梁取 $l_0 = l$；对于连续的边跨和中间跨的正弯矩段，可近似地取 $l_0 = 0.8t$ 和 $t_0 = 0.6l$；对于连续梁的负弯矩段，可近似地取 $l_0 = 0.4l$。

（三）面板与梁格的连接计算

当水压力作用下面板弯曲时，由于梁格之间相互移近受到约束，在面板与梁格之间的连接角焊缝将产生垂直于焊缝方向的侧拉力。经分析计算，每毫米焊缝长度上的侧拉力 N_t（N/mm^2）可按下面的近似公式计算

$$N_t = 0.07t\sigma_{max} \quad (6\text{-}7)$$

式中　σ_{max}——厚度为 t 的面板中的最大弯曲应力，σ_{max} 可取 $[\sigma]$。

此外，由于面板作为主梁的翼缘，当主梁弯曲时，面板与主梁之间的连接角焊缝还承受沿焊缝长度方向的水平剪力，主梁轴线一侧的角焊缝每单位长度内的剪力为 T，则

$$T = VS/(2I)$$

因此，面板与梁格连接角焊缝的焊脚尺寸 h_f 可近似按式（6-8）计算

$$h_f = \sqrt{N_t^2 + T^2}/(0.7[\tau_f^w]) \tag{6-8}$$

式中　$[\tau_f^w]$——角焊缝的容许剪应力。

面板与梁格的连接焊缝应采用连续焊缝，通常 h_f 不宜小于 6 mm。

二、次梁设计

（一）次梁的荷载与计算简图

1. 降低连接

对于降低连接梁格（见图 6-14），竖立次梁为简支在主梁上的简支梁，而水平次梁为支承在竖立次梁上的连续梁。

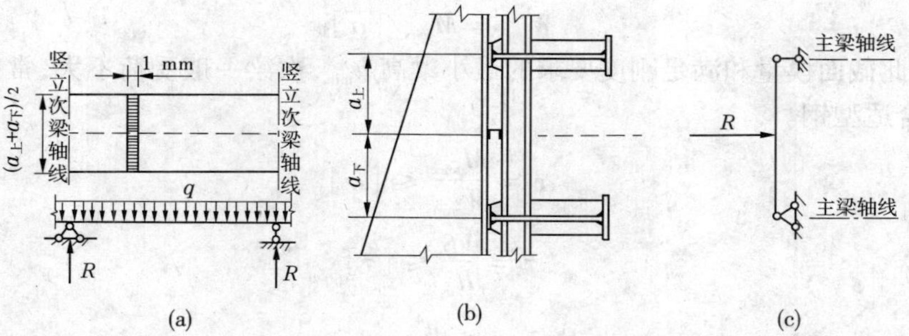

图 6-14　降低连接梁格计算简图

水平次梁承受均布水压力荷载，水压力荷载作用范围按面板区格的中线来划分，则水平次梁所受的均布荷载 q（N/mm）为

$$q = p(a_上 + a_下)/2 \tag{6-9}$$

竖立次梁则承受水平次梁支座反力传来的集中力 R。

2. 齐平连接

如图 6-15 所示为梁格齐平连接，水平次梁和竖立次梁同时支承着面板。面板传给梁格的水压力，按梁格夹角的平分线来划分各梁所负担的水压力作用范围。

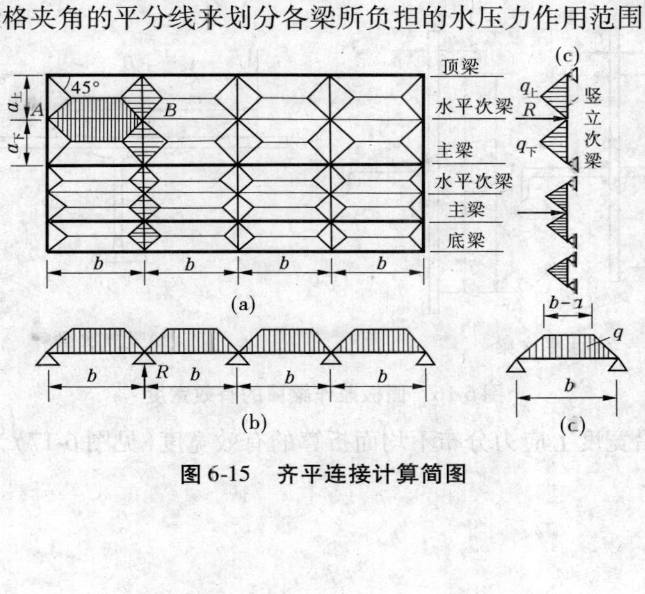

图 6-15　齐平连接计算简图

水平次梁的计算简图:①当水平次梁为在竖立次梁处断开后再连接于竖立次梁时,水平次梁为简支梁;②当采用实腹隔板兼作竖立次梁时,水平次梁为连续穿过实腹隔板预留的切孔并支承在隔板上的连续梁。水平次梁的荷载集度 q 同式(6-9),计算简图分别如图 6-15(c)、(d)所示。

竖立次梁为支承在主梁上的简支梁。作用荷载有三角形分布水压力荷载 $q_{上}$ 和 $q_{下}$ 及水平次梁的支座反力传来的集中力 R。

(二)次梁的截面设计

当计算简图确定后,计算步骤如下:

(1)按上述次梁的计算简图计算次梁的最大内力 $M_{\max}$、V。

(2)按梁的弯曲应力强度条件求所需的截面模量,即

$$W_{req} = M_{\max}/[\sigma] \tag{6-10}$$

根据此截面模量和满足刚度要求的最小梁高 $h_{\min}$,次梁一般受荷不大,常按轧成梁设计,选择合适型钢。

$$\sigma = \frac{M_{\max}}{W_{\min}} \leqslant [\sigma]$$

$$\tau = \frac{VS}{It_w} \leqslant [\tau]$$

$$\omega_{\max} = \beta \frac{ql^4}{100EI} \leqslant [\omega]$$

符号含义同材料力学。

(3)当次梁直接焊接于面板时,焊缝两侧的面板在一定的宽度(有效宽度)内可以兼作次梁的翼缘参加次梁的抗弯工作。

面板参加次梁工作的有效宽度 B 可按式(6-11)和式(6-12)计算的较小值取用。

①考虑面板兼作梁受压翼缘但不致失稳而限制的有效宽度(见图 6-16)为

$$B = b_l + 2 \times 30t\sqrt{\frac{235}{f_y}} \tag{6-11}$$

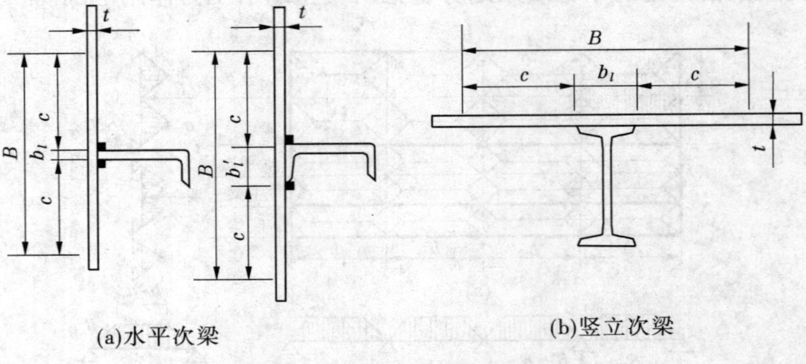

图 6-16　面板兼作梁翼的有效宽度

②考虑面板沿宽度上应力分布不均而折算的有效宽度(见图 6-17)为

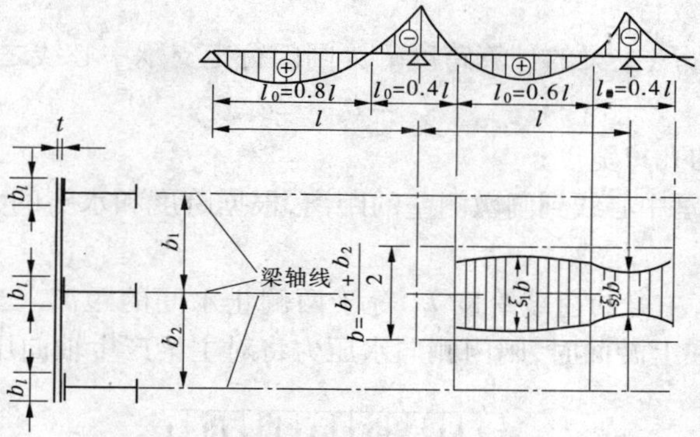

图 6-17　有效宽度示意图

$$B = \xi_1 b \quad 或 \quad B = \xi_2 b \tag{6-12}$$

$$b = (b_1 + b_2)/2$$

式中　b_1、b_2——次梁与两侧相邻梁的间距；

ξ_1、ξ_2——有效宽度系数，ξ_1 用于正弯矩区，ξ_2 用于负弯矩区，可由表 6-1 查得。

三、主梁设计

（一）主梁的形式

主梁是平面钢闸门中的主要受力构件。根据闸门的跨度和水头大小，主梁可采用实腹式或桁架式。跨度小水头低的闸门，可采用制造方便的型钢梁；对于中等跨度的闸门（5 ~ 10 m）常采用实腹式组合梁，为缩小门槽宽度和节约钢材，也常采用变高度的主梁（见图 6-18）；对于大跨度的闸门，则宜采用桁架式主梁，以节约钢材。

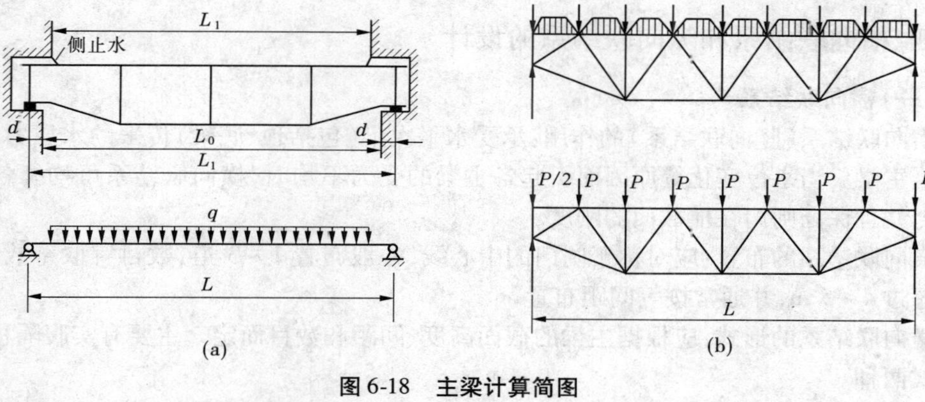

图 6-18　主梁计算简图

（二）主梁的荷载和计算简图

主梁为支承在闸门边梁上的单跨简支梁。当主梁按等荷载原则布置时，每根主梁所受的均布荷载集度 q（kN/m）为

$$q = P/n \tag{6-13}$$

式中　P——闸门单位跨度上作用的总水压力，kN/m；

n——主梁的数目。

如图 6-18(a)所示,主梁的计算跨度 L 为闸门行走支承中心线之间的距离,即

$$L = L_0 + 2d \tag{6-14}$$

式中 L_0——闸门的孔口宽度;

d——行走支承中心线到闸墩侧壁的距离,根据跨度和水头的大小,一般 $d = 0.15 \sim 0.4$ mm。

如图 6-19 所示,主梁的荷载跨度 L_1 等于两侧止水间的距离。当侧止水布置在闸门的下游面而面板设在上游面时,闸门侧向水压力将对主梁产生轴向压力 N。

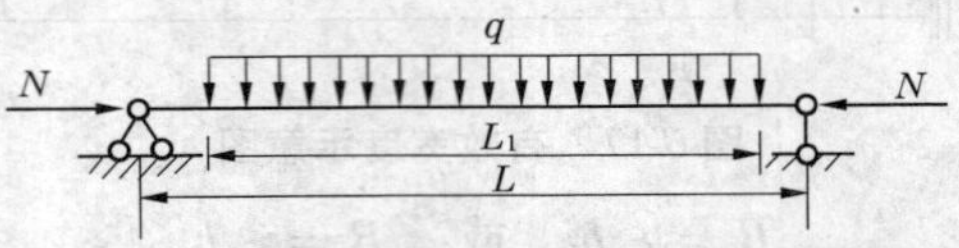

图 6-19 止水在下游面时主梁的计算简图

当主梁采用桁架式时,可将水压力化为节点荷载 $P = qb$(b 为桁架的节间长度),然后求解主桁架在节点荷载作用下的杆件内力并选择截面。但对于直接与面板相连的上弦杆,应考虑面板传来的水压力对上弦杆引起的局部弯曲而按压弯构件选择截面。

(三)主梁设计特点

(1)对于钢闸门的主梁,考虑到其除承受闸门水平水压力而产生水平弯曲外,其下翼缘兼作纵向联结系的弦杆,还需承受一部分闸门自重产生的应力,故按主梁的水平水压力荷载产生的内力选择截面时,可按 $0.9[\sigma]$ 计算。计算方法见第三章第六节。

(2)当主梁直接与面板相连时,部分面板可兼作主梁上(前)翼缘的一部分参加其抗弯工作。面板的有效宽度按式(6-12)计算。

(3)主梁的刚度、整体稳定和局部稳定的验算见第三章。

四、横向联结系和纵向联结系的设计

(一)横向联结系

横向联结系(竖向联结系)的作用:承受水平次梁(包括顶、底梁)传来的水压力,并将其传给主梁。当水位变化等原因而引起各主梁的受力不均时,横向联结系可均衡各主梁的受力并且保证闸门在横截面的刚度。

横向联结系的布置:应对称于闸门的中心线,一般布置 1 ~ 3 道,数目宜取奇数,间距不宜超过 4 ~ 5 m,并通常按等间距布置。

横向联结系的形式:应根据主梁的截面高度、间距和数目而定。主要有实腹隔板式和桁架式两种。

实腹式隔板的计算简图如图 6-20(a)所示,通常可按图 6-20(b)所示简化计算。

横隔板的截面设计:横隔板的应力一般都很小,其尺寸可按构造要求及稳定条件确定,隔板的截面高度与主梁的截面高度相同,其腹板厚度一般采用 8 ~ 12 mm,前翼缘可利用面板兼作而不必另行设置;后翼缘可采用扁钢,宽度取 100 ~ 200 mm,厚度取 10 ~ 12 mm。为减轻门重,可在隔板中间弯曲应力较小区域开孔,但孔边需用扁钢镶固(见图 6-21(b))。

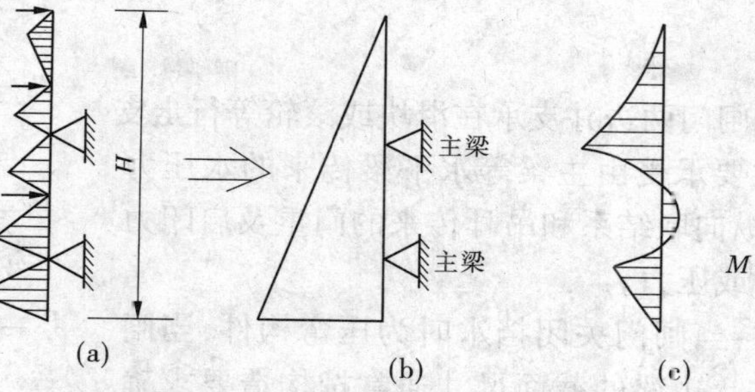

图 6-20　横向隔板的计算简图

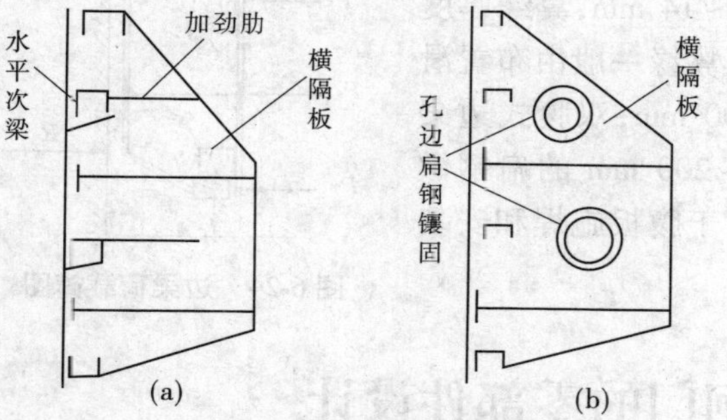

图 6-21　横隔板的构造

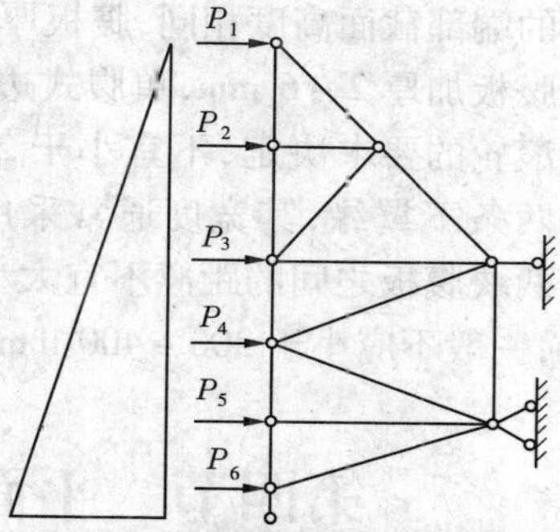

图 6-22　横向桁架计算简图

横向桁架是支承在主梁上的双悬臂桁架，其计算简图如图 6-22 所示。上弦杆为闸门的竖立次梁，一般为压弯构件，腹杆及下弦杆为轴心受力构件。

（二）纵向联结系

纵向联结系位于闸门各主梁后翼缘之间的竖平面内。其主要作用是承受闸门上的竖向力（闸门的自重、门顶的水柱重以及门底的下吸力等），保证闸门在竖向平面内的刚度，并与主梁和面板构成封闭的空间体系以承受偶然的作用力对闸门引起扭矩。

纵向联结系多为桁架式（见图 6-23）。可按支承在闸门两侧边梁上的简支平面（当主梁高度改变时为折面）桁架计算。闸门的自重 G 可根据闸门的重心位置按杠杆原理分配给上下游面的面板和纵向联结系，然后再将分配来的竖向荷载（$G_1 = G \times c_1/h$，G 为闸门重心至面板的距离，h 为闸门厚度）均匀地分到桁架节点上 $P_1 = G_1/n$（n 为桁架架的节间数），从而计算各个杆件内力并选择杆件截面。

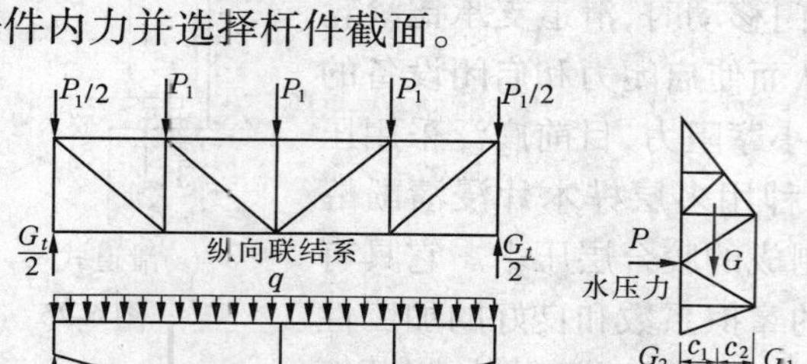

图 6-23　纵向联结系的计算简图

五、边梁设计

支承边梁是位于闸门两边并支承在滑块或滚轮等行走支承上的竖向梁。其主要承受由主梁等水平梁传来的水压力产生的弯矩，以及由纵向联结系和吊耳传来的门重及启闭力等竖向力产生的拉力或压力。

边梁的工作条件：当闸门关闭挡水时为压弯构件，当闸门开启时为拉弯构件。边梁的截面尺寸通常按构造要求确定，然后进行强度计算。如图 6-24 所示，边梁的截面高度与主梁的端部截面高度相同，腹板厚度为 8 ~ 14 mm，翼缘厚度应比腹板加厚 2 ~ 6 mm；单腹式边梁的下翼缘一般由布置滑块或滚轮的要求决定，不宜小于 200 ~ 300 mm；双腹式边梁常用两条下翼缘，其宽度通常采用 100 ~ 200 mm 的扁钢做成。两块腹板之间的距离不宜太小，以便于腹板施焊和安装滚轮，一般不应小于 300 ~ 400 mm。

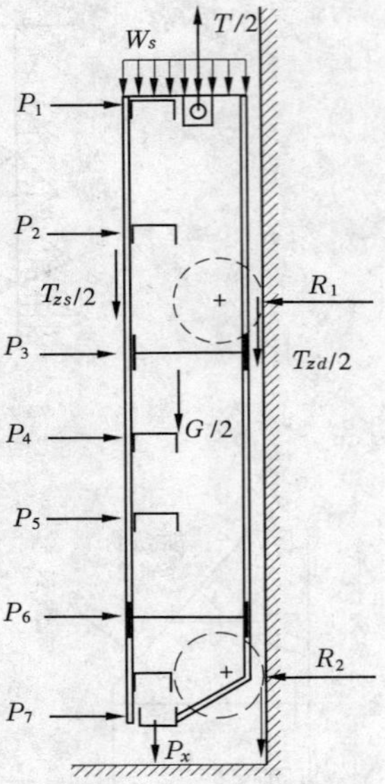

图 6-24　边梁荷载简图

第四节　平面钢闸门的零部件设计

一、行走支承

闸门的行走支承有滑道式和滚轮式两种类型（见图 6-25）。这两种类型应根据闸门的工作条件、荷载和跨度选定。工作闸门和事故闸门宜采用滚轮或胶木滑道支承。检修闸门和启闭力不大的工作闸门，可采用钢或铸铁等材料制造的滑块支承。行走支承承受闸门全部的水压力并传给轨道。为使闸门在闸槽中移动顺利，还需在门叶上设置导向的反轮和侧轮（见图 6-25）。

（一）滑道支承

滑道支承制造简单、经济可靠。在中小型闸门上还可以将它兼作侧向止水，实践证明其止水效果是比较理想的。但当闸门移动时，滑道支承比滚轮支承产生的摩阻力大，从而使启闭力和启闭设备的重量都要增加。为了减小摩阻力，目前广泛采用压合胶木滑道。胶木是一种用多层桦木片浸渍酚醛树脂后，经过加热加压制成的胶合层压木。它具有较高的机械性能、较低的摩擦系数和良好的加工性能。压合胶木当有一定量的横向压紧力时，其顺纹承压极限强度可以达到 160 N/mm^2。它与光滑的不锈钢轨道之间的最大摩擦系数仅为 0.10 ~ 0.17。如果在压合胶木中掺进 15% 的聚四氟乙烯，或填充尼龙和钢基铜塑复合材

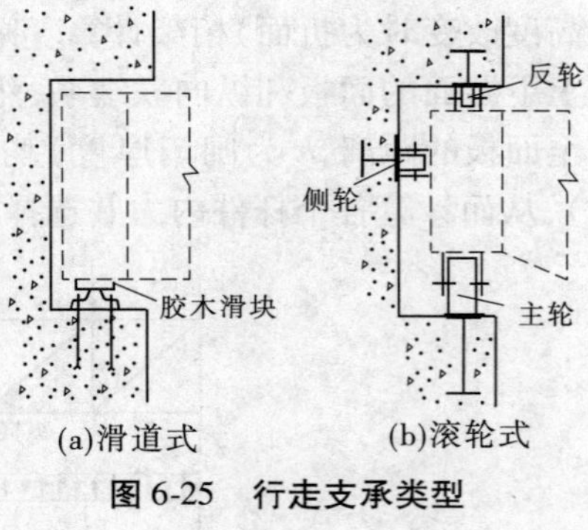

(a)滑道式　　(b)滚轮式

图 6-25　行走支承类型

料，其摩擦系数还可以进一步降低。

压合胶木滑块是将总宽度为 100 ~ 150 mm 的三条胶木按其承受水压方向为顺木纹方向压入宽度稍小的铸钢夹槽中（见图 6-26（a）、（b））。三条胶木的总宽度应比夹槽的宽度大 1.3% ~1.7%，这样可以使胶木受到足够的横向夹紧力以提高承压面的强度。压入夹槽以前的胶木含水率不得大于 5%，压入后的胶木表面应略高于槽顶（见图 6-26（a）），然后使其加工的粗糙度 R_a 达到 3.2 μm。使胶木表面比槽顶低 2 ~4 mm，加工后表面应用润滑脂保护，最后用螺栓将钢夹槽固定到边梁上。

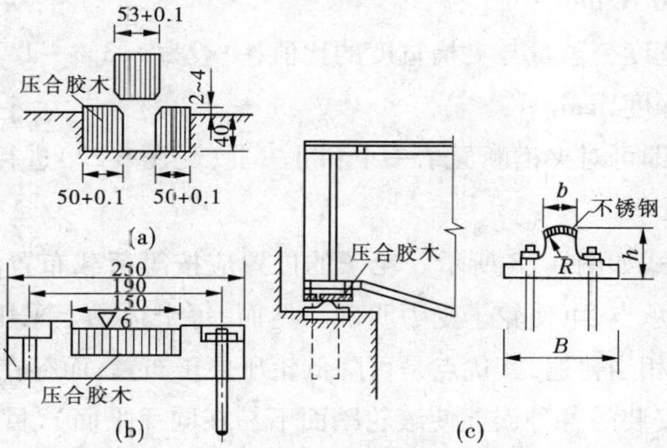

图 6-26　胶木滑道构造图　（单位：mm）

支承胶木滑块的钢轨表面通常做成圆弧形（见图 6-26（c））。为了减少摩阻力，在钢轨表面上堆焊一层 3 ~5 mm 厚的不锈钢，然后加工表面应达到 R_a = 3.2 μm，加工后的不锈钢厚度应不小于 2 ~3 mm。轨头设计宽度 b 和轨顶圆弧半径 R 应按胶木与轨面之间单位长度上的支承压力由表 6-2 确定。

表 6-2　钢轨工作表面宽度与圆弧半径

支承压力 q（N/mm）	1 000 以下	1 000 ~2 000	2 000 ~3 000	3 000 ~4 000
轨顶圆弧半径 R（mm）	100	150	200	300
轨头设计宽度 b（mm）	25	35	40	50

注：b 值不得与滑块中间的一条胶木同宽。

钢轨底面宽度 B（见图 6-26（c））应根据混凝土的容许承压强度确定。钢轨高度 h 不应小于 $B/3$。

胶木块与轨道弧面之间的最大接触应力可按式（6-15）[1]计算

$$\sigma_{max} = 104\sqrt{\frac{q}{R}} \leqslant [\sigma_j] \tag{6-15}$$

式中　q——滑块单位长度上的计算荷载，N/mm；

[1] 该式按胶木顺纹方向弹模 E = 31 000 N/mm² 和泊松比 μ = 0.475 推算得出。

R——轨道工作表面的曲率半径，mm；

$[\sigma_j]$——胶木容许接触应力，$[\sigma_j] = 500\ N/mm^2$。

如图 6-27 所示的夹槽，当胶木以公盈尺寸压入夹槽以后，在槽壁产生的侧压力 P_c（N/mm）按式（6-16）计算

$$P_c = E_c \varepsilon h \tag{6-16}$$

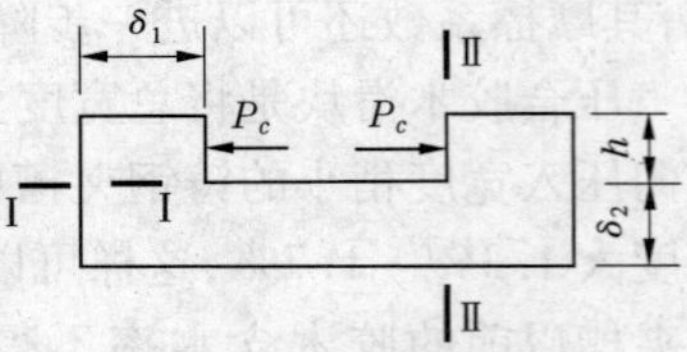

图 6-27 胶木滑道

式中 E_c——胶木沿层压方向的弹性模量，N/mm^2，E_c = 2 500 ~ 3 500 N/mm^2；

ε——胶木宽度公盈量与夹槽宽度的比值，一般为 1.3% ~1.7%；

h——夹槽深度，mm。

求出 P_c 值后，即可对夹槽断面Ⅰ—Ⅰ和Ⅱ—Ⅱ（见图 6-27）进行强度验算。

（二）滚轮支承

滚轮支承的形式如图 6-28 所示。轮子的位置应按等荷载布置。若在闸门的每个边梁上只布置两个支承点，可使轮子受力明确。然而，每个边梁上采用多滚轮支承，目前无论在国内或国外都相当普遍，其优点是可降低轮压便于布置；而存在问题是轮压不易均匀（由于轨道与滚轮安装的各种误差使滚轮踏面不易在同一平面），目前已采用偏心轴法加以解决。当采用滚柱轴承滚轮或采用弧形轨道的升卧式闸门时，应将轮子装设在双腹式边梁的外侧（见图 6-28（a））。当然，对于滑动轴承的滚轮也可以采用悬臂轴（见图 6-29））。悬臂轴滚轮的优点是轮子安装和检修比较方便，所需门槽深度较小。但悬臂轴增大了边梁外侧腹板的支承压力并使边梁受扭，悬臂轴的弯矩也较大，因此一般情况只用于水头和孔口都较小的闸门。当闸门的水头和孔口都较大时，宜将轮子装设在边梁的两块腹板之间（见图 6-28（b）和图 6-30）。这种简支轴避免了上述悬臂轴的缺点，在工程上用得较多。我国目前最大轮压已达 3 200 kN。

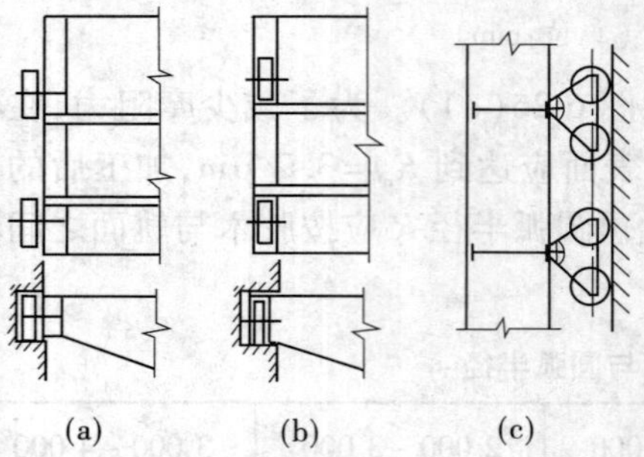

图 6-28 滚轮支承的形式

滚轮的材料，对小型闸门常采用铸铁。当轮压较大（超过 200 kN）时，铸铁轮子的尺寸就显得太大，必须采用碳钢或合金钢。轮压在 1 200 kN 以下时，可选用普通碳素铸钢；超过 1 200 kN 则可选用合金铸钢，如 ZG50Mn2、ZG35CrMo、ZG35CrMnSi 等。轮子的表面还可根据需要进行硬化处理，以提高表面硬度。表面硬化深度，一般取为发生最大接触剪应力处深度的 2 倍（约等于接触面的半径）。

轮子的主要尺寸是轮径 D 和轮缘宽度 b（见图 6-30）。这些尺寸是根据轮缘与轨道之间接触应力的强度条件来确定的。对于圆柱形滚轮与平面轨道的接触情况是线接触，其

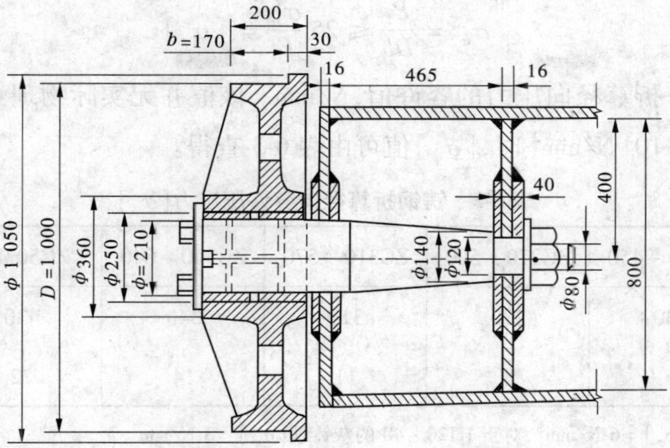

图 6-29　悬臂式滚轮　（单位：mm）

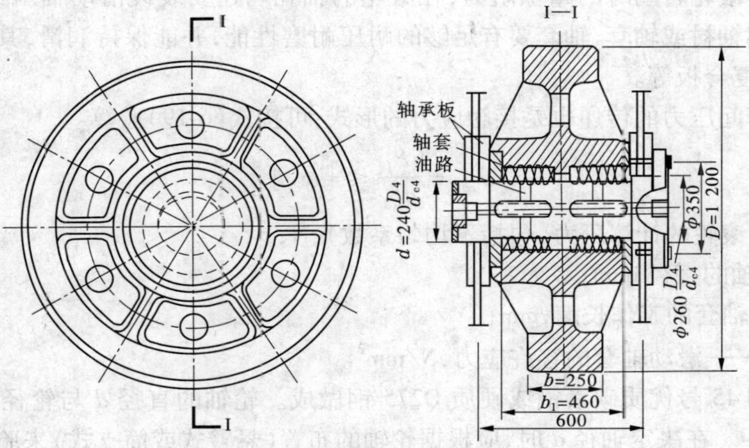

图 6-30　简支轴滚轮　（单位：mm）

接触应力可按式(6-17)计算

$$\sigma_{\max} = 0.418\sqrt{\frac{P_l E}{bR}} \leqslant 3.0\sigma_s \tag{6-17}$$

式中　P_l——一个轮子的计算压力，N，它等于设计轮压乘以不均匀系数 1.1；

b、R——轮缘宽度、轮半径（$R=D/2$），mm；

E——材料的弹性模量，N/mm²，当互相接触的两种材料的弹性模量不同时，应采用合成弹性模量 $E' = \frac{2E_1E_2}{E_1+E_2}$ 来计算；

σ_s——互相接触两种材料的屈服强度中的较小者，N/mm²。

式(6-17)可以简化成下列形式，即计算滚轮直径 D 平面上的挤压应力 σ_φ（N/mm²）为

$$\sigma_{\varphi} = \frac{P_l}{Db} \leqslant 25\frac{\sigma_s^2}{E} = [\sigma_{\varphi}] \tag{6-18}$$

式中　$[\sigma_{\varphi}]$——折算径向压力的容许值，N/mm²，该值并无实际物理意义，当 $E = 206 \times 10^3$ N/mm² 时，$[\sigma_{\varphi}]$值可由表 6-3 查得。

表 6-3　铸钢折算径向容许压应力$[\sigma_{\varphi}]$　　（单位：N/mm²）

项目	ZG230 - 450	ZG270 - 500	ZG310 - 570	ZG340 - 640	ZG50Mn2	ZG35CrMo
σ_s	230	270	310	340	430	530
$[\sigma_{\varphi}]$	6	8	11	14	22	34

注：对于 Q235 钢$[\sigma_{\varphi}] = 6$ N/mm²，对于 HT20 - 40 的灰铸铁$[\sigma_{\varphi}] = 3$ N/mm²。

轮子直径 D 通常为 300 ~ 1 000 mm，轮缘宽度 b 通常为 80 ~ 150 mm。$D/b \approx 4 \sim 6$。

为了减小滚轮转动时的摩擦阻力，在滚轮的轴孔内还要装设滑动轴承或滚动轴承。滑动轴承也叫轴衬或轴套，轴套要有足够的耐压耐磨性能，并能保持润滑，其材料有铜合金、钢基铜塑复合板等。

轴和轴套间压力的传递也是接触应力的形式，可按式(6-19)验算

$$\sigma_{cg} = \frac{P_l}{db_1} \leqslant [\sigma_{cg}] \tag{6-19}$$

式中　P_l——滚轮的计算压力（包括不均匀系数），N；

d——轴的直径，mm；

b_1——轴套的工作长度，mm；

$[\sigma_{cg}]$——滑动轴套的容许应力，N/mm²。

轮轴常用 45 号优质碳素钢或硬质 Q275 钢做成。轮轴的直径 d 与轮径 D 之比一般为 0.15 ~ 0.30。在决定轴径 d 时，应根据轮轴的布置（悬臂式或简支式）来验算弯曲应力和剪应力。轴在轴承板（也称浮动板[❶]）连接处（见图 6-30），还应按下式验算轮轴与轴承板之间的紧密接触局部承压应力，即

$$\sigma_{cj} = \frac{N}{d\sum t} \leqslant [\sigma_{cj}]$$

式中　N——轴承板所受的压力，$N = P_l/2$；

$\sum t$——轴承板叠总厚度，mm；

$[\sigma_{cj}]$——紧密接触局部承压容许应力，N/mm²，见表 1-10。

为了使滚轮安装位置正确，轮轴可采用偏心轴的办法（见图 6-31），它是一两端支承中心在同一轴线上而与滚轮接触的中段轴线偏离 5 mm（可得调整幅度 10 mm）的偏心轴，安装时利用偏心轴的转动，可以调整轮子到正确的位置，然后再将轮轴固定在边梁腹板上。

---

❶为了便于滚轮定位，通常使边梁腹板上的轴孔直径大于轴径，在安装定位以后，再将轴承板焊在边梁腹板上，故轮轴仅与轴承板接触。

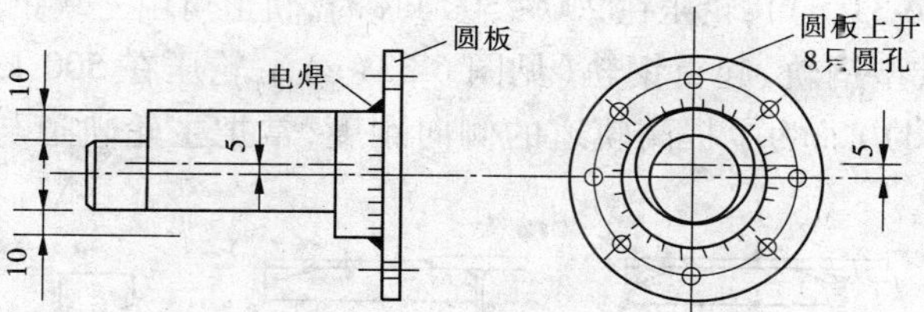

图6-31　偏心轴　（单位:mm）

（三）平面钢闸门的导向装置——侧轮与反轮

闸门启闭时,为了防止闸门在闸槽中因左右倾斜而被卡住或前后碰撞,并减少门下过水时的振动,需设置导向装置——侧轮和反轮(见图6-32)。

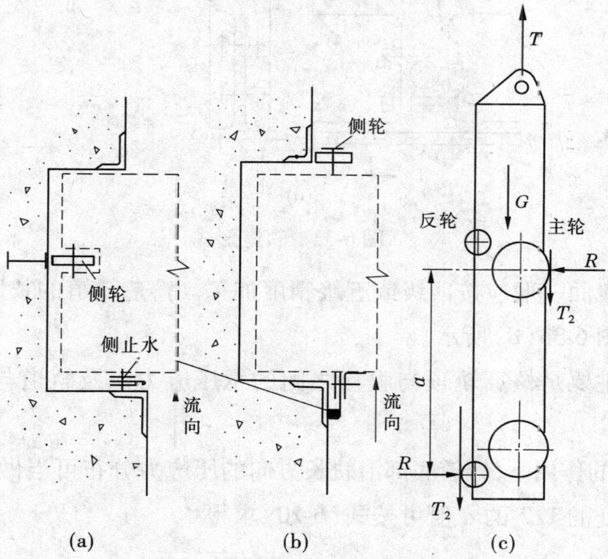

图6-32　平面闸门的侧轮及反轮

侧轮设在闸门的两侧,每侧上下各一个,侧轮的间距应尽量大些,以承受因闸门左右倾斜时引起的反力(见图6-32(c))。在深孔闸门中,由于孔口上部有胸墙的影响,侧轮应设在闸门两侧的闸槽内(见图6-32(a)),在露顶闸门中侧轮可以设在孔口之间闸门边部的构件上(见图6-32(b))。侧轮与其轨道间的空隙为10~20 mm。

反轮设在与主轮相反的一面,承受由偏心拉力作用下闸门发生前后倾斜时的反力 R(见图6-32(c))。反轮与其轨道间的空隙为15~30 mm。对于高压闸门,为了减少振动,常把反轮安装在板式弹簧上或把反轮安装在具有橡皮垫块的缓冲车架上,使反轮紧贴在轨道上。在中小型闸门中,常利用悬臂式主轮兼作反轮,可不另设反轮。

二、轨道与其他埋件

(一)轨道

根据轮压大小轨道可采用如图6-33所示的不同形式。轮压在200 kN以下时,可采用轧成工字钢(见图 6-33(a));轮压在 200 ~ 500 kN 时,轨道可由三块钢板焊成如图 6-33(b)所示的截面,或用重型钢轨、起重钢轨(见图 6-33(c));轮压在 500 kN 以上时,需要采用铸钢轨(见图 6-33(d))。为了提高轨道的侧向刚度,常把主轮轨道与门槽的护角角钢连接起来(见图 6-33)。

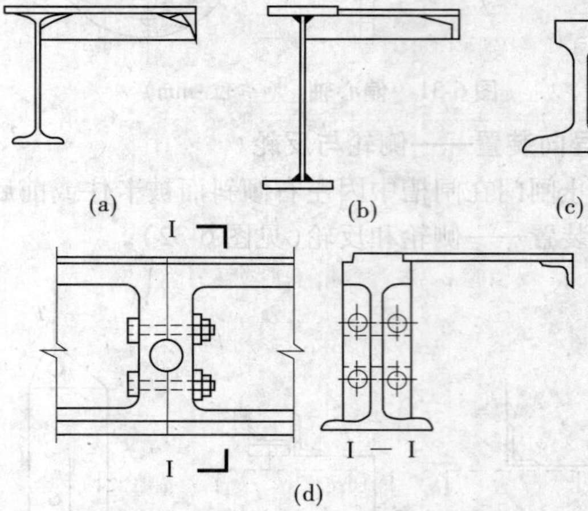

图 6-33　轨道形式

铸造轨道的表面一般应按四级或五级精度加工。铸造轨道的长度一般为 2 ~ 3 m,各段之间的连接如图 6-33(d)所示。

轨道的计算主要是核算轨顶与腹板之间的承压应力以及轨道与混凝土之间的承压应力。

在轮压力 P_l 的作用下,轨道底部沿轨长方向的压应力分布可当做三角形(见图 6-34)。其三角形底边长度的 1/2 的 a 值可按式(6-20)求得

$$a = 3.3\sqrt[3]{\frac{EI_x}{E_h b}} \tag{6-20}$$

式中 EI_x——轨道的抗弯刚度;

E——钢材的弹性模量;

I_x——钢轨对自身中和轴 x 的截面惯性矩;

b——轨道底部宽度,mm;

E_h——轨底混凝土的弹性模量,kN/mm^2,一般取$(2.5 \sim 3)\times 10^4$ kN/mm^2。

从图 6-34 知,根据力的平衡条件有 $ab\sigma_h = P_l$,因此轨底与混凝土之间的最大承压应力可按式(6-21)验算

$$\sigma_h = \frac{P_l}{ab} \leqslant [\sigma_h] \tag{6-21}$$

式中 $[\sigma_h]$——混凝土的容许承压应力,N/mm^2。

轨道颈部的局部承压应力分布情况和计算方法与上法相同。由于轨道的上翼缘与其

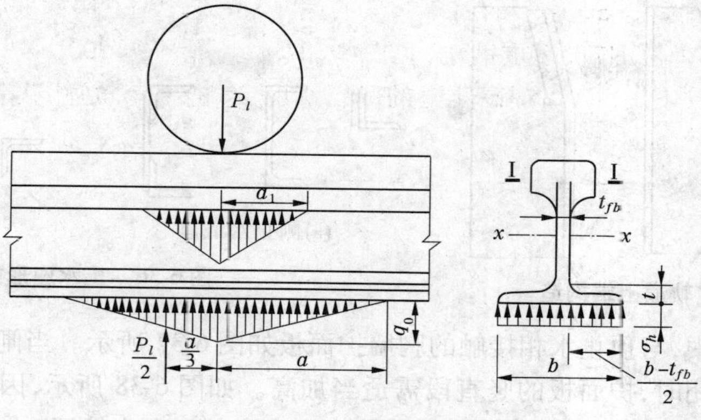

图 6-34　滚轮的轨道受力图

腹板的弹性模量相同,并且取代式(6-20)中的 b 为腹板厚度 t_{fb},所以式(6-20)应改为

$$a_1 = 3.3\sqrt[3]{\frac{I_1}{t_{fb}}} \tag{6-22}$$

式中　a_1——轮压在轨头与腹板交接处分布长度的1/2(见图6-34);

I_1——轨头对其自身中和轴Ⅰ—Ⅰ的截面惯性矩(见图6-34)。

求出 a_1 之后,即可类似于式(6-21)写出轨道颈部的承压应力 σ_{cd} 的验算公式为

$$\sigma_{cd} = \frac{P_l}{a_1 t_{fb}} \leqslant [\sigma_{cd}] \tag{6-23}$$

式中　$[\sigma_{cd}]$——钢材的局部承压容许应力,N/mm²,见表1-10。

轨道的抗弯强度可按倒置的悬臂梁验算,由图6-34知,抗弯条件为

$$M = \frac{P_l a}{6}[\sigma]W \tag{6-24}$$

式中　$[\sigma]$——钢轨的容许弯曲应力,N/mm²;

W——钢轨的截面抵抗矩。

同样,轨道的底板厚度 t 也可按倒置的悬臂梁验算,即沿轨道长度方向取单位长度的板条当做脱离体来验算其固定端(腹板处)的抗弯强度,即

$$M = \frac{\sigma_h (b - t_{fb})^2}{8} \leqslant [\sigma]\frac{t^2}{6} \tag{6-25}$$

为了便于把闸门引入闸槽,常将轨道的上端做成斜坡形(见图6-35),即把轨道上端的腹板切割去一三角形部分,再将轨道的翼缘弯到剩下的部分上焊接起来。

(二)止水座

在门体止水橡皮紧贴于混凝土的部位,应埋设表面光滑平整的钢质止水座,以满足止水橡皮与之贴紧后不漏水,并减少当橡皮滑动时的磨损。对于重要的工程,在钢质止水座的表面再焊一条不锈钢条(见图6-36)。

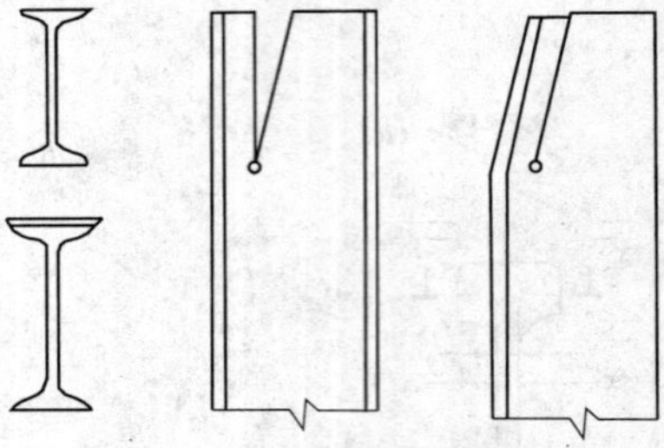

图 6-35　轨道上端构造

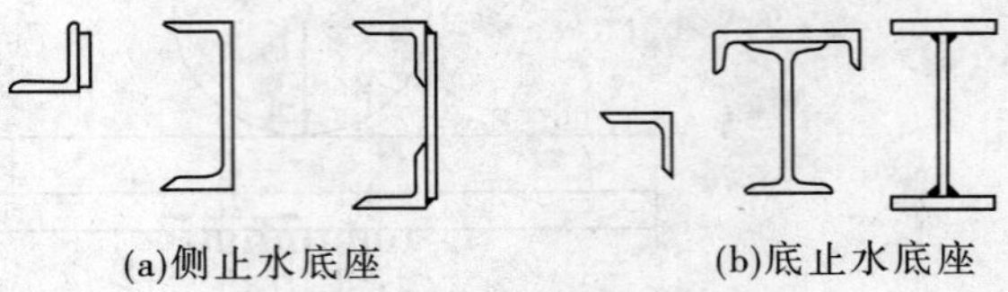

图 6-36　止水座形式

在潜孔闸门中，与顶止水相接触的胸墙护面板如图 6-37 所示。当闸门需要借助门顶水柱压力才能关闭时，护面板的竖直段需适当加高。如图 6-38 所示，因为只有当闸门的顶止水与护面板的竖直段紧贴不漏水时才能产生完全的门顶水柱压力。为了避免护面板耗费钢材过多，根据试验成果，只要闸门的上游边留有足够的供水净空 S_0（见图 6-38），闸门下游边的净空（$S_1+\Delta$）适当的小（见图 6-38 中的 $S_0 \geqslant 5S_1$，$S_1=100$ mm 或 $\Delta \approx S_1$），则关闭闸门时，闸门顶部的水位就可以得到及时补充，这时护面板的竖直段高度仅需为孔口高度 H 的 5% ~10%，但不得少于 300 mm。这样就可以利用水柱压力迅速关闭闸门。

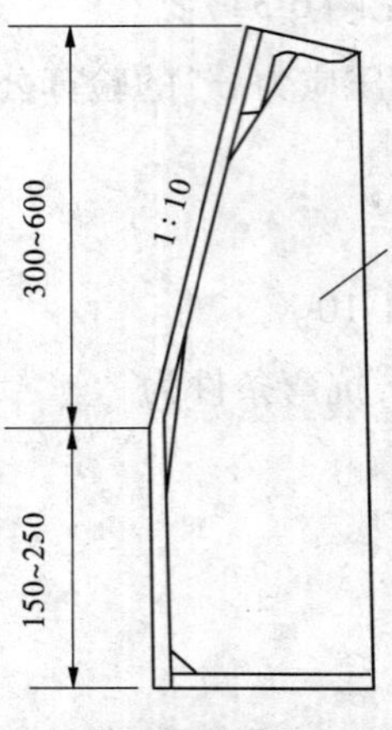

图 6-37　潜孔闸门胸墙护面板形式　（单位:mm）

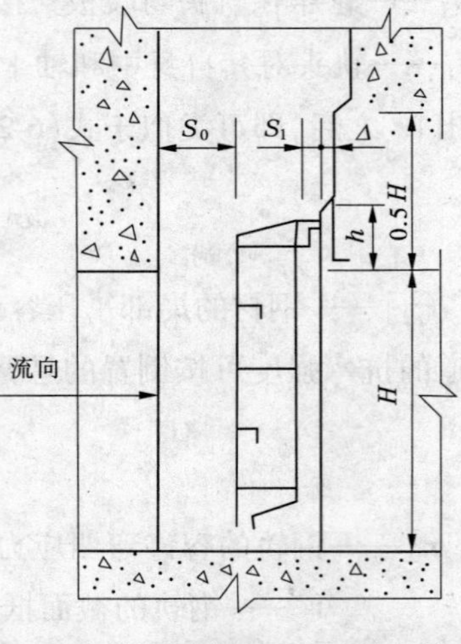

图 6-38　形成门顶水柱压力时的门槽布置

第五节　止水、启闭力和吊耳

一、止水

为了防止闸门与门槽之间的缝隙漏水，需设置止水。露顶闸门上有侧止水和底止水；潜孔闸门上还有顶止水；当闸门孔口较高，需要采用分段闸门时，尚须在各段闸门之间另设中间止水。

止水的材料主要是橡皮。底止水为条形橡皮，侧止水和顶止水为 P 形橡皮（见图 6-39）。它们用垫板与压板夹紧再用螺栓固定到门叶上。螺栓直径一般为 14 ~20 mm，间距为

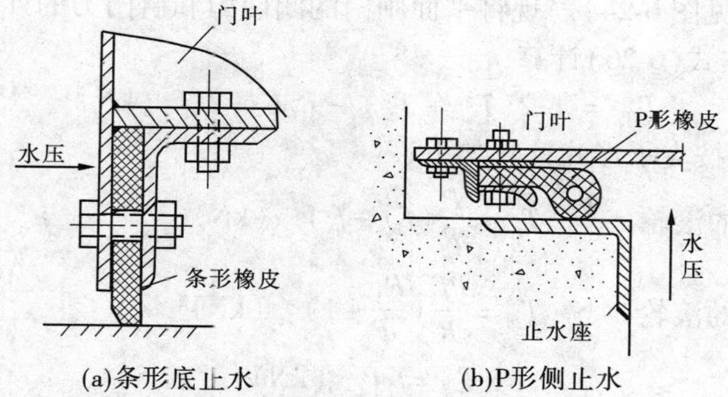

(a)条形底止水　(b)P形侧止水

图6-39　橡皮止水构造

150～200 mm。

露顶闸门的侧止水与底止水通常随面板的位置来设置，例如当面板设在上游面时，这些止水也都设在上游面（见图6-40）。

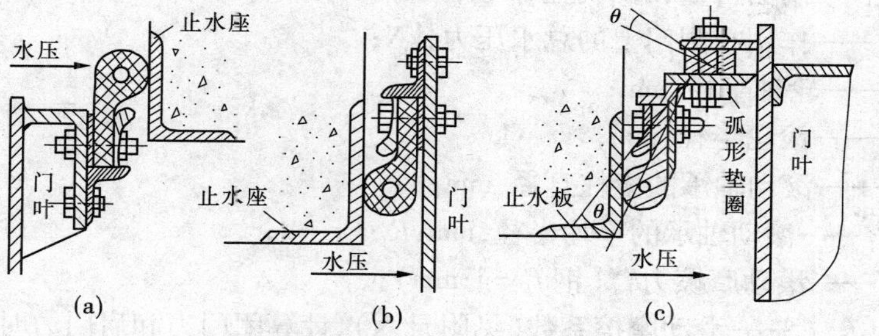

(a)　(b)　(c)

图6-40　顶止水

潜孔闸门止水的布置主要根据胸墙的位置和操作的要求确定。当胸墙在闸门的上游面时，侧止水应布置在闸槽内，顶止水布置在上游面（见图6-40(b)、(c)）。考虑到门叶受力的挠曲变形会使顶止水脱离止水座，故设计时应使顶止水与止水座之间有一定的预压值，压缩量可取3～10 mm。当闸门的跨度较大时，还可选用图6-40(c)所示的形式，使顶止水转动产生较大的变形以适应门叶挠曲变形的要求。

在深孔闸门中，若因摩阻力较大而不能靠闸门自重关闭，为使闸门顶部形成水柱压力促使闸门关闭，这时，侧止水和顶止水均需布置在下游面，而底止水布置在靠近上游面。

二、启闭力

闸门启闭力的计算，对于确定启闭机械的容量、牵引构件的尺寸以及对闸门吊耳的设计等都是必要的。

（一）动水中启闭的闸门

此类闸门特别是深孔闸门，在水压力作用下，由于摩阻力大，有时仅靠自重不能关闭，因此必须分别计算闭门力和启门力。在确定闸门启闭力时，除考虑闸门自重 G 外，还要考虑由于水压力作用而在滚轮或滑道支承处产生的摩擦阻力 T_{zd}、止水摩擦阻力 T_{zs}、闭门时门底的上托力 P_t、启门时由于门底水流形成部分真空而产生的下吸力 P_x，有时还有门

顶水柱压力 W_s 等(见图6-24)。现将平面闸门的闭门力和启门力的计算分述如下。

(1)闭门力。按式(6-26)计算

$$T_{闭} = 1.2(T_{zd} + T_{zs}) - n_G G + P_t \quad (kN) \tag{6-26}$$

支承摩阻力 T_{zd} 按支承形式计算如下:

对于滑动轴承的滚轮　$T_{zd} = \frac{P}{R}(f_1 r + f_k)$　(kN)

对于滚动轴承的滚轮　$T_{zd} = \frac{Pf_k}{R}(\frac{R_1}{d} + 1)$　(kN)

对于滑动支承　$T_{zd} = f_2 P$　(kN)

止水摩阻力　$T_{zs} = f_3 P_{zs}$　(kN)

上托力　$P_t = \gamma \beta_t + HDB$　(kN)

以上式中　1.2——摩阻力超载系数;

n_G——门重修正系数,闭门时选用0.9~1.0;

G——闸门自重,kN,见附录五;

P——作用在闸门上的总水压力,kN;

r——轮轴半径,mm;

R——滚轮半径,mm;

d——滚动轴承的滚柱直径,mm;

R_1——滚动轴承的平均半径,mm,$R_1 = r + d$;

f_k——滚动摩擦力臂(钢 $f_k = 1$ mm);

f_1、f_2、f_3——滑动摩擦系数(见附录六),计算闭门力和启门力时取大值;

P_{zs}——作用在止水上的总水压力,kN;

γ——水的容重,kN/m^3;

H——门底水头,m;

D——底止水到上游面的间距,m;

B——两侧止水间距,m;

β_t——上托力系数,当验算闭门力时,按闸门接近完全关闭时的条件考虑,取 $\beta_t = 1.0$,当计算持住力(见式6-27)时,按闸门的不同开度考虑,β_t 可参照表6-4取用,表6-4中 β_t 值适用于闸后明流流态,且在应用时,闸门的开启高度 a 应满足 $0 < a < 0.5H_0$(H_0 为引水道的孔高)。

表6-4　上托力系数 β_t

α(°)	a/D				
	2	4	8	12	16
60	0.8	0.7	0.5	0.4	0.25
52.5	0.7	0.5	0.3	0.15	—
45	0.6	0.4	0.1	0.05	—

注:a——闸门开启高度,m;D——底止水至上游面板的距离,m;α——闸门底缘上游倾角。

当计算结果 $T_{闭}$ 为正值时，需要加重闸门才能下落，加重方式有加重块、利用水柱压力或机械下压力等。当 $T_{闭}$ 为负值时，说明闸门依靠自重可以关闭孔口。

(2)持住力。按式(6-27)计算

$$T_{持} = n'_G G + G_j + W_s + P_x - P_t - (T_{zd} + T_{zs}) \quad (\text{kN}) \tag{6-27}$$

(3)启门力。按式(6-28)计算

$$T_{启} = 1.2(T_{zd} + T_{zs}) + n'_G G + P_x + G_j + W_s \quad (\text{kN}) \tag{6-28}$$

式中 n'_G——门重修正系数，启门时采用1.0~1.1；

G_j——加重块重量，kN；

W_s——作用在闸门上的水柱压力，kN；

P_x——下吸力，$P_x = pD_2B$，kN；

D_2——闸门底止水至主梁下翼缘的距离，m；

p——闸门底缘 D_2 部分的平均下吸强度，一般按 20 kN/m² 计算，对溢流坝顶闸门、水闸闸门和坝内明流底孔闸门，当下游流态良好，通气充分时，可以不计下吸力；

其他符号意义同前。

(二)静水中启闭的闸门

启门力的计算除计入闸门的自重外，尚应考虑一定的水位差引起闸门的摩阻力。露顶闸门和电站尾水闸门可采用不大于 1 m 的水位差；潜孔闸门可根据水头的大小采用 1~5 m 的水头差。

(三)吊耳

吊耳是连接闸门与启闭机的部件。至于吊具由柔性钢索具与设在门叶上的吊耳(见图 6-41)相连接。吊耳应设在闸门重心与行走支承之间的闸门顶部。根据闸门的高宽比和启闭机的要求等因素，闸门可采用单吊点和双吊点。一般当闸门高宽比小于 1 时宜采用双吊点。吊耳多数是用一块或两块钢板做成的，设轴孔与吊耳相连接，如图 6-41 所示。

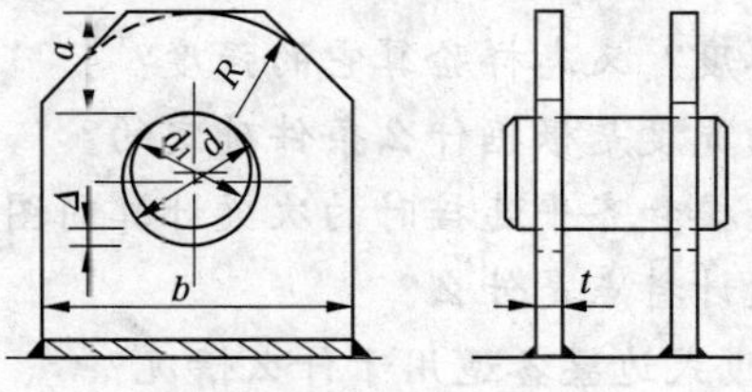

图 6-41　吊耳的构造

吊轴的强度验算与前述的轮轴相同，也需要按机械零件的容许应力验算其弯曲应力和剪应力。当吊轴直径为 d 时，吊耳板的尺寸可按下列各式初选

$$b = (2.4 \sim 2.6)d$$

$$t \geq \frac{b}{20}$$

$$a = (0.9 \sim 1.05)d$$

$$\Delta = d - d_1 \leq 0.02d$$

吊耳板孔壁的强度应按下列两式验算：

孔壁的局部紧接承压应力为

$$\sigma_{cj} = \frac{N}{dt} \leqslant [\sigma_{cj}] \tag{6-29}$$

式中 N——一块吊耳板上所受的荷载，该荷载按启门力计算时应乘以因受力不均而引起的超载系数(1.1~1.2)，kN；

d——吊轴直径，mm；

t——吊耳板的厚度(当有轴承板时，应为轴承板厚度)，mm；

$[\sigma_{cj}]$——局部紧接承压容许应力，N/mm^2，见表1-10。

孔壁拉应力可近似地按下列弹性力学中的拉梅(G. Lame)公式验算

$$\sigma_k = \sigma_{cj}\frac{R^2 + r^2}{R^2 - r^2} \leqslant [\sigma_k]$$

式中 R、r——吊耳板孔心到板边的最近距离、轴孔半径($r = d/2$)(见图6-41)，mm；

$[\sigma_k]$——孔壁容许拉应力，N/mm^2，如对于Q235钢，$[\sigma_k] = 120\ N/mm^2$，对于可以自由转动或能抽出的轴，应将$[\sigma_k]$再乘以0.8的系数。

思考题

6-1　平面钢闸门根据功用分有几种类型？它们之间的启闭方式有何不同？由于启闭方式不同，在设计上有何区别？

6-2　门叶结构由哪些部件和构件组成？它们的作用是什么？水压力通过什么途径传至闸墩？

6-3　主梁一般按什么原则布置？这种布置的优点是什么？试推证式(6-1)和式(6-2)。

6-4　梁格齐平连接和降低连接各有何优、缺点？

6-5　为什么梁的跨度越大，梁的数目宜越少？大跨度平面闸门的主梁数为何又不宜少于2个？

6-6　怎样确定面板的厚度？又怎样验算它的强度？

6-7　面板参与梁截面的宽度是根据什么条件确定的？

6-8　试画出梁格降低连接和齐平连接时的次梁计算简图。

6-9　平面闸门的主梁设计特点是什么？

6-10　单腹式边梁和双腹式边梁各适用于什么情况？

6-11　行走支承有哪两大类？它们的计算特点是什么？

6-12　平面闸门的主轨如何计算？

6-13　为什么要分别计算闸门的启门力和闭门力？若闭门力大于闸门自重，可采取哪些措施使闸门关闭？

6-14　试画出几种止水的构造图。

附　录

附录一　梁的整体稳定系数

一、焊接工字形等截面简支梁

焊接工字形等截面(见附图 1-1)简支梁的整体稳定系数 φ_b 应按下式计算

$$\varphi_b = \beta_b \frac{4\ 320}{\lambda_y^2} \times \frac{Ah}{W_x}\left[\sqrt{1 + \left(\frac{\lambda_y t_1}{4.4h}\right)^2} + \eta_b\right]\frac{235}{f_y} \qquad 附(1\text{-}1)$$

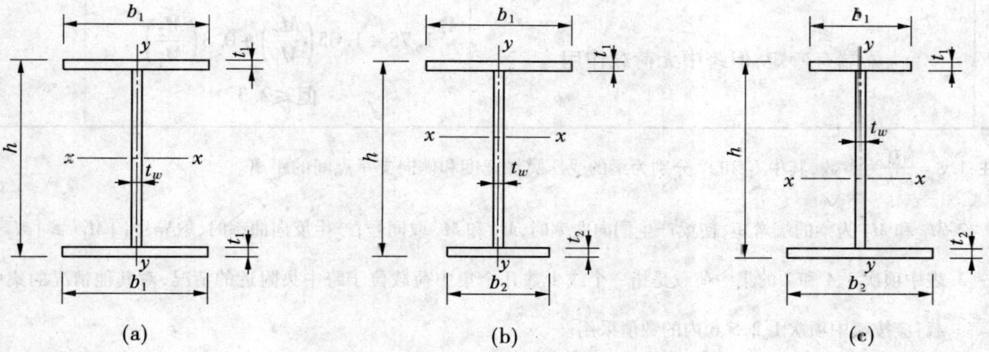

附图 1-1　焊接工字形截面

附表 1-1　工字形截面简支梁系数 β_b

项次	侧向支承	荷载		$\xi = l_1 t_1/(b_1 h)$		适用范围
				$\xi \leq 2.0$	$\xi > 2.0$	
1	跨中无侧向支承	均布荷载作用在	上翼缘	$0.69 + 0.13\xi$	0.95	附图 1-1 (a)、(b)的截面
2			下翼缘	$1.73 - 0.20\xi$	1.33	
3		集中荷载作用在	上翼缘	$0.73 + 0.18\xi$	1.09	
4			下翼缘	$2.23 - 0.28\xi$	1.67	

续附表 1-1

<table>
<tr><th rowspan="2">项次</th><th rowspan="2">侧向支承</th><th rowspan="2" colspan="2">荷载</th><th colspan="2">$\xi = l_1t_1/(b_1h)$</th><th rowspan="2">适用范围</th></tr>
<tr><th>$\xi \leqslant 2.0$</th><th>$\xi > 2.0$</th></tr>
<tr><td>5</td><td rowspan="3">跨度中点有一个侧向支承点</td><td rowspan="2">均布荷载作用在</td><td>上翼缘</td><td colspan="2">1.15</td><td rowspan="6">附图 1-1 中的所有截面</td></tr>
<tr><td>6</td><td>下翼缘</td><td colspan="2">1.40</td></tr>
<tr><td>7</td><td colspan="2">集中荷载作用在截面高度上任意位置</td><td colspan="2">1.75</td></tr>
<tr><td>8</td><td rowspan="2">跨中点有不少于两个等距离侧向支承点</td><td rowspan="2">任意荷载作用在</td><td>上翼缘</td><td colspan="2">1.20</td></tr>
<tr><td>9</td><td>下翼缘</td><td colspan="2">1.40</td></tr>
<tr><td>10</td><td colspan="3">梁端有弯矩，但跨中无荷载作用</td><td colspan="2">$1.75-1.05\left(\frac{M_2}{M_1}\right)+0.3\left(\frac{M_2}{M_1}\right)^2$，但$\leqslant 2.3$</td></tr>
</table>

注：1. $\xi = \frac{l_1t_1}{b_1h}$为参数，其中 l_1 和 t_1 分别为梁的受压翼缘宽度和侧向支承点间的距离。

2. M_1 和 M_2 为梁的端弯矩，使梁产生同向曲率时，M_1 和 M_2 取同号；产生反向曲率时，取异号，$|M_1| \geqslant |M_2|$。

3. 表中项次 3、4 和 7 的集中荷载是指一个或少数几个集中荷载位于跨中央附近的情况，对其他情况的集中荷载，应按表中项次 1、2、5、6 内的数值采用。

4. 表中项次 8、9 的 β_b，当集中荷载作用在侧向支承点处时，取 $\beta_b = 1.2$。

5. 荷载作用在上翼缘指荷载作用点在翼缘表面，方向指向截面形心；荷载作用在下翼缘指荷载作用点在翼缘表面，方向背向截面形心。

6. 对 $\alpha_b > 0.8$ 的加强受压翼缘工字形截面，下列情况的 β_b 值应乘以相应的系数：

项次 1　当 $\xi \leqslant 1.0$ 时，乘以 0.95。

项次 3　当 $\xi \leqslant 0.5$ 时，乘以 0.90；当 $0.5 < \xi < 1.0$ 时，乘以 0.95。

二、轧制普通工字形等截面简支梁

轧制普通工字钢简支梁整体稳定系数 φ_b 应按附表 1-2 采用，当所得的 φ_b 值大于 0.60 时，应按式(3-26)算得相应的 φ'_b 代替 φ_b 值。

附表 1-2　轧制普通工字钢简支梁的 φ_b 值

项次	荷载情况			工字钢型号	自由长度 l_1(m)								
					2	3	4	5	6	7	8	9	10
1	跨中无侧向支承点的梁	集中荷载作用于	上翼缘	10～20	2.00	1.30	0.99	0.80	0.68	0.58	0.53	0.48	0.43
				22～32	2.40	1.48	1.09	0.86	0.72	0.62	0.54	0.49	0.45
				36～63	2.80	1.60	1.07	0.83	0.68	0.56	0.50	0.45	0.40
2			下翼缘	10～20	3.10	1.95	1.34	1.01	0.82	0.69	0.63	0.57	0.52
				22～40	5.50	2.80	1.84	1.37	1.07	0.86	0.73	0.64	0.56
				45～63	7.30	3.60	2.30	1.62	1.20	0.96	0.80	0.69	0.60
3		均布荷载作用于	上翼缘	10～20	1.70	1.12	0.84	0.68	0.57	0.50	0.45	0.41	0.37
				22～40	2.10	1.30	0.93	0.73	0.60	0.51	0.45	0.40	0.36
				45～63	2.60	1.45	0.97	0.73	0.59	0.50	0.44	0.38	0.35
4			下翼缘	10～20	2.50	1.55	1.08	0.83	0.68	0.56	0.52	0.47	0.42
				22～40	4.00	2.20	1.45	1.10	0.85	0.70	0.60	0.52	0.46
				45～63	5.60	2.80	1.80	1.25	0.95	0.78	0.65	0.55	0.49
5	跨中有侧向支承点的梁(不论荷载作用点在截面高度上的位置)			10～20	2.20	1.39	1.01	0.79	0.66	0.57	0.52	0.47	0.42
				22～40	3.00	1.80	1.24	0.96	0.76	0.65	0.56	0.49	0.43
				45～63	4.00	2.20	1.38	1.01	0.80	0.66	0.56	0.49	0.43

注:1. 同附表 1-1 的注 3 和注 5。

2. 表中的 φ_b 适用于 Q235 钢,对其他钢号,表中数值应乘以 $235/f_y$。

三、轧制槽钢简支梁

轧制槽钢简支梁的整体稳定系数,不论荷载形式和荷载作用点在截面高度上的位置均可按式附(1-2)计算

$$\varphi_b = \frac{570bt}{l_1 h}\frac{235}{f_y} \qquad \text{附(1-2)}$$

式中　h、b、t——槽钢截面的高度、翼缘宽度、平均厚度。

按式附(1-2)算得的 φ_b 值大于 0.6 时,应按式(3-26)算得相应的 φ'_b 代替 φ_b 值。

附录二　型钢规格和截面特性

附表 2-1　等边角钢

单角钢

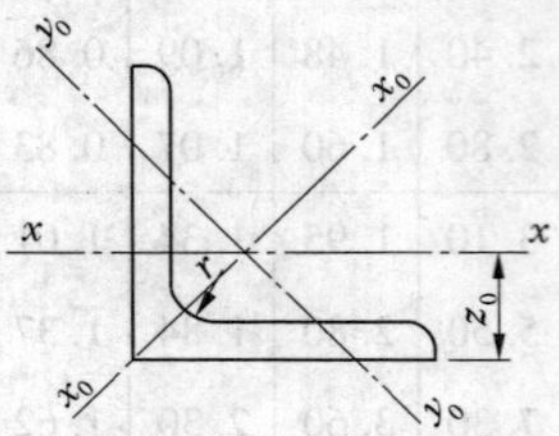

双角钢

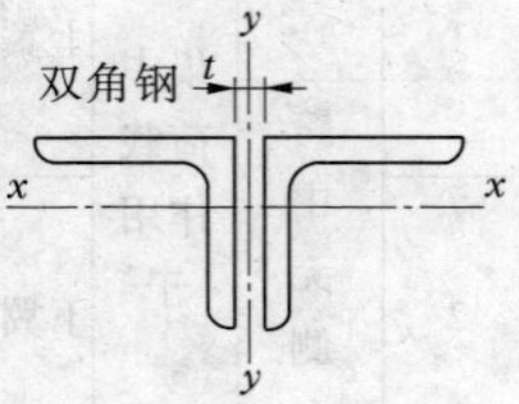

角钢型号		圆角 r	重心距 z_0	截面面积	质量	惯性矩 I_x	截面抵抗矩 W_x^{max}	截面抵抗矩 W_x^{min}	回转半径 i_x	回转半径 i_{x0}	回转半径 i_{y0}	i_y,当 t 为下列数值 6 mm	8 mm	10 mm	12 mm
		mm		cm²	kg/m	cm⁴	cm³		cm			cm			
∠20 ×	3	3.5	6.0	1.13	0.89	0.40	0.67	0.29	0.59	0.75	0.39	1.08	1.16	1.26	1.34
	4		6.4	1.46	1.15	0.50	0.78	0.36	0.58	0.73	0.38	1.12	1.19	1.28	1.37
∠25 ×	3	3.5	7.3	1.43	1.12	0.82	1.11	0.46	0.76	0.95	0.49	1.28	1.36	1.44	1.53
	4		7.6	1.86	1.46	1.03	1.36	0.59	0.74	0.93	0.48	1.29	1.38	1.46	1.55
∠30 ×	3	4.5	8.5	1.75	1.37	1.46	1.74	0.68	0.91	1.15	0.59	1.47	1.54	1.66	1.71
	4		8.9	2.28	1.79	1.84	2.07	0.87	0.90	1.13	0.58	1.49	1.57	1.69	1.74
∠36 ×	3	4.5	10.0	2.11	1.66	2.58	2.56	0.99	1.11	1.39	0.71	1.70	1.75	1.85	1.94
	4		10.4	2.76	2.16	3.29	3.16	1.28	1.09	1.38	0.70	1.73	1.81	1.88	1.97
	5		10.7	3.38	2.65	3.95	3.70	1.56	1.08	1.36	0.70	1.74	1.82	1.90	1.99
∠40 ×	3	5.0	10.9	2.36	1.85	3.59	3.30	1.23	1.23	1.55	0.79	1.85	1.93	2.01	2.09
	4		11.3	3.09	2.42	4.60	4.10	1.60	1.22	1.54	0.79	1.88	1.96	2.03	2.12
	5		11.7	3.79	2.98	5.53	4.70	1.96	1.21	1.52	0.78	1.90	1.98	2.06	2.14
∠45 ×	3	5.5	12.2	2.66	2.09	5.17	4.20	1.58	1.40	1.76	0.90	2.06	2.13	2.20	2.28
	4		12.6	3.49	2.74	6.65	5.30	2.05	1.38	1.74	0.89	2.09	2.16	2.23	2.32
	5		13.0	4.29	3.37	8.04	6.20	2.51	1.37	1.72	0.88	2.11	2.18	2.26	2.34
	6		13.3	5.08	3.99	9.33	7.00	2.95	1.36	1.70	0.88	2.12	2.20	2.28	2.36
∠50 ×	3	5.5	13.4	2.97	2.33	7.18	5.40	1.96	1.55	1.96	1.00	2.25	2.32	2.40	2.48
	4		13.8	3.90	3.06	9.26	6.70	2.56	1.54	1.94	0.99	2.28	2.36	2.44	2.51
	5		14.2	4.80	3.77	11.2	7.80	3.13	1.53	1.92	0.98	2.30	2.38	2.46	2.53
	6		14.6	5.69	4.47	13.1	9.00	3.68	1.52	1.91	0.98	2.32	2.40	2.48	2.56

续附表 2-1

角钢型号	单角钢										双角钢			
	圆角	重心距	截面面积	质量	惯性矩	截面抵抗矩		回转半径			i_y,当 t 为下列数值			
	r	z_0			I_x	W_x^{max}	W_x^{min}	i_x	i_{x0}	i_{y0}	6 mm	8 mm	10 mm	12 mm
	mm		cm²	kg/m	cm⁴	cm³		cm			cm			
∠56× 3	6.0	14.8	3.34	2.62	10.2	7.00	2.50	1.75	2.20	1.13	2.49	2.57	2.64	2.71
4		15.3	4.39	3.45	13.2	8.60	3.20	1.73	2.18	1.11	2.51	2.59	2.66	2.74
5		15.7	5.42	4.25	16.0	10.2	4.00	1.72	2.17	1.10	2.54	2.61	2.69	2.77
8		16.8	8.37	6.57	23.6	14.0	6.00	1.68	2.11	1.09	2.60	2.67	2.75	2.83
∠63× 4	7.0	17.0	4.98	3.91	19.0	11.2	4.10	1.96	2.46	1.26	2.79	2.85	2.93	3.01
5		17.4	6.14	4.82	23.2	13.2	5.10	1.94	2.45	1.25	2.82	2.88	2.97	3.04
6		17.8	7.29	5.72	27.1	15.2	6.00	1.93	2.43	1.24	2.84	2.91	3.00	3.06
8		18.5	9.52	7.47	34.5	18.6	7.80	1.90	2.40	1.23	2.87	2.94	3.02	3.10
10		19.3	11.66	9.15	41.1	21.3	9.40	1.88	2.36	1.22	2.91	2.99	3.07	3.15
∠70× 4	8.0	18.6	5.57	4.37	26.4	14.5	5.14	2.18	2.74	1.40	3.06	3.14	3.21	3.28
5		19.1	6.88	5.40	32.2	16.8	6.32	2.16	2.73	1.39	3.08	3.16	3.23	3.30
6		19.5	8.16	6.41	37.8	19.4	7.48	2.15	2.71	1.38	3.10	3.18	3.25	3.33
7		19.9	9.42	7.40	43.1	21.6	8.59	2.14	2.69	1.38	3.13	3.20	3.28	3.36
8		20.3	10.67	8.37	48.2	23.8	9.68	2.12	2.68	1.37	3.15	3.22	3.30	3.37
∠75× 5	9	20.4	7.37	5.82	40.0	19.6	7.32	2.33	2.92	1.50	3.28	3.35	3.42	3.49
6		20.7	8.80	6.91	47.0	22.6	8.64	2.31	2.90	1.49	3.30	3.37	3.44	3.52
7		21.1	10.2	7.98	53.6	25.4	9.93	2.30	2.89	1.48	3.32	3.39	3.46	3.55
8		21.5	11.5	9.03	60.0	27.8	11.2	2.28	2.88	1.47	3.35	3.42	3.49	3.57
10		22.2	14.1	11.1	72.0	32.4	13.6	2.26	2.84	1.46	3.38	3.46	3.53	3.61

续附表 2-1

角钢型号		单角钢										双角钢			
		圆角	重心距	截面面积	质量	惯性矩	截面抵抗矩		回转半径			i_y,当 t 为下列数值			
		r	z_0			I_x	W_x^{max}	W_x^{min}	i_x	i_{x0}	i_{y0}	6 mm	8 mm	10 mm	12 mm
		mm		cm²	kg/m	cm⁴	cm³		cm			cm			
∠80 ×	5	9	21.5	7.91	6.21	48.8	22.7	8.34	2.48	3.13	1.60	3.49	3.56	3.63	3.71
	6		21.9	9.40	7.38	57.4	26.0	9.87	2.47	3.11	1.59	3.51	3.58	3.65	3.72
	7		22.3	10.9	8.53	65.6	29.3	11.4	2.46	3.10	1.58	3.52	3.60	3.67	3.75
	8		22.7	12.3	9.66	73.5	32.4	12.8	2.44	3.08	1.57	3.55	3.62	3.70	3.77
	10		23.5	15.1	11.9	88.4	37.6	15.6	2.42	3.04	1.56	3.59	3.66	3.74	3.81
∠90 ×	6	10	24.4	10.6	8.35	82.8	33.9	12.6	2.79	3.51	1.80	3.90	3.97	4.04	4.11
	7		24.8	12.3	9.66	94.8	38.2	14.5	2.78	3.50	1.78	3.92	3.99	4.06	4.13
	8		25.2	13.9	11.0	106.5	42.1	16.4	2.76	3.48	1.78	3.94	4.01	4.08	4.16
	10		25.9	17.2	13.5	128.6	49.7	20.1	2.74	3.45	1.76	3.98	4.05	4.13	4.20
	12		26.7	20.3	15.9	149.2	56.0	23.6	2.71	3.41	1.75	4.02	4.10	4.17	4.25
∠100 ×	6	12	26.7	11.9	9.37	115	43.1	15.7	3.10	3.90	2.00	4.29	4.36	4.44	4.51
	7		27.1	13.8	10.8	132	48.6	18.1	3.09	3.89	1.99	4.31	4.38	4.45	4.52
	8		27.6	15.6	12.3	148	53.7	20.5	3.08	3.88	1.98	4.32	4.40	4.47	4.54
	10		28.4	19.3	15.1	180	63.2	25.1	3.05	3.84	1.96	4.37	4.44	4.51	4.59
	12		29.1	22.8	17.9	209	71.9	29.5	3.03	3.81	1.95	4.42	4.49	4.56	4.64
	14		29.9	26.3	20.6	237	79.1	33.7	3.00	3.77	1.94	4.45	4.53	4.61	4.68
	16		30.6	29.6	23.3	263	89.6	37.8	2.98	3.74	1.94	4.49	4.56	4.64	4.72
∠110 ×	7	12	29.6	15.2	11.9	177	59.9	22.1	3.41	4.30	2.20	4.71	4.78	4.85	4.92
	8		30.1	17.2	13.5	200	64.7	25.0	3.40	4.28	2.19	4.73	4.80	4.88	4.95
	10		30.9	21.3	16.7	242	78.4	30.6	3.38	4.25	2.17	4.78	4.86	4.93	5.00
	12		31.6	25.2	19.8	283	89.4	36.1	3.35	4.22	2.15	4.81	4.89	4.96	5.03
	14		32.4	29.1	22.8	321	99.2	41.3	3.32	4.18	2.14	4.85	4.92	5.00	5.07

续附表 2-1

角钢型号		单角钢										双角钢			
		圆角	重心距	截面面积	质量	惯性矩	截面抵抗矩		回转半径			i_y，当 t 为下列数值			
		r	z_0			I_x	W_x^{max}	W_x^{min}	i_x	i_{x0}	i_{y0}	6 mm	8 mm	10 mm	12 mm
		mm		cm^2	kg/m	cm^4	cm^3		cm			cm			
∠125 ×	8	14	33.7	19.8	15.5	297	88.1	32.5	3.88	4.88	2.50	5.33	5.40	5.47	5.53
	10		34.5	24.4	19.1	362	105	40.0	3.85	4.85	2.48	5.37	5.45	5.51	5.59
	12		35.3	28.9	22.7	423	120	41.2	3.83	4.82	2.46	5.41	5.48	5.55	5.63
	14		36.1	33.4	26.2	482	133	54.2	3.80	4.78	2.45	5.45	5.52	5.60	5.67
∠140 ×	10	14	38.2	27.4	21.5	515	135	50.6	4.34	5.46	2.78	5.98	6.05	6.12	6.19
	12		39.0	32.5	25.5	604	155	59.8	4.31	5.43	2.76	6.02	6.09	6.16	6.23
	14		39.8	37.6	29.5	689	173	68.8	4.28	5.40	2.75	6.05	6.12	6.20	6.27
	16		40.6	42.5	33.4	770	190	77.8	4.26	5.36	2.74	6.09	6.16	6.24	6.31
∠160 ×	10	16	43.1	31.5	24.7	780	180	66.7	4.98	6.27	3.20	6.77	6.83	6.90	6.98
	12		43.9	37.4	29.4	917	208	79.0	4.95	6.24	3.18	6.81	6.88	6.95	7.02
	14		44.7	43.3	34.0	1 048	234	91.0	4.92	6.20	3.16	6.85	6.92	6.99	7.06
	16		45.5	49.1	38.5	1 175	258	103	4.89	6.17	3.14	6.89	6.96	7.03	7.10
∠180 ×	12	16	48.9	42.2	33.2	1 321	271	101	5.59	7.05	3.58	7.63	7.70	7.77	7.83
	14		49.7	48.9	38.4	1 514	305	116	5.56	7.02	3.56	7.66	7.74	7.81	7.88
	16		50.5	55.5	43.5	1 701	338	131	5.54	6.98	3.55	7.70	7.77	7.84	7.91
	18		51.3	62.0	48.6	1 875	365	146	5.50	6.94	3.51	7.73	7.80	7.87	7.95
∠200 ×	14	18	54.6	54.6	42.9	2 104	387	145	6.20	7.82	3.98	8.47	8.53	8.60	8.67
	16		55.4	62.0	48.7	2 366	428	164	6.18	7.79	3.96	8.50	8.57	8.64	8.71
	18		56.2	69.3	54.4	2 621	467	182	6.15	7.75	3.94	8.53	8.60	8.67	8.74
	20		56.9	76.5	60.1	2 867	503	200	6.12	7.72	3.93	8.57	8.64	8.72	8.79
	24		58.7	90.7	71.2	3 338	570	236.0	6.07	7.64	3.90	8.65	8.72	8.80	8.87

附表 2-2　普通工字钢

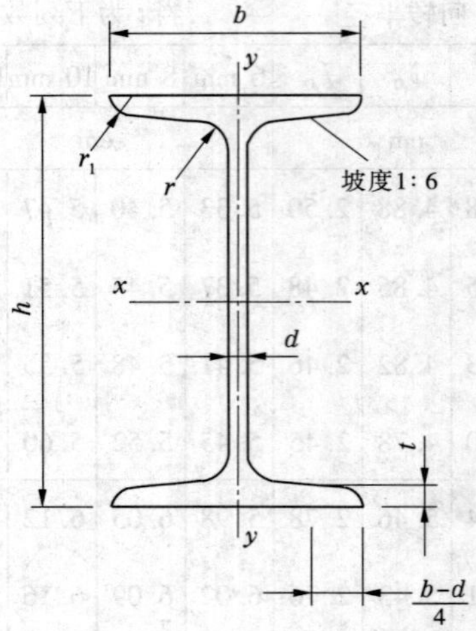

h—高度；　　　I—惯性矩；
b—肢宽；　　　i—回转半径；
d—腰厚；　　　W—截面抵抗矩；
t—平均肢厚；　S—半截面的面积矩

型号	尺寸(mm)						截面面积	质量	表面积	x—x				y—y		
	h	b	d	t	r	r_1	(cm^2)	(kg/m)	(m^2/m)	I_x	W_x	S_x	i_x	I_y	W_y	i_y
										cm^4	cm^3		cm	cm^4	cm^3	cm
10	100	68	4.5	7.6	6.5	3.3	14.33	11.25	0.432	245	49.0	28.2	4.14	32.8	9.6	1.51
12.6	126	74	5.0	8.4	7.0	3.5	18.10	14.21	0.505	488	77.4	44.4	5.19	46.9	12.7	1.61
14	140	80	5.5	9.1	7.5	3.8	21.50	16.88	0.553	712	101.7	58.4	5.75	64.3	16.1	1.73
16	160	88	6.0	9.9	8.0	4.0	26.11	20.50	0.621	1 127	140.9	80.8	6.57	93.1	21.1	1.89
18	180	94	6.5	10.7	8.5	4.3	30.74	24.13	0.681	1 669	185.4	106.5	7.37	122.9	26.2	2.00
20a	200	100	7.0	11.4	9.0	4.5	35.55	27.91	0.742	2 369	236.9	136.1	8.16	157.9	31.6	2.11
20b	200	102	9.0	11.4	9.0	4.5	39.55	31.05	0.746	2 502	250.2	146.1	7.95	169.0	33.1	2.07
22a	220	110	7.5	12.3	9.5	4.8	42.10	33.05	0.817	3 406	309.6	177.7	8.99	225.9	41.1	2.32
22b	220	112	9.5	12.3	9.5	4.8	46.50	36.50	0.821	3 583	325.8	189.8	8.78	240.2	42.9	2.27
25a	250	116	8.0	13.0	10.0	5.0	48.51	38.08	0.898	5 017	401.4	230.7	10.17	280.4	48.4	2.40
25b	250	118	10.0	13.0	10.0	5.0	53.51	42.01	0.902	5 278	422.2	246.3	9.93	297.3	50.4	2.36
28a	280	122	8.5	13.7	10.5	5.3	55.37	43.47	0.978	7 115	508.2	292.7	11.34	344.1	56.4	2.49
28b	280	124	10.5	13.7	10.5	5.3	60.97	47.86	0.982	7 481	534.4	312.3	11.08	363.8	58.7	2.44
32a	320	130	9.5	15.0	11.5	5.8	67.12	52.69	1.084	11 080	692.5	400.5	12.85	459.0	70.6	2.62
32b	320	132	11.5	15.0	11.5	5.8	73.52	57.71	1.088	11 626	726.7	426.1	12.58	483.8	73.3	2.67
32c	320	134	13.5	15.0	11.5	5.8	79.92	62.74	1.092	12 173	760.8	451.7	12.34	510.1	76.1	2.53

续附表 2-2

型号	尺寸(mm)						截面面积	质量	表面积	x—x				y—y		
	h	b	d	t	r	r_1	(cm^2)	(kg/m)	(m^2/m)	I_x	W_x	S_x	i_x	I_y	W_y	i_y
										cm^4	cm^3		cm	cm^4	cm^3	cm
36a	360	136	10.0	15.8	12.0	6.0	76.44	60.00	1.185	15 796	877.6	508.8	14.38	554.9	81.6	2.69
36b	360	138	12.0	15.8	12.0	6.0	83.64	65.66	1.189	16 574	920.8	541.2	14.08	583.6	84.6	2.64
36c	360	140	14.0	15.8	12.0	6.0	90.84	71.31	1.193	17 351	964.0	573.6	13.82	614.0	87.7	2.60
40a	400	142	10.5	16.5	12.5	6.3	86.07	67.56	1.285	21 714	1 085.7	631.2	15.88	659.9	92.9	2.77
40b	400	144	12.5	16.5	12.5	6.3	94.07	73.84	1.289	22 781	1 139.0	671.2	15.56	692.8	96.2	2.71
40c	400	146	14.5	16.5	12.5	6.3	102.07	80.12	1.293	23 847	1 192.4	711.2	15.29	727.5	99.7	2.67
45a	450	150	11.5	18.0	13.5	6.8	102.40	80.38	1.411	32 241	1 432.9	836.4	17.74	855.0	114.0	2.89
45b	450	152	13.5	18.0	13.5	6.8	111.40	87.45	1.415	33 759	1 500.4	887.1	17.41	895.4	117.8	2.84
45c	450	154	15.5	18.0	13.5	6.8	120.40	94.51	1.419	35 278	1 567.9	937.7	17.12	938.0	121.8	2.79
50a	500	158	12.0	20.0	14.0	7.0	119.25	93.61	1.539	46 472	1 858.9	1 084.1	19.74	1 121.5	142.0	3.07
50b	500	160	14.0	20.0	14.0	7.0	129.25	101.46	1.543	48 556	1 942.2	1 146.6	19.33	1 171.4	146.4	3.01
50c	500	162	16.0	20.0	14.0	7.0	139.25	109.31	1.547	50 639	2 005.6	1 209.1	19.07	1 223.9	151.1	2.96
56a	560	166	12.5	21.0	14.5	7.3	135.38	106.27	1.687	65 576	2 342.0	1 368.8	22.01	1 365.8	164.6	3.18
56b	560	168	14.5	21.0	14.5	7.3	146.58	115.06	1.691	68 503	2 446.5	1 447.2	21.62	1 423.8	169.5	3.12
56c	560	170	16.5	21.0	14.5	7.3	157.78	123.85	1.695	71 430	2 551.1	1 525.6	21.28	1 484.8	174.7	3.07
63a	630	176	13.0	22.0	15.0	7.5	154.59	121.36	1.862	94 004	2 984.3	1 747.4	24.66	1 702.4	193.5	3.32
63b	630	178	15.0	22.0	15.0	7.5	167.19	131.25	1.666	98 171	3 116.6	1 846.5	24.23	1 770.7	199.0	3.25
63c	630	180	17.0	22.0	15.0	7.5	179.79	141.14	1.870	102 339	3 248.9	1 945.9	23.86	1 842.4	204.7	3.20

附表 2-3　H 型钢和 T 型钢

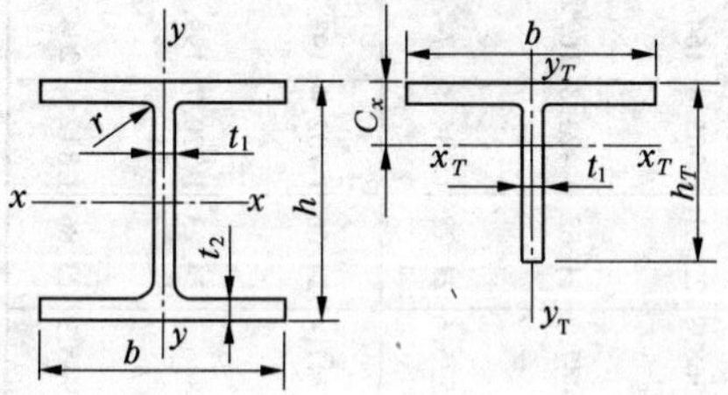

h——H 型钢截面高度；

b——翼缘宽度；

t_1——腹板厚度；

t_2——翼缘厚度；

W——截面模量；

i——回转半径；

S——半截面的静力矩；

I——惯性矩

对 T 型钢：截面高度 h_T、截面面积 A_T、质量 q_T、惯性矩 I_{yT} 等于相应 H 型钢的 1/2。

HW、HM、HN 分别代表宽翼缘、中翼缘、窄翼缘 H 型钢；

TW、TM、TN 分别代表各自 H 型钢部分的 T 型钢。

类别	H 型钢									H 和 T	T 型钢				类别
	H 型钢规格(mm)	截面面积	质量	x—x 轴			y—y 轴				重心			T 型钢规格(mm)	
	($h \times b \times t_1 \times t_2$)	A (cm²)	q (kg/m)	I_x (cm⁴)	W_x (cm³)	i_x (cm)	I_y (cm⁴)	W_y (cm³)	i_y, i_{yT} (cm)		C_x (cm)	I_{xT} (cm⁴)	i_{xT} (cm)	($h_T \times b \times t_1 \times t_2$)	
HW	100×100×6×8	21.90	17.2	383	76.5	4.18	134	26.7	2.47		1.00	16.1	1.21	50×100×6×8	TW
	125×125×6.5×9	30.31	23.8	847	136	5.29	294	47.0	3.11		1.19	35.0	1.52	62.5×125×6.5×9	
	150×150×7×10	40.55	31.9	1 660	221	6.39	564	75.1	3.73		1.37	66.4	1.81	75×150×7×10	
	175×175×7.5×11	51.43	40.3	2 900	331	7.50	984	112	4.37		1.55	115	2.11	87.5×175×7.5×11	
	200×200×8×12	64.28	50.5	4 770	477	8.61	1 600	160	4.99		1.73	185	2.40	100×200×8×12	
	#200×204×12×12	72.28	56.7	5 030	503	8.35	1 700	167	4.85		2.09	256	2.66	#100×204×12×12	
	250×250×9×14	92.18	72.4	10 800	867	10.8	3 650	292	6.29		2.08	412	2.99	125×250×9×14	
	#250×255×14×14	104.7	82.2	11 500	919	10.5	3 880	304	6.09		2.58	589	3.36	#125×255×14×14	
	#294×302×12×12	108.3	85.0	17 000	1 160	12.5	5 520	365	7.14		2.83	858	3.98	#147×302×12×12	
	300×300×10×15	120.4	94.5	20 500	1 370	13.1	6 760	450	7.49		2.47	798	3.64	150×300×10×15	
	300×305×15×15	135.4	106	21 600	1 440	12.6	7 100	466	7.24		3.02	1 110	4.05	150×305×15×15	
	#344×348×10×16	146.0	115	33 300	1 940	15.1	11 200	646	8.78		2.67	1 230	4.11	#172×348×10×16	
	350×350×12×19	173.9	137	40 300	2 300	15.2	13 600	776	8.84		2.86	1 520	4.18	175×350×12×19	

续附表 2-3

类别	H型钢规格(mm) ($h\times b\times t_1\times t_2$)	截面面积 A (cm^2)	质量 q (kg/m)	H型钢 x—x轴 I_x (cm^4)	W_x (cm^3)	i_x (cm)	y—y轴 I_y (cm^4)	W_y (cm^3)	H和T i_y,i_{yT} (cm)	T型钢 重心 C_x (cm)	I_{xT} (cm^4)	i_{xT} (cm)	T型钢规格(mm) ($h_T\times b\times t_1\times t_2$)	类别
HW	#388×402×15×15	179.2	141	49 200	2 540	16.6	16 300	809	9.52	3.69	2 480	5.26	#194×402×15×15	TW
	#394×398×11×18	187.6	147	56 400	2 860	17.3	18 900	951	10.0	3.01	2 050	4.67	#197×398×11×18	
	400×400×13×21	219.5	172	66 900	3 340	17.5	22 400	1 120	10.1	3.21	2 480	4.75	200×400×13×21	
	#400×408×21×21	251.5	197	71 100	3 560	16.8	23 800	1 170	9.73	4.07	3 650	5.39	#200×408×21×21	
	#414×405×18×28	296.2	233	93 000	4 490	17.7	31 000	1 530	10.2	3.68	3 620	4.95	#207×405×18×28	
	#428×407×20×35	361.4	284	119 000	5 580	18.2	39 400	1 930	10.4	3.90	4 380	4.92	#214×407×20×35	
HM	148×100×6×9	27.25	21.4	1 040	140	6.17	151	30.2	2.35	1.55	51.7	1.95	74×100×6×9	HM
	194×150×6×9	39.76	31.2	2 740	283	8.30	508	67.7	3.57	1.78	125	2.50	97×150×6×9	
	244×175×7×11	56.24	44.1	6 120	502	10.4	985	113	4.18	2.27	289	3.20	122×175×7×11	
	294×200×8×12	73.03	57.3	11 400	779	12.5	1 600	160	4.69	2.82	572	3.96	147×200×8×12	
	340×250×9×14	101.5	79.7	21 700	1 280	14.6	3 650	292	6.00	3.09	1 020	4.48	170×250×9×14	
	390×300×10×16	136.7	107	38 900	2 000	16.9	7 210	481	7.26	3.40	1 730	5.03	195×300×10×16	
	440×300×11×18	157.4	124	56 100	2 550	18.9	8 110	541	7.18	4.05	2 680	5.84	220×300×11×18	
	482×300×11×15	146.4	115	60 800	2 520	20.4	6 770	451	6.80	4.90	3 420	6.83	241×300×11×15	
	488×300×11×18	164.4	129	71 400	2 930	20.8	8 120	541	7.03	4.65	3 620	6.64	244×300×11×18	
	582×300×12×17	174.5	137	103 000	3 530	24.3	7 670	511	6.63	6.39	6 360	8.54	291×300×12×17	
	588×300×12×20	192.5	151	118 000	4 020	24.8	9 020	601	6.85	6.08	6 710	8.35	294×300×12×20	
	#594×302×14×23	222.4	175	137 000	4 620	24.9	10 600	701	6.90	6.33	7 920	8.44	#297×302×14×23	

续附表 2-3

类别	H型钢规格(mm) $(h \times b \times t_1 \times t_2)$	截面面积 A (cm^2)	质量 q (kg/m)	H型钢 x—x轴 I_x (cm^4)	H型钢 x—x轴 W_x (cm^3)	H型钢 x—x轴 i_x (cm)	H和T y—y轴 I_y (cm^4)	H和T y—y轴 W_y (cm^3)	H和T y—y轴 i_y, i_{yT} (cm)	T型钢 重心 C_x (cm)	T型钢 I_{xT} (cm^4)	T型钢 i_{xT} (cm)	T型钢规格(mm) $(h_T \times b \times t_1 \times t_2)$	类别
	100×50×5×7	12.16	9.54	192	38.5	3.98	14.9	5.96	1.11	1.27	11.9	1.40	50×50×5×7	
	125×60×6×8	17.01	13.3	417	66.8	4.95	29.3	9.75	1.31	1.63	27.5	1.80	62.5×60×6×8	
	150×75×5×7	18.16	14.3	679	90.6	6.12	49.6	13.2	1.65	1.78	42.7	2.17	75×75×5×7	
	175×90×5×8	23.21	18.2	1 220	140	7.26	97.6	21.7	2.05	1.92	70.7	2.47	87.5×90×5×8	
	198×99×4.5×7	23.59	18.5	1 610	163	8.27	114	23.0	2.20	2.13	94.0	2.82	99×99×4.5×7	
	200×100×5.5×8	27.57	21.7	1 880	188	8.25	134	26.8	2.21	2.27	115	2.88	100×100×5.5×8	
HN	248×124×5×8	32.89	25.8	3 560	287	10.4	255	41.1	2.78	2.62	208	3.56	124×124×5×8	HN
	250×125×6×9	37.87	29.7	4 080	326	10.4	294	47.0	2.79	2.78	249	3.62	125×125×6×9	
	298×149×5.5×8	41.55	32.6	6 460	433	12.4	443	59.4	3.26	3.22	395	4.36	149×149×5.5×8	
	300×150×6.5×9	47.53	37.3	7 350	490	12.4	508	67.7	3.27	3.38	465	4.42	150×150×6.5×9	
	346×174×6×9	53.19	41.8	11 200	649	14.5	792	91.0	3.86	3.68	681	5.06	173×174×6×9	
	350×175×7×11	63.66	50.0	13 700	782	14.7	985	113	3.93	3.74	816	5.06	175×175×7×11	
	#400×150×8×13	71.12	55.8	18 800	942	16.3	734	97.9	3.21					

续附表 2-3

类别	H 型钢规格(mm) $(h \times b \times t_1 \times t_2)$	截面面积 A (cm^2)	质量 q (kg/m)	H 型钢 x—x 轴 I_x (cm^4)	W_x (cm^3)	i_x (cm)	y—y 轴 I_y (cm^4)	W_y (cm^3)	H 和 T i_y, i_{yT} (cm)	T 型钢 重心 C_x (cm)	I_{xT} (cm^4)	i_{xT} (cm)	T 型钢规格(mm) $(h_T \times b \times t_1 \times t_2)$	类别
HN	396×199×7×11	72.16	56.7	20 000	1 010	16.7	1 450	145	4.48	4.17	1 190	5.76	198×199×7×11	HN
	400×200×8×13	84.12	66.0	23 700	1 190	16.8	1 740	174	4.54	4.23	1 400	5.76	200×200×8×13	
	#450×150×9×14	83.41	65.5	27 100	1 200	18.0	793	106	3.08					
	446×199×8×12	84.95	66.7	29 000	1 300	18.5	1 580	159	4.31	5.07	1 880	6.65	223×199×8×12	
	450×200×9×14	97.41	76.5	33 700	1 500	18.6	1 870	187	4.38	5.13	2 160	6.66	225×200×9×14	
	#500×150×10×16	98.23	77.1	38 500	1 540	19.8	907	121	3.04					
	496×199×9×14	101.3	79.5	41 900	1 690	20.3	1 840	185	4.27	5.90	2 840	7.49	248×199×9×14	
	500×200×10×16	114.2	89.6	47 800	1 910	20.5	2 140	214	4.33	5.96	3 210	7.50	250×200×10×16	
	#506×201×11×19	131.3	103	56 500	2 230	20.8	2 580	257	4.43	5.95	3 670	7.48	#253×201×11×19	
	596×199×10×15	121.2	95.1	69 300	2 330	23.9	1 980	199	4.04	7.76	5 200	9.27	298×199×10×15	
	600×200×11×17	135.2	106	78 200	2 610	24.1	2 280	228	4.11	7.81	5 820	9.28	300×200×11×17	
	#606×201×12×20	153.3	120	91 000	3 000	24.4	2 720	271	4.21	7.76	6 580	9.26	#303×201×12×20	
	#692×300×13×20	211.5	166	172 000	4 980	28.6	9 020	602	6.53					
	700×300×13×24	235.5	185	201 000	5 760	29.3	10 800	722	6.78					

注:"#"表示的规格为非常用规格。

附表 2-4 普通槽钢

符号含义同普通工字型钢，但 W_y 为对应于翼缘肢尖的截面模量。

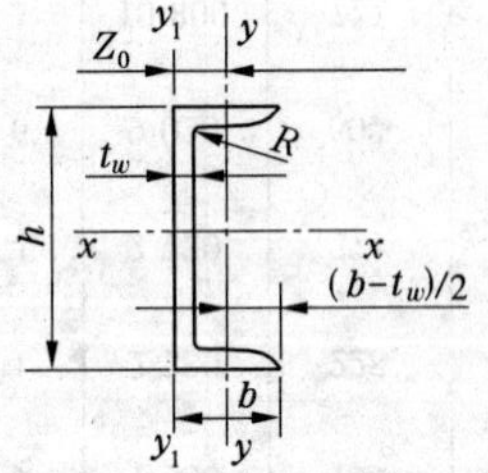

长度：型号 5 ~ 8，长 5 ~ 12 m；
型号 10 ~ 18，长 5 ~ 19 m；
型号 20 ~ 40，长 9 ~ 19 m

型号	尺寸(mm)					截面面积	质量	x—x 轴			y—y 轴			y_1—y_1 轴	Z_0
	h	b	t_w	t	R	(cm^2)	(kg/m)	I_x (cm^4)	W_x (cm^3)	i_x (cm)	I_y (cm^4)	W_y (cm^3)	i_y (cm)	I_{y1} (cm^4)	(cm)
5	50	37	4.5	7.0	7.0	6.92	5.44	26	10.4	1.94	8.3	3.5	1.10	20.9	1.35
6.3	63	40	4.8	7.5	7.5	8.45	6.63	51	16.3	2.46	11.9	4.6	1.19	28.3	1.39
8	80	43	5.0	8.0	8.0	10.24	8.04	101	25.3	3.14	16.6	5.8	1.27	37.4	1.42
10	100	48	5.3	8.5	8.5	12.74	10.00	198	39.7	3.94	25.6	7.8	1.42	54.9	1.52
12.6	126	53	5.5	9.0	9.0	15.69	12.31	389	61.7	4.98	38.0	10.3	1.56	77.8	1.59
14a	140	58	6.0	9.5	9.5	18.51	14.53	564	80.5	5.52	53.2	13.0	1.70	107.2	1.71
14b		60	8.0	9.5	9.5	21.31	16.73	609	87.1	5.35	61.2	14.1	1.69	120.6	1.67
16a	160	63	6.5	10.0	10.0	21.95	17.23	866	108.3	6.28	73.4	16.3	1.83	144.1	1.79
16b		65	8.5	10.0	10.0	25.15	19.75	935	116.8	6.10	83.4	17.6	1.82	160.8	1.75
18a	180	68	7.0	10.5	10.5	25.69	20.17	1 273	141.4	7.04	98.6	20.0	1.96	189.7	1.88
18b		70	9.0	10.5	10.5	29.29	22.99	1 370	152.2	6.84	111.0	21.5	1.95	210.1	1.84
20a	200	73	7.0	11.0	11.0	28.83	22.63	1 780	178.0	7.86	128.0	24.2	2.11	244.0	2.01
20b		75	9.0	11.0	11.0	32.83	25.77	1 914	191.4	7.64	143.6	25.9	2.09	268.4	1.95
22a	220	77	7.0	11.5	11.5	31.84	24.99	2 394	217.6	8.67	157.8	28.2	2.23	298.2	2.10
22b		79	9.0	11.5	11.5	36.24	28.45	2 571	233.8	8.42	176.5	30.1	2.21	326.3	2.03

续附表2-4

型号	尺寸(mm)					截面面积	质量	x—x 轴			y—y 轴			y_1—y_1 轴	Z_0
	h	b	t_w	t	R	(cm^2)	(kg/m)	I_x (cm^4)	W_x (cm^3)	i_x (cm)	I_y (cm^4)	W_y (cm^3)	i_y (cm)	I_{y1} (cm^4)	(cm)
a		78	7.0	12.0	12.0	34.91	27.40	3 359	268.7	9.81	175.9	30.7	2.24	324.8	2.07
25b	250	80	9.0	12.0	12.0	39.91	31.33	3 619	289.6	9.52	196.4	32.7	2.22	355.1	1.99
c		82	11.0	12.0	12.0	44.91	35.25	3 880	310.4	9.30	215.9	34.6	2.19	388.6	1.96
a		82	7.5	12.5	12.5	40.02	31.42	4 753	339.5	10.90	217.9	35.7	2.33	393.3	2.09
28b	280	84	9.5	12.5	12.5	45.62	35.81	5 118	365.6	10.59	241.5	37.9	2.30	428.5	2.02
c		86	11.5	12.5	12.5	51.22	40.21	5 484	391.7	10.35	264.1	40.0	2.27	467.3	1.99
a		88	8.0	14.0	14.0	48.50	38.07	7 511	469.4	12.44	304.7	46.4	2.51	547.5	2.24
32b	320	90	10.0	14.0	14.0	54.90	43.10	8 057	503.5	12.11	335.6	49.1	2.47	592.9	2.16
c		92	12.0	14.0	14.0	61.30	48.12	8 603	537.7	11.85	365.0	51.6	2.44	642.7	2.13
a		96	9.0	16.0	16.0	60.89	47.80	11 874	659.7	13.96	455.0	63.6	2.73	818.5	2.44
36b	360	98	11.0	16.0	16.0	68.09	53.45	12 652	702.9	13.63	496.7	66.9	2.70	880.5	2.37
c		100	13.0	16.0	16.0	75.29	59.10	13 429	746.1	13.36	536.6	70.0	2.67	948.0	2.34
a		100	10.5	18.0	18.0	75.04	58.91	17 578	878.9	15.30	592.0	78.8	2.81	1 057.9	2.49
40b	400	102	12.5	18.0	18.0	83.04	65.19	18 644	932.2	14.98	640.6	82.6	2.78	1 135.8	2.44
c		104	14.5	18.0	18.0	91.04	71.47	19 711	985.6	14.71	687.8	86.2	2.75	1 220.3	2.42

附表 2-5　热轧无缝钢管

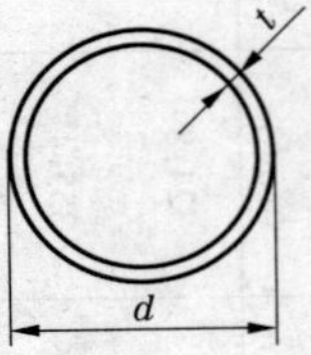

I——截面惯性矩；
W——截面模量；
i——截面回转半径

尺寸(mm) d	t	截面面积 (cm^2)	每米质量 (kg/m)	截面特性 I (cm^4)	W (cm^3)	i (cm)
32	2.5	2.32	1.82	2.54	1.59	1.05
	3.0	2.73	2.15	2.90	1.82	1.03
	3.5	3.13	2.46	3.23	2.02	1.02
	4.0	3.52	2.76	3.52	2.20	1.00
38	2.5	2.79	2.19	4.41	2.32	1.26
	3.0	3.30	2.59	5.09	2.68	1.24
	3.5	3.79	2.98	5.70	3.00	1.23
	4.0	4.27	3.35	6.26	3.29	1.21
42	2.5	3.10	2.44	6.07	2.89	1.40
	3.0	3.68	2.89	7.03	3.35	1.38
	3.5	4.23	3.32	7.91	3.77	1.37
	4.0	4.78	3.75	8.71	4.15	1.35
45	2.5	3.34	2.62	7.56	3.36	1.51
	3.0	3.96	3.11	8.77	3.90	1.49
	3.5	4.56	3.58	9.89	4.40	1.47
	4.0	5.15	4.04	10.93	4.86	1.46
50	2.5	3.73	2.93	10.55	4.22	1.68
	3.0	4.43	3.48	12.28	4.91	1.67
	3.5	5.11	4.01	13.90	5.56	1.65
	4.0	5.78	4.54	15.41	6.16	1.63
	4.5	6.43	5.05	16.81	6.72	1.62
	5.0	7.07	5.55	18.11	7.25	1.60
54	3.0	4.81	3.77	15.68	5.81	1.81
	3.5	5.55	4.36	17.79	6.59	1.79
	4.0	6.28	4.93	19.76	7.32	1.77
	4.5	7.00	5.49	21.61	8.00	1.76
	5.0	7.70	6.04	23.34	8.64	1.74
	5.5	8.38	6.58	24.96	9.24	1.73
	6.0	9.05	7.10	26.46	9.80	1.71
57	3.0	5.09	4.00	18.61	6.53	1.91
	3.5	5.88	4.62	21.14	7.42	1.90
	4.0	6.66	5.23	23.52	8.25	1.88
	4.5	7.42	5.83	25.76	9.04	1.86
	5.0	8.17	6.41	27.86	9.78	1.85
	5.5	8.90	6.99	29.84	10.47	1.83
	6.0	9.61	7.55	31.69	11.12	1.82
60	3.0	5.37	4.22	21.88	7.29	2.02
	3.5	6.21	4.88	24.88	8.29	2.00
	4.0	7.04	5.52	27.73	9.24	1.98
	4.5	7.85	6.16	30.41	10.14	1.97
	5.0	8.64	6.78	32.94	10.98	1.95
	5.5	9.42	7.39	35.32	11.77	1.94
	6.0	10.18	7.99	37.56	12.52	1.92
63.5	3.0	5.70	4.48	26.15	8.24	2.14
	3.5	6.60	5.18	29.79	9.38	2.12
	4.0	7.48	5.87	33.24	10.47	2.11
	4.5	8.34	6.55	36.50	11.50	2.09
	5.0	9.19	7.21	39.60	12.47	2.08
	5.5	10.02	7.87	42.52	13.39	2.06
	6.0	10.84	8.51	45.28	14.26	2.04
68	3.0	6.13	4.81	32.42	9.54	2.30
	3.5	7.09	5.57	36.99	10.88	2.28
	4.0	8.04	6.31	41.34	12.16	2.27
	4.5	8.98	7.05	45.47	13.37	2.25
	5.0	9.90	7.77	49.41	14.53	2.23
	5.5	10.80	8.48	53.14	15.63	2.22
	6.0	11.69	9.17	56.68	16.67	2.20
70	3.0	6.31	4.96	35.50	10.14	2.37
	3.5	7.31	5.74	40.53	11.58	2.35
	4.0	8.29	6.51	45.33	12.95	2.34
	4.5	9.26	7.27	49.89	14.26	2.32
	5.0	10.21	8.01	54.24	15.50	2.30
	5.5	11.14	8.75	58.38	16.68	2.29
	6.0	12.06	9.47	62.31	17.80	2.27
73	3.0	6.60	5.18	40.48	11.09	2.48
	3.5	7.64	6.00	46.26	12.67	2.46
	4.0	8.67	6.81	51.78	14.19	2.44
	4.5	9.68	7.60	57.04	15.63	2.43
	5.0	10.68	8.38	62.07	17.01	2.41
	5.5	11.66	9.16	66.87	18.32	2.39
	6.0	12.63	9.91	71.43	19.57	2.38
76	3.0	6.88	5.40	45.91	12.08	2.58
	3.5	7.97	6.26	52.50	13.82	2.57
	4.0	9.05	7.10	58.81	15.48	2.55
	4.5	10.11	7.93	64.85	17.07	2.53
	5.0	11.15	8.75	70.62	18.59	2.52
	5.5	12.18	9.56	76.14	20.04	2.50
	6.0	13.19	10.36	81.41	21.42	2.48
83	3.5	8.74	6.86	69.19	16.67	2.81
	4.0	9.93	7.79	77.64	18.71	2.80
	4.5	11.10	8.71	85.76	20.67	2.78
	5.0	12.25	9.62	93.56	22.54	2.76
	5.5	13.39	10.51	101.04	24.35	2.75
	6.0	14.51	11.39	108.22	26.08	2.73
	6.5	15.62	12.26	115.10	27.74	2.71
	7.0	16.71	13.12	121.69	29.32	2.70

续附表 2-5

尺寸(mm)		截面面积	每米质量	截面特性		
d	t	(cm²)	(kg/m)	I (cm⁴)	W (cm³)	i (cm)
89	3.5	9.40	7.38	86.05	19.34	3.03
	4.0	10.68	8.38	96.68	21.73	3.01
	4.5	11.95	9.38	106.92	24.03	2.99
	5.0	13.19	10.36	116.79	26.24	2.98
	5.5	14.43	11.33	126.29	28.38	2.96
	6.0	15.65	12.28	135.43	30.43	2.94
	6.5	16.85	13.22	144.22	32.41	2.93
	7.0	18.03	14.16	152.67	34.31	2.91
95	3.5	10.06	7.90	105.45	22.20	3.24
	4.0	11.44	8.98	118.60	24.97	3.22
	4.5	12.79	10.04	131.31	27.64	3.20
	5.0	14.14	11.10	143.58	30.23	3.19
	5.5	15.46	12.14	155.43	32.72	3.17
	6.0	16.78	13.17	166.86	35.13	3.15
	6.5	18.07	14.19	177.89	37.45	3.14
	7.0	19.35	15.19	188.51	39.69	3.12
102	3.5	10.83	8.50	131.52	25.79	3.48
	4.0	12.32	9.67	148.09	29.04	3.47
	4.5	13.78	10.82	164.14	32.18	3.45
	5.0	15.24	11.96	179.68	35.23	3.43
	5.5	16.67	13.09	194.72	38.18	3.42
	6.0	18.10	14.21	209.28	41.03	3.40
	6.5	19.50	15.31	223.35	43.79	3.38
	7.0	20.89	16.40	236.96	46.46	3.37
114	4.0	13.82	10.85	209.35	36.73	3.89
	4.5	15.48	12.15	232.41	40.77	3.87
	5.0	17.12	13.44	254.81	44.70	3.86
	5.5	18.75	14.72	276.58	48.52	3.84
	6.0	20.36	15.98	297.73	52.23	3.82
	6.5	21.95	17.23	318.26	55.84	3.81
	7.0	23.53	18.47	338.19	59.33	3.79
	7.5	25.09	19.70	357.58	62.73	3.77
	8.0	26.64	20.91	376.30	66.02	3.76
121	4.0	14.70	11.54	251.87	41.63	4.14
	4.5	16.47	12.93	279.83	46.25	4.12
	5.0	18.22	14.30	307.05	50.75	4.11
	5.5	19.96	15.67	333.54	55.13	4.09
	6.0	21.68	17.02	359.32	59.39	4.07
	6.5	23.38	18.35	384.40	63.54	4.05
	7.0	25.07	19.68	408.80	67.57	4.04
	7.5	26.74	20.99	432.51	71.49	4.02
	8.0	28.40	22.29	455.57	75.30	4.01
127	4.0	15.46	12.13	292.61	46.08	4.35
	4.5	17.32	13.59	325.29	51.23	4.33
	5.0	19.16	15.04	357.14	56.24	4.32
	5.5	20.99	16.48	388.19	61.13	4.30
	6.0	22.81	17.90	418.44	65.90	4.28
	6.5	24.61	19.32	447.92	70.54	4.27
	7.0	26.39	20.72	476.63	75.06	4.25
	7.5	28.16	22.10	504.58	79.46	4.23
	8.0	29.91	23.48	531.80	83.75	4.22
133	4.0	16.21	12.73	337.53	50.76	4.56
	4.5	18.17	14.26	375.42	56.45	4.55
	5.0	20.11	15.78	412.40	62.02	4.53
	5.5	22.03	17.29	448.50	67.44	4.51
	6.0	23.94	18.79	483.72	72.74	4.50
	6.5	25.83	20.28	518.07	77.91	4.48
	7.0	27.71	21.75	551.58	82.94	4.46
	7.5	29.57	23.21	584.25	87.86	4.45
	8.0	31.42	24.66	616.11	92.65	4.43
140	4.5	19.16	15.04	440.12	62.87	4.79
	5.0	21.21	16.65	483.76	69.11	4.78
	5.5	23.24	18.24	526.40	75.20	4.76
	6.0	25.26	19.83	568.06	81.15	4.74
	6.5	27.26	21.40	608.76	86.97	4.73
	7.0	29.25	22.96	648.51	92.64	4.71
	7.5	31.22	24.51	687.32	98.19	4.69
	8.0	33.18	26.04	725.21	103.60	4.68
	9.0	37.04	29.08	798.29	114.04	4.64
	10	40.84	32.06	867.86	123.98	4.61
146	4.5	20.00	15.70	501.16	68.65	5.01
	5.0	22.15	17.39	551.10	75.49	4.99
	5.5	24.28	19.06	599.95	82.19	4.97
	6.0	26.39	20.72	647.73	88.73	4.95
	6.5	28.49	22.36	694.44	95.13	4.94
	7.0	30.57	24.00	740.12	101.39	4.92
	7.5	32.63	25.62	784.77	107.50	4.90
	8.0	34.68	27.23	828.41	113.48	4.89
	9.0	38.74	30.41	912.71	125.03	4.85
	10	42.73	33.54	993.16	136.05	4.82

续附表 2-5

尺寸(mm)		截面面积	每米质量	截面特性			尺寸(mm)		截面面积	每米质量	截面特性		
d	t	(cm²)	(kg/m)	I (cm⁴)	W (cm³)	i (cm)	d	t	(cm²)	(kg/m)	I (cm⁴)	W (cm³)	i (cm)
152	4.5	20.85	16.37	567.61	74.69	5.22	180	5.0	27.49	21.58	1 053.17	117.02	6.19
	5.0	23.09	18.13	624.43	82.16	5.20		5.5	30.15	23.67	1 148.79	127.64	6.17
	5.5	25.31	19.87	680.06	89.48	5.18		6.0	32.80	25.75	1 242.72	138.08	6.16
	6.0	27.52	21.60	734.52	96.65	5.17		6.5	35.43	27.81	1 335.00	148.33	6.14
	6.5	29.71	23.32	787.82	103.66	5.15		7.0	38.04	29.87	1 425.63	158.40	6.12
	7.0	31.89	25.03	839.99	110.52	5.13		7.5	40.64	31.91	1 514.64	168.29	6.10
	7.5	34.05	26.73	891.03	117.24	5.12		8.0	43.23	33.93	1 602.04	178.00	6.09
	8.0	36.19	28.41	940.97	123.81	5.10		9.0	48.35	37.95	1 772.12	196.90	6.05
	9.0	40.43	31.74	1 037.59	136.53	5.07		10	53.41	41.92	1 936.01	215.11	6.02
	10	44.61	35.02	1 129.99	148.68	5.03		12	63.33	49.72	2 245.84	249.54	5.95
159	4.5	21.84	17.15	652.27	82.05	5.46	194	5.0	29.69	23.31	1 326.54	136.76	6.68
	5.0	24.19	18.99	717.88	90.30	5.45		5.5	32.57	25.57	1 447.86	149.26	6.67
	5.5	26.52	20.82	782.18	98.39	5.43		6.0	35.44	27.82	1 567.21	161.57	6.65
	6.0	28.84	22.64	845.19	106.31	5.41		6.5	38.29	30.06	1 684.61	173.67	6.63
	6.5	31.14	24.45	906.92	114.08	5.40		7.0	41.12	32.28	1 800.08	185.57	6.62
	7.0	33.43	26.24	967.41	121.69	5.38		7.5	43.94	34.50	1 913.64	197.28	6.60
	7.5	35.70	28.02	1 026.65	129.14	5.36		8.0	46.75	36.70	2 025.31	208.79	6.58
	8.0	37.95	29.79	1 084.67	136.44	5.35		9.0	52.31	41.06	2 243.08	231.25	6.55
	9.0	42.41	33.29	1 197.12	150.58	5.31		10	57.81	45.38	2 453.55	252.94	6.51
	10	46.81	36.75	1 304.88	164.14	5.28		12	68.61	53.86	2 853.25	294.15	6.45
168	4.5	23.11	18.14	772.96	92.02	5.78	203	6.0	37.13	29.15	1 803.07	177.64	6.97
	5.0	25.60	20.10	851.14	101.33	5.77		6.5	40.13	31.50	1 938.81	191.02	6.95
	5.5	28.08	22.04	927.85	110.46	5.75		7.0	43.10	33.84	2 072.43	204.18	6.93
	6.0	30.54	23.97	1 003.12	119.42	5.73		7.5	46.06	36.16	2 203.94	217.14	6.92
	6.5	32.98	25.89	1 076.95	128.21	5.71		8.0	49.01	38.47	2 333.37	229.89	6.90
	7.0	35.41	27.79	1 149.36	136.83	5.70		9.0	54.85	43.06	2 586.08	254.79	6.87
	7.5	37.82	29.69	1 220.38	145.28	5.68		10	60.63	47.60	2 830.72	278.89	6.83
	8.0	40.21	31.57	1 290.01	153.57	5.66		12	72.01	56.52	3 296.49	324.78	6.77
	9.0	44.96	35.29	1 425.22	169.67	5.63		14	83.13	65.25	3 732.07	367.69	6.70
	10	49.64	38.97	1 555.13	185.13	5.60		16	94.00	73.79	4 138.78	407.76	6.64

续附表 2-5

尺寸(mm)		截面面积	每米质量	截面特性		
				I	W	i
d	t	(cm²)	(kg/m)	(cm⁴)	(cm³)	(cm)
219	6.0	40.15	31.52	2 278.74	208.10	7.53
	6.5	43.39	34.06	2 451.64	223.89	7.52
	7.0	46.62	36.60	2 622.04	239.46	7.50
	7.5	49.83	39.12	2 789.96	254.79	7.48
	8.0	53.03	41.63	2 955.43	269.90	7.47
	9.0	59.38	46.61	3 279.12	299.46	7.43
	10	65.66	51.54	3 593.29	328.15	7.40
	12	78.04	61.26	4 193.81	383.00	7.33
	14	90.16	70.78	4 758.50	434.57	7.26
	16	102.04	80.10	5 288.81	483.00	7.20
245	6.5	48.70	38.23	3 465.46	282.89	8.44
	7.0	52.34	41.08	3 709.06	302.78	8.42
	7.5	55.96	43.93	3 949.52	322.41	8.40
	8.0	59.56	46.76	4 186.87	341.79	8.38
	9.0	66.73	52.38	4 652.32	379.78	8.35
	10	73.83	57.95	5 105.63	416.79	8.32
	12	87.84	68.95	5 976.67	487.89	8.25
	14	101.60	79.76	6 801.68	555.24	8.18
	16	115.11	90.36	7 582.30	618.96	8.12
273	6.5	54.42	42.72	4 834.18	354.15	9.42
	7.0	58.50	45.92	5 177.30	379.29	9.41
	7.5	62.56	49.11	5 516.47	404.14	9.39
	8.0	66.60	52.28	5 851.71	428.70	9.37
	9.0	74.64	58.60	6 510.56	476.96	9.34
	10	82.62	64.86	7 154.09	524.11	9.31
	12	98.39	77.24	8 396.14	615.10	9.24
	14	113.91	89.42	9 579.75	701.81	9.17
	16	129.18	101.41	10 706.79	784.38	9.10
299	7.5	68.68	53.92	7 300.02	488.30	10.31
	8.0	73.14	57.41	7 747.42	518.22	10.29
	9.0	82.00	64.37	8 628.09	577.13	10.26
	10	90.79	71.27	9 490.15	634.79	10.22
	12	108.20	84.93	11 159.52	746.46	10.16
	14	125.35	98.40	12 757.61	853.35	10.09
	16	142.25	111.67	14 286.48	955.62	10.02
325	7.5	74.81	58.73	9 431.80	580.42	11.23
	8.0	79.67	62.54	10 013.92	616.24	11.21
	9.0	89.35	70.14	11 161.33	686.85	11.18
	10	98.96	77.68	12 286.52	756.09	11.14
	12	118.00	92.63	14 471.45	890.55	11.07
	14	136.78	107.38	16 570.98	1 019.75	11.01
	16	155.32	121.93	18 587.38	1 143.84	10.94
351	8.0	86.21	67.67	12 684.36	722.76	12.13
	9.0	96.70	75.91	14 147.55	806.13	12.10
	10	107.13	84.10	15 584.62	888.01	12.06
	12	127.80	100.32	18 381.63	1 047.39	11.99
	14	148.22	116.35	21 077.86	1 201.02	11.93
	16	168.39	132.19	23 675.75	1 349.05	11.86

附表 2-6　电焊钢管

I——截面惯性矩；

W——截面模量；

i——截面回转半径

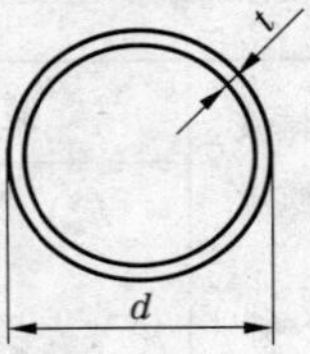

尺寸(mm)		截面面积	每米质量	截面特性		
d	t	(cm^2)	(kg/m)	I (cm^4)	W (cm^3)	i (cm)
32	2.0	1.88	1.48	2.13	1.33	1.06
	2.5	2.32	1.82	2.54	1.59	1.05
38	2.0	2.26	1.78	3.68	1.93	1.27
	2.5	2.79	2.19	4.41	2.32	1.26
40	2.0	2.39	1.87	4.32	2.16	1.35
	2.5	2.95	2.31	5.20	2.60	1.33
42	2.0	2.51	1.97	5.04	2.40	1.42
	2.5	3.10	2.44	6.07	2.89	1.40
45	2.0	2.70	2.12	6.26	2.78	1.52
	2.5	3.34	2.62	7.56	3.36	1.51
	3.0	3.96	3.11	8.77	3.90	1.49
51	2.0	3.08	2.42	9.26	3.63	1.73
	2.5	3.81	2.99	11.23	4.40	1.72
	3.0	4.52	3.55	13.08	5.13	1.70
	3.5	5.22	4.10	14.81	5.81	1.68
53	2.0	3.20	2.52	10.43	3.94	1.80
	2.5	3.97	3.11	12.67	4.78	1.79
	3.0	4.71	3.70	14.78	5.58	1.77
	3.5	5.44	4.27	16.75	6.32	1.75
57	2.0	3.46	2.71	13.08	4.59	1.95
	2.5	4.28	3.36	15.93	5.59	1.93
	3.0	5.09	4.00	18.61	6.53	1.91
	3.5	5.88	4.62	21.14	7.42	1.90
60	2.0	3.64	2.86	15.34	5.11	2.05
	2.5	4.52	3.55	18.70	6.23	2.03
	3.0	5.37	4.22	21.88	7.29	2.02
	3.5	6.21	4.88	24.88	8.29	2.00
63.5	2.0	3.86	3.03	18.29	5.76	2.18
	2.5	4.79	3.76	22.32	7.03	2.16
	3.0	5.70	4.48	26.15	8.24	2.14
	3.5	6.60	5.18	29.79	9.38	2.12
70	2.0	4.27	3.35	24.72	7.06	2.41
	2.5	5.30	4.16	30.23	8.64	2.39
	3.0	6.31	4.96	35.50	10.14	2.37
	3.5	7.31	5.74	40.53	11.58	2.35
	4.5	9.26	7.27	49.89	14.26	2.32
76	2.0	4.65	3.65	31.85	8.38	2.62
	2.5	5.77	4.53	39.03	10.27	2.60
	3.0	6.88	5.40	45.91	12.08	2.58
	3.5	7.97	6.26	52.50	13.82	2.57
	4.0	9.05	7.10	58.81	15.48	2.55
	4.5	10.11	7.93	64.85	17.07	2.53
83	2.0	5.09	4.00	41.76	10.06	2.86
	2.5	6.32	4.96	51.26	12.35	2.85
	3.0	7.54	5.92	60.40	14.56	2.83
	3.5	8.74	6.86	69.19	16.67	2.81
	4.0	9.93	7.79	77.64	18.71	2.80
	4.5	11.10	8.71	85.76	20.67	2.78

续附表 2-6

尺寸(mm)		截面面积	每米质量	截面特性		
d	t	(cm²)	(kg/m)	I (cm⁴)	W (cm³)	i (cm)
89	2.0	5.47	4.29	51.75	11.63	3.08
	2.5	6.79	5.33	63.59	14.29	3.06
	3.0	8.11	6.36	75.02	16.86	3.04
	3.5	9.40	7.38	86.05	19.34	3.03
	4.0	10.68	8.38	96.68	21.73	3.01
	4.5	11.95	9.38	106.92	24.03	2.99
95	2.0	5.84	4.59	63.20	13.31	3.29
	2.5	7.26	5.70	77.76	16.37	3.27
	3.0	8.67	6.81	91.83	19.33	3.25
	3.5	10.06	7.90	105.45	22.20	3.24
102	2.0	6.28	4.93	78.57	15.41	3.54
	2.5	7.81	6.13	96.77	18.97	3.52
	3.0	9.33	7.32	114.42	22.43	3.50
	3.5	10.83	8.50	131.52	25.79	3.48
	4.0	12.32	9.67	148.09	29.04	3.47
	4.5	13.78	10.82	164.14	32.18	3.45
	5.0	15.24	11.96	179.68	35.23	3.43
108	3.0	9.90	7.77	136.49	25.28	3.71
	3.5	11.49	9.02	157.02	29.08	3.70
	4.0	13.07	10.26	176.95	32.77	3.68
114	3.0	10.46	8.21	161.24	28.29	3.93
	3.5	12.15	9.54	185.63	32.57	3.91
	4.0	13.82	10.85	209.35	36.73	3.89
	4.5	15.48	12.15	232.41	40.77	3.87
	5.0	17.12	13.44	254.81	44.70	3.86

尺寸(mm)		截面面积	每米质量	截面特性		
d	t	(cm²)	(kg/m)	I (cm⁴)	W (cm³)	i (cm)
121	3.0	11.12	8.73	193.69	32.01	4.17
	3.5	12.92	10.14	223.17	36.89	4.16
	4.0	14.70	11.54	251.87	41.63	4.14
127	3.0	11.69	9.17	224.75	35.39	4.39
	3.5	13.58	10.66	259.11	40.80	4.37
	4.0	15.46	12.13	292.61	46.08	4.35
	4.5	17.32	13.59	325.29	51.23	4.33
	5.0	19.16	15.04	357.14	56.24	4.32
133	3.5	14.24	11.18	298.71	44.92	4.58
	4.0	16.21	12.73	337.53	50.76	4.56
	4.5	18.17	14.26	375.42	56.45	4.55
	5.0	20.11	15.78	412.40	62.02	4.53
140	3.5	15.01	11.78	349.79	49.97	4.83
	4.0	17.09	13.42	395.47	56.50	4.81
	4.5	19.16	15.04	440.12	62.87	4.79
	5.0	21.21	16.65	483.76	69.11	4.78
	5.5	23.24	18.24	526.40	75.20	4.76
152	3.5	16.33	12.82	450.35	59.26	5.25
	4.0	18.60	14.60	509.59	67.05	5.23
	4.5	20.85	16.37	567.61	74.69	5.22
	5.0	23.09	18.13	624.43	82.16	5.20
	5.5	25.31	19.87	680.06	89.48	5.18

附录三　轴心受压构件的稳定系数

附表 3-1　a 类截面轴心受压构件的稳定系数 φ

$\lambda\sqrt{\frac{f_y}{235}}$	0	1	2	3	4	5	6	7	8	9
0	1.000	1.000	1.000	1.000	0.999	0.999	0.998	0.998	0.997	0.996
10	0.995	0.994	0.993	0.992	0.991	0.989	0.988	0.986	0.985	0.983
20	0.981	0.979	0.977	0.976	0.974	0.972	0.970	0.968	0.966	0.964
30	0.963	0.961	0.959	0.957	0.955	0.952	0.950	0.948	0.946	0.944
40	0.941	0.939	0.937	0.934	0.932	0.929	0.927	0.924	0.921	0.919
50	0.916	0.913	0.910	0.907	0.904	0.900	0.897	0.894	0.890	0.886
60	0.883	0.879	0.875	0.871	0.867	0.863	0.858	0.854	0.849	0.844
70	0.839	0.834	0.829	0.824	0.818	0.813	0.807	0.801	0.795	0.789
80	0.783	0.776	0.770	0.763	0.757	0.750	0.743	0.736	0.728	0.721
90	0.714	0.706	0.699	0.691	0.684	0.676	0.668	0.661	0.653	0.645
100	0.638	0.630	0.622	0.615	0.607	0.600	0.592	0.585	0.577	0.570
110	0.563	0.555	0.548	0.541	0.534	0.527	0.520	0.514	0.507	0.500
120	0.494	0.488	0.481	0.475	0.469	0.463	0.457	0.451	0.445	0.440
130	0.434	0.429	0.423	0.418	0.412	0.407	0.402	0.397	0.392	0.387
140	0.383	0.378	0.373	0.369	0.364	0.360	0.356	0.351	0.347	0.343
150	0.339	0.335	0.331	0.327	0.323	0.320	0.316	0.312	0.309	0.305
160	0.302	0.298	0.295	0.292	0.289	0.285	0.282	0.279	0.276	0.273
170	0.270	0.267	0.264	0.262	0.259	0.256	0.253	0.251	0.248	0.246
180	0.243	0.241	0.238	0.236	0.233	0.231	0.229	0.226	0.224	0.222
190	0.220	0.218	0.215	0.213	0.211	0.209	0.207	0.205	0.203	0.201
200	0.199	0.198	0.196	0.194	0.192	0.190	0.189	0.187	0.185	0.183
210	0.182	0.180	0.179	0.177	0.175	0.174	0.172	0.171	0.169	0.168
220	0.166	0.165	0.164	0.162	0.161	0.159	0.158	0.157	0.155	0.154
230	0.153	0.152	0.150	0.149	0.148	0.147	0.146	0.144	0.143	0.142
240	0.141	0.140	0.139	0.138	0.136	0.135	0.134	0.133	0.132	0.131
250	0.130									

附表 3-2　b 类截面轴心受压构件的稳定系数 φ

$\lambda\sqrt{\frac{f_y}{235}}$	0	1	2	3	4	5	6	7	8	9
0	1.000	1.000	1.000	0.999	0.999	0.998	0.997	0.996	0.995	0.994
10	0.992	0.991	0.989	0.987	0.985	0.983	0.981	0.978	0.976	0.973
20	0.970	0.967	0.963	0.960	0.957	0.953	0.950	0.946	0.943	0.939
30	0.936	0.932	0.929	0.925	0.922	0.918	0.914	0.910	0.906	0.903
40	0.899	0.895	0.891	0.887	0.882	0.878	0.874	0.870	0.865	0.861
50	0.856	0.852	0.847	0.842	0.838	0.833	0.828	0.823	0.818	0.813
60	0.807	0.802	0.797	0.791	0.786	0.780	0.774	0.769	0.763	0.757
70	0.751	0.745	0.739	0.732	0.726	0.720	0.714	0.707	0.701	0.694
80	0.688	0.681	0.675	0.667	0.661	0.655	0.648	0.641	0.635	0.628
90	0.621	0.614	0.608	0.601	0.594	0.588	0.581	0.575	0.568	0.561
100	0.555	0.549	0.542	0.536	0.529	0.523	0.517	0.511	0.505	0.499
110	0.493	0.487	0.481	0.475	0.470	0.464	0.458	0.453	0.447	0.442
120	0.437	0.432	0.426	0.421	0.416	0.411	0.406	0.402	0.397	0.392
130	0.387	0.383	0.378	0.374	0.370	0.365	0.361	0.357	0.353	0.349
140	0.345	0.341	0.337	0.333	0.329	0.326	0.322	0.318	0.315	0.311
150	0.308	0.304	0.301	0.298	0.295	0.291	0.288	0.285	0.282	0.279
160	0.276	0.273	0.270	0.267	0.265	0.262	0.259	0.256	0.254	0.251
170	0.249	0.246	0.244	0.241	0.239	0.236	0.234	0.232	0.229	0.227
180	0.225	0.223	0.220	0.218	0.216	0.214	0.212	0.210	0.208	0.206
190	0.204	0.202	0.200	0.198	0.197	0.195	0.193	0.191	0.190	0.188
200	0.186	0.184	0.183	0.181	0.180	0.178	0.176	0.175	0.173	0.172
210	0.170	0.169	0.167	0.166	0.165	0.163	0.162	0.160	0.159	0.158
220	0.156	0.155	0.154	0.153	0.151	0.150	0.149	0.148	0.146	0.145
230	0.144	0.143	0.142	0.141	0.140	0.138	0.137	0.136	0.135	0.134
240	0.133	0.132	0.131	0.130	0.129	0.128	0.127	0.126	0.125	0.124
250	0.123									

附表 3-3　c 类截面轴心受压构件的稳定系数 φ

$\lambda\sqrt{\frac{f_y}{235}}$	0	1	2	3	4	5	6	7	8	9
0	1.000	1.000	1.000	0.999	0.999	0.998	0.997	0.996	0.995	0.993
10	0.992	0.990	0.988	0.986	0.983	0.981	0.978	0.976	0.973	0.970
20	0.966	0.959	0.953	0.947	0.940	0.934	0.928	0.921	0.915	0.909
30	0.902	0.896	0.890	0.884	0.877	0.871	0.865	0.858	0.852	0.846
40	0.839	0.833	0.826	0.820	0.814	0.807	0.801	0.794	0.788	0.781
50	0.775	0.768	0.762	0.755	0.748	0.742	0.735	0.729	0.722	0.715
60	0.709	0.702	0.695	0.689	0.682	0.676	0.669	0.662	0.656	0.649
70	0.643	0.636	0.629	0.623	0.616	0.610	0.604	0.597	0.591	0.584
80	0.578	0.572	0.566	0.559	0.553	0.547	0.541	0.535	0.529	0.523
90	0.517	0.511	0.505	0.500	0.494	0.488	0.483	0.477	0.472	0.467
100	0.463	0.458	0.454	0.449	0.445	0.441	0.436	0.432	0.428	0.423
110	0.419	0.415	0.411	0.407	0.403	0.399	0.395	0.391	0.387	0.383
120	0.379	0.375	0.371	0.367	0.364	0.360	0.356	0.353	0.349	0.346
130	0.342	0.339	0.335	0.332	0.328	0.325	0.322	0.319	0.315	0.312
140	0.309	0.306	0.303	0.300	0.297	0.294	0.291	0.288	0.285	0.282
150	0.280	0.277	0.274	0.271	0.269	0.266	0.264	0.261	0.258	0.256
160	0.254	0.251	0.249	0.246	0.244	0.242	0.239	0.237	0.235	0.233
170	0.230	0.228	0.226	0.224	0.222	0.220	0.218	0.216	0.214	0.212
180	0.210	0.208	0.206	0.205	0.203	0.201	0.199	0.197	0.196	0.194
190	0.192	0.190	0.189	0.187	0.186	0.184	0.182	0.181	0.179	0.178
200	0.176	0.175	0.173	0.172	0.170	0.169	0.168	0.166	0.165	0.163
210	0.162	0.161	0.159	0.158	0.157	0.156	0.154	0.153	0.152	0.151
220	0.150	0.148	0.147	0.146	0.145	0.144	0.143	0.142	0.140	0.139
230	0.138	0.137	0.136	0.135	0.134	0.133	0.132	0.131	0.130	0.129
240	0.128	0.127	0.126	0.125	0.124	0.124	0.123	0.122	0.121	0.120
250	0.119									

附表 3-4　d 类截面轴心受压构件的稳定系数 φ

$\lambda\sqrt{\frac{f_y}{235}}$	0	1	2	3	4	5	6	7	8	9
0	1.000	1.000	0.999	0.999	0.998	0.996	0.994	0.992	0.990	0.987
10	0.984	0.981	0.978	0.974	0.969	0.965	0.960	0.955	0.949	0.944
20	0.937	0.927	0.918	0.909	0.900	0.891	0.883	0.874	0.865	0.857
30	0.848	0.840	0.831	0.823	0.815	0.807	0.799	0.790	0.782	0.774
40	0.766	0.759	0.751	0.743	0.735	0.728	0.720	0.712	0.705	0.697
50	0.690	0.683	0.675	0.668	0.661	0.654	0.646	0.639	0.632	0.625
60	0.618	0.612	0.605	0.598	0.591	0.585	0.578	0.572	0.565	0.559
70	0.552	0.546	0.540	0.534	0.528	0.522	0.516	0.510	0.504	0.498
80	0.493	0.487	0.481	0.476	0.470	0.465	0.460	0.454	0.449	0.444
90	0.439	0.434	0.429	0.424	0.419	0.414	0.410	0.405	0.401	0.397
100	0.394	0.390	0.387	0.383	0.380	0.376	0.373	0.370	0.366	0.363
110	0.359	0.356	0.353	0.350	0.346	0.343	0.340	0.337	0.334	0.331
120	0.328	0.325	0.322	0.319	0.316	0.313	0.310	0.307	0.304	0.301
130	0.299	0.296	0.293	0.290	0.288	0.285	0.282	0.280	0.277	0.275
140	0.272	0.270	0.267	0.265	0.262	0.260	0.258	0.255	0.253	0.251
150	0.248	0.246	0.244	0.242	0.240	0.237	0.235	0.233	0.231	0.229
160	0.227	0.225	0.223	0.221	0.219	0.217	0.215	0.213	0.212	0.210
170	0.208	0.206	0.204	0.203	0.201	0.199	0.197	0.196	0.194	0.192
180	0.191	0.189	0.188	0.186	0.184	0.183	0.181	0.180	0.178	0.177
190	0.176	0.174	0.173	0.171	0.170	0.168	0.167	0.166	0.164	0.163
200	0.162									

附录四　矩形弹性薄板弯矩系数

附表 4-1　四边简支矩形薄板受均布荷载时的挠度与弯矩系数($\mu=0.3$)

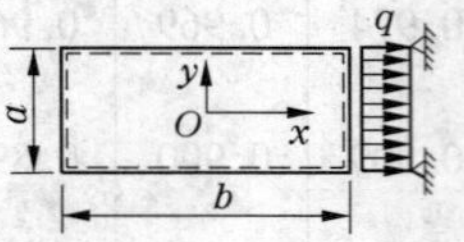

	b/a	1.0	1.1	1.2	1.3	1.4	1.5	1.6	1.7	1.8	1.9	2.0	3.0	∞
薄板中心	$\alpha=\frac{wD}{qa^4}$	0.004 06	0.004 85	0.005 64	0.006 38	0.007 05	0.007 72	0.008 30	0.008 83	0.009 31	0.009 74	0.010 13	0.012 23	0.013 02
	$\beta=\frac{M_x}{qa^2}$	0.047 9	0.055 4	0.062 7	0.069 4	0.075 5	0.081 2	0.086 2	0.090 8	0.094 8	0.098 5	0.101 7	0.118 9	0.125 0
	$\beta_1=\frac{M_y}{qa^2}$	0.047 9	0.049 3	0.050 1	0.050 3	0.050 2	0.049 8	0.049 2	0.048 6	0.047 9	0.047 1	0.046 4	0.040 6	0.037 5

附表 4-2　四边固定矩形薄板受均布荷载时的弯矩与弯曲应力系数($\mu=0.3$)

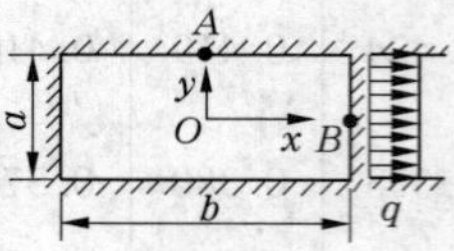

b/a		1.0	1.1	1.2	1.3	1.4	1.5	1.6
支承长边	$M_y/(qa^2)$	−0.051 3	−0.058 1	−0.063 9	−0.068 7	−0.072 6	−0.075 7	−0.078 0
中点 A	k_y	0.308	0.349	0.383	0.412	0.436	0.454	0.468
支承短边	$M_x/(qa^2)$	−0.051 3	−0.053 8	−0.055 4	−0.056 3	−0.056 8	−0.057 0	−0.057 1
中点 B	k_x	0.308	0.323	0.332	0.338	0.341	0.342	0.343
薄板中心	$M_y/(qa^2)$	0.023 1	0.026 4	0.029 9	0.032 7	0.034 9	0.036 8	0.038 1
	$M_x/(qa^2)$	0.023 1	0.023 1	0.022 8	0.022 2	0.021 2	0.020 3	0.019 3
	$wD/(qa^4)$	0.001 26	0.001 50	0.001 72	0.001 91	0.002 07	0.002 20	0.002 30

b/a		1.7	1.8	1.9	2.0	2.5	∞
支承长边	$M_y/(qa^2)$	−0.079 9	−0.081 2	−0.082 2	−0.082 9	−0.083 3	−0.083 3
中点 A	k_y	0.479	0.487	0.493	0.497	0.500	0.500
支承短边	$M_x/(qa^2)$	−0.057 1	−0.057 1	−0.057 1	−0.057 1	−0.057 1	−0.057 1
中点 B	k_x	0.343	0.343	0.343	0.343	0.343	0.343
薄板中心	$M_y/(qa^2)$	0.039 2	0.040 1	0.040 7	0.041 2	0.041 6	0.041 7
	$M_x/(qa^2)$	0.018 2	0.017 4	0.016 5	0.015 8	0.013 4	0.012 5
	$wD/(qa^4)$	0.002 38	0.002 45	0.002 49	0.002 54	0.002 59	0.002 60

注:板的弯曲应力为 $\sigma_x=k_xqa^2/t^2$,$\sigma_y=k_yqa^2/t^2$。

附表 4-3　三边固定、一边简支的矩形薄板受均布荷载时的弯矩与弯曲应力系数($\mu=0.3$)

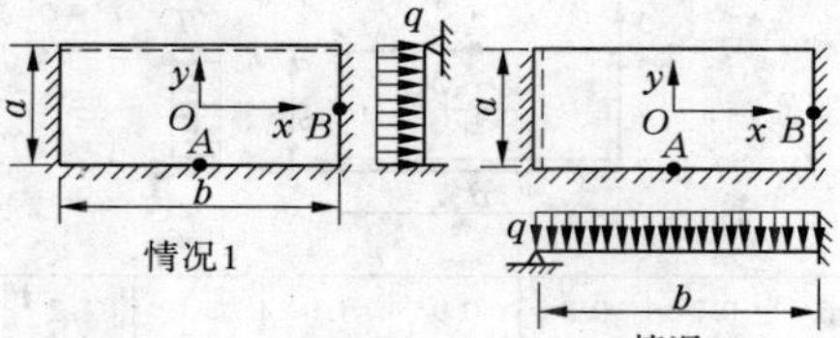

情况 1　　情况 2

	b/a		1.0	1.25	1.5	1.75	2.0	2.5	3.0	∞
情况 1	固支长边中点 A	$M_y/(qa^2)$	-0.054 7	-0.078 7	-0.094 2	-0.105 3	-0.113 9	-0.122 0	-0.123 3	-0.125 0
		k_y	0.328	0.472	0.565	0.632	0.683	0.732	0.740	0.750
	固支短边中点 B	$M_x/(qa^2)$	-0.600 0	-0.070 9	-0.075 8	-0.077 5	-0.078 3	-0.078 4	-0.078 5	-0.078 6
		k_x	0.360	0.425	0.455	0.465	0.470	0.470	0.471	0.472
	板中心 O	$M_x/(qa^2)$	0.027 7	0.030 6	0.030 1	0.027 5	0.025 9	0.022 2	0.020 0	0.018 8
		$M_y/(qa^2)$	0.023 6	0.035 7	0.045 2	0.051 4	0.056 4	0.061 0	0.062 3	0.062 5
情况 2	固支长边中点 A	$M_y/(qa^2)$	-0.060 0	-0.074 7	-0.078 8	-0.081 5	-0.083 3	-0.083 3	-0.083 3	-0.083 3
		k_y	0.360	0.448	0.473	0.489	0.500	0.500	0.500	0.500
	固支短边中点 B	$M_x/(qa^2)$	-0.054 7	-0.056 9	-0.056 9	-0.056 9	-0.057 0	-0.057 0	-0.057 0	-0.057 0
		k_x	0.328	0.341	0.341	0.341	0.342	0.342	0.342	0.342
	板中心 O	$M_x/(qa^2)$	0.023 6	0.021 5	0.019 0	0.016 8	0.015 0	0.013 3	0.012 5	0.012 5
		$M_y/(qa^2)$	0.027 7	0.034 7	0.038 7	0.041 0	0.041 6	0.041 7	0.041 7	0.041 7

附表 4-4　二邻边固定、另两边简支的矩形薄板受均布荷载时的弯矩与弯曲应力系数($\mu=0.3$)

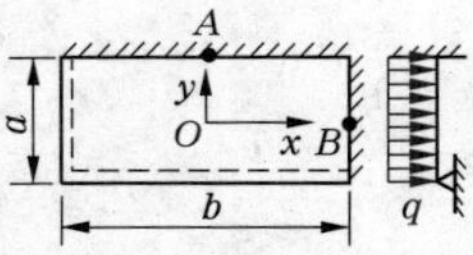

b/a		1.0	1.1	1.2	1.3	1.4	1.5	1.6	1.7	1.8	1.9	2.0
固支长边中点 A	$M_y/(qa^2)$	-0.067 8	-0.076 6	-0.084 5	-0.091 5	-0.097 5	-0.102 8	-0.106 8	-0.110 4	-0.113 4	-0.115 9	-0.118 0
	k_y	0.407	0.459	0.507	0.549	0.585	0.616	0.640	0.662	0.680	0.695	0.708
固支短边中点 B	$M_x/(qa^2)$	-0.067 8	-0.070 9	-0.073 6	-0.075 4	-0.076 5	-0.077 2	-0.077 8	-0.078 2	-0.078 5	-0.078 6	-0.078 7
	k_x	0.407	0.425	0.441	0.452	0.459	0.463	0.467	0.468	0.470	0.471	0.472

附表 4-5　三边简支、一边自由的矩形薄板受均布荷载时的弯矩系数($\mu=0.3$)

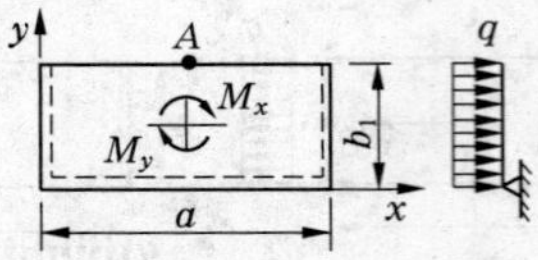

	b/a	0.5	0.6	0.7	0.8	0.9	1.0	1.1	1.2	1.3	1.4	1.5	2.0	∞
自由边中点 A	$\beta=M_x/(qa^2)$	0.060	0.074	0.088	0.097	0.107	0.112	0.117	0.121	0.124	0.126	0.128	0.132	0.133
板中心	$\beta_1=M_x/(qa^2)$	0.039	0.049	0.058	0.066	0.074	0.080	0.085	0.090	0.094	0.098	0.101	0.113	0.125
	$\beta_2=M_y/(qa^2)$	0.022	0.027	0.031	0.035	0.037	0.039	0.040	0.041	0.042	0.042	0.042	0.041	0.037

附录五 钢闸门自重估算公式

一、露顶式平面闸门

当5 m≤H≤8 m时

$$G=K_zK_cK_gH^{1.43}B^{0.88}\times 9.8 \qquad 附(5\text{-}1)$$

式中 H、B——孔口高度及宽度，m；

K_z——闸门行走支承系数，对于滑动式支承$K_z=0.81$，对于滚轮式支承$K_z=1.0$，对于台车式支承$K_z=1.3$；

K_c——材料系数，闸门用普通碳素钢时$K_c=1.0$，用低合金钢时$K_c=0.8$；

K_g——孔口高度系数，当$H<5$ m时，$K_g=0.156$，当5 m<H<8 m时，$K_g=0.13$，当$H>8$ m时，按式附(5-2)计算。

$$G=0.012K_zK_cK_gH^{1.56}B^{1.85}\times 9.8 \qquad 附(5\text{-}2)$$

式中符号意义同前。

二、露顶式弧形闸门

当B≤10 m时

$$G=K_cK_bH^{0.42}B^{0.33}H_s\times 9.8 \qquad 附(5\text{-}3)$$

当$B>10$ m时

$$G=K_cK_bH^{0.63}B^{1.1}H_s\times 9.8 \qquad 附(5\text{-}4)$$

式中 H_s——设计水头，m；

K_b——孔口宽度系数，当B≤5 m时，$K_b=0.29$，当5 m<B≤10 m时，$K_b=0.472$，当10 m<B<20 m时，$K_b=0.075$，当$B>20$ m时，$K_b=0.105$；

其他符号意义同前。

三、潜孔式平面滚轮闸门

$$G=0.073K_1K_2K_3A^{0.93}H_s^{0.79}\times 9.8 \qquad 附(5\text{-}5)$$

式中 A——孔口面积，m^2；

K_1——闸门工作性质系数，对于工作门与事故门$K_1=1.0$，对于检修门与导流门，$K_1=0.9$；

K_2——孔口高宽比修正系数，当$H/B\geq 2$时，$K_2=0.93$，当$H/B<1$时，$K_2=1.1$，其他情况$K_2=1.0$；

K_3——水头修正系数，当$H_s<60$ m时，$K_3=1.0$，当$H_s\geq 60$ m时，$K_3=\left(\frac{H_s}{A}\right)^{1/4}$；

其他符号意义同前。

四、潜孔式平面滑动闸门

$$G = 0.022K_1K_2K_3A^{1.34}H_s^{0.63} \times 9.8 \qquad 附(5\text{-}6)$$

式中　K_1——意义同前，对于工作门与事故门 $K_1=1.1$，对于检修门 $K_1=1.0$；

K_3——意义同前，当 $H_s<70$ m 时，$K_3=1.0$，当 $H_s=70$ m 时，$K_3=\left(\frac{H_s}{A}\right)^{1/4}$；

其他符号意义同前。

五、潜孔式弧形闸门

$$G = 0.012K_2A^{1.27}H_s^{1.06} \times 9.8 \qquad 附(5\text{-}7)$$

式中　K_2——意义同前，当 $B/H \geqslant 3$ 时，$K_2=1.2$，其他情况 $K_2=1.0$；

其他符号意义同前。

附录六 材料的摩擦系数

种类	材料及工作条件	系数值	
		最大	最小
滑动摩擦系数	1. 钢对钢（干摩擦）	0.5 ~ 0.5	0.15
	2. 钢对铸铁（干摩擦）	0.35	0.16
	3. 钢对木材（有水时）	0.65	0.3
	4. 胶木滑道，胶木对不锈钢在清水中①②		
	压强 $q > 2.5$ kN/mm	0.10 ~ 0.11	0.06
	压强 $q = 2.5 \sim 2.0$ kN/mm	0.11 ~ 0.13	0.065
	压强 $q = 2.0 \sim 1.5$ kN/mm	0.13 ~ 0.15	0.075
	压强 $q < 1.5$ kN/mm	0.17	0.085
	5. 钢基铜塑三层复合材料滑道及填充聚四氟乙烯板滑道对不锈钢，在清水中①		
	压强 $q > 2.5$ kN/mm	0.09	0.04
	压强 $q = 2.5 \sim 2.0$ kN/mm	0.09 ~ 0.11	0.05
	压强 $q = 2.0 \sim 1.5$ kN/mm	0.11 ~ 0.13	0.05
	压强 $q = 1.5 \sim 1.0$ kN/mm	0.13 ~ 0.15	0.06
	压强 $q < 1.0$ kN/mm	0.15	0.06
滑动轴承摩擦系数	1. 钢对青铜（干摩擦）	0.30	0.16
	2. 钢对青铜（有润滑）	0.25	0.12
	3. 钢基铜塑复合材料对镀铬钢（不锈钢）	0.12 ~ 0.14	0.05
止水摩擦系数	1. 橡皮对钢	0.70	0.35
	2. 橡皮对不锈钢	0.50	0.20
	3. 橡塑复合止水对不锈钢	0.20	0.05
滚动摩擦力臂	1. 钢对钢	1 mm	
	2. 钢对铸铁	1 mm	

注：①工件表面粗糙度：轨道工作面应达到 $R_a = 1.6$ μm，胶木（填充聚四氟乙烯）工作面应达到 $R_a = 3.2$ μm。

②表中胶木滑道所列数值适用于事故闸门和快速闸门，当用于工作闸门时，尚应根据工作条件专门研究。

参考文献

[1] 石建军,姜袁. 钢结构设计原理[M]. 北京:北京大学出版社,2007.

[2] 中华人民共和国建设部,中华人民共和国国家质量监督检验检疫总局. GB 50017—2003 钢结构设计规范[S]. 北京:中国计划出版社,2003.

[3] 王国周,瞿履谦. 钢结构原理与设计[M]. 北京:清华大学出版社,1993.

[4] 曹平周,朱召泉. 钢结构[M]. 2 版. 北京:科学技术文献出版社,2006.

[5] 武汉水利电力大学,大连理工大学,河海大学. 水工钢结构[M]. 3 版. 北京:中国水利水电出版社,1995.

[6] 王正中,赵延风. 刘家峡水电站深孔弧形钢闸门空间结构双向平面简化计算法[J]. 水力发电,1992(9).

[7] 王正中,徐永前. 对四边固支矩形钢面板弹塑性调整系数理论值的探讨[J]. 水力发电,1989(5).

[8] 王正中,徐永前. 弧门双悬臂主梁最优梁高[M]. 水工结构工程理论与应用. 大连:海运学院出版社,1993.

[9] 王正中,沙际德. 深孔钢闸门主梁横力弯曲应力及挠度计算[J]. 水利学报,1995(9).

[10] 中华人民共和国建设部. GB 50205—2001　钢结构工程施工质量验收规范[S]. 北京:中国计划出版社,1995.

[11] 魏明钟. 钢结构[M]. 武汉:武汉工业大学出版社,2000.

[12] 陈绍蕃. 钢结构稳定设计指南[M]. 北京:中国建筑工业出版社,1996.

[13] 范崇仁. 水工钢结构[M]. 北京:中国水利水电出版社,2008.

[14] 陈绍蕃. 钢结构设计原理[M]. 北京:科学出版社,2000.

[15] 钟善桐. 钢结构[M]. 北京:中国建筑工业出版社,1994.

[16] 欧阳可庆. 钢结构[M]. 北京:中国建筑工业出版社,1991.

[17] 沈祖炎,陈扬骥,陈以一. 钢结构基本原理[M]. 北京:中国建筑工业出版社,2000.

普通高等教育“十三五”规划教材

审　计　学

薛大维　朱志红　编著
任秀梅　主审

中国石化出版社

图书在版编目（CIP）数据

审计学/薛大维，朱志红编著．—北京：中国石化出版社，2017.8（2021.8重印）
普通高等教育“十三五”规划教材
ISBN 978-7-5114-4528-5

Ⅰ.①审… Ⅱ.①薛…②朱… Ⅲ.①审计学-高等学校-教材 Ⅳ.①F239.0

中国版本图书馆CIP数据核字（2017）第162749号

中国石化出版社出版发行
地址:北京市东城区安定门外大街58号
邮编:100011　电话:(010)57512500
发行部电话:(010)57512575
http://www.sinopec-press.com
E-mail:press@sinopec.com
北京富泰印刷有限公司印刷
全国各地新华书店经销
*
787×1092毫米 16开本 33.75印张 611千字
2017年8月第1版　2021年8月第2次印刷
定价:46.00元

目　录

第一章　审计概述

第一节　审计起源与发展

一、政府审计的产生与发展

（一）西方政府审计的产生与发展

在西方国家，随着生产力的发展和经济关系的变革，审计也经历了一个漫长的发展过程。在西方，政府审计的产生早于民间审计和内部审计。

据考证，早在奴隶制度下的古罗马、古埃及和古希腊时期，已有官厅审计机构。审计人员以“听证(audit)”方式，对掌管国家财物和赋税的官吏进行审查和考核，成为具有审计性质的经济监督工作。在历代封建王朝中，也设有审计机构和人员，对国家的财政收支进行监督。但当时的审计，不论从组织机构上还是方法上，都还处于很不完善的阶段。

随着经济的发展和资产阶级国家政权组织形式的完善，政府审计也有了进一步的发展。在现代资本主义国家中，大多实行立法、行政、司法三权分立，议会为国家的最高立法机关，并对政府行使包括财政监督在内的监督权。为了监督政府的财政收支，切实执行财政预算法案，以维护统治阶级的利益，西方国家大多在议会下设有专门的审计机构，由议会或国会授权，对政府及国有企事业单位的财政财务收支进行独立的审计监督。美国于1921年成立的总审计局，就是隶属于国会的一个独立经济监督机构，它担负着为国会行使立法权和监督权提供审计信息和建议的重要职责。总审计长由国会提名，经参议院同意，由总统任命。总审计局和总审计长置于总统管辖以外，独立行使审计监督权。另外，加拿大的审计公署、西班牙的审计法院等，也都是隶属于国家立法部门的独立机构，其审计结果要向议会报告，享有独立的审计监督权限。这是世界上比较普遍的立法系统的政府审计机关。

应该看到，各国政府审计机关都是根据自己的国情来设置的，除立法系统的政府审计机关外，还有一些国家的审计机关隶属于政府领导，称为行政系统政府审计机关，如罗马尼亚由总统直接领导的高级监察院等；一些国家的审计机关由政府的财政部领导，称为次行政系统政府审计机关，如瑞典的政府审计局等；此外，实际上还存在一种既不属立法系统也不属行政系统的政府审计机关，如日本的会计检察院直接对天皇负责。总之，不管采取哪种类型，都应保证政府审计机关拥有独立性和权威性，以不受干扰，客观、公正地行使审计监督权。

（二）我国政府审计的产生与发展

我国政府审计经历了一个漫长的发展过程，大体可分为6个阶段：西周初期初步形成阶段；秦汉时期最终确立阶段；隋唐至宋日臻健全阶段；元明清停滞不前阶段；中华民国不断演进阶段；新中国振兴阶段。

1. 政府审计的产生

我国西周国家财计机构分为两个系统：一是地官大司徒系统，掌管财政收入；二是天官冢宰系统，掌管财政支出。天官所属中大夫司会，为主官之长，主天下之大计，本为分掌王朝财政经济的审核和监督。《周礼》中记载："凡上之用，必考于司会。"即凡帝王所用的开支，都要受司会的检查，可见司会的权力很大。而且还说："以参互考日成，以月要考月成，以岁会考岁成。"即司会每旬、每月、每年都要对下级送上来的报告加以考核，以判断每一个地方官吏每旬、每月和每年所编制的报告是否真实、可靠，再由周王据此决定赏罚。我国政府审计的起源，基于西周的宰夫。《周礼》云："宰夫岁终，则令群吏正岁会。月终，则令正月要。旬终，则令正日成。而考其治，治以不时举者，以告而诛之。"即年终、月终、旬终的财计报告先由宰夫命令督促各部门官吏整理上报，宰夫就地稽核，发现违法乱纪者，可越级向天官冢宰或周王报告，加以处罚。由此可见，宰夫是独立于财计部门之外的职官，标志着我国政府审计的产生。

2. 政府审计的确立

秦汉时期是我国审计的确立阶段，主要表现在以下3个方面：一是初步形成了统一的审计模式。秦汉时期是我国封建社会的建立和成长时期，封建社会经济的发展，促进了秦汉时期逐渐形成全国审计机构与监察机构相结合、经济法制与审计监督制度相统一的审计模式。秦朝，中央设"三公""九卿"辅佐政务。御史大夫为"三公"之一，执掌弹劾、纠察之权，专司监察全国的民政、财政以及财物审计事项，并协助丞相处理政事。汉承秦制，西汉初中央仍设"三公""九卿"，仍由御史大夫领掌监督审计大权。二是"上计"制度日趋完善。所谓"上计"，就是皇帝亲自参加听取和审核各级地方官吏的财政会计报告，以决定赏罚的制度。这种制度始于周朝，至秦汉时期日趋完善。三是审计地位提高，职权扩大。御史制度是秦汉时代审计建制的重要组成部分，秦汉时代的御史大夫不仅行使政治、军事的监察之权，还行使经济的监督之权，控制和监督财政收支活动，勾稽总考财政收入情况。应该指出的是，秦汉时期审计制度虽已确立，但仍属初步发展时期。

3. 政府审计的发展

隋唐时代是我国封建社会的鼎盛时期，宋代是我国封建社会经济的持续发展时期。隋唐至宋，中央集权不断加强，官僚系统进一步完善，审计在制度方面也日臻健全。隋开创一代新制，设置比部，隶属于都官或刑部，掌管国家财计监督，行使审计职权。唐改设三省六部，六部之中，刑部掌天下律令、刑法、徒隶等政令，比部仍隶属于刑部，凡国家财计，不论军政内外，无不加以勾稽，无不加以查核审理。比部审计之权通达国家财经各领域，而且一直下伸到州、县。由此可见，唐代的比部审查范围极广、项目众多，而且具有很强的独立性和较高的权威性。宋代审计一度并无发展。元丰改制后，财计官制复唐之旧，审计之权重归刑部之下的比部执掌，审计机构重获生机。此外，还专门设置审计司，隶属于太府寺。北宋时又曾将这个机构改称为审计院。南宋时，湖、广还设有审计院，四川也设有审计院。宋审计司(院)的建立，是我国审计的正式命名，从此，“审计”一词便成为财政监督的专用名词，对后世中外审计建制具有深远的影响。

4. 政府审计的停滞不前

元明清各朝，君主专制日益强化，审计虽有发展，但总体上停滞不前。元代取消比部，户部兼管会计报告的审核，独立的审计机构即告消亡。明初设比部，不久即取消，洪武十五年设置都察院，以左右都御史为长官，审查中央财计。清承明制，设置都察院，职掌为“对君主进行规谏，对政务进行评价，对大小官吏进行纠弹”，成为最高的监察、监督、弹劾和建议机关。虽然明清时期的都察院制度有所加强，但其行使审计职能，却具有一揽子性质。由于取消了比部这样的独立审计组织，其财计监督和政府审计职能严重削弱，与唐代行使司法审计监督职能的比部相比，后退了一大步。

5. 政府审计的演进

辛亥革命结束了清王朝的封建统治，成立了中华民国。1912 年国务院下设审计处，1914 年北洋政府改为审计院，同年颁布了《审计法》。国民党政府根据孙中山先生五权分立的理论，设立司法、立法、行政、考试、监察五院。在监察院下设审计部，各省(市)设审计处，不能按行政区域划分的单位，如国库、铁路局、税务机关等，则根据需要与可能设审计办事处，分别对中央和地方各级行政机关以及单位的财政和财务收支实行审计监督。国民党政府也于 1928 年颁布过《审计法》和实施细则，1929 年颁布了《审计组织法》，审计人员有审计、协审、稽察等职称。这一时期，我国审计日益演进、有所发展，但由于政治不稳定，经济发展缓慢，审计工作一直没有长足的进展。

6. 政府审计的振兴

中华人民共和国成立以后，国家没有设置独立的审计机构。对企业的财税监督和货币管理，是通过不定期的会计检查进行的。党的十一届三中全会以来，党和政府把工作重点转移到经济建设上来，并采取了一系列的方针政策。我国已把建立政府审计机构，实行审计监督，载入我国 1982 年修改的《中华人民共和国宪法》，并于 1983 年 9 月成立了我国政府审计的最高机关——审计署，在县以上各级人民政府设置各级审计机关。1985 年 8 月发布了《国务院关于审计工作的暂行规定》；1988 年 11 月颁发了《中华人民共和国审计条例》；1995 年 1 月 1 日《中华人民共和国审计法》的实施，从法律上进一步确立了政府审计的地位，为其进一步发展奠定了良好基础。2006 年 2 月颁布了《中华人民共和国审计法》(2006 年修订)，对原《中华人民共和国审计法》做了大量修订，自 2006 年 6 月 1 日起施行。为贯彻落实审计法，2010 年 2 月 2 日国务院第 100 次常务会议通过的《中华人民共和国审计法实施条例》，对原《审计法实施条例》(1997 年 10 月 21 日国务院令第 231 号发布)做了相应修订，自 2010 年 5 月 1 日起施行。2010 年 9 月 1 日刘家义审计长于签署审计署第 8 号令公布的《中华人民共和国国家审计准则》，自 2011 年 1 月 1 日起施行，新准则生效后，同时废止了审计署自 1996 年以来发布的 28 项审计准则和相关规定。修订前的国家审计准则体系由一个国家审计基本准则、若干个通用审计准则和专业审计准则构成。此次修订，将原有国家审计基本准则和通用审计准则规范的内容统一纳入《审计准则》，形成一个完整单一的国家审计准则。以上法律法规的修订对于进一步健全和完善我国的审计监督制度，更好地维护国家财政经济秩序、提高财政资金使用效益、推动廉政及法制政府建设具有重要意义。

二、注册会计师审计的起源与发展

(一) 西方注册会计师审计的起源与发展

注册会计师审计起源于企业所有权和经营权的分离，是市场经济发展到一定阶段的产物。从注册会计师审计发展的历程看，注册会计师审计最早起源于意大利合伙企业，在英国股份公司出现后得以形成，伴随着美国资本市场的发展而逐步完善起来。

1. 注册会计师审计的起源

注册会计师审计起源于 16 世纪的意大利。当时地中海沿岸的商业城市已经比较繁荣，而威尼斯是地中海沿岸国家航海贸易最为发达的地区，是东西方贸易的枢纽，商业经营规模不断扩大。由于单个的业主难以向企业投入巨额资金，为适应筹集资金的需要，合伙制企业便应运而生。合伙经营方式不仅提出了会计主体的概念，促进了复式簿记在意大利的产生和发展，也催生了对注册会计师审计的最初需求。尽管当时合伙制企业的合伙人都是出资者，但是有的合伙人参与企业的经营管理，有的合伙人则不参与，所有权与经营权开始分离。那些参与经营管理的合伙人有责任向不参与经营管理的合伙人证明合伙契约得到了认真履行，利润的计算与分配是正确的，以保障全体合伙人的权益。在这种情况下，客观上需要独立的熟悉会计专业的第三方对合伙企业的经济活动进行鉴证，人们开始聘请会计专家来担任查账和公证工作。这样，在 16 世纪意大利的商业城市中出现了一批具有良好的会计知识、专门从事查账和公证工作的专业人员，他们从事的工作，可以说是注册会计师审计的起源。随着会计专业人员人数的增多，他们于 1581 年在威尼斯创立了威尼斯会计协会。其后，米兰等城市的职业会计师也成立了类似的组织。

2. 注册会计师审计的形成

注册会计师审计虽然起源于意大利，但对后来注册会计师职业的发展影响不大，英国在注册会计师职业的形成和发展过程中发挥了重要作用。

18 世纪，英国的资本主义经济得到了迅速发展，生产的社会化程度大大提高，企业的所有权与经营权进一步分离。企业主希望有外部的会计师检查企业管理人员是否存在贪污、盗窃和其他舞弊行为，于是英国出现了第一批以查账为职业的独立会计师。他们受企业主委托，对企业会计账目进行逐笔检查，重点在查错防弊，检查结果向企业主报告。因为是否聘请独立会计师进行查账由企业主自行决定，所以此时的独立审计尚为任意审计。

股份有限公司的兴起，使公司的所有权与经营权进一步分离，绝大多数股东不再直接参与经营管理，但出于自身的利益，非常关心公司的经营成果。证券市场上潜在的投资人同样十分关心公司的经营情况，以便进行投资决策。同时，由于金融资本对产业资本的逐步渗透，增加了债权人的风险，债权人也非常重视公司的生产经营情况，以便决定是否继续贷款或者是否索偿债务的决定。公司的财务状况和经营成果，只能通过公司提供的财务报表来反映，因此，在客观上产生了独立会计师对公司财务报表进行审计，以保证财务报表真实可靠的需求。值得一提的是，注册会计师审计产生的"催产剂"是1721年英国的"南海公司事件(the South - Sea company event)"。当时的"南海公司"以虚假的会计信息诱骗投资者上当，其股票价格一时扶摇直上。但好景不长，"南海公司"最终未能逃脱破产倒闭的厄运，使"股东"(或投资者)和债权人损失惨重。英国议会聘请会计师查尔斯·斯耐尔(Charles Snell)对"南海公司"进行审计。斯耐尔以"会计师"名义出具了"查账报告书"从而宣告了独立会计师——注册会计师的诞生。

为了监督公司管理层的经营管理活动，保护投资者、债权人利益，避免"南海公司事件"重演，英国政府于1844年颁布了《公司法》，规定股份公司必须设监察人，负责审查公司的账目。1845年，又对《公司法》进行了修订，规定股份公司的账目必须经董事以外的人员审计。于是，独立会计师业务得到迅速发展，独立会计师人数越来越多。此后，英国政府对一批精通会计事务、熟悉查账知识的独立会计师进行了资格确认。1853年苏格兰爱丁堡创立了第一个注册会计师的专业团体——爱丁堡会计师协会。该协会的成立，标志着注册会计师职业的诞生。1862年，英国《公司法》确定注册会计师为法定的破产清算人，奠定了注册会计师审计的法律地位。

从1844年到20世纪初，是注册师审计的形成时期。在这一时期内，由于英国的法律规定股份公司和银行必须聘请注册会计师审计，使得英国注册会计师审计得到了迅速发展，并对当时欧洲、美国及日本等产生了重要影响。这一时期英国注册会计师审计的主要特点是：注册会计师审计的法律地位得到了确认；审计的目的是查错防弊，保护企业资产的安全和完整；审计的方法是对会计账目进行详细审计；审计报告使用人主要为企业股东等。

3. 注册会计师审计的发展

从20世纪初开始，全球经济发展重心逐步由欧洲转向美国，因此，美国的注册会计师审计得到了迅速发展，它对注册会计师职业在全球的迅速发展发挥了重要作用。

在美国南北战争结束后出现了一些民间会计组织，例如纽约的会计学会。该学会在1882年刚成立时称为会计师和簿记师协会(Institute of Accountants and Bookkeepers)，为会计人员提供继续教育等服务。当时英国巨额资本开始流入美国，促进了美国经济的发展。

为了保护广大投资者和债权人的利益，英国的注册会计师远涉重洋到美国开展审计业务；同时美国本土也很快形成自己的注册会计师队伍，1887 年，美国公共会计师协会（American Association of Public Accountants）成立，1916 年该协会改组为美国注册会计师协会，后来成为世界上最大的注册会计师职业团体。1905 年 11 月，《会计杂志》（Journal of Accountancy）作为注册会计师审计职业的正式杂志发行创刊。这一时期，美国许多州正式承认注册会计师审计是一门职业，执业人员通过考试获取注册会计师称号。许多最重要的铁路公司和工业公司都定期地聘请注册会计师检查他们的账簿。注册会计师审计逐步渗透到社会经济领域的不同层面。

美国早期的注册会计师审计受英国影响较深。英国开端的审计技术和方法是一种详细审计（detailed audit），这种审计要求以经济业务为基础，通过审核所有经济业务、会计凭证、会计账簿和财务报表，以发现记账差错和舞弊行为。20 世纪早期的美国，经济形势发生了很大变化。由于金融资本对产业资本更为广泛的渗透，企业同银行的利益关系更加紧密，银行逐渐把企业资产负债表作为了解企业信用的主要依据，于是在美国产生了帮助贷款人及其他债权人了解企业信用的资产负债表审计（balance sheet audits），即美国式注册会计师审计。资产负债表审计产生的原因可以从银行、借款人和注册会计师之间的关系进行解释，银行要求借款人提供经注册会计师审计的资产负债表，以充分了解借款人的偿债能力；同时借款人则希望通过支付较低的审计费用取得银行的信任，于是资产负债表审计就发展起来了。

1929～1933 年，资本主义世界经历了历史上最严重的经济危机，大批企业倒闭，投资者和债权人蒙受了巨大的经济损失。这在客观上促使企业利益相关者从只关心企业财务状况转变到更加关心企业的盈利水平，产生了对企业利润表进行审计的客观要求。美国 1933 年《证券法》规定，在证券交易所上市企业的财务报表必须接受注册会计师审计，向社会公众公布注册会计师出具的审计报告。因此，审计报告使用人扩大到社会公众。美国注册会计师协会与证券交易所合作的特别委员会与纽约证券交易所上市委员会于 1936 年发表了《独立注册会计师对财务报表的检查》（Examination of Financial Statements by Independent Public Accoutants）明确规定应当检查全部财务报表，并向股东报告，尤其强调利润表审计。从这一点看，美国注册会计师审计的重点已从保护债权人为目的的资产负债表审计，转向以保护投资者为目的的利润表审计。

第二次世界大战以后，经济发达国家通过各种渠道推动本国的企业向海外拓展，跨国公司得到空前发展。国际资本的流动带动了注册会计师职业的跨国界发展，形成了一批国际会计师事务所。随着会计师事务所规模的扩大，形成了“八大”国际会计师事务所，20 世纪 80 年代末合并为“六大”，之后又合并成为“五大”。2001 年，美国爆发了安然公司会计造假丑闻。安然公司在清盘时，不得不对其编制的财务报表进行修正，将近三年来的利润额削减 20%，约 5.86 亿美元。安然公司作为美国的能源巨头，在追求高速增长的狂热中利用会计准则的不完善进行表外融资的游戏，并通过关联方交易操纵利润。出具审计报告的安达信会计师事务所，因涉嫌舞弊和销毁证据受到美国司法部门的调查，之后宣布关闭，世界各地的安达信成员所也纷纷与其他国际会计师事务所合并。因此，时至今日，尚有“四大”国际会计师事务所，即普华永道（Pricewaterhouse Coopers）、安永（Ernst & Young）、毕马威（KPMG）和德勤（Deloitte Touche Tohmatsu）。

（二）中国注册会计师审计的起源与发展

1. 中国注册会计师审计的起源

中国注册会计师审计的历史比西方国家要短得多。旧中国的注册会计师审计始于辛亥革命之后，当时一批爱国会计学者鉴于外国注册会计师包揽我国注册会计师业务的现实，为了维护民族利益与尊严，积极倡导创建中国的注册会计师职业。1918 年 9 月，北洋政府农商部颁布了我国第一部注册会计师法规——《会计师暂行章程》，并于同年批准著名会计学家谢霖先生为中国的第一位注册会计师，谢霖先生创办的中国第一家会计师事务所——正则会计师事务所也获准成立。此后，又逐步批准了一批注册会计师，建立了一批会计师事务所，包括潘序伦先生创办的“潘序伦会计师事务所”（后改称“立信会计师事务所”）等。1930 年，国民政府颁布了《会计师条例》，确立了会计师的法律地位，之后，上海、天津、广州等地也相继成立了多家会计师事务所。1925 年在上海成立了“全国会计师公会”。1933 年，成立了“全国会计师协会”。至 1947 年，全国已拥有注册会计师 2619 人，并建立了一批会计师事务所。但是，在半封建、半殖民地的旧中国，注册会计师职业未能得到很大的发展，注册会计师审计也未能充分发挥应有的作用。会计师事务所主要集中在上海、天津、广州等沿海城市，注册会计师业务主要是为企业设计会计制度、代理申报纳税、培训会计人才和提供其他会计咨询服务。

在新中国成立初期，注册会计师审计在经济恢复工作中发挥了积极作用。当时，由于不法资本家囤积居奇、投机倒把、偷税漏税造成了极为险恶的财政状况，负责财经工作的陈云同志大胆雇用注册会计师，依法对工商企业查账，这对平抑物价、保证国家税收、争取国家财政经济状况好转作出了突出贡献。但后来由于我国推行苏联高度集中的计划经济模式，注册会计师便悄然退出了经济舞台。

2. 中国注册会计师审计的发展

1978 年，党的十一届三中全会以后，我国实行改革开放的方针，把工作重点转移到社会主义现代化建设上来，商品经济得到迅速发展，为注册会计师制度的恢复重建创造了客观条件。随着外商来华投资日益增多，1980 年 12 月 14 日财政部颁布了《中华人民共和国中外合资经营企业所得税法实施细则》，规定外资企业财务报表要由注册会计师进行审计，这为恢复我国注册会计师制度提供了法律依据。1980 年 12 月 23 日，财政部发布《关于成立会计顾问处的暂行规定》，标志着我国注册会计师职业开始复苏。1981 年 1 月 1 日，“上海会计师事务所”宣告成立，成为新中国第一家由财政部批准独立承办注册会计师业务的会计师事务所。我国注册会计师制度恢复后，注册会计师的服务对象主要是三资企业。这一时期的涉外经济法规对注册会计师业务做了明确规定。1984 年 9 月 25 日，财政部印发《关于成立会计咨询机构问题的通知》，明确了注册会计师应当办理的业务。1985 年 1

月实施的《中华人民共和国会计法》规定："经国务院财政部门批准组成的会计师事务所，可以按照国家有关规定承办查账业务。"1986 年 7 月 3 日，国务院颁布《中华人民共和国注册会计师条例》，同年 10 月 1 日起实施。随着会计师事务所数量的增加、业务范围的拓宽，如何对注册会计师和会计师事务所实施必要的管理，有效组织开展职业道德和专业技能教育，加强行业管理，保证注册会计师独立、客观、公正执业，成为行业恢复重建面临的重大问题。1988 年 11 月 15 日，财政部借鉴国际惯例成立了中国注册会计师协会，随后各地方相继组建省级注册会计师协会。1993 年 10 月 31 日，第八届全国人大常委会第四次会议审议通过了《中华人民共和国注册会计师法》(以下简称《注册会计师法》)，自 1994 年 1 月 1 日起实施。

在国家法律、法规的规范下，我国注册会计师行业得到了快速发展。一是不断拓展服务领域。注册会计师行业从最初主要为"三资"企业提供查账、资本验证等服务，发展到为所有企业提供财务报表审计业务，执业范围得到进一步扩展和延伸。二是不断加强人才培养。自 1991 年设立注册会计师全国统一考试以来，已经成功举办了 26 次考试，已有近 20 万人获得全科合格证书。同时，行业建立了继续教育制度，制定发布行业人才培养"三十条"，明确提出了加强行业人才培养的指导思想和总体思路，大力推行行业人才培养战略。三是不断深化执业标准建设。根据国际审计准则的发展趋势和审计环境的巨大变化，大力推行审计准则国际趋同战略。2006 年年初实现与国际审计准则的趋同，建立起一套既适应社会主义市场经济建设要求又与国际准则相接轨的审计准则体系。2010 年 11 月，对 38 项审计准则进行了修订，2016 年又新增了 1 项"在审计报告中沟通关键审计事项"准则，实质性修订了 6 项审计准则，并对 5 项审计准则进行了微调，保持了与国际准则持续全面的国际趋同。四是不断完善监管制度建设。2004 年创立了事务所执业质量检查制度，从以往的以专案、专项检查为主要方式向 5 年一个周期的制度性、全面性检查转变，并开展了全国性的事务所执业质量检查工作。五是不断推动事务所健康发展。在中介行业中率先开展了事务所脱钩改制工作，推动有条件的事务所做大做强，推动中小事务所做精做专做优，事务所整体竞争力大大增强。六是不断密切同际合作。先后加入亚太会计师联合会(CAPA)和国际会计师联合会(IFAC)，并多年担任其理事；向国际审计与鉴证准则理事会(IAASB)等有关国际组织选派代表，与 30 多个国家和地区的 50 多个会计师职业组织建立了交往和合作关系，国际影响力和国际地位日益提高。

三、内部审计的起源与发展

(一)西方国家内部审计的产生与发展

在古希腊、古罗马时代，伴随着国家审计的起源，维护少数特权阶层——奴隶主利益的内部审计也同步萌芽。例如，古罗马贵族的代理人为了向主人报告其财产的增减变动状况以及自己的履行责任情况，登记一种"主人账户"，主人委托亲信去视察，就是内部审计最初的动因。

到了中世纪，为了维护寺院长老、庄园主等阶层的经济利益，西方国家内部审计有了更坚实的基础。例如，中世纪英国的庄园内部审计、意大利佛罗伦萨梅迪奇银行内部审计以及诸如寺院审计、城市审计、行会审计等形式的内部审计不断涌现。

从19世纪中叶开始，伴随着资本主义经济的发展，企业规模不断扩大，为了便于对下属分支机构进行审查和监督，产生了内部审计。19世纪末20世纪初，资本主义进入垄断阶段，垄断企业开始成为资本主义经济的重要特征。工商企业和其他各种组织的活动范围变得越来越庞大、越来越复杂。这些变化致使对控制和经营效率的管理更加困难，管理人员再也不能亲自观察责任范围内的所有活动，甚至不再有充分的机会去接触直接或间接向他们报告的人。于是，管理部门便将"责任"进一步推向内部审计人员，让他们去检查和报告正在发生的事情，并对其原因进行深入调查。如流行于美国的铁路运输系统的内部审计活动、德国克虏伯公司内部审计、日本明治时代的住友公司内部审计、澳大利亚维多利亚州电力委员会内部审计等。但当时的内部审计主要是为了查错防弊，内容仅局限于财务会计领域。

进入20世纪40年代以后，资本主义企业的内部结构和外部环境进一步复杂化，尤其是随着跨国公司的迅速崛起，不仅管理层次的分解比以往任何时候都更加迅速，而且，企业与企业的竞争日益激烈，企业管理者对于降低成本、提高经济效益的要求更加迫切。内部审计的内涵和外延在不断延伸，现代内部审计不仅对事后的财务会计领域进行审查，更重要的是对企业内部控制系统进行评价，帮助企业领导层进行决策和改善经营管理。一些大企业的内部审计师希望通过和同行的交流来提高自己的执业水平。起初这种交流是非正式的、有限的。1941年，由瑟斯顿（John B. Thurston）、米尔恩（Robert B. Milne）和布瑞克（Victor Z. Brink）等40多位内部审计人员于11月11日正式宣布在纽约成立内部审计师协会，12月9日协会在纽约召开第一届年会，瑟斯顿担任第一任会长，协会成立后又在密执安、芝加哥、加拿大的多伦多和蒙特利尔设立了分会。同年出版了《内部审计——程序的性质、职能和方法》一书，从理论和实践方法上建立了内部审计体系，1941年被称为现代内部审计奠基年。1974年，协会在英国伦敦召开年会，标志着内部审计师协会已发展成为国际性组织（国际内部审计师协会IIA）。目前，协会会员遍及100多个国家，共设160多个分会和11个国家分会（包括中国国家分会）。协会出版《内部审计师》月刊和《今日内部审计师协会》期刊，1973年协会正式进行注册，获得注册的人称为注册内部审计师（CIA）。

近年来，国际内部审计师协会根据内部审计实务的最新发展变化，多次对内部审计实务框架的结构和内容进行更新和调整，最近的两次调整分别在2010年和2012年。这些修订和完善充分反映了内部审计发展的最新理念，更加重视内部审计在促进组织改善治理、风险管理和内部控制中发挥作用，以及重视内部审计的价值增值功能等。

（二）中国内部审计的产生与发展

中国奴隶制社会经历了夏、商和西周三代，有关夏、商两代的文献记载传世不多，故当时审计状况无从掌握。周代审计有内部审计和外部审计之分。内部审计由司会主持，该职官以六典、八法、八则等为依据，采用日成、月要、岁会等形式勾考财务收支及其会计。这是我国内部审计的萌芽。

在漫长的封建时代，从春秋战国到秦汉时期，继而隋唐宋时代、元明清时代，内部审计起起落落，发展颇不平衡。比如秦代设有少府(帝王的私府)，掌管皇室的财计工作，行使内部稽查权，宋代初期，度支、户部、盐铁三司内设置都磨勘司掌管内部审计工作，都是内部审计广受重视的明证，而元代、明代、清代内部审计工作日渐衰落。

民国初期我国内部审计以欧美审计理论和实践为借鉴，逐步进行了改革和完善，开始进入到现代审计的演进时期。第二次国内革命战争时期，在1934年公布的《苏维埃共和国中央苏维埃组织法》中，规定设立中央审计委员会，省、直辖市分设审计委员会。中华人民共和国成立后的30多年里，未设独立的审计机构，审计工作由监察部门代替，专职审计处于停顿状态，内部审计也随之偃旗息鼓，十一届三中全会后，全国的工作重心转移到经济建设，恢复审计工作势在必行，直到1983年国家审计署成立后，相继发布了一系列与内部审计相关的文件，我国现代内部审计工作才重新焕发出青春。1987年4月，“中国内部审计学会”成立，2002年5月23日中国内部审计学会正式更名为中国内部审计协会。协会依据《中华人民共和国审计法》《中国内部审计协会章程》履行职责开展工作。中国内部审计协会于1987年加入国际内部审计协会，成为11A的国家分会。中国内部审计协会的职能是管理、服务、宣传、交流，即对内部审计实行行业自律管理，为内部审计机构和内部审计人员提供业务服务和开展各种交流活动。通过内部审计杂志和网站宣传内部审计，维护内部审计的独立性、权威性和内审人员权益，促进内部审计人员素质和工作水平的提高。

四、审计产生与发展的本质

(一)经济责任关系的存在是审计产生与发展的前提

在奴隶社会和封建社会，奴隶主和封建主阶级为了巩固其统治地位，必须设置军队、法庭和监狱等国家权力机构，并通过征税来维持这些权力机构的生存。而征收税赋都是由最高统治者的代理官员负责的，最高统治者是授权者，代理官员是代理者，两者之间便产生了一种受托经济责任关系。在民间，奴隶主或封建主将其剥削得来的财产也授权给代理人管理，奴隶主、封建主与代理人之间也产生了同样的受托经济责任关系。这时，无论奴隶主、封建主皇室宫廷由代理官员所从事的会计行为和财政经济活动，还是个别奴隶主、封建主私有财产由代理人所作记录及其所反映的收支活动，都有必要授权给独立于财税、会计活动以外的官员来进行审查，对代理人所经手的钱、财、物、账予以勾稽核实，证明代理人是否诚实地承担了自己的受托经济责任。中外古代审计，都是在这样的客观条件下应运而生的。

随着社会的发展和生产规模的日益扩大，资本主义社会出现了以股份有限责任公司为主要形式的生产经营组织形式。股东对公司的财产拥有所有权但并不直接参与企业生产经营管理，而委托经理行使管理的职能，这时，财产的所有权与经营管理权日益分离。公司经理人员对股东的委托经济责任大大加强了，经理人员要以财务报表形式定期向股东汇报公司的经营情况和财务成果，这些财务报表是否真实、正确，能否证明管理人员尽忠守职，切实地履行了其所承担的经济责任，更需要作为第三者的审计人员进行审查，以保证股东和债权人的正当权益不受侵犯，这时民间审计便应运而生。

20 世纪 20 年代以来，经济贸易活动日趋国际化，跨国公司不断增加。这时，总公司的经理人员已不可能亲自收集各种经营管理所需信息，不可能对各级管理层次和各个管理区域的管理者进行监督，为审查各级管理者在所有权统一的前提下对总公司最高管理者和经理人员所承担的受托经济责任，内部审计便产生和发展起来。

在社会主义市场经济体制下，国有企业对国家担负着及时、足额上缴利税，确保资产完好和增值等受托经济责任，国家为了保护全体人民利益，维护企业的合法权益，必须由独立的权威机构审查企业的财务收支情况，以保证会计资料的准确可靠和经济活动的合法合理，确定和解除有关责任人的受托经济责任。社会主义国家的政府、人民团体和事业单位虽然不是生产经营组织，但它们负有节约财政开支、减少经费支出和提高工作效率的受托经济责任，因此，国家也要审查其财政、财务收支的合法性、合理性和真实性。

因此，从审计行为的萌芽状态到政府审计、民间审计和内部审计机构的形成，从奴隶社会、封建社会到资本主义社会和社会主义社会，都同财产所有权与经营管理权相分离而产生的受托经济责任关系有关。没有这种受托经济责任关系，就不可能产生审计行为。

(二)提高生产效率是审计发展的动力

人类社会在生产活动中，力求以较少的劳动消耗和劳动占用取得最大的劳动成果，以不断提高劳动效率和生产效果，这是社会进步和发展的客观要求。要实现这一目标，就需要对生产过程和一切经济活动进行严格的管理和控制，对各种计划和方案进行评价，对计划和方案执行的效益性进行审查。而审计作为独立的经济监督活动，对企业内部控制系统和经济活动客观、公正的评价，可以为管理者提供正确有用的资料和审计结论。由于审计所处的独立的第三者地位，一般不带有任何偏见，审计结论容易被社会所接受，能作为评价一个部门或单位财务状况和经营成果的依据。

早期传统的审计，只局限于审查账目和财务报表，通常称为财务审计，其目的仅仅在于检查、揭露差错和弊端。但是，随着企业规模的扩大、生产的发展，管理方法和技术日趋复杂，审计对企业生产经营、管理和控制也更加重要。审计的目的，不仅在于审查账目和财务报表，而且包括评价企业的生产经营管理，并及时提出积极、合理的建议，如哪些环节和步骤存在不合理的开支，哪些制度不适应生产的发展，增加企业收入的途径有哪些，怎样改善企业的经营管理等。事前审计、经营审计、管理审计、经济审计、效率审计和效果审计都是适应上述需要而发展起来的审计种类和方式。

(三)现代科学技术为审计的发展提供了方法和手段

现代科学技术为现代审计的发展提供了方法和手段。这不但表现为审计领域的不断扩展，更重要的是审计方法的不断发展。如财务审计经常使用统计抽样法，经济效益审计广泛采用现代管理方法和数学方法及有关预测、决策及分析方法等。同时，在审计过程中，运用系统论、信息论、控制论等原理对审计事项进行总体的全面验证和综合分析，使审计结论朝着更加精确、可靠和卓有成效的方向发展。特别是计算机应用于管理和会计系统，使传统的手工数据处理系统转变为电算化数据处理系统后，审计的对象发生了重大变化，对电子数据处理系统的审计方法的研究，形成了一门与会计、审计和计算机交叉的边缘学科——电子数据处理系统审计。随着网络技术在社会经济生活中的广泛运用，网络审计和即时审计也应运而生。

第二节　审计概念与分类

一、审计的概念

(一)审计的定义

审计经过不断的完善和发展，至今已经形成一套比较完备的科学体系。人们对审计的概念进行了深入研究，不同的专家学者和社会团体对其本质的认识也不相同，综合国内外的观点可以归纳为查账论、系统过程论、经济监督论和经济控制论。其中最具代表性的是美国会计学会(AAA)审计基本概念委员会于1973年发表的《基本审计概念说明》(A Statement of Basic Auditing Concepts)，将审计定义为：“审计是一个系统化过程，即通过客观地获取和评价有关经济活动与经济事项认定的证据，以证实这些认定与既定标准的符合程度，并将结果传达给有关使用者。”而中国审计学会将审计定义为：“审计是由独立的专门机构和人员，接受委托或根据授权，按照法规和一定的标准，对国家行政、事业单位和企业单位及其他经济组织的会计报表和其他资料及其所反映的经济活动进行审查，以判断有关资料的合法性、公允性、一贯性和经济活动的合规性、效益性，并发表意见。”认为审计是一项具有独立性的经济监督活动。中国注册会计师协会将审计定义为：“审计是指注册会计师对财务报表是否不存在重大错报提供合理保证，以积极方式提出意见，增强除管理层之外的预期使用者对财务报表信赖的程度。”这里的“审计”是指注册会计师审计，非政府审计和内部审计。同时其也是一个狭义的概念，特指通用目的的财务报表审计，不是广义的注册会计师审计。广义的注册会计师审计还包括特殊目的财务报表审计和企业内部控制审计。

(二)注册会计师审计定义的理解要点

注册会计师审计定义可以从以下几个方面加以理解：一是审计的用户是财务报表的预期使用者，即审计可以用来有效满足财务报表预期使用者的需求。二是审计的目的是改善财务报表的质量或内涵，增强预期使用者对财务报表的信赖程度，即以合理保证的方式提高财务报表的可信度，而不涉及为如何利用信息提供建议。三是合理保证是一种高水平保证。当注册会计师获取充分、适当的审计证据将审计风险降至可接受的低水平时，就获取了合理保证。由于审计存在固有限制，注册会计师据以得出结论和形成审计意见的大多数审计证据是说服性而非结论性的，因此，审计仅能提供合理保证，不能提供绝对保证。四是审计的基础是独立性和专业性，通常由具备专业胜任能力和独立性的注册会计师来执行，注册会计师应当独立于被审计单位和预期使用者。五是审计的最终产品是审计报告。注册会计师针对财务报表是否在所有重大方面按照财务报告编制基础编制并实现公允反映发表审计意见，以审计报告的形式予以传达。注册会计师按照审计准则和相关职业道德要求执行审计工作，能够形成这样的意见。

注册会计师执行的业务分为鉴证业务和相关服务两类。鉴证业务的保证程度分为合理保证和有限保证。这里的财务报表审计是合理保证的鉴证业务。合理保证是一个与积累必要的证据相关的概念，它要求注册会计师通过不断修正的、系统的执业过程，获取充分、适当的证据，对鉴证对象信息整体提出结论，提供一种高水平但非百分之百的保证。

审计属于合理保证的鉴证业务，注册会计师将审计业务风险降至审计业务环境下可接受的低水平，以此作为以积极方式提出审计意见的基础。审阅属于有限保证的鉴证业务，注册会计师将审阅业务风险降至审阅业务环境下可接受的水平，以此作为以消极方式提出审阅结论的基础。为了实现审计目标，注册会计师应当遵循审计准则要求，审计准则对其审计过程中收集审计证据的程序、所需审计证据的数量、检查风险水平、财务报表可信性以及在审计报告中提出结论的方式等均提出了明确的要求。表1-1列示了合理保证与有限保证的区别。

表1-1 合理保证与有限保证的区别

业务类型 区别	合理保证 (财务报表审计)	有限保证 (财务报表审阅)
鉴证目标	在可接受的低审计风险下，以积极方式对财务报表整体发表审计意见，提供高水平的保证	在可接受的审阅风险下，以消极方式对财务报表整体发表审阅意见，提供有意义水平的保证。该保证水平低于审计业务的保证水平
证据收集程序	通过一个不断修正的、系统化的执业过程，获取充分、适当的证据，证据收集程序包括检查记录或文件、检查有形资产、观察、询问、函证、重新计算、重新执行、分析程序等	通过一个不断修正的、系统化的执业过程，获取充分、适当的证据，证据收集程序受到有意识的限制，主要采用询问和分析程序获取证据
所需证据数量	较多	较少

续表

业务类型 / 区别	合理保证（财务报表审计）	有限保证（财务报表审阅）
检查风险	较低	较高
财务报表的可信性	较高	较低
提出结论的方式	以积极方式提出结论 例如："我们认为，ABC公司财务报表在所有重大方面按照企业会计准则规定编制，公允反映了ABC公司2014年12月31日的财务状况以及2014年度的经营成果和现金流量"	以消极方式提出结论 例如："根据我们的审阅，我们没有注意到任何事项使我们相信，ABC公司财务报表没有按照企业会计准则的规定编制，未能在所有重大方面公允反映被审阅单位的财务状况、经营成果和现金流量"

（三）注册会计师审计方法的演进

一百多年来，虽然审计的根本目标没有发生重大变化，但审计环境却发生了很大的变化。注册审计师为了实现审计目标，一直随着审计环境的变化调整着审计方法。审计方法从账项基础审计发展到风险导向审计，都是注册会计师为了适应审计环境的变化而作出的调整。

1. 账项基础审计

在审计发展的早期（19世纪以前），出于企业组织结构简单，业务性质单一，注册会计师审计主要是为了满足财产所有者对会计核算进行独立检查的要求、促使受托责任人（通常为经理或下属）在授权经营过程中作出诚实、可靠的行为。注册会计师审计的重心在资产负债表，旨在发现和防止错误与舞弊，审计方法是详细审计。详细审计又称账项基础审计，由于早期获取审计证据的方法比较简单，注册会计师将大部分精力投向会计凭证和会计账簿的详细检查。这种审计方式是围绕会计凭证、会计账簿和财务报表的编制过程来进行的。注册会计师通过对账表上的数字进行详细核实来判断是否存在舞弊行为和技术上的错误。注册会计师通常花费大量的时间进行检查、核对、加总和重新计算，所以，要求注册会计师具备良好的簿记和会计知识。随着审计范围的扩展和组织规模的扩大，注册会计师开始采用审计抽样技术，只是抽查数量仍然很大，而且在抽查样本的选择上仍然以判断抽样为主。当时由于注册会计师并没有认识到内部控制有效性在审计中的作用，样本的选择带有很大的盲目性。根据有关文献记载，当时的注册会计师在整个审计过程中，约3/4的时间花费在合计和过账上。从方法论的角度上讲，这种审计方法就是账项基础审计方法（accounting number-based audit approach）。

2. 制度基础审计

19世纪即将结束时，会计和审计步入了快速发展时期。注册会计师的审计重点从检查受托责任人对资产的有效使用转向检查企业的资产负债表和利润表，判断企业的财务状况和经营成果是否真实和公允。由于企业规模日益扩大，经济活动和交易事项内容不断丰富、复杂，注册会计师的审计工作量迅速增大，而需要的审计技术日益复杂，使得详细审计难以实施，企业对审计费用难以承受。经过长时间的探索，注册会计师越来越认识到单纯围绕账表进行详细审计，既耗费时间，又难以很好地完成审计工作。为了保证审计工作质量，必须另辟蹊径，寻找更为可靠的审计方法。在审计实践过程中，注册会计师逐渐发现内部控制的可靠性对于审计工作具有非常重要的意义。当内部控制设计合理且执行有效时，通常表明财务报表具有较高的可靠性；当内部控制设计不合理，或虽然设计合理但没有得到有效执行时，通常表明财务报表不具有可靠性。因此注册会计师开始将审计视角转向企业的内部控制，特别是会计信息赖以生成的内部控制，从而将内部控制与抽样审计结合起来。

以内部控制为基础的审计方法，改变了传统的审计方法，强调对内部控制的测试和评价。如果测试结果表明内部控制运行有效，那么内部控制就值得信赖，注册会计师对财务报表相关项目的审计只需抽取少量样本便可以得出审计结论；如果测试结果表明内部控制运行无效，那么内部控制就不值得信赖，注册会计师对财务报表相关项目的审计需要视情况扩大审计范围，检查足够数量的样本，才能得出审计结论。值得一提的是，企业规模的扩大、统计抽样技术的应用以及内部控制在企业的普及，推进了制度基础审计的产生和发展。从 20 世纪 50 年代起，以控制测试为基础的抽样审计在西方国家得到广泛应用，这也是审计方法逐渐走向成熟的重要标志。内部控制测试和评价构成了审计方法的重要组成部分。从方法论的角度，该种方法被称作制度基础审计方法(system-based audit approach)。

3. 风险导向审计

自 20 世纪 80 年代以来，科学技术和政治经济发生急剧变化，对企业经营管理产生重大影响，导致企业竞争更加激烈，经营风险日益增加，倒闭事件不断发生。于是对注册会计师审计工作提出了更高的要求，注册会计师必须从更高层次，综合考虑企业的环境和面临的经营风险，把握企业面临的各方面情况，分析企业经济业务中可能出现的错误和舞弊行为，并以此为出发点，制定审计策略，依据审计风险模型，制定与企业状况相适应的审计计划，以确保审计工作的效率和效果。最初开发的审计风险模型用下列方程式表示：

$$审计风险(AR) = 固有风险(IR) \times 控制风险(CR) \times 检查风险(DR)$$

审计风险是指当财务报表存在重大错报时注册会计师发表不恰当审计意见的可能性。固有风险是指在考虑相关的内部控制之前，某类交易、账户余额或披露的某一认定易于发生错报(该错报单独或连同其他错报可能是重大的)的可能性。控制风险是指某类交易、账户余额或披露的某一认定发生错报，该错报单独或连同其他错报可能是重大的，但没有被内部控制及时防止或发现并纠正的可能性。检查风险是指如果存在某一错报，该错报单独或连同其他错报可能是重大的，注册会计师为将审计风险降至可接受的低水平而实施程序后没有发现这种错报的风险。由于审计风险受到企业固有风险因素的影响，如管理人员的品行和能力、行业所处环境、业务性质、容易产生错报的财务报表项目、容易遭受损失或被挪用的资产等导致的风险，又受到内部控制风险因素的影响，即账户余额或各类交易存在错报，内部控制未能防止、发现或纠正的风险。此外，还受到注册会计师实施审计程序未能发现账户余额或各类交易存在错报风险的影响，职业界很快开发出了审计风险模型。审计风险模型的出现，从理论上解决了注册会计师以制度为基础采用抽样审计的随意性，又解决了审计资源的分配问题，要求注册会计师将审计资源分配到最容易导致财务报表出现重大错报的领域。从方法论的角度，注册会计师以审计风险模型为基础进行的审计，称为风险导向审计方法(risk-oriented audit approach)。

二、审计的分类

审计的分类标准有多种。其中按审计主体不同和按审计的目的、内容不同所做的分类是基本分类。

(一)按审计主体分类

审计按主体不同可以划分为国家审计、内部审计和注册会计师审计。

1. 国家审计

国家审计又称为政府审计，是指由政府审计机关执行的审计。政府审计机关包括国家审计署及其派出机构和地方各级人民政府的审计厅(局)。国家审计主要包括两方面的内容：一是政府财政收支审计，它对与各级政府收支有关的机关、事业单位的财政收支和会计资料进行审计监督，并检查其财政收支及公共资金的收支、运用情况；二是国有企业审计，指对国家拥有、控制或经营的企业进行的财务或管理上的审计。国家审计具有强制性。

2. 注册会计师审计

注册会计师审计也称民间审计、独立审计或社会审计，是指由注册会计师组成的民间审计组织进行的审计。这里的民间审计组织一般指会计师事务所，它是一个独立的经济组织。注册会计师审计主要是对被审计单位会计报表的合法性、公允性发表审计意见。注册会计师审计需经过委托方可进行。

3. 内部审计

内部审计是指由部门或单位内部相对独立的审计机构和审计人员对本部门或本单位的财政财务收支、经营管理活动及其经济效益进行审核和评价，查明其真实性、正确性、合法性、合规性和有效性，提出意见和建议的一种专门经济监督活动。内部审计部门是企业管理职能的重要组成部分。内部审计的主要工作是监督和检查本单位的财务收支和经营管理活动，其主要目的是通过审计健全内部控制系统，严肃财经纪律，查错揭弊，改善经营管理，提高经济效益，帮助企业实现其目标。

(二)按审计的目的、内容不同分类

审计按目的、内容不同可以划分为财务报表审计、合规审计和经营审计。

1. 财务报表审计

财务报表审计，亦称会计报表审计，是对被审计单位的财务报表、财务报表附注及相关附表进行的审计。这种审计的目的在于查明被审计单位的财务报表是否按照一般公认会计准则(在我国是指适用的《企业会计准则》和相关会计制度，下同)，公允地反映其财务

状况、经营成果和现金流量情况。财务报表审计是近代股份公司出现后，由于公司的所有权和经营权的分离，以及股份的社会化而逐渐发展起来的一种审计方式。财务报表审计是现代审计理论中最完备、方法最先进的一种审计方式。

2. 合规审计

合规审计，是为查明和确定被审计单位财务活动或经营活动是否符合有关法律、法规、规章制度、合同、协议和有关控制标准而进行的审计。由注册会计师或税务审核人员就企业所得税结算申报书是否遵从税法规定申报而进行的审计，是合规审计的典型例子。我国开展的财经法纪审计，如对严重违反国家现金管理规定、银行结算规定、成本开支范围、税法规定等行为所进行的审计，也是一种合规审计。按照有关规定，审计机关对违反财经纪律的单位和个人有权予以经济制裁；对严重违法乱纪人员，有权向有关部门建议予以行政纪律处分；对触犯国家刑律的，有权提请司法机关依法惩处。开展财经法纪审计对于维护财经纪律的严肃性，保证和推动改革开放的深入进行，保护国家、企业和个人三者的正当权益有特殊意义。

3. 经营审计

经营审计是为了评价某个组织的经济活动在业务、经营、管理方面的业绩，找出改进的机会并提出改善的建议，而对一个组织的全部或部分业务程序与方法进行的检查。经营审计的独立性要求不像财务报表审计那么严格，此外，内部审计人员、政府审计人员或注册会计师都可以执行经营审计。经营审计的结果以一定的报告形式传达给用户，但这种报告的形式与内容随着约定任务的情况不同而有着非常大的差别。经营审计的用户通常即是被审计单位，而且经营审计报告很少被第三方所利用。

(三)其他分类

审计除基本分类外，还可以按以下标准分类。例如，按审计范围不同，可以划分为全面审计和局部审计，综合审计与专项审计；按审计的时间不同，可分为事前审计和事后审计，期中审计和期末审计、定期审计和不定期审计；按审计地点不同，可分为就地审计、送达审计和远程网络审计；按审计动机不同，可分为法定审计和任意审计等。

第三节　审计职能与作用

一、审计职能

审计职能是指审计本身所固有的内在功能。审计有什么职能，有多少职能，这些都不是由人的主观意愿决定的，而是由社会经济条件和经济发展的客观需要决定的。审计职能不是一成不变的，它是随着经济的发展而发展变化的。目前，对于审计职能的论述，见解各异。通过总结历史和现实的审计实践，可以看出审计具有经济监督、经济评价和经济鉴证的职能。

(一)经济监督

监督是指监察和督促。经济监督是指监察和督促被审计单位的全部经济活动或某一特定方面在规定的标准以内，在正常的轨道上进行。

综观审计产生和发展的历史，审计无不表现为经济监督的活动，履行着经济监督的职能。古代封建王朝的官厅审计，为维护王朝的统治和利益，代理皇家专司财经监督的职责，对侵犯皇室利益者予以惩处。资本主义政府审计为维护资产阶级的整体利益，代理政府专司经济监督的职责，对损害资本主义利益的行为进行严格的审查和处罚。而作为资本主义国家的民间审计组织，也是代理审计委托者(如股东等)通过对被审计单位财务收支的公允性和合法性的审查来实施经济监督。内部审计同样要对本部门、本单位的经济活动进行检查，依照法规依据或内部标准加以评价和衡量，明辨是非，揭发违法违纪和不经济行为，追究受托经济责任，这些都是其执行经济监督职能的具体体现。社会主义政府和人民通过审计监督，可以严肃财经纪律，维护国家、人民和股东的利益，可以保证企事业单位经济活动的合法性。可见，经济监督仍然是社会主义审计的基本职能。

(二)经济评价

经济评价就是通过审核检查，评定被审计单位的计划、预算、决策、方案是否先进可行，经济活动是否按照既定的决策和目标进行，经济效益的高低优劣，以及内部控制系统是否健全、有效等，从而有针对性地提出意见和建议，以促使其改善经营管理，提高经济效益。

审核检查被审计单位的经济资料及其经济活动，是进行经济评价的前提。只有查明了被审计单位的客观事实，才能按照一定的标准，进行对比分析，形成各种经济评价意见。这样，经济评价才能建立在真实情况的基础之上，评价的结论才能客观、公正，才能被社会各界所接受。经济评价的过程同时也是肯定成绩、发现问题的过程。所以，审计建议是紧接着经济评价而产生的，是经济评价职能的一部分。审计建议就是审计人员从经济评价出发，提出改进经济工作、提高效率的办法和途径。这是现代审计对传统审计在职能上的拓展。

(三)经济鉴证

鉴证是指鉴定和证明。经济鉴证是指通过对被审计单位的财务报表及有关经济资料所反映的财务收支和有关经济活动的公允性、合法性的审核检查，确定其可信赖的程度，并作出书面报告，以取得审计委托人或其他有关方面的信任。

经济鉴证职能是随着现代审计的发展而出现的一项职能，它不断受到人们的重视而日益强化，并显示其重要作用。西方国家非常重视审计的经济鉴证职能，不少国家的法律明文规定，企业的财务报表必须经过审计人员鉴证之后，才能获得社会上的承认。我国各类企业财务报表必须经民间审计人员鉴证后，才具有法律效力。因此，审计的经济鉴证职能将越来越发挥其在经济生活中的重要作用。

应该说，不同的审计组织形式在审计职能的体现上侧重点有所不同，政府审计和内部审计侧重于经济监督和经济评价，民间审计则更侧重于经济鉴证。

二、审计作用

审计作用是履行审计职能、实现审计目标过程中所产生的社会效果。总结古今中外的审计实践，审计具有制约性和促进性两大作用。

(一)制约性作用

审计的制约性作用主要表现在：通过对被审计单位的财务收支及其有关经营管理活动审核检查，对被审计单位的财务收支及经营管理活动进行监督和鉴证，揭露贪污舞弊、弄虚作假等违法乱纪、严重损失浪费及不经济的行为，依法提请追究相关单位和人员的责任，从而纠错揭弊，保证国家的法律、法规、方针、政策、计划和预算的贯彻执行，维护财经纪律和各项规章制度，保证会计资料及其他资料的真实、可靠，保护国家财产的安全和完整，维护社会主义经济秩序，巩固社会主义法制。可以将上述内容概括为两点：一是揭示错误和舞弊。审计通过审查取证可以揭示错误和舞弊，不仅可以纠正核算错误，提高会计工作质量，还可以揭露舞弊，保护财产的安全，堵塞漏洞，防止损失。二是维护财经法纪。在审查取证、揭示各种违规违法行为的基础上，通过对过失人或犯罪者的查处，提交司法、监察部门进行处理，有助于纠正或防止违法行为，维护财经法纪。

(二)促进性作用

审计通过审核检查，对于被审计单位的经营管理制度及经营管理活动进行评价，指出其合理方面，以便继续推广；指出其不合理方面，并提出建议，以便纠正改进，促进其加强经营管理。对于经济活动所实现的经济效益进行评价，指出潜力所在，促进其进一步挖掘潜力，不断提高经济效益和社会效益。可以将上述内容概括为两点：一是改善经营管理。通过审查取证、评价揭示经营管理中的问题和管理制度上的薄弱环节，提出改进建议，促进改善经营管理。二是提高经济效益。通过对被审计单位财务收支及其有关经营管理活动效益性的审查，评价受托经济责任，总结经验，指出效益低下的环节，提出改进意见和建议，改进生产和经营管理工作，促进提高经济效益。

第四节 审计假设与基本要求

一、审计假设

审计假设是根据已获得的审计经验和已知的事实，并以已有的科学理论为指导，对审计事物所产生的原因及其运动规律作出推测性的解释，简言之，审计假设是指关于审计的科学猜测或设想。审计假设是公认的理论认识，是审计工作的前提，是审计理论的基石。审计假设是有条件的假设而不是随意的判断，它与审计推理、审计惯例、审计准则、审计观念等相关的审计概念有本质的区别。审计假设只是审计推理的依据，而本身不是推理的过程。审计假设受审计环境的影响，并受制于审计目标，同时又是制定审计概念、审计规范的依据。审计假设的研究起步于美英审计理论界。西方审计界主要有3种假设理论，即莫茨(Mautz)和夏拉夫(Sharaf)的八项审计假设观、托马斯·李(Thomas A. Lee)的三类十三项审计假设观以及戴维·费林特(David Flint)的七项审计假设观。他们的研究成果分别代表国外三种相互联系的审计假设体系。我国审计学者自20世纪80年代中期开始研究审计假设，不同的学者有不同的观点，其中刘明辉结合当下审计环境提出了风险导向战略系统审计的假设体系，其假设体系见表1-2。

表1-2 风险导向战略系统审计假设体系表

序号	所属层次	审计假设	意义
1	审计产生的原因	信息不对称	为什么需要审计以及审计干什么
2		信息不确定	派生出审计的性质、目标、任务以及各类审计概念
3		信息可验证	派生出审计证据、审计标准、审计风险和合理保证
4		信息重要性	明确经济责任，从而真正发挥审计的作用
5	审计主体应具备的资格条件	审计主体独立性	说明审计产生的理由，明确审计是一种证实、评价性活动，还可推导出审计必须是一种委托审计
6		审计主体胜任性	说明审计承担了社会责任
7		审计主体理性	推导出审计须通过制定规范予以约束、必须建立健全有关法律、规范对审计师的执业行为和道德行为予以规范和约束，并建立一定监督措施对审计质量予以控制
8	为开展审计工作提供逻辑依据和技术方法	内控有效性	演绎出控制测试、实质性程序、内部控制风险、抽样风险、统计抽样、判断抽样
9		风险可控性	有助于揭露企业财务报表中所包含的重大差错和舞弊，从而缩小社会公众的需求和审计能力之间的期望差距，使审计风险控制在社会可接受的水平范围之内
10		认同一贯性	为审计师执行所有验证工作提供了指南及必要的保护，从而使审计责任有了一个合理的界限
11		证据力差别	为审计工作的顺利进行提供了必要的基础
12	明确会计责任和审计责任	责任明确性	为判定审计的法律责任提供前提，使审计不至经常陷于诉讼的旋涡，从而有利于审计事业的发展

二、审计基本要求

(一)遵守职业道德要求

注册会计师受到与财务报表审计相关的职业道德要求(包括与独立性相关的要求)的约

束。相关的职业道德要求通常是指中国注册会计师职业道德守则（以下简称职业道德守则）中与财务报表审计相关的规定。

《中国注册会计师职业道德守则第 1 号——职业道德基本原则》和《中国注册会计师职业道德守则第 2 号——职业道德概念框架》规定了与注册会计师执行财务报表审计相关的职业道德基本原则，并提供了应用这些原则的概念框架。《中国注册会计师职业道德守则第 3 号——提供专业服务的具体要求》和《中国注册会计师职业道德守则第 4 号——审计和审阅业务对独立性的要求》说明了注册会计师执行审计和审阅业务时如何在具体情形下应用概念框架。就审计业务而言，注册会计师独立于被审计单位是符合公众利益的，因此，职业道德守则对独立性作出要求。职业道德守则规定，独立性包括实质上的独立性和形式上的独立性。注册会计师独立于被审计单位，能够保护其形成审计意见的能力，使其在发表审计意见时免受不当影响。独立性能够增强注册会计师诚信行事、保持客观和公正以及职业怀疑的能力。

《质量控制准则第 5101 号——会计师事务所对执行财务报表审计和审阅、其他鉴证和相关服务业务实施的质量控制》规定了会计师事务所建立和保持有关审计业务的质量控制制度的责任，同时规定了会计师事务所应当制定政策和程序，以合理保证会计师事务所及其人员遵守相关职业道德要求的责任。

《中国注册会计师审计准则第 1121 号——财务报表审计实施的质量控制》规定了项目合伙人与相关职业道德要求有关的责任。这些责任包括通过观察和必要的询问，对项目组成员违反相关职业道德要求的迹象保持警觉；如果注意到项目组成员违反相关职业道德要求，确定采取的适当措施；就适用于审计业务的独立性要求的遵守情况形成结论。该准则还规定，在实施适用于审计业务的质量控制程序时，项目组可以依赖会计师事务所质量控制制度，除非会计师事务所或者其他机构或人员提供的信息表明其不可信赖。

（二）保持职业怀疑

在计划和实施审计工作时，注册会计师应当保持职业怀疑，认识到可能存在导致财务报表发生重大错报的情形。职业怀疑，是指注册会计师执行审计业务的一种态度，包括采取质疑的思维方式，对可能表明由于舞弊或错误导致错报的情况保持警觉，以及对审计证据进行审慎评价。职业怀疑应当从以下方面理解。

1. 职业怀疑在本质上要求秉持一种质疑的理念

这种理念促使注册会计师在考虑获取的相关信息和得出结论时采取质疑的思维方式。在这种理念下，注册会计师应当具有批判和质疑的精神，摒弃“存在即合理”的逻辑思维，寻求事物的真实情况。同时，职业怀疑与客观和公正、独立性两项职业道德基本原则密切相关。保持独立性可以增强注册会计师在审计中保持客观和公正、职业怀疑的能力。

2. 职业怀疑要求对引起疑虑的情形保持警觉

这些情形包括但不限于：相互矛盾的审计证据；引起对文件记录、对询问的答复的可靠性产生怀疑的信息；表明可能存在舞弊的情况；表明需要实施除审计准则规定外的其他审计程序的情形。

3. 职业怀疑要求审慎评价审计证据

审计证据包括支持和印证管理层认定的信息，也包括与管理层认定相互矛盾的信息。审慎评价审计证据是指质疑相互矛盾的审计证据的可靠性。在怀疑信息的可靠性或存在舞弊迹象时(例如，在审计过程中识别出的情况使注册会计师认为文件可能是伪造的或文件中的某些信息已被篡改)，注册会计师需要作出进一步调查，并确定需要修改哪些审计程序或实施哪些追加的审计程序。应当指出的是，虽然注册会计师需要在审计成本与信息的可靠性之间进行权衡，但是，审计中的困难、时间或成本等事项本身，不能作为省略不可替代的审计程序或满足于说服力不足的审计证据的理由。

4. 职业怀疑要求客观评价管理层和治理层

由于管理层和治理层为实现预期利润或趋势结果而承受内部或外部压力，即使以前正直、诚信的管理层和治理层也可能发生变化。因此，注册会计师不应依赖以往对管理层和治理层诚信形成的判断。即使注册会计师认为管理层和治理层是正直、诚实的，也不能降低保持职业怀疑的要求，不允许在获取合理保证的过程中满足于说服力不足的审计证据。职业怀疑是注册会计师综合技能不可或缺的一部分，是保证审计质量的关键要素。保持职业怀疑有助于注册会计师恰当运用职业判断，提高审计程序设计及执行的有效性，降低审计风险。在审计过程中，保持职业怀疑的作用包括：①在识别和评估重大错报风险时，保持职业怀疑有助于注册会计师设计恰当的风险评估程序，有针对性地了解被审计单位及其环境；有助于使注册会计师对引起疑虑的情形保持警觉，充分考虑错报发生的可能性和重大程度，有效识别和评估重大错报风险。②在设计和实施进一步审计程序以应对重大错报风险时，保持职业怀疑有助于注册会计师针对评估出的重大错报风险，恰当设计进一审计程序的性质、时间安排和范围，降低选取不适当的审计程序的风险；有助于注册会计师对已获取的审计证据表明可能存在未识别的重大错报风险的情形保持警觉，并作出进一步调查。③在评价审计证据时，保持职业怀疑有助于注册会计师评价是否已获取充分、适当的审计证据以及是否还需执行更多的工作；有助于注册会计师审慎评价审计证据，纠正仅获取最容易获取的审计证据，忽视存在相互矛盾的审计证据的偏向。

(三)合理运用职业判断

1. 职业判断的定义

职业判断，是指在审计准则、财务报告编制基础和职业道德要求的框架下，注册会计师综合运用相关知识、技能和经验，作出适合审计业务具体情况、有根据的行动决策。

2. 需要运用职业判断的重要领域

其重要领域包括确定重要性和评估审计风险；为满足审计准则的要求和收集审计证据的需要，确定所需实施的审计程序的性质、时间安排和范围；为实现审计准则规定的目标和注册会计师的总体目标，评价是否已获取充分、适当的审计证据以及是否还需执行更多的工作；评价管理层在应用适用的财务报告编制基础时作出的判断；根据已获取的审计证据得出结论，如评估管理层在编制财务报表时作出的估计的合理性。

3. 评价职业判断

注册会计师评价职业判断是否适当，可以基于如下两个方面：①作出的判断是否反映了对审计和会计原则的适当运用；②根据截至审计报告日注册会计师知悉的事实和情况，作出的判断是否适当，是否与这些事实和情况相一致。

第五节　审计要素与目标

一、审计要素

审计旨在增进某一鉴证对象信息的可信性。注册会计师通过收集充分、适当的证据来评价财务报表是否在所有重大方面符合会计准则，并出具审计报告，从而提高财务报表的可信性。因此，审计要素包括审计业务的三方关系人、财务报表(鉴证对象信息)、财务报表编制基础(标准)、审计证据和审计报告。

(一)审计业务的三方关系人

三方关系人分别是注册会计师、被审计单位管理层(责任方)、财务报表预期使用者。注册会计师对由被审计单位管理层负责的财务报表发表审计意见，以增强除管理层之外的预期使用者对财务报表的信赖程度。由于财务报表是由被审计单位管理层负责的，因此，注册会计师的审计意见主要是向除管理层之外的预期使用者提供的。在某些情况下，管理层和预期使用者可能来自同一企业，但并不意味着两者就是同一方。例如，某公司同时设有董事会和监事会，监事会需要对董事会和管理层负责编制的财务报表进行监督。

由于审计意见有利于提高财务报表的可信性，有可能对管理层有用，因此，在这种情况下，管理层也会成为预期使用者之一，但不是唯一的预期使用者。例如，管理层是审计报告的预期使用者之一，但同时预期使用者还包括企业的股东、债权人、监管机构等。因此，是否存在三方关系是判断某项业务是否属于审计业务或其他鉴证业务的重要标准之一。如果某项业务不存在除责任方之外的其他预期使用者，那么，该业务不构成一项审计业务或其他鉴证业务。

1. 注册会计师

注册会计师是指取得注册会计师证书并在会计师事务所执业的人员，通常是指项目合伙人或项目组其他成员，有时也指其所在的会计师事务所。

按照审计准则的规定对财务报表发表审计意见是注册会计师的责任。为履行这一职责，注册会计师应当遵守相关职业道德要求，按照审计准则的规定计划和实施审计工作，获取充分、适当的审计证据，并根据获取的审计证据得出合理的审计结论，发表恰当的审计意见。注册会计师通过签署审计报告确认其责任。

如果审计业务涉及的特殊知识和技能超出了注册会计师的能力，注册会计师可以利用专家协助执行审计业务。在这种情况下，注册会计师应当确信包括专家在内的项目组整体已具备执行该项审计业务所需的知识和技能，并充分参与该项审计业务和了解专家所承担的工作。

2. 被审计单位管理层(责任方)

责任方是指对财务报表负责的组织或人员，即被审计单位管理层。管理层是指对被审计单位经营活动的执行负有经营管理责任的人员。在某些被审计单位，管理层包括部分或全部的治理层成员，如治理层中负有经营管理责任的人员，或参与日常经营管理的业主(以下简称业主兼经理)。治理层是指对被审计单位战略方向以及管理层履行经营管理责任负有监督责任的人员或组织。治理层的责任包括监督财务报告过程。

与管理层和治理层责任相关的执行审计工作的前提(以下简称执行审计工作的前提)，是指管理层和治理层(如适用)认可并理解其应当承担下列责任，这些责任构成注册会计师按照审计准则的规定执行审计工作的基础：按照适用的财务报告编制基础编制财务报表，并使其实现公允反映(如适用)；设计、执行和维护必要的内部控制，以使财务报表不存在由于舞弊或错误导致的重大错报；向注册会计师提供必要的工作条件，包括允许注册会计师接触与编制财务报表相关的所有信息(如记录、文件和其他事项)，向注册会计师提供审计所需的其他信息，允许注册会计师在获取审计证据时不受限制地接触其认为必要的内部人员和其他相关人员。财务报表审计并不减轻管理层或治理层的责任。财务报表编制和财务报表审计是财务信息生成链条上的不同环节，两者各司其职。法律法规要求管理层和治理层对编制财务报表承担责任，有利于从源头上保证财务信息质量。同时，在某些方面，注册会计师与管理层和治理层之间可能存在信息不对称。管理层和治理层作为内部人员，对企业的情况更为了解，更能作出适合企业特点的会计处理决策和判断，因此，管理层和治理层理应对编制财务报表承担完全责任。尽管在审计过程中注册会计师可能向管理层和治理层提出调整建议，甚至在不违反独立性的前提下为管理层编制财务报表提供协助，但管理层仍然对编制财务报表承担责任，并通过签署财务报表确认这一责任。如果财务报表存在重大错报，而注册会计师通过审计没有能够发现，也不能因为财务报表已经注册会计师审计这一事实而减轻管理层和治理层对财务报表的责任。

3. 预期使用者

预期使用者是指预期使用审计报告和财务报表的组织或人员。如果审计业务服务于特定的使用者或具有特殊目的，注册会计师可以很容易地识别预期使用者。例如，企业向银行贷款，银行要求企业提供一份反映财务状况的财务报表，那么，银行就是该审计报告的预期使用者。

注册会计师可能无法识别使用审计报告的所有组织和人员，尤其在各种可能的预期使用者对财务报表(鉴证对象信息)存在不同的利益需求时。此时，预期使用者主要是指那些与财务报表(鉴证对象信息)有重要和共同利益的主要利益相关者，例如，在上市公司财务报表审计中，预期使用者主要是指上市公司的股东。注册会计师应当根据法律法规的规定或与委托人签订的协议识别预期使用者。

审计报告的收件人应当尽可能地明确为所有的预期使用者，但在实务中往往很难做到这一点。原因很简单，有时审计报告并不向某些特定组织或人员提供，但这些组织或人员也有可能使用审计报告。例如，注册会计师为上市公司提供财务报表审计服务，其审计报告的收件人为“××股份有限公司全体股东”，但除了股东之外，公司债权人、证券监管机构等显然也是预期使用者。

(二)财务报表(鉴证对象信息)

鉴证对象是否适当，是注册会计师能否将一项业务作为审计业务或其他鉴证业务予以承接的前提条件。适当的鉴证对象应当同时具备下列条件：鉴证对象可以识别；不同的组织或人员对鉴证对象按照既定标准进行评价或计量的结果合理一致；注册会计师能够收集与鉴证对象有关的信息，获取充分、适当的证据，以支持其提出适当的鉴证结论。

在财务报表审计中，鉴证对象是历史的财务状况、经营业绩和现金流量，鉴证对象信息即财务报表。财务报表，是指依据某一财务报告编制基础对被审计单位历史财务信息作出的结构性表述，包括相关附注，旨在反映某一时点的经济资源或义务或者某一时期经济资源或义务的变化。相关附注通常包括重要会计政策概要和其他解释性信息。财务报表通常是指整套财务报表，有时也指单一财务报表。整套财务报表的构成应当根据适用的财务报告编制基础的规定确定。

(三)财务报表编制基础(标准)

标准是指用于评价或计量鉴证对象的基准，当涉及列报时，还包括列报的基准。标准是审计业务和其他鉴证业务中不可或缺的一项要素。运用职业判断对鉴证对象作出评价或计量，离不开适当的标准。如果没有适当的标准提供指引，任何个人的解释甚至误解都可能对结论产生影响，这样一来，结论必然缺乏可信性。也就是说，标准是对所要发表意见的鉴证对象进行“度量”的“尺子”，责任方和注册会计师可以根据这把“尺子”对鉴证对象进行“度量”。

注册会计师在运用职业判断对鉴证对象作出合理一致的评价或计量时，需要有适当的标准。适当的标准应当具备下列所有特征：①相关性。相关的标准有助于得出结论，便于预期使用者作出决策。②完整性。完整的标准不应忽略业务环境中可能影响得出结论的相关因素，当涉及列报时，还包括列报的基准；③可靠性。可靠的标准能够使能力相近的注册会计师在相似的业务环境中，对鉴证对象作出合理一致的评价或计量。④中立性。中立的标准有助于得出无偏向的结论。⑤可理解性。可理解的标准有助于得出清晰、易于理解、不会产生重大歧义的结论。注册会计师基于自身的预期、判断和个人经验对鉴证对象进行的评价和计量，不构成适当的标准。

在财务报表审计中，财务报告编制基础即是标准。适用的财务报告编制基础，是指法律法规要求采用的财务报告编制基础，或者管理层和治理层（如适用）在编制财务报表时，就被审计单位性质和财务报表目标而言，采用的可接受的财务报告编制基础。财务报告编制基础分为通用目的编制基础和特殊目的编制基础。通用目的编制基础，旨在满足广大财务报表使用者共同的财务信息需求的财务报告编制基础，主要是指会计准则和会计制度。特殊目的编制基础，旨在满足财务报表特定使用者对财务信息需求的财务报告编制基础，包括计税核算基础、监管机构的报告要求和合同的约定等。

（四）审计证据

注册会计师对财务报表提供合理保证是建立在获取充分、适当证据的基础上的。审计证据，是指注册会计师为了得出审计结论和形成审计意见而使用的必要信息。审计证据在性质上具有累积性，主要是在审计过程中通过实施审计程序获取的。然而，审计证据还可能包括从其他来源获取的信息，如以前审计中获取的信息（前提是注册会计师已确定自上次审计后是否已发生变化，这些变化可能影响这些信息对本期审计的相关性）或会计师事务所接受与保持客户或业务时实施质量控制程序获取的信息。除从被审计单位内部其他来源和外部来源获取的信阜外，会计记录也是重要的审计证据来源。同样，被审计单位雇用或聘请的专家编制的信息也可以作为审计证据。审计证据既包括支持和佐证管理层认定的信息，也包括与这些认定相矛盾的信息。在某些情况下，信息的缺乏（如管理层拒绝提供注册会计师要求的声明）本身也构成审计证据，可以被注册会计师利用。在形成审计意见的过程中，注册会计师的大部分工作是获取和评价审计证据。

审计证据的充分性和适当性相互关联。充分性是对审计证据数量的衡量。注册会计师需要获取的审计证据的数量受其对重大错报风险评估的影响（评估的重大错报风险越高，需要的审计证据可能越多），并受审计证据质量的影响（审计证据质量越高，需要的审计证据可能越少）。然而，注册会计师仅靠获取更多的审计证据可能无法弥补其质量上的缺陷。审计证据的适当性是对审计证据质量的衡量，即审计证据在支持审计意见所依据的结论方面具有的相关性和可靠性。审计证据的可靠性受其来源和性质的影响，并取决于获取审计证据的具体环境。

由于不同来源或不同性质的证据可以证明同一项认定，注册会计师可以考虑获取证据的成本与所获取信息有用性之间的关系，但不应仅以获取证据的困难和成本为由减少不可替代的程序。在评价证据的充分性和适当性以支持鉴证报告时，注册会计师应当运用职业判断，并保持职业怀疑态度。

（五）审计报告

注册会计师应当针对财务报表（鉴证对象信息）在所有重大方面是否符合适当的财务报表编制基础（标准），以书面报告的形式发表能够提供合理保证程度的意见。

如果对财务报表发表无保留意见，除非法律法规另有规定，注册会计师应当在审计意见中使用“财务报表在所有重大方面按照适用的财务报告编制基础(如企业会计准则等)编制，公允反映了……”的措辞。如果存在下列情形之一时，注册会计师应当对财务报表清楚地发表恰当的非无保留意见：根据获取的审计证据，得出财务报表整体存在重大错报的结论；无法获取充分、适当的审计证据，不能得出财务报表整体不存在重大错报的结论。

除审计准则规定的注册会计师对财务报表出具审计报告的责任外，相关法律法规可能对注册会计师设定了其他报告责任。如果注册会计师在对财务报表出具的审计报告中履行了其他报告责任，应当在审计报告中将其单独作为一部分，并以“按照相关法律法规的要求报告的事项”为标题。

二、审计目标

(一)审计的总体目标

在执行财务报表审计工作时，注册会计师的总体目标是：对财务报表整体是否不存在由于舞弊或错误导致的重大错报获取合理保证，使得注册会计师能够对财务报表是否在所有重大方面按照适用的财务报告编制基础编制发表审计意见；按照审计准则的规定，根据审计结果对财务报表出具审计报告，并与管理层和治理层沟通。

在任何情况下，如果不能获取合理保证，并且在审计报告中发表保留意见也不足以实现向预期使用者报告的目的，注册会计师应当按照审计准则的规定出具无法表示意见的审计报告，或者在法律法规允许的情况下终止审计业务或解除业务约定。注册会计师是否按照审计准则的规定执行了审计工作，取决于注册会计师在具体情况下实施的审计程序，由此获取的审计证据的充分性和适当性，以及根据总体目标和对审计证据的评价结果而出具审计报告的恰当性。审计准则作为一个整体，为注册会计师执行审计工作以实现总体目标提供了标准。审计准则规范了注册会计师的一般责任以及在具体方面履行这些责任时的进一步考虑。每项审计准则都明确了规范的内容、适用的范围和生效的日期。在执行审计工作时，除遵守审计准则外，注册会计师可能还需要遵守法律法规的规定。

每项审计准则规定目标的作用在于，使注册会计师关注每项审计准则预期实

现的结果。这些目标足够具体，可以帮助注册会计师：理解所需完成的工作，以及在必要时为完成这些工作使用的恰当手段；确定在审计业务的具体情况下是否需要完成更多的工作以实现目标。注册会计师需要将每项审计准则规定的目标与总体目标联系起来进行理解。注册会计师需要考虑运用“目标”决定是否需要实施追加的审计程序。审计准则的要求，旨在使注册会计师能够实现审计准则规定的目标，进而实现注册会计师的总体目标。因此，注册会计师恰当执行审计准则的要求，预期会为其实现目标提供充分的基础。然而，由于各项审计业务的具体情况存在很大差异，并且审计准则不可能预想到所有的情况，注册会计师有责任确定必要的审计程序，以满足准则的要求和实现目标。针对某项业

务的具体情况，可能存在一些特定事项，需要注册会计师实施审计准则要求之外的审计程序，以实现审计准则规定的目标。

(二)认定

1. 认定的含义

认定，是指管理层在财务报表中作出的明确或隐含的表达，注册会计师将其用于考虑可能发生的不同类型的潜在错报。认定与审计目标密切相关，注册会计师的基本职责就是确定被审计单位管理层对其财务报表的认定是否恰当。注册会计师了解了认定，就很容易确定每个项目的具体审计目标。通过考虑可能发生的不同类型的潜在错报，注册会计师运用认定评估风险，并据此设计审计程序以应对评估的风险。当管理层声明财务报表已按照适用的财务报告编制基础编制，在所有重大方面作出公允反映时，就意味着管理层对财务报表各组成要素的确认、计量、列报以及相关的披露作出了认定。管理层在财务报表上的认定有些是明确表达的，有些则是隐含表达的。例如，管理层在资产负债表中列报存货及其金额，意味着作出下列明确的认定：记录的存货是存在的；存货以恰当的金额包括在财务报表中，与之相关的计价或分摊调整已恰当记录。同时，管理层也作出下列隐含的认定：所有应当记录的存货均已记录；记录的存货都由被审计单位拥有。对于管理层对财务报表各组成要素作出的认定，注册会计师的审计工作就是要确定管理层的认定是否恰当。

2. 关于所审期间各类交易、事项及相关披露的认定

注册会计师对所审计期间的各类交易和事项运用的认定通常分为下列类别。

(1)发生：记录的交易或事项已发生，且与被审计单位有关。

(2)完整性：所有应当记录的交易和事项均已记录。

(3)准确性：与交易和事项有关的金额及其他数据已恰当记录。

(4)截止：交易和事项已记录于正确的会计期间。

(5)分类：交易和事项已记录于恰当的账户。

(6)列报：交易和事项已被恰当地汇总或分解且表述清楚，相关披露在适用的财务报告编制基础下是相关的、可理解的。

3. 关于期末账户余额及相关披露的认定

注册会计师对期末账户余额运用的认定通常分为下列类别。

(1)存在：记录的资产、负债和所有者权益是存在的。

(2)权利和义务：记录的资产由被审计单位拥有或控制，记录的负债是被审计单位应当履行的偿还义务。

(3)完整性：所有应当记录的资产、负债和所有者权益均已记录。

(4)准确性、计价和分摊：资产、负债和所有者权益以恰当的金额包括在财务报表中，与之相关的计价或分摊调整已恰当记录。

(5)分类：资产、负债和所有者权益已记录于恰当的账户。

(6)列报：资产、负债和所有者权益已被恰当地汇总或分解且表述清楚，相关披露在适用的财务报告编制基础下是相关的、可理解的。

注册会计师可以按照上述分类运用认定，也可按其他方式表述认定，但应涵盖上述所有方面。例如，注册会计师可以选择将有关交易和事项的认定与有关账户余额的认定综合运用。又如，当发生和完整性认定包含了对交易是否记录于正确会计期间的恰当考虑时，就可能不存在与交易和事项截止相关的单独认定。

(三)具体审计目标

注册会计师了解认定后，就很容易确定每个项目的具体审计目标，并以此作为评估重大错报风险以及设计和实施进一步审计程序的基础。

1. 与所审期间各类交易、事项及相关披露相关的审计目标

(1)发生：由发生认定推导的审计目标是确认已记录的交易是真实的。例如，如果没有发生销售交易，但在销售日记账中记录了一笔销售，则违反了该目标。发生认定所要解决的问题是管理层是否把那些不曾发生的项目列入财务报表，它主要与财务报表组成要素的高估有关。

(2)完整性：由完整性认定推导的审计目标是确认已发生的交易确实已经记录。例如，如果发生了销售交易，但没有在销售明细账和总账中记录，则违反了该目标。发生和完整性两者强调的是相反的关注点。发生目标针对潜在的高估，而完整性目标则针对漏记交易(低估)。

(3)准确性：由准确性认定推导出的审计目标是确认已记录的交易是按正确金额反映的。例如，如果在销售交易中，发出商品的数量与账单上的数量不符，或是开账单时使用了错误的销售价格，或是账单中的乘积或加总有误，或是在销售明细账中记录了错误的金额，则违反了该目标。

准确性与发生、完整性之间存在区别。例如，若已记录的销售交易是不应当记录的(如发出的商品是寄销商品)，则即使发票金额是准确计算的，仍违反了发生目标。再如，若已入账的销售交易是对正确发出商品的记录，但金额计算错误，则违反了准确性目标，没有违反发生目标。在完整性与准确性之间也存在同样的关系。

(4)截止：由截止认定推导出的审计目标是确认接近于资产负债表日的交易记录于恰当的期间。例如，如果本期交易推到下期，或下期交易提到本期，均违反了截止目标。

(5)分类：由分类认定推导出的审计目标是确认被审计单位记录的交易经过适当分类。例如，如果将现销记录为赊销，在销售经营性固定资产所得的收入记录为营业收入，则导致交易分类的错误，违反了分类目标。

(6)列报：由列报认定推导出的审计目标是确认被审计单位记录的交易和事项已被恰当地汇总或分解且表述清楚，相关披露在适用的财务报告编制基础下是相关的、可理解的。

2. 与期末账户余额及相关披露相关的审计目标

(1)存在：由存在认定推导的审计目标是确认记录的金额确实存在。例如，如果不存在某顾客的应收账款，在应收账款明细表中却列入了对该顾客的应收账款，则违反了存在目标。

(2)权利和义务：由权利和义务认定推导的审计目标是确认资产归属于被审计单位，负债属于被审计单位的义务。例如，将他人寄售商品列入被审计单位的存货中，违反了权利目标；将不属于被审计单位的债务记入账内，违反了义务目标。

(3)完整性：由完整性认定推导的审计目标是确认已存在的金额均已记录。例如，如果存在某顾客的应收账款，而应收账款明细表中却没有列入，则违反了完整性目标。

(4)准确性、加价和分摊：资产、负债和所有者权益以恰当的金额包括在财务报表中，与之相关的计价或分摊调整已恰当记录。

(5)分类：资产、负债和所有者权益已记录于恰当的账户。

(6)列报：资产、负债和所有者权益已被恰当地汇总或分解且表述清楚，相关披露在适用的财务报告编制基础下是相关的、可理解的。

第六节　审计风险与审计过程

一、审计风险

审计风险，是指当财务报表存在重大错报时，注册会计师发表不恰当审计意见的可能性。审计风险是一个与审计过程相关的技术术语，并不是指注册会计师执行业务的法律后果，如因诉讼、负面宣传或其他与财务报表审计相关的事项而导致损失的可能性。审计风险取决于重大错报风险和检查风险。

(一)重大错报风险

重大错报风险是指财务报表在审计前存在重大错报的可能性。重大错报风险与被审计单位的风险相关，且独立于财务报表审计而存在。在设计审计程序以确定财务报表整体是否存在重大错报时，注册会计师应当从财务报表层次和各类交易、账户余额和披露认定层次方面考虑重大错报风险。《中国注册会计师审计准则第 1211 号——通过了解被审计单位及其环境识别和评估重大错报风险》对注册会计师如何评估财务报表层次和认定层次的重大错报风险提出了详细的要求。

1. 两个层次的重大错报风险

财务报表层次重大错报风险与财务报表整体存在广泛联系，可能影响多项认定。此类风险通常与控制环境有关，但也可能与其他因素有关，如经济萧条。此类风险难以界定于某类交易、账户余额和披露的具体认定；相反，此类风险增大了任何数目的不同认定发生重大错报的可能性，注册会计师考虑由舞弊引起的风险特别相关。

注册会计师同时考虑各类交易、账户余额和披露认定层次的重大错报风险，考虑的结果直接有助于注册会计师确定认定层次上实施的进一步审计程序的性质、时间安排和范围。注册会计师在各类交易、账户余额和披露认定层次获取审计证据，以便能够在审计工作完成时，以可接受的低审计风险水平对财务报表整体发表审计意见。《中国注册会计师审计准则第1231号——针对评估的重大错报风险采取的应对措施》对注册会计师如何应对评估的两个层次重大错报风险，提出了详细的要求。

2. 固有风险和控制风险

认定层次的重大错报风险又可以进一步细分为固有风险和控制风险。

(1)固有风险。指在考虑相关的内部控制之前，某类交易、账户余额或披露的某一认定易于发生错报(该错报单独或连同其他错报可能是重大的)的可能性。某些类别的交易、账户余额和披露及其认定，固有风险较高。例如，复杂的计算比简单计算更可能出错；受重大计量不确定性影响的会计估计发生错报的可能性较大。产生经营风险的外部因素也可能影响固有风险，例如，技术进步可能导致某项产品陈旧，进而导致存货易于发生高估错报(计价认定)。被审计单位及其环境中的某些因素还可能与多个甚至所有类别的交易、账户余额和披露有关，进而影响多个认定的固有风险。这些因素包括维持经营的流动资金匮乏、被审计单位处于夕阳行业等。

(2)控制风险。指某类交易、账户余额或披露的某一认定发生错报，该错报单独或连同其他错报是重大的，但没有被内部控制及时防止或发现并纠正的可能性。控制风险取决于与财务报表编制有关的内部控制的设计和运行的有效性。由于控制的固有局限性，某种程度的控制风险始终存在。

需要特别说明的是，由于固有风险和控制风险不可分割地交织在一起，有时无法单独进行评估，本教材通常不再单独提到固有风险和控制风险，而只是将这两者合并称为“重大错报风险”。但这并不意味着，注册会计师不可以单独对固有风险和控制风险进行评估。相反，注册会计师既可以对两者进行单独评估，也可以对两者进行合并评估。具体采用的评估方法取决于会计师事务所偏好的审计技术和方法及实务上的考虑。

(二)检查风险

检查风险是指如果存在某一错报，该错报单独或连同其他错报可能是重大的，注册会计师为将审计风险降至可接受的低水平而实施程序后没有发现这种错报的风险。检查风险取决于审计程序设计的合理性和执行的有效性。由于注册会计师通常并不对所有的交易、账户余额和披露进行检查，以及其他原因，检查风险不可能降低为零。其他原因包括注册会计师可能选择了不恰当的审计程序、审计过程执行不当，或者错误解读了审计结论。这些因素可以通过适当计划、在项目组成员之间进行恰当的职责分配、保持职业怀疑态度以及监督、指导和复核项目组成员执行的审计工作得以解决。

（三）检查风险与重大错报风险的反向关系

在既定的审计风险水平下，可接受的检查风险水平与认定层次重大错报风险的评估结果呈反向关系，如图1-1所示。评估的重大错报风险越高，可接受的检查风险越低；评估的重大错报风险越低，可接受的检查风险就越高。检查风险与重大错报风险的反向关系用数学模型表示如下：

审计风险 = 重大错报风险 × 检查风险

这个模型也就是审计风险模型。假设针对某一认定，注册会计师将可接受的审计风险水平设定为5%，注册会计师实施风险评估程序后将重大错报风险评估为25%，则根据这一模型，可接受的检查风险为20%。当然，实务中，注册会计师不一定用绝对数量表达这些风险水平，而是选用“高”“中”“低”等文字进行定性描述。注册会计师应当合理设计审计程序的性质、时间安排和范围，并有效执行审计程序，以控制检查风险。上例中，注册会计师根据确定的可接受检查风险（20%），设计审计程序的性质、时间安排和范围。审计计划在很大程度上围绕确定审计程序的性质、时间安排和范围而展开。

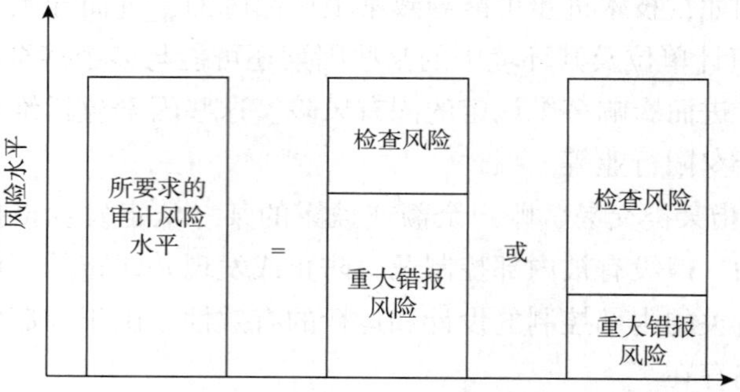

图1-1　检查风险与重大错报风险的反向关系

（四）审计的固有限制

注册会计师不可能将审计风险降至零，因此不能对财务报表不存在由于舞弊或错误导致的重大错报获取绝对保证。这是由于审计存在固有限制，导致注册会计师据以得出结论和形成审计意见的大多数审计证据是说服性而非结论性的。审计的固有限制源于：财务报告的性质；审计程序的性质；在合理的时间内以合理的成本完成审计的需要。

1. 财务报告的性质

管理层编制财务报表，需要根据被审计单位的事实和情况运用适用的财务报告编制基础的规定，在这一过程中需要作出判断。此外，许多财务报表项目涉及主观决策、评估或一定程度的不确定性，并且可能存在一系列可接受的解释或判断。因此，某些财务报表项目的金额本身就存在一定的变动幅度，这种变动幅度不能通过实施追加的审计程序来消除。例如，某些会计估计通常如此。即便如此，审计准则要求注册会计师特别考虑在适用的财务报告编制基础下会计估计是否合理，相关披露是否充分，会计实务的质量是否良好(包括管理层判断是否可能存在偏向)。

2. 审计程序的性质

注册会计师获取审计证据的能力受到实务和法律上的限制。例如，①管理层或其他人员可能有意或无意地不提供与财务报表编制相关的或注册会计师要求的全部信息。因此，即使实施了旨在保证获取所有相关信息的审计程序，注册会计师也不能保证信息的完整性。②舞弊可能涉及精心策划和蓄意实施以进行隐瞒，因此，用以收集审计证据的审计程序可能对于发现舞弊是无效的。如舞弊导致的错报涉及串通伪造文件，使得注册会计师误以为有效的证据实际上是无效的。注册会计师没有接受文件真伪鉴定方面的培训，不应被期望成为鉴定文件真伪的专家。③审计不是对涉嫌违法行为的官方调查。因此，注册会计师没有被授予特定的法律权力(如搜查权)，而这种权力对调查是必要的。

3. 财务报告的及时性和成本效益的权衡

审计中的困难、时间或成本等事项本身，不能作为注册会计师省略不可替代的审计程序或满足于说服力不足的审计证据的正当理由。制定适当的审计计划有助于保证执行审计工作需要的充分的时间和资源。尽管如此，信息的相关性及其价值会随着时间的推移而降低，所以需在信息的可靠性和成本之间进行权衡。这在某些财务报告编制基础中得到认可。要求注册会计师处理所有可能存在的信息是不切实际的，基于信息存在错误或舞弊除非能够提供反证的假设而竭尽可能地追查每一个事项也是不切实际的。正是因为认识到这一点，财务报表使用者的期望是：注册会计师在合理的时间内以合理的成本对财务报表形成审计意见。为了在合理的时间内以合理的成本对财务报表形成审计意见，注册会计师有必要：①计划审计工作，以使审计工作以有效的方式得到执行；②将审计资源投向最可能存在重大错报风险的领域，并相应地在其他领域减少审计资源；③运用测试和其他方法检查总体中存在的错报。

由于审计的固有限制，即使按照审计准则的规定适当地计划和执行审计工作，也不可避免地存在财务报表的某些重大错报可能未被发现风险。相应的，完成审计工作后发现由于舞弊或错误导致的财务报表重大错报，其本身并不表明注册会计师没有按照审计准则的规定执行审计工作。尽管如此，审计的固有限制并不能作为注册会计师满足于说服力不足的审计证据的理由。注册会计师是否按照审计准则的规定执行了审计工作，取决于注册会计师在具体情况下实施的审计程序，由此获取的审计证据的充分性和适当性，以及根据总体目标和对审计证据的评价结果而出具审计报告的恰当性。

二、审计过程

风险导向审计模式要求注册会计师在审计过程中，以重大错报风险的识别、评估和应对作为工作主线。相应的，审计过程大致可分为以下几个阶段。

（一）接受业务委托

会计师事务所应当按照执业准则的规定，谨慎决策是否接受或保持某客户关系和具体审计业务。在接受新客户的业务前，决定是否保持现有业务或考虑接受现有客户的新业务时，会计师事务所应当执行有关客户接受与保持的程序，以获取如下信息：考虑客户的诚信，没有信息表明客户缺乏诚信；具有执行业务必要的素质、专业胜任能力、时间和资源；能够遵守相关职业道德要求。

会计师事务所执行客户接受与保持的程序的目的，旨在识别和评估会计师事务所面临的风险。例如，如果注册会计师发现潜在客户正面临财务困难，或者发现现有客户曾作出虚假陈述，那么可以认为接受或保持该客户的风险非常高，甚至是不可接受的。会计师事务所除考虑客户的风险外，还需要考虑自身执行业务的能力，如当工作需要时能否获得合适的具有相应资格的员工；能否获得专业化协助；是否存在任何利益冲突；能否对客户保持独立性等。

注册会计师需要作出的最重要的决策之一就是接受和保持客户。一项低质量的决策会导致不能准确确定计酬的时间或未被支付的费用，增加项目合伙人和员工的额外压力，使会计师事务所声誉遭受损失，或者涉及潜在的诉讼。一旦决定接受业务委托，注册会计师应当与客户就审计约定条款达成一致意见。对于连续审计，注册会计师应当根据具体情况确定是否需要修改业务约定条款，以及是否需要提醒客户注意现有的业务约定书。审计业务约定书的详细内容，将在本教材第五章介绍。

（二）计划审计工作

计划审计工作十分重要。如果没有恰当的审计计划，不仅无法获取充分、适当的审计证据，影响审计目标的实现，而且还会浪费有限的审计资源，影响审计工作的效率。因此，对于任何一项审计业务，注册会计师在执行具体审计程序之前，都必须根据具体情况制定科学、合理的计划，使审计业务以有效的方式得到执行。一般来说，计划审计工作主要包括：在本期审计业务开始时开展的初步业务活动；制定总体审计策略；制定具体审计计划等。需要指出的是，计划审计工作不是审计业务的一个孤立阶段，而是一个持续的、不断修正的过程，贯穿于整个审计过程的始终。计划审计工作的详细内容，将在本教材第五章介绍。

（三）评估重大错报风险

审计准则规定，注册会计师必须实施风险评估程序，以此作为评估财务报表层次和认定层次重大错报风险的基础。风险评估程序是指注册会计师为了解被审计单位及其环境，以识别和评估财务报表层次和认定层次的重大错报风险（无论该错报是由于舞弊或错误导致）而实施的审计程序。风险评估程序是必要程序，了解被审计单位及其环境为注册会计师在许多关键环节作出职业判断提供了重要基础。了解被审计单位及其环境实际上是一个连续和动态地收集、更新与分析信息的过程，贯穿于整个审计过程的始终。一般来说，实施风险评估程序的主要工作包括：了解被审计单位及其环境；识别和评估财务报表层次以及各类交易、账户余额和披露认定层次的重大错报风险，包括确定需要特别考虑的重大错报风险（即特别风险）以及仅通过实施实质性程序无法应对的重大错报风险等。风险评估程序的详细内容，将在本教材第九章介绍。

（四）应对重大错报风险

注册会计师实施风险评估程序本身并不足以为发表审计意见提供充分、适当的审计证据，还应当实施进一步审计程序，包括实施控制测试（必要时或决定测试时）和实质性程序。因此，注册会计师在评估财务报表重大错报风险后，应当运用职业判断，针对评估的财务报表层次重大错报风险确定总体应对措施，并针对评估的认定层次重大错报风险设计和实施进一步审计程序，以将审计风险降至可接受的低水平。有关应对重大错报风险的内容，将在本教材第十章介绍。同时，本教材第十一章至第十六章介绍对各业务循环的控制测试和实质性程序。第七章“审计抽样”对控制测试和实质性程序的范围展开讨论。

（五）编制审计报告

注册会计师在完成进一步审计程序后，还应当按照有关审计准则的规定做好审计完成阶段的工作，并根据所获取的审计证据，合理运用职业判断，形成适当的审计意见。第十七章、第十八章将对完成审计工作和编制审计报告展开讨论。

【案例解读】

英国南海公司审计案例

一、案情回顾

英国“南海公司”始创于1710年，主要从事海外贸易业务。公司经营十年，业绩极其一般。1719～1720年，该公司趁股份投机热在英国方兴未艾之际，发行巨额股票，同时公司董事对外散布公司利好消息，致使公众对股价上扬增强了信心，带动了公司股价上升。1719年，“南海公司”股价为114英镑，到1720年3月股价升至300英镑，该公司股票价格最高飙升至1 050英镑，公司老板决定以高于面值数倍的价格发行新股。一时间“南海公司”股价扶摇直上，一场股票投机浪潮席卷全国。一些经济学家已意识到这种投机行为将给国家经济带来的严重危害，呼吁政府尽快采取措施。英国议会为制止国内“泡沫公司”的膨胀，于1720年6月通过了《泡沫公司取缔法》，一些公司随之被解散。许多投资者开始清醒，并抛售手中所持股票。股票投资热的降温，致使“南海公司”股价一路下滑，到1720年12月“南海公司”股价跌至124英镑。年底，英国政府对“南海公司”资产进行清理，发现其实际资本所剩无几。而后，“南海公司”宣布破产。

“南海公司”破产，犹如晴天霹雳，震惊了公司投资人和债权人。数以万计的股东及债权人蒙受损失，当证实了百万英镑的损失落在自己头上时，他们纷纷向英国议会提出了严惩欺诈者并给予赔偿损失的要求。英国议会面对舆论压力，为平息“南海公司”破产引发的风波，于1720年9月成立了由13人组成的特别委员会，查证“南海公司”破产事件。在查证过程中，由于涉及许多财务问题及会计记录，委员会特邀一位精通会计实务的伦敦彻斯特·莱恩学校教师查尔斯·斯奈尔对南海公司账目进行审查，查尔斯通过对南海公司账目的查询、审核，于1721年提交了一份查账报告书，指出南海公司的财务报告存在着严重的舞弊、会计记录严重不实等问题。但没有对公司为何编制这种虚假的会计记录表明自己的看法。

议会根据这份查账报告，将南海公司董事之一的雅各希·布伦特以及他的合伙人的不动产全部予以没收。其中一位叫乔治·卡斯韦尔的爵士，被关进了著名的伦敦塔监狱。英国国会在其通过的《泡沫公司取缔法》中，对公司的成立进行了严格的限制，只有取得了国王的御笔，才能得到公司的营业执照。事实上，股份公司的形式基本上名存实亡。

直到1828年，英国政府在充分认识到股份公司利弊的基础上，通过设立民间审计的方式，将股份公司中因所有权与经营权分离所产生的不足予以制约，才完善了这一现代化的企业制度。据此，英国政府撤销了《泡沫公司取缔法》，重新恢复了股份公司这一现代企业制度形式。随后，为保护投资者和债权人的利益，监督股份公司的经营管理，英国议会于1844年颁布了《公司法》，规定股份公司必须设置一名以上的监事来审查会计帐簿和报表，并将审查结果报告给股东。1856年，议会又对《公司法》进行了修订，规定股份公司可以从外部聘请会计师办理审计业务。该法案使公司有聘请外部注册会计师的选择权，在此期间，英国政府对一批独立会计师进行资格确认，从而有力地促进了独立会计师的发展。

二、案例点评

(1)英国“南海公司”的舞弊案件对世界注册会计师审计有着里程碑式的影响。由于会计师查尔斯·斯奈尔是世界上第一位独立审计人员，他所审计的“南海公司”舞弊案又是世界上第一例较为正规的注册会计师审计案件，因此，该案件对于注册会计师行业来讲，不论是在理论研究方面，还是在审计实践方面，都产生了极其重大的影响。

(2)英国“南海公司”的舞弊案件揭示了注册会计师的职业天性就是应以独立第三者的身份，站在客观、公正的立场上，通过对账、证、表等会计资料的审查，来平衡财产所有者与经营者之间的经济责任关系，揭示重大错弊行为。这说明注册会计师行业对于促进经济发展、稳定社会经济秩序方面起到至关重要的作用；同时，这也决定了它从诞生的那一天起便负担着面向社会公众的责任，决定了它是一门责任重大的职业。

资料来源：李若山．审计案例——国外审计诉讼案例[M]．沈阳：辽宁人民出版社，1998.

【专题拓展】

国家审计起源——西周时期的国家审计雏形

一、背景概述

周朝，是由商朝的属国经周氏族在长期的诸部族战争中逐步发展强盛、在武王时举兵伐商建立的，位于今陕西渭水中游以北地区。西周建立后，在政治上实行“分土封侯”制度，周王将在战争中夺来的土地和奴隶赐给诸侯、大夫等各级贵族，诸侯再把其中的大部分赏赐给卿大夫，形成“天子—诸侯—卿大夫”的宝塔式奴隶制统治结构。西周的主要生产资料是土地，土地所有制属奴隶主贵族国家占有制。西周的农业、手工业和商业同时得以发展，建立起以农业生产为主体的社会经济体系。随着西周时代的社会政治、经济的进步和发展，经济关系日趋复杂，统治阶级驾驭经济和实施统治的难度增加，形成了强化财政收支核算和临控的需要。统治者意识到要维护其统治地位，有必要配备官员设立一种机构来对国家财政收支活动及记录实施严格的监督和控制，为此委派了精明、可靠的官吏开始从事对财政收支的监督。

据《周礼》记载，西周在天子(周王)之下设天官(冢宰)、地官(司徒)、春官(宗伯)、夏官(司马)、秋官(司寇)、冬官(司空)六官。天官冢宰为长，辅佐周王总理国务大事，独揽财计大权，掌管财政支出、会计核算、审计监督。天官之下设小宰和司会，司会掌管会计；小宰掌管财物、财政筹划及支出、政治经济监察；小宰之下设宰夫行使外部审计之权。其审计方式即定期不定期对王朝的各财物保管部门就地稽察，实地审核财物出入，稽察官吏汴绩，监督整个王朝的财政收支情况；每界旬、月、年终要求王朝财物保管部门将一切账册和会计报告送呈宰夫，由其勾考、核验。

二、具体分析

西周时期国家审计的形成有其特定的政治及经济背景和历史必然性。从周武王灭商到周幽王统治崩溃(公元前 11 世纪——前 771 年)史称西周时期。西周时期是我国奴隶制社会发展的鼎盛时期，政治和经济空前发展，国家组织和政治经济体制初步形成。在政治上建立起自上而下层层分封的宝塔式统治制度；在经济上农业有了进一步的发展，促进了手工业和商业的发展，社会财富增加，货币也由贝币发展到铜币。政治经济的发展必然导致国家机构膨胀，致使财政收支迅速增长，周王不可能亲自审理一切财政事务，只能派宰夫代为行使计财监督之权。可见，西周时期国家审计雏形的产生，有其政治经济和社会背景。国家审计在西周形成是历史的必然。

西周时期国家审计的基本特征体现在审计性质、官职设置、审计职能及方式等方面。西周时期的审计为巩固周王朝统治服务，具有国家审计性质；在周王朝政府配备专司经济监督的审计官吏——宰夫独立于司会(会计)，在国家财政经济管理中具有一定的地位和权力，体现出原始的分权控制和计财牵制思想。西周时期审计官吏——宰夫专司经济监督，已经明确显现经济监督的职能；西周时期审计采用了先进的审计方式：即送达审计方式和就地审计方式。但是，西周时期的国家审计制度因受当时的政治经济环境影响，有一定局限性，如尚无独立的审计机构、审计工作尚未体现超然独立等。

西周时期审计对后世国家审计发展具有重大意义和深远影响。西周审计不仅标志我国国家审计的起源，同时展现了国家审汁的初步形态，为后世国家审计确立了良好的开端。西周时代的审计制度及审计方式均具有一定的先进性，如宰夫独立于财计部门，可以审查和考核王朝的各级部门，查出问题可直接呈报冢宰或国王，体现一定的独立性和权威性，其对后世国家审计制度的确立具有重大影响；西周时期采取的就地稽察和送达审计方式，对后世审计的发展影响深远，两种审计方式均沿用至今。现代审汁仍将就地审计和送达审计作为基本审计方式。总之，我国西周时代的审计制度对世界审计发展具有深远影响。著名的美国会计学者查特菲尔德在其所著《会计思想史》中指出："在内部管理、预知和审计程序方面，西周时代在古代社会是无与伦比的。"

【课堂分组讨论】

一、审计目标

注册会计师通常依据各类交易、账户余额和列报的相关认定确定审计目标，根据审计目标设计审计程序。表 1-3 给出了应收账款的相关认定。

表 1-3 应收账款的相关认定

应收账款的相关认定	审计目标	审计程序
存在		(1) (2)
权利		(1) (2)
完整性		(1) (2)
计价		(1) (2)

请根据表 1-3 中给出的应收账款的相关认定确定审计目标，并针对每一审计目标简要设计两项审计程序。

二、审计风险

某注册会计师在评估被审计单位的审计风险时，分别设计了表 1-4 中的 4 种情况，以帮助决定可接受的检查风险水平。

表 1-4 假定 4 种审计风险情况

风险类别	情况一	情况二	情况三	情况四
可接受的审计风险	4%	4%	2%	2%
重大错报风险	100%	40%	100%	40%

(1) 请写出审计风险模型。

(2) 上述 4 种情况下的检查风险水平分别是多少？

(3) 哪种情况需要注册会计师获取最多的审计证据？为什么？

第二章　审计组织

国家审计、内部审计和注册会计师审计，共同构成我国的审计监督体系。在审计监督体系中，国家审计、内部审计和注册会计师审计既相互联系，又各自独立，各司其职，泾渭分明的在不同领域实施审计，他们各有特点，相互不可替代，不存在主导和从属关系。目前，我国的审计组织主要有政府审计机关、部门和单位内部审计机构以及民间审计组织。

第一节　政府审计机关

一、政府审计机关设置

政府审计机关是代表政府依法行使审计监督权的行政机关，它具有宪法赋予的独立性和权威性。现行《宪法》第 91 条规定："国务院设立审计机关，对国务院各部门和地方各级政府的财政收支，对国家的财政金融机构和企事业组织的财务收支进行审计监督。根据宪法的规定，我国于 1983 年正式组建了审计机关。从建立审计机关所依据的法律可见，国家审计是一种高层次的经济监督活动。审计机关在国务院总理领导下，依照法律规定独立行使审计监督权，不受其他行政机关、社会团体和个人的干涉。"

政府审计机关实行统一领导、分级负责的原则。国务院设审计署，在总理领导下，负责组织领导全国的审计工作，对国务院负责并报告工作。审计署设审计长一人，副审计长若干人。审计长由国务院总理提名，全国人民代表大会决定，国家主席任命，副审计长由国务院任命。

县级以上各级人民政府设立审计机关。地方各级审计机关分别在省长、自治区主席、市长、州长、县长、区长和上一级审计机关的领导下，组织领导本行政区的审计工作，负责领导本级审计机关审计范围内的审计事项，对上一级审计机关和本级人民政府负责并报告工作。地方各级审计机关负责人的任免，应当事先征求上一级审计机关的意见。

审计署根据工作需要，可以在重点地区、部门设立派出机构，进行审计监督。审计署向重点地区、城市和计划单列市派出的代表人员，在该地区和城市组成审计特派员办事处，代表审计署执行审计业务，监督某些地方审计局难以监督的审计项目。

审计署根据工作需要，可以在国务院各部委设立派出机构，进行审计监督。

审计署还可按工作内容和范围分设财政、金融、外贸外资、农林水利、基本建设、科教卫生等职能审计部门，开展对行政机关、企业、事业、团体等各种专业性审计工作。另外，审计署还可设置审计科研培训机构，开展审计科学研究和培训审计人员。

审计署对地方各级审计机关(包括审计特派员办事处)实行业务上的领导，主要包括：地方各级审计机关对本级人民政府和上一级审计机关负责并报告工作，审计业务以上级审计机关领导为主；审计署根据国家方针、政策作出的审计工作决定和颁发的审计规章，地方各级审计机关要遵照执行；审计署制定的工作计划，组织的全国性行业审计、专项审计，交办和委托办理的审计任务，地方各级审计机关要认真办理；各省、自治区、直辖市和计划单列市审计局的审计工作情况，查出的重要违纪问题以及其他有关文件资料，应及时向审计署报告和提供；审计署有权纠正地方审计机关作出的不适当的审计结论和处理决定；地方审计机关在审计监督中，对涉及中央财政收支的审计项目以及办理审计署委托的审计项目所作出的审计结论、处理决定，必须报审计署备案，重大的必须报经审计署同意。

二、政府审计机关的职责权限

政府审计机关是依照宪法规定建立的，实行的是法定审计，承担着繁重的审计任务，为此，在《审计法》中，明确规定了其职责和权限。

(一)政府审计机关的主要职责

政府审计机关应按有关法律、法规规定的审计客体的范围，对各单位的下列事项进行审计监督。

审计机关对本级各部门(含直属单位)和下级政府的预算执行情况和决算以及其他财政收支情况，进行审计监督。

审计署在国务院总理的领导下，对中央预算执行情况和其他财政收支情况进行审计监督，向国务院总理提出审计结果报告。地方各级审计机关分别在省长、自治区主席、市长、州长、县长、区长和上一级审计机关的领导下，对本级预算执行情况和其他财政收支情况进行审计监督，向本级人民政府和上一级审计机关提出审计结果报告。

审计署对中央银行的财务收支，进行审计监督。审计机关对国有金融机构的资产、负债、损益，进行审计监督。

审计机关对国家的事业组织以及使用财政资金的其他事业组织的财务收支，进行审计监督。

审计机关对国有企业的资产、负债、损益，进行审计监督。对国有资产占控股地位或者占主导地位的金融机构的审计监督，由国务院规定。

审计机关对政府投资和以政府投资为主的建设项目的预算执行情况和决算，进行审计监督。

审计机关对政府部门管理的和其他单位受政府委托管理的社会保障基金、社会捐赠资金以及其他有关基金、资金的财务收支，进行审计监督。

审计机关对国际组织和外国政府援助、贷款项目的财务收支，进行审计监督。

审计机关按照国家有关规定，对国家机关和依法属于审计机关监督对象的其他单位的主要负责人，在任职期间由本地区、本部门或者本单位的财政收支、财务收支以及有关经济活动应负经济责任的履行情况，进行审计监督。

除《审计法》规定的审计事项外，审计机关对其他法律、行政法规规定的应当由审计机关进行审计的事项，依照《审计法》和有关法律、行政法规的规定进行审计监督。

审计机关有权对与国家财政收支有关的特定事项，向有关地方、部门、单位进行专项审计调查，并向本级人民政府和上一级审计机关报告审计调查结果。

审计机关根据被审计单位的财政、财务隶属关系或者国有资产监督管理关系，确定审计管辖范围。

依法属于审计机关审计监督对象的单位，应当按照国家有关规定建立健全内部审计制度，其内部审计工作应当接受审计机关的业务指导和监督。

社会审计机构审计的单位依法属于审计机关监督对象的，审计机关按照国务院的规定，有权对该社会审计机构出具的相关审计报告进行核查。

（二）政府审计机关的权限

政府审计机关在审计过程中，行使下列权限。

审计机关有权要求被审计单位按照审计机关的规定提供预算或者财务收支计划、预算执行情况、决算、财务会计报告，运用电子计算机存储、处理的财政收支、财务收支电子数据和必要的电子计算机技术文档，在金融机构开立账户的情况，社会审计机构出具的审计报告，以及其他与财政收支或者财务收支有关的资料，被审计单位不得拒绝、拖延、谎报。

审计机关进行审计时，有权检查被审计单位的会计凭证、会计账簿、财务会计报告和运用电子计算机管理财政收支、财务收支电子数据的系统，以及其他与财政收支或财务收支有关的资料和资产，被审计单位不得拒绝。

审计机关进行审计时，有权就审计事项的有关问题向有关单位和个人进行调查，并取得有关证明材料。有关单位和个人应当支持、协助审计机关工作，如实向审计机关反映情况，提供有关证明材料。

审计机关进行审计时，被审计单位不得转移、隐匿、篡改、毁弃会计凭证、会计账簿、财务会计报告以及其他与财政收支或者财务收支有关的资料，不得转移、隐匿所持有的违反国家规定取得的资产。

审计机关对被审计单位正在进行的违反国家规定的财政收支、财务收支行为，有权予以制止；制止无效的，经县级以上审计机关负责人批准，通知财政部门和有关主管部门暂停拨付与违反国家规定的财政收支、财务收支行为直接有关的款项，已经拨付的，暂停使用。采取该项措施不得影响被审计单位的合法业务活动和生产经营活动。

审计机关认为被审计单位所执行的上级主管部门有关财政收支、财务收支的规定与法律、行政法规相抵触的，应当建议有关主管部门纠正；有关主管部门不予纠正的，审计机关应该提请有权处理的机关依法处理。

审计机关可以向政府有关部门通报或者向社会公布审计结果。

审计机关公布或者通报审计结果，应当依法保守国家秘密和被审计单位的商业秘密，遵守国务院的有关规定。

审计机关履行审计监督职责，可以提请公安、监察、财政、税务、海关、价格、工商行政管理等机关予以协助。

对违反财经法规的被审计单位，应按下列规定处理。

(1)被审计单位违反《审计法》规定，拒绝或者拖延提供与审计事项有关的资料的，或者提供的资料不真实、不完整的，或者拒绝、阻碍检查的，审计机关责令改正，可以通报批评，给予警告；拒不改正的，依法追究责任。

(2)被审计单位违反《审计法》规定，转移、隐匿、篡改、毁弃会计凭证、会计账簿、财务会计报告以及其他与财政收支、财务收支有关的资料，或者转移、隐匿所持有的违反国家规定取得的资产，审计机关认为对直接负责的主管人员以及其他直接责任人员依法应当给予处分的，应当提出给予处分的建议，被审计单位或者其上级机关、监察机关应当依法及时作出决定，并将结果书面通知审计机关；构成犯罪的，依法追究刑事责任。

(3)对本级各部门(含直属单位)和下级政府违反预算的行为或者其他违反国家规定的财政收支行为，审计机关、人民政府或者有关主管部门在法定职权范围内，依照法律、行政法规的规定，区别情况采取下列处理措施：责令限期缴纳应当上缴的款项；责令限期退还被侵占的国有资产；责令限期退还违法所得；责令按照国家统一的会计制度的有关规定进行处理；其他处理措施。

(4)对被审计单位违反国家规定的财务收支行为，审计机关、人民政府或者有关主管部门在法定职权范围内，依照法律、行政法规的规定，区别情况采取前条规定的处理措施，并可以依法给予处罚。

(5)审计机关在法定职权范围内作出的审计决定，被审计单位应当执行。审计机关依法责令被审计单位上缴应当上缴的款项，被审计单位拒不执行的，审计机关应当通报有关主管部门，有关主管部门应当依照有关法律、行政法规的规定予以扣缴或者采取其他处理措施，并将结果书面通知审计机关。

(6)被审计单位对审计机关作出的有关财务收支的审计决定不服的，可以依法申请行政复议或者提起行政诉讼。被审计单位对审计机关作出的有关财政收支的审计决定不服的，可以提请审计机关的本级人民政府裁决，本级人民政府的裁决为最终决定。

(7)被审计单位的财政收支、财务收支违反国家规定，审计机关认为对直接负责的主管人员和其他直接责任人员依法应当给予处分的，应当提出给予处分的建议，被审计单位或者其上级机关、监察机关应当依法及时作出决定，并将结果书面通知审计机关。

(8)被审计单位的财政收支、财务收支违反法律、行政法规的规定，构成犯罪的，依法追究刑事责任。

(9)报复陷害审计人员的，依法给予处分；构成犯罪的，依法追究刑事责任。

(10)审计人员滥用职权、徇私舞弊、玩忽职守或者泄露所知悉的国家秘密、商业秘密的，依法给予处分；构成犯罪的，依法追究刑事责任。

(三)政府审计机关审计监督活动的原则

审计机关进行审计监督活动的原则包括以下几点。

(1)合法性原则。审计工作从开始到送交审计报告整个过程应按照审计法规的规定进行；审计机关在审计时应按照法律规定的权限依法取证，保证所取得审计证据的合法性；审计工作以国家法规、制度为监督依据；审计机关在法律规定的权限内，根据以事实为依据，以法律为准绳的原则，依法作出审计决定。

(2)独立性原则。审计机关不参与被审计单位的经济活动，与被审计者没有任何经济利害关系，所处地位比较客观、公正、具有职能上的独立性。我国《宪法》第 91 条规定："审计机关在国务院总理领导下，依照法律规定独立行使审计监督权，不受其他行政机关、社会团体和个人的干涉。"这就从组织上、法律上为政府审计的独立性提供了保证。

(3)强制性原则。审计机关的审计活动是具有强制性的国家经济监督活动，被审计单位和有关人员必须积极配合审计机关的工作；审计机关作出的审计结论和决定，被审计单位和有关人员必须执行；审计结论和决定涉及其他有关单位的，有关单位应当协助执行。

第二节　内部审计机构

一、内部审计机构设置及其特征

(一)内部审计机构设置

我国的内部审计机构是根据审计法规和其他财经法规的规定设置的，主要包括部门内部审计机构和单位内部审计机构。

1. 部门内部审计机构

国务院和县级以上地方各级人民政府各部门，应当建立内部审计监督制度，根据审计业务需要，分别设立审计机构并配备审计人员，在本部门主要负责人的领导下，负责所属单位和本行业的财务收支及其经济效益的审计。

2. 单位内部审计机构

大中型企事业单位应当建立内部审计监督制度，设立审计机构，在本单位董事会下设的审计委员会或主要负责人的领导下，负责本单位的财务收支及其经济效益的审计。内部审计机构在董事会下设的审计委员会或本单位主要负责人领导下开展内部审计工作。审计业务少的单位和小型企事业单位，可设置专职的内部审计人员，而不设独立的内部审计机构。

不管是部门内部审计机构还是单位内部审计机构，都有其专职业务，其性质和会计检查并不相同，因此必须单独设立，并受董事会下设的审计委员会或本单位主要负责人的领导。内部审计机构不应设在财会部门之内，受财会负责人的领导，因为这样设置机构难以开展内部审计工作。

（二）内部审计的特征

我国内部审计一般具有如下特征。

1. 服务上的内向性

内部审计是为加强内部经济管理和控制服务的，内部审计人员是部门、单位领导在经济管理和经济监督方面的参谋和助手。服务上的内向性是国内外内部审计共同的基本特征。无论是西方企业的内部审计还是我国的内部审计，其主要职责都是代表所有股东监督企业及其各部门贯彻管理层的意图，维护本单位的利益，为实现企业目标服务。

2. 审查范围的广泛性

内部审计是作为部门、单位领导在经济管理和经济监督方面的参谋和助手来进行的，其审计报告不具有法律效力。它既可进行内部财务审计和经济效益审计，又可对下属单位进行财经法纪审计；既有制约作用，又有促进作用。而且，一般都能满足管理层的要求，管理层要求审查什么，内部审计人员就审查什么。与外部审计相比，这种业务范围的广泛性，是国内和国外内部审计的共同特征。

3. 作用的稳定性

随着经济的发展，西方的内部审计已冲破只起制约作用的范围，扩展到改善经营管理和提高风险控制水平等的促进作用方面。我国内部审计亦如此，一方面它必须以法律为准绳，履行财务审计的监督职能，发挥审计的制约作用；另一方面它还要履行经济效益审计的评价职能，促使部门或单位改善经营管理，增强风险控制能力，提高经济效益，充分发挥审计的促进作用。我国内部审计的制约性和促进性两项作用，在相当长的时间内会同时存在。所以，审计作用的稳定性又是我国内部审计的重要特征。

4. 微观监督与宏观监督的统一性

我国内部审计代表部门、单位的管理层执行经济监督，防止差错弊端，为加强内部管理服务，这是微观监督的性质，也是内部审计的主要工作内容。与此同时，内部审计还应从国家利益出发，对本部门、本单位是否遵守国家的政策、法律、法令和规章制度进行审查，又具有宏观监督的性质。所以，微观监督与宏观监督的统一，是我国内部审计的重要特征。

二、内部审计机构的职责权限

我国的部门和单位内部审计机构是依据审计法规和其他财经法规而建立的，为了便于其行使审计监督权，在法规中对其职责权限也作了明确规定。

(一)内部审计机构的职责

内部审计机构按照本单位董事会下设的审计委员会或者主要负责人的要求，履行下列职责。

(1)对本单位及所属单位(含占控股地位或者主导地位的单位，下同)的财政收支、财务收支及其有关的经济活动进行审计。

(2)对本单位及所属单位预算内、预算外资金的管理和使用情况进行审计。

(3)对本单位内设机构及所属单位领导人员的任期经济责任进行审计。

(4)对本单位及所属单位固定资产投资项目进行审计。

(5)对本单位及所属单位内部控制系统的健全性和有效性以及风险管理进行评审。

(6)对本单位及所属单位经济管理和效益情况进行审计。

(7)法律、法规规定以及本单位主要负责人或者权力机构要求办理的其他审计事项。

(二)内部审计机构的权限

单位董事会下设的审计委员会或者主要负责人应当制定相应规定，确保内部审计机构具有履行职责所必需的权限，主要包括以下几点。

(1)要求被审计单位按时报送生产、经营、财务收支计划，预算执行情况，决算，财务会计报告和其他有关文件、资料。

(2)参加本单位有关会议，召开与审计事项有关的会议。

(3)参与研究制定有关的规章制度，提出内部审计规章制度，由单位审定公布后施行。

(4)检查有关生产、经营和财务活动的资料、文件和现场勘察实物。

(5)检查有关的计算机系统及其电子数据和资料。

(6)对与审计事项有关的问题向有关单位和个人进行调查，并取得证明材料。

(7)对正在进行的严重违法违规、严重损失浪费行为作出临时制止决定。

(8)对可能转移、隐匿、篡改、毁弃会计凭证、会计账簿、财务会计报告以及与经济活动有关的资料，经本单位董事会下设的审计委员会或者主要负责人批准，有权予以暂时封存。

(9)提出纠正、处理违法违规行为的意见以及改进经济管理、提高经济效益的建议。

(10)对违法违规以及造成损失浪费的单位和人员，给予通报批评或者提出追究责任的建议。

(11)单位董事会下设的审计委员会或者主要负责人在管理权限范围内，授予内部审计机构必要的处理、处罚权：被审计单位不配合内部审计工作、拒绝审计或者提供资料、提供虚假资料、拒不执行审计结论或者报复陷害内部审计人员的，单位董事会下设的审计委员会或者主要负责人应当及时予以处理；构成犯罪的，移交司法机关追究刑事责任。被审计单位无正当理由拒不执行审计结论的，内部审计机构应当责令其限期改正；拒不改正的，报请本单位董事会下设的审计委员会或主要负责人依照有关规定予以处理。对被审计单位违反财经法规、造成严重损失浪费行为负有直接责任的主管人员和其他直接责任人员，构成犯罪的，依法追究刑事责任；不构成犯罪的，依照有关规定予以处理。报复陷害内部审计人员，构成犯罪的，依法追究刑事责任；不构成犯罪的，依照有关规定予以处理。

第三节　民间审计组织

民间审计是商品经济发展到一定阶段的必然产物。只要商品经济发展到一定阶段，企业中存在两权分离，存在不同利益的集团和阶层，民间审计就有存在和发展的必要。我国民间审计的振兴，始于 1980 年注册会计师制度的恢复和重建。目前，无论是从民间审计组织上看，还是从民间审计人员的数量上看，我国民间审计都得到了飞速的发展。

一、民间审计组织设立及组织形式

(一)民间审计组织设立

民间审计组织是指根据国家法律或条例规定，经政府有关部门审核、注册登记的会计师事务所。会计师事务所是指经国家批准、注册登记，依法独立承办审计业务和会计咨询业务的单位。会计师事务所由注册会计师组成，是其承办法定业务的工作机构。它不是国家机关的职能部门，经济上也不依赖于国家或其他任何单位。会计师事务所实行自收自支，独立核算，依法纳税，具有法人资格。但合伙设立的会计师事务所则不具有法人资格。注册会计师必须加入会计师事务所才能承办业务。按规定，成立会计师事务所应报经财政部或省级财政厅(局)审查批准，并向当地工商行政管理机关办理登记，领取执照后，方能开业。注册会计师和会计师事务所的管理机关，在全国为财政部，在各地区为省、自治区、直辖市财政厅(局)。为了掌握全国情况，财政厅(局)批准成立的会计师事务所应将其名称、章程、负责人等报财政部所属的中国注册会计师协会备案。目前，我国会计师事务所的组织形式主要有有限责任会计师事务所、合伙会计师事务所和特殊普通合伙会计师事务所。

(二)民间审计组织形式

会计师事务所是注册会计师依法承办业务的机构。综观注册会计师行业在各国的发展，会计师事务所主要有独资、普通合伙制、有限公司制、有限责任合伙制等组织形式。

1. 独资会计师事务所

独资会计师事务所是由具有注册会计师执业资格的个人独立开业，承担无限责任。它的优点是，对执业人员的需求不多，容易设立，执业灵活，能够在代理记账、代理纳税等方面很好地满足小型企业对注册会计师服务的需求，虽承担无限责任，但实际发生风险的程度相对较低。缺点是，无力承担大中型企业的业务，缺乏发展后劲。

2. 普通合伙制会计师事务所

普通合伙制会计师事务所，是由两位或两位以上注册会计师组成的合伙组织。合伙人以各自的财产对会计师事务所的债务承担无限连带责任。它的优点是，在风险的牵制和共同利益的驱动下，促使会计师事务所强化专业发展，扩大规模，提高规避风险的能力。缺点是，建立一个跨地区、跨国界的大型会计师事务所要经历一个漫长的过程。同时，任何一个合伙人执业中的错误与舞弊行为，都可能给整个会计师事务所带来灭顶之灾，使之一日之间土崩瓦解。

3. 股份有限责任公司制会计师事务所

股份有限责任公司制会计师事务所，是由注册会计师认购会计师事务所股份，并以其所认购股份对会计师事务所承担有限责任。会计师事务所以其全部资产对其债务承担有限责任。它的优点是：可以通过公司制形式迅速聚集一批注册会计师，建立规模型大所，承办大型业务。缺点是：降低了风险责任对执业行为的高度制约，弱化了注册会计师的个人责任。

4. 有限责任合伙制会计师事务所

有限责任合伙制会计师事务所，是事务所以全部资产对其债务承担有限责任，各合伙人对个人执业行为承担无限责任。它的最大特点在于，既融入了合伙制和股份有限公司制会计师事务所的优点，又摒弃了它们的不足。这种组织形式是为顺应经济发展对注册会计师行业的要求，于20世纪90年代初期兴起的。到1995年年底，原六大国际会计公司在美国的执业机构已完成了向有限责任合伙制的转型，在其他国家和地区的执业机构的转型已基本完成。同时，在它们的主导下，许多国家和地区的大中型会计师事务所也陆续开始转型。有限责任合伙制会计师事务所已成为当今注册会计师职业界组织形式发展的一大趋势。

5. 特殊普通合伙会计师事务所

我国现行的特殊普通合伙会计师事务所，在性质上相当于西方国家的有限责任合伙制会计师事务所。2010年7月，财政部、国家工商行政管理总局联合发布了《关于推动大中型会计师事务所采用特殊普通合伙组织形式的暂行规定》。该暂行规定指出：采用特殊普通合伙组织形式的会计师事务所，一个合伙人或者数个合伙人在执业活动中因故意或者重大过失造成合伙企业债务的，应当承担无限责任或者无限连带责任，其他合伙人以其在合伙企业中的财产份额为限承担责任。合伙人在执业活动中非因故意或者非重大过失造成的合伙企业债务以及合伙企业的其他债务，由全体合伙人承担无限连带责任。

会计师事务所转制为特殊普通合伙组织形式，应当有25名以上符合规定的合伙人、50名以上的注册会计师，以及人民币1 000万元以上的注册资本。

大型会计师事务所应当于2010年12月31日前转制为特殊普通合伙组织形式；鼓励中型会计师事务所于2011年12月31日前转制为特殊普通合伙组织形式。大型会计师事务所是指在人才、品牌、规模、技术标准、执业质量和管理水平等方面居于行业领先地位，能够为我国企业“走出去”提供国际化综合服务，行业排名前10位左右的会计师事务所。中型会计师事务所是指在人才、品牌、规模、技术标准、执业质量和管理水平等方面具有较高水准，能够为大中型企事业单位、上市公司提供专业或综合服务，行业排名前200位左右的会计师事务所(不含大型会计师事务所)。

6. 国际四大会计师事务所

在会计师事务所前冠以“国际”两字，主要原因是：这些会计师事务所为世界上大部分大型跨国公司提供以审计业务为主的专业服务；这些会计师事务所雇用的注册会计师来自世界各个国家；这些会计师事务所被认为是除国际财团以外的另一重要经济力量。

国际会计师事务所是世界先进民间审计组织的典型代表。这些国际会计师事务所是由若干中小型会计师事务所逐步扩充发展而成的。20世纪40年代以后，作为这些国际会计师事务所前身的几个中小事务所以办理企业的破产、合并业务和担任跨国公司审计为契机，扩大了其在世界上的影响，由于业务的增多，它们一方面在世界各地设立分支机构，一方面兼并其他会计公司，走上了扩充之路。当今活跃在国际民间审计舞台上的“超级大国”，主要是由英美两国主宰的声名赫赫的国际四大会计师事务所，它们几乎垄断了世界上所有大型企业的审计业务，它们就像一条大章鱼，把触须伸向任何可能的角落。早在20世纪80年代末，有人就提出，在全世界，原六大几乎无处不在；在欧洲的每一个重要的商业城市中都可以找到至少一家属于原六大的会计师事务所。原六大成员机构遍布全世界，业务范围从早期的代理记账、审计、税务服务发展到如今的业务开发、合同谈判、公司改造、安排上市、管理顾问、公司秘书等，几乎包揽了各种商务活动。各大会计师事务所在服务对象上也各有侧重，形成了专门化。如解体前的安达信以员工训练和公用事业业务著称，拥有较多的石油和天然气工业的委托单位；安永在医疗保健及财务服务方面占有很大优势；毕马威在银行方面具有很强的竞争力；永道在通信电子工业中称雄；普华则以处理国际性事业机构业务为优。1997年9月，原六大之中的永道、普华宣布合并成为普华永道国际会计师事务所，实力超强的原“六大”变成了“五大”。2002年，因参与安然公司财务欺诈案，安达信会计公司解体，至此，著名的“五大”变成“四大”。目前，国际四大会计师事务所分别为：德勤(Deloitte Touche)；普华永道(Price Water House Coopers)；安永(Ernst&Young)；毕马威(KPMG)。

(三)中国注册会计师协会

中国注册会计师协会是在财政部领导下，经政府批准成立的注册会计师的职业组织，成立于1988年。一方面，它对会计师事务所和注册会计师进行自我教育和自我管理；另一方面，它又是联系政府机关和注册会计师的桥梁和纽带。中国注册会计师协会作为一个独立的社会团体，对外发展与外国和国际会计职业组织之间的相互交往，为我国注册会计师步入国际舞台发挥作用；对内拟订会计师事务所管理制度和注册会计师专业标准，组织注册会计师业务培训和考试等方面的工作。

中国注册会计师协会的宗旨是：以经济建设为中心，坚持四项基本原则，坚持改革开放，引导注册会计师在工作中正确执行国家的法律法规，不断完善注册会计师队伍的自身建设，维护合法的职业权益，交流工作经验，沟通业务信息，增进国内外交往，促进注册会计师事业的发展，为建设社会主义服务。

中国注册会计师协会的最高权力机构是全国会员代表大会，凡重大事项，必须经会员代表大会讨论决定。协会执行机构为理事会，理事会由全国会员代表大会选举理事若干名组成。协会的常设办事机构由秘书长、副秘书长若干人并配备必要数量的专职人员组成。

（四）民间审计人员

民间审计人员主要是注册会计师。目前在我国，取得注册会计师资格主要通过考试和具有实际工作经验两方面确定。

根据《注册会计师法》及《注册会计师全国统一考试办法》的规定，具有下列条件之一的中国公民，可报名参加考试：高等专科以上学历；会计或者相关专业（指审计、统计、经济）中级以上专业技术职称。

目前，注册会计师资格考试分为两个阶段：第一阶段为专业考试，考试科目有：会计、审计、财务成本管理、经济法、税法和公司战略与风险管理；第二阶段为综合考试。专业考试和综合考试每年进行一次。专业考试部分科目合格者，取得由全国注册会计师考试委员会统一印制的单科合格证明，其合格成绩在取得单科成绩合格凭证后的连续 4 次考试中有效。专业考试全科合格者，可以参加综合考试。综合考试合格者，取得由全国注册会计师考试委员会统一印制的全科合格证书。取得全科合格证书者，可申请成为中国注册会计师协会非执业会员；具有实际工作经验，可申请注册成为执业注册会计师。

在我国，注册会计师考试合格者只取得成为注册会计师的资格，只有加入会计师事务所，从事审计业务工作两年以上的，并具备相应的业务能力，才能准予注册成为执业注册会计师。所以，经注册会计师考试合格的人员，应由其申请加入的会计师事务所报财政部或省级财政厅（局）批准注册。经批准注册的注册会计师，由财政部统一制发注册会计师证书。

二、民间审计的业务范围

20 世纪 90 年代以来，许多会计师事务所不断调整发展战略，在保持传统审计业务稳步增长的同时，逐步转型为向社会提供多元化、全方位的专业服务。全球范围内的会计师事务所的业务范围呈现出多样化发展趋势，税务服务、技术服务、管理咨询服务和业绩管理服务、财务计划、IT 咨询服务、电子商务、网络认证、人力资源管理、信息系统可靠性、风险评估等非审计服务得到了蓬勃发展。中国注册会计师执业准则将注册会计师的业务分为鉴证业务和相关服务两类。

(一)鉴证业务

鉴证业务是指注册会计师对鉴证对象信息提出结论，以增强除责任方之外的预期使用者对鉴证对象信息信任程度的业务。鉴证业务主要包括审计、审阅和其他鉴证业务。审计业务，即对历史性财务信息提供合理保证，如年度财务报表审计。审计业务是注册会计师的法定业务，除注册会计师外，其他组织和人士不得承办。注册会计师审计作为会计监督体系的重要组成部分，国家对此十分重视。随着执业准则体系的逐步完善，注册会计师执业行为日益规范，执业水平不断提高，注册会计师行业已成为享有较高公信力的行业，为维护会计秩序、保证会计信息质量作出了应有的贡献。注册会计师的审计业务主要包括：审查企业会计报表，出具审计报告；验证企业资本，出具验资报告；办理企业合并、分立、清算事宜中的审计业务，出具有关的报告；审计企业内部控制，出具内部控制审计报告；法律、行政法规规定的其他审计业务。审阅业务是指对历史性财务信息提供有限保证，如财务报表审阅。其他鉴证业务指除审计、审阅业务以外，按照业务约定提供合理保证或有限保证，如预测性财务信息审核、网域认证和系统鉴证等，这些鉴证业务可以在不同程度上增强使用者对被审计对象的信赖程度。

(二)相关服务

相关服务包括对财务信息执行商定程序、代编财务信息、税务服务、管理咨询以及会计服务等。

1. 对财务信息执行商定程序

对财务信息执行商定程序，是注册会计师对特定财务数据、单一财务报表或整套财务报表等财务信息执行与特定主体商定的具有审计性质的程序，并就执行的商定程序及其结果出具报告。

2. 代编财务信息

代编财务信息，是注册会计师运用会计而非审计的专业知识和技能，代客户编制一套完整或非完整的财务报表，或代为收集、分类和汇总其他财务信息。

3. 税务服务

税务服务包括税务代理和税务策划。税务代理是注册会计师接受企业或个人委托，为其填制纳税申报表，办理纳税事项。税务策划是基于纳税义务发生范围和时间的不同，注册会计师从客户利益出发，代纳税义务人设计可替代或不同结果的纳税方案。除所得税纳税筹划，现已扩展到财产税、遗产税等诸多税种。

4. 管理咨询

管理咨询服务是注册会计师与非注册会计师激烈竞争的一个领域。从 20 世纪 50 年代起，注册会计师的管理咨询服务收入开始增长，并保持了强劲的增长势头。其原因主要是：首先，管理咨询服务是增值服务；其次，企业内部结构重组给注册会计师带来了无限商机。最近几年，大型会计师事务所越来越明显地成为管理咨询服务的主要提供者。管理咨询服务范围很广，主要包括对公司治理结构、信息系统、预算管理、人力资源管理、财务会计、经营效率、效果和效益等提供诊断及专业意见与建议。

5. 会计服务

注册会计师提供的会计咨询和会计服务业务，除了代编财务信息外，还包括对会计政策的选择和运用提供建议、担任常年会计顾问等。注册会计师执行的会计咨询和会计服务业务属于服务性质，是所有具备条件的中介机构甚至个人都能够从事的非法定业务。

【专题拓展】

我国政府审计模式及其评价

我国的政府审计属于行政模式。我国1982年宪法规定，国务院设立审计署，在国务院总理领导下，主管全国的审计工作。

我国在建立政府审计制度的初期，采取国家审计机关隶属于政府部门的行政模式，这与我国当时的政治经济环境是相适应的。在20世纪80年代初建立政府审计制度时，作为以人民代表大会制度为基础的人民民主专政国家，我国的最高权力机关——全国人民代表大会，更关注关系国家大政方针的战略性问题和积极推进国家的法制建设，对政府部门履行公共受托经济责任的情况则无暇顾及，较少涉足于对政府行政权力的制衡。此外，当时我国的政府部门普遍缺乏内部控制并且尚未建立起内部审计制度，因此作为国家最高管理机构的政府，此时不仅要制定国家整体规划、调控国民经济发展的全过程，还要对政府各部门履行其各自职责的情况进行监督和管理。所以当时我国的政府审计实质上是政府部门的“内部审计”，而非对政府的外部独立审计，即现代意义上的政府审计。

作为政府部门的“内部审计”，国家审计机关要作为政府的一个组成部门隶属于政府，并负责监督政府各项政策和措施的贯彻执行情况。因此，当时我国的政府审计实现了审计监督与政府经济监管职能的高度结合，其在维护财经秩序，促进廉政建设，保障国民经济健康发展等方面发挥了积极的作用。首先，有利于审计工作紧密围绕政府最新出台的各项措施和重要工作部署，加强对重点领域、重点部门和重点资金的审计监督，以促进政府工作目标和宏观调控措施的贯彻落实。其次，审计机关能够得到政府或政府首长的支持，更加直接、有效地实施审计监督，及时发现、处理和纠正各种违反国家财经法规的问题，积极配合有关部门查处大案要案，有助于促进政府各部门依法行政和加强管理。

然而，随着我国社会主义市场经济体制的逐步确立和我国民主政治建设进程的不断加快，代表全体人民利益的全国人民代表大会，其关注的重点逐渐转移到评价政府受托责任的履行情况并实现对政府权力的有效制衡，以客观评价政府业绩并防止腐败，最大限度地保护人民利益。因此，我国国家审计机关的工作重点就会逐渐转移到同级政府的财政预算的执行上来。此时，国家审计机关与同级政府就存在着审计与被审计、监督与被监督的关系，我国以前所确立的这种实质为政府“内部审计”的行政模式，其独立性差的特点就变得尤为突出。负责对中央和地方各级政府的财政收支情况进行审计的国家审计机关，本身却又要归其领导，审计监督的范围和力度肯定会受到较大的影响。特别是当政府的某些行政活动有悖于法律或者存在短期行为时，当审计机关的审计活动与部门利益或地区利益产生冲突时，由于国家审计机关的独立性不高，其很难对政府活动进行公正的审计监督，很难客观评价政府业绩并对其权力形成制衡。

所以在我国政府审计环境发生巨大变化的情况下，我国这种审计署隶属于国务院，地方审计机关隶属于地方各级人民政府的行政模式，其弊端已日益突出，严重制约了政府审计职能的发挥。

【课堂分组讨论】

鉴证业务与相关服务

下面是中国某会计师事务所的业务，请指出哪些是审计等鉴证业务？

(1)注册会计师对企业的财务报表是否符合企业会计制度发表意见。

(2)对盈利预测报告的编制基础、所使用的会计政策等发表意见。

(3)对财务报表的附注进行审计，并出具相应的审计报告。

(4)对证券投资风险进行评估。

(5)税务代理和税务筹划。

(6)就企业的治理结构、预算管理和内部控制进行诊断并提出专业意见。

(7)对简要财务报表进行审计并出具相应的审计报告。

(8)在企业合并过程中对被合并企业的资产进行审计并出具审计报告。

【模拟实验】

审计业务承接

一、实验目的

决定是否接受一项审计委托(包括接受新客户及续约老客户)，不仅是事务所财务报表审计的一项首要决策，而且还是一项重要的决策。这项决策失误，轻则会给后续的审计工作带来不必要的麻烦，重则会使事务所陷入令人头痛的法律诉讼之中，耗时费钱，得不偿失。一般说来，会计师事务所接受审计委托时，首先要对被审计单位实施初步业务活动(前期调查)，评价客户的可审性，并在此基础上评价自身的胜任能力，如果能得出该单位可审的结论，则需要草拟审计业务约定书。

通过本实验的学习，要求学生掌握对被审计单位进行初步业务活动的具体程序以及应注意的问题。

二、实验背景

诚信会计师事务所是拥有证券业审计资格的会计师事务所，现有员工 130 人，其中，注册会计师 62 人，并拥有工程师、律师等各行业专家数人，是一所具有一定规模的会计师事务所，客户来源较为稳定。

本实验中将要进行前期调查的对象是美林股份有限公司(以下简称美林公司)，该公司是 1998 年 6 月 12 日在深圳证券交易所(以下简称深交所)上市的一家上市公司，上市以来业务扩张较为迅速，其主营业务为城建环保工程，2012 年度主要承办了污水处理工程。诚信会计师事务所首次接受美林股份有限公司的委托，审计该公司 2012 年度的会计报表。该公司以前年度的年报一直由信利会计师事务所审计，因负责该项目审计的注册会计师事务所已离开该事务所出国进修，公司董事会决定自 2012 年开始改由信誉较好的诚信事务所来进行审计。诚信事务所接到委托后，考虑到美林公司是新客户，对该公司的情况还不太了解，现决定委派注册会计师王越担任美林公司前期调查的外勤主管，由其带领另外 3 名审计人员李辰、季小明、余锋进入美林公司进行前期调查，以确定是否接受其委托。

三、实验要求

由4名同学组成一个审计小组，分别代表王越、李辰、季小明、余锋，确定对被审计单位进行前期调查的具体程序以及应注意的问题，并结合实验指导填写后附的审计业务承接过程中主要审计工作底稿。

四、实验指导

王越接到事务所下达的任务后，应立即着手拟定审计工作实施计划，下达到审计小组的每一个成员，并与美林公司管理当局取得联系，于次日进驻被审计单位现场。

审计小组对被审计单位进行前期调查的具体程序应包括如下几点。

1. 了解公司背景

到达美林公司后，审计小组应立即与公司各部门有关负责人进行座谈，就基本情况进行了解，并在人员安排及各部门支持上予以确认，并将需被审计单位填写的有关表格交付其填写。其形成审计工作底稿部分如下(其他相关底稿略)。

美林股份有限公司基本情况

美林股份有限公司成立于1995年4月30日，由美林设备总厂、B噪声控制设备厂和C特种电材厂共同发起，以定向募集方式设立股份公司，注册资金为15999.9万元，其中法人股为13 899.9万股，内部职工股为2 100万股。1998年5月30日经中国证监会批准向社会公众发行A股660万股，并于同年6月12日在深交所上市。公司近年来股本扩张很快，截至2012年12月31日，总股本为69 029.6万股，其中法人股49 607.6万股，内部职工股6 552万股，社会公众股12 870万股。

股份公司下设2个全资子公司、5个控股子公司，即兴美制药厂、中联房屋开发公司、达利特种环保设备制造有限公司、五峰山净水设备制造有限公司、锦华特种线材有限公司、长兴噪声控制设备有限公司、新龙环保设备制造有限公司。

股份公司主营业务为承接环保工程，并生产、销售与工程配套的设备和相关产品。形成公司投资情况表如表2-1所示：

表2-1　股份公司投资情况　　单位：万元

单位名称	注册资本	投资成本	股权比例
兴美制药厂	3 426	3 426	100%
中联房屋开发公司	2 120	2 120	100%
达利特种环保设备制造有限公司	13 684	8 210.4	60%
五峰山净水设备制造有限公司	150*	871.5	70%
锦华特种线材有限公司	360	241.2	67%
长兴噪声控制设备有限公司	2 000	1 900	95%
新龙环保设备制造有限公司	1 000	990	99%

注：*此数据为美元。

2. 向前任注册会计师查阅审计工作底稿

王越经与企业协商，企业原则上同意其调阅以前年度审计档案，但由于以前负责该项目审计的注册会计师已出国进修，难以取得联系，在与前任信利事务所沟通时受阻，最终未能调阅前任注册会计师的审计档案。因此，调查小组无法通过与前任的沟通来确定其调查工作的重点和主要风险领域，在此次调查中，王越安排审计人员严格按照：销售——收款循环、采购——付款循环、生产循环和筹资——投资循环，对上市公司及其子公司的情况全面进行调查。

3. 了解美林公司内部控制

通过初步了解，审计小组发现美林公司在实际生产经营过程中有一定的运作程序，目前尚未对其进行测试，且未形成成文的内部控制制度和财务管理制度，根据这些情况，王越初步评价美林公司的控制风险为高水平。

4. 了解美林公司的会计核算体系和重要会计政策

通过初步了解，审计小组得知美林公司会计核算分为设备总厂、控制设备厂和特种电材厂3个核算单位，分立账簿、分别核算、各自纳税，美林股份公司报表即为3个单位的汇总报表。

在对各业务循环的了解过程中，审计小组各相关人员应关注企业基本的会计政策，并作出以下记录。

1)坏账准备

公司坏账采用直接转销法核算。

2)短期投资

按实际支付的价格扣除已宣告发放但未取得现金或利息入账。公司未计提短期投资跌价准备。

3)存货核算方法

存货包括在生产经营过程中为销售或耗用而储备的原材料、包装物、在产品、库存商品等；存货按实际成本计价，发出原材料、产成品采用加权平均法。公司未提取存货跌价准备。

4)长期投资

长期债权投资按实际成本核算，投资收益按成本法核算；对拥有25%以上的长期股权投资项目按权益法核算，并对拥有50%以上的长期股权投资项目编制合并会计报表。公司未计提长期投资减值准备。

5)固定资产及其折旧方法

固定资产按实际成本计价，采用直线法计提折旧，公司未计提固定资产减值准备。各类折旧年限及折旧率，如表2-2所示。

表2-2　固定资产折旧年限及折旧率

资产类别	使用年限/年	年折旧率/%	残值率/%
房屋建筑物	40	2.375	5
机器设备	13	7.907	5
运输设备	10	9.500	5

6)在建工程

按各项工程实际发生的支出核算，在建筑期发生的借款利息支出和外汇折算差额记入工程成本。公司未计提在建工程减值准备。

7)无形资产及长期待摊费用

无形资产按合同或协议规定的年限摊销受益期摊销。公司未计提无形资产减值准备。

8)销售收入的确认

(1)产品销售：公司将产品使用权上的重要风险和报酬转移给买方，公司不再对该产品实施继续管理权和实际控制权，相关的收入已收到或取得了收款的证据，并且该产品有关的成本能可靠地计量并确认营业收入。

(2)环保工程收入：按完工进度确认收入。

5. 会计报表主要事项资料搜集

王越把小组成员分为3组，对会计报表主要项目的总体情况进行搜集，形成资料如下(其他项目内容略)。

(1)主要销售收入及成本。具体情况见表2-3。

表2-3　主要销售收入及成本　　单位：万元

项　目	收　入	成　本
总收入	144 774	93 020
其中：T污水工程(一期)	10 000	9 000
T污水工程(二期)	128 000	80 628
65型浮选机	2 324	1 302
除尘机组	3 248	1 394

(2)补贴收入。补贴收入为D污水处理补贴4 500万元。

(3)应收账款情况。应收账款总额为104 690万元。主要欠款单位及其欠款金额见表2-4。

表2-4　主要欠款单位及金额　　单位：万元

单　位	金　额
A市建委(T污水处理工程一期款)	16 000
A市建委(T污水处理工程二期款)	86 744
B钢铁集团	1 620

6. 实地巡视被审计单位的工程及管理现场并盘点

调查小组成员实地观察了工程及管理现场，认为所进行的二期工程基本没有施工进度。此外，调查小组对重要的资产进行了抽查盘点，发现工程物资的管理较为混乱，毁损缺失的情况严重。

7. 对重大相关事项的关注

(1)对被审计单位管理当局的诚信正直及其经验能力的关注。被审计单位管理当局的诚信正直及其经验能力，是评价委托业务审计风险的关键因素之一，在对美林公司进行预备调查的过程中，王越根据小组调查的情况对以下可能会增加委托业务的审计风险的因素予以关注。

①参与非法活动。

②经常更换银行、律师或注册会计师。

③高级管理人员在生活上遇到重大困难。

④具有冒险倾向，且经常参与高风险业务。

⑤高级管理人员近期发生重大或非预期的变动。

⑥缺乏经验能力。

通过对以上各项的关注，发现以下问题：第一，公司自上市以来更换注册会计师一次；第二，原任财务总监由公司送到国外深造，自2001年5月起由新任财务总监接任，其他董事会成员未发生较大幅度变动；第三，公司有2 000万元用于做期货，属于高风险投资。未发现其他重大可疑及异常情况。

(2)对与行业环境有关的因素关注。一些与公司业务性质及行业环境有关的因素可能增加委托业务的审计风险，王越就以下问题进行关注，并作出相应记录(具体内容略)。

①经营周期。

②所在行业的固有风险。

③财务状况及盈利能力与同行业其他企业相比所处的水平。

④股东之间是否有纠纷，股权是否频繁转让。

⑤所涉及的重大诉讼案件。

⑥重大会计估计涉及的主观性、复杂性和不确定性超出了正常水平。

(3)与审计风险相关的其他重要事项的关注。一般来说，如果有迹象表明被审计单位面临严峻的财务困境，或在可预见的将来难以持续经营，或管理当局受到异常的外界压力，则委托业务的审计风险将增大，王越在调查过程中着重关注并询问企业是否存在以下问题。

①经营状况日趋恶化，现金流量人不敷出，长期未能向其股东分配利润。

②资金匮乏，融资能力低下，难以筹集到必要的资金。

③逾期债务增多，偿债能力低下，资金严重依赖于关联企业。

④过多地依赖于出售经营性资产来获取经营活动所必需的资金。

⑤关联交易频繁，利润严重依赖于关联交易。

⑥主要顾客和顾客群体遭受重大损失，难以与其维持正常的商业关系。

⑦收益的确定和财务状况的计量过分地依赖于会计估计。

⑧高级管理人员薪酬及经营业绩的考核主要取决于被审计单位的经营成果。

⑨盈利预测过于乐观，股价异常波动，公众对被审计单位存在过高的期望。

通过对以上各项的关注，王越作出以下记录：第一，公司近年一直未分配股利，但资金运转目前尚无发生困难的明显迹象；第二，调查过程中发现股份公司与子公司、环保集团之间、子公司与子公司、集团及所属公司关联交易频繁，主要为资金调拨、贷款担保事项；第三，董事会公告中股份公司承建 T 污水处理工程 19.6 亿元，实际工程由集团承建；第四，调查过程中发现股份公司对于收入成本的估算有明显不合理处；第五，盈利预测缺乏合理依据难以实现。

8. 汇总调查中发现的主要问题

通过上述调查程序，王越根据小组的记录，将调查发现的与审计风险有关的主要问题汇总如下。

(1)股份公司收入与成本不实。

①承建环保工程：收入的确认与成本的结转并没有严格按照完工进度核算，并且缺乏应有的工程进度报告。

第一，T 污水处理一期工程 2011 年度少结转成本 3 680 万元，2012 年度多结转成本 3 996 万元，而该工程已于 2012 年 6 月竣工并办理了工程结算，尚有 324 万元成本未结转，工程结算中支付的利息 620 万元应调为财务费用。第二，T 污水处理二期工程 2012 年度公司按支付的工程成本占工程总概算的比例确定完工进度，并确认工程收入。对于工程成本，经注册会计师抽查相关凭证，其中应记入应付账款、其他应付款(共计 27 560 万元)的凭证后，均缺少应有的工程物资入库单等附件，集团公司垫付的工程款 16 000 万元没有相应的清单，查看工程现场，工程基本没有施工进度。因此，成本不实，相关收入不能确认。

②其他产品销售收入有待确定：据注册会计师对销售部门调查了解，浮选机及除尘机组等产品销售后需要有较长时间的调试期，而公司则在开具销售发票后即确认收入，与企业会计制度的要求不符。

(2)募集资金用途。具体情况见表 2-5。

表 2-5 募集资金用途情况 单位：万元

项 目	实际投资	备 注
浮选机扩产技改项目	5 437	2011 年年末完工
SGL 系列过滤器生产技改项目	2 710	实际投入到浮选机项目
高分子絮凝剂扩产技改项目	2 987	2011 年年末完工
HM—RO 系列纯净饮水机扩产技改项目	5 232	

(3)补贴收入的可能性。2010 年年底，A 市建委、市财政局将污水处理厂的优良资产转让给股份公司经营管理，以全市征收的排污费 1 亿元划归股份公司作为管理、营运费用，扣除营运费用后按比例返还税后利润(A 市建委发[99]232 号)。2011 年根据市长办公会议纪要[2011]53 号决定，A 市以每年 12 000 万元的资金连续 10 年作为对股份公司的收益性投入(至今尚未形成正式文件)，公司依据此文计补贴收入。经查阅 2011 年度补贴情况，款项确已收到。

(4)与 G 公司的往来。2012 年 11 月，该公司公告与中国 G 环境发展中心签署协议成立 G 特种环保设备有限公司，股份公司出资 7 500 万元 占 75%的股权，主要组织环保设备开发及承包综合污水处理工程。经了解，G 公司原为国家环保局的直属单位，2012 年该公司与国家环保总局脱钩，由美林环保公司接管，正在办理相关手续。

9. 其他重要问题的记录

此外，王越对在调查过程中发现的其他重要问题列示如下。

(1)董事会公告中股份公司承建 T 污水处理工程 19.6 亿元，实际工程由集团承建。

(2)股份公司与子公司、环保集团之间、子公司与子公司、集团及所属公司关联交易频繁主要为资金调拨、贷款担保事项。

(3)公司的坏账损失采用直接转销法核算，不符合有关规定。如果按规定合理计提坏账准备，将会影响 320 万～536 万元利润。

(4)其他应收款中有应收北方证券公司 2 000 万元，证券公司认为是股份公司对其投资入股款，股份公司不认同，双方未有任何协议。

(5)母公司报表为 3 个厂的汇总报表，未对内部往来进行抵销。

(6)待子公司损益表审定后，调整长期投资和投资收益，对股份公司报表会有一定的影响。

10. 确定其可审性

王越将调查结果上报后，由副主任会计师组成小组对美林公司的审计风险进行初步评估，以确定其可审性。美林公司进行年报审计可接受的审计风险(AR)水平为 5%，在王越对其主要问题及风险领域进行汇报后，经小组评估，美林公司的固有风险(IR)为 70%，控制风险(CR)为 60%。则可接受的检查风险(DR)为 11.9%，即：

$$DR = AR/(IR \times CR) = 5\%/(70\% \times 60\%) = 11.9\%$$

在这种情况下，实质性程序所必需的最低保证程度为 88.1%(100%～11.9%)，因此所需的保证程度较高，实质性程序所需要的样本量也就较多。

通过以上量化分析，项目组认为尽管可接受的检查风险较低，但诚信事务所具有较强的胜任能力，且初步商定的审计收费较为合理，决定接受美林公司的委托，请代审计人员签订审计业务委托书。

审计业务约定书

甲方：

乙方：

兹由甲方委托乙方对________年度财务报表进行审计，经双方协商，达成以下约定：

一、业务范围与审计目标

(1)乙方接受甲方委托，对甲方按照企业会计准则编制的________年12月31日资产负债表，________年度的利润表、股东权益变动表和现金流量表以及财务报表附注(以下统称财务报表)进行审计。

(2)乙方通过执行审计工作，对财务报表的下列方面发表审计意见：①财务报表是否按照企业会计制度的规定编制；②财务报表是否在所有重大方面公允反映甲方的财务状况、经营成果和现金流量。

二、甲方的责任和义务

(一)甲方的责任

(1)根据《中华人民共和国会计法》及《企业财务会计报告条例》，甲方及甲方负责人有责任保证会计资料的真实性和完整性。因此，甲方管理层有责任妥善保存和提供会计记录(包括但不限于会计凭证、会计账簿及其他会计资料)，这些记录必须真实、完整地反映甲方的财务状况、经营成果和现金流量。

(2)按照企业会计制度的规定编制财务报表是甲方管理层的责任，这种责任包括：①设计、实施和维护与财务报表编制相关的内部控制，以使财务报表不存在由于舞弊或错误而导致的重大错报；②选择和运用恰当的会计政策；③作出合理的会计估计。

(二)甲方的义务

(1)及时为乙方的审计工作提供其所要求的全部会计资料和其他有关资料，并保证所提供资料的真实性和完整性。

(2)确保乙方不受限制地接触任何与审计有关的记录、文件和所需的其他信息。

(3)甲方管理层对其作出的与审计有关的声明予以书面确认。

(4)为乙方派出的有关工作人员提供必要的工作条件和协助，主要事项将由乙方于外勤工作开始前提供清单。

(5)按本约定书的约定及时足额支付审计费用以及乙方人员在审计期间的交通、食宿和其他相关费用。

(6)在________年____月____日之前提供审计所需的全部资料。

三、乙方的责任和义务

(一)乙方的责任

(1)乙方的责任是在实施审计工作的基础上对甲方财务报表发表审计意见。乙方按照中国注册会计师审计准则(以下简称审计准则)的规定进行审计。审计准则要求注册会计师遵守职业道德规范，计划和实施审计工作，以对财务报表是否不存在重大错报获取合理保证。

(2)审计工作涉及实施审计程序，以获取有关财务报表金额和披露的审计证据。选择的审计程序取决于乙方的判断，包括对由于舞弊或错误导致的财务报表重大错报风险的评估。在进行风险评估时，乙方考虑与财务报表编制相关的内部控制，以设计恰当的审计程序，但目的并非对内部控制的有效性发表意见。审计工作还包括评价管理层选用会计政策的恰当性和作出会计估计的合理性，以及评价财务报表的总体列报。

(3)乙方需要合理计划和实施审计工作，以使乙方能够获取充分、适当的审计证据，为甲方财务报表是否不存在重大错报获取合理保证。

(4)乙方有责任在审计报告中指明所发现的甲方在某重大发面没有遵循企业会计制度编制财务报表且未按乙方的建议进行调整的事项。

(5)由于测试的性质和审计的其他固有限制，以及内部控制的固有局限性，不可避免地存在着某些重大错报在审计后可能仍然未被乙方发现的风险。

(6)在审计过程中，乙方若发现甲方内部控制存在乙方认为的重要缺陷，应向甲方提交管理建议书。但乙方在管理建议书中提出的各种事项，并不代表已全面说明所有可能存在的缺陷或已提出所有可行的改善建议。甲方在实施乙方提出的改善建议前应全面评估其影响。未经乙方书面许可，甲方不得向任何第三方提供乙方出具的管理建议书。

(7)乙方的审计不能减轻甲方及甲方管理层的责任。

(二)乙方的义务

(1)按照约定时间完成审计工作，出具审计报告。乙方应于________年____月____日前出具审计报告。

(2)除以下情况外，乙方应当对执行业务过程中知悉的甲方信息予以保密：①取得甲方的授权；②根据法律法规的规定，为法律诉讼准备文件或提供证据，以及向监管机构报告发现的违反法规行为；③接受行业协会和监管机构依法进行的质量检查；④监管机构对乙方进行行政处罚(包括监管机构处罚前的调查、听证)以及乙方对此提出行政复议。

四、审计收费

(1)本次审计服务的收费按照《关于规范会计师事务所服务收费标准的通知》(晋价服字[2009]295号)计费标准，并依据乙方不同职务级别工作人员在本次审计工作中所耗费的时间为基础计算的。乙方预计本次审计服务的费用总额为人民币________万元。

(2)甲方应于本约定书签署之日起____日内支付____%的审计费用，其余款项于________年____月____日结清。

(3)如果由于无法预见的原因，致使乙方从事本约定书所涉及的审计服务实际时间较本约定书签订时预计的时间有明显的增加或减少时，甲乙双方应通过协商，相应调整本约定书第四条第1项下所述的审计费用。

(4)如果由于无法预见的原因，致使乙方人员抵达甲方的工作现场后，本约定书所约定的审计服务不再进行，甲方不得要求退还预付的审计费用；如上述情况发生于乙方人员完成现场审计工作，并离开甲方的工作现场后，甲方应另行向乙方支付人民币________元的补偿费，该补偿费应于甲方收到乙方的收款通知之日起____日内支付。

(5)与本次审计有关的其他费用(包括交通费、食宿费等)由甲方承担。

五、审计报告和审计报告的使用

(1)乙方按照《中国注册会计师审计准则第1501号——审计报告》和《中国注册会计师审计准则第1502号——非标准审计报告》规定的格式和类型出具审计报告。

(2)乙方向甲方致送审计报告一式__________份。

(3)甲方在提交或对外公布审计报告时，不得修改乙方出具的审计报告及其后附的已审计财务报表。当甲方认为有必要修改会计数据、报表附注和所作的说明时，应当事先通知乙方，乙方将考虑有关的修改对审计报告的影响，必要时，将重新出具审计报告。

六、本约定书的有效期间

本约定书自签署之日起生效，并在双方履行完毕本约定书约定的所有义务后终止。但其中第三条

(二)中第2项、第四条、第五条、第八条、第九条、第十条并不因本约定书终止而失效。

七、约定事项的变更

如果出现不可预见的情况，影响审计工作的如期完成，或需要提前出具审计报告，甲、乙双方均可要求变更约定事项，但应及时通知对方，并由双方协商解决。

八、终止条款

(1)如果根据乙方的职业道德及其他有关专业职责、适用的法律或其他任何法定的要求，乙方认为已不适宜继续为甲方提供本约定书约定的审计服务时，乙方可以采取向甲方提出合理通知的方式终止履行本约定书。

(2)在终止业务约定的情况下，乙方有权就其于本约定书终止之日前对约定的审计服务项目所做的工作收取合理的审计费用。

九、违约责任

甲、乙双方按照《中华人民共和国合同法》的规定承担违约责任。

十、适用法律和争议解决

本约定书的所有方面均应适用中华人民共和国法律进行解释并受其约束。本约定书履行地为乙方出具审计报告所在地，因本约定书所引用的或与本约定书有关的任何纠纷或争议(包括关于本约定书条款的存在、效力或终止，或无效之后果)，双方选择以下第________种解决方式。

(1)向有管辖权的人民法院提起诉讼。

(2)提交________仲裁委员会仲裁。

十一、双方对其他有关事项的约定

____

本约定书一式两份，甲、乙双方各执一份，具有同等法律效力。

甲方：　　　　　　　　　　　　　乙方：

授权代表：　　　　　　　　　　　授权代表：

年　月　日　　　　　　　　　　　年　月　日

第三章　审计职业道德与法律责任

第一节　审计职业道德

道德属于一种社会意识形态，是调整人与人之间、个人与社会之间的关系行为规范的总和，它以真诚与虚伪、善与恶、正义与非正义、公正与偏私等观念来衡量和评价人们的思想、行动。职业道德是指从事一定职业的人们在其特定的工作中或劳动中行为规范的总和。任何一种专门职业，在任何一个国家，为使其从业人员能切实担负起应有的责任，都强调专业人员的职业道德，大都制定本职业的职业道德守则。审计职业道德是指审计人员在长期审计工作过程中逐步形成的应当普遍遵守的行为规范。我国自1983年恢复审计制度以来，国家审计机关就十分重视审计职业道德建设，为了规范政府审计机关和审计人员的行为，审计署先后制定并颁布了审计人员守则、廉洁奉公的若干规定、审计工作中的六项纪律、保持廉洁的八条规定、审计机关审计人员职业道德准则，对职业品德、职业纪律、职业胜任能力和职业责任提出了相关要求。为了规范内部审计人员的职业行为，维护内部审计职业声誉，根据《审计法》及其实施条例，以及其他有关法律、法规和规章，中国内部审计协会于2013年8月修订并发布了第1201号《内部审计人员职业道德规范》准则，该准则共7章21条，于2014年1月1日施行。为了规范中国注册会计师的职业行为，提高职业道德水准，维护职业形象，中国注册会计师协会2009年9月颁布于2010年7月实施了《中国注册会计师职业道德守则》和《中国注册会计师协会非执业会员职业道德守则》实现了与国际会计师职业道德守则的全面趋同。该《职业道德守则》包括5个组成部分。其中《中国注册会计师职业道德守则第1号——职业道德基本要求》提出了注册会计师应当遵守职业道德的基本原则，对后面的四号准则起统御作用。《中国注册会计师职业道德守则第2号——职业道德概念框架》为注册会计师提供思路，以识别、评价和应对对职业道德基本原则产生不利影响的情形。《中国注册会计师职业道德守则第3号——提供专业服务的具体要求》对注册会计师提供的所有专业服务提出要求。《中国注册会计师职业道德守则第4号——审计和审阅业务对独立性的要求》与《中国注册会计师职业道德守则第5号——其他鉴证业务对独立性的要求》列举可能对独立性产生不利影响的多种情形，并提供识别、评价和应对不利影响因素的防范措施。由于准则难以涵盖所有不利情形及防范措施，守则要求在应对不利影响时，注册会计师应当运用职业道德概念框架。中国注册会计师协会会员包括注册会计师和非执业会员。会员职业道德守则规定了职业道德基本原则和职业道德概念框架，会员应当遵守职业道德基本原则，并能够运用职业道德概念框架解决职业道德问题。本节只介绍中国注册会计师协会会员职业道德。

一、职业道德基本原则

注册会计师协会会员为实现执业目标，必须遵守一系列前提或一般原则。这些基本原则包括下列职业道德基本原则：诚信、独立性、客观和公正、专业胜任能力和应有的关注、保密、良好职业行为。

（一）诚信

诚信，是指诚实、守信。也就是说，一个人言行与内心思想一致，不虚假；能够履行与别人的约定而取得对方的信任。诚信原则要求会员应当在所有的职业关系和商业关系中保持正直和诚实，秉公处事、实事求是。会员如果认为业务报告、申报资料或其他信息存在下列问题，则不得与这些有问题的信息发生牵连：包括含有严重虚假或误导性的陈述、含有缺乏充分根据的陈述或信息、存在遗漏或含糊其辞的信息。注册会计师如果注意到已与有问题的信息发生牵连，应当采取措施消除牵连。在鉴证业务中，如果注册会计师依据执业准则出具了恰当的非标准业务报告，不被视为违反上述要求。

（二）独立性

独立性，是指不受外来力量控制、支配，按照一定规则行事。独立原则通常是对注册会计师而非非执业会员提出的要求。在执行鉴证业务时，注册会计师必须保持独立性。在市场经济条件下，投资者主要依赖财务报表判断投资风险，在投资机会中作出选择。如果注册会计师不能与客户保持独立性，而是存在经济利益、关联关系，或屈从于外界压力，就很难取信于社会公众。美国注册会计师协会在1947年发布的《审计暂行标准》(The Tentative Statement of Auditing Standards)中指出：“独立性的含义相当于完全诚实、公正无私、无偏见、客观认识事实、不偏袒。”传统观点认为，注册会计师的独立性包括两个方面——实质上的独立和形式上的独立。美国注册会计师协会在职业行为守则中要求：“在公共业务领域中的会员（执业注册会计师），在提供审计和其他鉴证业务时应当保持实质上与形式上的独立。”国际会计师联合会职业道德守则也要求执行公共业务的职业会计师（执业注册会计师）保持实质上的独立和形式上的独立。注册会计师执行审计和审阅业务以及其他鉴证业务时，应当从实质上和形式上保持独立性，不得因任何利害关系影响其客观性。会计师事务所在承办审计和审阅业务以及其他鉴证业务时，应当从整体层面和具体业务层面采取措施，以保持会计师事务所和项目组的独立性。

（三）客观和公正

客观，是指按照事物的本来面目去考察，不添加个人的偏见。公正，是指公平、正直、不偏袒。客观和公正原则要求会员应当公正处事、实事求是，不得由于偏见、利益冲突或他人的不当影响而损害自己的职业判断。如果存在导致职业判断出现偏差，或对职业判断产生不当影响的情形，会员不得提供相关专业服务。

(四)专业胜任能力和应有的关注

专业胜任能力和应有的关注原则要求会员通过教育、培训和执业实践获取和保持专业胜任能力。会员应当持续了解并掌握当前法律、技术和实务的发展变化，将专业知识和技能始终保持在应有的水平，确保为客户提供具有专业水准的服务。会员作为专业人士，在许多方面都要履行相应的责任，保持和提高专业胜任能力就是其中的重要内容。专业胜任能力是指会员具有专业知识、技能和经验，能够经济、有效地完成客户委托的业务。会员如果不能保持和提高专业胜任能力，就难以完成客户委托的业务。事实上，如果会员在缺乏足够的知识、技能和经验的情况下提供专业服务，就构成了一种欺诈。一个合格的会员，不仅要充分认识自己的能力，对自己充满信心，更重要的是，必须清醒地认识到自己在专业胜任能力方面存在的不足。如果会员不能认识到这一点，承接了难以胜任的业务，就可能给客户乃至社会公众带来危害。注册会计师在应用专业知识和技能时，会员应当合理运用职业判断。专业胜任能力可分为两个独立阶段：专业胜任能力的获取和专业胜任能力的保持。会员应当持续了解和掌握相关的专业技术和业务的发展，以保持专业胜任能力。持续职业发展能够使会员发展和保持专业胜任能力，使其能够胜任特定业务环境中的工作。

应有的关注，要求会员遵守执业准则和职业道德规范的要求，勤勉尽责，认真、全面、及时地完成工作任务。在审计过程中，会员应当保持职业怀疑态度，运用专业知识、技能和经验，获取和评价审计证据。同时，会员应当采取措施以确保在其授权下工作的人员得到适当的培训和督导。在适当情况下，会员应当使客户、工作单位和专业服务的其他使用者了解专业服务的固有局限性。

(五)保密

会员能否与客户维持正常的关系，有赖于双方能否自愿而又充分地进行沟通和交流，不掩盖任何重要的事实和情况。只有这样，会员才能有效地完成工作。会员与客户的沟通，必须建立在为客户信息保密的基础上。这里所说的客户信息，通常是指涉密信息。一旦涉密信息被泄露或被利用，往往会给客户造成损失。因此，许多国家规定，在公众领域执业的注册会计师，在没有取得客户同意的情况下，不能泄露任何客户的涉密信息。

保密原则要求会员应当对在职业活动中获知的涉密信息予以保密，不得有下列行为：未经客户授权或法律法规允许，向会计师事务所以外的第三方披露其所获知的涉密信息和利用所获知的涉密信息为自己或第三方谋取利益。

会员在社会交往中应当履行保密义务。会员应当警惕无意泄密的可能性，特别是警惕无意中向近亲属或关系密切的人员泄密的可能性。近亲属是指配偶、父母、子女、兄弟姐妹、祖父母、外祖父母、孙子女、外孙子女。另外，会员应当对拟接受的客户或拟受雇的工作单位向其披露的涉密信息保密。在终止与客户或工作单位的关系之后，会员仍然应当对在职业关系和商业关系中获知的信息保密。如果变更工作单位或获得新客户，会员可以利用以前的经验，但不应利用或披露任何由于职业关系和商业关系获得的涉密信息。会员应当明确在会计师事务所内部保密的必要性，采取有效措施，确保其下级员工以及为其提供建议和帮助的人员遵循保密义务。

会员在下列情况下可以披露涉密信息。

(1)法律法规允许披露，并且取得客户或工作单位的授权。

(2)根据法律法规的要求，为法律诉讼、仲裁准备文件或提供证据，以及向有关监管机构报告发现的违法行为。

(3)法律法规允许的情况下，在法律诉讼、仲裁中维护自己的合法权益。

(4)接受注册会计师协会或监管机构的执业质量检查，答复其询问和调查。

(5)法律法规、执业准则和职业道德规范规定的其他情形。

(六)良好职业行为

会员应当遵守相关法律法规，避免发生任何损害职业声誉的行为。会员在向公众传递信息以及推介自己和工作时，应当客观、真实、得体、不得损害职业形象。会员应当诚实、实事求是，不得有下列行为：夸大宣传提供的服务、拥有的资质或获得的经验；贬低或无根据地比较其他注册会计师的工作。

二、职业道德概念框架

(一)职业道德概念框架的内涵

中国注册会计师职业道德守则提出职业道德概念框架，以指导会员遵循职业道德基本原则，履行维护公众利益的职责。职业道德概念框架是指解决职业道德问题的思路和方法，用以指导注册会计师：识别对职业道德基本原则的不利影响；评价不利影响的严重程度；必要时采取防范措施消除不利影响或将其降低至可接受的水平。职业道德概念框架适用于会员处理对职业道德基本原则产生不利影响的各种情形，其目的在于防止会员认为只要守则未明确禁止的情形就是允许的。

在运用职业道德概念框架时，会员应当运用职业判断。如果发现存在可能违反职业道德基本原则的情形，会员应当评价其对职业道德基本原则的不利影响。在评价不利影响的严重程度时，会员应当从性质和数量两个方面予以考虑。如果认为对职业道德基本原则的不利影响超出可接受的水平，会员应当确定是否能够采取防范措施消除不利影响或将其降低至可接受的水平。

在运用职业道德概念框架时，如果某些不利影响是重大的，或者合理的防范措施不可行或无法实施，会员可能面临不能消除不利影响或将其降至可接受水平的情形。如果无法采取适当的防范措施，注册会计师应当拒绝或终止所从事的特定专业服务，必要时与客户解除合约关系，或向其工作单位辞职。

(二)对遵循职业道德基本原则产生不利影响的因素及防范措施

1. 影响因素

注册会计师对职业道德基本原则的遵循可能受到多种因素的不利影响。不利影响的性质和严重程度因注册会计师提供服务类型的不同而不同。可能对职业道德基本原则产生不利影响的因素包括自身利益、自我评价、过度推介、密切关系和外在压力。如果经济利益或其他利益对会员的职业判断或行为产生不当影响，将产生自身利益导致的不利影响；如果会员对其(或者其所在会计师事务所或工作单位的其他人员)以前的判断或服务结果作出不恰当的评价，并且将据此形成的判断作为当前服务的组成部分，将产生自我评价导致的不利影响；如果会员过度推介客户或工作单位的某种立场或意见，使其客观性受到损害，将产生过度推介导致的不利影响；如果会员与客户或工作单位存在长期或亲密的关系，而过于倾向他们的利益，或认可他们的工作，将产生密切关系导致的不利影响；如果会员受到实际的压力或感受到压力(包括对会员实施不当影响的意图)而无法客观行事，将产生外在压力导致的不利影响。

2. 防范措施

防范措施是指可以消除不利影响或将其降至可接受水平的行动或其他措施。应对不利影响的防范措施包括下列两类：法律法规和职业规范规定的防范措施和在具体工作中采取的防范措施。法律法规和职业规范规定的防范措施主要包括：取得会员资格必需的教育、培训和经验要求；持续的职业发展要求；公司治理方面的规定；执业准则和职业道德规范的规定；监管机构或注册会计师协会的监控和惩戒程序；由依法授权的第三方对会员编制的业务报告、申报资料或其他信息进行外部复核。具体工作中应采取的防范措施在后面内容中介绍。

某些防范措施可以增加识别或制止不道德行为发生的可能性。由行业、法律法规、监管机构以及工作单位规定的这类防范措施包括：由所在的工作单位、行业以及监管机构建立有效的公开投诉系统，使同行、工作单位以及社会公众能够注意到不专业或不道德的行为；明确规定会员有义务报告违反职业道德守则的行为或情形。

(三)道德冲突的解决

在遵循职业道德基本原则时，会员应当解决遇到的道德冲突问题。在解决道德冲突问题时，会员应当考虑下列因素：与道德冲突问题有关的事实；涉及的道德问题；道德冲突问题涉及的职业道德基本原则；会计师事务所或工作单位制定的解决道德冲突问题的程序；可供选择的措施。

在考虑上述因素并权衡可供选择措施的后果后，会员应当确定适当的措施。如果道德冲突问题仍无法解决，会员应当考虑向会计师事务所或工作单位内部的适当人员咨询，寻求帮助解决问题。如果道德问题涉及会员与某一组织的冲突或是组织内部的冲突，会员还应当确定是否向该组织的治理层(如董事会)咨询。

如果某项重大冲突未能解决，会员可以考虑向相关职业团体或法律顾问获取专业建议。如果以不提及相关方的方式与相关职业团体讨论所涉事项，或在法律特权保护下与法律顾问讨论所涉事项，会员通常能够在不违反保密原则的条件下获得解决道德问题的指导。在考虑所有相关可能措施后，如果道德冲突仍未解决，会员应当在可能的情况下拒绝继续与产生冲突的事项发生关联。会员可视情况确定是否解除业务约定或退出某项特定任务，或完全退出该项业务，或向所在会计师事务所或者工作单位辞职。

三、注册会计师对职业道德概念框架的具体运用

本部分阐述注册会计师遇到的不利影响或可能对职业道德基本原则遵循产生不利影响的各种情形和关系，包括专业服务委托、利益冲突、应客户要求提供第二次意见、收费、专业服务营销、礼品和款待、保管客户资产、对客观和公正原则的要求。

(一)可能对职业道德基本原则产生不利影响的因素

1. 自身利益导致不利影响的情形

(1)鉴证业务项目组成员在鉴证客户中拥有直接经济利益。

(2)会计师事务所的收入过分依赖某一客户。

(3)鉴证业务项目组成员与鉴证客户存在重要且密切的商业关系。

(4)会计师事务所担心可能失去某一重要客户。

(5)鉴证业务项目组成员正在与鉴证客户协商受雇于该客户。

(6)会计师事务所与客户就鉴证业务达成或有收费的协议。

(7)注册会计师在评价所在会计师事务所以往提供的专业服务时，发现了重大错误。

2. 自我评价导致不利影响的情形

(1)会计师事务所在对客户提供财务系统的设计或操作服务后，又对系统的运行有效性出具鉴证报告。

(2)会计师事务所为客户编制原始数据，这些数据构成鉴证业务的对象。

(3)鉴证业务项目组成员担任或最近曾经担任客户的董事或高级管理人员。

(4)鉴证业务项目组成员目前或最近曾受雇于客户，并且所处职位能够对鉴证对象施加重大影响。

(5)会计师事务所为鉴证客户提供直接影响鉴证对象信息的其他服务。

3. 过度推介导致不利影响的情形

(1)会计师事务所推介审计客户的股份。

(2)在审计客户与第三方发生诉讼或纠纷时，注册会计师担任该客户的辩护人。

4. 密切关系导致不利影响的情形

(1)项目组成员的近亲属担任客户的董事或高级管理人员。

(2)项目组成员的近亲属是客户的员工，其所处职位能够对业务对象施加重大影响。

(3)客户的董事、高级管理人员或所处职位能够对业务对象施加重大影响的员工，最近曾担任会计师事务所的项目合伙人。

(4)注册会计师接受客户的礼品或款待。

(5)会计师事务所的合伙人或高级员工与鉴证客户存在长期业务关系。这里的项目合伙人是指会计师事务所中负责某项业务及其执行，并代表会计师事务所在报告上签字的合伙人。在有限责任制的会计师事务所，项目合伙人是指主任会计师、副主任会计师或具有同等职位的高级管理人员。如果项目合伙人以外的其他注册会计师在业务报告上签字，中国注册会计师职业道德守则对项目合伙人作出的规定也适用于该签字注册会计师。

5. 外在压力导致不利影响的情形

(1)会计师事务所受到客户解除业务关系的威胁。

(2)审计客户表示，如果会计师事务所不同意对某项交易的会计处理，则不再委托其承办拟议中的非鉴证业务。

(3)客户威胁将起诉会计师事务所。

(4)会计师事务所受到降低收费的影响而不恰当地缩小工作范围。

(5)由于客户员工对所讨论的事项更具有专长，注册会计师面临服从其判断的压力。

(6)会计师事务所合伙人告知注册会计师，除非同意审计客户不恰当的会计处理，否则将影响晋升。

(二)应对不利影响的防范措施

注册会计师应当运用判断，确定如何应对超出可接受水平的不利影响，包括采取防范措施消除不利影响或将其降低至可接受的水平，或者终止业务约定或拒绝接受业务委托。在运用判断时，注册会计师应当考虑：一个理性且掌握充分信息的第三方，在权衡注册会计师当时可获得的所有具体事实和情况后，是否很可能认为这些防范措施能够消除不利影响或将其降低至可接受的水平，以使职业道德基本原则不受损害。应对不利影响的防范措施包括法律法规和职业规范规定的防范措施和在具体工作中采取的防范措施。在具体工作中，应对不利影响的防范措施包括会计师事务所层面的防范措施和具体业务层面的防范措施。

1. 会计师事务所层面的防范措施

(1)领导层强调遵循职业道德基本原则的重要性。

(2)领导层强调鉴证业务项目组成员应当维护公众利益。

(3)制定有关政策和程序，实施项目质量控制，监督业务质量。

(4)制定有关政策和程序，识别对职业道德基本原则的不利影响，评价不利影响的严重程度，采取防范措施消除不利影响或将其降低至可接受的水平。

(5)制定有关政策和程序，保证遵循职业道德基本原则。

(6)制定有关政策和程序，识别会计师事务所或项目组成员与客户之间的利益或关系。

(7)制定有关政策和程序，监控对某一客户收费的依赖程度。

(8)向鉴证客户提供非鉴证服务时，指派鉴证业务项目组以外的其他合伙人和项目组，并确保鉴证业务项目组和非鉴证业务项目组分别向各自的业务主管报告工作。

(9)制定有关政策和程序，防止项目组以外的人员对业务结果施加不当影响。

(10)及时向所有合伙人和专业人员传达会计师事务所的政策和程序及其变化情况，并就这些政策和程序进行适当的培训。

(11)指定高级管理人员负责监督质量控制系统是否有效运行。

(12)向合伙人和专业人员提供鉴证客户及其关联实体的名单，并要求合伙人和专业人员与之保持独立。

(13)制定有关政策和程序，鼓励员工就遵循职业道德基本原则方面的问题与领导层沟通。

(14)建立惩戒机制，保障相关政策和程序得到遵守。

2. 具体业务层面的防范措施

(1)对已执行的非鉴证业务，由未参与该业务的注册会计师进行复核，或在必要时提供建议。

(2)对已执行的鉴证业务，由鉴证业务项目组以外的注册会计师进行复核，或在必要时提供建议。

(3)向客户审计委员会、监管机构或注册会计师协会咨询。

(4)与客户治理层讨论有关的职业道德问题。

(5)向客户治理层说明提供服务的性质和收费的范围。

(6)由其他会计师事务所执行或重新执行部分业务。

(7)轮换鉴证业务项目组合伙人和高级员工。

(三)专业服务委托

1. 接受客户关系

在接受客户关系前，注册会计师应当确定接受客户关系是否会对职业道德基本原则产生不利影响。注册会计师应当考虑客户的主要股东、关键管理人员和治理层是否诚信，以及客户是否涉足非法活动(如洗钱)或存在可疑的财务报告问题等。客户存在的问题可能对注册会计师遵循诚信原则或良好职业行为原则产生不利影响，注册会计师应当评价不利影响的严重程度，并在必要时采取防范措施消除不利影响或将其降低至可接受的水平。防范措施主要包括：对客户及其主要股东、关键管理人员、治理层和负责经营活动的人员进行了解；要求客户对完善公司治理结构或内部控制作出承诺。

如果不能将客户存在的问题产生的不利影响降低至可接受的水平，注册会计师应当拒绝接受客户关系。如果向同一客户连续提供专业服务，注册会计师应当定期评价继续保持客户关系是否适当。

2. 承接业务

注册会计师应当遵循专业胜任能力和应有的关注原则，仅向客户提供能够胜任的专业服务。在承接某一客户业务前，注册会计师应当确定承接该业务是否会对职业道德基本原则产生不利影响。如果项目组不具备或不能获得执行业务所必需的胜任能力，将对专业胜任能力和应有的关注原则产生不利影响。注册会计师应当评价不利影响的严重程度，并在必要时采取防范措施消除不利影响或将其降低至可接受的水平。防范措施主要包括：了解客户的业务性质、经营的复杂程度，以及所在行业的情况；了解专业服务的具体要求和业务对象，以及注册会计师拟执行工作的目的、性质和范围；了解相关监管要求或报告要求；分派足够的具有胜任能力的员工；必要时利用专家的工作；就执行业务的时间安排与客户达成一致意见；遵守质量控制政策和程序，以合理保证仅承接能够胜任的业务。

当利用专家的工作时，注册会计师应当考虑专家的声望、专长及其可获得的资源，以及适用的执业准则和职业道德规范等因素，以确定专家的工作结果是否值得依赖。注册会计师可以通过以前与专家的交往或向他人咨询获得相关信息。

3. 客户变更委托

如果应客户要求或考虑以投标方式接替前任注册会计师，注册会计师应当从专业角度或其他方面确定应否承接该业务。如果注册会计师在了解所有相关情况前就承接业务，可能对专业胜任能力和应有的关注原则产生不利影响。注册会计师应当评价不利影响的严重程度。由于客户变更委托的表面理由可能并未完全反映事实真相，根据业务性质，注册会计师可能需要与前任注册会计师直接沟通，核实与变更委托相关的事实和情况，以确定是否适宜承接该业务。

注册会计师应当在必要时采取防范措施，消除因客户变更委托产生的不利影响或将其降低至可接受的水平。防范措施主要包括：当应邀投标时，在投标书中说明，在承接业务前需要与前任注册会计师沟通，以了解是否存在不应接受委托的理由；要求前任注册会计师提供已知悉的相关事实或情况，即前任注册会计师认为，后任注册会计师在作出承接业务的决定前，需要了解的事实或情况；从其他渠道获取必要的信息。

如果采取的防范措施不能消除不利影响或将其降低至可接受的水平，注册会计师不得承接该业务。注册会计师可能应客户要求在前任注册会计师工作的基础上提供进一步的服务。如果缺乏完整的信息，可能对专业胜任能力和应有的关注原则产生不利影响。注册会计师应当评价不利影响的严重程度，并在必要时采取防范措施消除不利影响或将其降低至可接受的水平。

采取的防范措施主要包括将拟承担的工作告知前任注册会计师，提请其提供相关信息，以便恰当地完成该项工作。前任注册会计师应当遵循保密原则。前任注册会计师是否可以或必须与后任注册会计师讨论客户的相关事务，取决于业务的性质、是否征得客户同意，以及法律法规或职业道德规范的有关要求。注册会计师在与前任注册会计师沟通前，应当征得客户的同意，最好征得客户的书面同意。前任注册会计师在提供信息时，应当实事求是、清晰明了。如果不能与前任注册会计师沟通，注册会计师应当采取适当措施，通过询问第三方或调查客户的高级管理人员、治理层的背景等方式，获取有关对职业道德本原则产生不利影响的信息。

(四) 利益冲突

注册会计师应当采取适当措施，识别可能产生利益冲突的情形。这些情形可能对职业道德基本原则产生不利影响。注册会计师与客户存在直接竞争关系，或与客户的主要竞争者存在合资或类似关系，可能对客观和公正原则产生不利影响。注册会计师为两个以上客户提供服务，而这些客户之间存在利益冲突或者对某一事项或交易存在争议，可能对客观和公正原则或保密原则产生不利影响。注册会计师应当评价利益冲突产生不利影响的严重程度，并在必要时采取防范措施消除不利影响或将其降低至可接受的水平。在接受或保持客户关系和具体业务前，如果与客户或第三方存在商业利益或关系，注册会计师应当评价其所产生不利影响的严重程度。

注册会计师应当根据可能产生利益冲突的具体情形，采取下列防范措施：如果会计师事务所的商业利益或业务活动可能与客户存在利益冲突，注册会计师应当告知客户，并在征得其同意的情况下执行业务；如果为存在利益冲突的两个以上客户服务，注册会计师应当告知所有已知相关方，并在征得他们同意的情况下执行业务；如果为某一特定行业或领域中的两个以上客户提供服务，注册会计师应当告知客户，并在征得他们同意的情况下执行业务。

如果客户不同意注册会计师为存在利益冲突的其他客户提供服务，注册会计师应当终止为其中一方或多方提供服务。除采取上述防范措施外，注册会计师还应当采取下列一种或多种防范措施：分派不同的项目组为相关客户提供服务；实施必要的保密程序，防止未经授权接触信息，例如，对不同的项目组实施严格的隔离程序，做好数据文档的安全保密工作；向项目组成员提供有关安全和保密问题的指引；要求会计师事务所的合伙人和员工签订保密协议；由未参与执行相关业务的高级员工定期复核防范措施的执行情况。

如果利益冲突对职业道德基本原则产生不利影响，并且采取防范措施无法消除不利影响或将其降低至可接受的水平，注册会计师应当拒绝承接某一特定业务，或者解除一个或多个存在冲突的业务约定。

(五) 应客户的要求提供第二次意见

在某客户运用会计准则对特定交易和事项进行处理，且已由前任注册会计师发表意见的情况下，如果注册会计师应客户的要求提供第二次意见，可能对职业道德基本原则产生不利影响。如果第二次意见不是以前任注册会计师所获得的相同事实为基础，或依据的证据不充分，可能对专业胜任能力和应有的关注原则产生不利影响。不利影响存在与否及其严重程度，取决于业务的具体情况，以及为提供第二次意见所能获得的所有相关事实及证据。如果被要求提供第二次意见，注册会计师应当评价不利影响的严重程度，并在必要时采取防范措施消除不利影响或将其降低至可接受的水平。防范措施主要包括：征得客户同意与前任注册会计师沟通；在与客户沟通中说明注册会计师发表专业意见的局限性；向前任注册会计师提供第二次意见的副本。如果客户不允许与前任注册会计师沟通，注册会计师应当在考虑所有情况后决定是否适宜提供第二次意见。

（六）收费

会计师事务所在确定收费时应当主要考虑专业服务所需的知识和技能、所需专业人员的水平和经验、各级别专业人员提供服务所需的时间和提供专业服务所需承担的责任。在专业服务得到良好的计划、监督及管理的前提下，收费通常以每一专业人员适当的小时收费标准或日收费标准为基础计算。

收费是否对职业道德基本原则产生不利影响，取决于收费报价水平和所提供的相应服务。注册会计师应当评价不利影响的严重程度，并在必要时采取防范措施消除不利影响或将其降低至可接受的水平。防范措施主要包括让客户了解业务约定条款，特别是确定收费的基础以及在收费报价内所能提供的服务、安排恰当的时间和具有胜任能力的员工执行任务。

在承接业务时，如果收费报价过低，可能导致难以按照执业准则和相关职业道德要求执行业务，从而对专业胜任能力和应有的关注原则产生不利影响。如果收费报价明显低于前任注册会计师或其他会计师事务所的相应报价，会计师事务所应当确保在提供专业服务时，遵守执业准则和相关职业道德要求，使工作质量不受损害并使客户了解专业服务的范围和收费基础。

或有收费可能对职业道德基本原则产生不利影响。不利影响存在与否及其严重程度取决于业务的性质、可能的收费金额区间、确定收费的基础和是否由独立第三方复核交易和提供服务的结果。除法律法规允许外，注册会计师不得以或有收费方式提供鉴证服务，收费与否或收费多少不得以鉴证工作结果或实现特定目的为条件。注册会计师应当评价或有收费产生不利影响的严重程度，并在必要时采取防范措施消除不利影响或将其降低至可接受的水平。防范措施主要包括：预先就收费的基础与客户达成书面协议；向预期的报告使用者披露注册会计师所执行的工作及收费的基础；实施质量控制政策和程序；由独立第三方复核注册会计师已执行的工作。

注册会计师收取与客户相关的介绍费或佣金，可能对客观和公正原则以及专业胜任能力和应有的关注原则产生非常严重的不利影响，导致没有防范措施能够消除不利影响或将其降低至可接受的水平。注册会计师不得收取与客户相关的介绍费或佣金。注册会计师为获得客户而支付业务介绍费，可能对客观和公正原则以及专业胜任能力和应有的关注原则产生非常严重的不利影响，导致没有防范措施能够消除不利影响或将其降低至可接受的水平。注册会计师不得向客户或其他方支付业务介绍费。

（七）专业服务营销

注册会计师通过广告或其他营销方式招揽业务，可能对职业道德基本原则产生不利影响。在向公众传递信息时，注册会计师应当维护职业声誉，做到客观、真实、得体。注册会计师在营销专业服务时，不得有下列行为：夸大宣传提供的服务、拥有的资质或获得的经验；贬低或无根据地比较其他注册会计师的工作；暗示有能力影响有关主管部门、监管机构或类似机构；作出其他欺骗性的或可能导致误解的声明。

注册会计师不得采用强迫、欺诈、利诱或骚扰等方式招揽业务。注册会计师不得对其能力进行广告宣传以招揽业务，但可以利用媒体刊登设立、合并、分立、解散、迁址、名称变更和招聘员工等信息。

（八）礼品和款待

如果客户向注册会计师（或其近亲属）赠送礼品或给予款待，将对职业道德基本原则产生不利影响。注册会计师不得向客户索取、收受委托合同约定以外的酬金或其他财物，或者利用执行业务之便，谋取其他不正当的利益。

注册会计师应当评价接受款待产生不利影响的严重程度，并在必要时采取防范措施消除不利影响或将其降低至可接受的水平。如果款待超出业务活动中的正常往来，注册会计师应当拒绝接受。

（九）保管客户资产

除非法律法规允许或要求，注册会计师不得提供保管客户资金或其他资产的服务。注册会计师保管客户资金或其他资产，应当履行相应的法定义务。保管客户资金或其他资产可能对职业道德基本原则产生不利影响，尤其可能对客观和公正原则以及良好职业行为原则产生不利影响。注册会计师如果保管客户资金或其他资产，应当符合下列要求：将客户资金或其他资产与其个人或会计师事务所的资产分开；仅按照预定用途使用客户资金或其他资产；随时准备向相关人员报告资产状况及产生的收入、红利或利得；遵守所有与保管资产和履行报告义务相关的法律法规。

如果某项业务涉及保管客户资金或其他资产，注册会计师应当根据有关接受与保持客户关系和具体业务政策的要求，适当询问资产的来源，并考虑应当履行的法定义务。如果客户资金或其他资产来源于非法活动（如洗钱），注册会计师不得提供保管资产服务，并应当向法律顾问征询进一步的意见。

（十）对客观和公正原则的要求

在提供专业服务时，注册会计师如果在客户中拥有经济利益，或者与客户董事、高级管理人员或员工存在家庭和私人关系或商业关系，应当确定是否对客观和公正原则产生不利影响。在提供专业服务时，对客观和公正原则的不利影响及其严重程度，取决于业务的具体情形和注册会计师所执行工作的性质。注册会计师应当评价不利影响的严重程度，并在必要时采取防范措施消除不利影响或将其降低至可接受的水平。防范措施主要包括：退出项目组；实施督导程序；终止产生不利影响的经济利益或商业关系；与会计师事务所内部较高级别的管理人员讨论有关事项；与客户治理层讨论有关事项。如果防范措施不能消除不利影响或将其降低至可接受的水平，注册会计师应当拒绝接受业务委托或终止业务。

在提供鉴证服务时，注册会计师应当从实质上和形式上独立于鉴证客户，客观公正地提出结论，并且从外界看来没有偏见、无利益冲突、不受他人的不当影响。在执行审计和审阅业务以及其他鉴证业务时，为了达到保持独立性的要求，注册会计师应当分别遵守《中国注册会计师职业道德守则第4号——审计和审阅业务对独立性的要求》和《中国注册会计师职业道德守则第5号——其他鉴证业务对独立性的要求》的规定。

四、非执业会员对职业道德概念框架的运用

(一)基本要求

非执业会员在提供专业服务时，应当遵守《中国注册会计师协会非执业会员道德守则》《中华人民共和国会计法》以及其他相关法律法规的有关规定。投资者、债权人、工作单位、政府部门和社会公众等都可能依赖非执业会员的工作。非执业会员可能单独或与其他人员一起负责编报财务信息及其他信息(这些信息可能为工作单位和第三方利用)，也可能负责从事财务管理工作或提供各种与企业经营有关的建议。非执业会员，可能是领取报酬的雇员，也可能是合伙人、执行董事或非执行董事、业主(经理)、志愿者，或者为一家或多家组织服务的人员。他们与工作单位之间关系的法律形式不影响其应承担的道德责任。

非执业会员有责任促进工作单位实现其合法的目标。职业道德守则并不妨碍非执业会员恰当履行上述职责，但非执业会员应当避免在履行上述职责时可能损害遵循职业道德基本原则的情形。非执业会员可能在组织中处于高级职位。职位越高，越有影响力。因此，非执业会员应当在工作单位中倡导以道德为基础的文化，以促使高级管理层重视道德行为。

(二)对遵循职业道德基本原则产生不利影响的因素

非执业会员不得在明知的情况下从事任何损害或可能损害诚信原则、客观和公正原则以及良好职业声誉的业务、职业或活动。非执业会员对职业道德基本原则的遵循可能受到多种因素的不利影响。可能对遵循职业道德基本原则产生不利影响的因素包括自身利益、自我评价、过度推介、密切关系和外在压力。

1. 自身利益导致不利影响的情形

(1)在工作单位拥有经济利益，或者接受工作单位的贷款或担保。

(2)参与工作单位的激励性薪酬方案。

(3)因私不当使用工作单位的资产。

(4)过分担心失去现有工作职位。

(5)面临来自工作单位以外的商业压力。

2. 自我评价导致不利影响的情形

(1)负责内部控制的设计，并对其进行评价。

(2)负责会计处理，并执行内部审计活动。

(3)负责制定重大决策的可行性方案，并对相关交易和事项进行会计处理。

3. 过度推介导致不利影响的情形

(1)以虚假或误导性的方式宣传工作单位的形象或立场。

(2)以虚假或误导性的方式推介工作单位的股份、产品或服务。

4. 密切关系导致不利影响的情形

(1)负责工作单位的财务报告，而在同一单位工作的近亲属可以作出影响财务报告的决策；

(2)与工作单位能够影响经营决策的人员存在长期业务交往；

(3)接受可能影响客观、公正性的礼品和款待。

5. 外在压力导致不利影响的情形

(1)当工作单位与非执业会员在会计政策的选择和应用等方面存在分歧时，非执业会员或其近亲属受到解聘或更换职位的不利影响。

(2)上级主管试图影响非执业会员的决策过程。

(三)应对不利影响的防范措施

应对不利影响的防范措施包括以下两类：法律法规和职业规范规定的防范措施和在具体工作中采取的防范措施。

在具体工作中采取的防范措施主要包括：建立合理的监督体系；制定道德和行为规范；制定恰当的人员招聘政策和程序；建立有效的内部控制；实施恰当的惩戒程序；领导层倡导和培育以遵守道德规范为导向的内部文化；监督员工的工作质量；向员工及时传达工作单位的政策、程序及其变化情况，并提供适当培训；鼓励员工就职业道德问题与领导层沟通；向其他专业人士咨询。

非执业会员如果发现工作单位有违反职业道德基本原则的行为，并预计仍会发生，应当考虑征询法律意见。如果在采取所有适当的防范措施后仍然不能将不利影响降低至可接受的水平，非执业会员应当考虑向工作单位提出辞职。

(四)潜在冲突

非执业会员应当遵循职业道德基本原则。但有时，履行对工作单位的责任和遵循职业道德基本原则的职业义务之间存在冲突。非执业会员通常被认为会支持工作单位确立的合法、符合道德标准的目标，以及为实现这些目标而制定的规则和程序。但是，如果某一情形或关系对遵循职业道德基本原则产生不利影响，非执业会员应当确定如何应对不利影响。如果履行工作职责与遵循职业道德基本原则产生冲突，非执业会员应当确定如何解决这种冲突。非执业会员可能由于履行工作职责而受到上级主管、经理、董事等方面的压力，从而对遵循职业道德基本原则产生不利影响。这种压力可能导致非执业会员出现以下行为：违反法律法规；违反会计准则和相关制度以及职业道德规范的要求；参与实施不合法的盈余管理；欺骗或故意误导他人，特别是欺骗或故意误导会计师事务所或监管机构；发布严重歪曲事实的财务报告或其他报告，或者与此类报传发生牵连。

非执业会员应当评价不利影响的严重程度，并在必要时采取防范措施消除不利影响或将其降低至可接受的水平。防范措施主要包括：向工作单位内部、独立的职业咨询专家或相关职业团体寻求建议；运用工作单位内部正式的冲突解决程序；征询法律意见。

（五）信息的编制和报告

1. 非执业会员的职责

非执业会员在编制和报告预测和预算、财务报表、管理层讨论与分析、管理层声明书等信息时，应当公正、诚实，遵守会计准则和相关制度以及职业道德规范的要求，使得使用者能够正确理解信息。在编制或批准通用目的财务报表时，非执业会员应当确信财务报表已按照适用的会计准则编制。非执业会员应当按照下列要求，以适当的方式编制和报告由其负责的信息：清楚地描述交易、资产和负债的性质；及时并恰当地分类和记录信息；所有重大方面准确、完整地反映事实。

2. 对职业道德基本原则的不利影响及防范措施

如果非执业会员因外在压力或自身利益而与误导性信息发生牵连，或通过他人的行为与误导性信息发生牵连，将对客观和公正、专业胜任能力和应有的关注等职业道德基本原则产生不利影响。不利影响的严重程度取决于压力来源、信息误导程度等因素。非执业会员应当评价不利影响的严重程度，并在必要时采取防范措施消除不利影响或将其降低至可接受的水平。防范措施包括向治理层、管理层或相关职业团体咨询等。

非执业会员对于认为存在误导的信息，如果无法将不利影响降低至可接受的水平，应当避免与之发生牵连或继续保持牵连。非执业会员可能无意中与误导性信息发生牵连，一旦知悉这一事实，应当立即采取措施终止牵连。在确定是否有必要向有关部门报告该事项时，非执业会员应当考虑征询法律意见。必要时，非执业会员可以考虑向工作单位提出辞职。

（六）专业知识和技能

非执业会员应当遵循专业胜任能力和应有的关注原则，只有在经过专门培训并且获得足够的经验后，才能承担相应的重要工作。非执业会员不得夸大其专业知识水平或工作经验，故意误导工作单位，以及在需要时放弃寻求专家的建议和帮助。在非执业会员履行职责时，下列情形可能对专业胜任能力和应有的关注原则产生不利影响：缺乏足够的时间；获取的信息不完整、不充分或范围受限；缺乏应有的经验、培训或教育；缺乏足够的资源。

不利影响的严重程度取决于非执业会员在工作时与他人合作的范围、工作资历以及对其工作督导和复核的程度等因素。非执业会员应当评价不利影响的严重程度，并在必要时采取防范措施消除不利影响或将其降低至可接受的水平。防范措施主要包括：接受更多的建议和培训；保证有足够的时间履行相关职责；获得具有特定专长的人员的帮助；在适当时向上级主管、独立咨询专家或相关职业团体咨询。如果不能消除不利影响或将其降低至可接受的水平，非执业会员应当确定是否拒绝执行相关工作。如果非执业会员认为拒绝执行相关工作是恰当的，应当向工作单位清楚地说明原因。

（七）经济利益

1. 自身利益导致的不利影响

当非执业会员或其近亲属在工作单位拥有下列经济利益时，可能因自身利益对遵循职业道德基本原则产生不利影响：在工作单位拥有直接或间接的经济利益，经济利益的价值可能直接受到非执业会员决策的影响；有资格获得与利润挂钩的奖金，奖金的价值可能直接受到非执业会员决策的影响；直接或间接持有工作单位的股票期权，其价值可能直接受到非执业会员决策的影响；直接或间接持有工作单位的现在可行权或即将可行权的股票期权；在达到某些目标后，可能有资格获得工作单位的股票期权或与业绩挂钩的奖金。

2. 评价不利影响的重要程度和防范措施

非执业会员应当评价因经济利益产生的不利影响的严重程度，并在必要时采取防范措施消除不利影响或将其降低至可接受的水平。防范措施主要包括：工作单位制定政策和程序，规定由独立于管理层的委员会决定高级管理人员的薪酬形式及其水平；根据工作单位的内部政策，非执业会员向治理层披露所有相关利益，以及相关股票的交易计划；非执业会员向上级主管、治理层或相关职业团体咨询；工作单位开展内部审计或接受外部审计；工作单位开展职业道德和与内幕交易问题相关的法律法规培训。非执业会员不得操纵信息或利用涉密信息谋取个人利益。

（八）礼品和款待

1. 接受礼品和款待

1）礼品和款待产生的影响

非执业会员或其近亲属可能接受礼品和款待。礼品和款待的形式多种多样，包括馈赠礼物、热情款待、优惠待遇或“套近乎”。如果非执业会员或其近亲属接受相关方礼品和款待，可能对遵循职业道德基本原则产生不利影响。如果非执业会员或其近亲属接受相关方礼品或款待，非执业会员应当评价不利影响的严重程度。如果相关方提供礼品和款待是为了影响非执业会员的行为或决策，促使其作出违法或不诚实的行为，或获取其掌握的涉密信息，则因自身利益对非执业会员遵循客观和公正以及保密原则产生不利影响。在接受礼品和款待后，如果对方威胁将事实公开，以损害非执业会员或其近亲属的声誉，则因外在压力对非执业会员遵循客观和公正以及保密原则产生不利影响。

2）对不利影响的判断及采取的措施

不利影响存在与否及其重要程度取决于礼品和款待的性质、价值和提供者的意图。非执业会员应当评价接受礼品和款待产生的所有不利影响，并确定是否采取下列行动：当相关方提供礼品和款待时，立即告知治理层或较高级别的管理人员；在征询法律意见后，确定是否将相关方提供礼品和款待的事实告知对方单位或监管部门；当近亲属收到相关方提供的礼品和款待时，告知近亲属可能产生的不利影响以及需采取的防范措施；当近亲属被竞争对手或潜在的供应商聘用时，告知治理层或较高级别的管理人员。

2. 提供礼品和款待

非执业会员可能面临压力向相关方提供礼品和款待，以影响相关方的判断或决策过程，或获取相关方掌握的涉密信息。非执业会员不得向相关方提供礼品和款待，以对相关方的职业判断产生不当影响。如果工作单位为了促使相关方作出违法或不诚实的行为，或获取其掌握的涉密信息，要求非执业会员向相关方提供礼品和款待，非执业会员应当遵守有关解决潜在冲突的原则。

五、审计、审阅业务对独立性的要求

注册会计师执行审计、审阅业务时的独立性要求，以及注册会计师如何运用职业道德概念框架，以达到和保持独立性是本部分的主要内容。

（一）基本要求

1. 独立性的概念框架

1）独立性的内涵

独立性包括实质上的独立性和形式上的独立性。实质上的独立性是一种内心状态，使得注册会计师在提出结论时不受损害职业判断的因素影响，诚信行事，遵循客观和公正原则，保持职业怀疑态度。形式上的独立性。形式上的独立性是一种外在表现，使得一个理性且掌握充分信息的第三方，在权衡所有相关事实和情况后，认为会计师事务所或审计项目组成员没有损害诚信原则、客观和公正原则或职业怀疑态度。

2）独立性概念框架的内涵

独立性概念框架是指解决独立性问题的思路和方法，用以指导注册会计师：识别对独立性的不利影响；评价不利影响的严重程度；必要时采取防范措施消除不利影响或将其降低至可接受的水平。如果无法采取适当的防范措施消除不利影响或将其降低至可接受的水平，注册会计师应当消除产生不利影响的情形，或者拒绝接受审计业务委托或终止审计业务。在运用独立性概念框架时，注册会计师应当运用职业判断。

在确定是否接受或保持某项业务，或者某一特定人员能否作为审计项目组成员时，会计师事务所应当识别和评价各种对独立性的不利影响。如果不利影响超出可接受的水平，在确定是否接受某项业务或某一特定人员能否作为审计项目组成员时，会计师事务所应当确定能否采取防范措施以消除不利影响或将其降低至可接受的水平。在确定是否保持某项业务时，会计师事务所应当确定现有的防范措施是否仍然有效；如果无效，是否需要采取其他防范措施或者终止业务。在执行业务过程中，如果注意到对独立性产生不利影响的新情况，会计师事务所应当运用独立性概念框架评价不利影响的严重程度。在评价不利影响的严重程度时，注册会计师应当从性质和数量两个方面予以考虑。由于会计师事务所规模、结构和组织形式不同，会计师事务所人员对独立性承担的责任也不同。会计师事务所应当按照《会计师事务所质量控制准则第 5101 号——业务质量控制》的要求制定政策和程序，以合理保证按照本守则的要求保持独立性。项目合伙人应当就审计项目组遵守相关独立性要求的情况形成结论。

2. 网络与网络事务所

1) 网络与网络事务所的定义

网络是指由多个实体组成，旨在通过合作实现下列一个或多个目的的联合体：共享收益或分担成本；共享所有权、控制权或管理权；共享统一的质量控制政策和程序；共享同一经营战略；使用同一品牌；共享重要的专业资源。

网络事务所属于某一网络的会计师事务所或实体。除非另有说明，如果某一会计师事务所被视为网络事务所，应当与网络中其他会计师事务所的审计客户保持独立。有关对网络事务所独立性的要求，适用于所有符合网络事务所定义的实体，而无论该实体(如咨询公司)本身是否为会计师事务所。除另有说明，本部分所称会计师事务所包括网络事务所。

2) 网络的确定

会计师事务所与其他会计师事务所或实体构成联合体，旨在增强提供专业服务的能力。这些联合体是否形成网络取决于具体情况，而不取决于会计师事务所或实体是否在法律上各自独立。在判断一个联合体是否形成网络时，注册会计师应当运用下列标准：一个理性且掌握充分信息的第三方，在权衡所有相关事实和情况后，是否很可能认为这些实体形成网络。

(1) 如果一个联合体旨在通过合作，在各实体之间共享收益或分担成本，应被视为网络。如果联合体之间分担的成本不重要，或分担的成本仅限于与开发审计方法、编制审计手册或提供培训课程有关的成本，则不应当被视为网络。如果会计师事务所与某一实体以联合方式提供服务或研发产品，虽然构成联合体，但不形成网络。

(2) 如果一个联合体旨在通过合作，在各实体之间共享所有权、控制权或管理权，应被视为网络。这种网络关系可能通过合同或其他方式实现。

(3) 如果一个联合体旨在通过合作，在各实体之间共享统一的质量控制政策和程序，应被视为网络。统一的质量控制政策和程序，是由联合体统一设计、实施和监控的质量控制政策和程序。

(4) 如果一个联合体旨在通过合作，在各实体之间共享同一经营战略，应被视为网络。共享同一经营战略，是指实体之间通过协议实现共同的战略目标。如果一个实体与其他实体仅以联合方式应邀提供专业服务，虽然构成联合体，但不形成网络。

(5)如果一个联合体旨在通过合作，在各实体之间使用同一品牌，应被视为网络。同一品牌包括共同的名称和标志等。即使某一会计师事务所不属于某一网络，也不使用同一品牌作为会计师事务所名称的一部分，如果在文具或宣传材料上提及本所是某一会计师事务所联合体的成员，可能使人产生其属于某一网络的印象。为避免产生这种误解，会计师事务所应当慎重考虑如何描述这种成员关系。

(6)如果一个联合体旨在通过合作，在各实体之间共享重要的专业资源，应被视为网络。专业资源包括：能够使各会计师事务所交流诸如客户资料、收费安排和时间记录等信息的共享系统；合伙人和员工，技术部门，负责就鉴证业务中的技术或行业特定问题、交易或事项提供咨询；审计方法或审计手册；培训课程和设施。

注册会计师应当根据相关事实和情况，确定联合体共享的专业资源是否重要，并判断这些会计师事务所或实体是否为网络事务所。在下列情形中，共享的资源被视为不重要：共享的资源仅限于共同的审计手册或审计方法；共享培训资源，而并不交流人员、客户信息或市场信息；没有一个共有的技术部门。

如果会计师事务所转让某一部分，虽然该部分不再与其有关联，但转让协议可能规定，允许该部分在一定期间内继续使用其名称或名称中的要素。在这种情况下，尽管会计师事务所和转让出的部分使用共同的名称执业，但不属于以合作为目的的联合体，因此不构成网络。在向外界介绍自己时，上述实体应当确定如何说明两者不构成网络。

3. 公众利益实体

在评价对独立性产生不利影响的重要程度以及为消除不利影响或将其降低至可接受水平采取的必要防范措施时，注册会计师应当考虑实体涉及公众利益的程度。公众利益实体包括上市公司和下列实体：法律法规界定的公众利益实体；法律法规规定按照上市公司审计独立性的要求接受审计的实体。如果公众利益实体以外的其他实体拥有数量众多且分布广泛的利益相关者，注册会计师应当考虑将其作为公众利益实体对待，需要考虑的因素包括实体业务的性质(例如金融业务、保险业务等)、实体的规模和员工的数量。

4. 关联实体

关联实体是指与客户存在下列任一关系的实体：能够对客户施加直接或间接控制的实体，并且客户对该实体重要；在客户内拥有直接经济利益的实体，并且该实体对客户具有重大影响，在客户内的利益对该实体重要；受到客户直接或间接控制的实体；客户(或受到客户直接或间接控制的实体)拥有其直接经济利益的实体，并且客户能够对该实体施加重大影响，在实体内的经济利益对客户(或受到客户直接或间接控制的实体)重要；与客户处于同一控制下的实体(即“姐妹实体”)，并且该姐妹实体和客户对其控制方均重要。

在审计客户是上市公司的情况下，审计客户包括该客户的所有关联实体。在审计客户不是上市公司的情况下，审计客户仅包括该客户直接或间接控制的关联实体。如果认为客户存在的关系或情形涉及其他关联实体，且与评价会计师事务所独立性相关，审计项目组在识别、评价对独立性的不利影响以及采取防范措施时，应当将其他关联实体包括在内。

5. 治理层

治理层，是指对实体的战略方向以及管理层履行经营管理责任负有监督责任的人员或组织。治理层的责任包括对财务报告过程的监督。注册会计师应当根据职业判断，定期就可能影响独立性的关系和其他事项与治理层沟通。上述沟通使治理层能够考虑会计师事务所在识别和评价对独立性的不利影响时作出的判断是否正确、考虑会计师事务所为消除不利影响或将其降低至可接受的水平所采取的防范措施是否适当和确定是否有必要采取适当的措施。对于因外在压力和密切关系产生的不利影响，这种沟通尤其有效。

6. 工作记录

尽管记录本身并不是确定会计师事务所是否独立的一个因素，但注册会计师应当按照中国注册会计师审计准则的要求遵守独立性要求的情况，包括记录形成的结论，以及为形成结论而讨论的主要内容。如果需要采取防范措施将某种不利影响降低至可接受的水平，注册会计师应当记录该不利影响的性质，以及将其降低至可接受的水平所采取的防范措施。如果需要对某种不利影响进行大量分析才能确定是否有必要采取防范措施，而注册会计师认为由于不利影响未超出可接受的水平不需要采取防范措施，注册会计师应当记录不利影响的性质以及得出不需采取防范措施结论的理由。

7. 业务期间

注册会计师应当在业务期间和财务报表涵盖的期间独立于审计客户。业务期间自审计项目组开始执行审计业务之日起，至出具审计报告之日止。如果审计业务具有连续性，业务期间结束日应以其中一方通知解除业务关系或出具最终审计报告两者时间孰晚为准。

如果一个实体委托会计师事务所对其财务报表发表意见，并且在该财务报表涵盖的期间或之后成为审计客户，会计师事务所应当确定下列因素是否对独立性产生不利影响：在财务报表涵盖的期间或之后、接受审计业务委托之前，与审计客户之间存在的经济利益或商业关系；以往向审计客户提供的服务。

如果在财务报表涵盖的期间或之后，在审计项目组开始执行审计业务之前，会计师事务所向审计客户提供了非鉴证服务，并且该非鉴证服务在审计期间不允许提供，会计师事务所应当评价提供的非鉴证服务对独立性产生的不利影响。如果不利影响超出可接受的水平，会计师事务所只有在采取防范措施消除不利影响或将其降低至可接受的水平的情况下，才能接受审计业务。防范措施主要包括：不允许提供非鉴证服务的人员担任审计项目组成员；必要时由其他的注册会计师复核审计和非鉴证工作；由其他会计师事务所评价非鉴证业务的结果，或由其他会计师事务所重新执行非鉴证业务，并且所执行工作的范围能够使其承担责任。

8. 合并与收购

如果由于合并或收购，某一实体成为审计客户的关联实体，会计师事务所应当识别和评价其与该关联实体以往和目前存在的利益或关系，并在考虑可能的防范措施后确定是否影响独立性，以及在合并或收购生效日后能否继续执行审计业务。会计师事务所应当在合并或收购生效日前采取必要措施终止目前存在的利益或关系。如果在合并或收购生效日前不能终止目前存在的利益或关系，会计师事务所应当评价产生的不利影响。不利影响的严重程度取决于下列因素：利益或关系的性质和重要程度；审计客户与该关联实体之间关系的性质和重要程度，例如，关联实体是审计客户的子公司还是母公司；合理终止该利益或关系需要的时间。

会计师事务所应当与治理层讨论，在合并或收购生效日前不能终止利益或关系的原因，以及对由此产生不利影响严重程度的评价结果。

如果治理层要求会计师事务所继续执行审计业务，会计师事务所只有在同时满足下列条件时，才能同意这一要求：在合并或收购生效日起的6个月内，尽快终止目前存在的利益或关系；存在利益或关系的人员不得作为审计项目组成员，也不得负责项目质量控制复核；拟采取适当的过渡性措施，并就此与治理层讨论。

拟采取的适当过渡性措施主要包括：必要时由审计项目组以外的注册会计师复核审计或非鉴证工作；由其他会计师事务所再次执行项目质量控制复核；由其他会计师事务所评价非鉴证业务的结果，或由其他会计师事务所重新执行该非鉴证业务，并且所执行工作的范围能够使其承担责任。

9. 其他方面的考虑

注册会计师可能无意中违反有关规定。如果会计师事务所具有维护独立性的适当质量控制政策和程序，并且能够立即纠正发现的违规情况，采取必要的措施消除不利影响或将其降低至可接受的水平，通常不被视为损害独立性。会计师事务所应当决定是否就该情况与治理层讨论。

(二)经济利益

1. 经济利益的种类

经济利益是指因持有某一实体的股权、债券和其他证券以及其他债务性的工具而拥有的利益，包括为取得这种利益享有的权利和承担的义务。经济利益包括直接经济利益和间接经济利益。直接经济利益是指个人或实体直接拥有并控制的经济利益(包括授权他人管理的经济利益)，以及个人或实体通过投资工具拥有的经济利益，并且有能力控制这些投资工具，或影响其投资决策。间接经济利益是指个人或实体通过投资工具拥有的经济利益，但没有能力控制这些投资工具，或影响其投资决策。

在审计客户中拥有经济利益，可能因自身利益导致不利影响。不利影响存在与否及其严重程度取决于拥有经济利益人员的角色、经济利益是直接的还是间接的和经济利益的重要性。受益人可能通过投资工具拥有经济利益。确定经济利益是直接的还是间接的，取决于受益人能否控制投资工具或具有影响投资决策的能力。如果受益人能够控制投资工具或具有影响投资决策的能力，这种经济利益为直接经济利益。如果受益人不能控制投资工具或不具有影响投资决策的能力，这种经济利益为间接经济利益。

2. 对独立性产生不利影响的情形和防范措施

(1)会计师事务所、审计项目组成员或其主要近亲属在审计客户中拥有直接经济利益或重大间接经济利益。

如果会计师事务所、审计项目组成员或其主要近亲属在审计客户中拥有直接经济利益或重大间接经济利益，将因自身利益产生非常严重的不利影响，导致没有防范措施能够将其降低至可接受的水平。会计师事务所、审计项目组成员或其主要近亲属不得在审计客户中拥有直接经济利益或重大间接经济利益。

(2)审计项目组某一成员的其他近亲属在审计客户中拥有直接经济利益或重大间接经济利益。

如果审计项目组某一成员的其他近亲属在审计客户中拥有直接经济利益或重大间接经济利益，将因自身利益产生非常严重的不利影响。不利影响的严重程度主要取决于审计项目组成员与其他近亲属之间的关系、经济利益对其他近亲属的重要性。会计师事务所应当评价不利影响的严重程度，并在必要时采取防范措施消除不利影响或将其降低至可接受的水平。防范措施主要包括：其他近亲属尽快处置全部经济利益，或处置全部直接经济利益并处置足够数量的间接经济利益，以使剩余经济利益不再重大；由审计项目组以外的注册会计师复核该成员已执行的工作；将该成员调离审计项目组。

(3)会计师事务所、审计项目组成员或其主要近亲属在对审计客户施加控制的实体中拥有直接经济利益或重大间接经济利益。

当一个实体在审计客户中拥有控制性的权益，并且审计客户对该实体重要时，如果会计师事务所、审计项目组成员或其主要近亲属在该实体中拥有直接经济利益或重大间接经济利益，将因自身利益产生非常严重的不利影响，导致没有防范措施能够将其降低至可接受的水平。会计师事务所、审计项目组成员或其主要近亲属不得在该实体中拥有直接经济利益或重大间接经济利益。

(4)通过会计师事务所的退休金计划在审计客户中拥有直接经济利益或重大间接经济利益。

如果审计项目组成员通过会计师事务所的退休金计划，在审计客户中拥有直接经济利益或重大间接经济利益，将因自身利益产生不利影响。注册会计师应当评价不利影响的严重程度，并在必要时采取防范措施消除不利影响或将其降低至可接受的水平。

(5)项目合伙人所在分部的其他合伙人或其主要近亲属在该审计客户中拥有直接经济利益或重大间接经济利益。

当其他合伙人与执行审计业务的项目合伙人同处一个分部时，如果其他合伙人或其主要近亲属在审计客户中拥有直接经济利益或重大间接经济利益，将因自身利益产生非常严重的不利影响，导致没有防范措施能够将其降低至可接受的水平。其他合伙人或其主要近亲属不得在审计客户中拥有直接经济利益或重大间接经济利益。

(6)项目合伙人和项目组其他成员分属于不同的分部。

执行审计业务的项目合伙人所处的分部并不一定是其所隶属的分部。当项目合伙人与审计项目组的其他成员隶属于不同的分部时，会计师事务所应当确定项目合伙人执行审计业务时所处的分部。

（7）为审计客户提供非审计服务的其他合伙人、管理人员或其主要近亲属在审计客户中拥有直接经济利益或重大间接经济利益。

如果为审计客户提供非审计服务的其他合伙人、管理人员或其主要近亲属，在审计客户中拥有直接经济利益或重大间接经济利益，将因自身利益产生非常严重的不利影响，导致没有防范措施能够将其降低至可接受的水平。为审计客户提供非审计服务的其他合伙人、管理人员或其主要近亲属不得在审计客户中拥有直接经济利益或重大间接经济利益。

（8）所在分部的其他合伙人、或向审计客户提供非审计服务的合伙人或管理人员的主要近亲属在审计客户中拥有经济利益。

执行审计业务的项目合伙人所处分部的其他合伙人，或者向审计客户提供非审计服务的合伙人或管理人员，如果其主要近亲属在审计客户中拥有经济利益，只要其主要近亲属作为审计客户的员工有权（例如通过退休金或股票期权计划）取得该经济利益，并且在必要时能够采取防范措施消除不利影响或将其降低至可接受的水平，则不被视为损害独立性。如果其主要近亲属拥有或取得处置该经济利益的权利，例如，按照股票期权方案有权行使期权，则应当尽快处置或放弃该经济利益。

（9）会计师事务所、审计项目组成员或其主要近亲属和审计客户同时在某一实体拥有经济利益。

会计师事务所、审计项目组成员或其主要近亲属在某一实体拥有经济利益，并且审计客户也在该实体拥有经济利益，可能因自身利益产生不利影响。如果经济利益并不重大，并且审计客户不能对该实体施加重大影响，则不被视为损害独立性。如果经济利益重大，并且审计客户能够对该实体施加重大影响，则没有防范措施能够将不利影响降低至可接受的水平。会计师事务所不得拥有此类经济利益。拥有此类经济利益的人员，在成为审计项目组成员之前，应当处置全部经济利益，或处置足够数量的经济利益，使剩余经济利益不再重大。

（10）会计师事务所、审计项目组成员或其主要近亲属和审计客户的利益相关者同时在某一实体拥有经济利益。

会计师事务所、审计项目组成员或其主要近亲属在某一实体拥有经济利益，并且知悉审计客户的董事、高级管理人员或具有控制权的所有者也在该实体拥有经济利益，可能因自身利益、密切关系或外在压力产生不利影响。不利影响存在与否及其严重程度主要取决于：该项目组成员在审计项目组中的角色；实体的所有权是由少数人持有还是多数人持有；经济利益是否使得投资者能够控制该实体，或对其施加重大影响；经济利益的重要性。注册会计师应当评价不利影响的严重程度，并在必要时采取防范措施消除不利影响或将其降低至可接受的水平。

防范措施主要包括：将拥有该经济利益的审计项目组成员调离审计项目组；由审计项目组以外的注册会计师复核该成员已执行的工作。

（11）作为受托管理人在审计客户中拥有直接经济利益或重大间接经济利益。

如果会计师事务所、审计项目组成员或其主要近亲属作为受托管理人在审计客户中拥有直接经济利益或重大间接经济利益，将因自身利益产生不利影响。如果与执行审计业务的项目合伙人处于同一分部的其他合伙人、向审计客户提供非审计服务的其他合伙人和管理人员以及上述人员的主要近亲属作为受托管理人，在审计客户中拥有直接经济利益或重大间接经济利益也将因自身利益产生不利影响，只有在同时满足下列条件时，才允许拥有上述经济利益：审计项目组成员及其主要近亲属和会计师事务所均不是受托财产的受益人；委托人在审计客户中拥有的经济利益对委托人并不重大；委托人不能对审计客户施加重大影响；针对委托人在审计客户中拥有的经济利益，受托管理人及其主要近亲属和会计师事务所对其任何投资决策都不能施加重大影响。

(12)其他相关人员在审计客户中拥有任何已知的经济利益。

审计项目组成员应当确定会计师事务所合伙人、专业人员及其主要近亲属和与审计项目组成员存在密切私人关系的人员在审计客户中拥有已知的经济利益是否因自身利益产生不利影响。这些经济利益是否因自身利益产生不利影响主要取决于会计师事务所的组织结构、经营模式和沟通机制和相关人员与审计项目组成员之间的关系。注册会计师应当评价不利影响的严重程度，并在必要时采取防范措施消除不利影响或将其降低至可接受的水平。防范措施主要包括：将存在密切私人关系的审计项目组成员调离审计项目组；不允许该审计项目组成员参与有关审计业务的任何重大决策；由审计项目组以外的注册会计师复核该审计项目组成员已执行的工作。

(13)会计师事务所、合伙人或其主要近亲属、员工或其主要近亲属从审计客户处获得直接经济利益或重大间接经济利益。

如果会计师事务所、合伙人或其主要近亲属、员工或其主要近亲属，从审计客户获得直接经济利益或重大间接经济利益(例如，通过继承、馈赠或因合并而获得经济利益)，而根据规定不允许拥有此类经济利益，则应当采取下列措施：如果会计师事务所获得经济利益，应当立即处置全部经济利益，或处置全部直接经济利益并处置足够数量的间接经济利益，以使剩余经济利益不再重大；如果审计项目组成员或其主要近亲属获得经济利益，应当立即处置全部经济利益，或处置全部直接经济利益并处置足够数量的间接经济利益，以使剩余经济利益不再重大；如果审计项目组以外的人员或其主要近亲属获得经济利益，应当在合理期限内尽快处置全部经济利益，或处置全部直接经济利益并处置足够数量的间接经济利益，以使剩余经济利益不再重大。在完成处置该经济利益前，会计师事务所应当确定是否需要采取防范措施。

(三)贷款和担保以及商业关系、家庭和私人关系

1. 贷款和担保

(1)从银行或类似金融机构等审计客户取得贷款或获得贷款担保。

会计师事务所、审计项目组成员或其主要近亲属从银行或类似金融机构等审计客户取得贷款，或获得贷款担保，可能对独立性产生不利影响。

如果审计客户不按照正常的程序、条款和条件提供贷款或担保，将因自身利益产生非

常严重的不利影响，导致没有防范措施能够将其降低至可接受的水平。会计师事务所、审计项目组成员或其主要近亲属不得接受此类贷款或担保。如果会计师事务所按照正常的贷款程序、条款和条件，从银行或类似金融机构等审计客户取得贷款，即使该贷款对审计客户或会计师事务所影响重大，也可能通过采取防范措施将因自身利益产生的不利影响降低至可接受的水平。采取的防范措施包括由网络中未参与执行审计业务并且未接受该贷款的会计师事务所复核已执行的工作等。

(2)从银行或类似金融机构等审计客户取得贷款或由其提供担保。

审计项目组成员或其主要近亲属从银行或类似金融机构等审计客户取得贷款，或由审计客户提供贷款担保，如果按照正常的程序、条款和条件取得贷款或担保，则不会对独立性产生不利影响。

(3)从不属于银行或类似金融机构等审计客户取得贷款或由其提供担保。

会计师事务所、审计项目组成员或其主要近亲属从不属于银行或类似金融机构的审计客户取得贷款，或由审计客户提供贷款担保，将因自身利益产生非常严重的不利影响，导致没有防范措施能够将其降低至可接受的水平。

(4)向审计客户提供贷款或为其提供担保。

会计师事务所、审计项目组成员或其主要近亲属向审计客户提供贷款或为其提供担保，将因自身利益产生非常严重的不利影响，导致没有防范措施能够将其降低至可接受的水平。

(5)在审计客户开立存款或交易账户。

会计师事务所、审计项目组成员或其主要近亲属在银行或类似金融机构等审计客户开立存款或交易账户，如果账户按照正常的商业条件开立，则不会对独立性产生不利影响。

2. 商业关系

(1)商业关系的种类及防范措施。

会计师事务所、审计项目组成员或其主要近亲属与审计客户或其高级管理人员之间，由于商务关系或共同的经济利益而存在密切的商业关系，可能因自身利益或外在压力产生严重的不利影响。这些商业关系主要包括：在与客户或其控股股东、董事、高级管理人员共同开办的企业中拥有经济利益；按照协议，将会计师事务所的产品或服务与客户的产品或服务结合在一起，并以双方名义捆绑销售；按照协议，会计师事务所销售或推广客户的产品或服务，或者客户销售或推广会计师事务所的产品或服务。

会计师事务所不得介入此类商业关系；如果存在此类商业关系，应当予以终止。如果此类商业关系涉及审计项目组成员，会计师事务所应当将该成员调离审计项目组。如果审计项目组成员的主要近亲属与审计客户或其高级管理人员存在此类商业关系，注册会计师应当评价不利影响的严重程度，并在必要时采取防范措施消除不利影响或将其降低至时接受的水平。

(2)与审计客户或利益相关者一同在某股东人数有限的实体中拥有利益。

如果会计师事务所、审计项目组成员或其主要近亲属，在某股东人数有限的实体中拥有经济利益，而审计客户或其董事、高级管理人员也在该实体中拥有经济利益，在同时满足下列条件时，这种商业关系不会对独立性产生不利影响：这种商业关系对于会计师事务所、审计项目组成员或其主要近亲属以及审计客户均不重要；该经济利益对一个或几个投资者并不重大；该经济利益不能使一个或几个投资者控制该实体。

(3)从审计客户购买商品或服务。

会计师事务所、审计项目组成员或其主要近亲属从审计客户购买商品或服务，如果按照正常的商业程序公平交易，通常不会对独立性产生不利影响。如果交易性质特殊或金额较大，可能因自身利益产生不利影响。会计师事务所应当评价不利影响的严重程度，并在必要时采取防范措施消除不利影响或将其降低至可接受的水平。防范措施主要包括取消交易或降低交易规模；将相关审计项目组成员调离审计项目组。

3. 家庭和私人关系

如果审计项目组成员与审计客户的董事、高级管理人员，或所处职位能够对客户会计记录或被审计财务报表的编制施加重大影响的员工(以下简称特定员工)存在家庭和私人关系，可能因自身利益、密切关系或外在压力产生不利影响。不利影响存在与否及其严重程度取决于多种因素，包括该成员在审计项目组的角色、其家庭成员或相关人员在客户中的职位以及关系的密切程度等。

(1)审计项目组成员的主要近亲属处在重要职位。

如果审计项目组成员的主要近亲属是审计客户的董事、高级管理人员或特定员工，或者在业务期间或财务报表涵盖的期间曾担任上述职务，只有把该成员调离审计项目组，才能将对独立性的不利影响降低至可接受的水平。

(2)审计项目组成员的主要近亲属可以对财务报表施加重大影响。

如果审计项目组成员的主要近亲属在审计客户中所处职位能够对客户的财务状况、经营成果和现金流量施加重大影响，将对独立性产生不利影响。不利影响的严重程度主要取决于主要近亲属在客户中的职位和该成员在审计项目组中的角色。会计师事务所应当评价不利影响的严重程度，并在必要时采取防范措施消除不利影响或将其降低至可接受的水平。防范措施主要包括：将该成员调离审计项目组；合理安排审计项目组成员的职责，使该成员的工作不涉及其主要近亲属的职责范围。

(3)审计项目组成员的其他近亲属处在重要职位或可以对财务报表施加重大影响。

如果审计项目组成员的其他近亲属是审计客户的董事、高级管理人员或特定员工，将对独立性产生不利影响。不利影响的严重程度主要取决于审计项目组成员与其他近亲属的关系、其他近亲属在客户中的职位和该成员在审计项目组中的角色。会计师事务所应当评价不利影响的严重程度，并在必要时采取防范措施消除不利影响或将其降低至可接受的水平。防范措施主要包括：将该成员调离审计项目组；合理安排审计项目组成员的职责，使该成员的工作不涉及其他近亲属的职责范围。

(4)审计项目组的成员与审计客户重要职位的人员具有密切关系。

如果审计项目组成员与审计客户的员工存在密切关系，并且该员工是审计客户的董事、高级管理人员或特定员工，即使该员工不是审计项目组成员的近亲属，也将对独立性产生不利影响。拥有此类关系的审计项目组成员应当按照会计师事务所的政策和程序的要求，向会计师事务所内部或外部的相关人员咨询。不利影响的严重程度主要取决于该员工与审计项目组成员的关系、该员工在客户中的职位、该成员在审计项目组中的角色。会计师事务所应当评价不利影响的严重程度，并在必要时采取防范措施消除不利影响或将其降低至可接受的水平。防范措施主要包括：将该成员调离审计项目组；合理安排该成员的职责，使其工作不涉及与之存在密切关系的员工的职责范围。

(5)非审计项目组成员的合伙人或员工与审计客户重要职位的人员存在家庭或个人关系。

会计师事务所中审计项目组以外的合伙人或员工，与审计客户的董事、高级管理人员或特定员工之间存在家庭或私人关系，可能因自身利益、密切关系或外在压力产生不利影响。会计师事务所合伙人或员工在知悉此类关系后，应当按照会计师事务所的政策和程序进行咨询。不利影响存在与否及其严重程度主要取决于：该合伙人或员工与审计客户的董事、高级管理人员或特定员工之间的关系；该合伙人或员工与审计项目组之间的相互影响；该合伙人或员工在会计师事务所中的角色；董事、高级管理人员或特定员工在审计客户中的职位。会计师事务所应当评价不利影响的严重程度，并在必要时采取防范措施消除不利影响或将其降低至可接受的水平。防范措施主要包括：合理安排该合伙人或员工的职责，以减少对审计项目组可能产生的影响；由审计项目组以外的注册会计师复核已执行的相关审计工作。

(四)与审计客户发生雇佣关系

1. 一般规定

如果审计客户的董事、高级管理人员或特定员工，曾经是审计项目组的成员或会计师事务所的合伙人，可能因密切关系或外在压力产生不利影响。

(1)审计项目组前任成员或前任合伙人担任审计客户的重要职位且与事务所保持重要联系。

如果审计项目组前任成员或会计师事务所前任合伙人加入审计客户，担任董事、高级管理人员或特定员工，并且与会计师事务所仍保持重要交往，将产生非常严重的不利影响，导致没有防范措施能够将其降低至可接受的水平。

如果审计项目组前任成员或会计师事务所前任合伙人加入审计客户，担任董事、高级管理人员或特定员工，除非同时满足下列条件，否则将被视为损害独立性：前任成员或前任合伙人无权从会计师事务所获取报酬或福利(除非报酬或福利是按照预先确定的固定金额支付的，并且未付金额对会计师事务所不重要)；前任成员或前任合伙人未继续参与，并且在外界看来未参与会计师事务所的经营活动或专业活动。

(2)审计项目组前任成员或前任合伙人担任审计客户的重要职位但未与事务所保持重要联系。

如果审计项目组前任成员或会计师事务所前任合伙人加入审计客户，担任董事、高级管理人员或特定员工，但前任成员或前任合伙人与会计师事务所已经没有重要交往，因密切关系或外在压力产生的不利影响存在与否及其严重程度主要取决于前任成员或前任合伙人在审计客户中的职位；前任成员或前任合伙人在其工作中与审计项目组交往的程度；前任成员或前任合伙人离开会计师事务所的时间长短；前任成员或前任合伙人以前在审计项目组或会计师事务所中的角色，例如，前任成员或前任合伙人是否负责与客户治理层或管理层保持定期联系。

会计师事务所应当评价不利影响的严重程度，并在必要时采取防范措施消除不利影响或将其降低至可接受的水平。防范措施主要包括：修改审计计划；向审计项目组分派经验更丰富的人员；由审计项目组以外的注册会计师复核前任审计项目组成员已执行的工作。

(3)前任合伙人加入的某一实体成为审计客户。

如果会计师事务所前任合伙人加入某一实体，而该实体随后成为会计师事务所的审计客户，会计师事务所应当评价对独立性不利影响的严重程度，并在必要时采取防范措施消除不利影响或将其降低至可接受的水平。

(4)审计项目组某成员拟加入审计客户。

如果审计项目组某一成员参与审计业务，当知道自己在未来某一时间将要或有可能加入审计客户时，将因自身利益产生不利影响。会计师事务所应当制定政策和程序，要求审计项目组成员在与审计客户协商受雇于该客户时，向会计师事务所报告。在接到报告后，会计师事务所应当评价不利影响的严重程度，并在必要时采取防范措施消除不利影响或将其降低至可接受的水平。防范措施主要包括：将该成员调离审计项目组；由审计项目组以外的注册会计师复核该成员在审计项目组中作出的重大判断。

2. 属于公众利益实体的审计客户

(1)关键审计合伙人加入审计客户担任重要职位。

关键审计合伙人是指项目合伙人、实施项目质量控制复核的负责人，以及审计项目组中负责对财务报表审计所涉及的重大事项作出关键决策或判断的其他审计合伙人。其他审计合伙人还可能包括负责审计重要子公司或分支机构的项目合伙人。如果某一关键审计合伙人加入属于公众利益实体的审计客户，担任董事、高级管理人员或特定员工，将因密切关系或外在压力产生不利影响。除非该合伙人不再担任关键审计合伙人后，该公众利益实体发布了已审计财务报表，其涵盖期间不少于12个月，并且该合伙人不是该财务报表的审计项目组成员，否则独立性将视为受到损害。

(2)前任高级合伙人加入审计客户担任重要职位。

如果会计师事务所前任高级合伙人(或管理合伙人，或同等职位的人员)加入属于公众利益实体的审计客户，担任董事、高级管理人员或特定员工，将因外在压力产生不利影响。除非该高级合伙人离职已超过12个月，否则独立性将被视为受到损害。

(3)因企业合并原因导致前任成员加入审计客户担任重要职位。

如果由于企业合并的原因，会计师事务所前任关键审计合伙人担任属于公众利益实体的审计客户的董事、高级管理人员或特定员工，在同时满足下列条件时，不被视为独立性受到损害：当前任关键审计合伙人接受该职务时，并未预料到会发生企业合并；前任关键审计合伙人在会计师事务所中应得的报酬或福利都已全额支付（除非报酬或福利是按照预先确定的固定金额支付的，并且未付金额对会计师事务所不重要）；前任关键审计合伙人未继续参与，或在外界看来未参与会计师事务所的经营活动或专业活动；已就前任关键审计合伙人在审计客户中的职位与治理层讨论。

3. 临时借调员工

如果会计师事务所向审计客户借出员工，可能因自我评价产生不利影响。会计师事务所只能短期向客户借出员工，并且借出的员工不得为审计客户提供中国注册会计师职业道德守则禁止提供的非鉴证服务，也不得承担审计客户的管理层职责。审计客户有责任对借调员工的活动进行指导和监督。会计师事务所应当评价借出员工产生不利影响的严重程度，并在必要时采取防范措施消除不利影响或将其降低至可接受的水平。防范措施主要包括：对借出员工的工作进行额外复核；合理安排审计项目组成员的职责，使借出员工不对其在借调期间执行的工作进行审计；不安排借出员工作为审计项目组成员。

4. 最近曾任审计客户的董事、高级管理人员或特定员工

如果审计项目组成员最近曾担任审计客户的董事、高级管理人员或特定员工，可能因自身利益、自我评价或密切关系产生不利影响。例如，如果审计项目组成员在审计客户工作期间曾经编制会计记录，现又对据此形成的财务报表要素进行评价，则可能产生这些不利影响。

1）在财务报表涵盖的期间

如果在被审计财务报表涵盖的期间，审计项目组成员曾担任审计客户的董事、高级管理人员或特定员工，将产生非常严重的不利影响，导致没有防范措施能够将其降低至可接受的水平。会计师事务所不得将此类人员分派到审计项目组。

2）在财务报表涵盖的期间之前

如果在被审计财务报表涵盖的期间之前，审计项目组成员曾担任审计客户的董事、高级管理人员或特定员工，可能因自身利益、自我评价或密切关系产生不利影响。例如，如果在当期需要评价此类人员以前就职于审计客户时作出的决策或工作，将产生这些不利影响。不利影响存在与否及其严重程度主要取决于该成员在客户中曾担任的职务、该成员离开客户的时间长短和该成员在审计项目组中的角色。会计师事务所应当评价不利影响的严重程度，并在必要时采取防范措施将其降低至可接受的水平。防范措施包括复核该成员已执行的工作等。

5. 兼任审计客户的董事或高级管理人员

如果会计师事务所的合伙人或员工兼任审计客户的董事或高级管理人员，将因自我评价和自身利益产生非常严重的不利影响，导致没有防范措施能够将其降低至可接受的水平。会计师事务所的合伙人或员工不得兼任审计客户的董事或高级管理人员。

如果会计师事务所的合伙人或员工担任审计客户的公司秘书，将因自我评价和过度推

介产生非常严重的不利影响，导致没有防范措施能够将其降低至可接受的水平。会计师事务所的合伙人或员工不得兼任审计客户的公司秘书。

会计师事务所提供日常和行政事务性的服务以支持公司秘书职能，或提供与公司秘书行政事项有关的建议，只要所有相关决策均由审计客户管理层作出，通常不会损害独立性。

(五)与审计客户长期存在业务关系

1. 一般规定

会计师事务所长期委派同一名合伙人或高级员工执行某一客户的审计业务，将因密切关系和自身利益产生不利影响。不利影响的严重程度主要取决于该人员加入审计项目组的时间长短、该人员在审计项目组中的角色、会计师事务所的组织结构、审计业务的性质、客户的管理团队是否发生变动、客户的会计和报告问题的性质或复杂程度是否发生变化。

会计师事务所应当评价因密切关系和自身利益产生的不利影响的严重程度，并在必要时采取防范措施消除不利影响或将其降低至可接受的水平。防范措施主要包括将该人员轮换出审计项目组、由审计项目组以外的注册会计师复核该人员已执行的工作、定期对该业务实施独立的质量复核。

2. 属于公众利益实体的审计客户

1)关键审计合伙人任职时间

关键审计合伙人是指项目合伙人、实施项目质量控制复核的负责人，以及审计项目组中负责对财务报表审计所涉及的重大事项作出关键决策或判断的其他审计合伙人。如果审计客户属于公众利益实体，执行其审计业务的关键审计合伙人任职时间不得超过5年。在任期结束后的两年内，该关键审计合伙人不得再次成为该客户的审计项目组成员或关键审计合伙人。在此期间内，该关键审计合伙人也不得参与该客户的审计业务、为该客户的审计业务实施质量控制复核、就有关技术或行业特定问题及交易或事项向项目组或该客户提供咨询、以其他方式直接影响业务结果。在极其特殊的情况下，会计师事务所可能因无法预见和控制的情形而不能按时轮换关键审计合伙人。如果关键审计合伙人的连任对审计质量特别重要，并且通过采取防范措施能够消除对独立性产生的不利影响或将其降低至可接受的水平，则在法律法规允许的情况下，该关键审计合伙人在审计项目组的时限可以延长一年。

2)其他合伙人任职时间

其他合伙人还可能包括负责审计重要子公司或分支机构的项目合伙人。审计项目组的其他合伙人与属于公众利益实体的审计客户之间长期存在业务关系，将因密切关系和自身利益产生不利影响。不利影响的严重程度主要取决于该合伙人与审计客户存在业务关系的时间长短、该合伙人在审计项目组中的角色和该合伙人与客户治理层或管理层交往的性质、频率和范围。会计师事务所应当评价不利影响的严重程度，并在必要时采取防范措施消除不利影响或将其降低至可接受的水平。防范措施主要包括：将该合伙人轮换出审计项目组，或终止其与审计客户存在的业务关系；定期对该业务实施独立的质量控制复核。

3）关键审计合伙人在审计客户成为公众利益实体后的任职时间

如果审计客户成为公众利益实体，在确定关键审计合伙人的轮换时间时，会计师事务所应当考虑，在该客户成为公众利益实体之前，该合伙人已为该客户提供服务的时间。在审计客户成为公众利益实体之前，如果关键审计合伙人已为该客户服务的时间不超过3年，则该合伙人还可以为该客户继续提供服务的年限为5年减去已经服务的年限。如果关键审计合伙人为该客户服务了4年或更长的时间，在该客户成为公众利益实体之后，该合伙人还可以继续服务两年。如果审计客户是首次公开发行证券的公司，关键审计合伙人在该公司上市后连续提供审计服务的期限，不得超过两个完整会计年度。

（六）为审计客户提供非鉴证服务

1. 一般规定

会计师事务所向审计客户提供非鉴证服务，可能对独立性产生不利影响，包括自我评价、自身利益和过度推介等产生的不利影响。在接受委托向审计客户提供非鉴证服务之前，会计师事务所应当确定提供该服务是否将对独立性产生不利影响。在评价某一特定非鉴证服务产生不利影响的严重程度时，会计师事务所应当考虑审计项目组认为提供其他相关非鉴证服务将产生的不利影响。如果没有防范措施能够将不利影响降低至可接受的水平，会计师事务所不得向审计客户提供该非鉴证服务。

1）无意中对审计客户的关联实体或分支机构提供非鉴证服务

向审计客户提供某些非鉴证服务可能对独立性产生非常严重的不利影响，导致没有防范措施能够将其降低至可接受的水平。如果无意中向客户的关联实体或分支机构，或者针对财务报表项目提供了这些非鉴证服务，会计师事务所应当采取下列补救措施将不利影响降低至可接受的水平，以避免损害独立性：由其他会计师事务所对客户的关联实体、分支机构或财务报表项目进行审计；由其他会计师事务所重新执行非鉴证服务，并且所执行工作的范围能够使其承担责任。

2）接受委托对审计客户关联实体提供非鉴证服务

会计师事务所通常不向审计客户的下列关联实体提供中国注册会计师职业道德守则限制的非鉴证服务：不是会计师事务所的审计客户，但能够直接或间接控制审计客户的实体；不是会计师事务所的审计客户，但在审计客户中拥有直接经济利益的实体，该实体能够对审计客户施加重大影响，并且经济利益对该实体重大；不是会计师事务所的审计客户，但与审计客户处于同一控制下的实体。

如果有理由认为向上述关联实体提供的非鉴证服务的结果不构成实施审计程序的对象，该服务不因自我评价产生不利影响，并且已采取防范措施将非鉴证服务所产生的任何不利影响予以消除，或将其降低至可接受的水平。会计师事务所可以向上述关联实体提供非鉴证服务。

3) 向成为公众利益实体的审计客户提供非鉴证服务

如果审计客户成为公众利益实体，以往向该实体提供的非鉴证服务符合中国注册会计师职业道德守则有关向非公众利益实体提供非鉴证服务的规定，且在客户成为公众利益实体之前终止，或之后尽快终止中国注册会计师职业道德守则不允许向公众利益实体提供的非鉴证服务，必要时已采取防范措施消除对独立性产生的不利影响，或将其降低至可接受的水平，会计师事务所向其提供非鉴证服务才不会损害独立性。

2. 管理层职责

1) 管理层职责的界定

管理层按照对利益相关者最有利的方式行使多项管理职能。管理层负有领导和指挥的职责，如针对人力资源、财务资源、有形或无形资源的取得、配置和控制作出重大决策。会计师事务所应当根据具体情况确定某项活动是否属于管理层职责。下列活动通常被视为管理层职责：制定政策和战略方针；指导员工的行动并对其行动负责；对交易进行授权；确定采纳会计师事务所或其他第三方提出的建议；负责按照适用的会计准则编制财务报表；负责设计、实施和维护内部控制。

2) 避免行使管理层职责的措施

如果会计师事务所代客户从事日常和行政性的事务或不重要的活动，通常不被视为代行管理层职责。下列活动不被视为管理层职责：执行一项已由管理层授权的非重要交易；跟踪法定申报资料规定的提交日期，并告知审计客户这些日期；向管理层提供意见和建议，以协助管理层履行职责。

会计师事务所承担审计客户的管理层职责，将对独立性产非常严重的不利影响，导致没有防范措施能够将其降低至可接受的水平。这些不利影响包括因自我评价、自身利益和密切关系产生的不利影响。会计师事务所不得承担审计客户的管理层职责。在向审计客户提供非鉴证服务时，为避免承担管理层职责的风险，会计师事务所应当确保由管理层的成员负责作出重大判断和决策，评价服务的结果，并对依据服务结果采取的行动负责。

3. 编制会计记录和财务报表

会计师事务所向审计客户提供编制会计记录或财务报表等服务，随后又审计该财务报表，将因自我评价产生不利影响。

1) 编制财务报表是管理层的责任

按照适用的会计准则规定编制财务报表是管理层的职责，这种职责包括：设计、实施和维护与编制财务报表相关的内部控制，以合理保证财务报表不存在由于舞弊或错误导致的重大错报；编制或更改会计分录或者确定交易的账户分类；编制或更改以电子形式或其他形式存在的、用以证明交易发生的原始凭证或原始数据（如采购订单、工时记录和销售订单）；选择和运用恰当的会计政策；作出合理的会计估计。

2) 不对独立性产生不利影响的活动

(1) 沟通审计相关的事项。在审计过程中，会计师事务所与审计客户管理层就下列事项进行沟通，通常不会对独立性产生不利影响：对会计准则或财务报表披露要求的运用；与财务报表相关的内部控制的有效性，以及资产、负债计量方法的适当性；会计调整分录的建议。

(2)提供特定技术支持。审计客户可能要求会计师事务所在下列方面提供技术支持，如果会计师事务所不承担审计客户的管理层职责，通常不会对独立性产生不利影响：解决账户调节问题；分析和积累监管机构要求提供的信息；将按照某种会计准则编制的财务报表，转换为按照另一种会计准则编制的财务报表。

(3)向非公众利益实体的审计客户提供日常性和机械性的工作。如果会计师事务所向不属于公众利益实体的审计客户提供编制会计记录和财务报表相关的服务，只要属于日常性和机械性的工作，并且已采取措施将因自我评价产生的不利影响降低至可接受的水平，则不会损害其独立性。此类服务包括：根据来源于客户的数据提供工资服务；在客户确定或批准账户分类的基础上记录交易；将已记录的交易过入总分类账；将客户批准的分录过入试算平衡表；根据试算平衡表中的信息编制财务报表。

在所有情况下，会计师事务所应当评价不利影响的严重程度，并在必要时采取防范措施消除不利影响或将其降低至可接受的水平。防范措施主要包括：由审计项目组以外的人员提供此类服务；如果审计项目组成员提供此类服务，则由审计项目组以外的合伙人或高级员工复核已执行的工作。

(4)非审计项目组成员向公众利益实体的审计客户提供日常性和机械性的工作。如果会计师事务所向属于公众利益实体的审计客户的分支机构或关联实体提供编制会计记录和财务报表的服务，只要提供的服务属于日常性、机械性的工作，且提供服务的人员不是审计项目组的成员，在满足下列条件之一的情况下，不会损害其独立性：接受服务的分支机构或关联实体从总体上对被审计财务报表不具有重要性；服务所涉及的事项从总体上对该分支机构或关联实体的财务报表不具有重要性。除非出现紧急或极其特殊的情况，并征得相关监管机构的同意，会计师事务所不得向属于公众利益实体的审计客户提供下列编制会计记录和财务报表的服务：工资服务；编制所审计的财务报表；编制所审计财务报表依据的财务信息。

(5)在紧急或特殊情况下提供的会计和记账服务。如果遇到紧急或极其特殊的情况，审计客户无法作出其他安排，经相关监管机构同意，会计师事务所可以在下列情况下向审计客户提供中国注册会计师职业道德守则不允许提供的编制会计记录和财务报表的服务：只有该会计师事务所拥有服务的资源，并且熟悉客户的系统和程序，能够协助客户及时编制会计记录和财务报表；如果限制该会计师事务所提供服务，将给客户带来严重的困难，如导致客户无法向监管机构提供报告。在上述情况下，会计师事务所只能安排审计项目组成员以外的专业人员在短期内一次性提供这些服务，并且应当就此事项与治理层讨论。

4. 评估服务

评估包括对未来发展趋势提出相关假设，运用适当的方法和技术，以确定资产、负债或企业整体的价值或价值区间。

1)判断不利影响独立性的因素及防范措施

向审计客户提供评估服务可能因自我评价产生不利影响。不利影响存在与否及其严重程度主要取决于评估结果是否对财务报表产生重大影响；在确定和批准评估方法以及其他重大判断事项时，客户的参与程度；是否可获得权威的评估方法和指南；在运用权威标准或方法进行评估时，评估事项的固有主观程度；基础数据的可靠性和范围；对能引起评估金额发生重大波动的未来事项的依赖程度；财务报表披露的范围和详细程度。会计师事务所应当评价不利影响的严重程度，并在必要时采取防范措施消除不利影响或将其降低至可接受的水平。防范措施主要包括：由未参与提供评估服务的专业人员复核已执行的审计或评估工作；不允许提供评估服务的人员参与审计业务。

2）对独立性不产生不利影响的评估业务

如果审计客户要求会计师事务所提供评估服务，以帮助其履行纳税申报义务或满足税务筹划目的，并且评估的结果不对财务报表产生直接影响，则通常不对独立性产生不利影响。

3）对独立性产生不利影响的评估业务

在审计客户不属于公众利益实体的情况下，如果评估服务对被审计财务报表具有重大影响，并且评估结果涉及高度的主观性，则没有防范措施能够将因自我评价产生的不利影响降低至可接受的水平。会计师事务所不得向审计客户提供这种评估服务。在审计客户属于公众利益实体的情况下，如果评估结果单独或累积起来对被审计财务报表具有重大影响，则会计师事务所不得向该审计客户提供这种评估服务。

5. 税务服务

1）税务服务种类

税务服务通常包括下列种类：编制纳税申报表；为编制会计分录计算税额；税务筹划和其他税务咨询服务；协助解决税务纠纷。

2）对独立性产生不利影响的因素

会计师事务所向审计客户提供某些税务服务，可能因自我评价和过度推介产生不利影响。不利影响存在与否及其严重程度主要取决于税务机关采用的税收核定和征管系统，以及会计师事务所在该过程中的角色；税收法律法规的复杂程度，以及应用时进行判断的程度；业务的具体特征；客户员工的税务专业水平。

3）编制纳税申报表的服务

编制纳税申报表的服务包括：编制信息，以协助客户履行纳税申报义务，例如，计算应向税务机关缴纳的税额；对已发生交易的纳税申报处理方法提供建议；代表审计客户向税务机关提供所要求的附加信息和分析。由于纳税申报表需经税务机关审查或批准，如果管理层对纳税申报表承担责任，会计师事务所提供此类服务通常不对独立性产生不利影响。

4）计算当期所得税或递延所得税负债（或资产）

基于编制会计分录的目的，为审计客户计算当期所得税或递延所得税负债（或资产），将因自我评价产生不利影响。不利影响的严重程度主要取决于税收法律法规的复杂程度，以及应用时进行判断的程度；客户员工的税务专业水平；税额对于财务报表的重要性。会计师事务所应当在必要时采取防范措施消除不利影响或将其降低至可接受的水平。防范措施主要包括：由审计项目组以外的专业人员执行此类业务；如果审计项目组成员执行此类业务，由审计项目组以外的合伙人或高级管理人员复核税额的计算；向外部税务专业人员咨询。

在审计客户属于公众利益实体的情况下，除非出现紧急或极其特殊的情况，并征得相关监管机构的同意，会计师事务所不得计算当期所得税或递延所得税负债(或资产)，以用于编制对被审计财务报表具有重大影响的会计分录。如果遇到紧急或极其特殊情况，审计客户无法作出其他安排，经相关监管机构同意，会计师事务所可以在下列情况下，提供不允许提供的以编制会计分录为目的的税额计算服务：只有该会计师事务所有服务资源，熟悉客户的情况，能够协助客户及时计算当期所得税或递延所得税负债(或资产)；如果限制会计师事务所提供这些服务、将对客户造成严重困难，如导致客户无法向监管机构提供报告。在上述情况下，会计师事务所只能安排审计项目组成员以外的专业人员在短期内一次性提供这些服务，并且应当就此事项与治理层讨论。

5)税务筹划或其他税务咨询服务

税务筹划或其他税务咨询服务有多种类型，例如，向审计客户提供如何节税，或如何运用新的税收法律法规的建议。如果税务建议影响财务报表所反映的事项，可能因自我评价产生不利影响。不利影响存在与否及其严重程度主要取决于在确定如何在财务报表中对税务建议进行处理时涉及的主观程度；税务建议的结果是否对财务报表产生重大影响；税务建议的有效性是否取决于会计处理或财务报表列报，以及是否对会计处理或财务报表列报的适当性存有疑问；客户员工的税务专业水平；税务建议是否具有相应的税收法律法规依据；税务处理是否得到税务机关的认可。在提供税务筹划和其他税务咨询服务时，如果此类服务具有法律依据，或得到税务机关的明确认可，通常不对独立性产生不利影响。

会计师事务所应当评价税务建议产生不利影响的严重程度，并在必要时采取防范措施消除不利影响或将其降低至可接受的水平。防范措施主要包括：由审计项目组以外的专业人员提供此类服务；由未参与提供比类服务的税务专业人员向审计项目组提供服务建议，并复核会计处理和财务报表列报；向外部税务专业人员咨询；得到税务机关的预先认可。

如果税务建议的有效性取决于某项特定会计处理或财务报表列报，并且同时存在下列情况，将因自我评价产生非常严重的不利影响，导致没有防范措施能够消除不利影响或将其降低至可接受的水平：审计项目组对于相关会计处理或财务报表列报的适当性存有疑问；税务建议的结果或执行后果将对被审计财务报表产生重大影响。会计师事务所不得为审计客户提供此类税务建议。

在向审计客户提供税务服务时，会计师事务所可能应审计客户的要求提供评估服务，以协助客户进行纳税申报或税务筹划。如果评估结果将对财务报表产生直接影响，会计师事务所应当按照关于评估服务的规定处理。如果评估服务仅为满足税务目的，其结果对财务报表没有直接影响(即财务报表仅受有关涉税会计分录的影响)，且间接影响并不重大，或者评估服务经税务机关或类似监管机构外部审查，则通常不对独立性产生不利影响。如果评估服务未经税务机关或类似监管机构审查，并且其对财务报表的影响重大，会计师事务所应当评价所产生不利影响的严重程度。不利影响存在与否及其严重程度主要取决于评估方法是否具有明确的税收法律法规依据，以及评估固有的主观程度；基础数据的可靠性和范围。会计师事务所应当评价不利影响的严重程度，并在必要时采取防范措施消除不利影响或将其降低至可接受的水平。防范措施主要包括：由审计项目组以外的专业人员提供该服务；由其他专业人员复核审计工作或税务服务的结果；得到税务机关的预先认可。

6）帮助解决税务纠纷

如果会计师事务所代表审计客户解决税务纠纷，一旦税务机关通知审计客户已经拒绝接受其对某项具体问题的主张，并且税务机关或审计客户已将该问题纳入正式的法律程序，则可能因过度推介或自我评价产生不利影响。不利影响存在与否及其严重程度主要取决于引起税务纠纷的事项是否与会计师事务所的建议相关；税务纠纷的结果对被审计财务报表产生重大影响的程度；该事项是否具有明确的税收法律法规依据；解决税务问题的程序是否公开；管理层在解决税务纠纷时所起的作用。会计师事务所应当评价不利影响的严重程度，并在必要时采取防范措施消除不利影响或将其降低至可接受的水平。防范措施主要包括：由审计项目组以外的专业人员提供该税务服务；由其他未参与提供该税务服务的税务专业人员，向审计项目组提供服务建议，并复核会计处理；向外部税务专业人员咨询。

在提供税务服务时，如果会计师事务所人员在公开审理或仲裁的税务纠纷中担任审计客户的辩护人，并且所涉金额对被审计财务报表重大，将因过度推介产生非常严重的不利影响，导致没有防范措施能够消除不利影响或将其降低至可接受的水平。会计师事务所人员不得在为审计客户提供税务服务时担任辩护人。在公开审理或仲裁期间，会计师事务所可以继续为审计客户提供有关法庭裁决事项的咨询。例如，协助客户对具体问题作出回复，提供背景材料或证词，或分析税收问题。

6. 内部审计服务

1）内部审计活动

内部审计的目标和工作范围因被审计单位的规模、组织结构、治理层和管理层需求的不同而存在很大差异。内部审计活动通常包括：监督内部控制；检查财务信息和经营信息；评价经营活动的效率和效果；评价对法律法规的遵守情况。

2）内部审计服务对独立性的不利影响

如果会计师事务所向审计客户提供内部审计服务，并在执行财务报表审计时利用内部审计的工作，将因自我评价对独立性产生不利影响。如果会计师事务所人员在为审计客户提供内部审计服务时承担管理层职责，将产生非常严重的不利影响，导致没有防范措施能够将其降低至可接受的水平。会计师事务所人员在向审计客户提供内部审计服务时不得承担管理层职责。

3）涉及承担管理层职责的内部审计服务

涉及承担管理层职责的内部审计服务主要包括：制定内部审计政策或内部审计活动的战略方针；指导该客户内部审计员工的工作并对其负责；决定应执行来源于内部审计活动

的建议；代表管理层向治理层报告内部审计活动的结果；执行构成内部控制组成部分的程序；负责设计、执行和维护内部控制；提供内部审计外包服务，包括全部内部审计外包服务和重要内部审计外包服务，并且负责确定内部审计工作的范围。

4)允许提供内部审计服务的情况

为避免承担管理层职责，只有在同时满足下列条件时，会计师事务所才能为审计客户提供内部审计服务：审计客户承担设计、执行和维护内部控制的责任，并指定合适的、具有胜任能力的员工(最好是高级管理人员)，始终负责内部审计活动；客户治理层或管理层复核、评估并批准内部审计服务的工作范围、风险和频率；客户管理层评价内部审计服务的适当性，以及执行内部审计发现的事项；客户管理层评价并确定应当实施内部审计服务提出的建议，并对实施过程进行管理；客户管理层向治理层报告注册会计师在内部审计服务中发现的重大问题和提出的建议。

5)利用自身提供内部审计服务的结果

如果会计师事务所向审计客户提供内部审计服务，并且在财务报表审计业务中使用该服务的结果，可能导致审计项目组不能恰当评价内部审计工作，或在评价时不能保持应有的职业怀疑态度，这将因自我评价产生不利影响。不利影响的严重程度主要取决于相关财务报表金额的重要性；与这些财务报表金额相关的认定层次的错报风险；对内部审计服务的依赖程度。会计师事务所应当评价不利影响的严重程度，并在必要时采取防范措施消除不利影响或将其降低至可接受的水平。采取的防范措施主要包括由审计项目组以外的专业人员提供该内部审计服务等。

6)不得向属于公众利益实体的审计客户提供内部审计服务

在审计客户属于公众利益实体的情况下，会计师事务所不得提供与下列方面有关的内部审计服务：与财务报告相关的内部控制；财务会计系统；对被审计财务报表具有重大影响的金额或披露。

7. 信息技术系统服务

信息技术系统可用于积累原始数据，构成与财务报告相关的内部控制的组成部分，或生成影响会计记录或者财务报表的信息。信息技术系统也可能与审计客户的会计记录、财务报告内部控制和财务报表无关。会计师事务所提供信息技术系统服务是否因自我评价产生不利影响，取决于服务和信息技术系统的性质。

1)不对独立性产生不利影响的信息技术系统服务

如果会计师事务所人员不承担管理层职责，则提供下列信息技术系统服务不被视为对独立性产生不利影响：设计或操作与财务报告内部控制无关的信息技术系统；设计或操作信息技术系统，其生成的信息不构成会计记录或财务报表的重要组成部分；操作由第三方开发的会计或财务信息报告软件；对由其他服务提供商或审计客户自行设计并操作的系统进行评价和提出建议。

2)向不属于公众利益实体的审计客户提供有关信息技术系统服务

如果出现下列情形之一，会计师事务所向不属于公众利益实体的审计客户提供有关信息技术系统的设计或操作服务，将因自我评价产生不利影响：信息技术系统构成财务报告内部控制的重要组成部分；信息技术系统生成的信息对会计记录或被审计财务报表影响重大。如果存在上述情形，提供信息技术系统服务将因自我评价产生非常严重的不利影响，只有通过采取适当的防范措施以确保同时满足下列条件，会计师事务所才能提供此类服务：审计客户认可自己对建立和监督内部控制的责任；审计客户指定具有胜任能力的员工（最好是高级管理人员）作出有关系统设计和操作的所有管理决策；审计客户作出与系统设计和操作过程有关的所有管理决策；审计客户评价系统设计和操作的适当性及结果；审计客户对系统运行以及系统使用或生成的数据负责。

根据审计工作对某项特定信息技术系统的依赖程度，会计师事务所应当确定该非鉴证服务是否只能由审计项目组以外的、不同业务主管领导下的人员提供。会计师事务所应当评价剩余不利影响的严重程度，并在必要时采取防范措施消除不利影响或将其降低至可接受的水平。可采取的防范措施包括由其他专业人员复核已执行的审计或非鉴证工作等。

3）向属于公众利益实体的审计客户提供有关信息技术系统服务

在下列情况下，会计师事务所不得向属于公众利益实体的审计客户提供与设计或操作信息技术系统相关的服务：信息技术系统构成财务报告内部控制的重要组成部分；信息技术系统生成的信息对会计记录或被审计财务报表影响重大。

8. 诉讼支持服务

诉讼支持服务可能包括下列活动：担任专家证人；计算诉讼或其他法律纠纷涉及的估计损失或其他应收、应付的金额；协助管理和检索文件。会计师事务所向审计客户提供诉讼支持服务，可能因自我评价或过度推介产生不利影响。如果向审计客户提供诉讼支持服务涉及对损失或其他金额的估计，并且这些损失或其他金额影响被审计财务报表，会计师事务所应当遵守关于评估服务的规定。对于其他诉讼支持服务，会计师事务所应当评价不利影响的严重程度，并在必要时采取防范措施消除不利影响或将其降低至可接受的水平。

9. 法律服务

1）法律服务的内容

法律服务通常是指为客户提供商业性的法律服务。例如，为起草合同、诉讼、并购提供法律意见和支持，以及向客户内部的法律部门提供帮助。提供法律服务的人员应当取得相应的专业资格，并经过执业所要求的法律培训。会计师事务所向审计客户提供法律服务，可能因自我评价和过度推介产生不利影响。

2）判断对独立性产生不利影响的因素

会计师事务所在审计客户执行某项交易时向其提供法律服务，例如，提供合同起草、法律咨询、尽职调查和重组服务，可能因自我评价产生不利影响。不利影响存在与否及其严重程度主要取决于服务的性质；服务是否由审计项目组成员提供；与财务报表有关的事项的重要性。会计师事务所应当评价不利影响的严重程度，并在必要时采取防范措施消除不利影响或将其降低至可接受的水平。防范措施主要包括：由审计项目组以外的专业人员提供该服务；由未参与提供法律服务的专业人员向审计项目组提出建议，并复核会计处理。

3)代表审计客户解决纠纷或进行法律诉讼

在审计客户解决纠纷或法律诉讼时，如果会计师事务所人员担任辩护人，并且纠纷或法律诉讼所涉金额对被审计财务报表有重大影响，将因过度推介和自我评价产生非常严重的不利影响，导致没有防范措施能够将其降低至可接受的水平。会计师事务所不得为审计客户提供此类服务。在审计客户解决纠纷或应对法律诉讼时，如果会计师事务所人员担任辩护人，并且纠纷或法律诉讼所涉金额对被审计财务报表无重大影响，则应当评价因自我评价和过度推介产生不利影响的严重程度，并在必要时采取防范措施消除不利影响或将其降低至可接受的水平。

防范措施主要包括：由审计项目组以外的专业人员提供该服务；由未参与提供法律服务的专业人员向审计项目组提出建议，并复核会计处理。

4)担任审计客户的首席法律顾问

会计师事务所的合伙人或员工担任审计客户的首席法律顾问，将因自我评价和过度推介产生非常严重的不利影响，导致没有防范措施能够消除不利影响或将其降低至可接受的水平。首席法律顾问通常是一个高级管理职位，对公司法律事务承担广泛责任。会计师事务所人员不得为审计客户提供担任首席法律顾问的服务。

10. 招聘服务

会计师事务所为审计客户提供人员招聘服务，可能因自身利益、密切关系或外在压力产生不利影响。不利影响存在与否及其严重程度主要取决于要求提供协助的性质；拟招聘人员的职位。会计师事务所应当评价不利影响的严重程度，并在必要时采取防范措施消除不利影响或将其降低至可接受的水平。任何情况下，会计师事务所都不得承担管理层职责，聘用决策应当由客户负责作出。

会计师事务所通常可以提供下列服务：审查申请者的专业资格；对申请者是否适合相关职位提出咨询意见；对候选人进行面试；对候选人在财务会计、行政管理或内部控制等职位上的胜任能力提出咨询意见。

如果属于公众利益实体的审计客户拟招聘董事、高级管理人员，或所处职位能够对客户会计记录或被审计财务报表的编制施加重大影响的高级管理人员，会计师事务所不得提供下列招聘服务：寻找候选人，或从候选人中挑选出适合相应职位的人员；对可能录用的候选人的证明文件进行核查。

11. 公司财务服务

1)公司财务服务活动

公司财务服务主要包括协助审计客户制定公司战略、为审计客户并购识别可能的目标、对资产处置交易提供建议、协助实施融资交易、对合理安排资本结构提供建议。

2)防范对独立性产生不利影响的措施

会计师事务所提供财务服务，可能因自我评价或过度推介产生不利影响。会计师事务所应当评价不利影响的严重程度，并在必要时采取防范措施消除不利影响或将其降低至可接受的水平。防范措施主要包括：由审计项目组以外的专业人员提供该服务；由未参与提供财务服务的专业人员向审计项目组提供有关该服务的咨询建议，并复核会计处理。

3）公司财务服务的结果直接影响财务报表

会计师事务所提供财务服务，可能因自我评价产生不利影响。例如，对资本结构或融资的安排提出建议，将直接影响在财务报表中报告的金额。不利影响存在与否及其严重程度主要取决于在确定如何恰当处理财务建议对财务报表产生的影响时，涉及的主观程度；财务建议的结果对在财务报表中记录金额的直接影响程度，以及记录的金额对财务报表整体影响的重大程度；财务建议的有效性是否取决于某一特定会计处理或财务报表列报，并且根据适用的会计准则，对该会计处理或列报的适当性存有疑问。

会计师事务所应当评价不利影响的严重程度，并在必要时采取防范措施消除不利影响或将其降低至可接受的水平。防范措施主要包括：由审计项目组以外的专业人员提供该服务；由未参与提供财务服务的专业人员向审计项目组提出有关服务的建议，并复核会计处理。

4）公司财务建议的有效性取决于某一特殊会计处理方法或财务报表列报方法

如果财务建议的有效性取决于某一特定会计处理，并且同时存在下列情形，将因自我评价产生非常严重的不利影响：根据适用的会计准则，审计项目组对有关会计处理适当性存有疑问；财务建议的结果将对被审计财务报表产生重大影响。在上述情况下，没有防范措施能够将不利影响降低至可接受的水平。会计师事务所不得提供此类财务服务。

（七）收费

1. 收费结构

1）收费总额对独立性的影响及防范措施

如果会计师事务所从某一审计客户收取的全部费用占其收费总额的比重很大，则对该客户的依赖及对可能失去该客户的担心将因自身利益或外在压力产生不利影响。不利影响的严重程度主要取决于会计师事务所的业务类型及收入结构；会计师事务所成立时间的长短；该客户对会计师事务所是否重要。会计师事务所应当评价不利影响的严重程度，并在必要时采取防范措施消除不利影响或将其降低至可接受的水平。防范措施主要包括：降低对该客户的依赖程度；实施外部质量控制复核；就关键的审计判断向第三方咨询，例如，向行业监管机构或其他会计师事务所咨询。

2）从某一审计客户收取的全部费用比重很大

如果从某一审计客户收取的全部费用占某一合伙人从所有客户收取的费用总额比重很大，或占会计师事务所某一分部收取的费用总额比重很大，也将因自身利益或外在压力产生不利影响。不利影响的严重程度主要取决于该客户在性质上或数量上对该合伙人或分部是否重要；该合伙人或该分部合伙人的报酬对来源于该客户的收费的依赖程度。会计师事务所应当评价不利影响的严重程度，并在必要时采取防范措施消除不利影响或将其降低至可接受的水平。防范措施主要包括：降低对来源于该客户的收费的依赖程度；由审计项目组以外的注册会计师复核已执行的工作或在必要时提出建议；定期实施独立的质量控制复核。

3）连续两年从属于公众利益实体的某一审计客户收取全部费用比重较大

如果会计师事务所连续两年从某一属于公众利益实体的审计客户及其关联实体收取的全部费用，占其从所有客户收取的全部费用的比重超过15%，会计师事务所应当向审计客户治理层披露这一事实，并讨论选择下列何种防范措施，以将不利影响降低至可接受的水平：在对第二年度财务报表发表审计意见之前，由其他会计师事务所对该业务再次实施项目质量控制复核（简称发表审计意见前复核）；在对第二年度财务报表发表审计意见之后，对第三年度财务报表发表审计意见之前，由其他会计师事务所对第二年度的审计工作再次实施项目质量控制复核（简称发表审计意见后复核）。

在上述收费比例明显超过15%的情况下，如果采用发表审计意见后复核无法将不利影响降低至可接受的水平，会计师事务所应当采用发表审计意见前复核。

如果两年后每年收费比例继续超过15%，则会计师事务所应当每年向治理层披露这一事实，并讨论选择采取上述哪种防范措施。在收费比例明显超过15%的情况下，如果采用发表审计意见后复核无法将不利影响降低至可接受的水平，会计师事务所应当采用发表审计意见前复核。

2. 逾期收费

如果审计客户长期未支付应付的审计费用，尤其是相当部分的审计费用在出具下一年度审计报告前仍未支付，可能因自身利益产生不利影响。会计师事务所通常要求审计客户在审计报告出具前付清上一年度的审计费用。如果在审计报告出具后审计客户仍未支付该费用，会计师事务所应当评价不利影响存在与否及其严重程度，并在必要时采取防范措施消除不利影响或将其降低至可接受的水平。

可采取的防范措施包括由未参与执行审计业务的注册会计师提供建议，或复核已执行的工作等。会计师事务所还应当确定逾期收费是否可能被视同向客户贷款，并且根据逾期收费的重要程度确定是否继续执行审计业务。

3. 或有收费

或有收费是指收费与否或收费多少取决于交易的结果或所执行工作的结果。如果一项收费是由法院或政府有关部门规定的，则该项收费不被视为或有收费。

会计师事务所在提供审计服务时，以直接或间接形式取得或有收费，将因自身利益产生非常严重的不利影响，导致没有防范措施能够将其降低至可接受的水平。会计师事务所不得采用这种收费安排。会计师事务所在向审计客户提供非鉴证服务时，如果非鉴证服务以直接或间接形式取得或有收费，也可能因自身利益产生不利影响。如果出现下列情况之一，将因自身利益产生非常严重的不利影响，导致没有防范措施能够将其降低至可接受的水平，会计师事务所不得采用这种收费安排：非鉴证服务的或有收费由对财务报表发表审计意见的会计师事务所取得，并且对其影响重大或预期影响重大；网络事务所参与大部分审计工作，非鉴证服务的或有收费由该网络事务所取得，并且对其影响重大或预期影响重大；非鉴证服务的结果以及由此收取的费用金额，取决于未来或当期与财务报表重大金额审计相关的判断。

在向审计客户提供非鉴证服务时，如果会计师事务所采用其他形式的或有收费安排，不利影响存在与否及其严重程度主要取决于可能的收费金额区间；是否由适当的权威方确定有关事项的结果，并且该结果作为或有收费的基础；非鉴证服务的性质；事项或交易对财务报表的影响。会计师事务所应当评价不利影响的严重程度，并在必要时采取防范措施消除不利影响或将其降低至可接受的水平。

防范措施主要包括：由审计项目组以外的注册会计师复核相关审计工作，或在必要时提供建议；由审计项目组以外的专业人员提供非鉴证服务。

(八)影响独立性的其他事项

1. 薪酬和业绩评价政策

如果某一审计项目组成员的薪酬或业绩评价与其向审计客户推销的非鉴证服务挂钩，将因自身利益产生不利影响。不利影响的严重程度取决于推销非鉴证服务的因素在该成员薪酬或业绩评价中的比重；该成员在审计项目组中的角色；推销非鉴证服务的业绩是否影响该成员的晋升。会计师事务所应当评价不利影响的严重程度。如果不利影响超出可接受的水平，会计师事务所应当修改该成员的薪酬计划或业绩评价程序，或者采取其他防范措施消除不利影响或将其降低至可接受的水平。防范措施主要包括：将该成员调离审计项目组；由审计项目组以外的注册会计师复核该成员已执行的工作。关键审计合伙人的薪酬或业绩评价不得与其向审计客户推销的非鉴证服务直接挂钩。职业道德准则并不禁止会计师事务所合伙人之间正常的利润分享安排。

2. 礼品和招待

会计师事务所或审计项目组成员接受审计客户的礼品或款待，可能因自身利益和密切关系产生不利影响。如果会计师事务所或审计项目组成员接受审计客户的礼品，将产生非常严重的不利影响，导致没有防范措施能够将其降低至可接受的水平。会计师事务所或审计项目组成员不得接受礼品。会计师事务所或审计项目组成员应当评价接受款待产生不利影响的严重程度，并在必要时采取防范措施消除不利影响或将其降低至可接受的水平。如果款待超出业务活动中的正常往来，会计师事务所或审计项目组成员应当拒绝接受。

3. 诉讼或诉讼产生的不利影响

如果会计师事务所或审计项目组成员与审计客户发生诉讼或很可能发生诉讼，将因自身利益和外在压力产生不利影响。会计师事务所和客户管理层由于诉讼或诉讼的不利影响而处于对立地位，将影响管理层提供信息的意愿，从而因自身利益和外在压力产生不利影响。不利影响的严重程度主要取决于诉讼的重要性；诉讼是否与前期审计业务相关。会计师事务所应当评价不利影响的严重程度，并在必要时采取防范措施消除不利影响或将其降低至可接受的水平。防范措施主要包括：如果诉讼涉及某一审计项目组成员，将该成员调离审计项目组；由审计项目组以外的专业人员复核已执行的工作。如果此类防范措施不能将不利影响降低至可接受的水平，会计师事务所应当拒绝接受审计业务委托，或解除审计业务约定。

第二节　审计法律责任

法律责任是指行为人违反法律规定的义务而应承担的法律后果。其一般分为民事责任、行政责任和刑事责任。广义的审计法律责任是指与审计有关的各种法律责任的总称。从审计责任的法律性质及其法律适用看，民间审计人员的责任主要是民事责任，政府审计人员的责任主要是审计法规的行政责任，内部审计人员的责任属于内部行政责任，如果构成犯罪的，无论哪类审计人员都要承担刑事责任。本节主要介绍注册会计师的法律责任。

一、注册会计师法律责任的成因

审计人员被控告的原因可能是多方面的，有被审计单位方面的责任，有审计人员的责任，有的也可能是双方的责任，还有可能是使用者错误理解审计人员的责任而控告审计人员。

（一）被审计单位方面的原因

1. 错误、舞弊和违反法规的行为

注册会计师可能会因为被审计单位的错误、舞弊和违反法规的行为，而遭受到被审计单位及有关方面的控告。错误是指导致财务报表错报的非故意行为，主要包括：为编制财务报表而收集和处理数据时发生失误；由于疏忽和误解有关事实而作出不恰当的会计估计；在运用与确认、计量、分类或列报(包括披露)相关的会计政策时发生失误。舞弊是指被审计单位的管理层、治理层、员工或第三方使用欺骗手段获取不当或非法利益的故意行为。舞弊和错误的区别在于导致财务报表发生错报的行为是故意行为还是非故意行为。防止或发现错误与舞弊是被审计单位治理层和管理层的责任。治理层有责任监督管理层建立和维护内部控制。管理层有责任在治理层的监督下建立良好的控制环境，维护有关政策和程序，以保证有序和有效地开展业务活动，包括制定和维护与财务报告可靠性相关的控制，并对可能导致财务报表发生重大错报的风险实施管理。而审计人员有责任按照中国注册会计师审计准则的规定实施审计工作，以使财务报表在整体上不存在由于舞弊或错误导致的重大错报。因此，审计人员应当在整个审计过程中保持职业怀疑态度。但由于审计的固有局限，即使按照审计准则的规定恰当地计划和执行审计工作，审计人员也不能对所审财务报表整体不存在重大错报作绝对保证，因此不能苛求审计人员发现和揭露财务报表中所有的错误和舞弊。既不能要求审计人员对所有未查出的错误与舞弊负责，也不意味着审计人员对未查出的重大错误与舞弊没有任何责任，关键要看未能查出的原因是否源自审计人员本身的过失。

违反法规行为，是指被审计单位有意或无意地违反会计准则和相关会计制度之外的法律法规的行为。审计人员不需对被审计单位遵守法律法规情况实施超出财务报表审计范围的其他审计程序。保证经营活动符合法律法规的规定，防止和发现违反法规行为是被审计单位管理层的责任。除审计准则规定的审计程序以外，审计人员不应当、也不能对防止被审计单位违反法规行为负责，但执行年度财务报表审计可能是遏制违反法规行为的一项措施。对发现的被审计单位违反法规行为，审计人员应当立即与治理层沟通或向律师寻求帮助。如果审计人员认为已发现的违反法规行为对所审财务报表有重大影响，且未能在所审财务报表中得到恰当反映，审计人员应当出具保留意见或否定意见的审计报告。如果因被审计单位的阻挠而无法获取充分适当的审计证据，以评价是否发生或可能发生对所审财务报表具有重大影响的违反法规行为，审计人员应当根据审计范围受到限制的程度出具保留意见或无法表示意见的审计报告。如果因审计范围受到被审计单位以外的其他条件限制而无法确定违反法规的行为是否发生，审计人员应考虑其对审计报告的影响。

2. 经营失败

被审计单位在经营失败时，也可能会连累到审计人员。通常投资者将资本投入被审计单位或信贷者将资金借给被审计单位后，就面临某种程度的经营风险。也就是说，被审计单位此后可能会由于经济或经营条件的变化，比如经济萧条、决策失误或同行之间的激烈竞争等，而无力归还借款或无法达到投资者期望的收益。反映经营风险的极端情况就是经营失败，即企业破产倒闭。

出现经营失败时，审计失败可能存在，也可能不存在。如果审计人员按照审计准则的要求实施了审计，没有发表不恰当的审计意见，或者审计人员按照审计准则实施了审计，在审计中未能发现并揭露被审计单位持续经营能力存在的问题，这都不属于审计失败。只有审计人员在审计过程中未能遵循审计准则的要求，未能尽到应有的职业谨慎，发表了错误的审计意见，才属于审计失败。在审计失败的情况下，因审计人员的过失而遭受损失的人可从会计师事务所或其保险公司取得赔偿。

(二)审计人员自身的原因

如果不是审计人员方面的原因，给被审计单位或第三者造成损失，审计人员将不负法律责任。但是，也有些会计师事务所和审计人员因违约、过失和欺诈等行为而承担法律责任。

1. 违约

违约是指审计人员未能达到审计业务约定书的要求，如未能按期出具审计报告、未能履行保密责任等。当此等违约给他人造成损失时，审计人员应负违约责任。

2. 过失

过失是指审计人员在执行审计业务时没有保持应有的职业谨慎。评价审计人员的过失，是以其他称职的审计人员在相同条件下可做到的谨慎为标准。当过失给他人造成损害时，审计人员应负过失责任。通常将过失按其程度不同分为普通过失和重大过失。普通过失又称“一般过失”，是指审计人员没能保持职业上应有的职业谨慎，表现为没有遵守执业准则或没有按照执业准则的基本要求执行审计。比如，未按特定项目取得必要和充分的审计证据，可视为普通过失。重大过失，是指审计人员没有保持起码的职业谨慎，表现为根本没有遵循执业准则或没有按照执业准则的基本要求执行业务。另外，还有一种过失叫“共同过失”，即对他人过失，受害方自己未能保持合理的谨慎而蒙受损失。对于共同过失而言，审计人员和客户双方都存在责任。比如，审计人员没有发现被审计单位现金等资产短缺时，既有审计人员未能发现的过失，也有被审计单位缺乏适当的内部控制或内部控制无效的过失。

3. 欺诈

欺诈，又称审计人员舞弊，是指以欺骗或坑害他人为目的的一种故意的错误行为。对于注册会计师而言，欺诈就是为了达到欺骗他人的目的，明知被审计单位的财务报表有重大错报，却加以虚伪陈述，出具无保留意见的审计报告。与欺诈相关的另一个概念是“推定欺诈”，又称“涉嫌欺诈”，是指虽无故意欺诈或坑害他人的动机，但却存在极端或异常的过失。推定欺诈和重大过失这两个概念往往很难界定，美国许多法院曾经将审计人员的重大过失解释为推定欺诈，特别是近年来有些法院放宽了“欺诈”一词的范畴，使得推定欺诈和欺诈在法律上成为等效的概念。这样，具有重大过失的审计人员的法律责任就进一步加大了。

(三)财务报表使用者的原因

来自财务报表使用者方面的原因一般是财务报表使用者对财务报表信息的错误理解。委托人或第三者错误理解财务报表信息，进而作出错误的决策，从而导致损失，这是信息使用者自身知识、理解力存在不足的结果。这样的损失不应该由审计人员来承担。

财务报表信息使用者往往不能正确区分被审计单位管理层的责任和审计人员的责任。在财务报表审计中，审计人员的责任是按照中国注册会计师审计准则的规定对财务报表发表审计意见；被审计单位管理层的责任是在被审计单位治理层的监督下，按照适用的会计准则和相关会计制度的规定编制财务报表。审计人员的责任不能减轻或替代被审计单位管理层和治理层的责任。在被审计单位发现生经营失败时，由于财务报表使用者不能区分这两种责任，加上因为遭受了损失而希望得到补偿，往往会将审计人员送上被告席，而不管错在何方。

审计期望差也是导致审计人员法律责任的原因之一。自审计产生至今，始终在为满足社会需求而努力，但也始终无法达到完全满足社会需求的程度。由于审计人员的审计工作受审计技术和成本的限制，他们不可能查出被审计单位财务报表中的所有错误与舞弊，但是社会公众却不以为然，他们一旦发现所依据的财务报表存在由于错误或舞弊导致的重大错报，发生损失时就会向审计人员提起诉讼要求赔偿。

二、注册会计师法律责任的种类

注册会计师因违约、过失或欺诈给被审计单位或其他利害关系人造成损失的，按照有关法律和规定，可能被判负行政责任、民事责任或刑事责任。这 3 种责任可单处，也可并处。

1. 行政责任

行政责任是审计人员或会计师事务所由于违反了法律、职业规范或其他规章制度而由政府主管机关和职业协会等机构给予的行政处罚。对注册会计师个人的行政处罚包括警告、暂停执业、吊销注册会计师证书。对会计师事务所的行政处罚包括警告、没收违法所得、罚款、暂停执业、撤销等。

2. 民事责任

民事责任是指审计人员或审计组织对由于自己违反合同或民事侵权行为而对受害者承担赔偿损失的责任。

3. 刑事责任

刑事责任是指注册会计师由于重大过失、欺诈行为违反了刑法所应承担的法律责任。责任形式主要有：罚金、拘役、有期徒刑。

三、注册会计师如何避免法律责任

注册会计师要避免法律诉讼，就必须在执行审计业务时尽量减少过失行为，防止欺诈行为。因此，注册会计师应当达到以下基本要求。

1. 遵守专业标准和职业道德要求

审计人员对未能查出的会计报表中的重大错误或舞弊是否应承担法律责任，取决于审计人员自身是否有过失或欺诈行为。而判断审计人员是否有过失的关键在于审计人员是否按照执业准则的要求执业。因此，保持良好的职业道德，严格遵守专业标准，对于审计人员避免法律诉讼或在诉讼中保护自己具有极其重要的意义。一般来说，只要审计人员严格遵守各项专业标准和职业道德的要求，执业时保持职业谨慎，就不会发生过失，至少不会发生重大过失。

2. 健全会计师事务所质量控制制度

质量控制是会计师事务所各项管理工作的核心和关键，每一家会计师事务所不仅应根据会计师事务所质量控制准则的要求，考虑自身规模和业务特征等因素来制定事务所的质量控制制度，而且还应按照《审计准则第 1121 号——对财务报表审计实施的质量控制》的规定，建立针对项目负责人的质量控制制度，明确项目负责人的质量控制责任，以确保会计师事务所的每个部门、每位员工都按照执业准则的要求执行业务，从而使整个会计师事务所的工作质量得以保证。

3. 审慎选择客户

会计师事务所接受委托之前，一定要采取必要的措施对客户的历史状况进行了解，弄清其委托目的，尤其是在执行特殊目的鉴证业务时更应如此。会计师事务所在选择被审计单位时，需要注意以下 3 个方面：第一，只接受正直的被审计单位的委托。第二，在选择被审计单位时应注意其经营状况是否良好。如果被审计单位已陷入财务或法律困境，会计师事务所在接受委托时就应该特别谨慎。第三，在选择被审计单位时应注意其所处行业的特点。如果该行业的业务具有极强的专业技术性，那么会计师事务所就要考虑自身是否具有专门的专业胜任能力，否则，应拒绝接受委托。

4. 与委托人签订业务约定书

业务约定书是确定审计人员和委托人的责任并具有法律效力的一个重要文件。因此，会计师事务所不论承办何种业务，都应与委托人签订业务约定书，商定合同的条款、业务范围、双方职责以及审计费用等条款。这样才能在发生法律诉讼时将一切口舌之争减少到最低限度。

5. 深入了解被审计单位

审计实践证明，在很多诉讼案件中，审计人员之所以未能识别重大错误或舞弊，一个重要的原因就是他们不了解被审计单位所在行业的情况及被审计单位的业务活动。这样审计人员在执业中的思维就会有局限，仅限于有关的会计资料，从而难以发现其中的错误或舞弊。因此，审计人员应从多种渠道和方式了解被审计单位及其环境的相关信息，以满足完成各项业务的要求。

6. 聘用和委派具有胜任能力的审计人员

不管各项准则、制度多么完善，其作用的发挥都受到执行人员能力的影响，并且对于大多数项目来说，相当多的工作是由缺乏经验的助理人员完成的，这样会计师事务所必然会存在较大的风险。因此，会计师事务所首先要把好招聘关，注意聘用德才兼备的人员，并把他们配置到能够发挥其最大作用的岗位中去；其次还应注意在工作过程中对他们进行适当的指导和监督，加强对员工的专业培训及后续教育，以有效降低审计失败的风险。

7. 提取风险基金和购买责任保险

在西方国家，购买职业保险是会计师事务所分散风险的普遍做法。尽管提取风险基金或购买责任保险不能帮助会计师事务所免除其可能受到的法律诉讼，但可以使会计师事务所在诉讼失败时将损失降低到最小限度。我国的《注册会计师法》也规定了会计师事务所应当按规定建立职业风险基金，办理职业保险，以增强事务所对损失的抵御能力。

8. 聘请熟悉注册会计师法律责任的律师

会计师事务所应尽可能聘请熟悉相关法规及审计人员法律责任的律师作为法律顾问，这样在日常的执业过程中，如遇重大法律问题，可及时向律师咨询，以消除可能存在的重大法律风险。而一旦发生法律诉讼，事务所也应聘请有经验的律师参与诉讼，以运用法律武器避免承担不必要的法律责任。

【案例解读】

大庆联谊股票案

一、案情回顾

大庆联谊石化股份有限公司的前身为大庆联谊石油化工厂，始建于1985年7月，为申报上市，1996年开始筹划用其部分下属企业组建大庆联谊股份公司，1996年下半年，大庆市体改委向省体改委请示成立联谊公司，将请示时间倒签为1993年9月20日，黑龙江省体改委1997年3月20日批复同意，将批复时间倒签为1993年10月8日，1997年1月，大庆市工商局向大庆联谊公司颁发营业执照，将颁发时间倒签为1993年12月20日。主承销商W证券公司隐瞒真实情况，向中国证监会报送了含有虚报信息的文件，1997年3月，黑龙江证券登记有限公司向中国证监会提供了虚假股权托管证明和虚拟法人股金资本公积金的报告；为通过有关部门的审核，大庆公司虚报1994～1996年企业利润1.617 6亿元，并将大庆国税局的一张400余万元的缓交税款批准书涂改为4 400余万元，以满足中国证监会对其申报材料的要求。

H会计师事务所在知情的情况下，由D和Q二位注册会计师为大庆联谊公司上市出具了内容虚假的审计意见书。

大庆联谊股票骗取上市资格后，于1997年5月23日在上海证券交易所上市交易。在1997年年报中，大庆联谊内部销售业务产生的尚未实现的利润在合并会计报表时未抵销，虚增利润798.13万元；加工产品增量未销售部分利润计入当年损益，虚增利润796.88万元；为大庆联谊提供劳务的应付未付费用未计入当年损益，虚增利润1 058.60万元；大庆联谊的费用未计人当年损益，虚增利润54.26万元，1997年年报虚增利润共计2 848.89万元(1997年年报利润总额为10 424.02万元)。同时，大庆联谊在招股说明书中承诺将募集资金投入4个项目，在1997年年报中亦称："公司4个募股资金项目投入情况良好"，实际上，募集资金未按招股说明披露的投向使用，其中有25 700万元转入母公司大庆联谊石化总厂用作流动资金，5 000万元违规拆借给承销商W证券公司，6 000万元投入证券市场，其余资金投资于其他项目，为其提供年审的H会计师事务所的F、Q二位注册会计师出具了无保留意见的审计报告。

大庆联谊股票上市后，在价位公开、明知获利的情况下，大庆联谊有关领导和经办人向中央、国家机关、黑龙江省及大庆市有关部门个别干部大肆外送股票和溢价款，同时利用外送股票溢价款之机，联谊公司领导及有关经办人员大肆进行贪污、受贿、侵占和行贿。1988年4月，中国证监会接到群众举报，反映该公司将大量内部职工股票外送，以及公司有关领导贪污、行贿、受贿等问题，这一情况得到了中央领导同志的关注，中央纪委、最高人民检察院、审计署和中国证监会随即组成联合调查组对大庆联谊违法违纪问题进行立案调查。经查实，中央、国家机关、黑龙江省有关部门和大庆市共有76个部门和单位的179人违反规定自己购买或帮助他人购买大庆联谊职工股票共计94.15万股，股票溢价款总额达1 094万余元。目前，国家有关部门已对涉案的责任单位和个人作出了应有的惩处，其中，中国证监会对提供审计的H会计师事务所处罚如下：对H会计师事务所处以警告、没收非法所得65万元，并罚款6万元；撤销D和Q二位注册会计师的证券业务资格；对在1997年审计报告上签字的H会计师事务所注册会计师F处以警告并罚款3万元。

二、案例分析

注册会计师的法律责任包括行政责任、民事责任、刑事责任。行政责任对注册会计师个人来说，包括警告、暂停执业、吊销注册会计师证书；对会计师事务所而言，包括警告、没收违法所得、罚款、暂停执业、撤销等。民事责任主要是指赔偿受害人损失。刑事责任主要是按有关法律程序判处一定的徒刑。在我国一些重要的经济法律、法规中，对会计师事务所及注册会计师的法律责任作了直接或间接的规定。

《注册会计师法》第三十九条规定："会计师事务所违反本法第二十条、第二十一条规定的，由省级以上人民政府财政部门给予警告、没收违法所得，可以并处违法所得一倍以上五倍以下的罚款；情节严重的，并可由省级以上人民政府财政部门暂停其经营业务或者予以撤销。注册会计师违反本法第二十条、第二十一条规定的，由省级以上人民政府财政部门给予警告；情节严重的，可以由省级以上人民政府财政部门暂停其执行业务或者吊销注册会计师证书。会计师事务所、注册会计师违反本法第二十条、第二十一条的规定，故意出具虚假的审计报告、验资报告，构成犯罪的，依法追究刑事责任。"第四十二条规定："会计师事务所违反本法规定，给委托人、其他利害关系人造成损失的，应依法承担赔偿责任。"

《公司法》第二百一十九条规定："承担资产评估、验资或者验证的机构提供虚假证明文件的，没收违法所得，处以违法所得一倍以上五倍以下的罚款，并可由有关主管部门依法责令该机构停业，吊销直接责任人员的资格证书，构成犯罪的，依法追究刑事责任，承担资产评估、验资或者验证的机构因过失提供有重大遗漏报告的，责令改正，情节较重的，处以所得收入一倍以上三倍以下的罚款，并可由有关主管部门依法责令该机构停业，吊销直接责任人员的资格证书。"

《股票发行与交易管理暂行条例》第七十三条规定："会计师师务所、资产评估机构和律师事务所违反本条例规定，出具的文件有虚假、严重误导性内容或者重大遗漏的，根据不同情况，单处或者并处警告、没收非法所得并罚款，情节严重的，暂停其从事证券业务或者撤销其从事证券业务许可，对前款所列行为负有直接责任的注册会计师、专业评估人员和律师给予警告或者处以三万元以上三十万元以下的罚款；情节严重的，撤销其从事证券业务的资格。"

此外，《关于惩治违反公司法的犯罪的规定》《刑法》及 1999 年 7 月 1 日起施行的《证券法》等均有具体条款的规定。

本案中会计师事务所及注册会计师的违规事实主要在二个方面：一是大庆联谊股票在发行上市时，H 会计师事务所及二位注册会计师在"知情"的情况下出具了虚假审计意见书，为大庆联谊的欺诈上市铺平了道路；二是 H 会计师事务所二位注册会师对大庆联谊 1997 年年报审计时，未能发现其虚增利润 2 848.89万元以及挪用募集资金的违法事实，属重大过失。因此，中国证监会依据其违规事实及《股票发行与交易管理暂行条例》第七十三条规定，分别对 H 会计师事务所及签字注册会计师追究行政责任，处以 H 会计师事务所警告处分，没收非法所得并罚款，对三位签字注册会计师分别处以撤销证券业务资格以及警告并罚款的处罚。

【专题拓展】

如何规避审计业高风险共促审计业良性发展

近日，美国商会在美国发布了一份报告，题为："审计：危机四伏的行业"。该报告呼吁采取有效措施，使审计师获得更多的保险，因为他们担心投资者带来的诉讼会破坏四大会计公司。英国《金融时报》评论认为，这份报告将受到审计公司热烈欢迎，也可能对改变立法者和修改法案者的意见主张产生重要影响。

审计在市场经济中扮演着独特的角色。美国法律规定，凡是通过美国证券交易所向公众发行股票的公司，均需由独立的注册公共会计师事务所对其财务报表进行审计。目的在于为投资者带来信心，将公司会计标准化、规范化，从而增强美国资本市场的流动性和经济潜力。这就是说，在资本市场上，审计是公众投资者信心的核心体现，审计行业因此应当是关键、独立并且受人尊重的行业。

然而近几年来，从安达信丑闻事件开始，无论是在美国，还是在世界其他地区，审计行业面临着越来越严峻的形势。如今，安达信因合并而消失，普华永道、德勤、毕马威、安永这“四大”会计师事务也面临困境。他们如何走出困境并继续发展十分引人关注。

一、客观认识审计业的高风险

从美国商会发布的上述报告看，审计行业的确是一个独特的高风险行业，其所面临的挑战不容忽视。

首先，审计业面对诸多重要的法律挑战。按美国的相关法律要求，审计业须遵守上市公司会计监管委员会(PCAOB)制定新的法规。更重要的是，该行业发现自己身处复杂的诉讼和法规执行环境中。在此环境下，客户业务亏损可能导致诉讼，仅一项控告，甚至尚未定罪，就可能给会计师事务所的数以千计的员工带来灭顶之灾。

其次，会计准则仍在不断变化，其宽严程度不同所带来的风险也有很大不确定性。同时，商业交易也日益复杂，适用的会计准则也各有不同，需要面对的监管者也很多，不同国家的监管者要求也不完全一致。

第三，由于美国《萨班斯·奥克斯利法案》及其他规定，客户对审计师的要求越来越多，审计事务所承担的连带责任不断增加，一旦出现争议，审计事务所在监管机构、法律诉讼及客户之间，常常处于被动局面，也容易被公众当成公司造假的替罪羊。

最后，在权责发生制会计系统及其内在精确水平方面，公司、公众和监管者之间存在严重的误解。比如，公司每股盈利发生1分或2分钱的变化，即使这与公司基本业务的健康发展毫无关系，也能引起市场的波动，甚至引起投资者的诉讼。

而在我国，“四大”会计师事务所面临的，则是更多的制度障碍。中国的法律体系有其独特性，很多外资企业进入中国时，多少都会遇到法律制度不接轨的问题。同时，由于法律的不健全，公司也很难得到相应保障。

另外，“四大”在中国的客户有一些是本土企业，中国本土企业在发展初期往往存在不完善，其基础财务数据本身就有可能有问题，对于这些数据，作为“四大”是很难一一辨清的，再以此为据进行财务审计，当然不能百分百地确保其真实性。

二、共促审计业良性发展

纵观全球，自20世纪90年代以来，由于自愿合并及安达信的消亡，全球审计行业目前已经严重萎缩，仅有4家大型事务所为美国及全球绝大部分交易活跃的上市公司服务，大量小型事务所业务清淡，日子过得更加艰难。如果审计行业进一步萎缩，市场和公众的信心会受到严重影响。

可以说，审计业事关重大，风险也很高，容不得任何环节的疏漏，站在可持续发展的立场上看，我们更应当理解并支持审计业走向良性发展。

我国的政策制订者在不断修改法律制度，使之更加与国际接轨。监管部门也在不断强化监管力度，规范市场发展。今年2月15日，财政部新颁布的会计审计准则就是一个很好的说明。这些制度性变化，既向“四大”提出了更高的要求，也为整个审计业未来健康发展打下了更好的基础。从这一点上说，“四大”正面临着改进提高的好时机。

当前，我国的改革开放已经进入深化期，资本市场在不断成熟，上市公司的规范性在逐步加强，按照新的会计审计准则，上市公司必须更加审慎和准确地披露财务信息，以赢得投资者的支持。因上市公司而给会计师事务所带来的审计风险，也会不断降低。

更重要的是，公众的判断分析也更加趋于理性。在此之前，人们对会计师往往有一种不切实际的期望，认为事务所的审计能够解决一切问题，但现实情况让更多人认识到，会计师所面临的环境非常复杂，会计审计准则也在不断变化并有一定的弹性。上市公司的财务和监管问题，单靠会计师事务所审计是无法解决的，公众需要对审计行业有更多的理解和支持。

由此可见，唯有客观地看待审计行业的独特风险，帮助他们找到解决的出路，才能留住最好的会计师，让他们更好地发挥其专长，担当好第三方的审计把关职能，以确保上市公司取信于投资者，促进整个审计行业持续发展。

资料来源：人民网 www.people.com.cn，4/13/2006。

【课堂分组讨论】

一、注册会计师职业道德规范

注册会计师小刘做了许多努力，希望能扩展业务，请指出下面的这些举动是否违反了注册会计师职业道德规范，并解释其原因。

(1)小刘想和别人合伙成立一个事务所，取名为“AAA”，这样在电话黄页上可以被放在第一位的醒目位置，从而达到做广告的效果。

(2)小刘以前和他的同事审计过许多国有企业。他计划与其他注册会计师联系，请他们帮忙介绍更多这种类型的工作。他打算付给每个介绍人2000元人民币的介绍费。

(3)小刘精通税法。他有许多朋友都自己编制所得税申报单。他像他们提议，在向税务局申报以前，他先为他们进行复核，如果通过他的复核能够为他们找到合法的避税机会，省下来税款的1/3作为他的收入，如果找不到。则他不收费。

二、审计独立性

×银行拟公开发行股票，委托ABC会计事务所审计其2009年度、2010年度和2011年度的财务报表。双方于2011年年底签订审计业务约定书。假定ABC会计师事务所及其审计小组成员与×银行存在以下情况。

(1)ABC会计师事务所与×银行签订的审计业务约定书约定：审计收费为1 500 000元，×银行在ABC会计师事务所提交审计报告时支付50%的审计费用，剩余50%视股票能否发行上市决定是否支付。

(2)2010年7月，ABC会计师事务所按照正常借款条件和程序，向×银行以抵押贷款方式借款5 000 000元，用于购置办公用房。

(3)ABC会计师事务所的合伙人A注册会计师目前担任×银行的独立董事。

(4)审计小组成员C注册会计师自2010年以来一直协助×银行编制财务报表。

(5)审计小组成员D注册会计师的妻子自2005年以来一直担任×银行的统计员。

请分别针对上述5种情况，判断ABC会计师事务所或相关注册会计师的独立性是否会受到损害，并简要说明理由。

第四章　审计准则与审计依据

第一节　审计准则

审计准则是审计理论的重要组成部分，它反映了审计工作的客观规律和基本要求，是人们在长期的审计实践中摸索、总结出来的，它既是一个经济范畴，又是一个历史范畴。它是从理论上对审计实践的总结，反过来又指导审计实践，服务于审计实践，成为指导审计工作的原则和规范。

一、审计准则的含义和作用

(一)审计准则的含义

审计准则，又称审计标准，或称执业准则，是专业审计人员在实施审计工作时，必须恪守的最高行为准则，它是审计工作质量的权威性判断标准。审计准则的概念包含如下含义。

(1)审计准则是制约审计人员的行为准则。审计人员在工作过程中，围绕审计任务，在选择和确定工作时，应明确哪些是可以做的，哪些是不能做的；哪些是应该加强和深入去做的，哪些是可以只作了解的。审计准则正是起到衡量标准的作用。

(2)审计准则既对审计人员的素质提出要求，同时也对社会提供审计工作质量保证。一般的审计准则无不对审计人员的业务技能和品德操行提出一个较高的标准，而且把独立性视为审计工作的灵魂。这对树立审计人员在社会上的公正、正直、客观形象有重要的作用。

(3)审计准则是通过审计人员执行审计程序体现出来的。所以，一般的审计准则都对审计人员的素质、业务能力、工作行为和态度提出严格要求。

(4)审计准则是审计人员签署最终审计意见时的客观保证。一般来说，审计人员在形成审计意见之后，会主动地与被审计单位交换意见，然后才签发自己的审计报告，其目的是希望较快地解决问题。但是，如果双方发生意见分歧，审计准则就为审计人员的意见提供了客观上的保证。

在西方国家，审计准则是20世纪40年代才开始出现的。美国在1947年就开始研究和制定审计准则；日本在1964年也制定了审计准则，国际会计师联合会的国际审计实务委员会于 1980 年颁布了《国际审计准则》；澳大利亚、加拿大、德国等国已经颁布和实施了审计准则；我国于 1996 年 1 月 1 日起实施《中国注册会计师独立审计准则》。总之，审计准则的实质就是社会对审计工作所寄予的期望。一个国家的审计准则无疑反映出这个职业在该国的地位，在根本上制约着审计职能的发挥和这一职业的发展。

(二) 审计准则的作用

审计准则的实施使审计人员在从事审计工作时有了规范和指南，便于考核审计工作质量，推动了审计事业的发展。审计准则的主要作用有以下几点。

1. 赢得社会公众的信任

注册会计师在财务报表审计报告中，一般均要写明“我们的审计工作是根据审计准则的要求进行的”，这也就是向委托单位的股东、债权人、未来投资者以及银行等有关方面表明，审计工作已达到了规定的质量标准，审计结论是可以充分信赖的，以取信于社会。

2. 提高审计工作质量

审计准则中一般都规定有审计人员的任职条件及其在工作中应保持的态度、审计工作的基本程序和方法以及审计报告的撰写方式和要求等，这就可以促使审计人员谨慎工作，依准则办事，有助于提高审计工作质量。

3. 维护审计组织和人员的合法权益

审计准则中规定了审计人员的工作范围，审计人员只要能按照审计准则的要求办理，就算是尽到了职责。当审计委托人与审计人员对审计意见发生纠纷，审计人员受到不公正的指责和控告时，即可运用审计准则维护自己的合法权益。

4. 促进国际审计经验交流

审计准则是审计实践经验的总结和升华，已成为审计理论的一个重要部分。审计准则的实施和发展，促进了审计理论水平的提高。通过各国审计准则的协调，便于开展国际审计经验交流。特别是国际审计准则的制定和协调工作，对世界审计经验和学术交流都起到了重要的推动作用。

二、审计准则的结构内容

从现行的世界各国的审计准则来看，其内容大体上包括一般准则、工作准则和报告准则 3 个部分。有些国家和国际组织所制定的审计准则虽然章节和标题不一，但主要内容都不外乎上述 3 个部分。西方国家的审计准则大都是以美国的审计准则为蓝本加以补充、修正而成的；国际组织和地区组织制定的审计准则，以国际会计师联合会的国际审计实务委员会制定的《国际审计准则》最具代表性。所以，下面主要介绍美国的民间审计准则和国际审计准则。

(一) 美国的民间审计准则

美国的民间审计准则称为《一般公认审计准则》，从 1947 年就开始研究和制定，最终由美国注册会计师协会于1972年正式颁布。它主要适用于民间审计所从事的财务报表审计。这个准则除为美国民间审计所遵循外，对民间审计领域以外的各种审计，对其他国家乃至国际审计准则的建立，都产生了巨大的影响。

早在1947年10月，美国注册会计师协会就提出了《审计准则试行方案》。在该方案中明确指出审计准则与审计程序的区别。审计程序是必须执行的，即必须实施的行为，而审计准则仅是关于实施行为质量的衡量尺度，以及运用审计程序必须达到的目标。这一准则在1954年进行了修订补充，形成了3部分，共10条。这10条一般公认审计准则一直沿用至今。审计准则的第一部分为一般准则，共3条，主要对人提出要求，即要求审计应由经过充分技术培训并精通审计实务的人员担任；审计人员在执行工作时，必须保持独立的意志和态度；在执行审计工作和撰拟审计报告时，应保持职业人员应有的严谨态度。审计准则的第二部分为工作准则，共3条，主要是指出实施审计行为的准则，即审计工作必须妥善地进行计划安排，如有助理人员，必须加以监督和指导；应适当地研究和评价现行的内部控制系统，以确定可资信赖的程度，并以此作为决定审计程序和测试范围的依据；运用检视、观察、查询、函证等方法，以获取充分而确切的证据，作为对所审核的财务报表发表意见的合理根据。审计准则的第三部分为报告准则，共4条，主要是对审计报告提出要求，即审计报告应说明财务报表是否按照一般公认的会计准则编制；审计报告应说明本期所使用的会计准则是否与上期一致；除非报告中另有说明，财务报表中所提供的资料应被视为合理和充分；审计报告应就整个财务报表发表意见，或断然表明不能发表意见，如属后者，应说明理由，在任何情况下，财务报表一经审计人员签署，即应在报告中明确表示审核的性质与其所负责任的程度。

（二）国际审计准则

第二次世界大战以后，国际经济进入一个新的发展阶段。国际商品、资金、技术、知识、劳动力、信息的交流，达到了前所未有的规模。各国在经济上相互依存、相互促进的关系日益明显。经济关系的国际化使得民间审计走出国界，参与国际市场竞争。为了使审计报告和被审计的财务报表能够取得各有关国家社会公众的信任，需要协调审计准则和实务，消除各国审计准则和实务中的分歧，所以需要一套适用于各国的审计准则。为了适应这种新形势的需要，协调各国审计组织并组织处理国际审计问题，一些国际性组织开始着手研究制定国际审计准则，目前已取得的主要成果是《国际审计准则》。

《国际审计准则》为国际会计师联合会（IFAC）所颁布。国际会计师联合会是世界上的主要民间审计组织，成立于1977年10月7日，代表澳大利亚、加拿大、法国、日本、墨西哥、荷兰、菲律宾、爱尔兰等49个国家的63个职业审计团体。该协会下设国际审计实务委员会，代表联合会的理事会负责拟订并颁布《国际审计准则》。自1980年6月开始，已先后颁布了数十项《国际审计准则》文件。这些文件可分为一般准则、工作准则和报告准则3个部分。

1. 一般准则

一般准则是关于审计人员资格条件和执业行为的准则，主要包括以下几方面的内容：①对审计人员应具备的技术条件所作的规定。包括：专业知识——审计人员从事审计工作必须具备的学历和职业培训；实践经验——要求具有一定年限的工作经验并通过专门考试；工作能力——审计人员应具备的分析、判断和表述能力。②对审计人员应具备的身份条件所作的规定。主要是要求审计人员必须具备超然、独立的立场，在陈述与表达意见时持公正态度等。③对审计人员应具备的职业道德条件所作的规定。

2. 工作准则

工作准则是审计人员在执行财务报表审计过程中应遵守的准则，主要包括以下几方面的内容：①对规划审计计划所作的规定。包括：审计计划的可行性研究；审计的工作程序；审计的人员与工作分工等。②对确立审计范围所作的规定。包括：审计财务报表；了解、研究内部控制系统，确定扩大、深入检查或采用其他审计方法的时间和范围等。③对获取审计证据所作的规定。包括：采用各种有效的方法以获取充分适当的证据；充分考虑审计对象的重要性、风险程度及其他影响因素，为审计财务报表和提出公正的审计意见提供合理的依据等。④对实施审计行为所作的规定。包括执行审计的必要条件和手续；实际执行的审计业务等。在《国际审计准则》中，有关工作准则的说明和解释占了相当大的比例。工作准则涉及面广，执行起来弹性较大，因而往往需要根据不同的情况加以判断。

3. 报告准则

报告准则是审计人员编制审计报告、选择表达方式和记载必要事项的准则，主要包括以下几方面的内容：对审计报告应记载事项的规定；对发表审计意见的规定；对补充记载事项的规定；对审计报告报送对象及报送时间的规定。

近年来，国外出现了一系列上市公司财务欺诈案，致使投资者遭受重大损失，严重动摇了社会公众对民间审计组织和人员的信任。因此，世界银行及其他国际组织极力促使国际会计师联合会更加积极地关注公共利益问题，扮演监管角色，国际会计师联合会对此给予了积极的回应。国际会计师联合会将国际审计实务委员会改组为国际审计与鉴证准则理事会(International Auditing and Assurance Standards Board)。国际审计与鉴证准则理事会的目标主要包括：针对财务报表制定审计准则和指南，使其能够在世界范围内被注册会计师、政府、证券监管者等所接受，从而加强公众对全球审计职业的信心；针对财务信息和非财务信息制定鉴证准则；发布关于审计和鉴证业务的其他文告，促使公众了解注册会计师的作用和责任。为了重树社会公众对注册会计师行业的信心，降低审计风险，提高审计质量，国际审计与鉴证准则理事会正在修订和起草一系列审计准则。

(三)中国注册会计师执业准则

我国的审计准则作为规范注册会计师执行审计业务的权威性标准，对提高注册会计师的执业质量，降低审计风险，维护社会公众利益具有重要的作用，其建设经历3个阶段。

1. 制定执业规则阶段(1991～1993 年)

中国注册会计师协会成立后，非常重视执业规则的建设。1991～1993 年，先后发布了《注册会计师检查验证会计报表规则(试行)》等 7 个执业规则。这些执业规则对我国注册会计师行业走向正规化、法制化和专业化起到了积极作用。

2. 建立审计准则体系阶段(1994～2005 年)

1993 年 10 月 31 日，第八届全国人民代表大会常务委员会第四次会议通过《中华人民共和国注册会计师法》，规定中国注册会计师协会依法拟订执业准则、规则，报国务院财政部门批准后施行。经财政部批准同意，中国注册会计师协会自 1994 年 5 月开始起草独立审计准则。到 2005 年，中国注册会计师协会先后制定了 6 批独立审计准则，包括 1 个准则序言、1 个独立审计基本准则、28 个独立审计具体准则和 10 个独立审计实务公告、5 个执业规范指南，此外，还包括 3 个相关基本准则(职业道德基本准则、质量控制基本准则和后续教育基本准则)，共计 48 个项目。

3. 与国际审计准则趋同阶段(2006～2010 年)

为完善中国注册会计师审计准则体系，加速实现与国际准则趋同，中国注册会计师协会遵循科学、民主、公开的准则制定程序，经过艰苦而卓有成效的工作，拟订了 22 项新准则，并对 26 项已颁布的准则进行了必要的修订和完善，已于 2006 年 2 月 15 日由财政部发布。这 48 个准则项目已自 2007 年 1 月 1 日起在所有会计师事务所施行。这些准则的发布标志着我国已建立起一套适应社会主义市场经济发展要求，顺应国际趋同大势的中国注册会计师执业准则体系。如图 4－1 和图 4－2 所示。

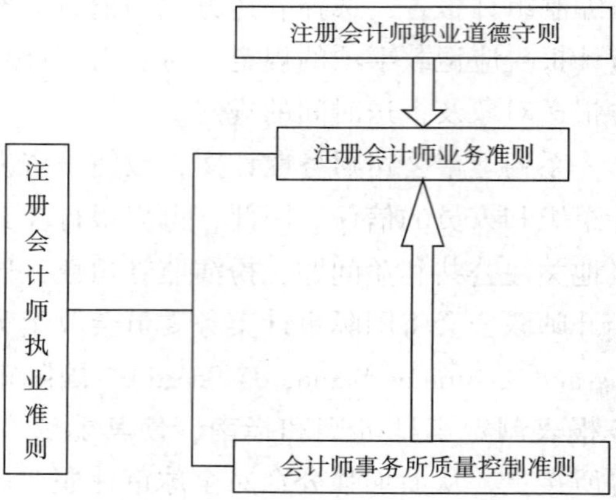

图 4－1　注册会计师执业准则体系

中国注册会计师执业准则体系具体包括以下内容。

1)审计、审阅与其他鉴证业务准则

(1)中国注册会计师审计准则。

①一般原则与责任。

《中国注册会计师审计准则第 1101 号——财务报表审计的目标和一般原则》。

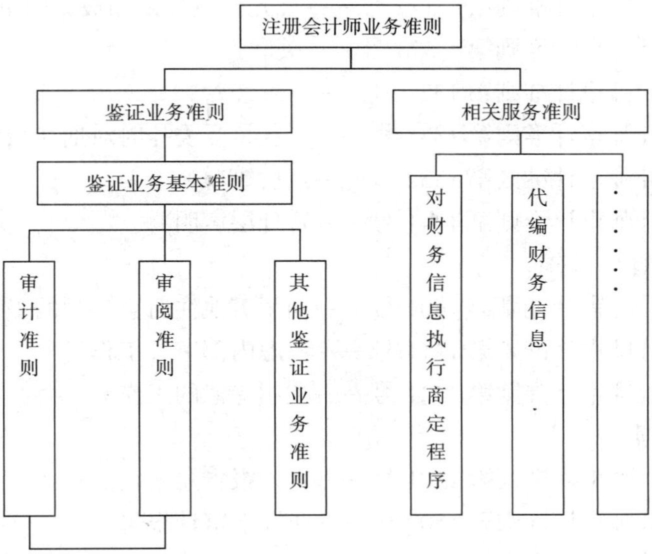

图 4-2 注册会计师业务准则体系

《中国注册会计师审计准则第 1111 号——审计业务约定书》。

《中国注册会计师审计准则第 1121 号——历史财务信息审计的质量控制》。

《中国注册会计师审计准则第 1131 号——审计工作底稿》。

《中国注册会计师审计准则第 1141 号——财务报表审计中对舞弊的考虑》。

《中国注册会计师审计准则第 1142 号——财务报表审计中对法律法规的考虑》。

《中国注册会计师审计准则第 1151 号——与治理层的沟通》。

《中国注册会计师审计准则第 1152 号——前后任注册会计师的沟通》。

②风险评估以及风险应对。

《中国注册会计师审计准则第 1201 号——计划审计工作》。

《中国注册会计师审计准则第 1211 号——了解被审计单位及其环境并评估重大错报风险》。

《中国注册会计师审计准则第 1212 号——对被审计单位使用服务机构的考虑》。

《中国注册会计师审计准则第 1221 号——重要性》。

《中国注册会计师审计准则第 1231 号——针对评估的重大错报风险实施的程序》。

③审计证据。

《中国注册会计师审计准则第 1301 号——审计证据》。

《中国注册会计师审计准则第 1311 号——存货监盘》。

《中国注册会计师审计准则第 1312 号——函证》。

《中国注册会计师审计准则第 1313 号——分析程序》。

《中国注册会计师审计准则第 1314 号——审计抽样和其他选取测试项目的方法》。

《中国注册会计师审计准则第 1321 号——会计估计的审计》。

《中国注册会计师审计准则第 1 322 号——公允价值计量和披露的审计》。

《中国注册会计师审计准则第 1 323 号——关联方》。

《中国注册会计师审计准则第 1324 号——持续经营》。

《中国注册会计师审计准则第 1331 号——首次接受委托时对期初余额的审计》。

《中国注册会计师审计准则第 1332 号——期后事项》。

《中国注册会计师审计准则第 1341 号——管理层声明》。

④利用其他主体的工作。

《中国注册会计师审计准则第 1401 号——利用其他注册会计师的工作》。

《中国注册会计师审计准则第 1411 号——考虑内部审计工作》。

《中国注册会计师审计准则第 1421 号——利用专家的工作》。

⑤审计结论与报告。

《中国注册会计师审计准则第 1501 号——审计报告》。

《中国注册会计师审计准则第 1502 号——非标准审计报告》。

《中国注册会计师审计准则第 1511 号——比较数据》。

《中国注册会计师审计准则第 1521 号——含有已审计财务报表的文件中的其他信息》。

⑥特殊领域。

《中国注册会计师审计准则第 1601 号——对特殊目的审计业务出具审计报告》。

《中国注册会计师审计准则第 1602 号——验资》。

《中国注册会计师审计准则第 1611 号——商业银行财务报表审计》。

《中国注册会计师审计准则第 1612 号——银行间函证程序》。

《中国注册会计师审计准则第 1613 号——与银行监管机构的关系》。

《中国注册会计师审计准则第 1621 号——对小型被审计单位审计的特殊考虑》。

《中国注册会计师审计准则第 1631 号——财务报表审计中对环境事项的考虑》。

《中国注册会计师审计准则第 1632 号——衍生金融工具的审计》。

《中国注册会计师审计准则第 1633 号——电子商务对财务报表审计的影响》。

(2)中国注册会计师审阅业务准则。

《中国注册会计师审阅准则第 2101 号——财务报表审阅》。

(3)中国注册会计师其他鉴证业务准则。

《中国注册会计师其他鉴证业务准则第 3101 号——历史财务信息审计或审阅以外的鉴证业务》。

《中国注册会计师其他鉴证业务准则第 3111 号——预测性财务信息审计的审核》。

2)中国注册会计师相关服务准则

《中国注册会计师相关服务准则第 4101 号——对财务信息执行商定程序》。

《中国注册会计师相关服务准则第 4111 号——代编财务信息》。

3)会计师事务所质量控制准则

《会计师事务所质量控制准则第 5101 号——业务质量控制》。

4. 与国际审计准则全面趋同阶段(2012 年开始)

中国注册会计师审计准则体系自 2007 年正式实施以来，总体运行情况良好。但由于当前审计环境发生了重大变化，注册会计师审计实务面临一些新问题和新困难。同时，我国审计准则也需要和国际准则实行持续全面趋同。中国注册会计师协会 2009 年开始着手研究并启动中国审计准则的修订工作。国际审计准则明晰项目涉及 37 项准则。这 37 项国际审计准则与我国现行 33 项审计准则相对应。本次修订我们将这 33 个项目全部纳入修订范围。修订过程中，借鉴国际审计准则的项目对这 33 项准则进行了重新调整，调整后的准则项目是 37 个，实现了与国际审计准则的一一对应。此外，本次修订还包括我国特有的前后任注册会计师的沟通准则。因此本次修订后公布的审计准则共 38 项。在审计准则的内容上，我国审计准则体系充分采用了国际审计准则所有的基本原则和核心程序，在审计的目标与原则、风险的评估与应对、审计证据的获取和分析、审计结论的形成和报告，以及注册会计师执业责任的设定等所有重大方面，均与国际审计准则保持一致。2010 年 11 月 1 日，由财政部发布修订后的 38 项中国注册会计师执业准则，并自 2012 年 1 月 1 日起施行。本次修订充分借鉴了国际审计与鉴证理事会明晰项目的成果，除对 16 项准则的内容进行实质性修订外，还对全部 38 项审计准则按照新的体例结构进行了改写，进一步强化了风险导向审计的思想，除修订核心风险审计准则外，对其他审计准则也作出修改，将风险导向审计理念全面彻底地贯彻到整套审计准则中。本次修订使审计准则体现了先进实务经验，增强了注册会计师发现舞弊的能力，提高了审计的有效性。

为了提高注册会计师审计报告的信息含量，满足资本市场改革与发展对高质量会计信息的需求，保持我国审计准则与国际准则的持续全面趋同，2016 年中国注册会计师协会拟订了《中国注册会计师审计准则第 1504 号——在审计报告中沟通关键审计事项》等 12 项准则(以下统称本批准则)，对于 A + H 股公司供内地使用的审计报告，应于 2017 年 1 月 1 日起执行本批准则；对于 A + H 股公司供境外使用的审计报告，如果选择按照中国注册会计师审计准则出具审计报告，应于 2017 年 1 月 1 日起执行本批准则；对于 H 股公司的财务报表审计业务，如果选择按照中国注册会计师审计准则出具审计报告，应于 2017 年 1 月 1 日起执行本批准则。对于股票在沪深交易所交易的上市公司(即主板公司、中小板公司、创业板公司，包括除 A + H 股公司以外其他在境内外同时上市的公司)、首次公开发行股票的申请企业(IPO 公司)，其财务报表审计业务，应于 2018 年 1 月 1 日起执行本批准则。对于股票在全国中小企业股份转让系统公开转让的非上市公众公司(新三板公司)中的创新层挂牌公司、面向公众投资者公开发行债券的公司，应视同上市公司，其财务报表审计业务，应于 2018 年 1 月 1 日起执行本批准则。对于其他实体的财务报表审计业务，暂不要求执行本批准则中仅针对上市实体审计业务的规定；对于本批准则中的其他规定，应于 2018 年 1 月 1 日起执行。允许和鼓励提前执行本批准则。本批准则生效实施后，《财政部关于印发等 38 项准则的通知》(财会[2010]21 号)中《中国注册会计师审计准则第 1111 号——就审计业务约定条款达成一致意见》等 11 项准则同时废止。本批审计准则名称如下。

1)新制定的审计准则(1项)

《中国注册会计师审计准则第1504号——在审计报告中沟通关键审计事项》。

2)实质性修订的审计准则(6项)

《中国注册会计师审计准则第1501号——对财务报表形成审计意见和出具审计报告》。

《中国注册会计师审计准则第1502号——在审计报告中发表非无保留意见》。

《中国注册会计师审计准则第1503号——在审计报告中增加强调事项段和其他事项段》。

《中国注册会计师审计准则第1151号——与治理层的沟通》。

《中国注册会计师审计准则第1324号——持续经营》。

《中国注册会计师审计准则第1521号——注册会计师对其他信息的责任》。

3)仅作出文字调整的审计准则(5项)

《中国注册会计师审计准则第1111号——就审计业务约定条款达成一致意见》。

《中国注册会计师审计准则第1131号——审计工作底稿》。

《中国注册会计师审计准则第1301号——审计证据》。

《中国注册会计师审计准则第1332号——期后事项》。

《中国注册会计师审计准则第1341号——书面声明》。

4)本批审计准则生效实施后废止的准则(11项)

《中国注册会计师审计准则第1111号——就审计业务约定条款达成一致意见》。

《中国注册会计师审计准则第1131号——审计工作底稿》。

《中国注册会计师审计准则第1151号——与治理层的沟通》。

《中国注册会计师审计准则第1301号——审计证据》。

《中国注册会计师审计准则第1324号——持续经营》。

《中国注册会计师审计准则第1332号——期后事项》。

《中国注册会计师审计准则第1341号——书面声明》。

《中国注册会计师审计准则第1501号——对财务报表形成审计意见和出具审计报告》。

《中国注册会计师审计准则第1502号——在审计报告中发表非无保留意见》。

《中国注册会计师审计准则第1503号——在审计报告中增加强调事项段和其他事项段》。

《中国注册会计师审计准则第1521号——注册会计师对含有已审计财务报表的文件中的其他信息的责任》。

(四)中国国家审计准则

中国国家审计准则的研究和制订，始于20世纪90年代。1996年审计署发布了38个审计规范，2000年审计署修订、发布了《中华人民共和国国家审计基本准则》和一系列通用审计准则、专业审计准则，2004年审计署颁布了《审计机关审计项目质量控制办法(试行)》。这一时期，国家审计准则体系由一个国家审计基本准则、若干个通用审计准则和专业审计准则构成。这种体系结构比较零散，相关准则间的内容存在交叉，不利于审计人员系统学习和掌握。

2010年9月，审计署审计长刘家义签署第8号中华人民共和国审计署令，公布新修订的《中华人民共和国国家审计准则》。修订后的《中华人民共和国国家审计准则》，包括总则、审计机关和审计人员、审计计划、审计实施、审计报告、审计质量控制和责任、附则，共7章。修订后的国家审计准则将于2011年1月1日起施行。此次修订，将原有国家审计基本准则和通用审计准则规范的内容统一纳入国家审计准则，形成一个完整单一的国家审计准则。并在国家审计准则下研究开发国家审计指南，进一步细化相关审计业务操作的具体要求。

三、质量控制准则

质量控制准则旨在规范会计师事务所建立并保持有关财务报表审计和审阅、其他鉴证和相关服务业务的质量控制制度。

(一) 质量控制制度的目标和要素

1. 质量控制制度的目标

会计师事务所应当根据会计师事务所质量控制准则，制定质量控制制度，以合理保证业务质量。质量控制制度的目标主要在以下两个方面提出合理保证：会计师事务所及其人员遵守职业准则和适用的法律法规的规定；会计师事务所和项目合伙人出具适合具体情况的报告。项目合伙人，是指会计师事务所中负责某项业务及其执行，并代表会计师事务所在出具的报告上签字的合伙人。

2. 质量控制制度的要素

会计师事务所的质量控制制度应当包括针对下列要素而制定的政策和程序：对业务质量承担的领导责任；相关职业道德要求；客户关系和具体业务的接受与保持；人力资源；业务执行；监控。

会计师事务所应当将质量控制政策和程序形成书面文件，并传达到全体人员。在记录和传达时，应清楚地描述质量控制政策和程序及其拟实现的目标，包括用适当信息指明每个人都负有各自的质量责任，并被期望遵守这些政策和程序。

(二) 对业务质量承担的领导责任

1. 对主任会计师的总体要求

会计师事务所内部重视质量的文化氛围，为会计师事务所质量控制设定了较好的基调，将对制定和实施质量控制制度产生广泛和积极的影响。明确质量控制制度的最终责任人，也对会计师事务所的业务质量控制起着决定作用。为此，会计师事务所应当制定政策和程序，培育以质量为导向的内部文化。这些政策和程序应当要求会计师事务所主任会计师对质量控制制度承担最终责任。

在审计实务中，会计师事务所需要建立与业务规模相匹配的质量控制部门，以具体落实各项质量控制措施。质量控制措施的实施，一部分可能由专职的质量控制人员执行，一部分可能是由业务人员或职能部门的人员执行。主任会计师对质量控制制度承担最终责任，在制度上保证了质量控制制度的地位和执行力。

2. 行动示范和信息传达

会计师事务所培育以质量为导向的内部文化，就是要在会计师事务所内形成和传播质量至上的内部文化。内部质量文化能否形成，有赖于会计师事务所各级管理层的努力。

为此，会计师事务所的领导层及其作出的示范对会计师事务所的内部文化有重大影响。会计师事务所各级管理层应当通过清晰、一致及经常的行动示范和信息传达，强调质量控制政策和程序的重要性以及下列要求：按照法律法规、相关职业道德要求和业务准则的规矩执行工作；根据具体情况出具恰当的报告。

会计师事务所领导层的行动示范，在某种程度上比控制制度更有影响力。采取的途径通常有培训、研讨会、谈话、发表文章等，通过行动示范和信息传达，可以起到强化质量文化的效果。

3. 树立质量至上的意识

会计师事务所的领导层应当树立质量至上的意识。会计师事务所应当通过下列措施实现质量控制的目标：合理确定管理责任，以避免重商业利益轻业务质量；建立以质量为导向的业绩评价、工薪及晋升的政策和程序；投入足够的资源制定和执行质量控制政策和程序，并形成相关文件记录。

会计师事务所的领导层必须首先认识到，其经营策略应当满足会计师事务所执行所有业务都要保证质量这一前提条件。会计师事务所针对员工设计的有关业绩评价、工薪及晋升(包括激励制度)的政策和程序，应当表明会计师事务所最重视的是质量，以形成正确的行为导向。制定和执行质最控制政策及程序需要花费一定的成本，会计师事务所应当投入足够的资源制定(包括修订)和执行质量控制政策及程序，并形成相关文件记录，这对于实现质量控制目标也有着直接的重大影响。

4. 委派质量控制制度运作人员

会计师事务所主任会计师对质量控制制度承担最终责任，为保证质量控制制度的具体运作效果，主任会计师必须委派适当的人员并授予其必要的权限，以帮助主任会计师正确履行其职责。

为此，受会计师事务所主任会计师委派承担质量控制制度运作责任的人员，应当具有足够、适当的经验和能力以及必要的权限以履行其责任。

要求承担质量控制制度运作责任的人员具有足够、适当的经验和能力，是为了使其能够识别和了解质量控制问题；要求具有必要的权限，是为了保证其能够实施质量控制政策和程序。

（三）相关职业道德要求

1. 遵守相关职业道德要求

会计师事务所应当制定政策和程序，以合理保证会计师事务所及其人员遵守相关职业道德要求：会计师事务所及其人员执行任何类型的业务，都应当遵守相关职业道德要求。这里所说的遵守相关职业道德要求，不仅包括遵守职业道德的基本原则，如诚信、独立性、客观和公正、专业胜任能力和应有的关注、保密、良好职业行为等，还包括遵守有关职业道德的具体规定。会计师事务所如不能合理保证相关职业道德要求得到遵守，就无法保证业务质量。值得说明的是，执行鉴证业务，还应当遵守独立性要求。

2. 遵守相关职业道德要求的具体措施

会计师事务所制定的政策和程序应当强调遵守相关职业道德要求的重要性，并通过必要的途径予以强化。

1）会计师事务所领导层的示范

领导层应在会计师事务所内形成重视相关职业道德要求的氛围，并将相关政策和程序传达给会计师事务所员工。例如，领导层可通过电子邮件、信件和记录等，在专业发展会议上或在客户关系和具体业务的接受与保持以及业务执行过程中，强调诚信、独立性、客观和公正等职业道德基本原则。

2）教育和培训

会计师事务所应向所有人员提供适用的专业文献和法律文献，并希望他们熟悉这些文献。会计师事务所还应要求所有人员定期接受职业道德培训，这种培训既可涵盖会计师事务所有关相关职业道德要求的政策和程序，也可涵盖所有适用的法律法规中有关职业道德的要求。

3）监控

会计师事务所可以通过定期检查，监督会计师事务所有关相关职业道德要求的政策和程序设计是否合理，运行是否有效，并采取适当行动，改进其设计和解决运行中存在的问题。

4）对违反相关职业道德要求行为的处理

会计师事务所应当制定处理违反相关职业道德要求行为的政策和程序，指出违反相关职业道德要求的后果，并据此对违反相关职业道德要求的个人及时进行处理。会计师事务所可以为每位员工建立职业道德档案，记录个人违反相关职业道德要求的行为及其处理结果。

3. 满足独立性要求

1）总体要求

会计师事务所应当制定政策和程序，以合理保证会计师事务所及其人员，包括雇用的专家和其他需要满足独立性要求的人员，保持相关职业道德要求规定的独立性。

2）具体要求

会计师事务所内部不同层级人员之间相互沟通信息有着重要的作用。为此，会计师事务所制定的政策和程序应当要求：项目合伙人向会计师事务所提供与客户委托业务相关的信息，以使会计师事务所能够评价这些信息对保持独立性的总体影响；会计师事务所人员及时向会计师事务所报告对独立性产生不利影响的情况和关系，以便会计师事务所采取适当行动；会计师事务所收集相关信息，并向适当人员传达。例如，会计师事务所可以编制并保留禁止本所人员与之有商业关系的客户清单，并将清单信息传达给相关人员，以便其评价独立性。会计师事务所还应将清单的任何变更及时告知会计师事务所人员。会计师事务所应当重视及时向适当人员传达收集的相关信息，以帮助其满足独立性要求。

会计师事务所应当制定政策和程序，以合理保证能够获知违反独立性要求的情况，并采取适当行动予以解决。这些政策和程序应当包括下列要求：会计师事务所人员将注意到的、违反独立性要求的情况立即告知会计师事务所；会计师事务所将识别出的违反这些政策和程序的情况，立即传达给需要与会计师事务所共同处理这些情况的项目合伙人，需要采取适当行动的会计师事务所和网络内部的其他相关人员以及受独立性要求约束的人员；项目合伙人、会计师事务所和网络内部的其他相关人员以及受独立性约束的其他人员，在必要时立即向会计师事务所报告他们为解决有关问题所采取的行动，以使会计师事务所能够决定是否应当采取进一步的行动。会计师事务所一旦获知违反独立件政策和程序的情况，应当立即将相关信息告知有关项目合伙人和会计师事务所的其他适当人员，如认为必要，还应当立即告知会计师事务所雇用的专家和关联会计师事务所的人员，以便他们采取适当的行动。

3）获取书面确认函

会计师事务所应当每年至少一次向所有需要按照相关职业道德要求保持独立性的人员获取其遵守独立性政策和程序的书面确认函。当有其他会计师事务所参与执行部分业务时，会计师事务所也可以考虑向其获取有关独立性的书面确认函。书面确认函既可以是纸质的，也可以是电子形式的。通过获取确认函以及针对违反独立性的信息采取适当的行动，会计师事务所可以表明，其强调保持独立性的重要性，并使保持独立性的问题清楚地展示在会计师事务所人员而前。

4）防范关系密切产生的不利影响

长期由同一个高级人员执行某项鉴证业务可能造成的亲密关系对独立性会产生不利影响，为此，会计师事务所应当制定下列政策和程序，以防范同一高级人员由于长期执行某一客户的鉴证业务可能对独立性产生不利影响。这里的防护措施包括轮换高级人员或要求进行项目质量控制复核。由于上市公司财务报表涉及公众利益的范围大，因此，对所有的上市公司财务报表审计，会计师事务所应当按照我国相关法律法规的规定，定期轮换项目合伙人。

（四）客户关系和具体业务的接受与保持

1. 接受与保持客户关系和具体业务的总体要求

接受与保持客户关系和具体业务是注册会计师开展业务活动的第一个环节，也是防范业务风险的重要环节。会计事务所应当制定有关客户关系和具体业务接受与保持的政策和程序，以合理保证只有在下列情况下，才能接受或保持客户关系和具体业务：能够胜任该项业务，并具有执行该项业务必要的素质、时间和资源；能够遵守相关职业道德要求；已考虑客户的诚信，没有信息表明客户缺乏诚信。

在接受新客户的业务前，或决定是否保持现有业务或考虑接受现有客户的新业务时，会计师事务所应当根据具体情况获取上述信息。在接受新客户或现有客户的新业务时，如果识别出潜在的利益冲突，会计师事务所确定接受该业务是否适当；当识别出问题而又决定接受或保持客户关系或具体业务时，会计师事务所应当记录问题如何得到解决。

许多事实证明，会计师事务所接受一个错误的客户带来的损失，远远高于来源于这个客户的收费。由于客户原因导致的审计失败，使得会计师事务所陷于诉讼和声誉下降等带来的无形损失难以估算和无法弥补。因此，会计师事务所要加强在客户承接和保持上的管理，不轻易接受不符合条件的客户。有时，对潜在客户进行充分了解是非常困难的，需要投入时间和精力。在客户承接过程中，需要较高的职业判断能力，以及高度的职业敏感性和丰富的执业经验，所以，会计师事务所应当安排职位较高的人士执行此类工作。

2. 考虑客户的诚信情况

客户的诚信问题虽然不会必然导致财务报表产生重大错报，但绝大多数的审计问题都来源于不诚信的客户。因此注册会计师应当了解客户的诚信，拒绝不诚信的客户，以降低业务风险。

1）考虑的主要事项

针对有关客户的诚信，会计师事务所应当考虑下列主要事项：客户主要股东、关键管理人员及治理层的身份和商业信誉；客户的经营性质；包括其业务；有关客户主要股东、关键管理人员及治理层对内部控制环境和会计准则等的态度的信息；客户是否过分考虑将会计师事务所的收费维持在尽可能低的水平；工作范围受到不适当限制的迹象；客户可能涉嫌洗钱或其他刑事犯罪行为的迹象；变更会计师事务所的理由；关联方的名称、特征和商业信誉。

2）获取相关信息的途径

会计师事务所在评价客户诚信情况时，可以通过下列途径，获取与客户诚信相关的信息。

（1）与为客户提供专业会计服务的现任或前任人员进行沟通，并与其他第三方讨论。这种沟通包括询问是否存在与客户意见不一致的事项及该事项的性质，客户是否有人为地、错误地影响注册会计师出具恰当的报告的情形及其证据等。

（2）询问会计师事务所其他人员或金融机构、法律顾问和客户的同行等第三方。询问可以涵盖客户管理层对于遵守法律法规要求的态度。

（3）从相关数据库中搜索客户的背景信息。例如，通过客户的年报、中期财务报表、向监管机构提交的报告等，获取相关信息。

如果通过上述途径无法充分获取与客户相关的信息，或这些信息可能显示客户不够诚信，会计师事务所应当评估其对业务风险的影响。如认为必要，会计师事务所可以考虑利用调查机构对客户的经营情况、管理人员及其他有问题的人员进行背景检查，并评价获取的与客户诚信相关的信息。会计师事务所对客户诚信的了解程度，通常将随着与该客户关系的持续发展而增加。

3. 考虑是否具备执行业务的必要素质、专业胜任能力、时间和资源

会计师事务所在接受新业务前，还必须评价自身的执业能力，不得承接不能胜任和无法完成的业务。对自身的执业能力了解非常重要，但是比较困难的是对客户所需要资源进行准确估计。另外，在资源不足的情况下，不接受新的客户更为关键。因此，在确定是否具有接受新业务所需的必要素质、专业胜任能力、时间和资源时，会计师事务所应当考虑下列事项，以评价新业务的特定要求和所有相关级别的现有人员的基本情况：会计师事务所人员是否熟悉相关行业或业务对象；会计师事务所人员是否了解相关监管要求或报告要求，或具备有效获取必要技能和知识的能力；会计师事务所是否拥有足够的具有必要胜任能力和素质的人员；需要时是否能够得到专家的帮助；如果需要项目质量控制复核，是否具备符合标准和资格要求的项目质量控制复核人员；会计师事务所是否能够在提交报告的最后期限内完成业务。如果决定接受或保持客户关系和具体业务，会计师事务所应与客户就相关问题达成一致理解，并形成书面业务约定书，将对业务的性质、范围和局限性产生误解的风险降至最低。

4. 考虑能否遵守相关职业道德要求

在确定是否接受新业务时，会计师事务所还应当考虑接受该业务是否会导致现实或潜在的利益冲突。如果识别出潜在的利益冲突，会计师事务所应当考虑接受该业务是否适当。

5. 考虑其他事项的影响

1）考虑本期或以前业务执行过程中发现的重大事项的影响

在确定是否保持客户关系时，会计师事务所应当考虑在本期或以前业务执行过程中发现的重大事项，及其对保持客户关系可能造成的影响。这就意味着，如果在本期或以前业务执行过程中发现客户守法经营意识淡薄或内部控制环境恶劣，或者对业务范围施加重大限制，或者存在其他严重影响业务执行的情形等，会计师事务所应当考虑其对保持客户关系可能造成的影响。必要时，可以考虑终止该客户关系。

2）考虑接受业务后获知重要信息的影响

会计师事务所在接受业务后可能获知了某项信息，而该信息若在接受业务前获知，可能导致会计师事务所拒绝该项业务。在这种情况下，会计师事务所应当按照规定，制定相应的政策和程序。会计师事务所针对这种情况制定的政策和程序，应当包括下列内容：适用于这种情况的职业责任和法律责任，包括是否要求会计师事务所向委托人报告或在某些情况下向监管机构报告；解除业务约定或同时解除该项业务约定和客户关系的可能性。

3）解除业务约定或客户关系时的考虑

会计师事务所针对解除业务约定或同时解除业务约定及客户关系时制定的政策和程序

应当包括下列要求：与客户适当级别的管理层和治理层讨论会计师事务所根据有关事实和情况可能采取的适当行动；如果确定解除业务约定或同时解除业务约定及其客户关系是适当的，会计师事务所应当就解除的情况及原因，与客户适当级别的管理层和治理层讨论；考虑是否存在职业准则或法律法规的规定，要求会计师事务所保持现有的客户关系，或向监管机构报告解除的情况及原因；记录重大事项及其咨询情况、咨询结论和得出结论的依据。

（五）人力资源

1. 人力资源管理的总体要求

会计师事务所应当制定政策和程序，合理保证拥有足够的具有胜任能力和必要素质并承诺遵守相关职业道德要求的人员，以使会计师事务所和项目合伙人能够按照职业准则和适用的法律法规的规定执行业务，并能够出具适合具体情况的报告。

2. 人力资源管理的要素

会计师事务所制定的人力资源政策和程序应当解决下列人事问题：招聘；业绩评价；人员素质和胜任能力，包括完成所分派任务的时间是否足够；职业发展；晋升；薪酬；人员需求预测。

解决人员需求预测问题有助于会计师事务所确定完成其业务所需要人员的数量和素质。没有足够的人员，将对业务质量产生不利影响，制约会计师事务所的发展；如果人员素质和胜任能力没有达到必需的标准，将直接导致业务质量下降。所以，人力资源管理的核心是人员数量是否足够，以及人员素质是否达到标准。

3. 招聘

招聘是人力资源管理的首要环节，为此，会计师事务所应当制定雇用程序，以选择正直的、通过发展能够具备执行业务所需的必要素质和胜任能力的，并且有胜任工作的需要的适当特征的人员。

在实务中，会计师事务所通常指定人事管理部门或其他有资格的人员，负责定期或不定期地评价总体人员需求，并根据现有人员的数量及层次结构、现有客户数、业务量、业务结构、预期业务增长率、人员流动率和晋升变化等因素确定雇用目标和方案。

为了保证整个招聘过程高效规范和被招募人员符合标准，会计师事务所应当指定人事管理部门负责招聘活动，招聘过程严格按照规定进行。如果工作人员和被招聘人员存在亲属关系，工作人员应当自行回避。会计师事务所应对负责招聘的人员进行必要的培训，使其熟悉招聘政策和程序，了解各层次的人员需求，掌握评价胜任能力和道德品行等标准，以便将合格人员招聘进入会计师事务所。

在招聘有经验的从业人员尤其是高级业务人员时，会计师事务所可执行额外的程序。例如，进行背景检查、询问是否存在未决的法律问题等。

4. 人员素质、胜任能力和职业发展

由于执业环境和工作要求在不断发生变化，会计师事务所应当采取措施确保人员持续保持必要的素质和胜任能力。会计师事务所可以通过下列途径提高人员素质和胜任能力：职业教育；持续职业发展，包括培训；工作经验；由经验更丰富的员工（如项目组的其他成员）提供辅导；针对受独立性要求约束的人员进行的独立性教育。

会计师事务所应当在人力资源政策和程序中强调对各级别人员进行继续培训的重要性，并提供必要的培训资源和帮助，以使人员能够发展与保持必要的素质和专业胜任能力。由于会计师事务所人员持续的胜任能力，在很大程度上取决于持续职业发展的适当水平，因此，会计师事务所应当合理制定人力资源政策和程序，包括制定员工职业教育计划（例如，鼓励员工在职学习深造等）和后续教育计划，提供最新的与执业相关的法律法规信息和其他学习资料，结合执业中遇到的问题进行培训和提供辅导，鼓励员工参加行业协会和有关机构组织的培训等。

培训是提高人员素质、专业胜任能力和帮助员工职业发展的重要途径。由于执业环境和工作要求的不断变化，培训是会计师事务所的一项长期和持续的工作。培训政策与会计师事务所的规模有很大的关系。大型会计师事务所具有资源优势，可以自行组织面对各层次员工和各种内容的培训。自行组织培训可以做到及时、针对性强、便于管理，起到较好的效果。规模较小的会计师事务所可能没有足够的资源自行培训，可以利用外部资源，安排员工参加外部培训，同样可达到培训效果。如果不具备内部技术和培训资源或基于其他原因，会计师事务所可以利用具有适当资格的外部人员。

5. 业绩评价、工薪和晋升

业绩评价、工薪和晋升是事关每个人员切身利益的重大问题，为此，会计师事务所应当制定业绩评价、工薪及晋升程序，对发展和保持胜任能力并遵守相关职业道德要求的人员给予应有的肯定和奖励。

业绩评价是决定奖励，包括工薪和晋升的基础。公平、公正的业绩评价对于实现绩效评价的整体目标至关重要。大型会计师事务所人员众多，规范的业绩评价方法是确保评价结果可靠有效的基础。小型会计师事务所人员较少，相互熟悉，业绩评价方法相对简单。

工薪制度应当体现对员工的激励作用。因此，每年的薪金调整应当与对人员当年评估结果直接相关。表现良好的员工在级别薪金中处于高端，而表现不足的员工处于级别的低端。

人员结构和晋级的阶梯方式，向员工传递了清晰的职业发展道路信息，直接帮助员工制定规划，具有明显的激励作用。会计师事务所明确定义各部门不同级别职位对应的工作内容、职责范围和技能要求，并在业绩评价过程中使员工充分了解提高业务质量和遵守相关职业道德要求是晋升的主要途径。

会计师事务所制定的业绩评价、工薪及晋升程序应当强调：使人员知晓会计师事务所对业绩的期望和对遵守职业道德基本原则的要求；向人员提供业绩、晋升和职业发展方面的评价和辅导；帮助人员了解提高业务质量及遵守职业道德基本原则是晋升更高职位的主要途径，而不遵守会计师事务所的政策和程序可能招致惩戒。

会计师事务所通常针对每个层次的人员，制定不同的业绩评价、工薪及晋升的标准，并指定专人或专门机构对员工的业绩进行考核，从而作出晋升的决策。

会计师事务所的规模和特征将影响会计师事务所进行业绩评价的过程和方式。规模较大的会计师事务所可能设立人力资源部，运用一整套评价指标和评价表格，从而较全面地评价人员的业绩；规模较小的会计师事务所则可能运用一些比较简便的方法评价人员的业绩。

6. 项目组的委派

在实务中，会计师事务所承接的每项业务都是委派给项目组具体办理的。委派项目组是否得当，直接关系到业务完成的质量。

1)项目合伙人的委派要求

会计师事务所应当对每项业务委派至少一名项目合伙人。这样规定对于明确每项业务的质量控制责任，确保业务质量有特别重要的作用。会计师事务所应当制定政策和程序，明确下列要求：将项目合伙人的身份和作用告知客户管理层和治理层的关键成员；项目合伙人具有履行职责所要求的适当的胜任能力、必要素质和权限；清楚界定项目合伙人的职责，并告知该项目合伙人。

会计师事务所应当根据具体情况委派适当人员担任项目合伙人，并清楚界定和告知项目合伙人的职责，以使其能够发挥对某项业务质量的控制作用。会计师事务所应当制定政策和程序，监控项目合伙人连续服务同一客户的期限及胜任情况。会计师事务所应当制定政策和程序，监控项目合伙人的工作负荷及可供调配的项目合伙人数量，以使项目合伙人有足够的时间履行其职责。

2)项目组其他成员的委派要求

会计师事务所应当委派具有必要素质、胜任能力和时间的员工，按照职业准则和适用的法律法规的规定执行业务，以使会计师事务所和项目合伙人能够出具适合具体情况的报告。委派项目组成员时应考虑下列事项：业务类型、规模、重要程度、复杂性和风险；需要具备的经验、专业知识和技能；对人员的需求，以及在需要时能否获得具备相应素质的人员；拟执行工作的时间；人员的连续性和轮换要求；在职培训的机会；需要考虑独立性和客观性的情形。

会计师事务所应当制定程序，评价员工的素质和专业用途能力。在委派项目组以及确定所需的监督层次时，会计师事务所应当考虑员工是否具有下列方面的素质和专业胜任能力：通过适当的培训和参与业务，获取的执行类似性质和复杂程度业务的知识和实践经验；对职业准则和适用的法律法规的规定的掌握程度；具有的技术知识和专长，包括相关的信息技术知识；对客户所处的行业的了解；具有的的职业判断能力；对会计师事务所质量控制政策和程序的了解。

对于大型会计师事务所，由于项目数量众多，往往会产生人员和项目的矛盾。对于复杂或夫，规模大、风险高的项目，会计师事务所应当在人员安排上保证这个项目有足够的人员；对于高风险的审计项目，会计师事务所可以规定委派具有丰富经验的审计人员担任第二项目合伙人或质量控制复核负责人加强风险控制。

（六）业务执行

业务执行是指会计师事务所委派项目组按照执业准则和适用的法律法规的规定执行业务，使会计师事务所和项目合伙人能够出具适合具体情况的报告。由于业务执行对业务质量有直接的重大影响，是业务质量控制的关键环节，因此，会计师事务所应当要求项目负责人负责组织对业务执行实施指导、监督与复核。

1. 指导、监督与复核

1）指导、监督与复核的总体要求

会计师事务所通常使用书面或电子手册、软件工具、标准化底稿以及行业和特定业务对象的指南性材料等方式，通过质量控制政策和程序，保持业务执行质量的一致性。这些文件或工具针对的事项可能包括：如何将业务情况简要告知项目组，使其了解工作目标；保证适用的执业准则得以遵守的过程；业务监督、员工培训和辅导的过程；对已执行的工作、作出的重大判断以及拟出具报告的形式进行复核的方法；对已执行的工作及其复核的时间和范围作出适当记录；保持所有的政策和程序是合时宜的。

2）指导的具体要求

（1）使项目组了解工作目标。让项目组的所有成员都了解拟执行工作的目标，对于有效执行所分派的工作很重要，因此，项目组的所有成员应当了解拟执行工作的目标。

（2）提供适当的团队工作和培训。适当的团队工作和培训，对于帮助经验较少的项目组成员清楚了解所分派工作的目标十分必要。因此，项目合伙人应当通过适当的团队工作和培训，使经验较少的项目组成员清楚了解所分派工作的目标。

3）监督的具体要求

监督也是质量控制的一个重要因素。合理有效的监督工作，是提高会计师事务所工作质量，完成各项任务，向客户提供符合质量要求的服务的必要保证。对业务的监督包括下列方面。

（1）跟进审计业务的进程。要求项目合伙人在业务进行中适时实施必要的监督，以检查各成员是否能够顺利完成业务工作。

（2）考虑项目组各成员的胜任能力和素质，包括是否有足够的时间执行审计工作，是否理解工作指令，是否按照计划的方案执行工作。项目合伙人在考虑这些事项时，可能决定提供进一步的指导，或在各成员之间做适当的工作调整，或要求成员采取补救措施使其执行的工作达到计划方案的要求。

（3）解决在执行业务过程中出现的重大问题，考虑其重要程度并适当修改原计划的方案。各成员在执行业务过程中可能会遇到各种难以解决的重大问题。项目合伙人在了解到这些情况后，应按照会计师事务所质量控制制度的要求，根据具体情况，运用职业判断，确定是否需要调整工作程序以及如何调整。原计划的方案是根据以往经验、对客户及其委托业务项目的了解等因素确定的。然而，随着具体工作程序的实施可能会发现客户具体情况发生了变化，此时，有必要对工作程序做适当的调整。这种调整是根据变动事项对业务工作的影响来确定的。

(4)识别在执行业务过程中需要咨询的事项，或需要由经验较丰富的项目组成员考虑的事项。

4)复核的具体要求

复核范围可能随业务的不同而不同。例如，执行高风险的业务、对金融机构执行的业务和为重要客户执行的业务可能需要进行更详细的复核。在复核项目组成员已执行的工作时，复核人员应当考虑：是否已按照职业准则和适用的法律法规的规定执行工作；重大事项是否已提请进一步考虑；相关事项是否已进行适当咨询，由此形成的结论是否已得到记录和执行；是否需要修改已执行工作的性质、时间安排和范围；已执行的工作是否支持形成的结论，并得以适当记录；已获取的证据是否充分、适当以支持报告；业务程序的目标是否已实现。

复核人员应当拥有适当的经验、专业胜任能力和责任感，因此，确定复核人员的原则是，由项目组内经验较多的人员复核经验较少的人员执行的工作，只有这样，复核才能达到目的。

2. 咨询

1)咨询的总体要求

项目组在业务执行中时常会遇到各种各样的疑难问题或者争议事项。当这些问题和事项在项目组内不能得到解决时，有必要向项目组之外的适当人员咨询。为此，会计师事务所应当建立政策和程序，以合理保证：就疑难问题或争议事项进行适当咨询；能够获取充分的资源进行适当咨询；咨询的性质和范围以及咨询形成的结论得以记录，并经过咨询者和被咨询者的认可；咨询形成的结论得到执行。咨询包括与会计师事务所内部或外部具有专门知识的人员，在适当专业层次上进行的讨论，以解决疑难问题或争议事项。

2)咨询的具体要求

(1)形成良好咨询文化。会计师事务所应当形成一种良好的咨询氛围，鼓励会计师事务所人员就疑难问题或争议事项进行咨询。客观而言，一种良好的咨询氛围的形成需要一个较长的过程，会计师事务所可根据具体情况，通过制定咨询制度和相关的培训、奖惩制度，以及各级管理层的行动示范和信息传达，来逐步形成内部咨询文化，以妥当解决业务执行中的疑难问题或争议事项。

(2)合理确定咨询事项。项目组应当考虑就重大的技术、职业道德及其他事项，向会计师事务所内部或在适当情况下向会计师事务所外部具备适当知识、资历和经验的其他专业人士咨询，并适当记录和执行咨询形成的结论。

如果项目组认为在业务执行中遇到的在技术、职业道德及其他等方面的疑难问题或争议事项不重大，或在项目组内部通过咨询和研讨等方式能够得到解决，可以不向其他专业人士咨询。

(3)适当确定被咨询者。适当确定被咨询者对于保证咨询结论的有效性起着重要的作用，项目组在考虑就重大的技术、职业道德及其他事项进行咨询时，被咨询者既可以是会计师事务所内部的其他专业人士，在适当情况下，也可以是会计师事务所外部的其他专业人士。但值得注意的是，被咨询者应当具备适当的知识、资历和经验。

(4)充分提供相关事实。项目组在向会计师事务所内部或外部的其他专业人士咨询时，应当提供所有相关事实，以使其能够对咨询的事项提出有见地的意见。

(5)考虑利用外部咨询。会计师事务所在因缺乏适当的内部资源等而需要向外部咨询时，按照规定，可以利用其他会计师事务所、职业团体、监管机构或提供相关质量控制服务的商业机构提供的咨询服务，但应当考虑外部咨询提供者是否能够胜任这项工作。

(6)完整记录咨询情况。注册会计师应当完整详细地记录咨询情况，包括记录寻求咨询的事项，以及咨询的结果，包括作出的决策、决策依据以及决策的执行情况。项目组就疑难问题或争议事项向其他专业人士咨询所形成的记录，应当经被咨询者认可。

3. 意见分歧

在业务执行中，时常可能会出现项目组内部、项目组与被咨询者之间以及项目合伙人与项目质量控制复核人员之间的意见分歧。会计师事务所应当制定政策和程序，以处理和解决意见分歧。

1)处理意见分歧的总体要求

注册会计师处理意见分歧应当符合下列两点要求：会计师事务所应当制定政策和程序，以处理和解决项目组内部、项目组与被咨询者之间以及项目合伙人与项目质量控制复核人员之间的意见分歧；形成的结论应当得以记录和执行。在实务中，上述政策和程序鼓励在业务执行的较早阶段识别出意见分歧，并为拟采取的后续步骤提供明确指南，还要求对分歧的解决及所形成结论的执行情况进行记录。

会计师事务所应当认识到对业务问题的意见出现分歧是正常现象，只有经过充分的讨论，才有利于意见分歧的解决。会计师事务所应当制定切实可行的政策和程序，例如，向适当的其他执业者、会计师事务所、职业团体或监管机构进行咨询，以解决这些分歧。

2)对出具报告的影响

只有意见分歧问题得到解决，项目合伙人才能出具报告。如果在意见分歧问题得到解决前，项目合伙人就出具报告，不仅有失应有的谨慎，而且容易导致出具不恰当的报告，难以合理保证实现质量控制的目标。

4. 项目质量控制复核

1)项目质量控制复核的总体要求

为了保证特定业务执行的质量，除了需要项目组实施组内复核外，会计师事务所还应当制定政策和程序，要求对特定业务实施项目质量控制复核，以客观评价项目组作出的重大判断以及在编制报告时得出的结论，并在出具报告前完成项目质量控制复核。换言之，会计师事务所对应当实施项目质量控制复核的特定业务，如没有完成项目质量控制复核，就不得出具报告。只有这样，才能合理保证会计师事务所和项目合伙人根据具体情况出具恰当的报告。

项目质量控制复核，是指会计师事务所挑选不参与该业务的人员，在出具报告前，对项目组作出的重大判断和在准备报告时形成的结论作出客观评价的过程。对特定业务实施项目质量控制复核，充分体现了分类控制、突出重点的质量控制理念。值得注意的是，项目质量控制复核并不减轻项目合伙人的责任，更不能替代项目合伙人的责任。

2）项目质量控制复核对象的确定

会计师事务所制定的项目质量控制复核政策和程序应当包括下列要求：对所有上市实体财务报表审计实施项目质量控制复核；明确标准，据此评价所有其他的历史财务信息审计和审阅、其他鉴证和相关服务业务，以确定是否应当实施项目质量控制复核；对所有符合标准的业务实施项目质量控制复核。

在制定用于确定除上市实体财务报表审计以外的其他业务是否需要实施项目质量控制复核的标准时，会计师事务所应当考虑下列事项：业务的性质，包括涉及公众利益的程度；在某项业务或某类业务中识别出的异常情况或风险；法律法规是否要求实施项目质量控制复核。

在实务中，会计师事务所除对上市实体财务报表审计业务必须实施项因质量控制复核外，还可以自行建立判断标准，确定对那些涉及公众利益的范围较大，或已识别出存在重大异常情况或较高风险的特定业务，实施项目质量控制复核。如法律法规明确要求对特定业务实施项目质量控制复核，会计师事务所应当对其实施项目质量控制复核。

3）项目质量控制复核的具体要求

会计师事务所应当制定政策和程序以规定：项目质量控制复核的性质、时间安排和范围；项目质量控制复核人员的资格标准；对项目质量控制复核的记录要求。会计师事务所的质量控制制度应当对上述事项作出明确和适当的规定，这对于保证项目质量控制复核工作的有效进行有着重要作用。如果会计师事务所对项目质量控制复核的性质、时间安排和范围设计不当，或虽设计得当，但委派的项目质量控制复核人员的技术资格和客观性存在问题，就无法实现预期的复核目的。下面对上述3个事项分别进行说明。

（1）项目质量控制复核的性质。会计师事务所应当根据实现项目质量控制复核目标的总体要求，并结合具体情况，合理确定项目质量控制复核的性质。确定复核的性质就是决定采用怎样的方法实施复核。会计师事务所通常采用的项目质量控制复核方法包括：与项目合伙人进行讨论；复核财务报表或其他业务对象信息及报告，尤其考虑报告是否适当；选取与项目组作出重大判断及形成结论有关的工作底稿进行复核。除上述方法外，会计师事务所还可以视情况需要，采取其他适当的复核方法。例如，复核有关处理和解决重大疑难问题或争议事项形成的工作底稿、复核重大事项概要等。但项目质量控制复核并不减轻项目合伙人的责任。

（2）项目质量控制复核的范围。项目质量控制复核的范围取决于业务的复杂程度、客户是否为上市实体和出具不恰当报告等风险。在对上市公司财务报表审计实施项目质量控制复核时，复核人员应当考虑：项目组就具体业务对会计师事务所独立性作出的评价；在审计过程中识别的特别风险以及采取的应对措施；作出的判断，尤其是关于重要性和特别风险的判断；是否已就存在的意见分歧、其他疑难问题或争议事项进行适当咨询，以及咨询得出的结论；在审计中识别的已更正和未更正的错报的重要程度及处理情况；拟与管理层、治理层以及其他方面沟通的事项；所复核的审计工作底稿是否反映了针对重大判断执行的工作，是否支持得出的结论；拟出具的审计报告的适当性。

在对上市公司财务报表审计以外的其他业务实施项目质量控制复核时，项目质量控制复核人员可根据情况考虑上述部分或全部事项。以上是对项目质量控制复核范围的最低要求。在实务中，会计师事务所对其认为复杂程度很高和出具不恰当报告风险很大的特定业务，可以确定更大的项目质量控制复核范围。

(3)项目质量控制复核的时间。何时实施项目质量控制复核，对复核的效果和能否按照约定的期限出具恰当的报告也有重要影响，为此，会计师事务所的政策和程序应当要求在出具报告前完成项目质量控制复核。项目质量控制复核人员应当在业务过程中的适当阶段及时实施复核，以使重大事项在报告日前得到满意解决。

如果项目合伙人不接受项目质量控制复核人员的建议，并且重大事项未得到满意解决，项目合伙人不应当出具报告。只有在按照会计师事务所处理意见分歧的程序解决重大事项后，项目合伙人才能出具报告。

(4)项目质量控制复核人员的资格标准。会计师事务所应当制定政策和程序，明确被委派的项目质量控制复核人员应符合的下列要求：履行职责需要的技术资格，包括必要的经验和权限；在不损害其客观性的前提下，提供业务咨询的程度。

(5)项目质量控制复核人员的客观性。会计师事务所需要制定政策和程序，以保持项目质量控制复核人员的客观性。因此，这些政策和程序要求项目质量控制复核人员符合下列规定；如果可行，不由项目合伙人挑选；在复核期间不以其他方式参与该业务；不代替项目组进行决策；不存在可能损害复核人员客观性的其他情形。

小型会计师事务所可能缺乏具备复核特定业务所需要的足够、适当的技术专长、经验和权限的项目质量控制复核人员。在这种情况下，如果小型会计师事务所识别出需要实施项目质量控制复核的业务，可以聘请具有适当资格的外部人员或利用其他会计师事务所实施项目质量控制复核。

(6)项目质量控制复核的记录。会计师事务所应当制定政策和程序，要求记录项目质量控制复核情况，包括：有关项目质量控制复核的政策所要求的程序已得到执行；项目质量控制复核在出具报告前已完成；复核人员没有发现任何尚未解决的事项，使其认为项目组作出的重大判断及形成的结论不适当。

(七)业务工作底稿

1. 业务工作底稿的归档要求

1)遵守及时性原则

会计师事务所在出具业务报告后，及时将工作底稿归整为最终业务档案，不仅有利于保证业务工作底稿的安全完整性，还便于使用和检索业务工作底稿。为此，会计师事务所应当制定政策和程序，以使项目组在出具业务报告后及时将工作底稿归整为最终业务档案。

2)确定适当的归档期限

在遵循及时性原则的前提下，会计师事务所应当根据业务的具体情况，确定适当的业务工作底稿归档期限。

由于鉴证业务的职业责任较大，而其工作底稿又对证明会计师事务所是否履行了规定责任起着关键性作用，因此，鉴证业务的工作底稿，包括历史财务信息审计和审阅业务、其他鉴证业务的工作底稿的归档期限为业务报告日后60日内。

3)针对客户的同一财务信息执行不同业务时的归档要求

如果针对客户的同一财务信息执行不同的委托业务，出具两个或多个不同的报告，会计师事务所应当将其视为不同的业务，根据制定的政策和程序，在规定的归档期限内分别将业务工作底稿归整为最终业务档案。

2. 业务工作底稿的管理要求

会计师事务所应当制定政策和程序，以满足下列要求：安全保管业务工作底稿并对业务工作底稿保密；保证业务工作底稿的完整性；便于使用和检索业务工作底稿；按照规定的期限保存业务工作底稿。

3. 业务工作底稿的保密

除特定情况外，会计师事务所应当对业务工作底稿包含的信息予以保密。这些特定情况有：①取得客户的授权。会计师事务所及其人员对客户的信息负有保密的义务，对此，职业道德规范和业务约定书都有规定和要求。未经客户的许可，除下述的②、③两种情况外，会计师事务所及其人员不得泄露客户的信息给他人或利用客户信息谋取私利，否则将承担相应的法律后果。②根据法律法规的规定，会计师事务所为法律诉讼准备文件或提供证据，以及向监管机构报告发现的违反法规行为。③接受注册会计师协会和监管机构依法进行的质量检查。

4. 业务工作底稿的完整性、使用与检索

无论业务工作底稿存在于纸质、电子还是其他介质，会计师事务所都应当针对业务工作底稿设计和实施适当的控制，以实现下列目的：使业务工作底稿清晰地显示其生成、修改及复核的时间和人员；在业务的所有阶段，尤其是在项目组成员共享信息或通过互联网将信息传递给其他人员时，保护信息的完整性；防止未经授权改动业务工作底稿；仅允许项目组和其他经授权的人员为适当履行职责而接触业务工作底稿。

如果原纸质记录经电子扫描后存入业务档案，会计师事务所应当实施适当的控制程序，以保证：生成与原纸质记录的形式和内容完全相同的扫描复制件，包括人工签名、交叉索引和有关注释；将扫描复制件，包括必要时对扫描复制件的索引和签字，归整到业务档案中；能够检索和打印扫描复制件。会计师事务所应当保留已扫描的原纸质记录。

5. 业务工作底稿的保存期限

会计师事务所应当制定政策和程序，以使业务工作底稿保存期限满足法律法规的规定和会计师事务所的需要。对鉴证业务，包括历史财务信息审计和审阅业务、其他鉴证业务，会计师事务所成当自业务报告日起，对业务工作底稿至少保存10年。如果法律法规有更高的要求，还应保存更长的时间。

6. 业务工作底稿的所有权

业务工作底稿的所有权属于会计师事务所。会计师事务所可自主决定是否允许客户获取业务工作底稿部分内容，或摘录部分工作底稿，但披露这些信息不得损害会计师事务所执行业务的有效性。对鉴证业务，披露这些信息不得损害会计师事务所及其人员的独立性。在实务中，客户基于某种考虑和需要，可能向会计师事务所提出获取业务工作底稿部分内容，或摘录部分工作底稿。会计师事务所应当在确保遵守相关职业道德要求、业务准则和质量控制制度规定的前提下，考虑具体业务的特点和分析客户要求的合理性，谨慎决定是否满足客户的要求。如果披露这些信息损害会计师事务所执行业务的有效性，就不应当满足客户的要求。尤其要注意的是，对鉴证业务，如果披露这些信息损害会计师事务所及其人员的独立性，就不得向客户提供相关工作底稿信息。

（八）监控

1. 监控的总体要求

监控质量控制制度的有效性，不断修订和完善质量控制制度，对于实现质量控制的两大目标也起着不可替代的作用。为此，会计师事务所应当制定监控政策和程序，以合理保证质量控制制度中的政策和程序是相关、适当的，并正在有效运行。这些监控政策和程序应当包括持续考虑和评价会计师事务所的质量控制制度，如定期选取已完成的业务进行检查。对质量控制政策和程序遵守情况实施监控的目的，是为了评价：遵守职业准则和法律法规的情况；质量控制制度设计是否适当，运行是否有效；质量控制政策和程序应用是否得当，以便会计师事务所和项目合伙人能够根据具体情况出具恰当的业务报告。

2. 监控人员

对会计师事务所质量控制制度的监控应当由具有专业胜任能力的人员实施。会计师事务所可以委派主任会计师、副主任会计师或具有足够、适当经验和权限的其他人员履行监控责任。

3. 监控内容

对会计师事务所质量控制制度实施监控的内容，包括：质量控制制度设计的适当性；质量控制制度运行的有效性。

会计师事务所应当从下列方面对质量控制制度进行持续考虑和评价：确定质量控制制度的完善措施，包括要求对有关教育与培训的政策和程序提供反馈意见；与会计师事务所适当人员沟通已识别的质量控制制度在设计、理解或执行方面而存在的缺陷；由会计师事务所适当人员采取追踪措施，以对质量控制政策和程序及时作出必要的修正。

对质量控制制度的持续考虑和评价还包括分析下列事项：职业准则和法律法规的新变化，以及会计师事务所的政策和程序如何适当反映这些变化；有关独立性政策和程序遵守情况的书面确认函；职业发展，包括培训；与接受和保持客户关系及具体业务相关的决策。

4. 实施检查

1) 检查的周期

会计师事务所应当周期性地选取已完成的业务进行检查，周期最长不得超过3年。在每个周期内，应对每个项目合伙人的业务至少选取一项进行检查。

2) 检查的组织方式

会计师事务所应当根据下列主要因素，确定周期性检查的组织方式，包括对单项业务检查时间的安排：会计师事务所的规模；分支机构的数量及分布；前期实施监控程序的结果；人员和分支机构的权限，例如，某分支机构是否经授权执行自我检查，或只有总部才有检查的权力；会计师事务所业务和组织结构的性质及复杂程度；与特定客户和业务相关的风险。

在实务中，会计师事务所应当根据具体情况，在综合考虑上述要素的基础上，确定周期性检查的具体组织方式，包括确定检查周期的长短，每个周期内对每个项目合伙人的业务是选取一项还是一项以上进行检查，对单项业务检查时间的安排等。

3) 确定检查的时间、人员与范围

会计师事务所在选取单项业务进行检查时，可以不事先告知相关项目组。参与业务执行或项目质量控制复核的人员不应承担该项业务的检查工作。在确定检查的范围时，会计师事务所可以考虑外部独立检查的范围或结论，但这些检查并不能替代自身的内部监控。值得说明的是，选取单项业务进行检查只是监控过程的组成部分，会计师事务所还可以采取其他适当形式和方法实施监控。

4) 小型会计师事务所的特殊考虑

考虑到小型会计师事务所可能缺乏适当的内部资源，小型会计师事务所可以利用具有适当资格的外部人员或其他会计师事务所执行业务检查及其他监控程序。

5. 监控结果的处理

1) 确定所发现缺陷的影响与性质

会计师事务所应当评价实施监控程序发现的缺陷的影响，并确定这些缺陷属于下列哪种情况：该缺陷并不必然表明质量控制制度不足以合理保证会计师事务所遵守职业准则和适用的法律法规的规定，以及会计师事务所和项目合伙人出具适合具体情况的报告；该缺陷是系统性的、反复出现的或其他需要及时纠正的重大缺陷。

2) 适时将缺陷及补救措施告知相关人员

会计师事务所应当将实施监控程序发现的缺陷及建议采取的适当补救措施，告知相关项目合伙人及其他适当人员。这样规定是为了便于相关人员及时采取适当的行动。

3) 提出补救措施

会计师事务所在评价各种缺陷后，应当提出下列补救措施：采取与某项业务或某个成员相关的适当补救措施；将监控发现的缺陷告知负责培训和职业发展的人员；改进质量控制政策和程序；对违反会计师事务所政策和程序的人员，尤其是对反复违规的人员实施惩戒。

4)监控结果表明出具的报告不适当时的处理

如果实施监控程序的结果表明出具的报告可能不适当，或在执行业务过程中遗漏了应有的程序，会计师事务所应当确定采取适当的进一步行动，以遵守职业准则和适用的法律法规的规定。同时，会计师事务所应当考虑征询法律意见。

5)定期告知监控结果

会计师事务所应当每年至少一次将质量控制制度的监控结果，传达给项目合伙人及会计师事务所内部的其他适当人员，以使会计师事务所及其相关人员能够在其职责范围内及时采取适当的行动。传达的信息应当包括下列内容：对已实施的监控程序的描述；实施监控程序得出的结论；如果相关，对系统性的、重复出现的缺陷或其他需要及时纠正的重大缺陷的描述。向相关项目合伙人以外的人员传达已发现的缺陷，通常不指明涉及的具体业务，除非指明具体业务对这些人员适当履行职责是必要的。

6. 监控的记录

会计师事务所应当适当记录下列监控事项：制定的监控程序，包括选取已完成的业务进行检查的程序；对监控程序实施情况的评价；识别出的缺陷，对其影响的评价，是否采取行动及采取何种行动的依据。

对监控程序实施情况评价的记录包括下列方面：对职业准则和适用的法律法规的遵守情况；质量控制制度的设计是否适当，运行是否有效；会计师事务所质量控制政策和程序是否已得到恰当运用，以使会计师事务所和项目合伙人能够出具适合具体情况的报告。

7. 投诉和指控的处理

1)总体要求

会计师事务所应当制定政策和程序，以合理保证能够适当处理下列事项：投诉和指控会计师事务所执行的工作未能遵守职业准则和适用的法律法规的规定；指控未能遵守会计师事务所质量控制制度。作为处理投诉和指控过程的一部分，会计师事务所应当明确投诉和指控渠道，以使会计师事务所人员能够没有顾虑地提出关注的问题。

投诉和指控既可能源自会计师事务所内部，也可能源自会计师事务所外部。在实务中，会计师事务所接到的投诉和指控可能会涉及许多方面。但值得注意的是，会计师事务所应当处理对业务质量问题或事项的投诉和指控，包括对已实施的工作未能遵守法律法规、相关职业道德要求和业务准则的规定和未能遵守会计师事务所质量控制制度的投诉和指控。

所谓适当处理有关投诉和指控，是指会计师事务所制定的质量控制政策和程序，要确保其能够接收到有关质量方面的投诉和指控，及时、专业和公正地对投诉和指控进行调查，以及根据调查结果作出适当的处理。

2)设立投诉和指控渠道

作为处理投诉和指控过程的一部分，会计师事务所应当设立投诉和指控渠道，以使会计师事务所人员能够没有顾虑地提出关心的问题。在实务中，会计师事务所应当设立方便可行的投诉和指控渠道，包括明确指出向谁投诉，并制定相关制度，保护信息提供者的正当权益。会计师事务所在制定相关制度时，应充分考虑投诉和指控的特点，尤其要注意区别对待不同来源和不同性质的投诉和指控。对于来自会计师事务所外部的投诉与指控，如来自客户人员和客户的往来方（如客户的供货商）等，由于他们不必担心会因此失去工作，也不涉及明显的个人利益或动机，会计师事务所通常可以认为，他们的投诉和指控其有较高程度的真实性。相比之下，来自会计师事务所内部的投诉和指控，情况就复杂得多。从动机看，有善意、真实的投诉和指控与恶意、虚假的投诉和指控（可能涉及明显的个人利益或动机）；从方式看，有实名的投诉和指控与匿名的投诉和指控。如果投诉和指控人要求对其身份保密，会计师事务所应当予以保密，未经本人许可，不得披露其姓名。只有这样，会计师事务所人员才可能没有顾虑地提出关心的质量问题。如果收到匿名的投诉和指控，会计师事务所应当以适当的方式向全体人员表明，与实名的投诉和指控相比，匿名的投诉和指控更难调查和反馈，鼓励用实名投诉和指控。会计师事务所还应当表明所有的投诉和指控都将得到记录、调查并会将结果反馈给投诉和指控人。反馈调查结果通常采取书面形式。

3）调查、记录投诉和指控事项

会计师事务所应当按照既定的政策和程序调查投诉和指控事项，并对投诉和指控及其处理情况予以记录。会计师事务所应当委派本所内部不参与该项业务的具有足够、适当经验和权限的人员负责对调查的监督。必要时，聘请法律专家参与调查工作。小型会计师事务所可能缺乏内部资源，因此，小型会计师事务所可以利用具有适当资格的外部人员或其他会计师事务所进行调查。这样规定有利于保证调查人员的客观性和胜任能力，以及调查结果的公正性，从而为会计师事务所依据调查结果作出适当处理奠定必要的基础。在实务中，会计师事务所通常委派有关负责人，专门负责确定需要进行何种调查，以及由谁进行调查。调查的方式包括内部询问、征求法律意见、更全面地复核业务底稿和与本所员工座谈等。所需要的调查技能可能涉及鉴证和会计、法律或其他专业等方面的知识和经验。

4）采取适当的行动

如果调查结果表明质量控制政策和程序在设计或运行方面存在缺陷，或者存在违反质量控制制度的情况，会计师事务所应当采取适当行动。

第二节　审计依据

审计依据是提出审计意见、作出审计结论的衡量尺度。有依据的审计意见和结论才能令人信服，被人们接受。

一、审计依据的含义

所谓审计依据，就是对所查明的事实与现行的各种规定进行比较、分析、判断和评价，据以提出审计意见和建议，作出审计结论的客观标准。审计依据与审计准则是两个既有联系又有区别的概念。审计准则解决如何进行审计的问题，是审计人员行动的指南和规范；审计依据则解决审计人员根据什么标准去判别被审计单位的财务状况、经营成果和现金流量的合法或非法，公允或非公允，并据以作出审计结论、提出审计意见和建议的根据。

在整个审计工作过程中，都存在一个评价判断问题，特别是在审计工作从实施阶段转入完成阶段，必须对被审计单位的经济活动及其结果进行评价、判断，作出正确的结论，提出有益的意见和建议。在审计实施阶段，按照审计准则的要求，把被审计单位的被审计项目、问题和情况查实了、查清了，证据确凿了，如何对这些查清、查实了的被审计事项进行评价，判断它们是否真实、合法、合理，是否有效及有效的程度，这就必须有一套合适的审计依据。审计人员根据审计依据提出审计意见，作出审计结论，才能令人信服，取信于社会公众，才能提高审计组织和审计人员的威望，有利于审计事业的发展。因此，审计人员在实施审计行为时，除了要根据审计准则进行审计工作之外，还需要一套科学、合理的审计依据。

二、审计依据的种类

由于审计的目的不同，各种类型的审计所遵循的审计依据也不相同。不同种类的审计依据有不同的用途，进行适当的分类有利于审计人员选用。

审计依据可以按不同标志进行分类。如按其来源，可分为被审计单位自己制定的审计依据和外部各单位制定的审计依据；按其性质、内容，可分为宪法、法律、法规、政策、规章制度、预算、计划、经济合同、业务规范、技术经济标准、会计准则等。但是，从审计实施看，审计依据主要是按审计目的进行分类，可以分为评价经济活动合法性的审计依据、评价经营管理活动效益性的审计依据和评价内部控制有效性的审计依据。

(一)评价经济活动合法性的审计依据

这类审计依据主要包括以下内容。

1. 国家颁布的宪法、法律和各种财经法规

法律是指由国家立法机关颁布的，由国家强制执行的行为规则。在我国，用作审计依据的除宪法外，主要有民法、经济合同法、涉外经济合同法、外商投资企业法、各种所得税法、会计法、公司法、企业破产法、民事诉讼法等。此外，还有财务会计报告条例、企业会计准则等国务院及其所属部门颁发的规范性文件。国际机构制定的各种适用的经济法规则是涉外经济审计的重要审计依据。

2. 地方颁布的财经法规和主管部门颁布的各种财经法规

地方财经法规是由地方各级立法机构和人民政府依照国家颁布的经济法规，结合本地区的实际情况加以制定的；国务院各主管部门和地方各级主管部门，也可根据本部门的实

际情况制定有关的经济政策、指示和规定。这些都是审计的依据。

3. 规章制度

规章制度包括两种：一种是政府主管部门和上级单位制定的规章制度，如行业性的财务管理制度及各种管理办法等；另一种是被审计单位根据国家财经法规、地方财经法规并结合本企业生产经营管理的特点自行制定的规章制度。这些也是审计依据的重要组成内容。

(二)评价经营管理活动效益性的审计依据

除合法性审计外，现代审计的另一个重要活动领域是对委托单位的经营管理活动的效益性进行评价。这方面的审计依据主要有以下三类。

1. 可比较的历史数据

可比较的历史数据包括两种：一种是反映被审计单位经营管理活动效益性的历史数据，如资本金利润率、存货周转率、应收账款回收率等，可以用作判断和评价被审计期间经营管理活动效益性好坏的依据；另一种是与被审计单位同行业中的经营性质、规模与其相近的单位的历史数据，可以将可比较单位的有关资料和数据作为判断和评价被审计单位经营管理活动效益性好坏的重要依据之一。

2. 计划、预算和经济合同

被审计单位编制的计划和预算、被审计单位与其他单位签订的经济合同等的完成与否，都是判断被审计单位经济管理活动效益性好坏的重要依据。

3. 业务规范、技术经济标准

被审计单位制定的原材料消耗定额、能源消耗定额、工时定额、生产设备利用定额、废品率、各种技术标准、产品质量标准等，都可以作为判断和评价被审计单位经营管理活动效益性的重要依据。

(三)评价内部控制有效性的审计依据

审计人员在进行审计时，首先要审查和评价被审计单位的内部控制，这是现代审计的一个重要特征。评价内部控制有效性方面的审计依据主要有以下三类。

1. 内部管理控制制度

内部管理控制制度是指根据规定的经营方针，为合理而有效地进行经济活动而建立的各种控制制度，主要包括预算控制制度、信息管理制度、责权控制制度等。这些制度是否科学、有效地实施，是评价内部控制系统有效性的重要依据。

2. 财务报告内部控制制度

建立财务报告内部控制制度，设置凭证的传递程序、账簿的核对制度、实物的盘点制度等。这些都是为了保证财务报告资料的正确性和可靠性而建立的控制制度。这些制度是评价内部控制系统有效性的又一重要依据。

3. 内部审计制度

内部审计具有控制的功能，它既要检查和评价其他各项内部控制系统的质量与效果，同时它本身又作为整个内部控制系统的一个组成部分，与其他各项内部控制一起，共同实现内部控制的各项目标。因此，内部审计制度也成为评价内部控制系统有效性的依据。

三、审计依据的特点

审计依据既不是捉摸不定的，又不是固定不变的。在一定的时间、地域和范围内，它是明确的和可行的，但审计依据会随着形势的发展、时间的推移而发展变化。因此，掌握审计依据的特点，有利于更好地开展审计工作。审计依据的特点主要包括以下四点。

(一)层次性

根据适用范围和效力大小、制定单位管辖区域的大小，审计依据具有不同的层次，顺序依次为：国家和中央政府颁布的法律、法规，如宪法、会计法、财务会计报告条例等；国务院各部门颁布的各种规章和制度；地方各级人民政府制定和颁发的地方性法规等；被审计单位上级主管部门制定的规章制度，下达的计划和提出的技术经济指标等；被审计单位的股东代表大会、董事会等所作的决议，以及本单位各职能部门所制定的规章制度，作出的计划和决议。

从法规和规章制度的制定过程来看，低层次的法规、制度不能违反高层次的法规，只能在高层次法规原则规定的基础上，结合本地区和本部门的具体情况加以补充和具体化。这就是说，法规的层次越高，其覆盖面就越大，而层次越低的法规和制度等，其具体适用性却越强。因此，审计人员应注意尽量完整地收集有关被审计单位的具体法规和规章制度，这样有利于正确地判断所查明事实的是非曲直。但如遇低层次的规定与高层次的规定相抵触时，则应以高层次的规定为准，作出评价和判断。

(二)相关性

审计依据的相关性，是指审计依据要与审计结论相关联，审计人员可以利用审计依据提出审计意见和建议，并作出审计结论。审计依据的相关性是由审计工作的本质特性所决定的。因为审计工作的目的是对被审计单位所承担的受托经济责任作出评价，如果审计依据不利于审计人员评价受托经济责任，与审计结论无关，审计依据就失去了意义。因此，审计人员选用审计依据，一定要与作出的审计结论以及提出的审计意见和建议密切相关。如果有多种审计依据可供选择时，必须认真分析，深入解剖矛盾，抓住主要矛盾和矛盾的主要方面，选用最能揭示被审计单位有关事项本质的作为审计依据。

(三)时效性

各种审计依据都有一定的时效性，不是任何时期和任何条件下都能适用的。作为经济业务行为规范的各种审计依据，属于上层建筑的范畴。上层建筑要适应经济基础的不断发展变化而相应发展变化，各种审计依据就不可能是一成不变的，必须随着时间的推移而加以修订和变更。作为经济业务技术规范的各种审计依据，也会随着科学技术水平的发展而发生变化。这就要求审计人员在从事业务活动中，要密切关注各种审计依据的变化，注意其时效性，切忌用旧的审计依据来否定现行的经济活动，也不能用新的审计依据来否定过去的经济活动。

(四)地域性

从空间上看，许多审计依据还要受到地域的限制。各个国家的社会经济制度和生产力发展水平不同，其审计依据的内容当然各不相同。因此，我们不能不加分析地照搬别国的审计依据。即使在国内，不同地区、不同行业部门的发展水平也不尽相同，各地区、各行业部门都根据自己的实际情况和特点，制定了只适用于本地区、本行业部门的政策和规章。因此，不同地区、不同行业部门的审计依据也不会完全相同。所以，审计人员在进行判断时，应当注意到地区和行业的差别，要以该地区、该行业的有效法令、规定、技术标准等为根据，作出审计结论，提出审计意见和建议。

【专题拓展】

非审计服务影响审计独立性的研究

所谓的非审计业务是指除审计业务以外的其他业务，是会计师事务所向客户提供并收取一定费用的多种服务，如税务咨询、管理咨询、法律咨询甚至技术咨询等。

审计界对非审计服务影响审计独立性问题的研究，存在两种相互对立的观点：一种是非审计服务影响了审计的独立性，甚至可能导致审计失败；另一种则正好相反，认为向同一客户同时提供审计服务和非审计服务，不仅不会影响独立性、反而会提高审计效率。

一、非审计服务有损审计独立性

非审计服务有损审计独立性该观点认为：注册会计师向同一客户同时提供审计服务和非审计服务，可能淡化会计师应有的职业谨慎，从而使会计师偏离超然独立的立场，甚至因此导致失败。非审计服务影响审计独立性，主要表现在以下几个方面：一是“利益冲突”。高额的非审计服务收入可能导致事务所对客户形成财务依赖，进而导致注册会计师在与客户发生意见分歧时放弃原则；另一方面当非审计服务的收费超过审计服务的收费时，便会在非审计服务与审计服务之间形成市场竞争，造成审计服务竞争力趋弱，注册会计师会将更多的精力集中于非审计服务，对审计服务的质量有一定影响。二是“角色冲突”。非审计业务的管理顾问性质可能将注册会计师置于公司的管理位置，而在进行审计业务时，扮演管理角色的注册会计师，可能难以客观地评价与判断企业业务活动和交易性质。三是“形象冲突”。公众对注册会计师独立性的评价主要是关注形式上的独立，即使注册会计师确实保持了实质上的独立，但如果公众认为其偏袒了委托人，则审计结果即使再正确也是徒劳的，因为公众只能通过观察注册会计师形式上是否独立而决定是否信任其报告的信息。公众认为注册会计师同时提供审计服务和非审计服务，就丧失了形式上的独立性，从而贬低注册会计师在公众心目中的形象。

二、非审计服务不会损害审计独立性

该观点认为：注册会计师向同一客户同时提供审计服务和非审计服务，不会对审计独立性产生任何实质影响，其理由是注册会计师同时提供两种服务可以通过知识共享提高审计效率，即两种服务之间存在一种协同效应。根据“知识溢出效应”理论，提供非审计服务所获得的知识，可能向审计服务产品“溢出”，从而降低审计服务的成本，提高审计服务产品的效率，使审计成本得以降低。也就是说，当注册会计师通过提供非审计服务，能够更深入地接触和了解客户的经营情况、商业计划和管理运作，实质上会大大加强审计的有效性，这种正面的效应远远高于对形式上独立性的影响。如果注册会计师被禁止提供各种非审计服务，他们就可能缺少了解客户的许多正常渠道，在新技术日益更新和商业风险逐渐增大的今天，无疑不利于对审计风险的规避。

由上可知，在审计业务与审计业务之间的最大障碍就是经济利益问题。由于事务所要生存、发展，这就要求从事审计职业必有经济问题。如何解决审计经费是保持注册会计师及所在公众中的法官形象的关键。在这里，审计的独立性主要是要让公众相信你是独立的，而不是你自己的感受。明确这一点，也就为解决审计业务与非审计业务的问题提供了思路。

无论如何，审计这一职业在提供服务方面并没有专利权。商业和其他活动也提供服务。一种职业之所以成为职业，不仅要提供服务，还有其他的意义。如果丧失了这一显著特征，审计无疑将难以长久地为经济社会提供服务了

一种职业由有限的明确的具备资格的一群人组成，他们具有理论知识和实践经验，比周围的其他人更能发挥职业功能。一般地说，如果一种职业与其他职业活动的界限不明确，如果该职业的人员在容易接近的、可选择的活动中，只从事可获得高额利润的冒险的业务，任何职业的标准都要会受到威胁。无论谁，都有义务明确表明自己的职务是什么，否则，他就无权得到职业成员应得的利益。任何不能坚持其成员具有同一性的职业都要会承担以下的后果，即职业界限模糊和资格不确定的成员所犯的违法行为，将给整个职业造成不良影响。

无论是谁，主张禁止独立的公共会计师开展管理咨询业务，都是错误的。同时，如果公共会计师都要毫无节制地自由地开展这项活动，也是危险的。一旦职业成员与那些已在这一领域从事这种服务的各种管理咨询机构开展竞争，会计职业不仅会因为缺乏同一性而蒙受损失，而且，这种与管理者不断保持密切联系的作法又难免会给独立性带来问题。

资料来源：中华审计网。

【课堂分组讨论】

会计师事务所的质量控制

ABC 会计师事务所正在制定业务质量控制制度，经过领导层集体研究，确立了下列重大质量控制制度：

(1)合伙人的晋升与考核以业务量为考核指标，同时考虑遵循质量控制制度和职业道德规范的情况；

(2)对员工介绍的客户，由员工所在部门经理根据收费的高低自行决定是否承接；

(3)所有审计工作底稿应当在业务完成后 90 日内整理归档；

(4)由于尚未取得上市公司审计资格，不予执行项目质量控制复核制度；

(5)无论审计项目组内部的分歧是否得到解决，审计项目组必须保证按时出具审计报告；

(6)以每 3 年为一个周期，选取已完成业务进行检查，检查对象为当年度考核等级位列后 3 名的项目负责人。

要求：针对上述(1)～(6)项，分别指出 ABC 会计师事务所可能违反质量控制准则的情形，并简要说明理由。

第五章　审计计划

凡事预则立、不预则废，审计工作也不例外。计划审计工作对于注册会计师顺利完成审计工作和控制审计风险具有非常重要的意义。合理的审计计划有助于注册会计师关注重点审计领域、及时发现和解决潜在问题及恰当地组织和管理审计工作，以使审计工作更加有效。同时，充分的审计计划还可以帮助注册会计师对项目组成员进行恰当分工和指导监督，并复核其工作，还有助于协调其他注册会计师和专家的工作。在计划审计工作时，注册会计师需要进行初步业务活动、制定总体审计策略和具体审计计划。在此过程中，需要作出很多关键决策，包括确定可接受的审计风险水平和重要性、配置项目人员等。

第一节　初步业务活动

一、初步业务活动的目的和内容

（一）初步业务活动的目的

注册会计师在计划审计工作前，需要开展初步业务活动，以实现三个主要目的：第一，具备执行业务所需的独立性和能力；第二，不存在因管理层诚信问题而可能影响注册会计师保持该项业务的意愿的事项；第三，与被审计单位之间不存在对业务约定条款的误解。

（二）初步业务活动的内容

注册会计师在本期审计业务开始时应当开展下列初步业务活动：一是针对保持客户关系和具体审计业务实施相应的质量控制程序；二是评价遵守相关职业道德要求的情况；三是就审计业务约定条款达成一致意见。

针对保持客户关系和具体审计业务实施质量控制程序，并且根据实施相应程序的结果作出适当的决策是注册会计师控制审计风险的重要环节。《中国注册会计师审计准则第1121号——对财务报表审计实施的质量控制》及《质量控制准则第5101号——会计师事务所对执行财务报表审计和审阅、其他鉴证和相关服务业务实施的质量控制》含有与客户关系和具体业务的接受与保持相关的要求，注册会计师应当按照其规定开展初步业务活动。

评价遵守相关职业道德要求的情况也是一项非常重要的初步业务活动。质量控制准则含有包括独立性在内的有关职业道德要求，注册会计师应按照其规定执行。虽然保持客户关系及具体审计业务和评价职业道德的工作贯穿审计业务的全过程，但是这两项活动需要安排在其他审计工作之前，以确保注册会计师已具备执行业务所需要的独立性和专业胜任能力，且不存在因管理层诚信问题而影响注册会计师保持该项业务意愿等情况。在连续审计的业务中，这些初步业务活动通常是在上期审计工作结束后不久或将要结束时就已开始了。

在作出接受或保持客户关系及具体审计业务的决策后，注册会计师应当按照《中国注册会计师审计准则第 1111 号——就审计业务约定条款达成一致意见》的规定，在审计业务开始前，与被审计单位就审计业务约定条款达成一致意见，签订或修改审计业务约定书，以避免双方对审计业务的理解产生分歧。

二、审计的前提条件

(一)财务报告编制基础

承接鉴证业务的条件之一是《中国注册会计师鉴证业务基本准则》中提及的标准适当，且能够为预期使用者获取。标准是指用于评价或计量鉴证对象的基准，当涉及披露时，还包括列报与披露的基准。适当的标准使注册会计师能够运用职业判断对鉴证对象作出合理一致的评价或计量。就审计准则而言，适用的财务报告编制基础为注册会计师提供了用以审计财务报表(包括公允反映，如相关)的标准。如果不存在可接受的财务报告编制基础，管理层就不具有编制财务报表的恰当基础，注册会计师也不具有对财务报表进行审计的适当标准。

1. 确定财务报告编制基础的可接受性

在确定编制财务报表所采用的财务报告编制基础的可接受性时，注册会计师需要考虑下列相关因素：第一，被审计单位的性质(例如，被审计单位是商业企业、公共部门实体还是非营利组织)；第二，财务报表的目的(例如，编制财务报表是用于满足广大财务报表使用者共同的财务信息需求，还是用于满足财务报表特定使用者的财务信息需求)；第三，财务报表的性质(例如，财务报表是整套财务报表还是单一财务报表)；第四，法律法规是否规定了适用的财务报告编制基础。

许多财务报表使用者不能要求“量身定做”财务报表，以满足其特定的财务信息需求。尽管不能满足财务报表特定使用者的所有信息需求，但广大财务报表使用者仍存在共同的财务信息需求。按照某一财务报告编制基础编制，旨在满足广大财务报表使用者共同的财务信息需求的财务报表，称为通用目的财务报表。按照特殊目的编制基础编制的财务报表，称为特殊目的财务报表，旨在满足财务报表特定使用者的财务信息需求。对于特殊目的财务报表，预期财务报表使用者对财务信息的需求，决定适用的财务报告编制基础。《中国注册会计师审计准则第 1601 号——对按照特殊目的编制基础编制的财务报表审计的特殊考虑》规范了如何确定旨在满足财务报表特定使用者财务信息需求的财务报告编制基础的可接受性。

2. 通用目的编制基础

如果财务报告准则由经授权或获得认可的准则制定机构制定和发布，供某类实体使用，只要这些机构遵循一套既定和透明的程序(包括认真研究和仔细考虑广大利益相关者的观点)，则认为财务报告准则对于这类实体编制通用目的财务报表是可接受的。这些财务报告准则的例子有国际会计准则理事会发布的国际财务报告准则、国际公共部门会计准则理事会发布的国际公共部门会计准则和某一国家或地区经授权或获得认可的准则制定机构，在遵循一套既定和透明的程序(包括认真研究和仔细考虑广大利益相关者的观点)的基础上发布的会计准则。

在规范通用目的财务报表编制的法律法规中，这些财务报告准则通常被界定为适用的财务报告编制基础。

(二)就管理层的责任达成一致意见

按照审计准则的规定执行审计工作的前提是管理层已认可并理解其承担的责任。审计准则并不超越法律法规对这些责任的规定。然而，独立审计的理念要求注册会计师不对财务报表的编制或被审计单位的相关内部控制承担责任，并要求注册会计师合理预期能够获取审计所需要的信息(在管理层能够提供或获取的信息范围内)。因此，管理层认可并理解其责任，这一前提对执行独立审计工作是至关重要的。

1. 按照适用的财务报告编制基础编制报表

大多数财务报告编制基础包括与财务报表披露相关的要求，对于这些财务报告编制基础，在提到“按照适用的财务报告编制基础编制财务报表”时，编制包括列报。实现公允列报的报告目标非常重要，因而在与管理层达成一致意见的执行审计工作的前提中需要特别提及公允披露，或需要特别提及管理层负有确保财务报表根据财务报告编制基础编制并使其实现公允反映的责任。

2. 管理层设计、执行和维护必要的内部控制

其目的是以使编制的财务报表不存在由于舞弊或错误导致的重大错报。由于内部控制的固有限制，无论其如何有效，也只能合理保证被审计单位实现其财务报告目标。注册会计师按照审计准则的规定执行的独立审计工作，不能代替管理层维护编制财务报表所需要的内部控制。因此，注册会计师需要就管理层认可并理解其与内部控制有关的责任与管理层达成共识。财务报告责任如何在管理层和治理层之间划分，因被审计单位的资源(如人员素质和数量)和组织结构、相关法律法规的规定以及管理层和治理层在被审计单位各自角色的不同而不同。在大多数情况下，管理层负责执行，而治理层负责监督管理层。在某些情况下，治理层负有批准财务报表或监督与财务报表相关的内部控制的责任。在大型实体或公众利益实体中，治理层下设的组织，如审计委员会，可能负有某些监督责任。

3. 向注册会计师提供必要的工作条件

其包括允许注册会计师接触与编制财务报表相关的所有信息(如记录、文件和其他事项),向注册会计师提供审计所需的其他信息,允许其在获取审计证据时不受限制地接触其认为必要的内部人员和其他相关人员。

(三)确认形式

按照《中国注册会计师审计准则第1341号——书面声明》的规定,注册会计师应当要求管理层就其已履行的某些责任提供书面声明。因此,注册会计师需要获取针对管理层责任的书面声明、其他审计准则要求的书面声明,以及在必要时需要获取用于支持其他审计证据(用以支持财务或者一项或多项具体认定)的书面声明。注册会计师需要使管理层意识到这一点。

如果管理层不认可其责任,或不同意提供书面声明,注册会计师将不能获取充分、适当的审计证据。在这种情况下,注册会计师承接此类审计业务是不恰当的,除非法律法规另有规定。如果法律法规要求承接此类审计业务,注册会计师可能需要向管理层解释这种情况的重要性及其对审计报告的影响。

三、审计业务约定书

审计业务约定书是指会计师事务所与被审计单位签订的,用以记录和确认审计业务的委托与受托关系、审计目标和范围、双方的责任以及报告的格式等事项的书面协议。会计师事务所承接任何审计业务,都应与被审计单位签订审计业务约定书。

(一)审计业务约定书的基本内容

审计业务约定书的具体内容和格式可能因被审计单位的不同而不同,但应当包括以下主要内容:财务报表审计的目标与范围;注册会计师的责任;管理层的责任;指出用于编制财务报表所适用的财务报告编制基础;提及注册会计师拟出具的审计报告的预期形式和内容,以及对在特定情况下出具的审计报告可能不同于预期形式和内容的说明。

(二)审计业务约定书的特殊考虑

1. 考虑特定需要

如果情况需要,注册会计师还应当考虑在审计业务约定书中列明以下15项内容:详细说明审计工作的范围,包括提及适用的法律法规、审计准则,以及注册会计师协会发布的职业道德守则和其他公告;对审计业务结果的其他沟通形式;说明由于审计和内部控制的固有限制,即使审计工作按照审计准则的规定得到恰当的计划和执行,仍不可避免地存在某些重大错报未被发现的风险;计划和执行审计工作的安排,包括审计项目组的构成;管理层确认将提供书面声明;管理层同意向注册会计师及时提供财务报表草稿和其他所有附带信息，以使注册会计师能够按照预定的时间表完成审计工作；管理层同意告知注册会计师在审计报告日至财务报表报出日之间注意到的可能影响财务报表的事实；收费的计算基础和收费安排；管理层确认收到审计业务约定书并同意其中的条款；在某些方面对利用其他注册会计师和专家工作的安排；对审计涉及的内部审计人员和被审计单位其他员工工作的安排；在首次审计的情况下，与前任注册会计师(如存在)沟通的安排；说明对注册会计师责任可能存在的限制；注册会计师与被审计单位之间需要达成进一步协议的事项；向其他机构或人员提供审计工作底稿的义务。

2. 组成部分的审计

如果母公司的注册会计师同时也是组成部分注册会计师，需要考虑组成部分注册会计师的委托人、是否对组成部分单独出具审计报告、与审计委托相关的法律法规的规定、母公司占组成部分的所有权份额以及组成部分管理层相对于母公司的独立程度等因素，决定是否向组成部分单独致送审计业务约定书。

3. 连续审计

对于连续审计，注册会计师应当根据具体情况评估是否需要对审计业务约定条款作出修改，以及是否需要提醒被审计单位注意现有的条款。注册会计师可以决定不在每期都致送新的审计业务约定书或其他书面协议。然而，下列 8 项因素可能导致注册会计师修改审计业务约定条款或提醒被审计单位注意现有业务约定条款：有迹象表明被审计单位误解审计目标和范围；需要修改约定条款或增加特别条款；被审计单位高级管理人员近期发生变动；被审计单位所有权发生重大变动；被审计单位业务的性质或规模发生重大变化；法律法规的规定发生变化；编制财务报表采用的财务报告编制基础发生变更；其他报告要求发生变化。

4. 审计业务约定条款的变更

1)变更审计业务约定条款的要求

在完成审计业务前，如果被审计单位或委托人要求将审计业务变更为保证程度较低的业务，注册会计师应当确定是否存在合理理由予以变更。下列原因可能导致被审计单位要求变更业务，①环境变化对审计服务的需求产生影响；②对原来要求的审计业务的性质存在误解；③无论是管理层施加的还是其他情况引起的审计范围受到限制。上述第①项和第②项通常被认为是变更业务的合理理由，但如果有迹象表明该变更要求与错误的、不完整的或者不能令人满意的信息有关，注册会计师不应认为该变更是合理的。如果没有合理的理由，注册会计师不应同意变更业务。如果注册会计师不同意变更审计业务约定条款，而管理层又不允许继续执行原审计业务，注册会计师应当在适用的法律法规允许的情况下，解除审计业务约定，并确定是否有约定义务或其他义务向治理层、所有者或监管机构等报告该事项。

2)变更为审阅业务或相关服务业务的要求

在同意将审计业务变更为审阅业务或相关服务业务前，接受委托按照审计准则执行审计工作的注册会计师，除考虑上述 1)中提及的事项外，还需要评估变更业务对法律责任或业务约定的影响。如果注册会计师认为将审计业务变更为审阅业务或相关服务业务具有合理理由，截至变更日已执行的审计工作可能与变更后的业务相关，相应地，注册会计师需要执行的工作和出具的报告会适用于变更后的业务。为避免引起报告使用者的误解，对相关服务业务出具的报告不应提及原审计业务和在原审计业务中已执行的程序。只有将审计业务变更为执行商定程序业务，注册会计师才可在报告中提及已执行的程序。

第二节　总体审计策略和具体审计计划

审计计划分为总体审计策略和具体审计计划两个层次。图5-1列示了计划审计工作的两个层次。注册会计师应当针对总体审计策略中所识别的不同事项，制定具体审计计划，并考虑通过有效利用审计资源以实现审计目标。值得注意的是，虽然制定总体审计策略的过程通常在具体审计计划之前，但是两项计划具有内在紧密联系，对其中一项的决定可能会影响甚至改变对另外一项的决定。例如，注册会计师在了解被审计单位及其环境的过程中，注意到被审计单位对主要业务的处理依赖复杂的自动化信息系统，因此计算机信息系统的可靠性及有效性对其经营、管理、决策以及编制可靠的财务报告具有重大影响。对此，注册会计师可能会在具体审计计划中制定相应的审计程序，并相应调整总体审计策略的内容，作出利用信息风险管理专家的工作的决定。

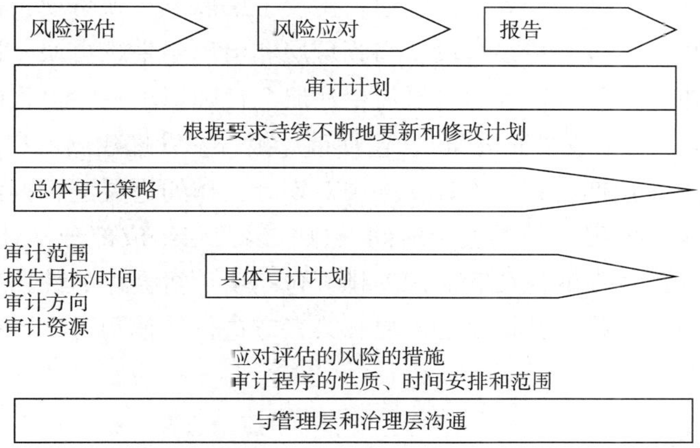

图5-1　审计计划的两个层次

一、总体审计策略

注册会计师应当为审计工作制定总体审计策略。总体审计策略用以确定审计范围、时间安排和方向，并指导具体审计计划的制定。在制定总体审计策略时，应当考虑以下主要事项。

(一)审计范围

在确定审计范围时，需要考虑以下 14 项具体事项：编制拟审计的财务信息所依据的财务报告编制基础，包括是否需要将财务信息调整至按照其他财务报告编制基础编制；特定行业的报告要求，如某些行业监管机构要求提交的报告；预期审计工作涵盖的范围，包括应涵盖的组成部分的数量及所在地点；母公司和集团组成部分之间存在的控制关系的性质，以确定如何编制合并财务报表；由组成部分注册会计师审计组成部分的范围；拟审计的经营分部的性质，包括是否需要具备专门知识；外币折算，包括外币交易的会计处理、外币财务报表的折算和相关信息的披露；除为合并目的执行的审计工作之外，对个别财务报表进行法定审计的需求；内部审计工作的可获得性及注册会计师拟信赖内部审计工作的程度；被审计单位使用服务机构的情况，及注册会计师如何取得有关服务机构内部控制设计和运行有效性的证据；对利用在以前审计工作中获取的审计证据(如获取的与风险评估程序和控制测试相关的审计证据)的预期；信息技术对审计程序的影响，包括数据的可获得性和对使用计算机辅助审计技术的预期；协调审计工作与中期财务信息审阅的预期涵盖范围和时间安排，以及中期审阅所获取的信息对审计工作的影响；与被审计单位人员的时间协调和相关数据的可获得性。

(二)报告目标、时间安排及所需沟通的性质

为计划报告目标、时间安排和所需沟通，需要考虑以下 7 项事项：被审计单位对外报告的时间表，包括中间阶段和最终阶段；与管理层和治理层举行会谈，讨论审计工作的性质、时间安排和范围；与管理层和治理层讨论注册会计师拟出具的报告的类型和时间安排以及沟通的其他事项(口头或书面沟通)，包括审计报告、管理建议书和向治理层通报的其他事项；与管理层讨论预期就整个审计业务中对审计工作的进展进行的沟通；与组成部分注册会计师沟通拟出具的报告的类型和时间安排，以及与组成部分审计相关的其他事项；项目组成员之间沟通的预期的性质和时间安排，包括项目组会议的性质和时间安排，以及复核已执行工作的时间安排；预期是否需要和第三方进行其他沟通，包括与审计相关的法定或约定的报告责任。

(三)审计方向

总体审计策略的制定应当包括考虑影响审计业务的重要因素，以确定项目组工作方向，包括确定适当的重要性水平，初步识别可能存在较高的重大错报风险的领域，初步识别重要的组成部分和账户余额，评价是否需要针对内部控制的有效性获取审计证据，识别被审计单位、所处行业、财务报告要求及其他相关方面最近发生的重大变化等。在确定审计方向时，注册会计师需要考虑以下 14 项事项：重要性方面具体包括为计划目的确定重要性、为组成部分确定重要性且与组成部分的注册会计师沟通、在审计过程中重新考虑重要性以及识别重要的组成部分和账户余额；重大错报风险较高的审计领域；评估的财务报

表层次的重大错报风险对指导、监督及复核的影响；项目组人员的选择（在必要时包括项目质量控制复核人员）和工作分工，包括向重大错报风险较高的审计领域分派具备适当经验的人员；项目预算，包括考虑为重大错报风险可能较高的审计领域分配适当的工作时间以及如何向项目组成员强调在收集和评价审计证据过程中保持职业怀疑必要性的方式；以往审计中对内部控制运行有效性评价的结果，包括所识别的控制缺陷的性质及应对措施；管理层重视设计和实施健全的内部控制的相关证据，包括这些内部控制得以适当记录的证据；业务交易量规模，以基于审计效率的考虑确定是否依赖内部控制；对内部控制重要性的重视程度；影响被审计单位经营的重大发展变化，包括信息技术和业务流程的变化，关键管理人员变化，以及收购、兼并和分立；重大的行业发展情况，如行业法规变化和新的报告规定；会计准则及会计制度的变化；其他重大变化，如影响被审计单位的法律环境的变化。

（四）审计资源

注册会计师应当在总体审计策略中清楚地说明审计资源的规划和调配，包括确定执行审计业务所必需的审计资源的性质、时间安排和范围。向具体审计领域调配的资源，包括向高风险领域分派有适当经验的项目组成员，就复杂的问题利用专家工作等；向具体审计领域分配资源的多少，包括分派到重要地点进行存货监盘的项目组成员的人数，在集团审计中复核组成部分注册会计师工作的范围，向高风险领域分配的审计时间预算等；何时调配这些资源，包括是在期中审计阶段还是在关键的截止日期调配资源等；如何管理、指导，监督这些资源的利用，包括预期何时召开项目组预备会和总结会，预期项目合伙人和经理如何进行复核，是否需要实施项目质量控制复核等。总体审计策略格式参见附录。

二、具体审计计划

注册会计师应当为审计工作制定具体审计计划。具体审计计划比总体审计策略更加详细，其内容包括为获取充分、适当的审计证据以将审计风险降至可接受的低水平，项目组成员拟实施的审计程序的性质、时间和范围。可以说，为获取充分、适当的审计证据，而确定审计程序的性质、时间和范围的决策是具体审计计划的核心。具体审计计划应当包括风险评估程序、计划实施的进一步审计程序和其他审计程序。

（一）风险评估程序

具体审计计划应当包括按照《中国注册会计师审计准则第 1211 号——通过了解被审计单位及其环境识别和评估重大错报风险》的规定，为了足够识别和评估财务报表重大错报风险，注册会计师计划实施的风险评估程序的性质、时间安排和范围。

（二）计划实施的进一步审计程序

具体审计计划应当包括按照《中国注册会计师审计准则第 1231 号——针对评估的重大

错报风险采取的应对措施》的规定，针对评估的认定层次的重大错报风险，注册会计师计划实施的进一步审计程序的性质、时间和范围。进一步审计程序包括控制测试和实质性程序。需要强调的是，随着审计工作的推进，对审计程序的计划会一步步深入，并贯穿于整个审计过程。例如，计划风险评估程序通常在审计开始阶段进行，计划进一步审计程序则需要依据风险评估程序的结果进行。因此，为达到制定具体审计计划的要求，注册会计师需要依据风险评估程序，识别和评估重大错报风险，并针对评估的认定层次的重大错报风险，计划实施进一步审计程序的性质、时间安排和范围。通常，注册会计师计划的进一步审计程序可以分为进一步审计程序的总体方案和拟实施的具体审计程序（包括进一步审计程序的具体性质、时间安排和范围）两个层次。进一步审计程序的总体方案主要是指注册会计师针对各类交易、账户余额和披露决定采用的总体方案（包括实质性方案或综合性方案）。具体审计程序则是对进一步审计程序的总体方案的延伸和细化，它通常包括控制测试和实质性程序的性质、时间安排和范围。在实务中，注册会计师通常单独制定一套包括这些具体程序的"进一步审计程序表"，待具体实施审计程序时，注册会计师将基于所计划的具体审计程序，进一步记录所实施的审计程序及结果，并最终形成有关进一步审计程序的审计工作底稿。

另外，完整、详细的进一步审计程序的计划包括对各类交易、账户余额和披露实施的具体审计程序的性质、时间安排和范围，包括抽取的样本量等。在实务中，注册会计师可以统筹安排进一步审计程序的先后顺序，如果对某类交易、账户余额或披露已经作出计划，则可以安排先行开展工作，与此同时再制定其他交易、账户余额和披露的进一步审计程序。

（三）计划实施的其他审计程序

具体审计计划应当包括根据审计准则的规定，注册会计师针对审计业务需要实施的其他审计程序。计划实施的其他审计程序可以包括上述进一步程序的计划中没有涵盖的、根据其他审计准则的要求注册会计师应当执行的既定程序。在审计计划阶段，除了按照《中国注册会计师审计准则第 1211 号——通过了解被审计单位及其环境识别和评估重大错报风险》进行计划工作，注册会计师还需要兼顾其他准则中规定的、针对特定项目在审计计划阶段应执行的程序及记录要求。例如，《中国注册会计师审计准则第 1141 号——财务报表审计中与舞弊相关的责任》《中国注册会计师审计准则第 1324 号——持续经营》《中国注册会计师审计准则第 1142 号——财务报表审计中对法律法规的考虑》及《中国注册会计师审计准则第 1323 号——关联方》等准则中对注册会计师针对这些特定项目在审计计划阶段应当执行的程序及其记录作出了规定。当然，由于被审计单位所处行业、环境各不相同，特别项目可能也有所不同。例如，有些企业可能涉及环境事项、电子商务等，在实务中注册会计师应根据被审计单位的具体情况确定特定项目并执行相应的审计程序。

三、审计过程中对计划的更改

计划审计工作并非审计业务的一个孤立阶段，而是一个持续的、不断修正的过程，贯穿于整个审计业务的始终。由于未预期事项、条件的变化或在实施审计程序中获取的审计证据等原因，在审计过程中，注册会计师应当在必要时对总体审计策略和具体审计计划作出更新和修改。审计过程可以分为不同阶段，通常前面阶段的工作结果会对后面阶段的工作计划产生一定的影响，而后面阶段的工作过程中又可能发现需要对已制定的相关计划进行相应的更新和修改。通常来讲，这些更新和修改涉及比较重要的事项。例如，对重要性水平的修改，对某类交易、账户余额和披露的重大错报风险的评估和进一步审计程序（包括总体方案和拟实施的具体审计程序）的更新和修改等。一旦计划被更新和修改，审计工作也就应当进行相应的修正。例如，如果在制定审计计划时，注册会计师基于对材料采购交易的相关控制的设计和执行获取的审计证据，认为相关控制设计合理并得以执行，因此未将其评价为高风险领域并且计划执行控制测试。但是在执行控制测试时获得的审计证据与审计计划阶段获得的审计证据相矛盾，注册会计师认为该类交易的控制没有得到有效执行，此时，注册会计师可能需要修正对该类交易的风险评估，并基于修正的评估风险修改计划的审计方案，如采用实质性方案。

四、指导、监督与复核

注册会计师应当制定计划，确定对项目组成员的指导、监督以及对其工作进行复核的性质、时间安排和范围。项目组成员的指导、监督以及对其工作进行复核的性质、时间安排和范围主要取决于被审计单位的规模和复杂程度、审计领域、评估的重大错报风险以及执行审计工作的项目组成员的专业素质和胜任能力。注册会计师应在评估重大错报风险的基础上，计划对项目组成员工作的指导、监督与复核的性质、时间安排和范围。当评估的重大错报风险增加时，注册会计师通常会扩大指导与监督的范围，增强指导与监督的及时性，执行更详细的复核工作。在计划复核的性质、时间安排和范围时，注册会计师还应考虑单个项目组成员的专业素质和胜任能力。

第三节　审计重要性

审计重要性是审计学的一个基本概念。审计重要性概念的运用贯穿于整个审计过程。在计划审计工作时，注册会计师应当考虑导致财务报表发生重大错报的原因，并应当在了解被审计单位及其环境的基础上，确定一个可接受的重要性水平，即首先为财务报表层次确定重要性水平，以发现在金额上重大的错报。同时，注册会计师还应当评估各类交易、账户余额和披露认定层次的重要性，以便确定进一步审计程序的性质、时间安排和范围，将审计风险降至可接受的低水平。在确定审计意见类型时，注册会计师也需要考虑重要性水平。

一、重要性的含义

财务报告编制基础通常从编制和列报财务报表的角度阐释重要性概念。财务报表编制基础可能以不同的术语解释重要性，但通常而言，重要性概念可从下列三方面进行理解：第一，如果合理预期错报(包括漏报)单独或汇总起来可能影响财务报表使用者依据财务报表作出的经济决策，则通常认为错报是重大的；第二，对重要性的判断是根据具体环境作出的，并受错报的金额或性质的影响，或受两者共同作用的影响；第三，判断某事项对财务报表使用者是否重大，是在考虑财务报表使用者整体共同的财务信息需求的基础上作出的。由于不同财务报表使用者对财务信息的需求可能差异很大，因此不考虑错报对个别财务报表使用者可能产生的影响。

在审计开始时，就必须对重大错报的规模和性质作出一个判断，包括制定财务报表层次的重要性和特定交易类别、账户余额和披露的重要性水平。当错报金额高于整体重要性水平时，就很可能被合理预期将对使用者根据财务报表作出的经济决策产生影响。审计中可能存在未被发现的错报和不重大错报汇总后就变成重大错报的情况。为预防可能存在的这种情况，注册会计师应当制定一个比重要性水平更低的金额，以便评估风险和设计进一步审计程序。注册会计师使用整体重要性水平(将财务报表作为整体)的目的有：决定风险评估程序的性质、时间安排和范围；识别和评估重大错报风险；确定进一步审计程序的性质、时间安排和范围。在整个业务过程中，随着审计工作的进展，注册会计师应当根据所获得的新信息更新重要性。在形成审计结论阶段，要使用整体重要性水平和为了特定交易类别、账户余额和披露而制定的较低金额的重要性水平来评价已识别的错报对财务报表的影响和对审计报告中审计意见的影响。

二、重要性水平的确定

在计划审计工作时，注册会计师应当确定一个可接受的重要性水平，以发现在金额上的重大错报。注册会计师在确定计划的重要性水平时，需要考虑对被审计单位及其环境的了解、审计的目标、财务报表各项目的性质及其相互关系、财务报表项目的金额及其波动幅度。同时，还应当从性质和数量两个方面合理确定重要性水平。

(一)从性质方面考虑重要性

在某些情况下，金额相对较少的错报可能会对财务报表产生重大影响。例如，一项不重大的违法支付或者没有遵循某项法律规定，但该支付或违法行为可能导致一项重大的或有负债、重大的资产损失或者收入损失，就应认为上述事项是重大的。下面描述了16种可能构成重要性的因素：对财务报表使用者需求的感知；获利能力趋势；因没有遵守贷款契约、合同约定、法规条款和法定的或常规的报告要求而产生错报的影响；计算管理层报酬（资金等）的依据；由于错误或舞弊而使一些账户项目对损失的敏感性；重大或有负债；通过一个账户处理大量的、复杂的和相同性质的个别交易；关联方交易；可能的违法行为、违约和利益冲突；财务报表项目的重要性、性质、复杂性和组成；可能包含了高度主观性的估计、分配或不确定性；管理层的偏见；管理层是否有动机将收益最大化或者最小化；管理层一直不愿意纠正已报告的与财务报告相关的内部控制的缺陷；与账户相关联的核算与报告的复杂性；自前一个会计期间以来账户特征发生的改变（例如，新的复杂性、主观性或交易的种类）；个别极其重大但不同的错报抵销产生的影响。

（二）从数量方面考虑重要性

1. 财务报表整体的重要性

由于财务报表审计的目标是注册会计师通过执行审计工作对财务报表发表审计意见，因此，注册会计师应当考虑财务报表层次的重要性。只有这样，才能得出财务报表是否公允反映的结论。注册会计师在制定总体审计策略时，应当确定财务报表整体的重要性。确定多大错报会影响到财务报表使用者所做决策，是注册会计师运用职业判断的结果。很多注册会计师根据所在会计师事务所的惯例及自己的经验，考虑重要性。确定重要性需要运用职业判断。

通常先选定一基准，再乘以某一百分比作为财务报表整体的重要性。在选择基准时，需要考虑的因素包括：财务报表要素（如资产、负债、所有者权益、收入和费用）；是否存在特定会计主体的财务报表使用者特别关注的项目（如为了评价财务业绩，使用者可能更关注利润、收入或净资产）；被审计单位的性质、所处的生命周期阶段以及所处行业和经济环境；被审计单位的所有权结构和融资方式（例如，如果被审计单位仅通过债务而非权益进行融资，财务报表使用者可能更关注资产及资产的索偿权，而非被审计单位的收益）；基准的相对波动性。

适当的基准取决于被审计单位的具体情况，包括各类报表收益（如税前利润、营业收入、毛利和费用总额），以及所有者权益或净资产。对于以营利为目的的实体，通常以经常性业务的税前利润作为基准。如果经常性业务的税前利润不稳定，选用其他基准可能更加合适，如毛利或营业收入。就选定的基准而言，相关的财务数据通常包括前期财务成果和财务状况、本期最新的财务成果和财务状况、本期的预算和预测结果。当然，本期最新的财务成果和财务状况、本期的预算和预测结果需要根据被审计单位情况的重大变化（如重大的企业并购）和被审计单位所处行业和经济环境情况的相关变化等作出调整。例如，当按照经常性业务的税前利润的一定百分比确定被审计单位财务报表整体的重要性时，如果被审计单位本年度税前利润因情况变化出现意外增加或减少，注册会计师可能认为按照近几年经常性业务的平均税前利润确定财务报表整体的重要性更加合适。

为选定的基准确定百分比需要运用职业判断。百分比和选定的基准之间存在一定的联系，如经常性业务的税前利润对应的百分比通常比营业收入对应的百分比要高。例如，对以营利为目的的制造行业实体，注册会计师可能认为经常性业务的税前利润的5%是适当的；而对非营利组织，注册会计师可能认为总收入或费用总额的1%是适当的。百分比无论是高一些还是低一些，只要符合具体情况，都是适当的。注册会计师在确定重要性水平时，不需考虑与具体项目计量相关的固有不确定性。例如，财务报表含有高度不确定性的大额估计，注册会计师并不会因此而确定一个比不含有该估计的财务报表整体的重要性更高或更低的重要性。

2. 特定类别交易、账户余额或披露的重要性水平

根据被审计单位的特定情况，下列三个因素可能表明存在一个或多个特定类别的交易、账户余额或披露，其发生的错报金额虽然低于财务报表整体的重要性，但合理预期将影响财务报表使用者依据财务报表作出的经济决策。三个因素包括：法律法规或适用的财务报告编制基础是否影响财务报表使用者对特定项目（如关联方交易、管理层和治理层的薪酬）计量或披露的预期；与被审计单位所处行业相关的关键性披露（如制药企业的研究与开发成本）；财务报表使用者是否特别关注财务报表中单独披露的业务的特定方面（如新收购的业务）。在根据被审计单位的特定情况考虑是否存在上述交易、账户余额或披露时，注册会计师可能会发现了治理层和管理层的看法和预期是有用的。

（三）实际执行的重要性

实际执行的重要性，是指注册会计师确定的低于财务报表整体重要性的一个或多个金额，旨在将未更正和未发现错报的汇总数超过财务报表整体的重要性的可能性降至适当的低水平。如果适用，实际执行的重要性还指注册会计师确定的低于特定类别的交易、账户余额或披露的重要性水平的一个或多个金额。仅为发现单项重大的错报而计划审计工作将忽视这样一个事实，即单项非重大错报的汇总数可能导致财务报表出现重大错报，更不用说还没有考虑可能存在的未发现错报。确定财务报表整体的实际执行的重要性（根据定义可能是一个或多个金额），旨在将财务报表中未更正和未发现错报的汇总数超过财务报表整体的重要性的可能性降至适当的低水平。与确定特定类别的交易、账户余额或披露的重要性水平相关的实际执行的重要性，旨在将这些交易、账户余额或披露中未更正与未发现错报的汇总数超过这些交易、账户余额或披露的重要性水平的可能性降至适当的低水平。

确定实际执行的重要性并非简单机械的计算，需要注册会计师运用职业判断，并考虑下列三方面因素的影响：对被审计单位的了解（这些了解在实施风险评估程序的过程中得到更新）；前期审计工作中识别出的错报的性质和范围；根据前期识别出的错报对本期错报作出的预期。通常而言，实际执行的重要性通常为财务报表整体重要性的50%～75%。接近财务报表整体重要性50%的情况：经常性审计，以前年度审计调整较多，项目总体风险较高（如处于高风险行业，经常面临较大市场压力，首次承接的审计项目或者需要出具特殊目的报告等）。接近财务报表整体重要性75%的情况：经常性审计，以前年度审计调

整较少，项目总体风险较低(如处于低风险行业，市场压力较小)。计划的重要性与实际执行的重要性之间的关系如图 5-2 所示。

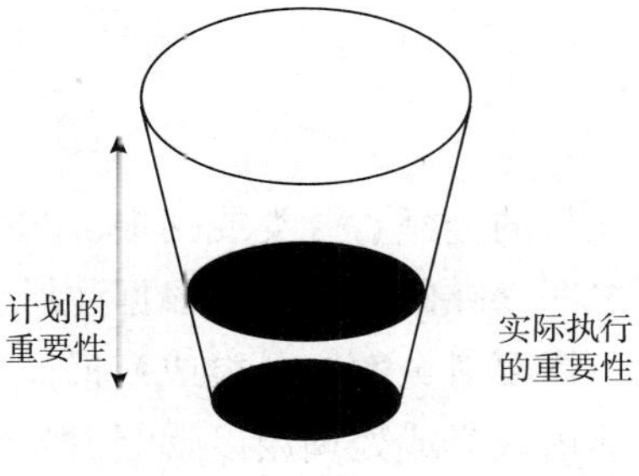

图 5-2　实际执行的重要性

(四)审计过程中修改重要性

由于存在审计过程中情况发生重大变化(如决定处置被审计单位的一个重要组成部分)、获取新信息以及通过实施进一步审计程序注册会计师对被审计单位及其经营的了解发生变化等原因，注册会计师可能需要修改财务报表整体的重要性和特定类别的交易、账户余额或披露的重要性水平(如适用)。例如，注册会计师在审计过程中发现，实际财务成果与最初确定财务报表整体的重要性时使用的预期本期财务成果相比存在很大差异，则需要修改重要性。

(五)重要性与审计风险的关系

重要性与审计风险之间存在反向关系。重要性水平越高，审计风险越低；重要性水平越低，审计风险越高。这里所说的重要性水平高低指的是金额的大小。通常，4 000 元的重要性水平比 2 000 元的重要性水平高。在理解两者之间的关系时，必须注意，重要性水平是注册会计师从财务报表使用者的角度进行判断的结果。如果重要性水平是 4 000 元，则意味着低于 4 000 元的错报不会影响到财务报表使用者的决策，此时注册会计师需要通过执行有关审计程序合理保证能发现高于 4 000 元的错报。如果重要性水平是 2 000 元，则金额在 2 000 元以上的错报就会影响财务报表使用者的决策，此时注册会计师需要通过执行有关审计程序合理保证能发现金额在 2 000 元以上的错报。显然，重要性水平为 2 000 元时审计不出这样的重大错报的可能性即审计风险，要比重要性水平为 4 000 元时的审计风险高。审计风险越高，越要求注册会计师收集更多更有效的审计证据，以将审计风险降至可接受的低水平。因此，重要性和审计证据之间也是反向变动关系。值得注意的是，注册会计师不能通过不合理地人为调高重要性水平来降低审计风险。因为重要性是依据重要性概念中所述的判断标准确定的，而不是由主观期望的审计风险水平决定。由于重要性和审计风险存在上述反向关系，而且这种关系对注册会计师将要执行的审计程序的性质、时间安排和范围有直接的影响，因此，注册会计师应当综合考虑各种因素，合理确定重要性水平。

四、评价审计过程中识别出的错报

(一)错报的定义

错报，是指某一财务报表项目的金额、分类或列报，与按照适用的财务报告编制基础应当列示的金额、分类或列报之间存在的差异；或根据注册会计师的判断，为使财务报表在所有重大方面实现公允反映，需要对金额、分类或列报作出的必要调整。错报可能是由于错误或舞弊导致的。错报可能由收集或处理用以编制财务报表的数据时出现错误、遗漏某项金额或披露、由于疏忽或明显误解有关事实导致作出不正确的会计估计以及注册会计师认为管理层对会计估计作出不合理的判断或对会计政策作出不恰当的选择和运用等事项导致。

(二)累积识别出的错报

注册会计师可能将低于某一金额的错报界定为明显微小的错报，对这类错报不需要累积，因为注册会计师认为这些错报的汇总数明显不会对财务报表产生重大影响。“明显微小”不等同于“不重大”。明显微小错报的金额的数量级，与按照《中国注册会计师审计准则第 1221 号——计划和执行审计工作时的重要性》确定的重要性的数量级相比是完全不同的(明显微小错报的数量级更小)。这些明显微小的错报，无论单独或者汇总起来，无论从规模、性质或其发生的环境来看都是明显微不足道的。

1. 明显微小错报的临界值

注册会计师需要在制定审计策略和审计计划时，确定一个明显微小错报的临界值，低于该临界值的错报视为明显微小的错报，可以不累积。注册会计师可能将明显微小错报的临界值确定为财务报表整体重要性的3%～5%，也可能低一些或高一些，但通常不超过财务报表整体重要性的10%，除非注册会计师认为有必要单独为重分类错报确定一个更高的临界值。如果注册会计师不确定一个或多个错报是否明显微小，就不能认为这些错报是明显微小的。《中国注册会计师审计准则第 1251 号——评价审计过程中的错报》第十六条规定，注册会计师在审计工作底稿中记录设定的某一金额，低于该金额的错报视为明显微小的。确定该临界值需要注册会计师运用职业判断，可能考虑的因素包括以前年度审计中识别出的错报(包括已更正和未更正错报)的数量和金额、重大错报风险的评估结果、被审计单位治理层和管理层对注册会计师与其沟通错报的期望、被审计单位的财务指标是否勉强达到监管机构的要求或投资者的期望。注册会计师对以上因素的考虑实际上是在确定审计过程中对错报的过滤程度。

2. 错报的分类

为了帮助注册会计师评价审计过程中累积的错报的影响以及与管理层和治理层沟通错报事项，将错报区分为事实错报、判断错报和推断错报可能是有用的。

1）事实错报

事实错报是毋庸置疑的错报。这类错报产生于被审计单位收集和处理数据的错误，对事实的忽略或误解，或故意舞弊行为。例如，注册会计师在审计测试中发现最近购入存货的实际价值为 12 000 元，但账面记录的金额却为 10 000 元。因此，存货和应付账款分别被低估了 2 000 元，这里被低估的 2 000 元就是已识别的对事实的具体错报。

2）判断错报

判断错报是由于注册会计师认为管理层对会计估计作出不合理的判断或不恰当地选择和运用会计政策而导致的差异。这类错报产生于两种情况：一是管理层和注册会计师对会计估计值的判断差异，例如，由于包含在财务报表中的管理层作出的估计值超出了注册会计师确定的一个合理范围，导致出现判断差异；二是管理层和注册会计师对选择和运用会计政策的判断差异，由于注册会计师认为管理层选用会计政策造成错报，管理层却认为选用会计政策适当，导致出现判断差异。

3）推断错报

注册会计师对总体存在的错报作出的最佳估计数，涉及根据在审计样本中识别出的错报来推断总体的错报。推断错报通常包括两类。一类是通过测试样本估计出的总体的错报减去在测试中发现的已经识别的具体错报。例如，应收账款年末余额为 2 000 万元，注册会计师抽查 10% 样本发现金额有 100 万元的高估，高估部分为账面金额的 20%，据此注册会计师推断总体的错报金额为 400 万元（即 2 000 × 20%），那么上述 100 万元就是已识别的具体错报，其余 300 万元即推断误差。另一类是通过实质性分析程序推断出的会计错报。例如，注册会计师根据客户的预算资料及行业趋势等要素，对客户年度销售费用独立作出估计，并与客户账面金额比较，发现两者间有 50% 的差异；考虑到估计的精确性有限，注册会计师根据经验认为 10% 的差异通常是可接受的，而剩余 40% 的差异需要有合理解释并取得佐证性证据；假定注册会计师对其中 10% 的差异无法得到解释或不能取得佐证，则该部分差异金额即为推断误差。

（三）对审计过程识别出的错报的考虑

错报可能不会孤立发生，一项错报的发生还可能表明存在其他错报。例如，注册会计师识别出由于内部控制失效而导致的错报，或被审计单位广泛运用不恰当的假设或评估方法而导致的错报，均可能表明还存在其他错报。抽样风险和非抽样风险可能导致某些错报未被发现。审计过程中累积错报的汇总数接近按照《中国注册会计师审计准则第 1221 号——计划和执行审计工作时的重要性》的规定确定的重要性，则表明存在比可接受的低风险更大的风险，即可能未被发现的错报连同审计过程中累积错报的汇总数，可能超过重要性。

注册会计师可能要求管理层检查某类交易、账户余额或披露，以使管理层了解注册会计师识别出的错报的产生原因，并要求管理层采取措施以确定这些交易、账户余额或披露实际发生错报的金额，以及对财务报表作出适当的调整。例如，在从审计样本中识别出的错报推断总体错报时，注册会计师可能提出这些要求。

(四)错报的沟通和更正

及时与适当层级的管理层沟通错报事项是重要的，因为这能使管理层评价这些事项是否为错报，并采取必要行动，如有异议则告知注册会计师。适当层级的管理层通常是指有责任和权限对错报进行评价并采取必要行动的人员。法律法规可能限制注册会计师向管理层或被审计单位内部的其他人员通报某些错报。例如，法律法规可能专门规定禁止通报某事项或采取其他行动，这些通报或行动可能不利于有关权力机构对实际存在的或怀疑存在的违法行为展开调查。在某些情况下，注册会计师的保密义务与通报义务之间存在的潜在冲突可能很复杂。此时，注册会计师可以考虑征询法律意见。

管理层更正所有错报(包括注册会计师通报的错报)，能够保持会计账簿和记录的准确性，降低由于与本期相关的、非重大的且尚未更正的错报的累积影响而导致未来期间财务报表出现重大错报的风险。《中国注册会计师审计准则第 1501 号——对财务报表形成审计意见和出具审计报告》要求注册会计师评价财务报表是否在所有重大方面按照适用的财务报告编制基础编制。这项评价包括考虑被审计单位会计实务的质量(包括表明管理层的判断可能出现偏向的迹象)。注册会计师对管理层不更正错报的理由的理解，可能影响其对被审计单位会计实务质量的考虑。

(五)评价未更正错报的影响

未更正错报，是指注册会计师在审计过程中累积的且被审计单位未予更正的错报。注册会计师在确定重要性时，通常依据对被审计单位财务结果的估计，因为此时可能尚不知道实际的财务结果。因此，在评价未更正错报的影响之前，注册会计师可能有必要依据实际的财务结果对重要性作出修改。如果在审计过程中获知了某项信息，而该信息可能导致注册会计师确定与原来不同的财务报表整体重要性或者特定类别交易、账户余额或披露的一个或多个重要性水平(如适用)，注册会计师应予以修改。因此，在注册会计师评价未更正错报的影响之前，可能已经对重要性或重要性水平(如适用)作出重大修改。但是，如果注册会计师对重要性或重要性水平(如适用)进行的重新评价导致需要确定较低的金额，则应重新考虑实际执行的重要性和进一步审计程序的性质、时间安排和范围的适当性，以获取充分、适当的审计证据，作为发表审计意见的基础。

注册会计师需要考虑每一单项错报，以评价其对相关类别的交易、账户余额或披露的影响，包括评价该项错报是否超过特定类别的交易、账户余额或披露的重要性水平。如果注册会计师认为某一单项错报是重大的，则该项错报不太可能被其他错报抵销。例如，如果收入存在重大高估，即使这项错报对收益的影响完全可被相同金额的费用高估所抵销，注册会计师仍认为财务报表整体存在重大错报。对于同一账户余额或同一类别的交易内部的错报，这种抵销可能是适当的。然而，在得出抵销非重大错报是适当的这一结论之前，需要考虑可能存在其他未被发现的错报的风险。

确定一项分类错报是否重大，需要进行定性评估。例如，分类错报对负债或其他合同条款的影响，对单个财务报表项目的影响，以及对关键比率的影响。即使分类错报超过了在评价其他错报时运用的重要性水平，注册会计师可能仍然认为该分类错报对财务报表整体不产生重大影响。例如，如果资产负债表项目之间的分类错报金额相对于所影响的资产负债表项目金额较小，并且对利润表或所有关键比率不产生影响，注册会计师可以认为这种分类错报对财务报表整体不产生重大影响。即使某些错报低于财务报表整体的重要性，但因与这些错报相关的某些情况，在将其单独或连同在审计过程中累积的其他错报一并考虑时，注册会计师也可能将这些错报评价为重大错报。可能影响评价的情况包括 11 项内容：错报对遵守监管要求的影响程度；错报对遵守债务合同或其他合同条款的影响程度；错报与会计政策的不正确选择或运用相关，这些会计政策的不正确选择或运用对当期财务报表不产生重大影响，但可能对未来期间财务报表产生重大影响；错报掩盖收益的变化或其他趋势的程度（尤其是在结合宏观经济背景和行业状况进行考虑时）；错报对用于评价被审计单位财务状况、经营成果或现金流量的有关比率的影响程度；错报对财务报表中披露的分部信息的影响程度，例如，错报事项对某一分部或对被审计单位的经营或盈利能力有重大影响的其他组成部分的重要程度；错报对增加管理层薪酬的影响程度，例如，管理层通过达到有关奖金或其他激励政策规定的要求以增加薪酬；相对于注册会计师所了解的以前向财务报表使用者传达的信息（如盈利预测），错报是重大的；错报对涉及特定机构或人员的项目的相关程度，例如，与被审计单位发生交易的外部机构或人员是否与管理层成员有关联关系；错报涉及对某些信息的遗漏，尽管适用的财务报告编制基础未对这些信息作出明确规定，但是注册会计师根据职业判断认为这些信息对财务报表使用者了解被审计单位的财务状况、经营成果或现金流量是重要的；错报对其他信息（如包含在“管理层讨论与分析”或“经营与财务回顾”中的信息）的影响程度，这些信息与已审计财务报表一同披露，并被合理预期可能影响财务报表使用者作出的经济决策。

【课堂分组讨论】

重　要　性

A 和 B 注册会计师对 XYZ 股份有限公司 2021 年度会计报表进行审计。未经审计的有关会计报表项目金额如表 5-1 所示。

表 5-1　会计报表项目金额　　单位：万元

会计报表项目名称	金　额
资产总计	180 000
股东权益合计	88 000
主营业务收入	240 000
利润总额	36 000
净利润	24 120

要求：

(1)如果以资产总额、净资产(股东权益)、主营业务收入和净利润作为判断基础，采用固定比率法，并假定资产总额、净资产、主营业务收入和净利润的固定百分比数值分别为0.5%，1%，0.5%和5%，请代A和B注册会计师计算确定XYZ股份有限公司2021年度会计报表层次的重要性水平(请列示计算过程。)

(2)简要说明重要性水平与审计风险之间的关系。

(3)简要说明重要性水平与审计证据之间的关系。

【模拟实验】

审计计划

一、实验目的

通过本实验，学生对总体审计策略应包括的基本内容会有一个较为清晰具体的掌握，并学习如何借助分析性程序来制定出有助于提高审计工作的效率和质量的审计计划。

二、实验背景

现诚信会计师事务所接受晨风国有企业的委托，审计晨风国有企业的2012年度的会计报表。诚信会计师事务所已在前期调查中取得了该企业的相关重要资料。副主任会计师吕小军为项目经理，注册会计师王越是该项目的负责人，张莉、黄菊为项目组成员。现需要对所获取的信息进行分析比较，以助于拟定审计总体工作计划。

三、实验要求

由4名同学组成一个审计小组，分别代表吕小军、王越、李辰、张莉、黄菊，对未审会计报表进行总体概略性分析，并判断审计中可能存在的重大问题，确定重点审计领域，最终形成审计总体工作计划，并结合实验指导填写审计计划过程中主要审计工作底稿。

四、实验指导

王越在取得相关数据的基础上，安排助理人员张莉、黄菊对晨风企业的会计报表项目进行趋势分析性测试，具体分析过程如下。

1. 审阅会计报表，进行初步直观的总体分析

助理人员张莉把今年的主要数据，与上年的相关数据进行对比，从总体上进行分析，编制趋势分析表，见表5-2。

表5-2　趋势分析表

被审计单位：晨风国有企业　　编制人：张莉　　日期：2013年1月26日　　索引号：Z2-5-1

会计期间：2012年1月1日~12月31日　　复核人：王越　　日期：2013年1月31日　　页次：22

会计报表项目	2011年	2012年	2012年比2011年		说　明
	已审数/元	未审数/元	增长金额/元	增长幅度/%	
	①	②	③=②-①	④=③/①	
营业收入	76 038	56 798			
营业成本	59 684	43 524			
营业利润	15 370	12 318			
利润总额	620	-2 034			
净利润	554	-2 034			
存货	46 068	38 412			
应收账款	43 694	50 976			

续表

会计报表项目	2011 年	2012 年	2012 年比 2011 年		说　明
	已审数/元	未审数/元	增长金额/元	增长幅度/%	
	①	②	③＝②－①	④＝③/①	
速动资产	45 322	53 814			
流动资产	104 250	110 046			
流动负债	100 176	103 958			
固定资产	90 708	93 622			
在建工程	3 644	2 072			
资产总额	165 674	170 734			
负债总额	126 702	132 552			
实收资本	26 842	28 106			
净资产额	38 972	38 182			

注：说明栏仅分析增减幅度超过 10% 以上的项目。

2. 根据确定的指标和要求，完成选定的有关数据计算

王越认为有必要对一些重要指标进行比较，以确认这些指标的变动是否合理，看其是否与预备调查中所掌握的企业经营状况的变化相一致。王越安排审计人员黄菊对公司报表的主要经济指标进行计算，与上年度相应数据进行对比，并考虑其变化内容是否在审计人员的预期之内，并得出分析结论。黄菊编制重要指标比率分析表，如表 5-3 所示。

表 5-3　重要指标比率分析表

被审计单位：晨风国有企业　　编制人：黄菊　　日期：2013 年 1 月 26 日　　索引号：Z2－5－2

会计期间：2012 年 1 月 1 日～12 月 31 日　　复核人：王越　　日期：2013 年 1 月 31 日　　页次：23

比率指标	计算公式	2011 年	2012 年	增减数/%	说明
		①	②	③＝（②－①）/①	
		偿债能力比率			
1. 流动比率	流动资产/流动负债	1.04	1.06		
2. 速动比率	速动资产/流动负债	0.52	0.62		
		财务杆杠比率			
1. 负债比率	负债总额/资产总额	0.76	0.78		

续表

比率指标	计算公式	2011 年	2012 年	增减数/%	说明
		①	②	③ = (② - ①)/①	
2. 资本对负债比率	资本额/负债总额	0.2119	0.2120		
3. 利息保障倍数	(税前利润 + 利息支出)/利息支出	1.11	0.62		
经营效率比率					
1. 存货周转率	销售成本/平均存货	1.30	1.03		
2. 应收账款周转率	销售成本/平均应收账款	1.87	1.2		
3. 总资产周转率	营业收入/平均资产	0.47	0.34		
获利能力比率					
1. 营业利润率	利润总额/营业收入	0.008	-0.036		
2. 净资产报酬率	净利润/平均净资产	0.014	-0.053		
3. 总资产报酬率	净利润/平均总资产	0.003	-0.012		

注：(1)速动资产 = 流动资产 - 存货 - 待摊费用 - 预付货款；

(2)平均存货、平均净资产、平均应收账款按年初与年末的平均数计算。

3. 根据审阅及计算结果进行分析判断，确定重要性账户，完成分析性测试备忘录

王越在复核张莉、黄菊编制的趋势分析性测试工作底稿的基础上，对以上各表分析中得出的主要结论进行汇总，形成了分析性测试汇总表，如表 5-4 所示。

表 5-4　分析性测试汇总表

被审计单位：晨风国有企业　　编制人：王越　　日期：2013 年 1 月 26 日　　索引号：Z2-5
会计期间：2012 年 1 月 1 日～12 月 31 日　　复核人：吕小军　　日期：2013 年 1 月 31 日　　页次：24

测试项目	重要事项说明
趋势分析表	
比率指标趋势分析表	
项目经理对测试结果进行综合分析后初步确定的重点审计领域：	

4. 考虑分析性结果对审计总体工作计划的影响，并在此基础上形成审计总体工作计划

项目负责人王越通过以上分析，初步确定了审计重点，并结合对晨风企业基本情况和内控制度的了解，编制审计总体工作计划，如表 5-5 所示。

表 5-5　审计总体工作计划

被审计单位：晨风国有企业　　编制人：王越　　日期：2013 年 1 月 26 日　　索引号：Z2-8
会计期间：2012 年 1 月 1 日～12 月 31 日　　复核人：吕小军　　日期：2013 年 1 月 31 日　　页次：15

一、委托审计的目的、范围

二、审计策略（是否实施预审，是否进行符合性测试；实质性测试按业务循环还是按报表项目等）

三、评价内部控制和审计风险

内部控制制度尚健全，但由于本年度企业由盈转亏，可能存在某种程度的财务问题，审计风险较大

四、重要会计问题及重点审计领域

五、重要性标准初步评估

采用总收入法：

按前 3 年平均营业收入：76 176×0.5%＝380.88（万元）

按 2012 年营业收入：56 798×0.5%＝283.99（万元）

综合晨风企业的审计风险，晨风企业报表总体重要性水平可初步评价为 250 万元

六、计划审计日期

外勤工作自 2013 年 1 月 26 日～2 月 2 日，共计 8 天 48 人次。

编写报告自 2013 年 2 月 3 日～2 月 10 日

七、审计小组组成及人员分工

姓　名	职务或职称	分　工	备　注
吕小军	副主任会计师		
王越	注册会计师		
张莉	注册会计师		
黄菊	注册会计师		
周华	助理人员		
史新	助理人员		

八、修订计划记录（略）

第六章　审计证据与审计工作底稿

审计的整个过程，就是收集审计证据，并根据审计证据得出恰当的审计结论和形成审计意见的过程。因此，收集和评价审计证据，是审计工作的核心。审计工作底稿则是审计过程和结果的书面证明，也是审计证据的载体和出具审计报告的依据。

第一节　审计证据

注册会计师应当获取充分、适当的审计证据，以得出合理的审计结论，作为形成审计意见的基础。因此，注册会计师需要获取什么审计证据，如何获取审计证据，如何确定已收集的证据是否充分适当，以及如何支持审计意见是本节的主要内容。

一、审计证据的含义和分类

(一)审计证据的含义

审计证据是指注册会计师为了得出审计结论、形成审计意见时使用的所有信息。审计证据包括构成财务报表基础的会计记录所含有的信息和其他信息。

1. 会计记录中含有的信息

依据会计记录编制财务报表是被审计单位管理层的责任，注册会计师应当测试会计记录以获取审计证据。会计记录主要包括原始凭证、记账凭证、总分类账和明细分类账、未在记账凭证中反映的对财务报表的其他调整，以及支持成本分配、计算、调节和披露的手工计算表和电子数据表。上述会计记录是编制财务报表的基础，构成注册会计师执行财务报表审计业务所需获取的审计证据的重要部分。这些会计记录通常是电子数据，因而要求注册会计师对内部控制予以充分关注，以获取这些记录的真实性、准确性和完整性。进一步说，电子形式的会计记录可能只能在特定时间获取，如果不存在备份文件，特定期间之后有可能无法再获取这些记录。会计记录取决于相关交易的性质，它既包括被审计单位内部生成的手工或电子形式的凭证，也包括从与被审计单位进行交易的其他企业收到的凭证。除此之外，会计记录还可能包括：销售发运单和发票、顾客对账单以及顾客的汇款通知单；附有验货单的订购单、购货发票和对账单；考勤卡和其他工时记录、工薪单、个别支付记录和人事档案；支票存根、电子转移支付记录(EFTs)、银行存款单和银行对账单；合同记录，例如，租赁合同和分期付款销售协议；记账凭证；分类账账户调节表。

2. 其他信息

会计记录中含有的信息本身并不足以提供充分的审计证据作为对财务报表发表审计意见的基础，注册会计师还应当获取用作审计证据的其他信息。可用作审计证据的其他信息包括注册会计师从被审计单位内部或外部获取的会计记录以外的信息，如被审计单位会议记录、内部控制手册、询证函的回函、分析师的报告、与竞争者的比较数据等；通过询问、观察和检查等审计程序获取的信息，如通过检查存货获取存货存在性的证据等；以及自身编制或获取的可以通过合理推断得出结论的信息，如注册会计师编制的各种计算表、分析表等。

财务报表依据的会计记录中包含的信息和其他信息共同构成了审计证据，两者缺一不可。如果没有前者，审计工作将无法进行；如果没有后者，可能无法识别重大错报风险。只有将两者结合在一起，才能将审计风险降至可接受的低水平，为注册会计师发表审计意见提供合理基础。

必要审计证据的性质与范围取决于注册会计师对何种证据与实现审计目标相关作出的职业判断。这种判断受到重要性评估水平、与特定认定相关的审计风险、总体规模以及影响账户余额的各类经常性或非经常性交易的影响。

注册会计师获取不同来源和不同性质的审计证据，不过，审计证据很少是绝对的，从性质上来看反而是说服性的，并能佐证会计记录中所记录信息的合理性。因此，在确定报表公允表达时，注册会计师最终评价的正是这种累计的审计证据。注册会计师将不同来源和不同性质的审计证据综合起来考虑，这样能够反映出结果的一致性，从而佐证会计记录中记录的信息。如果审计证据不一致，而且这种不一致可能是重大的，注册会计师应当扩大审计程序的范围，直到不一致得到解决，并针对账户余额或各类交易获得必要保证。

(二)审计证据的分类

审计证据按照不同的标准，可以进行多种分类。

1. 按审计证据的表现形态分类

按审计证据的表现形态分类，可以分为实物证据、书面证据、口头证据和环境证据。

1)实物证据

实物证据是指以实物的外部特征和内含性能来证明事物真相的各种财产物资。实物证据主要用以查明实物存在的真实性、数量和计价的正确性，如现金、存货、固定资产、在建工程等。实物证据的存在本身就具有很大的可靠性，所以实物证据具有较强的证明力。但应防止伪造和混淆实物证据，如核实物资的所有权是否转移，有无外单位寄存的材料、产品等物资，以及有无经营租入的固定资产等情况。

2)书面证据

书面证据是以文字记载的内容来证明被审计事项的各种书面资料。如有关被审计事项的会计凭证、会计账簿和财务报表以及各种会议记录和合同等。审计工作过程中，收集的最多的就是书面证据。书面证据的来源比较广泛，有由被审计单位以外的单位所提供，且直接送交审计人员的书面证据，如询证函；由被审计单位以外的单位提供，但为被审计单位所持有的书面证据，如银行对账单；被审计单位自行编制并持有的书面证据，如工资发放表、会计记录、被审计单位声明书、专家提供的书面证据等。对这些书面证据，需要进行整理归类，其效用也需要进一步证实。

3) 口头证据

口头证据是指以视听资料、证人证词，有关人员的陈述、意见、说明和答复等形式存在的审计证据。它是以知情人陈述的事实来证明审计事项的真相。一般情况下，口头证据本身并不足以证明事物的真相，但审计人员往往通过口头证据发掘出一些重要线索，从而有利于对某些稽核的情况作进一步的调查，以收集到其他更为可靠的证据。

4) 环境证据

环境证据是指对审计事项产生影响的各种环境事实。如当审计人员获知被审计单位有着良好的内部控制，并且日常经营管理又一贯严格遵守各项规定时，就可认为被审计单位现行的内部控制为财务报表项目的真实性提供了强有力的环境证据。环境证据一般不属于主要的审计证据，但它有助于审计人员了解被审计单位、被审计事项所处的环境，是进行判断所必须掌握的资料。

2. 按审计证据的相关程度分类

按审计证据的相关程度分类，可以分为直接证据和间接证据。

1) 直接证据

直接证据是指对审计事项具有直接证明力，能单独、直接地证明审计事项真相的资料和事实。如在审计人员亲自监督实物和现金盘点情况下的盘点实物和现金的记录，就是证明实物和现金实存数的直接证据。审计人员有了直接证据，无需再收集其他证据，就能根据直接证据得出审计事项的结论。

2) 间接证据

间接证据又称旁证，是指对审计事项只起间接证明作用，需要与其他证据结合起来，经过分析、判断、核实才能证明审计事项真相的资料和事实。如应证事项是销售收入的公允性，就应收账款而言，虽然应收账款是与销售收入相关的资料，所以应收账款是对销售收入公允性证明的间接证据。在审计工作中，单凭直接证据就能直接影响审计人员的意见和结论的情况并不多见。一般情况下，在直接证据以外，往往需要一系列的间接证据才能对审计事项作出完整的结论。当然，直接和间接是相对的，仍以凭证为例，凭证对于财务报表是间接证据，而对于会计账簿则是直接证据。

3. 按获取审计证据的来源分类

按获取审计证据的来源分类，可以分为自然证据和加工证据。

1) 自然证据

自然证据是指审计人员在其审计过程中随时可以获得的不需要加工的资料和事实。自然证据既可以从被审计单位内部获得，如被审计单位的会计凭证、会计账簿、财务报表和记录等，又可以从被审计单位以外的单位或个人获得，如向外询证的答复资料和购货发票等。

2）加工证据

加工证据是指审计人员在审计过程中亲自对书面证据、实物证据等进行分析、整理、归类和制作所形成的较系统和明晰的资料，如会计分录调整表等。加工证据的可靠性和证明力比较强，也无需再作过多的检查和验证。但是，加工证据也不可避免地存在着人为的不确定性，证据的质量主要取决于审计人员的业务水平和判断能力。

审计人员在审计过程中可以得到许多自然证据，但往往不足以使其对一定的审计事项作出判断并提出意见。在这种情况下，审计人员设法形成更多的加工证据，以对审计事项作出判断，避免使审计意见由于缺乏足够的证据而失去公允性。这类证据不是由企业或外单位提供的，而是审计人员自己工作的结果，所以称为加工证据，包括审计差异调整表、内部控制调查表等。

4. 按审计证据的重要性分类

按审计证据的重要性进行分类，可以分为基本证据、辅助证据和矛盾证据。

1）基本证据

基本证据是指对审计人员形成审计意见、作出审计结论具有直接影响的审计证据。如证明被审计单位财务状况好坏时，被审计单位的财务报表、会计账簿等就是基本证据。审计人员如果离开了基本证据，就无法提出审计意见和作出审计结论。

2）辅助证据

辅助证据是作为基本证据的一种必要补充，补充说明基本证据的证据。如要证明账簿记录的真实性，各种记账凭证是基本证据。而附在记账凭证后面的各种原始凭证，是编制记账凭证的依据，它们补充说明记账凭证来证明账簿的真实性，因而它们是辅助证据。

3）矛盾证据

矛盾证据是指证明的方向与基本证据相反，或证明的内容与基本证据不一致的证据。如被审计单位财务报表上的“固定资产”是10亿元，而会计账簿上的“固定资产”只有9亿元，那么“固定资产”会计账簿就是财务报表的矛盾证据。遇有矛盾证据，审计人员必须进一步收集审计证据，并加以深入分析和鉴定，以肯定或否定证据间的矛盾。

二、审计证据的充分性与适当性

注册会计师应当保持职业怀疑态度，运用职业判断，评价审计证据的充分性和适当性。

（一）审计证据的充分性

审计证据的充分性是对审计证据数量的衡量，主要与注册会计师确定的样本量有关。

例如，对某个审计项目实施某一选定的审计程序，从1000个样本中获得的证据要比从100个样本中获得的证据更充分。获取的审计证据应当充分，足以将与每个重要认定相关的审计风险限制在可接受的水平。注册会计师需要获取的审计证据的数量受其对重大错报风险评估的影响（评估的重大错报风险越高，需要的审计证据可能越多）、并受审计证据质量的影响（审计证据质量越高，需要的审计证据可能越少）。然而，注册会计师仅靠获取更多的审计证据可能无法弥补其质量上的缺陷。例如，注册会计师对某电脑公司进行审计，经过分析认为，受被审计单位行业性质的影响，存货陈旧的可能性相当高，存货计价的错报可能性就比较大。为此，注册会计师在审计中，就要选取更多的存货样本进行测试，以确定存货陈旧的程度，从而确认存货的价值是否被高估。

（二）审计证据的适当性

审计证据的适当性，是对审计证据质量的衡量，即审计证据在支持审计意见所依据的结论方面具有的相关性和可靠性。相关性和可靠性是审计证据适当性的核心内容，只有相关且可靠的审计证据才是高质量的。

1. 审计证据的相关性

相关性，是指用作审计证据的信息与审计程序的目的和所考虑的相关认定之间的逻辑联系。用作审计证据的信息的相关性可能受测试方向的影响。例如，如果某审计程序的目的是测试应付账款的计价高估，则测试已记录的应付账款可能是相关的审计程序。另一方面，如果某审计程序的目的是测试应付账款的计价低估，则测试已记录的应付账款不是相关的审计程序，相关的审计程序可能是测试期后支出、未支付发票、供应商结算单以及发票未到的收货报告单等。特定的审计程序可能只为某些认定提供相关的审计证据，而与其他认定无关。例如，检查期后应收账款收回的记录和文件可以提供有关存在和计价的审计证据，但未必提供与截止测试相关的审计证据。类似地，有关某一特定认定（如存货的存在认定）的审计证据，不能替代与其他认定（如该存货的计价认定）相关的审计证据。但另一方面，不同来源或不同性质的审计证据可能与同一认定相关。

控制测试旨在评价内部控制在防止或发现并纠正认定重大错报方面的运行有效性。设计控制测试以获取相关审计证据，包括识别一些显示控制运行的情况（特征或属性），以及显示控制未恰当运行的偏差情况。然后，注册会计师可以测试这些情况是否存在。实质性程序旨在发现认定层次重大错报，包括细节测试和实质性分析程序。设计实质性程序包括识别与测试目的相关的情况，这些情况构成相关认定的错报。

2. 审计证据的可靠性

审计证据的可靠性是指证据的可信程度。例如，注册会计师亲自检查存货所获得的证据，就比被审计单位管理层提供给注册会计师的存货数据更可靠。审计证据的可靠性受其来源和性质的影响，并取决于获取审计证据的具体环境。注册会计师在判断审计证据的可靠性时，通常会考虑下列原则。

1）从外部独立来源获取的审计证据比从其他来源获取的审计证据更可靠

从外部独立来源获取的审计证据未经被审计单位有关职员之手，从而减少了伪造、更改凭证或业务记录的可能性，因而其证明力最强。此类证据如银行询证函回函、应收账款询证函回函、保险公司等机构出具的证明等。相反，从其他来源获取的审计证据，由于证据提供者与被审计单位存在经济或行政关系等原因，其可靠性应受到质疑。此类证据如被审计单位内部的会计记录、会议记录等。

2）内部控制有效时内部生成的审计证据比内部控制薄弱时内部生成的审计证据更可靠

如果被审计单位有着健全的内部控制且在日常管理中得到一贯的执行，会计记录的可信赖程度将会增加。如果被审计单位的内部控制薄弱，甚至不存在任何内部控制，被审计单位内部凭证记录的可靠性就大为降低。例如，如果与销售业务相关的内部控制有效，注册会计师就能从销售发票和发货单中取得比内部控制不健全时更加可靠的审计证据。

3）直接获取的审计证据比间接获取或推论得出的审计证据更可靠

例如，注册会计师观察某项内部控制的运行得到的证据比询问被审计单位某项内部控制的运行得到的证据更可靠。间接获取的证据有被涂改及伪造的可能性，降低了可信赖程度。推论得出的审计证据，其主观性较强，人为因素较多，可信赖程度也受到影响。

4）以文件、记录形式（无论是纸质、电子或其他介质）存在的审计证据比口头形式的审计证据更可靠

例如，会议的同步书面记录比对讨论事项事后的口头表述更可靠。口头证据本身并不足以证明事实的真相，仅仅提供了一些重要线索，为进一步调查确认所用。如注册会计师在对应收账款进行账龄分析后，可以向应收账款负责人询问逾期应收账款收回的可能性。如果该负责人的意见与注册会计师自行估计的坏账损失基本一致，则这一口头证据就可成为证实注册会计师对有关坏账损失判断的重要证据。但在一般情况下，口头证据往往需要得到其他相应证据的支持。

5）从原件获取的审计证据比从传真件或复印件获取的审计证据更可靠

注册会计师可审查原件是否有被涂改或伪造的迹象，排除伪证，提高证据的可信赖程度。而传真件或复印件容易是篡改或伪造的结果，可靠性较低。

注册会计师在按照上述原则评价审计证据的可靠性时，还应当注意可能出现的重要例外情况。例如，审计证据虽然是从独立的外部来源获得，但如果该证据是由不知情者或不具备资格者提供，审计证据也可能是不可靠的。同样，如果注册会计师不具备评价证据的专业能力，那么即使是直接获取的证据，也可能不可靠。

3. *充分性和适当性之间的关系*

充分性和适当性是审计证据的两个重要特征，两者缺一不可，只有充分且适当的审计证据才是有证明力的。注册会计师需要获取的审计证据的数量也受审计证据质量的影响。审计证据质量越高，需要的审计证据数量可能越少。也就是说，审计证据的适当性会影响审计证据的充分性。例如，被审计单位内部控制健全时生成的审计证据更可靠，注册会计师只需获取适量的审计证据，就可以为发表审计意见提供合理的基础。

需要注意的是，尽管审计证据的充分性和适当性相关，但如果审计证据的质量存在缺陷，那么注册会计师仅靠获取更多的审计证据可能无法弥补其质量上的缺陷。例如，注册会计师应当获取与销售收入完整性相关的证据，实际获取到的却是有关销售收入真实性的证据，审计证据与完整性目标不相关，即使获取的证据再多，也证明不了收入的完整性。同样地，如果注册会计师获取的证据不可靠，那么证据数量再多也难以起到证明作用。

4. 评价充分性和适当性时的特殊考虑

1）对文件记录可靠性的考虑

审计工作通常不涉及鉴定文件记录的真伪，注册会计师也不是鉴定文件记录真伪的专家，但应当考虑用作审计证据的信息的可靠性，并考虑与这些信息生成和维护相关控制的有效性。如果在审计过程中识别出的情况使其认为文件记录可能是伪造的，或文件记录中的某些条款已发生变动，注册会计师应当作出进一步调查，包括直接向第三方询证，或考虑利用专家的工作以评价文件记录的真伪。例如，如发现某银行询证函回函有伪造或篡改的迹象，注册会计师应当做进一步的调查，并考虑是否存在舞弊的可能性。必要时，应当通过适当方式聘请专家予以鉴定。

2）使用被审计单位生成信息时的考虑

注册会计师为获取可靠的审计证据，实施审计程序时使用的被审计单位生成的信息需要足够完整和准确。例如，通过用标准价格乘以销售量来对收入进行审计时，其有效性受到价格信息准确性和销售量数据完整性和准确性的影响。类似地，如果注册会计师打算测试总体（如付款）是否具备某一特性（如授权），若选取测试项目的总体不完整，则测试结果可能不太可靠。如果针对这类信息的完整性和准确性获取审计证据是所实施审计程序本身不可分割的组成部分，则可以与对这些信息实施中的审计程序同时进行。其他情况下，通过测试针对生成和维护这些信息的控制，注册会计师也可以获得关于这些信息准确性和完整性的审计证据。然而，在某些情况下，注册会计师可能确定有必要实施追加的审计程序。

在某些情况下，注册会计师可能打算将被审计单位生成的信息用于其他审计目的。例如，注册会计师可能打算将被审计单位的业绩评价用于分析程序，或利用被审计单位用于监控活动的信息，如内部审计报告等。在这种情况下，获取的审计证据的适当性受到该信息对于审计目的而言是否足够精确和详细的影响。例如，管理层的业绩评价对于发现重大错报可能不够精确。

3）证据相互矛盾时的考虑

如果针对某项认定从不同来源获取的审计证据或获取的不同性质的审计证据能够相互印证，与该项认定相关的审计证据则具有更强的说服力。例如，注册会计师通过检查委托加工协议发现被审计单位有委托加工材料，且委托加工材料占存货比重较大，经发函询证后证实委托加工材料确实存在。委托加工协议和询证函回函这两个不同来源的审计证据互相印证，证明委托加工材料真实存在。如果从不同来源获取的审计证据或获取的不同性质的审计证据不一致，表明某项审计证据可能不可靠，注册会计师应当追加必要的审计程序。上例中，如果注册会计师发函询证后证实委托加工材料已加工完成并返回被审计单位，委托加工协议和询证函回函这两个不同来源的证据不一致，委托加工材料是否真实存在受到质疑。这时，注册会计师应追加审计程序，确认委托加工材料收回后是否未入库或被审计单位收回予以销售而未入账。

4) 获取审计证据时对成本的考虑

注册会计师可以考虑获取审计证据的成本与所获取信息的有用性之间的关系，但不应以获取审计证据的困难和成本为由减少不可替代的审计程序。在保证获取充分、适当的审计证据的前提下，控制审计成本也是会计师事务所增强竞争能力和获利能力所必需的。但为了保证得出的审计结论、形成的审计意见是恰当的，注册会计师不应将获取审计证据的成本高低和难易程度作为减少不可替代的审计程序的理由。例如，在某些情况下，存货监盘是证实存货存在性认定的不可替代的审计程序，注册会计师在审计中不得以检查成本高和难以实施为由而不执行该程序。

三、获取审计证据的审计程序

(一) 审计程序的作用

注册会计师面临的主要决策之一，就是通过实施审计程序，获取充分、适当的审计证据，以满足对财务报表发表意见。受到成本的约束，注册会计师不可能检查和评价所有可能获取的证据，因此对审计证据充分性、适当性的判断是非常重要的。审计程序是指注册会计师在审计过程中的某个时间，对将要获取的某类审计证据如何进行收集的详细指令。注册会计师利用审计程序获取审计证据涉及以下 4 个方面的决策：一是选用何种审计程序；二是对选定的审计程序应当选取多大的样本规模；三是应当从总体中选取哪些项目；四是何时执行这些程序。在设计审计程序时，注册会计师通常使用规范的措辞或术语，以使审计人员能够准确理解和执行。例如，注册会计师为了验证甲公司应收账款 2016 年 12 月 31 日的存在性，取得甲公司编制的应收账款明细账，对应收账款进行函证。注册会计师在选定了审计程序后，确定的样本规模可能在所测试的总体范围内随机变化。假定应收账款明细账合计有 500 家客户，注册会计师对应收账款明细账中 300 家客户进行函证。在确定样本规模之后，注册会计师应当确定测试总体中的哪个或哪些项目。例如，注册会计师对应收账款明细账中余额较大的前 200 家客户进行函证，其余客户按一定规律抽取函证。抽取方法是从第 10 家客户开始，每隔 20 家抽取一家，与选取的大额客户重复的顺序递延。注册会计师执行函证程序的时间可选择在资产负债表日(2016 年 12 月 31 日)后任意时间，但通常受审计完成时间、审计证据的有效性和审计项目组人力充足性的影响。

(二) 审计程序的种类

在审计过程中，注册会计师可根据需要单独或综合运用以下审计程序，以获取充分、适当的审计证据。

1. 检查

检查是指注册会计师对被审计单位内部或外部生成的，以纸质、电子或其他介质形式存在的记录和文件进行审查，或对资产进行实物审查。检查记录或文件可以提供可靠程度不同的审计证据，审计证据的可靠性取决于记录或文件的性质和来源，而在检查内部记录或文件时，其可靠性则取决于生成该记录或文件的内部控制的有效性。某些文件是表明一项资产存在的直接审计证据，如构成金融工具的股票或债券，但检查此类文件并不一定能提供有关所有权或计价的审计证据。此外，检查已执行的合同可以提供与被审计单位运用会计政策(如收入确认)相关的审计证据。检查有形资产可为其存在提供可靠的审计证据，但不一定能够为权利和义务或计价等认定提供可靠的审计证据。对个别存货项目进行的检查，可与存货监盘一同实施。

2. 观察

观察是指注册会计师察看相关人员正在从事的活动或实施的程序。例如，注册会计师对被审计单位人员执行的存货盘点或控制活动进行观察。观察可以提供执行有关过程或程序的审计证据，但观察所提供的审计证据仅限于观察发生的时点，而且被观察人员的行为可能因被观察而受到影响，这也会使观察提供的审计证据受到限制。

3. 询问

询问是指注册会计师以书面或口头方式，向被审计单位内部或外部的知情人员获取财务信息和非财务信息，并对答复进行评价的过程。作为其他审计程序的补充，询问广泛应用于整个审计过程中。知情人员对询问的答复可能为注册会计师提供尚未获悉的信息或佐证证据。另一方面，对询问的答复也可能提供与注册会计师已获取的其他信息存在重大差异的信息，例如，关于被审计单位管理层凌驾于控制之上的可能性的信息。在某些情况下，对询问的答复为注册会计师修改审计程序或实施追加的审计程序提供了基础。尽管对通过询问获取的审计证据予以佐证通常特别重要，但在询问管理层意图时，获取的支持管理层意图的信息可能是有限的。在这种情况下，了解管理层过去所声称意图的实现情况、选择某项特别措施时声称的原因以及实施某项具体措施的能力，可以为佐证通过询问获取的证据提供相关信息。针对某些事项，注册会计师可能认为有必要向管理层(如适用)获取书面声明，以证实对口头询问的答复。

4. 函证

函证，是指注册会计师直接从第三方(被询证者)获取书面答复以作为审计证据的过程，书面答复可以采用纸质、电子或其他介质等形式。当针对的是与特定账户余额及其项目相关的认定时，函证常常是相关的程序。但是，函证不必局限于账户余额。例如，注册会计师可能要求对被审计单位与第三方之间的协议和交易条款进行函证。注册会计师可能在询证函中询问协议是否作过修改，如果作过修改，要求被询证者提供相关的详细信息。此外，函证程序还可以用于获取不存在某些情况的审计证据，如不存在可能影响被审计单位收入确认的“背后协议”。

5. 重新计算

重新计算是指注册会计师对记录或文件中的数据计算的准确性进行核对。重新计算可通过手工方式或电子方式进行。

6. 重新执行

重新执行是指注册会计师独立执行原本作为被审计单位内部控制组成部分的程序或控制。

7. 分析程序

分析程序，是指注册会计师通过分析不同财务数据之间以及财务数据与非财务数据之间的内在关系，对财务信息作出评价。分析程序还包括在必要时对识别出的、与其他相关信息不一致或与预期值差异重大的波动或关系进行调查。

上述审计程序单独或组合起来，可用作风险评估程序、控制测试和实质性程序。

四、函证

(一)函证决策

注册会计师应当确定是否有必要实施函证以获取认定层次的充分、适当的审计证据。在作出决策时，注册会计师应当考虑以下三个因素。

1. 评估的认定层次重大错报风险

评估的认定层次重大错报风险水平越高，注册会计师对通过实质性程序获取的审计证据的相关性和可靠性的要求越高。因此，随着评估的认定层次重大错报风险的增高，注册会计师就要设计实质性程序获取更加相关和可靠的审计证据，或者更具说明力的审计证据。在这种情况下，函证程序的运用对于提供充分、适当的审计证据可能是有效的。评估的认定层次重大错报风险水平越低，注册会计师需要从实质性程序中获取的审计证据的相关性和可靠性的要求越低。例如，被审计单位可能有一笔正在按照商定还款计划时间表偿还的银行借款，假设注册会计师在以前年度已对其条款进行了函证。如果注册会计师实施的其他工作(包括必要时进行的控制测试)表明借款的条款没有改变，并且这些工作使得未偿还借款余额发生重大错报风险被评估为低水平时，注册会计师实施的实质性程序可能只限于测试还款的详细情况，而不必再次向债权人直接函证这笔借款的余额和条款。如果认为某项风险属于特别风险，注册会计师需要考虑是否通过函证特定事项以降低检查风险。例如，与简单的交易相比，异常或复杂的交易可能导致更高的错报风险。如果被审计单位从事了异常的或复杂的、容易导致较高重大错报风险的交易，除检查被审计单位持有的文件凭证外，注册会计师可能还需考虑是否向交易对方函证交易的真实性和详细条款。

2. 函证程序所审计的认定

函证可以为某些认定提供审计证据，但是对不同的认定，函证的证明力是不同的。在函证应收账款时函证可能为存在性和权利与义务认定提供相关可靠的审计证据，但是不能为计价认定提供证据。对特定认定函证的相关性受注册会计师选择函证信息的目标的影响。例如，在审计应付账款完整性认定时，注册会计师需要获取没有重大未记录负债的证据。相应地，向被审计单位主要供应商函证，即使记录显示应付金额为零，相对于选择大金额的应付账款进行函证，这在检查未记录负债方面通常更有效。

3. 实施其他审计程序获取的审计证据如何将检查风险降至可接受的水平

针对同一项认定可以从不同来源获取审计证据或获取不同性质的审计证据。这里的其他审计程序是指除函证程序以外的其他审计程序。注册会计师应当考虑被审计单位的经营环境、内部控制的有效性、账户或交易的性质、被询证者处理询证函的习惯做法及回函的可能性等，以确定函证的内容、范围、时间和方式。例如，如果被审计中与应收账款存在性有关的内部控制设计良好并有效运行，注册会计师可适当减少函证的样本量。

（二）函证的内容

1. 函证的对象

1）银行存款、借款及与金融机构往来的其他重要信息

注册会计师应当对银行存款（包括零余额账户和在本期内注销的账户），借款及与金融机构往来的其他重要信息实施函证程序，除非有充分证据表明某一银行存款、借款及与金融机构往来的其他重要信息对财务报表不重要且与之相关的重大错报风险很低。如果不对这些项目实施函证程序，注册会计师应当在审计工作底稿中说明理由。

2）应收账款

注册会计师应当对应收账款实施函证程序，除非有充分证据表明应收账款对财务报表不重要，或函证很可能无效。如果认为函证很可能无效，注册会计师应当实施替代审计程序，获取相关、可靠的审计证据。如果不对应收账款函证，注册会计师应当在审计工作底稿中说明理由。

3）函证的其他内容

注册会计师可以根据具体情况和实际需要对下列内容（包括但并不限于）实施函证：交易性金融资产；应收票据；其他应收款；预付账款；由其他单位代为保管、加工或销售的存货；长期股权投资；应付账款；预收账款；保证、抵押或质押；或有事项；重大或异常的交易。

可见，函证通常适用于账户余额及其组成部分（如应收账款明细账），但是不一定限于这些项目。例如，为确认合同条款是否发生变动及变动细节，注册会计师可以函证被审计单位与第三方签订的合同条款。注册会计师还可向第三方函证是否存在影响被审计单位收入确认的背后协议或某项重大交易的细节。

2. 函证程序实施的范围

如果采用审计抽样的方式确定函证程序的范围，无论采用统计抽样方法，还是非统计抽样方法，选取的样本应当足以代表总体。根据对被审计单位的了解、评估的重大错报风险以及所测试总体的特征等，注册会计师可以确定从总体中选取特定项目进行测试。选取

的特定项目可能包括：金额较大的项目；账龄较长的项目；交易频繁但期末余额较小的项目；重大关联方交易；重大或异常的交易；可能存在争议、舞弊或错误的交易。

3. 函证的时间

注册会计师通常以资产负债表日为截止日，在资产负债表日后适当时间内实施函证。如果重大错报风险评估为低水平，注册会计师可选择资产负债表日前适当日期为截止日实施函证，并对所函证项目自该截止日起至资产负债表日止发生的变动实施实质性程序。根据评估的重大错报风险，注册会计师可能会决定函证非期末的某一日的账户余额，例如，当审计工作将在资产负债表日之后很短的时间内完成时，可能会这么做。对于各类在年末之前完成的工作，注册会计师应当考虑是否有必要针对剩余期间获取进一步的审计证据。《中国注册会计师审计准则第 1231 号——针对评估的重大错报风险采取的应对措施》针对期中实施审计程序提供了进一步的指引。以应收账款为例，注册会计师通常在资产负债日后某一天函证资产负债表日的应收账款余款。如果在资产负债表日前对应收账户余额实施函证程序，注册会计师应当针对询证函指明的截止日期与资产负债表日之间实施进一步的实质性程序，或将实质性程序和控制测试结合使用，以将期中测试得出的结论合理延伸至期末。实质性程序包括测试该期间发生的影响应收账款余额的交易或实施分析程序等。控制测试包括测试销售交易、收款交易及与应收账款冲销有关的内部控制的有效性等。

4. 管理层要求不实施函证时的处理

当被审计单位管理层要求对拟函证的某些账户余额或其他信息不实施函证时，注册会计师应当考虑该项要求是否合理，并获取审计证据予以支持。如果认为管理层的要求合理，注册会计师应当实施替代审计程序，以获取与这些账户余额或其他信息相关的充分、适当的审计证据。如果认为管理层的要求不合理，且被其阻挠而无法实施函证，注册会计师应当视为审计范围受到限制，并考虑对审计报告可能产生的影响。分析管理层要求不实施函证的原因时，注册会计师应当保持职业怀疑态度，并考虑管理层是否诚信、是否可能存在重大的舞弊或错误以及替代审计程序能否提供与这些账户余额或其他信息相关的充分、适当的审计证据。如果认为管理层的要求可能显示存在舞弊，注册会计师应当遵循《中国注册会计师审计准则第 1141 号——财务报表审计中与舞弊相关的责任》的有关规定。

(三) 询证函的设计

1. 设计询证函的总体要求

注册会计师应当根据特定审计目标设计询证函。询证函的设计服从于审计目标的需要。通常，在针对账户余额的存在性认定获取审计证据时，注册会计师应当在询证函中列明相关信息，要求对方核对确认。但在针对账户余额的完整性认定获取审计证据时，注册会计师则需要改变询证函的内容设计或者采用其他审计程序。例如，在函证应收账款时，询证函中不列出账户余额，而是要求被询证者提供余额信息，这样才能发现应收账款低估错报。再如，在对应付账款的完整性获取审计证据时，根据被审计单位的供货商明细表向被审计单位的主要供货商发出询证函，就比从应付账款明细表中选择询证对象更容易发现未入账的负债。

2. 设计询证函需要考虑的因素

在设计询证函时，注册会计师应与考虑所审计的认定以及可能影响函证可靠性的因素。可能影响函证可靠性的因素主要包括以下 5 个方面。

1) 函证的方式

函证的方式有积极式函证和消极式函证两种。不同的函证方式，其提供审计证据的可靠性不同。

2) 以往审计或类似业务的经验

在判断实施函证程序的可靠性时，注册会计师通常会考虑来自以前年度审计或类似审计业务的经验，包括回函率、以前年度审计中发现的错报以及回函所提供信息的准确程度等。当注册会计师根据以往经验认为，即使询证函设计恰当，回函率仍很低，应考虑从其他途径获取审计证据。

3) 拟函证信息的性质内容和特点

注册会计师应当了解被审计单位与第三方之间交易的实质，以确定哪些信息需要进行函证。例如，对那些非常规合同或交易，注册会计师不仅应对账户余额或交易金额作出函证，还应当考虑对交易或合同的条款实施函证，以确定是否存在重大口头协议，客户是否有自由退货的权利、付款方式是否有特殊安排等。

4) 选择被询证者的适当性

注册会计师应当向对所询证信息知情的第三方发送询证函。例如，对短期投资和长期投资，注册会计师通常向股票、债券专门保管或登记机构发函询证或向接受投资的一方发函询证；对应收票据，通常向出票人或承兑人发函询证；对其他应收款，向形成其他应收款的有关方发函询证；对预付账款、应付账款，通常向供货单位发函询证；对委托贷款，通常向有关的金融机构发函询证；对预收账款，通常向购货单位发函询证；对保证、抵押或质押，通常向有关金融机构发函询证；对或有事项，通常向律师等发函询证；对重大或异常的交易，通常向有关的交易方发函询证。

函证所提供的审计证据的可靠性还受到被询证者的能力、独立性、客观性是否有权回函等因素的影响。注册会计师在设计询证函、评价函证结果以及确定是否需要实施其他审计程序时，应当考虑回函者的能力、知识、动机、回函意愿等方面的信息或有关回函者是否能够保持客观和公正的信息。当存在重大、异常、在期末发生的、对财务报表产生重大影响的交易，而被询证者在经济上依赖于被审计单位时，注册会计师应当考虑被询证者可能被驱使提供不正确的回函。

5) 被询证者易于回函的信息类型

询证函所函证信息是否便于被询证者回答，影响到回函和所获取审计证据的性质。例如，某些被询证者的信息系统可能便于对形成账户余额的每笔交易进行函证，而不是对账户余额本身进行函证。此外，被询证者可能并不总是能够证实特定类型的信息，例如应收账款总账余额，但是，却可能能够证实总额当中的单笔发票的余额。询证函通常应当包含被审计单位管理层的授权，授权被询证者向注册会计师提供有关信息。对获取被审计单位管理层授权的询证函，被询证者可能更愿意回函，在某些情况下，如果没有获得授权，被询证者甚至不能够回函。

3. 积极与消极的函证方式

注册会计师可采用积极的或消极的函证方式实施函证，也可将两种方式结合使用。

1）积极的函证方式

如果采用积极的函证方式，注册会计师应当要求被询证者在所有情况下必须回函，确认询证函所列示信息是否正确，或填列询证函要求的信息。积极的函证方式又分为两种：一种是在询证函中列明拟函证的账户余额或其他信息，要求被询证者确认所函证的款项是否正确。通常认为，对这种询证函的回复能够提供可靠的审计证据。但是，其缺点是被询证者可能对所列示信息根本不加以验证就予以回函确认。注册会计师通常难以发觉是否发生了这种情形。为了避免这种风险，注册会计师可以采用另外一种询证函，即在询证函中不列明账户余额或其他信息，而要求被询证者填写有关信息或提供进一步信息。由于这种询证函要求被询证者作出更多的努力，可能会导致回函率降低，进而导致注册会计师执行更多的替代程序。

在采用积极的函证方式时，只有注册会计师收到回函，才能为财务报表认定提供审计证据。注册会计师没有收到回函，可能是由于被询证者根本不存在，或是由于被询证者没有收到询证函，也可能是由于询证者没有理会询证函，因此，无法证明所函证信息是否正确。

2）消极的函证方式

如果采用消极的函证方式，注册会计师只要求被询证者仅在不同意询证函列示信息的情况下才予以回函。对消极式询证函而言，未收到回函并不能明确表明预期的被询证者已经收到询证函或已经核实了询证函中包含的信息的准确性。因此，未收到消极式询证函的回函提供的审计证据，远不如积极式询证函的回函提供的审计证据有说服力。如果询证函中的信息对询证者不利，则被询证者更有可能回函表示其不同意；相反，如果询证函中的信息对被询证者有利，回函的可能性就会相对较小。例如，被审计单位的供应商如果认为询证函低估了被审计单位的应付账款余额，则其更有可能回函；如果高估了该余额，则回函的可能性很小。因此，注册会计师在考虑这些余额是否可能低估时，向供应商发出消极式询证函可能是有用的程序，但是，利用这种程序收集该余额高估的证据就未必有效。当重大错报风险评估为低水平、涉及大量余额较小的账户、预期不存在大量的错误以及没有理由相信被询证者不认真对待函证同时存在时，注册会计师可考虑采用消极的函证方式。

在实务中，注册会计师也可将这两种方式结合使用。以应收账款为例，当应收账款的余额是由少量的大额应收账款和大量的小额应收账款构成时，注册会计师可以对所有的或抽取的大额应收账款样本采用积极的函证方式，而对抽取的小额应收账款样本项目采用消极的函证方式。

(四)函证的实施与评价

1. 函证实施过程的控制

当实施函证时，注册会计师应当对选择被询证者、设计询证函以及发出和收回询证函保持控制。出于掩盖舞弊的目的，被审计单位可能想方设法拦截或更改询证函及回函的内容。如果注册会计师对函证程序控制不严密，就可能给被审计单位造成可乘之机，导致函证结果发生偏差和函证程序失效。注册会计师应当采取下列措施对函证实施过程进行控制：将被询证者的名称、单位名称和地址与被审计单位有关记录核对；将询证函中列示的账户余额或其他信息与被审计单位有关资料核对；在询证函中指明直接向接受审计业务委托的会计师事务所回函；询证函经被审计单位盖章后，由注册会计师直接发出；将发出询证函的情况形成审计工作记录；将收到的回函形成审计工作记录，并汇总统计函证结果。此外，注册会计师还应当考虑回函是否来自所要求的回函人。

2. 以电子形式回函时的处理

对以电子形式收到的回函(如传真或电子邮件)，由于回函者的身份及其授权情况很难确定，对回函的更改也难以发觉，因此可靠性存在风险。注册会计师和回函者采用一定的程序为电子形式的回函创造安全环境，可以降低该风险。如果注册会计师确信这种程序安全并得到适当控制，则会提高相关回函的可靠性。电子函证程序涉及多种确认发件人身份的技术，如加密技术、电子数码签名技术、网页真实性认证程序。另外，注册会计师还应将收到的口头答复记录于工作底稿。如果口头答复中的信息很重要，注册会计师应要求相关方就此重要信息直接提交书面确认文件。

3. 积极式函证未收到回函时的处理

如果采用积极的函证方式实施函证而未能收到回函，注册会计师应当考虑

与被询证者联系，要求对方作出回应或再次寄发询证函。如果未能得到被询证者的回应，注册会计师应当实施替代审计程序。所实施的替代程序因所涉及的账户和认定而异，但替代审计程序应当能够提供实施函证所能够提供的同样效果的审计证据。例如，对应付账款的存在性认定，替代审计程序可能包括检查期后付款记录、对方提供的对账单等；对完整性认定，替代审计程序可能包括检查收货单等入库记录和凭证。

4. 评价审计证据的充分性和适当性时应考虑的因素

如果注册会计师认为取得积极式函证回函是获取充分、适当的审计证据的必要程序，则替代程序不能提供注册会计师所需要的审计证据。在这种情况下，如果未获取回函，注册会计师应当按照《中国注册会计师审计准则第 1502 号——在审计报告中发表非无保留意见》的规定，确定其对审计工作和审计意见的影响。

在某些情况下，注册会计师可能识别出认定层次重大错报风险，且取得积极式询证函回函是获取充分、适当的审计证据的必要程序。这些情况可能包括：可获取的佐证管理层认定的信息只能从被审计单位外部获得；存在特定舞弊风险因素，例如，管理层凌驾于内部控制之上，员工和(或)管理层串通使注册会计师不能信赖从被审计单位获取的审计

证据。

5. 评价函证的可靠性

函证所获得的审计证据的可靠性主要取决于注册会计师设计询证函、实施函证程序和评价函证结果等程序的适当性。在评价函证的可靠性时，注册会计师应当考虑：对询证函的设计、发出及收回的控制情况；被询证者的胜任能力、独立性、授权回函情况、对函证项目的了解及其客观性；被审计单位施加的限制或回函中的限制。因此，如果可行的话，注册会计师应当努力确保询证函被送交适当的人员。例如，如果要证实被审计单位的某项长期借款合同已经被终止，注册会计师应当直接向了解这笔终止长期贷款事项和有权提供这一信息的贷款方人员进行函证。

如果认为询证函回函不可靠，注册会计师应当评价其对评估的相关重大错报风险（包括舞弊风险），以及其他审计程序的性质、时间安排和范围的影响。例如，注册会计师可以通过直接打电话给被询证者等方式以验证回函的内容和来源。

需要特别注意的是，目前有些银行仍然没有严格执行实名开户的措施，企业有可能利用其员工或其他人的名义开具银行账户。在这种情况下，向银行寄发询证并不能保证有关信息的完整性。另外，某些企业与银行或其他金融机构合谋，共同舞弊，提供虚假信息或其他证据，导致函证结果不可靠。因此，注册会计师应当在考虑舞弊导致的财务报表重大错报风险的基础上，适当选择函证的方式，谨慎分析和评价函证结果。

6. 对不符事项的处理

注册会计师应当调查不符事项，以确定是否表明存在错报。询证函回函中指出的不符事项可能显示财务报表存在错报。当识别出错报时，注册会计师需要根据《中国注册会计师审计准则第 1141 号——财务报表审计中与舞弊相关的责任》的规定评价该错报是否表明存在舞弊。不符事项可以为注册会计师判断来自类似的被询证者回函质量及类似账户回函质量提供依据。不符事项还可能显示被审计单位与财务报告相关的内部控制存在缺陷。某些不符事项并不表明存在错报。例如，注册会计师可能认为询证函回函的差异是由于函证程序的时间安排、计量或书写错误造成的。

五、分析程序

（一）分析程序的目的

分析程序，是指注册会计师通过分析不同财务数据之间以及财务数据与非财务数据之间的内在关系，对财务信息作出评价。分析程序还包括在必要时对识别出的、与其他相关信息不一致或与预期值差异重大的波动或关系进行调查。注册会计师实施分析程序的目的包括 3 方面。首先，其可以用作风险评估程序，以了解被审计单位及其环境注册会计师实施风险评估程序的目的在于了解被审计单位及其环境并评估财务报表层次和认定层次的重大错报风险。在风险评估过程中使用分析程序也服务于这一目的。分析程序可以帮助注册会计师发现财务报表中的异常变化，或者预期发生而未发生的变化，识别存在潜在重大错报风险的领域。分析程序还可以帮助注册会计师发现财务状况或盈利能力发生变化的信息和征兆，识别那些表明被审计单位持续经营能力问题的事项。其次，当使用分析程序比细节测试能更有效地将认定层次的检查风险降至可接受的水平时，分析程序可以用作实质性程序。在针对评估的重大错报风险实施进一步审计程序时，注册会计师可以将分析程序作为实质性程序的一种，单独或结合其他细节测试，收集充分、适当的审计证据。此时运用分析程序可以减少细节测试的工作量，节约审计成本，降低审计风险，使审计工作更有效率和效果。再次，在审计结束或临近结束时对财务报表进行总体复核。在审计结束或临近结束时，注册会计师应当运用分析程序，在已收集的审计证据的基础上，对财务报表整体的合理性做最终把握，评价报表仍然存在重大错报风险而未被发现的可能性，考虑是否需要追加审计程序，以便为发表审计意见提供合理基础。分析程序运用的不同目的，决定了分析程序运用的具体方法和特点。

（二）用作风险评估程序

1. 总体要求

注册会计师在实施风险评估程序时，应当运用分析程序，以了解被审计单位及其环境。如前所述，在实施风险评估程序时，运用分析程序的目的是了解被审计单位及其环境并评估重大错报风险，注册会计师应当围绕这一目的运用分析程序。在这个阶段运用分析程序是强制要求。

2. 在风险评估程序中的具体运用

注册会计师在将分析程序用作风险评估程序时，应当遵守《中国注册会计师审计准则第1211号——通过了解被审计单位及其环境识别和评估重大错报风险》的相关规定。注册会计师可以将分析程序与询问、检查和观察程序结合运用，以获取对被审计单位及其环境的了解，识别和评估财务报表层次及具体认定层次的重大错报风险。在运用分析程序时，注册会计师应重点关注关键的账户余额、趋势和财务比率关系等方面，对其形成一个合理的预期，并与被审计单位记录的金额、依据记录金额计算的比率或趋势相比较。如果分析程序的结果显示的比率、比例或趋势与注册会计师对被审计单位及其环境的了解不一致，并且被审计单位管理层无法作出合理的解释，或者无法取得相关的支持性文件证据，注册会计师应当考虑其是否表明被审计单位的财务报表存在重大错报风险。例如，注册会计师根据对被审计单位及其环境的了解，得知本期在生产成本中占较大比重的原材料成本大幅上升。因此，注册会计师预期在销售收入未有较大变化的情况下，由于销售成本的上升，毛利率应相应下降。但是，注册会计师通过分析程序发现，本期与上期的毛利率变化不大。注册会计师可能据此认为销售成本存在重大错报风险，应对其给予足够的关注。需要注意的是，注册会计师无需在了解被审计单位及其环境的每一方面时都实施分析程序。例如，在对内部控制的了解中，注册会计师一般不会运用分析程序。

3. 风险评估过程中运用的分析程序的特点

风险评估程序中运用分析程序的主要目的在于识别那些可能表明财务报表存在重大错报风险的异常变化。因此，所使用的数据汇总性比较强，其对象主要是财务报表中账户余额及其相互之间的关系；所使用的分析程序通常包括对账户余额变化的分析，并辅之以趋势分析和比率分析。与实质性分析程序相比，在风险评估过程中使用的分析程序所进行比较的性质、预期值的精确程度，以及所进行的分析和调查的范围都并不足以提供很高的保证水平。

(三)用作实质性程序

1. 总体要求

注册会计师应当针对评估的认定层次重大错报风险设计和实施实质性程序。实质性程序包括对各类交易、账户余额和披露的细节测试以及实质性分析程序。

实质性分析程序是指用作实质性程序的分析程序，它与细节测试都可用于收集审计证据，以识别财务报表认定层次的重大错报风险。当使用分析程序比细节测试能更有效地将认定层次的检查风险降至可接受的水平时，注册会计师可以考虑单独或结合细节测试，运用实质性分析程序。实质性分析程序不仅仅是细节测试的一种补充，在某些审计领域，如果重大错报风险较低且数据之间具有稳定的预期关系，注册会计师可以单独使用实质性分析程序获取充分、适当的审计证据。尽管分析程序有特定的作用，但并未要求注册会计师在实施实质性程序时必须使用分析程序。这是因为针对认定层次的重大错报风险，注册会计师实施细节测试而不实施分析程序，同样可能实现实质性程序的目的。另外，分析程序有其运用的前提和基础，它并不适用于所有的财务报表认定。

需要强调的是，相对于细节测试而言，实质性分析程序能够达到的精确度可能受到种种限制，所提供的证据在很大程度上是间接证据，证明力相对较弱。从审计过程整体来看，注册会计师不能仅依赖实质性分析程序，而忽略对细节测试的运用。在设计和实施实质性分析程序时，无论单独使用或与细节测试结合使用，注册会计师都应当考虑针对所涉及认定评估的重大错报风险和实施的细节测试(如有)，确定特定实质性分析程序对这些认定的适用性；考虑可获得信息的来源、可比性、性质和相关性以及与信息编制相关的控制，评价在对已记录的金额或比率作出预期时使用数据的可靠性；对已记录的金额或比率作出预期，并评价预期值是否足够精确以识别重大错报(包括单项重大的错报和单项虽不重大但连同其他错报可能导致财务报表产生重大错报的错报)；确定已确定记录金额与预期值之间可接受的，且无需按《中国注册会计师审计准则第 1313 号——分析程序》第七条的要求进一步调查的差异额。

2. 确定实质性分析程序对特定认定的适用性

实质性分析程序通常更适用于在一段时期内存在预期关系的大量交易。分析程序的运用建立在这种预期的基础上，即数据之间的关系存在且没有反证的情况下继续存在。然而，某一部分程序的适用性，取决于注册会计师评价该分析程序在发现某一错报单独或连同其他错报可能引起财务报表存在重大错报时的有效性。在某些情况下，不复杂的预测模型也可以用于实施有效的分析程序。例如，如果被审计单位在某一会计期间对既定数量的员工支付固定工资，注册会计师可利用这一数据非常准确地估计出该期间的员工工资总额，从而获取有关该重要财务报表项目的审计证据，并降低对工资成本实施细节测试的必要性。一些广泛认同的行业比率(如不同类型零售企业的毛利率)通常可以有效地运用于实质性分析程序，为已记录金额的合理性提供支持性证据。不同类型的分析程序提供不同程度的保证。例如，根据租金水平、公寓数量和空置率，可以测算出一幢公寓大楼的总租金收入。如果这些基础数据得到恰当的核实，上述分析程序能提供具有说服力的证据，从而可能无需利用细节测试再作进一步验证。相比之下，通过计算和比较毛利率，对于某项收入数据的确认，可以提供说服力相对较弱的审计证据，但如果结合实施其他审计程序，则可以提供有用的佐证。

对特定实质性分析程序适用性的确定，受到认定的性质和注册会计师对重大错报风险评估的影响。例如，如果针对销售订单处理的内部控制存在缺陷，对与应收账款相关的认定，注册会计师可能更多地依赖细节测试，而非实质性分析程序。在针对同一认定实施细节测试时，特定的实质性分析程序也可能视为是适当的。例如，注册会计师在对应收账款余额的计价认定获取审计证据时，除了对期后收到的现金实施细节测试处外，也可以对应收账款的账龄实施实质性分析程序，以确定应收账款的可收回性。

3. 数据的可靠性

注册会计师对已记录的金额或比率作出预期时，需要采用内部或外部的数据。

来自被审计单位内部的数据包括：前期数据，并根据当期的变化进行调整；当期的财务数据；预算或预测；非财务数据等。外部数据包括：政府有关部门发布的信息，如通货膨胀率、利率、税率，有关部门确定的进出口配额等；行业监管者、贸易协会以及行业调查单位发布的信息，如行业平均增长率；经济预测组织，包括某些银行发布的预测消息，如某些行业的业绩指标等；公开出版的财务信息；证券交易所发布的信息等。

数据的可靠性直接影响根据数据形成的预期值。数据的可靠性越高，预期的准确性也将越高，分析程序将更有效。注册会计师计划获取的保证水平越高，对数据可靠性的要求也就越高。数据的可靠性受其来源及性质的影响，并取决于获取该数据的环境。因此，在确定数据的可靠性是否能够满足实质性分析程序的需要时，下列因素是相关的：①可获得信息的来源。例如，从被审计单位以外的独立来源获取的信息可能更加可靠。②可获得信息的可比性。例如，对于生产和销售特殊产品的被审计单位，可能需要对宽泛的行业数据进行补充，使其更具可比性。③可获得信息的性质和相关性。例如，预算是否作为预期的结果，而不是作为将要达到目标。④与信息编制相关的控制，用以确保信息完整、准确和有效。例如，与预算的编制、复核和维护相关的控制。

当针对评估的风险实施实质性分析程序时，如果使用被审计单位编制的信息，注册会计师可能需要考虑测试与信息编制相关的控制(如有)的有效性。当这些控制有效时，注册会计师通常对该信息的可靠性更有信心，进而对分析程序的结果更有信心。对与非财务信息相关的控制运行有效性的测试，通常与对其他控制的测试结合在一起进行。例如，被审计单位对销售发票建立控制的同时，也可能对销售数量的记录建立控制。在这些情况下，注册会计师可以把两者的控制有效性测试结合在一起进行。或者，注册会计师可以考虑该信息是否需要经过测试。上述测试的结果有助于注册会计师就该信息的准确性和完整性获取审计证据，以更好地判断分析程序使用的数据是否可靠。如果注册会计师通过测试获知与信息编制相关的控制运行有效，或信息在本期或前期经过审计，该信息的可靠性将更高。

4. 评价预期值的准确程度

准确程度是对预期值与真实值之间接近程度的度量，也称精确度。分析程序的有效性很大程度上取决于注册会计师形成的预期值的准确性。预期值的准确性越高，注册会计师通过分析程序获取的保证水平将越高。在评价作出预期的准确程度是否足以在计划的保证水平上识别重大错报时，注册会计师应当考虑下列主要因素：①对实质性分析程序的预期结果作出预测的准确性。例如，与各年度的研究开发和广告费用支出相比，注册会计师通常预期各期的毛利率更具有稳定性。②信息可分解的程度。信息可分解的程度是指用于分析程序的信息的详细程度，如按月份或地区分部分解的数据。通常，数据的可分解程度越高，预期值的准确性越高，注册会计师将相应获取较高的保证水平。当被审计单位经营复杂或多元化时，分解程度高的详细数据更为重要。数据需要具体到哪个层次受被审计单位性质、规模、复杂程度及记录详细程度等因素的影响。如果被审计单位从事多个不同的行业，或者拥有非常重要的子公司，或者在多个地点进行经营活动，注册会计师可能需要考虑就每个重要的组成部分分别取得财务信息。但是，注册会计师也应当考虑分解程度高的数据的可靠性。例如，季度数据可能因为未经审计或相关控制相对较少，其可靠性将不如年度数据。③财务和非财务信息的可获得性。在设计实质性分析程序时，注册会计师应考虑是否可以获得财务信息（如预算和预测）以及非财务信息（如已生产或已销售产品的数量），以有助于运用分析程序。

5. 已记录金额与预期值之间可接受的差异额

预期值只是一个估计数据，大多数情况下与已记录金额并不一致。为此，在设计和实施实质性分析程序时，注册会计师应当确定已记录金额与预期值之间可接受的差异额。注册会计师在确定已记录金额与预期值之间可接受的，且无需作进一步调查的差异额时，受重要性和计划的保证水平的影响。在确定该差异额时，注册会计师需要考虑一项错报单独加连同其他错报导致财务报表发生重大错报的可能性。《中国注册会计师审计准则第1231号——针对评估的重大错报风险采取的应对措施》规定，注册会计师评估的风险越高，需要获取越有说服力的审计证据。因此，为了获取具有说服力的审计证据，当评估的风险增加时，可接受的、无需作进一步调查的差异额将会降低。

如果在期中实施实质性程序，并计划针对剩余期间实施实质性分析程序，注册会计师应当考虑实质性分析程序对特定认定的适用性、数据的可靠性、作出预期的准确程度以及可接受的差异额，并评估这些因素如何影响针对剩余期间获取充分、适当的审计证据的能力。注册会计师还应考虑某类交易的期末累计发生额或账户期末余额在金额、相对重要性及构成方面能否被合理预期。如果认为仅实施实质性分析程序不足以收集充分、适当的审计证据，注册会计师还应测试剩余期间相关控制运行的有效性或针对期末实施细节测试。

(四)用于总体复核

1. 总体要求

在审计结束或临近结束时，注册会计师运用分析程序的目的是确定财务报表整体是否与其对被审计单位的了解一致，注册会计师应当围绕这一目的运用分析程序。这时运用分析程序是强制要求，注册会计师在这个阶段应当运用分析程序。

2. 总体复核阶段分析程序的特点

在总体复核阶段执行分析程序，所进行的比较和使用的手段与风险评估程序中使用的分析程序基本相同，但两者的目的不同。在总体复核阶段实施的分析程序主要在于强调并解释财务报表项目自上个会计期间以来发生的重大变化，以证实财务报表中列报的所有信息与注册会计师对被审计单位及其环境的了解一致，与注册会计师取得的审计证据一致。因此，两者的主要差别在于实施分析程序的时间和重点不同，以及所取得的数据的数量和质量不同。另外，因为在总体复核阶段实施的分析程序并非为了对特定账户余额和披露提供实质性的保证水平，因此并不如实质性分析程序那样详细和具体，而往往集中在财务报表层次。

3. 再评估重大错报风险

在运用分析程序进行总体复核时，如果识别出以前未识别的重大错报风险，注册会计师应当重新考虑对全部或部分各类交易、账户余额和披露评估的风险是否恰当，并在此基础上重新评价之前计划的审计程序是否充分，是否有必要追加审计程序。

第二节　审计工作底稿

一、审计工作底稿概述

(一)审计工作底稿的含义

审计工作底稿，是指注册会计师对制定的审计计划、实施的审计程序、获取的相关审计证据，以及得出的审计结论作出的记录。审计工作底稿是审计证据的载体，是注册会计师在审计过程中形成的审计工作记录和获取的资料。它形成于审计过程，也反映整个审计过程。

(二)审计工作底稿编制目的

审计工作底稿在计划和执行审计工作中发挥着关键作用。它提供了审计工作实际执行情况的记录，并形成审计报告的基础。审计工作底稿也可用于质量控制复核、监督会计师事务所对审计准则的遵循情况以及第三方的检查等。会计师事务所因执业质量而涉及诉讼或有关监管机构进行执业质量检查时，审计工作底稿能够提供证据，证明会计师事务所是否按照中国注册会计师审计准则(以下简称审计准则)的规定执行了审计工作。因此，注册会计师应当及时编制审计工作底稿，以实现下列8方面目的：提供充分、适当的记录，作为出具审计报告的基础；提供证据，证明注册会计师已按照审计准则和相关法律法规的规定计划和执行了审计工作；有助于项目组计划和执行审计工作；有助于负责督导的项目组成员按照《中国注册会计师审计准则第1121号——对财务报表审计实施的质量控制》的规定，履行指导、监督与复核审计工作的责任；便于项目组说明其执行审计工作的情况；保留对未来审计工作持续产生重大影响的事项的记录；便于会计师事务所按照《质量控制准则第5101号——会计师事务所对执行财务报表审计和审阅、其他鉴证和相关服务业务实施的质量控制》的规定，实施质量控制复核与检查；便于监管机构和注册会计师协会根据相关法律法规或其他相关要求，对会计师事务所实施执业质量检查。

(三)审计工作底稿的编制要求

注册会计师编制的审计工作底稿，应当使未曾接触该项审计工作的有经验的专业人士清楚地了解：按照审计准则和相关法律法规的规定实施的审计程序的性质、时间安排和范围；实施审计程序的结果和获取的审计证据；审计中遇到的重大事项和得出的结论，以及在得出结论时作出的重大职业判断。有经验的专业人士，是指会计师事务所内部或外部的具有审计实务经验，并且审计过程、审计准则和相关法律法规的规定、被审计单位所处的经营环境、与被审计单位所处行业相关的会计和审计问题有合理了解的人士。

(四)审计工作底稿的性质

1. *审计工作底稿的存在形式*

审计工作底稿可以以纸质、电子或其他介质形式存在。随着信息技术的广泛运用，审计工作底稿的形式从传统的纸质形式扩展到电子或其他介质形式。但无论审计工作底稿以哪种形式存在，会计师事务所都应当针对审计工作底稿设计和实施适当的控制，以使审计工作底稿清晰地显示其生成、修改及复核的时间和人员；在审计业务的所有阶段，尤其是在项目组成员共享信息或通过互联网将信息传递给其他人员时，保护信息的完整性和安全性；防止未经授权改动审计工作底稿；允许项目组和其他经授权的人员为适当履行职责而接触审计工作底稿。为便于会计师事务所内部进行质量控制和外部执业质量检查或调查，以电子或其他介质形式存在的审计工作底稿，应与其他纸质形式的审计工作底稿一并归档，并应能通过打印等方式，转换成纸质形式的审计工作底稿。在实务中，为便于复核，注册会计师可以将以电子或其他介质形式存在的审计工作底稿通过打印等方式，转换成纸质形式的审计工作底稿，并与其他纸质形式的审计工作底稿一并归档，同时，单独保存这些以电子或其他介质形式存在的审计工作底稿。

2. 审计工作底稿通常包括的内容

审计工作底稿通常包括总体审计策略、具体审计计划、分析表、问题备忘录、重大事项概要、询证函回函和声明、核对表、有关重大事项的往来函件(包括电子邮件)，注册会计师还可以将被审计单位文件记录的摘要或复印件(如重大的或特定的合同和协议)作为审计工作底稿的一部分。此外，审计工作底稿通常还包括业务约定书、管理建议书、项目组内部或项目组与被审计单位举行的会议记录、与其他人士(如其他注册会计师、律师、专家等)的沟通文件及错报汇总表等。但是，审计工作底稿并不能代替被审计单位的会计记录。

一般情况下，分析表主要是指对被审计单位财务信息执行分析程序的记录。例如，记录对被审计单位本年各月收入与上一年度的同期数据进行比较的情况，记录对差异的分析等。

问题备忘录一般是指对某一事项或问题的概要的汇总记录。在问题备忘录中，注册会计师通常记录该事项或问题的基本情况、执行的审计程序或具体审计步骤，以及得出的审计结论。例如，有关存货监盘审计程序或审计过程中发现问题的备忘录。

核对表一般是指会计师事务所内部使用的、为便于核对某些特定审计工作或程序的完成情况的表格。例如，特定项目(如财务报表列报)审计程序核对表、审计工作完成情况核对表等。它通常以列举的方式列出审计过程中注册会计师应当进行的审计工作或程序以及特别需要提醒注意的问题，并在适当情况下索引至其他审计工作底稿，便于注册会计师核对是否已按照审计准则的规定进行审计。

3. 审计工作底稿通常不包括的内容

审计工作底稿通常不包括已被取代的审计工作底稿的草稿或财务报表的草稿、反映不全面或初步思考的记录、存在印刷错误或其他错误而作废的文本，以及重复的文件记录等。由于这些草稿、错误的文本或重复的文件记录不直接构成审计结论和审计意见的支持性证据，因此，注册会计师通常无需保留这些记录。

二、审计工作底稿的格式、要素和范围

(一)确定审计工作底稿的格式、要素和范围时考虑的因素

注册会计师应当考虑下列因素。

1. 被审计单位的规模和复杂程度

通常来说，对大型被审计单位进行审计形成的审计工作底稿，通常比对小型被审计单位进行审计形成的审计工作底稿要多；对业务复杂被审计单位进行审计形成的审计工作底

稿，通常比对业务简单被审计单位进行审计形成的审计工作底稿要多。

2. 拟实施审计程序的性质

通常，不同的审计程序会使得注册会计师获取不同性质的审计证据，由此注册会计师可能会编制不同的审计工作底稿。例如，注册会计师编制的有关函证程序的审计工作底稿（包括询证函及回函、有关不符事项的分析等）和存货监盘程序的审计工作底稿（包括盘点表、注册会计师对存货的测试记录等）在内容、格式及范围方面是不同的。

3. 识别出的重大错报风险

识别和评估的重大错报风险水平的不同可能导致注册会计师实施的审计程序和获取的审计证据不尽相同。例如，如果注册会计师识别出应收账款存在较高的重大错报风险，而其他应收款的重大错报风险较低，则注册会计师可能对应收账款实施较多的审计程序并获取较多的审计证据，因而对测试应收账款的记录会比针对测试其他应收款记录的内容多且范围广。

4. 已获取的审计证据的重要程度

注册会计师通过执行多项审计程序可能会获取不同的审计证据，有些审计证据的相关性和可靠性较高，有些质量则较差，注册会计师可能区分不同的审计证据进行有选择性的记录，因此，审计证据的重要程度也会影响审计工作底稿的格式、内容和范围。

5. 识别出的例外事项的性质和范围

有时注册会计师在执行审计程序时会发现例外事项，由此可能导致审计工作底稿在格式、内容和范围方面的不同。例如，某个函证的回函表明存在不符事项，如果在实施恰当的追查后发现该例外事项并未构成错报，注册会计师可能只在审计工作底稿中解释发生该例外事项的原因及影响；反之，如果该例外事项构成错报，注册会计师可能需要执行额外的审计程序并获取更多的审计证据，由此编制的审计工作底稿在内容和范围方面可能有很大不同。

6. 记录结论或结论基础的必要性

当从已执行审计工作或获取审计证据的记录中不易确定结论或结论的基础时，记录结论或结论基础的必要性。在某些情况下，特别是在涉及复杂的事项时，注册会计师仅将已执行的审计工作或获取的审计证据记录下来，并不容易使其他有经验的注册会计师通过合理的分析，得出审计结论或结论的基础。此时注册会计师应当考虑是否需要进一步说明并记录得出结论的基础（即得出结论的过程）及该事项的结论。

7. 审计方法和使用的工具

审计方法和使用的工具可能影响审计工作底稿的格式、内容和范围。例如，如果使用计算机辅助审计技术对应收账款的账龄进行重新计算，通常可以针对总体进行测试，而采用人工方式重新计算时，则可能会针对样本进行测试，由此形成的审计工作底稿会在格式、内容和范围方而有所不同。

考虑以上因素有助于注册会计师确定审计工作底稿的格式、内容和范围是否恰当。注册会计师在考虑以上因素时需注意，根据不同情况确定审计工作底稿的格式、内容和范围均是为达到审计准则中所述的编制审计工作底稿的目的，特别是提供证据的目的。例如，细节测试和实质性分析程序的审计工作底稿所记录的审计程序有所不同，但两类审计工作底稿都应当充分、适当地反映注册会计师执行的审计程序。

(二)审计工作底稿的要素

通常，审计工作底稿包括下列全部或部分要素：审计工作底稿的标题；审计过程记录；审计结论；审计标识及其说明；索引号及编号；编制者姓名及编制日期；复核者姓名及复核日期；其他应说明事项。

1. 审计工作底稿的标题

每张底稿应当包括被审计单位的名称、审计项目的名称以及资产负债表日或底稿覆盖的会计期间(如果与交易相关)。

2. 审计过程记录

在记录审计过程时，应当特别注意以下几个重点方面。

1)具体项目或事项的识别特征

在记录实施审计程序的性质、时间安排和范围时，注册会计师应当记录测试的具体项目或事项的识别特征，记录具体项目或事项的识别特征可以实现多种目的，例如，这能反映项目组履行职责的情况，也便于对例外事项或不符事项进行调查，以及对测试的项目或事项进行复核。识别特征是指被测试的项目或事项表现出的征象或标志。识别特征因审计程序的性质和测试的项目或事项不同而不同。对某一个具体项目或事项而言，其识别特征通常具有唯一性，这种特性可以使其他人员根据识别特征在总体中识别该项目或事项并重新执行该测试。为帮助理解，以下列举部分审计程序中所测试的样本的识别特征：如在对被审计单位生成的订购单进行细节测试时，注册会计师可以以订购单的日期或其唯一编号作为测试订购单的识别特征。需要注意的是，在以日期或编号作为识别特征时，注册会计师需要同时考虑被审计单位对订购单编号的方式，例如，若被审计单位按年对订购单依次编号，则识别特征是××年的××号；若被审计单位序列号进行编号，则可以直接将该号码作为识别特征。对于需要选取或复核既定总体内一定金额以上的所有项目的审计程序，注册会计师可以记录实施程序的范围并指明该总体。例如，银行存款日记账中一定余额以上的所有会计分录。对于需要系统化抽样的审计程序，注册会计师可能会通过记录样本的来源、抽样的起点及抽样间隔来识别已选取的样本。例如，若被审计单位对发运单顺序编号，测试的发运单的识别特征可以是，对4月1日~9月30日的发运记录，从第12345号发运单开始每隔125号系统抽取发运单。对于需要询问被审计单位中特定人员的审计和程序，注册会计师可能会以询问的时间、被询问人的姓名及职位作为识别特征。对于观察程序，注册会计师可以以观察的对象或观察过程、相关规定观察人员及其各自的责任、观察的地点和时间作为识别特征。

2)重大事项及相关重大职业判断

注册会计师应当根据具体情况判断某一事项是否属于重大事项。重大事项通常包括：

引起特别风险的事项；实施审计程序的结果，该结果表明财务信息可能存在重大错报，或需要修正以前对重大错报风险的评估和针对这些风险拟采取的应对措施；导致注册会计师难以实施必要审计程序的情形；导致出具非标准审计报告的事项。注册会计师应当记录与管理层、治理层和其他人员对重大事项的讨论，包括所讨论的重大事项的性质以及讨论的时间、地点和参加人员。有关重大事项的记录可能分散在审计工作底稿的不同部分。将这些分散在审计工作底稿中的有关重大事项的记录汇总在重大事项概要中，不仅可以帮助注册会计师集中考虑重大事项对审计工作的影响，还便于审计工作的复核人员全面、快速地了解重大事项，从而提高复核工作的效率。对于大型、复杂的审计项目，重大事项概要的作用尤为重要。因此，注册会计师应当考虑编制重大事项概要，将其作为审计工作底稿的组成部分，以有效地复核和检查审计工作底稿，并评价重大事项的影响。

重大事项概要包括审计过程中识别的重大事项及其如何得到解决，或对其他支持性审计工作底稿的交叉索引。注册会计师在执行审计工作和评价审计结果时运用职业判断的程度，是决定记录重大事项的审计工作底稿的格式、内容和范围的一项重要因素。在审计工作底稿中对重大职业判断进行记录，能够解释注册会计师得出的结论并提高职业判断的质量。这些记录对审计工作底稿的复核人员非常有帮助，同样也有助于执行以后期间审计的人员查阅具有持续重要性的事项(如根据实际结果对以前作出的会计估计进行复核)。当涉及重大事项和重大职业判断时，注册会计师需要编制与运用职业判断相关的审计工作底稿。例如，如果审计准则要求注册会计师"应当考虑"某些信息或因素，并且这种考虑在特定业务情况下是重要的，记录注册会计师得出结论的理由；记录注册会计师对某些方面主观判断的合理性(如某些重大会计估计的合理性)得出结论的基础；如果注册会计师针对审计过程中识别出的导致其对某些文件记录的真实性产生怀疑的情况实施了进一步调查(如适当利用专家的工作或实施函证程序)，记录注册会计师对这些文件记录真实性得出结论的基础。

3)针对重大事项如何处理不一致的情况

如果识别出的信息与针对某重大事项得出的最终结论不一致，注册会计师应当记录如何处理不一致的情况。上述情况包括但不限于注册会计师针对该信息执行的审计程序、项目组成员对某事项的职业判断不同而向专业技术部门的咨询情况，以及项目组成员和被咨询人员不同意见(如项目组与专业技术部门的不同意见)的解决情况。记录如何处理识别出的信息与针对重大事项得出的结论不一致的情况是非常必要的，它有助于注册会计师关注这些不一致，并对此执行必要的审计程序以恰当地解决这些不一致。但是，对如何解决这些不一致的记录要求并不意味着注册会计师需要保留不正确的或被取代的审计工作底稿。例如，某些信息初步显示与针对某重大事项得出的最终结论不一致，注册会计师发现这些信息是错误的或不完整的，并且初步显示的不一致可以通过获取正确或完整的信息得到满意的解决，则注册会计师无需保留这些错误的或不完整的信息。此外，对于职业判断的差异，若初步的判断意见是基于不完整的资料或数据，则注册会计师也无需保留这些初步的判断意见。

3. 审计结论

审计工作的每一部分都应包含与已实施审计程序的结果及其是否实现既定审计目标相关的结论，还应包括审计程序识别出的例外情况和重大事项如何得到解决的结论。注册会计师恰当地记录审计结论非常重要。注册会计师需要根据所实施的审计程序及获取的审计证据得出结论，并以此作为对财务报表发表审计意见的基础。在记录审计结论时需注意、在审计工作底稿中记录的审计程序和审计证据是否足以支持所得出的审计结论。

4. 审计标识及其说明

审计标识被用于与已实施审计程序相关的底稿。每张底稿都应包含对已实施程序的性质和范围所作的解释，以支持每一个标识的含义。审计工作底稿中可使用各种审计标识，但应说明其含义，并保持前后一致。以下是注册会计师在审计工作底稿中列明标识并说明其含义的例子，供参考。在实务中，注册会计师也可以依据实际情况运用更多的审计标识。

∧：纵加核对。

<：横加核对。

B：与上年结转数核对一致。

T：与原始凭证核对一致。

G：与总分类账核对一致。

S：与明细账核对一致。

T/B：与试算平衡表核对一致。

C：已发询证函。

C\：已收回询证函。

5. 索引号及编号

通常，审计工作底稿需要注明索引号及顺序编号，相关审计工作底稿之间需要保持清晰的勾稽关系。为了汇总及便于交叉索引和复核，每个事务所都会制定特定的审计工作底稿归档流程。因此，每张表或记录都应有一个索引号，例如 A1、D6 等，以说明其在审计工作底稿中的放置位置。工作底稿中每张表所包含的信息都应当与另一张表中的相关信息进行交叉索引，例如，现金盘点表应当与列示所有现金余额的导表进行交叉索引。利用计算机编制工作底稿时，可以采用电子索引和链接。随着审计工作的推进，链接表还可予以自动更新。例如，审计调整表可以链接到试算平衡表，当新的调整分录编制完后，计算机会自动更新试算平衡表，为相关调整分录插入索引号。同样，评估的固有风险或控制风险可以与针对特定风险领域设计的相关审计程序进行交叉索引。

在实务中，注册会计师可以按照所记录的审计工作的内容层次进行编号。例如，固定资产汇总表的编号为 C1，按类别列示的固定资产明细表的编号为 C1－1，房屋建筑物的编号为 C1－1－1，机器设备的编号为 C1－1－2，运输工具的编号为 C1－1－3，其他设备的编号为 C1－1－4。相互引用时，需要在审计工作底稿中交叉注明索引号。以下是不同审计工作底稿之间相互索引的例子，供参考。例如，固定资产的原值、累计折旧及净值的总额应分别与固定资产明细表的数字互相勾稽。以下是从固定资产汇总表工作底稿（表6-1）及固定资产明细表工作底稿（表6-2）中节选的部分，以做相互索引的示范。

表6-1　固定资产汇总表（工作底稿索引号：C1）（节选）

工作底稿索引号	固定资产	20×2年12月31日	20×1年12月31日
C1-1	原值	×××G	×××
C1-1	累计折旧	×××G	×××
	净值	×××T/B∧	×××B∧

表6-2　固定资产明细表（工作底稿索引号：C1-1）（节选）

工作底稿索引号	固定资产	期初余额	本期增加	本期减少	期末余额
	原值				
C1-1-1	1. 房屋建筑物	×××		×××	×××S
C1-1-2	2. 机器设备	×××	×××		×××S
C1-1-3	3. 运输工具	×××			×××S
C1-1-4	4. 其他设备	×××			×××S
	小计	×××B∧	×××∧	×××∧	×××<C1∧
	累计折旧	期初余额	本期增加	本期减少	期末余额
C1-1-1	1. 房屋建筑物	×××			×××S
C1-1-2	2. 机器设备	×××	×××		×××S
C1-1-3	3. 运输工具	×××			×××S
C1-1-4	4. 其他设备	×××			×××S
	小计	×××B∧	×××∧	×××∧	×××<C1∧
	净值	×××B∧			×××C1∧

注：“∧”纵加核对相符，“<”横加核对相符。

6. 编制人员和复核人员及执行日期

为了明确责任，在各自完成与特定工作底稿相关的任务之后，编制者和复核者都应在工作底稿上签名并注明编制日期和复核日期。在记录已实施审计程序的性质、时间安排和范围时，注册会计师应当记录：测试的具体项目或事项的识别特征；审计工作的执行人员及完成审计工作的日期；审计工作的复核人员及复核的日期和范围。在需要项目质量控制复核的情况下，还需要注明项目质量控制复核人员及复核的日期。通常，需要在每一张审计工作底稿上注明执行审计工作的人员和复核人员、完成该项审计工作的日期以及完成复核的日期。在实务中，如果若干页的审计工作底稿记录同一性质的具体审计程序或事项，并且编制在同一个索引号中，此时可以仅在审计工作底稿的第一页上记录审计工作的执行人员和复核人员并注明日期。

三、审计工作底稿的归档

《质量控制准则第5101号——会计师事务所对执行财务报表审计和审阅、其他鉴证和相关服务业务实施的质量控制》和《中国注册会计师审计准则第1131号——审计工作底稿》对审计工作底稿的归档作出了具体规定，涉及归档工作的性质和期限、审计工作底稿保管期限等方面。

(一)审计工作底稿归档工作的性质

在出具审计报告前，注册会计师应完成所有必要的审计程序，取得充分、适当的审计证据并得出适当的审计结论。由此，在审计报告日后将审计工作底稿归整为最终审计档案是一项事务性的工作，不涉及实施新的审计程序或得出新的结论。如果在归档期间对审计工作底稿作出的变动属于事务性的，注册会计师可以作出变动，主要包括删除或废弃被取代的审计工作底稿；对审计工作底稿进行分类、整理和交叉索引；对审计档案归整工作的完成核对表签字认可；记录在审计报告日前获取的、与项目组相关成员进行讨论并达成一致意见的审计证据。

(二)审计档案的结构

对每项具体审计业务，注册会计师应当将审计工作底稿归整为审计档案。在实务中，审计档案可以分为永久性档案和定期档案。这一分类主要是基于具体实务中对审计档案使用的时间而划分的。

1. 永久性档案

永久性档案是指那些记录内容相对稳定，具有长期使用价值，并对以后审计工作具有重要影响和直接作用的审计档案。例如，被审计单位的组织结构、批准证书、营业执照、章程、重要资产的所有权或使用权的证明文件复印件等。若永久性档案中的某些内容已发生变化，注册会计师应当及时予以更新。为保持资料的完整性以便满足日后查阅历史资料的需要，永久性档案中被替换下的资料一般也需保留。例如，被审计单位因增加注册资本而变更了营业执照等法律文件，被替换的旧营业执照等文件可以汇总在一起，与其他有效的资料分开，作为单独部分归整在永久性档案中。

2. 当期档案

当期档案是指那些记录内容经常变化，主要供当期和下期审计使用的审计档案。例如，总体审计策略和具体审计计划。目前，一些大型国际会计师事务所不再区分永久性档案和当期档案。这主要是以电子形式保留审计工作底稿的使用，尽管大部分事务所仍然既保留电子版又保留纸质的审计档案。

以下是典型的审计档案结构。

(1)沟通和报告相关工作底稿：审计报告和经审计的财务报表；与主审注册会计师的

沟通和报告；与治理层的沟通和报告；与管理层的沟通和报告；管理建议书。

(2)审计完成阶段工作底稿：审计工作完成情况核对表；管理层声明书原件；重大事项概要；错报汇总表；被审计单位财务报表和试算平衡表；有关列报的工作底稿(如现金流量表、关联方和关联交易的披露等)；财务报表所属期间的董事会会议纪要；总结会会议纪要。

(3)审计计划阶段工作底稿：总体审计策略和具体审计计划；对内部审计职能的评价；对外部专家的评价；对服务机构的评价；被审计单位提交资料清单；主审注册会计师的指示；前期审计报告和经审计的财务报表；预备会会议纪要。

(4)特定项目审计程序表：舞弊；持续经营；对法律法规的考虑；关联方。

(5)进一步审计程序工作底稿：有关控制测试工作底稿；有关实质性程序工作底稿(包括实质性分析程序和细节测试)。

(三)审计工作底稿归档的期限

《质量控制准则第5101号——会计师事务所对执行财务报表审计和审阅、其他鉴证和相关服务业务实施的质量控制》要求会计师事务所制定有关及时完成最终业务档案归整工作的政策和程序。审计工作底稿的归档期限为审计报告日后六十天内。如果注册会计师未能完成审计业务，审计工作底稿的归档期限为审计业务中止后的六十天内。如果针对客户的同一财务信息执行不同的委托业务，出具两个或多个不同的报告，会计师事务所应当将其视为不同的业务，根据会计师事务所内部制定的政策和程序，在规定的归档期限内分别将审计工作底稿归整为最终审计档案。

(四)审计工作底稿归档后的变动

在完成最终审计档案的归整工作后，注册会计师不应在规定的保存期限届满前删除或废弃任何性质的审计工作底稿。

1. 需要变动审计工作底稿的情形

注册会计师发现有必要修改现有审计工作底稿或增加新的审计工作底稿的情形主要有以下两种：一是注册会计师已实施了必要的审计程序，取得了充分、适当的审计证据并得出了恰当的审计结论，但审计工作底稿的记录不够充分。二是审计报告日后，发现例外情况要求注册会计师实施新的或追加审计程序，或导致注册会计师得出新的结论。例外情况主要是指审计报告日后发现与已审计财务信息相关，且在审计报告日已经存在的事实，该事实如果被注册会计师在审计报告日前获知，可能影响审计报告。例如，注册会计师在审计报告日后才获知法院在审计报告日前已对被审计单位的诉讼、索赔事项作出最终判决结果。例外情况可能在审计报告日后发现，也可能在财务报表报出日后发现，注册会计师应当按照《中国注册会计师审计准则第1332号——期后事项》有关“财务报表报出后发现的事实”的相关规定，对例外事项实施新的或追加的审计程序。

2. 变动审计工作底稿时的记录要求

在完成最终审计档案的归整工作后，如果发现有必要修改现有审计工作底稿或增加新的审计工作底稿，无论修改或增加的性质如何，注册会计师均应当记录修改或增加审计工作底稿的理由、修改或增加审计工作底稿的时间和人员，以及复核的时间和人员。

(五)审计工作底稿的保存期限

会计师事务所应当自审计报告日起，对审计工作底稿至少保存 10 年。如果注册会计师未能完成审计业务，会计师事务所应当自审计业务中止日起，对审计工作底稿至少保存 10 年。值得注意的是，对于连续审计的情况，当期归整的永久性档案可能包括以前年度获取的资料(有可能是 10 年以前)。这些资料虽然是在以前年度获取，但由于其作为本期档案的一部分，并作为支持审计结论的基础，因此，注册会计师对于这些对当期有效的档案，应视为当期取得并保存 10 年。如果这些资料在某一个审计期间被替换，被替换资料应当从被替换的年度起至少保存 10 年。在完成最终审计档案的归整工作后，注册会计师不应在规定的保存期届满前删除或废弃任何性质的审计工作底稿。

(六)审计工作底稿的复核

1. 项目组成员实施的复核

《中国注册会计师审计准则第 1121 号——对财务报表审计实施的质量控制》规定，由项目组内经验较多的人员(包括项目合伙人)复核经验较少人员的工作时，复核人员应当考虑 7 项内容：审计工作是否已按照法律法规、相关职业道德要求和审计准则的规定执行；重大事项是否已提请进一步考虑；相关事项是否已进行适当咨询、由此形成的结论是否得到记录和执行；是否需要修改已执行审计工作的性质、时间安排和范围；已执行的审计工作是否支持形成的结论，并已得到适当记录；获取的审计证据是否充分、适当，足以支持审计结论；审计程序的目标是否已经实现。

为了监督审计业务的进程，并考虑助理人员是否具备足够的专业技能和胜任能力，以执行分派的审计工作，了解审计指令及按照总体审计策略和具体审计计划执行工作，有必要对执行业务的助理人员进行适当的督导和复核。复核人员应当知悉并解决重大的会计和审计问题，考虑其重要程度并适当修改总体审计策略和具体审计计划。此外，项目组成员与客户的专业判断分歧应当得到解决，必要时，应考虑寻求恰当的咨询。复核工作应当由至少具备同等专业胜任能力的人员完成，复核时应考虑是否已按照具体审计计划执行审计工作，审计工作和结论是否予以充分记录，所有重大事项是否已得到解决或在审计结论中予以反映，审计程序的目标是否已实现，审计结论是否与审计工作的结果一致并支持审计意见。复核范围因审计规模、审计复杂程度以及工作安排的不同而存在显著差异。有时由高级助理人员复核低层次助理人员执行的工作，有时由项目经理完成，并最终由项目合伙人复核。如上所述，对工作底稿实施的复核必须留下证据，一般由复核者在相关审计工作底稿上签名并署明日期。

2. 项目质量控制复核

《中国注册会计师审计准则第 1121 号——对财务报表审计实施的质量控制》规定，注册会计师在出具审计报告前，会计师事务所应当指定专门的机构或人员对审计项目组执行的审计实施项目质量控制复核。项目合伙人有责任确定会计师事务所已委派项目质量控制复核人员，与项目质量控制复核人员讨论在审计过程中遇到的重大影响，包括项目质量控制复核中识别的重大事项，在项目质量控制复核完成后，才能出具审计报告。项目质量控制复核应当客观评价项目组作出的重大判断和在准备审计报告时得出的结论。

【专题拓展】

审计证据的特征

从审计工作需要证据来支持审计意见这一点来看，它与其他的实证性的行为和实证性的科学有相似的地方。许多社会活动和自然科学研究中也都非常重视证据的作用，例如司法判决行为中，司法人员需要对司法证据进行判断和分析，来明确案件的事实和性质，并且作为判决的依据；自然科学实验也需要用客观证据去证明某一科学发现或结论。在这些不同的领域中，证据都在证明某一判断或支持某一结论中发挥着重要作用。但是由于工作性质的不同和具体证明对象的不同，审计证据与司法证据和自然科学证据相比，有着自身的独特的特点。

在法律诉讼程序中，原告为了证明被告有罪或存在某一不当行为，需要向法庭提供证据；被告为了洗脱自己或是免于受到法律制裁，也需要向法庭提供相关证据。可见，司法判决程序中的证据是由对立的当事人双方各自提供的，提供的证据都以自己能够胜诉为目的，但是任何一方都无权对自己所提供的证据的真实性和可靠性作出最终的判断。对证据的判断和评价及最终结论的作出由法庭审判人员或陪审团进行，但审判人员自身不直接参与具体的取证工作。可见，在司法领域中，证据的提供带有明显的倾向性，而且证据的收集和证据的评价、判断是分离的。而审计实务中的审计证据则与此不同。审计证据是审计人员在审计过程中亲自取得的，审计人员在审计证据的收集工作上完全处于主动的地位，由他们自己决定收集证据的类型和证据的数量。同时，审计人员需要对自己所收集的证据进行判断。可见，在审计工作中，审计人员既收集证据，又评价证据，同时有权决定证据的取舍；而且，由于审计人员站在独立的立场上进行审计，因此审计证据不带有倾向性，能够客观地反映被审计事项，换言之，审计人员在取证过程中应始终保持客观公正的态度。这是审计证据与司法证据的明显区别。

在自然科学实验中，科学工作者的科学发现或科学结论也必须靠大量证据来证实。没有足够证据支持的推理只能是一种假设，不能形成最终的结论。由于自然科学的结论反映的是一种必然规律，所以，自然科学证据可以重复取得，而且必须经得住重复检验。例如著名的“自由落体定律”，即在忽略空气阻力条件下，重量不同的物体在下落时同时落地，下落的速度与重量无关。作为一项科学结论，它是经过多次实验得出的，并且可以通过多次实验来证实，如果有一次实验（当然实验应在规定的环境条件中进行）情况发生变化，就足以动摇这一结论。可见，自然科学的证据是可以而且应当重复取得的。与科学实验证据相比，审计证据具有不可重复性的特点。一方面审计人员的取证工作受时间和经费的限制，另一方面且更为重要的是，审计证据反映的是某一特定时期经济活动的真相，而经济环境和经济活动处于不断的发展变化之中，不同时期的经济活动是不同的，为此重复取证的结果就会存在差异。所以，审计人员往往难于重复取证，这是审计证据与自然科学证据的显著区别。

另外，从审计证据本身来看，其证明力具有层次性的特点。在审计工作中，审计人员按照审计工作计划对被审计事项进行检查，采用各种审计方法，收集审计证据。在审计初期，所获取的审计证据本身的真实性、可靠性需要进一步确认，而且，单个的审计证据不足以支持审计人员就被审计事项作出审计结论。因而，此时获取的证据只具有潜在的证明力。接下来，审计人员要对所获取的审计证据进行分析、评价，确认证据的真实性和可靠性，并将证据按不同的标准归类、整理，这样，审计证据就具有了直接证明某一类经济事项的能力，形成了具有现实证明力的证据。但是，具有现实证明力的审计证据只能证明单个的被审计事项，不能证明全部审计对象的实际情况，即不能对全部被审计事项发表整体意见。为了达到这一要求，审计人员还需要将其获取的、经过整理的、能够证明某一类经济事项的审计证据进行综合，从而能够客观、全面地对被审计单位的经济活动进行评价，作出最终的审计结论。这种经过归纳、综合，能够支持审计人员审计结论和审计意见的审计证据，就是具有充分证明力的审计证据。所以说，审计证据的证明力是具有层次性的，是随着审计工作的开展和深入而不断提高的。

【课堂分组讨论】

一、审计证据

L注册会计师在对F公司2020年度会计报表进行审计时，收集到以下6组审计证据。

(1)收料单与购货发票。

(2)销货发票副本与产品出库单。

(3)领料单与材料成本计算表。

(4)工资计算单与工资发放单。

(5)存货盘点表与存货监盘记录。

(6)银行询证函回函与银行对账单。

要求：请分别说明每组审计证据中哪项审计证据较为可靠，并简要说明理由。

二、审计证据与目标

指出以下审计程序中获取了哪种审计证据？与哪些具体目标相关？

序号	审计程序	审计证据	具体审计目标
1	从有关记录审查至“已付款”支票		
2	重新计算应付利息费用		
3	向管理层询问存货过时情况		
4	调节年末银行存款账户		
5	计算存货周转率并与同行比较		
6	向债务人函证应收账款		
7	从销货记录审查至销货发票		
8	审查应予资本化却计入修理费的证据		
9	分析行业成本数据变化趋势		
10	审查年度中所购买的土地所有权契约		
11	抽查报表日后销售收入、退货记录和货运凭证		
12	盘点库存现金		

第七章　审计抽样

第一节　审计抽样概述

详细审计发展到抽样审计是现代审计方法的重大变革，它标志着审计环境的变化和审计工作效率的提高。为了在合理的时间内以合理的成本完成审计工作，注册会计师可以借助审计抽样确定实施审计程序的范围，以获取充分、适当的审计证据，得出合理的结论，作为形成审计意见的基础。

一、审计抽样的定义及适用范围

(一) 审计抽样的定义

审计抽样(即抽样)，是指注册会计师对具有审计相关性的总体中低于百分之百的项目实施审计程序，使所有抽样单元都有被选取的机会，为注册会计师针对整个总体得出结论提供合理基础。审计抽样能够使注册会计师获取和评价有关所选项目某一特征的审计证据，以形成或有助于形成有关总体的结论。总体，是指注册会计师从中选取样本并期望据此得出结论的整个数据集合。审计抽样应当具备3个基本特征：一是对某类交易或账户余额中低于百分这百的项目实施审计程序；二是所有抽样单元都有被选取的机会；三是审计测试的目的是为了评价该账户余额或交易类型的某一特征。

(二) 审计抽样的适用范围

审计抽样并非在所有审计程序中都可使用。风险评估程序通常不涉及审计抽样。如果注册会计师在了解控制的设计和确定控制是否得到执行的同时计划和实施控制测试，则可能涉及审计抽样，但此时审计抽样仅适用于控制测试。当控制的运行留下轨迹时，注册会计师可以考虑使用审计抽样实施控制测试。对于未留下运行轨迹的控制，注册会计师通常实施询问、观察等审计程序，以获取有关控制运行有效性的审计证据，此时不宜使用审计抽样。实质性程序包括对各类交易、账户余额和披露的细节测试，以及实质性分析程序。在实质性细节测试时，注册会计师可以使用审计抽样获取审计证据，以验证有关财务报表金额的一项或多项认定(如应收账款的存在性)，或对某些金额作出独立估计(如陈旧存货的价值)。在实施实质性分析程序进时，注册会计师不宜使用审计抽样。

二、抽样风险和非抽样风险

使用审计抽样时，审计风险既可能受到抽样风险的影响，又可能受到非抽样风险的影响。抽样风险和非抽样风险通过影响重大错报风险的评估和检查风险的确定而影响审计风险。

(一) 抽样风险

1. 抽样风险的定义

抽样风险是指注册会计师根据样本得出的结论，和对总体全部项目实施与样本同样的审计程序得出的结论存在差异的可能性，也就是抽取的样本不能代表总体的风险。

2. 抽样风险的分类

抽样风险可以分为两种类型：一类是影响审计效果的抽样风险，包括控制测试中的信赖过度风险和细节测试中的误受风险；另一类是影响审计效率的抽样风险，包括控制测试中的信赖不足风险和细节测试中的误拒风险。分类见表7－1。

表7－1　抽样风险分类表

测试种类	影响审计效率的风险	影响审计效果的风险
控制测试	信赖不足风险	信赖过度风险
细节测试	误拒风险	误受风险
	保守性风险	危险性风险

控制测试中的抽样风险包括信赖过度风险和信赖不足风险。信赖过度风险是指推断的控制有效性高于其实际有效性的风险，也可以说，尽管样本结果支持注册会计师计划信赖内部控制的程度，但实际偏差率不支持该信赖程度的风险。信赖过度风险与审计的效果有关。如果注册会计师评估的控制有效性高于其实际有效性，从而导致评估的重大错报风险水平偏低，注册会计师可能不适当地减少从实质性程序中获取的证据，因此审计的有效性下降。对于注册会计师而言，信赖过度风险更容易导致注册会计师发表不恰当的审计意见，因而更应予以关注。相反，信赖不足风险是指推断的控制有效性低于其实际有效性的风险，也可以说，尽管样本结果不支持注册会计师计划信赖内部控制的程度，但实际偏差率支持该信赖程度的风险。信赖不足风险与审计的效率有关。当注册会计师评估的控制有效性低于其实际有效性时，评估的重大风险水平高于实际水平，注册会计师可能会增加不必要的实质性程序。在这种情况下，审计效率可能降低。

在实施细节测试时，注册会计师也要关注两类抽样风险：误受风险和误拒风险。误受风险是指注册会计师推断某一重大错报不存在而实际上存在的风险。如果账面金额实际上存在重大错报而注册会计师认为其不存在重大错报，注册会计师通常会停止对该账面金额继续进行测试，并根据样本结果得出账面金额无重大错报的结论。与信赖过度风险类似，误受风险影响审计效果，容易导致注册会计师发表不恰当的审计意见，因此注册会计师更应予以关注。误拒风险是指注册会计师推断某一重大错报存在而实际上不存在的风险。与信赖不足风险类似，误拒风险影响审计效率。如果账面不存在重大错报而注册会计师认为其存在重大错报，注册会计师会扩大细节测试的范围并考虑获取其他审计证据，最终注册会计师会得出恰当的结论。在这种情况下，审计效率可能降低。

3. 抽样风险的控制

只要使用了审计抽样，抽样风险总会存在。在使用统计抽样时，注册会计师可以准确地计量和控制抽样风险，在使用非统计抽样时，注册会计师无法量化抽样风险，只能根据职业判断对其进行定性的评价和控制。抽样风险与样本规模反方向变动：样本规模越小，抽样风险越大；样本规模越大，抽样风险越小。无论是控制测试还是细节测试，注册会计师都可以通过扩大样本规模降低抽样风险。如果对总体中的所有项目都实施检查，就不存在抽样风险，此时审计风险完全由非抽样风险产生。

(二)非抽样风险

1. 非抽样风险的定义

非抽样风险，是指注册会计师由于任何与抽样风险无关的原因而得出错误结论的风险。注册会计师即使对某类交易或账户余额的所有项目实施审计程序，也可能仍未能发现重大错报或控制失效。

2. 非抽样风险的成因

审计过程中可能导致非抽样风险的成因主要包括以下情况：①注册会计师选择的总体不适合于测试目标。例如，注册会计师在测试销售收入完整性认定时将主营业务收入日记账界定为总体。②注册会计师未能适当地定义误差(包括控制偏差或错报)，导致注册会计师未能发现样本中存在的偏差或错报。例如，注册会计师在测试现金支付授权控制的有效性时，未将签字人未得到适当授权的情况界定为控制偏差。③注册会计师选择了不适于实现特定目标的审计程序。例如，注册会计师依赖应收账款函证来揭露未入账的应收账款。④注册会计师未能适当地评价审计发现的情况。例如，注册会计师错误解读审计证据可能导致没有发现误差。注册会计师对所发现误差的重要性的判断有误，从而忽略了性质十分重要的误差，也可能导致得出不恰当的结论。⑤其他原因。

3. 非抽样风险的控制

非抽样风险是由人为错误造成的，因而可以降低、消除或防范。虽然在任何一种抽样方法中注册会计师都不能量化非抽样风险，但通过采取适当的质量控制政策和程序，对审计工作进行适当的指导、监督和复核，以及对注册会计师实务的适当改进，可以将非抽样风险降至可以接受的水平。注册会计师也可以通过仔细设计其审计程序尽量降低非抽样风险。

三、统计抽样和非统计抽样

审计抽样按照抽样决策的依据不同可以分为统计抽样和非统计抽样。统计抽样指注册会计师按照随机原则选取样本，运用概率论和数理统计的原理评价样本结果的方法。统计抽样的优点在于能够客观地计量抽样风险，并通过调整样本规模精确地控制风险，另外，统计抽样还有助于注册会计师计量所获取证据的充分性，以及定量评价样本结果。但统计抽样又可能发生额外的成本。首先，统计抽样需要特殊的专业技能，因此，使用统计抽样需要增加额外的支出培训注册会计师。其次，统计抽样要求单个样本项目符合统计要求，这些也可能需要支出额外的费用。不同时具备统计抽样特征的抽样方法为非统计抽样。一方面，即使注册会计师严格按照随机原则选取样本，如果没有对样本结果进行统计评估，就不能认为使用了统计抽样。另一方面，基于非随机选样的统计评估也是无效的。非统计抽样如果设计适当，也能得到和统计抽样方法同样有效的结果。注册会计师使用非统计抽样时不能精确地测定出抽样风险。在实际工作中，注册会计师既可以采取统计抽样也可以采取非统计抽样，只要运用得当，均可获得充分、适当的审计证据。不管统计抽样还是非统计抽样，两种方法都要求注册会计师在设计、实施抽样和评价样本时运用职业判断。另外，对选取的样本项目实施的审计程序通常也与使用的抽样方法无关。

四、统计抽样方法

统计抽样法按具体用途不同可分为属性抽样和变量抽样两种。属性抽样是一种用来对总体中某一事件发生率得出结论的统计抽样方法。属性抽样在审计中最常见的用途是测试某一设定控制的偏差率，以支持注册会计师评估的控制有效性。在属性抽样中，设定控制的每一次发生或偏离都被赋予同样的权重，而不管交易的金额大小。变量抽样是一种用来对总体金额得出结论的统计抽样方法。变量抽样通常回答下列问题：金额是多少？账户是否存在错报？变量抽样在审计中的主要用途是进行细节测试，以确定记录金额是否合理。

一般而言，属性抽样得出的结论与总体发生率有关，而变量抽样得出的结论与总体的金额有关。但有一个例外，即统计抽样中的概率比例规模抽样(PPS 抽样)，却运用属性抽样的原理得出以金额表示的结论。

第二节　审计抽样的基本原理和步骤

注册会计师在控制测试和细节测试中使用审计抽样方法，主要分为 3 个阶段进行。第一阶段是样本设计阶段，旨在根据测试的目标和抽样总体，制定选取样本的计划。第二阶段是选取样本阶段，旨在按照适当的方法从相应的抽样总体中选取所需的样本，并对其实施检查，以确定是否存在误差。第三阶段是评价样本结果阶段，旨在根据对误差的性质和原因的分析，将样本结果推断至总体，形成对总体的结论。

一、样本设计阶段

注册会计师在设计审计样本时应当考虑审计程序的目的和抽样总体的特征。样本设计阶段的工作主要包括以下 4 个步骤。

(一)确定测试目标

确定测试目标是样本设计阶段的第一项工作。一般而言，控制测试是为了获取关于某项控制运行是否有效的证据，而细节测试的目的是确定某类交易或账户余额的金额是否正确，获取与存在的错报有关的证据。

(二)定义总体与抽样单元

1. 定义总体

在实施抽样之前，注册会计师必须仔细定义总体，确定抽样总体的范围。总体可以包括构成某类交易或账户余额的所有项目，也可以只包括某类交易或账户余额中的部分项目。例如，如果应收账款中没有单个重大项目，注册会计师直接对应收账款账面余额进行抽样，则总体包括构成应收账款期末余额的所有项目，如果注册会计师已使用选取特定项目的方法将应收账款中的单个重大项目挑选出来单独测试，只对剩余的应收账款余额进行抽样，则总体只包括构成应收账款期末余额的部分项目。注册会计师所定义的总体应当确保总体的适当性和完整性。

1)适当性

注册会计师应确定总体适合于特定的审计目标，包括适合于测试的方向。例如，在控制测试中，如果要测试用以保证所有发运商品都已开单的控制是否有效运行，注册会计师从已开单的项目中抽取样本不能发现误差，因为该总体不包含那些已发运但未开单的项目。为发现这种误差，将所有已发运的项目作为总体通常比较适当。又如，在细节测试中，如果注册会计师的目标是测试应付账款的高估，总体可以定义为应付账款清单。但在测试应付账款的低估时，总体就不是应付账款清单，而是后来支付的证明、未付款的发票、供货商的对账单、没有销售发票对应的收货报告，或能提供低估应付账款的审计证据的其他总体。

2)完整性

注册会计师应当从总体项目内容和涉及时间等方面确定总体的完整性。例如，如果注册会计师从档案中选取付款证明，除非确信所有的付款证明都已归档，否则注册会计师不能对该期间的所有付款证明得出结论。又如，如果注册会计师对某一控制活动在财务报告期间是否有效运行得出结论，总体应包括来自整个报告期间的所有相关项目。

3)总体中样本项目的选取

注册会计师通常从代表总体的实物中选取样本项目。例如，如果注册会计师将总体定义为特定日期的所有应收账款余额，代表总体的实物就是该日应收账款余额明细表。又如，如果总体是某一测试期间的销售收入，代表总体的实物就可能是记录在销售明细账中的销售交易，也可能是销售发票。由于注册会计师实际上是从该实物中选取样本，所有根据样本得出的结论只与该实物有关。如果代表总体的实物和总体不一致，注册会计师可能对总体得出错误的结论。因此，注册会计师必须详细了解代表总体的实物，确定代表总体的实物是否包括整个总体。注册会计师通常通过加总或计算来完成这一工作。例如，注册会计师可将发票金额总数与已记入总账的销售收入金额总数进行核对。如果注册会计师将选择的实物和总体比较之后，认为代表总体的实物遗漏了应包含在最终评价中的总体项目，注册会计师应选择新的实物，或对被排除在实物之外的项目实施替代程序。

2. 定义抽样单元

抽样单元是指构成总体的个体项目。抽样单元可能是实物项目(如支票簿上列示的支票信息，银行对账单上的贷方记录，销售发票或应收账款余额)，也可能是货币单元。在定义抽样单元时，注册会计师应使其与审计测试目标保持一致。注册会计师在定义总体时通常都指明了适当的抽样单元。

3. 分层

如果总体项目存在重大的变异性，注册会计师可以考虑将总体分层。分层，是指将总体划分为多个子总体的过程，每个子总体由一组具有相同特征(通常为货币金额)的抽样单元组成。分层可以降低每一层中项目的变异性，从而在抽样风险没有成比例增加的前提下减小样本规模，提高审计效率。注册会计师应当仔细界定子总体，以使每一抽样单元只能属于一个层。

在实施细节测试时，注册会计师通常根据金额对总体进行分层。这使注册会计师能够将更多审计资源投向金额较大的项目，而这些项目最有可能包含高估错报。例如，为了函证应收账款，注册会计师可以将应收账款账户按其金额大小分为 3 层，即账户金额在 10 000元以上的；账户金额为 5 000 ~ 10 000 元的；账户金额在 5 000 元以下的。然后，根据各层的重要性分别采取不同的选样方法。对于金额在 10 000 元以上的应收账款账户，应进行全部函证；对于金额在 5 000 ~ 10 000 元以及 5 000 元以下的应收账款账户，则可采用适当的选样方法选取进行函证的样本。同样，注册会计师也可以根据表明更高错报风险的特定特征对总体分层，例如，在测试应收账款计价中的坏账准备时，注册会计师可以根据账龄对应收账款余额进行分层。

分层后的每层构成一个子总体且可以单独检查。对某一层中的样本项目实施审计程序的结果，只能用于推断构成该层的项目。如果对整个总体得出结论，注册会计师应当考虑与构成整个总体的其他层有关的重大错报风险。如果注册会计师将某类交易或账户余额分成不同的层，需要对每层分别推断错报。在考虑错报对该类别的所有交易或账户余额的可能影响时，注册会计师需要综合考虑每层的推断错报。

(三)定义误差构成条件

注册会计师必须事先准确定义构成误差的条件，否则执行审计程序时就没有识别误差的标准。在控制测试中，误差是指控制偏差，注册会计师要仔细定义所要测试的控制及可能出现偏差的情况；在细节测试中，误差是指错报，注册会计师要确定哪些情况构成错报。注册会计师定义误差构成条件时要考虑审计程序的目标。清楚地了解误差构成条件，对于确保在推断误差时将且仅将所有与审计目标相关的条件包括在内至关重要。

（四）确定审计程序

注册会计师必须确定能够最好地实现测试目标的审计程序组合。例如，如果注册会计师的审计目标是通过测试某一阶段的适当授权证实交易的有效性，审计程序就是检查特定人员已在某文件上签字以示授权的书面证据。

二、选取样本阶段

（一）确定样本规模

样本规模是指从总体中选取样本项目的数量。在审计抽样中，如果样本规模过小，就不能反映出审计对象总体的特征，注册会计师就无法获取充分的审计证据，其审计结论的可靠性就会大打折扣，甚至可能得出错误的审计结论。因此，注册会计师应当确定足够的样本规模，以将抽样风险降至可接受的低水平。相反，如果样本规模过大，则会增加审计工作量，造成不必要的时间和人力上的浪费，加大审计成本，降低审计效率，就会失去审计抽样的意义。影响样本规模的因素主要包括 5 种。

1. 可接受的抽样风险

可接受的抽样风险与样本规模成反比。注册会计师愿意接受的抽样风险越低，样本规模通常越大。反之，注册计师愿意接受的抽样风险越高，样本规模越小。

2. 可容忍误差

可容忍误差是指注册会计师在认为测试目标已实现的情况下准备接受的总体最大误差。在控制测试中，它指可容忍偏差率。可容忍偏差率，是指注册会计师设定的偏离规定的内部控制程序的比率，注册会计师试图对总体中的实际偏差率不超过该比率获取适当水平的保证。换言之，可容忍偏差率是注册会计师能够接受的最大偏差数量；如果偏差超过这一数量则减少或取消对内部控制程序的信赖。在细节测试中，它指可容忍错报。可容忍错报，是指注册会计师设定的货币金额，注册会计师试图对总体中的实际错报不可超过该货币金额获取适当水平的保证。实际上，可容忍错报是实际执行的重要性这个概念在特定抽样程序中的运用。可容忍错报可能等于或低于实际执行的重要性。当保证程度一定时，注册会计师运用职业判断确定可容忍误差。可容忍误差越小，为实现同样的保证程度所需的样本规模越大。

3. 预计总体误差

预计总体误差是指注册会计师根据以前对被审计单位的经验或实施风险评估程序的结

果而估计总体中可能存在的误差。预计总体误差越大，可容忍误差也应当越大；但预计总体误差不应超过可容忍误差。在既定的可容忍误差下，当预计总体误差增加时，所需的样本规模越大。

4. 总体变异性

总体变异性是指总体的某一特征（如金额）在各项目之间的差异程度。在控制测试中，注册会计师在确定样本规模时一般不考虑总体变异性。在细节测试中，注册会计师确定适当的样本规模时要考虑特征的变异性。总体项目的变异性越低，通常样本规模越小。注册会计师可以通过分层，将总体分为相对同质的组，以尽可能降低每一组中变异性的影响，从而减小样本规模。未分层总体具有高度变异性，其样本规模通常很大。最有效率的方法是根据预期会降低变异性的总体项目特征进行分层。在细节测试中分层的依据通常包括项目的账面金额，与项目处理有关的控制的性质，或与特定项目（如更可能包含错报的那部分总体项目）有关的特殊考虑等。分组后的每一组子总体被称为一层，每层分别独立选取样本。

5. 总体规模

除非总体非常小，一般而言，总体规模对样本规模的影响几乎为零。注册会计师通常将抽样单元超过 5 000 个的总体视为大规模总体。对大规模总体而言，总体的实际容量对样本规模几乎没有影响。对小规模总体而言，审计抽样比其他选择测试项目的方法的效率低。

表 7–2 列示了审计抽样中影响样本规模的因素，并分别说明了这些影响因素在控制测试和细节测试中的表现形式。使用统计抽样方法时，注册会计师必须对影响样本规模的因素进行量化，并利用根据统计公式开发的专门的计算机程序或专门的样本量表来确定样本规模。在非统计抽样中，注册会计师可以只对影响样本规模的因素进行定性的估计，并运用职业判断确定样本规模。

表 7–2　影响样本规模的因素

影响因素	控制测试	细节测试	与样本规模的关系
可接受的抽样风险	可接受的信赖过度风险	可接受的误受风险	反向变动
可容忍误差	可容忍偏差率	可容忍错报	反向变动
预计总体误差	预计总体偏差率	预计总体错报	同向变动
总体变异性	—	总体变异性	同向变动
总体规模	总体规模	总体规模	影响很小

（二）选取样本

不管使用统计抽样或非统计抽样，在选取样本项目时，注册会计师都应当使总体中的每个抽样单元都有被选取的机会。在统计抽样中，注册会计师选取样本项目时每个抽样单元被选取的概率是已知的。在非统计抽样中，注册会计师根据判断选取样本项目。选取样本的基本方法，包括使用随机数表或计算机辅助审计技术选样、系统选样和随意选样。

1. 使用随机数表或计算机辅助审计技术选样

使用随机数表或计算机辅助审计技术选样又称随机数选样。使用随机数选样需以总体中的每一项目都有不同的编号为前提。注册会计师可以使用计算机生成的随机数，如电子表格程序、随机数码生成程序、通用审计软件程序等计算机程序产生的随机数，也可以使用随机数表获得所需的随机数。随机数是一组从长期来看出现概率相同的数码，且不会产生可识别的模式。随机数表也称乱数表，它是由随机生成的从 0 ~ 9 共 10 个数字所组成的数表，每个数字在表中出现的次数是大致相同的，它们出现在表上的顺序是随机的。表 7-3就是 5 位随机数表的一部分。

应用随机数表选样的步骤如下。

1）对总体项目进行编号

建立总体中的项目与表中数字的一一对应关系。一般情况下，编号可利用总体项目中原有的某些编号，如凭证号、支票号、发票号等。在没有事先编号的情况下，注册会计师需按一定的方法进行编号。如由 40 页、每页 50 行组成的应收账款明细表，可采用 4 位数字编号，前两位由 01 ~ 40 的整数组成，表示该记录在明细表中的页数，后两位数字由 01 ~50的整数组成，表示该记录的行次。这样，编号 0534 表示第 5 页第 34 行的记录。所需使用的随机数的位数一般由总体项目数或编号位数决定。如前例中可采用 4 位随机数表，也可以使用 5 位随机数表的前 4 位数字或后 4 位数字。

表 7-3 随机数表

行 \ 列	1	2	3	4	5	6	7	8	9	10
1	32044	69037	29655	92114	81034	40582	01584	77184	85762	46505
2	23821	96070	82592	81642	08971	07411	09037	81530	56195	98425
3	82383	94987	66441	28677	95961	78346	37916	09416	42438	48432
4	68310	21792	71635	86089	38157	95620	96718	79554	50209	17705
5	94856	76940	22165	01414	01413	37231	05509	37489	56459	52983
6	95000	61958	83430	98250	70030	05436	74814	45978	09277	13827
7	20764	64638	11359	32556	89822	02713	81293	52970	25080	33555
8	71401	17964	50940	95753	34905	93566	36318	79530	51105	26952
9	38464	75707	16750	61371	01523	69205	32122	03436	14489	02086
10	59442	59247	74955	82835	98378	83513	47870	20795	01352	89906

2）确定连续选取随机数的方法

即从随机数表中选择一个随机起点和一个选号路线，随机起点和选号路线可以任意选择，但一经选定就不得改变。从随机数表中任选一行或任何一栏开始，按照一定的方向（上下左右均可）依次查找，符合总体项目编号要求的数字，即为选中的号码，与此号码相对应的总体项目即为选取的样本项目，一直到选足所需的样本量为止。例如，从前述应收账款明细表的 2 000 个记录中选择 10 个样本，总体编号规则如前所述，即前两位数字不能超过 40，后两位数字不能超过 50。如从表 7-3 第一行第一列开始，使用前 4 位随机数，逐行向右查找，则选中的样本为编号3204，0741，0903，0941，3815，2216，0141，3723，0550，3748的10个记录。

2. 系统选样

系统选样也称等距选样，是指按照相同的间隔从审计对象总体中等距离地选取样本的一种选样方法。采用系统选样法，首先要计算选样间距，确定选样起点，然后再根据间距顺序地选取样本。选样间距的计算公式如下：

选样间距 = 总体规模 ÷ 样本规模

例如，如果销售发票的总体范围是652～3 151，设定的样本量是125，那么选样间距为20[(3152－652)÷125]。注册会计师必须从0～19中选取一个随机数作为抽样起点。如果随机选择的数码是9，那么第一个样本项目是发票号码为661(652＋9)的那一张，其余的124个项目是681(661＋20)，701(681＋20)，……，依此类推，直至第3 141号。

系统选样方法的主要优点是使用方便，比其他选样方法节省时间，并可用于无限总体。此外，使用这种方法时，对总体中的项目不需要编号，注册会计师只要简单数出每一个间距即可。但是，使用系统选样方法要求总体必须是随机排列的，否则容易发生较大的偏差，造成非随机的、不具代表性的样本。如果测试项目的特征在总体内的分布具有某种规律性，则选择样本的代表性就可能较差。例如，应收账款明细表每页的记录均以账龄的长短按先后次序排列，则选中的200个样本可能多数是账龄相同的记录。

为克服系统选样法的这一缺点，可采用两种办法：一是增加随机起点的个数；二是在确定选样方法之前对总体特征的分布进行观察。如发现总体特征的分布呈随机分布，则采用系统选样法；否则，可考虑使用其他选样方法。

3. 随意选样

在这种方法中，注册会计师选取样本不采用结构化的方法。尽管不使用结构化方法，注册会计师也要避免任何有意识的偏向或可预见性(如回避难以找到的项目，或总是选择或回避每页的第一个或最后一个项目)，从而试图保证总体中的所有项目都有被选中的机会。在使用统计抽样时，运用随意选样是不恰当的。

上述3种基本方法均可选出代表性样本。但随机数选样和系统选样属于随机基础选样方法，即对总体的所有项目按随机规则选取样本，但它可以在统计抽样中使用，当然也可以在非统计抽样中使用。而随意选样虽然也可以选出代表性样本，但它属于非随机基础选样方法，因而不能在统计抽样中使用，只能在非统计抽样中使用。

(三)对样本实施审计程序

注册会计师应当针对选取的每个项目，实施适合具体目的的审计程序。对选取的样本项目实施审计程序旨在发现并记录样本中存在的误差。如果审计程序不适用于选取的项目，注册会计师应当针对替代项目实施该审计程序。注册会计师通常对每一样本项目实施适合于特定审计目标的审计程序。有时，注册会计师可能无法对选取的抽样单元实施计划的审计程序(如由于原始单据丢失等原因)。注册会计师对未检查项目的处理取决于未检查项目对评价样本结果的影响。如果注册会计师对样本结果的评价不会因为未检查项目可能存在错报而改变，就不需对这些项目进行检查。如果未检查项目可能存在的错报会导致该类交易或账户余额存在重大错报，注册会计师就要考虑实施替代程序，为形成结论提供充分的证据。例如，对应收账款的积极式函证没有收到回函时，注册会计师可以审查期后收款的情况，以证实应收账款的余额。注册会计师也要考虑无法对这些项目实施检查的原因是否会影响计划的重大错报风险评估水平或对舞弊风险的评估。如果未能对某个选取的项目实施设计的审计程序或适当的替代程序，注册会计师应当将该项目视为控制测试中对规定的控制的一项偏差，或细节测试中的一项错报。

三、评价样本结果

（一）分析样本误差

注册会计师应当调查识别出的所有偏差或错报的性质和原因，并评价其对审计程序的目的和审计的其他方面可能产生的影响。无论是统计抽样还是非统计抽样，对样本结果的定性评估和定量评估一样重要。即使样本的统计评价结果在可以接受的范围内，注册会计师也应对样本中的所有误差（包括控制测试中的控制偏差和细节测试中的金额错报）进行定性分析。在极其特殊的情况下，如果认为样本中发现的某项偏差或错报是异常误差，注册会计师应当对该项偏差或错报对总体不具有代表性获取高度保证。异常误差，是指对总体中的错报或偏差明显不具有代表性的错报或偏差。在获取这种高度保证时，注册会计师应当实施追加的审计程序，获取充分、适当的审计证据，以确定该项偏差或错报不影响总体的其余部分。

（二）推断总体误差

当实施控制测试时，注册会计师应当根据样本中发现的偏差率推断总体偏差率，并考虑这一结果对特定审计目标及审计的其他方面的影响。当实施细节测试时，注册会计师应当根据样本中发现的错报金额推断总体错报金额，并考虑这一结果对特定审计目标及审计的其他方面的影响。

（三）形成审计结论

注册会计师应当评价样本结果，以确定对总体相关特征的评估是否得到证实或需要修正。

1. 控制测试中的样本结果评价

在控制测试中，注册会计师应当将总体偏差率与可容忍偏差率比较，但必须考虑抽样风险。

1）统计抽样

在统计抽样中，注册会计师通常使用表格或计算机程序计算抽样风险。用以评价抽样结果的大多数计算机程序都能根据样本规模、样本结果，计算在注册会计师确定的信赖过度风险条件下可能发生的偏差率上限的估计值。该偏差率上限的估计值即总体偏差率与抽样风险允许限度之和。

如果估计的总体偏差率上限低于可容忍偏差率，则总体可以接受。这时注册会计师对总体得出结论，样本结果支持计划评估的控制有效性，从而支持计划的重大错报风险评估水平。

如果估计的总体偏差率上限大于或等于可容忍偏差率，则总体不能接受。这时注册会计师对总体得出结论，样本结果不支持计划评估的控制有效性，从而不支持计划的重大错报风险评估水平。此时注册会计师应当修正重大错报风险评估水平，并增加实质性程序的数量。注册会计师也可以对影响重大错报风险评估水平的其他控制进行测试，以支持计划的重大错报风险评估水平。

如果估计的总体偏差率上限低于但接近可容忍偏差率，注册会计师应当结合其他审计程序的结果，考虑是否接受总体，并考虑是否需要扩大测试范围，以进一步证实计划评估的控制有效性和重大错报风险水平。

2）非统计抽样

在非统计抽样中，抽样风险无法直接计量。注册会计师通常将样本偏差率（即估计的总体偏差率）与可容忍偏差率相比较，以判断总体是否可以接受。如果样本偏差率大于可容忍偏差率，则总体不能接受。

如果样本偏差率低于总体的可容忍偏差率，注册会计师要考虑即使总体实际偏差率高于可容忍偏差率时仍出现这种结果的风险。如果样本偏差率大大低于可容忍偏差率，注册会计师通常认为总体可以接受。如果样本偏差率虽然低于可容忍偏差率，但两者很接近，注册会计师通常认为总体实际偏差率高于可容忍偏差率的抽样风险很高，因而总体不可接受。如果样本偏差率与可容忍偏差率之间的差额不是很大也不是很小，以至于不能认定总体是否可以接受时，注册会计师则要考虑扩大样本规模，以进一步收集证据。

2. 细节测试中的样本结果评价

当实施细节测试时，注册会计师应当根据样本中发现的错报推断总体错报。注册会计师首先必须根据样本中发现的实际错报要求被审计单位调整账面记录金额。将被审计单位已更正的错报从推断的总体错报金额中减掉后，注册会计师应当将调整后的推断总体错报与该类交易或账户余额的可容忍错报相比较，但必须考虑抽样风险。如果推断错报高于确定样本规模时使用的预期错报，注册会计师可能认为，总体中实际错报超出可容忍错报的抽样风险是不可接受的。考虑其他审计程序的结果有助于注册会计师评估总体中实际错报超出可容忍错报的抽样风险，获取额外的审计证据可以降低该风险。

1）统计抽样

在统计抽样中，注册会计师利用计算机程序或数学公式计算出总体错报上限，并将计算的总体错报上限与可容忍错报比较。计算的总体错报上限等于推断的总体错报（调整后）与抽样风险允许限度之和。

如果计算的总体错报上限低于可容忍错报，则总体可以接受。这时注册会计师对总体得出结论，所测试的交易或账户余额不存在重大错报。

如果计算的总体错报上限大于或等于可容忍错报，则总体不能接受。这时注册会计师对总体得出结论，所测试的交易或账户余额存在重大错报。在评价财务报表整体是否存在重大错报时，注册会计师应将该类产品或账户余额的错报与其他审计证据一起考虑。通常，注册会计师会建议被审计单位对错报进行调查，且在必要时调整账面记录。

2)非统计抽样

在非统计抽样中，注册会计师运用其经验和职业判断评价抽样结果。如果调整后的总体错报大于可容忍错报，或虽小于可容忍错报但两者很接近，注册会计师通常得出总体实际错报大于可容忍错报的结论。也就是说，该类交易或账户余额存在重大错报，因而总体不能接受。如果对样本结果的评价显示，对总体相关特征的评估需要修正，注册会计师可以单独或综合采取下列措施：提请管理层对已识别的错报和存在更多错报的可能性进行调查，并在必要时予以调整；修改进一步审计程序的性质、时间安排和范围；考虑对审计报告的影响。

如果调整后的总体错报远远小于可容忍错报，注册会计师可以得出总体实际错报小于可容忍错报的结论，即该类交易或账户余额不存在重大错报，因而总体可以接受。

如果调整后的总体错报虽然小于可容忍错报但两者之间的差距很接近(既不很小又不很大)，注册会计师必须特别仔细地考虑，总体实际错报超过可容忍错报的风险是否能够接受，并考虑是否需要扩大细节测试的范围，以获取进一步的证据。

综上所述，审计抽样流程可以用图7-1表示。

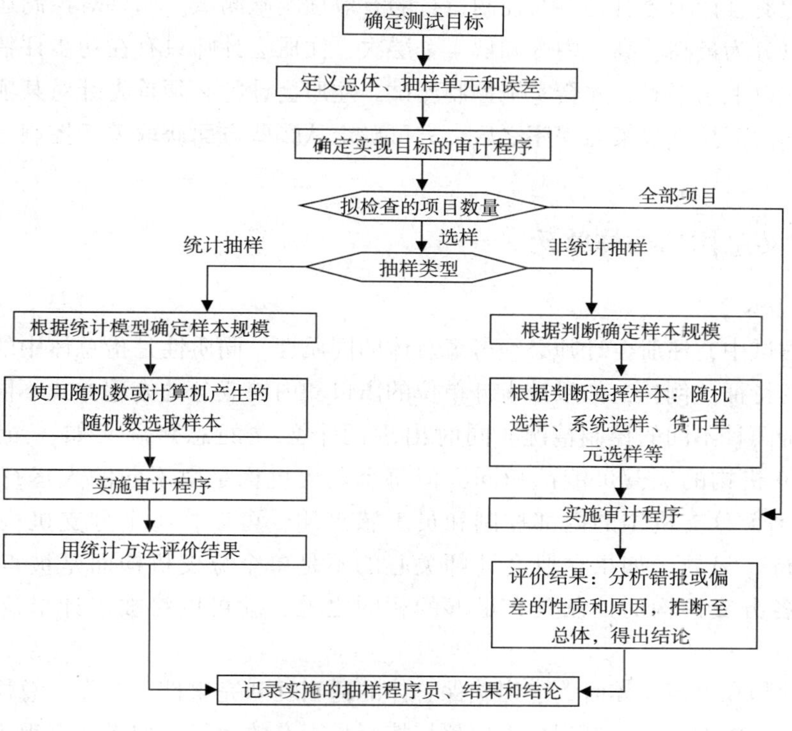

图7-1 审计抽样流程图

第三节　审计抽样在控制测试中的应用

在控制测试中应用审计抽样有两种方法。一种是发现抽样。这种方法在注册会计师预计控制高度有效时可以使用，以证实控制的有效性。在发现抽样中，注册会计师使用的预计总体偏差率是0。在检查样本时，一旦发现一个偏差就立即停止抽样。如果在样本中没有发现偏差，则可以得出总体偏差率可以接受的结论。另一种是属性估计抽样，用以估计被测试控制的偏差发生率，或控制未有效运行的频率。本节以第二种方法为主。在控制测试中使用审计抽样可以分为样本设计、选取样本和评价样本结果3个阶段。

一、样本设计阶段

(一)确定测试目标

注册会计师实施控制测试的目标是提供关于控制运行有效性的审计证据，以支持计划的重大错报风险评估水平。只有认为控制设计合理、能够防止或发现并纠正认定层次的重大错报时，注册会计师才有必要对控制运行的有效性实施测试。如果对控制运行有效性的定性评价可以分为最高、高、中等和低4个层次，注册会计师只有在初步评估控制运行有效性在中等或以上水平时，才会实施控制测试。注册会计师必须首先针对某项认定详细了解控制目标和内部控制政策与程序之后，方可确定从哪些方面获取关于控制是否有效运行的审计证据。

(二)定义总体和抽样单元

1. 定义总体

在控制测试中，注册会计师必须考虑总体的同质性。同质性是指总体中的所存项目应该具有同样的特征。例如，如果被审计单位的出口和内销业务的处理方式不同，注册会计师应分别评价两种不同的控制情况，同时出现两个独立的总体。又如，虽然被审计单位的所有分支机构的经营可能都相同，但每个分支机构是由不同的人运行的。如果注册会计师对每个分支机构的内部控制和员工感兴趣，可以将每个分支机构作为一个独立的总体对待。另外，如果注册会计师关心的不是单个分支机构而是被审计单位整体的经营，且各分支机构的控制具有足够的相同之处，就可以将被审计单位视为一个单独的总体。

注册会计师在界定总体时，应当确保总体的适当性和完整性。首先，总体应适合于特定的审计目标。例如，要测试现金支付授权控制是否有效运行，如果从已得到授权的项目中抽取样本，注册会计师不能发现控制偏差，因为该总体不包含那些已支付但未得到授权的项目。因此在本例中，为发现未得到授权的现金支付，注册会计师应当将所有已支付现金的项目作为总体。其次，注册会计师还应考虑总体的完整性，包括代表总体的实物的完整性。例如，如果注册会计师将总体定义为特定时期的所有现金支付，代表总体的实物就是该时期的所有现金支付单据。

2. 定义抽样单元

注册会计师定义的抽样单元应与审计测试目标相适应。在控制测试中，注册会计师应根据被测试的控制定义抽样单元。抽样单元通常是能够提供控制运行证据的一份文件资料、一个记录或其中一行。例如，如果测试目标是确定付款是否得到授权，且设定的控制要求付款之前授权人在付款单据上签字，抽样单元可能被定义为每一张付款单据。如果一张付款单据包含了对几张发票的付款，且设定的控制要求每张发票分别得到授权，那么付款单据上与发票对成的一行就可能被定义为抽样单元。对抽样单元的定义过于宽泛可能导致缺乏效率。例如，如果注册会计师将发票作为抽样单元，就必须对发票上的所有项目进行测试。如果注册会计师将发票上的每一行作为抽样单元，则只需对被选取的行所代表的项目进行测试。如果定义抽样单元的两种方法都适合于测试目标，将每一行的项目作为抽样单元时能效率更高。本例中，注册会计师定义的抽样单元为现金支付单据上的每一行。

(三)定义偏差

在控制测试中，误差是指控制偏差。注册会计师应仔细定义所要测试的控制及可能出现偏差的情况。注册会计师应根据对内部控制的理解，确定哪些特征能够显示被测试控制的运行情况，然后据此定义误差构成条件。在评估控制运行的有效性时，注册会计师应当考虑其认为必要的所有环节。例如，设定的控制要求每笔支付都应附有发票、收据、验收报告和订购单等证明文件，且均盖上“已付”戳记。注册会计师认为盖上“已付”戳记的发票和验收报告足以显示控制的适当运行。在这种情况下，误差可能被定义为缺乏盖有“已付”戳记的发票和验收报告等证明文件的款项支付。在本例中，误差被定义为没有授权人签字的发票和验收报告等证明文件的现金支付。

(四)定义测试期间

注册会计师通常在期中实施控制测试。由于期中测试获取的证据只与控制截止期中测试时点的运行有关，注册会计师需要确定如何获取关于剩余期间的证据。

1. 将总体定义为整个被审计期间的交易

在设计控制测试的审计样本时，注册会计师通常将测试扩展至在剩余期间发生的交易，以获取额外的证据。在这些情况下，总体由整个被审计期间的交易组成。

1)初始测试

注册会计师可能将总体定义为包括整个被审计期间的交易，但在期中实施初始测试。在这种情况下，注册会计师可能估计总体中剩余期间将发生的交易的数量，并在期末审计时对所有发生在期中测试之后的被选取交易进行检查。例如，如果被审计单位在当年的前10个月开具了编号1～10 000的发票，注册会计师可能估计，根据企业的经营周期，剩下两个月中将开具2 500张发票；因此注册会计师在选取所需的样本时用1～12 500作为编号。所选取的发票中，编号小于或等于10 000的样本项目在期中审计时进行检查，剩余的样本项目将在期末审计时进行检查。

2)估计总体

在估计总体规模时，注册会计师可能考虑上年同期的实际情况、变化趋势以及经营性质等因素。在实务中，注册会计师可能高估剩余项目的数量。年底，如果部分被选取的编号对应的交易没有发生(由于实际发生的交易数量低于预计数量)，可以用其他交易代替。考虑到这种可能性，注册会计师可能希望稍多选取一些项目，对多余的项目只在需要作为替代项目时才进行检查。另外，注册会计师也可能低估剩余项目的数量。如果剩余项目的数量被低估，一些交易将没有被选取的机会，因此，样本不能代表注册会计师所定义的总体。在这种情况下，注册会计师可以重新定义总体，以将样本中未包含的项目排除在外。对未包含在重新定义总体中的项目，注册会计师可以实施替代程序，例如，将这些项目作为一个独立的样本进行测试，或对其进行百分之百的检查，或询问剩余期间的情况。注册会计师应判断各种替代程序的效率和效果，并据此选择适合于具体情况的方法。

在许多情况下，注册会计师可能不需等到被审计期间结束，就能得出关于控制的运行有效性是否支持其计划评估的重大错报风险水平的结论。在对选取的交易进行期中测试时，注册会计师发现的误差可能足以使其得出结论：即使在发生于期中测试以后的交易中未发现任何误差，控制也不能支持计划评估的重大错报风险水平。在这种情况下，注册会计师可能决定不将样本扩展至期中测试以后发生的交易，而是相应地修正计划的重大错报风险评估水平和实质性程序。

2. 将总体定义为从年初到期中测试日为止的交易

将整个被审计期间的所有交易包括在抽样总体中通常效率不高，有时使用替代方法测试剩余期间的控制有效性也许效率更高。在这种情况下，注册会计师将总体定义为从年初到期中测试日为止的交易，并在确定是否需要针对剩余期间获取额外证据以及获取哪些证据时考虑下列因素：所涉及的认定的重要性；期中进行测试的特定控制；自期中以来控制发生的任何变化；控制改变实质性程序的程度；期中实施控制测试的结果；剩余期间的长短；对剩余期间实施实质性程序所产生的与控制的运行有关的证据。

注册会计师应当获取与控制在剩余期间发生的所有重大变化的性质和程度有关的证据，包括其人员的变化。如果发生了重大变化，注册会计师应修正其对内部控制的了解，并考虑对变化后的控制进行测试。或者，注册会计师也可以考虑对剩余期间实施实质性分析程序或细节测试。

二、选取样本阶段

(一)确定样本规模

1. 影响样本规模的因素

在控制测试中影响样本规模的因素如下。

1)可接受的信赖过度风险

在实施控制测试时，注册会计师主要关注抽样风险中的信赖过度风险。可接受的信赖过度风险与样本规模反向变动。控制测试中选取的样本旨在提供关于控制运行有效性的证据。由于控制测试是控制是否有效运行的主要证据来源，因此，可接受的信赖过度风险应确定在相对较低的水平上。在控制测试中，影响注册会计师可以接受的信赖过度风险的因素包括：①该控制所针对的风险的重要性；②控制环境的评估结果；③针对风险的控制程序的重要性；④证明该控制能够防止、发现和改正认定层次重大错报的审计证据的相关性和可靠性；⑤在与某认定有关的其他控制的测试中获取的证据的范围；⑥控制的叠加程度；⑦对控制的观察和询问所获得的答复可能不能准确反映该控制得以持续适当运行的风险。

通常，相对较低的水平在数量上是指5%～10%的信赖过度风险。注册会计师一般将信赖过度风险确定为10%，特别重要的测试则可以将信赖过度风险确定为5%。在实务中，注册会计师通常对所有控制测试确定一个统一的可接受信赖过度风险水平，然后对每一测试根据计划的重大错报风险评估水平和控制有效性分别确定其可容忍偏差率。本例中，注册会计师确定的可接受信赖过度风险为10%。

2)可容忍偏差率

可容忍偏差率与样本规模反向变动。在确定可容忍偏差率时，注册会计师应考虑计划评估的控制有效性。计划评估的控制有效性越低，注册会计师确定的可容忍偏差率通常越高，所需的样本规模就越小。一个很高的可容忍偏差率通常意味着，控制的运行不会大大降低相关实质性程序的程度。在这种情况下，由于注册会计师预期控制运行的有效性很低，特定的控制测试可能不需进行。反之，如果注册会计师在评估认定层次重大错报风险时预期控制的运行是有效的，注册会计师必须实施控制测试。换言之，注册会计师在风险评估时越依赖控制运行的有效性，确定的可容忍偏差率越低，进行控制测试的范围越大，因而样本规模增加。

在实务中，注册会计师通常认为，当偏差率为3%～7%时，控制有效性的估计水平较高；可容忍偏差率最高为20%，偏差率超过20%时，由于估计控制运行无效，注册会计师不需进行控制测试。当估计控制运行有效时，如果注册会计师确定的可容忍偏差率较高就被认为不恰当。表7-4列示了可容忍偏差率与计划评估的控制有效性之间的关系。本例中注册会计师预期现金支付授权控制运行有效，确定的可容忍偏差率为7%。

表 7-4　可容忍偏差率和计划评估的控制有效性之间的关系

计划评估的控制有效性	可容忍偏差率(近似值)/%
高	3～7
中	6～12
低	11～20
最低	不进行控制测试

3）预计总体偏差率

对于控制测试，注册会计师在考虑总体特征时，需要根据对相关控制的了解或对总体中少量项目的检查来评估预期偏差率。注册会计师可以根据上年测试结果和控制环境等因素对预计总体偏差率进行评估。在考虑上年测试结果时，应考虑被审计单位内部控制和人员的变化。在实务中，如果以前年度的审计结果无法取得或认为不可靠，注册会计师可以在抽样总体中选取一个较小的初始样本，以初始样本的偏差率作为预计总体偏差率的估计值。如果预期总体偏差率高得无法接受，意味着控制有效性很低，注册会计师通常决定不实施控制测试，而实施更多的实质性程序。本例中，注册会计师根据上年测试结果和对控制的初步了解，预计总体的偏差率为1.75%。

4）总体规模

在本例中，现金支付业务数量很大，因而注册会计师认为总体规模对样本规模的影响可以忽略。

此外，控制运行的相关期间越长（年或季度），需要测试的样本越多，因为注册会计师需要对整个拟信赖期间控制的有效性获取证据。控制程序越复杂，测试的样本越多。样本规模还取决于所测试的控制的类型，通常对人工控制实施的测试要多过自动化控制，因为人工控制更容易发生错误和偶然的失败；而针对计算机系统的信息技术一般控制只要有效发挥作用，曾经测试过的自动化控制一般都能保持可靠运行。在确定被审计单位自动控制的测试范围时，如果支持其运行的信息技术一般控制有效，注册会计师测试一次应用程序控制便可能足以获得对控制有效运行的较高的保证水平。如果所测试的控制包含人工监督和参与（如偏差报告、分析、评估、数据输入、信息匹配等），则通常比自动控制需要测试更多的样本。在使用统计抽样时，注册会计师应当对影响样本规模的因素进行量化。

2. 确定样本规模

实施控制测试时，注册会计师可能使用统计抽样，也可能使用非统计抽样。在统计抽样中，注册会计师可以使用统计学公式法和样本量表法确定样本规模。

1）公式法

样本量的计算公式为：

$$n = \frac{R}{TR}$$

式中，n 代表样本量，R 代表可接受的信赖过度风险系数，TR 代表可容忍偏差率。本例中可接受信赖过度风险为10%的风险系数 R 为3.9（在表7-6中当预计偏差数量为1时，查得 R 为3.9），可容忍偏差率 TR 为7%，代入公式求得 $n=56$，即需要56个样本。

2）样本量表法

表7-5提供了在控制测试中确定的可接受信赖过度风险为10%时所使用的样本量表。如果注册会计师需要其他信赖过度风险水平的抽样规模，必须使用统计抽样参考资料中其他表格或计算机程序。注册会计师根据可接受的信赖过度风险选择相应的抽样规模表，然后，读取预计总体偏差率栏找到适当的比率。接下来注册会计师确定与可容忍偏差率对应的列。可容忍偏差率所在列与预计总体偏差率所在行的交点就是所需的样本规模。本例中，如前所述，注册会计师确定的可接受信赖过度风险为10%，可容忍偏差率为7%，预计总体偏差为1.75%预计总体偏差率的交叉处为55（1），即所需的样本规模为55。

表7-5　控制测试统计抽样样本规模——信赖过度风险10%

（括号内是可接受的偏差数）

预计总体偏差率/%	可容忍偏差率										
	2%	3%	4%	5%	6%	7%	8%	9%	10%	15%	20%
0.00	114(0)	76(0)	57(0)	45(0)	38(0)	32(0)	28(0)	25(0)	22(0)	15(0)	11(0)
0.25	194(1)	129(1)	96(1)	77(1)	64(1)	55(1)	48(1)	42(1)	38(1)	25(1)	18(1)
0.50	194(1)	129(1)	96(1)	77(1)	64(1)	55(1)	48(1)	42(1)	38(1)	25(1)	18(1)
0.75	265(2)	129(1)	96(1)	77(1)	64(1)	55(1)	48(1)	42(1)	38(1)	25(1)	18(1)
1.00	*	176(2)	96(1)	77(1)	64(1)	55(1)	48(1)	42(1)	38(1)	25(1)	18(1)
1.25	*	*	*	*	64(1)	55(1)	48(1)	42(1)	38(1)	25(1)	18(1)
1.50	*	*	*	*	64(1)	55(1)	48(1)	42(1)	38(1)	25(1)	18(1)
1.75	*	*	*	*	88(2)	55(1)	48(1)	42(1)	38(1)	25(1)	18(1)
2.00	*	*	*	*	88(2)	75(2)	48(1)	42(1)	38(1)	25(1)	18(1)
2.25	*	*	*	*	88(2)	75(2)	48(1)	42(1)	38(1)	25(1)	18(1)
2.50	*	*	*	*	110(3)	75(2)	65(2)	42(2)	38(2)	25(1)	18(1)
2.75	*	*	*	*	132(4)	94(3)	65(2)	58(2)	38(2)	25(1)	18(1)
3.00	*	*	*	*	132(4)	94(3)	65(2)	58(2)	52(2)	25(1)	18(1)
3.25	*	*	*	*	153(5)	113(4)	82(3)	58(2)	52(2)	25(1)	18(1)
3.50	*	*	*	*	194(7)	113(4)	82(3)	73(3)	52(2)	25(1)	18(1)
3.75	*	*	*	*	*	131(5)	98(4)	73(3)	52(2)	25(1)	18(1)
4.00	*	*	*	*	*	149(6)	98(4)	73(3)	65(3)	25(1)	18(1)
5.00	*	*	*	*	*	*	160(8)	115(6)	78(4)	34(2)	18(1)
6.00	*	*	*	*	*	*	*	182(11)	116(7)	43(3)	25(2)
7.00	*	*	*	*	*	*	*	*	199(14)	52(4)	25(2)

注：①*表示样本规模太大，因而在大多数情况下不符合成本效益原则；②本表假设总体为大总体。

（二）选取样本

在控制测试中使用统计抽样方法时，注册会计师必须在上节所述的使用随机数表或计算机辅助审计技术选样和系统选样中选择一种方法。原因在于，这两种方法能够产生随机样本，而其他选样方法虽然也可能提供代表性的样本，但却不是随机的。

(三)实施审计程序

在对选取的样本项目实施审计程序时可能出现以下几种情况。

1. *无效单据*

注册会计师选取的样本中可能包含无效的项目。例如，在测试与被审计单位的收据(发票)有关的控制时，注册会计师可能将随机数与总体中收据的编号对应。但是，某一随机数对应的收据可能是无效的(比如空白收据)。如果注册会计师能够合理确信该收据的无效是正常的且不构成对设定控制的偏差，就要用另外的收据替代。而且，如果使用了随机选样，注册会计师要用一个替代的随机数与新的收据样本对应。

2. *未使用或不适用的单据*

注册会计师对未使用或不适用单据的考虑与无效单据类似。例如，一组可能使用的收据号码中可能包含未使用的号码或有意遗漏的号码。如果注册会计师选择了一个未使用号码，就应合理确信该收据号码实际上代表一张未使用收据且不构成控制偏差。然后注册会计师用一个额外的收据号码替换该未使用的收据号码。有时选取的项目不适用于事先定义的偏差。例如，如果偏差被定义为没有验收报告支持的交易，选取的样本中包含的电话费可能没有相应的验收报告。如果合理确信该交易不适用且不构成控制偏差，注册会计师要用另一笔交易替代该项目，以测试相关的控制。

3. *对总体的估计出现错误*

如果注册会计师使用随机数选样方法选取样本项目，在控制运行之前可能需要预估总体规模和编号范围。当注册会计师将总体定义为整个被审计期间的交易但计划在期中实施部分抽样程序时，这种情况最常发生。如果注册会计师高估了总体规模和编号范围，选取的样本中超出实际编号的所有数字都被视为未使用单据。在这种情况下，注册会计师要用额外的随机数代替这些数字，以确定对应的适当单据。

4. *在结束之前停止测试*

有时注册会计师可能在对样本的第一部分进行测试时发现大量偏差。其结果是，注册会计师可能认为，即使在剩余样本中没有发现更多的偏差，样本的结果也不支持计划的重大错报风险评估水平。在这种情况下，注册会计师要重估重大错报风险并考虑是否有必要继续进行测试。

5. *无法对选取的项目实施检查*

注册会计师应当针对选取的每个项目，实施适合于具体审计目标的审计程序。有时，被测试的控制只在部分样本单据上留下了运行证据。如果找不到该单据，或出于其他原因注册会计师无法对选取的项目实施检查，注册会计师可能无法使用替代程序测试控制是否适当运行。如果注册会计师无法对选取的项目实施计划的审计程序或适当的替代程序，就要考虑在评价样本时将该样本项目视为控制偏差。另外，注册会计师要考虑造成该限制的原因，以及该限制可能对其了解内部控制和评估重大错报风险产生的影响。

三、评价样本结果阶段

（一）分析偏差的性质和原因

除了评价偏差发生的频率之外，注册会计师还要对偏差进行定性分析，即分析偏差的性质和原因。注册会计师对偏差的性质和原因的分析包括：是有意的还是无意的？是误解了规定还是粗心大意？是经常发生还是偶然发生？是系统的还是随机的？如果对偏差的分析表明是故意违背了既定的内部控制政策或程序，注册会计师应考虑存在重大舞弊的可能性。与错误相比，舞弊通常要求对其可能产生的影响进行更为广泛的考虑。对被审计单位舞弊的考虑可以参见《中国注册会计师审计准则第 1141 号——财务报表审计中与舞弊相关的责任》及其应用指南。在这种情况下，注册会计师应当确定实施的控制测试能否提供适当的审计证据，是否需要增加控制测试，或是否需要使用实质性程序应对潜在的错报风险。

在控制测试中考虑已识别的误差对财务报表的直接影响时，注册会计师应当注意，控制偏差并不一定导致财务报表中的金额错报。控制偏差虽然增加了金额错报的风险，但两者不是一一对应的关系。如果某项控制偏差更容易导致金额错报，该项控制偏差就更加重要。例如，与被审计单位没有定期对信用限额进行检查相比，如果被审计单位的销售发票出现错误，则注册会计师对后者的容忍度较低。这是因为，被审计单位即使没有对客户的信用限额进行定期检查，其销售收入和应收账款的账面金额也不一定发生错报；但如果销售发票出现错误，通常会导致被审计单位确认的销售收入和其他相关账户金额出现错报。

（二）计算总体偏差率

将样本中发现的偏差数量除以样本规模，就可以计算出样本偏差率。样本偏差率就是注册会计师对总体偏差率的最佳估计，因而在控制测试中无需另外推断总体偏差率。但注册会计师还必须考虑抽样风险。

（三）得出总体结论

在实务中，注册会计师使用统计抽样方法时通常使用公式、表格或计算机程序直接计算在确定的信赖过度风险水平下可能发生的偏差率上限，即估计的总体偏差率与抽样风险允许限度之和。

1. 使用统计公式评价样本结果

假定本例中，注册会计师对 56 个项目实施了既定的审计程序，且未发现偏差，则在既定的可接受信赖过度风险下，根据样本结果计算总体最大偏差率如下：

$$总体偏差率上限(MDR) = \frac{R}{n} = \frac{风险系数}{样本量} = \frac{2.3}{56} = 4.1\%$$

其中的风险系数根据可接受的信赖过度风险为10%，且偏差数量为0，在表7-6中查得为2.3。表7-6列示了在控制测试中常用的风险系数。

表7-6　控制测试中常用的风险系数表

样本中发现偏差的数量	信赖过度风险对应的风险系数	
	5%	10%
0	3.0	2.3
1	4.8	3.9
2	6.3	5.3
3	7.8	6.7
4	9.2	8.0
5	10.5	9.3
6	11.9	10.6
7	13.2	11.8
8	14.5	13.0
9	15.7	14.2
10	17.0	15.4

这意味着，如果样本量为56且无一例偏差，总体实际偏差率超过4.1%的风险为10%，即有90%的把握保证总体实际偏差率不超过4.1%。由于注册会计师确定的可容忍偏差率为7%，因此可以得出结论，总体的实际偏差率超过可容忍偏差率的风险很小，总体可以接受。也就是说，样本结果证实注册会计师对控制运行有效性的估计和评估的重大错报风险水平是适当的。

如果在56个样本中有两个偏差，则在既定的可接受信赖过度风险下，按照公式计算的总体偏差率上限如下：

$$总体偏差率上限(MDR) = \frac{R}{n} = \frac{风险系数}{样本量} = \frac{5.3}{56} = 9.5\%$$

这意味着，如果样本量为56且有两个偏差，总体实际偏差率超过9.5%的风险为10%。在可容忍偏差率为7%的情况下，注册会计师可以得出结论，总体的实际偏差率超过可容忍偏差率的风险很大，因而不能接受总体。

2. 使用样本结果评价表

注册会计师也可以使用样本结果评价表评价统计抽样的结果。表7-7列示了可接受的信赖过度风险为10%时的总体偏差率上限。本例中，注册会计师应当选择可接受的信赖过度风险为10%的表(即表7-7)评价样本结果。样本规模为55，当样本中未发现偏差时，应选择偏差数为零的那一列，两者交叉处的4.1%即为总体的偏差率上限，与利用公式计算的结果4.1%相等。

表7-7 控制测试中统计抽样结果评价——信赖过度风险10%时的偏差率上限

样本规模	实际发现的偏差数										
	0	1	2	3	4	5	6	7	8	9	10
20	10.9	18.1	*	*	*	*	*	*	*	*	*
25	8.8	14.7	19.9	*	*	*	*	*	*	*	*
30	7.4	12.4	16.8	*	*	*	*	*	*	*	*
35	6.4	10.7	14.5	18.1	*	*	*	*	*	*	*
40	5.6	9.4	12.8	16.0	19.0	*	*	*	*	*	*
45	5.0	8.4	11.4	14.3	17.0	19.7	*	*	*	*	*
50	4.6	7.6	10.3	12.9	15.4	17.8	*	*	*	*	*
55	4.1	6.9	9.4	11.8	14.1	16.3	18.4	*	*	*	*
60	3.8	6.4	8.7	10.8	12.9	15.0	16.9	18.9	*	*	*
70	3.3	5.5	7.5	9.3	11.1	12.9	14.6	16.3	17.9	19.6	*
80	2.9	4.8	6.6	8.2	9.8	11.3	12.8	14.3	15.8	17.2	18.6
90	2.6	4.3	5.9	7.3	8.7	10.1	11.5	12.8	14.1	15.4	16.6
100	2.3	3.9	5.3	6.6	7.9	9.1	10.3	11.5	12.7	13.9	15.0
120	2.0	3.3	4.4	5.5	6.6	7.6	8.7	9.7	10.7	11.6	12.6
160	1.5	2.5	3.3	4.2	5.0	5.8	6.5	7.3	8.0	8.8	9.5
200	1.2	2.0	2.7	3.4	4.0	4.6	5.3	5.9	6.5	7.1	7.6

注：①*表示超过20%；②本表以百分比表示偏差率上限；③本表假设总体足够大。

当样本中发现两个偏差时，应选择偏差数为2的那一列，两者交叉处的9.4%即为总体的偏差率上限，与利用公式计算的结果9.5%相近。

四、在控制测试中使用非统计抽样

在控制测试中使用非统计抽样时，抽样的基本流程和主要步骤与使用统计抽样时相同，只是在确定样本规模、选取样本和推断总体的具体方法上有所差别。在控制测试中使用非统计抽样时，注册会计师应当根据对被审计单位的初步了解，运用职业判断确定样本规模。在非统计抽样中，注册会计师也必须考虑可接受抽样风险、可容忍偏差率、预计总体偏差率以及总体规模等，但可以不对其量化，而只进行定性的估计。

在控制测试中使用非统计抽样时，注册会计师可以根据表7-8确定所需的样本规模。表7-8是在预计没有控制偏差的情况下对人工控制进行测试的最低样本数量。考虑到前述因素，注册会计师往往可能需要测试比表中所列更多的样本。例如，对全年共发生500次的采购批准控制，如果初步评估控制运行有效，注册会计师至少要测试25个样本。如果25个样本中没有发现偏差，样本结果支持初步风险评估结果。如果25个样本中发现了偏差，样本结果不支持初步风险评估结果；此时注册会计师可以得出控制无效的结论，或考虑扩大样本量(通常是再检查25个样本)。如果拟测试的控制是针对相关认定的唯一控制，注册会计师应考虑更大的样本量。

表7-8　人工控制最低样本规模表

控制执行频率	控制发生次数	最低样本数量
1次/年度	1次	1
1次/季度	4次	2
1次/月度	12次	3
1次/周	52次	5
1次/日	250次	20
每日数次	大于250次	25

有些控制可能执行次数很多，但 不是每天都执行。例如，如果某公司实施一种按月执行的控制，该控制针对多个事项(某人每月对该公司的所有50个银行账户编制银行余额调节表)。在此情况下，首先把信息换算成对应的控制发生总次数，也就是12个月乘以50个，即600个，然后从表格中选择对应的行。此时，600个是个大规模的抽样总体，应采用"每日数次"这一行来确定样本规模。

在非统计抽样方法中，注册会计师可以使用随机数表或计算机辅助审计技术选样、系统选样，也可以使用随意选样。非统计抽样只要求选出的样本具有代表性，并不要求必须是随机样本。

与统计抽样相同，在非统计抽样中也应当对选取的样本项目实施审计程序，并对发现的偏差进行定性分析。在非统计抽样中，注册会计师同样将样本的偏差率作为总体偏差率的最佳估计。但在非统计抽样中，抽样风险无法直接计量。注册会计师通常将样本偏差率(即估计的总体偏差率)与可容忍偏差率相比较，以判断总体是否可以接受。

假设被审计单位20×8年发生了500笔采购交易，注册会计师初步评估该控制运行有效，那么所需的样本数量至少是25个。如果25个样本中没有发现偏差，那么控制测试的样本结果支持计划的控制运行有效性和重大错报风险的评估水平。如果25个样本中发现了1个偏差，注册会计师有两种处理办法：第一，认为控制没有有效运行，控制测试样本结果不支持计划的控制运行有效性和重大错报风险的评估水平，因而提高重大错报风险评估水平，增加对相关账户的实质性程序；第二，再测试25个样本，如果其中没有再发现偏差，也可以得出样本结果支持控制运行有效性和重大错报风险的初步评估结果，反之则证明控制无效。

五、记录抽样程序

注册会计师应当记录所实施的审计程序，以形成审计工作底稿。在控制测试中使用审计抽样时，注册会计师通常记录下列内容：对所测试的设定控制的描述；抽样的目标，包括与重大错报风险评估的关系；对总体和抽样单元的定义，包括注册会计师如何考虑总体的完整性；对偏差的构成条件的定义；信赖过度风险，可容忍偏差率，以及在抽样中使用的预计总体偏差率；确定样本规模的方法；选样方法；对如何实施抽样程序的描述，以及样本中发现的偏差清单；对样本的评价及总体结论摘要。

第四节 审计抽样在细节测试中的应用

在细节测试中进行审计抽样，可能使用统计抽样，也可能使用非统计抽样。两种抽样方法的基本流程和主要步骤相同，但在部分环节作所用的具体方法有所差别。

一、在细节测试中使用非统计抽样方法

(一)样本设计阶段

实施细节测试时，注册会计师在样本设计阶段必须明确测试目标、定义总体、定义抽样单元以及界定错报4个环节的工作。

1. 明确测试目标

在细节测试中，抽样通常用来为有关财务报表金额的一项或多项认定(如应收账款的存在性)提供特定水平的合理保证。因而细节测试旨在对各类交易、账户余额或披露的相关认定进行测试，尤其是对存在或发生、计价认定的测试。注册会计师实施审计程序的目标就是确定相关认定是否存在重大错报。通过在账户余额中选取项目进行测试，注册会计师可以检查出那些虚构项目、余额中不应包含的项目(分类错误的项目)以及评估错误的项目。

2. 定义总体

1)考虑总体的适当性和完整性

注册会计师应确信抽样总体适合于特定的审计目标。例如，注册会计师如果对已记录的项目进行抽样，就无法发现由于某些项目被隐瞒而导致的金额低估。为发现这类低估错报，注册会计师应从包含被隐瞒项目的来源选取样本。例如，注册会计师可能对随后的现金支付进行抽样，以测试由隐瞒采购所导致的应付账款账面金额低估；或者对装运单据进行抽样，以发现由已装运但未确认为销售的交易所导致的低估销售收入问题。

2)识别单个重大项目

在细节测试中计划抽样时，注册会计师应当运用职业判断，判断某账户余额或交易类型中是否存在及存在哪些应该单独测试而不能放在抽样总体中的项目。某一项目可能由于存在特别风险或者金额较大而应被视为单个重大项目，注册会计师应当对单个重大项目逐

一实施检查，以将抽样风险控制在合理的范围。重大项目是指超过可容忍错报应该单独测试的项目，其包括那些潜在错报可能超过可容忍错报的所有单个项目，以及异常的余额或交易。注册会计师进行单独测试的所有项目都不构成抽样总体。增加单独测试的账户可以减少样本规模。因此单独测试的账户越多，拟抽样的剩余总体越小，可容忍错报占抽样总体的比例越高。

3. 定义抽样单元

在细节测试中，注册会计师应根据审计目标和所实施审计程序的性质，定义抽样单元。抽样单元可能是一个账户余额、一笔交易或交易中的一个记录（如销售发票中的单个项目），甚至是每个货币单元。例如，如果抽样的目标是测试应收账款是否存在，注册会计师可能选择各应收账款明细账余额、发票或发票上的单个项目作为抽样单元。选择的标准是如何定义抽样单元能使审计抽样实现最佳的效率和效果。

注册会计师定义抽样单元时也应考虑实施计划的审计程序或替代程序的难易程度。如果将抽样单元界定为客户明细账余额，当某客户没有回函证实该余额时，注册会计师可能需要对构成该余额的每一笔交易进行测试。因此，如果将抽样单元界定为构成应收账款余额的每笔交易，审计抽样的效率可能更高。

4. 界定错报

在细节测试中，误差是指错报，注册会计师应根据审计目标，确定什么构成错报。例如，在对应收账款存在性的细节测试中（如函证），客户在函证日之前支付、被审计单位在函证日之后不久收到的款项不构成误差。而且，被审计单位在不同客户之间误登明细账也不影响应收账款总账余额。即使在不同客户之间误登明细账可能对审计的其他方面（如对舞弊的可能性或坏账准备的适当性的评估）产生重要影响，注册会计师在评价应收账款函证程序的样本结果时不宜将其判定为误差。在审计抽样中，注册会计师应根据审计目标界定错报。如果错报定义为账面金额与注册会计师审定金额之间的差异，不符合相关特征的差异就不是错报。例如，在登记明细账时发生的差错如果不导致账户余额合计数发生错误，就不属于错报。注册会计师还可能将被审计单位自己发现并已在适当期间予以更正的错报排除在外。

（二）选取样本阶段

1. 确定样本规模

1）影响样本规模的因素

如果在细节测试中使用非统计抽样，注册会计师在确定适当的样本规模时，也需要考虑相关的影响因素，如总体变异性，可接受抽样风险，可容忍错报，预计总体错报，以及总体规模等，即使注册会计师无法明确地量化这些因素。

（1）总体的变异性。总体项目的某一特征（如金额）经常存在重大的变异性。在细节测试中确定适当的样本规模时，注册会计师应考虑特征的变异性。注册会计师通常根据项目账面金额的变异性估计总体项目审定金额的变异性。衡量这种变异或分散程度的指标是标准差，注册会计师在使用非统计抽样时，不需量化期望的总体标准差，但要用“大”或“小”等定性指标来估计总体的变异性。总体项目的变异性越低，通常样本规模越小。

(2)可接受的抽样风险。细节测试中的抽样风险分为两类：误受风险和误拒风险。在细节测试中使用非统计抽样方法时，注册会计师主要关注误受风险。

在确定可接受的误受风险水平时，注册会计师需要考虑下列因素。

①注册会计师愿意接受的审计风险水平。

②评估的重大错报风险水平。

③针对同一审计目标(财务报表认定)的其他实质性程序的检查风险，包括分析程序。

在实务中，注册会计师愿意承担的审计风险通常为5% ~10%。当审计风险既定时，如果注册会计师将重大错报风险评估为低水平，就可以在实质性程序中接受较高的误受风险。当可接受的误受风险增加时，实质性程序所需的样本规模降低。相反，如果注册会计师评估的重大错报风险水平较高，可接受的误受风险降低，所需的样本规模就增加。

注册会计师对其他实质性程序的依赖程度对样本规模的影响与此类似，其他实质性程序包括与同一审计目标相关的分析程序。

在细节测试中，误拒风险与审计的效率有关，如果注册会计师决定接受一个较高的误拒风险，所需的样本规模降低。在设计样本时，与控制测试中对信赖不足风险的关注相比，注册会计师在细节测试中对误拒风险的关注程度通常更高。如果控制测试中的样本结果不支持计划的重大错报风险评估水平，注册会计师可以实施其他的控制测试以支持计划的重大错报风险评估水平，或根据测试结果提高重大错报风险评估水平。由于替代审计程序比较容易实施，因此，对控制信赖不足给注册会计师和被审计单位造成的不便通常相对较小。但是，如果在某类交易或账户余额的账面金额可能不存在重大错报时根据样本结果得出存在重大错报的结论，注册会计师采用替代方法可能花费的成本大得多。通常，注册会计师需要与被审计单位的人员进一步讨论，并实施额外的审计程序。

(3)可容忍错报。对特定的账户余额或交易类型而言，当误受风险一定时，如果注册会计师确定的可容忍错报降低，为实现审计目标所需的样本规模就增加。

(4)预计总体错报。在确定细节测试所需的样本规模时，注册会计师还需要考虑预计在账户余额或交易中存在的错报金额和频率。预计总体错报的规模或频率降低，所需的样本规模也降低。相反，预计总体错报的规模或频率增加，所需的样本规模也增加。如果预期错报很高，注册会计师在实施细节测试时对总体进行100%检查或使用较大的样本规模可能较为适当。

注册会计师在运用职业判断确定预计错报金额时，应当考虑被审计单位的经营状况，以前年度对账户余额或交易类型进行测试的结果，初始样本的结果，相关实质性程序的结果，以及相关控制测试的结果等因素。

(5)总体规模。总体中的项目数量在细节测试中对样本规模的影响很小。因此，按总体的固定百分比确定样本规模通常缺乏效率。

2）利用模型确定样本规模

注册会计师在细节测试中可以用来确定样本规模的模型如下：

$$样本规模 = \frac{总体账面金额}{可容忍错报} \times 保证系数$$

本模型只用于说明计划抽样时考虑的各种因素对样本规模的影响，它不能代替职业判断。注册会计师使用本模型时，需要在下列方面运用职业判断：评估重大错报风险；确定可容忍错报；估计预计总体错报；评估其他实质性程序未能发现重大错报的风险；剔除百分之百检查的项目后估计总体的账面金额；调整确定样本规模。

对本模型计算的样本规模进行适当调整后，注册会计师可以确定非统计抽样所需的适当样本规模。注册会计师应考虑到，本模型基于具有高度统计效率和高度分层的抽样方法，因此应根据非统计抽样中分层程度等因素对本表确定的样本规模进行调整，以体现非统计抽样方法和本模型使用的统计抽样方法的差异。

使用本模型时确定样本规模的步骤如下。

（1）考虑重大错报风险，将其评估为最高、高、中和低 4 个等级。

（2）确定可容忍错报。

（3）评估用于测试相同认定的其他实质性程序（如分析程序）未能发现该认定中重大错报的风险。

①最高——没有实施其他实质性程序测试相同认定。

②高——预计用于测试相同认定的其他实质性程序不能有效地发现该认定中的重大错报。

③中——预计用于测试相同认定的其他实质性程序发现该认定中重大错报的有效程度适中。

④低——预计用于测试相同认定的其他实质性程序能有效地发现该认定中的重大错报。

（4）剔除百分之百检查的所有项目后估计总体的账面金额。

（5）从表 7-9 中选择适当的保证系数，并使用下列公式估计样本规模：

$$样本规模 = \frac{总体账面金额}{可容忍错报} \times 保证系数$$

表 7-9　保证系数表

评估的重大错报风险	其他实质性程序未能发现重大错报的风险			
	最高	高	中	低
最高	3.0	2.7	2.3	2.0
高	2.7	2.4	2.0	1.6
中	2.3	2.1	1.6	1.2
低	2.0	1.6	1.2	1.0

(6)调整估计的样本规模，以反映非统计方法与本模型使用的统计方法在效率上的差异。在实务中，如果样本不是以统计有效的方式选取，注册会计师调整样本规模的幅度通常在10%~50%之间。

2. 选取样本并对其实施审计程序

在非统计抽样方法中，注册会计师可以使用随机数表或计算机辅助审计技术选样、系统选样，也可以使用随意选样。注册会计师应当仔细选取样本，以使样本能够代表抽样总体的特征。在选取样本之前，注册会计师通常先识别单个重大项目。然后，从剩余项目中选取样本，或者对剩余项目分层，并将样本规模相应分配给各层。注册会计师从每一层中选取样本，但选取的方法应当能使样本具有代表性。注册会计师应对选取的每一个样本实施计划的审计程序。

分层使具有相同特征的个体样本被包含在一个层中，从而降低了层内样本个体的可变性，同时，对于既定的抽样风险，样本规模能够最小化。因此，必须对总体分层进行评估，否则可能会因为样本太小而不能有效控制抽样风险。利用总体金额来评估是否应对总体进行分层的方法通常非常简便。为了进行评估，注册会计师通常应按照金额升序或降序的方式对总体项目进行排序，将总体分为金额大约相等的两个部分。如果各部分中存在明显不成比例的项目数，那么应对其进行分层。

例如，审计抽样的总体为22 000 000元，含1 500个项目被分为11 200 000元和10 800 000元两个大约金额相等的部分。如果两部分分别有300个和1 200个项目，则需对其进行分层。如果一个含有项目数为770个，而另一个为730个，那么不必分层。

如果总体还需要分层，那么注册会计师也可能考虑用3层对总体进行评估。评估的过程仍然相同，只是需要把金额分成大约相同的3个部分。如果3个部分中的项目数量明显不成比例，则应使用3层而不是2层。对于大多数审计，没有必要分3层以上。

(三)评价样本结果阶段

1. 考虑错报的性质和原因

除了评价错报的频率和金额之外，注册会计师还要对错报进行定性分析，分析错报的性质和原因，判断其对财务报表重大错报风险的影响。

2. 推断总体错报

当实施细节测试时，注册会计师应当根据样本中发现的错报推断总体错报。在非统计抽样中，根据样本中发现的错报金额推断总体错报金额的方法有多种，注册会计师可以从中选择其一。这里介绍两种常用的方法。

第一种方法是比率法，即用样本中的错报金额除以该样本中包含的账面金额占总体账面总金额的比例。例如，注册会计师选取的样本可能包含了应收账款账户账面金额的。如果注册会计师在样本中发现了100元的错报，其对总体错报的最佳估计为1 000元(100元÷10%)。这种方法不需使用总体规模。比率估计法在错报金额与抽样单元金额相关时最为适用，是大多数审计抽样中注册会计师首选的总体推断方法。

第二种方法是差异法，即计算样本中所有项目审定金额和账面金额的平均差异，并推断至总体的全部项目。例如，注册会计师选取的非统计抽样样本为100个项目。如果注册会计师在样本中发现的错报为200元，样本项目审定金额和账面金额的平均差异则为2元(200元÷100)。然后注册会计师可以用总体规模(本例中为5 000)乘以样本项目的平均差异2元，以估计总体的错报金额。注册会计师估计的总体错报则为10 000元(5 000×2元)。差异估计法通常更适用于错报金额与抽样单元本身而不是与其金额相关的情况。

如果注册会计师在设计样本时将进行抽样的项目分为几层，则要在每层分别推断错报，然后将各层推断的金额加总，计算估计总体错报。注册会计师还要将在进行百分之百检查的个别重大项目中发现的所有错报与推断的错报金额汇总。

3. 考虑抽样风险并得出总体结论

注册会计师应当将推断的总体错报额与百分之百检查的项目中所发现的错报加总，并要求被审计单位调整已经发现的错报。依据被审计单位已更正的错报对推断的总体错报额进行调整后，注册会计师要将其与该类交易或账户余额的可容忍错报相比较，并适当考虑抽样风险，以评价样本结果。如果推断的错报总额低于账户余额或交易类型的可容忍错报，注册会计师要考虑即使总体的实际错报金额超过可容忍错报，仍可能出现这一情况风险。例如，如果1 000 000元的某账户余额的可容忍错报为50 000元，根据适当的样本推断的总体错报为10 000元，由于推断的总体错报远远低于可容忍错报，注册会计师可能合理确信，总体实际错报金额超过可容忍错报的抽样风险很低，因而可以接受。另外，如果推断的错报总额接近或超过可容忍错报，注册会计师通常得出总体实际错报超过可容忍错报的结论。

在非统计抽样中，注册会计师运用其经验和职业判断进行这种评价。但是，当推断的错报与可容忍错报的差距既不很小又不很大时，注册会计师应内仔细考虑，实际错报超过可容忍错报的风险是否高得无法接受。

如果样本结果不支持总体账面金额，且注册会计师认为账面金额可能存在错报，注册会计师在评价财务报表整体是否存在重大错报时，应当将错报与其他审计证据一起考虑。通常，注册会计师会建议被审计单位对错报进行调查，且在必要时调整账面记录。

(四)记录抽样程序

注册会计师要记录所实施的审计程序，以形成审计工作底稿。在实质性程序中使用审计抽样时，注册会计师通常记录下列内容：测试目标和对与此目标相关的其他审计程序的描述；总体和抽样单元的定义，包括注册会计师如何确定总体的完整性；错报的定义；误受风险、误拒风险和可容忍错报；使用的审计抽样方法；选样方法；描述抽样程序的实施，以及样本中发现的错报清单；对样本的评价和总体结论摘要。对样本的评价和总体结论摘要可能包含根据样本中发现的错报推断总体，对注册会计师如何考虑抽样风险的解释，以及关于总体的最终结论。审计工作底稿也可记录注册会计师对错报的性质方面的考虑。

（五）非统计抽样示例

假设××会计师事务所的注册会计师拟通过函证测试仙 ABC 公司 20××年 12 月 31 日应收账款余额的存在认定。ABC 公司当年 12 月 31 日应收账款账户剔除贷方余额账户和零余额账户后的借方余额共计 2 410 000 元，由 1 651 个借方账户组成。

注册会计师以此为基础，根据被审计单位特点、风险评估结果和内部控制运行有效性等因素，确定应收账款可容忍错报水平为 140 000 元。

注册会计师将总体定义为 20×8 年 12 月 31 日剔除贷方余额账户和零余额账户以及剔除单个重大项目和极不重要项目之后的应收账款余额，代表总体的实物是 20×8 年 12 月 31 日剔除单个重大项目和极不重要项目之后的应收账款借方余额明细账账户。注册会计师定义的抽样单元是每个应收账款明细账账户。

注册会计师将重大项目定义为账面金额在 140 000 元以上的所有应收账款明细账账户，并决定对其进行单独测试；将极不重要项目定义为账面金额在 1 000 元以下的所有应收账款明细账账户，并决定对其不实施审计程序。剔除重大项目和极不重要项目后抽样总体变成 2 200 000 元，包括 1 500 个账户，如表 7-10 所示。

表 7-10　抽样总体

项目分类	项目数量	总金额/元
重大项目	1	200 000
极不重要项目	150	10 000
抽样总体	1 500	2 200 000
合计	1 651	2 410 000

注册会计师将错报界定为被审计单位不能合理解释并提供相应依据的、应收账款账面金额与注册会计师实施抽样所获得的审计证据所支持的金额之间的差异（高估）。错报不包括明细账户之间的误记、在途款项，以及被审计单位已经修改的差异。

注册会计师将应收账款存在认定的重大错报风险水平评估为“中”，且由于没有对应收账款的存在认定实施与函证目标相同的其他实质性程序而将“其他实质性程序的检查风险”评估为“最高”。根据表 7-9 得到的保证系数为 2.3。

注册会计师根据下列公式估计样本规模：

$$2\ 200\ 000 \div 140\ 000 \times 2.3 \approx 36$$

注册会计师将抽样总体分成金额大致相等的两层，发现两层分别包含的项目数量相差很大，因此决定分层。注册会计师将 36 个样本平均分配到这两个账面金额大致相等的层，每层 18 个样本。因此，注册会计师从第一层 300 个账户中选取 18 个，从第二层 1 200 个账户中也选取 18 个。样本分层情况如表 7-11 所示。

表 7-11　样本分层表

层　次	层账面总额/元	层账户数量/个	层样本规模/个
第 1 层	1 120 000	300	18
第 2 层	1 080 000	1 200	18
合计	2 200 000	1500	36

注册会计师向 37 个客户寄发了询证函，包括 1 个重大项目和 36 个选出的样本。重大项目中存在的错报为 1 034 元。36 个样本中发现的错报如表 7-12 所示。

表 7-12　样本错报汇总表

层　次	层样本账面总额/元	层样本错报额/元	层样本错报数量/个	层错报额/元
第 1 层	124 900	2 400	2	21 521
第 2 层	30 500	550	1	19 475
合计	155 400	2950	3	40 996

注：层错报额 = 层样本错报额 ÷ 层样本账面总额 × 层账面总额。

注册会计师利用比率法推断的总体错报额为 40 996 元，加上重大项目中发现的错报 1 034元，计算出错报总额为 42 030 元。注册会计师将推断的错报总额 42 030 元与可容忍错报 140 000 元比较，认为应收账款借方账面余额发生的错报超过可容忍错报的风险很小，因此总体可以接受。也就是说，即使在其推断的错报上加上合理的抽样风险允许限度，也不会出现一个超过可容忍错报的总额。注册会计师调查了错报的性质和原因，确定它们是由笔误所导致的，因此不代表额外的审计风险。

注册会计师得出结论，样本结果支持应收账款账面余额。但是，注册会计师还应将根据样本结果推断的错报与其他已知和可能的错报汇总，以评价财务报表整体是否可能存在重大错报。

二、在细节测试中使用统计抽样

统计抽样和非统计抽样的流程和步骤完全一样、只是在确定样本规模、选取样本和推断总体的具体方法上有所差别。注册会计师在细节测试中使用的统计抽样方法主要包括传统变量抽样和概率比例规模抽样法(以下简称 PPS 抽样)。两种统计抽样方法的区别主要体现在确定样本规模和推断总体两个方面。

(一)传统变量抽样

传统变量抽样在确定样本规模时需要量化可接受的抽样风险、可容忍错报、预计总体错报等影响因素，并代入专门的统计公式中计算所需的样本数量。根据推断总体的方法不同，传统变量抽样又可以分为3种具体的方法：均值估计抽样、差额估计抽样和比率估计抽样。

1. 均值估计抽样

均值估计抽样是指通过抽样审查确定样本的平均值，再根据样本平均值推断总体的平均值和总值的一种变量抽样方法。使用这种方法时，注册会计师先计算样本中所有项目审定金额的平均值，然后用这个样本平均值乘以总体规模，得出总体金额的估计值。总体估计金额和总体账面金额之间的差额就是推断的总体错报。例如，注册会计师从总体规模为1 000、账面金额为1 000 000元的存货项目中选择了200个项目作为样本。在确定了正确的采购价格并重新计算了价格与数量的乘积之后，注册会计师将200个样本项目的审定金额加总后除以200，确定样本项目的平均审定金额为980元。然后计算估计的存货余额为980 000元(980元×1 000)。推断的总体错报就是20 000元(1 000 000元－980 000元)。

2. 差额估计抽样

差额估计抽样是以样本实际金额与账面金额的平均差额来估计总体实际金额与账面金额的平均差额，然后再以这个平均差额乘以总体规模，从而求出总体的实际金额与账面金额的差额(即总体错报)的一种方法。差额估计抽样的计算公式如下：

$$平均错报 = \frac{样本实际金额与账面金额的差距}{样本规模}$$

$$推断的总体错报 = 平均错报 \times 总体规模$$

使用这种方法时，注册会计师先计算样本项目的平均错报，然后根据这个样本平均错报推断总体。例如，注册会计师从总体规模为1 000个的存货项目中选取了200个项目进行检查)总体的账面金额总额为1 040 000元。注册会计师逐一比较200个样本项目的审定金额和账面金额并将账面金额(208 000元)和审定金额(196 000元)之间的差异加总，本例中为12 000元。612 000元的差额除以样本项目个数200，得到样本平均错报60元。然后注册会计师用这个平均错报乘以总体规模，计算出总体错报为60 000元(60元×1 000元)。

3. 比率估计抽样

比率估计抽样是指以样本的实际金额与账面金额之间的比率关系来估计总体实际金额与账面金额之间的比率关系，然后再以这个比率去乘总体的账面金额，从而求出估计的总体实际金额的一种抽样方法。比率估计抽样法的计算公式如下：

$$比率 = \frac{样本审定金额}{样本账面金额}$$

$$估计的总体实际金额 = 总体账面金额 \times 比率$$

$$推断的总体错报 = 估计的总体实际金额 - 总体账面金额$$

如果上例中注册会计师使用比率估计抽样，样本审定金额合计与样本账面金额的比例则为0.94(196 000元÷208 000元)。注册会计师用总体的账面金额乘以该比例0.94，得到估计的存货余额977 600元(1 040 000元×0.94)。推断的总体错报则为62 400元

(1 040 000 元 – 977 600 元)。

如果未对总体进行分层，注册会计师通常不使用均值估计抽样，因为此时所需的样本规模可能太大，以至于对一般的审计而言不符合成本效益原则。比率估计抽样和差额估计抽样都要求样本项目存在错报。如果样本项目的审定金额和账面金额之间没有差异，这两种方法使用的公式所隐含的机理就会导致错误的结论。如果注册会计师决定使用统计抽样，且预计只发现少量差异，就不应使用比率估计抽样和差额估计抽样，而考虑使用其他的替代方法，如均值估计抽样或 PPS 抽样。

设计传统变量抽样所需的数学计算，包括样本规模的计算，对于手工应用来说显得复杂且困难。注册会计师在使用传统变量抽样时通常运用计算机程序确定样本规模，一般不需懂得这些方法所用的数学公式。注册会计师在确定样本规模时要考虑可容忍错报和误受风险，有时也需要考虑误拒风险。

下面以 XYZ 公司审计中的积极式询证函为例，来说明差额估计抽样的运用。XYZ 公司的背景资料如下：在应收账款明细表中总共列示了 4 000 笔应收账款，账面价值合计为 600 000 元。注册会计师认为该公司的内部控制存在薄弱环节，并预期审计中还将会发现大量的小额错报。其总资产为 2 500 000 元，税前净收益为 400 000 元。由于财务报表的使用者有限，并且 XYZ 公司的财务状况良好，因此可接受的审计风险较高，分析程序的结果表明没有重大问题。假定所有的函证都有答复或都已执行了有效的替代程序。因此，样本规模就是寄出的积极式询证函的数量。

注册会计师对 XYZ 公司进行审计测试的目标是确定在考虑坏账准备之前的应收账款是否存在重要错报。由于应收账款数目较大，决定采用审计抽样。公司应收账款的总体容量为 4 000 笔。注册会计师确定的可容忍错报额为 21 000 元。

在 XYZ 公司应收账款审计中，注册会计师要确定以下两类风险。

一类是可接受的误受风险，是指在应收账款实际错报额超过 21 000 元时，但样本结果显示应收账款金额正确的风险。它受可接受的审计风险、控制测试和交易实质性程序的结果、分析程序和应收账款在财务报表中的相对重要性等方面的影响。在 XYZ 公司审计中，采用的是可接受的误受风险。

另一类是可接受的误拒风险，是在应收账款实际上没有发生重大错报时，注册会计师认为应收账款不正确而拒绝接受的风险。它受重新抽样所要追加的成本影响。由于进行第二次函证的成本很高，因此采用 25% 的可接受的误拒风险。对于那些增加样本规模的成本不是很高的审计测试，通常采用较高的可接受的误拒风险。

注册会计师根据以前年度的审计测试结果，确定 XYZ 公司的预计总体错报为 1 500 元（高估）。

由于在确定初始样本规模时，需要预先估计总体中个别错报的变动程度，它是以总体标准差来衡量的，因此注册会计师根据以前年度的审计测试结果，估计 XYZ 公司的总体标准差为 20 元。

现在，XYZ 公司的初始样本规模可用下列公式计算：

$$n = \left[\frac{SD^*(Z_A + Z_R)N}{TM - E^*}\right]^2$$

式中 n——初始样本规模；

SD^*——预先估计的总体标准差；

Z_A——可接受的误受风险的置信系数(表 7-13)；

Z_R——可接受的误拒风险的置信系数(表 7-13)；

N——总体规模；

TM——总体可容忍错报(重要性)；

E^*——预计总体错报。

将该公式应用于 XYZ 公司，得：

$$n = \left[\frac{20 \times (1.28 + 1.15) \times 4\ 000}{21\ 000 - 1\ 500}\right]^2 = 9.97^2 = 99.4(\text{取整为 } 100)$$

表 7-13 置信度、可接受的误受风险、可接受的误拒风险的置信系数表

置信度/%	可接受的误受风险/%	可接受的误拒风险/%	置信系数
99	0.5	1	2.58
95	2.5	5	1.96
90	5	10	1.64
80	10	20	1.28
75	12.5	25	1.15
70	15	30	1.04
60	20	40	0.84
50	25	50	0.67
40	30	60	0.52
30	35	70	0.39
20	40	80	0.25
10	45	90	0.13
0	50	100	0

注册会计师运用前面所讨论的选样方法之一随机选取了 100 个样本项目进行函证。表 7-14 列示了注册会计师计算总体错报上限的过程。

表 7-14 总体错报界限的计算表

步 骤	统计公式	以 XYZ 公司为例
1. 取得一样本容量为 n 的随机样本	n = 样本规模	从包含 4 000 个账户的账龄试算表中随机选取 100 笔应收账款

续表

步　骤	统计公式	以 XYZ 公司为例
2. 确定样本中的每项错报值		75 个账户经顾客证实，其余 25 个账户采用替代程序验证。在调整了时间性差异和顾客的错误后，确定了下列 12 个项目是客户的错误（带括号的为低估错报）：①12.75；②69.46；③85.28；④100.00；⑤27.30；⑥41.06；⑦0.87；⑧24.32；⑨36.59；⑩102.16；⑪54.71；⑫71.56 以上 12 项合计为 226.48
3. 计算错报总额的点估计值	$\bar{e}=\frac{\sum e_j}{n}$ $\hat{E}=N\bar{e}$ 或 $N=\frac{\sum e_j}{n}$ 式中　$\bar{e}$——样本中的平均错报额； $\sum$——合计； e_j——样本中的个别错报； n——样本规模； $\hat{E}$——错报样本总额的点估计值； N——总体容量	$\bar{e}=226.48\div100=2.26$ $\hat{E}=4\ 000\times2.26=9\ 040$（元） 或 $\hat{E}=4\ 000\times(226.48\div100)=9\ 040$（元）
4. 根据样本计算错报的总体标准差	$SD=\sqrt{\frac{\sum e_j^{\ 2}-n\bar{e}^2}{n-1}}$ 式中　SD——标准差； e_j——样本中的个别错报； n——样本规模； $\bar{e}$——样本中的平均错报额	e_j（四舍五入至整元）$e_j^{\ 2}$ ①　13　169 ②　(69)　4 761 ③　85　7 225 ④　100　10 000 ⑤　(27)　729 ⑥　41　1681 ⑦　(1)　1 ⑧　24　576 ⑨　37　1 369 ⑩　(102)　10 404 ⑪　55　3 025 ⑫　72　5 184 228　4 5124 $SD=\sqrt{\frac{45\ 124-100\times2.26^2}{99}}$ ≈21.2

续表

步 骤	统计公式	以XYZ公司为例
5. 计算期望置信的总体错报总额估计值的抽样风险允许限度	$CSR = NZ_A \frac{SD}{\sqrt{n}} \sqrt{\frac{N-n}{N}}$ 式中 CSR——计算的抽样风险允许限度； N——总体容量； Z_A——可接受的误受风险的置信系数(表7-13)； SD——总体标准差； N——样本规模； $\sqrt{\frac{N-n}{N}}$——有限修正系数	$CSR = 4\ 000 \times 1.28 \times \frac{21.2}{\sqrt{100}} \times \sqrt{\frac{4\ 000 - 100}{4\ 000}}$ $= 4\ 000 \times 1.28 \times \frac{21.2}{10} \times 0.99$ $= 4\ 000 \times 1.28 \times 2.12 \times 0.99$ $\approx 10\ 746$
6. 计算期望置信的总体错报界限	$UCL = \hat{E} + CSR$ $LCL = \hat{E} - CSR$ 式中 UCL——计算的总体错报上限； LCL——计算的总体错报下限； $\hat{E}$——错报总额的点估计值； CSR——期望置信度上计算的抽样风险允许限度	$UCL = 9\ 040 + 10\ 746 = 19\ 786$ $LCL = 9\ 040 - 10\ 746 = (1\ 706)$

计算的总体错报界限等于错报总额的点估计值加减抽样风险允许限度。在本例中，计算的总体错报上限为19 786元，表示总体高估超过19 786元的风险是10%，计算的总体错报下限为-1 706元，表示总体低估超过1 706元的风险是10%。由于错报的双边置信区间完全落入了正负时容忍错报范围内，那么账面价值没有重大错报的假设就可以接受。因此，应收账款的账面价值是可以接受的。

(二)概率比例规模抽样(简称PPS抽样)

细节测试中运用的两种统计抽样方法，即传统变量抽样和PPS抽样，都能为注册会计师实现审计目标提供充分的证据。但在有些情况下，PPS抽样比传统变量抽样更实用。

1. PPS抽样的概念

PPS抽样是一种运用属性抽样原理对货币金额而不是对发生率得出结论的统计抽样方法。PPS抽样以货币单元作为抽样单元，有时也被称为金额加权选样、货币单元抽样、累计货币金额抽样，以及综合属性变量抽样等。在该方法下总体中的每个货币单元被选中的机会相同，所以总体中某一项目被选中的概率等于该项目的金额与总体金额的比率。项目金额越大，被选中的概率就越大。但实际上注册会计师并不是对总体中的货币单元实施检查，而是对包含被选取货币单元的余额或交易实施检查。注册会计师检查的余额或交易被称为逻辑单元或实物单元。PPS抽样有助于注册会计师将审计重点放在较大的余额或交易。此抽样方法之所以得名，是因为总体中每一余额或交易被选取的概率与其账面金额

(规模)成比例。

注册会计师进行 PPS 抽样必须满足两个条件：第一，总体的错报率很低(低于 10%)，且总体规模在 2 000 以上。这是 PPS 抽样使用的泊松分布的要求。第二，总体中任一项目的错报不能超过该项目的账面金额。这就是说，如果某账户的账面金额是 100 元，其错报金额不能超过 100 元。

2. PPS 抽样的优缺点

除了具备统计抽样的一般优点之外，PPS 抽样还具有一些特殊之处。了解 PPS 抽样的优点和不足有助于注册会计师确定在测试中是否使用 PPS 抽样。

1)PPS 抽样的优点

(1)PPS 抽样一般比传统变量抽样更易于使用。由于 PPS 抽样以属性抽样原理为基础，注册会计师可以很方便地计算样本规模，手工或使用量表评价样本结果。样本的选取可以在计算机程序或计算器的协助下进行。

(2)PPS 抽样可以如同大海捞针一样发现极少量的大额错报，原因在于它通过将少量的大额实物单元拆成数量众多、金额很小的货币单元，从而赋予大额项目更多的机会被选入样本。

(3)PPS 抽样的样本规模无需考虑被审计金额的预计变异性。传统变量抽样的样本规模是在总体项目共有特征的变异性或标准差的基础上计算的。PPS 抽样在确定所需的样本规模时不需要直接考虑货币金额的标准差。

(4)PPS 抽样中项目被选取的概率与其货币金额大小成比例，因而生成的样本自动分层。如果使用传统变量抽样，注册会计师通常需要对总体进行分层，以减小样本规模。在抽样中，如果项目金额超过选样间距，PPS 系统选样将自动识别所有单个重大项目。

(5)如果注册会计师预计错报不存在或很小，PPS 抽样的样本规模通常比传统变量抽样方法更小。

(6)PPS 抽样的样本更容易设计，且可在能够获得完整的总体之前开始选取样本。

2)PPS 抽样的缺点

(1)PPS 抽样要求总体每一实物单元的错报金额不能超出其账面金额。

(2)在 PPS 抽样中，被低估的实物单元被选取的概率更低。PPS 抽样不适用于测试低估。如果注册会计师在 PPS 抽样的样本中发现低估，在评价样本时需要特别考虑。

(3)对零余额或负余额的选取需要在设计时特别考虑。例如，如果准备对应收账款进行抽样，注册会计师可能需要将贷方余额分离出去，作为一个单独的总体。如果检查零余额的项目对审计目标非常重要，注册会计师需要单独对其进行测试，因为零余额的项目在 PPS 抽样中不会被选取。

(4)当总体中错报数量增加时，PPS 抽样所需的样本规模也会增加。在这些情况下 PPS 抽样的样本规模可能大于传统变量抽样所需的规模。

(5)当发现错报时，如果风险水平一定，PPS 抽样在评价样本时可能高估抽样风险的影响，从而导致注册会计师更可能拒绝一个可接受的总体账面金额。

(6)在 PPS 抽样中注册会计师通常需要逐个累计总体金额。但如果相关的会计数据以电子形式储存，就不会额外增加大量的审计成本。

3. 确定样本规模

1)公式法

在 PPS 抽样中，注册会计师根据下列公式计算样本规模：

$$样本规模(n) = \frac{总体账面价值 \times 风险系数}{可容忍错报 - 预计总体错报 \times 扩张系数}$$

因此，注册会计师确定样本规模时必须事先确定下列因素：总体账面价值、误受风险的风险系数、可容忍错报、预计总体错报，以及扩张系数。

其中，风险系数代表注册会计师愿意接受的误受风险。抽样中的抽样风险就是指误受风险，注册会计师通过确定抽样计划中使用的抽样风险水平来控制误受风险。在确定可接受的误受风险时，注册会计师需要使用审计风险模型，即误受风险 = 审计风险 ÷（控制风险 × 分析程序风险）。不同水平的误受风险对应的风险系数可从表 7-15 中查找。根据表 7-15中“高估错报数量”为 0 的那一行，即可确定误受风险的风险系数。例如，如果所需的误受风险为 10%，注册会计师从表 7-15 中查得的风险系数为 2.31。

表 7-15　PPS 抽样风险系数表(适用于高估)

高估错报数量	误受风险								
	1%	5%	10%	15%	20%	25%	30%	37%	50%
0	4.61	3.00	2.31	1.90	1.61	1.39	1.21	1.00	0.70
1	6.64	4.75	3.89	3.38	3.00	2.70	2.44	2.14	1.68
2	8.41	6.30	5.33	4.72	4.28	3.93	3.62	3.25	2.68
3	10.05	7.76	6.69	6.02	5.52	5.11	4.77	4.34	3.68
4	11.61	9.16	8.00	7.27	6.73	6.28	5.90	5.43	4.68
5	13.11	10.52	9.28	8.50	7.91	7.43	7.01	6.49	5.68
6	14.57	11.85	10.54	9.71	9.08	8.56	8.12	7.56	6.67
7	16.00	13.15	11.78	10.90	10.24	9.69	9.21	8.63	7.67
8	17.41	14.44	13.00	12.08	11.38	10.81	10.31	9.68	8.67
9	18.79	15.71	14.21	13.25	12.52	11.92	11.39	10.74	9.67
10	20.15	16.97	15.41	14.42	13.66	13.02	12.47	11.79	10.67
11	21.49	18.21	16.60	15.57	14.78	14.13	13.55	12.84	11.67
12	22.83	19.45	17.79	16.72	15.90	15.22	14.63	13.89	12.67
13	24.14	20.67	18.96	17.86	17.02	16.32	15.70	14.93	13.67
14	25.45	21.89	20.13	19.00	18.13	17.40	16.77	15.97	14.67
15	26.75	23.10	21.30	20.13	19.24	18.49	17.84	17.02	15.67
16	28.03	24.31	22.46	21.26	20.34	19.58	18.90	18.06	16.67
17	29.31	25.50	23.61	22.39	21.44	20.66	19.97	19.10	17.67
18	30.59	26.70	24.76	23.51	22.54	21.74	21.03	20.14	18.67
19	31.85	27.88	25.91	24.63	23.64	22.81	22.09	21.18	19.67
20	33.11	29.07	27.05	25.74	24.73	23.89	23.15	22.22	20.67

此外，注册会计师通过估计预计总体错报而间接地控制误拒风险。如果注册会计师低估了预计总体错报，样本规模就会太小，从而需要进行额外测试。在 PPS 抽样中，注册会计师不需要特别控制误拒风险。

如果注册会计师预计总体中存在错报，在使用公式法计算样本规模时必须对可容忍错报进行调整，即从可容忍错报中减去预计错报的影响。预计错报的影响等于预计错报与适当的扩张系数的乘积。表 7-16 提供了一些常用的误受风险所对应的扩张系数。例如，如果误受风险为 20%，扩张系数就是 1.3。

表 7-16　预计总体错报的扩张系数表

	误受风险								
	1%	5%	10%	15%	20%	25%	30%	37%	50%
扩张系数	1.9	1.6	1.5	1.4	1.3	1.25	1.2	1.15	1.0

例如，总体账面价值是 500 000 元，误受风险是 5%，可容忍错报是 25 000 元，预计总体错报是 6 250 元，样本规模就是：

$$n = \frac{500\ 000 \times 3.00}{25\ 000 - 6\ 250 \times 1.6} = 100$$

其中，风险系数根据表 7-15 中"高估错报数量为 0"确定为 3.00。

2) 查表法

由于 PPS 抽样以属性抽样原理为基础，注册会计师也可以直接使用控制测试的统计抽样样本量表(参见本章第三节)。这比使用扩张系数近似值所计算的样本规模更加准确。注册会计师将可容忍错报和预计总体错报额从绝对数形式转化为相对数形式，即转化为占总体账面金额的百分比，并使用表中相应比例所对应的样本规模。例如，注册会计师为一个账面金额为 500 000 元的总体设计 PPS 抽样，且确定的可容忍错报为 15 000 元，预计总体错报为 2 500 元。注册会计师计算出可容忍错报占账面金额的比例为 3% (15 000 元 ÷ 500 000 元)，预计错报占账面金额的比例为 0.5% (2 500 元 ÷ 500 000 元)。当可容忍误差率为 3%，预计误差率为 0.5% 时，5% 的信赖过度风险对应的样本规模为 157 个。然后，注册会计师确定选样间距为 3 185 元(500 000 元 ÷ 157)。如果注册会计师计算的预计错报比例和可容忍错报比例在表中没有出现，通常用插入法推算所需的样本规模。

4. 选取样本

1) 简介

PPS 抽样是属性抽样的变种，它可以得出关于总体中错报总额的结论。与一般的属性抽样关注实物单元(如发票或收据)不同，PPS 抽样关注总体的货币单元。假设注册会计师对一个 100 000 元的应收账款总体进行抽样，该总体包含 5 000 个明细账账户。注册会计师将 100 000 个货币单元视为总体并从中抽取样本，而不是将 5 000 个不同的实物单元作为总体。另外，PPS 抽样以货币单元作为抽样单元，但注册会计师却不是对具体货币单元进行审计，而必须针对实物单元(或称逻辑单元)实施审计测试。货币单元只是起一个类似钩子的作用，从而带出与之相关联的一个实物单元。要找到与被选中的特定货币单元相联系的实物单元，注册会计师必须逐项累计总体中的项目。

例如，在表7-17中，注册会计师要在1~7 376(具体金额)之间的总体项目中随机选取样本。但是，为了执行审计程序，注册会计师必须找出1~12(逻辑单元)之间的总体项目。如果注册会计师选取的随机数是3 014，则与该数相联系的逻辑单元就是项目6，因为3 014位于2 963~3 105之间。

这种选样方法导致项目被选取的概率与其规模成正比例。也就是说，金额为100元的项目被选中的机会是金额为10元的项目的10倍，因其包含的可抽取的货币单元是后者的10倍。总体而言，样本中的大额项目比小额项目多。从这点上看，PPS抽样与分层类似，都是更侧重于记录金额更大的项目。

2)选样方法

PPS样本可以通过运用计算机软件、随机数表等随机选样或系统选样法来获取。

(1)随机选样法。表7-17列示了一个应收账款总体，其中包括累计合计数，现以该表来说明如何使用计算机软件产生的随机数选取样本。

假设注册会计师想要从表7-17的总体中，选取一个含有4个账户的PPS样本。由于规定以单位金额为抽样单位，则总体容量就是7 376，因此需要计算机程序随机生成4个数字。假定计算机程序随机生成的4个数字是：6 586、1 756、850、6 499，则包含这些随机金额的总体实物单元项目需由累计合计数栏来确定。它们分别是项目11(包含6 577~6 980元的货币金额)、项目4(1 699~2 271元)、项目2(358~1 638元)和项目10(5 751~6 576元)。注册会计师将对这些实物单元项目进行审计，并将各实物单元项目的审计结果，应用到它们各自包含的随机货币金额上。

表7-17 应收账款总体表

总体项目(实物单元)	账面金额/元	累计合计数	相关的货币单元
1	357	357	1~357
2	1 281	1 638	358~1 638
3	60	1 698	1 639~1 698
4	573	2 271	1 699~2 271
5	691	2 962	2272~2 962
6	143	3 105	2 963~3 105
7	1 425	4 530	3106~4530
8	278	4 808	4 531~4 808
9	942	5 750	4 809~5 750
10	826	6 576	5 751~6 576
11	404	6 980	6 577~6 980
12	396	7 376	6 981~7 376

PPS 抽样允许某一实物单元在样本中出现多次。也就是说，在前例中，如果随机数是 6 586、1 756、856 和 6 599，则样本项目就是 11、4.2 和 11。项目尽管只审计一次，但在统计上仍视为 2 个样本项目，样本中的项目总数也仍然是 4 个，因为样本涉及 4 个货币单元。

(2) 系统选样法。系统选样首先要将总体分为若干个由同样的货币单元构成的组，并从每一组中选择一个逻辑单元(即实物单元)。每组的货币单元数量就是选样间距。

在使用系统选样方法时，注册会计师在 1 和选样间距(包含该选样间距)之间选择一个随机数，这个数字就是随机起点。然后注册会计师计算总体中逻辑单元的累计账面金额。选取的第一个逻辑单元就是包含与随机起点相对应的货币单元的那个项目。然后注册会计师每隔 n(n 代表选样间距)个货币单元依次选取所需的抽样单元(即货币单元)，并选择包含这些抽样单元的所有逻辑单元(即实物单元)。例如，如果注册会计师使用的选样间距为 5 000 元，他在 1 元和 5 000 元之间(含 5 000 元)选择一个随机数作为随机起点，假设是第 2 000 个货币单元。然后依次是第 7 000 个货币单元(2 000 元 +5 000 元)，第 12 000 个货币单元(7 000 元 +5 000 元)，以及其后整个抽样总体中每间隔 n 个(本例中为 5 000 个)的货币单元被选取。注册会计师然后对包含第 2 000 个、第 7 000 个、第 12 000 个……货币单元的逻辑单元实施检查。

由于每个货币单元被选取的机会相等，逻辑单元所含的货币单元越多(即账面金额越大)，被选中的机会越大。相反，较小的逻辑单元被选中的机会也较小。作 PPS 系统选样法下，金额等于或高于选样间距的所有逻辑单元肯定会被选中。而规模只有选样间距的一半的逻辑单元被选中的概率为 50%。

如果某逻辑单元的账面金额超过选样间距，它可能不止一次地被选中。如果出现这种情况，注册会计师忽略重复的选择，而且在评价样本结果时只考虑一次该逻辑单元。由于账面金额超过选样间距的逻辑单元可能被选中不止一次，实际检查的逻辑单元数量可能小于计算的样本规模。评价样本结果时对此要加以考虑，即将这些逻辑单元作为单个重大项目，其中发现的错报不需推断。

3) 可能存在的问题

PPS 抽样的样本选取会出现以下两个问题。

一个问题是：在选样时，账面余额为零的总体项目没有被选中的机会，尽管这些项目可能含有错报。另外，严重低估的小余额项目被选入样本的机会也很小。对此，如果注册会计师关注这些余额为零或较小的项目，那么解决这一问题的方法是对它们进行专门的审计测试。

另一个问题是：PPS 抽样选取的样本中无法包括负余额，如应收账款的贷方余额等。在进行选样时，可以先不考虑这些负余额，而后用其他方法去测试它们。另一种替代方法就是将它们视同为正余额，加入到所要测试的货币金额总数中，但这样做会使分析过程变得复杂化。

5. 推断总体

使用 PPS 抽样时，注册会计师应根据样本结果推断总体错报，并计算抽样风险允许限度。如果样本中没有发现错报，推断的总体错报就是零，抽样风险允许限度小于或等于设计样本时使用的可容忍错报。在这种情况下，注册会计师通常不需进行额外的计算就可得出结论，在既定的误受风险下，总体账面金额高估不超过可容忍错报。如果样本中发现了错报，注册会计师需要计算推断的错报和抽样风险允许限度。

1）错报比例

如果在实物单元中发现了错报，注册会计师要计算该实物单元的错报比例（用 t 表示），即用该实物单元中的错报金额除以该实物单元的账面金额：

$$t = \frac{\text{错报金额}}{\text{项目账面金额}}$$

t 代表该实物单元包含的每一个货币单元中存在的错报金额，它也为注册会计师提供了与所抽取的货币单元中存在的错报有关的信息。例如，如果某客户账户余额的账面金额是 100 元，其中有 50 元是高估（即审定金额为 50 元），那么该账户余额的错报比例是：

$$t = \frac{50}{100} = 0.50$$

注册会计师可以说该账户余额中的每一货币单元都存在 0.50 元的错报。在 PPS 抽样中，注册会计师在推断总体错报时需要使用样本中存在错报的货币单元的错报比例这一数据 t。注册会计师首先将错报分为高估错报和低估错报两组，然后两组分别按降序排列错报比例。例如，如果两个高估错报的错报比例分别为 0.37 和 0.42，不管错报的金额如何，将 0.42 作为 t_1，将 0.37 作为 t_2。

2）推断总体

完成排序后，注册会计师使用泊松分布评价特定抽样风险水平下货币单元的抽样结果。注册会计师应当计算在一定的保证水平下总体中的错报上限，并判断总体是否存在重大错报。在会计总体中，错报就是泊松分布中的事件，而内部控制系统就是泊松分布中的过程。泊松分布可以计算出，对于特定的风险水平，在组成样本的 n 个抽样单元中有 x 个发生了某事件时，总体中任一规模为 n 的样本发生该事件的最大频率（用 MF_x 表示），即任意 n 个项目最多发生 MF_x 次该事件。因此，泊松分布可以告诉注册会计师，在一定的风险水平下，如果样本中发现了 x 个错报，任一规模为 n 的样本中可能存在的最大错报（MF_x）是多少，或者说任意 n 个样本项目最多发生 MF_x 个错报。本节表 7-15 中的风险系数就是规模为 n 的样本在特定误受风险水平下的最大错报数量（MF_x）。注册会计师用 MF_x 除以样本规模 n，得到的就是每个项目的错报最大发生率，并用其推断总体。

表 7-18 是从表 7-15 中选取了几个数字，以举例说明当样本规模为 50 时，在不同的抽样风险水平下一定的错报数量所对应的错报最大发生率。表 7-18 表示，如果在 50 个样本中没有发现错报，当误受风险为 5%，任意 50 个样本项目中存在的错报不超过 3.00 个（从表 7-15 中查得），每个项目发生错报的比率不超过 6.0%（即 3.00 ÷ 50）；当误受风险

为 10% 时，任意 50 个样本项目中存在的错报不超过 2. 31 个(从表 7－15 中查得)，每个项目发生错报的比率不超过 4. 62%(即 2. 31 ÷50)。如果在 50 个样本中发现了 1 个错报，那么当误受风险为 5% 时，任意 50 个样本项目中存在的错报不超过 4. 75 个(从表 7－15 中查得)，每个项目发生错报的比率不超过 9. 5%(即 4. 75 ÷50)；当误受风险为 10% 时，任意 50 个样本项目中存在的错报不超过 3. 89 个(从表 7－15 中查得)，每个项目发生错报的比率不超过 7. 78%(即 3. 89 ÷50)。

表 7－18　错报最大发生率表

发现错报的数量	风险水平(误受风险)	错报最大发生率(MF_x/50)
0	5%	6. 0%(3. 00 ÷50)
0	10%	4. 62%(2. 31 ÷50)
1	5%	9. 5%(4. 75 ÷50)
1	10%	7. 78%(3. 89 ÷50)

错报最大发生率并不能直接提供总体中可能存在的错报金额的信息，注册会计师还需要将错报发生率转换为金额。假设某总体包含 N 个抽样单元，如果在样本的 n 个货币单元中发现了 x 个错报，那么计算的既定风险水平下每个抽样单元存在错报的最大比率就是 MF_x/n。

注册会计师可以推断，总体中存在高估错报的抽样单元的数量不超过：

$$总体高估错报的最大数量(MNM) = N \cdot \frac{MF_x}{n}$$

如果这些抽样单元中的错报金额最大是 X，那么估计总体高估错报最大金额是：

$$总体高估错报的最大金额(MDM) = N \cdot \frac{MF_x}{n} \cdot X$$

对 PPS 样本而言，账面金额(BV)就是总体中包含的项目(货币单元)数量，每一货币单元可能发生的最大高估错报是 1 元(即 PPS 抽样要求任一项目错报金额不能超过账面金额)。既然 $N = BV$，$X = 1$，则估计的总体高估错报上限是：

$$总体高估错报上限(UML) = \max MDM = BV \cdot \frac{MF_x}{n} \cdot 1$$

但是，这样计算出来的总体高估错报上限假设总体中每一错报的错报比例均为 100%(即实际金额为 0)，而在许多抽样中，并非所有错报的错报比例都是 100%。为了提高预计总体错报上限的准确度，注册会计师可以利用从样本中发现的其他信息和泊松分布中 MF_x 累积增加的特点，对上述总体高估错报上限的点估计值进行修正。

首先，如果样本中没有发现错报，注册会计师估计的总体错报上限(当没有错报时称为“基本界限”)是：

$$基本界限 = BV \cdot \frac{MF_0}{n} \cdot 1$$

“基本界限”表示，不管样本结果如何，注册会计师在给定的风险水平下估计的总体错报上限总是不会低于这个“基本界限”。在预计总体错报为0时，“基本界限”实际上等于可容忍错报。如果在样本中发现了1个错报，估计的总体错报上限就会大于这个“基本界限”。实际上，由于发现了1个错报而增加的总体错报上限点估计值是：

$$\text{发现 1 个错报所增加的错报上限} = BV \cdot \frac{MF_1 - MF_0}{n} \cdot 1$$

此时，总体错报上限的点估计值等于基本界限与样本中发现1个错报所增加的错报上限之和，即：

$$\text{总体错报上限} = BV \cdot \frac{MF_1}{n} \cdot 1 = \left(BV \cdot \frac{MF_0}{n} \cdot 1\right) + \left(BV \cdot \frac{MF_1 - MF_0}{n} \cdot 1\right)$$

如果在样本中发现了2个错报，总体错报上限的点估计值就等于基本界限加上发现第1个错报的额外影响再加上发现第2个错报的额外影响，即：

$$\text{总体错报上限} = BV \cdot \frac{MF_2}{n} \cdot 1$$

$$= \left(BV \cdot \frac{MF_0}{n} \cdot 1\right) + \left(BV \cdot \frac{MF_1 - MF_0}{n} \cdot 1\right) + \left(BV \cdot \frac{MF_2 - MF_1}{n} \cdot 1\right)$$

当假设每个货币单元的高估错报金额是1元时，泊松分布 *MF* 值的累积性质对在基本界限上增加的部分并不重要。但是，如果PPS样本中的额外信息（如错报比例 t）也加以使用的话，这种累积性质就非常重要。注册会计师可以利用按相对大小排序的高估错报比例（t）来估计总体高估错报上限。由于高估错报不超过1元，基本界限仍然同上。但是，如果发现1个错报的错报比例是 t，发现这个错报的额外影响就是：

$$\text{发现 1 个错报所增加的错报上报} = BV \cdot \frac{MF_1 - MF_0}{n} \cdot t$$

如果发现了2个错报，它们的排序会影响其对总体错报上限点估计值的额外影响。令 t_1 表示排在第一（从高到低）的错报比例，t_2 表示排在第二的错报比例，那么：

$$\text{第 1 个错报的影响} = BV \cdot \frac{MF_1 - MF_0}{n} \cdot t_1$$

$$\text{第 2 个错报的影响} = BV \cdot \frac{MF_2 - MF_1}{n} \cdot t_2$$

使用错报比例 t 计算的总体错报上限点估计是特定风险水平下最保守的估计值。

为了举例说明这种评价方法，假设应收账款账面金额为100 000元。如果规模为100的样本中包含2个高估错报，且 $t_1 = 0.8$，$t_2 = 0.5$，误受风险为5%时的总体错报上限点估计值是：

$$\text{总体错报上限} = \left(100\,000 \times \frac{3.00}{100} \times 1\right) + \left(100\,000 \times \frac{4.75 - 3.00}{100} \times 0.8\right) +$$

$$\left(100\,000 \times \frac{6.30 - 4.75}{100} \times 0.5\right) = 5\,175\text{（元）}$$

用 t_1 计算的第 1 个错报的影响是(100 000 ×1.75/100 ×0.8)，等于 1 400 元；用 t_2 计算的第 2 个错报的影响是(100 000 ×1.55/100 ×0.5)，等于 775 元。

推断总体错报计算如表 7-19 所示。

表 7-19　推断错报计算表

错报序号	错报比例(*t*)	抽样间隔/元	推断错报/元
1	0.8	1 000	800
2	0.5	1 000	500
推断错报合计			1 300

总体错报上限点估计值中包含了这部分推断错报。

如果在样本中既发现了高估错报又发现了低估错报，注册会计师可以根据发现的低估错报调整总体错报上限点估计值。

$$\begin{aligned}\text{调整的总体错报上限} &= \text{总体错报上限} - \text{低估错报最佳估计值}\\ &= \text{总体错报上限} - \frac{\text{低估错报的错报比例合计}}{\text{样本规模}} \times \text{总体账面金额}\end{aligned}$$

但是，如果在测试高估错报时在样本中发现了大量低估错报，注册会计师应当引起注意，考虑是否使用其他抽样方法单独进行低估测试。

三、PPS 抽样示例

本部分举例说明在测试高估错报时使用 PPS 抽样的主要步骤和方法。

假定注册会计师在审计 ABC 公司时，使用 PPS 抽样方法测试 ABC 公司 20 ×9 年 12 月 31 日的存货余额。20 ×9 年 12 月 31 日 ABC 公司的存货账户余额为 3 000 000 元。用 *BV* 表示总体账面金额，则有 *BV* = 3 000 000 元。注册会计师确定的时接受误受风险(*SR*)为 5%，可容忍错报(*TM*)为 60 000 元，预计总体错报(E^*)为 0。拟测试的存货账面金额由 50 000 个明细账组成，即总体中实物单元的数量 *N* = 50 000。

我们使用样本规模公式来确定所需的样本规模，即：

$$\text{样本规模}(n) = \frac{\text{总体账面价值} \times \text{风险系数}}{\text{可容忍错报} - \text{预计总体错报} \times \text{扩张系数}}$$

在上述公式中，总体账面价值(即账面金额 *BV*)、可容忍错报(*TM*)和预计总体错报(E^*)已经确定。我们用 *R* 表示误受风险的风险系数(由表 7-13 查取)，用 *r* 表示预计总体错报的扩张系数，则样本规模就是：

$$n = \frac{R \times BV}{TM - (E^* \times r)} = \frac{3.00 \times 3\ 000\ 000}{60\ 000 - 1.60} = 150$$

在本例中，假设所有的存货明细账余额都小于 20 000 元，即没有超过抽样间隔的实物单元。如果有实物单元超出抽样间隔，应当对这些实物单元进行 100% 的检查。

注册会计师运用系统选样法选出所需的150个样本并对与其相关的实物单元进行测试后，在样本中发现了2个错报。第一个错报是账面金额为1 000元的项目有500元的高估错报，错报比例为0.5；第二个错报是账面金额为2 000元的项目有1 600元的高估错报，错报比例为0.8。注册会计师将错报比例从大到小排序，则有：

$$t_1 = 1\,600/2\,000 = 0.8$$

$$t_2 = 500/1\,000 = 0.5$$

注册会计师利用样本错报的相关信息计算总体错报上限的估计值，其步骤如下：

$$\text{基本界限} = BV \cdot \frac{MF_0}{n} \cdot 1 = 3\,000\,000 \times 3.00/150 \times 1 = 60\,000(\text{元})$$

$$\text{第 1 个错报所增加的错报上限} = BV \cdot \frac{MF_1 - MF_0}{n} \cdot t_1$$

$$= 3\,000\,000 \times (4.75 - 3.00)/150 \times 0.8 = 28\,000(\text{元})$$

$$\text{第 2 个错报所增加的错报上限} = BV \cdot \frac{MF_2 - MF_1}{n} \cdot t_2$$

$$= 3\,000\,000 \times (6.30 - 4.75)/150 \times 0.5 = 15\,500(\text{元})$$

$$\text{总体错报上限} = \text{基本界限} + \text{第 1 个错报所增加的错报上限} + \text{第 2 个错报所增加的错报上限}$$

$$= 60\,000 + 28\,000 + 15\,500 = 103\,500(\text{元})$$

由于计算的总体错报上限103 500元超过了可容忍错报(60 000元)，注册会计师决定不接受账面金额，并扩大规模进行进一步检查。

表7-20汇总反映了上述过程。

表7-20　PPS抽样的应用

步　骤	举　例
1. 确定测试目标和相关参数(BV、TM、SR、N、E^*) 其中　BV——总体账面金额； TM——可容忍错报； SR——可接受的误受风险； N——总体中实物单元的数量； E^*——预计总体错报	注册会计师拟测试被审计单位的存货金额3 000 000元在价格和数量方面是否存在重大错报 相关参数：$BV = 3\,000\,000$元； $TM = 60\,000$元； $SR = 5\%$； $N = 50\,000$个存货明细账； $E^* = 0$
2. 选择样本 如果总体随机分布则可使用PPS系统选样。 样本规模　$n = \frac{R \times BV}{TM - (E^* \times r)}$ 式中　R——风险系数； r——扩张系数。 抽样间隔　$I = BV/n$ 随机起点RS在0和I之间随机选取，选取的货币单元为RS，$RS+I$，$RS+2I$，$RS+3I$，…，$RS+(n-1)I$	样本规模$n = \frac{3.00 \times 3\,000\,000}{60\,000} = 150$ 抽样间隔$I = 3\,000\,000 \div 150 = 20\,000$ 随机起点$RS = 1\,795$(从随机数表抽取) 选取的货币单元：1 795；211 795；41 795… 假设本例中所有的存货明细账余额都在(0，20 000)内

续表

步　骤	举　例
3. 测试与选取的货币单元相关联的实物单元	略
4. 评价样本 确定第一存在错报的实物单元的错报比例，令 t_1 为最高的错报比例，t_2 为第二高的错报比例，以此类推	在样本中发现了两个错报。第 1 个错报是账面金额为 1 000 元的项目有 500 元的高估错报，第 2 个错报是账面金额为 2 000 元的项目有 1 600 元的高估错报（注意：t_1 是最高的错报比例，而不是最大的错报金额）。 $t_1 = 1\ 600/2\ 000 = 0.8$ $t_2 = 500/1\ 000 = 0.5$
5. 计算基本界限和错报对总体错报界限的影响	总体错报上限 $UML = (3\ 000\ 000 \times 3.00/150 \times 1) + (3\ 000\ 000 \times 1.75/150 \times 0.8) + (3\ 000\ 000 \times 1.55/150 \times 0.5) = 60\ 000 + 28\ 000 + 15\ 500 = 103\ 500$（元） 其中包含的推断错报为 26 000 元（$0.8 \times 20\ 000$ 元 + $0.5 \times 20\ 000$ 元）
6. 将计算的总体错报上限点估计值与可容忍错报相比较，决定是否接受账面金额	注册会计师以 95% 的把握认为存货账户中的错报不超过 103 500 元 由于 103 500 元超过了可容忍错报（60 000 元），注册会计师应当决定不接受账面金额

第八章 信息技术对审计的影响

第一节 信息技术对审计过程的影响

一、信息技术的概念

从广义上讲，凡是能扩展人类信息功能的技术，都是信息技术。具体而言，信息技术是指利用电子计算机和现代通信手段实现获取信息、传递信息、存储信息、处理信息、显示信息、分配信息等的相关技术。现代信息技术是指20世纪70年代以来，随着微电子技术、计算机技术和通信技术的发展，围绕信息的产生、收集、存储、处理、检索和传递，形成的一个全新的、用以开发和利用信息资源的高技术群，包括微电子技术、新型元器件技术、通信技术、计算机技术、各类软件及系统集成技术、光盘技术、传感技术、机器人技术、高清晰度电视技术等，其中微电子技术、计算机技术、软件技术、通信技术是现代信息技术的核心。

二、信息技术审计的演变

在计算机产生以前，企业内部的信息处理最初是以手工处理的方式进行的。一个企业的会计部门，通过不同岗位之间的分工协作，将日常经营活动中产生的财务资料进行加工处理，形成企业内部和外部需要的各种纸质会计信息。这种情况下的审计方式毫无疑问是手工的形式。

随着计算机的普及尤其是微型计算机的大众化，一些企业开始用计算机来处理部分会计资料。例如，企业内部自行开发的工资管理程序、存货管理程序等，逐步用机器替代了部分人工劳动。但由于计算机处理的范围还比较小，注册会计师可以忽略计算机的存在，直接对打印出来的纸质文档进行审计。

由于会计信息技术化的大规模普及，大部分企业的会计处理已经实现信息化。注册会计师开始意识到信息技术审计的重要性，但这时人们对信息技术审计的认识还停留在对财务数据的采集和分析阶段，注册会计师仍然可以绕过信息系统，对财务数据和报表进行核实，以获取审计证据。

伴随着会计信息技术化的成熟，以ERP为代表的企业信息系统的高度集成逐渐开始兴起。这时的企业信息系统已不仅仅是一个孤立的系统，而是集财务、人事、供销、生产为一体的综合性系统，财务信息只是这个系统所处理信息的一部分，因此，注册会计师必须在规划和执行审计工作时对企业信息技术进行全面考虑。

三、信息技术和财务报告的关系

企业可以运用信息系统来创建、记录、处理和报告各项交易，以衡量和审查自身的财务业绩，并持续记录资产、负债及所有者权益。具体来讲，创建是指企业可以采取手工或自动的方式来创建各项交易信息；记录是指信息系统识别并保留交易及事项的相关信息；处理是指企业可以采取手工或自动的方式对信息系统的数据信息进行编辑、确认、计算、衡量、估价、分析、汇总和调整；报告是指企业以电子或打印的方式，编制财务报表和其他信息，并运用上述信息来衡量和审查企业的财务业绩及其他方面的职能。

信息系统的使用，会给企业的管理和会计核算程序带来很多重要的变化，包括：计算机输入和输出设备代替了手工记录；计算机显示屏和电子影像代替了纸质凭证；计算机文档代替了纸质日记账和分类账；网络通信和电子邮件代替了公司间的邮寄；管理需求固化到应用程序之中；灵活多样的报告代替了固定的定期报告；数据更加充分，信息实现共享；系统问题的存在比偶然性误差更为普遍。

信息系统形成的信息质量影响企业编制财务报表、管理企业活动和作出适当的管理决策。因此，有效的信息系统需要实现下列功能并保留记录结果：识别和记录全部授权交易；及时、详细记录交易内容，并在财务报告中对全部交易进行适当分类；衡量交易价值，并在财务报告中适当体现相关价值；确定交易发生期间，并将交易记录在适当的会计期间；将相关交易信息在财务报告中作适当披露。

因此，注册会计师在进行财务报表审计时，如果依赖相关信息系统所形成的财务信息和报告作为审计工作的依据，则必须考虑相关信息和报告的质量，而财务报告相关的信息质量是通过交易的录入到输出整个过程中适当的控制来实现的，所以，注册会计师需要在整个过程中考虑信息的准确性、完整性、授权体系及访问权限制 4 个方面。

四、信息技术对审计过程的具体影响

信息技术在企业中的应用并不改变注册会计师制定审计目标、进行风险评估和了解内部控制的原则性要求，基本审计准则和财务报告审计目标在所有情况下都适用。但是，注册会计师必须更深入了解企业的信息技术应用范围和性质，因为系统的设计和运行对审计风险的评价、业务流程和控制的了解、审计工作的执行以及需要收集的审计证据的性质都有直接的影响。归纳起来，信息技术对审计过程的影响主要体现在以下几个方面。

(一)信息技术对审计线索(audit trail)的影响

审计线索对审计来说极其重要。传统的手工会计系统，审计线索包括凭证、日记账、分类账和报表。注册会计师通过顺查和逆查的方法来审查记录，检查和确定其是否正确地反映了被审计单位的经济业务，检查企业的会计核算是否合理、合规。而在信息技术环境下，从业务数据的具体处理过程到报表的输出都由计算机按照程序指令完成，数据均保存在磁性介质上，从而会影响到审计线索，如数据存储介质、存取方式以及处理程序等。

(二)信息技术对审计技术手段的影响

过去，注册会计师的审计都是手工进行的，但随着信息技术的广泛应用，若仍以手工方式进行审计，显然已经难以满足工作的需要，难以达到审计的目的。因此，注册会计师需要掌握相关信息技术，把信息技术作为一种有力的审计工具。

(三)信息技术对内部控制的影响

现代审计技术中，注册会计师会对被审计单位的内部控制进行审计与评价，以此作为制定审计方案和决定抽样范围的依据。随着信息技术的发展，内部控制虽然在形式及内涵方面发生了变化，但根据内部控制的概念，完善的内部控制的目标并没有发生改变，即提高管理层决策制定的效果和业务流程的效率；提高会计信息的可靠性；促进企业遵守法律和规章，但必须关注的是，在高度电算化的信息环境中，业务活动和业务流程引发了新的风险，从而使具体控制活动的性质有所改变。

(四)信息技术对审计内容的影响

在信息化条件下，由于信息化的特点，审计内容发生了相应的变化，在信息化的会计系统中，各项会计事项都是由计算机按照程序进行自动处理的，信息系统的特点及固有风险决定了信息化环境下审计的内容包括对信息化系统的处理和相关控制功能的审查。比如，在审计账龄分析表时，在信息技术环境下，我们必须考虑其数据准确性以支持相关审计结论，因而需要对其基于系统的数据来源及处理过程进行考虑。

(五)信息技术对注册会计师的影响

信息技术在被审计单位的广泛应用要求注册会计师一定要具备相关信息技术方面的知识。因此，注册会计师要成为知识全面的复合型人才，他们不仅要有丰富的会计、审计、经济、法律、管理等方面的知识和技能，还需要熟悉信息系统的应用技术、结构和运行原理，有必要对信息化环境下的内部控制作出适当的评价。因此，注册会计师必须对系统内的风险和控制都非常熟悉，然后对审计的策略、范围、方法和手段作出相应的调整，以获取充分、适当的审计证据，支持发表的审计意见。

第二节　信息技术审计范围的确定

被审计单位的流程和信息系统可能拥有各自不同的特点，因此注册会计师应按各自特点制定审计计划中包含的信息技术审计内容；另外，如果注册会计师计划依赖自动控制或自动信息系统生成的信息，那么他们就需要适当扩大信息技术审计的范围。因此，注册会计师在确定审计策略时，需要结合被审计单位业务流程复杂度、信息系统复杂度、系统生成的交易数量、信息和复杂计算的数量、信息技术环境规模和复杂度5个方面，对信息技术审计范围进行适当考虑。信息技术审计的范围与被审计单位在业务流程及信息系统相关方面的复杂度成正比，在具体评估复杂度时，可以从以下几个方面予以考虑。

一、评估业务流程的复杂度

对业务流程复杂度的评估并不是一个纯粹客观的过程，而是需要注册会计师的职业判断。注册会计师可以通过考虑以下因素，对业务流程复杂度作出适当判断：某流程涉及过多人员及部门，并且相关人员及部门之间的关系复杂且界限不清；某流程涉及大量操作及决策活动；某流程的数据处理过程涉及复杂的公式和大量的数据录入操作；某流程需要对信息进行手工处理；对系统生成的报告的依赖程度。

二、评估信息系统的复杂度

与评估业务流程的复杂度相类似，对企业信息系统复杂度的评估也不是一个纯粹客观的过程，评估过程包含大量的职业判断，也受到所使用系统类型（如商业软件或自行研发系统）的影响。具体来说，评估商业软件的复杂程度应当考虑系统复杂程度、市场份额、系统实施和运行所需的参数设置范围，以及企业化程度（对出厂标准配置的变更、变更类型，例如，是仅为报告形式的变更还是对数据处理方式的变更）。而对于自行研发系统复杂度的评估，应当考虑系统复杂程度、距离上一次系统架构重大变更的时间、系统变更对财务系统的影响结果，以及系统变更之后的系统运行情况及运行期间。

同时，还需要考虑系统生成的交易数量、信息和复杂计算的数量，包括被审计单位是否存在大量交易数据，以至于用户无法识别并更正数据处理错误；数据是否通过网络传输，如EDI；是否使用特殊系统，如电子商务系统。

三、信息技术环境的规模和复杂度

评估信息技术环境的规模和复杂度，主要应当考虑产生财务数据的信息系统数量、信息部门的结构与规模、网络规模、用户数量、外包及访问方式(例如本地登录或远程登录)。信息技术环境复杂并不一定意味着信息系统是复杂的，反之亦然。在具体审计过程中，注册会计师除了考虑以上所提及的复杂度外，还需要充分考虑系统在实际应用中存在的问题，评价这些问题对审计范围的影响：管理层如何获取与信息技术相关的问题？系统功能中是否发现严重问题或不准确成分？如果是，是否存在可以绕过的程序(如自行修复程序等)？是否发生过信息系统运行出错、安全事件或对固定数据的修改等严重问题？如果是，管理层如何应对这些问题，以及管理层如何确保这些问题得到可靠解决？内部审计或其他报告中是否提出过与信息系统、数据环境或应用系统相关的问题？报告中提及的最普遍的系统问题是什么？

在对被审计单位的业务流程、信息系统和相关风险进行充分了解之后，注册会计师应判断被审计单位中是否包含信息技术关键风险，并且实质性程序是否无法完全控制该风险。如果符合上述情况的描述，那么注册会计师应将信息技术审计内容纳入财务审计计划之中。此外，如果注册会计师计划依赖自动系统控制，或依赖以自动系统生成信息为基础的手工控制或业务流程审阅结果，那么注册会计师也同样需要对信息技术相关控制进行评估。

综上所述，在信息技术环境下，审计工作与对系统的依赖程度是直接关联的，注册会计师需要考虑其关联关系，从而可以准确定义相关的信息系统审计范围。

第三节　信息技术内部控制审计

一、与信息技术相关的控制

在信息技术环境下，传统的手工控制越来越多地被自动控制所替代，概括地讲，自动控制能为企业带来以下好处：自动控制能够有效处理大流量交易及数据，因为自动信息系统可以提供与业务规则一致的系统处理方法；自动控制比较不容易被绕过：自动信息系统、数据库及操作系统的相关安全控制可以实现有效的职责分离；自动信息系统可以提高信息的及时性、准确性，并使信息变得更易获取；自动信息系统可以提高管理层对企业业务活动及相关政策的监督水平。

同时，对自动控制的依赖也可能给企业带来下列由于种种原因报告重大错报风险：信息系统或相关系统程序可能会对数据进行错误处理，也可能会去处理那些本身就错误的数据；自动信息系统、数据库及操作系统的相关安全控制如果无效，会增加对数据信息非授权访问的风险，这种风险可能导致系统内数据和系统对非授权交易及不存在交易的记录遭到破坏，系统程序、数据遭到不适当的改变，系统对交易进行不适当的记录，以及信息技术人员获得超过其职责范围的过大系统权限等；数据丢失风险或数据无法访问见，如系统瘫痪；不适当的人工干预，或人为绕过自动控制。

因此，被审计单位采用信息系统处理业务，并不意味着手工控制被完全取代，信息系统对控制的影响，取决于被审计单位对信息系统的依赖程度。与财务报告相关的控制活动一般由一系列手工控制和自动控制所组成。由于被审计单位信息技术的特点及复杂程度不同，被审计单位的手工及自动控制的组合方式往往会有所区别。

二、信息技术内部控制审计

在信息技术环境下，手工控制的基本原理与方式在信息环境下并不会发生实质性的改变，注册会计师仍需要按照标准执行相关的审计程序，而对于自动控制，就需要从信息技术一般性控制审计与信息技术应用控制审计两方面进行考虑。

（一）信息技术一般性控制审计

信息系统一般性控制是指为了保证信息系统的安全，对整个信息系统以及外部各种环境要素实施的、对所有的应用或控制模块具有普遍影响的控制措施，信息技术一般控制通常会对实现部分或全部财务报表认定作出间接贡献。在有些情况下，信息技术一般控制也可能对实现信息处理目标和财务报表认定作出直接贡献。这是因为有效的信息技术一般控制确保了应用系统控制和依赖计算机处理的自动会计程序得以持续有效地运行。当手工控制依赖系统生成的信息时，信息技术一般控制同样重要。如果注册会计师计划依赖自动应用控制、自动会计程序或依赖系统生成信息的控制，他们就需要对相关的信息技术一般控制进行验证。

注册会计师应清楚记录信息技术一般控制与关键的自动应用控制及接口、关键的自动会计程序、关键手工控制使用的系统生成数据和报告，或生成手工日记账时使用系统生成的数据和报告的关系。

由于程序变更控制、计算机操作控制及程序数据访问控制影响到系统驱动组件的持续有效运行，注册会计师需要对上述3个领域实施控制测试。

信息技术一般控制包括程序开发、程序变更、程序和数据访问以及计算机运行4个方面。

1. 程序开发

程序开发领域的目标是确保系统的开发、配置和实施能够实现管理层的应用控制目标。程序开发控制的一般要素包括：对开发和实施活动的管理；项目启动、分析和设计；对程序开发实施过程的控制软件包的选择；测试和质量确保；数据迁移；程序实施；记录和培训；职责分离。

2. 程序变更

程序变更领域的目标是确保对程序和相关基础组件的变更是经过请求、授权、执行、测试和实施的，以达到管理层的应用控制目标。程序变更一般包括以下要素：对维护活动的管理；对变更请求的规范、授权与跟踪；测试和质量确保；程序实施；记录和培训；职责分离。

3. 程序和数据访问

程序和数据访问这一领域的目标是确保分配的访问程序和数据的权限是经过用户身份认证并经过授权的。程序和数据访问的子组件一般包括安全活动管理、安全管理、数据安全、操作系统安全、网络安全和物理安全。

4. 计算机运行

计算机运行这一领域的目标是确保生产系统根据管理层的控制目标完整准确地运行，确保运行问题被完整准确地识别并解决，以维护财务数据的完整性。计算机运行的子组件一般包括计算机运行活动的总体管理、批调度和批处理、实时处理、备份和问题管理以及灾难恢复。

(二)信息技术应用控制审计

信息技术应用控制一般要经过输入、处理及输出等环节，和手工控制一样，自动系统控制同样关注信息处理目标的 4 个要素：完整性、准确性、经过授权和访问限制。然而，自动系统控制造成的影响程度比信息技术一般控制要显著得多，并且需要进一步的手工调查。另外，所有的自动应用控制都会有一个手工控制与之相对应。例如，通过批次汇总的方式验证数据传输的准确性和完整性时，如果出现例外，就需要有相应的手工控制进行跟踪调查。理论上，在测试的时候，每个自动系统控制都要与其对应的手工控制一起进行测试，才能得到控制是否可依赖的结论。例如，一笔交易被否定或者被作标记，将会进行一个手工调查流程，并且被记录下来。下面将针对不同的信息处理目标来阐述应用控制的应用。

1. 完整性

顺序标号，可以保证系统中每笔日记账都是唯一的，并且系统不会接受相同编号，或者在编号范围外的凭证。此时，需要系统提供一个没有编号凭证的报告，如果存在例外，需要相关人员进行调查跟进。编辑检查，以确保无重复交易录入，比如发票付款的时候，检查发票编号。

2. 准确性

编辑检查，包括限制检查、合理性检查、存在性检查和格式检查等。将客户、供应商、发票和采购订单等信息与现有数据进行比较。

3. 授权

交易流程中必须包含恰当的授权。将客户、供应商、发票和采购订单等信息与现有数据进行比较。

4. 访问限制

(1)对于某些特殊的会计记录的访问，必须经过数据所有者的正式授权。管理层必须定期检查系统的访问权限来确保只有经过授权的用户才能够拥有访问权限，并且符合职责分离原则。如果存在例外，必须进行调查。

(2)访问控制必须满足适当的职责分离(比如，交易的审批和处理必须由不同的人员来完成)。

(3)对每个系统的访问控制都要单独考虑。密码必须要定期更换，并且在规定次数内不能重复；定期生成多次登录失败导致用户账号锁定的报告，管理层必须跟踪这些登录失败的具体原因。

三、信息技术应用控制与信息技术一般控制之间的关系

应用控制是设计在计算机应用系统中的、有助于达到信息处理目标的控制。例如，许多应用系统中包含很多编辑检查来帮助确保录入数据的准确性。编辑检查可能包括格式检查(如日期格式或数字格式)，存在性检查(如客户编码存在于客户主数据文档之中)，或合理性检查(如最大支付金额)。如果录入数据的某一要素未通过编辑检查，那么系统可能拒绝录入该数据或系统可能将该录入数据拖入系统生成的例外报告之中，留待后续跟进和处理。

如果带有关键的编辑检查功能的应用系统所依赖的计算机环境发现了信息技术一般控制的缺陷，注册会计师可能就不能依赖上述编辑检查功能按设计发挥作用。例如，程序变更控制缺陷可能导致未授权人员对检查录入数据字段格式的编程逻辑进行修改，以至于系统接受不准确的录入数据。此外，与安全和访问权限相关的控制缺陷可能导致数据录入不恰当地绕过合理性检查，而该合理性检查在其他方面将使系统无法处理金额超过最大容差范围的支付操作。

第四节　计算机辅助审计技术和电子表格的运用

一、计算机辅助审计技术

(一)计算机辅助审计技术的定义

计算机辅助审计技术(Computer Assisted Audit Techniques，CAATs)，是指利用计算机和相关软件，使审计测试工作实现自动化的技术。计算机辅助审计技术可以在以下方面使

审计工作更富效率和效果：①将现有手工执行的审计测试自动化。比如，对报告数据的准确性进行测试；②在手工方式不可行的情况下执行测试或分析。比如，审阅大量的和非正常的销售交易，尽管这项工作有可能通过手工执行来实现，但对于多数大型公司而言，从时间角度出发，需要审阅的交易数量是无法通过手工方式来进行的。

计算机辅助审计技术不仅能够提高审阅大量交易的效率，而且计算机不会受到过度工作的影响(而注册会计师在审阅了大量的一页接一页的交易后很容易产生疲劳)，从这个意义上讲，计算机辅助审计技术还可以使审阅工作更具效果。相比较用手工的方式进行同样的测试，即便是第一年使用计算机辅助审计技术进行审计，也会节省大量的审计工作量，而后续年度节约的审计时间和成本则会更多。

(二)计算机辅助审计技术的应用

最广泛地应用计算机辅助审计技术的领域是实质性程序，特别是在与分析程序相关的方面。除此以外，计算机辅助审计技术还能被用于细节测试(包括目标测试)以及对审计抽样的辅助。计算机辅助审计技术使得对系统中的每一笔交易进行测试成为可能，用于在交易样本量很大的情况下替代手工测试。与其他控制测试相同，计算机辅助审计技术也可用于测试控制的有效性，选择少量的交易，并在系统中进行穿行测试，或是开发一套集成的测试工具，用于测试系统中的某些交易。在控制测试中使用计算机辅助审计技术的优势是，可以对每一笔交易进行测试(包括主文件和交易文件)，从而确定是否存在控制失效的情况。由于计算机辅助审计技术有助于详审海量数据，它也可用于辅助对舞弊的检查工作(如审阅非正常的日记账)。

二、电子表格

即使在信息化程度极高的环境下，由于系统限制等原因，财务信息和报告的生成往往还需要借助电子表格来完成，所谓电子表格是指利用计算机作为表格处理工具，以实现制表工具、计算工具以及表格结果保存的综合电子化的软件。目前普遍使用的电子表格通常包括 Excel 等软件，通过电子表格可以进行数据记录、计算与分析，并能对输入的数据进行各种复杂统计运算后显示为可视性极佳的表格，因此，注册会计师在进行系统审计时，需要谨慎地考虑电子表格中的控制，以及如信息系统一般控制一样的控制的设计与执行(在相关时)的有效性，从而确保这些内嵌控制持续的完整性。

(一)电子表格的特性

电子表格的特性(即开放的访问、手工输入数据和容易出错)以及编制并使用电子表格的环境的特性(比如，用户开发不正式、保存在局域网或本地磁盘而不是其他受控的信息系统环境中)，增加了电子表格所生成的数据存在错误的风险，从而影响审计工作的进行。

（二）确定重要的财务电子表格和其他最终用户计算工具的范围

重要的财务电子表格和其他最终用户计算工具（比如，按需报告工具或在数据仓库中运行查询）用来在重要的流程中（即自动控制或步骤）生成财务数据，或用来生成用于关键手工控制的财务或其他数据。作为起始点，注册会计师应该了解评估范围内重要的流程和账户，并识别用来支持这些流程或账户的相关的电子表格或工具。

（三）电子表格控制的考虑

因为电子表格能够非常容易进行修改，并可能缺少控制活动，因此，电子表格往往面临重大固有风险和错误，比如①输入错误：由错误数据录入、错误引用或其他简单的剪贴功能造成的错误。②逻辑错误：创建错误的公式从而生成了错误的结果。③接口错误：与其他系统传输数据时产生的错误。④其他错误：单元格范围定义不当、单元格参考错误或电子表格链接不当。

注册会计师应该了解相关的电子表格/数据库如何支持关键控制达到相关业务流程的信息处理目标。电子表格控制可能包括以下一项或多项内容：对电子表格的、如信息系统一般控制一样的控制；内嵌在电子表格中的控制（类似于一个自动应用控制）；针对电子表格数据输入和输出的手工控制.

信息技术的广泛应用对于审计所包含的内容产生了重大影响。随着信息技术的发展，未来的审计一定会越来越依赖先进技术，服务的内容也将从传统审计扩展为包括财务信息、内部控制等在内的综合信息。而这一切都将给注册会计师行业从业人员带来挑战，会计人员需要具备专业知识，但审计工作所涉及的信息技术领域有可能超越传统的财务审计范围，那么就需要信息技术专业人员的参与。

第九章　风险评估

注册会计师实施风险导向审计，其目标是对财务报表不存在由于错误或舞弊导致的重大错报获取合理保证。风险导向审计是当今主流的审计方法，它要求注册会计师评估财务报表重大错报风险，设计和实施进一步审计程序以应对评估的错报风险，根据审计结果出具恰当的审计报告。本章结合审计风险准则，介绍如何对重大错报风险进行评估和应对。

第一节　风险评估概述

一、风险评估的概念

风险导向审计模式要求注册会计师以重大错报风险的识别、评估和应对作为审计工作的主线，以提高审计的效率和效果。现行中国注册会计师执业准则体系全面贯彻了风险导向审计的思想和方法。根据风险导向审计理念，审计程序包括风险评估和风险应对两大主要模块。其中，风险评估是指了解被审计单位及其环境，并在此基础上识别和评估重大错报风险；风险应对是指针对已评估的重大错报风险实施相应程序，包括针对会计报表层次重大错报风险的总体应对措施和针对认定层次重大错报风险的进一步审计程序。

二、风险评估的作用

《中国注册会计师审计准则第1211号——通过了解被审计单位及其环境识别和评估重大错报风险》作为专门规范风险评估的准则，规定注册会计师应当了解被审计单位及其环境，以充分识别和评估财务报表重大错报风险，设计和实施进一步审计程序。了解被审计单位及其环境是必要程序，特别是为注册会计师在下列关键环节作出职业判断提供重要基础：①确定重要性水平，并随着审计工作的进程评估对重要性水平的判断是否仍然适当；②考虑会计政策的选择和运用是否恰当，以及财务报表的列报是否适当；③识别需要特别考虑的领域，包括关联方交易、管理层运用持续经营假设的合理性，或交易是否具有合理的商业目的等；④确定在实施分析程序时所使用的预期值；⑤设计和实施进一步审计程序，以将审计风险降至可接受的低水平；⑥评价所获取审计证据的充分性和适当性。

了解被审计单位及其环境是一个连续和动态地收集、更新与分析信息的过程，贯穿于整个审计过程的始终。注册会计师应当运用职业判断确定需要了解被审计单位及其环境的程度。评价对被审计单位及其环境了解的程度是否恰当，关键是看注册会计师对被审计单位及其环境的了解是否足以识别和评估财务报表的重大错报风险。如果了解被审计单位及其环境获得的信息足以识别和评估财务报表的重大错报风险，设计和实施进一步审计程序，那么，了解的程度就是恰当的。当然，要求注册会计师对被审计单位及其环境了解的程度，要低于管理层为经营管理企业时对被审计单位及其环境需要了解的程度。

三、风险评估程序和项目组内部讨论

为了解被审计单位及其环境而实施的程序称为“风险评估程序”。注册会计师应当依据实施询问被审计单位管理层和内部其他相关人员、分析程序、观察和检查程序所获取的信息，以了解被审计单位及其环境并评估重大错报风险。

（一）询问被审计单位管理层和内部其他相关人员

询问被审计单位管理层和内部其他相关人员是注册会计师了解被审计单位及其环境的一个重要信息来源。注册会计师可以考虑向管理层和财务负责人询问下列事项：管理层所关注的主要问题，如新的竞争对手、主要客户和供应商的流失以及经营目标或战略的变化等；被审计单位最近的财务状况、经营成果和现金流量；可能影响财务报告的交易和事项，或者目前发生的重大会计处理问题，如重大的购并事宜等；被审计单位发生的其他重要变化，如所有权结构、组织结构的变化，以及内部控制的变化等。

注册会计师除了询问管理层和对财务报告负有责任的人员外，还应当考虑询问内部审计人员、采购人员、生产人员、销售人员等其他人员，并考虑询问不同级别的员工，以获取对识别重大错报风险有用的信息。

（二）实施分析程序

分析程序是指注册会计师通过研究不同财务数据之间以及财务数据与非财务数据之间的内在关系，对财务信息作出评价。分析程序还包括调查识别出的、与其他相关信息不一致或与预期数据严重偏离的波动和关系。在了解被审计单位及其环境并评估重大错报风险时使用分析程序，即将分析程序用作风险评估程序，有助于识别异常的交易或事项，以及对财务报表和审计产生影响的金额、比率和趋势。

在实施分析程序时，注册会计师应当预期可能存在的合理关系，并与被审计单位记录的金额、依据记录金额计算的比率或趋势相比较；如果发现异常或未预期到的关系，注册会计师应当在识别重大错报风险时考虑这些比较结果。如果使用了高度汇总的数据，实施分析程序的结果仅可能初步显示财务报表存在重大错报风险，注册会计师应当将分析结果连同识别重大错报风险时获取的其他信息一并考虑。例如，被审计单位存在很多产品系列，各个产品系列的毛利率存在一定差异。对总体毛利率实施分析程序的结果仅可能初步显示销售成本存在重大错报风险，注册会计师需要实施更为详细的分析程序。例如，对每一产品系列进行毛利率分析，或者将总体毛利率分析的结果连同其他信息一并考虑。

（三）观察和检查

观察和检查程序可以印证对管理层和其他相关人员的询问结果，并可提供有关被审计单位及其环境的信息，注册会计师应当实施下列观察和检查程序。

1. 观察被审计单位的生产经营活动

例如，观察被审计单位人员正在从事的生产活动和内部控制活动，可以增加注册会计师对被审计单位人员如何进行生产经营活动及实施内部控制的了解。

2. 检查文件、记录和内部控制手册

例如，检查被审计单位的章程，与其他单位签订的合同、协议，各业务流程操作指引和内部控制手册等，了解被审计单位组织结构和内部控制制度的建立健全情况。

3. 阅读由管理层和治理层编制的报告

例如，阅读被审计单位年度和中期财务报告，股东大会、董事会会议、高级管理层会议的会议记录或纪要，管理层的讨论和分析资料，经营计划和战略，对重要经营环节和外部因素的评价，被审计单位内部管理报告以及其他特殊目的报告（如新投资项目的可行性分析报告）等，了解审计期间被审计单位发生的重大事项。

4. 实地察看被审计单位的生产经营场所和设备

通过现场访问和实地察看被审计单位的生产经营场所和设备，可以帮助注册会计师了解被审计单位的性质及其经营活动。在实地察看被审计单位的厂房和办公场所的过程中，注册会计师有机会与被审计单位的管理层和担任不同职责的员工进行交流，可以增强注册会计师对被审计单位的经营活动及其重大影响因素的了解。

5. 穿行测试

穿行测试是指追踪交易在财务报告信息系统中的处理过程。这是注册会计师了解被审计单位业务流程及其相关控制时经常使用的审计程序。通过追踪某笔或某几笔交易在业务流程中如何生成、记录、处理和报告，以及相关内部控制如何执行，注册会计师可以确定被审计单位的交易流程和相关控制是否与之前通过其他程序所获得的了解一致，并确定相关控制是否得到执行。

（四）其他审计程序和信息来源

除了采用上述程序从被审计单位内部获取信息以外，如果根据职业判断认为从被审计单位外部获取的信息有助于识别重大错报风险，注册会计师应当实施其他审计程序以获取这些信息。例如，询问被审计单位聘请的外部法律顾问、专业评估师、投资顾问和财务顾问等。阅读外部信息也可能有助于注册会计师了解被审计单位及其环境。外部信息包括证券分析师、银行、评级机构出具的有关被审计单位及其所处行业的经济或市场环境等状况的报告，贸易与经济方面的期刊杂志，法规或金融出版物，以及政府部门或民间组织发布的行业报告和统计数据等。注册会计师了解被审计单位及其环境，目的是为了识别和评估财务报表重大错报风险。为了解被审计单位及其环境而实施的程序称为“风险评估程序”。注册会计师应当依据实施这些程序所获取的信息，评估重大错报风险。

(五)项目组内部的讨论

项目组内部讨论在所有业务阶段都非常必要，可以保证所有事项得到恰当的考虑。具有较多经验的成员，例如项目合伙人，其他成员可以分享其见解和以往获取的被审计单位的经验。《中国注册会计师审计准则第1211号——通过了解被审计单位及其环境识别和评估重大错报风险》要求项目合伙人和项目组其他关键成员应当讨论被审计单位财务报表存在重大错报的可能性，以及如何根据被审计单位的具体情况运用适用的财务报表编制基础。项目合伙人应当确定向未参与讨论的项目组成员通报哪些事项。

1. 讨论的目标

项目组内部的讨论为项目组成员提供了交流信息和分享见解的机会。项目组通过讨论可以使成员更好地了解在各自负责的领域中，由于舞弊或错误导致财务报表重大错报的可能性，并了解各自实施审计程序的结果如何影响审计的其他方面，包括对确定进一步审计程序的性质、时间安排和范围的影响。

2. 讨论的内容

项目组应当讨论被审计单位面临的经营风险、财务报表容易发生错报的领域以及发生错报的方式，特别是由于舞弊导致重大错报的可能性。讨论的内容和范围受项目组成员的职位、经验和所需要的信息的影响。表9-1列示了讨论的3个主要领域和所需要的信息的影响。

表9-1 项目组讨论内容列示

讨论的主要领域	目的：了解被审计单位，进行公开的讨论
分享了解的信息	(1)被审计单位的性质、管理层对内部控制的态度，从以往审计业务中获得的经验、重大经营风险因素 (2)已了解的影响被审计单位的外部和内部舞弊因素，可能为管理层或其他人员实施下列行为提供动机或压力： ①实施舞弊； ②为实施构成犯罪的舞弊提供机会； ③利用企业文化或环境，寻找使舞弊行为合理化的理由； ④考虑管理层对接触现金或其他被侵占资产的员工实施监督的情况 (3)确定财务报表哪些项目易于发生重大错报，表明管理层倾向于高估或低估收入的迹象
讨论的主要领域	目的：对审计意见和方法实施头脑风暴法
分享审计思路的方法	(1)管理层可能如何编报和隐藏虚假财务报告，例如管理层凌驾于内部控制之上。根据对识别的舞弊风险因素的评估，设想可能的舞弊场景对审计很有帮助。例如，销售经理可能通过高估收入实现达到奖励水平的目的。这可能通过修改收入确认政策或进行不恰当的收入截止来实现 (2)出于个人目的侵占或挪用被审计单位的资产行为如何发生 (3)考虑： ①管理层时行高估/低估账目的方法，包括对准备和估计进行操纵以及变更会计政策等； ②用于应对评估风险可能的审计程序/方法

续表

讨论的主要领域	目的：为项目组指明审计方向
指明方向	（1）强调在审计过程中保持职业怀疑态度的重要性。不应将管理层当成完全诚实，也不应将其作为罪犯对待 （2）列示表明可能存在舞弊可能性的迹象。例如： ①识别警示信号（红旗），并予以追踪； ②一个不重要的金额（例如，增长的费用）可能表明存在很大的问题，例如管理层诚信 （3）决定如何增加拟实施审计的程序的性质、时间安排和范围的不可预见性 （4）总体考虑：每个项目组成员拟执行的审计工作部分，需要的审计方法、特殊考虑、时间，记录要求，如果出现问题应联系的人员，审计工作底稿复核，以及其他预期事项 （5）强调对表明管理层不诚实的迹象保持警觉的重要性

3. 参与讨论的人员

注册会计师应当运用职业判断确定项目组内部参与讨论的成员。项目组的关键成员应当参与讨论，如果项目组需要拥有信息技术或其他特殊技能的专家，这些专家也应参与讨论。参与讨论人员的范围受项目组成员的职责经验和信息需要的影响，例如，在跨地区审计中，每个重要地区项目组的关键成员应该参加讨论，但不要求所有成员每次都参与项目组的讨论。

4. 讨论的时间和方式

项目组应当根据审计的具体情况，在整个审计过程中持续交换有关财务报表发生重大错报可能性的信息。按照《中国注册会计师审计准则第1101号——注册会计师的总体目标和审计工作的基本要求》的规定，在计划和实施审计工作时，注册会计师应当保持职业怀疑，认识到可能存在导致财务报表发生重大错报的情形。项目组在讨论时应当强调在整个审计过程中保持职业怀疑，警惕可能发生重大错报的迹象，并对这些迹象进行严格追踪。通过讨论，项目组成员可以交流和分享在整个审计过程中获得的信息，包括可能对重大错报风险评估产生影响的信息或针对这些风险实施审计程序的信息。项目组还可以根据实际情况讨论其他重要事项。

第二节 了解被审计单位及其环境

一、总体要求

注册会计师应当从6个方面了解被审计单位及其环境，即相关行业状况、法律环境和监管环境及其他外部因素；被审计单位的性质；被审计单位对会计政策的选择和运用；被审计单位的目标、战略以及可能导致重大错报风险的相关经营风险；对被审计单位财务业绩的衡量和评价；被审计单位的内部控制。注册会计师针对上述6个方面实施的风险评估程序的性质、时间安排和范围取决于审计业务的具体情况，如被审计单位的规模和复杂程度，以及注册会计师的相关审计经验，包括以前对被审计单位提供审计和相关服务的经验以及对类似行业、类似企业的审计经验。此外，识别被审计单位及其环境在上述各方面与以前期间相比发生的重大变化，对于充分了解被审计单位及其环境、识别和评估重大错报风险尤为重要。

二、行业状况、法律环境和监管环境及其他外部因素

（一）行业状况

了解行业状况有助于注册会计师识别与被审计单位所处行业有关的重大错报风险。注册会计师应当了解被审计单位的行业状况，主要包括：所处行业的市场与竞争，包括市场需求、生产能力和价格竞争；生产经营的季节性和周期性；与被审计单位产品相关的生产技术；能源供应与成本；行业的关键指标和统计数据。具体而言，注册会计师可能需要了解以下情况：被审计单位所处行业的总体发展趋势是什么？处于哪一发展阶段，如起步、快速成长、成熟或衰退阶段？所处市场的需求、市场容量和价格竞争如何？该行业是否受经济周期波动的影响，以及采取了什么行动使波动产生的影响最小化？该行业受技术发展影响的程度如何？是否开发了新的技术？能源消耗在成本中所占比重，能源价格的变化对成本的影响？谁是被审计单位最重要的竞争者，它们各自所占的市场份额是多少？被审计单位与其竞争者相比主要的竞争优势是什么？被审计单位业务的增长率和财务业绩与行业的平均水平及主要竞争者扣比如何？存在重大差异的原因是什么？竞争者是否采取了某些行动，如购并活动、降低销售价格、开发新技术等，从而对被审计单位的经营活动产生影响？

（二）法律环境与监管环境

了解法律环境与监管环境的主要原因在于：某些法律法规或监管要求可能对被审计单位经营活动有重大影响，如不遵守将导致停业等严重后果；某些法律法规或监管要求（如环保法规等）规定了被审计单位某些方面的责任和义务；某些法律法规或监管要求决定了被审计单位需要遵循的行业惯例和核算要求。

注册会计师应当了解被审计单位所处的法律环境与监管环境，主要包括：会计原则和行业特定惯例；受管制行业的法规框架；对被审计单位经营活动产生重大影响的法律法规，包括直接的监管活动；税收政策（关于企业所得税和其他税种的政策）；目前对被审计单位开展经营活动产生影响的政府政策，如货币政策（包括外汇管制）、财政政策、财政刺激措施（如政府援助项目）、关税或贸易限制政策等；影响行业和被审计单位经营活动的环保要求。具体而言，注册会计师可能需要了解以下情况：国家对某一行业的企业是否有特殊的监管要求（如对银行、保险等行业的特殊监管要求）；是否存在新出台的法律法规（如

新出台的有关产品责任、劳动安全或环境保护的法律法规等)，对被审计单位有何影响；国家货币、财政、税收和贸易等方面政策的变化是否会对被审计单位的经营活动产生影响；与被审计单位相关的税务法规是否发生变化。

(三)其他外部因素

注册会计师应当了解影响被审计单位经营的其他外部因素，主要包括总体经济情况、利率、融资的可获得性、通货膨胀水平或币位变动等。具体而言，注册会计师可能需要了解以下情况：当前的宏观经济状况以及未来的发展趋势如何？目前国内或本地区的经济状况(如增长率、通货膨胀率、失业率、利率等)怎样影响被审计单位的经营活动？被审计单位的经营活动是否受到汇率波动或全球市场力量的影响？

(四)了解的重点和程度

注册会计师对行业状况、法律环境与监管环境以及其他外部因素了解的范围和程度会因被审计单位所处行业、规模以及其他因素(如在市场中的地位)的不同而不同。例如对从事计算机硬件制造的被审计单位，注册会计师可能更关心市场和竞争以及技术进步的情况；对金融机构，注册会计师可能更关心宏观经济走势以及货币、财政等方面的宏观经济政策；对化工等产生污染的行业，注册会计师可能更关心相关环保法规。注册会计师应当考虑将了解的重点放在对被审计单位的经营活动可能产生重要影响的关键外部因素以及与前期相比发生的重大变化上。注册会计师应当考虑被审计单位所在行业的业务性质或监管程度是否可能导致特定的重大错报风险，考虑项目组是否配备了具有相关知识和经验的成员。例如，建筑行业长期合同涉及收入和成本的重大估计，可能导致重大错报风险；银行监管机构对商业银行的资本充足率有专门规定，不能满足这一监管要求的商业银行可能有操纵财务报表的动机和压力。

三、被审计单位的性质

(一)所有权结构

对被审计单位所有权结构的了解有助于注册会计师识别关联方关系并了解被审计单位的决策过程。注册会计师应当了解所有者与其他人员或实体之间的关系，考虑关联方关系是否已经得到识别，以及关联方交易是否得到恰当核算。例如，注册会计师应当了解被审计单位是属于国有企业、外商投资企业、民营企业，还是属于其他类型的企业，还应当了解其直接控股母公司、间接控股母公司、最终控股母公司和其他股东的构成，以及所有者与其他人员或实体(如控股母公司控制的其他企业)。

(二)治理结构

良好的治理结构可以对被审计单位的经营和财务运作实施有效的监督，从而降低财务报表发生重大错报的风险。注册会计师应当了解被审计单位的治理结构。例如，董事会的构成情况、董事会内部是否有独立董事；治理结构中是否设有审计委员会或监事会及其运作情况。注册会计师应当考虑治理层是否能够在独立于管理层的情况下对被审计单位事务(包括财务报告)作出客观判断。

(三)组织结构

复杂的组织结构可能导致某些特定的重大错报风险。注册会计师应当了解被审计单位的组织结构，考虑复杂组织结构可能导致的重大错报风险，包括财务报表合并、商誉减值以及长期股权投资核算等问题。例如，对于在多个地区拥有子公司、合营企业、联营企业或其他成员机构，或者存在多个业务分部和地区分部的被审计单位，不仅编制合并财务报表的难度增加，还存在其他可能导致重大错报风险的复杂事项，包括：对于子公司、合营企业、联营企业和其他股权投资类别的判断及其会计处理；商誉在不同业务分部间的减值等。

(四)经营活动

了解被审计单位经营活动有助于注册会计师识别预期在财务报表中反映的主要交易类别、重要账户余额和列报。注册会计师应当了解被审计单位的经营活动。主要包括：①主营业务的性质。例如，主营业务是制造业还是商品批发与零售；是银行、保险还是其他金融服务；是公用事业、交通运输还是提供技术产品和服务等。②与生产产品或提供劳务相关的市场信息。例如，主要客户和合同、付款条件、利润率、市场份额、竞争者、出口、定价政策、产品声誉、质量保证、营销策略和目标等。③业务的开展情况。例如，业务分部的设立情况、产品和服务的交付、衰退或扩展的经营活动的详情等。④联盟、合营与外包情况。⑤从事电子商务的情况。例如，是否通过互联网销售产品和提供服务以及从事营销活动。⑥地区分布与行业细分。例如，是否涉及跨地区经营和多种经营，各个地区和各行业分布的相对规模以及相互之间是否存在依赖关系。⑦生产设施、仓库和办公室的地理位置，存货存放地点和数量。⑧关键客户。例如，销售对象是少量的大客户还是众多的小客户；是否有被审计单位高度依赖的特定客户(如超过销售总额10%的顾客)；是否有造成高回收性风险的若干客户或客户类别(如正处在一个衰退市场中的客户)；是否与某些客户订立了不寻常的销售条款或条件。⑨货物和服务的重要供应商。例如，是否签订长期供应合同、原材料供应的可靠性和稳定性、付款条件，以及原材料是否受重大价格变动的影响。⑩劳动用工安排。例如，分地区用工情况、劳动力供应情况、工薪水平、退休金和其他福利、股权激励或其他奖金安排以及与劳动用工事项相关的政府法规。除以上10项内容外还包括研究与开发活动及其支出和关联方交易。例如，有些客户或供应商是否为关联方；对关联方和非关联方是否采用不同的销售和采购条款。此外，还存在哪些关联方交易，对这些交易采用怎样的定价政策。

(五)投资活动

了解被审计单位投资活动有助于注册会计师关注被审计单位在经营策略和方向上的重大变化。注册会计师应当了解被审计单位的投资活动。主要包括：①近期拟实施或已实施的并购活动与资产处置情况，包括业务重组或某些业务的终止。注册会计师应当了解并购活动如何与被审计单位目前的经营业务相协调，并考虑它们是否会引发进一步的经营风险。例如，被审计单位并购了一个新的业务部门，注册会计师需要了解管理层如何管理这一新业务，而新业务又如何与现有业务相结合，发挥协同优势，如何解决原有经营业务与新业务在信息系统、企业文化等各方而的不一致。②证券投资、委托贷款的发生与处置。③资本性投资活动，包括固定资产和无形资产投资，近期或计划发生的变动，以及重大的资本承诺等。④不纳入合并范围的投资。例如，联营、合营或其他投资，包括近期计划的投资项目。

(六)筹资活动

了解被审计单位筹资活动有助于注册会计师评估被审计单位在融资方面的压力，并进一步考虑被审计单位在可预见未来的持续经营能力。注册会计师应当了解被审计单位的筹资活动，主要包括：①债务结构和相关条款，包括资产负债表外融资和租赁安排。例如，获得的信贷额度是否可以满足营运需要；得到的融资条件及利率是否与竞争对手相似，如不相似，原因何在；是否存在违反借款合同中限制性条款的情况；是否承受重大的汇率与利率风险。②主要子公司和联营企业(无论是否处于合并范围内)。③实际受益方及关联方。例如，实际受益方是国内的还是国外的，其商业声誉和经验可能对被审计单位产生的影响。④衍生金融工具的使用。例如，衍生金融工具是用于交易目的还是套期目的，以及运用的种类、范围和交易对手等。

(七)财务报告

例如：①会计政策和行业特定惯例，包括特定行业的重要活动(如银行业的贷款和投资、医药行业的研究与开发活动)；②收入确认惯例；③公允价值会计核算；④外币资产、负债与交易；⑤异常或复杂交易(包括在有争议的或新兴领域的交易)的会计处理(如对以股票为基准的薪酬的会计处理)。

四、被审计单位对会计政策的选择和运用

(一)重大和异常交易的会计处理方法

例如，本期发生的企业合并的会计处理方法。某些被审计单位可能存在与其所处行业相关的重大交易。例如，银行向客户发放贷款、证券公司对外投资、医药企业的研究与开发活动等，注册会计师应当考虑对重大的和不经常发生的交易的会计处理方法是否适当。

（二）在缺乏权威性标准或共识、有争议的或新兴领域采用重要会计政策产生的影响

在缺乏权威性标准或共识的领域，注册会计师应当关注被审计单位选用了哪些会计政策、为什么选用这些会计政策以及选用这些会计政策产生的影响。

（三）会计政策的变更

如果被审计单位变更了重要的会计政策，注册会计师应当考虑变更的原因及其适当性，即考虑会计政策变更是否是法律、行政法规或者适用的会计准则和相关会计制度要求的变更；会计政策变更是否能够提供更可靠、更相关的会计信息。除此之外，注册会计师还应当关注会计政策的变更是否得到充分披露。

（四）新颁布的财务报告准则、法律法规以及被审计单位何时采用、如何采用这些规定

例如，新的企业会计准则自 2007 年 1 月 1 日起在上市公司施行，并鼓励其他企业执行。注册会计师应考虑被审计的上市公司是否已按照新会计准则的要求做好衔接调整工作，并收集执行新会计准则需要的信息资料。

除上述与会计政策的选择和运用相关的事项外，注册会计师还应对被审计单位下列与会计政策运用相关的情况予以关注：是否采用激进的会计政策、方法、估计和判断；财会人员是否拥有足够的运用会计准则的知识、经验和能力；是否拥有足够的资源支持会计政策的运用，如人力资源及培训、信息技术的采用、数据和信息的采集等。

注册会计师应当考虑，被审计单位是否按照适用的会计准则和相关会计制度的规定恰当地进行了列报，并披露了重要事项，列报和披露的主要内容包括：财务报表及其附注的格式、结构安排、内容，财务报表项目使用的术语，披露信息的明细程度，项目在财务报表中的分类以及列报信息的来源等。注册会计师应当考虑被审计单位是否已对特定事项做了适当的列报和披露。

五、被审计单位的目标、战略以及相关经营风险

（一）目标、战略与经营风险

目标是企业经营活动的指针。企业管理层或治理层一般会根据企业经营面临的外部环境和内部各种因素，制定合理可行的经营目标。战略是管理层为实现经营目标采用的方法。为了实现某一既定的经营目标，企业可能有多个可行战略。例如，如果目标是在某一特定期间内进入一个新的市场，那么可行的战略可能包括收购该市场内的现有企业、与该

市场内的其他企业合资经营或自行开发进入该市场。随着外部环境的变化，企业应对目标和战略作出相应的调整。

经营风险是指可能对被审计单位实现目标和实施战略的能力产生不利影响的重要状况、事项、情况、作为(或不作为)而导致的风险，或由于制定不恰当的目标和战略而导致的风险。不同的企业可能面临不同的经营风险，这取决于企业经营的性质、所处行业、外部监管环境、企业的规模和复杂程度。管理层有责任识别和应对这些风险。

不能随环境的变化而作出相应的调整固然可能产生经营风险。但是，调整的过程也可能导致经营风险。例如，为应对消费者需求的变化，企业开发了新产品。但是，开发的新产品可能会产生开发失败的风险；即使开发成功，市场需求可能没有充分开发，从而产生产品营销风险；产品的缺陷还可能导致企业遭受声誉风险和承担产品赔偿责任的风险。

注册会计师应当了解被审计单位是否存在与下列方面有关的目标和战略，并考虑相应的经营风险：①行业发展(例如，潜在的相关经营风险可能是被审计单位不具备足以应对行业变化的人力资源和业务专长)；②开发新产品或提供新服务(例如，潜在的相关经营风险可能是被审计单位产品责任增加)；③业务扩张(例如，潜在的相关经营风险可能是被审计单位对市场需求的估计不准确)；④新的会计要求(例如，潜在的相关经营风险可能是被审计单位执行不当或不完整，或会计处理成本增加)；⑤监管要求(例如，潜在的相关经营风险可能是被审计单位法律责任增加)；⑥本期及未来的融资条件(例如，潜在的相关经营风险可能是被审计单位由于无法满足融资条件而失去融资机会)；⑦信息技术的运用(例如，潜在的相关经营风险可能是被审计单位信息系统与业务流程难以融合)；⑧实施战略的影响，特别是由此产生的需要运用新的会计要求的影响(例如，潜在的相关经营风险可能是被审计单位执行新要求不当或不完整)。

(二)经营风险对重大错报风险的影响

经营风险与财务报表重大错报风险是既有联系又相互区别的两个概念。前者比后者范围更广。注册会计师了解被审计单位的经营风险有助于其识别财务报表重大错报风险。但并非所有的经营风险都与财务报表相关，注册会计师没有责任识别或评估对财务报表没有影响的经营风险。

多数经营风险最终都会产生财务后果，从而影响财务报表，但并非所有的经营风险都会导致重大错报风险。经营风险可能对各类交易、账户余额和披露的认定层次或财务报表层次产生直接影响。例如，企业合并导致银行客户群减少，使银行信贷风险集中，由此产生的经营风险可能增加与贷款计价认定有关的重大错报风险。同样的风险，在经济紧缩时，可能具有更为长期的后果，注册会计师在评估持续经营假设的适当性时需要考虑这一问题。注册会计师应当根据被审计单位的具体情况考虑经营风险是否可能导致财务报表发生重大错报。

目标、战略、经营风险和重大错报风险之间的相互联系可举一例予以说明。例如，企业当前的目标是在某一特定期间内进入某一新的海外市场，企业选择的战略是在当地成立合资公司。从该战略本身来看，是可以实现这一目标的。但是，成立合资公司可能会带来很多的经营风险，例如，企业如何与当地合资方在经营活动、企业文化等各方面协调，如何在合资公司中获得控制权或共同控制权，当地市场情况是否会发生变化，当地对合资公司的税收和外汇管理方面的政策是否稳定，合资公司的利润是否可以汇回，是否存在汇率风险等。这些经营风险反映到财务报表中，可能会因对合资公司是属于子公司、合营企业或联营企业的判断问题，投资核算问题，包括是否存在减值问题、对当地税收规定的理解，以及外币折算等问题，而导致财务报表出现重大错报风险。

(三)被审计单位的风险评估过程

管理层通常制定识别和应对经营风险的策略，注册会计师应当了解被审计单位的风险评估过程。此类风险评估过程是被审计单位内部控制的组成部分。

(四)对小型被审计单位的考虑

小型被审计单位通常没有正式的计划和程序来确定其目标、战略并管理经营风险。注册会计师应当询问管理层或观察小型被审计单位如何应对这些事项，以获取了解，并评估重大错报风险。

六、被审计单位财务业绩的衡量和评价

被审计单位管理层经常会衡量和评价关键业绩指标(包括财务和非财务的)、预算及差异分析、分部信息和分支机构、部门或其他层次的业绩报告以及与竞争对手的业绩比较。此外，外部机构也会衡量和评价被审计单位的财务业绩，如分析师的报告和信用评级机构的报告。

(一)了解的主要方面

在了解被审计单位财务业绩衡量和评价情况时，注册会计师应当关注下列信息：关键业绩指标(财务或非财务的)、关键比率、趋势和经营统计数据；同期财务业绩比较分析；预算、预测、差异分析，分部信息与分部、部门或其他不同层次的业绩报告；员工业绩考核与激励性报酬政策；被审计单位与竞争对手的业绩比较。

(二)关注内部财务业绩衡量的结果

内部财务业绩衡量可能显示未预期的结果或趋势。在这种情况下，管理层通常会进行调查并采取纠正措施。与内部财务业绩衡量相关的信息可能显示财务报表存在错报风险，例如，内部财务业绩衡量可能显示被审计单位与同行业其他单位相比具有异常快的增长率或盈利水平，此类信息如果与业绩资金或激励性报酬等因素结合起来考虑，可能显示管理层在编制财务报表时存在某种倾向的错报风险。因此，注册会计师应当关注被审计单位内部内务业绩衡量所显示的未预期到的结果或趋势，管理层的调查结果和纠正措施，以及相

关信息是否显示财务报表可能存在重大错报。

(三)考虑财务业绩衡量指标的可靠性

如果拟利用被审计单位内部信息系统生成的财务业绩衡量指标，注册会计师应当考虑相关信息是否可靠，以及利用这些信息是否足以实现审计目标。许多财务业绩衡量中使用的信息可能由被审计单位的信息系统生成。如果被审计单位管理层在没有合理基础的情况下，认为内部生成的衡量财务业绩的信息是准确的，而实际上信息有误，那么根据有误的信息得出的结论也可能是错误的。如果注册会计师计划在审计中(如有实施分析程序时)利用财务业绩指标，应当考虑相关信息是否可靠，以及在实施审计程序时利用这些信息是否足以发现重大错报。

(四)对小型被审计单位的考虑

小型被审计单位通常没有正式的财务业绩衡量和评价程序，管理层往往依据某些关键指标，作为评价财务业绩和采取适当行动的基础，注册会计师应当了解管理层使用的关键指标。

需要强调的是，注册会计师了解被审计单位财务业绩的衡量与评价，是为了考虑管理层是否面临实现某些关键财务业绩指标的压力。此外，了解管理层认为重要的关键业绩指标，有助于注册会计师深入了解被审计单位的目标和战略。这些压力既可能源于需要达到市场分析师或股东的预期，也可能产生于达到获得股票期权或管理层和员工资金的目标。受压力影响的人员可能是高级管理人员(包括董事会)，也可能是可以操纵财务报表的其他经理人员，如子公司或分支机构管理人员可能为达到资金目标而操纵财务报表。

在评价管理层是否存在歪曲财务报表的动机和压力时，注册会计师还应当考虑可能存在的其他情形。例如，企业或企业的一个主要组成部分是否可能被出售；管理层是否希望维持或增加企业的股价或盈利趋势而热衷于采用过度激进的会计方法；基于纳税的考虑，股东或管理层是否有意采取不适当的方法使盈利最小化；企业是否持续增长和接近财务资源的最大限度；企业的业绩是否急剧下降，可能存在终止上市的风险；企业是否具备足够的可分配利润或现金流量以维持目前的利润分配水平；如果公布欠佳的财务业绩，对重大未决交易(如企业合并或新业务合同的签订)是否可能产生不利影响；企业是否过度信赖银行借款，而财务业绩又可能达不到借款合同对财务指标的要求。这些情况都显示管理层在面临重大压力时可能粉饰财务业绩，发生舞弊风险。

第三节　了解被审计单位的内部控制

一、内部控制的含义及目标

内部控制是被审计单位为了合理保证财务报告的可靠性、经营的效率和效果以及对法律法规的遵守，由治理层、管理层和其他人员设计与执行的政策及程序。

内部控制的目标是合理保证：财务报告的可靠性，这一目标与管理层履行财务报告编制责任密切相关；经营的效率和效果，即经济有效地使用企业资源，以最优方式实现企业的目标；遵守适用的法律法规的要求，即在法律法规的框架下从事经营活动。设计和实施内部控制的责任主体是治理层、管理层和其他人员，组织中的每一个人都对内部控制负有责任。实现内部控制目标的手段是设计和执行控制政策及程序。

二、内部控制要素

本章采用了 COSO(Committee of Sponsoring Organizations of the Treadway Commission 是美国 5 个职业团体在 1985 年联合发起设立的一个民间组织，当时成立的主要动机是资助“财务报告舞弊研究全国委员会”。“财务报告舞弊研究全国委员会”负责研究导致财务报告舞弊的因素，并对公众公司、会计师事务所、证监会及其监督机构提出建议。该委员会的首任主席由 James S. Treadway 担任，因此，又被称为“Treadway 委员会”。这 5 个职业团体是美国会计学会、美国注册会计师协会、财务总监协会、内部审计师协会和管理会计师协会。)发布的内部控制框架，被审计单位可能并不一定采用这种分类方式来设计和执行内部控制。内部控制包括下列要素：控制环境；风险评估过程；与财务报告相关的信息系统和沟通；控制活动；对控制的监督。值得指出的是，对内部控制要素的分类提供了了解内部控制的框架，但无论如何对内部控制要素进行分类，注册会计师都应当重点考虑被审计单位的某项控制是否能够以及如何防止或发现并纠正各类交易、账户余额和披露存在的重大错报。

(一)控制环境

控制环境包括治理职能和管理职能，以及治理层和管理层对内部控制及其重要性的态度、认识和措施。控制环境设定了被审计单位的内部控制基调，影响员工对内部控制的认识和态度。良好的控制环境是实施有效内部控制的基础。在评价控制环境的设计和实施情况时，注册会计师应当了解管理层在治理层的监督下，是否营造并保持了诚实守信和合乎道德的文化，以及是否建立了防止或发现并纠正舞弊和错误的恰当控制。了解控制环境时，注册会计师应从以下几个方面着手。

1. 对诚信和道德价值观念的沟通与落实

注册会计师应考虑被审计单位是否存在道德行为规范，以及这些规范如何在被审计单位内部得到沟通和落实。对诚信和道德价值观念的沟通与落实既包括管理层如何处理不诚实、非法或不道德行为，也包括在被审计单位内部，通过行为规范以及高层管理人员的身体力行，对诚信和道德价值观念的营造和保持。例如，管理层在行为规范中指出，员工不允许从供货商那里获得超过一定金额的礼品，超过部分都需报告和退回。尽管该行为规范本身并不能绝对保证员工都照此执行，但至少意味着管理层已对此进行明示，它连同其他程序，可能构成一个有效的预防机制。

2. 对胜任能力的重视

即管理层对特定工作所需知识和能力水平的设定，以及对相应人员的招聘、考核要求。注册会计师应当考虑主要管理人员和其他相关人员是否能够胜任承担的工作和职责，例如，财会人员是否对编报财务报表所适用的会计准则和相关会计制度有足够的了解并能正确运用。

3. 治理层的参与程度

注册会计师在对被审计单位治理层的参与程度进行了解和评估时，考虑的主要因素可能包括：董事会是否建立了审计委员会或类似机构；董事会、审计委员会或类似机构的成员是否具备适当的经验和资历、是否独立于管理层、是否充分地参与了财务报告的过程、是否对经营风险的监控有足够的关注，进而影响被审计单位和管理层的风险评估进程(包括舞弊风险)。

4. 管理层的理念和经营风格

管理层负责企业的运作以及经营策略和程序的制定、执行与监督。在管理层以一个或少数几个人为主时，管理层的理念和经营风格对内部控制的影响尤为突出。注册会计师在了解和评估被审计单位管理层的理念和经营风格时，考虑的主要因素可能包括：管理层是否对内部控制给予了适当的关注；管理层是否由一个或几个人所控制，而董事会、审计委员会或类似机构对其是否实施有效监督；管理层风险偏好型还是风险规避型；管理层在选择会计政策和作出会计估计时是倾向于激进还是保守等。

5. 组织结构及职权与责任的分配

被审计单位的组织结构为计划、运作、控制及监督经营活动提供了一个整体框架。通过集权或分权决策，可在不同部门间进行适当的职责划分、建立适当层次的报告体系。组织结构将影响权利、责任和工作任务在组织成员中的分配。被审计单位的组织结构将在一定程度上取决于被审计单位的规模和经营活动的性质。

6. 人力资源政策与实务

人力资源政策与实务涉及招聘、培训、考核、晋升和薪酬等方面。被审计单位是否有能力招聘并保留一定数量既有能力又有责任心的员工在很大程度上取决于其人事政策与实务。例如，如果招聘录用标准要求录用最合适的员工，包括强调员工的学历、经验、诚信和道德，这表明被审计单位希望录用有能力并值得信赖的人员。被审计单位有关培训方面的政策应显示员工应达到的工作表现和业绩水准。通过定期考核的晋升政策表明被审计单位希望具备相应资格的人员承担更多的职责。

综上所述，注册会计师应当对控制环境的构成要素获取足够的了解，并考虑内部控制的实质及其综合效果，以了解管理层和治理层对内部控制及其重要性的态度、认识以及所采取的措施。

(二)被审计单位的风险评估过程

风险评估过程的作用是识别、评估和管理影响被审计单位实现经营目标能力的各种风险，评估风险的重大性和发生的可能性，以及采取措施管理这些风险。例如，风险评估可能会涉及被审计单位如何考虑对某些交易未予记录的可能性，或者识别和分析财务报告中的重大会计估计发生错报的可能性。可能产生风险的事项和情形主要有以下几个方面：①监管及经营环境的变化。监管和经营环境的变化会导致竞争压力的变化以及重大的相关风险。②新员工的加入。新员工可能对内部控制有不同的认识和关注点。③新信息系统的使用或对原系统进行升级。信息系统的重大变化会改变与内部控制相关的风险。④业务快速发展。快速的业务扩张可能会使内部控制难以应对，从而增加内部控制失效的可能性。⑤新技术。将新技术运用于生产过程和信息系统可能改变与内部控制相关的风险。⑥新生产型号、产品和业务活动。进入新的业务领域和发生新的交易可能带来新的与内部控制相关的风险。⑦企业重组。重组可能带来裁员以及管理职责的重新划分，将影响与内部控制相关的风险。⑧发展海外经营。海外扩张或收购会带来新的并且往往是特别的风险，进而可能影响内部控制，如外币交易的风险。⑨新的会计准则。采用新的或变化了的会计准则可能会增大财务报告发生重大错报的风险。

（三）信息系统与沟通

与财务报告相关的信息系统包括用以生成、记录、处理和报告交易和事项，对相关资产、负债和所有者权益履行经营管理责任的程序和记录。与财务报告相关的信息系统应当与业务流程相适应，质量的高低对管理层作出恰当的经营管理决策以及编制可靠的财务报告具有重大影响。与财务报告相关的信息系统通常包括下列职能：识别与记录所有的有效交易；及时、详细地描述交易，以便在财务报告中对交易作出恰当分类；恰当计量交易，以便在财务报告中对交易的金额作出准确记录；恰当确定交易生成的会计期间；在财务报表中恰当列报交易。

与财务报告相关的沟通包括使员工了解各自在与财务报告有关的内部控制方面的角色和职责、员工之间的工作联系，以及向适当级别的管理层报告例外事项的方式。

（四）控制活动

控制活动是指有助于确保管理层的指令得以执行的政策和程序。包括与授权、业绩评价、信息处理、实物控制和职责分离等相关的活动。

1. 授权

授权包括一般授权和特别授权。授权的目的在于保证交易在管理层授权范围内进行。一般授权是指管理层制定的要求组织内部遵守的普遍适用于某类交易或活动的政策。特别授权是指管理层针对特定类别的交易或活动逐一设置的授权，如重大资本支出和股票发行等。特别授权也可能用于超过一般授权限制的常规交易。例如，同意因某些特别原因，对某个不符合一般信用条件的客户赊购商品。

2. 业绩评价

注册会计师应当了解与业绩评价有关的控制活动，主要包括被审计单位分析评价实际业绩与预算(或预测、前期业绩)的差异，综合分析财务数据与经营数据的内在关系，将内部数据与外部信息来源相比较，评价职能部门、分支机构或项目活动的业绩，以及对发现的异常差异或关系采取必要的调查与纠正措施。

3. 信息处理

信息处理包括信息技术的一般控制和应用控制。被审计单位通常执行各种措施，检查各种类型信息处理环境下的交易的准确性、完整性和授权。信息处理控制可以是人工的、自动化的，或是基于自动流程的人工控制。

4. 实物控制

实物控制主要包括了解对资产和记录采取适当的安全保护措施，对访问计算机程序和数据文件设置授权，以及定期盘点并将盘点记录与会计记录相核对。例如，现金、有价证券和存货的定期盘点控制。实物控制的效果影响资产的安全，从而对财务报表的可靠性及审计产生影响。

5. 职责分离

注册会计师应当了解被审计单位如何将交易授权、交易记录以及资产保管等职责分配给不同员工，以防范同一员工在履行多项职责时可能发生的舞弊或错误。当信息技术运用于信息系统时，职责分离可以通过设置安全控制来实现。

(五)对控制的监督

对控制的监督是指被审计单位评价内部控制在一段时间内运行有效性的过程，该过程包括及时评价控制的设计和运行，以及根据情况的变化采取必要的纠正措施。例如，管理层对是否定期编制银行存款余额调节表进行复核，内部审计人员评价销售人员是否遵守公司关于销售合同条款的政策，法律部门定期监控公司的道德规范和商务行为准则是否得以遵循等。监督对控制的持续有效运行十分重要。例如，如果没有对银行存款余额调节表是否得到及时和准确的编制进行监督，该项控制可能无法得到持续的执行。被审计单位可能使用内部审计人员或具有类似职能的人员对内部控制的设计和执行进行专门的评价，以找出内部控制的优点和不足，并提出改进建议。注册会计师应充分考虑内部审计的可利用性。在确定是否利用内部审计工作时，注册会计师应对内部审计的工作质量进行评价，主要考虑：内审人员的独立性；内审人员的经验和能力；内审程序的性质、时间和范围；内审获取证据的充分性、适当性；管理当局对内审工作的重视程度。

需要指出的是，内部控制的某些要素(如控制环境)更多地对被审计单位整体层面产生影响，而其他要素(如信息系统和沟通、控制活动)则可能更多地与特定业务流程相关。在实务中，注册会计师往往从被审计单位整体层面和业务流程层面分别了解和评价被审计单位的内部控制。

三、与审计相关的控制

注册会计师审计的目标是对财务报表是否不存在重大错报发表审计意见，尽管要求注册会计师在财务报表审计中考虑与财务报表编制相关的内部控制，但目的并非对被审计单位内部控制的有效性发表意见。因此，注册会计师需要了解和评价的内部控制只是与财务报表审计相关的内部控制，并非被审计单位所有的内部控制。与审计相关的控制，包括被审计单位为实现财务报告可靠性目标设计和实施的控制。注册会计师应当运用职业判断，考虑一项控制单独或连同其他控制是否与评估重大错报风险以及针对评估的风险设计和实施进一步审计程序有关。在运用职业判断时，注册会计师应当考虑下列因素：重要性；相关风险的重要程度；被审计单位的规模；被审计单位业务的性质，包括组织结构和所有权特征；被审计单位经营的多样性和复杂性；适用的法律法规；内部控制的情况和适用的要素；作为内部控制组成部分的系统（包括使用服务机构）的性质和复杂性；一项特定控制（单独或连同其他控制）是否以及如何防止或发现并纠正重大错报。如果在设计和实施进一步审计程序时拟利用被审计单位内部生成的信息，针对该信息完整性和准确性的控制可能与审计相关。如果与经营和合规目标相关的控制同注册会计师实施审计程序时评价或使用的数据相关，则这些控制也可能与审计相关。注册会计师以前的经验以及在了解被审计单位及其环境过程中获得的信息，可以帮助注册会计师识别与审计相关的控制。如果用以保证经营效率、效果的控制以及对法律法规遵守的控制与实施审计程序时评价或使用的数据相关，注册会计师应当考虑这些控制可能与审计相关。例如，对于某些非财务数据（如生产统计数据）的控制，如果注册会计师在实施分析程序时使用这些数据，这些控制就可能与审计相关。又如，某些法规（如税法）对财务报表存在直接和重大的影响（影响应交税费和所得税费用），为了遵守这些法规，被审计单位可能设计和执行相应的控制，这些控制也与注册会计师的审计相关。

被审计单位通常有一些与目标相关但与审计无关的控制，注册会计师无需对其加以考虑。例如，被审计单位可能依靠某一复杂的自动化控制提高经营活动的效率和效果（如航空公司用于维护航班时间表的自动化控制系统），但这些控制通常与审计无关。进一步讲，虽然内部控制应用于整个被审计单位或所有经营部门或业务流程，但是，了解与每个经营部门和业务流程相关的内部控制、可能与审计无关。用以保护资产的内部控制可能包括与实现财务报告可靠性和经营效率、效果目标相关的控制。注册会计师在了解保护资产的内部控制各项要素时，可仅考虑其中与财务报告可靠性目标相关的控制。例如，保护存货安全的控制可能与审计相关，但在生产中防止材料浪费的控制通常就与审计不相关，只有所用材料的成本没有在财务报表中如实反映，才会影响财务报表的可靠性。

四、对内部控制了解的深度

对内部控制了解的深度，是指在了解被审计单位及其环境时对内部控制了解的程度。包括评价控制的设计，并确定其是否得到执行，但不包括对控制是否得到一贯执行的测试。图 9-1 描述了评价过程的关键步骤。

(一)评价控制的设计

注册会计师在了解内部控制时，应当评价控制的设计，并确定其是否得到执行。评价控制的设计，涉及考虑该控制单独或连同其他控制是否能够有效防止或发现并纠正重大错报。控制得到执行是指某项控制存在且被审计单位正在使用。评估一项无效控制的运行没有什么意义，因此，需要首先考虑控制的设计。设计不当的控制可能表明存在值得关注的内部控制缺陷。

(二)获取控制设计和执行的审计证据

注册会计师通常实施下列风险评估程序，以获取有关控制设计和执行的审计证据：询问被审计单位人员；观察特定控制的运用；检查文件和报告；追踪交易在财务报告信息系统中的处理过程(穿行测试)。这些程序是风险评估程序在了解被审计单位内部控制方面的具体运用。询问本身并不足以评价控制的设计以及确定其是否得到执行，注册会计师应当将询问与其他风险评估程序结合使用。

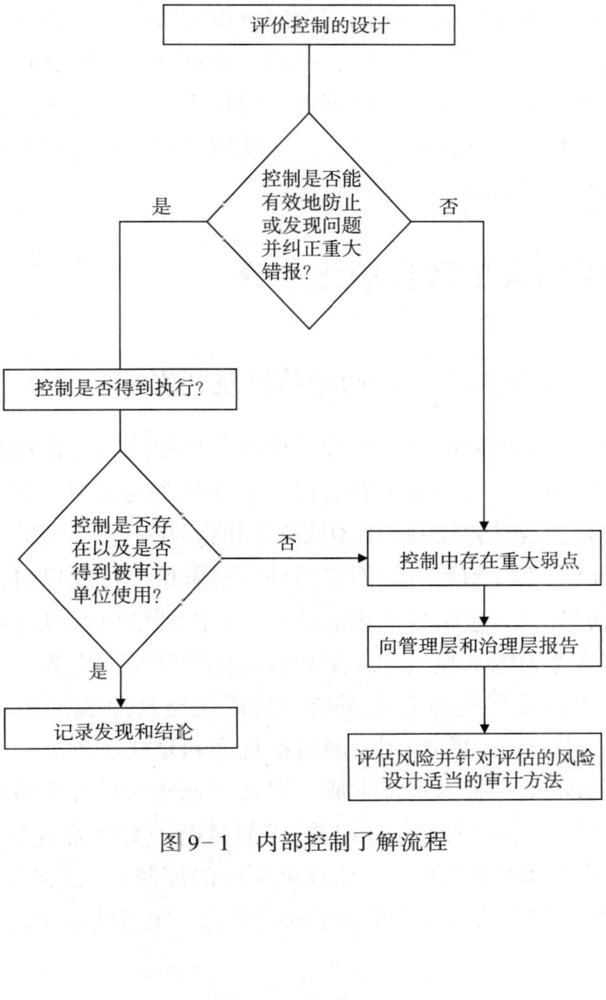

图 9-1　内部控制了解流程

(三) 了解内部控制的步骤

了解内部控制包括4个重要的步骤。第一步，识别需要降低哪些风险以预防财务报表中发生重大错报。如果某内部控制目标没有实现，风险因素通常被描述为“可能的错误”。第二步，记录相关的内部控制。目的是识别是否存在内部控制降低第一步所列出的风险因素，但没有必要记录和评价与审计无关的内部控制。第三步，评估控制的执行。主要是实施穿行测试，以确信识别的内部控制实际上确实存在。如果存在，注册会计师就可完成对控制设计和执行的评价。第四步，评估内部控制的设计。汇总获得的所有信息，并根据风险因素描绘识别出的(或执行的)控制。完成上述4个步骤之后，注册会计师应当确定内部控制是否存在重大弱点。

(四) 了解内部控制与测试控制运行有效性的关系

除非存在某些可以使控制得到一贯运行的自动化控制，否则注册会计师对控制的了解并不足以测试控制运行的有效性。例如，获取某一人工控制在某一时点得到执行的审计证据，并不能证明该控制在所审计期间内的其他时点也有效运行。但是，信息技术可以使被审计单位持续一贯地对大量数据进行处理，提高了被审计单位监督控制活动运行情况的能力，信息技术还可以通过对应用软件、数据库、操作系统设置安全控制来实现有效的职责划分。由于信息技术处理流程的内在一贯性，实施审计程序确定某项自动控制是否得到执行，也可能实现对控制运行有效性测试的目标。

五、内部控制的人工和自动化成分

(一) 考虑内部控制的人工和自动化特征及其影响

大多数被审计单位出于编制财务报告和实现经营目标的需要使用信息技术。然而，即使信息技术得到广泛使用，人工因素仍然会存在于这些系统之中。不同的被审计单位采用的控制系统中人工控制和自动化控制的比例是不同的。在一些小型的、生产经营不太复杂的被审计单位，可能以人工控制为主；而在另外一些单位，可能以自动化控制为主。内部控制可能既包括人工成分，又包括自动化成分，在风险评估以及设计和实施进一步审计程序时，注册会计师应当考虑内部控制的人工和自动化特征及其影响。

内部控制采用人工系统还是自动化系统，将影响交易生成、记录、处理和报告的方式。在以人工为主的系统中，内部控制一般包括批准和复核业务活动，编制调节表并对调节项目进行跟踪。当采用信息技术系统生成、记录、处理和报告交易时，交易的记录形式(如订购单、发票、装运单及相关的会计记录)可能是电子文档而不是纸质文件。信息技术系统中的控制可能既有自动控制(如嵌入计算机程序的控制)，又有人工控制。人工控制可能独立于信息技术系统，利用信息技术系统生成的信息，也可能用于监督信息技术系统和自动控制的有效运行或其处理例外事项。如果采用信息技术系统处理交易和其他数据，系统和程序可能包括与财务报表重大账户认定相关的控制或者包括人工控制作用的有效发挥。被审计单位的性质和经营的复杂程序会对采用人工控制和自动化控制的成分产生影响。

（二）信息技术的优势及相关内部控制风险

1. 信息技术的优势

信息技术通常在下列方面提高被审计单位内部控制的效率和效果：在处理大量的交易或数据时，一贯运用事先确定的业务规则，并进行复杂运算；提高信息的及时性、可获得性及准确性；促进信息的深入分析；提高对被审计单位的经营业绩及其政策和程序执行情况进行监督的能力；降低控制被规避的风险；通过对应用程度系统、数据库系统和操作系统执行安全控制，提高不兼容职务分离的有效性。

2. 信息技术产生的内部控制风险

信息技术也可能对内部控制产生特定风险。注册会计师应当从下列方面了解信息技术对内部控制产生的特定风险：所依赖的系统或程序不能正确处理数据，或处理了不正确的数据，或两种情况并存；未经授权访问数据，可能导致数据的毁损或对数据不恰当的修改，包括记录未经授权或不存在的交易，或不正确地记录了交易，多个用户同时访问同一数据库可能会造成特定风险；信息技术人员可能获得超越其职责范围的数据访问权限，因此，破坏了系统应有的职责分工；未经授权改变主文档的数据；未经授权改变系统或程序；未能对系统或程序作出必要的修改；不恰当的人为干预；可能丢失数据或不能访问所需要的数据。

（三）人工控制的适用范围及相关内部控制风险

1. 人工控制的适用范围

内部控制的人工成分在处理下列需要主观判断或酌情处理的情形时可能更为适当：存在大额、异常或偶发的交易；存在难以界定、预计或预测的错误的情况；针对变化的情况，需要对现有的自动化控制进行人工干预；监督自动化控制的有效性。

2. 人工控制产生的相关内部控制风险

由于人工控制由人执行，受人为因素的影响，也产生了特定风险，注册会计师应当从下列方面了解人工控制产生的特定风险：人工控制可能更容易被规避、忽视或凌驾；人工控制可能不具有一贯性；人工控制可能更容易产生简单错误或失误。相对于自动化控制，人工控制的可靠性较差。为此，注册会计师应当考虑人工控制在下列情形中可能是不适当的：存在大量或重复发生的交易；事先可预计或预测的错误能够通过自动化控制参数得以防止或发现并纠正；用特定方法实施控制的控制活动可得到适当设计和自动化处理。

内部控制风险的程度和性质取决于被审计单位信息系统的性质和特征。考虑到信息系统的特征，被审计单位可以通过建立有效的控制，应对由于采用信息技术或人工成分而产生的风险。

六、内部控制的局限性

(一)内部控制的固有局限性

内部控制无论如何有效，都只能为被审计单位实现财务报告目标提供合理保证。内部控制实现目标的可能性受其固有限制的影响。这些限制包括：①在决策时人为判断可能出现错误和因人为失误而导致内部控制失效。例如，控制的设计和修改可能存在失误。同样地，控制的运行可能无效，例如，由于负责复核信息的人员不了解复核的目的或没有采取适当的措施，内部控制生成的信息(如例外报告)没有得到有效使用。②控制可能由于两个或更多的人员串通或管理层不当地凌驾于内部控制之上而被规避。例如，管理层可能与客户签订“背后协议”，修改标准的销售合同条款和条件，从而导致不适当的收入确认。再如，软件中的编辑控制旨在识别和报告超过赊销信用额度的交易，但这一控制可能被凌驾或不能得到执行。此外，如果被审计单位内部行使控制职能的人员素质不适应岗位要求，也会影响内部控制功能的正常发挥。被审计单位实施内部控制的成本效益问题也会影响其效能，当实施某项控制成本大于控制效果而发生损失时，就没有必要设置控制环节或控制措施。内部控制一般都是针对经常而重复发生的业务设置的，如果出现不经常发生或未预计到的业务，原有控制就可能不适用。

(二)对小型被审计单位的考虑

小型被审计单位拥有的员工通常较少，限制了其职责分离的程度。但是，在业主管理的小型被审计单位，业主兼经理可以实施比大型被审计单位更有效的监督。这种监督可以弥补职责分离有限的局限性。另外，由于内部控制系统较为简单，业主兼经理更有可能凌驾于控制之上。注册会计师在识别由于舞弊导致的重大错报风险时需要考虑这一问题。

七、在整体层面了解内部控制

在整体层面对被审计单位内部控制的了解和评估，通常由项目组中对被审计单位情况比较了解且较有经验的成员负责，同时需要项目组其他成员的参与和配合。对于连续审计，注册会计师可以重点关注整体层面内部控制的变化情况，包括由于被审计单位及其环境的变化而导致内部控制发生的变化以及采取的对策。注册会计师还需要特别考虑因舞弊而导致重大错报的可能性及其影响。

注册会计师可以考虑将询问被审计单位人员、观察特定控制的应用、检查文件和报告以及执行穿行测试等风险评估程序相结合，以获取审计证据。在了解上述内部控制的构成要素时，注册会计师需要特别注意这些要素在实际中是否得到执行。例如，通过询问管理层和员工，了解管理层对内部控制的态度和道德价值观念，以及如何就此与员工进行沟通；通过检查文件、内部程序手册、流程图等，了解管理层是否建立了正式的行为守则；通过询问和观察，了解行为守则在日常工作中是否得到遵守，以及管理层如何处理违反行为守则的情形；通过询问被审计单位管理层，了解其风险评估过程，并复核记录风险评估过程的文件；通过检查和复核内部审计部门的工作程序以及报告等，确定管理层和员工是否执行既定的政策和程序。

在了解内部控制的各构成要素时，注册会计师应当对被审计单位整体层面的内部控制的设计进行评价，并确定其是否得到执行。实际上，这一评价过程需要大量的职业判断，并没有固定的公式或指标可供参考。例如，小型被审计单位在实现内部控制的目标中可能会较少采用正式的书面的措施和方法，业主可能更多地参与日常经营管理活动和财务报告活动。但这些并不一定会影响注册会计师对于被审计单位整体层面的内部控制是否有效的判断。注册会计师应当考虑管理层本身的理念和态度、实际设计和执行的控制以及对经营活动的密切参与是否能够实现控制的目标。

注册会计师应当将对被审计单位整体层面内部控制各要素的了解要点和实施的风险评估程序及其结果等形成审计工作记录，并对影响注册会计师对整体层面内部控制有效性进行判断的因素加以详细记录。

财务报表层次的重大错报风险很可能源于薄弱的控制环境，因此，注册会计师在评估财务报表层次的重大错报风险时，应当将被审计单位整体层面的内部控制状况和了解到的被审计单位及其环境其他方面的情况结合起来考虑。

被审计单位整体层面的内部控制是否有效将直接影响重要业务流程层面控制的有效性，进而影响注册会计师拟实施的进一步审计程序的性质、时间安排和范围。

八、在业务流程层面了解内部控制

在初步计划审计工作时，注册会计师需要确定在被审计单位财务报表中可能存在重大错报风险的重大账户及其相关认定。为实现此目的，通常采取下列步骤：确定被审计单位的重要业务流程和重要交易类别；了解重要交易流程，并记录获得的了解；确定可能发生错报的环节；识别和了解相关控制；执行穿行测试，证实对交易流程和相关控制的了解；进行初步评价和风险评估。在实务中，上述步骤可能同时进行，例如，在询问相关人员的过程中，同时了解重要交易的流程和相关控制。

（一）确定重要业务流程和重要交易类别

在实务中，将被审计单位的整个经营活动划分为几个重要的业务循环，有助于注册会计师更有效地了解和评估重要业务流程及相关控制。通常，对制造业企业，可以划分为销售与收款循环、采购与付款循环、生产与存货循环、人力资源与工薪循环、投资与筹资循环等。经营活动的性质不同，所划分的业务循环也不同。例如，对于银行，就没有生产与存货循环，而有发放贷款循环、吸收存款循环。又如，某些被审计单位出口销售与国内销售的流程完全不同，可将销售与收款循环进一步划分为外销和内销两个子循环。对于某些被审计单位，固定资产的采购和维护可能很重要，也可以将固定资产单独作为一个业务循环。重要交易类别是指可能对被审计单位财务报表产生重大影响的各类交易。重要交易类别应与相关账户及其认定相联系，例如，对于一般制造业企业，销售收入和应收账款通常是重大账户，销售和收款都是重要交易类别。除了一般所理解的交易以外，对财务报表具有重大影响的事项和情况也应包括在内，例如，计提资产的折旧或摊销，考虑应收款项的可回收性和计提坏账准备等。

(二) 了解重要交易流程，并进行记录

1. 了解的内容

在确定重要的业务流程和交易类别后，注册会计师便可着手了解每一类重要交易在信息技术或人工系统中生成、记录、处理及在财务报表中报告的程序，即重要交易流程。这是确定在哪个环节或哪些环节可能发生错报的基础。交易流程通常包括一系列工作：输入数据的核准与修订，数据的分类与合并，进行计算、更新账簿资料和客户信息记录，生成新的交易，归集数据，列报数据。而与注册会计师了解重要交易相关的流程通常包括生成、记录、处理和报告交易等活动。例如，在销售循环中，这些活动包括输入销售订购单、编制货运单据和发票、更新应收账款信息记录等。相关的处理程序包括通过编制调整分录，修改并再次处理以前被拒绝的交易，以及修改被错误记录的交易。

2. 了解的方法

注册会计师可以通过下列方法获得对重要交易流程的了解：检查被审计单位的手册和其他书面指引；询问被审计单位的适当人员；观察所运用的处理方法和程序；穿行测试。在执行上述步骤之前，注册会计师需要考虑以下事项：该类交易影响的重大账户及其认定；注册会计师已经识别的有关这些重大账户及其认定的经营风险和财务报表重大错报风险；重要交易类别生成、记录、处理和报告所涉及的业务流程以及相关的信息技术处理系统。考虑上述事项可以帮助注册会计师确定询问对象，包括流程管理人员和信息技术人员。

注册会计师可以通过检查被审计单位的手册和其他书面指引获得有关信息，还可以通过询问和观察来获得全面的了解。向适当人员询问通常是比较有效的方法。需要注意的是，很多重要交易的流程涉及被审计单位的多个部门。例如，销售业务可能涉及销售部门(负责订购单处理和开票)、会计部门(负责账务处理)和仓库(负责发货)等。因此，注册会计师需要考虑分别向不同部门的适当人员询问。向负责处理具体业务人员的上级进行询问通常更加有效，因为这些人员很可能对分管的整个业务流程十分熟悉。对一些简单的业务，被审计单位的财会人员可以向注册会计师提供足够的信息。然而，注册会计师如要了解关于一项复杂的业务是如何发生、处理、记录和报告的信息，通常需要和信息技术处理人员进行讨论。在了解过程中，注册会计师通常还能注意到许多正在执行的控制。虽然这个阶段的工作重点不是确定控制是否存在，注册会计师仍需留意可能存在缺乏控制的情况，以及可能发生错报而需要控制的环节。注册会计师也可能发现在识别和评估控制时需

要进一步审查的常规程序和数据档案。在询问过程中，注册会计师可以检查并在适当的情况下保存部分被审计单位文件（如流程图、程序手册、职责描述、文件、表格等）的复印件，以帮助其了解交易流程。通常，注册会计师会获得某些信息系统的文件资料，如系统的文字说明、系统图表以及流程图。为了有助于理解，注册会计师应当考虑在图表及流程图上加入自己的文字表述，归纳总结被审计单位提供的相关资料。

如果可行的话，流程图或文字表述应反映所有相关的处理程序，无论这些处理程序是人工还是自动完成的。流程图或文字表述应足够详细，以帮助注册会计师确定在什么环节可能会发生重大错报。因此，流程图或文字表述通常会反映业务流程中数据发生、入账或修改的活动。在较为复杂的环境中，一份流程图对能需要其他的流程图和文字表述予以支持。

3. 记录

由于获取此类资料的最根本目的是帮助注册会计师确定哪个环节可能发生错报，因此，注册会计师要注意记录以下信息：输入信息的来源；所使用的重要数据档案，如客户清单及价格信息记录；重要的处理程序，包括在线输入和更新处理；重要的输出文件、报告和记录；基本的职责划分，即列示各部门所负责的处理程序。注册会计师通常只是针对每一年的变化修改记录流程的工作底稿，除非被审计单位的交易流程发生重大改变。然而，无论业务流程与以前年度相比是否有变化，注册会计师每年都需要考虑上述注意事项，以确定对被审计单位的了解是最新的，并已包括被审计单位交易流程中相关的变化。

（三）确定可能发生错报的环节

注册会计师需要确认和了解被审计单位应在哪些环节设置控制，以防止或发现并纠正各重要业务流程可能发生的错报。注册会计师所关注的控制，是那些能通过防止错报的发生，或者通过发现和纠正已有错报，从而确保每个流程中业务活动具体流程（从交易的发生到记录于账目）能够顺利运转的人工或自动化控制程序。尽管不同的被审计单位会为确保会计信息的可靠性而对业务流程设计和实施不同的控制，但设计控制的目的是为实现某些控制目标（表9-2）。实际上，这些控制目标与财务报表重大账户的相关认定相联系。但注册会计师在此时通常不考虑列报认定，而在审计财务报告流程时将考虑该认定。

表9-2 控制目标

控制目标	解 释
完整性：所有的有效交易都已记录	必须有程序确保没有漏记实际发生的交易
存在和发生：每项已记录的交易均真实	必须有程序确保会计记录没有虚构的或重复入账的项目
适当计量交易	必须有程序确保交易以适当的金额入账
恰当确定交易生成的会计期间（截止性）	必须有程序确保交易在适当的会计期间内入账（例如月、季度、年等）
恰当分类	必须有程序确保将交易记录记入正确的总分类账，必要时，记入相应的明细账内
正确汇总和过账	必须有程序确保所有作为账簿记录中的借贷方余额都正确地归集（加总），确保加总后的金额正确过入总账和明细账分类账

对于每个交易流程，注册会计师都会考虑这些控制目标。评价是否实现这些目标的重要标志是是否存在控制来防止错报的发生，或发现并纠正错报，然后重新提交到业务流程处理程序中进行处理。注册会计师通过设计一系列关于控制目标是否实现的问题，从而确认某项业务流程中需要加以控制的环节。这些问题针对的是业务流程中数据生成、转移或被转换的环节。以下列举了部分在销售交易中的控制目标是否实现的问题(表9-3)。

表9-3　销售交易中的控制目标示例

控制目标是否实现的问题	有关认定
怎样确保没有记录虚构或重复的销售	发生
怎样确保所有的销售和收款均已记录	完整性
怎样保证货物运送给正确的收货人	发生
怎样保证发货单据只有在实际发货时才开具	发生
怎样保证发票正确反映了发货的数量	准确性

为实现某项审计目标而设计问题的数量，取决于业务流程的复杂程度、业务流程中发生错报而未能被发现的概率、是否存在一种具有实效的总体控制来实现控制目标。例如，将仓库的发货日志中记录的发货数量与销售日记账中登记的数量定期进行核对调节，这一控制可以同时实现发生、完整性、截止等多个控制目标。注册会计师应将这些问题记录于工作底稿。

(四)识别和了解相关控制

通过对被审计单位的了解，包括在被审计单位整体层面对内部控制各要素的了解，以及在上述程序中对重要业务流程的了解，注册会计师可以确定是否有必要进一步了解在业务流程层面的控制。在某些情况下，注册会计师之前的了解可能表明被审计单位在业务流程层面针对某些重要交易流程所设计的控制是无效的，或者注册会计师并不打算信赖控制，这时注册会计师没有必要进一步了解在业务流程层面的控制。特别需要注意的是，如果认为仅通过实质性程序无法将认定层次的检查风险降至可接受的水平，或者针对特别风险，注册会计师应当了解和评估相关的控制活动。如果注册会计师计划对业务流程层面的有关控制进行进一步的了解和评价，那么针对业务流程中容易发生错报的环节，注册会计师应当确定：被审计单位是否建立了有效的控制，以防止或发现并纠正这些错报；被审计单位是否遗漏了必要的控制；是否识别了可以最有效测试的控制。

1. 控制的类型

控制包括被审计单位使用并依赖的、用以在交易流程中防止错报的发生或在发生错报后发现与纠正错报的所有政策和程序。有效的控制应与错报发生的环节相关，并能降低错报风险。通常将业务流程中的控制划分为预防性控制和检查性控制。

1)预防性控制

预防性控制通常用于正常业务流程的每一项交易，以防止错报的发生。在流程中防止错报是信息系统的重要目标。缺少有效的预防性控制增加了数据发生错报的可能性，特别是在相关账户及其认定存在较高重大错报风险时，更是如此。预防性控制可能是人工的，也可能是自动化的。表 9-4 是预防性控制及其能防止错报的例子。

表 9-4　预防性控制示例

对控制的描述	控制用来防止的错报
生成收货报告的计算机程序，同时也更新采购档案	防止出现购货漏记账的情况
在更新采购档案之前必须先有收货报告	防止记录了未收到购货的情况
销货发票上的价格根据价格清单上的信息确定	防止销货计价错误
计算机将各凭证上的账户号码与会计科目表对比，然后进行一系列的逻辑测试	防止出现分类错报

2）检查性控制

建立检查性控制的目的是发现流程中可能发生的错报（尽管有预防性控制还是会发生的错报）。被审计单位通过检查性控制，监督其流程和相应的预防性控制能否有效地发挥作用。检查性控制通常是管理层用来监督实现流程目标的控制。检查性控制可以由人工执行，也可以由信息系统自动执行。检查性控制通常并不适用于业务流程中的所有交易，而适用于一般业务流程以外的已经处理或部分处理的某类交易，可能一年只运行几次，如每月将应收账款明细账与总账比较；也可能每周运行，甚至一天运行几次。

与预防性控制相比，不同被审计单位之间检查性控制差别很大。许多检查性控制取决于被审计单位的性质、执行人员的能力、习惯和偏好。检查性控制可能是正式建立的程序，如编制银行存款余额调节表，并追查调节项目或异常项目，也可能是非正式的程序。有些检查性控制虽然并没有正式设定，但员工会有规律地执行并作记录，这些控制也是被审计单位内部控制的有机组成部分。例如，财务总监复核月度毛利率的合理性；信用管理部经理可能有一本记录每月到期应收款的备查簿，以确定这些应收款是否收到，并追查挂账的项目；财务总监实施特定的分析程序来确定某些费用与销售的关系是否与经验数据相符，如果不符，调查不符的原因并纠正其中的错报等。表 9-5 是检查性控制及其可能查出的错报的例子。

表 9-5　检查性控制示例

对控制的描述	控制预期查出的错报
定期编制银行存款余额调节表，跟踪调查挂账的项目	在对其他项目进行审核的同时，查找存入银行但没有记入日记账的现金收入，未记录的银行现金支付或虚构入账的不真实的银行现金收入或支付，未及时入账或未正确汇总分类的银行现金收入或支付
将预算与实际费用的差异列入计算机编制的报告中并由部门经理复核。记录所有超过预算 2% 的差异情况和解决措施	在对其他项目进行审核的同时，查找本月发生的重大分类错报或没有记录及没有发生的大笔收入、支出以及相关联的资产和负债项目
计算机每天比较运出货物的数量和开票数量。如果发现差异，产生报告，由开票主管复核和追查	查找没有开票和记录的出库货物，以及与真实发货无关的发票
每季度复核应收账款贷方余额并找出原因	查找未予入账的发票和销售与现金收入中的分类错误

如果确信存在以下情况，那么就可以将检查性控制作为一个主要的手段，来合理保证某特定认定发生重大错报的可能性较小：控制所检查的数据是完整、可靠的；控制对于发现重大错报足够敏感；发现的所有重大错报都将被纠正。

需要注意的是，对控制的分类取决于控制运用的目的和方式，以及被审计单位和注册会计师对控制的认识。从根本上看，控制被归为哪类并不重要，重要的是它是否有效，以及注册会计师能否测试其有效性。业务流程中重要交易类别的有效控制应同时包括预防性控制和检查性控制，因为没有相应的预防性控制，检查性控制也不能充分发挥作用。

2. 识别和了解

前已提及，业务流程中对重要交易类别的有效控制通常同时包括预防性控制和检查性控制。缺乏有效的预防性控制增加了错报的风险，因此，需要建立更为敏感的检查性控制。通常，注册会计师在识别检查性控制的同时，也记录重要的预防性控制。注册会计师在判断对控制的了解是否足以制定一个有效的审计策略时，考虑的因素包括：重要交易类别的复杂性、信息技术应用环境的复杂性和一体化程度、错报发生的可能性和在业务流程中未被发现可能性，以及该重要交易影响重大账户的程度。注册会计师应当获取有关控制的足够信息，以使其能够识别控制，了解各种控制如何执行、由谁执行，以及执行中所使用的数据报告、文件和其他材料。此外，注册会计师也需要确认，执行控制之后所形成的实物证据是什么，以及该控制是否足够敏感，能够及时防止或发现并纠正重大错报。

识别和了解控制采用的主要方法是询问被审计单位各级别的负责人员。业务流程越复杂，注册会计师越有必要询问信息系统人员，以辨别有关的控制。通常，应首先询问那些级别较高的人员，再询问级别较低的人员，以确定他们认为应该运行哪些控制，以及哪些控制器是重要的。这种“从高到低”的询问方法使注册会计师能迅速地辨别被审计单位重要的控制，特别是检查性控制。如果注册会计师打算信赖控制，就需要实施控制测试。从级别较低人员处获取的信息，应向级别较高的人员核实其完整性，以确定他们是否与级别较高的人员所理解的预定控制相符。这一步骤不仅可以向注册会计师提供有关实际执行的控制信息，而且可以使注册会计师了解管理层对控制运行情况的熟悉程度。在询问过程中，注册会计师还应当了解各层次监督和管理人员如何确认预定的预防性控制和检查性控制正在按计划运行。此时，注册会计师可询问：“你们是怎样防止或发现某项错报的？”然后问：“你们采取什么措施来确保这些控制按设想的方式运行？”注册会计师应当重点关注被审计单位相关控制的运行情况，包括预防性控制和检查性控制的运行情况。从内部控制要素来看，还包括了对控制的监督活动。

在许多情况下，注册会计师可以通过与被审计单位讨论，了解确保信息系统生成数据的完整性与准确性的控制。这些检查性控制可能包括对输入与输出的数据进行比较，定期复核信息记录的数据，或监督生成数椐与预期数据的差异。这些控制可能是正式制定的，也可能是非正式的程序。对生成数据与预期数据的差异，注册会计师应当了解控制如何识别和判断这些差异，如何追查这些差异以及纠正发现的错报。在评价这些控制时，应重点看其是否足够敏感，是否能查出所有重要的错报，包括那些在自动化信息系统中可能发生的错报。

需要指出的是，注册会计师并不需要了解与每一控制目标相关的所有控制活动。在了解控制活动时，注册会计师应当重点考虑一项控制活动单独或连同其他控制活动，是否能够以及如何防止或发现并纠正各类交易、账户余额和披露存在的重大错报。如果多项控制活动能够实现同一目标，注册会计师不必了解与该目标相关的每项控制活动。

3. 记录需设置的控制

在被审计单位已设置的控制中，如果有可以对应“哪个环节需设置控制”问题的，注册会计师应将其记录于工作底稿，同时记录由谁执行该控制。注册会计师可以通过备忘录、笔记或复印被审计单位相关资料而逐步使信息趋于完整。如果注册会计师对重要业务流程的记录符合下列条件，可以认为其是充分的：该记录识别了所有重要交易类别；该记录指出在业务处理流程中“在什么环节可能出错”，即在什么环节需要控制；该记录描述了针对“在什么环节可能出错”建立的预防性控制与检查性控制，而且指出这些控制由谁执行以及如何执行。

（五）执行穿行测试，证实对交易流程和相关控制的了解

为了解各类重要交易在业务流程中发生、处理和记录的过程，注册会计师通常会每年执行穿行测试。执行穿行测试可获得下列方面的证据：确认对业务流程的了解；确认对重要交易的了解是完整的，即在交易流程中所有与财务报表认定相关的可能发生错报的环节都已识别；确认所获取的有关流程中的预防性控制和检查性控制信息的准确性；评估控制设计的有效性；确认控制是否得到执行；确认之前所做的书面记录的准确性。

需要注意的是，如果不打算信赖控制，注册会计师仍需要执行穿行测试以确认以前业务流程及可能发生错报环节了解的准确性和完整性。对于重要的业务流程，不管是人工控制还是自动化控制，注册会计师都要对整个流程执行穿行测试，涵盖交易从发生到记账的整个过程。当某个重要业务流程有显著变化时，注册会计师应当根据变化的性质，及其对相关账户发生重大错报的影响程度，考虑是否需要对变化前后的业务都执行穿行测试。在执行穿行测试的过程中，注册会计师应当在每一个要执行处理程序控制的环节上，询问被审计单位的员工，以了解他们对岗位职责的理解，并设法判断处理程序和控制是否得到执行。

如果控制包括定期编制和分析调节表，比如银行存款余额调节表，注册会计师可以考虑：复核一份或几份调节表，以确保所有相关的数据已准确及时地包括在调节表中；关注对异常事项的处理；询问当调节表提示确实存在或可能存在错误时，应采取什么行动；询问错误是怎么发生的；如果可靠的话，获取在调节过程中发现的错误得到改正的证据。

除了追踪文件和表格的实物流转外，注册会计师也会追踪信息系统中的数据和档案信息的流转程序。这种追踪可能包括以下程序：询问了解情况的被审计单位人员；查阅用户手册；在处理业务的终端现场观察处理客户的交易会；以及复核输出报告文件的记录。

注册会计师应将对业务流程和相关控制的穿行测试情况，记录于工作底稿。记录的内容包括穿行测试中查阅的文件、穿行测试的程序以及注册会计师的发现和结论。

(六)初步评价和风险评估

1. 对控制的初步评价

在识别和了解控制后，根据执行上述程序及获取审计证据，注册会计师需要评价控制设计的合理性并确定其是否得到执行。注册会计师以对控制的评价结论可能是：①所设计的控制单独或连同其他控制能够防止或发现并纠正重大错报，并得到执行；②控制本身的设计是合理的，但没有得到执行；③控制本身的设计就是无效的或缺乏必要的控制。由于控制的了解是在穿行测试完成后但又在测试控制运行有效性之前进行的，因此，上述评价结论只是初步结论，仍可能随控制测试后实施实质性程序的结果而发生变化。

2. 风险评估需考虑的因素

注册会计师对控制的评价，进而对重大错报风险的评估，需考虑以下因素。

1)账户特征及已识别的重大错报风险

如果已识别的重大错报风险水平为高(例如，复杂的发票计算或计价过程增加了开票错报的风险；经营的季节性特征增加了在旺季发生错报的风险)，相关的控制应有较高的敏感度，即在错报率较低的情况下也能防止发现并纠正错报。相反，如果已发现的重大错报风险水平为低(例如，在一个较小的、劳动力相对稳定的公司员工中薪酬的会计处理未能实现恰当准确性目标的风险)，相关的控制就无需具有像重大错报风险较高时那样的敏感性。

2)对被审计单位整体层面控制的评价

注册会计师应将对整体层面获得的了解和结论，同在业务流程层面获得的有关重大交易流程及其控制的证据结合起来考虑。在评价业务流程层面的控制要素时，考虑的影响因素可能包括：管理层及执行控制的员工表现出来的胜任能力及诚信度；员工受监督的程度及员工流动的频繁程度；管理层凌驾于控制之上的潜在可能性；缺乏职责划分，包括信息技术系统中自动化的职责划分的情况；所审计期间内部审计人员或其他监督人员测试控制运行情况的程度；业务流程变更产生的影响，如变更期间控制程序的有效性是否受到了削弱；在被审计单位的风险评估过程中，所识别的与某项控制运行相关的风险，以及对于该控制是否有进一步的监督。注册会计师同时也要考虑其识别出针对某控制的风险，被审计单位是否也识别出该风险，并采取了适当的措施来降低该风险。

3. 评价决策

在对控制进行初步评价及风险评估后，注册会计师需要利用实施上述程序获得的信息，回答以下问题。

1)控制本身的设计是否合理

注册会计师需要根据上述的考虑因素判断，如果识别的控制设计合理，该控制在重要业务流程中单独或连同其他控制能否有效地实现特定控制目标。

2)控制是否得到执行

如果设计合理的控制没有得到执行，该控制也不会发挥应有的作用。因此，注册会计师需要获取审计证据，评价这类控制是否确实存在，且正在被使用。

3)是否更多地信赖控制并拟实施控制测试

如果认为被审计单位控制设计合理并得到执行，能够有效防止或发现并纠正重大错报，那么，注册会计师通常可以信赖这些控制，减少拟实施的实质性程序。如果拟更多地信赖这些控制，需要确信所信赖的控制在整个拟信赖期间都有效地发挥了作用，即注册会计师应对这些控制在该期间内是否得到一贯运行进行测试。拟信赖该控制的期间可能是整个年度，也可能是其中某一时段。如果控制测试的结果进一步证实内部控制是有效的，注册会计师可以认为相关账户及认定发生重大错报的可能性较低，对相关账户及认定实施实质性程序的范围也将减少。

有时，注册会计师也可能认为控制是无效的，包括控制本身设计不合理，不能实现控制目标，或者尽管控制设计合理，但没有得到执行。在这种情况下，注册会计师不需要测试控制运行的有效性，而直接实施实质性程序。但在评估重大错报风险时，需要考虑控制失效对财务报表及其审计的影响。

注册会计师应将认定层次的控制因素和其他因素相结合，评估认定层次的重大错报风险，以确定进一步审计程序的性质、时间安排和范围。

需要再次指出的是，除非存在某些可以使控制得到一贯运行的自动化控制，注册会计师对控制的了解和评价并不能够代替对控制运行有效性的测试。例如，注册会计师获得了某一人工控制在某一时点得到执行的审计证据，但这并不能证明该控制在被审计期间内的其他时点也得到有效执行。

(七)对财务报告流程的了解

以上讨论了注册会计师如何在重要业务流程层面了解重大交易生成、处理和记录的流程，并评估在可能发生错报的环节控制的设计及其是否得到执行。在实务中，注册会计师还需要进一步了解有关信息从具体交易的业务流程过入总账、财务报表以及相关列报的流程，即财务报告流程及其控制。这一流程和控制与财务报表的列报认定直接相关。由于财务报告流程将直接影响财务报告，因此，注册会计师应重视对这一重要流程的了解。注册会计师对该流程以及该流程如何与其他重要流程相连接的了解，有助于其识别和评估与财务报表重大错报风险相关的控制。

财务报告流程包括：将业务数据汇总记入总账的程序，即如何将重要业务流程的信息与总账和财务报告系统相连接；在总账中生成、记录和处理会计分录的程序；记录对财务报表常规和非常规调整的程序，如合并调整、重分类等；草拟财务报表和相关披露的程序。被审计单位的财务报告流程包括相关的控制程序，以确保按照适用的会计准则和相关会计制度的规定收集、记录、处理、汇总所需要的信息，并在财务报告中予以充分披露。例如，关联方交易、分部报告等。

在了解财务报告流程的过程中，注册会计师应当考虑对以下方面作出评估：主要的输入信息，执行的程序，主要的输出信息；每一财务报告流程要素中涉及信息技术的程度；管理层的哪些人员参与其中；记账分录的主要类型，如标准分录、非标准分录等；适当人员(包括管理层和治理层)对流程实施监督的性质和范围。

第四节 评估重大错报风险

一、评估财务报表层次和认定层次的重大错报风险

(一)评估重大错报风险时考虑的因素

表9-6列示了风险评估时考虑的部分风险因素。

表9-6 风险评估时考虑的部分风险因素

(1)已识别的风险是什么?	
财务报表层次	①源于薄弱的被审计单位层次内部控制或信息技术一般控制;②特别风险;③与管理层凌驾和舞弊相关的风险因素;④管理层愿意接受的风险,例如小企业因缺乏职责分离导致的风险
认定层次	①与完整性、准确性、存在或计价相关的特定风险:收入、费用和其他交易;账户余额;财务报表披露。②可能产生多重错报的风险
相关内部控制程序	①特别风险;②用于预防、发现或减轻已识别风险的恰当设计并执行的内部控制程序;③仅通过执行控制测试应对的风险
(2)错报(金额影响)可能发生的规模有多大?	
财务报表层次	什么事项可能导致财务报表重大错报?考虑管理层凌驾、舞弊、未预期事件和以往经验
认定层次	考虑:①交易、账户余额或披露的固有性质;②日常和例外事件;③以往经验
(3)事件(风险)发生的可能性多大?	
财务报表层次	考虑:①来自高层的基调;②管理层风险管理的方法;③采用的政策和程序设计;④以往经验
认定层次	考虑:①相关的内部控制活动;②以往经验
相关内部控制程序	识别对于降低事件发生可能性非常关键的管理层风险应对要素

(二)评估重大错报风险的流程

在评估重大错报风险时,首先,注册会计师应当在了解被审计单位及其环境(包括与风险相关的控制)的整个过程中,结合对财务报表中各类交易、账户余额和披露的考虑,识别风险。例如,被审计单位因相关环境法规的实施需要更新设备,可能面临原有设备闲置或贬值的风险;宏观经济的低迷可能预示应收账款的回收存在问题;竞争者开发的新产品上市,可能导致被审计单位的主要产品在短期内过时,预示将出现存货跌价和长期资产

(如固定资产等)的减值。其次，结合对拟测试的相关控制的考虑，将识别出的风险与认定层次可能发生错报的领域相联系。例如，销售困难使产品的市场价格下降，可能导致年末存货成本高于其可变现净值而需要计提存货跌价准备，这显示存货的计价认定可能发生错报。再次，评估识别出的风险，并评价其是否更广泛地与财务报表整体相关，进而潜在地影响多项认定。最后，考虑发生错报的可能性(包括发生多项错报的可能性、以及潜在错报的重大程度)是否足以导致重大错报。

(三)识别两个层次的重大错报风险

在对重大错报风险进行识别和评估后，注册会计师应当确定，识别的重大错报风险是与特定的某类交易、账户余额和披露的认定相关，还是与财务报表整体广泛相关，进而影响多项认定。某些重大错报风险可能与特定的某类交易、账户余额和披露的认定相关，属于认定层次的重大错报风险。例如，被审计单位存在复杂的联营或合资，这一事项表明长期股权投资账户的认定可能存在重大错报风险。又如，被审计单位存在重大的关联方交易，该事项表明关联方及关联方交易的披露认定可能存在重大错报风险。某些重大错报风险可能与财务报表整体广泛相关，进而影响多项认定，其属于报表层次的重大错报风险。例如，在经济不稳定的国家和地区开展业务、资产的流动性出现问题、重要客户流失、融资能力受到限制等，可能导致注册会计师对被审计单位的持续经营能力产生重大疑虑。又如，管理层缺乏诚信或承受异常的压力可能引发舞弊风险，这些风险与财务报表整体相关。

(四)控制环境对评估财务报表层次重大错报风险的影响

财务报表层次的重大错报风险很可能源于薄弱的控制环境。薄弱的控制环境带来的风险可能对财务报表产生广泛影响，难以限于某类交易、账户余额和披露，注册会计师应当采取总体应对措施。例如，被审计单位治理层、管理层对内部控制的重要性缺乏认识，没有建立必要的制度和程序；或管理层经营观念偏于激进，又缺乏实现激进目标的人力资源等，这些缺陷源于薄弱的控制环境，可能对财务报表产生广泛影响，需要注册会计师采取总体应对措施。

(五)控制对评估认定层次重大错报风险的影响

在评估重大错报风险时，注册会计师应当将所了解的控制与特定认定相联系。这是出于控制有助于防止或发现并纠正认定层次的重大错报。在评估重大错报发生的可能性时，除了考虑可能的风险外，还要考虑控制对风险的抵消和遏制作用。有效的控制会减少错报发生的可能性，而控制不当或缺乏控制，错报就会由可能变成现实。控制可能与某一认定直接相关，也可能与某一认定间接相关。关系越间接，控制在防止或发现并纠正认定中错报的作用越小。例如，销售经理对分地区的销售网点的销售情况进行复核，与销售收入完整性的认定只是间接相关。相应地，该项控制在降低销售收入完整性认定中的错报风险方面的效果，要比与该认定直接相关的控制(例如，将发货单与开具的销售发票相核对)的效果差。

注册会计师对能识别出有助于防止或发现并纠正特定认定发生重大错报的控制。在确定这些控制是否能够实现上述目标时，注册会计师应当将控制活动和其他要素综合考虑。如将销售和收款的控制置于其所在的流程和系统中考虑，以确定其能否实现控制目标。因为单个的控制活动(如将发货单与销售发票相核对)本身并不足以控制重大错报风险，只有多种控制活动和内部控制的其他要素综合作用才足以控制重大错报风险。当然，也有某些控制活动可能专门针对某类交易或账户余额的个别认定。例如，被审计单位建立的、以确保盘点工作人员能够正确地盘点和记录存货的控制活动，直接与存货账户余额的存在性和完整性认定相关。注册会计师只需要对盘点过程和程序进行了解，就可以确定控制是否能够实现目标。

注册会计师应当考虑对识别的各类交易、账户余额和披露认定层次的重大错报风险予以汇总和评估，以确定进一步审计程序的性质、时间安排和范围。表9-7给出了评估认定层次重大错报风险汇总示例。

表9-7 评估认定层次的重大错报风险汇总示例

重大账户	认　定	识别的重大错报风险	风险评估结果
列示重大账户。例如，应收账款	列示相关的认定。例如，存在、完整性、计价或分摊等	汇总实施审计程序识别出的与该重大账户的某项认定相关的重大的错报风险	评估该项认定的重大错报风险水平(应考虑控制设计是否合理、是否得到执行)

注：注册会计师也可以在该表中记录针对评估的认定层次重大错报风险而相应制定的审计方案。

(六)考虑财务报表的可审计性

注册会计师在了解被审计单位内部控制后，可能对被审计单位财务报表的可审计性产生怀疑。例如，对被审计单位会计记录的可靠性和状况的担心可能会使注册会计师认为可能很难获取充分、适当的审计证据，以支持对财务报表发表意见。再如，管理层严重缺乏诚信，注册会计师认为管理层在财务报表中作出虚假陈述的风险高到无法进行审计的程度。因此，如果通过对内部控制的了解发现下列情况，并对财务报表局部或整体的可审计性产生疑问，注册会计师应当考虑出具保留意见或无法表示意见的审计报告：被审计单位会计记录的状况和可靠性存在重大问题，不能获取充分、适当的审计证据以发表无保留意见；对管理层的诚信存在严重疑虑。必要时，注册会计师应当考虑解除业务约定。

二、需要特别考虑的重大错报风险

(一)特别风险的含义

特别风险，是指注册会计师识别和评估的、根据判断认为需要特别考虑的重大错报风险。

(二)确定特别风险时应考虑的事项

在确定哪些风险是特别风险时，注册会计师应当在考虑识别出的控制对相关风险的抵消效果前，根据风险的性质、潜在错报的重要程度(包括该风险是否可能导致多项错报)和发生的可能性，判断风险是否属于特别风险。在确定风险的性质时，注册会计师应当考虑下列事项：风险是否属于舞弊风险；风险是否与近期经济环境、会计处理方法或其他方面的重大变化相关，因而需要特别关注；交易的复杂程度；风险是否涉及重大的关联方交易；财务信息计量的主观程度，特别是计量结果是否具有高度不确定性；风险是否涉及异常或超出正常经营过程的重大交易。

(三)非常规交易和判断事项导致的特别风险

日常的、不复杂的、经正规处理的交易不太可能产生特别风险。特别风险通常与重大的非常规交易和判断事项有关。

1. 非常规交易

非常规交易是指由于金额或性质异常而不经常发生的交易。例如，企业购并、债务重组、重大或有事项等。由于非常规交易具有下列特征，与重大非常规交易相关的特别风险可能导致更高的重大错报风险：管理层更多地干预会计处理；数据收集和处理进行更多的人工干预；复杂的计算或会计处理方法；非常规交易的性质可能使被审计单位难以对由此产生的特别风险实施有效控制。

2. 判断事项

判断事项通常包括作出的会计估计(具有计量的重大不确定性)。例如资产减值准备金额的估计、需要运用复杂估值技术确定的公允价值计量等。由于下列原因，与重大判断事项相关的特别风险可能导致更高的重大错报风险：对涉及会计估计、收入确认等方面的会计原则存在不同的理解；所要求的判断可能是主观和复杂的，或需要对未来事项作出假设。

(四)考虑与特别风险相关的控制

了解与特别风险相关的控制，有助于注册会计师制定有效的审计方案予以应对。对特别风险，注册会计师应当评价相关控制的设计情况，并确定其是否已经得到执行。由于与重大非常规交易或判断事项相关的风险很少受到日常控制的约束，注册会计师应当了解被审计单位是否针对该特别风险设计和实施了控制。例如，作出会计估计所依据的假设是否由管理层或专家进行复核，是否建立作出会计估计的正规程序，重大会计估计结果是否由治理层批准等。再如，管理层在收到重大诉讼事项的通知时采取的措施，包括这类事项是否提交适当的专家(如内部或外部的法律顾问)处理、是否对该事项的潜在影响作出评估、是否确定该事项在财务报表中的披露问题以及如何确定等。

如果管理层未能实施控制以恰当应对特别风险，注册会计师应当认为内部控制存在重大缺陷，并考虑其对风险评估的影响。在此情况下，注册会计师应当就此类事项与治理层沟通。此外，如果计划测试旨在减轻特别风险的控制运行的有效性，注册会计师不应依赖以前审计获取的关于内部控制运行有效性的审计证据。注册会计师应当专门针对识别的风险实施实质性程序，由于实质性分析程序单独并不足以应对特别风险，注册会计师应当实施细节测试，或将实质性分析程序与细节测试结合运用。

三、仅通过实质性程序无法应对的重大错报风险

作为风险评估的一部分，如果认为仅通过实质性程序获取的审计证据无法将认定层次的重大错报风险降至可接受的低水平，注册会计师应当评价被审计单位针对这些风险设计的控制，并确定其执行情况。

在被审计单位对日常交易采用高度自动化处理的情况下，审计证据可能仅以电子形式存在，其充分性和适当性通常取决于自动化信息系统相关控制的有效性，注册会计师应当考虑仅通过实施实质性程序不能获取充分、适当审计证据的可能性。例如，某企业通过高度自动化的系统确定采购品种和数量，生成采购订购单，并通过系统中设定的收货确认和付款条件进行付款。除了系统中的相关信息以外，该企业没有其他有关订购单和收货的记录。在这种况下，如果认为仅通过实施实质性程序不能获取充分、适当的审计证据，注册会计师应当考虑依赖的相关控制的有效性，并对其进行了解、评估和测试。

在实务中，注册会计师可以用表9-8汇总识别的重大错报风险。

表9-8 识别的重大错报风险汇总

识别的重大错报风险	对财务报表的影响	相关的各类交易账户类别、账户余额和披露认定	是否与财务报表整体广泛相关	是否属于特别风险	是否属于仅通过实质性程序员无法应对的重大错报风险
记录识别的重大错报风险	描述对财务报表的影响和导致财务报表发生重大错报的可能性	列示相关的各类交易、账户余额和披露及其认定	考虑是否属于财务报表层次的重大错报风险	考虑是否属于特别风险	考虑是否属于仅通过实质性程序无法应对的重大错报风险

四、对风险评估的修正

注册会计师对认定层次重大错报风险的评估，可能随着审计过程中不断获取审计证据而作出相应的变化。例如，注册会计师对重大错报风险的评估可能基于预期控制运行有效这一判断，即相关控制可以防止或发现纠正认定层次的重大错报。但在测试控制运行的有效性时，注册会计师获取的证据可能表明相关控制在被审计期间并未有效运行。同样，在实施实质性程序后，注册会计师可能发现错报的金额和频率比在风险评估时预计的金额和频率要高。因此，如果通过实施进一步审计程序获取的审计证据与初始评估获取的审计证据相矛盾，注册会计师应当修正风险评估结果，并相应修改原计划实施的进一步审计程序。因此，评估重大错报风险与了解被审计单位及其环境一样，也是一个连续和动态的收集，更新与分析信息的过程，贯穿于整个审计过程的始终。

【案例解读】

以 COSO 的《企业风险管理——总体框架》来解读中航油事件

中国航油(新加坡)股份有限公司是中国航空油料集团公司的海外控股公司。经国家有关部门批准，新加坡公司在取得中国航油集团公司授权后，自 2003 年开始做油品套期保值业务。在此期间，新加坡公司总裁陈久霖擅自扩大业务范围，从 2003 年开始从事石油衍生品期权交易，同日本三井银行、法国兴业银行、英国巴克莱银行、新加坡发展银行和新加坡麦戈利银行等在期货交易场外，签订了合同。陈久霖买了“看跌”期权，赌注每桶 38 美元，没想到国际油价一路攀升——2004 年 10 月以后，新加坡公司所持石油衍生品盘位已远远超过预期价格。根据合同，中航油需向交易对方(银行和金融机构)支付保证金，每桶油价每上涨 1 美元，中航油新加坡公司要向这些银行支付 5 000 万美元的保证金，其结果导致中航油现金流量枯竭，实际损失和潜在损失总计约 5.54 亿美元。

事实上，陈久霖这种石油期权投机交易，其股东方中航油集团公司是明令禁止的。国务院 1998 年 8 月 1 日《国务院关于进一步整顿和规范期货市场的通知》、2001 年 10 月 11 日证监会发布的《国有企业境外期货套期保值业务管理制度指导意见》都明确规定了取得境外期货业务许可证的企业，在境外市场只能进行套期保值，不能进行投机业务。1999 年 6 月 2 日国务院发布的《期货交易管理暂行条例》，也规定了国有企业的期货交易仅限于从事套期保值业务(且命令禁止场外交易)，并要求期货交易总量应当与其同期现货交易量总量相适应。

然而，中航油从事以上交易时，一直未向中国航油集团公司报告，而且中国航油集团也没有发现。直到保证金支付问题难以解决、经营难以为继的情况下，新加坡公司才向中国航油集团公司紧急报告。即便如此，中航油公司也没有向集团公司说明实情。而且为了掩饰公司的违法行为，中航油开始向上级公司提供假账。2004 年 6 月，中航油就已经在石油期货交易上面临 3 580 万美元的潜在亏损。但公司仍然一意孤行，继续追加了错误方向“做空”资金，但在财务账面上没有任何显示。由于陈久霖在场外进行交易，集团通过正常的财务报表没有发现陈久霖的秘密，新加坡当地的监督机构也没有发现其有违规现象，因此，才使得中航油事件从一个并不很大的失误开始，酿成为石破天惊的大案、要案。根据上述中航油事件，我们对比 ERM 框架，认为有如下几个方面非常值得关注。

一、关注企业风险比关注企业细节控制更为重要

ERM框架最大的变化，就是将企业内部控制更名为企业风险管理，这一变化是有特殊意义的。事实上，包括中航油公司在内，几乎所有的公司都有一大套管理制度。这些制度大到包括对外投资、小到包括差旅费报销等，应有尽有。因此，企业董事会与管理层认为，这些制度的贯彻与执行，就是内部控制的所有内容。其实，企业的管理资源是有限的、控制也是需要成本的。如果将企业主要精力放在所有细小的、或微不足道的控制上，往往会舍本求末，如有些企业在差旅费报销的规定上，长达数十页，极其繁琐，表面上控制得很好，但浪费了许多管理资源，还会忽视企业重大风险。所以，ERM框架要求董事会与管理层将精力主要放在可能产生重大风险的环节上，而不是所有细小环节上，将风险管理作为内部控制的最主要内容，这是一个革命性的变化。事实上，中航油公司曾在2003年被新加坡证券监督部门列为最具透明的企业，说明该企业确实在细节方面的内部控制做得非常周到。但是，从事后暴露出的结果来看，恰恰是在经营风险管理上出了问题。所以，ERM框架要求董事会将主要精力放在风险管理上，而不是所有细节的控制上，是非常值得关注的变化。

二、执行ERM框架比设计内部控制框架更为重要

应该说，任何一个公司都或多或少存在一定的内部控制，否则，公司是无法正常运行的。事实上，中航油公司本身也有一整套内部控制制度，为了追求制度的完美，他们还聘请了国际四大会计师事务所之一的安永会计师事务所制定了《风险管理手册》，在该手册中规定：损失超过500万美元，必须报告董事会，并立即采取止损措施等。然而，当陈久霖在处理期货头寸的过程中，这些规定的流程成为形式，设定的风险管理体系并没有发挥任何作用。由此可见，公司在设计内部控制时，是花了相当大的精力，而在如何保证实施制度方面，则缺乏应有的措施。这一点，ERM框架有明确指示。为了保证所设计的制度能够得到执行，在ERM框架中的第七与第八个要素中，再一次强调了通过控制活动的设置，建立独立的监督部门来保证框架实施的可行性。这两个要素包括建立、实施某些程序，保证有效进行风险反应。控制活动在整个组织的各个层级和各种活动中都发生，包括对申请和一般信息技术的控制、组织控制、经营控制、人事控制、定期检查、设施和设备的控制等不同方法。而监督则指企业整个风险管理过程均应被监督，并且在必要时对所发现的偏离进行必要修正。或者通过正在实行的管理活动以及分别评价风险管理过程，双管齐下来监督其他要素的有效性。这些内容均是监督要素的核心。事实上，作为一个现代企业组织，最为忌讳的是，在开展业务过程中出现暗箱操作行为，这往往是发生舞弊的前奏。因此，将所有业务活动分离出授权、批准、执行、记录及监督，并将这些职能分别授于不同部分执行，形成一个相互牵制、相互制约的过程，是内部控制的精髓。从中航油事件来看，陈久霖作为一个管理人员，如果其有授权功能，按照控制活动原则，就不应有执行的功能。即使其有执行功能，按照控制活动原则，他就不应有检查与监督功能。

但是，在陈久霖越权从事石油金融衍生产品投机过程中，没有任何阻拦与障碍，而在事后还能一手遮天、隐瞒真实信息，足见该公司在职能分工方面，特别是控制活动与监督这两个要素存在严重问题。由于存在这些缺陷，所以就很难保证已设计好的内部控制能够到执行。通常，在比较规范的海外公司中，为了保证内部控制的实施，一般来说，除了财务上必须既向公司总经理汇报，又应向董事会汇报外，还有一个不受总经理制约的内部审计委员会。通过这些机构的设置，以保证董事会不仅有知情权，还有干预权。使得公司的运作是以股东利益最大化为最终目的。所以，从中航油事件中我们得到这样一个教训，保证ERM框架的实施，比设计一个内部控制更为重要。

三、注意ERM框架中的新要素：内部环境、目标设定及事件识别

对比传统的内部控制内容，新ERM有了4个要素方面的变化。这4个要素的变化，对重新认识中航

油事件，可能有一定的借鉴意义。

1. 将控制环境改变为内部环境

传统内部控制将第一要素定义为控制环境，而新 ERM 框架却将其改为内部环境，这一要素的变化体现了企业风险管理的范围更大了，应该关注的环境视野比过去更广了。在该新要素中，强调了内部环境包含了一个组织的气氛，形成一个组织的人员识别和看待风险的基础。内部环境主要包括：风险管理哲学和风险偏好；员工诚实性和道德观以及企业经营环境。内部环境要素确立了企业的风险文化，它既要认可预期发生的事项，也要认可未预期发生的事项。这与传统控制环境要素中只关注与控制有关的事项相比，有了更丰富的内涵。从中航油公司的内部环境来看，确实存在非常严重的问题。陈久霖败走麦城，技术层面的原因非常简单。但是深入挖掘，企业的内部环境起了很大的作用。作为创业性的管理层为主导的企业，经常会发生"挟企业过去优秀业绩，以令股东"的管理氛围。这样的企业文化、对待风险控制的态度，往往以管理层好恶为宗旨。中航油管理层在期货交易中，根本没有意识到风险，而是相信自己的判断：油价冲高后必然会落。而在事情完全败露以后，陈久霖还认为："只要再有一笔钱，就能挺过去，就能翻身。"CEO 如此看待风险，其独断专行之霸气，其企业内部环境之恶劣，可见一斑。而集团公司由于过于看重陈久霖过去为集团公司所作的贡献，因此，即使知道了陈久霖因场外期货交易发生了严重损失，不仅没有果断采取止损措施，减少亏损。反而通过出售部分股权，进一步融资再次进行投机，使中航油损失达到了天文数字。所以，极端的风险偏好、畸形的风险文化和畸形的管理结构体现了中航油极为恶劣的内部环境。因此，在考虑由创业性管理层建立起来的公司文化时，我们应该专门制定出一套符合中国国情的新企业文化，不然的话。类似于中航油事件的灾难还会发生。这是新的 ERM 给我们的启示。

2. 目标设定及事件识别要素的创新

在传统内部控制定义中并没有这两个要素。但是，COSO 报告在调查许多大公司舞弊案中发现，许多内部控制的失败，往往是在一开始确立公司目标时就已经注定了。与此同时，公司在经营过程中，对什么事件应采取什么对策并不清晰，特别是高风险事项，也采用一般程序来处理，这也是导致公司内部控制失败的主要成因之一。所以，在新的 ERM 框架中，特别设置了这两个新要素。对比中航油事件，我们觉得，确实有独特的意义。

一般来说，公司在认识到影响其业绩的潜在事项之前，必须有一定的目标。ERM 使得管理人员能适当的设立目标，并且使选择的目标能支持、连接企业的使命，并与其风险偏好相一致。该要素适用于管理层在确立目标时考虑风险战略。目标设立形成了一个组织风险偏好——从高处展望管理层和董事会将接受多大的风险。从中航油的发展史来看，从 1997 年起，在经历了两年亏损和两年休眠期后，恢复运营之后的中航油先后进行了两次战略转型：第一次转型是从一家船务经纪公司重新定位为以航油采购为主的贸易公司，第二次转型是从一个纯贸易型企业发展到以石油实业投资、国际石油贸易和进口航油采购为一体的工贸结合型的实体企业，成为以中国为依托的石油类跨国企业。2001 年，在母公司支持下，中航油以中国航油垄断采购上的概念成功登陆新加坡资本市场。然而，中航油总裁陈久霖并不满足于单纯的油品现货贸易。在其推动下，中航油从上市伊始就开始涉足石油期货。在取得初步成功之后，中航油公司管理层在没有向董事会报告并取得批准的情况下，无视国家法律法规的禁止，擅自将企业战略目标移位于投机性期货交易，这种目标设立的随意性，以及对目标风险的藐视，最终将企业陷入惊涛骇浪之中。事实上，中航油集团最初在海外设立上市公司的初衷是非常明确的，就是为了取得一个价格相对平稳的国际油价。但是，这一目标最后却被陈久霖擅自改变为通过投机性场外交易来搏击利差的主要手段。可见，目标的随意更改，导致了中航油最终受到毁灭性的打击。因此，在风险防范方面，目标设立起到非常大的作用。

其次，一个组织必须识别影响其目标实现的内、外部事项，区分哪些是风险、哪些是机会。可能有负面影响的事项代表了风险。可能有正面影响的事项代表了能抵消负面作用的机会，通过事项识别，能引导管理层战略或者目标始终能保持不被偏离。2002 年中航油的年报显示其当年的投机交易盈利，2003 年下半年，中航油进入石油期权交易市场，到年底也赚了钱。事实上，这正是事项识别中的机会与风险问题。

当我们看到该事项为公司赚取了大量利润的同时，应该清醒地认识到，该事项可能产生的巨大风险。从最后结果来看，中航油最终的巨亏也是因为期货交易。这里就涉及到企业应当如何正确区分机会和风险问题了。如果陈久霖能认清形势，在赚取巨额利润时，清醒地意识到可能产生的风险，或许中航油的历史会改写。因此，利用事项识别技巧(例如事项目录、流程分析、主要事项指针等)来区分机会和风险，显得十分重要。这也是新报告中符合时代要求的一个重要要素。

资料来源：http://wz. online. gz. cn/Manages/Research/4301_5. html。

第十章　风险应对

《中国注册会计师审计准则第 1211 号——通过了解被审计单位及其环境识别和评估重大错报风险》规范了注册会计师通过实施风险评估程序，识别和评估财务报表层次以及各类交易、账户余额和披露认定层次的重大错报风险。《中国注册会计师审计准则第 1231 号——针对评估的重大错报风险采取的应对措施》规范了注册会计师针对评估的重大错报风险确定总体应对措施，设计和实施进一步审计程序。因此，注册会计师应当针对评估的重大错报风险实施程序，即针对评估的财务报表层次重大错报风险确定总体应对措施，并针对评估的认定层次重大错报风险设计和实施进一步审计程序，以将审计风险降至可接受的低水平。

第一节　针对重大错报风险的应对措施

一、针对财务报表层次重大错报风险的总体应对措施

在财务报表重大错报风险的评估过程中，注册会计师应当确定，识别的重大错报风险是与特定的某类交易、账户余额和披露的认定相关，还是与财务报表整体广泛相关，进而影响多项认定。如果是后者，则属于财务报表层次的重大错报风险。注册会计师应当针对评估的财务报表层次重大错报风险确定下列总体应对措施。

（1）向项目组强调在收集和评价审计证据过程中保持职业怀疑的必要性。

（2）指派更有经验或具有特殊技能的审计人员及专家。

由于各行业在经营业务、经营风险、财务报告、法规要求等方面具有特殊性，审计人员的专业分工细化成为一种趋势。审计项目组成员中应有一定比例的人员曾经参与过被审计单位以前年度的审计，或具有被审计单位所处特定行业的相关审计经验。必要时，要考虑利用信息技术、税务、评估、精算等方面的专家的工作。

（3）提供更多的指导。

对于财务报表层次重大错报风险较高的审计项目，审计项目组的高级别成员，如项目合伙人、项目经理等经验较丰富的人员，要对其他成员提供更详细、更经常、更及时的指导和监督并加强项目质量复核。

(4) 在选择拟实施的进一步审计程序时融入更多的不可预见的因素。

被审计单位人员，尤其是管理层，如果熟悉注册会计师的审计套路，就可能采取种种规避手段，掩盖财务报告中的舞弊行为。因此，在设计拟实施审计程序的性质、时间安排和范围时，为了避免既定思维对审计方案的限制，避免对审计效果的人为干涉，从而使得针对重大错报风险的进一步审计程序更加有效，注册会计师要考虑使某些程序不被被审计单位管理层预见或事先了解。在实务中，注册会计师可以通过以下方式提高审计程序的不可预见性：对某些未测试过的低于设定的重要性水平或风险较小的账户余额和认定实施实质性程序；调整实施审计程序的时间，使被审计单位不可预期；采取不同的审计抽样方法，使当期抽取的测试样本与以前有所不同；选取不同的地点实施审计程序，或预先不告知被审计单位所选定的测试地点。

(5) 对拟实施审计程序的性质、时间安排或范围作出总体修改。

财务报表层次的重大错报风险很可能源于薄弱的控制环境。薄弱的控制环境带来的风险可能对财务报表产生广泛影响，难以限于某类交易、账户余额和披露，注册会计师应当采取总体应对措施。相应地，注册会计师对控制环境的了解也影响其对财务报表层次重大错报风险的评估。有效的控制环境可以使注册会计师增强对内部控制和被审计单位内部产生的证据的信赖程度。如果控制环境存在缺陷，注册会计师在对拟实施审计程序的性质、时间安排和范围作出总体修改时应当考虑：①在期末而非期中实施更多的审计程序。控制环境的缺陷通常会削弱期中获得的审计证据的可信赖程度。②通过实施实质性程序获取更广泛的审计证据。良好的控制环境是其他控制要素发挥作用的基础。控制环境存在缺陷通常会削弱其他控制要素的作用，导致注册会计师可能无法信赖内部控制，而主要依赖实施实质性程序获取审计证据。③增加拟纳入审计范围的经营地点的数量。

二、针对认定层次重大错报风险的进一步审计程序

（一）进一步审计程序的含义和要求

1. 进一步审计程序的含义

相对于风险评估程序而言，进一步审计程序是指注册会计师针对评估的各类交易、账户余额和披露认定层次重大错报风险实施的审计程序，包括控制测试和实质性程序。注册会计师应当针对评估的认定层次重大错报风险设计和实施进一步审计程序，包括审计程序的性质、时间安排和范围。注册会计师设计和实施的进一步审计程序的性质、时间安排和范围，应当与评估的认定层次重大错报风险具备明确的对应关系。注册会计师实施的审计程序应具有目的性和针对性，有的放矢地配置审计资源，有利于提高审计效率和效果。需要说明的是，尽管在应对评估的认定层次重大错报风险时，拟实施的进一步审计程序的性质、时间安排和范围都应当确保其具有针对性，但其中进一步审计程序的性质是最重要的。例如，注册会计师评估的重大错报风险越高，实施进一步审计程序的范围通常越大；

但是只有首先确保进一步审计程序的性质与特定风险相关时，扩大审计程序的范围才是有效的。

2. 设计进一步审计程序时的考虑因素

在设计进一步审计程序时，注册会计师应当考虑下列因素。

1）风险的重要性

风险的重要性是指风险造成的后果的严重程度。风险的后果越严重，就越需要注册会计师关注和重视，越需要精心设计有针对性的进一步审计程序。

2）重大错报发生的可能性

重大错报发生的可能性越大，同样越需要注册会计师精心设计进一步审计程序。

3）涉及的各类交易、账户余额和披露的特征

不同的交易、账户余额和披露，产生的认定层次的重大错报风险也会存在差异，适用的审计程序也有差别，需要注册会计师区别对待，并设计有针对性的进一步审计程序予以应对。

4）被审计单位采用的特定控制的性质

不同性质的控制（尤其是人工控制还是自动化控制）对注册会计师设计进一步审计程序具有重要影响。

5）预期控制的有效性

如果注册会计师在风险评估时预期内部控制运行有效，随后拟实施的进一步审计程序就必须包括控制测试，且实质性程序自然会受到之前控制测试结果的影响。

综合上述几方面因素，注册会计师对认定层次重大错报风险的评估为确定进一步审计程序的总体审计方案奠定了基础。因此，注册会计师应当根据对认定层次重大错报风险的评估结果，恰当选用实质性方案或综合性方案。通常情况下，注册会计师出于成本效益的考虑可以采用综合性方案设计进一步审计程序，即将测试控制运行的有效性与实质性程序结合使用。但在某些情况下（如仅通过实质性程序无法应对重大错报风险），注册会计师必须通过实施控制测试，才可能有效应对评估出的某一认定的重大错报风险；而在另一些情况下（如注册会计师的风险评估程序未能识别出与认定相关的任何控制，或注册会计师认为控制测试很可能不符合成本效益原则），注册会计师可能认为仅实施实质性程序就是适当的。

还需要特别说明的是，注册会计师对重大错报风险的评估毕竟是一种主观判断，可能无法充分识别所有的重大错报风险，同时内部控制存在固有局限性（特别是存在管理层凌驾于内部控制之上的可能性），因此，无论选择何种方案，注册会计师都应当对所有重大的各类交易、账户余额和披露设计和实施实质性程序。

（二）进一步审计程序的性质

1. 进一步审计程序的性质的含义

进一步审计程序的性质是指进一步审计程序的目的和类型。其中，进一步审计程序的

目的包括通过实施控制测试以确定内部控制运行的有效性，通过实施实质性程序以发现认定层次的重大错报；进一步审计程序的类型包括检查、观察、询问、函证、重新计算、重新执行和分析程序。如前所述，在应对评估的风险时，合理确定审计程序的性质是最重要的。这是因为不同的审计程序应对特定认定错报风险的效力不同。例如，对于与收入完整性认定相关的重大错报风险，控制测试通常更能有效应对；对于与收入发生认定相关的重大错报风险，实质性程序通常更能有效应对。再如，实施应收账款的函证程序可以为应收账款在某一时点存在的认定提供审计证据，但通常不能为应收账款的计价认定提供审计证据。对应收账款的计价认定，注册会计师通常需要实施其他更为有效的审计程序，如审查应收账款账龄和期后收款情况，了解欠款客户的信用情况等。

2. 进一步审计程序的性质的选择

在确定进一步审计程序的性质时，注册会计师首先需要考虑的是认定层次重大错报风险的评估结果。因此，注册会计师应当根据认定层次重大错报风险的评估结果选择审计程序。评估的认定层次重大错报风险越高，对通过实质性程序获取的审计证据的相关性和可靠性的要求越高，从而可能影响进一步审计程序的类型及其综合运用。例如，当注册会计师判断某类交易协议的完整性存在更高的重大错报风险时，除了检查文件以外，注册会计师还可能决定向第三方询问或函证协议条款的完整性。

除了从总体上把握认定层次重大错报风险的评估结果对选择进一步审计程序的影响外，在确定拟实施的审计程序时，注册会计师接下来应当考虑评估的认定层次重大错报风险产生的原因，包括考虑各类交易、账户余额和披露的具体特征以及内部控制。例如，注册会计师可能判断某特定类别的交易即使在不存在相关控制的情况下发生重大错报的风险仍较低，此时注册会计师可能认为仅实施实质性程序就可以获取充分、适当的审计证据。再如，对于经由被审计单位信息系统日常处理和控制的某类交易，如果注册会计师预期此类交易在内部控制运行有效的情况下发生重大错报的风险较低，且拟在控制运行有效的基础上设计实质性程序，注册会计师就会决定先实施控制测试。

需要说明的是，如果在实施进一步审计程序时拟利用被审计单位信息系统生成的信息，注册会计师应当就信息的准确性和完整性获取审计证据。例如，注册会计师在实施实质性分析程序时，使用了被审计单位生成的非财务信息或预算数据。再如，注册会计师在对被审计单位的存货期末余额实施实质性程序时，拟利用被审计单位信息系统生成的各个存货存放地点及其余额清单。注册会计师应当获取关于这些信息的准确性和完整性的审计证据。

（三）进一步审计程序的时间

1. 进一步审计程序的时间的含义

进一步审计程序的时间是指注册会计师何时实施进一步审计程序，或审计证据适用的期间或时点。因此，当提及进一步审计程序的时间时，在某些情况下指的是审计程序的实施时间，在另一些情况下是指需要获取的审计证据适用的期间或时点。

2. 进一步审计程序的时间的选择

注册会计师可以在期中或期末实施控制测试或实质性程序。这就引出了注册会计师应当如何选择实施审计程序的时间的问题。一项基本的考虑因素应当是注册会计师评估的重大错报风险，当重大错报风险较高时，注册会计师应当考虑在期末或接近期末实施实质性程序，或采用不通知的方式，或在管理层不能预见的时间实施审计程序。虽然在期末实施审计程序在很多情况下非常必要，但仍然不排除注册会计师在期中实施审计程序可能发挥的积极作用。在期中实施进一步审计程序，可能有助于注册会计师在审计工作初期识别重大事项，并在管理层的协助下及时解决这些事项；或针对这些事项制定有效的实质性方案或综合性方案。当然，在期中实施进一步审计程序也存在很大的局限。首先，注册会计师往往难以仅凭在期中实施的进一步审计程序获取有关期中以前的充分、适当的审计证据（例如，某些期中以前发生的交易或事项在期中审计结束时尚未完结）；其次，即使注册会计师在期中实施的进一步审计程序能够获取有关期中以前的充分、适当的审计证据，但从期中到期末这段剩余期间还往往会发生重大的交易或事项（包括期中以前发生的交易、事项的延续，以及期中以后发生的新的交易、事项），从而对所审计期间的财务报表认定产生重大影响；最后，被审计单位管理层也完全有可能在注册会计师在期中实施了进一步审计程序之后对期中以前的相关会计记录作出调整甚至篡改，注册会计师在期中实施了进一步审计程序所获取的审计证据已经发生了变化。为此，如果在期中实施了进一步审计程序，注册会计师还应当针对剩余期间获取审计证据。

注册会计师在确定何时实施审计程序时应当考虑如下重要因素。

1）控制环境

良好的控制环境可以抵消在期中实施进一步审计程序的局限性，使注册会计师在确定实施进一步审计程序的时间时有更大的灵活度。

2）何时能得到相关信息

例如，某些控制活动可能仅在期中（或期中以前）发生，而之后可能难以再被观察到。再如，某些电子化的交易和账户文档如未能及时取得，可能被覆盖。在这些情况下，注册会计师如果希望获取相关信息，则需要考虑能够获取、相关信息的时间。

3）错报风险的性质

例如，被审计单位可能为了保证盈利目标的实现，而在会计期末以后伪造销售合同以虚增收入，此时注册会计师需要考虑在期末（即资产负债表日）这个特定时点获取被审计单位截至期末所能提供的所有销售合同及相关资料，以防范被审计单位作资产负债表日后伪造销售合同虚增收入的做法。

4）审计证据适用的期间或时点

注册会计师应当根据需要获取的特定审计证据确定何时实施进一步审计程序。例如，为了获取资产负债表日的存货余额证据，显然不宜在与资产负债表日间隔过长的期中时点或期末以后时点实施存货监盘等相关审计程序。

需要说明的是，虽然注册会计师在很多情况下可以根据具体情况选择实施进一步审计程序的时间，但也存在着一些限制选择的情况。某些审计程序只能在期末或期末以后实施，包括将财务报表与会计记录相核对，检查财务报表编制过程中所作的会计调整等。如果被审计单位在期末或接近期末发生了重大交易，或重大交易在期末尚未完成，注册会计师应当考虑交易的发生或截止等认定可能存在的重大错报风险，并在期末或期末以后检查此类交易。

（四）进一步审计程序的范围

1. 进一步审计程序的范围的含义

进一步审计程序的范围是指实施进一步审计程序的数量，包括抽取的样本量、对某项控制活动的观察次数等。

2. 确定进一步审计程序的范围时考虑的因素

在确定进一步审计程序的范围时，注册会计师应当考虑下列因素：①确定的重要性水平。确定的重要性水平越低，注册会计师实施进一步审计程序的范围越广。②评估的重大错报风险。评估的重大错报风险越高，对拟获取审计证据的相关性、可靠性的要求越高，因此，注册会计师实施的进一步审计程序的范围也越广。③计划获取的保证程度。计划获取的保证程度，是指注册会计师计划通过所实施的审计程序对测试结果可靠性所获取的信心。计划获取的保证程度越高，对测试结果可靠性要求越高，注册会计师实施的进一步审计程序的范围越广。例如，注册会计师对财务报表是否不是存在重大错报的信心可能来自控制测试和实质性程序。如果注册会计师计划从控制测试中获取更高的保证程度，则控制测试的范围就更广。

需要说明的是，随着重大错报风险的增加，注册会计师应当考虑扩大审计程序的范围。但是，只有当审计程序本身与特定风险相关时，扩大审计程序的范围才是有效的。在考虑确定进一步审计程序的范围时，使用计算机辅助审计技术具有积极的作用。注册会计师可以使用计算机辅助审计技术对电子化的交易和账户文档进行更广泛的测试，包括从主要电子文档中选取交易样本，或按照某一特征对交易进行分类，或对总体而非样本进行测试。

第二节　控制测试

一、控制测试的含义和要求

（一）控制测试的含义

控制测试是指用于评价内部控制在防止或发现并纠正认定层次重大错报方面的运行有

效性的审计程序，这一概念需要与“了解内部控制”进行区分。“了解内部控制”包含两层含义：一是评价控制的设计；二是确定控制是否得到执行。测试控制运行的有效性与确定控制是否得到执行所需获取的审计证据是不同的。在测试控制运行的有效性时，注册会计师应当从下列方面获取关于控制是否有效运行的审计证据：①控制在所审计期间的相关时点是如何运行的；②控制是否得到一贯执行；③控制由谁或以何种方式执行从这 3 个方面来看，控制运行有效性强调的是控制能够在各个不同时点按照既定设计得以一贯执行。因此，在了解控制是否得到执行时，注册会计师只需抽取少量的交易进行检查或观察某几个时点。但在测试控制运行的有效性时，注册会计师需要抽取足够数量的交易进行检查或对多个不同时点进行观察。

测试控制运行的有效性与确定控制是否得到执行所需获取的审计证据虽然存在差异，但两者也有联系。为评价控制设计和确定控制是否得到执行而实施的某些风险评估程序并非专为控制测试而设计，但可能提供有关控制运行有效性的审计证据，注册会计师可以考虑在评价控制设计和获取其得到执行的审计证据的同时测试控制运行有效性，以提高审计效率；同时注册会计师应当考虑这些审计证据是否足以实现控制测试的目的。

例如，被审计单位可能采用预算管理制度，以防止或发现并纠正与费用有关的重大错报风险。通过询问管理层是否编制预算，观察管理层对月度预算费用与实际发生费用的比较，并检查预算金额与实际金额之间的差异报告，注册会计师可能获取有关被审计单位费用预算管理制度的设计及其是否得到执行的审计证据，同时也可能获取相关制度运行有效性的审计证据。当然，注册会计师需要考虑所实施的风险评估程序获取的审计证据是否能够充分、适当地反映被审计单位费用预算管理制度在各个不同时点按照既定设计得以一贯执行。

（二）控制测试的要求

作为进一步审计程序的类型之一，控制测试并非在任何情况下都需要实施。当存在下列情形之一时，注册会计师应当实施控制测试：在评估认定层次重大错报风险时，预期控制的运行是有效的；仅实施实质性程序并不能够提供认定层次充分、适当的审计证据。如果在评估认定层次重大错报风险时预期控制的运行是有效的，注册会计师应当实施控制测试，就控制在相关期间或时点的运行有效性获取充分、适当的审计证据。

注册会计师通过实施风险评估程序，可能发现某项控制的设计是存在的，也是合理的，同时得到了执行。在这种情况下，出于成本效益的考虑，注册会计师可能预期，如果相关控制在不同时点都得到了一贯执行，与该项控制有关的财务报表认定发生重大错报的可能性就小，也就不需要实施很多的实质性程序。为此，注册会计师可能会认为值得对相关控制在不同时点是否得到了一贯执行进行测试，即实施控制测试。这种测试主要是出于成本效益的考虑，其前提是注册会计师通过了解内部控制以后认为某项控制存在着被信赖和利用的可能。因此，只有认为控制设计合理、能够防止或发现和纠正认定层次的重大错报，注册会计师才有必要对控制运行的有效性实施测试。

如果认为仅实施实质性程序获取的审计证据无法将认定层次重大错报风险降至可接受的低水平，注册会计师应当实施相关的控制测试，以获取控制运行有效性的审计证据。有时，对有些重大错报风险，注册会计师仅通过实质性程序无法予以应对。例如，在被审计单位对日常交易或与财务报表相关的其他数据（包括信息的生成、记录、处理、报告）采用高度自动化处理的情况下，审计证据可能仅以电子形式存在，此时审计证据是否充分和适当通常取决于自动化信息系统相关控制的有效性。如果信息的生成、记录、处理和报告均通过电子格式进行而没有适当有效的控制，则生成不正确信息或信息被不恰当修改的可能性就会大大增加。在认为仅通过实施实质性程序不能获取充分、适当的审计证据的情况下，注册会计师必须实施控制测试，且这种测试已经不再是单纯出于成本效益的考虑，而是必须获取的一类审计证据。

此外，需要说明的是，被审计单位在所审计期间内可能由于技术更新或组织管理变更而更换了信息系统，从而导致在不同时期使用了不同的控制。如果被审计单位在所审计期间内的不同时期使用了不同的控制，注册会计师应当考虑不同时期控制运行的有效性。

二、控制测试的性质

（一）控制测试的性质的含义

控制测试的性质是指控制测试所使用的审计程序的类型及其组合。

计划从控制测试中获取的保证水平是决定控制测试性质的主要因素之一。注册会计师应当选择适当类型的审计程序以获取有关控制运行有效性的保证。在计划和实施控制测试时，对控制有效性的信赖程度越高，注册会计师应当获取越有说服力的审计证据。当拟实施的进一步审计程序主要以控制测试为主，尤其是仅实施实质性程序无法或不能获取充分、适当的审计证据时，注册会计师应当获取有关控制运行有效性的更高的保证水平。虽然控制测试与了解内部控制的目的不同，但两者采用审计程序的类型通常相同，包括询问、观察、检查和重新执行。

1. 询问

注册会计师可以向被审计单位适当员工询问，获取与内部控制运行情况相关的信息。例如，询问信息系统管理人员有无未经授权接触计算机硬件和软件，向负责复核银行存款余额调节表的人员询问如何进行复核，包括复核的要点是什么、发现不符事项如何处理等。然而，仅仅通过询问不能为控制运行的有效性提供充分的证据，注册会计师通常需要印证被询问者的答复，如向其他人员询问和检查执行控制时所使用的报告、手册或其他文件等。因此，虽然询问是一种有用的手段，但它必须和其他测试手段结合使用才能发挥作用。在询问过程中，注册会计师应当保持职业怀疑。

2. 观察

观察是测试不留下书面记录的控制（如职责分离）的运行情况的有效方法。例如，观察存货盘点控制的执行情况。观察也可运用于实物控制，如查看仓库门是否锁好，或空白支票是否妥善保管。通常情况下，注册会计师通过观察直接获取的证据比间接获取的证据更可靠。但是，注册会计师还要考虑其所观察到的控制在注册会计师不在场时可能未被执行的情况。

3. 检查

对运行情况留有书面证据的控制，检查非常适用。书面说明、复核时留下的记号，或其他记录在偏差报告中的标志，都可以被当作控制运行情况的证据。例如，检查销售发票是否有复核人员签字，检查销售发票是否附有客户订购单和出库单等。

4. 重新执行

通常只有当询问、观察和检查程序结合在一起仍无法获得充分的证据时，注册会计师才考虑通过重新执行来证实控制是否有效运行。例如，为了合理保证计价认定的准确性，被审计单位的一项控制是由复核人员核对销售发票上的价格与统一价格单上的价格是否一致。但是，要检查复核人员有没有认真执行核对，仅仅检查复核人员是否在相关文件上签字是不够的，注册会计师还需要自己选取一部分销售发票进行核对，这就是重新执行程序。如果需要进行大量的重新执行，注册会计师就要考虑通过实施控制测试以缩小实质性程序的范围是否有效率。

询问本身并不足以测试控制运行的有效性。因此，注册会计师需要将询问与其他审计程序结合使用。而观察提供的证据仅限于观察发生的时点，因此，将询问与检查或重新执行结合使用，可能比仅实施询问和观察获取更高水平的保证。例如，被审计单位针对处理收到的邮政汇款单设计和执行了相关的内部控制，注册会计师通过询问和观察程序往往不足以测试此类控制的运行有效性，还需要检查能够证明此类控制在所审计期间的其他时段有效运行的文件和凭证，以获取充分、适当的审计证据。

（二）确定控制测试的性质时的要求

1. 考虑特定控制的性质

注册会计师应当根据特定控制的性质选择所需实施审计程序的类型。例如，某些控制可能存在反映控制运行有效性的文件记录，在这种情况下，注册会计师可以检查这些文件记录以获取控制运行有效的审计证据；某些控制可能不存在文件记录（如一项自动化的控制活动），或文件记录与能否证实控制运行有效性不相关，注册会计师应当考虑实施检查以外的其他审计程序（如询问和观察）或借助计算机辅助审计技术，以获取有关控制运行有效性的审计证据。

2. 考虑测试与认定直接相关和间接相关的控制

在设计控制测试时，注册会计师不仅应当考虑与认定直接相关的控制、还应当考虑这些控制所依赖的与认定间接相关的控制，以获取支持控制运行有效性的审计证据。例如，被审计单位可能针对超出信用额度的例外赊销交易设置报告和审核制度（与认定直接相关的控制）在测试该项制度的运行有效性时，注册会计师不仅应当考虑审核的有效性，还应当考虑与例外赊销报告中信息准确性有关的控制（与认定间接相关的控制）是否有效运行。

3. 如何对一项自动化的应用控制实施控制测试

对于一项自动化的应用控制，由于信息技术处理过程的内在一贯性，注册会计师可以利用该项控制得以执行的审计证据和信息技术一般控制（特别是对系统变动的控制）运行有效性的审计证据，作为支持该项控制在相关期间运行有效性的重要审计证据。

（三）实施控制测试时对双重目的的实现

控制测试的目的是评价控制是否有效运行；细节测试的目的是发现认定层次的重大错报。尽管两者目的不同，但注册会计师可以考虑针对同一交易同时实施控制测试和细节测试，以实现双重目的，例如，注册会计师通过检查某笔交易的发票可以确定其是否经过适当的授权，也可以获取关于该交易的金额、发生时间等细节证据。当然，如果拟实施双重目的测试，注册会计师应当仔细设计和评价测试程序。

（四）实施实质性程序的结果对控制测试结果的影响

如果通过实施实质性程序未发现某项认定存在错报，这本身并不能说明与该认定有关的控制是有效运行的；但如果通过实施实质性程序发现某项认定存在错报，注册会计师应当在评价相关控制的运行有效性时予以考虑。因此，注册会计师应当考虑实施实质性程序发现的错报对评价相关控制运行有效性的影响（如降低对相关控制的信赖程度、调整实质性程序的性质、扩大实质性程序的范围等）。如果实施实质性程序发现被审计单位没有识别出的重大错报，通常表明内部控制存在重大缺陷，注册会计师应当就这些缺陷与管理层和治理层进行沟通。

三、控制测试的时间

（一）控制测试的时间的含义

控制测试的时间包含两层含义：一是何时实施控制测试；二是测试所针对的控制适用的时点或期间。一个基本的原理是，如果测试特定时点的控制，注册会计师仅得到该时点控制运行有效性的审计证据；如果测试某一期间的控制，注册会计师可获取控制在该期间有效运行的审计证据。因此，注册会计师应当根据控制测试的目的确定控制测试的时间，并确定拟信赖的相关控制的时点或期间。

（二）如何考虑期中审计证据

对于控制测试，注册会计师在期中实施此类程序具有更积极的作用。但需要说明的是，即使注册会计师已获取有关控制在期中运行有效性的审计证据，仍然需要考虑如何能够将控制在期中运行有效性的审计证据合理延伸至期末，一个基本的考虑是针对期中至期末这段剩余期间获取充分、适当的审计证据。因此，如果已获取有关控制在期中运行有效性的审计证据，并拟利用该证据，注册会计师应当实施下列审计程序：获取这些控制在剩余期间发生重大变化的审计证据；确定针对剩余期间还需获取的补充审计证据。

上述两项审计程序中，第一项是针对期中已获取审计证据的控制，考察这些控制在剩余期间的变化情况（包括是否发生了变化以及如何变化）；如果这些控制在剩余期间没有发生变化，注册会计师可能决定信赖期中获取的审计证据；如果这些控制在剩余期间发生了变化（如信息系统、业务流程或人事管理等方面发生变动），注册会计师需要了解并测试控制的变化对期中审计证据的影响。第二项是针对期中证据以外的、剩余期间的补充证据。在执行该项规定时，注册会计师应当考虑下列因素：①评估的认定层次重大错报风险的重要程度。评估的重大错报风险对财务报表的影响越大，注册会计师需要获取的剩余期间的补充证据越多。②在期中测试的特定控制，以及自期中测试后发生的重大变动。例如，对自动化运行的控制，注册会计师更可能测试信息系统一般控制的运行有效性，以获取控制在剩余期间运行有效性的审计证据。③在期中对有关控制运行有效性获取的审计证据的程度。如果注册会计师在期中对有关控制运行有效性获取的审计证据比较充分，可以考虑适当减少需要获取的剩余期间的补充证据。④剩余期间的长度。剩余期间越长，注册会计师需要获取的剩余期间的补充证据越多。⑤在信赖控制的基础上拟缩小实质性程序的范围。注册会计师对相关控制的信赖程度越高，通常在信赖控制的基础上拟减少进一步实质性程序的范围就越大。在这种情况下，注册会计师需要获取的剩余期间的补充证据越多。⑥控制环境。在注册会计师总体上拟信赖控制环境的前提下，控制环境越薄弱（或把握程度越低），注册会计师需要获取的剩余期间的补充证据越多。

除了上述的测试剩余期间控制的运行有效性，测试被审计单位对控制的监督也能够作为一项有益的补充证据，以便更有把握地将控制在期中运行有效性的审计证据延伸至期末。如前所述，被审计单位对控制的监督起到的是一种检验相关控制在所有相关时点是否都有效运行的作用，因此，通过测试剩余期间控制的运行有效性或测试被审计单位对控制的监督，注册会计师可以获取补充审计证据。

（三）如何考虑以前审计获取的审计证据

关于如何考虑以前审计获取的有关控制运行有效性的审计证据，基本思路是考虑拟信赖的以前审计中测试的控制在本期是否发生变化，因为考虑与控制变化有关的审计证据有助于注册会计师决定合理调整拟在本期获取的有关控制运行有效性的审计证据。

1. 基本思路

如果拟信赖以前审计获取的有关控制运行有效性的审计证据，注册会计师应当通过实施询问并结合观察或检查程序，获取这些控制是否已经发生变化的审计证据。例如，在以前审计中，注册会计师可能确定被审计单位某项自动控制能够发挥预期作用。那么在本期审计中，注册会计师需要获取审计证据以确定是否发生了影响该自动控制持续有效发挥作用的变化。例如，注册会计师可以通过询问管理层或检查日志，确定哪些控制已经发生变化。注册会计师可能面临两种结果：控制在本期发生变化；控制在本期没有发生变化。

2. 当控制在本期发生变化时注册会计师的做法

如果控制在本期发生变化，注册会计师应当考虑以前审计获取的有关控制运行有效性的审计证据是否与本期审计相关。例如，如果系统的变化仅仅使被审计单位从中获取新的报告，这种变化通常不影响以前审计所获取证据的相关性；如果系统的变化引起数据累积或计算发生改变，这种变化可能影响以前审计所获取证据的相关性。如果拟信赖的控制自上次测试后已发生变化，注册会计师应当在本期审计中测试这些控制的运行有效性。

3. 当控制在本期未发生变化时注册会计师的做法

如果拟信赖的控制自上次测试后未发生变化，且不属于旨在减轻特别风险的控制，注册会计师应当运用职业判断确定是否在本期审计中测试其运行有效性，以及本次测试与上次测试的时间间隔，但每三年至少对控制测试一次。

在确定利用以前审计获取的有关控制运行有效性的审计证据是否适当以及再次测试控制的时间间隔时，注册会计师应当考虑的因素或情况包括：①内部控制其他要素的有效性，包括控制环境、对控制的监督以及被审计单位的风险评估过程。例如，当被审计单位控制环境薄弱或对控制的监督薄弱时，注册会计师应当缩短再次测试控制的时间间隔或完全不信赖以前审计获取的审计证据。②控制特征（人工控制还是自动化控制）产生的风险。当相关控制中人工控制的成分较大时，考虑到人工控制一般稳定性较差，注册会计师可能决定在本期审计中继续测试该控制的运行有效性。③信息技术一般控制的有效性。当信息技术一般控制薄弱时，注册会计师可能更少地依赖以前审计获取的审计证据。④控制设计及其运行的有效性，包括在以前审计中测试控制运行有效性时发现的控制运行偏差的性质和程度。例如，当所审计期间发生了对控制运行产生重大影响的人事变动时，注册会计师可能决定在本期审计中不依赖以前审计获取的审计证据。⑤由于环境发生变化而特定控制缺乏相应变化导致的风险。当环境的变化表明需要对控制作出相应的变动，但控制却没有作出相应变动时，注册会计师应当充分意识到控制不再有效，从而导致本期财务报表发生重大错报的可能，此时不应再依赖以前审计获取的有关控制运行有效性的审计证据。⑥重大错报的风险和对控制的信赖程度。如果重大错报风险较大或对控制的信赖程度较高，注册会计师应当缩短再次测试控制的时间间隔或完全不信赖以前审计获取的审计证据。

如果拟信赖以前审计获取的某些控制运行有效性的审计证据，注册会计师应当在每次审计时从中选取足够数量的控制，测试其运行有效性；不应将所有拟信赖控制的测试集中于某一次审计，而在之后的两次审计中不进行任何测试。这主要是为了尽量降低审计风险，毕竟注册会计师可能难以充分识别以前审计中测试过的控制在本期是否发生变化。此外，在每一次审计中选取足够数量的部分控制进行测试，除了能够提供这些以前审计中测试过的控制在当期运行有效性的审计证据外，还可提供控制环境持续有效性的旁证，从而有助于注册会计师判断其信赖以前审计获取的审计证据是否恰当。

4. 不得依赖以前审计所获取证据的情形

鉴于特别风险的特殊性，对于旨在减轻特别风险的控制，不论该控制在本期是否发生变化，注册会计师都不应依赖以前审计获取的证据。因此，如果确定评估的认定层次重大错报风险是特别风险，并拟信赖旨在减轻特别风险的控制，注册会计师不应依赖以前审计获取的审计证据，而应在本期审计中测试这些控制的运行有效性。也就是说，如果注册会计师拟信赖针对特别风险的控制，那么，所有关于该控制运行有效性的审计证据必须来自当年的控制测试。相应地，注册会计师应当在每次审计中都测试这类控制。图 10-1 概括了注册会计师是否需要在本期测试某项控制的决策过程。

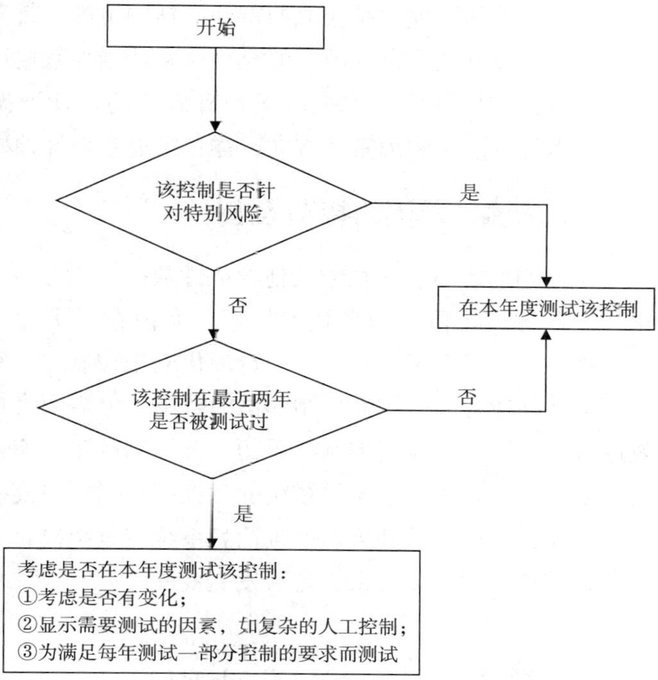

图 10-1 本审计期间测试某项控制的决策

四、控制测试的范围

对于控制测试的范围，其含义主要是指某项控制活动的测试次数。注册会计师应当设计控制测试，以获取控制在整个拟信赖的期间有效运行的充分、适当的审计证据。

（一）确定控制测试范围的考虑因素

当针对控制运行的有效性需要获取更具说服力的审计证据时，可能需要扩大控制测试的范围。在确定控制测试的范围时，除考虑对控制的信赖程度外，注册会计师还可能考虑以下因素：①在拟信赖期间，被审计单位执行控制的频率。控制执行的频率越高，控制测试的范围越大。②在所审计期间，注册会计师拟信赖控制运行有效性的时间长度。拟信赖控制运行有效性的时间长度不同，在该时间长度内发生的控制活动次数也不同。注册会计师需要根据拟信赖控制的时间长度确定控制测试的范围。拟信赖期间越长，控制测试的范围越大。③控制的预期偏差。预期偏差可以用控制未得到执行的预期次数占控制应当得到执行次数的比率加以衡量（也可称为预期偏差率）。考虑该因素，是因为在考虑测试结果是否可以得出控制运行有效性的结论时，不可能只要出现任何控制执行偏差就认定控制运行无效，所以需要确定一个合理水平的预期偏差率。控制的预期偏差率越高，需要实施控制测试的范围越大。如果控制的预期偏差率过高，注册会计师应当考虑控制可能不足以将认定层次的重大错报风险降至可接受的低水平，从而针对某一认定实施的控制测试可能是无效的。④通过测试与认定相关的其他控制获取的审计证据的范围。针对同一认定，可能存在不同的控制。当针对其他控制获取审计证据的充分性和适当性较高时，测试该控制的范围可适当缩小。⑤拟获取的有关认定层次控制运行有效性的审计证据的相关性和可靠性。在控制测试中，对样本规模的影响因素及方向，详见第七章审计抽样。

（二）对自动化控制的测试范围的特别考虑

除非系统（包括系统使用的表格、文档或其他永久性数据）发生变动，注册会计师通常不需要增加自动化控制的测试范围。信息技术处理具有内在一贯性，除非系统发生变动，一项自动化应用控制应当一贯运行。对于一项自动化应用控制，一旦确定被审计单位正在执行该控制，注册会计师通常无需扩大控制测试的范围，但需要考虑执行下列测试以确定该控制持续有效运行：测试与该应用控制有关的一般控制的运行有效性；确定系统是否发生变动，如果发生变动，是否存在适当的系统变动控制；确定对交易的处理是否使用授权批准的软件版本。例如，注册会计师可以检查信息系统安全控制记录，以确定是否存在未经授权的接触系统硬件和软件，以及系统是否发生变动。

第三节　实质性程序

一、实质性程序的含义和要求

（一）实质性程序的含义

实质性程序是指用于发现认定层次重大错报的审计程序，包括对各类交易、账户余额和披露的细节测试以及实质性分析程序。注册会计师实施的实质性程序应当包括下列与财务报表编制完成阶段相关的审计程序：将财务报表与其所依据的会计记录进行核对或调节；检查财务报表编制过程中作出的重大会计分录和其他调整。注册会计师对会计分录和其他会计调整检查的性质和范围，取决于被审计单位财务报告过程的性质和复杂程度以及由此产生的重大错报风险。由于注册会计师对重大错报风险的评估是一种判断，可能无法充分识别所有的重大错报风险，并且由于内部控制存在固有局限性，无论评估的重大错报风险结果如何，注册会计师都应当针对所有重大的各类交易、账户余额和披露实施实质性程序。

（二）针对特别风险实施的实质性程序

如果认为评估的认定层次重大错报风险是特别风险，注册会计师应当专门针对该风险实施实质性程序。例如，如果认为管理层面临实现盈利指标的压力而可能提前确认收入，注册会计师在设计询证函时不仅应当考虑函证应收账款的账户余额，还应当考虑询证销售协议的细节条款（如交货、结算及退货条款）；注册会计师还可考虑在实施函证的基础上针对销售协议及其变动情况询问被审计单位的非财务人员。如果针对特别风险实施的程序仅为实质性程序，这些程序应当包括细节测试，或将细节测试和实质性分析程序结合使用，以获取充分、适当的审计证据。作此规定的考虑是，为应对特别风险需要获取具有高度相关性和可靠性的审计证据，仅实施实质性分析程序不足以获取有关特别风险的充分、适当的审计证据。

二、实质性程序的性质

（一）实质性程序的性质的含义

实质性程序的性质，是指实质性程序的类型及其组合。实质性程序包括细节测试和实质性分析程序。细节测试是对各类交易、账户余额和披露的具体细节进行测试，目的在于直接识别财务报表认定是否存在错报。细节测试被用于获取与某些认定相关的审计证据，如存在、准确性、计价等。实质性分析程序从技术特征上讲仍然是分析程序，主要是通过研究数据间关系评价信息，只是将该技术方法用做实质性程序，即用以识别各类交易、账户余额和披露及相关认定是否存在错报。实质性分析程序通常更适用于在一段时间内存在可预期关系的大量交易。

（二）细节测试和实质性分析程序的适用性

由于细节测试和实质性分析程序的目的和技术手段存在一定差异，因此，各自有不同的适用领域。注册会计师应当根据各类交易、账户余额和披露的性质选择实质性程序的类型。细节测试适用于对各类交易、账户余额和披露认定的测试，尤其是对存在或发生、计价认定的测试；对在一段时间内存在可预期关系的大量交易，注册会计师可以考虑实施实质性分析程序。

（三）细节测试的方向

对于细节测试，注册会计师应当针对评估的风险设计细节测试，获取充分、适当的审计证据，以达到认定层次所计划的保证水平。该规定的含义是，注册会计师需要根据不同的认定层次的重大错报风险设计有针对性的细节测试。例如，在针对存在或发生认定设计细节测试时，注册会计师应当选择包含在财务报表金额中的项目，并获取相关审计证据；又如，在针对完整性认定设计细节测试时，注册会计师应当选择有证据表明应包含在财务报表金额中的项目，并调查这些项目是否确实包括在内。如为应对被审计单位漏记本期应付账款的风险，注册会计师可以检查其后付款记录。

（四）设计实质性分析程序时考虑的因素

注册会计师在设计实质性分析程序时应当考虑的因素包括：对特定认定使用实质性分析程序的适当性；对已记录的金额或比率作出预期时，所依据的内部或外部数据的可靠性；作出预期的准确程度是否足以在计划的保证水平上识别重大错报；已记录金额与预期值之间可接受的差异额。考虑到数据及分析的可靠性，当实施实质性分析程序时，如果使用被审计单位编制的信息，注册会计师应当考虑测试与信息编制相关的控制，以及这些信息是否在本期或前期经过审计。

三、实质性程序的时间

实质性程序的时间选择与控制测试的时间选择有共同点，也有很大差异。共同点在于，两类程序都面临着对期中审计证据和对以前审计获取的审计证椐的考虑。两者的差异在于：①在控制测试中，期中实施控制测试并获取期中关于控制运行有效性审计证据的做法更具有一种“常态”；而由于实质性程序的目的在于更直接地发现重大错报，在期中实施实质性程序时更需要考虑其成本效益的权衡。②在本期控制测试中拟信赖以前审计获取的有关控制运行有效性的审计证据，已经受到了很大的限制；而对于以前审计中通过实质性程序获取的审计证据，则采取了更加慎重的态度和更严格的限制。

（一）如何考虑是否在期中实施实质性程序

如前所述，在期中实施实质性程序，一方面消耗了审计资源，另一方面期中实施实质性程序获取的审计证据又不能直接作为期末财务报表认定的审计证据，注册会计师仍然需要消耗进一步的审计资源，使期中审计证据能够合理延伸至期末。于是这两部分审计资源的总和是否能够显著小于完全在期末实施实质性程序所需消耗的审计资源，是注册会计师需要权衡的。因此，注册会计师在考虑是否在期中实施实质性程序时应当考虑以下因素：①控制环境和其他相关的控制。控制环境和其他相关的控制越薄弱，注册会计师越不宜在期中实施实质性程序。②实施审计程序所需信息在期中之后的可获得性。如果实施实质性程序所需信息在期中之后可能难以获取（如系统变动导致某类交易记录难以获取），注册会计师应考虑在期中实施实质性程序；但如果实施实质性程序所需信息在期中之后的获取并不存在明显困难，该因素不应成为注册会计师在期中实施实质性程序的重要影响因素。③实质性程序的目的。如果针对某项认定实施实质性程序的目的就包括获取该认定的期中审计证据（从而与期末比较），注册会计师应在期中实施实质性程序。④评估的重大错报风险。注册会计师评估的某项认定的重大错报风险越高，针对该认定所需获取的审计证据的相关性和可靠性要求也就越高，注册会计师越应当考虑将实质性程序集中于期末（或接近期末）实施。⑤特定类别交易或账户余额以及相关认定的性质。例如，某些交易或账户余额以及相关认定的特殊性质（如收入截止认定、未决诉讼）决定了注册会计师必须在期末（或接近期末）实施实质性程序。⑥针对剩余期间，能否通过实施实质性程序或将实质性程序与控制测试相结合，降低期末存在错报而未被发现的风险。如果针对剩余期间注册会计师可以通过实施实质性程序或将实质性程序与控制测试相结合，较有把握地降低期末存在错报而未被发现的风险（如注册会计师在 11 月份实施预审时考虑是否使用一定的审计资源实施实质性程序，从而形成的剩余期间不是很长），注册会计师可以考虑在期中实施实质性程序；但如果针对剩余期间注册会计师认为还需要消耗大量审计资源才有可能降低期末存在错报而未被发现的风险，甚至没有把握通过适当的进一步审计程序降低期末存在错报而未被发现的风险（如被审计单位于 9 月份发生管理层变更，注册会计师接受后任管理层邀请实施预审时，考虑是否使用一定的审计资源实施实质性程序），注册会计师就不宜在期中实施实质性程序。

（二）如何考虑期中审计证据

如果在期中实施了实质性程序，注册会计师应当针对剩余期间实施进一步的实质性程序，或将实质性程序和控制测试结合使用，以将期中测试得出的结论合理延伸至期末。在将期中实施的实质性程序得出的结论合理延伸至期末时，注册会计师有两种选择：其一是针对剩余期间实施进一步的实质性程序；其二是将实质性程序和控制测试结合使用。如果拟将期中测试得出的结论延伸至期末，注册会计师应当考虑针对剩余期间仅实施实质性程序是否足够。如果认为实施实质性程序本身不充分，注册会计师还应测试剩余期间相关控制运行的有效性或针对期末实施实质性程序。对于舞弊导致的重大错报风险（作为一类重要的特别风险），被审计单位存在故意错报或操纵的可能性，那么注册会计师更应慎重考虑能否将期中测试得出的结论延伸至期末。因此，如果已识别出由于舞弊导致的重大错报风险，为将期中得出的结论延伸至期末而实施的审计程序通常是无效的，注册会计师应当考虑在期末或者接近期末实施实质性程序。

（三）如何考虑以前审计获取的审计证据

在以前审计中实施实质性程序获取的审计证据，通常对本期只有很弱的证据效力或没有证据效力，不足以应对本期的重大错报风险。只有当以前获取的审计证据及其相关事项未发生重大变动时（例如，以前审计通过实质性程序测试过的某项诉讼在本期没有任何实质性进展），以前获取的审计证据才可能用做本期的有效审计证据。但即便如此，如果拟利用以前审计中实施实质性程序获取的审计证据，注册会计师应当在本期实施审计程序，以确定这些审计证据是否具有持续相关性。

四、实质性程序的范围

评估的认定层次重大错报风险和实施控制测试的结果是注册会计师在确定实质性程序的范围时的重要考虑因素。因此，在确定实质性程序的范围时，注册会计师应当考虑评估的认定层次重大错报风险和实施控制测试的结果。注册会计师评估的认定层次的重大错报风险越高，需要实施实质性程序的范围越广。如果对控制测试结果不满意，注册会计师应当考虑扩大实质性程序的范围。在设计细节测试时，注册会计师除了从样本量的角度考虑测试范围外，还要考虑选样方法的有效性等因素。例如，从总体中选取大额或异常项目，而不是进行代表性抽样或分层抽样。实质性分析程序的范围有两层含义：第一层含义是对什么层次上的数据进行分析，注册会计师可以选择在高度汇总的财务数据层次进行分析，也可以根据重大错报风险的性质和水平调整分析层次。例如，按照不同产品线、不同季节或月份、不同经营地点或存货存放地点等实施实质性分析程序。第二层含义是需要对什么幅度或性质的偏差展开进一步调查。实施分析程序可能发现偏差，但并非所有的偏差都值得展开进一步调查。可容忍或可接受的偏差（即预期偏差）越大，作为实质性分析程序一部分的进一步调查的范围就越小。于是确定适当的预期偏差幅度同样属于实质性分析程序的范畴。因此，在设计实质性分析程序时，注册会计师应当确定已记录金额与预期值之间可接受的差异额。在确定该差异额时，注册会计师应当主要考虑各类交易、账户余额和披露及相关认定的重要性和计划的保证水平。

【专题拓展】

审计模式的选择

审计模式是审计导向性的目的、范围和方法等要素的组合，它规定了审计应从何处着手、如何着手以及何时着手等方面。随着社会经济的发展，审计目的在不断变化，被审计单位的具体情况在不断变化，因而审计模式也在不断发展。审计模式通常可归集为详细审计模式、账项基础审计模式、制度基础审计模式和风险导向审计模式 4 类。这 4 种审计模式各有不同的体系和方法，适用于不同环境下的审计工作，4 者之间的关系并非相互替代，而是互补有无。在公司规模庞大，经济事务复杂的情况下，不宜采用详细审计和账项基础审计；在公司的内部控制不健全的情况下，不宜采用制度基础审计；在法律风险低下，审计人员综合素质不高的情况下，不宜采用风险导向审计。因此，我国目前应该根据被审单位的不同情况，引入风险导向审计理念，灵活运用相适应的审计模式或者混合审计模式。

每一种新审计模式的生成均有其深刻的历史原因和社会背景，均有其不同于原有审计模式的科学性和合理性。但新审计模式的产生，并不意味着原有审计模式的淘汰和消亡，而是意味着我们在实施审计时有了更多的审计模式可供选择。在实施审计时对审计模式的选择，不能脱离被审计单位的性质、规模等具体情况，不同的被审计单位应当适用不同的审计模式。

中小型企业特别是小型企业，通常其资产、资本和生产经营规模较小，经济业务较少，业务流程简单，经营范围比较单一，管理层次很少，内部控制不太健全。通常应当考虑选择以账项基础审计为主的审计模式。

以民营企业为例。尽管一些民营企业完成了资本的原始积累，规模逐渐扩大，并开始尝试制度管理方式，但在民营经济体系中，绝大多数企业仍处于家族式管理方式下。一般由企业的创业者自任董事长或总经理，其他亲友分任重要管理岗位。这类被审计单位的公司治理结构尚不完善，公司内部控制制度尚不健全或形同虚设，因此，在审计时采用制度基础审计模式的条件尚不具备，应当采用以账项基础审计为主的审计模式。

跨国公司、上市公司、企业集团等大中型企业，通常其资产、资本和生产经营规模较大，经济业务比较复杂并且发生频繁，经营范围比较广，分支机构比较庞大、分散。因此，其正常的生产经营管理更多地依靠较为健全、完善的内部控制制度，而非一个或数个经营管理者的直接指挥。对这类被审计单位，通常应当考虑选择采用以制度基础审计为主的审计模式，在保证审计效果的同时提高审计效率。

当然，无论以制度基础审计为主还是以会计报表审计为主，都应该同时引入风险导向审计的理念，并将之贯穿于整个审计过程。在现阶段，需要着重关注以下问题：①在接受审计委托前，高度重视对客户相关情况的全面了解，充分考虑审计风险的构成要素。②在编制审计计划时，正确界定重点审计领域和审计重要性水平，合理分配审计资源。③在实施审计测试时，考虑审计证据的充分性和适当性，改善审计证据的客观性。④在审计全过程中，广泛运用分析性复核测试程序，以确保审计质量，提高审计效率。⑤在审计工作底稿的复核工作中，切实落实三级复核制度，层层把关，有效控制审计风险。⑥在出具审计报告后，继续关注重要客户的相关信息，尽可能降低审计风险。

风险导向审计模式作为现代审计新模式有其科学性和先进性。虽然它是在西方经济发达国家产生和发展起来的，但我们不能以经济发展水平和注册会计师行业发展水平的不同而否定该模式。我国的改革开放已经走过了20多年的历程，证券市场经过十多年的洗礼也已有一定的规模与影响。在跨国公司不断进入中国市场的同时，中国企业同样在不断地走出国门，向海外拓展业务。国际资本的流动也带动了注册会计师审计的跨国界发展。从这层意义上讲，审计是没有国界的。因此，中国审计准则的制定和颁布机构并未排斥风险导向审计模式，而是积极与世界审计理论与实务发展的潮流相适应。财政部颁布的注册会计师执业准则全面体现了风险导向审计的理念。审计风险准则将引导中国注册会计师实务由传统风险导向审计向现代风险导向审计转变，对我国的注册会计师审计理念、审计程序及审计责任产生非常大的影响。不仅是政策层面，在审计实务界，也有一些国内会计师事务所在借鉴国际会计公司审计经验的基础上，自行开发了以风险评价为中心的审计程序。尽管如此，从行业整体分析，大多数注册会计师基本上仍按照详细审计模式或会计报表审计模式实施审计，把审计的主要精力放在具体交易事项或期末余额的细节测试上；大多数会计师事务所在观念上没有接受风险导向审计，更谈不上在实践中尝试和倡导风险导向审计模式了。这反映了整个行业对风险导向审计这一现代审计模式认识上的欠缺。

当然，风险导向审计模式同样也存在问题：一是自身尚未形成严密、科学的体系，缺乏必要的理论支撑；二是在审计实践中还缺乏有力印证。综观2001～2002年美国出现的一系列大型跨国公司财务舞弊招致的审计失败案例，大多是审计技术层面上的问题。风险导向审计模式在尚未完全成熟的情况下被不恰当地大量运用，不能不说是其中的一个重要原因。

因此，我们对风险导向审计模式应当持辩证、客观的科学态度，既不能拒之千里，又不能操之过急。在观念上要认同和接受这种审计理念，在行动上要循序渐进，通过实践逐步摸索、完善。

资料来源：http://www.jrj.com.cn/NewsRead/Detail.asp？NewsID=494740。

第十一章　销售与收款循环的审计

在审计过程中，交易和账户余额的实质性测试既可以按财务报表项目进行，也可以按业务循环组织实施。按财务报表项目的每个账户组织实施的称为账户法，按业务循环组织实施的称为业务循环审计法。一般而言，账户法与多数被审计单位账户设置体系及财务报表格式相吻合，具有操作方便的优点，但它将紧密联系的相关账户（如存货和营业成本）人为地予以分割，容易造成整个审计工作的脱节和重复，不利于审计效率的提高；而循环法则更符合被审计单位的业务流程和内部控制设计的实际情况，不仅可加深审计人员对被审计单位经济业务的理解，而且由于将特定业务循环所涉及的财务报表项目分配给一个或数个审计人员，增强了审计人员分工的合理性，将助于提高审计工作的效率与效果。一般而言，在财务报表审计中可将被审计单位的所有交易和账户余额划分为 4 个、5 个、6 个甚至更多个业务循环。由于各被审计单位的业务性质和规模不同，其业务循环的划分也应有所不同。即使是同一被审计单位，不同注册会计师也可能有不同的循环划分方法。在本教材中，我们将交易和账户余额划分为销售与收款循环、采购与付款循环、生产与存货循环、人力资源与工薪循环、投资与筹资循环，分章阐述各业务循环的审计。由于货币资金与上述多个业务循环均密切相关，并且货币资金的业务和内部控制又有着不同于其他业务循环和其他财务报表项目的鲜明特征，因此，将货币资金审计单独安排在第十五章。按照各财务报表项目与业务循环的相关程度，基本可以建立起各业务循环与其所涉及的主要财务报表项目（特殊行业的财务报表项目不涉及）之间的对应关系，如表 11－1 所示。

在财务报表审计中将被审计单位的所有交易和账户余额划分为多个业务循环，并不意味着各业务循环之间互不关联。事实上，各业务循环之间存在一定联系，比如投资与筹资循环同采购与付款循环紧密联系，生产与存货循环则同其他所有业务循环均紧密联系。各业务循环之间的流转关系如图 11－1 所示。

表 11－1　业务循环与主要财务报表项目对照表

业务循环	资产负债表项目	利润表项目
销售与收款循环	应收票据、应收账款、长期应收款、预收款项、应交税费、合同资产、合同负债	营业收入、税金及附加、销售费用
采购与付款循环	预付款项、固定资产、在建工程、工程物资、固定资产清理、无形资产、开发支出、商誉、长期待摊费用、应付票据、应付账款、长期应付款	管理费用

续表

业务循环	资产负债表项目	利润表项目
生产与存货循环	存货（包括材料采购或在途物资、原材料、材料成本差异、库存商品、发出商品、商品进销差价、委托加工物资、委托代销商品、受托代销商品、周转材料、生产成本、制造费用、劳务成本、存货跌价准备、受托代销商品款等）	营业成本
人力资源与工薪循环	应付职工薪酬	
投资与筹资循环	交易性金融资产、应收利息、其他应收款、其他流动资产、债权投资、其他债权投资、长期股权投资、投资性房地产、递延所得税资产、其他非流动资产、短期借款、交易性金融负债、应付利息、应付股利、其他应付款、其他流动负债、长期借款、应付债券、专项应付款、预计负债、递延所得税负债、其他非流动负债、实收资本（或股本）、资本公积、盈余公积、未分配利润	财务费用、资产减值损失、公允价值变动收益、投资收益、营业外收入、营业外支出、所得税费用

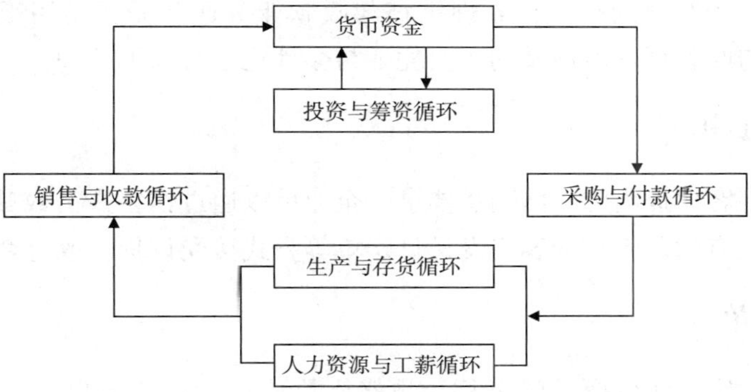

图 11－1　各业务循环之间的关系

第一节　销售与收款循环的特点

一、不同行业类型的收入来源

企业的收入主要来自于出售商品、提供服务等，由于所处行业不同，企业具体的收入来源有所不同。表 11－2 列示了一些常见的行业的主要收入来源，供参考。可见，一个企业所处的行业和经营性质决定了该企业的收入来源，以及为获取收入而相应产生的各项费用支出。注册会计师需要对被审计单位的相关行业活动和经营性质有比较全面的了解，才能胜任被审计单位收入、支出的审计工作。

表 11－2　不同行业类型的主要收入来源

行业类别	收入来源
贸易业	作为零售商向普通大众（最终消费者）零售商品；作为批发商向零售商供应商品
一般制造业	通过采购原材料并将其用于生产流程制造产品卖给客户取得收入
专业服务业	律师、会计师、商业咨询等主要通过提供专业服务取得用力费收入；医疗服务机构通过提供医疗服务取得收入，包括给住院病人提供病房和医护设备，为病人提供精细护理、手术和药品等取得收入
金融服务业	向客户提供金融服务取得银行手续费；向客户发放贷款取得利息收入；通过协助客户对其资金进行投资取得相关理财费用
建筑业	通过提供建筑服务完成建筑合同取得收入

二、涉及的主要凭证与会计记录

在内部控制比较健全的企业，处理销售与收款业务通常需要使用很多凭证与会计记录。典型的销售与收款循环所涉及的主要凭证与会计记录有以下几种。

（一）客户订购单

客户订购单即客户提出的书面购货要求。企业可以通过销售人员或其他途径，如采用电话、信函和向现有的及潜在的客户发送订购单等方式接受订货，取得客户订购单。

（二）销售单

销售单是列示客户所订商品的名称、规格、数量以及其他客户订购单有关信息的凭证，作为销售方内部处理客户订购单的凭证。

（三）发运凭证

发运凭证即在发运货物时编制的，用以反映发出商品的规格、数量和其他有关内容的凭据。发运凭证的一联寄送给客户，其余联（一联或数联）由企业保留。这种凭证可用做向客户开具账单的依据。

（四）销售发票

销售发票是一种用来表明已销售商品的名称、规格、数量、价格、销售金额、运费和保险费、开票日期、付款条件等内容的凭证。销售发票的一联寄送给客户，其余联由企业保留。销售发票也是在会计账簿中登记销售交易的基本凭据。

（五）商品价目表

商品价目表是列示已经授权批准的、可供销售的各种商品的价格清单。

（六）贷项通知单

贷项通知单是一种用来表示由于销售退回或经批准的折让而引起的应收销货款减少的凭证。这种凭证的格式通常与销售发票的格式相同，只不过它不是用来证明应收账款的增加，而是用来证明应收账款的减少。

（七）应收账款账龄分析表

通常，应收账款账龄分析表按月编制，反映月末尚未收回的应收账款总额和账龄，并详细反映每个客户月末尚未偿还的应收账款数额和账龄。

（八）应收账款明细账

应收账款明细账是用来记录每个客户各项赊销、还款、销售退回及折让的明细账。各应收账款明细账的余额合计数应与应收账款总账的余额相等。

（九）主营业务收入明细账

主营业务收入明细账是一种用来记录销售交易的明细账。它通常记载和反映不同类别商品或服务的营业收入的明细发生情况和总额。

（十）折扣与折让明细账

折扣与折让明细账是一种用来核算企业销售商品时，按销售合同规定为了及早收回货款而给予客户的销售折扣和因商品品种、质量等原因而给予客户的销售折让情况的明细账。当然，企业也可以不设置折扣与折让明细账，而将该类业务直接记录于主营业务收入明细账。

（十一）汇款通知书

汇款通知书是一种与销售发票一起寄给客户，由客户在付款时再寄回销售单位的凭证。这种凭证注明了客户的姓名、销售发票号码、销售单位开户银行账号以及金额等内容。

（十二）库存现金日记账和银行存款日记账

库存现金日记账和银行存款日记账是用来记录应收账款的收回或现销收入以及其他各种现金、银行存款收入和支出的日记账。

（十三）坏账审批表

坏账审批表是一种用来批准将某些应收款项注销为坏账，仅在企业内部使用的凭证。

（十四）客户月末对账单

客户月末对账单是一种按月定期寄送给客户的用于购销双方定期核对账目的凭证。客户月末对账单上应注明应收账款的月初余额、本月各项销售交易的金额、本月已收到的货款、各贷项通知单的数额以及月末余额等内容。

（十五）转账凭证

转账凭证是指记录转账业务的记账凭证，它是根据有关转账业务（即不涉及现金、银行存款收付的各项业务）的原始凭证编制的。

（十六）收款凭证

收款凭证是指用来记录现金和银行存款收入业务的记账凭证。

三、涉及的主要业务活动

了解企业在销售与收款循环中的典型活动，对该业务循环的审计非常必要。下面我们简单地介绍一下销售与收款循环所涉及的主要业务活动。

（一）接受客户订购单

客户提出订货要求是整个销售与收款循环的起点，是购买某种货物或接受某种劳务的一项申请。客户的订购单只有在符合企业管理层的授权标准时才能被接受。例如，管理层一般有已批准销售的客户名单。销售单管理部门在决定是否同意接受某客户的订购单时，应追查该客户是否被列入这张名单。如果该客户未被列入，则通常需要由销售单管理部门的主管来决定是否同意销售。很多企业在批准了客户订购单之后，下一步就应编制一式多联的销售单。销售单是证明管理层有关销售交易的“发生”认定的凭据之一，也是此笔销售的交易轨迹的起点之一。此外，由于客户订购单也是来自外部的引发销售交易的文件之一，有时也能为有关销售交易的“发生”认定提供凭据。

（二）批准赊销信用

对于赊销业务的批准是由信用管理部门根据管理层的赊销政策在每个客户的已授权的信用额度内进行的。信用管理部门的职员在收到销售单管理部门的销售单后，应将销售单与该客户已被授权的赊销信用额度以及至今尚欠的账款余额加以比较。执行人工赊销信用检查时，还应合理划分工作职责，以避免销售人员为扩大销售而使企业承受不适当的信用风险。企业的信用管理部门通常应对每个新客户进行信用调查，包括获取信用评审机构对客户信用等级的评定报告。无论是否批准赊销，都要求被授权的信用管理部门人员在销售单上签署意见，然后再将已签署意见的销售单送回销售单管理部门。设计信用批准控制的目的是为了降低坏账风险，因此，这些控制与应收账款账面余额的“计价和分摊”认定有关。

（三）按销售单供货

企业管理层通常要求商品仓库只有在收到经过批准的销售单时才能供货。设立这项控制程序的目的是为了防止仓库在未经授权的情况下擅自发货。因此，已批准销售单的一联通常应送达仓库，作为仓库按销售单供货和发货给装运部门的授权依据。

（四）按销售单装运货物

将按经批准的销售单供货与按销售单装运货物职责相分离，有助于避免负责装运货物的职员在未经授权的情况下装运产品。此外，装运部门职员在装运之前，还必须进行独立验证，以确定从仓库提取的商品都附有经批准的销售单，并且，所提取商品的内容与销售单一致。

（五）向客户开具账单

开具账单是指开具并向客户寄送事先连续编号的销售发票。这项功能所针对的主要问题是：是否对所有装运的货物都开具了账单（即“完整性”认定问题）；是否只对实际装运的货物才开具账单，有无重复开具账单或虚构交易（即“发生”认定问题）；是否按已授权批准的商品价目表所列价格计价开具账单（即“准确性”认定问题）。为了降低开具账单过程中出现遗漏、重复、错误计价或其他差错的风险，应设立以下控制程序：开具账单部门职员在开具每张销售发票之前，独立检查是否存在装运凭证和相应的经批准的销售单；依据已授权批准的商品价目表开具销售发票；独立检查销售发票计价和计算的正确性；将装运凭证上的商品总数与相对应的销售发票上的商品总数进行比较。

上述控制程序有助于确保用于记录销售交易的销售发票的正确性。因此，这些控制与销售交易的“发生”“完整性”以及“准确性”认定有关。销售发票副联通常由开具账单部门保管。

（六）记录销售

在手工会计系统中，记录销售的过程包括区分赊销、现销，按销售发票编制转账凭证或现金、银行存款收款凭证，再据以登记销售明细账和应收账款明细账或库存现金、银行存款日记账。记录销售的控制程序包括以下内容：①只依据附有有效装运凭证和销售单的销售发票记录销售。这些装运凭证和销售单应能证明销售交易的发生及其发生的日期。②控制所有事先连续编号的销售发票。③独立检查已处理销售发票上的销售金额与会计记录金额的一致性。④记录销售的职责应与处理销售交易的其他功能相分离。⑤对记录过程中所涉及的有关记录的接触予以限制，以减少未经授权批准的记录发生。⑥定期独立检查应收账款的明细账与总账的一致性。⑦定期向客户寄送对账单，并要求客户将任何例外情况直接向指定的未执行或记录销售交易的会计主管报告。

以上这些控制与“发生”“完整性”“准确性”以及“计价和分摊”认定有关。对这项职能，注册会计师主要关心的问题是销售发票是否记录正确，并归属适当的会计期间。

（七）办理和记录现金、银行存款收入

这项业务涉及的是有关货款收回，现金、银行存款增加以及应收账款减少的活动。在办理和记录现金、银行存款收入时，最应关心的是货币资金失窃的可能性。货币资金失窃可能发生在货币资金收入登记入账之前或登记入账之后。处理货币资金收入时最重要的是要保证全部货币资金都必须如数、及时地记入库存现金、银行存款日记账或应收账款明细账，并如数、及时地将现金存入银行。在这方面，汇款通知单起着很重要的作用。

（八）办理和记录销售退回、销售折扣与折让

客户如果对商品不满意，销售企业一般都会同意接受退货，或给予一定的销售折让；客户如果提前支付货款，销售企业则可能会给予一定的销售折扣。发生此类事项时，必须经授权批准，并应确保与办理此事有关的部门和职员各司其职，分别控制实物流和会计处理。在这方面，严格使用贷项通知单无疑会起到关键的作用。

（九）注销坏账

不管赊销部门的工作如何主动，客户因经营不善、宣告破产、死亡等原因而不支付货款的事仍可能发生。销售企业若认为某项货款再也无法收回，就必须注销这笔货款。对这些坏账，正确的处理方法应该是获取货款无法收回的确凿证据，经适当审批后及时作会计调整。

（十）提取坏账准备

坏账准备提取的数额必须能够抵补企业以后无法收回的销货款。

第二节　销售与收款循环的内部控制和控制测试

一、销售交易的内部控制

（一）内部控制目标、内部控制与审计测试的关系

表 11－3 列示了销售交易的内部控制目标、内部控制与审计测试的关系。

表 11-3　销售交易的控制目标、关键内部控制和测试一览表

内部控制目标	关键内部控制	常用的控制测试	常用的交易实质性程序
登记入账的销售交易确系已经发货给真实的客户（发生）	销售交易是以经过审核的发运凭证及经过批准的客户订购单为依据登记入账的 在发货前，客户的赊购已经被授权批准 销售发票均经事先编号，并已恰当地登记入账 每月向客户寄送对账单，对客户提出的意见作专门追查	检查销售发票副联是否附有发运凭证（或提货单）及销售单（或客户订购单） 检查客户的赊购是否经授权批准 检查销售发票连续编号的完整性 观察是否寄发对账单，并检查客户回函档案	复核主营业务收入总账、明细账以及应收账款明细账中的大额或异常项目 追查主营业务收入明细账中的分录至销售单、销售发票副联及发运凭证 将发运凭证与存货永续记录中的发运分录进行核对
所有销售交易均已登记入账（完整性）	发运凭证（或提货单）均经事先编号并已经登记入账 销售发票均经事先编号，并已登记入账	检查发运凭证连续编号的完整性 检查销售发票连续编号的完整性	将发运凭证与相关的销售发票和主营业务收入明细账及应收账款明细账中的分录进行核对
登记入账的销售数量确系已发货的数量，已正确开具账单并登记入账（计价和分摊）	销售价格、付款条件、运费和销售折扣的确定已经适当的授权批准 由独立人员对销售发票的编制作内部核查	检查销售发票是否经适当的授权批准 检查有关凭证上的内部核查标记	复算销售发票上的数据 追查主营业务收入明细账中的分录至销售发票 追查销售发票上的详细信息至发运凭证、经批准的商品价目表和客户订购单
销售交易的分类恰当（分类）	采用适当的会计科目表 内部复核和核查	检查会计科目表是否适当 检查有关凭证上内部复核和核查的标记	检查证明销售交易分类正确的原始证据
销售交易的记录及时（截止）	采用尽量能在销售发生时开具收款账单和登记入账的控制方法 每月末由独立人员对销售部门的销售记录、发运部门的发运记录和财务部门的销售交易入账情况作内部核查	检查尚未开具收款账单的发货和尚未登记入账的销售交易 检查有关凭证上内部核查的标记	将销售交易登记入账的日期与发运凭证的日期比较核对
销售交易已经正确地记入明细账，并经正确汇总（准确性、计价和分摊）	每月定期给客户寄送对账单 由独立人员对应收账款明细账作内部核查 将应收款明细账余额合计数与其总账余额进行比较	观察对账单是否已经寄出 检查内部核查标记 检查将应收账款明细账余额合计数与其总账余额进行比较的标记	将主营业务收入明细账加总，追查其至总账的过账

表 11－3 分 4 列，将与销售交易有关的内部控制目标，关键内部控制以及注册会计师常用的相应控制测试和交易实质性程序分类列示。第一列“内部控制目标”，列示了企业设立销售交易内部控制的目标，也就是注册会计师实施相应控制测试和实质性程序所要达到的审计目标。这些目标是由第十三章所建立的基本结构而来的，各种业务的基本目标是相同的，但其具体目标则有所不同；另外，某些控制固然可以实现几个目标，但分别考虑每一个目标，更有助于增加对销售与收款循环审计全过程的了解。第二列“关键内部控制”，列示了与上述各项内部控制目标相对应的一项或数项主要的内部控制。设计销售交易内部控制，应达到第十三章所述的控制目标。无论其他目标的控制如何有效，只要为实现某一项目标所必需的控制不健全，则与该目标有关的错误出现的可能性就随之增大，并且很可能影响企业整个内部控制的有效性。第三列“常用的控制测试”，列示了注册会计师针对上述关键内部控制所实施的测试程序。控制测试与内部控制之间存在直接联系、注册会计师对每项关键控制至少要执行一项控制测试以核实其效果，并且控制测试需要有针对性地对应于某一具体的内部控制，否则就毫无意义。通常，根据内部控制的性质确定控制测试的性质大都比较容易。例如，内部控制如果是批准赊销后在客户订购单上签字，则控制测试就是检查客户订购单上有无恰当的签字；第四列“常用的交易实质性程序”，列示了注册会计师常用的实质性程序。实质性程序与第一列的控制目标有着直接的联系，实施实质性程序用于获取证明第一列中具体审计目标的证据，其目的在于确定交易业务中与该控制目标有关的金额是否有错误。实质性程序虽然与关键控制及控制测试没有必然的关系，但实施实质性程序的性质、时间安排和范围，在一定程度上取决于关键控制是否存在和控制测试的结果。在确定交易实质性程序时，有些程序不管环境如何，是每一项审计所共同采用的，而有些则应视内部控制的健全程度和控制测试的结果而定。当然，审计重要性、以前期间的审计结果等因素，对实质性程序的确定也有影响。

表 11－3 所列的方法，目的在于帮助注册会计师根据具体情况设计能够实现审计目标的审计方案。但它既未包含销售交易所有的内部控制、控制测试和实质性程序，也并不意味着审计实务必须一成不变地按此顺序与方法进行。一方面，被审计单位所处行业不同、规模不一、内部控制制度的健全程度和执行结果不同，以前期间接受审计的情况也各不相同；另一方面，受审计时间、审计成本的限制，注册会计师除了确保审计质量、审计效果外，还必须提高审计效率，尽可能地消除重复的测试程序，保证检查某一凭证时能够一次完成对该凭证的全部审计测试程序，并按最有效的顺序实施审计测试。因此，在审计实务工作中，注册会计师应根据表 11－3 所列的内容，从实际出发，将其转换为更实用、高效的审计计划。也正是由于被审计单位的上述特性，决定了下面将要讨论的销售交易的控制测试和交易的实质性程序都只是定性而非定量的，在具体审计时，注册会计师应当结合被审计单位情况，运用职业判断和审计抽样技术来合理确定审计测试的样本量。

（二）销售交易的内部控制

1. 适当的职责分离

适当的职责分离有助于防止各种有意或无意的错误。为确保办理销售与收款业务的不相容岗位相互分离、制约和监督，一个企业有关销售与收款业务相关职责适当分离的基本要求通常包括：企业应当将办理销售、发货、收款3项业务的部门（或岗位）分别设立；企业在销售合同订立前，应当指定专门人员就销售价格、信用政策、发货及收款方式等具体事项与客户进行谈判。谈判人员至少应有两人以上，并与订立合同的人员相分离；编制销售发票通知单的人员与开具销售发票的人员应相互分离；销售人员应当避免接触销货现款；企业应收票据的取得和贴现必须经由保管票据以外的主管人员的书面批准。

2. 恰当的授权审批

对于授权审批问题，注册会计师应当关注以下4个关键点上的审批程序：第一，在销售发生之前，赊销已经正确审批；第二，非经正当审批，不得发出货物；第三，销售价格、销售条件、运费、折扣等必须经过审批；第四，审批人应当根据销售与收款授权批准制度的规定，在授权范围内进行审批，不得超越审批权限。对于超过企业既定销售政策和信用政策规定范围的特殊销售交易，企业应当进行集体决策。前两项控制的目的在于防止企业因向虚构的或者无力支付货款的客户发货而蒙受损失；价格审批控制的目的在于保证销售交易按照企业定价政策规定的价格开票收款；对授权审批范围设定权限的目的则在于防止因审批人决策失误而造成严重损失。

3. 充分的凭证和记录

每个企业交易的产生、处理和记录等制度都有其特点，因此，也许很难评价其各项控制是否足以发挥最大的作用。然而，只有具备充分的记录手续，才有可能实现其他各项控制目标。例如，企业在收到客户订购单后，就立即编制一份预先编号的一式多联的销售单，分别用于批准赊销、审批发货、记录发货数量以及向客户开具账单和销售发票等。在这种制度下，只要定期清点销售单和销售发票，漏开账单的情形几乎就不太会发生。相反的情况是，有的企业只在发货以后才开具账单，如果没有其他控制措施，这种制度下漏开账单的情况就很可能会发生。

4. 凭证的预先编号

对凭证预先进行编号，旨在防止销售以后遗漏向客户开具账单或登记入账，也可防止重复开具账单或重复记账。当然，如果对凭证的编号不作清点，预先编号就会失去其控制意义。由收款员对每笔销售开具账单后，将发运凭证按顺序归档；而由另一位职员定期检查全部凭证的编号，并调查凭证缺号的原因，就是实施这项控制的一种方法。

5. 按月寄出对账单

由不负责现金出纳和销售及应收账款记账的人员按月向客户寄发对账单，能促使客户在发现应付账款余额不正确后及时反馈有关信息。为了使这项控制更加有效，最好将账户余额中出现的所有核对不符的账项，指定一位既不掌管货币资金也不记录主营业务收入和应收账款的主管人员处理，然后由独立人员按月编制对账情况汇总报告并交管理层审阅。

6. 内部核查程序

由内部审计人员或其他独立人员核查销售交易的处理和记录，是实现内部控制目标所不可缺少的一项控制措施。表11-4所列程序是针对相应控制目标的典型的内部核查程序。

表11-4 内部核查程序

内部控制目标	内部核查程序举例
登记入账的销售交易是真实的	检查登记入账的销售交易所附的佐证凭证，例如发运凭证等
销售交易均经适当审批	了解客户的信用情况，确定是否符合企业的赊销政策
所有销售交易均已登记入账	检查发运凭证的连续性，并将其与主营业务收入明细账核对
登记入账的销售交易均经正确估价	将登记入账的销售交易对应的销售发票上的数量发运凭证上的记录进行比较核对
登记入账的销售交易分类恰当	将登记入账和销售交易的原始凭证与会计科目表比较核对
销售交易的记录及时	检查开票员所保管的未开票发运凭证，确定是否存在未在恰当期间及时开票的发运凭证

总之，销售与收款内部控制检查的主要内容包括：①销售与收款交易相关岗位及人员的设置情况。重点检查是否存在销售与收款交易不相容职务混岗的现象。②销售与收款交易授权批准制度的执行情况。重点检查授权批准手续是否健全，是否存在越权审批行为。③销售的管理情况。重点检查信用政策、销售政策的执行是否符合规定。④收款的管理情况。重点检查销售收入是否及时入账，应收账款的催收是否有效，坏账核销和应收票据的管理是否符合规定。⑤销售退回的管理情况。重点检查销售退回手续是否齐全，退回货物是否及时入库。

二、收款交易的内部控制

（一）内部控制目标、内部控制与审计测试的关系

表11-5以现金销售交易为例，列示了相关的控制目标、关键内部控制和测试。

表11-5 收款交易的控制目标、关键内部控制和测试一览表

内部控制目标	关键内部控制	常用控制测试	常用实质性程序
登记入账的现金收入确实为企业已经实际收到的现金（存在或发生）	现金折扣必须经过适当的审批手续 定期盘点现金与账面金额	观察和检查是否定期盘点，检查盘点记录 检查现金折扣是否经过恰当的审批	盘点库存现金，如与账面数额存在差异，分析差异原因 检查现金收入的日记账，总账和应收账款明细账的大额项目与异常项目

续表

内部控制目标	关键内部控制	常用控制测试	常用实质性程序
收到的现金收入已全部登记入账（完整性）	现金出纳与现金记账的职务分离 每日及时记录现金收入 定期盘点现金并与账面金额核对 定期向客户寄送对账单 现金收入记录的内部复核	观察 检查是否存在未入账的现金收入 检查是否定期盘点，检查盘点记录 检查是否向客户寄送对账单，了解是否定期时行 检查复核标记	现金收入的截止测试 盘点库存现金，如与账面数额存在差异，分析差异原因 抽查客户对账单并与账面金额核对
每月核对实际收到的现金和登记入账和现金是否相符（计价与分摊）	定期取得银行对账单 编制银行存款余额调节表	检查银行对账单 检查银行存款余额调节表	检查调节表中未达账项的真实性以及资产负债日后的进账情况
现金收入在资产负债表中的披露正确（列报）	现金日记账与总账的登记职责分离	观察	

（二）收款交易的内部控制

以上以企业每项内部控制为单位，对与收款交易有关的关键内部控制和相应的控制测试进行了讨论，并按表 11-5 所列顺序研究了收款交易常用的实质性程序。尽管由于每个企业的性质、所处行业、规模以及内部控制健全程度等不同，而使得其与收款交易相关的内部控制内容有所不同，但以下与收款交易相关的内部控制内容是通常应当共同遵循的：①企业应当按照《现金管理暂行条例》《支付结算办法》等规定，及时办理销售收款业务。②企业应将销售收入及时入账，不得账外设账，不得擅自坐支现金。销售人员应当避免接触销售现款。③企业应当建立应收账款账龄分析制度和逾期应收账款催收制度。销售部门应当负责应收账款的催收，财会部门应当督促销售部门加紧催收。对催收无效的逾期应收账款可通过法律程序予以解决。④企业应当按客户设置应收账款台账，及时登记每一客户应收账款余额增减变动情况和信用额度使用情况。对长期往来客户应当建立起完善的客户资料，并对客户资料实行动态管理，及时更新。⑤企业对于可能成为坏账的应收账款应当报告有关决策机构，由其进行审查，确定是否确认为坏账。企业发生的各项坏账，应查明原因，明确责任，并在履行规定的审批程序后作出会计处理。⑥企业注销的坏账应当进行备查登记，做到账销案存。已注销的坏账又收回时应当及时入账，防止形成账外资金。⑦企业应收票据的取得和贴现必须经由保管票据以外的主管人员的书面批准。应有专人保管应收票据，对于即将到期的应收票据，应及时向付款人提示付款；已贴现票据应在备查簿中登记，以便日后追踪管理；并应制定逾期票据的冲销管理程序和逾期票据追踪监控制度。⑧企业应当定期与往来客户通过函证等方式核对应收账款、应收票据、预收款项等往来款项。如有不符，应查明原因，及时处理。

三、评估重大错报风险

被审计单位可能有各种各样的收入来源，处于不同的控制环境，存在复杂的合同安排，这些情况对收入交易的会计核算可能存在诸多影响，比如不同交易安排下的收入确认的时间和依据可能不尽相同。

注册会计师应当考虑影响收入交易的重大错报风险，并对被审计单位经营活动中可能发生的重大错报风险保持警觉。收入交易和余额存在的固有风险可能包括以下内容。

（1）管理层对收入造假的偏好和动因。被审计单位管理层可能为了完成预算，满足业绩考核要求，保证从银行获得额外的资金，吸引潜在投资者，或影响公司股价，而在财务报告中虚增收入。

（2）收入的复杂性。例如，被审计单位可能针对一些特定的产品或者服务提供一些特殊的交易安排（例如特殊的退货约定、特殊的服务期限安排等），但管理层可能对这些不同安排下所涉及的交易风险的判断缺乏经验，收入确认上就容易发生错误。

（3）管理层凌驾于控制之上的风险。被审计单位在年末编造虚假销售，然后在次年转回，可能导致当年收入以及当年年末应收账款余额、货币资金余额和应交税费余额的高估。

（4）采用不正确的收入截止。将属于下一会计期间的收入有意或无意地计入本期，或者将属于本期的收入有意或无意地计入下一会计期间，可能导致本期收入以及本期期末应收账款余额、货币资金余额和应交税费余额的高估或低估。

（5）低估应收账款坏账准备的压力。尤其是当欠款金额较大的几个主要客户面临财务困难，或者整体经济环境出现恶化时，这种压力更大。可能导致资产负债表中应收账款余额的高估。

（6）舞弊和盗窃的风险。如果被审计单位从事贸易业务，并且销售货款较多地以现金结算时，被审计单位员工发生舞弊和盗窃的风险较高；如果被审计单位拥有多个资金端口，比如超市，由于每天通过多个端口采用人工方式处理大量货币资金，资金端口的安全问题和人工控制的风险便会增加。可能导致货币资金的损失。

（7）款项无法收回的风险。这可能产生于向没有良好付款能力的客户销售产品，或客户用无效的支票或盗取的信用卡进行货款结算。可能导致货币资金或应收账款的高估。

（8）发生错误的风险。例如，没有及时更新商品价目表，商品可能以错误的价格销售；销售量较大时，如果扫描时没有读取商品条形码，收款员使用错误的手册，售出商品的数量发生错误，或收款员给客户的找零发生错误，错误均会发生。

（9）隐瞒盗窃的风险。在被审计单位员工利用销售调整和销售退回隐瞒盗窃现金行为时，将发生隐瞒盗窃的风险。可能导致收入、应收账款的高估和货币资金的低估。

归根结底，与收入交易和余额相关的重大错报风险主要存在于销售交易、现金收款交易的发生、完整性、准确性、截止和分类认定，以及会计期末应收账款、货币资金和应交税费的存在、权利和义务、完整性、计价和分摊认定。在评估重大错报风险时，注册会计师还应当将所了解的控制与特定认定相联系，并且，应当考虑对识别的销售与收款交易、账户余额和披露认定层次的重大错报风险予以汇总和评估，以确定进一步审计程序的性质、时间安排和范围。

四、控制测试

（一）概述

如果在评估认定层次重大错报风险时预期控制的运行是有效的，注册会计师应当实施控制测试，就控制在相关期间或时点的运行有效性获取充分、适当的审计证据。这意味着注册会计师无需测试针对销售与收款交易的所有控制活动。只有认为控制设计合理、能够防止或发现并纠正认定层次的重大错报，注册会计师才有必要对控制运行的有效性实施测试。在对被审计单位销售与收款交易实施控制测试时，还应注意以下几点。

（1）注册会计师应把测试重点放在被审计单位是否设计了由人工执行或计算机系统运行的更高层次的调节和比对控制，是否生成例外报告，管理层是否及时调查所发现的问题并采取管理措施；而不是全部只测试员工执行数据输入的预防性控制。

（2）注册会计师应当询问管理层用于监控销售与收款交易的关键业绩指标，例如销售额和毛利率预算、应收账款平均收款期等。

（3）注册会计师应当考虑通过执行分析程序和截止测试，可以对应收账款的存在、准确性和计价等认定获取多大程度的保证。如果能够获得充分保证，则意味着不需要执行大量的控制测试。

（4）为获取相关重大错报风险是否可能被评估为低的有关证据，注册会计师通常需要对被审计单位重要的控制，尤其是对易出现高舞弊风险的现金收款和存储的控制的有效运行进行测试。因为这些控制大多采取人工控制。注册会计师主要的审计程序可能包括观察控制的执行，检查每日现金汇总表上是否有执行比对控制的员工的签名，询问针对不一致的情况所采取的措施。

（5）如果注册会计师计划信赖的内部控制是由计算机执行的，那么需要就下列事项获取审计证据：相关一般控制的设计和运行的有效性；认定层次控制的特定应用，如收款折扣的计算；采用人工控制的后续措施，如将打印输出的现金收入日记账与对应的由银行盖章的存款记录进行比对，以及根据银行存款对账单按月调节现金收入日记账。

（6）在控制风险被评估为低时，注册会计师需要考虑评估的控制要素的所有主要方面和控制测试的结果，以便能够得出这样的结论：控制能够实施有效的管理，并发现和纠正重大错误和舞弊。如果将固有风险和控制风险评估为中或高，注册会计师可能仅仅需要在对控制活动的处理情况进行询问时记录对控制活动的了解，并检查已实施控制的相关证据。

（7）如果在期中实施了控制测试，注册会计师应当在年末审计时选择项目测试控制在剩余期间的运行情况，以确定控制是否在整个会计期间持续运行有效。

（8）控制测试所使用的审计程序的类型主要包括询问、观察、检查、重新执行和穿行测试等，注册会计师应当根据特定控制的性质选择所需实施审计程序的类型。

上述有关实施销售与收款循环的控制测试时的基本要求，就其原理而言，对其他业务循环的控制测试同样适用，因此，在后而讨论其他业务循环的控制测试时将不再重复。

（二）以内部控制目标为起点的控制测试

内部控制程序和活动是企业针对需要实现的内部控制目标而设计和执行的，控制测试则是注册会计师针对企业的内部控制程序和活动而实施的。因此，在审计实务中，注册会计师可以考虑以被审计单位的内部控制目标为起点实施控制测试。表 11－3“销售交易的控制目标、关键内部控制和测试一览表”和表 11－5“收款交易的控制目标、关键内部控制和测试一览表”，以内部控制目标和相关认定为起点，列示了相应的关键内部控制和常用控制测试程序，并就销售与收款交易的内部控制结合上述表格进行了讨论。下面按照销售与收款交易内部控制的讨论顺序，简单阐述销售与收款交易的控制测试。

（1）对于职责分离，注册会计师通常通过观察被审计单位有关人员的活动，以及与这些人员进行讨论，来实施职责分离的控制测试。

（2）对于授权审批，内部控制通常存在前述的 4 个关键点上的审批程序，注册会计师主要通过检查凭证在这 4 个关键点上是否经过审批，可以很容易地测试出授权审批方面的内部控制效果。

（3）对于充分的凭证和记录以及凭证预先编号这两项控制，常用的的控制测试程序是清点各种凭证。比如从主营业务收入明细账中选取样本，追查至相应的销售发票存根，进而检查其编号是否连续，有无不正常的缺号发票和重号发票。视检查顺序和范围的不同，这种测试程序往往可同时提供有关发生和完整性目标的证据。

（4）对于按月寄出对账单这项控制，观察指定人员寄送对账单，并检查客户复函档案和管理层的审阅记录，是注册会计师十分有效的一项控制测试。

（5）对于内部核查程序，注册会计师可以通过检查内部审计人员的报告，或检查其他独立人员在他们核查的凭证上的签字等方法实施控制测试。

第三节　销售与收款循环的实质性程序

销售与收款循环中主要包括营业收入、税金及附加、销售费用、应收账款、应收票据、预收账款、长期应收款和应交税费等报表项目及账户的审计。限于篇幅，本节仅阐述营业收入和应收账款两个报表项目的实质性程序。需要指明的是这些实质性程序并未包含本循环全部的实质性程序。

一、营业收入的实质性程序

（一）营业收入的审计目标

营业收入项目核算企业在销售商品，提供劳务等主营业务活动中所产生的收入，以及企业确认的除主营业务活动以外的其他经营活动实现的收入，包括出租固定资产、出租无形资产、出租包装物和商品、销售材料等实现的收入。其审计目标一般包括：确定利润表中记录的营业收入是否已发生，且与被审计单位有关；确定所有应当记录的营业收入是否均已记录；确定与营业收入有关的金额及其他数据是否已恰当记录，包括对销售退回、销售折相与折让的处理是否适当；确定营业收入是否已记录于正确的会计期间；确定营业收入是否已按照企业会计准则的规定在财务报表中作出恰当的列报。营业收入包括主营业务收入和其他业务收入，下面分别介绍这两部分的实质性程序。

（二）主营业务收入的实质性程序

主营业务收入的实质性程序一般包括以下内容。

（1）获取或编制主营业务收入明细表。

①复核加计是否正确，并与总账数和明细账合计数核对是否相符，结合其他业务收入科目与报表数核对是否相符。

②检查以非记账本位币结算的主营业务收入的折算汇率及折算是否正确。

（2）检查收入确认条件。

根据《企业会计准则第 14 号—收入》的规定，企业应当在履行了合同中的履约义务，即在客户取得相关商品控制权时确认收入。取得相关商品控制权，是指能够主导该商品的使用并从中获得几乎全部的经济利益，也包括有能力阻止其他方主导该商品的使用并从中获得经济利益。

企业与客户之间的合同同时满足下列条件的，企业应当在客户取得相关商品控制权时确认收入：

①合同各方已批准该合同并承诺将履行各自义务；

②该合同明确了合同各方与所转让的商品相关的权利和义务；

③该合同有明确的与所转让的商品相关的支付条款；

④该合同具有商业实质，即履行该合同将改变企业未来现金流量的风险、时间分布或金额；

⑤企业因向客户转让商品而有权取得的对价很可能收回。

企业应当对合同进行评估，识别该合同包含的各单项履约义务，并确定各单项履约义务是在某一时段内履行，还是在某一时点履行，然后，在履行了各单项履约义务时分别确认收入。企业应当根据实际情况，首先判断履约义务是否满足在某一时段内履行的条件，如不满足，则该履约义务属于在某一时点履行的履约义务。对于在某一时段内履行的履约义务，企业应当选取恰当的方法来确定履约进度；对于在某一时点履行的履约义务，企业应当综合分析控制权转移的迹象，判断其转移时点。

在判断客户是否已取得商品控制权时，企业应当考虑下列迹象：企业就该商品享有现时收款权利，即客户就该商品负有现时付款义务；企业已将该商品的法定所有权转移给客户，即客户已拥有该商品的法定所有权；企业已将该商品实物转移给客户，即客户已占有该商品实物；企业已将该商品所有权上的主要风险和报酬转移给客户，即客户已取得该商品所有权上的主要风险和报酬；客户已接受该商品。

注册会计师通常对所选取的交易追查至原始的销售合同及与履行合同相关的单据和文件记录，以评价收入确认方法是否符合《企业会计准则》的规定，本章假定被审计单位在某一时点履行履约义务，在商品发运至客户并签收时确认收入。

（3）必要时实施实质性分析程序。

①针对已识别需要运用分析程序的有关项目，并基于对被审计单位及其环境的了解，通过进行以下比较，同时考虑有关数据间关系的影响，以建立有关数据的期望值。

a. 将本期的主营业务收入与上期的主营业务收入、销售预算或预测数等进行比较，分析主营业务收入及其构成的变动是否异常，并分析异常变动的原因。

b. 计算本期重要产品的毛利率，与上期或预算或预测数据比较，检查是否存在异常，各期之间是否存在重大波动，查明原因。

c. 比较本期各月各类主营业务收入的波动情况，分析其变动趋势是否正常，是否符合被审计单位季节性、周期性的经营规律，查明异常现象和重大波动的原因。

d. 将本期重要产品的毛利率与同行业企业进行对比分析，检查是否存在异常。

e. 根据增值税发票中报表或普通发票，估算全年收入，与实际收入金额比较。

②确定可接受的差异额。

③将实际的情况与期望值相比较，识别需要进一步调查的差异。

④如果其差额超过可接受的差异额，调查并获取充分的解释和恰当的、佐证性质的审计证据（如通过检查相关的凭证等）。

⑤评估分析程序的测试结果。

（4）获取产品价格目录，抽查售价是否符合价格政策，并注意销售给关联方或关系密切的重要客户的产品价格是否合理，有无以低价或高价结算的方法相互之间转移利润的现象。

（5）抽取本期一定数量的发运凭证，审查存货出库日期、品名、数量等是否与销售发票、销售合同、记账凭证等一致。

（6）抽取本期一定数量的记账凭证，审查入账日期、品名、数量、单价、金额等是否与销售发票、发运凭证、销售合同等一致。

（7）结合对应收账款实施的函证程序，选择主要客户函证本期销售额。

（8）对于出口销售，应当将销售记录与出口报关单、货运提单、销售发票等出口销售单据进行核对，必要时向海关函证。

（9）实施销售的截止测试。

①选取资产负债表日前后若干天一定金额以上的发运凭证，与应收账款和收入明细账进行核对；同时，从应收账款和收入明细账选取在资产负债表日前后若干天一定金额以上的凭证，与发运凭证核对，以确定销售是否存在跨期现象。

②复核资产负债表日前后销售和发货水平，确定业务活动水平是否异常，并考虑是否有必要追加实施截止测试程序。

③取得资产负债表日后所有的销售退回记录，检查是否存在提前确认收入的情况。

④结合对资产负债表日应收账款的函证程序，检查有无未取得对方认可的大额销售。

⑤调整重大跨期销售。

对销售实施截止测试，其目的主要在于确定被审计单位主营业务收入的会计记录归属期是否正确：应记入本期或下期的主营业务收入是否被推延至下期或提前至本期。在审计实务中，注册会计师可以考虑选择两条审计路径实施主营业务收入的截止测试。

一是以账簿记录为起点。从资产负债表日前后若干天的账簿记录查至记账凭证，检查发票存根与发运凭证，目的是证实已入账收入是否在同一期间已开具发票并发货，有无多记收入。这种方法的优点是比较直观，容易追查至相关凭证记录，以确定其是否应在本期确认收入，特别是在连续审计两个以上会计期间时，检查跨期收入十分便捷，可以提高审计效率。缺点是缺乏全面性和连贯性，只能查多记，无法查漏记，尤其是与本期漏记收入延至下期而审计时被审计单位尚未及时登账时，不易发现应记入而未记入报告期收入的情况。因此，使用这种方法主要是为了防止多计收入。

二是以发运凭证为起点。从资产负债表日前后若干天的发运凭证查至发票开具情况与账簿记录，确定主营业务收入是否已记入恰当的会计期间。该方法的优点是较全面、连贯，容易发现漏记的收入；缺点是较费时费力，有时难以查找相应的发货及账簿记录，而且不易发现多记的收入，使用这种方法主要是为了防止少计收入。

上述两条审计路径在实务中均被广泛采用，它们并不是孤立的，注册会计师可以考虑在同一被审计单位财务报表审计中并用两条路径，甚至可以在同一主营业务收入科目审计中并用。实际上，由于被审计单位的具体情况各异，管理层意图各不相同，有的为了完成利润目标、承包指标，更多地享受税收等优惠政策，便于筹资等目的，可能会多计收入；有的则为了以丰补歉、留有余地、推迟缴税时间等目的而少计收入。因此，为提高审计效率，注册会计师应当凭借专业经验和所掌握的信息、资料作出正确判断，选择适当的审计路径实施更有效的收入截止测试。

（10）存在销货退回的，检查相关手续是否符合规定，结合原始销售凭证检查其会计处理是否正确，结合存货项目审计关注其真实性。

（11）检查销售折扣与折让。

企业在销售交易中，往往会因产品品种不符、质量不符合要求以及结算方面的原因发生销售折扣与折让。尽管引起销售折扣与折让的原因不尽相同，其表现形式也不尽一致，但都是对收入的抵减，直接影响收入的确认和计量。因此，注册会计师应重视折扣与折让的审计。销售折扣与折让的实质性程序主要包括以下几点。

①获取或编制折扣与折让明细表，复核加计正确，并与明细账合计数核对相符。

②取得被审计单位有关折扣与折让的具体规定和其他文件资料，并抽查较大的折扣与折让发生额的授权批准情况，与实际执行情况进行核对，检查其是否经授权批准，是否合法、真实。

③销售折扣与折让是否及时足额提交对方，有无虚设中介、转移收入、私设账外“小金库”等情况。

④检查折扣与折让的会计处理是否正确。

（12）检查有无特殊的销售行为。

如附有销售退回条件的商品销售、委托代销、售后回购、以旧换新、商品需要安装和检验的销售、分期收款销售、出口销售、售后租回等，选择恰当的审计程序进行审核。

①附有销售退回条件的商品销售，如果对退货部分能作合理估计的，确定其是否按估计不会退货部分确认收入；如果对退货部分不能作合理估计的，确定其是否在退货期满时确认收入。

②售后回购，分析特定销售回购的实质，判断其是属于真正的销售交易，还是属于融资行为。

③以旧换新销售，确定销售的商品是否按照商品销售的方法确认收入，回收的商品是否作为购进商品处理。

④出口销售，确定其是否按离岸价格、到岸价格或成本加运费价格等不同的成交方式，确认收入的时点和金额。

（13）调查向关联方销售的情况，记录其交易品种、价格、数量、金额以及占主营业务收入总额的比例。对于合并范围内的销售活动，记录应予合并抵销的金额。

（14）调查集团内部销售的情况，记录其交易价格、数量和金额，并追查在编制合并财务报表时是否已予以抵销。

（15）确定主营业务收入的列报是否恰当。

（三）其他业务收入的实质性程序

其他业务收入的实质性程序一般包括以下内容。

（1）获取或编制其他业务收入明细表，复核加计是否正确，并与总账数和明细账合计数核对是否相符，结合主营业务收入科目与营业收入报表数核对是否相符。

（2）计算本期其他业务收入与其他业务成本的比率，并与上期该比率比较，检查是否有重大波动，如有，应查明原因。

（3）检查其他业务收入内容是否真实、合法，收入确认原则及会计处理是否符合规定，择要抽查原始凭证予以核实。

（4）对异常项目，应追查入账依据及有关法律文件是否充分。

（5）抽查资产负债表日前后一定数量的记账凭证，实施截止测试，追踪到销售发票、收据等，确定入账时间是否正确，对于重大跨期事项作必要的调整建议。

（6）确定其他业务收入在财务报表中的列报是否恰当。

二、应收账款的实质性程序

应收账款余额一般包括应收账款账面余额和相应的坏账准备两部分。

应收账款指企业因销售商品、提供劳务而形成的债权，即由于企业销售商品、提供劳务等原因，应向购货客户或接受劳务的客户收取的款项或代垫的运杂费，是企业的债权性资产。企业的应收账款是在销售交易或提供劳务过程中产生的。因此，应收账款的审计应结合销售交易来进行。坏账是指企业无法收回或收回可能性极小的应收款项（包括应收票据，应收账款、预付款项、其他应收款和长期应收款等）。由于发生坏账而产生的损失称为坏账损失。企业通常应采用备抵法按期估计坏账损失。企业通常应当定期或者至少于每年年度终了，对应收款项进行全面检查，预计各项应收款项可能发生的坏账，相应计提坏账准备。坏账准备通常是审计的重点领域，并且，由于坏账准备与应收账款的联系非常紧密，我们把对坏账准备的审计与对应收账款的审计合在一起予以阐述。

（一）应收账款的审计目标

应收账款的审计目标一般包括：确定资产负债表中记录的应收账款是否存在；确定所有应当记录的应收账款是否均已记录；确定记录的应收账款是否被审计单位拥有或控制；确定应收账款是否可收回，坏账准备的计提方法和比例是否恰当，计提是否充分；确定应收账款及其坏账准备期末余额是否正确；确定应收账款及其坏账准备是否已按照企业会计准则的规定在财务报表中作出恰当列报。

（二）应收账款的实质性程序

1. 取得或编制应收账款明细表

（1）复核加计正确，并与总账数和明细账合计数核对是否相符；结合坏账准备科目与报表数核对是否相符。应当注意，应收账款报表数反映企业因销售商品、提供劳务等应向购买单位收取的各种款项，减去已计提的相应的坏账准备后的净额。因此，其报表数应同应收账款总账数和明细账数分别减去与应收账款相应的坏账准备总账数和明细账数后的余额核对相符。

（2）检查非记账本位币应收账款的折算汇率及折算是否正确。对于用非记账本位币（通常为外币）结算的应收账款，注册会计师应检查被审计单位外币应收账款的增减变动是否采用交易发生日的即期汇率将外币金额折算为记账本位币金额，或者采用按照系统合理的方法确定的、与交易发生日即期汇率近似的汇率折算，选择采用汇率的方法前后各期是否一致；期末外币应收账款余额是否采用期末即期汇率折合为记账本位币金额；折算差额的会计处理是否正确。

（3）分析有贷方余额的项目，查明原因，必要时，建议作重分类调整。

（4）结合其他应收款，预收款项等往来项目的明细余额，调查有无同一客户多处挂账、异常余额或与销售无关的其他款项（如代销账户、关联方账户或员工账户）。如有，应作出记录，必要时提出调整建议。

2. 检查涉及应收账款的相关财务指标

（1）复核应收账款借方累计发生额与主营业务收入关系是否合理，并将当期应收账款借方发生额占销售收入净额的百分比与管理层考核指标比较和被审计单位相关赊销政策比较，如存在异常应查明原因。

（2）计算应收账款周转率、应收账款周转天数等指标，并与被审计单位相关赊销政策、被审计单位以前年度指标、同行业同期相关指标对比分析，检查是否存在重大异常。

3. 检查应收账款账龄分析是否正确

（1）获取或编制应收账款账龄分析表。

注册会计师可以通过获取或编制应收账款账龄分析表来分析应收账款的账龄，以便了解应收账款的可收回性。应收账款的账龄，通常是指资产负债表中的应收账款从销售实现、产生应收账款之日起，至资产负债表日止所经历的时间。编制应收账款账龄分析表时，可以考虑选择重要的客户及其余额列示，而将不重要的或余额较小的汇总列示。应收账款账龄分析表的合计数减去已计提的相应坏账准备后的净额，应该等于资产负债表中的应收账款项目余额。应收账款账龄分析表参考格式如表 11－6 所示。

表 11－6　应收账款账龄分析表

客户名称	期末余额	账龄			
		1 年以内	1～2 年	2～3 年	3 年以上
合计					

（2）测试应收账款账龄分析表计算的准确性，并将应收账款账龄分析表中的合计数与应收账款总分类账余额相比较，并调查重大调节项目。

（3）检查原始凭证，如销售发票、运输记录等，测试账龄划分的准确性。

4. 向债务人函证应收账款

函证应收账款的目的在于证实应收账款账户余额的真实性、正确性，防止或发现被审计单位及其有关人员在销售交易中发生的错误或舞弊行为。通过函证应收账款，可以比较有效地证明被询证者（即债务人）的存在和被审计单位记录的可靠性。注册会计师应当考虑被审计单位的经营环境、内部控制的有效性、应收账款账户的性质、被询证者处理询证函的习惯做法及回函的可能性等，以确定应收账款函证的范围、对象、方式和时间。

1）函证的范围和对象

除非有充分证据表明应收账款对被审计单位财务报表而言是不重要的，或者函证很可能是无效的，否则，注册会计师应当对应收账款进行函证。如果注册会计师不对应收账款进行函证，应当在审计工作底稿中说明理由。如果认为函证很可能是无效的，注册会计师应当实施替代审计程序，获取相关、可靠的审计证据。函证数量的多少、范围是由诸多因素决定的，主要有：①应收账款在全部资产中的重要性。若应收账款在全部资产中所占的比重较大，则函证的范围应相应大一些。②被审计单位内部控制的强弱。若内部控制制度较健全，则可以相应减少函证量；反之，则应相应扩大函证范围。③以前期间的函证结果。若以前期间函证中发现过重大差异，或欠款纠纷较多，则函证范围应相应扩大一些。

一般情况下，注册会计师应选择以下项目作为函证对象：大额或账龄较长的项目；与债务人发生纠纷的项目；重大关联方项目；主要客户（包括关系密切的客户）项目；交易频繁但期末余额较小甚至余额为零的项目；可能产生重大错报或舞弊的非正常的项目。

2）函证的方式

注册会计师可采用积极的或消极的函证方式实施函证，也可将两种方式结合使用。参考格式 11－1、参考格式 11－2 提供了积极式询证函的格式；参考格式 11－3 列示了消极式询证函的格式。

参考格式 11－1　积极式询证函（格式一）

企业询证函

编号：

××（公司）：

本公司聘请的××会计师事务所正在对本公司××年度财务报表进行审计，按照中国注册会计师审计准则的要求，应当询证本公司与贵公司的往来账项等事项。下列数据出自本公司账簿记录，如与贵公司记录相符，请在本函下端“信息证明无误”处签章证明；如有不符，请在“信息不符”处列明不符金额。回函请直接寄至××会计师事务所。

回函地址：

邮编：　　　　电话：　　　　传真：　　　　联系人：

（1）本公司与贵公司的往来账项列示如下：

单位：元

截止日期	贵公司欠	欠贵公司	备注

（2）其他事项。

本函仅为复核账目之用，并非催款结算。若款项在上述日期之后已经付清，仍请及时函复为盼。

（公司盖章）
年　月　日

结论：

（1）信息证明无误。

（公司盖章）
年　月　日
经办人：

（2）信息不符，请列明不符的详细情况：

（公司盖章）
年　月　日
经办人：

参考格式11-2　积极式询证函（格式二）

企业询证函

编号：

××（公司）：

本公司聘请的××会计师事务所正在对本公司××年度财务报表进行审计，按照中国注册会计师审计准则的要求，应当询证本公司与贵公司的往来账项等事项。请列示截止××年×月×日贵公司与本公司往来款项余额。回函请直接寄至××会计师事务所。

回函地址：

邮编：　　　　电话：　　　　传真：　　　　联系人：

本函仅为复核账目之用，并非催款结算。若款项在上述日期之后已经付清，仍请及时函复为盼。

（公司盖章）
年　月　日

（1）贵公司与本公司的往来账项列示如下：

单位：元

截止日期	贵公司欠	欠贵公司	备　注

（2）其他事项。

（公司盖章）
年　月　日

经办人：

参考格式 11-3　消极式询证函格式

企业询证函

编号：

××（公司）：

本公司聘请的××会计师事务所正在对本公司××年度财务报表进行审计，按照中国注册会计师审计准则的要求，应当询证本公司与贵公司的往来账项等事项。下列数据出自本公司账簿记录，如与贵公司记录相符，则无需回复；如有不符，请直接通知会计师事务所，并请在空白处列明贵公司认为是正确的信息。回函请直接寄至××会计师事务所。

回函地址：

邮编：　　　　电话：　　　　传真：　　　　联系人：

（1）本公司与贵公司的往来账项列示如下：

单位：元

截止日期	贵公司欠	欠贵公司	备　注

（2）其他事项。

本函仅为复核账目之用，并非催款结算。若款项在上述日期之后已经付清，仍请及时核对为盼。

（公司盖章）
年　月　日

××会计师事务所：

上面的信息不正确，差异如下：

（公司盖章）
年　月　日
经办人：

3）函证时间的选择

注册会计师通常以资产负债表日为截止日，在资产负债表日后适当时间内实施函证。如果重大错报风险评估为低水平，注册会计师可选择资产负债表日前适当日期为截止日实施函证，并对所函证项目自该截止日起至资产负债表日止发生的变动实施实质性程序。

4）函证的控制

注册会计师通常利用被审计单位提供的应收账款明细账户名称及客户地址等资料据以编制询证函，但注册会计师应当对确定需要确认或填列的信息、选择适当的被询证者、设计询证函以及发出和跟进（包括收回）询证函保持控制。

注册会计师可通过函证结果汇总表的方式对询证函的收回情况加以控制。函证结果汇总表如表 11－7 所示。

表 11－7　应收账款函证结果汇总表

被审计单位名称：　　　　　　　　制表：　　　　　　　　日期：

结账日：　　年　　月　　日　　　　复核：　　　　　　　　日期：

询证函编号	债务人名称	债务人地址及联系方式	账面金额	函证方式	函证日期		回函日期	替代程序	确认余额	差异金额及说明	备注
					第一次	第二次					
合　计											

5）对不符事项的处理

对应收账款而言，登记入账的时间不同而产生的不符事项主要表现为：①询证函发出时，债务人已经付款，而被审计单位尚未收到货款；②询证函发出时，被审计单位的货物已经发出并已作销售记录，但货物仍在途中，债务人尚未收到货物；③债务人由于某种原因将货物退回，而被审计单位尚未收到；④债务人对收到的货物的数量、质量及价格等方面有异议而全部或部分拒付货款等。如果不符事项构成错报，注册会计师应当评价该错报是否表明存在舞弊，并重新考虑所实施审计程序的性质、时间和范围。

6）对函证结果的总结和评价

注册会计师对函证结果可进行如下评价：①重新考虑对内部控制的原有评价是否适当，控制测试的结果是否适当；分析程序的结果是否适当；相关的风险评价是否适当等。②如果函证结果表明没有审计差异，则可以合理地推论，全部应收账款总体是正确的。③如果函证结果表明存在审计差异，则应当估算应收账款总额中可能出现的累计差错是多少，估算未被选中进行函证的应收账款的累计差错是多少。为取得对应收账款累计差错更加准确的估计，也可以进一步扩大函证范围。

需要指出的是，注册会计师应当将询证函回函作为审计证据，纳入审计工作底稿管理，询证函回函的所有权归属所在会计师事务所。除法院、检察院及其他有关部门依法查阅审计工作底稿，注册会计师协会对执业情况进行检查以及前后任注册会计师沟通等情形外，会计师事务所不得将询证函回函提供给被审计单位作为法律诉讼证据。

5. 确定已收回的应收账款金额

请被审计单位协助，在应收账款账龄明细表中标出至审计时已收回的应收账款金额，对已收回金额较大的款项进行常规检查，如核对收款凭证、银行对账单、销货发票等，并注意凭证发生日期的合理性，分析收款时间是否与合同相关要素一致。

6. 对未函证应收账款实施替代审计程序

通常，注册会计师不可能对所有应收账款进行函证，因此，对于未函证应收账款，注册会计师应抽查有关原始凭据，如销售合同、销售订购单、销售发票副本、发运凭证及回款单据等，以验证与其相关的应收账款的真实性。

7. 检查坏账的确认和处理

首先，注册会计师应检查有无债务人破产或者死亡的，以及破产或以遗产清偿后仍无法收回的，或者债务人长期未履行清偿义务的应收账款；其次，应检查被审计单位坏账的处理是否经授权批准，有关会计处理是否正确。

8. 抽查有无不属于结算业务的债权

不属于结算业务的债权，不应在应收账款中进行核算。因此，注册会计师应抽查应收账款明细账，并追查有关原始凭证，查证被审计单位有无不属于结算业务的债权。如有，应建议被审计单位作适当调整。

9. 检查应收账款的贴现、质押或出售

检查银行存款和银行借款等询证函的回函、会议纪要、借款协议和其他文件，确定应收账款是否已被贴现、质押或出售，应收账款贴现业务属质押还是出售，其会计处理是否正确。

10. 对应收账款实施关联方及其交易审计程序

标明应收关联方［包括持股5%以上（含5%）的股东］的款项，实施关联方及其交易审计程序，并注明合并财务报表时应予抵销的金额；对关联企业、有密切关系的主要客户的交易事项作专门核查。

（1）了解交易事项目的、价格和条件，作比较分析。

（2）检查销售合同、销售发票、发运凭证等相关文件资料。

（3）检查收款凭证等货款结算单据。

（4）向关联方或有密切关系的主要客户函询，以确认交易的真实性、合理性。

11. 确定应收账款的列报是否恰当

如果被审计单位为上市公司，则其财务报表附注通常应披露期初、期末余额的账龄分析，期末欠款金额较大的单位账款，以及持有5%以上（含5%）股份的股东单位账款等情况。

（三）坏账准备的实质性程序

企业会计准则规定，企业应当在期末对应收款项进行检查，并合理预计可能产生的坏账损失。应收款项包括应收票据、应收账款、预付款项、其他应收款和长期应收款等，下面以应收账款相关的坏账准备为例，阐述坏账准备审计常用的实质性程序。

（1）取得或编制坏账准备明细表，复核加计是否正确，与坏账准备总账数、明细账合计数核对是否相符。

（2）将应收账款坏账准备本期计提数与资产减值损失相应明细项目的发生额核对是否相符。

（3）检查应收账款坏账准备计提和核销的批准程序，取得书面报告等证明文件，评价计提坏账准备所依据的资料、假设及方法。

企业应根据所持应收账款的实际可收回情况，合理计提坏账准备，不得多提或少提，否则应视为滥用会计估计，按照重大会计差错更正的方法进行会计处理。

对于单项金额重大的应收账款，企业应当单独进行减值测试，如客观证据证明其实已发生减值，应当计提坏账准备。对于单项金额不重大的应收账款，可以单独进行减值测试，或包括在具有类似信用风险特征的应收账款组合中（例如账龄分析）进行减值测试。此外，单独测试未发生减值的应收账款，应当包括在具有类似信用风险特征的应收账款组合中（例如账龄分析）再进行减值测试。

采用账龄分析法时，收到债务单位当期偿还的部分债务后，剩余的应收账款，不应改变其账龄，仍应按原账龄加上本期应增加的账龄确定：在存在多笔应收账款且各笔应收账款账龄不同的情况下，收到债务单位当期偿还的部分债务，应当逐笔认定收到的是哪一笔应收账款；如果确实无法认定的，按照先发生先收回的原则确定，剩余应收账款的账龄按上述同一原则确定。

在确定坏账准备的计提比例时，企业应当在综合考虑以往的经验、债务单位的实际财务状况和预计未来现金流量（不包括尚未发生的未来信用损失）等因素，以及其他相关信息的基础上作出合理估计。

（4）实际发生坏账损失的，检查转销依据是否符合有关规定，会计处理是否正确。对于被审计单位在被审计期间内发生的坏账损失，注册会计师应检查其原因是否清楚，是否符合有关规定，有无授权批准，有无已作坏账处理后又重新收回的应收账款，相应的会计处理是否正确。对有确凿证据表明确实无法收回的应收账款，如债务单位已撤销、破产、资不抵债、现金流量严重不足等，企业应根据管理权限，经股东（大）会或董事会，或经理（厂长）办公会或类似机构批准作为坏账损失，冲销提取的坏账准备。

（5）已经确认并转销的坏账重新收回的，检查其会计处理是否正确。

（6）检查函证结果。对债务人回函中反映的例外事项及存在争议的余额，注册会计师应查明原因并作记录。必要时，应建议被审计单位作相应的调整。

（7）实施分析程序。通过比较前期坏账准备计提数和实际发生数，以及检查期后事项，评价应收账款坏账准备计提的合理性。

（8）确定应收账款坏账准备的披露是否恰当。企业应当在财务报表附注中清晰地说明坏账的确认标准、坏账准备的计提方法和计提比例。并且，上市公司还应在财务报表附注中分项披露如下事项。

①本期全额计提坏账准备，或计提坏账准备的比例较大的（计提比例一般超过40%及以上的，下同），应说明计提的比例以及理由。

②以前期间已全额计提坏账准备，或计提坏账准备的比例较大但在本期又全额或部分收回的，或通过重组等其他方式收回的，应说明其原因、原估计计提比例的理由以及原估计计提比例的合理性。

③本期实际冲销的应收款项及其理由，其中，实际冲销的关联交易产生的应收账款应单独披露。

【案例解读】

科龙事件的会计审计问题剖析

2006年7月16日，中国证监会对广东科龙电器股份有限公司及其责任人的证券违法违规行为作出行政处罚与市场永久性禁入决定。这是新的《证券市场禁入规定》自2006年7月10日施行以来，证监会作出的第一个市场禁入处罚。本文拟通过分析科龙电器违法违规行为中的会计审计问题，讨论其带给我们的思考和启示。

一、科龙财务舞弊手法分析

事实证明，顾雏军收购科龙后，公司的经营状况并无明显改善，净利润的大起大落属于人为调控，扭亏神话原来靠的是做假账。

（一）利用会计政策，调节减值准备，实现"扭亏"

科龙舞弊手法之一：虚构主营业务收入、少计坏账准备、少计诉讼赔偿金等编造虚假财务报告。经查，在2002～2004年的3年间，科龙共在其年报中虚增利润3.87亿元（其中，2002年虚增利润1.1 996亿元，2003年虚增利润1.1 847亿元，2004年虚增利润1.4 875亿元）。

仔细分析，科龙2001年中报实现收入27.9亿元，净利1 975万元，可是到了年报，则实现收入47.2亿元，净亏15.56亿元。科龙2001年下半年出现近16亿元巨额亏损的主要原因之一是计提减值准备6.35亿元。2001年的科龙年报被审计师出具了拒绝表示意见。到了2002年，科龙转回各项减值准备，对当年利润的影响是3.5亿元。可有什么证据能够证明其巨额资产减值计提及转回都是"公允"的？如果2001年没有计提各项减值准备和广告费用，科龙电器2002年的扭亏为盈将不可能；如果没有2001年的计提和2002年的转回，科龙电器在2003年也不会盈利。按照现有的退市规则，如果科龙电器业绩没有经过上述财务处理，早就被"披星戴帽"甚至退市处理了。可见，科龙电器2002年和2003年根本没有盈利，ST科龙扭亏只是一种会计数字游戏的结果。

（二）虚增收入和收益

科龙舞弊手法之二：使用不正当的收入确认方法，虚构收入，虚增利润，粉饰财务报表。经查，2002年科龙年报中共虚增收入4.033亿元，虚增利润近1.2亿元。其具体手法主要是通过对未出库销售的存货开具发票或销售出库单并确认为收入，以虚增年报的主营业务收入和利润。根据德勤会计师事务所的报告，科龙电器2004年第四季度有高达4.27亿元的销售收入没有得到验证，其中向一个不知名的新客户销售就达2.97亿元，而且到2005年4月28日审计时仍然没有收回。此后的2003年和2004年，同样是在顾雏军和格林柯尔的操纵下，科龙年报又分别虚增收入3.048亿元和5.127亿元，虚增利润8 935万元和1.2亿元。这意味着在顾雏军入主科龙之后所出具过的3份公司年报都存在财务造假，将不曾实现的销售确认为当期收入。

（三）利用关联交易转移资金

科龙舞弊手法之三：利用关联交易转移资金。经查，科龙电器2002～2004年未披露与格林柯尔公司共同投资、关联采购等关联交易事项，2000～2001年未按规定披露重大关联交易，2003年、2004年科龙公司年报也均未披露使用关联方巨额资产的事项。

顾雏军入主科龙不久便开始在各地疯狂收购或新设控股子公司，通过收购打造的"科龙系"主要由数家上市公司和各地子公司构成。到案发时，科龙已有37家控股子公司、参股公司，28家分公司。由顾雏军等在境内外设立的私人公司所组成的"格林柯尔系"在国内亦拥有12家公司或分支机构。此间"科龙"与"格林柯尔"公司之间发生资金的频繁转换，共同投资和关联交易也相当多。科龙公司在银行设有500多个账户都被用来转移资金。在不到4年的时间里，格林柯尔系有关公司涉嫌侵占和挪用科龙电器财产的累计发生额为34.85亿元。

如此看来，对于格林柯尔而言，科龙只是一个跳板，它要做的是借科龙横向并购，利用科龙的营销网络赚取利润。顾雏军把国内上市公司科龙当作"提款机"，一方面以科龙系列公司和格林柯尔系列公司打造融资和拓展平台为由．通过众多银行账户，频繁转移资金，满足不断扩张的资本需求，采用资本运作通过错综复杂的关联交易对科龙进行盘剥，掏空上市公司，另一方面又通过财务造假维持科龙的利润增长。

二、科龙审计报告透视

科龙财务造假该打谁的板子？为其提供审计服务的会计师事务所自然难脱干系。2002年之前，科龙的审计机构是安达信，2001年，ST科龙全年净亏15亿元多，当时的安达信由于"无法执行满意的审计程序以获得合理的保证来确定所有重大交易均已被正确记录并充分披露"给出了拒绝表示意见的审计报告。2002年，安达信因安然事件颠覆后，在我国内地和香港的业务并入普华永道，普华永道对格林柯尔和科龙这两个"烫手山芋"采取了请辞之，举。之后，德勤走马上任，为科龙审计了2002～2004年的年报。在对ST科龙2002年年报进行审计时，德勤认为"未能从公司管理层获得合理的声明及可信赖的证据作为其审计的基础，报表的上年数与本年数也不具有可比性"，所以出具了"保留意见"审计报告。此前安达信曾给出过拒绝表示意见的审计报告，在2001年年末科龙整体资产价值不确定的情况下，德勤2002年给出"保留意见"的审计报告显得有些牵强。在此基础上，2003年德勤对科龙2003年的年报出具了无保留意见审计报告。2004年德勤对科龙出具了保留意见审计报告。尽管在2004年年报披露之后德勤也宣布辞去科龙的审计业务，但它此前为科龙2003年年报出具的无保留意见审计报告，为2002年、2004年年报出具的保留意见审计报告并没有撤回，也没有要求公司进行财报重述。既然科龙被证实有重大错报事实，德勤显然难以免责。据媒体透露．证监会基本完成了对德勤的调查，德勤对科龙审计过程中存在的主要问题包括：审计程序不充分、不适当，未发现科龙现金流量表重大差错等。

第一，在执行审计程序等方面，德勤的确出现了严重纰漏，对科龙电器的审计并没有尽职。例如，证监会委托毕马威所作的调查显示：2001年10月1日～2005年7月31日期间，科龙电器及其29家主要附属公司与格林柯尔系公司或疑似格林柯尔系公司之间进行的不正常重大现金流出总额约为40.71亿元，不正常的重大现金流入总额约为34.79亿元，共计75.5亿元。而这些在德勤3年的审计报告中均未反映。《中华人民共和国注册会计师法》规定，注册会计师执行审计业务，必须按照执业准则、规则确定的工作程序出具报告。注册会计师出具无保留意见审计报告的条件之一，即需认为会计报表公允地反映了企业的现金流量。根据《独立审计具体准则第7号——审计报告》第18条规定，意味着德勤认为科龙2002年、2003年、2004年的现金流量表是公允的。

第二，德勤对科龙电器各期存货及主营业务成本进行审计时，直接按照科龙电器期末存货盘点数量和各期平均单位成本确定存货期末余额，并推算出科龙电器各期主营业务成本。在未对产成品进行有效测试和充分抽样盘点的情况下，德勤通过上述审计程序对存货和主营业务成本进行审计并予以确认，其审计方法和审计程序均不合理。

第三，德勤在存货抽样盘点过程中缺乏必要的职业谨慎，确定的抽样盘点范围不适当，审计程序不充分。德勤在年报审计过程中实施抽样盘点程序时，未能确定充分有效的抽样盘点范围，导致其未能发现科龙电器通过压库方式确认虚假销售收入的问题。存货监盘也是一项重要的审计程序，如果进行账实相符核查，科龙虚增的主营业务利润其实并不难发现。

第四，科龙销售收入确认问题，体现出德勤未能恰当地解释和应用会计准则，同时这也说明德勤未能收集充分适当的审计证据。收入的确认应该以货物的风险和报酬是否转移为标准，一般来说仅以"出库开票"确认收入明显不符合会计准则。如果一项销售行为不符合收入确认原则，就不应确认为收入。未曾实现的销售确认为当期收入必然导致利润虚增。对较敏感的"销售退回"这一块，德勤也没有实施必要的审计程序，致使科龙通过关联交易利用销售退回大做文章，转移资产，虚增利润，这也是德勤所不能回避的错误。

第五，德勤审计科龙电器分公司时，没有对各年未进行现场审计的分公司执行其他必要审计程序，无法有效确认其主营业务收入实现的真实性及应收账款等资产的真实性。科龙有很多分公司、子公司，组织结构相当复杂。按照审计准则，会计师事务所应根据审计风险，即审计重要性水平来确认每年对哪些分公司进行现场审计。

三、思考与启示

对于科龙财务造假，中国证监会已作出处罚决定，但其引发的相关问题令人深思，主要有以下几点。

（一）科龙财务造假根源何在

科龙财务造假的根源仍然是公司治理结构问题。2001 年，科龙实施产权制度改革，通过股权转让引入"格林柯尔"实现了民营化重组，其初衷是希望民营资本的介入能够打开产权之结，改善公司治理。现在看来，在顾雏军的把持下，科龙的内部人控制现象不但没有改善，反倒被强化了。几年来公司的会计数字游戏、关联交易以及公司资金被"掏空"等一系列恶性事件再次凸显其公司治理结构存在的问题。从表面上看，科龙已形成股东大会、董事会、监事会之间的权力制衡机制．但实质上公司治理仍存在严重缺陷。顾雏军利用其对公司的超强控制力，以其他股东的利益为代价为格林柯尔谋利，导致科龙陷入新的危机。公司的独立董事制度也是名存实亡。当科龙为种种"疑云"笼罩，投资者蒙受巨额损失之时，科龙的独立董事始终未能发表有助于广大中小股东揭晓"疑云"的独立意见，难怪科龙的中小股东发起震撼中国股市的要求罢免其独立董事的"独立运动"。当然，公司治理不仅包括内部治理，还包括外部治理，否则治理的重任难以完成。那么，外部治理的关键又是什么？是法制的完善和监管的有效性。有法不依，任何公司治理、监管制度和企业的社会责任都可能失去存在的基础和保障。虽然市场主体为了使自身利益最大化会与制度博弈，而法律法规就是为了约束和防范这种试图突破制度的行为而设置的。若缺乏有效监管，这种企图突破法律制度的活动将会变本加厉。要约束公司行为，保障其内外部治理的实现，必须落实监管的有效性，最终使公司问题通过监管而得到及时发现、制止和惩戒。

（二）强化市场监管是维护市场秩序的保证

证监会是对证券市场行为进行全程监管，维护市场秩序，保护投资者利益的机构。顾雏军涉嫌多项证券违法违规问题，证监会决定对其进行查处是完全必要的。事实上，2002 年以来科龙的经营业绩出现剧烈波动，已经引起公众的普遍关注和质疑，现已查实公司所披露的财务报告与事实存在严重不符，但它居然能够利用财务数字游戏在中国证券市场上"混"了近 5 年。可以说，科龙是"自我曝光"在前，公众质疑在先，证监会立案调查滞后。作为市场监管者的证监会没有在第一时间发现问题的苗头，进行有效监管，没有及时采取有效措施保护投资者，反映出当前我国证券市场的监管效率有待提高。

此外，从证监会立案调查科龙事件，到顾雏军等人被拘捕，投资者未能及时从相关方面获取案情进展情况，即使案情细节不便披露，对于科龙问题的严重性或复杂程度也应有个交代。相比之下，创维事件发生后，香港廉政公署立即发布包括涉案人员、案件主要内容在内的详尽信息的做法，不能不让人感到目前投资者应有的知情权依然欠缺。

（三）国际会计师事务所的问题

如果说良好的公司治理是提高上市公司会计信息质量的第一道防线，那么独立审计是防范会计信息失真和舞弊行为的另一道重要关卡。拥有国际“四大”会计师事务所金字招牌的德勤没有把好这道关，反而深陷“科龙门”，由此可以发现国际会计师事务所在中国大陆执业也存在一些问题。

问题一：审计师的专业胜任能力和职业操守。

自从我国会计审计服务市场对外开放以来，国际会计师事务所以其独有的品牌优势、人才优势和先进的管理制度占据了国内审计服务的高端市场，业务收入和利润率遥遥领先于国内会计师事务所。国际资本市场的磨砺和实力赋予了其极高的品牌价值，为其带来巨大的商誉和业务机会。所以，德勤作为科龙的审计机构，其专业胜任能力毋庸置疑。而科龙聘请国际“四大”之一的德勤会计师事务所来做审计，也相信其审计报告的公信力能够吸引更多的投资者。然而，事实证明，如果审计师缺乏应有的职业谨慎和良好的职业操守，就可能成为问题公司粉饰其经营业绩的“挡箭牌”，并给事务所带来一连串麻烦。鉴于德勤在科龙审计中的表现，难怪有人怀疑德勤在中国大陆是否存在“双重执业标准”。否则，审计师完全可以发现科龙的问题和顾雏军的犯罪事实。所以，审计师在出现错误时，简单地将其归结为“某些固有局限”所致，或是被审计公司管理层的造假责任等，会使社会公众对审计行业产生不信任感，对整个行业的发展也极为不利。反观目前审计行业的现状，审计师职业道德缺失已导致大量的审计失败，审计师知情而不据实发表意见和预警信息，不仅是失职，还有渎职嫌疑，不但损害了投资者的利益，也损害了事务所和国家的长远利益。

当然，审计师身陷问题公司，制度环境也是制约因素之一。人们习惯称审计师为“经济警察”，实际上夸大了外部独立审计的作用。审计师没有司法或行政权力，因此可能无法获得能与行政或司法机构比肩的信息。此外，会计师事务所和客户之间的关系十分微妙，现在许多审计师身陷问题公司，主要因为上市公司能够左右会计师事务所的饭碗。而且，道德审判意识不强且违规成本又低，因而在利益的诱惑和驱使下，对于造假企业，审计师仍有可能铤而走险。

问题二：国际会计师事务所的“超国民待遇”。

近年来，国际会计师事务所在我国内地的业务发展迅速，与此同时，国际会计师事务所陷入财务丑闻的事件也开始出现。一向以质量精湛、执业独立而占据国内大部分审计市场的四大国际会计师事务所开始成为被告。“科龙—德勤”事件中受指责的问题是国际会计师事务所目前在我国享受“超国民待遇”，主要问题是对国际会计师事务所能否建立和执行统一的监管标准。诚信制度面前应当“人人平等”，有关监管部门应当给予国内外会计师事务所平等竞争的平台，使公平公正原则得到充分体现。

（四）审计风险防范

德勤对科龙审计失败，再次说明了事务所审计风险防范的重要性。目前审计师面临的审计环境发生了很大变化。一方面企业组织形式纷繁复杂和经营活动多元化，要求审计师们提高自身的风险防范能力，事务所要强化审计质量控制；另一方面，会计师事务所在证券民事赔偿方面的法律责任进一步明确。无论会计师事务所的审计失败是否受到行政处罚，只要虚假陈述行为存在，就可以作为被告，适用于举证责任倒置原则，由其向法庭自我证明清白，或承责或免责，这样一来审计师的责任更为重大。

面对目前独立审计行业的系统性高风险，无论国际所还是国内所均难幸免。财务丑闻中不能排除有审计人员参与或协助造假，或有审计质量问题，但也不能否认审计人员也会成为造假公司的受害者。导致上市公司审计失败的原因很复杂，如美国证券交易委员会就曾总结过其中最重要的十大因素。但审计失败最主要的原因：一是审计结果是错误或者不恰当的；二是审计师在审计过程中没有遵循独立审计的原则，或者审计过程中存在着明显的过错甚至欺诈行为。因此，增强风险意识，通过完善制度．提高质量来推动独立审计的良性发展，是化解审计风险之根本。

资料来源：潘琰，徐新佳．科龙事件的会计审计问题剖析［J］．财务与会计，2007：11－13.

【课堂分组讨论】

风险评估——销售收款循环

广华会计师事务所注册会计师甲和乙接受事务所的委派对美华股份有限公司（以下简称美华公司）2020年度财务报表进行审计。在预备调查阶段，通过调查问卷等形式了解到美华公司，销售与收款循环的内部控制，描述如下。

（1）销售部门收到顾客的订单后，由经理对品种、规格、数量、价格、付款条件、结算方式等详细审核后签章，交仓库办理发货手续。

（2）仓库在发运商品出库时，均必须有管理员根据经批准的订单填制的一式四联的销售单。在各联上签章后，第一联作为发运单，由工作人员配货后交给顾客；第二联送会计部；第三联送应收账款专管；第四联则由管理员按编号顺序连同订单一并归档保存，作为盘存的依据。

（3）会计部收到销售单后，根据销售单中所列资料，开具统一的销售发票，将顾客联寄送顾客，将销售联交应收账款专管员，作为记账和收款的凭据。

（4）应收账款专管员收到发票后，将发票与销售单核对，如无错误，据以登记应收账款明细账，并将发票和销售单按顾客顺序归档保存。

要求：

（1）指出美华公司在销售收款循环的内部控制中存在的缺陷。

（2）针对存在的缺陷，提出改善措施。

【模拟实验】

销售与收款循环审计

一、实验目的

在销售与收款循环审计中，销售收入的认定是审计的重要内容之一，它直接关系到企业财务成果的真实与否，众多的会计舞弊行为发生在销售收入的虚构上。通过本实验，学生可了解销售与收款业务中内部控制的关键点及其测试过程，明确该业务所存在的主要会计舞弊形式，掌握其审核程序与方法，以及审计调整的过程和结果。

二、实验背景

华康会计师事务所自2000年开始接受鸿发股份有限公司董事会委托，对鸿发股份有限公司进行年度会计报表审计。鸿发股份有限公司成立于1994年5月24日，由G投资公司、F电器集团和K咨询公司共同发起设立，注册资金为40亿元人民币，1998年5月28日经中国证券监督委员会批准向社会公众发行A股，并于1999年6月在深圳交易所上市。主营业务为电视机的生产与销售；大型制冷设备生产加工、销售；高科技产业投资，高科技产品的研制、生产、经销及相关技术服务。该公司自上市后，市场表现良好，股价一直高位运行，近3年平均每股净收益均在0.50元以上。该公司按《公司法》的要求，设有董事会、监事会，在职能科室中设有审计部。

2012年华康会计师事务所派出以郑洁为项目组长，以李芳、张同、刘秋为组员的项目组，于2013年2月15日~3月6日对该公司2012年度的会计报表进行了审计。在编制审计计划时，郑洁根据以往对该公司重要性水平的控制，对销售收入的重要性水平定为5万元。根据分工，审计人员刘欣负责销售收入的审计测试与取证工作。注册会计师的审计工作得到了该公司内部审计的协助，尤其是中期测试较多地依赖了内部审计提供的资料。

三、实验要求

由4名同学组成一个审计小组，分别代表郑洁、李芳、张同、刘秋，实施销售与收款的内部控制测试程序；关注销售业务中可能出现的主要会计舞弊形式、采取相应的审核方式及审计调整，并填制销售业务审计所形成的主要审计工作底稿。

四、实验指导

审计人员刘欣对销售业务分别进行了控制测试和实质性测试。

1. 对销售与收款循环进行控制测试

根据审计计划的要求，刘欣对销售与收款循环进行了控制测试。首先通过使用调查表等方法对其进行了调查了解，调查表如表11-8所示，初步认为该公司的内部控制具有一定的可信性。

表11-8 内部控制调查表

被审计单位：鸿发股份有限公司

审计项目：销售与收款审计　　编制人：刘欣　　日期：2013年2月16日　　索引号：J1

会计期间：2012年1月1日~12月31日　　复核人：郑洁　　日期：2013年3月1日　　页次：5

调查问题	调查结果				备注
	是	否	较弱	不适用	
是否有专门人员处理客户定单？	√				
是否在每次销售前检查顾客的信用情况，并对赊销金额由授权部门审批？	√				
对已接受的顾客定单，是否由业务部门编制连续编号的销售通知单？	√				
是否根据销售通知单填写出库单？	√				
出库单是否连续编号？	√				
货物装运是否与销售通知单核对？		√			
销售发票是否由专人负责保管，并对开具的发票由其他人员独立复核？	√				
作废的发票是否加盖“作废”戳记，并保留在发票本上？			√		
销售发票是否按号连续记入销售日记账？		√			
销售总账、明细账和应收账款总账、明细账及款项的收回登记是否分离？	√				
销售、应收账款日记账和总账是否定期核对？		√			
是否定期与顾客核对应收账款明细账？		√			
销售退回和折让是否经授权的销售人员批准？			√		

刘欣在对内控了解的基础上，抽取一定数量的销售发票样本进行检查。销售发票是非常重要的原始凭证，是向顾客收取货款、登记有关销售账户和应收款总账和明细账的依据。刘欣在选取样本前，首先检查了发票上的存根记录是否完整，并从发票日期判断是否按顺序开具发票。采用随机抽样法抽取样本，测试过程记录如表 11－9 所示。

表 11－9　测试过程表

序号	测试过程记录	备　注
1	抽取 6 月份开出所有的销售发票，发现编号连续，无缺号，只有 2 张作废发票，均盖有“作废”印章	附有 Y1－2 符合性测试底稿
2	随机抽取 2012 年开出的销售发票 200 份，与销售合同、销售通知单、商品价目表、销售收入明细账和应收账款明细账等进行核对，合同内容、销售数量、销售价格和金额相互之间相符率比较高，但发现有两张销售发票与销售合同、销售通知单金额不符	附有 Y1－3 底稿
3	将发运单、装货单和销售发票核对，发现有已经开出销售发票，但无发运单和装货单的情形，误差比率为 3%	附有 Y1－4 底稿
4	1～12 月份折让业务发生 3 笔，均由销售经理批准。有 14 笔销售退回业务，附有红字销售发票和仓库签收的退货验收报告，但有两笔无主管人员签字，有对方税务部门开具的有关证明，会计处理恰当	附有 Y1－5 底稿

测试结论：该公司销售与收款循环内部控制得到了执行，但在内部控制制度中也存在一些问题，从内部控制调查表和控制测试中可以发现，该公司销售发票的开具与发运单、装运单的核对机制较弱，致使出现了销售发票与相关凭据不符的情形，为销售发票的虚开提供了可能；同时未能定期将应收款项与客户进行核对，应收款项的管理较为混乱。

2. 实质性测试

（1）对销售收入进行分析性复核。鸿发股份有限公司近 3 年部分主要财务指标如表11－10所示。

表 11－10　鸿发股份有限公司财务指标表　　单位：万元

项　目	2010 年（已审数）	2011 年（已审数）	2012 年（未审数）	备注
主营业务收入	56 302	53 200	51 400	
主营业务成本	48 900	47 600	43 000	
毛利率	13%	10.5%	16.3%	
营业费用	1 620	1 750	1 600	
管理费用	1 960	2 100	2 200	
净利润	1 240	1 256	1 623	
应收账款	1 200	1 250	2 100	
存货	5 600	6 700	6 100	
资产总额	87 000	92 000	99 000	
应付账款	400	520	780	
负债总额	55 000	56 000	63 000	
每股净利润	0.61	0.54	0.56	
净资产收益率	3.87 %	3.49%	4.5%	

从该公司近 3 年的财务指标看，销售收入呈现一种下降趋势，这与国产家用电器的整体走势相一致。毛利率 2011 年比 2010 年有所降低，但 2012 年比 2011 年呈现较高增长，从国产家电的实际价格走势来看

应是一种下降趋势，需引起重视，将其作为审计重点。营业费用变化不大；管理费用增加较多；应收账款近3年呈增长趋势，尤其2012年比2011年增加了850万元，增幅达到了68%，而同期销售收入的增幅为 -3.4%，出现了相反的变化，而存货相对来说变化不大。应付账款增长幅度也较大。每股净利润变化不大；净资产收益率2012年比2011年有较大幅度的增加。

根据对以上财务指标的综合分析，审计人员怀疑该公司可能存在主营业务收入和应收账款高估问题，将审计重点放在销售收入和应收账款上。首先编制销售收入审定表(表11-11)。

表11-11　主营业务收入审定表

被审计单位：鸿发股份有限公司　　编制人：刘欣　　日期：2013年2月16日　　索引号：H1

会计期间：2012年1月1日~12月31日　　复核人：郑洁　　日期：2013年3月1日　　页次：6

月份	合计/万元	其中：主要产品或大类		
		电视机/台	家用空调/台	制冷设备/台
1	6 320	4 300	1 300	720
2	2 770	1 100	1 200	470
3	2 820	1 400	1 000	420
4	2 820	1 200	1 300	320
5	2 900	1 400	1 000	500
6	2 840	1 000	1 300	540
7	3 250	1 100	1 600	550
8	2 620	1 000	1 000	620
9	3 400	2 100	1 000	300
10	2 320	1 000	1 000	320
11	7 170	2 500	4 000	670
12	12 170	6 000	5 300	870
合计	51 400	24 100	21 000	6 300

从底稿中列示的数据可见，电视机和家用空调11~12月份增幅较大。电视机年底出现旺销的情形可以理解，但空调和制冷设备在冬季一般销量会低于夏季，因此年底这两种产品销售可能存在高估的问题。

（2）进行凭证抽查以收集收入虚记的确切证据。

审计人员根据销售明细账的记录，分别抽查了1~12月份的记账凭证共300张，对11月份和12月份进行重点抽查，在凭证抽查中将记账凭证与销售发票、出库单、货运凭证、运费单据及销售合同分别进行核对，发现不符单据共6张。同时还对这些单据不符及金额较大，有一定疑问的应收账款进行函证。从回函结果来看，其中有两个经销商经两次函证均未回函，让鸿发股份有限公司提供其他联系方式，对方予以拒绝，且未查找到对方电话号码，审计人员对这两个客户资料进行进一步整理，发现鸿发股份有限公司的这两个客户为新的销售对象，11~12月份的累积销售额分别为200万和120万元，均为赊销，款项未曾收回，经审计人员将相关信息与会计人员沟通后，会计人员承认对这两个客户的销售为虚构，客户根本不存在，合同也系伪造；对其他经常供货的客户进行函证后，发现有4家客户回函称鸿发公司记录的债权数高于对方的记录，合计金额为117万元。对该公司可能存在销售及应收账款多计问题，审计人员同时对存货明细账和期末结转主营业务收入成本的资料进行分析，发现成本结转的数量与销售数量有较大差距，11～12 月份的销售额明显高于前几个月，但成本结转数却无明显变化，可能存在虚假出库单。经与该公司财务人员和销售人员调查核实，确实存在销售虚记，经多方确认后，本期多计销售收入 430 万元，增值税销项税额 73.1 万元，同时多计应收账款 503.1 万元，但该部分成本并未结转，使本期销售毛利较上年有较大增幅，并影响当期的利润额。对此，审计人员应调整被审计单位 2012 年度会计报表中有关项目。假设被审计单位属于一般纳税人，增值税税率为 17%，所得税税率为 33%，净利润中提取法定盈余公积金 10%，法定公益金 5%，任意公积金 10%，剩下的为未分配利润，请代审计人员提出调整意见，并列示调整分录。

（3）进行销售截止测试。

为了确认鸿发公司主营业务收入和应收账款的截止期是否正确，审计人员对 12 月下旬和次年 1 月上旬的相关凭证进行抽查，抽查记录见审计工作底稿，如表 11-12 所示，请代审计人员将审计工作底稿的审计说明填写完毕。

表 11-12　销售收入截止测试表

被审计单位：鸿发股份有限公司　　编制人：刘欣　　日期：2013 年 2 月 16 日　　索引号：D1

会计期间：2012 年 1 月 1 日～12 月 31 日　　复核人：郑洁　　日期：2013 年 3 月 1 日　　页次：7

客户名称	发票记录				记账凭证		出库单	备注
	编号	日期	数量/台	金额/元	日期	编号	日期	
D 公司	1542	2012.12.20	35	23 400	2012.12.22	转字 125	2013.1.20	H，需调整
J 公司	1543	2012.12.25	28	18 900	2012.12.26	银收字 56	2012.12.25	H，√
Q 公司	1544	2012.12.28	90	72 540	2012.12.29	转字 140	2013.1.14	H，需调整
W 公司	1545	2012.12.31	58	48 300	2013.1.5	转字 18	2013.1.1	H，√
K 公司	1546	2013.1.5	35	24 000	2013.1.7	转字 23	2013.1.5	发票和出库单均为红字，退货
……								

审计说明：

对 D 公司和 Q 公司的销售，经与销售合同核对，具体供货日期为 2013 年 1 月份，但鸿发公司将这两笔业务均计入了 2012 年度，入账期间提前，应调入 2013 年，调整销售收入的分录为：

注：√表示与发货核对相符；H 表示正确过入明细账和总账。

第十二章　采购与付款循环的审计

第一节　采购与付款循环的特点

一、不同行业类型的采购和费用支出

企业的采购与付款循环包括购买商品、劳务和固定资产，以及企业在经营活动中为获取收入而发生的直接或间接的支出。部分支出可能与产品收入直接相关，部分支出可能会形成企业资产，而这些资产又形成了企业经营活动的基础。一个企业的支出从性质、数量和发生频率上看是多种多样的。本章主要关注与购买货物和劳务以及应付账款的支付有关的控制活动以及重大交易。除了经营用房产支出和人工费用支出，一些经常性交易发生的支出通常构成较为重要的交易，因而需由较正式的控制活动来预防或检查、纠正错误和舞弊，例如广告促销费用、研究开发费用和税费、电费、通讯费等其他与经营相关的费用。其他一些非经常性支出如与法律相关的费用或其他专业服务费用，发生频率较低，相应就没有太多较正式的控制活动。

不同的企业性质决定企业除了有一些共性的费用支出外，还会发生一些不同类型的支出。表 12-1 列示了不同企业通常会发生的一些支出情况，这些支出未包括经营用房产支出和人工费用支出在内。

表 12-1　不同行业类型的采购和费用

行业类型	典型的采购和费用支出
贸易业	产品的选择和购买、产品的存储和运输、广告促销费用、售后服务费用
一般制造业	生产过程所需的设备支出、原材料、易耗品、配件的购买与存储支出，市场经济费用，把产成品运达顾客或零售商发生的运输费用，管理费用
专业服务业	律师、会计师、财务顾问的费用支出包括印刷、通讯、差旅费、电脑、车辆等办公设备的购置和租赁，书籍资料和研究设施的费用
金融服务业	建立专业化的安全的计算机信息网络和用户自动存取款设备的支出，给付储户的存款利息，支付其他银行的资金拆借利息、手续费、现金存放、现金运送和网络银行设施的安全维护费用，客户关系维护费用

续表

行业类型	典型的采购和费用支出
建筑业	建材支出，建筑设备和器材的租金或购置费用，支付给分包商的费用；保险支出和安保成本；建筑保证金和通行许可审批方面的支出；交通费、通讯费等。当在外地施工时还会发生建筑工人的住宿费用

二、涉及的主要凭证与会计记录

采购与付款交易通常要经过请购—订货—验收—付款这样的程序，同销售与收款交易一样，在内部控制比较健全的企业，处理采购与付款交易通常也需要使用很多凭证与会计记录。典型的采购与付款循环所涉及的主要凭证与会计记录有以下几种。

（一）请购单

请购单是由产品制造、资产使用等部门的有关人员填写，送交采购部门，申请购买商品、劳务或其他资产的书面凭证。

（二）订购单

订购单是由采购部门填写，向另一企业购买订购单上所指定的商品、劳务或其他资产的书面凭证。

（三）验收单

验收单是收到商品、资产时所编制的凭证，列示从供应商处收到的商品、资产的种类和数量等内容。

（四）卖方发票

卖方发票（供应商发票）是供应商开具的，交给买方以载明发运的货物或提供的劳务、应付款金额和付款条件等事项的凭证。

（五）付款凭单

付款凭单是采购方企业的应付凭单部门编制的，载明已收到的商品、资产或接受的劳务、应付款金额和付款日期的凭证。付款凭单是采购方企业内部记录和支付负债的授权证明文件。

（六）转账凭证

转账凭证是指记录转账交易的记账凭证，它是根据有关转账交易（即不涉及库存现金、银行存款收付的各项交易）的原始凭证编制的。

（七）付款凭证

付款凭证包括现金付款凭证和银行存款付款凭证，是指用来记录库存现金和银行存款支出交易的记账凭证。

（八）应付账款明细账

（九）库存现金日记账和银行存款日记账

（十）供应商对账单

供应商对账单是由供应商按月编制的，标明期初余额、本期购买、本期支付给供应商的款项和期末余额的凭证。供应商对账单是供应商对有关交易的陈述，如果不考虑买卖双方在收发货物上可能存在的时间差等因素，其期末余额通常应与采购方相应的应付账款期末余额一致。

三、涉及的主要业务活动

在一个企业，如可能的话，应将各项职能活动指派给不同的部门或职员来完成。这样，每个部门或职员都可以独立检查其他部门和职员工作的正确性。下面以采购商品为例，分别阐述采购与付款循环所涉及的主要业务活动及其适当的控制程序和相关的认定。

（一）请购商品和劳务

仓库负责对需要购买的已列入存货清单的项目填写请购单，其他部门也可以对所需要购买的未列入存货清单的项目编制请购单。大多数企业对正常经营所需物资的购买均作一般授权，比如，仓库在现有库存达到再订购点时就可直接提出采购申请，其他部门也可为正常的维修工作和类似工作直接申请采购有关物品。但对资本支出和租赁合同，企业则通常要求作特别授权，只允许指定人员提出请购。请购单可由手工或计算机编制。由于企业内不少部门都可以填列请购单，可能不便事先编号，为加强控制，每张请购单必须经过对这类支出预算负责的主管人员签字批准。请购单是证明有关采购交易的“发生”认定的凭据之一，也是采购交易轨迹的起点。

（二）编制订购单

采购部门在收到请购单后，只能对经过批准的请购单发出订购单。对每张订购单，采购部门应确定最佳的供应来源。对一些大额、重要的采购项目，应采取竞价方式来确定供应商，以保证供货的质量、及时性和成本的低廉。订购单应正确填写所需要的商品品名、数量、价格、厂商名称和地址等，预先予以顺序编号并经过被授权的采购人员签名。其正联应送交供应商，副联则送至企业内部的验收部门、应付凭单部门和编制请购单的部门。随后，应独立检查订购单的处理，以确定是否确实收到商品并正确入账。这项检查与采购交易的“完整性”认定有关。

（三）验收商品

有效的订购单代表企业已授权验收部门接受供应商发运来的商品。验收部门首先应比较所收商品与订购单上的要求是否相符，如商品的品名、摘要、数量、到货时间等，然后再盘点商品并检查商品有无损坏。验收后，验收部门应对已收货的每张订购单编制一式多联、预先按顺序编号的验收单，作为验收和检验商品的依据。验收人员将商品送交仓库或其他请购部门时，应取得经过签字的收据，或要求其在验收单的副联上签收，以确立他们对所采购的资产应负的保管责任。验收人员还应将其中的一联验收单送交应付凭单部门。验收单是支持资产或费用以及与采购有关的负债的“存在或发生”认定的重要凭证。定期独立检查验收单的顺序以确定每笔采购交易都已编制凭单，则与采购交易的“完整性”认定有关。

（四）储存已验收的商品

将已验收商品的保管与采购的其他职责相分离，可减少未经授权的采购和盗用商品的风险。存放商品的仓储区应相对独立，限制无关人员接近。这些控制与商品的“存在”认定有关。

（五）编制付款凭单

记录采购交易之前，应付凭单部门应编制付款凭单。这项功能的控制包括：①确定供应商发票的内容与相关的验收单、订购单的一致性。②确定供应商发票计算的正确性。③编制有预先顺序编号的付款凭单，并附上支持性凭证（如订购单、验收单和供应商发票等）。这些支持性凭证的种类，因交易对象的不同而不同。④独立检查付款凭单计算的正确性。⑤在付款凭单上填入应借记的资产或费用账户名称。⑥由被授权人员在凭单上签字，以示批准照此凭单要求付款。所有未付凭单的副联应保存在未付凭单档案中，以待日后付款。经适当批准和有预先编号的凭单为记录采购交易提供了依据，因此，这些控制与“存在”“发生”“完整性”“权利和义务”和“计价和分摊”等认定有关。

（六）确认与记录负债

正确确认已验收货物和已接受劳务的债务，要求准确、及时地记录负债。该记录对企业财务报表和实际现金支出具有重大影响。与应付账款确认和记录相关的部门一般有责任核查购置的财产，并在应付凭单登记簿或应付账款明细账中加以记录。在收到供应商发票时，应付账款部门应将发票上所记载的品名、规格、价格、数量、条件及运费与订购单上的有关资料核对，如有可能，还应与验收单上的资料进行比较。应付账款确认与记录的一项重要控制是要求记录现金支出的人员不得经手现金、有价证券和其他资产。恰当的凭证、记录与记账手续，对业绩的独立考核和应付账款职能而言是必不可少的控制。

在手工系统下，应将已批准的未付款凭单送达会计部门，据以编制有关记账凭证和登记有关账簿。会计主管应监督为采购交易而编制的记账凭证中账户分类的适当性；通过定期核对编制记账凭证的日期与凭单副联的日期，监督入账的及时性。而独立检查会计人员则应核对所记录的凭单总数与应付凭单部门送来的每日凭单汇总表是否一致，并定期独立检查应付账款总账余额与应付凭单部门未付款凭单档案中的总金额是否一致。

（七）付款

通常是由应付凭单部门负责确定未付凭单在到期日付款。企业有多种款项结算方式，以支票结算方式为例，编制和签署支票的有关控制包括：①独立检查已签发支票的总额与所处理的付款凭单的总额的一致性。②应由被授权的财务部门的人员负责签署支票。③被授权签署支票的人员应确定每张支票都附有一张已经适当批准的未付款凭单，并确定支票收款人姓名和金额与凭单内容一致。④支票一经签署就应在其凭单和支持性凭证上用加盖印戳或打洞等方式将其注销，以免重复付款。⑤支票签署人不应签发无记名甚至空白的支票。⑥支票应预先顺序编号，保证支出支票存根的完整性和作废支票处理的恰当性。⑦应确保只有被授权的人员才能接近未经使用的空白支票。

（八）记录现金、银行存款支出

仍以支票结算方式为例，在手工系统下，会计部门应根据已签发的支票编制付款记账凭证，并据以登记银行存款日记账及其他相关账簿。以记录银行存款支出为例，有关控制包括：会计主管应独立检查记入银行存款日记账和应付账款明细账的金额的一致性，以及与支票汇总记录的一致性；通过定期比较银行存款日记账记录的日期与支票副本的日期，独立检查入账的及时性；独立编制银行存款余额调节表。

第二节　采购与付款循环的内部控制和控制测试

一、采购交易的内部控制

（一）内部控制目标、内部控制与审计测试的关系

表 12-2 列示了采购交易的内部控制目标、关键内部控制和审计测试的关系。

表 12-2　采购交易的控制目标、关键内部控制和测试一览表

内部控制目标	关键内部控制	常用的控制测试	常用的交易实质性程序
所记录的采购都确已收到商品或已接受劳务（存在）	请购单、订购单、验收单和卖方发票一应俱全，并附在付款凭单后 采购经适当级别批准 注销凭证以防止重复使用 对卖方发票、验收单、订购单和请购单作内部核查	查验付款凭单后是否附有完整的相关单据 检查批准采购的标记 检查注销凭证的标记 检查内部核查的标记	复核采购明细账、总账及应付账款明细账，注意是否有大额或不正常的金额 检查卖方发票、验收单、订购单和请购单的合理性和真实性 追查存货的采购至存货永续盘存记录 检查取得的固定资产
已发生的采购交易均已记录（完整性）	订购单均经事先连续编号并将已完成的采购登记入账 验收单均经事先连续编号并已登记入账 应付凭单经经事先连续编号并已登记入账	检查订购单连续编号的完整性 检查验收单连续编号的完整性 检查应付凭单连续编号的完整性	从验收单追查至采购明细账 从卖方发票追查至采购明细账
所记录的采购交易估价正确（准确性、计价和分摊）	对计算准确性进行内部核查 采购价格和折扣的批准	检查内部核查的标记 检查批准采购价格和折扣的标记	将采购明细账中记录的交易卖方发票、验收单和其他证明文件比较 复算包括折扣和运费在内的卖方发票填写金额的准确性
采购交易的分类的正确（分类）	采用适当的会计科目表 分类的内部核查	检查工作手册和会计科目表 检查有关凭证上内部核查的标记	参照卖方发票，比较会计科目表上的分类
采购交易按正确的日期记录（截止）	要求收到商品或接受劳务后及时记录采购交易 内部核查	检查工作手册并观察有无未记录的卖方发票存在 检查内部核查的标记	将验收单和卖方发票上的日期与采购明细账中的日期进行比较
采购交易被正确记入应付账款和存货等明细账中，并正确汇总（准确性、计价和分摊）	应付账款明细账内容的内部核查	检查内部核查的标记	通过加计采购明细账，追查过入采购总账和应付账款、存货明细账的数额是否正确，用以测试过账和汇总的正确性

（二）采购交易的内部控制

应付账款，固定资产等财务报表项目均属采购与付款循环。如果被审计单位具有健全

并且运行良好的相关内部控制，注册会计师把审计重点放在控制测试和交易的实质性程序上，则既可以降低审计风险，又可大大减少报表项目实质性程序的工作量，提高审计效率。对每一项内部控制目标，也就是注册会计师实施相应控制测试和交易实质性程序所要达到的审计目标，审计时都需按前面有关章节已讨论过的逻辑过程处理。注册会计师必须了解被审计单位的内部控制，确定其存在哪些关键的内部控制。一旦注册会计师确认了每一目标的有效控制和薄弱环节，就要对每一目标的控制风险作出初步评估，通过制定计划确定对哪些控制实施控制测试。而对与这些目标有关的、旨在发现金额错误的交易实质性程序，则应根据对控制风险的初步评估和计划实施的控制测试加以确定。当注册会计师对每一项目标均制定了审计测试程序后，把这些审计测试程序综合起来即可构成一个能够有效执行的审计方案。很显然，采购与付款循环的交易测试包括采购交易测试和付款交易测试两个部分。采购交易包括请购商品、劳务，编制订购单，验收商品，储存已验收的商品，编制付款凭单，确认与记录债务。付款交易则包括支付负债、记录现金、银行存款支出。鉴于采购交易与销售交易无论在控制目标还是在关键内部控制方面，就原理而言大同小异，并且表 12-2 也比较容易理解，因此，以下仅就采购交易内部控制的特殊之处予以说明。

1. 适当的职责分离

如前所述，适当的职责分离有助于防止各种有意或无意的错误。与销售和收款交易一样，采购与付款交易也需要适当的职责分离。企业应当建立采购与付款交易的岗位责任制，明确相关部门和岗位的职责、权限，确保办理采购与付款交易的不相容岗位相互分离、制约和监督。采购与付款交易不相容岗位至少包括：请购与审批；询价与确定供应商；采购合同的订立与审批；采购与验收；采购、验收与相关会计记录；付款审批与付款执行。这些都是对企业提出的、有关采购与付款交易相关职责适当分离的基本要求，以确保办理采购与付款交易的不相容岗位相互分离、制约和监督。

2. 内部核查程序

企业应当建立对采购与付款交易内部控制的监督检查制度。采购与付款交易内部控制监督检查的主要内容通常包括：①采购与付款交易相关岗位及人员的设置情况。重点检查是否存在采购与付款交易不相容职务混岗的现象。②采购与付款交易授权批准制度的执行情况。重点检查大宗采购与付款交易的授权批准手续是否健全，是否存在越权审批的行为。③应付账款和预付账款的管理。重点审查应付账款和预付账款支付的正确性、时效性和合法性。④有关单据、凭证和文件的使用和保管情况。重点检查凭证的登记、领用、传递、保管、注销手续是否健全，使用和保管制度是否存在漏洞。

3. 对表 12-2 有关内容的说明

1）所记录的采购都确已收到商品或已接受劳务

如果注册会计师对被审计单位在这个目标上的控制的恰当性感到满意，为查找不正确的、没有真实发生的交易而执行的测试程序就可大为减少。恰当的控制可以防止那些主要使管理层和员工而非被审计单位本身受益的交易，作为被审计单位的费用支出或资产入账。在有些情况下，不正确的交易是显而易见的。例如，员工未经批准就购置个人用品，或通过在付款凭单登记簿上虚记一笔采购而侵吞公款。但在另外一些情况下，交易的正确与否却很难评判，如支付被审计单位管理人员在俱乐部的个人会费、支付管理人员及其家属的度假费用等。如果发觉被审计单位对这些不正当的、站不住脚的交易的控制不充分，注册会计师在审计中就需对与这些交易有关的单据进行广泛、深入的检查。

2）已发生的采购交易均已记录

应付账款是因在正常的商业过程中接受商品和劳务而产生的尚未付款的负债。已经验收的商品和接受的劳务若未予以入账，将直接影响应付账款余额，从而低计企业的负债。如果注册会计师确信被审计单位所有的采购交易均已准确、及时地登记入账，就可以从了解和测试其内部控制入手进行审计，从而大大减少对固定资产和应付账款等财务报表项目实施实质性程序的工作量，大大降低审计成本。

3）所记录的采购交易估价正确

由于许多资产、负债和费用项目的估价有赖于相关采购交易在采购明细账上的正确记录，因此，对这些报表项目实施实质性程序的范围，在很大程度上取决于注册会计师对被审计单位采购交易内部控制执行效果的评价。如认为采购交易内部控制执行良好，则注册会计师对这些报表项目计价准确性实施的实质性程序的数量，显然要比采购交易内部控制不健全或形同虚设的企业少得多。

当被审计单位对存货采用永续盘存制核算时，如果注册会计师确信其永续盘存记录是准确、及时的，存货项目的实质性程序就可予以简化。被审计单位对永续盘存记录中的采购环节的内部控制，一般应作为审计中对采购交易进行控制测试的对象之一，在审计中起着关键作用。如果这些控制能够有效地运行，并且永续盘存记录中又能反映出存货的数量和单位成本，还可以因此减少存货监盘和存货单位成本测试的工作量。

二、付款交易的内部控制

在内部控制健全的企业，与采购相关的付款交易即支出交易同样有其内部控制目标和内部控制，注册会计师应针对每个主要的具体内部控制目标确定关键的内部控制，并对此实施相应的控制测试和交易的实质性程序。付款交易中的控制测试的性质取决于内部控制的性质，而付款交易的实质性程序的实施范围，在一定程度上取决于关键控制是否存在以及控制测试的结果。由于采购和付款交易同属一个交易循环，联系紧密，因此，对付款交易的部分测试可与测试采购交易一并实施。当然，另一些付款交易测试仍需单独实施。需要指出的是，对于每个企业而言，由于性质、所处行业、规模以及内部控制健全程度等不同，而使得与付款交易相关的内部控制内容可能有所不同，但下列与付款交易相关的内部控制内容是应当共同遵循的：①企业应当按照《现金管理暂行条例》《支付结算办法》等有关货币资金内部会计控制的规定办理采购付款交易。②企业财会部门在办理付款交易时，应当对采购发票、结算凭证、验收证明等相关凭证的真实性、完整性、合法性及合规性进行严格审核。③企业应当建立预付账款和定金的授权批准制度，加强预付账款和定金的管理。④企业应当加强应付账款和应付票据的管理，由专人按照约定的付款日期、折扣条件等管理应付款项。已到期的应付款项需经有关授权人员审批后方可办理结算与支付。⑤企业应当建立退货管理制度，对退货条件、退货手续、货物出库、退货货款回收等作出明确规定，及时收回退货款。⑥企业应当定期与供应商核对应付账款、应付票据、预付款项等往来款项。如有不符，应查明原因，及时处理。

三、固定资产的内部控制

在业务循环划分中，固定资产通常归属于采购与付款循环，固定资产与一般的商品在内部控制和控制测试问题上固然有许多共性的地方，但固定资产还有其特殊性，有必要对其单独加以说明。就多数制造业的被审计单位而言，固定资产在其资产总额中占有很大的比重，固定资产的构建会影响其现金流量，而固定资产的折旧、维修等费用则是影响其损益的重要因素。固定资产管理一旦失控，所造成的损失将远远超过一般的商品存货等流动资产。所以，为了确保固定资产的真实、完整、安全和有效利用，被审计单位应当建立和健全以下固定资产的内部控制。

（一）固定资产的预算制度

预算制度是固定资产内部控制中最重要的部分。通常，大中型企业应编制旨在预测与控制固定资产增减和合理运用资金的年度预算；小规模企业即使没有正规的预算，对固定资产的构建也要事先加以计划。

（二）授权批准制度

完善的授权批准制度包括：企业的资本性预算只有经过董事会等高层管理机构批准方可生效；所有固定资产的取得和处置均需经企业管理层书面认可。

（三）账簿记录制度

除固定资产总账外，被审计单位还需设置固定资产明细分类账和固定资产登记卡，按固定资产类别、使用部门和每项固定资产进行明细分类核算。固定资产的增减变化均应有充分的原始凭证。

（四）职责分工制度

对固定资产的取得、记录、保管、使用、维修、处置等，均应明确划分责任，由专门部门和专人负责。

（五）资本性支出和收益性支出的区分制度

企业应制定区分资本性支出和收益性支出的书面标准。通常需明确资本性支出的范围和最低金额，凡不属于资本性支出的范围、金额低于下限的任何支出，均应列作费用并抵减当期收益。

（六）固定资产的处置制度

固定资产的处置包括投资转出、报废、出售等，均要有一定的申请报批程序。

（七）固定资产的定期盘点制度

对固定资产的定期盘点，是验证账面各项固定资产是否真实存在、了解固定资产放置地点和使用状况以及发现是否存在未入账固定备产的必要手段。

（八）固定资产的维护保养制度

固定资产应有严密的维护保养制度，以防止其因各种自然和人为的因素而遭受损失，并应建立日常维护和定期检修制度，以延长其使用寿命。严格地讲，固定资产的保险不属于企业固定资产的内部控制范围，但它作为一项针对企业重要资产的特别保障，往往对企业非常重要。

四、在建工程的内部控制

作为与固定资产密切相关的一个项目，在建工程项目有其特殊性。在建工程的内部控制通常包括以下内容。

（一）岗位分工与授权批准

1. 企业应当建立工程项目业务的岗位责任制

企业应当明确相关部门和岗位的职责、权限，确保办理工程项目业务的不相容岗位相互分离、制约和监督。工程项目业务不相容岗位一般包括：项目建议、可行性研究与项目决策；概预算编制与审核；项目实施与价款支付；竣工决算与竣工审计。

2. 企业应当对工程项目相关业务建立严格的授权批准制度

企业应当明确审批人的授权批准方式、权限、程序、责任及相关控制措施，规定经办人的职责范围和工作要求。审批人应当根据工程项目相关业务授权批准制度的规定，在授权范围内进行审批，不得超越审批权限。经办人应当在职责范围内，按照审批人的批准意见办理工程项目业务。对于审批人超越授权范围审批的工程项目业务，经办人有权拒绝办理，并及时向审批人的上级授权部门报告。

3. 企业应当制定工程项目业务流程

企业应当明确项目决策、概预算编制、价款支付、竣工决算等环节的控制要求，并设置相应的记录或凭证，如实记载各环节业务的开展情况，确保工程项目全过程得到有效控制。

(二) 项目决策控制

企业应当建立工程项目决策环节的控制制度，对项目建议书和可行性研究报告的编制、项目决策程序等作出明确规定，确保项目决策科学、合理。

(三) 概预算控制

企业应当建立工程项目概预算环节的控制制度，对概预算的编制、审核等作出明确规定，确保概预算编制科学、合理。

(四) 价款支付控制

企业应当建立工程进度价款支付环节的控制制度，对价款支付的条件、方式以及会计核算程序作出明确规定，确保价款支付及时、正确。

(五) 竣工决算控制

企业应当建立竣工决算环节的控制制度，对竣工清理、竣工决算、竣工审计、竣工验收等作出明确规定，确保竣工决算真实、完整、及时。

(六) 监督检查

企业应当建立对工程项目内部控制的监督检查制度，明确监督检查机构或人员的职责权限，定期或不定期地进行检查。检查内容主要包括：工程项目业务相关岗位及人员的设置情况；工程项目业务授权批准制度的执行情况；工程项目决策责任制的建立及执行情况；概预算控制制度的执行情况；各类款项支付制度的执行情况；竣工决算制度的执行情况。

五、评估重大错报风险

在实施控制测试和实质性程序之前，注册会计师需要了解被审计单位采购与付款交易和相关余额的内部控制的设计、执行情况，评估认定层次的财务报表重大错报风险，并对被审计单位特殊的交易活动和可能影响财务报表真实反映的事项保持职业怀疑态度。这将影响到注册会计师决定采取何种适当的审计方法。影响采购与付款交易和余额的重大错报风险可能包括以下内容。

（一）管理层错报费用支出的偏好和动因

被审计单位管理层可能为了完成预算，满足业绩考核要求，保证从银行获得额外的资金，吸引潜在投资者，误导股东，影响公司股价，或通过把私人费用计入公司进行个人盈利而错报支出。常见的方法可能有：①把通常应当及时计入损益的费用资本化，然后通过资产的逐步摊销予以消化。这对增加当年的利润和留存收益都将产生影响。②平滑利润。通过多计准备或少计负债和准备，把损益控制在被审计单位管理层希望的程度。③利用特别目的实体把负债从资产负债表中剥离，或利用关联方间的费用定价优势制造虚假的收益增长趋势。④通过复杂的税务安排推延或隐瞒所得税和增值税。⑤被审计单位管理层把私人费用计入企业费用，把企业资金当作私人资金运作。

（二）费用支出的复杂性

例如，被审计单位以复杂的交易安排购买一定期间的多种服务，管理层对于涉及的服务受益与付款安排所涉及的复杂性缺乏足够的了解。这可能导致费用支出分配或计提的错误。

（三）管理层凌驾于控制之上和员工舞弊的风险

例如，通过与第三方串通，把私人费用计入企业费用支出，或有意无意地重复付款。

（四）采用不正确的费用支出截止期

将本期采购并收到的商品计入下一会计期间；或者将下一会计期间采购的商品提前计入本期；未及时计提尚未付款的已经购买的服务支出等。

（五）低估

在承受反映较高盈利水平和营运资本的压力下，被审计单位管理层可能试图低估准备和应付账款，包括低估对存货、应收账款应计提的减值以及对已售商品提供的担保（例如售后服务承诺）应计提的准备。

（六）不正确地记录外币交易

当被审计单位进口用于出售的商品时，可能由于采用不恰当的外币汇率而导致该项采购的记录出现差错。此外，还存在未能将诸如运费、保险费和关税等与存货相关的进口费用进行正确分摊的风险。

（七）舞弊和盗窃的固有风险

如果被审计单位经营大型零售业务，由于所采购商品和固定资产的数量及支付的款项庞大，交易复杂，容易造成商品发运错误，员工和客户发生舞弊和盗窃的风险较高。如果那些负责付款的会计人员有权接触应付账款主文档，并能够通过在应付账款主文档中擅自添加新的账户来虚构采购交易，风险也会增加。

（八）存货成本计量不当

存货的采购成本没有按照适当的计量属性确认，结果可能导致存货成本和销售成本的核算不正确。

（九）存在未记录的权利和义务

这可能导致资产负债表分类错误以及财务报表附注不正确或披露不充分。

总之，当被审计单位管理层具有高估利润的动机时，注册会计师应当主要关注费用支出和应付账款的低计。重大错报风险集中体现在遗漏交易，采用不正确的费用支出截止期，以及错误划分资本性支出和费用性支出。这些将对完整性、截止、发生、存在、准确性和分类认定产生影响。为评估重大错报风险，注册会计师应详细了解有关交易或付款的内部控制，这些控制主要是为预防、检查和纠正前面所认定的重大错报的固有风险而设置的。注册会计师可以通过审阅以前年度审计工作底稿、观察内部控制执行情况、询问管理层和员工、检查相关的文件和资料等方法加以了解。对相关文件和资料的检查可以提供审计证据，比如通过检查供应商对账表和银行对账单，能够发现差错并加以纠正。在评估重大错报风险时，注册会计师之所以需要充分了解被审计单位对采购与付款交易的控制活动，目的在于使得计划实施的审计程序更加有效。也就是说，注册会计师必须对被审计单位的重大错报风险有一定认识，在此基础上设计并实施进一步审计程序，才能有效应对重大错报风险。

六、控制测试

（一）以内部控制目标为起点的控制测试

表 12－2“采购交易的控制目标、关键内部控制和测试一览表”，以内部控制目标和相关认定为起点，列示了相应的关键内部控制和常用控制测试程序，并就采购交易、付款交易、固定资产及在建工程的内部控制进行了讨论。由于表 12－2 列示的采购交易的常用控制测试程序比较清晰，无需逐一解释，因此，下面仅仅讨论在实施采购与付款交易的控制测试时应当注意的一些内容。另外，鉴于固定资产和在建工程项目有着不同于一般商品的特殊性，对其控制测试问题也分别单独加以阐述。

1. 获取支持将被审计单位的控制风险评价为中或低的证据

注册会计师如果通过控制测试能够获取这些证据，就可以接受较高的检查风险，并在很大程度上可以通过实施实质性分析程序获取进一步的审计证据，同时减少对采购与付款交易和相关余额实施细节测试的依赖。

2. 考虑采购与付款交易控制测试的重要性

注册会计师通常对这一循环采用属性抽样审计方法。在测试该循环中的大多数属性时，注册会计师通常选择相对较低的可容忍误差。另外，由于采购与付款循环中各财务报表项目所涉及的交易业务量和金额的大小往往相差悬殊，使得注册会计师在审计时常将其中大额的和不寻常的项目筛选出来，百分之百地加以测试。

3. 应抽查采购与付款交易形成的原始单据

对于请购商品和劳务、编制订购单、验收商品主要业务活动，注册会计师在实施控制测试时，应抽取请购单、订购单和商品验收单，检查请购单、订购单是否得到适当审批，验收单是否有相关人员的签名，订购单和验收单是否按顺序编号。有些被审计单位的内部控制要求，应付账款记账员应定期汇总该期间生成的所有订购单并与请购单核对，编制采购信息报告。对此，注册会计师在实施控制测试时，应抽取采购信息报告，检查其是否已复核，如有不符，是否已经及时调查和处理。

对于编制付款凭单、确认与记录负债这两项主要业务活动，被审计单位的内部控制通常要求应付账款记账员将采购发票所载信息与验收单、订购单进行核对，核对相符应在发票上加盖“相符”印戳。对此，注册会计师在实施控制测试时，应抽取订购单、验收单和采购发票，检查所载信息是否核对一致，发票上是否加盖了“相符”印戳。有些被审计单位内部控制要求，每月末，应付账款主管应编制应付账款账龄分析报告，其内容还包括应付账款总额与应付账款明细账合计数以及应付账款明细账与供应商对账单的核对情况。如有差异，应付账款主管应立即进行调查，如调查结果表明需调整账务记录，则应编制应付账款调节表和调整建议。对此，注册会计师在实施控制测试时，应抽取应付账款调节表，检查调节项目与有效的支持性文件是否相符，以及是否与应付账款明细账相符。

对于付款这项主要业务活动，有些被审计单位内部控制要求，由应付账款记账员负责编制付款凭证，并附相关单证，提交会计主管审批。在完成对付款凭证及相关单证的复核后，会计主管在付款凭证上签字，作为复核证据，并在所有单证上加盖“核销”印戳。对此，注册会计师在实施控制测试时，应抽取付款凭证，检查其是否经由会计主管复核和审批，并检查款项支付是否得到适当人员的复核和审批。

4. 固定资产的内部控制测试

注册会计师在对被审计单位的固定资产实施控制测试时应注意以下内容。

1）对于固定资产的预算制度

注册会计师应选取固定资产投资预算和投资可行性项目论证报告，检查是否编制预算并进行论证，以及是否经适当层次审批；对实际支出与预算之间的差异以及未列入预算的特殊事项，应检查其是否履行特别的审批手续。如果固定资产增减均能处于良好的经批准的预算控制之内，注册会计师即可适当减少针对固定资产增加、减少实施的实质性程序的样本量。

2）对于固定资产的授权批准制度

注册会计师不仅应检查被审计单位固定资产授权批准制度本身是否完善，还应选取固定资产请购单及相关采购合同，检查是否得到适当审批和签署，关注授权批准制度是否得到切实执行。

3）对于固定资产的账簿记录制度

注册会计师应当认识到，一套设置完善的固定资产明细分类账和登记卡，将为分析固定资产的取得和处置、复核折旧费用和修理支出的列支带来帮助。

4）对于固定资产的职责分工制度

注册会计师应当认识到，明确的职责分工制度，有利于防止舞弊，降低注册会计师的审计风险。

5）对于资本性支出和收益性支出的区分制度

注册会计师应当检查该制度是否遵循企业会计准则的要求，是否适应被审计单位的行业特点和经营规模，并抽查实际发生与固定资产相关的支出时是否按照该制度进行恰当的会计处理。

6）对于固定资产的处置制度

注册会计师应当关注被审计单位是否建立了有关固定资产处置的分级申请报批程序；抽取固定资产盘点明细表，检查账实之间的差异是否经审批后及时处理；抽取固定资产报废单，检查报废是否经适当批准和处理；抽取固定资产内部调拨单，检查调入、调出是否已进行适当处理；抽取固定资产增减变动情况分析报告，检查是否经复查。

7）对于固定资产的定期盘点制度

注册会计师应了解和评价企业固定资产盘点制度，并应注意查询盘盈、盘亏固定资产的处理情况。

8）对于固定资产的保险情况

注册会计师应抽取固定资产保险单盘点表，检查是否已办理商业保险。

5. 在建工程的内部控制测试

如果被审计单的在建工程项目比较重要，占其资产总额的比重较大，则对在建工程项目的内部控制测试，注册会计师应注意把握以下几点：①对工程项目业务相关岗位及人员的设置情况，应重点检查是否存在不相容职务混岗的现象。②对工程项目业务授权批准制度的执行情况，应重点检查重要业务的授权批准手续是否健全，是否存在越权审批行为。③对工程项目决策责任制的建立及执行情况，应重点检查责任制度是否健全，奖惩措施是否落实到位。④对概预算控制制度的执行情况，应重点检查概预算编制的依据是否真实，是否按规定对概预算进行审核。⑤对各类款项支付制度的执行情况，应重点检查工程款、材料设备款及其他费用的支付是否符合相关法规、制度和合同的要求。⑥对竣工决算制度的执行情况，应重点检查是否按规定办理竣工决算、实施决算审计。

第三节　采购与付款循环的实质性程序

采购与付款交易的主要重大错报风险通常是低估费用和应付账款，从而高估利润、粉饰财务状况。因此，实施实质性程序，如对收到的商品和付款实施截止测试，以获取交易是否已被计入正确的会计期间的证据就显得非常重要；该交易循环中的另一项重大错报风险是采购的商品、资产被错误分类，即对本应资本化的予以费用化，或对本应费用化的予以资本化。这都将影响利润和资产或负债。此外，对于付款交易，还应关注被审计单位是否存在未经授权或无效的付款，是否将应计入费用的付款有意无意地冲销了不相关的应付账款。针对上述重大错报风险实施实质性审计程序的目标在于获取关于发生、完整性、准确性、截止、存在、权利和义务、计价和分摊、分类等多项认定的审计证据。

为实现上述审计目标，注册会计师应当通过识别管理层用于监控费用和应付账款的关键业绩指标，来识别重要类别的采购交易和应付账款余额；将有关资产或负债项目的期初余额与以前年度工作底稿核对相符；复核管理层对主要费用和负债项目（如采购支出、资产的修理和维护支出、应付账款项目）出现的异常情况采取的措施；并将期末余额或本期发生额与总分类账核对相符。采购与付款循环主要包括应付账款、预付款项、固定资产、在建工程、无形资产、开发支出、商誉、长期待摊费用、应付票据、长期应付款和管理费用等报表项目，限于篇幅，本节仅阐述应付账款和固定资产两个报表项目的实质性程序。

一、应付账款的实质性程序

应付账款是企业在正常经营过程中，因购买材料、商品和接受劳务供应等经营活动而应付给供应商的款项。注册会计师应结合赊购交易进行应付账款的审计。

（一）应付账款的审计目标

应付账款的审计目标一般包括：确定资产负债表中记录的应付账款是否存在；确定所有应当记录的应付账款是否均已记录；确定资产负债表中记录的应付账款是否为被审计单位应当履行的现时义务；确定应付账款是否以恰当的金额包括在财务报表中，与之相关的计价调整是否已恰当记录；确定应付账款是否已按照企业会计准则的规定在财务报表中作出恰当的列报。

（二）应付账款的实质性程序

（1）获取或编制应付账款明细表。

①复核加计是否正确，并与报表数、总账数和明细账合计数核对是否相符。

②检查非记账本位币应付账款的折算汇率及折算是否正确。

③分析出现借方余额的项目，查明原因，必要时，建议作重分类调整。

④结合预付账款、其他应付款等往来项目的明细余额，调查有无同挂的项目、异常余额或与购货无关的其他款项（如关联方账户或雇员账户），如有，应作出记录，必要时建议作出调整。

（2）对应付账款执行实质性分析程序。

根据被审计单位实际情况，选择以下方法对应付账款实施实质性分析程序。

①将期末应付账款余额与期初余额进行比较，分析波动原因。

②分析长期挂账的应付账款，要求被审计单位作出解释，判断被审计单位是否缺乏偿债能力或利用应付账款隐瞒利润，并注意其是否可能无需支付。对确实无需支付的应付账款的会计处理是否正确，依据是否充分；关注账龄超过 3 年的大额应付账款在资产负债表日后是否偿付，检查偿付记录、单据及披露情况。

③计算应付账款与存货的比率，应付账款与流动负债的比率，并与以前年度相关比率对比分析，评价应付账款整体的合理性。

④分析存货和营业成本等项目的增减变动，判断应付账款增减变动的合理性。

（3）函证应付账款。

一般情况下，并非必须函证应付账款，这是因为函证不能保证查出未记录的应付账款，况且注册会计师能够取得采购发票等外部凭证来证实应付账款的余额。但如果控制风险较高，某应付账款明细账户金额较大，则应考虑进行应付账款的函证。进行函证时，注册会计师应选择较大金额的债权人，以及那些在资产负债表日金额不大，甚至为零，但为被审计单位重要供应商的债权人，作为函证对象。函证最好采用积极函证方式，并具体说明应付金额。与应收账款的函证一样，注册会计师必须对函证的过程进行控制，要求债权人直接回函，并根据回函情况编制与分析函证结果汇总表，对未回函的，应考虑是否再次函证。如果存在未回函的重大项目，注册会计师应采用替代审计程序。比如，可以检查决算日后应付账款明细账及库存现金和银行存款日记账，核实其是否已支付，同时检查该笔债务的相关凭证资料，如合同、发票、验收单，核实应付账款的真实性。

（4）检查是否存在未入账的应付账款。

结合以下内容检查应付账款是否计入了正确的会计期间。

①检查债务形成的相关原始凭证，如供应商发票、验收报告或入库单等，查找有无未及时入账的应付账款，确认应付账款期末余额的完整性。

②检查资产负债表日后应付账款明细账贷方发生额的相应凭证，关注其购货发票的日期，确认其入账时间是否合理。

③获取被审计单位与其供应商之间的对账单，并将对账单和被审计单位财务记录之间的差异进行调节（如在途款项、在途商品、付款折扣、未记录的负债等），查找有无未入账的应付账款，确定应付账款金额的准确性。

④针对资产负债表日后付款项目，检查银行对账单及有关付款凭证（如银行汇款通知、供应商收据等），询问被审计单位内部或外部的知情人员，查找有无未及时入账的应

付账款。

⑤结合存货监盘程序，检查被审计单位在资产负债日前后的存货入库资料（验收报告或入库单），检查是否有大额货到单未到的情况，确认相关负债是否计入了正确的会计期间。

如果注册会计师通过这些审计程序发现某些未入账的应付账款，应将有关情况详细记入审计工作底稿，并根据其重要性确定是否需建议被审计单位进行相应的调整。

(5) 针对已偿付的应付账款，追查至银行对账单、银行付款单据和其他原始凭证，检查其是否在资产负债表日前真实偿付。

(6) 针对异常或大额交易及重大调整事项（如大额的购货折扣或退回，会计处理异常的交易，未经授权的交易，或缺乏支持性凭证的交易等），检查相关原始凭证和会计记录，以分析交易的真实性、合理性。

(7) 被审计单位与债权人进行债务重组的，检查不同债务重组方式下的会计处理是否正确。

(8) 标明应付关联方［包括持5%以上（含5%）表决权股份的股东］的款项，执行关联方及其交易审计程序，并注明合并报表时应予抵销的金额。

(9) 检查应付账款是否已按照企业会计准则的规定在财务报表中作出恰当列报。一般来说，“应付账款”项目应根据“应付账款”和“预付账款”科目所属明细科目的期末贷方余额的合计数填列。

如果被审计单位为上市公司，则通常在其财务报表附注中应说明有无欠持有5%以上（含5%）表决权股份的股东账款；说明账龄超过3年的大额应付账款未偿还的原因，并在期后事项中反映资产负债表日后是否偿还。

二、固定资产的实质性程序

固定资产是指同时具有下列两个特征的有形资产：①为生产商品、提供劳务、出租或经营管理而持有的。②使用寿命超过一个会计年度。这里的使用寿命是指企业使用固定资产的预计期间，或者该固定资产所能生产产品或提供劳务的数量。固定资产只有同时满足与该固定资产有关的经济利益很可能流入企业，且该固定资产的成本能够可靠地计量时才能予以确认。固定资产折旧则是指在固定资产的使用寿命内，按照确定的方法对应计折旧额进行系统分摊。固定资产科目余额反映企业所有固定资产的原价，累计折旧科目余额反映企业固定资产的累计折旧数额，固定资产减值准备科目余额反映企业对固定资产计提的减值准备数额，固定资产项目余额由固定资产科目余额扣除累计折旧科目余额和固定资产减值准备科目余额构成，这3项无疑属于固定资产的审计范围。除此之外，由于固定资产的增加包括购置、自行建造、投资者投入、融资租入、更新改造、以非现金资产抵偿债务方式取得或以应收债权换入、以非货币性资产交换方式换入、经批准无偿调入、接受捐赠和盘盈等多种途径，相应涉及货币资金、应付账款、预付款项、在建工程、股本、资本公积、长期应付款、递延所得税负债等项目；企业的固定资产又因出售、报废、投资转出、捐赠转出、抵债转出、以非货币性资产交换方式换出、无偿调出、毁损和盘亏等原因而减少，与固定资产清理、其他应收款、营业外收入和营业外支出等项目有关；另外，企业按月计提固定资产折旧，这又与制造费用、销售费用、管理费用等项目联系在一起。因此，在进行固定资产审计时，应当关注这些相关项目。广义的固定资产审计范围，自然也包括这些相关项目在内。

（一）固定资产的审计目标

固定资产的审计目标一般包括：确定资产负债表中记录的固定资产是否存在；确定所有应记录的固定资产是否均已记录；确定记录的固定资产是否由被审计单位拥有或控制；确定固定资产以恰当的金额包括在财务报表中，与之相关的计价或分摊已恰当记录；确定固定资产原价、累计折旧和固定资产减值准备是否已按照企业会计准则的规定在财务报表中作出恰当列报。

（二）固定资产——账面余额的实质性程序

（1）获取或编制固定资产和累计折旧分类汇总表。

检查固定资产的分类是否正确并与总账数和明细账合计数核对是否相符，结合累计折旧、减值准备科目与报表数核对是否相符。固定资产和累计折旧分类汇总表又称一览表或综合分析表，是审计固定资产和累计折旧的重要工作底稿，其参考格式如表 12-3 所示。

表 12-3 固定资产和累计折旧分类汇总表

年 月 日

编制人： 日期：

被审计单位：_______ 复核人： 日期：

固定资产类别	固定资产				累计折旧					
	期初余额	本期增加	本期减少	期末余额	折旧方法	折旧率	期初余额	本期增加	本期减少	期末余额
合计										

汇总表包括固定资产与累计折旧两部分，应按照固定资产类别分别填列。需要解释的是期初余额栏，注册会计师对其审计应分 3 种情况：一是在连续审计情况下，应注意与上期审计工作底稿中的固定资产和累计折旧的期末余额审定数核对相符。二是在变更会计师事务所时，后任注册会计师应查阅前任注册会计师有关工作底稿。三是如果被审计单位以往未经注册会计师审计，即在首次接受审计情况下，注册会计师应对期初余额进行较全面的审计，尤其是当被审计单位的固定资产数量多、价值高、占资产总额比重大时，最理想的方法是全面审计被审计单位设立以来“固定资产”和“累计折旧”账户中的所有重要

的借贷记录。这样，既可核实期初余额的真实性，又可从中加深对被审计单位固定资产管理和会计核算工作的了解。

（2）对固定资产执行实质性分析程序。

①基于对被审计单位及其环境的了解，通过进行以下比较，并考虑有关数据间关系的影响，建立有关数据的期望值：a. 分类计算本期计提折旧额与固定资产原值的比率，并与上期比较；b. 计算固定资产修理及维护费用占固定资产原值的比例，并进行本期各月、本期与以前各期的比较。

②确定可接受的差异额。

③将实际情况与期望值相比较，识别需要进一步调查的差异。

④如果其差额超过可接受的差异额，调查并获取充分的解释和恰当的佐证审计证据，如检查相关的凭证。

⑤评估实质性分析程序的测试结果。

（3）实地检查重要固定资产。

实施实地检查审计程序时，注册会计师可以以固定资产明细分类账为起点，进行实地追查，以证明会计记录中所列固定资产确实存在，并了解其目前的使用状况；也应考虑以实地为起点，追查至固定资产明细分类账，以获取实际存在的固定资产均已入账的证据。当然，注册会计师实地检查的重点是本期新增加的重要固定资产，有时，观察范围也会扩展到以前期间增加的重要固定资产。观察范围的确定需要依据被审计单位内部控制的强弱、固定资产的重要性和注册会计师的经验来判断。如为首次接受审计，则应适当扩大检查范围。

（4）检查固定资产的所有权或控制权。

对各类固定资产，注册会计师应获取、收集不同的证据以确定其是否确归被审计单位所有：对外购的机器设备等固定资产，通常经审核采购发票、采购合同等予以确定；对于房地产类固定资产，需查阅有关的合同、产权证明、财产税单、抵押借款的还款凭据、保险单等书面文件；对融资租入的固定资产，应验证有关融资租赁合同，证实其并非经营租赁；对汽车等运输设备，应验证有关运营证件等；对受留置权限制的固定资产，通常还应审核被审计单位的有关负债项目等予以证实。

（5）检查本期固定资产的增加。

被审计单位如果不正确核算固定资产的增加，将对资产负债表和利润表产生长期的影响。因此，审计固定资产的增加，是固定资产实质性程序中的重要内容。固定资产的增加有多种途径，审计中应注意以下 3 点。

①询问管理层当年固定资产的增加情况，并与获取或编制的固定资产明细表进行核对。

②检查本年度增加固定资产的计价是否正确，手续是否齐备，会计处理是否正确。

a. 对于外购固定资产，通过核对采购合同、发票、保险单、发运凭证等资料，抽查测试其入账价值是否正确，授权批准手续是否齐备，会计处理是否正确；如果购买的是房屋建筑物，还应检查契税的会计处理是否正确；检查分期付款购买固定资产的入账价值及会计处理是否正确。

b. 对于在建工程转入的固定资产，应检查在建工程转入固定资产的时点是否符合会计准则的规定，入账价值与在建工程的相关记录是否核对相符，是否与竣工决算、验收和移交报告等一致；对已经达到预定可使用状态，但尚未办理竣工决算手续的固定资产，检查其是否已按估计价值入账，相关估价是否合理，并按规定计提折旧。

c. 对于投资者投入的固定资产，检查投资者投入的固定资产是否按投资各方确认的价值入账，并检查确认价值是否公允，交接手续是否齐全；涉及国有资产的，是否有评估报告并经国有资产管理部门评审备案或核准确认。

d. 对于更新改造增加的固定资产，检查通过更新改造而增加的固定资产，增加的原值是否符合资本化条件，是否真实，会计处理是否正确，重新确定的剩余折旧年限是否恰当。

e. 对于融资租赁增加的固定资产，获取融资租入固定资产的相关证明文件，检查融资租赁合同的主要内容，并结合长期应付款、未确认融资费用科目检查相关的会计处理是否正确。

f. 对于企业合并、债务重组和非货币性资产交换增加的固定资产，检查产权过户手续是否齐备，检查固定资产入账价值及确认的损益和负债是否符合规定。

g. 如果被审计单位为外商投资企业，检查其采购国产设备退还增值税的会计处理是否正确。

h. 对于通过其他途径增加的固定资产，应检查增加固定资产的原始凭证，核对其计价及会计处理是否正确，法律手续是否齐全。

③检查固定资产是否存在弃置费用，如果存在弃置费用，检查弃置费用的估计方法和弃置费用现值的计算是否合理，会计处理是否正确。

（6）检查本期固定资产的减少。

固定资产的减少主要包括出售、向其他单位投资转出、向债权人抵债转出、报废、毁损、盘亏等。有的被审计单位在全面清查固定资产时，常常会出现固定资产账存实亡现象，这可能是由于固定资产管理或使用部门不了解报废固定资产与会计核算两者间的关系，擅自报废固定资产而未及时通知财务部门作相应的会计核算所致，这样势必造成财务报表反映失真。审计固定资产减少的主要目的就在于查明已减少的固定资产是否已作适当的会计处理。其审计要点如下。

①结合固定资产清理科目，抽查固定资产账面转销额是否正确。

②检查出售、盘亏、转让、报废或毁损的固定资产是否经授权批准，会计处理是否正确。

③检查因修理，更新改造而停止使用的固定资产的会计处理是否正确。

④检查投资转出固定资产的会计处理是否正确。

⑤检查债务重组或非货币性资产交换转出固定资产的会计处理是否正确。

⑥检查转出的投资性房地产账面价值及会计处理是否正确。

⑦检查其他减少固定资产的会计处理是否正确。

（7）检查固定资产的后续支出。

确定与固定资产有关的后续支出是否满足资产确认条件；如不满足，该支出是否在该后续支出发生时计入当期损益。

（8）检查固定资产的租赁。

企业在生产经营过程中，有时可能有闲置的固定资产供其他单位租用；有时由于生产经营的需要，又需租用固定资产。租赁一般分为经营租赁和融资租赁两种。

①经营租赁。

租入固定资产的企业按合同规定的时间，交付一定的租金，享有固定资产的使用权，而固定资产的所有权仍属出租单位。因此，租入固定资产的企业的固定资产价值并未因此而增加，企业对以经营性租赁方式租入的固定资产，不在“固定资产”账户内核算，只是另设备查簿进行登记。而租出固定资产的企业，仍继续提取折旧，同时取得租金收入。检查经营性租赁时，应查明：a. 固定资产的租赁是否签订了合同、租约，手续是否完备，合同内容是否符合国家规定，是否经相关管理部门审批。b. 租入的固定资产是否确属企业必需，或出租的固定资产是否确属企业多余、闲置不用的，双方是否认真履行合同，是否存在不正当交易。c. 租金收取是否签有合同，有无多收、少收现象。d. 租入固定资产有无久占不用、浪费损坏的现象；租出的固定资产有无长期不收租金、无人过问，是否有变相馈送、转让等情况。e. 租入固定资产是否已登入备查簿。f. 必要时，向出租人函证租赁合同及执行情况。g. 租入固定资产改良支出的核算是否符合规定。

②融资租赁。

租入企业在租赁期间，对融资租入的固定资产应按企业自有固定资产一样管理，并计提折旧、进行维修。如果被审计单位的固定资产中融资租赁占有相当大的比例，应当复核租赁协议，确定租赁是否符合融资租赁的条件，结合长期应付款、未确认融资费用等科目检查相关的会计处理是否正确（资产的入账价值、折旧、相关负债）。在审计融资租赁固定资产时，除可参照经营租赁固定资产检查要点以外，还应补充实施以下审计程序：复核租赁的折现率是否合理；检查租赁相关税费、保险费、维修费等费用的会计处理是否符合企业会计准则的规定；检查融资租入固定资产的折旧方法是否合理；检查租赁付款情况；检查租入固定资产的成新程度；检查融资租入固定资产发生的固定资产后续支出，其会计处理是否遵循自有固定资产发生的后续支出的处理原则。

（9）获取暂时闲置固定资产的相关证明文件，并观察其实际状况，检查是否已按规定计提折旧，相关的会计处理是否正确。

（10）获取已提足折旧仍继续使用固定资产的相关证明文件，并作相应记录。

（11）获取持有待售固定资产的相关证明文件，并作相应记录，检查对其预计净残值调整是否正确、会计处理是否正确。

（12）检查固定资产保险情况，复核保险范围是否足够。

（13）检查有无与关联方的固定资产购售活动，是否经适当授权，交易价格是否公允。对于合并范围内的购售活动，记录应予合并抵销的金额。

（14）对应计入固定资产的借款费用，应根据企业会计准则的规定，结合长短期借款、应付债券或长期应付款的审计，检查借款费用（借款利息、折溢价摊销、汇兑差额、辅助费用）资本化的计算方法和资本化金额，以及会计处理是否正确。

（15）检查购置固定资产时是否存在与资本性支出有关的财务承诺。

（16）检查固定资产的抵押、担保情况。结合对银行借款等的检查，了解固定资产是否存在重大的抵押、担保情况。如存在，应取证，并作相应的记录，同时提请被审计单位作恰当披露。

（17）确定固定资产是否已按照企业会计准则的规定在财务报表中作出恰当列报。

财务报表附注通常应说明固定资产的标准、分类、计价方法和折旧方法；融资租入固定资产的计价方法；固定资产的预计使用寿命和预计净残值；对固定资产所有权的限制及其金额（这一披露要求是指，企业因贷款或其他原因而以固定资产进行抵押、质押或担保的类别、金额、时间等情况）；已承诺将为购买固定资产支付的金额；暂时闲置的固定资产账面价值（这一披露要求是指，企业应披露暂时闲置的固定资产账面价值，导致固定资产暂时闲置的原因，如开工不足、自然灾害或其他情况等）；已提足折旧仍继续使用的固定资产账面价值；已报废和准备处置的固定资产账面价值。固定资产因使用磨损或其他原因而需报废时，企业应及时对其处置，如果其已处于处置状态而尚未转销时，企业应披露这些固定资产的账面价值。如果被审计单位是上市公司，则通常应在其财务报表附注中按类别分项列示固定资产期初余额、本期增加额、本期减少额及期末余额；说明固定资产中存在的在建工程转入、出售、置换、抵押或担保等情况；披露通过融资租赁租入的固定资产每类租入资产的账面原值、累计折旧、账面净值；披露通过经营租赁租出的固定资产每类租出资产的账面价值。

（三）固定资产——累计折旧的实质性程序

固定资产可以长期参加生产经营而仍保持其原有实物形态，但其价值将随着固定资产的使用而逐渐转移到生产的产品中，或构成经营成本或费用。这部分在固定资产使用寿命内，按照确定的方法对应计折旧额进行的系统分摊就是固定资产的折旧。在不考虑固定资产减值准备的前提下，影响折旧的因素有折旧的基数（一般指固定资产的账面原价）、固定资产的残余价值和使用寿命 3 个方面。在考虑固定资产减值准备的前提下，影响折旧的因素则包括折旧的基数、累计折旧、固定资产减值准备、固定资产预计净残值和固定资产尚可使用年限 5 个方面。在计算折旧时，对固定资产的残余价值和清理费用只能人为估计；对固定资产的使用寿命，由于固定资产的有形和无形损耗难以准确计算，因而也只能估计；同样，对固定资产减值准备的计提也带有估计的成分。因此，固定资产折旧主要取决于企业根据其固定资产特点制定的折旧政策，在一定程度上具有主观性。

累计折旧的实质性程序通常包括以下几方面内容。

（1）获取或编制累计折旧分类汇总表，复核加计是否正确，并与总账数和明细账合计数核对是否相符。

（2）检查被审计单位制定的折旧政策和方法是否符合相关会计准则的规定，确定其所采用的折旧方法能否在固定资产预计使用寿命内合理分摊其成本，前后期是否一致，预计使用寿命和预计净残值是否合理。

（3）复核本期折旧费用的计提和分配。

①了解被审计单位的折旧政策是否符合规定，计提折旧的范围是否正确，确定的使用寿命、预计净残值和折旧方法是否合理；如采用加速折旧法，是否取得批准文件。

②检查被审计单位折旧政策前后期是否一致。如果折旧政策或者相关会计估计（例如使用寿命、预计净残值）有变更，变更理由是否合理；如果没有变更，是否存在需要提请被审计单位关注的对折旧政策或者会计估计产生重大影响的事项（例如重大技术更新或者设备使用环境的恶化等）。

③复核本期折旧费用的计提是否正确。

a. 已计提部分减值准备的固定资产，计提的折旧是否正确。按照《企业会计准则第4号——固定资产》的规定，已计提减值准备的固定资产的应计折旧额应当扣除已计提的固定资产减值准备累计金额，按照该固定资产的账面价值以及尚可使用寿命重新计算确定折旧率和折旧额。

b. 已全额计提减值准备的固定资产，是否已停止计提折旧。

c. 因更新改造而停止使用的固定资产是否已停止计提折旧，因大修理而停止使用的固定资产是否照提折旧。

d. 对按规定予以资本化的固定资产装修费用是否在两次装修期间与固定资产尚可使用年限两者中较短的期间内，采用合理的方法单独计提折旧，并在下次装修时将该项固定资产装修余额一次全部计入了当期营业外支出。

e. 对融资租入固定资产发生的、按规定可予以资本化的固定资产装修费用，是否在两次装修期间、剩余租赁期与固定资产尚可使用年限三者中较短的期间内，采用合理的方法单独计提折旧。

f. 对采用经营租赁方式租入的固定资产发生的改良支出，是否在剩余租赁期与租赁资产尚可使用年限两者中较短的期间内，采用合理的方法单独计提折旧。

g. 未使用、不需用和暂时闲置的固定资产是否按规定计提折旧。

h. 持有待售的固定资产折旧计提是否符合规定。

④检查折旧费用的分配方法是否合理，是否与上期一致；分配计入各项目的金额占本期全部折旧计提额的比例与上期比较是否有重大差异。

⑤注意固定资产增减变动时，有关折旧的会计处理是否符合规定，查明通过更新改造、接受捐赠或融资租入而增加的固定资产的折旧费用计算是否正确。

（4）将“累计折旧”账户贷方的本期计提折旧额与相应的成本费用中的折旧费用明细账户的借方相比较，以查明所计提折旧金额是否已全部摊入本期产品成本或费用。若存在差异，应追查原因，并考虑是否应建议作适当调整。

（5）检查累计折旧的减少是否合理、会计处理是否正确。

（6）确定累计折旧的披露是否恰当。

如果被审计单位是上市公司，通常应在其财务报表附注中按固定资产类别分项列示累计折旧期初余额、本期计提额、本期减少额及期末余额。

（四）固定资产——固定资产减值准备的实质性程序

固定资产的可收回金额低于其账面价值称为固定资产减值。这里的可收回金额应当根据固定资产的公允价值减去处置费用后的净额与资产预计未来现金流量的现值两者之间的较高者确定。这里的处置费用包括与固定资产处置有关的法律费用、相关税费、搬运费以及为使固定资产达到可销售状态所发生的直接费用等。

企业应当在资产负债表日判断固定资产是否存在可能发生减值的迹象。根据《企业会计准则第 8 号——资产减值》的规定，如存在下列迹象，表明周定资产可能发生了减值：固定资产的市价当期大幅度下跌，其跌幅明显高于因时间的推移或正常使用而预计的下跌；企业经营所处的经济技术或者法律等环境以及固定资产所处的市场在当期或者将在近期发生重大变化，从而对企业产生不利影响；市场利率或者其他市场投资回报率在当期已经提高，从而影响企业计算固定资产预计未来现金流量现值的折现率，导致固定资产可收回金额大幅度降低；有证据表明固定资产陈旧过时或者其实体已经损坏；固定资产已经或者将被闲置、终止使用或者计划提前处置；企业内部报告的证据表明固定资产的经济绩效已经低于或者将低于预期，如固定资产所创造的净现金流量或者实现的营业利润（或者损失）远远低于（或者高于）预计金额等；其他表明固定资产可能已经发生减值的迹象。如果由于该固定资产存在上述迹象，导致其可收回金额低于账面价值的，应当将固定资产的账面金额减记至可收间金额，将减记的金额确认为回定资产减值损失，计入当期损益，同时计提相应的固定资产减值准备。

固定资产减值准备的实质性程序一般包括以下几点。

（1）获取或编制固定资产减值准备明细表，复核加计是否正确，并与总账数和明细账合计数核对是否相符。

（2）检查被审计单位计提固定资产减值准备的依据是否充分，会计处理是否正确。

（3）获取闲置固定资产的清单，并观察其实际状况，识别是否存在减值迹象。

（4）检查资产组的认定是否恰当，计提固定资产减值准备的依据是否充分，会计处理是否正确。

（5）计算本期末固定资产减值准备占期末固定资产原值的比率，并与期初该比率比较，分析固定资产的质量状况。

（6）检查被审计单位处置固定资产时原计提的减值准备是否同时结转，会计处理是否正确。

（7）检查是否存在转回固定资产减值准备的情况。按照企业会计准则的规定，固定资产减值损失一经确认，在以后会计期间不得转回。

（8）确定固定资产减值准备的披露是否恰当。

如果企业计提了固定资产减值准备，根据《企业会计准则第 8 号——资产减值》的规定，企业应当在财务报表附注中披露：当期确认的固定资产减值损失金额；企业计提的固定资产减值准备累计金额。如果发生重大固定资产减值损失，还应当说明导致重大固定资产减值损失的原因，固定资产可收回金额的确定方法，以及当期确认的重大固定资产减值损失的金额。如果被审计单位是上市公司，其财务报表附注中通常还应分项列示计提的固定资产减值准备金额、增减变动情况以及计提的原因。

【课堂分组讨论】

内部控制——采购与付款循环

C 和 D 注册会计师在审计工作底稿中记录了所了解的有关采购与付款循环、销售与收款循环的控制程序，部分内容摘录如下。

（1）采购原材料需由请购部门编制请购单，采购部门审核请购单后发出预先连续编号的采购订单。采购的原材料经采购人员验收后入库。仓库人员收到原材料后编制预先连续编号的入库单，并交采购人员签字确认。

（2）应付凭单部门核对供应商发票、入库单和采购订单，并编制预先连续编号的付款凭单。会计部门在接到经应付凭单部门审核的上述单证和付款凭单后，登记原材料和应付账款明细账。月末，在与仓库核对连续编号的入库单和采购订单后，应付凭单部门对相关原材料入库数量和采购成本进行汇总。应付凭单部门对已经验收入库但尚未收到供应商发票的原材料编制清单，会计部门据此将相关原材料暂估入账。

（3）销售的产品发出前，信用审核部门检查经授权的相关客户剩余赊销信用额度，并在销售部门编制的销售单上签字。在剩余赊销信用额度内的销售，由信用审核部门职员 E 审批；超过剩余赊销信用额度的销售，在职员 E 审批后，还需获得经授权的信用审核部门经理 F 的批准。

（4）仓库开具预先连续编号的发货单，并在销售的产品装运后，将相关副本分送开具账单部门、运输单位和顾客。开具账单部门审核发货单和销售单后开具销售发票，在保留副本后将相关单据送交会计部门职员 G 审核。会计部门职员 G 核对无误后登记主营业务收入明细账和应收账款明细账。

要求：分析以上内部控制是否存在缺陷，如存在，提出改进建议。

第十三章　生产与存货循环的审计

第一节　生产与存货循环的特点

一、不同行业类型的存货性质

生产与存货循环涉及的内容主要是存货的管理及费用归集和生产成本的计算等。存货代表了不同企业的类型和交易或生产流程。因此，存货的计价和相关销售成本都会对利润表和财务状况产生重大的影响。注册会计师应当确认在财务报表中列示的存货金额，存货在财务报表日是否实际存在和归被审计单位所有（满足完整性、存在性、权利和义务认定），金额是否符合计价认定。期末库存价值的高估虚增税前净利润，若低估则相反。期末存货单位成本核算不准确，很有可能导致销售价格低于实际成本。不同行业类型的存货性质有很大的区别，参见表 13－1。

表 13－1　不同行业类型的存货性质

行业类型	存货性质
贸易业	从厂商、批发商或其他零售商处采购的商品
一般制造商	采购的原材料、易耗品和配件等，生成的成品和半成品
金融服务业	一般只有消耗品存货，例如仅有文具、教学器材以及行政用的计算机设备等
建筑业	建筑材料、在建项目成本（一般包括建造活动发生的直接人工成本和间接费用，以及支付给分包商的建造成本等）

二、涉及的主要凭证与会计记录

以制造业为例，生产与存货循环由将原材料转化为产成品的有关活动组成。该循环包括制定生产计划，控制、保持存货水平以及与制造过程有关的交易和事项，涉及领料、生产加工、销售产成品等主要环节。生产与存货循环所涉及的凭证和记录主要包括以下内容。

（一）生产指令

生产指令又称“生产任务通知单”或“生产通知单”，是企业下达制造产品等生产任务的书面文件，用以通知供应部门组织材料发放，生产车间组织产品制造，会计部门组织成本计算。广义的生产指令也包括用于指导产品加工的工艺规程，如机械加工企业的“路线图”等。

（二）领发料凭证

领发料凭证是企业为控制材料发出所采用的各种凭证，如材料发出汇总表、领料单、限额领料单、领料登记簿、退料单等。

（三）产量和工时记录

产量和工时记录是登记工人或生产班组在出勤时间内完成产品数量、质量和生产这些产品所耗费工时数量的原始记录。产量和工时记录的内容与格式是多种多样的，在不同的生产企业中，甚至在同一企业的不同生产车间中，由于生产类型不同而采用不同格式的产量和工时记录。常见的产量和工时记录主要有工作通知单、工序进程单、工作班产量报告、产量通知单、产量明细表、废品通知单等。

（四）工薪汇总表及工薪费用分配表

工薪汇总表是为了反映企业全部工薪的结算情况，并据以进行工薪总分类核算和汇总整个企业工薪费用而编制的，它是企业进行工薪费用分配的依据。工薪费用分配表反映了各生产车间各产品应负担的生产工人工薪及福利费。

（五）材料费用分配表

材料费用分配表是用来汇总反映各生产车间各产品所耗费的材料费用的原始记录。

（六）制造费用分配汇总表

制造费用分配汇总表是用来汇总反映各生产车间各产品所应负担的制造费用的原始记录。

（七）成本计算单

成本计算单是用来归集某一成本计算对象所应承担的生产费用，计算该成本计算对象的总成本和单位成本的记录。

（八）存货明细账

存货明细账是用来反映各种存货增减变动情况和期末库存数量及相关成本信息的会计记录。

三、涉及的主要业务活动

以制造业为例，生产与存货循环所涉及的主要业务活动包括计划和安排生产、发出原材料、生产产品、核算产品成本、储存产成品、发出产成品等。上述业务活动通常涉及生产计划部门、仓库部门、生产部门、人事部门、销售部门、会计部门等。

（一）计划和安排生产

生产计划部门的职责是根据客户订购单或者对销售预测和产品需求的分析来决定生产授权。如决定授权生产，即签发预先顺序编号的生产通知单。该部门通常应将发出的所有生产通知单顺序编号并加以记录控制。此外，通常该部门还需要编制一份材料需求报告，列示所需要的材料和零件及其库存。

（二）发出原材料

仓库部门的责任是根据从生产部门收到的领料单发出原材料。领料单上必须列示所需的材料数量和种类，以及领料部门的名称。领料单可以一料一单，也可以多料一单，通常需一式三联。仓库发料后，将其中一联连同材料交给领料部门，一联留在仓库登记材料明细账，一联交会计部门进行材料收发核算和成本核算。

（三）生产产品

生产部门在收到生产通知单及领取原材料后，便将生产任务分解到每一个生产工人，并将所领取的原材料交给生产工人，据以执行生产任务。生产工人在完成生产任务后，将完成的产品交生产部门查点，然后转交检验员验收并办理入库手续；或是将所完成的产品移交下一个部门，作进一步加工。

（四）核算产品成本

为了正确核算并有效控制产品成本，必须建立健全成本会计制度，将生产控制和成本核算有机结合在一起。一方面，生产过程中的各种记录、生产通知单、领料单、计工单、入库单等文件资料都要汇集到会计部门，由会计部门对其进行检查和核对，了解和控制生产过程中存货的实物流转；另一方面，会计部门要设置相应的会计账户，会同有关部门对生产过程中的成本进行核算和控制。成本会计制度可以非常简单，只是在期末记录存货余额；也可以是完善的标准成本制度，持续地记录所有材料处理、在产品和产成品，并形成对成本差异的分析报告。完善的成本会计制度应该提供原材料转为在产品，在产品转为产成品，以及按成本中心、分批次生产任务通知单或生产周期所消耗的材料、人工和间接费用的分配与归集的详细资料。

（五）储存产成品

产成品入库，需由仓库部门先行点验和检查，然后签收。签收后，将实际入库数量通知会计部门。据此，仓库部门确立了本身应承担的责任，并对验收部门的工作进行验证。除此之外，仓库部门还应根据产成品的品质特征分类存放，并填制标签。

（六）发出产成品

产成品的发出需由独立的发运部门进行。装运产成品时必须持有经有关部门核准的发运通知单，并据此编制出库单。出库单一般为一式四联，一联交仓库部门；一联由发运部门留存；一联送交顾客；一联作为给顾客开发票的依据。

第二节　生产与存货循环的内部控制和控制测试

一、生产与存货交易的内部控制

生产与存货循环的内部控制主要包括存货的内部控制和成本会计制度的内部控制两项内容。由于生产与存货循环同其他业务循环的内在联系，生产与存货循环中某些审计测试，特别是对存货的审计测试，与其他相关业务循环的审计测试同时进行将更为有效。例如，原材料的取得和记录是作为采购与付款循环的一部分进行测试的，而装运产成品和记录营业收入与成本则是作为销售与收款循环审计的一部分进行测试的。这些在前面相应章节已经结合其他循环作了介绍，不再赘述。另外，尽管不同的企业对其存货可能采取不同的内部控制，但从根本上说，均可概括为存货的数量和计价两个关键因素的控制，这将在本章第三节中予以阐述。因此，本节主要关注成本会计制度，较少涉及存货方面的相关内容。表 13-2 列示了成本会计制度的目标、关键内部控制和审计测试的关系。

表 13-2　成本会计制度的目标、关键内部控制和审计测试一览表

内部控制目标	关键内部控制	常用的控制测试	常用的交易实质性程序
生产业务是根据管理层一般或特定的授权进行的（发生）	对以下 3 个关键点，应履行恰当手续，经过特别审批或一般审批：①生产指令的授权批准；②领料单的授权批准；③工薪的授权批准	检查凭证中是否包括这 3 个关键点恰当审批	检查生产指令、领料单、工薪等是否经过授权
记录的成本为实际发生的而非虚构的（发生）	成本的核算是以经过审核的生产通知单、领发料凭证、产量和工时记录、工薪费用分配表、材料费用分配表、制造费用分配表为依据的	检查有关成本的记账凭证是否附有生产通知单、领发料凭证、产量和工时记录、工薪费用分配表、材料费用分配表、制造费用分配表等，原始凭证的顺序编号是否完整	对成本实施分析程序；将成本明细账与生产通知单、领发料凭证、产量和工时记录、二薪费用分配表、材料费用分配表、制造费用分配表相核对

续表

内部控制目标	关键内部控制	常用的控制测试	常用的交易实质性程序
所有耗费和物化劳动均已反映在成本中（完整性）	生产通知单、领发料凭证、产量和工时记录、工薪费用分配表、材料费用分配表、制造费用分配表均事先编号并已经登记入账	检查生产通知单、领发料凭证、产量和工时记录、工薪费用分配表、材料费用分配表、制造费用分配表的顺序编号是否完整	对成本实施分析程序；将生产通知单、领发料凭证、产量和工时记录、工薪费用分配表、材料费用分配表、制造费用分配表与成本明细账相核对
成本以正确的金额，在恰当的会计期间及时记录于适当的账户（发生、完整性、准确性、计价和分摊）	采用适当的成本核算方法，并且前后各期一致；采用适当的费用分配方法，并且前后各期一致；采用适当的成本核算流程和账务处理流程；内部核查	选取样本测试各种费用的归集和分配以及成本的计算；测试是否按照规定的成本核算流程进行核算和账务处理	对成本实施分析程序；抽查成本计算单，检查各种费用的归集和分配以及成本的计算是否正确；对重大在产品项目进行计价测试
对存货实施保护措施，保管人员与记录、批准人员相互独立（存在、完整性）	存货保管人员与记录人员职务相分离	询问和观察存货与记录的接触控制以及相应的批准程序	
账面存货与实际存货定期核对相符（存在、完整性、计价和分摊）	定期进行存货盘点	询问和观察存货盘点程序	以存货实施监盘程序

二、评估重大错报风险

有关采购与付款交易的固有风险和检查风险的内容，对生产与存货交易基本上是适用的，不再赘述。生产与存货交易也有其自身的特点，以制造类企业为例，影响生产与存货交易和余额的重大错报风险还可能包括：①交易的数量和复杂性。制造类企业交易的数量庞大，业务复杂，这就增加了错误和舞弊的风险。②成本基础的复杂性。制造类企业的成本基础是复杂的。虽然原材料和直接人工等直接费用的分配比较简单，但间接费用的分配就可能较为复杂，并且，同一行业中的不同企业也可能采用不同的认定和计量基础。③产品的多元化。这可能要求聘请专家来验证其质量、状况或价值。另外，计算库存存货数量的方法也可能是不同的。例如，计量煤堆、筒仓里的谷物或糖、钻石或者其他贵重的宝石、化工品和药剂产品的存储量的方法都可能不一样。这并不是要求注册会计师每次清点存货都需要专家配合，如果存货容易辨认，存货数量容易清点，就无需专家帮助。④某些存货项目的可变现净值难以确定。例如价格受全球经济供求关系影响的存货，由于其可变现净值难以确定，会影响存货采购价格和销售价格的确定，并将影响注册会计师对与存货计价认定有关的风险进行的评估。⑤将存货存放在很多地点。大型企业可能将存货存放在很多地点，并且可以在不同的地点之间配送存货，这将增加商品途中毁损或遗失的风险，或者导致存货在两个地点被重复列示，也可能产生转移定价的错误或舞弊。⑤寄存的存货。有时候存货虽然还存放在企业，但可能已经不归企业所有。反之，企业的存货也可能被寄存在其他企业。

注册会计师应当了解被审计单位对生产与存货的管理程序。如果注册会计师认为被审计单位可能存在销售成本和存货的重大错报风险，通常需要考虑对已选取的控制活动的运行有效性进行测试，以证实计划依赖的认定层次上的控制已经在整个期间内运行了。很显然，控制是否适当直接关乎其预防、发现和纠正错报的能力。预防性的控制经常在交易初期和记录过程中实施。而作为管理层的监督程序的组成部分，检查性控制通常在交易执行和记录过程之后实施，以便检查、纠正错误与舞弊。测试已选取的、涉及几项认定的监督控制，要比测试交易初期的预防性控制更为有效。

三、控制测试

表 13-2“成本会计制度的目标、关键内部控制和测试一览表”，以内部控制目标和相关认定为起点，列示了相应的关键内部控制和常用的控制测试程序。由于表 13-2 中列示的常用的控制测试程序比较清晰，无需逐一解释，因此，下面对实施生产与存货交易的控制测试时应当注意的内容和成本会计制度的控制测进行讨论。

（一）生产与存货交易的控制测试时应注意的内容

1. 应获取支持将被审计单位的控制风险评价为中或低的证据

如果注册会计师通过控制测试能够获取这些证据，注册会计师就可以接受较高的检查风险，并在很大程度上可以通过实施实质性分析程序获取进一步的审计证据，减少对生产与存货交易和营业成本、存货等相关项目的细节测试的依赖。

2. 对于计划和安排生产业务活动

有些被审计单位的内部控制要求，根据经审批的月度生产计划书，由生产计划经理签发预先按顺序编号的生产通知单。对此，注册会计师在实施控制测试时，应抽取生产通知单检查是否与月度生产计划书中的内容一致。

3. 对于发出原材料业务活动

有些被审计单位的内部控制要求：仓库管理员应把领料单编号、领用数量、规格等信息输入计算机系统，经仓储经理复核并以电子签名方式确认后，系统自动更新材料明细台账；原材料仓库分别于每月、每季和年度终了，对原材料存货进行盘点，会计部门对盘点结果进行复盘。由仓库管理员编写原材料盘点明细表，发现差异及时处理，经仓储经理、财务经理和生产经理复核后调整入账。相应地，注册会计师在实施控制测试时应当：抽取出库单及相关的领料单，检查是否正确输入并经适当层次复核；抽取原材料盘点明细表并检查是否经适当层次复核，有关差异是否得到处理。

4. 对于生产产品和核算产品成本两项业务活动

有些被审计单位的内部控制要求：①生产成本记账员应根据原材料出库单，编制原材料领用凭证，与计算机系统自动生成的生产记录日报表核对材料耗用和流转信息；由会计主管审核无误后，生成记账凭证并过账至生产成本及原材料明细账和总分类账。②每月末，由生产车间与仓库核对原材料、半成品、产成品的转出和转入记录，如有差异，仓库管理员应编制差异分析报告，经仓储经理和生产经理签字确认后交会计部门进行调整。③每月末，由计算机系统对生产成本中各项组成部分进行归集，按照预设的分摊公式和方法，自动将当月发生的生产成本在完工产品和在产品中按比例分配；同时，将完工产品成本在各不同产品类别中分配，由此生成产品成本计算表和生产成本分配表；由生产成本记账员编制成生产成本结转凭证，经会计主管审核批准后进行账务处理。相应地，注册会计师在实施控制测试时应当：抽取原材料领用凭证，检查是否与生产记录日报表一致，是否经适当审核，如有差异是否及时处理；抽取核对记录，检查差异是否已得到处理；抽取生产成本结转凭证检查与支持性文件是否一致并经适当复核。预设的分摊公式和方法是否存在变更，变更是否经适当审批。当然，必要时应当考虑利用计算机专家的工作。

5. 对于储存产成品和发出产成品两项主要业务活动

有些被审计单位的内部控制要求：①产成品入库时，质量检验员应检查并签发预先按顺序编号的产成品验收单，由生产小组将产成品送交仓库。仓库管理员应检查产成品验收单，并清点产成品数量，填写预先顺序编号的产成品入库单经质检经理、生产经理和仓储经理签字确认后，由仓库管理员将产成品入库单信息输入计算机系统，计算机系统自动更新产成品明细台账并与采购订购单编号核对。②产成品出库时，由仓库管理员填写预先顺序编号的出库单，并将产成品出库单信息输入计算机系统，经仓储经理复核并以电子签名方式确认后，计算机系统自动更新产成品明细台账并与发运通知单编号核对。③产成品装运发出前，由运输经理独立检查出库单、销售订购单和发运通知单，确定从仓库提取的商品附有经批准的销售订购单，并且，所提取商品的内容与销售订购单一致。④每月末，生产成本记账员根据计算机系统内状态为“已处理”的订购单数量，编制销售成本结转凭证，结转相应的销售成本，经会计主管审核批准后进行账务处理。⑤产成品仓库分别于每月、每季和年度终了，对产成品存货进行盘点，由会计部门对盘点结果进行复盘，仓库管理员应编写产成品存货盘点明细表，发现差异及时处理，经仓储经理、财务经理和生产经理复核后调整入账。相应地，注册会计师在实施控制测试时应当：抽取产成品验收单、产成品入库单并检查输入信息是否准确；抽取发运通知单、出库单并检查是否一致；抽取发运单和相关销售订购单，检查内容是否一致；抽取销售成本结转凭证检查与支持性文件是否一致并适当复核；抽取产成品存货盘点报告并检查是否经适当层次复核，有关差异是否得到处理。

（二）成本会计制度的控制测试

其测试包括直接材料成本控制测试、直接人工成本控制测试、制造费用控制测试和生产成本在当期完工产品与在产品之间分配的控制测试4项内容。

1. 直接材料成本控制测试

对采用定额单耗的企业，可选择某一成本报告期若干种具有代表性的产品成本计算单，获取样本的生产指令或产量统计记录及其直接材料单位消耗定额，根据材料明细账或采购业务测试工作底稿中各直接材料的单位实际成本，计算直接材料的总消耗量和总成本，与该样本成本计算单中的直接材料成本核对，并注意下列事项：生产指令是否经过授权批准；单位消耗定额和材料成本计价方法是否适当，在当年度有无重大变更。

对未采用定额单耗的企业，可获取材料费用分配汇总表、材料发出汇总表（或领料单）、材料明细账（或采购业务测试工作底稿）中各直接材料的单位成本，作如下检查：成本计算单中直接材料成本与材料费用分配汇总表中该产品负担的直接材料费用是否相符，分配标准是否合理；将抽取的材料发出汇总表或领料单中若干种直接材料的发出总量和各该种材料的实际单位成本之积，与材料费用分配汇总表中各种材料费用进行比较，并注意领料单的签发是否经过授权批准，材料发出汇总表是否经过适当的人员复核，材料单位成本计价方法是否适当，在当年有无重大变更。

对采用标准成本法的企业，获取样本的生产指令或产量统计记录、直接材料单位标准用量、直接材料标准单价及发出材料汇总表或领料单，检查下列事项：根据生产量、直接材料单位标准用量和标准单价计算的标准成本与成本计算单中的直接材料成本核对是否相符；直接材料成本差异的计算与账务处理是否正确，并注意直接材料的标准成本在当年度内有无重大变更。

2. 直接人工成本控制测试

对采用计时工资制的企业，获取样本的实际工时统计记录、职员分类表和职员工薪手册（工资率）及人工费用分配汇总表，作如下检查：成本计算单中直接人工成本与人工费用分配汇总表中该样本的直接人工费用核对是否相符；样本的实际工时统计记录与人工费用分配汇总表中该样本的实际工时核对是否相符；抽取生产部门若干天的工时台账与实际工时统计记录核对是否相符；当没有实际工时统计记录时，则可根据职员分类表及职员工薪手册中的工资率，计算复核人工费用分配汇总表中该样本的直接人工费用是否合理。

对采用计件工资制的企业，获取样本的产量统计报告、个人（小组）产量记录和经批准的单位工薪标准或计件工资制度，检查下列事项：根据样本的统计产量和单位工薪标准计算的人工费用与成本计算单中直接人工成本核对是否相符；抽取若干个直接人工（小组）的产量记录，检查是否被汇总记入产量统计报告。

对采用标准成本法的企业，获取样本的生产指令或产量统计报告、工时统计报告和经批准的单位标准工时、标准工时工资率、直接人工的工薪汇总表等资料，检查下列事项：根据产量和单位标准工时计算的标准工时总量与标准工时工资率之积同成本计算单中直接人工成本核对是否相符；直接人工成本差异的计算与账务处理是否正确，并注意直接人工的标准成本在当年内有无重大变更。

3. 制造费用控制测试

获取样本的制造费用分配汇总表、按项目分列的制造费用明细账、与制造费用分配标准有关的统计报告及其相关原始记录，作如下检查：制造费用分配汇总表中，样本分担的制造费用与成本计算单中的制造费用核对是否相符；制造费用分配汇总表中的合计数与样本所属成本报告期的制造费用明细账总计数核对是否相符；制造费用分配汇总表选择的分配标准（机器工时数、直接人工工资、直接人工工时数、产量等）与相关的统计报告或原始记录核对是否相符，并对费用分配标准的合理性作出评估；如果企业采用预计费用分配率分配制造费用，则应针对制造费用分配过多或过少的差额，检查其是否作了适当的账务处理；如果企业采用标准成本法，则应检查样本中标准制造费用的确定是否合理，计入成本计算单的数额是否正确，制造费用差异的计算与账务处理是否正确，并注意标准制造费用在当年度内有无重大变更。

4. 生产成本在当期完工产品与在产品之间分配的控制测试

检查成本计算单中在产品数量与生产统计报告或在产品盘存表中的数量是否一致；检查在产品约当产量计算或其他分配标准是否合理；计算复核样本的总成本和单位成本，最终对当年采用的成本会计制度作出评价。

第三节　生产与存货循环的实质性程序

本循环涉及的主要报表项目有存货、应付职工薪酬和营业务成本等。结合存货容易被盗和变质、毁损等不同于其他财务报表项目的特性，生产与存货交易的重大错报风险通常是影响存货存在、完整性、权利和义务、计价和分摊等认定的高估风险。相应地，注册会计师针对上述重大错报风险应实施实质性审计程序的目标在于获取关于存货存在、完整性、权利和义务、计价和分摊等多项认定的审计证据。为实现上述审计目标，注册会计师应当识别管理层用于监控生产与存货交易和余额的关键性的业绩指标；确定影响被审计单位核心业务的重要的内部、外部经营风险，并考虑其对生产与存货流程可能产生的影响；将有关存货项目的期初余额与以前年度工作底稿核对相符；复核制造费用和销售成本总分类账中的异常情况，以及原材料、在产品和产成品等余额的变动情况，调查异常的会计处理；并将有关存货项目的期末余额与总分类账核对相符。在此基础上，对生产与存货交易实施实质性程序。

一、存货的实质性程序

（一）存货审计概述

《企业会计准则第 1 号——存货》规定，存货是指企业在日常活动中持有以备出售的产成品或商品、处在生产过程中的在产品、在生产过程或提供劳务过程中耗用的材料和物料等。在通常情况下，存货对企业经营特点的反映能力强于其他资产项目。存货对于生产制造业、贸易行业一般十分重要。存货的重大错报对于财务状况和经营成果都会产生直接的影响。审计中许多复杂和重大的问题都与存货有关。尤其是对年末存货余额的测试，通常是审计中最复杂也最费时的部分。对存货存在性和存货价值的评估常常十分困难。正是由于存货对于企业的重要性、存货问题的复杂性以及存货与其他项目密切的关联度，要求注册会计师对存货项目的审计应当予以特别的关注。相应地，要求实施存货项目审计的注册会计师应具备较高的专业素质和相关业务知识，分配较多的审计工时，运用多种有针对性的审计程序。

（二）存货监盘

存货监盘针对的主要是存货的存在认定、完整性认定以及权利义务认定，注册会计师监盘存货的目的在于获取有关存货数量和状况的审计证据，以确定被审计单位记录的所有存货确实存在，已经反映了被审计单位拥有的全部存货，并属于被审计单位的合法财产。存货监盘作为存货审计的一项核心审计程序，通常可同时实现上述多项审计目标。需要指出的是，注册会计师在测试存货的权利和义务认定和完整性认定时，可能还需要实施其他审计程序，这些将在本章的其他部分讨论。

1. 存货监盘的计划

1）制定存货监盘计划的基本要求

注册会计师应当被审计单位存货的特点、盘存制度和存货内部控制的有效性等情况，在评价被审计单位管理层制定的存货盘点程序的基础上，编制存货监盘计划，对存货监盘作出合理安排。有效的存货监盘需要制定周密、细致的计划。为了避免误解并有助于有效地实施存货监盘，注册会计师通常需要与被审计单位就存货监盘等问题达成一致意见。因此，注册会计师首先应当充分了解被审计单位存货的特点、盘存制度和存货内部控制的有效性等情况，并考虑获取、审阅和评价被审计单位预定的盘点程序。存货存在与完整性的认定具有较高的重大错报风险，而且注册会计师通常只有一次机会通过存货的实地监盘对有关认定作出评价。根据计划过程所搜集到的信息，有助于注册会计师合理确定参与监盘的地点以及存货监盘的程序。

2）制定存货监盘计划应考虑的相关事项

在编制存货监盘计划时，注册会计师需要考虑以下事项。

（1）与存货相关的重大错报风险。存货通常具有较高水平的重大错报风险，影响重大错报风险的因素具体包括：存货的数量和种类、成本归集的难易程度、陈旧过时的速度或易损坏程度、遭受失窃的难易程度。由于制造过程和成本归集制度的差异，制造企业的存货与其他企业（如批发企业）的存货相比往往具有更高的重大错报风险，对于注册会计师的审计工作而言则更具复杂性。外部因素也会对重大错报风险产生影响。例如，技术进步可能导致某些产品过时，从而导致存货价值更容易发生高估。以下类别的存货就可能增加审计的复杂性与风险。

①具有漫长制造过程的存货。制造过程漫长的企业（如飞机制造和酒类产品酿造企业）的审计重点包括递延成本、预期发生成本以及未来市场波动可能对当期损益的影响等事项。

②具有固定价格合约的存货。预期发生成本的不确定性是其重大审计问题。

③与时装相关的服装行业。由于服装产品的消费者对服装风格或颜色的偏好容易发生变化，因此，存货是否过时是重要的审计事项。

④鲜活、易腐商品存货。因为物质特性和保质期短暂，此类存货变质的风险很高。

⑤具有高科技含量的存货。由于技术进步，此类存货容易过时。

⑥单位价值高昂、容易被盗窃的存货。例如，珠宝存货的错报风险通常高于铁制纽扣之类存货的错报风险。

（2）与存货相关的内部控制的性质。在制定存货监盘计划时，注册会计师应当了解被审计单位与存货相关的内部控制，并根据内部控制的完善程度确定进一步审计程序的性质、时间安排和范围。与存货相关的内部控制涉及被审计单位供、产、销各个环节，包括采购、验收、仓储、领用、加工、装运出库等方面。需要说明的是，与存货内部控制相关的措施有很多，其有效程度也存在差异。

与采购相关的内部控制的总体目标是所有交易都已获得适当的授权与批准。使用购货订购单是一项基本的内部控制措施。购货订购单应当预先连续编号，事先确定采购价格并获得批准。此外，还应当定期清点购货订购单。

与存货验收相关的内部控制的总体目标是所有收到的商品都已得到记录。使用验收报告单是一项基本的内部控制措施。被审计单位应当设置独立的部门负责验收商品，该部门具有验收存货实物、确定存货数量、编制验收报告、将验收报告传送至会计核算部门以及运送商品至仓库等一系列职能。

与仓储相关的内部控制的总体目标是确保与存货实物的接触必须得到管理层的指示和批准。被审计单位应当采取实物控制措施，使用适当的存储设施，以使存货免受意外损毁、盗窃或破坏。

与领用相关的内部控制的总体目标是所有存货的领用均应得到批准和记录。使用存货领用单是一项基本的内部控制措施，对存货领用单，应当定期进行清点。

与加工（生产）相关的内部控制的总体目标是对所有的生产过程作出适当的记录。使用生产报告是一项基本的内部控制措施。在生产报告中，应当对产品质量缺陷和零部件使用及报废情况及时作出说明。

与装运出库相关的内部控制的总体目标是所有的装运都得到了记录。使用发运凭证是一项基本的内部控制措施。发运凭证应当预先编号，定期进行清点，并作为日后开具收款账单的依据。

被审计单位与存货实地盘点相关的内部控制通常包括：制定合理的存货盘点计划，确定合理的存货盘点程序，配备相应的监督人员，对存货进行独立的内部验证，将盘点结果与永续存货记录进行独立的调节，对盘点表和盘点标签进行充分控制。

（3）对存货盘点是否制定了适当的程序，并下达了正确的指令。注册会计师一般需要复核或与管理层讨论其存货盘点程序。在复核或与管理层讨论其存货盘点程序时，注册会计师应当考虑下列主要因素，以评价其能否合理地确定存货的数量和状况：盘点的时间安排；存货盘点范围和场所的确定；盘点人员的分工及胜任能力；盘点前的会议及任务布置；存货的整理和排列，对毁损、陈旧、过时、残次及所有权不属于被审计单位的存货的区分；存货的计量工具和计量方法；在产品完工程度的确定方法；存放在外单位的存货的盘点安排；存货收发截止的控制；盘点期间存货移动的控制；盘点表单的设计、使用与控制；盘点结果的汇总以及盘盈或盘亏的分析、调查与处理。

如果认为被审计单位的存货盘点程序存在缺陷，注册会计师应当提请被审计单位调整。

（4）存货盘点的时间安排。如果存货盘点在财务报表日以外的其他日期进行，注册会计师除实施存货监盘相关审计程序外，还应当实施其他审计程序，以获取审计证据，确定存货盘点日与财务报表日之间的存货变动是否已得到恰当的记录。

（5）被审计单位是否一贯采用永续盘存制。存货数量的盘存制度一般为实地盘存制和永续盘存制。存货盘存制度不同，注册会计师需要作出的存货监盘安排也不同。如果被审计单位通过实地盘存制确定数量，则注册会计师要参加此种盘点。如果被审计单位采用永续盘存制，注册会计师应在年度中一次或多次参加重点。

（6）存货的存放地点（包括不同存放地点的存货的重要性和重大错报风险），以确定适当的监盘地点。

注册会计师应了解所有的存货存放地点，既可以防止被审计单位或自己发生任何遗漏，也有助于恰当地分配审计资源。注册会计师通常应当重点考虑被审计单位的重要存货存放地点，特别是金额较大可能存在重大错报风险（如存货性质特殊）的存货地点，将这些存货地点列入监盘地点。对其他无法在存货盘点现场实施存货监盘的存货存放地点，注册会计师应当实施替代审计程序，以获取有关存货的存在和状况的充分、适当的审计证据。

（7）是否需要专家协助。注册会计师可能不具备其他专业领域专长与技能。在确定资产数量或资产实物状况（如矿石堆），或在收集特殊类别存货（如艺术品、稀有玉石、房地产、电子器件、工程设计等）的审计证据时，注册会计师可以考虑利用专家的工作。

当在产品存货金额较大时，可能面临如何评估在产品完工程序问题。注册会计师可以了解被审计单位的盘点程序，如果有关在产品的完工程度未被明确列出，注册会计师应当考虑采用其他有助于确定完工程度的措施，如获取零部件明细清单、标准成本表以及作业成本表，与工厂的有关人员进行讨论等，并运用职业判断。注册会计师也可以根据存货生产过程的复杂程度利用专家的工作。

3）存货监盘计划的主要内容

存货监盘计划应当包括以下主要内容。

（1）存货监盘的目标、范围及时间安排。存货监盘的主要目标包括获取被审计单位资产负债表日有关存货数量和状况以及有关管理层存货盘点程序可靠性的审计证据，检查存货的数量是否真实完整，是否归属被审计单位，存货有无毁损、陈旧、过时、残次和短缺等状况。存货监盘范围的大小取决于存货的内容、性质以及与存货相关的内部控制的完善程度和重大错报风险的评估结果。存货监盘的时间，包括实地察看盘点现场的时间、观察存货盘点的时间和对已盘点存货实施检查的时间等，应当与被审计单位实施存货盘点的时间相协调。

（2）存货监盘的要点及关注事项。存货监盘的要点主要包括注册会计师实施存货监盘程序的方法、步骤，各个环节应注意的问题以及所要解决的问题。注册会计师需要重点关注的事项包括盘点期间的存货移动、存货的状况、存货的截止确认、存货的各个存放地点及金额等。

（3）参加存货监盘人员的分工。注册会计师应当根据被审计单位参加存货盘点人员分工、分组情况、存货监盘工作量的大小和人员素质情况，确定参加存货监盘的人员组成以及各组成人员的职责和具体的分工情况，并加强督导。

（4）检查存货的范围。注册会计师应当根据对被审计单位存货盘点和对被审计单位内部控制的评价结果确定检查存货的范围。在实施观察程序后，如果认为被审计单位内部控制设计良好且得到有效实施，存货盘点组织良好，可以相应缩小实施检查程序的范围。

2. 实施存货监盘程序

在存货盘点现场实施监盘时，注册会计师应当实施下列审计程序。

1）评价管理层用以记录和控制存货盘点结果的指令和程序

注册会计师需要考虑这些指令和程序是否包括以下内容。

（1）适当控制活动的运用，例如，收集已使用的存货盘点记录，清点未使用的存货盘点表单，实施盘点和复盘程序。

（2）准确认定在产品的完工程度，流动缓慢（呆滞）、过时或毁损的存货项目，以及第三方拥存的存货（如寄存货物）。

（3）在适用的情况下用于估计存货数量的方法，如可能需要估计煤堆的重量。

（4）对存货在不同存放地点之间的移动以及截止日前后期间出入库的控制。

2）观察管理层制定的盘点程序的执行情况

这有助于注册会计师获取有关管理层指令和程序是否得到适当设计和执行的审计证据。尽管盘点存货时最好能保持存货不发生移动，但在某些情况下存货的移动是难以避免的。如果在盘点过程中被审计单位的生产经营仍将持续进行，注册会计师应通过实施必要的检查程序，确定被审计单位是否已经对此设置了相应的控制程序，确保在适当的期间内对存货作出了准确记录。此外，注册会计师可以获取有关截止性信息（如存货移动的具体情况）的复印件，有助于日后对存货移动的会计处理实施审计程序。具体来说，注册会计师一般应当获取盘点日前后存货收发及移动的凭证，检查库存记录与会计记录期末截止是否正确。注册会计师在对期末存货进行截止测试时，通常应当关注以下几点。

（1）所有在截止日期以前入库的存货项目是否均已包括在盘点范围内，并已反映在截止日以前的会计记录中。任何在截止日期以后入库的存货项目是否均未包括在盘点范围内，也未反映在截止日以前的会计记录中。

（2）所有截止日以前装运出库的存货商品是否均未包括在盘点范围内，且未包括在截止日的存货账面余额中；所有已记录为购货但尚未入库的存货是否均已包括在盘点范围内，并已反映在会计记录中。

（3）在途存货和被审计单位直接向顾客发运存货是否均已得到了适当的会计处理。

（4）注册会计师通常可观察存货的验收入库地点和装运出库地点以执行截止测试。在存货入库和装运过程中采用连续编号的凭证时，注册会计师应当关注截止日期前的最后编号。如果被审计单位没有使用连续编号的凭证，注册会计师应当列出截止日期以前的最后几笔装运和入库记录。如果被审计单位使用运货车厢或拖车进行存储、运输或验收入库，注册会计师应当详细列出存货场地上满载和空载的车厢或拖车，并记录各自的存货状况。

3）检查存货

在存货监盘过程中检查存货，虽然不一定确定存货的所有权，但有助于确定存货的存在，以及识别过时、毁损或陈旧的存货。注册会计师应当把所有过时、毁损或陈旧存货的详细情况记录下来，这既便于进一步追查这些存货的处置情况，也能为测试被审计单位存货跌价资金准备计提的准确性提供证据。

4）执行抽盘

在对存货盘点结果进行测试时，注册会计师可以从存货盘点记录中选取项目追查至存货实物，以及从存货实物中选取项目追查至盘点记录，以获取有关盘点记录准确性和完整性的审计证据。需要说明的是，注册会计师应尽可能避免让被审计单位事先了解将抽盘的存货项目。除记录注册会计师对存货盘点结果进行的测试情况外，获取管理层完成的存货盘点记录的复印件也有助于注册会计师日后实施审计程序，以确定被审计单位的期末存货记录是否准确地反映了存货的实际盘点结果。注册会计师在实施抽盘程序时发现差异，很可能表明被审计单位的存货盘点在准确性或完整性方面存在错误。由于检查的内容通常仅仅是已盘点存货中的一部分，所以在检查中发现的错误很可能意味着被审计单位的存货盘点还存在着其他错误。一方面，注册会计师应当查明原因，并及时提请被审计单位更正；另一方面，注册会计师应当考虑错误的潜在范围和重大程度，在可能的情况下，扩大检查范围以减少错误的发生。注册会计师还可要求被审计单位重新盘点。重新盘点的范围可限于某一特殊领域的存货或特定盘点小组。

5）需要特别关注的情况

（1）存货盘点范围。在被审计单位盘点存货前，注册会计师应当观察盘点现场，确定应纳入盘点范围的存货是否已经适当整理和排列，并附有盘点标识，防止遗漏或重复盘点。对未纳入盘点范围的存货，注册会计师应当查明未纳入的原因。

对所有权不属于被审计单位的存货，注册会计师应当取得其规格、数量等有关资料，确定是否已单独存放、标明，且未被纳入盘点范围。在存货监盘过程中，注册会计师应当根据取得的所有权不属于被审计单位的存货的有关资料，观察这些存货的实际存放情况，确保其未被纳入盘点范围。即使在被审计单位声明不存在受托代存存货的情形下，注册会计师在存货监盘时也应当关注是否存在某些存货不属于被审计单位的迹象，以避免盘点范围不当。

（2）对特殊类型存货的监盘。对某些特殊类型的存货而言，被审计单位通常使用的盘点方法和控制程序并不完全适用。这些存货通常或者没有标签，或者其数量难以估计，或者其质量难以确定，或者盘点人员无法对其移动实施控制。在这些情况下，注册会计师需要运用职业判断，根据存货的实际情况，设计恰当的审计程序，对存货的数量和状况获取审计证据。表 13-3 列举了被审计单位特殊存货的类型、通常采用的盘点方法与存在的潜在问题，以及可供注册会计师实施的监盘程序。注册会计师在审计实务中，应当根据被审计单位所处行业的特点、存货的类别和特点以及内部控制等具体情况，并在通用的存货监盘程序基础上，设计关于特殊类型存货监盘的具体审计程序。

表 13-3　特殊类型存货的监盘程序

存货类型	盘点方法与潜在问题	可供实施的审计程序
木材、钢筋盘条、管子	通常无标签，但在盘点时会做上标记或用粉笔标识 难以确定存货的数量或等级	检查标记或标识 利用专家或被审计内部有经验人员的工作
堆积型存货（如糖、煤、钢废料）	通常既无标签也不做标记 在估计存货数量时存在困难	运用工程估测、几何计算、高空勘测，并依赖详细的存货记录 如果堆场中的存货堆不高，可进行实地监盘，或通过旋转存货堆加以估计
使用磅秤测量的存货	在估计存货数量时存在困难	在监盘前和监盘过程中均应检验磅秤的精准度，并留意磅秤的位置移动与重新调校程序 将检查和重新衡量程序相结合 检查称量尺度的换算问题
散装物品（如贮窖存货、使用桶、箱、罐、槽等容器储存的液、气体、谷类粮食、流体存货等）	在盘点时通常难以识别和确定 在估计存货数量时存在困难 在确定存货质量时存在困难	使用容器进行监盘或通过预先编号的清单列表加以确定 使用浸蘸、测量棒、工程报告以及依赖永续存货记录 选择样品进行化验与分析，或利用专家的工作
贵金属、石器、艺术品与收藏品	在存货辨认与质量确定方面存在困难	选择样品进行化验与分析，或利用专家的工作
生产纸浆用木材，牲畜	在存货辨认与数量确定方面存在困难 可能无法对此类存货的移动实施控制	通过高空摄影以确定其存在性，对不同时点的数量进行比较，并依赖永续存货记录

6）存货监盘结束时的工作

在被审计单位存货盘点结束前，注册会计师应当做好以下工作。

（1）再次观察盘点现场，以确定所有应纳入盘点范围的存货是否均已盘点。

（2）取得并检查已填用、作废及未使用盘点表单的号码记录，确定其是否连续编号，查明已发放的表单是否均已收回，并与存货盘点的汇总记录进行核对。注册会计师应当根据自己在存货监盘过程中获取的信息对被审计单位最终的存货盘点结果汇总记录进行复核，并评估其是否正确地反映了实际盘点结果。

（3）如果存货盘点日不是资产负债表日，注册会计师应当实施适当的审计程序，确定盘点日与资产负债表日之间存货的变动是否已得到恰当的记录。无论管理层通过年度实地盘点还是采用永续盘存制确定存货数量，由于实际原因，存货的实地盘点均有可能在财务报表日以外的某一天或某几天进行。无论哪种情况，针对存货变动的控制的设计、执行和维护的有效性，决定了在财务报表日以外的某一天或某几天执行的盘点程序是否符合审计目的。《中国注册会计师审计准则第 1231 号——针对评估的重大错报风险采取的应对措施》对在期中实施实质性程序作出了规定。如果被审计单位采用永续盘存制，管理层可能执行实地盘点或其他测试方法，确定永续盘存记录中的存货数量信息的可靠性。在某些情况下，管理层或注册会计师可能识别出永续盘存记录和现有实际存货数量之间的差异，这可能表明对存货变动的控制没有有效运行。当设计审计程序以获取关于盘点日的存货总量与期末存货记录之间的变动是否已被适当记录的审计证据时，注册会计师考虑对永续盘存记录的调整是否适当；被审计单位永续盘存记录的可靠性；从盘点获取的数据与永续盘存记录存在重大差异的原因等相关事项。

3. 特殊情况的处理

1）在存货盘点现场实施存货监盘不可行

在某些情况下，实施存货监盘可能是不可行的。这可能是由存货性质和存放地点等因素造成的，例如，存货存放在对注册会计师的安全有威胁的地点。然而，对注册会计师带来不便的一般因素不足以支持注册会计师作出实施存货监盘不可行的决定。审计中的困难、时间或成本等事项本身，不能作为注册会计师省略不可替代的审计程序或满足于说服力不足的审计证据的正当理由。

如果在存货盘点现场实施存货监盘不可行，注册会计师应当实施替代审计程序（如检查盘点日后出售盘点日之前取得或购买的特定存货的文件记录），以获取有关存货的存在和状况的充分、适当的审计证据。

但在其他一些情况下，如果不能实施替代审计程序，或者实施替代审计程序可能无法获取有关存货的存在和状况的充分、适当的审计证据，注册会计师需要按照《中国注册会计师审计准则第 1502 号——在审计报告中发表非无保留意见》的规定发表非无保留意见。

2）因不可预见的情况导致无法在存货盘点现场实施监盘

有时，由于不可预见情况而可能导致无法在预定日期实施存货监盘，两种比较典型的情况包括：一是注册会计师无法亲临现场，即由于不可抗力导致其无法到达存货存放地实施存货监盘；二是气候因素，即由于恶劣的天气导致注册会计师无法实施存货监盘程序，或由于恶劣的天气无法观察存货，如木材被积雪覆盖。

如果由于不可预见的情况无法在存货盘点现场实施监盘，注册会计师应当另择日期实施监盘，并对间隔期内发生的交易实施审计程序。

3）由第三方保管或控制的存货

如果由第三方保管或控制的存货对财务报表是重要的，注册会计师应当实施下列一项或两项审计程序，以获取有关该存货存在和状况的充分、适当的审计证据：①向持有被审计单位存货的第三方函证存货的数量和状况。②实施检查或其他适合具体情况的审计程序。根据具体情况（如获取的信息使注册会计师对第三方的诚信和客观性产生疑虑），注册会计师可能认为实施其他审计程序是适当的。其他审计程序可以作为函证的替代程序，也可以作为追加的审计程序。其他审计程序的示例包括：第一，实施或安排其他注册会计师实施对第三方的存货监盘（如可行）；第二，获取其他注册会计师或服务机构注册会计师针对用以保证存货得到恰当盘点和保管的内部控制的适当性而出具的报告；第三，检查与第三方持有的存货相关的文件记录，如仓储单；第四，当存货被作为抵押品时，要求其他机构或人员进行确认。

（三）存货计价和产品成本测试

监盘程序主要是对存货的结存数量予以确认。为验证财务报表上存货余额的真实性，还必须对存货的计价进行审计，即确定存货实物数量和永续盘存记录中的数量是否经过正确地计价和汇总。存货计价测试主要是针对被审计单位所使用的存货单位成本是否正确所做的测试，当然，广义地看，存货成本的审计也可以被视为存货计价测试的一项内容。

1. *存货计价测试*

1）样本的选择

计价审计的样本，应从存货数量已经盘点、单价和总金额已经计入存货汇总表的结存存货中选择。选择样本时应着重选择结存余额较大且价格变化比较频繁的项目，同时考虑所选样本的代表性。抽样方法一般采用分层抽样法，抽样规模应足以推断总体的情况。

2）计价方法的确认

存货的计价方法多种多样，被审计单位应结合企业会计准则的基本要求选择符合自身特点的方法。注册会计师除应了解掌握被审计单位的存货计价方法外，还应对这种计价方法的合理性与一贯性予以关注，没有足够理由，计价方法在同一会计年度内不得变动。

3）存货计价的正确性

对外购存货，可以通过查阅发票得到核实。外购存货计价的测试可通过存货计价测试表来进行。存货计价测试表的具体格式如表 13-4 所示。对于产成品，需要选定某些在产品和完工产品项目进行测试。进行计价测试时，注册会计师首先应对存货价格的组成内容予以审核，然后按照所了解的计价方法对所选择的存货样本进行计价测试。测试时，应尽量排除被审计单位已有计算程序和结果的影响，进行独立测试。测试结果出来后，应与被审计单位账面记录对比，编制对比分析表，分析形成差异的原因。如果差异过大，应扩大测试范围，并根据审计结果考虑是否应提出审计调整建议。

在存货计价审计中，由于被审计单位对期末存货采用成本与可变现净值孰低的方法计价，所以注册会计师应充分关注其对存货可变现净值的确定及存货跌价准备的计提。可变现净值是指企业在日常活动中，存货的估计售价减去至完工时估计将要发生的成本、估计的销售费用以及相关税费后的金额。企业确定存货的可变现净值，应当以取得的确凿证据为基础，并且考虑持有存货的目的以及资产负债表日后事项的影响等因素。

表 13-4　存货计价审计表

日期	品名及规格	购　入			发　出			余　额		
		数量	单价	金额	数量	单价	金额	数量	单价	金额

1. 计价方法说明：
2. 情况说明及审计结论：

2. 产品成本测试

产品成本测试主要包括直接材料的审计、直接人工的审计、制造费用的审计等内容。下面简单列示其主要审计程序。

1）直接材料的审计

直接材料的审计一般应从审阅材料和生产成本明细账入手，抽查有关的费用凭证，验证企业产品直接耗用材料的数量、计价和材料费用分配是否真实、合理。其主要审计程序通常包括：①抽查产品成本计算单，检查直接材料成本的计算是否正确，材料费用的分配标准与计算方法是否合理和适当，是否与材料费用分配汇总表中该产品分摊的直接材料费用相符。②检查直接材料耗用数量的真实性，有无将非生产用材料计入直接材料费用。③分析比较同一产品前后各年度的直接材料成本，如有重大波动应查明原因。④抽查材料发出及领用的原始凭证，检查领料单的签发是否经过授权，材料发出汇总表是否经过适当的人员复核，材料单位成本计价方法是否适当，是否正确及时入账。

2）直接人工成本的审计

直接人工成本的主要审计程序通常包括：①抽查产品成本计算单，检查直接人工成本的计算是否正确，人工费用的分配标准与计算方法是否合理和适当，是否与人工费用分配汇总表中该产品分摊的直接人工费用相符。②将本年度直接人工成本与前期进行比较，查明其异常波动的原因。③分析比较本年度各个月份的人工费用发生额，如有异常波动，应查明原因。④结合应付职工薪酬的检查，抽查人工费用会计记录及会计处理是否正确。⑤对采用标准成本法的被审计单位，应抽查直接人工成本差异的计算、分配与会计处理是否正确。并查明直接人工的标准成本在本年度内有无重大变更。

3）制造费用的审计

制造费用是企业为生产产品和提供劳务而发生的各项间接费用，即生产单位为组织和管理生产而发生的费用，包括分厂和车间管理人员的工薪等职工薪酬、折旧费、修理费、办公费、水电费、取暖费、租赁费、机物料消耗、低值易耗品摊销、劳动保护费、保险费、设计制图费、实验检验费、季节性和修理期间的停工损失等。制造费用的主要审计程序通常包括：①获取或编制制造费用汇总表，并与明细账、总账核对相符，抽查制造费用中的重大数额项目及例外项目是否合理。②审阅制造费用明细账，检查其核算内容及范围是否正确，并应注意是否存在异常交易事项，如有，则应追查至记账凭证和原始凭证，重点查明被审计单位有无将不应列入成本费用的支出（如投资支出、被没收的财物、支付的罚款、违约金等）计入制造费用。③必要时，对制造费用实施截止测试，即检查资产负债表日前后若干天的制造费用明细账及其凭证，确定有无跨期入账的情况。④检查制造费用的分配是否合理。重点查明制造费用的分配方法是否符合被审计单位自身的生产技术条件，是否体现受益原则，分配方法一经确定，是否在一定时期内保持稳定，有无随意变更的情况；分配率和分配额的计算是否正确，有无以人为估计数代替分配数的情况。对按预定分配率分配费用的企业，还应查明计划与实际差异是否及时调整。⑤对于采用标准成本法的被审计单位，应抽查标准制造费用的确定是否合理，计入成本计算单的数额是否正确，制造费用的计算、分配与会计处理是否正确，并查明标准制造费用在本年度内有无重大变动。

二、应付职工薪酬审计

职工薪酬是企业支付给员工的劳动报酬，其主要核算方式有计时制和计件制两种。职工薪酬可能会发生如虚报冒领、重复支付和贪污等错误或舞弊行为。随着经营管理水平的提高和技术手段的发展，如使用计算机编制职工薪酬表和使用工薪卡，提高了职工薪酬计算的准确性；通过有关机构，如税务部门、社会保障机构的复核，可相应防止职工薪酬计算的错误，职工薪酬业务中进行舞弊及掩饰的可能性已有所减少。然而，在一般企业中，职工薪酬费用在成本费用中所占比重较大，如果出现计算错误，就会影响到成本费用和利润的正确性。所以，注册会计师仍应重视对职工薪酬业务的审计。

（一）审计目标

应付职工薪酬的审计目标一般包括：确定资产负债表中记录的应付职工薪酬是否存在；所有应当记录的应付职工薪酬是否均已记录；确定记录的应付职工薪酬是否为被审计单位应当履行的现时义务；确定应付职工薪酬是否以恰当的金额包括在财务报表中，与之相关的计价调整是否已恰当记录；确定应付职工薪酬是否已按照企业会计准则的规定在财务报表中作出恰当列报。

（二）应付职工薪酬的实质性程序

（1）获取或编制应付职工薪酬明细表，复核加计是否正确，并与报表数、总账数和明细账合计数核对是否相符。

（2）实施实质性分析程序。

①针对已识别需要运用分析程序的有关项目，并基于对被审计单位及其环境的了解，通过进行以下比较，同时考虑有关数据间关系的影响，以建立有关数据的期望值：a. 比较被审计单位员工人数的变动情况，检查被审计单位各部门各月工资费用的发生额是否有异常波动，若有，则查明波动原因是否合理；b. 比较本期与上期工资费用总额，要求被审计单位解释其增减变动原因，或取得公司管理当局关于员工工资标准的决议；c. 结合员工社保缴纳情况，明确被审计单位员工范围，检查是否与关联公司员工工资混淆列支；d. 比较本期应付职工薪酬余额与上期应付职工薪酬余额，是否有异常变动。e. 结合应付职工薪酬的检查，抽查人工费用会计记录及会计处理是否正确。

②确定可接受的差异额。

③将实际的情况与期望值相比较，识别需要进一步调查的差异。

④如果其差额超过可接受的差异额，调查并获取充分的解释和恰当的佐证审计证据（如通过检查相关的凭证）。

⑤评估分析程序的测试结果。

（3）检查工资、奖金、津贴和补贴。

①计提是否正确，依据是否充分，将执行的工资标准与有关规定核对，并对工资总额进行测试。被审计单位如果实行工效挂钩的，应取得有关主管部门确认的效益工资发放额认定证明，结合有关合同文件和实际完成的指标，检查其计提额是否正确，是否应作纳税调整。

②检查分配方法与上年是否一致，除因解除与职工的劳动关系给予的补偿直接计入管理费用外，被审计单位是否根据职工提供服务的受益对象，确定职工薪酬应计入的会计科目。

③检查发放金额是否正确，代扣的款项及其金额是否正确。

④检查是否存在属于拖欠性质的职工薪酬，并了解拖欠的原因。

（4）检查社会保险费（包括医疗、养老、失业、工伤、生育保险费）、住房公积金、工会经费和职工教育经费等计提（分配）和支付（或使用）的会计处理是否正确，依据是否充分。

（5）检查非货币性福利。

①检查以自产产品发放给职工的非货币性福利，检查是否根据受益对象，按照该产品的公允价值，计入相关资产成本或当期损益，同时确认应付职工薪酬；对于难以认定受益对象的非货币性福利，是否直接计入当期损益和应付职工薪酬。

②检查无偿向职工提供住房的非货币性福利，是否根据受益对象，将该住房每期应计提的折旧计入相关资产成本或当期损益，同时确认应付职工薪酬。对于难以认定受益对象的非货币性福利，是否直接计入当期损益和应付职工薪酬。

③检查租赁住房等资产供职工无偿使用的非货币性福利，是否根据受益对象，将每期应付的租金计入相关资产成本或当期损益，并确认应付职工薪酬。对于难以认定受益对象

的非货币性福利，是否直接计入当期损益和应付职工薪酬。

（6）检查以现金与职工结算的股份支付。

①检查授予后立即可行权的以现金结算的股份支付，是否在授予日以承担负债的公允价值计入相关成本或费用。

②检查完成等待期内的服务或达到规定业绩条件以后才可行权的以现金结算的股份支付，在等待期内的每个资产负债表日，是否以可行权情况的最佳估计为基础，按照承担负债的公允价值金额，将当期取得的服务计入成本或费用。在资产负债表日，后续信息表明当期承担债务的公允价值与以前估计不同的，是否进行调整，并在可行权日，调整至实际可行权水平。

③检查可行权日之后，以现金结算的股份支付当期公允价值的变动金额，是否借记或贷记“公允价值变动损益”。

④检查在可行权日，实际以现金结算的股份支付金额是否正确，会计处理是否恰当。

（7）检查应付职工薪酬的期后付款情况并关注在资产负债表日至财务报表批准报出日之间，是否有确凿证据表明需要调整资产负债表日原确认的应付职工薪酬事项。

（8）检查应付职工薪酬是否已按照企业会计准则的规定在财务报表中作出恰当的列报。

三、营业成本审计

营业成本是指企业从事对外销售商品、提供劳务等主营业务活动和销售材料、出租固定资产、出租无形资产、出租包装物等其他经营活动所发生的实际成本。以制造业的产成品销售为例，它是由期初库存产品成本加上本期入库产品成本，再减去期末库存产品成本求得的。

（一）营业成本的审计目标

营业成本的审计目标一般包括：确定利润表中记录的营业成本是否已发生，且与被审计单位有关；确定所有应当记录的营业成本均已记录；确定与营业成本有关的金额及其他数据已恰当记录；确定营业成本已记录于正确的会计期间；确定营业成本已记录于恰当的账户；确定营业成本已按照企业会计准则的规定在财务报表中作出恰当的列报。

（二）营业成本——主营业务成本的实质性审计程序

（1）获取或编制主营业务成本明细表，复核加计是否正确，并与总账数和明细账合计数核对是否相符，结合其他业务成本科目与营业成本报表数核对是否相符；复核主营业务成本明细表的正确性，并与库存商品等相关科目勾稽。

（2）检查主营业务成本的内容和计算方法是否符合会计准则规定，前后期是否一致。

（3）必要时，实施实质性分析程序。

①针对已识别需要运用分析程序的有关项目，注册会计师基于对被审计单位及其环境

的了解，通过进行以下比较，并考虑有关数据间关系的影响，以建立注册会计师有关数据的期望值：a. 比较当年度与以前年度不同品种产品的主营业务成本和毛利率，并查明异常情况的原因；b. 比较当年度与以前年度各月主营业务成本的波动趋势，并查明异常情况的原因；c. 比较被审计单位与同行业的毛利率，并查明异常情况的原因；d. 比较当年度及以前年度主要产品的单位产品成本，并查明异常情况的原因。

②确定可接受的差异额。

③将实际的情况与期望值相比较，识别需要进一步调查的差异。

④如果其差额超过可接受的差异额，调查并获取充分的解释和恰当的佐证审计证据（例如：通过检查相关的凭证）。

⑤评估分析程序的测试结果。

（4）抽取若干月份的主营业务成本结转明细清单，结合生产成本的审计，检查销售成本结转数额的正确性，比较计入主营业务成本的商品品种、规格、数量与计入主营业劳收入的口径是否一致，是否符合配比原则。

（5）针对主营业务成本中重大调整事项（如销售退回）、非常规项目，检查相关原始凭证，评价真实性和合理性，检查其会计处理是否正确。

（6）在采用计划成本、定额成本、标准成本或售价核算存货的条件下，应检查产品成本差异或商品进销差价的计算、分配和会计处理是否正确。

（7）结合期间费用的审计，判断被审计单位是否通过将应计入生产成本的支出计入期间费用，或将应计入期间费用的支出计入生产成本等手段调节生产成本，从而调节主营业务成本。

（8）检查营业成本是否已按照企业会计准则的规定在财务报表中作出恰当列报。

（三）营业成本——其他业务成本的实质性程序

（1）获取或编制其他业务成本明细表，复核加计是否正确，并与总账数和明细账合计数核对是否相符，结合主营业务成本科目与营业成本报表数核对是否相符；复核其他业务成本明细表的正确性，并与相关科目交叉核对。

（2）检查其他业务成本是否有相应的收入，并与上期其他业务收入、其他业务成本比较，检查是否有重大波动，如有，应查明原因。

（3）检查其他业务成本内容是否真实，计算是否正确，配比是否恰当，并择要抽查原始凭证予以核实。

（4）对异常项目，应追查入账依据及有关法律文件是否充分。

（5）检查除主营业务活动以外的其他经营活动发生的相关税费是否计入本科目。

（6）检查其他业务成本是否已按照企业会计准则的规定在财务报表中作出恰当列报。

【课堂分组讨论】

存货监盘

（1）甲注册会计师制订了对×公司存货的监盘计划，由助理人员实施监盘工作。请判断下面有关监盘计划和监盘工作有无不妥之处，若有，请予以更正。

①注册会计师在制订存货监盘计划时，应与×公司沟通，确定检查的重点。

②对外单位存放于×公司的存货，注册会计师未要求纳入盘点的范围，助理人员也未实施其他审计程序。

③在检查存货盘点结果时，助理人员从存货实物中选取项目追查至存货盘点记录，目的是测试存货盘点记录的真实性。

④虽然年末前后是销售旺季，但为进行盘点和监盘，注册会计师要求生产产品的生产线停产。

⑤×公司的一批重要存货，已被保险公司质押，助理人员通过电话询问了其真实性。

（2）乙注册会计师负责对A公司的存货进行监盘，如果在进行监盘时，遇到如下的问题，请分别指出乙注册会计师下一步应当如何处理。

①由于B公司在A公司寄存的L材料与A公司自身的L材料并无区别，故并未单独摆放。

②在监盘时，发现A公司D存货的仓库明细账和实物监盘结果不一致。

③A公司对废品与毁损品不进行盘点，以财务部门和仓库部门的账面记录为准。

④乙注册会计师了解到E原材料为易腐易烂物资，由于设备条件限制，A公司将其存放于露天临时仓库内。

⑤乙注册会计师了解到截至资产负债表日之前装运出库的存货F在途，A公司对此没有做相关销售的确认。

第十四章　投资与筹资循环的审计

投资活动是指企业为享有被投资单位分配的利润，或为谋求其他利益，将资产让渡给其他单位而获得另一项资产的活动。筹资活动是指企业为满足生存和发展的需要，通过改变企业资本及债务规模和构成而筹集资金的活动。投资和筹资活动为企业完成其经营目标和战略措施奠定了基础。管理层为了取得收入并促进企业的成长，将获取和使用各种资本来源，并通过权益或借款来筹集这些资本。在很多企业中，投资于长期资产的金额通常具有重要性。如果企业不能从使用的资产中获得预期回报，或不能负担长期筹资的成本，或不能在长期借款到期时偿还，将产生持续经营风险。

第一节　投资与筹资循环的特点

一、投资与筹资循环的性质

投资与筹资循环由筹资活动和投资活动的交易事项构成。投资活动主要由权益性投资交易和债权性投资交易组成。筹资活动主要由借款交易和股东权益交易组成。注册会计师应当考虑投资与筹资循环的如下性质：①对一般工商企业而言，与其他循环相比，企业每年投资与筹资循环涉及的交易数量较少，而每笔交易的金额通常较大。这就决定了对该循环涉及的财务报表项目审计，更可能采用实质性方案。②筹资活动在遵守国家法律、法规和相关契约的规定下进行。例如，债务契约可能限定借款人向股东分配利润，或规定借款单位的流动比率和速动比率不能低于某一水平。注册会计师了解被审计单位的筹资活动，可能对评估财务报表舞弊的风险、从性质角度考虑审计重要性、评估持续经营假设的适用性等有重要影响。③漏记或不恰当地对一笔业务进行会计处理，将导致重大错误，从而对企业财务报表的公允反映产生较大的影响。例如，对于从事衍生金融工具交易的企业而言，尤为如此。公允价值的确定和交易记录的完整性等可能存在重大错报风险。

二、涉及的主要凭证与会计记录

（一）投资活动的凭证和会计记录

1. 债券投资凭证

载明债券持有人与发行企业双方所拥有的权利与义务的法律性文件，其内容一般包括：债券发行的标准；债券的明确表述；利息或利息率；受托管理人证书；登记和背书。

2. 股票投资凭证

买入凭证记载股票投资购买业务，包括购买股票数量、被投资公司、股票买价、交易成本、购买日期、结算日期、结算日应付金额合计。卖出凭证记载股票投资卖出业务，包括卖出股票数量、被投资公司、股票卖价、交易成本、卖出日期、结算日期、结算日金额合计。

3. 股票证书

载明股东所有权的证据，记录所有者持有被投资公司所有股票数量。如果被投资公司发行了多种类型的股票，也反映股票的类型，如普通股、优先股。

4. 股利收取凭证

向所有股东分发股利的文件，标明股东、股利数额、每股股利、被审计单位在交易最终日期持有的总股利金额。

5. 长期股权投资协议

6. 投资总分类账

对被投资单位所持有的投资，记录所有的详细信息，包括所获得或收取的投资收益。总分类账中的投资账户记录初始购买成本和之后的账面价值。

7. 投资明细分类账

由投资单位保存，以用来记录所有的非现金性投资交易，如期末的市场对市场调整、公允价值的反映，以及记录与处置投资相关的损益。

（二）筹资活动的凭证和会计记录

1. 公司债券

公司依据法定程序发行、约定在一定期限内还本付息的有价证券。

2. 股本凭证

公司签发的证明股东所持股份的凭证。

3. 债券契约

载明债券持有人与发行企业双方所拥有的权利与义务的法律性文件，内容包括：债券发行的标准；债券的明确表述；利息或利息率；受托管理人证书；登记和背书；如系抵押债券，其所担保的财产；债券发生拖欠情况如何处理，以及对偿债基金、利息支付、本金返还等的处理。

4. 股东名册

发行记名股票的公司记载股东的凭证，内容包括：股东的姓名或者名称及住所；股东所持股份数；股东所持股票的编号；股东取得其股份的日期。发行无记名股票的，公司应当记载其股票数量、编号及发行日期。

5. 公司债券存根簿

发行记名公司债券时记载债券持有人的凭证，内容包括：债券持有人的名称及住所；债券持有人取得债券的日期及债券的编号；债券总额、债券的票面金额、债券的利率、债券还本付息的期限和方式；债券的发行日期。发行无记名债券的应当在公司的债券存根簿上记载债券总额、利率、偿还期限和方式、发行日期和债券编号。

6. 承销或包销协议

公司向社会公开发行股票或债券时，应当由依法设立的证券经营机构承销或包销，公司应与其签订承销或包销协议。

7. 借款合同或协议

公司向银行或其他金融机构借入款项时与其签订的合同或协议。

三、投资与筹资循环所涉及的主要业务活动

（一）投资所涉及的主要业务活动

权益性投资的购买和出售应当包括以下业务活动。

1. 投资交易的发生

由管理层对所有投资交易进行授权。交易的数量越多，授权程序必须越正式。对上市性投资的购买应当由交易经纪人的买入公告支持，对非上市性投资的购买应当由相关合同支持。两者都应当由董事会纪要（或其他授权文件）批准购买。高级员工应当在结算买价之前核对这些文件。本项职能应当同投资购买业务的批准和记录职能分离。投资的销售（售出）业务一般由下列文件支持：经纪人的销售公告、合同，董事会批准非上市性投资业务销售的会议纪要，高级员工核对收据和银行存款的详细信息。这一职能应当与投资销售业务的批准和记录分开。

2. 有价证券的收取和保存

企业所收到的凭证和有价证券应当保存在其经纪人处或由企业的银行保存在保管箱里。注册会计师应当对这些凭证和有价证券的真实性以及管理层伪造或修改这些凭证和有价证券的风险保持警惕。如果注册会计师怀疑可能存在上述情况，则应当向被投资企业询证以确定投资企业是否对被审计单位真正投资。

3. 投资收益的取得

企业收到股利和利息支票时应当予以记录并追查至银行存款单。如果企业发生了大量

的投资活动，企业应当设立单独的银行账户，所有的投资收益都应当存入该账户。如果企业的经纪人安全保管着其上市股票凭证，应当由经纪人直接收取股利并存入企业的银行账户。企业应当针对相关银行账户定期编制调节表。

股利收据应当在投资账户中记录，包括股利的金额和日期：宣告日期、最后行权日和支付日期。这应由高级员工定期复核，以确保所收取和记录的股利收入的完整性。

利息收入一般应当与债务性投资合同和支付安排一致。高级员工应当确保所收到的利息计算正确且已存入。应当考虑确保利息在财务期间内截止和分摊的正确性。

4. 监控程序

管理层的定期复核应当包括以下内容。

（1）定期检查持有股票凭证或有价证券的月度报表，并与投资账户余额（提供有价证券存在性的证据）相比较。

（2）检查所有的购买和销售交易，如果交易的数量有限则检查授权的证据；如果企业作为经纪人拥有大量的交易，则在测试的基础上检查有价证券完整性和发生的证据；

（3）检查经纪人的买入和卖出公告，如果交易的数量有限则可作为所有买入和卖出交易的支持性信息，如果企业作为经纪人拥有大量的交易，则在测试的基础上将投资清单的详细信息同总分类账相核对，以获取有价证券完整性、发生和估价的审计证据，

（4）将所收到的现金或所付出的支票与相关买入、卖出交易和收益的收据的授权信息相核对。

（5）针对实际业绩定期制定关键业绩指标并监控，以识别不佳的业绩或回报。

进行此项复核的证据通常应当是高级管理层在相关记录或管理层会议纪要中的签字。

（二）筹资所涉及的主要业务活动

1. 审批授权

企业通过借款筹集资金需经管理层的审批，其中债券的发行每次均要由董事会授权；企业发行股票必须依据国家相关法规或企业章程的规定，报经企业最高权力机构（如董事会）及国家有关管理部门批准。

2. 签订合同或协议

向银行或其他金融机构融资需签订借款合同，发行债券须签订债券契约和债券承销或包销合同。

3. 取得资金

企业实际取得银行或金融机构划入的款项或债券、股票的融入资金。

4. 计算利息或股利

企业应按有关合同或协议的规定，及时计算利息或股利。

5. 偿还本息或发放股利

银行借款或发行债券应按有关合同或协议的规定偿还本息，对融入的股本根据股东大会的决定发放股利。

第二节 投资与筹资循环的内部控制与控制测试

一、内部控制目标、内部控制与审计测试的关系

表 14-1 和表 14-2 分别列示了投资交易与筹资交易有关的内部控制目标、关键内部控制以及相应的控制测试和交易实质性程序。

表 14-1 投资交易的控制目标、内部控制和测试一览表

内部控制目标	关键内部控制	常用控制测试	交易实质性程序
记录的投资交易均系真实发生的交易（存在或发生）	投资经过授权审批	索取投资授权批准文件，检查审批手续是否齐全	检查与投资有关的原始凭证，包括投资授权文件、被投资单位出具的股权或债权证明、投资付款记录和相关有价证券等
投资交易均已记录（完整性）	投资管理层根据交易流水单，对每笔投资交易记录进行核对、存档，并在交易结束后一个工作日内将交易凭证交投资记账员。投资记账员编制转账凭证，并附相关单据，提交会计主管复核。复核无误后进行账务处理。每周末，投资管理员与投资记账员就投资类别、资金统计进行核对，并编制核对表，分别由投资管理经理、财务经理复核并签字。如有差异，将立即调查 对所投资的有价证券或金融资产定期盘点，并与账面记录相核对 定期与被投资单位或交易对方核对账目	询问投资业务的职责分工情况及内部对账情况 检查被审计单位是否定期与交易对方或被投资方核对账目	检查董事会会议记录、投资合同、交易对方提供的对账单、盘点报告等，确定有无未入账的交易
投资交易均已以恰当的金额记入恰当的期间	定期与被投资单位或交易对方核对账目 会计主管复核	检查被审计单位是否定期与债权人核对账目 检查会计主管复核印记	将借款记录与所附的原始凭证进行细节比对
投资交易均已记入恰当的账户	使用会计科目核算说明 会计主管复核	询问会计科目表的使用情况 检查会计主管复核印记	将投资记录与所附的原始凭证进行细节比对

注：本表以初始投资交易为例，不包括收到投资收益、收回或变现投资、期末对投资计价进行调整等交易。

表 14-2 筹资交易的控制目标、内部控制和测试一览表

内部控制目标	关键内部控制	常用控制测试	交易实质性程序
记录的筹资交易均系真实发生的交易（存在或发生）	借款经过授权审批 签订借款合同或协议等相关法律文件	索取借款的授权批准文件，检查审批手续是否齐全 检查借款合同或协议	检查支持借款记录的原始凭证
筹资交易均已记录（完整性）	负责借款业务的信贷管理层根据综合授信协议或借款合同，逐笔登记借款备查簿，并定期与信贷记账的借款明细账核对 定期与债权人核对账目	询问借款业务的职责分工情况及内部对账情况 检查被审计单位是否定期与债权人核对账目	检查董事会会议记录、借款合同、银行询证函等，确定有无未入账的交易
筹资交易均已以恰当的金额记入恰当的期间	负责借款业务的信贷管理层根据综合授信协议或借款合同，逐笔登记借款备查簿，并定期与信贷记账员的借款明细账核对 定期与债权人核对账目 会计主管复核	询问借款业务的职责分工情况及内部对账情况 检查被审计单位是否定期与债权人核对账目 检查会计主管复核印记	将借款记录与所附的原始凭证进行细节比对
筹资交易均已记入恰当的账户	使用会计科目核算说明 会计主管复核	询问会计科目表的使用情况 检查会计主管复核印记	将借款记录与所附的原始凭证进行细节比对

注：本表以获得初始借款交易为例，不包括偿还利息和本金交易。

二、投资活动的内部控制和控制测试

（一）投资活动的内部控制

一般来讲，投资活动的内部控制主要包括下列内容。

1. 合理的职责分工

这是指合法的投资业务，应在业务的授权、业务的执行、业务的会计记录以及投资资产的保管等方面都有明确的分工，不得由一人同时负责上述任何两项工作。比如，投资业务在企业高层管理机构核准后，可由高层负责人员授权签批，由财务经理办理具体的股票或债券的买卖业务，由会计部门负责进行会计记录和财务处理，并由专人保管股票或债券。这种合理的分工所形成的相互牵制机制有利于避免或减少投资业务中发生错误或舞弊的可能性。

2. 健全的资产保管制度

企业对投资资产（指股票和债券资产）一般有两种保管方式：一种方式是由独立的专

门机构保管，如在企业拥有较大的投资资产的情况下，委托银行、证券公司、信托投资公司等机构进行保管。这些机构拥有专门的保存和防护措施，可以防止各种证券及单据的失窃或毁损，并且由于它与投资业务的会计记录工作完全分离，可以大大降低舞弊的可能性。另一种方式是由企业自行保管，在这种方式下，必须建立严格的联合控制制度，即至少要由两名以上人员共同控制，不得一人单独接触证券。对于任何证券的存入或取出，都要将证券名称、数量、价值及存取的日期、数量等详细记录于证券登记簿内，并由所有在场的经手人员签名。

3. 详细的会计核算制度

企业的投资资产无论是自行保管还是由他人保管，都要进行完整的会计记录，并对其增减变动及投资收益进行相关会计核算。具体而言，应对每一种股票或债券分别设立明细分类账，并详细记录其名称，面值、证书编号、数量、取得日期、经纪人（证券商）名称、购入成本、收取的股息或利息等；对于联营投资类的其他投资，也应设置明细分类账，核算其他投资的投出及其投资收益和投资收回等业务，并对投资的形式（如流动资产、投资性房地产、无形资产）、投向（即接受投资单位）、投资的计价以及投资收益等作出详细的记录。

4. 严格的记名登记制度

除无记名证券外，企业在购入股票或债券时应在购入的当日尽快登记于企业名下，切忌登记于经办人员名下，防止发生冒名转移并借其他名义牟取私利的舞弊行为。

5. 完善的定期盘点制度

对于企业所拥有的投资资产，应由内部审计人员或不参与投资业务的其他人员进行定期盘点，检查是否确实存在，并将盘点记录与账面记录相互核对以确认账实的一致性。

（二）评估投资活动的重大错报风险

注册会计师应当考虑重大错报风险对投资活动的影响，并对被审计单位可能发生的特定风险保持警惕。与投资交易和余额相关的特定固有风险包括：①管理层错误表述投资业务或衍生金融工具业务的偏见和动机，包括为了满足预算、提高绩效奖金、提高财务报表上的报告收益、确保从银行获得额外资金、吸引潜在投资购买者或影响股价以误导投资者。②所取得资产的性质和复杂程度可能导致确认和计量的错误。尽管多数被审计单位可能只拥有少量的投资，并且买入和卖出的业务不频繁，交易的复杂性可能导致作出会计处理时出现错误。如果会计人员没有意识到不同类型投资计量或计价的复杂性，管理层通常不能轻易发现这些错误。③所持有投资的公允价值可能难以计量。④管理层凌驾于控制之上，可能导致投资交易未经授权。⑤如果对有价证券的控制不充分，权益性有价证券的舞弊和盗窃风险可能很高，从而影响投资的存在性。⑥关于资产的所有权以及相关权利与义务的审计证据可能难以获得。获取的权益可能很复杂，例如，在企业集团中包含有跨国公司的情形以及公司处理大量衍生金融工具交易的情形。⑦如果负责记录投资处置业务的人员没有意识到某项投资已经卖出，则对投资的处置业务可能未经记录。这种处置业务只能通过在期末进行实物检查来发现。

注册会计师应当通过实施询问、检查文件记录或观察控制程序的执行情况等程序获取确定的信息以支持对重大错报风险的评估。在识别对财务报表特定账户余额的影响的基础上，注册会计师应当设计适当的审计程序以发现并纠正任何剩余重大错报风险。注册会计师不应低估衍生金融工具交易的复杂性，以及潜在的重大错报风险。在常见的衍生金融工具之外，注册会计师可能遇到嵌入式衍生金融工具，非常难以识别，此外还可能遇到信贷衍生金融工具以进行信贷套期，以及通货膨胀相关债券以进行通货膨胀套期。与此类衍生金融工具相关的公允价值计算及会计处理更加复杂，并且如果衍生金融工具交易包含重要种类的交易，注册会计师可能需要利用专家的工作。

（三）控制测试

投资的控制测试一般包括如下内容。

1. 检查控制执行留下的轨迹

注册会计师应抽取投资业务的会计记录和原始凭证，确定各项控制程序运行情况。

2. 审阅内部盘点报告

注册会计师应审阅内部审计人员或其他授权人员对投资资产进行定期盘点的报告。应审阅其盘点方法是否恰当、盘点结果与会计记录相核对情况以及出现差异的处理是否合规。如果各期盘核报告的结果未发现账实之间存在差异（或差异不大），说明投资资产的内部控制得到了有效执行。

3. 分析企业投资业务管理报告

对于企业的长期投资，注册会计师应对照有关投资方面的文件和凭据，分析企业的投资业务管理报告。在作出长期投资决策之前，企业最高管理层（如董事会）需要对投资进行可行性研究和论证，并形成一定的纪要。投资业务一经执行，又会形成一系列的投资凭据或文件，如证券投资的各类证券，联营投资中的投资协议、合同及章程等。负责投资业务的财务经理需定期向企业最高管理层报告有关投资业务的开展情况（包括投资业务内容和投资收益实现情况及未来发展预测），即提交投资业务管理报告书，供最高管理层投资决策和控制。注册会计师应认真分析这些投资管理报告的具体内容，并对照前述有关文件和凭据资料，判断企业长期投资业务的管理情况。

三、筹资活动的内部控制和控制测试

（一）筹资活动的内部控制

筹资活动主要由借款交易和股东权益交易组成。股东权益增减变动的业务较少而金额较大，注册会计师在审计中一般直接执行实质性程序。企业的借款交易涉及短期借款，长期借款和应付债券，这些内部控制基本类似。因此，我们以应付债券为例说明筹资活动的内部控制和控制测试。无论是否依赖内部控制，注册会计师均应对筹资活动的内部控制获得足够的了解，以识别错报的类型、方式及发生的可能性。一般来讲，应付债券内部控制的主要内容包括：①应付债券的发行要有正式的授权程序，每次均要由董事会授权。②申请发行债券时，应履行审批手续，向有关机关递交相关文件。③应付债券的发行，要有受托管理人来行使保护发行人和持有人合法权益的权利。④每种债券发行都必须签订债券契约。⑤债券的承销或包销必须签订有关协议。⑥记录应付债券业务的会计人员不得参与债券发行。⑦如果企业保存债券持有人明细分类账，应同总分类账核对相符，若这些记录由外部机构保存，则需定期同外部机构核对。⑧未发行的债券必须有专人负责。⑨债券的回购要有正式的授权程序。

如果企业应付债券业务不多，注册会计师可根据成本效益原则采取实质性方案；如果企业应付债券业务繁多，注册会计师就可考虑采取综合性方案。如果决定采取综合性方案，则应进行控制测试。

（二）评估重大错报风险

注册会计师应当在了解被审计单位的基础上考虑影响筹资交易的重大错报风险，并对被审计单位业务中可能出现的特别风险保持警惕。考虑到严格的监管环境和董事会针对筹资活动设计的严格控制，除非注册会计师对管理层的诚信产生疑虑，否则重大错报风险一般应当评估为低水平。然而，有一点可能引起注册会计师的疑问，这就是企业会计准则以及监管法规对借款和权益的披露要求，可能引起完整性、计价和分摊、列报认定的潜在重大错报风险。尽管账户余额发生错报的可能性不大，仍然可能存在权利和义务被忽略或发生错报的可能，例如，如果一个集团公司用资产为另一个集团公司做抵押或担保的情况。如果被审计单位是国际资本市场上的大型公众公司，其股票在国内和国外同时上市，其他国家的法律法规的复杂性可能影响到注册会计师对重大错报风险的评估。在这种情况下，企业可能从国外获得借款，从而应当在利润表中确认汇兑损益。这种情况下的筹资交易和余额重大错报风险可能评估为中到高水平，存在完整性和计价认定风险以及未记录负债和或负债的风险。

在实施实质性程序之前，注册会计师应当评估权益、借款、利息、股利交易和余额在报表层次和认定层次上的重大错报风险。注册会计师应当通过询问、检查文件记录、观察控制程序等方法获得确切的信息以支持对重大错报风险的评估，识别特定账户余额的影响，并设计适当的审计程序以发现和纠正剩余重大错报风险。

（三）控制测试

由于前述原因，注册会计师对股东权益、长期借款账户和余额的重大错报风险通常评估为低水平，除非筹资活动形成一种重要的交易类型，如果注册会计师拟依赖内部控制，则应实施控制测试。因此，检查风险的可接受水平较高，注册会计师应主要采用实质性分析程序和有限的细节测试。如果出现不经常出现的特别风险则应当将业务环境考虑在内。

注册会计师尝试对有限数量的筹资交易实施控制测试程序是明显无效率的，对投资和筹资环境也通常如此。如果注册会计师主要实施了实质性程序，则需要对控制活动进行记录以识别可能产生的重大错报风险，以确保实施的实质性程序能够恰当应对所识别的重大错报风险。

第三节　投资交易的实质性程序

为确定检查风险的可接受水平，注册会计师应当考虑投资交易和余额的重要性水平，以及对管理层所实施控制有效性的评估。如果投资交易不具有重要性，或具有重要性但控制具有有效性，则注册会计师应将可接受的检查风险水平评估为中到高。在很多情况下，投资交易业务量很少，注册会计师通常在了解相关内部控制后，即对期末投资的存在性和账面价值实施细节测试。

一、实质性分析程序

实质性分析程序的有效性取决于企业的权益性投资和债权性投资交易及其余额的重要性。如果会计期间内投资交易的买入和卖出业务较少，注册会计师可以通过细节测试有效地获取充分适当的审计证据。然而，如果投资交易业务频繁和重要，注册会计师可以考虑通过比较投资和投资收益本期数、前期数和预期数等实质性分析程序来获取充分适当的审计证据。如果被审计单位持有不同类型的投资业务，如各种类型的上市性投资、债券和贷款，企业应当对持有的投资组合制定政策，管理层可能使用关键业绩指标来进行管理。注册会计师应当重新计算相关比率以测试管理层所使用的关键业绩指标的有效性。如果该指标不能符合预期，注册会计师应当询问管理层所采取的行动。任何偏差或未预期的趋势都应当同管理层讨论，因为它们可能表明存在潜在的错误或舞弊。由于影响衍生金融工具价值的各种因素之间复杂的相互作用往往掩盖了可能出现的异常趋势，实质性分析程序通常不能提供衍生金融工具相关认定的充分证据。注册会计师通常使用细节测试程序来证实期末衍生金融工具的完整性和估价认定。

二、交易的细节测试

1. 投资购入

在制造业企业或贸易行业中，投资交易往往较少发生，审计方法通常是细节测试。然而，如果投资交易业务量非常大，注册会计师应当评估对内部控制的依赖程度，复核管理层证实该复核程序是否频繁执行。注册会计师应当检查购买业务的授权情况。如果投资是通过证券交易买入的，则买入的证据是经纪人的交易清单。

2. 投资卖出

注册会计师应当检查出售的授权情况。

3. 投资收益

持有公司股票所获得的收益来源于该公司所宣告的股利。如果注册会计师已就上年度期末持有股票的存在性和所有权进行了审计，并就本年度股票的买入和卖出情况获取了审计证据；则注册会计师可以以此为基础进一步检查相关公司宣告的股利是否已经收到并记录。如果投资数量很多，注册会计师应当从被审计单位获得清单并与总分类账和其他证据相核对。针对所有投资的已记录收益都应当在该清单中作出标注，这将有助于投资收益审计工作的开展。注册会计师对应收股利的相关证据可以从以下渠道获得：①从股票发行公司的已公布财务报表获得。②从股利报表或股利公告获得。③从报纸关于公司宣告股利的消息、证券交易官方报告或其他知名金融杂志获得。④通过直接询问股票发行公司来获得。

通常与投资相关的重要项目包括长期股权投资、投资收益审计等。

三、长期股权投资审计

长期股权投资核算企业持有的采用权益法或成本法核算的长期股权投资，具体包括：企业持有的能够对被投资单位实施控制的权益性投资，即对子公司的投资；企业持有的能够与其他合营方一同对被投资单位实施共同控制的权益性投资，即对合营企业的投资；企业持有的能够对被投资单位施加重大影响的权益性投资，即对联营企业的投资。

（一）长期股权投资的审计目标

长期股权投资的审计目标一般包括：确定资产负债表中列示的长期股权投资是否存在；确定所有应当列示的长期股权投资是否均已列示；确定列示的长期股权投资是否由被审计单位拥有或控制；确定长期股权投资是否以恰当的金额包括在财务报表中，与之相关的计价调整是否已恰当记录；确定长期股权投资是否已按照企业会计准则的规定在财务报表中作出恰当列报。

（二）长期股权投资的实质性程序

长期股权投资的实质性程序通常包括以下内容。

（1）获取或编制长期股权投资明细表，复核加计正确，并与总账数和明细账合计数核对相符；结合长期股权投资减值准备科目与报表数核对相符。

（2）根据有关合同和文件，确认股权投资的股权比例和持有时间，检查股权投资核算方法是否正确。

（3）对于重大的投资，向被投资单位函证被审计单位的投资额、持股比例及被投资单位发放股利等情况。

（4）对于应采用权益法核算的长期股权投资，获取被投资单位已经注册会计师审计的年度财务报表，如果未经注册会计师审计，则应考虑对被投资单位的财务报表实施适当的审计或审阅程序。

①复核投资收益时，应以取得投资时被投资单位各项可辨认资产等的公允价值为基础，对被投资单位的净利润进行调整（包括实施必要的关联交易抵销）后加以确认；被投资单位采用的会计政策及会计期间与被审计单位不一致的，应当按照被审计单位的会计政策及会计期间对被投资单位的财务报表进行调整，据以确认投资损益。

②将重新计算的投资收益与被审计单位所计算的投资收益相核对，如有重大差异，则查明原因，并提出适当的审计调整建议。

③检查被审计单位按权益法核算长期股权投资，包括确认应分担被投资单位发生的净亏损。审计时，应检查被审计单位会计处理是否正确。

④检查除净损益以外被投资单位所有者权益的其他变动，是否调整计入所有者权益。

（5）对于采用成本法核算的长期股权投资，检查股利分配的原始凭证及分配决议等资料，确定会计处理是否正确；对被审计单位实施控制而采用成本法核算的长期股权投资，比照权益法编制变动明细表，以备合并报表使用。

（6）对于成本法和权益法相互转换的，检查其投资成本的确定是否正确。

（7）确定长期股权投资的增减变动的记录是否完整。

①检查本期增加的长期股权投资，追查至原始凭证及相关的文件或决议及被投资单位验资报告或财务资料等，确认长期股权投资是否符合投资合同、协议的规定，并已确实投资，会计处理是否正确。

②检查本期减少的长期股权投资，追查至原始凭证，确认长期股权投资的收回有合理的理由及授权批准手续，并已确实收回投资，会计处理是否正确。

（8）期末对长期股权投资进行逐项检查，以确定长期股权投资是否已经发生减值。

（9）结合银行借款等的检查，了解长期股权投资是否存在质押、担保情况。如有，则应详细记录，并提请被审计单位进行充分披露。

（10）确定长期股权投资在资产负债表中已恰当列报。与被审计单位人员讨论确定是否存在被投资单位由于所在国家和地区及其他方面的影响，其向被审计单位转移资金的能力受到限制的情况。如存在，应详细记录受限情况，并提请被审计单位充分披露。

四、投资收益审计

（一）投资收益的审计目标

投资收益的审计目标一般包括：确定利润表中列示的投资收益是否已真实赚取，且与被审计单位有关；确定所有应当列示的投资收益是否均已列示；确定与投资收益有关的金额及其他数据是否已恰当记录；确定投资收益是否已反映于正确的会计期间；确定投资收益是否已记录于恰当的账户；确定投资收益是否已按照企业会计准则的规定在财务报表中作出恰当的列报。

（二）投资收益的实质性程序

投资收益的实质性程序通常包括以下内容。

（1）获取或编制投资收益分类明细表，复核加计正确，并与总账数和明细账合计数核对相符，与报表数核对相符。

（2）与以前年度投资收益比较，结合投资本期的变动情况，分析本期投资收益是否存在异常现象。如有，应查明原因，并作出适当的调整。

（3）与长期股权投资、交易性金融资产、交易性金融负债、可供出售金融资产、持有至到期投资等相关项目的审计结合，验证确定投资收益的记录是否正确，确定投资收益被计入正确的会计期间。

（4）确定投资收益已恰当列报。检查投资协议等文件，确定国外的投资收益汇回是否存在重大限制，若存在重大限制，应说明原因，并作出恰当披露。

第四节　筹资交易的实质性程序

在一些大型公司中，董事会下设的战略委员会负责处理借款合同的谈判为其资本性购置筹集资金，然后由董事会批准该合同。在这种情况下，注册会计师可能决定对应付利息和股利的计算主要实施实质性分析程序，而对新股和债券的发行、股票回购、可赎回优先股及可赎回债券的赎回、期间内贷款的偿还情况以及所欠余额和权利与义务实施有限的细节测试程序。

一、实质性分析程序

实质性分析程序包括与上年度或预算的比较、比率分析、财务与非财务信息的比较等，是在注册会计师对企业业务进行了解的基础上实施的。当对权益和借款交易与余额执行实质性分析程序时，这些步骤为：①建立预测或预期。主要采用资本绩效和财务管理有关的比率。资本绩效和财务管理比率可能在行业基础上并不具有可比性，但对企业不同时间内经营业绩的比较可能是更好的办法。②计算真实数据与预期之间的差异。计算差异包括各种比率的计算，包括管理层用来监控企业的关键业绩指标。将计算结果与上期结果、预算数以及与客户的历史记录相比较。对管理层所使用关键业绩指标的计算，以及对发现问题时相关纠正措施的询问程序，可以提供管理层监控程序运行是否有效的证据。管理层使用的关键业绩指标可能包括：资本绩效，如股东权益回报率、每股收益、市盈率、资本税前收益、税后收益留存率等；财务管理，如平均利率（包括税前和税后）、总资本利息率和股利率、财务杠杆等。③调查重大差异并运用判断。注册会计师应当根据前述预期值来进行比率分析。任何未预期的波动都应当与管理层进行讨论，并在必要时进一步调查。

④确定重大差异或临界值。注册会计师应当通过询问程序确定管理层用来作为关键业绩指标的比率或基准数据是否表明存在重大错报风险，并考虑影响盈利能力、现金流量、业务持续性和管理层监控程序的趋势。⑤记录得出结论的基础。注册会计师应当就所收集到的审计证据能否支持所选择的认定或审计目标得出结论。

二、交易的细节测试

注册会计师在对筹资交易实施的细节测试，主要包括就权益和长期借款的发生、完整性、准确性、截止和分类认定获取审计证据。在期末，注册会计师应当主要就账户余额的存在性、权利和义务、完整性、计价和分摊认定，以及权益和长期借款以账面价值列报与披露的情况获取审计证据。

借款是企业承担的一项经济义务，是企业的负债项目，包括短期借款、长期借款和应付债券。在一般情况下，被审计单位不会高估负债，因为这样于自身不利，且难以与债权人的会计记录相互印证。为了正确反映企业的财务状况和经营成果，必须将企业的负债完整地列示在资产负债表中，并正确地予以计价。注册会计师对于负债项目的审计，主要是防止企业低估债务。低估债务经常伴随着低估成本费用，从而高估利润的目的。因此，低估债务不仅影响财务状况的反映，而且还会极大地影响企业经营成果的反映。所以，注册会计师在执行借款业务审计时，应将被审计单位是否低估借款作为一个关注的要点。

所有者权益，是企业投资者对企业净资产的所有权，包括投资者对企业的投入资本以及企业存续过程中形成的资本公积、盈余公积和未分配利润。根据资产负债表的平衡原理，所有者权益在数量上等于企业的全部资产减去全部负债后的余额，即企业净资产数额。如果注册会计师能够对企业的资产和负债进行充分的审计，证明两者的期初余额、期末余额和本期变动都是正确的，这便从侧面为所有者权益的期末余额和本期变动的正确性提供了有力的证据。同时，由于所有者权益增减变动的业务较少、金额较大的特点，注册会计师在审计了企业的资产和负债之后，往往只花费相对较少的时间对所有者权益进行审计。尽管如此，在审计过程中，对所有者权益进行单独审计仍是十分必要的。下面择要说明对借款项目和所有者权益项目的审计。

三、短期借款的审计

（一）短期借款的审计目标

短期借款的审计目标一般包括：确定资产负债表中列示的短期借款是否存在；确定所有应当列示的短期借款是否均已列示；确定列示的短期借款是否为被审计单位应当履行的现时义务；确定短期借款是否以恰当的金额列示在财务报表中，与之相关的计价调整是否已恰当记录；确定短期借款是否已按照企业会计准则的规定在财务报表中作出恰当列报。

（二）短期借款的实质性程序

短期借款的实质性程序通常包括以下内容。

1. 获取或编制短期借款明细表

注册会计师应首先获取或编制短期借款明细表，复核其加计数是否正确，并与明细账和总账核对相符。

2. 函证短期借款的实有数

注册会计师应当对银行借款及与金融机构往来的其他重要信息实施函证程序，除非有充分证据表明某一借款及金融机构往来的其他重要信息对财务报表不重要且与之相关的重大错报风险很低。如果不对某一借款及与金融机构往来的其他重要信息实施函证程序，注册会计师应当在审计工作底稿中说明理由。

3. 检查短期借款的增加

对年度内增加的短期借款，注册会计师应检查借款合同和授权批准，了解借款数额、借款条件、借款日期、还款期限、借款利率，并与相关会计记录相核对。

4. 检查短期借款的减少

对年度内减少的短期借款，注册会计师应检查相关记录和原始凭证，核实还款数额。

5. 检查有无到期未偿还的短期借款

注册会计师应检查相关记录和原始凭证，检查被审计单位有无到期未偿还的短期借款，如有，则应查明是否已向银行提出申请并经同意后办理延期手续。

6. 复核短期借款利息

注册会计师应根据短期借款的利率和期限，复核被审计单位短期借款的利息计算是否正确，有无多算或少算利息的情况，如有未计利息和多计利息，应作出记录，必要时进行调整。

7. 检查外币借款的折算

如果被审计单位有外币短期借款，注册会计师应检查外币短期借款的增减变动是否按业务发生时的市场汇率或期初市场汇率折合为记账本位币金额；期末是否按市场汇率将外币短期借款余额折合为记账本位币金额；折算差额是否按规定进行会计处理；折算方法是否前后期一致。

8. 检查短期借款在资产负债表中的列报是否恰当

企业的短期借款在资产负债表中通常设“短期借款”项目单独列示，对于因抵押而取得的短期借款，应在资产负债表附注中揭示，注册会计师应注意被审计单位对短期借款项目的披露是否充分。

四、长期借款的审计

（一）长期借款的审计目标

长期借款的审计目标一般包括：确定资产负债表中列示的长期借款是否存在；确定所

有应当列示的长期借款是否均已列示；确定列示的长期借款是否为被审计单位应当履行的现时义务；确定长期借款是否以恰当的金额列示在财务报表中，与之相关的计价调整是否已恰当记录；确定长期借款是否已按照企业会计准则的规定在财务报表中作出恰当列报。

（二）长期借款的实质性程序

长期借款同短期借款一样，都是企业向银行或其他金融机构借入的款项，因此，长期借款的实质性程序同短期借款的实质性程序较为相似。长期借款的实质性程序通常包括以下几点。

（1）获取或编制长期借款明细表，复核其加计数是否正确，并与明细账和总账核对相符。

（2）了解金融机构对被审计单位的授信情况以及被审计单位的信用等级评估情况，了解被审计单位获得短期借款和长期借款的抵押和担保情况，评估被审计单位的信誉和融资能力。

（3）对年度内增加的长期借款，应检查借款合同和授权批准，了解借款数额、借款条件、借款日期、还款期限、借款利率，并与相关会计记录相核对。

（4）检查长期借款的使用是否符合借款合同的规定，重点检查长期借款使用的合理性。

（5）向银行或其他债权人函证重大的长期借款。

（6）对年度内减少的长期借款，注册会计师应检查相关记录和原始凭证，核实还款数额。

（7）检查年末有无到期未偿还的借款，逾期借款是否办理了延期手续，分析计算逾期借款的金额、比率和期限，判断被审计单位的资信程度和偿债能力。

（8）计算短期借款、长期借款在各个月份的平均余额，选取适用的利率匡算利息支出总额，并与财务费用的相关记录核对，判断被审计单位是否高估或低估利息支出，必要时进行适当调整。

（9）检查非记账本位币折合记账本位币时采用的折算汇率，折算差额是否按规定进行会计处理。

（10）检查借款费用的会计处理是否正确。借款费用，指企业因借款而发生的利息及其他相关成本，包括折价或溢价的摊销、辅助费用以及因外币借款而发生的汇兑差额。按照《企业会计准则第 17 号——借款费用》的规定，企业发生的借款费用，可直接归属于符合资本化条件的资产的购建或生产的，应当予以资本化，计入相关资产成本；其他借款费用，应当在发生时根据其发生额确认费用，计入当期损益。

（11）检查企业抵押长期借款的抵押资产的所有权是否属于企业，其价值和实际状况是否与抵押契约中的规定相一致。

（12）检查企业重大的资产租赁合同，判断被审计单位是否存在资产负债表外融资的现象。

（13）检查长期借款是否已在资产负债表中充分披露。

长期借款在资产负债表中列示于长期负债类下，该项目应根据“长期借款”科目的期末余额扣减将于一年内到期的长期借款后的数额填列，该项扣除数应当填列在流动负债类下的“一年内到期的长期负债”项目单独反映。注册会计师应根据审计结果确定被审计单位长期借款在资产负债表中的列示是否恰当，并注意长期借款的抵押和担保是否已在财务报表附注中作了充分的说明。

【案例解读】

“渝钛白”公司审计案例

重庆渝钛白粉股份有限公司（以下简称渝钛白公司）是在以吸收合并方式接受重庆化工厂后于1992年9月11日宣告成立的以社会募集方式设立的公众股份有限公司。1993年7月12日，“渝钛白”在深圳证券交易所上市交易。从1996年开始，公司在经营上开始出现亏损（1996年亏损1 318万元，公司未予分配）。

重庆会计师事务所对渝钛白公司进行了1997年度的审计，并于1998年3月签发了颇有争议的中国证券史上第一份否定意见审计报告。

报告指出：1997年度应计入财务费用的借款即应付债券利息8 064万元，贵公司将其资本化计入了钛白粉工程成本；欠付中国银行常青市分行的美元借款利息898万元（折人民币743万元），贵公司未计提入账，两项共影响利润8 807万元。

我们认为，由于本报告第二段所述事项的重大影响，贵公司1997年12月31日资产负债表、1997年度利润及利润分配表、财务状况变动表未能公允地反映贵公司1997年12月31日财务状况和1997年度经营成果及资金变动情况。

从上述内容来看，导致注册会计师出具否定意见审计报告的仅仅只有两个会计事项。那么这两个会计事项是否足以导致注册会计师出具这样的审计报告呢？

一、1997年借款的应付债券利息8 054万元属于资本还是费用

渝钛白公司1997年度的亏损总额为3 136万元，而这笔引起争议的借款利息总额为8 064万元，从重要性角度来说，这笔利息费用不管是否调整，渝钛白公司当年都同于亏损，只不过是亏多亏少的问题。可见：这一笔利息费用的处理，对渝钛白公司来说，表面上似乎不太重要，实际上，如果这笔8 064万元的会计事项按公司会计处理方法，最多只是一笔一般性的亏损，但如按照会计师事务所的方法来处理，则整个公司就将资不抵债，而属于另一种性质的亏损了。可见，该笔业务处理非常重要。

根据《企业会计准则》固定资产价值的构成是指固定资产价值包括的范围。从理论上来说，它应包括企业为购建某项固定资产达到可使用状态前所发生的一切合理、必要的支出，其中当然包括为购建某项固定资产所发生的借款利息。但是，一旦固定资产购建完毕，并投入使用为购建固定资产而发生的借款利息就应进入期间费用，予以资本化，这是有关会计准则重视而又非常明确规定的。不按规定处理，就会引起信息误导，产生不利的导向。

由于对1997年渝钛白公司的钛白粉工程究竟已进入投资回收前还是仍处在在建期不能确定，就难以解决上述争议。

渝钛白公司的总会计师认为：一般的基建项目，建设完工即进入投资回收期，当年就开始产生效益。

但钛白粉工程项目不同于一般的基建项目，这是基于两个方面的因素：一方面，钛白粉这种基础化工产品不同于普通商品，对各项技术指标的要求非常严格，需要通过反复试生产，逐步调整质量、消耗等指标，直到生产出合格的产品才能投放市场。而试生产期间的试产品性能不稳定，是不能投放市场的；另一方面，原料的腐蚀性很强，如生产钛 H 粉的主要原料硫酸一停工，则原料淤积于管道、容器中，再次开工前，就必须进行彻底的清洗、维护，并调试设备，年报中披露的900万元亏损中很大一笔就是设备整改费用。因此总会计师总结说，钛白粉项目交付使用进入投资回报期、产生效益前，还有一个过渡期，即整改和试生产期间，这仍属于工程在建期。也就是说，公司在1997年度年报中将8 064万元的项目建设期借款的应付债券利息进入工程成本是有依据的。

渝钛白公司为了证实总会计师的说法，还以重庆市有关部门的批复文件为依据，坚持认为该工程为在建性质，而非完工项目。在上述背景下，重庆会计师事务所坚持认为：利息8 064万元人民币应计入当期损益。因为，该公司钛白粉工程于1995年下半年就开始投产。1996年已经可以生产出合格产品。这一工程虽曾一度停产，但1997年全年共生产1 680吨，这一产量尽管与设计能力15万吨还相差甚远，但主要原因是缺乏流动资金，而非工程尚未完工，该工程应认定已交付使用。

双方各执一词。重庆会计师事务所作为一个民间机构，既无法定权力来命令上市公司改变其做法，也无理由表示沉默，为此不得不运用独立审计准则中否定意见的格式，将上述问题向所有报表使用者告示，以明确各自的责任。

二、欠付银行的借款利息89.8万美元（折人民币743万元）是否应计提入账

截止到1997年年底，渝钛白公司欠付银行利息89.8万美元。对此，公司管理当局的解释为：这是1987年12月原重庆化工厂为上PVC彩色地板生产线，向中国银行重庆分行借入的美元贷款60万元造成的。该项目建成后，一直未正常批量生产。1992年公司改制时，已部分作为未使用资产。但改制前，重庆化工厂已部分偿还了利息和本金。数年之后（1997年）该行通知公司欠付利息89.8万美元。本年决算期间，公司未能和银行认真核对所欠本金数额，故未予转账。公司打算在1998年度核对清楚后在据实转账。而重庆会计师事务所则坚持认为这笔利息已经发生，应予以确认并计提入账。注册会计师的依据是：确认费用应遵循权责发生制原则。按照权责发生制原则凡应属于本期的收入和费用，不论其款项是否已收到或支付，均作为本期的收入和费用处理。由此可见，企业未与银行对账，这是公司内部的管理问题，它不能改变会计准则规定的确认标准。根据会计准则一笔费用肯定发生并可计算出确定的数额，应与收入配比，在当期予以确认。由于渝钛白公司坚持认为必须在核对账目之后再予以确认，注册会计师不得不以否定意见的方式否定上述做法。

三、以上两项会计事项是否重要是否足以构成发表否定意见审计报告的依据

审计中的基本原则之一的重要性原则是影响签发审计报告的一个决定性因素。当未调整审计事项、未确定事项或违反一贯性原则的事项等对财务报表的影响程度在一定范围内时，注册会计师可以发表保留意见；但是如果其影响程度超过一定范围以至财务报表无法被接受，被审计单位的财务报表已失去其价值，则只能发表否定意见。因此，区分重要性指标，就成为注册会计师职业判断的一个重要内容。

根据我国《中国注册会计师审计准则第1221号——重要性》的规定，重要性取决于具体环境下对错报金额和性质的判断。如果一项错报单独或连同其他错报可能影响财务报表使用者依据财务报表作出的经济决策，则该项错报是重大的。可见，重要性可视为财务报表中包含的错误、漏报能否影响财务报表使用者对财务报表全面反映的整体理解的临界点，超过该临界点，就会影响其正确判断和决策。与此同时，准则还要求在考虑重要性标准时，有两个因素必须运用：①被审计单位特定环境；②已审报表使用者对信息的要求。

从会计规则看，重要性原则在理论上的表述是十分清晰，但在实际中的运用还是比较抽象的。这是因为，运用重要性原则更多的是需要注册会计师的职业判断。重庆会计师事务所正是根据上述两个重要因素，决定了这两个会计事项足以影响对报表的整体理解。首先，渝钛白公司是一个上市公司，1996 年已出现 1 000 多万元的亏损，而 1997 年在未调整的情况下，又出现了 3 000 多万元的亏损，加上这两个会计事项的调整，其亏损额已高达 11 943 万元，调整之后的股东权益仅为 3 290 万元。与其原有的注册资本 13 000 万元相比，仅剩下 25% 左右，这样，其持续经营的能力就值得怀疑。其次，对财务报表使用者来说，作为证券市场的投资者，他们投资证券的意图是非常清楚的，即试图通过证券市场获得利益。如果上述两个会计事项不调整，就会严重误导依赖财务报表进行投资决策的证券买卖者。因此，从这两个因素来考虑，重庆会计师事务所的决定是合理的。

第十五章　货币资金的审计

第一节　货币资金审计概述

货币资金是企业资产的重要组成部分，是企业资产中流动性最强的一种资产。任何企业进行生产经营活动都必须拥有一定数额的货币资金，持有货币资金是企业生产经营活动的基本条件，可能关乎企业的命脉。货币资金主要来源于资本的投入和营业收入，主要用于资产的取得和费用的结付。根据货币资金存放地点及用途的不同，货币资金分为库存现金、银行存款及其他货币资金。

一、涉及的主要凭证和会计记录

货币资金与各交易循环均直接相关，涉及的凭证和会计记录主要有：现金盘点表；银行对账单；银行存款余额调节表；有关科目的记账凭证和有关会计账簿。

二、货币资金内部控制概述

由于货币资金是企业流动性最强的资产，企业必须加强对货币资金的管理，建立良好的货币资金内部控制，以确保全部应收取的货币资金均能收取，并及时正确地予以记录；全部货币资金支出是按照经批准的用途进行的，并及时正确地予以记录；库存现金、银行存款报告正确，并得以恰当保管；正确预测企业正常经营所需的货币资金收支额，确保企业有充足又不过剩的货币资金余额。在实务中，库存现金、银行存款和其他货币资金的转换比较频繁，三者的内部控制目标，内部控制制度的制定与实施大致相似。一般而言，一个良好的货币资金内部控制应该达到：货币资金收支与记账的岗位分离；货币资金收支要有合理、合法的凭据；全部收支及时准确入账，并且支出要有核准手续；控制现金坐支，当日收入现金应及时送存银行；按月盘点现金，编制银行存款余额调节表，以做到账实相符；加强对货币资金收支业务的内部审计。

尽管由于每个企业的性质、所处行业、规模以及内部控制健全程度等不同，而使得其与货币资金相关的内部控制内容有所不同，但以下要求是通常应当共同遵循的。

（一）岗位分工及授权批准

（1）应当建立货币资金业务的岗位责任制。

企业应明确相关部门和岗位的职责权限，确保办理货币资金业务的不相容岗位相互分离、制约和监督。出纳人员不得兼任稽核、会计档案保管和收入、支出、费用、债权债务账目的登记工作。企业不得由一人办理货币资金业务的全过程。

（2）应当对货币资金业务建立严格的授权批准制度。

企业应明确审批人对货币资金业务的授权批准方式、权限、程序、责任和相关控制措施，规定经办人办理货币资金业务的职责范围和工作要求：审批人应当根据货币资金授权批准制度的规定，在授权范围内进行审批，不得超越审批权限。经办人应当在职责范围内，按照审批人的批准意见办理货币资金业务。对于审批人超越授权范围审批的货币资金业务，经办人员有权拒绝办理，并及时向审批人的上级授权部门报告。

（3）企业应当按照规定的程序办理货币资金支付业务。

①支付申请。企业有关部门或个人用款时，应当提前向审批人提交货币资金支付申请，注明款项的用途、金额、预算、支付方式等内容，并附有效经济合同或相关证明。

②支付审批。审批人根据其职责、权限和相应程序对支付申请进行审批。对不符合规定的货币资金支付申请，审批人应当拒绝批准。

③支付复核。复核人应当对批准后的货币资金支付申请进行复核，复核货币资金支付申请的批准范围、权限、程序是否正确，手续及相关单证是否齐备，金额计算是否准确，支付方式、支付企业是否妥当等。复核无误后，交由出纳人员办理支付手续。

④办理支付。出纳人员应当根据复核无误的支付申请，按规定办理货币资金支付手续，及时登记库存现金和银行存款日记账。

（4）应当实行集体决策和审批。

企业对于重要货币资金支付业务，应当实行集体决策和审批，并建立责任追究制度，防范贪污、侵占、挪用货币资金等行为。

（5）严禁未经授权的机构或人员办理货币资金业务或直接接触货币资金。

（二）现金和银行存款的管理

（1）应当加强现金库存限额的管理。

企业对于超过库存限额的现金应及时存入银行。

（2）必须确定现金的开支范围。

企业根据《现金管理暂行条例》的规定，结合本企业的实际情况，确定本企业现金的开支范围。不属于现金开支范围的业务应当通过银行办理转账结算。

（3）不得坐支。

企业现金收入应当及时存入银行，不得用于直接支付企业自身的支出。因特殊情况需坐支现金的，应事先报经开户银行审查批准。企业借出款项必须执行严格的授权批准程序，严禁擅自挪用、借出货币资金。

（4）不得私设小金库。

企业取得的货币资金收入必须及时入账，不得私设“小金库”，不得账外设账，严禁收款不入账。

（5）加强银行账户的管理。

企业应当严格按照《支付结算办法》等国家有关规定，严格按照规定开立账户，办理存款、取款和结算。企业应当定期检查、清理银行账户的开立及使用情况，发现问题，及时处理。企业应当加强对银行结算凭证的填制、传递及保管等环节的管理与控制。

（6）应当严格遵守银行结算纪律。

企业不准签发没有资金保证的票据或远期支票，套取银行信用；不准签发、取得和转让没有真实交易和债权债务的票据，套取银行和他人资金；不准无理拒绝付款，任意占用他人资金；不准违反规定开立和使用银行账户。

（7）企业应当指定专人定期核对银行账户。

企业应当编制银行存款余额调节表，使银行存款账面余额与银行对账单调节相符。如调节不符，应查明原因，及时处理。

（8）定期和不定期地进行现金盘点。

企业应当确保现金账面余额与实际库存相符。发现不符，及时查明原因，作出处理。

（三）票据及有关印章的管理

（1）应当加强与货币资金相关的票据的管理。

企业应明确各种票据的购买、保管、领用、背书转让、注销等环节的职责权限和程序，并专设登记簿进行记录，防止空白票据的遗失和被盗用。

（2）应当加强银行预留印鉴的管理。

企业的财务专用章应由专人保管，个人名章必须由本人或其授权人员保管。严禁一人保管支付款项所需的全部印章。按规定需要有关负责人签字或盖章的经济业务，必须严格履行签字或盖章手续。

（四）监督检查

（1）建立对货币资金业务的监督检查制度。

企业应当明确监督检查机构或人员的职责权限，定期和不定期地进行检查。

（2）货币资金的监督检查。

监督检查的内容主要包括以下几点。

①货币资金业务相关岗位及人员的设置情况。重点检查是否存在货币资金业务不相容职务混岗的现象。

②货币资金授权批准制度的执行情况。重点检查货币资金支出的授权批准手续是否健全，是否存在越权审批行为。

③支付款项印章的保管情况。重点检查是否存在办理付款业务所需的全部印章交由一人保管的现象。

④票据的保管情况。重点检查票据的购买、领用、保管手续是否健全，票据保管是否

存在漏洞。

⑤对监督检查过程中发现的货币资金内部控制中的薄弱环节，应当及时采取措施，加以纠正和完善。

第二节　库存现金审计

一、审计目标

库存现金包括企业的人民币现金和外币现金。现金是企业流动性最强的资产，尽管其在企业资产总额中的比重不大，但企业发生的舞弊事件大都与现金有关，因此，注册会计师应该重视库存现金的审计。库存现金的审计目标一般应包括（括号内的为相应的财务报表认定）：确定被审计单位资产负债表的货币资金项目中的库存现金在资产负债表日是否确实存在（存在）；确定被审计单位所有应当记录的现金收支业务是否均已记录完毕，有无遗漏（完整性）；确定记录的库存现金是否为被审计单位所拥有或控制（权利和义务）；确定库存现金以恰当的金额包括在财务报表的货币资金项目中，与之相关的计价调整已恰当记录（计价和分摊）；确定库存现金是否已按照企业会计准则的规定在财务报表中作出恰当列报（列报）。

二、库存现金内部控制的测试

（一）库存现金内部控制的特点

在良好的现金内部控制下，企业的现金收支记录应及时、准确、完整，全部现金支出均按经批准的用途进行，现金得以安全保管。一般而言，一个良好的现金内部控制应该达到现金收支与记账的岗位分离；现金收支要有合理、合法的凭据；全部收入及时准确入账，全部支出要有核准手续；控制现金坐支，当日收入现金应及时送存银行；按月盘点现金，以做到账实相符；加强对现金收支业务的内部审计。

（二）库存现金内部控制的测试

（1）了解现金内部控制。

通常通过现金内部控制流程图来了解现金内部控制。编制现金内部控制流程图是现金控制测试的重要步骤。注册会计师在编制之前应通过询问、观察等调查手段收集必要的资料，然后根据所了解的情况编制流程图。对中小企业，也可采用编写现金内部控制说明的方法。若以前年度审计时已经编制了现金内部控制流程图，注册会计师可根据调查结果加以修正，以供本年度审计之用。一般地，了解现金内部控制时，注册会计师应当注意检查库存现金内部控制的建立和执行情况，重点包括：库存现金的收支是否按规定的程序和权限办理；是否存在与被审计单位经营无关的款项收支情况；出纳与会计的职责是否严格分离；库存现金是否妥善保管，是否定期盘点、核对等。

（2）抽取并检查收款凭证。

如果现金收款内部控制不强，很可能会发生贪污舞弊或挪用等情况。例如，在一个小企业中，出纳员同时负责登记应收账款明细账，很可能发生循环挪用货款的情况。为测试现金收款的内部控制，注册会计师应按现金的收款凭证分类，选取适当的样本量，作如下检查：①核对现金日记账的收入金额是否正确。②核对现金收款凭证与应收账款明细账的有关记录是否相符。③核对实收金额与销货发票是否一致等。

（3）抽取并检查付款凭证。

为测试现金付款内部控制，注册会计师应按照现金付款凭证分类，选取适当的样本量，作如下检查：①检查付款的授权批准手续是否符合规定。②核对现金日记账的付出金额是否正确。③核对现金付款凭证与应付账款明细账的记录是否一致。④核对实付金额与购货发票是否相符等。

（4）抽取一定期间的库存现金日记账与总账核对。

注册会计师应抽取一定期间的库存现金日记账，检查其加总是否正确无误，库存现金日记账是否与总分类账核对相符。

（5）检查外币现金的折算方法是否符合有关规定。

检查外币现金的折算方法是否与上年度一致。对于有外币现金的被审计单位，注册会计师应检查外币库存现金日记账及“财务费用”“在建工程”等账户的记录，确定企业有关外币现金的增减变动是否采用交易发生日的即期汇率将外币金额折算为记账本位币金额，或者采用按照系统合理的方法确定的、与交易发生日即期汇率近似的汇率折算为记账本位币，选择采用汇率的方法前后各期是否一致；检查企业的外币现金的期末余额是否采用期末即期汇率折算为记账本位币金额；折算差额的会计处理是否正确。

（6）评价库存现金的内部控制。

注册会计师在完成上述程序之后，即可对库存现金的内部控制进行评价。评价时，注册会计师应首先确定库存现金内部控制可信赖的程度以及存在的薄弱环节和缺点，然后据以确定在库存现金实质性程序中对哪些环节可以适当减少审计程序，对哪些环节应增加审计程序并作重点检查，以减少审计风险。

三、库存现金的实质性程序

（1）核对库存现金日记账与总账的金额是否相符，检查非记账本位币库存现金的折算汇率及折算金额是否正确。注册会计师测试现金余额的起点是核对库存现金日记账与总账的金额是否相符。如果不相符，应查明原因，必要时应建议作出适当调整。

（2）监盘库存现金。监盘库存现金是证实资产负债表中货币资金项目下所列库存现金是否存在的一项重要审计程序。企业盘点库存现金，通常包括对已收到但未存入银行的现金、零用金、找换金等的盘点。盘点库存现金的时间和人员应视被审计单位的具体情况而定，但现金出纳员和被审计单位会计主管人员必须参加，并由注册会计师进行监盘。盘点和监盘库存现金的步骤与方法主要有以下几点。

①制定监盘计划，确定监盘时间。对库存现金的监盘最好实施突击性的检查，时间最好选择在上午上班前或下午下班时，盘点的范围一般包括被审计单位各部门经管的现金。在进行现金盘点前，应由出纳员将现金集中起来存入保险柜。必要时可加以封存，然后由出纳员把已办妥现金收付手续的收付款凭证登入库存现金日记账。如被审计单位库存现金存放部门有两处或两处以上的，应同时进行盘点。

②审阅库存现金日记账并同时与现金收付凭证相核对。一方面检查库存现金日记账的记录与凭证的内容和金额是否相符；另一方面了解凭证日期与库存现金日记账日期是否相符或接近。

③由出纳员根据库存现金日记账加计累计数额，结出现金结余额。

④盘点保险柜内的现金实存数，同时由注册会计师编制“库存现金监盘表”（格式参见表 15-1），分币种、面值列示盘点金额。

⑤将盘点金额与库存现金日记账余额进行核对，如有差异，应要求被审计单位查明原因，必要时应提请被审计单位作出调整；如无法查明原因，应要求被审计单位按管理权限批准后作出调整。

⑥若有冲抵库存现金的借条、未提现支票、未作报销的原始凭证，应在“库存现金监盘表”中注明，必要时应提请被审计单位作出调整。

⑦在非资产负债表日进行盘点和监盘时，应调整至资产负债表日的金额。

表 15-1 库存现金监盘表

被审计单位：__________　　　　索引号：__________

项目：__________　　　　财务报表截止日/期间：__________

编制：__________　　　　复核：__________

日期：__________　　　　日期：__________

检查盘点记录					实有库存现金盘点记录						
项目	项次	人民币	美元	某外币	面额/元	人民币		美元		某外币	
上一日账面库存余额	①				1000	张	金额	张	金额	张	金额
盘点日末记账传票收入金额	②				500						
盘点日末记账传票支出金额	③										
盘点日账面应有金额	④ = ① + ② − ③				100						

续表

检查盘点记录						实有库存现金盘点记录						
项目		项次	人民币	美元	某外币	面额/元	人民币		美元		某外币	
上一日账面库存余额		①				1000	张	金额	张	金额	张	金额
盘点实有库存现金数额		⑤				50						
盘点日应有与实务差异		⑥=④-⑤				10						
差异原因分析	白条抵库（张）					5						
						2						
						1						
						0.5						
						0.2						
						0.1						
追溯调整	报表日至审计日库存现金付出总额					合计						
	报表日至审计日库存现金收入总额											
	报表日库存现金应有余额											
	报表日账面汇率											
	报表日余额折合本位币金额											
本位币合计												

出纳员：　　　　会计主管人员：　　　　监盘人：　　　　检查日期：

审计说明：

（3）分析被审计单位日常库存现金余额是否合理，关注是否存在大额未缴存的现金。

（4）抽查大额库存现金收支。检查大额现金收支的原始凭证是否齐全、原始凭证内容是否完整、有无授权批准、记账凭证与原始凭证是否相符、账务处理是否正确、是否记录于恰当的会计期间等内容。

（5）抽查资产负债表日前后若干天的、一定金额以上的现金收支凭证实施截止测试。被审计单位资产负债表的货币资金项目中的库存现金数额，应以结账日实有数额为准。因此，注册会计师必须验证现金收支的截止日期，以确定是否存在跨期事项、是否应考虑提出调整建议。

（6）检查库存现金是否在财务报表中作出恰当列报。根据有关规定，库存现金在资产负债表的“货币资金”项目中反映，注册会计师应在实施上述审计程序后，确定“库存现金”账户的期末余额是否恰当，进而确定库存现金是否在资产负债表中恰当披露。

第三节　银行存款审计

一、审计目标

银行存款是指企业存放在银行或其他金融机构的各种款项。按照国家有关规定，凡是独立核算的企业都必须在当地银行开设账户。企业在银行开设账户以后，除按核定的限额保留库存现金外，超过限额的现金必须存入银行；除了在规定的范围内可以用现金直接支付款项外，在经营过程中所发生的一切货币收支业务，都必须通过银行存款账户进行结算。银行存款的审计目标一般应包括（括号内的为相应的财务报表认定）：确定被审计单位资产负债表的货币资金项目中的银行存款在资产负债表日是否确实存在（存在）；确定被审计单位所有应当记录的银行存款收支业务是否均已记录完毕，有无遗漏（完整性）；确定记录的银行存款是否为被审计单位所拥有或控制（权利和义务）；确定银行存款以恰当的金额包括在财务报表的货币资金项目中，与之相关的计价调整已恰当记录（计价和分摊）；确定银行存款是否已按照企业会计准则的规定在财务报表中作出恰当列报（列报）。

二、银行存款的控制测试

（一）银行存款内部控制的特点

一般而言，一个良好的银行存款的内部控制同现金的内部控制一样，也应达到银行存款收支与记账的岗位分离；银行存款收支要有合理、合法的凭据；全部收支及时准确入账，全部支出要有核准手续；按月编制银行存款余额调节表，以做到账实相符；加强对银行存款收支业务的内部审计。

按照我国现金管理的有关规定，超过规定限额以上的现金支出一律使用支票。因此，企业应建立相应的支票申领制度，明确申领范围、申领批准及支票签发、支票报销等。对于支票报销和现金报销，企业应建立报销制度。报销人员报销时应当有正常的报批手续、适当的付款凭据，有关采购支出还应具有验收手续。会计部门应对报销单据加以审核，出纳员见到加盖核准戳记的支出凭据后方可付款。付款记录应及时登记入账，相关凭证应按顺序或内容编制会计记录的附件。

（二）银行存款的控制测试

（1）了解银行存款的内部控制。

注册会计师对银行存款内部控制的了解一般与了解现金的内部控制同时进行。注册会计师应当注意的内容包括：银行存款的收支是否按规定的程序和权限办理；银行账户是否存在与本单位经营无关的款项收支情况；是否存在出租、出借银行账户的情况；出纳与会计的职责是否严格分离；是否定期取得银行对账单并编制银行存款余额调节表等。

（2）抽取并检查银行存款收款凭证。

注册会计师应选取适当的样本量，作如下检查：核对银行存款收款凭证与存入银行账户的日期和金额是否相符；核对银行存款日记账的收入金额是否正确；核对银行存款收款凭证与银行对账单是否相符；核对银行存款收款凭证与应收账款明细账的有关记录是否相符；核对实收金额与销货发票是否一致等。

（3）抽取并检查银行存款付款凭证。

为测试银行存款付款内部控制，注册会计师应选取适当的样本量，作如下检查：检查付款的授权批准手续是否符合规定；核对银行存款日记账的付出金额是否正确；核对银行存款付款凭证与银行对账单是否相符；核对银行存款付款凭证与应付账款明细账的记录是否一致；核对实付金额与购货发票是否相符等。

（4）抽取一定期间的银行存款日记账与总账核对。

注册会计师应抽取一定期间的银行存款日记账，检查其有无计算错误，并与银行存款总分类账核对。

（5）抽取一定期间银行存款余额调节表查验其是否按月正确编制并经复核。

为证实银行存款记录的正确性，注册会计师必须抽取一定期间的银行存款余额调节表，将其同银行对账单、银行存款日记账及总账进行核对，确定被审计单位是否按月正确编制并复核银行存款余额调节表。

（6）检查外币银行存款的折算方法是否符合有关规定。

对于有外币银行存款的被审计单位，注册会计师应检查外币银行存款日记账及“财务费用”“在建工程”等账户的记录，确定有关外币银行存款的增减变动是否采用交易发生日的即期汇率将外币金额折算为记账本位币金额，或者采用按照系统合理的方法确定的、与交易发生日即期汇率近似的汇率折算为记账本位币，选择采用汇率的方法前后各期是否一致；检查企业的外币银行存款的余额是否采用期末即期汇率折算为记账本位币金额；折算差额的会计处理是否正确。

（7）评价银行存款的内部控制。

注册会计师在完成上述程序之后，即可对银行存款的内部控制进行评价。评价时，注册会计师首先确定银行存款内部控制可信赖的程序以及存在的薄弱环节和缺点，然后可以确定在银行存款实质性程序中对哪些环节可以适当减少审计程序，对哪些环节应增加审计程序并作重点检查，以减少审计风险。

三、银行存款的实质性程序

银行存款的实质性程序一般包括以下内容。

（1）获取或编制银行存款余额明细表。

复核其加计是否正确，并与总账数和日记账合计数核对是否相符；检查非记账本位币银行存款的折算汇率及折算金额是否正确。注册会计师测试银行存款余额的起点是核对银行存款日记账与总账的余额是否相符。如果不相符，应查明原因，必要时应建议作出适当调整。

（2）实施实质性分析程序。

计算银行存款累计余额应收利息收入，分析比较被审计单位银行存款应收利息收入与实际利息收入的差异是否恰当，评估利息收入的合理性，检查是否存在高息资金拆借，确认银行存款余额是否存在，利息收入是否已经完整记录。

（3）检查银行存单。

编制银行存单检查表，检查是否与账面记录金额一致，是否被质押或限制使用，存单是否为被审计单位所拥有。

①对已质押的定期存款，应检查定期存单，并与相应的质押合同核对，同时关注定期存单对应的质押借款有无入账；

②对未质押的定期存款，应检查开户证实书原件；

③对审计外勤工作结束日前已提取的定期存款，应核对相应的兑付凭证、银行对账单和定期存款复印件。

（4）取得并检查银行存款余额对账单和银行存款余额调节表。

取得并检查银行存款余额对账单和银行存款余额调节表是证实资产负债表中所列银行存款是否存在的重要程序。银行存款余额调节表通常应由被审计单位根据不同的银行账户及货币种类分别编制，其格式如表15-2所示。具体测试程序通常包括以下几点。

①将被审计单位资产负债表日的银行存款余额对账单与银行询证函回函核对，确认是否一致，核对账面记录的存款金额是否与对账单记录一致。

②获取资产负债表日的银行存款余额调节表，检查调节表中加计数是否正确，调节后银行存款日记账余额与银行对账单余额是否一致。

③检查调节事项的性质和范围是否合理。

a. 检查是否存在跨期收支和跨行转账的调节事项。编制跨行转账业务明细表，检查跨行转账业务是否同时对应转入和转出，未在同一期间完成的转账业务是否反映在银行存款余额调节表的调整事项中。

b. 检查大额在途存款和未付票据。

检查在途存款的日期，查明发生在途存款的具体原因，追查期后银行对账单存款记录日期，确定被审计单位与银行记账时间差异是否合理，确定在资产负债表日是否需提请被审计单位进行适当调整。

检查被审计单位的未付票据明细清单，查明被审计单位未及时入账的原因，确定账簿记录时间晚于银行对账单的日期是否合理。

检查被审计单位未付票据明细清单中有记录但截至资产负债表日银行对账单无记录且

金额较大的未付票据，获取票据领取人的书面说明，确认资产负债表日是否需要进行调整。

检查资产负债表日后银行对账单是否完整地记录了调节事项中银行未付票据金额。

表 15-2 银行存款余额调节表

年 月 日

编制人： 日期： 索引号：
复核人： 日期： 页次：
户别： 币别：

项 目
银行对账单余额（ 年 月 日）
加：企业已收，银行尚未入账金额
其中：1. ______元
2. ______元
减：企业已付，银行尚未入账金额
其中：1. ______元
2. ______元
调整后银行对账单金额
企业银行存款日记账金额（ 年 月 日）
加：银行已收，企业尚未入账金额
其中：1. ______元
2. ______元
减：银行已付，企业尚未入账金额
其中：1. ______元
2. ______元
调整后企业银行存款日记账金额

经办会计人员：（签字） 会计主管：（签字）

④检查是否存在未入账的利息收入和利息支出。

⑤检查是否存在其他跨期收支事项，检查相应的原始交易单据或者银行收付款单据。

⑥当未经授权或授权不清支付货币资金的现象比较突出时，检查银行存款余额调节表中支付异常的领款（包括没有载明收款人）、签字不全、收款地址不清、金额较大票据的调整事项，确认是否存在舞弊。

（5）函证银行存款余额。

编制银行函证结果汇总表，检查银行回函，应注意以下问题。

①向被审计单位在本期存过款的银行发函，包括零余额账户和本期内注销的账户；

②确定被审计单位账面余额与银行函证结果的差异，对不符事项作出适当处理。

银行存款函证是指注册会计师在执行审计业务的过程中，需要以被审计单位名义向有关单位发函询证，以验证被审计单位的银行存款是否真实、合法、完整。按照国际惯例，财政部和中国人民银行于 1999 年 1 月 6 日联合印发了《关于做好企业的银行存款、借款及往来款项函证工作的通知》（以下简称《通知》），《通知》对函证工作提出了明确的要求，并规定：各商业银行、政策性银行、非银行金融机构要在收到询证函之日起 10 个工作日内，根据函证的具体要求，及时回函并可按照国家的有关规定收取询证费用；各有关企业或单位根据函证的具体要求回函。

函证银行存款余额是证实资产负债表所列银行存款是否存在的重要程序。通过向往来银行函证，注册会计师不仅可了解企业资产的存在，还可了解企业账面反映所欠银行债务的情况，并有助于发现企业未入账的银行借款和未披露的或有负债。

注册会计师应当对银行存款（包括零余额账户和在本期内注销的账户）及与金融机构往来的其他重要信息实施函证程序，除非有充分证据表明某一银行存款及与金融机构往来的其他重要信息对财务报表不重要且与之相关的重大错报风险很低。如果不对这些项目实施函证程序，注册会计师应当在审计工作底稿中说明理由。注册会计师需要考虑是否对在本期内注销的账户的银行进行函证，这通常是因为有可能存款账户已注销但仍有银行借款或其他负债存在。表 15-3 列示了银行询证函格式，供参考。

表 15-3 银行询证函

××（银行）： 编号：

本公司聘请的××会计师事务所正在对本公司××年度财务报表进行审计，按照中国注册会计师审计准则的要求，应当询证本公司与贵行相关的信息。下列信息出自本公司记录，如与贵行记录相符，请在本函下端“信息证明无误”处签章证明；如有不符，请在“信息不符”处列明不符项目及具体内容；如存在与本公司有关的未列入本函的其他重要信息，也请在“信息不符”处列出其详细资料。回函请直接寄至××会计师事务所。

回函地址：________邮编：________电话：________传真：________联系人：________截至××年×月×日止，本公司与贵行相关的信息列示如下：

1. 银行存款

账户名称	银行账号	币种	利率	余额	起止日期	是否被质押、用于担保或存在其他使用限制	备注

除上述列示的银行存款外，本公司并无在贵行的其他借款。

注：“起止日期”一栏仅适用于定期存款，如为活期或保证金存款，可只填写“活期”或“保证金”字样。

2. 银行借款

借款人名称	币种	本息余额	借款日期	到期日期	利率	借款条件	抵（质）押品担保人	备注

除上述列示的银行借款外，本公司并无在贵行的其他借款。

注：此项仅函证截至资产负债表日本公司尚未归还的借款。

3. 截至函证日之前12个月内注销的账户

账户名称	银行账号	币种	注销账户日期

除上述列示的账户外，本公司并无截至函证日之前12个月内在贵行注销的其他账户。

4. 委托存款

账户名称	银行账号	借款方	币种	利率	余额	存款起止日期	备注

除上述列示的委托存款外，本公司并无通过贵行办理的其他委托存款。

5. 委托贷款

账户名称	银行账号	资金使用方	币种	利率	本本金	利息	贷款起止日期	备注

除上述列示的委托贷款外，本公司并无通过贵行办理的其他委托贷款。

6. 担保

（1）本公司为其他单位提供的、以贵行为担保受益人的担保。

被担保人	担保方式	担保金额	担保期限	担保事由	担保合同编号	被担保人与贵行就担保事项往来的内容（借款等）	备注

除上述列示的担保外，本公司并无其他以贵行为担保受益人的担保。
注：如采用抵押或质押方式提供担保的，应在备注中说明抵押物或质押物情况。

（2）贵行向本公司提供的担保。

被担保人	担保方式	担保金额	担保期限	担保事由	担保合同编号	被担保人与贵行就担保事项往来的内容（借款等）	备注

除上述列示的担保外，本公司并无贵行提供的其他担保。

7. 本公司名称为出票人且由贵行承兑而尚未支付的银行承兑汇票

银行承兑汇票	票面金额	出票日	到期日

除上述列示的银行承兑汇票外，本公司并无由贵行承兑而尚未支付的其他银行承兑汇票。

8. 本公司向贵行已贴现而尚未到期的商业汇票

商业汇票号码	付款人名称	承兑人名称	票面金额	票面利率	出票日	到期日	贴现日	贴现率	贴现净额

除上述列示的商业汇票外，本公司并无向贵行已贴现而尚未到期的其他商业汇票。

9. 本公司为持票人且由贵行托收的商业汇票

商业汇票号码	承兑人名称	票面金额	出票日	到期日

除上述列示的商业汇票外，本公司并无由贵行托收的其他商业汇票。

10. 本公司为申请人，由贵行开具的、未履行完毕的不可撤销信用证

信用证号码	受益人	信用证金额	到期日	未使用金额

除上述列示的不可撤销信用证外，本公司并无由贵行开具的、未履行完毕的其他不可撤销信用证。

11. 本公司与贵行之间未履行完毕的外汇买卖合约

类　别	合约号码	买卖币种	未履行的合约买卖金额	汇率	交收日期
贵行卖予本公司					
本公司卖予贵行					

除上述列示的外汇买卖合约外，本公司并无与贵行之间未履行完毕的其他外汇买卖合约。

12. 本公司存放于贵行的有价证券或其他产权文件

有价证券或其他产权文件名称	产权文件编号	数量	金额

除上述列示的有价证券或其他产权文件外，本公司并无存放于贵行的其他有价证券或其他产权文件。

注：此项不包括本公司存放在贵行保管箱中的有价证券或其他产权文件。

13. 其他重大事项

注：此项应填列注册会计师认为重大且应予函证的其他事项，如信托存款等；如无则应填写“不适用”。

（公司盖章）

年　月　日

以下仅供被询证银行使用

结论：（1）信息证明无误。

（银行盖章）

经办人：　　　　年　月　日

（2）信息不符，请列示不符项目及具体内容（对于在本函前述第 1 项至第 13 项中漏列的其他重要信息，请列出详细资料）。

（银行盖章）

经办人：　　　　年　月　日

（6）检查银行存款账户存款人是否为被审计单位。

若存款人非被审计单位，应获取该账户户主和被审计单位的书面声明，确认资产负债表日是否需要提请被审计单位进行调整。

（7）关注是否存在质押、冻结等对变现有限制或存在境外的款项。如果存在，是否已提请被审计单位作必要的调整和披露。

（8）对不符合现金及现金等价物条件的银行存款在审计工作底稿中予以列明，以考虑对现金流量表的影响。

（9）抽查大额银行存款收支的原始凭证。

检查原始凭证是否齐全、记账凭证与原始凭证是否相符、账务处理是否正确、是否记录于恰当的会计期间等项内容。检查是否存在非营业目的的大额货币资金转移，并核对相关账户的进账情况；如有与被审计单位生产经营无关的收支事项，应查明原因并作相应的记录。

（10）检查银行存款收支的截止是否正确。

选取资产负债表日前后若干张、一定金额以上的凭证实施截止测试，关注业务内容及对应项目，如有跨期收支事项，应考虑是否提请被审计单位进行调整。

（11）检查银行存款是否在财务报表中作出恰当列报。

根据有关规定，企业的银行存款在资产负债表的“货币资金”项目中反映，所以，注册会计师应在实施上述审计程序后，确定银行存款账户的期末余额是否恰当，进而确定银行存款是否在资产负债表中恰当披露。此外，如果企业的银行存款存在抵押、冻结等使用限制情况或者潜在回收风险，注册会计师应关注企业是否已经恰当披露有关情况。

【课堂分组讨论】

现金盘点

注册会计师于剑 2017 年 2 月 11 日在对银河公司 2016 年财务报表进行审计时，其助理人员郭熙于 2 月 13 日下午 5：30 对该单位的库存现金进行了监盘。

当天的库存现金总账余额和库存现金日记账余额都为 45 998 元，清点结果如下。

（1）现金实有数，100 元 255 张，50 元 200 张，20 元 302 张，10 元 60 张，5 元 10 张，2 元 4 张。

（2）在保险柜内发现以下凭证，已付款尚未制证入账：职工王伟的借款条一张，日期为 1 月 6 日，金额 1 500 元，未经批准，也未说明用途。

（3）银行核定库存现金限额为 30 000 元。

（4）2016 年 12 月 22 日开出的转账支票 400 元付给往来单位，因漏盖负责人图章被退回，后以现金付讫，对此账面未作处理。

要求：指出该公司库存现金管理中存在的问题。

第十六章　其他特殊项目的审计

对会计估计、关联方和期初余额等特殊项目的审计，尽管也可以与具体会计报表项目一样，先由有关的审计项目组成员分别执行，而后再加以综合，但由于这些项目通常具有内容特殊、性质敏感、金额较大、情况复杂等特点，因此，在审计实务中往往是由专业理论知识比较扎实、执业经验比较丰富的注册会计师专门实施，并单独编制相应的审计工作底稿。

第一节　会计估计审计

一、会计估计的性质

会计估计，是指在缺乏精确计量手段的情况下，采用的某项金额的近似值。会计估计一般包括存在估计不确定性时以公允价值计量的金额，以及其他需要估计的金额。其中，涉及公允价值计量的会计估计简称公允价值会计估计。由于经营活动具有内在不确定性，某些财务报表项目只能进行估计。

（一）不确定性相对较低的会计估计

某些会计估计涉及相对较低的估计不确定性，并可能导致较低的重大错报风险。例如，从事不复杂的经营活动的实体作出的会计估计；因与常规交易相关而经常作出并更新的会计估计；从较易获得的数据（如公布的利率或证券交易价格）中得出的会计估计，这些数据在公允价值会计估计中可能被称为“可观察到的”；在适用的财务报告编制基础规定的公允价值计量方法简单且容易使用的情况下，对需要以公允价值计量的资产或负债作出的公允价值会计估计；在模型的假设或输入数据是可观察到的情况下，采用广为人知或被普遍认可的计量模型作出的公允价值会计估计。

（二）不确定性相对较高的会计估计

某些会计估计可能存在相对较高的估计不确定性、尤其是当这些会计估计以重大假设为基础时。例如，与诉讼结果相关的会计估计；非公开交易的衍生金融工具的公允价值会计估计；采用高度专业化的、由被审计单位自主开发的模型，或采用难以在市场上观察到的假设或输入数据作出的公允价值会计估计。

（三）估计不确定性程度的取决因素

估计不确定性的程度取决于3个因素：会计估计的性质；作出会计估计所使用的方法或模型被普遍认可的程度；作出会计估计所使用的假设的主观程度。在某些情况下，与某项会计估计相关的估计不确定性可能太大，以致无法满足适用的财务报告编制基础规定的确认标准，因而难以作出会计估计。作出会计估计的难易程度取决于估计对象的性质。例如，估计预提租金费用可能只需要简单的计算，而对滞销或过剩存货跌价准备的估计则包括对已有数据的详细分析和对未来销售的预测。复杂的会计估计可能对特定的知识和判断有较高要求。被审计单位管理层应当对其作出的包括在财务报表中的会计估计负责。而按照中国注册会计师审计准则的规定，获取充分、适当的审计证据，评价被审计单位作出的会计估计是否合理、披露是否充分，则是注册会计师的责任。会计估计通常是被审计单位在不确定情况下作出的，其准确程度取决于管理层对不确定的交易或事项的结果作出的主观判断。由于会计估计的主观性、复杂性和不确定性，管理层作出的会计估计发生重大错报的可能性较大，注册会计师应当按照《中国注册会计师审计准则第1211号——通过了解被审计单位及其环境识别和评估重大错报风险》的规定，确定会计估计的重大错报风险是否属于特别风险。

但同时需要提醒的是，会计估计的结果与财务报表中原来已确认或披露的金额存在差异，并不必然表明财务报表存在错报。这对于公允价值会计估计而言尤其如此，因为任何已观察到的结果都不可避免地受到作出会计估计的时点后所发生的事项或情况的影响。

二、风险评估程序和相关活动

在实施风险评估程序和相关活动，以了解被审计单位及其环境时，注册会计师应当了解下列内容，作为识别和评估会计估计重大错报风险的基础。

（一）了解适用的财务报告编制基础的要求

了解适用的财务报表编制基础的要求，有助于注册会计师确定该编制基础是否规定了会计估计的确认条件或计量方法、是否明确了某些允许或要求采用公允价值计量的条件（如与管理层执行与某项资产或负债相关的特定措施的意图挂钩）、是否明确了要求作出或允许作出的披露。了解适用的财务报告编制基础的要求，也为注册会计师就下列方面与管理层进行讨论提供了基础：管理层如何运用与会计估计相关的要求；注册会计师对这些要求是否得到恰当运用的判断。

（二）了解管理层如何识别是否需要作出会计估计

编制财务报表要求管理层确定是否有必要对某项交易、事项和情况作出会计估计，以及确定是否已按照适用的财务报告编制基础确认、计量和披露所有必要的会计估计。管理层可能通过对被审计单位经营情况和所在行业的了解，对当前期间实施经营战略情况的了解，结合以前期间编制财务报表所积累的经验，识别需要作出会计估计的交易、事项和情况。对此，注册会计师主要通过询问管理层，就可以了解管理层如何识别需要作出会计估计的情形。询问的内容可以包括：被审计单位是否已从事可能需要作出会计估计的新型交易；需要作出会计估计的交易的条款是否已改变；由于适用的财务报告编制基础的要求或其他规定的变化，与会计估计相关的会计政策是否已经相应变化；可能要求管理层修改或作出新会计估计的外部监管变化或其他不受管理层控制的变化是否已经发生；是否已经发生可能需要作出新估计或修改已有估计的新情况或事项。

而当管理层作出会计估计的流程更为结构化时（如管理层设有正式的风险管理职责），注册会计师可以针对管理层定期复核导致会计估计的情况及在必要时重新估计会计估计的方法及惯常做法实施风险评估程序。会计估计（特别是与负债相关的会计估计）的完整性，通常是注册会计师考虑的重要因素。在审计过程中，注册会计师可能识别出一些管理层没有识别出但需要作出会计估计的交易、事项和情况。针对管理层未能识别出重大错报风险的情形，《中国注册会计师审计准则第 1211 号——通过了解被审计单位及其环境识别和评估重大错报风险》提供了处理方法，包括如何确定与被审计单位的风险评估过程相关的内部控制是否存在值得关注的内部控制缺陷。

三、识别和评估重大错报风险

在识别和评估重大错报风险时，注册会计师应当评价与会计估计相关的估计不确定性的程度，并根据职业判断确定识别出的具有高度估计不确定性的会计估计是否会导致特别风险。

（一）估计不确定性

影响会计估计相关的估计不确定性的程度的因素包括：会计估计对判断的依赖程度；会计估计对假设变化的敏感性；是否存在可以降低估计不确定性的经认可的计量技术（当然，作为输入数据的假设，其主观程度仍可导致估计不确定性）；预测期的长度和从过去事项得出的数据对预测未来事项的相关性；是否能够从外部来源获得可靠数据；会计估计依据可观察到的或不可观察到的输入数据的程度。与会计估计相关的估计不确定性程度，可能影响会计估计对管理层偏向的敏感性。在评估重大错报风险时，注册会计师考虑的事项也可能包括：会计估计的实际的或预期的重要程度；会计估计的记录金额（即管理层的点估计）与注册会计师预期应记录金额的差异；管理层在作出会计估计时是否利用专家工作；对上期会计估计进行复核的结果。

（二）具有高度估计不确定性的会计估计

可能存在高度估计不确定性的会计估计的例子很多，比如，高度依赖判断的会计估计，如对未决诉讼的结果或未来现金流量的金额和时间安排的判断，而未决诉讼的结果或未来现金流量的金额和时间安排取决于多年后才能确定结果的不确定事项；未采用经认可的计量技术计算的会计估计；注册会计师对上期财务报表中类似会计估计进行复核的结果表明最初会计估计与实际结果之间存在很大差异，在这种情况下管理层作出的会计估计；采用高度专业化的、由被审计单位自主开发的模型，或在缺乏可观察到的输入数据的情况下作出的公允价值会计估计。

在某些情况下，估计不确定性非常高，以致难以作出合理的会计估计。因此，适用的财务报告编制基础可能禁止在财务报表中对此进行确认或以公允价值计量。在这种情况下，特别风险不仅与会计估计是否应予确认或以公允价值计量相关，而且与披露的充分性相关。针对这种会计估计，适用的财务报告编制基础可能要求披露会计估计和与之相关的高度估计不确定性。如果认为会计估计导致特别风险，注册会计师需要了解与会计估计相关的控制，包括控制活动。如果会计估计的估计不确定性可能导致对被审计单位的持续经营能力产生重大疑虑，《中国注册会计师审计准则第 1324 号——持续经营》及其应用指南针对这种情况作出了规定并提供了指引。

四、应对评估的重大错报风险

基于评估的重大错报风险，注册会计师应当确定：管理层是否恰当运用与会计估计相关的适用的财务报告编制基础的规定；作出会计估计的方法是否恰当，并得到一贯运用，以及会计估计或作出会计估计的方法不同于上期的变化是否适合于具体情况。在情况没有发生变化或没有出现新的信息时，对会计估计或估计方法作出改变是武断的。武断的变化导致各期财务报表不一致，并可能产生财务报表重大错报，或显示存在管理层偏向。因此，注册会计师考虑会计估计或其估计方法自上期以来发生的变化是非常重要的。管理层通常能够为不同期间基于环境的变化对会计估计或其估计方法的改变提供很好的理由。注册会计师需要根据判断确定该理由支持管理层观点（即环境已经发生变化，需要对会计估计或其估计方法作出改变）的充分性。在应对评估的重大错报风险时，注册会计师应当考虑会计估计的性质，并实施下列一项或多项程序。

（一）确定截至审计报告日发生的事项是否提供有关会计估计的审计证据

截至审计报告日发生的事项有时可能提供有关会计估计的充分、适当的审计证据。例如，期后不久出售某被替代的产品的全部存货，可能提供有关其可变现净值估计的审计证据。如果截至审计报告日可能发生的事项预期发生并提供用以证实或否定会计估计的审计证据，确定这些事项是否提供有关会计估计的审计证据可能是恰当的应对措施。在这种情况下，可能没有必要对会计估计实施追加的审计程序。

而对于某些会计估计，截至审计报告日发生的事项不可能提供审计证据。例如，与某些会计估计相关的情况或事项需要较长时间才有进展；同样，由于公允价值会计估计的计量目标，期后信息可能不反映财务报表存在的事项或情况，因而可能与公允价值会计估计的计量无关。注册会计师对此可能采取的应对重大错报风险的其他措施将在后文述及。并且，即使决定对特定会计估计不采取这种方法，注册会计师仍需要遵守《中国注册会计师审计准则第 1332 号——期后事项》及其应用指南的相关规定。注册会计师需要实施审计程序，获取充分、适当的审计证据，以确定财务报表日至审计报告日之间发生的、需要在财务报表中调整或披露的事项是否已经按照适用的财务报告编制基础在财务报表中得到恰当反映。由于除公允价值会计估计外的许多会计估计的计量通常取决于未来情况、交易或事项的结果，《中国注册会计师审计准则第 1332 号——期后事项》规定的审计工作对于这些会计估计尤为相关。

（二）测试管理层如何作出会计估计以及会计估计所依据的数据

在下列情况下，测试管理层如何作出会计估计和会计估计所依据的数据，可能是恰当的应对措施：①会计估计是依据模型（使用可观察到的或不可观察到的输入数据）作出的公允价值会计估计；②会计估计源于被审计单位会计系统对数据的常规处理；③注册会计师对上期财务报表中类似的会计估计的复核表明管理层本期的会计估计流程可能是有效的；④会计估计建立在性质相似、单项不重要但数量众多的项目的基础上。

在进行测试时，注册会计师应当评价采用的计量方法在具体情况下是否恰当，以及根据适用的财务报告编制基础确定的计量目标，管理层使用的假设是否合理。测试管理层如何作出会计估计还可能涉及下列方面：测试会计估计所依据的数据的准确性、完整性和相关性，以及管理层是否使用这些数据和假设恰当地作出会计估计；考虑外部数据或信息的来源、相关性和可靠性，包括从管理层聘请的、用以协助其作出会计估计的外部专家那里获取的数据或信息；重新计算会计估计，并复核有关会计估计信息的内在一致性；考虑管理层的复核和批准流程。

下面，着重就评价计量方法、评价模型的使用和评价管理层使用的假设 3 个方面进行讨论。

1. 评价计量方法

当适用的财务报告编制基础没有规定计量方法时，评价计量方法（包括适用的模型）是否适用于具体情况属于职业判断。为了评价计量方法是否适用于具体情况，注册会计师可能需要考虑如下事项：管理层选择计量方法的理由是否合理；管理层是否充分评价和恰当运用适用的财务报告编制基础提供的、用以支持所选择的计量方法的标准（如存在）；根据被估计的资产或负债的性质和适用的财务报告编制基础的要求，评价计量方法是否适用于具体情况；计量方法相对于被审计单位开展的业务、所处行业和环境是否恰当。在某些情况下，管理层可能已确定采用不同的估计方法会导致一系列显著不同的会计估计。在这种情况下，了解被审计单位如何调查导致这些差异的原因可能有助于注册会计师评价管理层所选择方法的恰当性。

2. 评价模型的使用

在某些情况下，特别是作出公允价值会计估计时，管理层可能使用模型。使用的模型是否适用于具体情况，可能取决于多种因素，如被审计单位的性质及其环境，包括被审计单位所处的行业和需要计量的特定资产或负债。根据所处的不同环境，在测试模型时，注册会计师可能需要考虑一些事项，这些事项的相关程度取决于具体情况，包括模型是否公开出售供特定部门或行业使用，或是专有的模型。在某些情况下，被审计单位可能利用专家来开发和测试模型。这些事项包括以下几点。

（1）在使用前是否验证模型，并定期复核以确保其能持续满足预定用途。被审计单位的验证流程可能是指：①评价模型理论上的合理性和数学上的可靠性，包括模型参数的恰当性；②评价模型输入数据相对于市场惯例的一致性和完整性；③与实际交易相比，评价模型的输出数据。

（2）是否存在针对模型变更的恰当控制政策和程序。

（3）是否定期校准和测试模型的有效性，特别是当输入数据具有主观性时。

（4）是否对模型输出数据作出调整，包括作出公允价值会计估计时，这些调整是否反映市场参与方在类似环境中所使用的假设。

（5）模型是否得到恰当记录，包括模型的特定用途、局限性和关键参数、要求的输入数据和实施验证分析的结果。

3. 评价管理层使用的假设

首先应当明确的是，注册会计师对管理层使用的假设的评价，仅以其在审计时可获得的信息为基础。针对管理层假设而实施审计程序是为了财务报表审计的目的，而不是为了针对假设本身发表意见。在评价管理层使用的假设的合理性时，注册会计师可能需要考虑：单项假设是否显得合理；假设是否相互依赖且具有内在一致性；当将这些假设汇总起来考虑或结合其他假设考虑时，无论是对于特定会计估计还是其他会计估计，这些假设是否显得合理；对于公允价值会计估计，假设是否恰当地反映可观察到的市场假设。

在评价管理层使用的构成公允价值会计估计基础的假设的合理性时，注册会计师除了考虑上述事项，在适用时还可能考虑下列事项：管理层是否以及如何在作出假设时加入特定市场输入数据（如相关）；假设是否与可观察到的市场情况和以公允价值计量的资产或负债的特征一致；市场参与方假设的来源是否相关和可靠，以及当存在多种市场参与方假设时管理层如何选择假设；管理层是否以及如何考虑在可比较的交易、资产或负债中使用的假设或有关信息（如适用）。

进一步讲，公允价值会计估计可能依据可观察到和不可观察到的输入数据。当公允价值会计估计依据不可能观察到的输入数据时，注册会计师可能考虑的事项包括管理层是如何为下列方面提供合理支持的：识别与会计估计相关的市场参与方的特征；修改自有假设以反映市场参与方可能他用的假设；是否包括在具体情形下可获得的最佳信息；管理层的假设是如何考虑可比较的交易、资产或负债的（如适用）。当存在不可观察到的输入数据时，注册会计师需要在评价假设时结合审计准则提出的其他应对措施，以获取充分、适当的审计证据。在这种情况下，注册会计师有必要实施其他审计程序，如检查适当层级的管理层和治理层（如适用）复核和批准会计估计的文件。

此外，在评价支持会计估计的假设的合理性时，注册会计师可能能识别出一个或多个重大假设，这可能表明会计估计存在高度估计不确定性并由此可能产生特别风险。

（三）测试与管理层如何作出会计估计相关的控制的运行有效性，并实施恰当的实质性程序

如果管理层作出会计估计的流程的设计、执行和维护良好，测试民管理层如何作出会计估计相关的控制运行的有效性可能是适当的。比如，存在适当层级的管理层和治理层（如适用）对会计估计进行复核和批准的控制；会计估计源于审计单位会计系统对数据的常规处理。

（四）作出注册会计师的点估计或区间估计，以评价管理层的点估计

注册会计师应当针对下列两种情况分别予以处理。

（1）如果使用有别于管理层的假设或方法，注册会计师应当充分了解管理层的假设或方法，以确定注册会计师在作出点估计或区间估计时已考虑了相关变量，并评价与管理层的点估计存在的任何重大差异。

注册会计师的点估计或区间估计，是指从审计证据中得出的、用于评价管理层点估计的金额或金额区间。当注册会计师作出点估计或区间估计并使用有别于管理层的假设或方法时，注册会计师需要充分了解管理层在作出会计估计使用的假设或方法。这种了解可能向注册会计师提供与其作出恰当点估计或区间估计相关的信息，并有助于了解和评价任何有别于管理层点估计的重大差异。例如，差异可能源于注册会计师与管理层使用不同但同样有效和假设。这可能显示出会计估计对某些假设高度敏感，因此，受高度估计不确定性的影响，这意味着会计估计可能存在特别风险。此外，差异也可能是由于管理层造成的事实错误所导致。根据具体情况，注册会计师在得出结论时，与管理层使用的假设的基础及其有效性以及做出会计估计的方法差异（如存在）进行讨论可能是有帮助的。

（2）如果认为使用区间估计是恰当的，注册会计师应当基于可获得的审计证据来缩小区间估计，直至该区间估计范围内的所有结果均可被视为合理。

当注册会计师认为运用区间估计（注册会计师的区间估计）来评价管理层点估计的合理性是恰当的时，作出的区间估计需要包括所有“合理”的结果而不是所有可能的结果。这是因为包括所有可能结果的区间估计太宽泛以至于不能有效地确定会计估计是否存在错报。如果注册会计师的区间估计范围足够小以至于能够确定会计估计是否存在错报，它就是有用和有效的。

通常情况下，当区间估计的区间已缩小至等于或低于实际执行的重要性时，该区间估计对于评价管理层的点估计是适当的。而对于某些特定行业，可能难以将区间缩小至低于某一金额。这并不必然否定管理层对会计估计的确认，但是可能意味着与会计估计相关的估计不确定性可能导致特别风险。

下列方法可以将区间估计的区间缩小至某一区域，使得在该区域内的所有结果视为是合理的：从区间估计中剔除注册会计师认为不可能发生的极端结果；根据可获得的审计证据，继续缩小区间估计直至注册会计师认为该区间估计内的所有结果均视为是合理的。在极其特殊的情况下，注册会计师可能缩小区间估计直至审计证据指向点估计。

五、实施进一步实质性程序以应对特别风险

在审计导致特别风险的会计估计时，注册会计师在实施进一步实质性程序时需要重点评价：管理层是如何评估估计不确定性对会计估计的影响，以及这种不确定性对财务报表中会计估计的确认的恰当性可能产生的影响；相关披露的充分性。

（一）估计不确定性

对导致特别风险的会计估计，除实施《中国注册会计师审计准则第 1231 号——针对评估的重大错报风险采取的应对措施》规定的其他实质性程序外，注册会计师还应当实施以下审计程序。

（1）评价管理层如何考虑替代性的假设或结果。

管理层可能根据具体情况采用多种方法评价会计估计的可供选择的假设或结果。方法之一是敏感性分析，可能涉及确定会计估计的金额如何随着假设的不同而变化。即使对于公允价值会计估计，由于不同市场参与方使用不同的假设，会计估计仍然可能存在差异。敏感性分析可能针对“乐观”和“悲观”等不同情形得出一系列结果。敏感性分析结果可能表明会计估计对特定假设的变化不敏感，也可能表明会计估计对一个或多个假设敏感，因而这些假设成为注册会计师重点关注的对象。

在处理估计不确定性时，某种特定方法（如敏感性分析）并不一定比其他方法更合适，管理层也并不一定需要通过细致的过程和详尽的记录来体现对可供选择的假设或结果的考虑。重要的是管理层是否已评估了估计不确定性影响会计估计的方式，而不是所采用的具体评估方法。相应地，当管理层没有考虑可供选择的假设或结果时，注册会计师有必要与管理层讨论其如何处理估计不确定性对会计估计的影响，并要求管理层提供支持性证据。

（2）评价管理层使用的重大假设是否合理。

如果在作出会计估计时运用的某些假设的合理变化可能对会计估计的计量产生重大影响，则这些假设被视为重大假设。注册会计师从管理层建立的持续战略分析和风险管理流程中可能获得相关信息，以支持管理层根据其了解的情况作出的重大假设。即使没有建立正式的流程（如在小型被审计单位、注册会计师可以通过询问管理层或与其讨论评价假

设，并结合其他审计程序，获取充分、适当的审计证据。

（3）当管理层实施特定措施的意图和能力与其使用的重大假设的合理性或对适用的财务报告编制基础的恰当应用相关时，评价这些意图和能力。

（二）作出区间估计

如果根据职业判断认为管理层没有适当处理估计不确定性对导致特别风险的会计估计的影响，注册会计师应当在必要时作出用于评价会计估计合理性的区间估计。在编制财务报表时，管理层可能确信已经适当地处理了估计不确定性对导致特别风险的会计估计的影响。但是，在某些情况下，注册会计师可能认为管理层的工作是不够的，例如，注册会计师可能作出以下判断：通过评价管理层如何处理估计不确定性的影响不能获取充分、适当的审计证据；有必要进一步分析与会计估计相关的估计不确定性的程度，例如，注册会计师注意到类似环境下类似会计估计的结果存在较大差别；不大可能通过如复核截至审计报告日发生的事项等审计程序获得其他审计证据；可能有迹象表明管理层在作出会计估计时存在管理层偏向。

（三）确认和计量的标准

对导致特别风险的会计估计，注册会计师应当获取充分、适当的审计证据，以确定下列方面是否符合适用的财务报告编制基础的规定。

（1）管理层对会计估计在财务报表中予以确认或不予确认的决策。

如果管理层在财务报表中确认一项会计估计，注册会计师评价的重点是会计估计的计量是否足够可靠，能否满足适用的财务报告编制基础规定的确认标准。对于没有在财务报表中确认的会计估计，注册会计师评价的重点是会计估计是否在实质上已满足适用的财务报告编制基础规定的确认标准。即使某一项会计估计没有得到确认，且注册会计师认为这种处理是恰当的，可能仍然有必要在财务报表附注中披露具体情况。注册会计师也可能认为有必要在审计报告中增加强调事项段，以提醒财务报表使用者关注重大不确定性的存在。

（2）作出会计估计所选择的计量基础。

对于公允价值会计估计，某些适用的财务报告编制基础在要求或者允许进行公允价值计量和披露时，是以公允价值可以靠计量这一假定作为前提条件的。在某些情况下，如不存在恰当的计量方法或基础，这种假定可能不成立。在这种情况下，注册会计师评价的重点是管理层用以推翻适用的财务报告编制基础所规定的与采用公允价值相关的假定的依据是否恰当。

六、评价会计估计的合理性并确定错报

注册会计师应当根据获取的审计证据，评价财务报表中的会计估计在适用的财务报告

编制基础下是合理的还是存在错报。根据获取的审计证据，注册会计师可能认为这些证据指向与管理层的点估计不同的会计估计。当审计证据支持点估计时，注册会计师的点估计与管理层的点估计之间的差异构成错报。当注册会计师认为使用其区间估计能够获取充分、适当的审计证据时，则在注册会计师区间估计之外的管理层的点估计得不到审计证据的支持。在这种情况下，错报不小于管理层的点估计与注册会计师区间估计之间的最小差异。管理层根据其对环境变化的主观判断而改变某项会计估计，或者改变上期作出会计估计的方法时，基于获取的审计证据，注册会计师可能认为会计估计被管理层随意改变而产生错报，或者将其视为可能存在管理层偏向的迹象。

一项错报，无论是由于舞弊还是错误导致，当与会计估计相关时，可能是由于下列因素导致的：毋庸置疑的存在错报（事实错报）；由注册会计师认为管理层对会计估计作出的判断不合理，或认为管理层对会计政策的选择或运用不恰当而产生的差异（判断错报）；注册会计师对总体中错报的最佳估计，包括由审计样本中识别出的错报推断出总体中的错报（推断错报）。

在某些涉及会计估计的情形中，错报可能由上述因素共同导致，因此难以或不可能区分出由哪一具体因素导致。评价在财务报表附注中的会计估计和相关披露（无论是由适用的财务报告编制基础要求的还是属于自愿披露的）的合理性时考虑的事项，与在审计财务报表中确认的会计估计时考虑的事项在实质上是相同的。

七、其他相关审计程序

（一）关注与会计估计相关的披露

注册会计师应当获取充分、适当的审计证据，以确定与会计估计相关的财务报表披露是否符合适用的财务报告编制基础的规定。对导致特别风险的会计估计，注册会计师还应当评价在适用的财务报告编制基础下，财务报表对估计不确定性的披露的充分性。

（1）按照适用的财务报告编制基础作出的披露。

按照适用的财务报告编制基础列报财务报表，包括对重大事项的充分披露。适用的财务报告编制基础可能允许或规定与会计估计相关的披露，并且某些实体可能在财务报表附注中自愿披露额外信息。这些披露可能包括：使用的假设；使用的估计方法，包括适用的模型；选择估计方法的基础；改变上期估计方法产生的影响；估计不确定性的原因和影响。这些披露与财务报表使用者理解在财务报表中确认或披露的会计估计相关，注册会计师需要就其披露是否符合适用的财务报告编制基础的规定获取充分、适当的审计证据。

在某些情况下，适用的财务报告编制基础可能对披露估计不确定性作出特别规定。例如，①披露关键假设以及产生估计不确定性的其他原因，该估计不确定性具有导致对资产和负债账面价值作出重大调整的特别风险。这些要求可能用“估计不确定性的关键原因”或“关键会计估计”等术语表述。②对于区间估计，披露可能出现的结果的区间和用以确定该区间的假设。③披露关于公允价值会计估计相对被审计单位财务状况和经营成果的重要程度的信息。④披露定性信息（如受风险影响的情况、被审计单位管理风险的目标、政策和程序以及计量风险的方法），以及自上期以来这些定性信息的任何变化。⑤披露定量信息，如受风险影响的程度（以内部提供给关键管理人员的信息为基础），包括信用风险、流动性风险和市场风险。

（2）披露导致特别风险的会计估计的估计不确定性。

对具有特别风险的会计估计，即使已按照适用的财务报告编制基础的要求进行了披露，注册会计师仍可能根据所涉及的情况和事实认为对估计不确定性的披露是不充分的。会计估计可能结果的区间估计相对于重要性越大，注册会计师对估计不确定性的披露充分性的评价越重要。在某些情况下，注册会计师可能认为鼓励管理层在财务报表附注中描述与估计不确定性相关的情况是适当的。当注册会计师认为管理层在财务报表中对估计不确定性的披露不充分或存在误导时，应当考虑其对审计报告的影响。

（二）识别可能存在管理层偏向的迹象

注册会计师应当复核管理层在作出会计估计时的判断和决策，以识别是否可能存在管理层偏向的迹象。

在审计过程中，注册会计师可能注意到管理层作出的、可能导致出现管理层偏向迹象的判断和决策。这些迹象可能影响注册会计师对有关风险评估结果和相关应对措施是否仍然恰当的判断，并且注册会计师可能有必要考虑对审计其他方面的影响。进一步讲，这些迹象可能影响注册会计师对财务报表整体是否不存在重大错报的评估。与会计估计相关的、可能存在管理层偏向迹象的例子包括：管理层主观地认为环境已经发生变化，并相应地改变会计估计或估计方法；针对公允价值会计估计，被审计单位的自有假设与可观察到的市场假设不一致，但仍使用被审计单位的自有假设；管理层选择或作出重大假设以产生有利于管理层目标的点估计；选择带有乐观或悲观倾向的点估计。

（三）获取书面声明

注册会计师应当向管理层和治理层（如适用）获取书面声明，以确定其是否认为在作出会计估计时使用的重大假设是合理的。根据估计不确定性的性质、重要性和程度，有关财务报表中确认或披露的会计估计的书面声明可能包括下列内容：计量流程（包括管理层在根据适用的财务报告编制基础作出会计估计时使用的相关假设和模型）的恰当性，以及流程的一贯运用；假设恰当地反映了管理层代表被审计单位执行特定措施的意图和能力（当这些意图和能力与会计估计和披露相关时）；在适用的财务报告编制基础下与会计估计相关的披露的完整性和适当性；不存在需要对财务报表中会计估计和披露作出调整的期后事项。

针对未在财务报表中确认或披露的会计估计，书面声明也可能包括下列内容：管理层用于确定不满足适用的财务报告编制基础规定的确认或披露标准的依据的恰当性；针对未在财务报表中以公允价值计量或披露的会计估计，管理层用于推翻适用的财务报告编制基础规定的与使用公允价值相关的假定的依据的恰当性。

在审计过程中，注册会计师应当将识别出的可能存在管理层偏向的迹象形成审计工作底稿，这有助于注册会计师确定风险评估结果和相关应对措施是否仍然恰当，以及评价财务报表整体是否不存在重大错报。

第二节　关联方的审计

《企业会计准则第36号——关联方披露》规定，一方控制、共同控制另一方或对另一方施加重大影响，以及两方或两方以上同受一方控制、共同控制或重大影响的，构成关联方。控制，是指有权决定一个企业的财务和经营政策，并能据以从该企业的经营活动中获取利益。共同控制，是指按照合同约定对某项经济活动所共有的控制，仅在与该项经济活动相关的重要财务和经营政策有参与决策的权力，但并不能够控制或者与其他方一起共同控制这些政策的制定。下列各方构成企业的关联方：该企业的母公司，该企业的子公司，与该企业受同一母公司控制的其他企业，对该企业实施共同控制的投资方，对该企业施加重大影响的投资方，该企业的合营企业，该企业的联营企业，该企业的主要投资者个人及与其关系密切的家庭成员，该企业或其母公司的关键管理人员及与其关系密切的家庭成员，该企业主要投资者个人、关键管理人员或与其关系密切的家庭成员控制、共同控制或施加重大影响的其他企业。关联方交易是指关联方之间转移资源、劳务或义务的行为，而不论是否收取价款。关联方交易的类型通常包括：购买或销售商品，购买或销售商品以外的其他资产，提供或接受劳务，担保，提供资金（贷款或股权投资），租赁，代理，研究与开发项目的转移，许可协议，代表企业或由企业代表另一方面进行债务结算，关键管理人员薪酬等。

许多关联方交易是在正常经营过程中发生的，与类似的非关联方交易相比，这些关联方交易可能并不具有更高的财务报表重大错报风险。但是，在某些情况下，关联方关系及其交易的性质可能导致关联方交易具有更高的财务报表重大错报风险。例如，关联方可能通过广泛而复杂的关系和组织结构进行动作，相应增加关联方交易的复杂程度；信息系统可能无法有效识别或汇总被审计单位与关联方之间的交易和未结算项目的金额；关联方交易可能未按照正常的市场交易条款和条件进行，例如，某些关联方交易可能没有相应的对价。

由于关联方之间彼此并不独立，为使财务报表使用者了解关联方关系及其交易的性质，以及关联方关系及其交易对财务报表实际或潜在的影响，许多财务报告编制基础对关联方关系及其交易的会计处理和披露作出了规定。在适用的财务报告编制基础作出规定的情况下，注册会计师有责任实施审计程序，以识别、评估和应对被审计单位未能按照适用的财务报告编制基础对关联方关系及其交易进行恰当会计处理或披露导致的重大意义错报风险。即使适用的财务报告编制基础对关联方作出很少的规定或没有作出规定，注册会计师仍然需要了解被审计单位的关联方关系及其交易，以足以确定财务报表（就其受到关联方关系及其交易的影响而言）是否实现公允反映。

一、关联方交易审计目标

由于审计的固有限制，即使注册会计师按照审计准则的规定恰当计划和实施了审计工作，也不可避免的存在财务报表中的某些重大错报未被发现的风险。正是由于存在未披露关联方关系及其交易的可能性，注册会计师在计划和实施与关联方关系及其交易有关的审计工作时，保持职业怀疑尤为重要。注册会计师审计关联方的目标在于：①无论适用的财务信息编制基础是否对关联方作出规定，充分了解关联方及其交易，以便能够确认由此产生的、与识别和评估由于舞弊导致的重大错报风险相关的舞弊风险因素（如有）；根据获取的审计证据，就财务报告受到关联方关系及其交易的影响而言，确定财务报表是否实现公允反映。②如果适用的财务报告编制基础对关联方作出规定，获取充分、适当的审计证据，确定关联方关系及其交易是否已按照适用的财务报告编制基础得到恰当识别、会计处理和披露。

二、风险评估程序和相关工作

注册会计师在审计过程中应当实施风险评估程序和相关工作，以获取与识别关联方关系及其交易相关的重大错报风险的信息。

（一）了解关联方关系及其交易

1. 项目组内部的讨论

项目部按照《中国注册会计师审计准则第1211号——通过了解被审计单位及其环境识别和评估重大错报风险》和《中国注册会计师审计准则第1141号——财务报表审计中与舞弊相关的责任》的规定进行内部讨论时，应当特别考虑由于关联方关系及其交易导致的舞弊或错误使得财务报表存在重大错报的可能性。

项目组内部讨论的内容可能包括：关联方关系及其交易的性质和范围（如利用在每次审计后更新的有关识别出的关联方的记录进行讨论）；强调在整个审计过程中对关联方关系及其交易导致的潜在重大错报风险保持职业怀疑的重要性；可能显示管理层以前未识别或未向注册会计师披露的关联方关系或关联方交易的情形或状况（如被审计单位组织结构复杂，利用特殊目的实体从事表外交易，或信息系统不够完善）；可能显示存在关联方关系或关联方交易的记录或文件；管理层和治理层对关联方关系及其交易（如果适用的财务报告编制基础对关联方作出规定）进行识别、恰当会计处理和披露的重视程度，以及管理层凌驾于相关控制之上的风险。在对舞弊进行讨论时，项目组内部讨论的内容还可能包括对关联方可能如何参与舞弊的特殊考虑。例如，如何利用管理层控制的特殊目的实体进行利润操纵；如何安排被审计单位与已知关键管理人员的商业伙伴之间进行交易，以达到侵占资产的目的。

2. 询问管理层

注册会计师应当向管理层询问下列事项：关联方的名称和特征，包括关联方自上期以来发生的变化；被审计单位和关联方之间关系的性质；被审计单位在本期是否与关联方发生交易，如发生，交易的类型、定价政策和目的。

如果适用的财务报告编制基础对关联方作出了规定，管理层可能容易获得有关关联方名称和特征的信息，因为被审计单位的信息系统需要记录、处理和汇总关联方关系及其交易，以满足适用的财务报告编制基础对关联方关系及其交易的会计处理和披露的要求。因此，管理层可能拥有关联方的详细清单以及自上期以来关联方发生变化情况的详细清单。在连续审计的情况下，向管理层进行询问，可以为注册会计师提供将其在以前审计中形成的有关关联方的工作记录与管理层提供的信息进行比较的基础。

如果适用的财务报告编制基础没有对关联方作出规定，被审计单位可能就没有上述信息系统。在这种情况下，管理层可能无法知悉所有关联方。尽管如此，管理层仍可能注意到存在关联方。在这种情况下，注册会计师对被审计单位关联方名称和特征的询问，可能构成其根据《中国注册会计师审计准则第 1211 号——通过了解被审计单位及其环境识别和评估重大错报风险》的规定所实施风险评估程序和相关活动的一部分。注册会计师实施这些程序和活动旨在获得下列信息：被审计单位的所有权和治理结构；被审计单位正在实施和计划实施的投资的类型；被审计单位的组织结构和筹资方式。

如果被审计单位与另一实体受同一方控制，且这种关系对被审计单位具有重大经济影响，则管理层更可能注意到这种关系。此时，如果注册会计师重点询问与被审计单位从事重大交易或共享众多资源的另一实体是否为关联方，则询问可能更有效。

对于集团审计业务，审计准则要求集团项目组向组成部分注册会计师提供集团管理层编制的关联方清单，以及集团项目组知悉的任何其他关联方。如果被审计单位是集团的一个组成部分，这些信息有助于注册会计师就关联方的名称和特征向管理层进行询问。

当然，通过在业务接受或保持过程中对管理层的询问，注册会计师也可以获取有关关联方名称和特征的某些信息。

3. 与关联方关系及其交易相关的控制

如果管理层建立了下列与关联方关系及其交易相关的控制，注册会计师应当询问管理层和被审计单位内部其他人员，实施其他适当的风险评估程序，以获取对相关控制的了解：按照适用的财务报告编制基础，对关联方关系及其交易进行识别、会计处理和披露；授权和批准重大关联方交易和安排；授权和批准超出正常经营过程的重大交易和安排。

被审计单位内部的其他人员在某种程度上并不构成管理层，但也可能知悉关联方关系及其交易以及相关控制。这些人员可能包括：治理层成员；负责生成、处理或记录超出正常经营过程的重大交易的人员，以及对其进行监督或监控的人员；内部审计人员；内部法律顾问；负责道德事务的人员。

执行审计工作的前提是管理层和治理层（如适用）已认可并理解其应当承担按照适用的财务报告编制基础编制财务报表，包括使其实现公允反映（如适用）的责任，以及设计、执行和维护内部控制，使得编制的财务报表不存在由于舞弊或错误导致的重大错报的责任。因此，如果适用的财务报告编制基础对关联方作出规定，编制财务报表要求管理层在治理层的监督下设计、执行和维护与关联方关系及其交易相关的适当控制，使得关联方关系及其交易能够按照适用的财务报告编制基础的要求得到识别、适当的会计处理和披露。

治理层担当监督的角色，负责监督管理层如何履行这些控制责任。无论适用的财务报告编制基础是否对关联方作出规定，在履行监督责任的过程中，治理层需要向管理层获取信息，以了解关联方关系及其交易的性质和商业理由。

在实务中，由于某些原因，被审计单位可能不存在与关联方关系及其交易相关的控制或控制存在缺陷。例如，管理层对识别和披露关联方关系及其交易的重视程度较低；缺乏治理层的适当监督；由于披露关联方可能会泄露管理层认为敏感的某些信息（如关联方交易涉及管理层家庭成员），管理层有意忽视相关控制；管理层未能充分了解适用的财务报告编制基础对关联方的有关规定；适用的财务报告编制基础没有对关联方披露作出规定。

如果这些控制无效或者不存在，注册会计师可能无法就关联方关系及其交易获取充分、适当的审计证据。在这种情况下，注册会计师需要考虑对审计工作（包括审计意见）的影响。

虚假财务报告通常与管理层凌驾于控制之上有关，而此时控制可能看似有效运行。如果管理层和参与交易的另一方之间具有控制或重大影响的关系，管理层凌驾于控制之上的风险就越高，其原因是这些关系可能表明管理层有更大的动机和机会实施舞弊。管理层在特定关联方中的财务利益可能驱使其通过下列方式凌驾于控制之上：指示被审计单位从事损害自身利益但能够使关联方获益的交易；与关联方串通或控制其行动。

实施舞弊的例子很多，例如，虚构关联方交易条款，以对交易的商业理由作出不实表述；采用欺诈方式，安排与管理层或其他人员之间按照显著高于或低于市价的金额进行资产转让交易；与关联方（如特殊目的实体）从事复杂的交易，以使被审计单位财务状况或经营成果存在不实表述。

（二）在检查记录或文件时对关联方信息保持警觉

某些安排或其他信息可能显示管理层以前未识别或未向注册会计师披露的关联方关系或关联方交易，在审计过程中检查记录或文件时，注册会计师应当对这些安排或其他信息保持警觉。

这里的安排是指被审计单位和一方或多方基于下列目的签订的正式或非正式协议：通过适当的方式（如投资工具）或组织架构建立商业关系；根据特定条款和条件从事某种类

型的交易；提供指定的服务或财务支持。某些安排可能显示存在管理层以前未识别或未向注册会计师披露的关联方关系或交易，例如，与其他机构或人员组成不具有法人资格的合伙企业；按照超出正常经营过程的交易条款和条件，向特定机构或人员提供服务的安排；担保和被担保关系。

1. 检查记录或文件

为确定是否存在管理层以前未识别或未向注册会计师披露的关联方关系或关联方交易，注册会计师应当对某些可能提供有关关联方关系及其交易信息的记录或文件进行检查。这些记录或文件可能是以下内容。

(1) 注册会计师实施审计程序时获取的银行和律师的询证函回函。

(2) 股东会和治理层会议的纪要。

(3) 除了向银行和律师获取的询证函回函外，注册会计师自其他第三方取得的询证函回函。

(4) 被审计单位的所得税纳税申报表。

(5) 被审计单位提供给监管机构的信息。

(6) 被审计单位的股东登记名册（用以识别主要股东）。

(7) 管理层和治理层的利益冲突声明。

(8) 被审计单位有关投资和养老金计划的记录。

(9) 与关键管理层或治理层成员签订的合同和协议。

(10) 超出被审计单位正常经营过程的重要合同和协议。

(11) 被审计单位与专业顾问的往来函件和发票。

(12) 被审计单位购买的人寿保险单。

(13) 被审计单位在报告期内重新商定的重要合同。

(14) 内部审计人员的报告。

(15) 被审计单位向证券监管机构报送的文件（如招股说明书）。

2. 询问管理层

在实施上述审计程序时，如果识别出被审计单位超出正常经营过程的重大交易，注册会计师应当向管理层询问这些交品的性质以及是否涉及关联方。超出正常经营过程的交易的例子可能包括以下几点。

(1) 复杂的股权交易，如公司重组或收购。

(2) 与处于公司法制不健全的国家或地区的境外实体之间的交易。

(3) 对外提供厂房租赁或管理服务，而没有收取对价。

(4) 具有异常大额折扣或退货的销售业务。

(5) 循环交易，如售后回购交易。

(6) 在合同期限届满之前变更条款的交易。

就超出正常经营过程的重大交易获取进一步的信息，有助于注册会计师评价是否存在舞弊风险因素，并能够在适用的财务报告编制基础对关联方作出规定的情况下识别重大错报风险。注册会计师针对超出正常经营过程的重大交易的性质所进行的询问，通常涉及了解交易的商业理由、交易的条款和条件。如果交易涉及关联方，由于关联方参与超出正常经营过程的重大交易，可以通过成为交易的一方直接影响该交易，或是通过中间机构间接影响该交易，这些影响可能表明存在舞弊风险因素。

三、识别和评估重大错报风险

《中国注册会计师审计准则第1211号——通过了解被审计单位及其环境识别和评估重大错报风险》的规定，识别和评估关联方关系及其交易导致的重大错报风险，并确定这些风险是否为特别风险。在确定时，注册会计师应当将识别出的、超出被审计单位正常经营过程的重大关联方交易导致的风险确定为特别风险。如果在实施与关联方有关的风险评估程序和相关工作中识别出舞弊风险因素，包括与能够对被审计单位或管理层施加支配性影响的关联方有关的情形，注册会计师应当在识别和评估由于舞弊导致的重大错报风险时考虑这些信息。

关联方施加的支配性影响可能表现在下列方面：关联方否决管理层或治理层作出的重大经营决策；重大交易需经关联方的最终批准；对关联方提出的业务建议，管理层和治理层未曾或很少进行讨论；对涉及关联方（或与关联方关系密切的家庭成员）的交易，极少进行独立复核和批准。

如果关联方在被审计单位的设立和日后管理中均发挥主导作用，也可能表明存在支配性影响。在出现其他风险因素的情况下，存在具有支配性影响的关联方，可能表明存在由于舞弊导致的特别风险。例如，异常频繁变更高级管理人员或专业顾问，可能表明被审计单位为关联方谋取利益而从事不道德或虚假的交易；利用中间机构从事难以判断是否具有正当商业理由的重大交易，可能表明关联方出于欺诈目的，通过控制这些中间机构从交易中获利；有证据显示关联方过度干涉或关注会计政策的选择或重大会计估计的作出，可能表明存在虚假财务报告。

四、针对重大错报风险的应对措施

针对评估的与关联方关系及其交易的重大错报风险，注册会计师应当设计和实施进一步审计程序，以获取充分、适当的审计证据。

（一）识别出可能表明存在管理层以前未识别出或未披露的关联方关系或交易的安排或信息

如果识别出可能表明存在管理层以前未识别出或未向注册会计师披露的关联方关系或交易的安排信息，注册会计师应当确定相关情况是否能够证实关联方关系或关联方交易的存在。

（二）识别出管理层以前未识别出或未披露的关联方关系密切或重大关联方交易

如果识别出管理层以前未识别出或未向注册会计师披露的关联方关系或重大关联方交易，注册会计师应当做到以下几点。

（1）立即将相关信息向项目组其他成员通报。及时向项目组成员传达有关新识别的关联方信息，有助于项目组成员确定这些信息是否对已实施风险评估程序的结果和由此得出的结论产生影响，包括是否需要重新评估重大错报风险。

（2）在适用的财务报告编制基础对关联方作出规定的情况下，要求管理层识别与新识别出的关联方之间发生的所有交易，以便注册会计师作出进一步评价，并询问与关联方关系及其交易相关的控制为何未能识别或披露该关联方关系或交易。

（3）对新识别出的关联方或重大关联方交易实施恰当的实质性程序。注册会计师可能实施的实质性程序的例子如下。

①询问被审计单位与新识别出的关联方之间的关系的性质，包括向对被审计单位及其业务非常了解的外部人士询问（如适用，并且法律法规或注册会计师职业道德守则未予禁止）。这些外部人士包括法律顾问、主要代理商、主要业务代表、咨询专家、担保人或其他关系密切的商业伙伴等。

②分析与新识别出的关联方进行的交易的会计记录，可采用计算机辅助审计技术进行分析。

③核实新识别出的关联方交易的条款和条件，评价是否已经按照适用的财务报告编制基础的规定对关联方交易进行恰当会计处理和披露。

（4）重新考虑可能存在管理层以前未识别出或未向注册会计师披露的其他关联方或重大关联方交易的风险，如有必要，实施追加的审计程序。

（5）如果管理层不披露关联方关系或交易看似是有意的，因而显示可能存在由于舞弊导致的重大错报风险，评价这一情况对审计的影响。注册会计师因此还可能考虑是否有必要重新评价管理层对询问的答复以及管理层声明的可靠性。

（三）识别出超出正常经营过程的重大关联方交易

对于识别出的超出正常经营过程的重大关联方交易，注册会计师应当做到以下几点。

1. 检查相关合同或协议（如有）

如果检查相关合同或协议，注册会计师应当评价如下内容。

（1）交易的商业理由（或缺乏商业理由）是否表明被审计单位从事交易的目的可能是为了对财务信息作出虚假报告或为了隐瞒侵占资产的行为。

（2）交易条款是否与管理层的解释一致。

（3）关联方交易是否已按照适用的财务报告编制基础得到恰当会计处理和披露。

2. 获取交易已经恰当授权和批准的审计证据

如果超出正常经营过程的重大关联方交易经管理层、治理层或股东（如适用）授权和批准，可以为注册会计师提供审计证据，表明该项交易已在被审计单位内部的适当层面进行了考虑，并在财务报表中恰当披露了交易的条款和条件。

如果存在未经授权和批准的这类交易，且注册会计师与管理层或治理层进行讨论后仍未获取合理解释，则可能表明存在由于舞弊或错误导致的重大错报风险。在这种情况下，注册会计师可能需要对其他类似性质的交易保持警觉。

当然，授权和批准本身不足以就是否不存在由于舞弊或错误导致的重大错报风险得出结论，原因在于如果被审计单位与关联方串通舞弊或关联方对被审计单位具有支配性影响，被审计单位与授权和批准相关的控制可能是无效的。

（四）管理层在财务报表中作出认定

如果管理层在财务报表中作出认定，声明关联方交易是按照等同于公平交易中通行的条款执行的，注册会计师应当就该项认定获取充分、适当的审计证据。

针对关联方交易与类似公平交易的价格比较情况，注册会计师可以比较容易地获取审计证据。但实务中存在的困难，限制了注册会计师获取关联方交易与公平交易在所有其他方面都等同的审计证据。例如，注册会计师可能能够确定关联方交易是按照市场价格执行的，却不能确定该项交易的其他条款和条件（如信用条款、或有事项以及特定收费等）是否与独立各方之间通常达成的交易条款相同。因此，如果管理层认定关联方交易是按照等同于公平交易中通行的条款执行的，则可能存在重大错报风险。

如果无法获取充分、适当的审计证据，合理确信管理层关于关联方交易是公平交易的披露，注册会计师可以要求管理层撤销此披露。如果管理层不同意撤销，注册会计师应当考虑其对审计报告的影响。

需要提醒注意的是，有些财务报告编制基础要求披露未按照等同于公平交易中通行的条款执行的关联方交易。在这种情况下，如果管理层未在财务报表中披露关联方交易，则可能隐含着一项认定，即关联方交易是按照等同于公平交易中通行的条款执行的。

五、评价会计处理和披露

当按照《中国注册会计师审计准则第 1501 号——对财务报表形成审计意见和出具审计报告》的规定对财务报表形成审计意见时，注册会计师应当评价：①识别出的关联方关系及其交易是否已按照适用的财务报告编制基础得到恰当会计处理和披露。②关联方关系及其交易是否导致财务报表未实现公允反映。《中国注册会计师审计准则第 1251 号——评价审计过程中识别出的错报》要求注册会计师在评价错报是否重大时，考虑错报的金额和性质以及错报发生的特定情况。对财务报表使用者而言，某项交易的重要程度，可能不仅取决于所记录的交易金额，还取决于其他特定的相关因素，如关联方关系的性质。

注册会计师按照适用的财务报告编制基础的规定评价被审计单位对关联方关系及其交易的披露，需要考虑被审计单位是否已对关联方关系及其交易进行了恰当汇总和列报，以使披露具有可理解性。当存在下列情形之一时，表明管理层对关联方交易的披露可能不具有可理解性：关联方交易的商业理由以及交易对财务报表的影响披露不清楚，或存在错报；未适当披露为理解关联方交易所必需的关键条款、条件或其他要素。

六、其他相关审计程序

（一）获取书面声明

如果适用的财务报告编制基础对关联方作出规定，注册会计师应当向管理层和治理层（如适用）获取下列书面声明：已经向注册会计师披露了全部已知的关联方名称和特征、关联方关系及其交易；已经按照适用的财务报告编制基础的规定，对关联方关系及其交易进行了恰当的会计处理和披露。

在下列情况下，注册会计师向治理应获取书面声明可能是适当的：治理层批准某项特定关联方交易，该项交易可能对财务报表产生重大影响或涉及管理层；治理层就某些关联方交易的细节向注册会计师作出口头声明；治理层在关联方或关联方交易中享有财务或者其他利益。注册会计师还可能决定就管理层作出的某项特殊认定获取书面声明，如管理层对特殊关联方交易不涉及某些未予披露的“背后协议”的声明。

（二）与治理层沟通

除非治理层全部成员参与管理被审计单位，注册会计师应当与治理层沟通审计工作中发现的与关联方相关的重大事项。注册会计师与治理层沟通审计工作中发现的与关联方相关的重大事项，有助于双方就这些事项的性质和解决方法达成共识。与关联方相关的重大事项的例子包括：①管理层有意或无意未向注册会计师披露关联方关系或重大关联方交易。沟通这一情况可以提醒治理层关注以前未识别的重要关联方和关联方交易。②识别出的未经适当授权和批准的、可能产生舞弊嫌疑的重大关联方交易。③注册会计师与管理层在按照适用的财务报告编制基础的规定披露重大关联方交易方面存在分歧。④违反适用的法律法规有关禁止或限制特定类型关联方交易的规定。⑤在识别被审计单位最终控制方时遇到的困难。

第三节　考虑持续经营假设

持续经营假设是指被审计单位在编制财务报表时，假定其经营活动在可预见的将来会继续下去，不拟也不必终止经营或破产清算，可以在正常的经营过程中变现资产、清偿债务。持续经营假设是会计确认和计量的四项基本假定之一，对财务报表的编制和审计关系重大。是否以持续经营假设为基础编制财务根表，对会计确认、计量和列报将产生很大影响。例如，对于固定资产，企业在持续经营假设基础上，以历史成本计价，并在预计使用年限内对该项资产计提折旧。通过此方式，可将资产的成本分摊到不同期间的费用中去，据以核算各个期间的损益。如果这一假设不再成立，该项资产应以清算价格计价。通用目的财务报表是在持续经营基础上编制的，除非管理层计划将被审计单位予以清算或终止经营，或者除此之外没有其他现实可行的选择。特殊目的财务报表可以根据需要按照（或不按照）以持续经营为基础的财务报告编制基础编制（例如，在特定国家或地区，持续经营基础与某些按照计税核算基础编制的财务报表无关）。

一、管理层的责任和注册会计师的责任

（一）管理层的责任

某些适用的财务报告编制基础明确要求管理层对持续经营能力作出评估，并规定了与此相关的需要考虑的事项和作出的披露。相关法律法规还可能对管理层评估持续经营能力的责任和相关财务报表披露作出具体规定。而其他财务报告编制基础可能没有明确要求管理层对持续经营能力作出评估。但由于持续经营假设是编制财务报表的基本原则，即使其他财务报告编制基础没有对此作出明确规定，管理层也需要在编制财务报表时评估持续经营能力。管理层对持续经营能力的评估涉及在特定时点对事项或情况的未来结果作出判断，这些事项或情况的未来结果具有固有不确定性。下列因素与管理层的判断相关：①某一事项或情况或其结果出现的时点距离管理层作出评估的时点越远，与事项或情况的结果相关的不确定性程度将显著增加。因此，明确要求管理层对持续经营能力作出评估的大多数财务报告编制基础可能规定了管理层应当考虑所有可获得信息的期间。②被审计单位的规模和复杂程度、经营活动的性质和状况以及被审计单位受外部因素影响的程度，将影响对事项或情况的结果作出的判断。③对未来的所有判断都以作出判断时可获得的信息为基础。管理层作出的判断在当时情况下可能是合理的，但之后发生的事项可能导致事项或情况的结果与作出的判断不一致。

（二）注册会计师的责任

在执行财务报表审计业务时，注册会计师的责任是就管理层在编制和列报财务报表时运用持续经营假设的适当性获取充分、适当的审计证据，并就持续经营能力是否存在重大不确定性得出结论。即使编制财务报表时采用的财务报告编制基础没有明确要求管理层对持续经营能力作出专门评估，注册会计师的这种责任仍然存在。如果存在可能导致被审计单位不再持续经营的未来事项或情况，审计的固有限制对注册会计师发现重大错报能力的潜在影响会加大。注册会计师不能对这些未来事项或情况作出预测。相应地，注册会计师

未在审计报告中提及持续经营的不确定性，不能被视为对被审计单位持续经营能力的保证。

二、风险评估程序和相关活动

在按照《中国注册会计师审计准则第1211号——通过了解被审计单位及其环境识别和评估重大错报风险》的规定实施风险评估程序时，注册会计师应当考虑是否存在可能导致对被审计单位持续经营能力产生重大疑虑的事项或情况，并确定管理层是否已对被审计单位持续经营能力作出初步评估。如果管理层已对持续经营能力作出初步评估，注册会计师应当与管理层进行讨论，并确定管理层是否已识别出单独或汇总起来可能导致对被审计单位持续经营能力产生重大疑虑的事项或情况；如果管理层已识别出这些事项或情况，注册会计师应当与其讨论应对计划；如果管理层未对持续经营能力作出初步评估，注册会计师应当与管理层讨论其拟运用持续经营假设的基础，询问管理层是否存在单独或汇总起来可能导致对被审计单位持续经营能力产生重大疑虑的事项或情况。在计划审计工作和实施风险评估程序时，注册会计师应当考虑是否存在可能导致对持续经营能力产生重大疑虑的事项或情况及相关的经营风险，评价管理层对持续经营能力作出的评估，并考虑已识别的事项或情况对重大错报风险评估的影响。被审计单位在财务、经营以及其他方面存在的某些事项或情况可能导致经营风险，这些事项或情况单独或连同其他事项或情况可能导致对持续经营假设产生重大疑虑。

（一）财务方面

被审计单位在财务方面存在的可能导致对持续经营假设产生重大疑虑的事项或情况主要包括以下几点。

（1）净资产为负或营运资金出现负数。资不抵债有可能使被审计单位在近期内无法偿还到期债务，从而引发债务危机。

（2）定期借款即将到期，但预期不能展期或偿还，或过度依赖短期借款为长期资产筹资。过度依赖短期借款为长期资产筹资，将使被审计单位长期面临巨大的短期偿债压力，如果无法及时偿还到期债务，将陷入财务困境。

（3）存在债权人撤销财务支持的迹象。如果被审计单位不再能够获得供应商正常商业信用，就意味着无法通过赊购取得生产经营所必需的原材料或其他物资，现金偿付压力巨大。一旦资金短缺，生产经营就有可能中断。

（4）历史财务报表或预测性财务报表表明经营活动产生的现金流量净额为负数。如果被审计单位的营运资金以及经营活动产生的现金流量净额出现负数，表明被审计单位的现金流量可能不能有效维持正常的生产经营，从而影响被审计单位的盈利能力和偿债能力，降低其在市场竞争中的信用等级，最终可能因资金周转困难而导致破产。

（5）关键财务比率不佳。

（6）发生重大经营亏损或用以产生现金流量的资产的价值出现大幅下跌。经营亏损可能是由于被审计单位经营管理不善引起的，也可能是行业整体不景气造成的。巨额经营亏损可能意味着被审计单位丧失盈利能力，并导致其持续经营能力存在着重大的不确定性。

（7）拖欠或停止发放股利。

（8）在到期日无法偿还债务。

（9）无法履行借款合同的条款。为了保证贷款的安全，银行往往在借款合同中订有诸如流动资金保持量、资本支出的限制等条款。一旦被审计单位无法履行这些条款，银行为保全其债权，就有可能要求被审计单位提前偿还借款，从而导致被审计单位的资金周转出现困难。

（10）与供应商由赊购变为货到付款。

（11）无法获得开发必要的新产品或进行其他必要的投资所需的资金。被审计单位无法获得必需的资金，则没有能力在盈利前景良好的项目上进行投资并获取未来收益。当现有产品失去市场竞争力时，将直接影响到被审计单位的盈利能力，从而对被审计单位的持续经营能力产生重大影响。

（二）经营方面

被审计单位在经营方面存在的可能导致对持续经营假设产生重大疑虑的事项或情况主要包括以下几点。

（1）管理层计划清算被审计单位或终止经营。

（2）关键管理人员离职且无人替代。通常，关键管理人员负责管理企业的日常经营活动，在被审计单位中起着重要作用，如果关键管理人员离职且无人替代，则会对被审计单位的经营活动产生重大不利影响，从而使持续经营能力存在重大的不确定性。

（3）失去主要市场、关键客户、特许权、执照或主要供应商。如果被审计单位失去主要市场、关键客户、特许权、执照或主要供应商，表明其在销售、经营和采购方面将面临极大困境，从而影响其持续经营能力。

（4）出现用工困难问题。一些企业的生产经营高度依赖于科技研发人员、技术熟练工人等，比如软件开发公司从事软件设计的关键人员。如果企业缺乏这些对持续经营具有决定性影响的人力资源，将可能无法持续经营。

（5）重要供应短缺。一些企业的生产经营高度依赖于重要原材料供应，一旦短缺，企业将可能无法持续经营。

（6）出现非常成功的竞争者。一旦出现非常成功的竞争者，将可能对企业产品市场、原材料供应、关键管理人员和重要员工的稳定性等诸多方面产生影响，进而可能影响企业的持续经营能力。

（三）其他方面

被审计单位在其他方面存在的可能导致对持续经营假设产生重大疑虑的事项或情况主

要包括以下几点。

（1）违反有关资本或其他法定要求。被审计单位在生产经营过程中如果严重违反有关法律法规或政策，则有可能被有关部门撤销或责令关闭，或被处以较大数额的罚款，这将导致被审计单位无法持续经营或对其持续经营能力产生重大影响。

（2）未决诉讼或监管程序，可能导致其无法支付索赔金额。未决诉讼或监管程序可能导致企业财产被冻结或被有关部门责令停产整改，也可能导致其无法支付索赔金额，从而影响其持续经营。

（3）法律法规或政府政策的变化预期会产生不利影响。例如，被审计单位的利润和现金流量主要来自于对境外子公司的投资分得的红利。如果该子公司所在国家加强了外汇管制，被审计单位能否收到红利存在重大不确定性，就可能影响其持续经营。

（4）对发生的灾害未购买保险或保额不足。不可抗力因素超出了企业可控制和预测的范围，企业可能因此无法开展正常的经营活动，从而导致无法持续经营。需要说明的是，以上是单独或汇总起来可能导致对持续经营假设产生重大疑虑的事项或情况的示例。这些示例并不能涵盖所有事项或情况，也不意味着存在其中一个或多个项目就一定表明存在重大不确定性，就必然导致被审计单位无法持续经营。某些措施通常可以减轻这些事项或情况的严重性，注册会计师对此应作出职业判断。例如，被审计单位无法正常偿还债务的影响，可能被管理层通过替代方法（如处置资产、重新安排贷款偿还或获得额外资本金计划）保持足够的现金流量所抵消。类似地，主要供应商的流失也可以通过寻找适当的替代供应来源以降低损失。在这种情况下，注册会计师不一定会得出被审计单位无法持续经营的结论。

针对有关可能导致对被审计单位持续经营能力产生重大疑虑的事项或情况的审计证据，注册会计师应当在整个审计过程中保持警觉。注册会计师对此类事项或情况的考虑应当随着审计工作的开展而不断深入。如果被审计单位存在资不抵债、无法偿还到期债务等事项或情况，这可能表明被审计单位存在因持续经营问题导致的重大错报风险，该项风险与财务报表整体广泛相关，从而会影响多项认定。

三、评价管理层对持续经营能力作出的评估

任何企业都可能面临终止经营的风险，因此，管理层应当定期对其持续经营能力作出分析和判断，确定以持续经营假设为基础编制财务报表的适当性。管理层对被审计单位持续经营能力的评估，是注册会计师考虑管理层运用持续经营假设的一个关键部分。注册会计师应当评价管理层对持续经营能力作出的评估。

（一）管理层评估涵盖的期间

在评价管理层对被审计单位持续经营能力作出的评估时，注册会计师的评价期间应当与管理层按照适用的财务报告编制基础或法律法规（如果法律法规要求的期间更长）的规

定作出评估的涵盖期间相同。大多数明确要求管理层作出评估的财务报告编制基础都详细规定了管理层需要在多长期间考虑所有可获得的信息。持续经营假设是指被审计单位在编制财务报表时，假定其经营活动在可预见的将来会继续下去，而可预见的将来通常是指财务报表日后十二个月。因此，管理层对持续经营能力的合理评估期间应是自财务报表日起的下一个会计期间。如果管理层评估持续经营能力涵盖的期间短于自财务报表日起的十二个月，注册会计师应当提请管理层将其至少延长至自财务报表日起的十二个月。

（二）管理层的评估、支持性分析和注册会计师的评价

纠正管理层缺乏分析的错误不是注册会计师的责任。在某些情况下，管理层缺乏详细分析以支持其评估，可能不妨碍注册会计师确定管理层运用持续经营假设是否适合具体情况。例如，如果被审计单位具有盈利经营的记录并很容易获得财务支持，管理层可能不需要进行详细分析就能作出评估。在这种情况下，如果其他审计程序足以使注册会计师认为管理层在编制财务报表时运用的持续经营假设适合具体情况，注册会计师可能无需实施详细的评价程序，就可以对管理层评估的适当性得出结论。

在其他情况下，注册会计师评价管理层对被审计单位持续经营能力所作的评估，可能包括评价管理层作出评估时遵循的程序、评估依据的假设、管理层的未来应对计划以及管理层的计划在当前情况下是否可行。

在评价管理层作出的评估时，注册会计师应当考虑管理层作出评估的过程、依据的假设以及应对计划。注册会计师应当考虑管理层作出的评估是否已考虑所有相关信息，其中包括注册会计师实施审计程序获取的信息。管理层的评估所遵循的程序包括对可能导致对其持续经营能力产生重大疑虑的事项或情况的识别、对相关事项或情况结果的预测、对拟采取改善措施的考虑和计划以及最终的评估结论。在考虑管理层的评估程序时，注册会计师应当关注管理层是如何识别可能导致对其持续经营能力产生重大疑虑的事项或情况的，所识别的事项或情况是否完整，是否已对注册会计师在实施审计程序过程中发现的所有相关信息进行了充分考虑。

在考虑管理层作出的评估所依据的假设时，注册会计师应当考虑管理层对相关事项或情况结果的预测所依据的假设是否合理，并特别关注具有以下几类特征的假设：对预测性信息具有重大影响的假设；特别敏感的或容易发生变动的假设；与历史趋势不一致的假设。注册会计师应当基于对被审计单位的了解，比较以前年度的预测与实际结果、本期的预测和截至目前的实际结果。如果发现某些因素的影响尚未反映在相关预测中，注册会计师应当与管理层讨论这些因素，必要时，要求管理层对相关预测所依据的假设作出修正。

四、超出管理层评估期间的事项或情况

可能存在着已知的事项（预定的或非预定的）或情况，是超出管理层评估期间发生的，可能导致注册会计师对管理层编制财务报表时运用持续经营假设的适当性产生怀疑。

注册会计师需要对存在这些事项或情况的可能性保持警觉。由于事项或情况发生的时点距离作出评估的时点越远，与事项或情况的结果相关的不确定性的程度也相应增加，因此在考虑更远期间发生的事项或情况时，只有持续经营事项的迹象达到重大时，注册会计师才需要考虑采取进一步措施。如果识别出这些事项或情况，注册会计师可能需要提请管理层评价这些事项或情况对于其评估被审计单位持续经营能力的潜在重要性。除询问管理层外，注册会计师没有责任实施其他任何审计程序，以识别超出管理层评估期间并可能导致对被审计单位持续经营能力产生重大疑虑的事项或情况。

五、识别出事项或情况时实施追加的审计程序

如果识别出可能导致对持续经营能力产生重大疑虑的事项或情况，注册会计师应当通过实施追加的审计程序（包括考虑缓解因素）获取充分、适当的审计证据，以确定是否存在重大不确定性。这些程序应当包括以下几点。

（1）如果管理层尚未对被审计单位持续经营能力作出评估，提请其进行评估。如果管理层没有对持续经营能力作出初步评估，注册会计师应当与管理层讨论运用持续经营假设的理由，询问是否存在导致对持续经营能力产生重大疑虑的事项或情况，并提请管理层对持续经营能力作出评估。

（2）评价管理层与经营能力评估相关的未来应对计划，这些计划的结果是否可能改善目前的状况，以及管理层的计划对于具体情况是否可行。评价管理层未来应对计划可能包括向管理层询问该计划。管理层的应对计划可能包括管理层变卖资产、对外借款、重组债务、削减或延缓开支或者获得新的资本。

（3）如果被审计单位已编制现金流量预测，且对预测的分析是评价管理层未来应对计划时考虑的事项或情况的未来结果的重要因素，评价用于编制预测的基础数据的可靠性，并确定预测所基于的假设是否具有充分的支持。此外，注册会计师还可能：将最近若干期间的预测性财务信息与实际结果相比较；将本期预测性财务信息与截至目前的实际结果相比较。如果管理层的假设包括第三方通过放弃贷款优先求偿权、承诺保持或提供补充资金或担保等方式向被审计单位提供持续的支持，且这种支持对于被审计单位的持续经营能力很重要，注册会计师可能需要考虑要求该第三方提供书面确认（包括条款和条件），并获得有关该第三方有能力提供这种支持的证据。

（4）考虑自管理层作出评估后是否存在其他可获得的事实或信息。

（5）要求管理层和治理层（如适用）提供有关未来应对计划及其可行性的书面声明。

如果合理预期不存在其他充分、适当的审计证据，注册会计师应当就对财务报表有重大影响的事项向管理层和治理层（如适用）获取书面声明。由于管理层就持续经营能力而提出的应对计划和其他缓解措施通常基于假设基础之上，注册会计师在进行评价时，取得的审计证据多为说服性而非结论性的，因此，注册会计师应当向管理层获取有关应对计划的书面声明。此外，尽管被审计单位当前可能是盈利的，但一些特殊的事项或情况可能导

致被审计单位发生重大损失。为避免诸如诉讼事项可能发生的巨额赔偿支出，管理层将会考虑主动寻求破产保护。在这种情况下，获取管理层和治理层（如适用）声明是非常有必要的。注册会计师可以要求管理层和治理层（如适用）作出如下声明："在财务报表日起的十二个月内，管理层和治理层（如适用）没有申请破产保护的计划。"

六、审计结论与报告

注册会计师应当根据获取的审计证据，运用职业判断，确定是否存在与事项或情况相关的重大不确定性（但这些事项或情况单独或汇总起来可能导致对被审计单位持续经营能力产生重大疑虑）并考虑对审计意见的影响。如果注册会计师根据职业判断认为，鉴于不确定性潜在影响的重要程度和发生的可能性，为了使财务报表实现公允反映，有必要适当披露该不确定性的性质和影响，则表明存在重大不确定性。

（一）被审计单位运用持续经营假设适当但存在重大不确定性

如果认为运用持续经营假设是适当的，但存在重大不确定性，注册会计师应当确定：财务报表是否已充分描述可能导致对持续经营能力产生重大疑虑的主要事项或情况，以及管理层针对这些事项或情况的应对计划；财务报表是否已清楚披露可能导致对持续经营能力产生重大疑虑的事项或情况存在重大不确定性，并由此导致被审计单位可能无法在正常的经营过程中变现资产和清偿债务。如果财务报表已作出充分披露，注册会计师应当发表无保留意见，并在审计报告中增加以"与持续经营相关的重大不确定性"为标题的单独部分，提醒财务报表使用者关注财务报表附注中对所述事项的披露，说明这些事项或情况表明存在可能导致对被审计单位持续经营能力产生重大疑虑的重大不确定性，并说明该事项不影响发表的审计意见。例如，"我们提醒财务报表使用者关注，如财务报表附注×所述，截至20×1年12月31日，该公司当年发生净亏损×元，在20×1年12月31日，该公司流动负债高于资产总额×元。这些情况连同附注×所示的其他事项，表明存在可能导致对该公司持续经营能力产生重大疑虑的重大不确定性。本段内容不影响已发表的审计意见。"

当存在多项对财务报表整体具有重要影响的重大不确定性时，在极少数情况下，注册会计师可能认为发表无法表示意见而非增加"与持续经营相关的重大不确定性"为标题单独部分是适当的。原因在于，当被审计单位存在多项可能导致对其持续经营能力产生重大疑虑的事项或情况存在重大不确定性时，如果注册会计师难以判断财务报表的编制基础是否适合继续采用持续经营假设，应将其视为对审计范围构成重大限制，注册会计师应当考虑出具无法表示意见的审计报告。

如果财务报表未作出充分披露，注册会计师应当恰当发表保留意见或否定意见。注册会计师应当在审计报告中说明，存在可能导致对被审计单位持续经营能力产生重大疑虑的重大不确定性。

（二）运用持续经营假设不适当

如果财务报表按照持续经营基础编制，而注册会计师运用职业判断认为管理层在编制财务报表时运用持续经营假设是不适当的，则无论财务报表中对管理层运用持续经营假设的不适当性是否作出披露，注册会计师均应发表否定意见。

如果在具体情况下运用持续经营假设是不适当的，但管理层被要求或自愿选择编制财务报表，则可以采用替代基础（如清算基础）编制财务报表。注册会计师可以对财务报表进行审计，前提是注册会计师确定替代基础在具体情况下是可接受的编制基础。如果财务报表对此作出了充分披露，注册会计师可以发表无保留意见，但也可能认为在审计报告中增加强调事项段是适当或必要的，以提醒财务报表使用者注意替代基础及其使用理由。

（三）严重拖延对财务报表的批准

如果管理层或治理层在财务报表日后严重拖延对财务报表的批准，注册会计师应当询问拖延的原因。如果认为拖延可能涉及与持续经营评估相关的事项或情况，注册会计师有必要实施前述识别出可能导致对持续经营能力产生重大疑虑的事项或情况时追加的审计程序，并就存在的重大不确定性考虑对审计结论的影响。

第四节　首次接受委托时对期初余额的审计

广义地讲，期初余额的审计，既包括注册会计师首次接受委托对被审计单位的财务报表进行审计时所涉及的如何审计财务报表期初余额问题，也包括注册会计师执行连续审计业务时所涉及的如何审计财务报表期初余额问题。对于后者，注册会计师在当期审计中通常只需关注被审计单位经审计的上期期末余额是否已正确结转至本期，或在适当的情况下已作出重新表述，很少再实施其他专门的审计程序。因此，本节主要针对注册会计师首次接受委托对被审计单位的财务报表进行审计时所涉及的期初余额审计问题进行阐述。

从目前看，注册会计师首次接受被审计单位委托主要有两类情况：一是指会计师事务所在被审计单位财务报表首次接受审计的情况下接受的审计委托；二是指会计师事务所在被审计单位上期财务报表由其他会计师事务所审计的情况下接受的审计委托，即由于种种原因，被审计单位更换会计师事务所对其本期财务报表进行审计。注册会计师首次接受委托对被审计单位的财务报表进行审计，必然会面临如何审计财务报表期初余额问题，应当注意把握以下两个方面：一方面，注册会计师应当保持应有的职业谨慎，充分考虑期初余额对所审计财务报表的影响。注册会计师在首次接受委托时会涉及期初余额，而期初余额是本期财务报表的基础，往往对本期财务报表产生重要的影响，因此，注册会计师应以高度的责任感和慎重的态度判断期初余额对所审计财务报表影响的程度。另一方面，注册会计师接受委托审计的毕竟是被审计单位本期的财务报表，如果对期初余额审计过于详细，势必会增加审计成本，延长审计时间，并给被审计单位带来审计费用过高等负担。因此，注册会计师对期初余额的审计应该遵循适度原则。

一、期初余额的含义

期初余额是指期初存在的账户余额。期初余额以上期期末余额为基础，反映了以前期间的交易和事项以及上期采用的会计政策的结果。正确理解期初余额的含义，需要把握以下 3 点。

第一，期初余额是期初已存在的账户余额。期初已存在的账户余额是由上期结转至本期的金额，或是上期期末余额调整后的金额。期初余额与上期期末余额是一个事物的两个方面。通常，期初余额是上期账户结转至本期账户的余额，在数额上与相应账户的上期期末余额相等。但是，由于受上期期后事项、会计政策变更、前期会计差错更正等因素的影响，上期期末余额结转至本期时，有时需经过调整或重新表述。例如，根据《企业会计准则第 28 号——会计政策、会计估计变更和差错更正》的规定，对于会计政策变更，企业应当采用追溯调整法处理，将会计政策变更累积影响数调整列报前期最早期初留存收益，其他相关项目的期初余额和列报前期披露的其他比较数据也应当一并调整；对于前期会计差错更正事项、企业应当采用追溯重述法更正重要的前期差错。实际上，采用追溯调整法或者追溯重述法，就是在上期期末数的基础上进行适当调整，形成本期期初数。

第二，期初余额反映了以前期间的交易和事项以及上期采用的会计政策的结果。期初余额应以客观存在的经济业务为根据，是被审计单位按照上期采用的会计政策对以前会计期间发生的交易和事项进行处理的结果。

第三，期初余额与注册会计师首次审计业务相联系。所谓首次审计业务，是指在上期财务报表未经审计，或上期财务报表由前任注册会计师审计的情况下承接的审计业务。

注册会计师对财务报表进行审计，是对被审计单位所审期间财务报表发表审计意见，一般无需专门对期初余额发表审计意见，但因为期初余额是本期财务报表的基础，所以要对期初余额实施适当的审计程序。注册会计师应当根据期初余额对财务报表的影响程度，合理运用职业判断，以确定期初余额的审计范围。判断期初余额对本期财务报表的影响程度应着眼于以下 3 个方面：一是上期结转至本期的金额；二是上期所采用的会计政策；三是上期期末已存在的或有事项及承诺。注册会计师应以这 3 个方面的内容为重点，确定期初余额对本期财务报表的影响。

二、期初余额的审计目标

在执行首次审计业务时，注册会计师针对期初余额的目标是，获取充分、适当的审计证据以确定：期初余额是否含有对本期财务报表产生重大影响的错报；期初余额反映的恰当的会计政策是否在本期财务报表中得到一贯运用，或会计政策的变更是否已按照适用的财务报告编制基础作出恰当的会计处理和充分的列报与披露。

（一）确定期初余额是否含有对本期财务报表产生重大影响的错报

要确定期初余额是否存在对本期财务报表产生重大影响的错报，主要是判断期初余额的错报对本期财务报表使用者进行决策的影响程度，是否足以改变或影响其判断。如果期初余额存在对本期财务报表产生重大影响的错报，则注册会计师在审计中必须对此提出恰当的审计调整或披露建议；反之，注册会计师无需对此予以特别关注和处理。

例如，上期财务报表中对某项新增固定资产的初始计量存在重大差错，这一差错不仅会影响本期期末资产负债表中固定资产项目和资产总额项目的正确列报，同时还会因此影响本期损益核算的正确性，进而可能使得本期财务报表使用者在决策时作出错误判断。这一差错就属于对本期财务报表产生重大影响的错报，注册会计师在审计中应建议被审计单位按照《企业会计准则第28号——会计政策、会计估计变更和差错更正》的相关规定采用追溯重述法予以更正。

（二）确定期初余额反映的恰当的会计政策是否在本期财务报表中得到一贯运用，或会计政策的变更是否已按照适用的财务报告编制基础作出恰当的会计处理和充分的列报与披露

会计政策是指企业在会计确认、计量和报告中所采用的原则、基础和会计处理方法。按照《企业会计准则第28号——会计政策、会计估计变更和差错更正》的规定，企业采用的会计政策，在每一会计期间和前后各期应当保持一致，不得随意变更。但是，在满足下列条件之一的情形下，可以变更会计政策：①法律、行政法规或者国家统一的会计制度等要求变更会计政策。②会计政策变更能够提供更可靠、更相关的会计信息。会计政策变更能够提供更可靠、更相关的会计信息的，应当采用追溯调整法处理，即将会计政策变更累积影响数据调整列报前期最早期初留存收益，其他相关项目的期初余额和列报前期披露的其他比较数据也应当一并调整，但确定该项会计政策变更累积影响数不切实可行的情况除外。《企业会计准则第28号——会计政策、会计估计变更和差错更正》同时对本期财务报表附注中披露与会计政策变更有关的信息方面的问题提出了明确要求。

因此，在审计期初余额时，注册会计师应当按照《企业会计准则第28号——会计政策、会计估计变更和差错更正》的有关要求，评价被审计单位是否一贯运用恰当的会计政策，或是否对会计政策的变更作出了正确的会计处理和恰当的列报。

三、审计程序

为达到上述期初余额审计目标，注册会计师应当阅读审计单位最近期间的财务报表和相关披露，以及前任注册会计师出具的审计报告（如有），获取与期初余额相关的信息。注册会计师对期初余额需要实施的审计程序的性质和范围取决于下列事项：被审计单位运

用的会计政策；账户余额、各类交易和披露的性质以及本期财务报表存在的重大错报风险；期初余额相对于本期财务报表的重要程度；上期财务报表是否经过审计，如果经过审计，前任注册会计师的意见是否为非无保留意见。审计程序通常包括以下几点。

（一）确定上期期末余额是否已正确结转至本期，或在适当的情况下已作出重新表述

上期期末余额已正确结转至本期，主要是指上期账户余额计算正确；上期总账余额与各明细账余额合计数或日记账余额合计数相等；上期各总账余额和相应的明细账余额或日记账余额已经分别恰当地过入本期的总账和相应的明细账或日记账。上期期末余额通常应直接结转至本期。但在出现某些情形时，上期期末余额不应直接结转至本期，而应当作出重新表述。例如，企业会计准则和相关会计制度的要求发生变化；或者上期期末余额存在重大的前期差错，如果前期差错累积影响数能够确定，按规定应当采用追溯重述法进行更正。

（二）确定期初余额是否反映对恰当会计政策的运用

注册会计师首先应了解、分析被审计单位所选用的会计政策是否恰当，是否符合适用的财务报告编制基础的要求，按照所选用会计政策对被审计单位发生的交易或事项进行处理，是否能够提供可靠、相关的会计信息；其次，如果认定被审计单位所选用的会计政策恰当，应确认该会计政策是否在每一会计期间和前后各期得到一贯执行，有无变更；最后，如果发现会计政策发生变更，应审核其变更理由是否充分，是否按规定予以变更，或者由于具体情况发生变化，会计政策变更能够提供更可靠、更相关的会计信息，并关注被审计单位是否已经按照适用的财务报告编制基础的要求，对会计政策变更作出适当的会计处理和充分披露。如果被审计单位上期适用的会计政策不恰当或与本期不一致，注册会计师在实施期初余额审计时应提请被审计单位进行调整或予以披露。

（三）实施一项或多项审计程序

注册会计师实施的一项或多项审计程序包括以下几点。

（1）如果上期财务报表已经审计，查阅前任注册会计师的审计工作底稿，以获取有关期初余额的审计证据。

①查阅前任注册会计师的工作底稿。在执行首次审计业务时，如果被审计单位上期财务报表已经前任注册会计师审计，后任注册会计师在对被审计单位本期财务报表进行审计时，就应当在征得被审计单位同意后，考虑与前任注册会计师沟通、利用前任注册会计师的工作。沟通的方式包括举行会谈、电话询问或发送调查问卷等，但最有效和常用的方式是查阅前任注册会计师的审计工作底稿。查阅的重点通常限于对本期审计产生重大影响的事项，如前任注册会计师对上期财务报表发表的审计意见的类型和主要内容，针对上期财务报表的审计计划和审计总结等，即查阅前任注册会计师工作底稿中的所有重要审计领

域；复核前任注册会计师建议的调整分录和未更正错报汇总表，并评价其对当期审计的影响；考虑前任注册会计师是否已实施下列审计程序评价资产负债表重要账户期初余额的合理性。

a. 函证货币资金余额，测试调节表，执行截止测试。

b. 函证并测试投资，确认账面价值的合理性。

c. 函证应收账款（且函证覆盖面适当），测试坏账准备计提的适当性，执行销售截止测试。

d. 实施存货监盘；执行存货计价测试；确定是否存在存货积压、流动过慢或陈旧的情况；检查运输记录和收入记录，执行截止测试；考虑存货计价是否高于其可变现净值。

e. 测试固定资产，考虑是否存在重大增加、减少，考虑折旧方法、使用年限和减值准备计提的适当性。

f. 测试递延资产、无形资产和其他资产，考虑资产余额的合理性。

g. 检查是否存在未记录负债，测试预计负债的有效性和充分性。

h. 分析所得税相关账户，确定是否符合企业会计准则的规定。

i. 函证负债余额及期限，测试利息费用的合理性。

j. 检查权益变动的授权和支持文件，包括发行股票、减资和发放股利等。

②考虑前任注册会计师的独立性和专业胜任能力。注册会计师能否通过查阅前任注册会计师的审计工作底稿获取有关期初余额的充分、适当的审计证据，在很大程度上依赖于注册会计师对前任注册会计师的独立性和专业胜任能力的判断。如果认为前任注册会计师不具有独立性，或者不具有应有的专业胜任能力，则无法通过查阅其审计工作底稿获取有关期初余额的充分、适当的审计证据。

③与前任注册会计师沟通时的考虑。在与前任注册会计师沟通时，注册会计师应当遵守职业道德守则和《中国注册会计师审计准则第 1153 号——前任注册会计师和后任注册会计师的沟通》的规定。该准则要求，注册会计师无论在接受委托前、接受委托后，还是在发现前任注册会计师审计的财务报表可能存在重大错报时，均应当采取相应的措施。这些同样是注册会计师在与前任注册会计师沟通时所必须遵守的。

（2）评价本期实施的审计程序是否提供了有关期初余额的审计证据。

（3）实施其他专门的审计程序，以获取有关期初余额的审计证据。

注册会计师应当根据期初余额有关账户的不同性质实施相应的审计程序。账户的性质主要按照账户属于资产类还是负债类、属于流动性还是非流动性等标准加以区分。

①对流动资产和流动负债的审计程序。对流动资产和流动负债，注册会计师通常可以通过本期实施的审计程序获取部分审计证据。对于存货，注册会计师还应当按照《中国注册会计师审计准则第 1311 号——对存货、诉讼和索赔、分部信息等特定项目获取审计证据的具体考虑》的规定，实施追加的审计程序。

相对于非流动资产和非流动负债而言，流动资产和流动负债的流动性比较强，存在的期限比较短。期初流动资产和流动负债在本期的交易事项中通常会有所反映，因此，通过本期实施的审计程序有时可以印证期初流动资产和流动负债的存在性与金额。例如，本期应收账款的收回（或应付账款的支付）为其在期初的存在、权利和义务、完整性和计价提供了部分审计证据。然而，就存货而言，因为委托时间滞后，注册会计师可能未能对上期期末存货实施监盘，本期对存货的期末余额实施的审计程序，几乎无法提供有关期初持有存货的审计证据。因此，注册会计师有必要实施追加的审计程序。下列一项或多项审计程序可能提供有关期初存货余额的充分、适当的审计证据：a. 监盘当前的存货数量并调节至期初存货数量；b. 对期初存货项目的计价实施审计程序；c. 对毛利和存货截止实施审计程序。

②对非流动资产和非流动负债的审计程序。对非流动资产和非流动负债，注册会计师通常检查形成期初余额的会计记录和其他信息。在某些情况下，注册会计师可向第三方函证期初余额，或实施追加的审计程序。

相对于流动资产和流动负债而言，非流动资产和非流动负债比较稳定，变动较少，如长期股权投资、固定资产和长期借款，注册会计师可以通过检查形成期初余额的会计记录和其他信息获取审计证据。在某些情况下，注册会计师还可以通过向第三方函证获取有关期初余额（如长期借款和长期股权投资的期初余额）的部分审计证据。而在另外一些情况下，注册会计师还可能需要实施追加的审计程序。

如果获取的审计证据表明期初余额存在可能对本期财务报表产生重大影响的错报，注册会计师应当实施适合具体情况的追加的审计程序，以确定对本期财务报表的影响。如果认为本期财务报表中存在这类错报，注册会计师应当按照《中国注册会计师审计准则第1251 号——评价审计过程中识别出的错报》的规定，就这类错报与适当层级的管理层和治理层进行沟通。

如果上期财务报表已由前任注册会计师审计，并发表了非无保留意见，注册会计师应当按照《中国注册会计师审计准则第 1211 号——通过了解被审计单位及其环境识别和评估重大错报风险》的规定，在评估本期财务报表重大错报风险时，评价导致对上期财务报表发表非无保留意见的事项的影响。

四、审计结论和审计报告

在对期初余额实施审计程序后，注册会计师应当分析已获取的审计证据，区分不同情况形成对被审计单位期初余额的审计结论，在此基础上确定其对本期财务报表出具审计报告的影响。

（一）审计后不能获取有关期初余额的充分、适当的审计证据

如果不能针对期初余额获取充分、适当的审计证据，注册会计师需要在审计报告中发表下列类型之一的非无保留意见：发表适合具体情况的保留意见或无法表示意见；除非法律法规禁止，对经营成果和现金流量（如相关）发表保留意见或无法表示意见，而对财务

状况发表无保留意见。

（二）期初余额存在对本期财务报表产生重大影响的错报

如果期初余额存在对本期财务报表产生重大影响的错报，注册会计师应当告知管理层；如果上期财务报表由前任注册会计师审计，注册会计师还应当考虑提请管理层告知前任注册会计师。如果错报的影响未能得到正确的会计处理和恰当的列报，注册会计师应当对财务报表发表保留意见或否定意见。

（三）会计政策变更对审计报告的影响

如果认为按照适用的财务报告编制基础与期初余额相关的会计政策未能在本期得到一贯运用，或者会计政策的变更未能得到恰当的会计处理或适当的列报与披露，注册会计师应当对财务报表发表保留意见或否定意见。

（四）前任注册会计师对上期财务报表发表了非无保留意见

如果前任注册会计师对上期财务报表发表了非无保留意见，注册会计师应当考虑该审计报告对本期财务报表的影响。如果导致出具非标准审计报告的事项对本期财务报表仍然相关和重大，注册会计师应当对本期财务报表发表非无保留意见。前任注册会计师对上期财务报表出具了非标准审计报告，对本期财务报表可能产生影响，也可能不再产生影响，注册会计师在审计中应当对具体问题作具体分析，不能一概而论。在某些情况下，导致前任注册会计师发表非无保留意见的事项可能与对本期财务报表发表的意见既不相关也不重大。例如，上期存在范围限制，但在本期导致范围限制的事项已得到解决，那么注册会计师在本期审计时就无需因此而发表非无保留意见。反之，如果该重大事项在本期仍然存在并且对本期财务报表的影响仍然大，而被审计单位继续坚持不在本期财务报表附注中予以披露，那么注册会计师在本期审计时仍需因此而发表非无保留意见。

第十七章 完成审计工作

第一节 完成审计工作概述

审计完成阶段是审计的最后一个阶段。注册会计师按业务循环完成各财务报表项目的审计测试和一些特殊项目的审计工作后，在审计完成阶段应汇总审计测试结果，进行更具综合性的审计工作，如评价审计中的重大发现，汇总审计差异，评价独立性和道德问题，考虑被审计单位的持续经营假设的合理性，关注或有事项和期后事项对财务报表的影响，撰写审计总结，复核审计工作底稿和财务报表等。在此基础上，应评价审计结果，在与客户沟通以后，获取管理层声明，确定应出具审计报告的意见类型和措辞，进而编制并致送审计报告，终结审计工作。

需要说明的是，以上只是对审计完成阶段注册会计师主要工作的列举，并不完整。并且，在审计实务中，这些工作有的在审计实施阶段就已经开始，比如对或有事项的关注，有的即使主要在审计完成阶段执行，也未必机械地按照上述列示顺序依次进行。为便于阐述，把其他主要工作有选择地汇总在本节介绍，而把与持续经营假设、或有事项、期后事项和管理层声明相关的内容分别在随后几节中予以阐述。

一、评价审计中的重大发现

重大发现涉及会计政策的选择、运用和一贯性的重大事项，包括相关的信息披露。这些信息披露包含但不限于说明复杂的或是不常见的交易活动、会计估计和包含管理层假设在内的不确定性。在审计完成阶段，项目负责合伙人（或主任会计师，下同）和审计项目组考虑的重大发现和事项的例子包括：期中复核中的重大发现及其对审计方法的相关影响；涉及会计政策的选择、运用和一贯性的重大事项，包括相关的披露；就特别审计目标识别的重大风险，对审计策略和计划的审计程序所作的重大修正；在与管理层和其他人员讨论重大发现和事项时得到的信息；与注册会计师的最终审计结论相矛盾或不一致的信息。

对已记录的审计程序进行评价，可能全部或部分地揭示出以下事项：为了实现计划的审计目标，是否有必要对重要性进行修订；对审计策略和计划的审计程序的重大修正，包括对审计目标的重大错报风险评估水平的重要变动；对审计方法有重要影响的财务报告相关内部控制的重大缺陷和其他弱点；财务报表中存在的重大错报或漏报，包括相关披露和其他审计调整；项目组成员内部，或项目组与项目质量控制复核人员或提供咨询的其他人员之间，就重大会计和审计事项达成最终结论所存在的意见分歧；在实施审计程序时遭遇重大困难的情形；向事务所内部有经验的专业人士或外部专业顾问咨询；与管理层或其他人员就重大发现以及与注册会计师的最终审计结论相矛盾或不一致的信息进行讨论。

注册会计师在审计计划阶段对重要性的判断，与其在评估审计差异时对重要性的判断是不同的。如果在审计完成阶段确定的修订后的重要性水平远远低于在计划阶段确定的重要性水平，注册会计师应重新评估已经获得的审计证据的充分性和适当性。重要性的任何变化都要求注册会计师重新评估重大错报上限和审计策略。如果审计项目组内部、项目组与被咨询者之间以及项目负责合伙人与项目质量控制复核人员之间存在意见分歧，审计项目组应当遵循事务所的政策和程序予以妥善处理。

二、汇总审计差异

在完成按业务循环进行的控制测试、交易与财务报表项目的实质性程序以及特殊项目的审计后，对审计项目组成员在审计中发现的被审计单位的会计处理方法与企业会计准则的不一致，即审计差异，审计项目经理应根据审计重要性原则予以初步确定并汇总，并建议被审计单位进行调整，使经审计的财务报表所载信息能够公允地反映被审计单位的财务状况、经营成果和现金流量。对审计差异的“初步确定并汇总”直至形成“经审计的财务报表”的过程，主要是通过编制审计差异调整表和试算平衡表得以完成的。

（一）编制审计差异调整表

审计差异按是否需要调整账户记录可分为核算错误和重分类错误。核算错误是因企业对经济业务进行了不正确的会计核算而引起的错误，用审计重要性原则来衡量每一项核算错误，又可把这些核算错误区分为建议调整的不符事项和不建议调整的不符事项（即未调整不符事项）；重分类错误是因企业未按企业会计准则列报财务报表而引起的错误。例如，企业在应付账款项目中反映的预付款项、在应收账款项目中反映的预收款项等。

无论是建议调整的不符事项、重分类错误还是未调整不符事项，在审计工作底稿中通常都是以会计分录的形式反映的。由于审计中发现的错误往往不止一两项，为便于审计项目的各级负责人综合判断、分析和决定，也为了便于有效编制试算平衡表和代编经审计的财务报表，通常需要将这些建议调整的不符事项、重分类错误以及未调整不符事项分别汇总至“账项调整分录汇总表”“重分类调整分录汇总表”与“未更正错报汇总表”。3 张汇总表的参考格式分别见表 17-1、表 17-2 和表 17-3。

表 17-1　账项调整分录汇总表

序号	内容及说明	调整内容				影响利润表+（-）	影响资产负债表+（-）
		借方项目	借方金额	贷方项目	贷方金额		

与被审计单位的沟通：
参加人员：
被审计单位：________________
审计项目组：________________
被审计单位的意见：
____
____
____
____
结论：
是否同意上述审计调整：________________
被审计单位授权代表签字：__________　日期：__________

表 17-2　重分类调整分录汇总表

序号	内容及说明	索引号	调整项目和金额			
			借方项目	借方金额	贷方项目	贷方金额

与被审计单位的沟通：
参加人员：
被审计单位：________________
审计项目组：________________
被审计单位的意见：
____
____
____
结论：
是否同意上述审计调整：________________
被审计单位授权代表签字：__________　日期：__________

表 17-3 未更正错报汇总表

序号	内容及说明	索引号	未调整内容				备注
			借方项目	借方金额	贷方项目	贷方金额	

未更正错报的影响：

项目金额百分比计划百分比

1. 总资产______________________________
2. 净资产______________________________
3. 销售收入______________________________
4. 费用总额______________________________
5. 毛利______________________________
6. 净利润______________________________

结论：

被审计单位授权代表签字：____________ 日期：____________

注册会计师确定了建议调整的不符事项和重分类错误后，应以书面方式及时征求被审计单位对需要调整财务报表事项的意见。若被审计单位予以采纳，应取得被审计单位同意调整的书面确认；若被审计单位不予采纳，应分析原因，并根据未调整不符事项的性质和重要程度，确定是否在审计报告中予以反映，以及如何反映。

（二）编制试算平衡表

试算平衡表是注册会计师在被审计单位提供未审财务报表的基础上，考虑调整分录、重分类分录等内容以确定已审数与报表披露数的表式。有关资产负债表和利润表的试算平衡表的参考格式分别见表 17-4 和表 17-5。需要说明以下几点：

①试算平衡表中的“期末未审数”和“审计前金额”列，应根据被审计单位提供的未审计财务报表填列。②试算平衡表中的“账项调整”和“调整金额”列，应根据经被审计单位同意的“账项调整分录汇总表”填列。③试算平衡表中的“重分类调整”列，应根据经被审计单位同意的“重分类调整分录汇总表”填列。④在编制完试算平衡表后，应注意核对相应的钩稽关系。例如，资产负债表试算平衡表左边的“期末未审数”列合计数、“期末审定数”列合计数应分别等于其右边相应各列合计数；资产负债表试算平衡表左边的“账项调整”列中的借方合计数与贷方合计数之差应等于右边的“账项调整”列中的贷方合计数与借方合计数之差；资产负债表试算平衡表左边的“重分类调整”列中的借方合计数与贷方合计数之差应等于右边的“重分类调整”列中的贷方合计数与借方合计数之差等。

表 17-4　资产负债表试算平衡表

项目	期末未审数	账项调整		重分类调整		期末审定数	项目	期末未审数	账项调整		重分类调整		期末审定数
		借方	贷方	借方	贷方				借方	贷方	借方	贷方	
货币资金							短期借款						
交易性金融资产							交易性金融负债						
应收票据							应付票据						
应收账款							应付账款						
预付账款							预收款项						
应收利息							应付职工薪酬						
应收股利							应交税费						
其他应收款							应付利息						
存货							应付股利						
一年内到期的非流动资产							其他应付款						
其他流动资产							一年内到期的非流动负债						
可代出售金融资产							其他流动负债						
持有至到期投资							长期借款						
长期应收款							应付债券						
长期股权投资							长期应付款						
投资性房地产							专项应付款						
固定资产							预计负债						
在建工程							递延所得税负债						
工程物资							其他非流动负债						
固定资产清理							实收资本（股本）						
无形资产							资本公积						
开发支出							盈余公积						
商誉							未分配利润						
长期待摊费用													
递延所得税资产													
其他非流动资产													
合计							合计						

表 17-5　利润表试算平衡表工作底稿

被审计单位：__________　　索引号：__________

项目：__________　　财务报表截止日/期间：__________

编制：__________　　复核：__________

日期：__________　　日期：__________

项目		审计前金额	调整金额		审定金额
			借方	贷方	
一、	营业收入				
	减：营业成本				
	营业税金及附加				
	销售费用				
	管理费用				
	财务费用				
	资产减值损失				
	加：公允价值变动损益				
	投资收益				
二、	营业利润				
	加：营业外收入				
	减：营业外支出				
三、	利润总额				
	减：所得税费用				
四、	净利润				

三、复核审计工作底稿和财务报表

（一）对财务报表总体合理性实施分析程序

在审计结束或临近结束时，注册会计师运用分析程序的目的是确定经审计调整后的财务报表整体是否与对被审计单位的了解一致，是否具有合理性。注册会计师应当围绕这一目的运用分析程序。在运用分析程序进行总体复核时，如果识别出以前未识别的重大错报风险，注册会计师应当重新考虑对全部或部分各类交易、账户余额、披露评估的风险是否恰当，并在此基础上重新评价之前计划的审计程序是否充分，是否有必要追加审计程序。

（二）评价审计结果

注册会计师评价审计结果，主要是为了确定审计意见的类型以及在整个审计工作中是否遵循了审计准则。为此，注册会计师必须完成两项工作：一是对重要性和审计风险进行最终的评价；二是对被审计单位已审计财务报表形成审计意见并草拟审计报告。

1. 对重要性和审计风险进行最终的评价

对重要性和审计风险进行最终评价，是注册会计师决定发表何种类型审计意见的必要过程。该过程可通过以下两个步骤来完成。

（1）确定可能的错报金额。可能的错报金额包括已经识别的具体错报和推断误差，详见本教材第八章有关内容。

（2）根据财务报表层次的重要性水平，确定可能的错报金额的汇总数（即可能错报总额）对整个财务报表的影响程度。应当注意的是：①这里的“财务报表层次的重要性水平”是指审计计划阶段确定的重要性水平，如果该重要性水平在审计过程中已作过修正，则应当按修正后的财务报表层次重要性水平进行比较。②这里的可能错报总额一般是指各财务报表项目可能的错报金额的汇总数，但也可能包括上一期间的任何未更正可能错报对本期财务报表的影响。上一期间的未更正可能错报与本期未更正可能错报累计起来，可能会导致本期财务报表产生重大错报。因此，注册会计师估计本期的可能错报总额时，应当包括上一期间的未更正可能错报。

注册会计师在审计计划阶段已确定了审计风险的可接受水平。随着可能错报总额的增加，财务报表可能被严重错报的风险也会增加。如果注册会计师得出结论，审计风险处在一个可接受的水平，则可以直接提出审计结果所支持的意见；如果注册会计师认为审计风险不能接受，则应追加审计测试或者说服被审计单位作必要调整，以便将重要错报的风险降低到可接受的水平。否则，注册会计师应慎重考虑该审计风险对审计报告的影响。

2. 对被审计单位已审计财务报表形成审计意见并草拟审计报告

在审计过程中，要实施各种测试。这些测试通常是由参与本次审计工作的审计项目组成员来执行的，而每个成员所执行的测试可能只限于某几个领域或账项，所以，在每个业务循环或报表项目的测试都完成之后，审计项目经理应汇总所有成员的审计结果。在完成审计工作阶段，为了对财务报表整体发表适当的意见，必须将这些分散的审计结果加以汇总和评价，综合考虑在审计过程中收集到的全部证据。负责该审计项目的合伙人对这些工作负有最终责任。在有些情况下，这些工作可以先由审计项目经理初步完成，然后再逐级交给部门经理和项目负责合伙人认真复核。

在对审计意见形成最后决定之前，会计师事务所通常要与被审计单位召开沟通会。在沟通会上，注册会计师可口头报告本次审计所发现的问题，并说明建议被审计单位作必要调整或表外披露的理由。当然，管理层也可以在会上申辩其立场。最后，通常会对需要被审计单位作出的改变达成协议。如达成了协议，注册会计师一般即可签发标准审计报告，否则，注册会计师则可能不得不发表其他类型的审计意见。注册会计师的审计意见是通过审计报告来反映的，下一章将介绍不同类型的审计报告。

（三）复核审计工作底稿

会计师事务所应当建立完善的审计工作底稿分级复核制度。如前所述，对审计工作底稿的复核可分为两个层次：项目组内部复核和独立的项目质量控制复核。

1. 项目组内部复核

项目组内部复核又分为两个层次：项目负责经理的现场复核和项目负责合伙人的复核。①项目负责经理的现场复核。由项目负责经理对工作底稿的复核属于第一级复核。该级复核通常在审计现场完成，以便及时发现和解决问题，争取审计工作的主动。②项目合伙人的复核。项目合伙人对审计工作底稿实施复核是项目组内部最高级别的复核。该复核既是对项目负责经理复核的再监督，也是对重要审计事项的把关。

2. 项目质量控制复核

项目质量控制复核是指在出具报告前，对项目组作出的重大判断和在准备报告时形成的结论作出客观评价的过程。项目质量控制复核也称独立复核。

《质量控制准则第 5101 号——会计师事务所对执行财务报表审计和审阅、其他鉴证和相关服务业务实施的质量控制》要求对上市实体财务报表审计，以及会计师事务所确定需要实施项目质量控制复核的其他业务实施项目质量控制复核，并在出具报告前完成。对审计工作底稿进行独立复核有如下意义：一是对审计工作结果实施最后质量控制。审计工作的高质量，在于形成审计意见的正确性。注册会计师在审计工作中将工作结果和工作过程中的各种情况记录于审计工作底稿中，并据此形成审计意见。若形成的审计意见与工作结果存在矛盾，注册会计师的工作就会失去有效性。对签发审计报告前的审计工作底稿进行独立复核，是对审计工作结果实施的最后质量控制，能避免对重大审计问题的遗留或对具体审计工作理解不透彻等情况，从而形成与审计工作结果相一致的审计意见。二是确认审计工作已达到会计师事务所的工作标准。会计师事务所对开展各项审计工作，都应有明确、统一的标准。但在执行过程中，会计师事务所内不同注册会计师的工作质量会有差异，有的甚至可能背离统一的工作标准。因此，必须进行独立复核，严格保持整体审计工作质量的一致性，确认该审计工作已达到会计师事务所的工作标准。三是消除妨碍注册会计师判断的偏见。在审计工作中，常常需要注册会计师对各种问题作出专业判断。注册会计师可能期望在整个审计过程中保持客观性，但如有大量问题需要解决而又经过长时间的审计，就容易丧失正确的观察能力和判断能力，对一些问题作出不符合事实的审计结论。而进行独立复核，可以消除妨碍注册会计师正确判断的偏见，作出符合事实的审计结论。

针对项目负责经理和项目负责合伙人的复核以及项目质量控制复核，很多会计师事务所都备有详细的业务执行复核工作核对表，项目复核可以通过填列业务执行复核工作核对表的方式来进行，这样，不仅可对那些经常容易被忽视的审计方面起到提醒作用，还有利于检查审计证据的充分性和适当性。

四、评价独立性和道德问题

《中国注册会计师审计准则第 1121 号——对财务报表审计实施的质量控制》要求项目合伙人应当考虑项目组成员是否遵守职业道德规范，在整个审计过程中对项目组成员违反职业道德规范的迹象保持警惕，并就审计业务的独立性是否得到遵守形成结论。为此，项目合伙人应该：①从会计师事务所或网络事务所获取相关信息，以识别、评价对独立性产生不利影响的情形。②评价已识别的违反会计师事务所独立性政策和程序的情况，以确定是否对审计业务的独立性产生不利影响。③采取适当的防护措施以消除对独立性产生的不利影响，或将其降至可接受的水平。对未能解决的事项，项目合伙人应当立即向事务所报告，以便事务所采取适当的行动。④记录与独立性有关的结论，以及事务所内部支持这一结论的相关讨论情况。

在签署审计报告前，项目合伙人确信，审计过程中产生的所有独立性和道德问题已经得到圆满解决，并与《中国注册会计师审计准则第 1121 号——对财务报表审计实施的质量控制》和《中国注册会计师职业道德守则》的独立性要求一致。在跨国审计业务中，项目合伙人应当确保符合被审计单位或相关国家或地区规定的独立性要求。

第二节　或有事项

一、或有事项的含义

或有事项，是指过去的交易或事项形成的，其结果需由某些未来事项的发生或不发生才能决定的不确定事项。常见的或有事项主要包括：未决诉讼或仲裁、债务担保、产品质量保证（含产品安全保证）、承诺、亏损合同、重组义务、环境污染整治等。

随着我国市场经济的发展，或有事项这一特定的经济现象已越来越多地存在于企业的经营活动中，并对企业的财务状况和经营成果产生重要影响。或有事项对企业潜在的财务影响究竟有多大，企业因此而承担的风险又究竟有多大，都有必要通过企业的财务报表或财务报表附注予以反映，使财务报表使用者能够获得真实、充分、详细的信息，帮助其进行正确的分析、判断。所以，注册会计师应当对或有事项实施必要的审计程序。特别需要指出的是，由于或有事项本质上属于不确定事项，相应地，其重大错报风险较高，需要注册会计师予以充分关注。

二、或有事项的审计

之所以将或有事项的审计放入审计完成阶段，有两方面的考虑：一是有利于注册会计师掌握有关或有事项的最新信息，以提高审计效率和效果；二是在审计完成阶段，需要专门实施一些程序，验证或复核或有事项的完整性。需要指出的是，在实施其他程序的过程中，注册会计师可能已经获取了有关或有事项的部分审计证据。例如，注册会计师在函证被审计单位的银行存款时，可能已经同时函证了被审计单位向其他企业提供担保的情况或掌握了银行存款已被用于担保的事实。注册会计师对或有事项进行审计所要达到的审计目标一般包括：确定或有事项是否存在和完整；确定或有事项的确认和计量是否符合企业会计准则的规定；确定或有事项的列报或披露是否恰当。

在审计或有事项时，注册会计师尤其要关注财务报表反映的或有事项的完整性。由于或有事项的种类不同，注册会计师在审计被审计单位的或有事项时，所采取的程序也各不相同。但总结起来，针对或有事项完整性的审计程序通常包括：①了解被审计单位与识别或有事项有关的内部控制。②审阅截至审计工作完成日被审计单位历次董事会纪要和股东大会会议记录，确定是否存在未决诉讼或仲裁、未决索赔、税务纠纷、债务担保、产品质量保证、财务承诺等方面的记录。③向与被审计单位有业务往来的银行函证，或检查被审计单位与银行之间的借款协议和往来函件，以查找有关票据贴现、背书、应收账款抵借、票据背书和担保。④检查与税务征管机构之间的往来函件和税收结算报告，以确定是否存在税务争议。⑤向被审计单位的法律顾问和律师进行函证，分析被审计单位在审计期间发生的法律费用，以确定是否存在未决诉讼、索赔等事项。⑥向被审计单位管理层获取书面声明，声明其已按照企业会计准则的规定，对全部或有事项作了恰当反映。注册会计师还应当确定或有事项的确认、计量和列报是否符合《企业会计准则第13号——或有事项》的规定。

三、获取律师声明书

在对被审计单位期后事项和或有事项等进行审计时，注册会计师往往要向被审计单位的法律顾问和律师进行函证，以获取与资产负债表日已存在的，以及资产负债表日至复函日这一时期内存在的期后事项和或有事项等有关的审计证据。被审计单位律师对函证问题的答复和说明，就是律师声明书。对律师的函证，通常以被审计单位的名义，通过寄发审计询证函的方式实施。律师声明书所用的格式和措辞并没有定式。单位不同或情况不同，律师出具的声明书也不相同。参考格式17－1和参考格式17－2分别列示了律师询证函和律师询证函复函的范例。

参考格式17－1　律师询证函

××律师事务所并××律师：

本公司已聘请××会计师事务所对本公司________年12月31日（以下简称资产负债表日）的资产负债表以及截至资产负债表日的该年度利润表、股东权益变动表和现金流量表进行审计。为配合该项审计，谨请贵律师基于受理本公司委托的工作（诸如常年法律顾问、专项咨询和诉讼代理等），提供下述资料，并函告××会计师事务所：

一、请说明存在于资产负债表日并且自该日起至本函回复日止本公司委托贵律师代理进行的任何未决诉讼。该说明中谨请包含以下内容。

1. 案件的简要事实经过与目前的发展进程；

2. 在可能范围内，贵律师对于本公司管理层就上述案件所持看法及处理计划（如庭外和解设想）的了解，及您对可能发生结果的意见；

3. 在可能范围内，您对损失或收益发生的可能性及金额的估计。

二、请说明存在于资产负债表日并且自该日起至本函回复日止，本公司曾向贵律师咨询的其他诸如未决诉讼、追索债权、被追索债务以及政府有关部门对本公司进行的调查等可能涉及本公司法律责任的事件。

三、请说明截至资产负债表日，本公司与贵律师事务所律师服务费的结算情况（如有可能，请依服务项目区分）。

四、若无上述一、二事项，为节省您宝贵的时间，烦请填写本函背面《律师询证函复函》并签章后，按以下地址，寄往××会计师事务所（地址：××市××路××号；邮编××××××）。

谢谢合作！

××公司（盖章）

公司负责人（签章）

年　月　日

参考格式 17-2　律师询证函复函

××会计师事务所：

本律师于××期间，除向××公司提供一般性法律咨询服务，并未接受委托，代理进行或咨询如律师询证函中一、二项所述之事宜。

另截至________年____月____日止，该公司

□未积欠本律师事务所任何律师服务费。

□尚有本律师事务所的律师服务费计人民币________元，未予付清。

________律师事务所

律师：________（签章）

年　月　日

注册会计师应根据该律师的职业水准和声誉情况来确定律师声明书的可靠性。如果注册会计师对代理被审计单位重大法律事务的律师并不熟悉，则应查询诸如该律师的职业背景、声誉及其在法律界的地位等情况，并考虑从律师协会获取信息。如果律师声明书表明或暗示律师拒绝提供信息，或隐瞒信息，注册会计师应将其视为审计范围受到限制。

第三节　期后事项

企业的经营活动是连续不断、持续进行的，但财务报表的编制却是建立在“会计分期假设”基础之上的。也就是说，作为主要审计对象的财务报表，其编制基础不过是对连续不断的经营活动的一种人为划分。因此，注册会计师在审计被审计单位某一会计年度的财

务报表时，除了对所审会计年度内发生的交易和事项实施必要的审计程序外，还必须考虑所审会计年度之后发生和发现的事项对财务报表和审计报告的影响，以保证一个会计期间的财务报表的真实性和完整性。

一、期后事项的种类

期后事项是指财务报表日至审计报告日之间发生的事项，以及注册会计师在审计报告日后知悉的事实。财务报表可能受到财务报表日后发生的事项的影响。适用的财务报告编制基础通常专门提及期后事项，将其区分为下列两类：一是对财务报表日已经存在的情况提供证据的事项，即对财务报表日已经存在的情况提供了新的或进一步证据的事项，这类事项影响财务报表金额，需提请被审计单位管理层调整财务报表及与之相关的披露信息；二是对财务报表日后发生的情况提供证据的事项，即表明财务报表日后发生的情况的事项。这类事项虽不影响财务报表金额，但可能影响对财务报表的正确理解，需提请被审计单位管理层在财务报表附注中作适当披露。审计报告的日期向财务报表使用者表明，注册会计师已考虑其知悉的、截至审计报告日发生的事项和交易的影响。

（一）财务报表日后调整事项

这类事项既为被审计单位管理层确定财务报表日账户余额提供信息，也为注册会计师核实这些余额提供补充证据。如果这类期后事项的金额重大，应提请被审计单位对本期财务报表及相关的账户金额进行调整。

（1）财务报表日后诉讼案件结案。

法院判决证实了企业在财务报表日已经存在现时义务，需要调整原先确认的与该诉讼案件相关的预计负债，或确认一项新负债。例如，被审计单位由于某种原因在财务报表日前被起诉，法院于财务报表日后判决被审计单位应赔偿对方损失。因这一负债实际上在财务报表日之前就已存在，所以，如果赔偿数额比较大，注册会计师应考虑提请被审计单位调整或增加财务报表有关负债项目的金额，并加以说明。

（2）财务报表日后取得确凿证据表明某项资产在财务报表日发生了减值或者需要调整该项资产原先确认的减值金额。

例如，被审计单位原先对某库存商品未计提存货跌价准备、在财务报表日后不久的销售情况显示其可变现净值低于库存商品期末成本，表明该库存商品在财务报表日发生了减值，需要在被审计单位的财务报表中补记该项存货的跌价准备。又如，财务报表日被审计单位认为可以收回的大额应收款项，因财务报表日后债务人突然破产而无法收回。在这种情况下，债务人财务状况显然早已恶化，所以注册会计师应考虑提请被审计单位计提坏账准备或增加计提坏账准备，调整财务报表有关项目的金额。

（3）财务报表日后进一步确定了财务报表日前购入资产的成本或售出资产的收入。

例如，被审计单位在财务报表日前购入一项固定资产，并投入使用。由于购入时尚未确定准确的购买价款，故先以估计的价格考虑其达到预定可使用状态前所发生的可归属于该项固定资产的运输费、装卸费、安装费和专业人员服务费等因素暂估入账，并按规定计提固定资产折旧。如果在财务报表日后商定了购买价款，取得了采购发票，被审计单位就应该据此调整该固定资产原值。

（4）财务报表日后发现了财务报表舞弊或差错。

例如，在财务报表日以前，被审计单位根据合同规定所销售的商品已经发出，当时认为与该项商品所有权相关的风险和报酬已经转移，货款能够收回，按照收入确认原则确认了收入并结转了相关成本，即在财务报表日被审计单位确认为销售实现，并在财务报表上反映。但在财务报表日后至审计报告日之间所取得的证据证明该批已确认为销售的商品确实已经退回。如果金额较大，注册会计师应考虑提请被审计单位调整财务报表有关项目的金额。利用期后事项审计以确认被审计单位财务报表所列金额时，应对财务报表日已经存在的事项和财务报表日后出现的事项严加区分，不能混淆。如果确认发生变化的事项直到财务报表日后才发生，就不应将财务报表日后的信息并入财务报表中去。

（二）财务报表日后非调整事项

这类事项因不影响财务报表日财务状况，而不需要调整被审计单位的本期财务报表。但如果被审计单位的财务报表因此可能受到误解，就应在财务报表中以附注的形式予以适当披露。被审计单位在财务报表日后发生的，需要在财务报表中披露而非调整的事项通常包括 8 类，即财务报表日后发生重大诉讼、仲裁、承诺；财务报表日后资产价格、税收政策、外汇汇率发生重大变化；财务报表日后因自然灾害导致资产发生重大损失；财务报表日后发生股票和债券以及其他巨额举债；财务报表日后资本公积转增资本；财务报表日后发生巨额亏损；财务报表日后发生企业合并或处置子公司；财务报表日后企业利润分配方案中拟分配的以及经审议批准宣告发放的股利或利润。

如图 17-1 所示，根据期后事项的上述定义，期后事项可以分为三个时段：第一个时段是财务报表日后至审计报告日，我们可以把在这一期间发生的事项称为“第一时段期后事项”；第二时段是审计报告日后至财务报表报出日，我们可以把这一期间发现的事实称为“第二时段期后事项”；第三个时段是财务报表报出日后，我们可以把这一期间发现的事实称为“第三时段期后事项”。

财务报表日是指财务报表涵盖的最近期间的截止日期；财务报表批准日是指构成整套财务报表的所有报表（包括相关附注）已编制完成，并且被审计单位的董事会、管理层或类似机构已经认可其对财务报表负责的日期；财务报表报出日是指审计报告和已审计财务报表提供给第三方的日期。按照《中国注册会计师审计准则第 1501 号——对财务报表形成审计意见和出具审计报告》的规定，审计报告日不应早于注册会计师获取充分、适当的审计证据（包括管理层认可对财务报表的责任且已批准财务报表的证据），并在此基础上对财务报表形成审计意见的日期。因此，在实务中审计报告日与财务报表批准日通常是相同的日期。

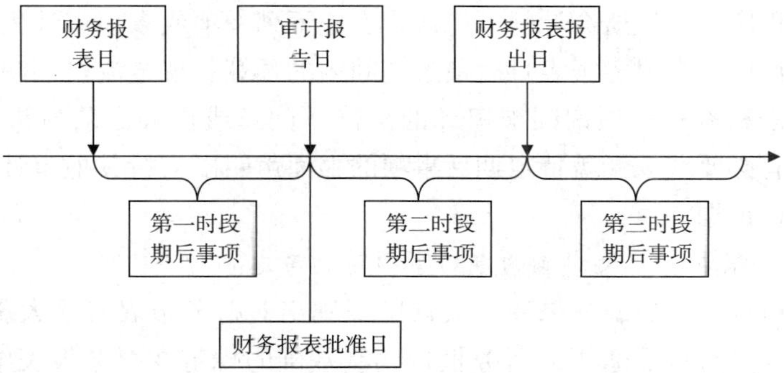

图 17-1 期后事项分段示意

二、期后事项的审计

（一）主动识别第一时段期后事项

注册会计师应当设计和实施审计程序，获取充分、适当的审计证据，以确定所有在财务报表日至审计报告日之间发生的、需要在财务报表中调整或披露的事项均已得到识别。但是，注册会计师并不需要对之前已实施审计程序并已得出满意结论的事项执行追加的审计程序。财务报表日至审计报告日之间发生的期后事项属于第一时段期后事项。对于这一时段的期后事项，注册会计师负有主动识别的义务，应当设计专门的审计程序来识别这些期后事项，并根据这些事项的性质判断其对财务报表的影响，进而确定是进行调整还是披露。

1. 用以识别期后事项的审计程序

注册会计师应当按照审计准则的规定实施审计程序，以使审计程序能够涵盖财务报表日至审计报告日（或尽可能接近审计报告日）之间的期间。通常情况下，针对期后事项的专门审计程序，其实施时间越接近审计报告日越好。越接近审计报告日，也就意味着离财务报表日越远，被审计单位这段时间内累积的对财务报表日已经存在的情况提供的进一步证据也就越多；越接近审计报告日，注册会计师遗漏期后事项的可能性也就越小。在确定审计程序的性质和范围时，注册会计师应当考虑风险评估的结果。用以识别第一时段期后事项的审计程序通常包括以下几点。

（1）了解管理层为确保识别期后事项而建立的程序。

（2）询问管理层和治理层（如适用），确定是否已发生可能影响财务报表的期后事项。注册会计师可以询问根据初步或尚无定论的数据作出会计处理的项目的现状，以及是否已发生新的承诺、借款或担保，是否计划出售或购置资产等。

（3）查阅被审计单位的所有者、管理层和治理层在财务报表日后举行会议的纪要，在不能获取会议纪要的情况下，询问此类会议讨论的事项。

（4）查阅被审计单位最近的中期财务报表（如有）。

除这些审计程序外，注册会计师可能认为实施下列一项或多项审计程序是必要和适当的：①查阅被审计单位在财务报表日后最近期间内的预算、现金流量预测和其他相关的管理报告；②就诉讼和索赔事项询问被审计的法律顾问，或扩大之前口头或书面查询的范围；③考虑是否有必要获取涵盖特定期后事项的书面声明以支持其他审计证据，从而获取充分、适当的审计证据。

2. 知悉对财务报表有重大影响的期后事项时的考虑

在实施上述审计程序后，如果注册会计师识别出对财务报表有重大影响的期后事项，应当确定这些事项是否按照适用的财务报告编制基础的规定在财务报表中得到恰当反映。如果所知悉的期后事项属于调整事项，注册会计师应当考虑被审计单位是否已对财务报表作出适当的调整。如果所知悉的期后事项属于非调整事项，注册会计师应当考虑被审计单位是否在财务报表附注中予以充分披露。

（二）被动识别第二时段期后事项

在审计报告日后，注册会计师没有义务针对财务报表实施任何审计程序。审计报告日后至财务报表报出日前发现的事实属于“第二时段期后事项”，注册会计师针对被审计单位的审计业务已经结束，要识别可能存在的期后事项比较困难，因而无法承担主动识别第二时段期后事项的审计责任。但是，在这一阶段，被审计单位的财务报表并未报出，管理层有责任将发现的可能影响财务报表的事实告知注册会计师。当然，注册会计师还可能从媒体报道、举报信或者证券监管部门告知等途径获悉影响财务报表的期后事项。

1. 知悉第二时段期后事项时的考虑

在审计报告日后至财务报表报出日前，如果知悉了某事实，且若在审计报告日知悉可能导致修改审计报告，注册会计师应当与管理层和治理层（如适用）讨论该事项；确定财务报表是否需要修改；如果需要修改，询问管理层将如何在财务报表中处理该事项。

2. 管理层修改财务报表时的处理

如果管理层修改财务报表，注册会计师应当根据具体情况对有关修改实施必要的审计程序；同时，除非下文述及的特殊情况适用，注册会计师应当将用以识别期后事项的上述审计程序延伸至新的审计报告日，并针对修改后的财务报表出具新的审计报告。新的审计报告日不应早于修改后的财务报表被批准的日期。此时，注册会计师需要获取充分、适当的审计证据，以验证管理层根据期后事项所作出的财务报表调整或披露是否符合适用的财务报告编制基础的规定。特殊情况是，在有关法律法规或适用的财务报告编制基础未禁止的情况下，如果管理层对财务报表的修改仅限于反映导致修改的期后事项的影响，被审计单位的董事会、管理层或类似机构也仅对有关修改进行批准，注册会计师可以仅针对有关修改将用以识别期后事项的上述审计程序延伸至新的审计报告日。在这种情况下，注册会计师应当选用下列处理方式之一。

（1）修改审计报告，针对财务报表修改部分增加补充报告日期，从而表明注册会计师对期后事项实施的审计程序仅限于财务报表相关附注所述的修改。

在这种处理方式下注册会计师修改审计报告，针对财务报表修改部分增加补充报告日期，而对管理层作出修改前的财务报表出具的原审计报告日期保持不变。之所以这样处理是因为，原审计报告日期告知财务报表使用者针对该财务报表的审计工作何时完成；补充报告日期告知财务报表使用者自原审计报告日之后实施的审计程序仅针对财务报表的后续修改。有关补充报告日期的示例如下："除附注×所述事项的日期为［仅针对附注×所述修改的审计程序完成日期］之外，［原审计报告日］。"

（2）出具新的或修改的审计报告，在强调事项段或其他事项段中说明注册会计师对期后事项实施的审计程序仅限于财务报表相关附注所述的修改。

3. 管理层不修改财务报表且审计报告未提交时的处理

如果认为管理层应当修改财务报表而没有修改，并且审计报告尚未提交给被审计单位；注册会计师应当按照《中国注册会计师审计准则第1502号——在审计报告中发表非无保留意见》的规定发表非无保留意见，然后再提交审计报告。

4. 管理层不修改财务报表且审计报告已提交时的处理

如果认为管理层应当修改财务报表而没有修改，并且审计报告已经提交给被审计单位，注册会计师应当通知管理层和治理层（除非治理层全部成员参与管理被审计单位）在财务报表作出必要修改前不要向第三方报出。如果财务报表在未经必要修改的情况下仍被报出，注册会计师应当采取适当措施，以设法防止财务报表使用者依赖该审计报告。例如，针对上市公司，注册会计师可以利用证券传媒等刊登必要的声明，防止使用者依赖审计报告。注册会计师采取的措施取决于自身的权利和义务以及所征询的法律意见。

（三）没有义务识别第三时段的期后事项

财务报表报出日后发现的事实属于第三时段期后事项，注册会计师没有义务针对财务报表实施任何审计程序。但是，并不排除注册会计师通过媒体等其他途径获悉可能对财务报表产生重大影响的期后事项的可能性。

1. 知悉第三时段期后事项时的考虑

在财务报表报出后，如果知悉了某事实，且若在审计报告日知悉可能导致修改审计报告，注册会计师应当：与管理层和治理层（如适用）讨论该事项；确定财务报表是否需要修改；如果需要修改，询问管理层将如何在财务报表中处理该事项。应当指出的是，需要注册会计师在知悉后采取行动的第三时段期后事项是有严格限制的：①这类期后事项应当是在审计报告日已经存在的事实。②该事实如果被注册会计师在审计报告日前获知，可能影响审计报告。只有同时满足这两个条件，注册会计师才需要采取行动。

2. 管理层修改财务报表时的处理

（1）根据具体情况对有关修改实施必要的审计程序。例如，查阅法院判决文件，复核会计处理或披露事项，确定管理层对财务报表的修改是否恰当。

（2）复核管理层采取的措施能否确保所有收到原财务报表和审计报告的人士了解这一情况。

在修改了财务报表的情况下，管理层应当采取恰当措施（如上市公司可以在证券报纸、网站刊登公告，重新公布财务报表和审计报告），让所有收到原财务报表和审计报告的人士了解这一情况。注册会计师需要对这些措施进行复核，判断它们是否能达到这样的目标。例如，上市公司管理层刊登公告的媒体是否是中国证券监督管理委员会指定的媒体，若仅刊登在其注册地的媒体上则异地的使用者可能无法了解这一情况。

（3）延伸实施审计程序，并针对修改后的财务报表出具新的审计报告。

除非上文所述的特殊情形适用，将用以识别期后事项的上述审计程序延伸至新的审计报告日，并针对修改后的财务报表出具新的审计报告，新的审计报告日不应早于修改后的财务报表被批准的日期。

（4）在特殊情况下，修改审计报告或提供新的审计报告。

这里的特殊情况就是上文所指的特殊情况。

需要提醒的是，注册会计师应当在新的或经修改的审计报告中增加强调事项段或其他事项段，提醒财务报表使用者关注财务报表附注中有关修改原财务报表的详细原因和注册会计师提供的原审计报告。

3. 管理层未采取任何行动时的处理

如果管理层没有采取必要措施确保所有收到原财务报表的人士了解这一情况，也没有在注册会计师认为需要修改的情况下修改财务报表，注册会计师应当通知管理层和治理层（除非治理层全部成员参与管理被审计单位），注册会计师将设法防止财务报表使用者信赖该审计报告。

如果注册会计师已经通知管理层或治理层，而管理层或治理层没有采取必要措施，注册会计师应当采取适当措施，以设法防止财务报表使用者信赖该审计报告。注册会计师采取的措施取决于自身的权利和义务。因此，注册会计师可能认为寻求法律意见是适当的。

第四节 书面声明

书面声明，是指管理层向注册会计师提供的书面陈述，用以确认某些事项或支持其他审计证据。书面声明不包括财务报表及其认定，以及支持性账簿和相关记录。在本节中单独提及管理层时，应当理解为管理层和治理层（如适用）。管理层负责按照适用的财务报告编制基础编制财务报表并使其实现公允反映。

书面声明是注册会计师在财务报表审计中需要获取的必要信息，是审计证据的重要来源。如果管理层修改书面声明的内容或不提供注册会计师要求的书面声明，可能使注册会计师警觉存在重大问题的可能性。而且，在很多情况下，要求管理层提供书面声明而非口头声明，可以促使管理层更加认真地考虑声明所涉及的事项，从而提高声明的质量。

尽管书面声明提供必要的审计证据，但其本身并不为所涉及的任何事项提供充分、适当的审计证据。而且，管理层已提供可靠书面声明的事实，并不影响注册会计师就管理层责任履行情况或具体认定获取的其他审计证据的性质和范围。

一、针对管理层责任的书面声明

针对财务报表的编制，注册会计师应当要求管理层提供书面声明，确认其根据审计业务约定条款，履行了按照适用的财务报告编制基础编制财务报表并使其实现公允反映（如适用）的责任。针对提供的信息和交易的完整性，注册会计师应当要求管理层就下列事项提供书面声明：按照审计业务约定条款，已向注册会计师提供所有相关信息，并允许注册会计师不受限制地接触所有相关信息以及被审计单位内部人员和其他相关人员；所有交易均已记录并反映在财务报表中。

如果未从管理层获取其确认已履行的责任，注册会计师在审计过程中获取的有关管理层已履行这些责任的其他审计证据是不充分的。这是因为，仅凭其他审计证据不能判断管理层是否在认可并理解其责任的基础上，编制和列报财务报表并向注册会计师提供了相关信息。例如，如果未向管理层询问其是否提供了审计业务约定条款中要求提供的所有相关信息，也没有获得管理层的确认，注册会计师就不能认为管理层已提供了这些信息。

基于管理层认可并理解在审计业务约定条款中提及的管理层的责任，注册会计师要求管理层通过声明确认其已履行这些责任。注册会计师可能还要求管理层在书面声明中再次确认其对自身责任的认可与理解。当存在下列情况时，这种确认尤为适当：①代表被审计单位签订审计业务约定条款的人员不再承担相关责任；②审计业务约定条款是在以前年度签订的；③有迹象表明管理层误解了其责任；④情况的改变需要管理层再次确认其责任。当然，再次确认管理层对自身责任的认可与理解，并不限于管理层已知的全部事项。

二、其他书面声明

除《中国注册会计师审计准则第1341号——书面声明》和其他审计准则要求的书面声明外，如果注册会计师认为有必要获取一项或多项其他书面声明，以支持与财务报表或者一项或多项具体认定相关的其他审计证据，注册会计师应当要求管理层提供这些书面声明。

（一）关于财务报表的额外书面声明

除了针对财务报表的编制，注册会计师应当要求管理层提供基本书面声明以确认其履行了责任外，注册会计师可能认为有必要获取有关财务报表的其他书面声明。其他书面声明可能是对基本书面声明的补充，但不构成其组成部分。其他书面声明可能包括针对下列事项作出的声明。

（1）会计政策的选择和运用是否适当。

（2）是否按照适用的财务报告编制基础对下列事项（如相关）进行了确认、计量、列报或披露。①可能影响资产和负债账面价值或分类的计划或意图；②负债（包括实际负债和或有负债）；③资产的所有权或控制权，资产的留置权或其他物权，用于担保的抵押资产；④可能影响财务报表的法律法规及合同（包括违反法律法规及合同的行为）。

（二）与向注册会计师提供信息有关的额外书面声明

除了针对管理层提供的信息和交易的完整性的书面声明外，注册会计师可能认为有必要要求管理层提供书面声明，确认其已将注意到的所有内部控制缺陷向注册会计师通报。

（三）关于特定认定的书面声明

在获取有关管理层的判断和意图的证据时，或在对判断和意图进行评价时，注册会计师可能考虑下列一项或多项事项：①被审计单位以前对声明的意图的实际实施情况；②被审计单位选取特定措施的理由；③被审计单位实施特定措施的能力；④是否存在审计过程中已获取的、可能与管理层判断或意图不一致的任何其他信息。此外，注册会计师可能认为有必要要求管理层提供有关财务报表特定认定的书面声明，尤其是支持注册会计师就管理层的判断或意图或者完整性认定从其他审计证据中获取的了解。例如，如果管理层的意图对投资的计价基础非常重要，但若不能从管理层获取有关该项投资意图的书面声明，注册会计师就不可能获取充分、适当的审计证据。尽管这些书面声明能够提供必要的审计证据，但其本身并不能为财务报表特定认定提供充分、适当的审计证据。另外，为了获取所要求的书面声明，注册会计师可能需要就有关事项向管理层沟通。例如，审计准则要求注册会计师应当累积审计过程中识别出的错报，除非错报明显微小。注册会计师需要确定临界值，高于临界值的错报不能被视作是明显微小的错报。为了获取所要求的书面声明，注册会计师可能认为需要向管理层通报临界值。

三、书面声明的日期和涵盖的期间

书面声明的日期应当尽量接近对财务报表出具审计报告的日期，但不得在审计报告日后。书面声明应当涵盖审计报告针对的所有财务报表和期间。

由于书面声明是必要的审计证据，在管理层签署书面声明前，注册会计师不能发表审计意见，也不能签署审计报告。而且，由于注册会计师关注截至审计报告日发生的、可能需要在财务报表中作出相应调整或披露的事项，书面声明的日期应当尽量接近对财务报表出具审计报告的日期，但不得在其之后。

在某些情况下，注册会计师在审计过程中获取有关财务报表特定认定的书面声明可能是适当的。此时，可能有必要要求管理层更新书面声明。管理层有时需要再次确认以前期间作出的书面声明是否依然适当，因此，书面声明需要涵盖审计报告中提及的所有期间。注册会计师和管理层可能认可某种形式的书面声明，以更新以前期间所作的书面声明。更新后的书面声明需要表明，以前期间所作的声明是否发生了变化，以及发生了什么变化

（如有）。

在实务中可能会出现这样的情况，即在审计报告中提及的所有期间内，现任管理层均尚未就任。他们可能由此声称无法就上述期间提供部分或全部书面声明。然而，这一事实并不能减轻现任管理层对财务报表整体的责任。相应地，注册会计师仍然需要向现任管理层获取涵盖整个相关期间的书面声明。

四、书面声明的形式

书面声明应当以声明书的形式致送注册会计师。在某些国家或地区，法律法规可能要求管理层对自身责任作出公开的书面陈述。尽管这种陈述是向财务报表使用者或相关机构提供的，但注册会计师可能认为，它是部分或全部书面声明的一种适当形式。因此，这种陈述所涵盖的相关事项不必包括在声明书中。

参考格式 17-3 列示了一种声明书的范例。有必要先介绍一下与该声明书相关的几点背景信息：①被审计单位采用企业会计准则编制财务报表；②《中国注册会计师审计准则第 1324 号——持续经营》中有关就被审计单位持续经营能力获取书面声明的要求不相关；③所要求的书面声明不存在例外情况。如果存在例外情况，则需要对本参考格式列示的书面声明的内容予以调整，以反映这些例外情况。

参考格式 17-3 声明书范例

（致注册会计师）：

本声明书是针对你们审计 ABC 公司截至 20×1 年 12 月 31 日的年度财务报表而提供的。审计的目的是对财务报表发表意见，以确定财务报表是否在所有重大方面已按照企业会计准则的规定编制，并实现公允反映。

尽我们所知，并在作出了必要的查询和了解后，我们确认了以下内容。

一、财务报表

1. 我们已履行［插入日期］签署的审计业务约定书中提及的责任，即根据企业会计准则的规定编制财务报表，并对财务报表进行公允反映。

2. 在作出会计估计时使用的重大假设（包括与公允价值计量相关的假设）是合理的。

3. 已按照企业会计准则的规定对关联方关系及其交易作出了恰当的会计处理和披露。

4. 根据企业会计准则的规定，所有需要调整或披露的资产负债表日后事项都已得到调整或披露。

5. 未更正错报，无论是单独还是汇总起来，对财务报表整体的影响均不重大。未更正错报汇总表附在本声明书后。

6. ［插入注册会计师可能认为适当的其他任何事项］。

二、提供的信息

1. 我们已向你们提供下列工作条件。

(1) 允许接触我们注意到的、与财务报表编制相关的所有信息（如记录、文件和其他事项）。

(2) 提供你们基于审计目的要求我们提供的其他信息。

(3) 允许在获取审计证据时不受限制地接触你们认为必要的本公司内部人员和其他相关人员。

2. 所有交易均已记录并反映在财务报表中。

3. 我们已向你们披露了由于舞弊可能导致的财务报表重大错报风险的评估结果。

4. 我们已向你们披露了我们注意到的、可能影响本公司的与舞弊或舞弊嫌疑相关的所有信息，这些信息涉及本公司的：①管理层；②在内部控制中承担重要职责的员工；③其他人员（在舞弊行为导致财务报表重大错报的情况下）。

5. 我们已向你们披露了从现任和前任员工、分析师、监管机构等方面获知的、影响财务报表的舞弊指控或舞弊嫌疑的所有信息。

6. 我们已向你们披露了所有已知的、在编制财务报表时应当考虑其影响的违反或涉嫌违反法律法规的行为。

7. 我们已向你们披露了我们注意到的关联方的名称和特征、所有关联方关系及其交易。

8. [插入注册会计师可能认为必要的其他任何事项]。

附：未更正错报汇总表。

ABC 公司	ABC 公司管理层
(盖章)	(签名并盖章)
中国××市	二〇×二年×月×日

五、对书面声明可靠性的疑虑以及管理层不提供要求的书面声明

(一) 对书面声明可靠性的疑虑

1. 对管理层的胜任能力、诚信、道德价值观或勤勉尽责存在疑虑

如果对管理层的胜任能力、诚信、道德价值观或勤勉尽责存在疑虑，或者对管理层在这些方面的承诺或贯彻执行存在疑虑，注册会计师应当确定这些疑虑对书面或口头声明和审计证据总体的可靠性可能产生的影响。注册会计师可能认为，管理层在财务报表中作出不实陈述的风险很大，以至于审计工作无法进行。在这种情况下，除非治理层采取适当的纠正措施，否则注册会计师可能需要考虑解除业务约定（如果法律法规允许）。很多时候，治理层采取的纠正措施可能并不足以使注册会计师发表无保留意见。

2. 书面声明与其他审计证据不一致

如果书面声明与其他审计证据不一致，注册会计师应当实施审计程序以设法解决这些问题。注册会计师可能需要考虑风险评估结果是否仍然适当。如果认为不适当，注册会计

师需要修正风险评估结果，并确定进一步审计程序的性质、时间安排和范围，以应对评估的风险。如果问题仍未解决，注册会计师应当重新考虑管理层的胜任能力、诚信、道德价值观或勤勉尽责的评估，或者重新考虑对管理层在这些方面的承诺或贯彻执行的评估，并确定书面声明与其他审计证据的不一致对书面或口头声明和审计证据总体的可靠性可能产生的影响。如果认为书面声明不可靠，注册会计师应当采取适当措施，包括确定其对审计意见可能产生的影响。

（二）管理层不提供要求的书面声明

如果管理层不提供要求的一项或多项书面声明，注册会计师应当：与管理层讨论该事项；重新评价管理层的诚信，并评价该事项对书面或口头声明和审计证据总体的可靠性可能产生的影响；采取适当措施，包括确记该事项对审计意见可能产生的影响。如果存在下列情形之一，注册会计师应当对财务报表发表无法表示意见：①注册会计师对管理层的诚信产生重大疑虑，以至于认为其作出的书面声明不可靠；②管理层不提供审计准则要求的书面声明。这是因为，如果注册会计师认为有关这些事项的书面声明不可靠，或者管理层不提供有关这些事项的书面声明，则注册会计师无法获取充分、适当的审计证据，这对财务报表的影响可能是广泛的，并不局限于财务报表的特定要素、账户或项目。在这种情况下，注册会计师需要对财务报表发表无法表示意见。

另外，管理层对注册会计师所要求的书面声明的内容作出调整，并不一定意味着管理层不提供书面声明。然而，作出调整的真正原因可能影响审计意见的类型。例如，有关管理层财务报表编制责任履行情况的书面声明可能声称，除了与适用的财务报告编制基础的某一要求有重大不符外，管理层认为财务报表已按照适用的财务报告编制基础编制。由于注册会计师认为管理层已提供可靠的书面声明，需要按照《中国注册会计师审计准则第1502 号——在审计报告中发表非无保留意见》的规定，考虑不符事项对审计意见的影响。有关管理层向注册会计师提供审计业务约定条款中要求提供的所有相关信息的责任的书面声明，可能声称除火灾中毁损的信息外，管理层认为其已向注册会计师提供了所有相关信息。由于注册会计师认为管理层已提供了可靠的书面声明，需要按照《中国注册会计师审计准则第 1502 号——在审计报告中发表非无保留意见》的规定，考虑火灾中毁损信息对财务报表产生影响的广泛性，进而确定其对审计意见的影响。

第十八章　审计报告

第一节　审计报告概述

一、审计报告的含义

审计报告是指注册会计师根据审计准则的规定，在执行审计工作的基础上，对财务报表发表审计意见的书面文件。注册会计师应当根据由审计证据得出的结论，清楚表达对财务报表的意见。无论是出具标准审计报告，还是非标准审计报告，注册会计师一旦在审计报告上签名并盖章，就表明对其出具的审计报告负责。因此，注册会计师应当将已审计的财务报表附于审计报告之后，以便于财务报表使用者正确理解和使用审计报告，并防止被审计单位替换、更改已审计的财务报表。

审计报告是注册会计师在完成审计工作后向委托人提交的最终产品，具有以下特征：①注册会计师应当按照审计准则的规定执行审计工作。审计准则是用以规范注册会计师执行审计业务的标准，包括一般原则与责任、风险评估与应对、审计证据、利用其他主体的工作、审计结论与报告以及特殊领域审计 6 个方面的内容，涵盖了注册会计师执行审计业务的整个过程和各个环节。②注册会计师在实施审计工作的基础上才能出具审计报告。注册会计师应当实施风险评估程序，通过了解被审计单位及其环境，识别和评估由于舞弊或错误导致的重大错报风险，以此作为评估财务报表层次和认定层次重大错报风险的基础。风险评估程序本身并不足以为发表审计意见提供充分、适当的审计证据，注册会计师还应当对评估的风险设计和实施恰当的应对措施。注册会计师通过实施上述审计程序，获取充分、适当的审计证据，得出合理的审计结论，作为形成审计意见的基础。③注册会计师通过对财务报表发表意见履行业务约定书约定的责任。财务报表审计的目标是注册会计师通过执行审计工作，针对财务报表是否在所有重大方面按照财务报告编制基础编制并实现公允反映发表审计意见。因此，在实施审计工作的基础上，注册会计师需要对财务报表形成审计意见，并向委托人提交审计报告。④注册会计师应当以书面形式出具审计报告。审计报告具有特定的要素和格式，注册会计师只有以书面形式出具报告，才能清楚表达对财务报表发表的审计意见。

二、审计报告的作用

注册会计师签发的审计报告，主要具有鉴证、保护和证明3方面的作用。

（一）鉴证作用

注册会计师签发的审计报告，不同于政府审计和内部审计的审计报告，是以超然独立的第三者身份，对被审计单位财务报表合法性、公允性发表意见。这种意见，具有鉴证作用，得到了政府及其各部门和社会各界的普遍认可。政府有关部门，如财政部门、税务部门等了解、掌握企业的财务状况和经营成果的主要依据是企业提供的财务报表。财务报表是否合法、公允，主要依据注册会计师的审计报告作出判断。股份制企业的股东，主要依据注册会计师的审计报告来判断被投资企业的财务报表是否公允地反映了财务状况和经营成果，以进行投资决策等。

（二）保护作用

注册会计师通过审计，可以对被审计单位财务报表出具不同类型审计意见的审计报告，以提高或降低财务报表使用者对财务报表的信赖程度，能够在一定程度上对被审计单位的财产、债权人和股东的权益及企业利害关系人的利益起到保护作用。如投资者为了减少投资风险，在进行投资之前，需要查阅被投资企业的财务报表和注册会计师的审计报告，了解被投资企业的经营情况和财务状况。投资者根据注册会计师的审计报告作出投资决策，可以降低其投资风险。

（三）证明作用

审计报告是对注册会计师审计任务完成情况及其结果所作的总结，它可以表明审计工作的质量并明确注册会计师的审计责任。因此，审计报告可以对审计工作质量和注册会计师的审计责任起证明作用。通过审计报告，可以证明注册会计师在审计过程中是否实施了必要的审计程序，是否以审计工作底稿为依据发表审计意见，发表的审计意见是否与被审计单位的实际情况相一致，审计工作的质量是否符合要求。通过审计报告，可以证明注册会计师对审计责任的履行情况。

第二节　审计意见的形成

一、得出结论时考虑的因素

注册会计师应当就财务报表是否在所有重大方面按照适用的财务报告编制基础编制并

实现公允反映形成审计意见。为了形成审计意见，针对财务报表整体是否不存在由于舞弊或错误导致的重大错报，注册会计师应当得出结论，确定是否已就此获取合理保证。在得出结论时，注册会计师应当考虑下列方面。

（一）按规定是否已获取充分、适当的审计证据

按照《中国注册会计师审计准则第 1231 号——针对评估的重大错报风险采取的应对措施》的规定，在得出总体结论之前，注册会计师应当根据实施的审计程序和获取的审计证据，评价对认定层次重大错报风险的评估是否仍然适当。在形成审计意见时，注册会计师应当考虑所有相关的审计证据，无论该证据与财务报表认定相互印证还是相互矛盾。如果对重大的财务报表认定没有获取充分、适当的审计证据，注册会计师应当尽可能获取进一步的审计证据。

（二）按规定未更正错报单独或汇总起来是否构成重大错报

按照《中国注册会计师审计准则第 1251 号——评价审计过程中识别出的错报》的规定，在确定重大错报时，注册会计师应当考虑：①相对特定类别的交易、账户余额或披露以及财务报表整体而言，错报的金额和性质以及错报发生的特定环境；②与以前期间相关的未更正错报对相关类别的交易、账户余额或披露以及财务报表整体的影响。

（三）评价报表是否按照适用的财务报告编制基础编制

注册会计师应当依据适用的财务报告编制基础特别评价下列内容。

（1）财务报表是否充分披露了选择和运用的重要会计政策。

（2）选择和运用的会计政策是否符合适用的财务报告编制基础，并适合被审计单位的具体情况。会计政策是被审计单位在会计确认、计量和报告中采用的原则、基础和会计处理方法。被审计单位选择和运用的会计政策既应符合适用的财务报告编制基础，也应适合被审计单位的具体情况。在考虑被审计单位选用的会计政策是否适当时，注册会计师还应当关注重要的事项。重要事项包括重要项目的会计政策和行业惯例、重大和异常交易的会计处理方法、在新领域和缺乏权威性标准或共识的领域采用重要会计政策产生的影响、会计政策的变更等。

（3）管理层作出的会计估计是否合理。会计估计通常是指被审计单位以最近可利用的信息为基础对结果不确定的交易或事项所作的判断。由于会计估计的主观性、复杂性和不确定性，管理层作出的会计估计发生重大错报的可能性较大。因此，注册会计师应当判断管理层作出的会计估计是否合理，确定会计估计的重大错报风险是否是特别风险，是否采取了有效的措施予以应对。

（4）财务报表列报的信息是否具有相关性、可靠性、可比性和可理解性。财务报表反映的信息应当符合信息质量特征，具有相关性、可靠性、可比性和可理解性。注册会计师应当根据《企业会计准则——基本准则》的规定，考虑财务报表反映的信息是否符合信息

质量特征。

(5) 财务报表是否作出充分披露，使财务报表预期使用者能够理解重大交易和事项对财务报表所传递的信息的影响。按照通用目的编制基础编制的财务报表通常反映被审计单位的财务状况、经营成果和现金流量。对于通用目的财务报表，注册会计师需要评价财务报表是否作出充分披露，以使财务报表预期使用者能够理解重大交易和事项对被审计单位财务状况、经营成果和现金流量的影响。

(6) 财务报表使用的术语（包括每一财务报表的标题）是否适当。

在评价财务报表是否在所有重大方面按照适用的财务报告编制基础编制时，注册会计师还应当考虑被审计单位会计实务的质量，包括表明管理层的判断可能出现偏向的迹象。管理层需要对财务报表中的金额和披露作出大量判断。在考虑被审计单位会计实务的质量时，注册会计师可能注意到管理层判断中可能存在的偏向。注册会计师可能认为缺乏中立性产生的累积影响，连同未更正错报的影响，导致财务报表整体存在重大错报。管理层缺乏中立性可能影响注册会计师对财务报表整体是否存在重大错报的评价。缺乏中立性的迹象包括下列情形：①管理层对注册会计师在审计期间提请其注意的错报进行选择性更正。例如，如果更正某一错报将增加盈利，则对该错报予以更正，反之如果更正某一错报将减少盈利，则对该错报不予更正。②管理层在作出会计估计时可能存在偏向。《中国注册会计师审计准则第 1321 号——审计会计估计（包括公允价值会计估计）和相关披露》涉及管理层在作出会计估计时可能存在的偏向。在得出某项会计估计是否合理的结论时，可能存在管理层偏向的迹象本身并不构成错报。然而，这些迹象可能影响注册会计师对财务报表整体是否不存在重大错报的评价。

（四）评价报表是否实现公允反映

在评价财务报表是否实现公允反映时，注册会计师应当考虑下列内容：财务报表的整体列报、结构和内容是否合理；财务报表（包括相关附注）是否公允地反映了相关交易和事项。

（五）评价报表是否恰当提及或说明适用的财务报告编制基础

管理层和治理层（如适用）编制的财务报表需要恰当说明适用的财务报表编制基础。由于这种说明向财务报表使用者告知编制财务报表所依据的编制基础，因此非常重要。但只有财务报表符合适用的财务报告编制基础（在财务报表所涵盖的期间内有效）的所有要求，声明财务报表按照该编制基础编制才是恰当的。在对适用的财务报告编制基础的说明中使用不严密的修饰语或限定性的语言（如“财务报表实质上符合国际财务报告准则的要求”）是不恰当的，因为这可能误导财务报表使用者。

在某些情况下，财务报表可能声明按照两个财务报告编制基础（如某一国家或地区的财务报告编制基础和国际财务报告准则）编制。这可能是因为管理层被要求或自愿选择同时按照两个编制基础的规定编制财务报表，在这种情况下，两个财务报告编制基础都是适用的财务报告编制基础。只有当财务报表分别符合每个财务报告编制基础的所有要求时，声明财务报表按照这两个编制基础编制才是恰当的。财务报表需要同时符合两个编制基础的要求并且不需要调节，才能被视为按照两个财务报告编制基础编制。在实务中，同时遵守两个编制基础的可能性很小，除非某一国家或地区采用另一财务报告编制基础（如国际财务报告准则）作为本国或地区的财务报告编制基础，或者已消除遵守另一财务报告编制基础的所有障碍。

二、审计意见的类型

注册会计师的目标是在评价根据审计证据得出的结论的基础上，对财务报表形成审计意见，通过书面报告的形式清楚地表达审计意见。根据《中国注册会计师审计准则第1501号——对财务报表形成审计意见和出具审计报告》的规定，如果认为财务报表在所有重大方面按照适用的财务报告编制基础编制并实现公允反映，注册会计师应当发表无保留意见，无保留意见是指当注册会计师认为财务报表在所有重大方面按照适用的财务报告编制基础编制并实现公允反映时发表的审计意见。根据《中国注册会计师审计准则第1502号——在审计报告中发表非无保留意见》的规定，当存在下列两种情形之一时，如果认为财务报表没有实现公允反映，注册会计师应当就该事项与管理层讨论，并根据适用的财务报告编制基础的规定和该事项得到解决的情况，决定是否有必要在审计报告中发表非无保留意见，非无保留意见是指对财务报表发表的保留意见、否定意见或无法表示意见。其中情形之一是根据获取的审计证据，得出财务报表整体存在重大错报的结论；情形之二是无法获取充分、适当的审计证据，不能得出财务报表整体不存在重大错报的结论。

第三节　审计报告的基本内容

一、审计报告的要素

无保留意见审计报告应当包括下列要素：①标题；②收件人；③审计意见；④形成审计意见的基础；⑤管理层对财务报表的责任；⑥注册会计师对财务报表审计的责任；⑦按照相关法律法规的要求报告的事项；⑧注册会计师的签名和盖章；⑨会计师事务所的名称、地址和盖章；⑩报告日期。

二、标题

审计报告应当具有标题，统一规范为“审计报告”。

三、收件人

审计报告的收件人是指注册会计师按照业务约定书的要求致送审计报告的对象，一般是指审计业务的委托人。审计报告应当按照审计业务的约定载明收件人的全称。注册会计师应当与委托人在业务约定书中约定致送审计报告的对象，以防止在此问题上发生分歧或审计报告被委托人滥用。针对整套通用目的财务报表出具的审计报告，审计报告的致送对象通常为被审计单位的股东或治理层。

四、审计意见

审计意见部分由指出已审计财务报表和应当说明注册会计师发表的审计意见两部分构成。

（一）指出已审计财务报表

指出已审计财务报表应当包括指出被审计单位的名称；说明财务报表已经审计；指出构成整套财务报表的每一财务报表的名称；提及财务报表附注（包括重要会计政策概要和其他解释性信息）；指明构成整套财务报表的每一财务报表的日期或涵盖的期间。将上述方面加以概括，在此部分可以表述为“我们审计了后附的被审计单位的财务报表，包括指明适用的财务报告编制基础规定的构成整套财务报表的每一财务报表的名称、日期或涵盖的期间以及财务报表附注，包括重要会计政策概要和其他解释性信息。审计意见应当涵盖由适用的财务报告编制基础所确定的整套财务报表。在许多通用目的编制基础中，财务报表包括资产负债表、利润表、现金流量表、所有者权益变动表和相关附注，以及重要会计政策概要和其他解释性信息。补充信息也可能被认为是财务报表的必要组成部分。

（二）说明注册会计师发表的审计意见

如果对财务报表发表无保留意见，除非法律法规另有规定，审计意见应当使用“我们认为，财务报表在所有重大方面按照［适用的财务报告编制基础（如企业会计准则等）］编制，公允反映了……”的措辞。

五、形成审计意见的基础

审计报告应当包含标题为“形成审计意见的基础”部分。该部分提供关于审计意见的重要背景，应当紧接审计意见部分之后，包括下列内容：说明注册会计师按照审计准则的规定执行了审计工作；提及审计报告中用于描述审计准则规定的注册会计师对财务报表审计的责任部分；应当声明注册会计师按照与审计相关职业道德要求对被审计单位保持了独立性，并履行了职业道德方面的其他责任；说明注册会计师是否相信获取的审计证据是充分、适当的，为发表审计意见提供了基础。

六、管理层对财务报表的责任

审计报告应当包含标题为“管理层对财务报表的责任”的部分，用以描述被审计单位中负责编制财务报表的人员的责任。这种责任包括：按照适用的财务报告编制基础编制财务报表，并使其实现公允反映；设计、执行和维护必要的内部控制，以使财务报表不存在由于舞弊或错误导致的重大错报。

七、注册会计师对财务报表审计的责任

审计报告应当包含标题为“注册会计师对财务报表审计的责任”的部分，该部分应当说明下列内容。

（一）说明注册会计师的的目标

其目标是对财务报表整体是否不存在由于舞弊或错误导致的重大错报获取合理保证，并出具包含审计意见的审计报告。

（二）说明保证程度

合理保证是高水平的保证，但并不能保证按照审计准则执行的审计在某一重大错报存在时总能发现。

（三）说明错报可能由舞弊或错误所导致

在说明时可以描述如果合理预期错报单独或汇总起来可能影响财务报表使用者依据财务报表作出的经济决策，则错报是重大的；或者根据适用的财务报告编制基础，提供关于重要性的描述。

（四）说明保持了职业怀疑

在按照审计准则执行审计的过程中，应说明注册会计师运用了职业判断，保持了职业怀疑。

（五）通过说明注册会计师责任描述审计工作

审计责任包括：①识别和评估由于舞弊或错误导致的财务报表重大错报风险对这些风险有针对性地设计和实施审计程序获取充分、适当的审计证据，作为发表审计意见的基础。由于舞弊可能涉及串通、伪造、故意遗漏、虚假陈述或凌驾于内部控制之上，未能发

现由于舞弊导致的重大错报的风险高于未能发现由于错误导致的重大错报的风险。②了解与审计相关的内部控制，以设计恰当的审计程序，但目的并非对内部控制的有效性发表意见。③评价管理层选用会计政策的恰当性和作出会计估计及相关披露的合理性。④对管理层使用持续经营假设的恰当性得出结论。同时，基于所获取的审计证据，对是否存在与事项或情况相关的重大不确定性，从而可能导致对公司的持续经营能力产生重大疑虑得出结论。如果得出结论认为存在重大不确定性，审计准则要求其在审计报告中提请报告使用者注意财务报表中的相关披露。如果披露不充分，我们应当发表非无保留意见。注册会计师的结论基于截至审计报告日可获得的信息。然而，未来的事项或情况可能导致公司不能持续经营。⑤评价财务报表的总体列报、结构和内容（包括披露），并评价财务报表是否公允反映交易和事项。

（六）说明审计沟通的事项

说明注册会计师与治理层就计划的审计范围、时间安排和重大审计发现等事项进行的沟通，包括在审计中识别的值得关注的内部控制缺陷。对上市实体的财务报表审计，就遵守关于独立性的相关职业道德要求向治理层提供声明，并就可能被合理认为影响独立性的所有关系和其他事项，以及相关的防范措施（如适用）与治理层进行沟通。同时从与治理层沟通的事项中，确定哪些事项对当期财务报表审计最为重要，因而构成关键审计事项。注册会计师应当在审计报告中描述这些事项，除非法律法规不允许公开披露这些事项，或在极其罕见的情形下，如果合理预期在审计报告中沟通某事项造成的负面后果超过产生的公众利益方面的益处，确定不应在审计报告中沟通该事项。

八、按照相关法律法规的要求报告的事项

除审计准则规定的注册会计师对财务报表出具审计报告的责任外，相关法律法规可能对注册会计师设定了其他报告责任。本部分的格式和内容，取决于法律法规对其他报告责任的性质的规定。法律法规规范的事项与审计准则所要求的报告责任涉及相同的主题，则其他报告责任可以在审计准则所要求的同一报告要素部分中列示。当其他报告责任和审计准则规定的报告责任涉及同一主题，并且审计报告中的措辞能够将其他报告责任与审计准则规定的责任予以清楚地区分（如差异存在）时，允许将两者合并列示（即包含在对财务报表审计的报告部分中，并使用合适的副标题）。

九、注册会计师的签名和盖章

注册会计师在审计报告上签名并盖章，有利于明确法律责任。审计报告应当由两名具备相关业务资格的注册会计师签名盖章。合伙会计师事务所出具的审计报告，应当由一名对审计项目负最终复核责任的合伙人和一名负责该项目的注册会计师签名盖章。有限责任

会计师事务所出具的审计报告，应当由会计师事务所主任会计师或其授权的副主任会计师和一名负责该项目的注册会计师签名盖章。

十、会计师事务所的名称、地址和盖章

审计报告应当载明会计师事务所的名称和地址，并加盖会计师事务所公章。

根据《中华人民共和国注册会计师法》的规定，注册会计师承办业务，由其所在的会计师事务所统一受理并与委托人签订委托合同。因此，审计报告除了应由注册会计师签名和盖章外，还应载明会计师事务所的名称和地址，并加盖会计师事务所公章。

注册会计师在审计报告中载明会计师事务所地址时，标明会计师事务所所在的城市即可。在实务中，审计报告通常载于会计师事务所统一印刷的、标有该所详细通讯地址的信笺上，因此，无需在审计报告中注明详细地址。此外，根据国家工商行政管理部门的有关规定，在主管登记机关管辖区内，已登记注册的企业名称不得相同。因此，在同一地区内不会出现重名的会计师事务所。

十一、报告日期

审计报告应当注明报告日期。审计报告日不应早于注册会计师获取充分、适当的审计证据（包括管理层认可对财务报表的责任且已批准财务报表的证据），并在此基础上对财务报表形成审计意见的日期。在确定审计报告日时，注册会计师应当确信已获取下列两方面的审计证据：①构成整套财务报表的所有报表（包括相关附注）已编制完成；②被审计单位的董事会、管理层或类似机构已经认可其对财务报表负责。

审计报告的日期向审计报告使用者表明，注册会计师已考虑其知悉的、截至审计报告日发生的事项和交易的影响。注册会计师对审计报告日后发生的事项和交易的责任，在《中国注册会计师审计准则第 1332 号——期后事项》中作出的了规定。因此，审计报告的日期非常重要。注册会计师对不同时段的财务报表日后事项有着不同的责任，而审计报告的日期是划分时段的关键时点。由于审计意见是针对财务报表发表的，并且编制财务报表是管理层的责任，所以，只有在注册会计师获取证据证明构成整套财务报表的所有报表（包括相关附注）已经编制完成，并且管理层已认可其对财务报表的责任的情况下，注册会计师才能得出已经获取充分、适当的审计证据的结论。在实务中，注册会计师在正式签署审计报告前，通常把审计报告草稿和已审计财务报表草稿一同提交给管理层。如果管理层批准并签署已审计财务报表，注册会计师即可签署审计报告。注册会计师签署审计报告的日期通常与管理层签署已审计财务报表的日期为同一天，或晚于管理层签署已审计财务报表的日期。

在审计实务中，可能发现被审计单位根据法律法规的要求或出于自愿选择，将适用的财务报告编制基础没有要求的补充信息与已审计财务报表一同列报。例如，被审计单位列

报补充信息以增强财务报表使用者对适用的财务报告编制基础的理解，或者对财务报表的特定项目提供进一步解释。这种补充信息通常在补充报表中或作为额外的附注进行列示。注册会计师应当评价被审计单位是否清楚地将这些补充信息与已审计财务报表予以区分。如果被审计单位未能予以清楚区分，注册会计师应当要求管理层改变未审计补充信息的列报方式。如果管理层拒绝改变，注册会计师应当在审计报告中说明补充信息未审计。

对于适用的财务报告编制基础没有要求的补充信息，如果由于其性质和列报方式导致不能使其清楚地与已审计财务报表予以区分，从而构成财务报表必要的组成部分，这些补充信息应当涵盖在审计意见中。例如，财务报表附注中关于该财务报表符合另一财务报告编制基础的程度的解释，属于这种补充信息，审计意见也涵盖与财务报表进行交叉索引的附注或补充报表。

参考格式18-1列示了对上市实体按照企业会计准则编制的财务报表出具的无保留意见的审计报告。

参考格式18-1　对按照企业会计准则编制的财务报表出具的审计报告

背景信息：

（1）对整套财务报表实施审计，该审计不属于集团审计。

（2）财务报表由被审计单位管理层基于通用目的、按照企业会计准则的规定编制。

（3）审计业务约定条款中说明的管理层对财务报表的责任，与《中国注册会计师审计准则第1111号——就审计业务约定条款达成一致意见》的规定一致。

（4）基于获取的审计证据，注册会计师认为发表无保留意见是恰当的。

（5）适用的相关职业道德要求为中国注册会计师职业道德守则。

（6）根据《中国注册会计师审计准则第1324号——持续经营》，注册会计师认为可能导致对被审计单位持续经营能力产生重大疑虑相关事项或情况不存在重大不确定性。

（7）根据《中国注册会计师审计准则第1504号——在审计报告中沟通关键审计事项》的规定沟通了关键审计事项。

（8）负责监督财务报表的人员与负责编制财务报表的人员不同。

（9）除对财务报表实施审计外，注册会计师还承担法律法规要求的其他报告责任，且注册会计师决定在审计报告中履行其他报告责任。

审计报告

ABC股份有限公司全体股东：

一、对财务报表审计的报告

（一）审计意见

我们审计了ABC股份有限公司（以下简称公司）财务报表，包括20×1年12月31日的资产负债表，20×1年度的利润表、现金流量表、股东权益变动表以及财务报表附注。

我们认为，后附的财务报表在所有重大方面按照企业会计准则的规定编制，公允反映了公司20×1年12月31日的财务状况以及20×1年度的经营成果和现金流量。

（二）形成审计意见的基础

我们按照中国注册会计师审计准则的规定执行了审计工作。审计报告的“注册会计师对财务报表审计的责任”部分进一步阐述了我们在这些准则下的责任。按照中国注册会计师职业道德守则，我们独立于 ABC 公司，并履行了职业道德方面的其他责任。我们相信，我们获取的审计证据是充分、适当的，为发表审计意见提供了基础。

（三）关键审计事项

关键审计事项是根据我们的职业判断，认为对本期财务报表审计最为重要的事项。这些事项是在对财务报表整体进行审计并形成意见的背景下进行处理的，我们不对这些事项提供单独的意见。

[按照《中国注册会计师审计准则第 1504 号——在审计报告中沟通关键审计事项》的规定描述每一关键审计事项。]

（四）管理层和治理层对财务报表的责任

管理层负责按照企业会计准则的规定编制财务报表，使其实现公允反映，并设计、执行和维护必要的内部控制，以使财务报表不存在由于舞弊或错误导致的重大错报。

在编制财务报表时，管理层负责评估 ABC 公司的持续经营能力，披露与持续经营相关的事项（如适用），并运用持续经营假设，除非管理层计划清算 ABC 公司、停止营运或别无其他现实的选择。

治理层负责监督公司的财务报告过程。

（五）注册会计师对财务报表审计的责任

我们的目标是对财务报表整体是否不存在由于舞弊或错误导致的重大错报获取合理保证，并出具包含审计意见的审计报告。合理保证是高水平的保证，但并不能保证按照审计准则执行的审计在某一重大错报存在时总能发现。错报可能由舞弊或错误所导致，如果合理预期错报单独或汇总起来可能影响财务报表使用者依据财务报表作出的经济决策，则错报是重大的。

在按照审计准则执行审计的过程中，我们运用了职业判断，保持了职业怀疑。我们同时：

（1）识别和评估由于舞弊或错误导致的财务报表重大错报风险；对这些风险有针对性地设计和实施审计程序；获取充分、适当的审计证据，作为发表审计意见的基础。由于舞弊可能涉及串通、伪造、故意遗漏、虚假陈述或凌驾于内部控制之上，未能发现由于舞弊导致的重大错报的风险高于未能发现由于错误导致的重大错报的风险。

（2）了解与审计相关的内部控制，以设计恰当的审计程序，但目的并非对内部控制的有效性发表意见。

（3）评价管理层选用会计政策的恰当性和作出会计估计及相关披露的合理性。

（4）对管理层使用持续经营假设的恰当性得出结论。同时，基于获取的审计证据，就可能导致对 ABC 公司持续经营能力产生重大疑虑的事项或情况是否存在重大不确定性得出结论。如果我们得出结论认为存在重大不确定性，审计准则要求我们在审计报告中提请报告使用者注意财务报表中的相关披露。如果披露不充分，我们应当发表非无保留意见。我们的结论基于审计报告日可获得的信息。然而，未来的事项或情况可能导致ABC公司不能持续经营。

(5) 评价财务报表的总体列报、结构和内容（包括披露），并评价财务报表是否公允反映交易和事项。

我们与治理层就计划的审计范围、时间安排和重大审计发现（包括我们在审计中识别的值得关注的内部控制缺陷）等事项进行沟通。

我们还就遵守关于独立性的相关职业道德要求向治理层提供声明，并就可能被合理认为影响我们独立性的所有关系和其他事项，以及相关的防范措施（如适用）与治理层进行沟通。

从与治理层沟通的事项中，我们确定哪些事项对当期财务报表审计最为重要，因而构成关键审计事项。我们在审计报告中描述这些事项，除非法律法规不允许公开披露这些事项，或在极其罕见的情形下，如果合理预期在审计报告中沟通某事项造成的负面后果超过在公众利益方面的益处，我们确定不应在审计报告中沟通该事项。

二、对其他法律和监管要求的报告

[本部分的格式和内容，取决于法律法规对其他报告责任的性质的规定。法律法规规范的事项（其他报告责任）应当在本部分处理，除非那些其他报告责任与审计准则所要求的报告责任涉及相同的主题。如果涉及相同的主题，其他报告责任可以在审计准则所要求的同一报告要素部分中列示。当其他报告责任和审计准则规定的报告责任涉及同一主题，并且审计报告中的措辞能够将其他报告责任与审计准则规定的责任予以清楚地区分（如差异存在）时，允许将两者合并列示（即包含在对财务报表审计的报告部分中，并使用合适的副标题）。]

××会计师事务所　　　　　　　　中国注册会计师：×××（项目合伙人）
（盖章）　　　　　　　　　　　　　　　　　　（签名并盖章）

　　　　　　　　　　　　　　　　中国注册会计师：×××（项目合伙人）
　　　　　　　　　　　　　　　　　　　　　　（签名并盖章）

中国××市　　　　　　　　　　　二〇　　年　　月　　日

第四节　非无保留意见审计报告

一、非无保留意见的含义

非无保留意见是指保留意见、否定意见或无法表示意见。当存在下列情形之一时，注册会计师应当在审计报告中发表非无保留意见。

（一）根据获取的审计证据得出财务报表整体存在重大错报

为了形成审计意见，针对财务报表整体是否不存在由于舞弊或错误导致的重大错报，注册会计师应当得出结论，确定是否已就此获取合理保证。在得出结论时，注册会计师需要评价未更正错报对财务报表的影响。

错报是指某一财务报表项目的金额、分类、列报或披露，与按照适用的财务报告编制基础应当列示的金额、分类、列报或披露之间存在的差异。财务报表的重大错报可能源于以下几点。

1. 选择的会计政策的恰当性

在选择的会计政策的恰当性方面，当出现下列情形时，财务报表可能存在重大错报：①选择的会计政策与适用的财务报告编制基础不一致；②财务报表（包括相关附注）没有按照公允列报的方式反映交易和事项。财务报告编制基础通常包括对会计处理、披露和会计政策变更的要求。如果被审计单位变更了重大会计政策，且没有遵守这些要求，财务报表可能存在重大错报。

2. 对所选择的会计政策的运用

在对所选择的会计政策的运用方面，当出现下列情形时，财务报表可能存在重大错报：①管理层没有按照适用的财务报告编制基础的要求一贯运用所选择的会计政策，包括管理层未在不同会计期间或对相似的交易和事项一贯运用所选择的会计政策（运用的一致性）；②不当运用所选择的会计政策（如运用中的无意错误）

3. 财务报表披露的恰当性或充分性

在财务报表披露的恰当性或充分性方面，当出现下列情形时，财务报表可能存在重大错报：①财务报表没有包括适用的财务报告编制基础要求的所有披露；②财务报表的披露没有按照适用的财务报告编制基础列报；③财务报表没有作出必要的披露以实现公允反映。

（二）无法获取充分、适当的审计证据

如果注册会计师能够通过实施替代程序获取充分、适当的审计证据，则无法实施特定的程序并不构成对审计范围的限制。下列情形可能导致注册会计师无法获取充分、适当的审计证据，也称为审计范围受到限制，不能得出财务报表整体不存在重大错报的结论。

1. 超出被审计单位控制的情形

超出被审计单位控制的情形例如：①被审计单位的会计记录已被毁坏；②重要组成部分的会计记录已被政府有关机构无限期地查封。

2. 与注册会计师工作的性质或时间安排相关的情形

与注册会计师工作的性质或时间安排相关的情形例如：①被审计单位需要使用权益法对联营企业进行核算，注册会计师无法获取有关联营企业财务信息的充分、适当的审计证据以评价是否恰当的运用了权益法；②注册会计师接受审计委托的时间安排，使注册会计

师无法实施存货监盘；③注册会计师确定仅实施实质性程序是不充分的，但被审计单位的控制是无效的。

3. 管理层施加限制的情形

管理层对审计范围施加的限制致使注册会计师无法获取充分、适当的审计证据的情形例如：①管理层阻止注册会计师实施存货监盘；②管理层阻止注册会计师对特定账户余额实施函证。管理层施加的限制可能以审计产生其他影响，如注册会计师对舞弊风险的评估和对业务保持的考虑。

二、确定非无保留意见的类型

注册会计师确定恰当的非无保留意见类型，取决于下列事项：①导致非无保留意见的事项的性质，是财务报表存在重大错报，还是在无法获取充分、适当的审计证据的情况下，财务报表可能存在重大错报；②注册会计师就导致非无保留意见的事项对财务报表产生或可能产生影响的广泛性作出的判断。

广泛性是描述错报影响的术语，用以说明错报对财务报表的影响，或者由于无法获取充分、适当的审计证据而未发现的错报（如存在）对财务报表可能产生的影响。根据注册会计师的判断，对财务报表的影响具有广泛性的情形包括：①不限于对财务报表的特定要素、账户或项目产生影响；②虽然仅对财务报表的特定要素、账户或项目产生影响，但这些要素、账户或项目是或可能是财务报表的主要组成部分；③当与披露相关时，产生的影响对财务报表使用者理解财务报表至关重要。

表 18-1 列示了注册会计师对导致发生非无保留意见的事项的性质和这这些事项对财务报表产生或可能产生影响的广泛性作出的判断，以及注册会计师的判断对审计意见类型的影响。

表 18-1　非无保留意见类型

导致发生非无保留意见的事项的性质	这些事项对财务报表产生或可能产生影响的广泛性	
	重大但不具有广泛性	重大且具有广泛性
财务报表存在重大错报	保留意见	否定意见
无法获取充分、适当的审计证据	保留意见	无法表示意见

（一）发表保留意见

当存在下列情形之一时，注册会计师应当发表保留意见。

（1）在获取充分、适当的审计证据后，注册会计师认为错报单独或汇总起来对财务报表影响更大，但不具有广泛性。

注册会计师在获取充分、适当的审计证据后，只有当认为财务报表就整体而言是公允的，但还存在对财务报表产生重大影响的错报时，才能发表保留意见。如果注册会计师认为错报对财务报表产生的影响极为严重且具有广泛性，则应发表否定意见。因此，保留意见被视为注册会计师在不能发表无保留意见情况下最不严厉的审计意见。

（2）注册会计师无法获取充分、适当的审计证据以作为形成审计意见的基础，但认为未发现的错报（如存在）对财务报表可能产生的影响重大，但不具有广泛性。

注册会计师因审计范围受到限制而发表保留意见还是无法表示意见，取决于无法获取的审计证据对形成审计意见的重要性。注册会计师在判断重要性时，应当考虑有关事项潜在影响的性质和范围以及在财务报表中的重要程度。只有当未发现的错报（如存在）对财务报表可能产生的影响重大但不具有广泛性时，才能发表保留意见。

（二）发表否定意见

在获取充分、适当的审计证据后，如果认为错报单独或汇总起来对财务报表的影响重大且具有广泛性，注册会计师应当发表否定意见。

（三）发表无法表示意见

如果无法获取充分、适当的审计证据以作为形成审计意见的基础，但认为未发现的错报（如存在）对财务报表可能产生的影响重大且具有广泛性，注册会计师应当发表无法表示意见。在极其特殊的情况下，可能存在多个不确定事项，即使注册会计师对每个单独的不确定事项获取了充分、适当的审计证据，但由于不确定事项之间可能存在相互影响，以及可能对财务报表产生累积影响，注册会计师不可能对财务报表形成审计意见。在这种情况下，注册会计师应当发表无法表示意见。

（四）确定非无保留意见的类型时应注意的情况

1. 承接审计业务后管理层对审计范围施加限制的情况

在承接审计业务后，如果注意到管理层对审计范围施加了限制，且认为这些限制可能导致对财务报表发表保留意见或无法表示意见，注册会计师应当要求管理层消除这些限制。如果管理层拒绝消除限制，除非治理层全部成员参与管理被审计单位，注册会计师应当就此事项与治理层沟通，并确定能否实施替代程序以获取充分、适当的审计证据。如果无法获取充分、适当的审计证据，注册会计师应当通过下列方式确定其影响：①如果未发现的错报（如存在）可能对财务报表产生的影响重大，但不具有广泛性，应当发表保留意见；②如果未发现的错报（如存在）可能对财务报表产生的影响重大且具有广泛性，以至于发表保留意见不足以反映情况的严重性，应当在可行时解除业务约定（除非法律法规禁止）。当然，注册会计师应当在解除业务约定前，与治理层沟通在审计过程中发现的、将会导致发表非无保留意见的所有错报事项；如果在出具审计报告之前解除业务约定被禁止或不可行，应当发表无法表示意见。在某些情况下，如果法律法规要求注册会计师继续执行审计业务，则注册会计师可能无法解除审计业务约定。这种情况可能包括：①注册会计师接受委托审计公共部门实体的财务报表；②注册会计师接受委托审计涵盖特定期间的财务报表，或若接受一定期间的委托，在完成财务报表审计前或在受托期间结束前，不允许解除审计业务约定，在这些情况下，注册会计师可能认为需要在审计报告中增加其他事项段。

2. 对财务报表整体发表否定意见或无法表示意见

如果认为有必要对财务报表整体发表否定意见或无法表示意见，注册会计师不应在同一审计报告中对按照相同财务报告编制基础编制的单一财务报表或者财务报表特定要素、账户或项目发表无保留意见。在同一审计报告中包含无保留意见，将会与对财务报表整体发表的否定意见或无法表示意见相矛盾。当然，对经营成果、现金流量（如相关）发表无法表示意见，而对财务状况发表无保留意见，这种情况可能是被允许的。因为在这种情况下，注册会计师并没有对财务报表整体发表无法表示意见。

三、非无保留意见的审计报告的格式和内容

（一）导致非无保留意见的事项段

1. 审计报告格式和内容的一致性

如果对财务报表发表非无保留意见，除在审计报告中包含《中国注册会计师审计准则第1501号——对财务报表形成审计意见和出具审计报告》规定的审计报告要素外，注册会计师还应当直接在审计意见段之前增加一个段落，并使用恰当的标题，如“形成保留意见的基础”“形成否定意见的基础”或“形成无法表示意见的基础”，说明导致发表非无保留意见的事项。审计报告格式和内容的一致性有助于提高使用者的理解和识别存在的异常情况。因此，尽管不可能统一非无保留意见的措辞和对导致非无保留意见的事项的说明，但仍有必要保持审计报告格式和内容的一致性。

2. 量化财务影响

如果财务报表中存在与具体金额（包括定量披露）相关的重大错报，注册会计师应当在导致非无保留意见的事项段中说明并量化该错报的财务影响。举例来说，如果存货被高估，注册会计师就可以在审计报告的导致非无保留意见的事项段中说明该重大错报的财务影响，即量化其对所得税、税前利润、净利润和股东权益的影响。如果无法量化财务影响，注册会计师应当在导致非无保留意见的事项段中说明这一情况。

3. 存在与叙述性披露相关的重大错报

如果财务报表中存在与叙述性披露相关的重大错报，注册会计师应当在导致非无保留意见的事项段中解释该错报错在何处。

4. 存在与应披露而未披露信息相关的重大错报

如果财务报表中存在与应披露而未披露信息相关的重大错报，注册会计师应当：①与治理层讨论未披露信息的情况；②在导致非无保留意见的事项段中描述未披露信息的性质；③如果可行并且已针对未披露信息获取了充分、适当的审计证据，在导致非无保留意

见的事项段中包含对未披露信息的披露，除非法律法规禁止。如果存在下列情形之一，则在导致非无保留意见的事项段中披露遗漏的信息是不可行的：①管理层还没有作出这些披露，或管理层已作出但注册会计师不易获取这些披露；②根据注册会计师的判断，在审计报告中披露该事项过于庞杂。

5. 无法获取充分、适当的审计证据

如果因无法获取充分、适当的审计证据而导致发表非无保留意见，注册会计师应当在导致非无保留意见的事项段中说明无法获取审计证据的原因。

6. 披露其他事项

即使发表了否定意见或无法表示意见，注册会计师也应当在导致非无保留意见的事项段中说明注意到的、将导致发表非无保留意见的所有其他事项及其影响。这是因为，对注册会计师注意到的其他事项的披露可能与财务报表使用者的信息需求相关。

（二）审计意见段

1. 标题

在发表非无保留意见时，注册会计师应当对审计意见段使用恰当的标题，如“保留意见”“否定意见”或“无法表示意见”。审计意见段的标题能够使财务报表使用者清楚注册会计师发表了非无保留意见，并能够表明非无保留意见的类型。

2. 发表保留意见

当由于财务报表存在重大错报而发表保留意见时，注册会计师应当根据适用的财务报告编制基础在审计意见段中说明：注册会计师认为，除了形成保留意见的基础部分所述事项产生的影响外，财务报表在所有重大方面按照适用的财务报告编制基础编制，并实现公允反映。

当无法获取充分、适当的审计证据而导致发表保留意见时，注册会计师应当在审计意见段中使用“除……可能产生的影响外”等措辞。

当注册会计师发表保留意见时，在审计意见段中使用“由于上述解释”或“受……影响”等措辞是不恰当的，因为这些措辞不够清晰或没有足够的说服力。

3. 发表否定意见

当发表否定意见时，注册会计师应当根据适用的财务报告编制基础在审计意见段中说明：注册会计师认为，由于形成否定意见的基础部分所述事项的重要性，财务报表没有在所有重大方面按照适用的财务报告编制基础编制，未能实现公允反映。

4. 发表无法表示意见

当由于无法获取充分、适当的审计证据而发表无法表示意见时，注册会计师应当在审计意见段中说明：由于形成无法表示意见的基础部分所述事项的重要性，注册会计师无法获取充分、适当的审计证据以为发表审计意见提供基础，因此，注册会计师不对这些财务报表发表审计意见。

（三）非无保留意见对审计报告要素内容的修改

当发表保留意见或否定意见时，注册会计师应当修改对注册会计师责任的描述，以说明：注册会计师相信，注册会计师已获取的审计证据是充分、适当的，为发表非无保留意见提供了基础。

当由于无法获取充分、适当的审计证据而发表无法表示意见时，注册会计师应当修改审计报告的意见段，说明：注册会计师接受委托审计财务报表；注册会计师不对后附的财务报表发表意见，由于形成无法表示意见的基础部分所述事项的重要性，注册会计师无法获取充分、适当的审计证据以作为对财务报表发表审计意见的基础。注册会计师还应当修改对财务报表审计的责任部分，并仅能作出如下说明："我们的责任是在按照中国注册会计师审计准则的规定执行审计工作的基础上对财务报表发表审计意见。但由于导致无法表示意见的事项段中所述的事项，我们无法获取充分、适当的审计证据以为发表审计意见提供基础。"

四、非无保留意见的审计报告的参考格式

（一）财务报表存在重大错报而出具保留意见的审计报告

参考格式 18-2 列示了由于财务报表存在重大错报而出具保留意见的审计报告。

参考格式 18-2　财务报表存在重大错报而出具保留意见的审计报告

背景信息：

（1）对整套财务报表实施审计，该审计不属于集团审计。

（2）财务报表由被审计单位管理层基于通用目的、按照企业会计准则的规定编制。

（3）审计业务约定条款中说明的管理层对财务报表的责任，与《中国注册会计师审计准则第 1111 号——就审计业务约定条款达成一致意见》的规定一致。

（4）存货存在错报，该错报对财务报表影响重大但不具有广泛性，注册会计师认为发表保留意见是恰当的。

（5）适用的相关职业道德要求为中国注册会计师职业道德守则。

（6）根据《中国注册会计师审计准则第 1324 号——持续经营》，注册会计师认为可能导致对被审计单位持续经营能力产生重大疑虑相关事项或情况不存在重大不确定性。

（7）根据《中国注册会计师审计准则第 1504 号——在审计报告中沟通关键审计事项》的规定沟通了关键审计事项。

（8）负责监督财务报表的人员与负责编制财务报表的人员不同。

（9）除对财务报表实施审计外，注册会计师还承担法律法规要求的其他报告责任，且注册会计师决定在审计报告中履行其他报告责任。

审计报告

ABC 股份有限公司全体股东：

一、对财务报表审计的报告

（一）审计意见

我们审计了 ABC 股份有限公司（以下简称公司）财务报表，包括 20×1 年 12 月 31 日的资产负债表，20×1 年度的利润表、现金流量表、股东权益变动表以及财务报表附注。

我们认为，除“形成保留意见的基础”部分所述事项产生的影响外，后附的财务报表在所有重大方面按照企业会计准则的规定编制，公允反映了公司 20×1 年 12 月 31 日的财务状况以及 20×1 年度的经营成果和现金流量。

（二）形成保留意见的基础

ABC 公司 20×1 年 12 月 31 日资产负债表中存货的列示金额为×元。管理层根据成本对存货进行计量，而没有根据成本与可变现净值孰低的原则进行计量，这不符合企业会计准则的规定。ABC 公司的会计记录显示，如果管理层以成本与可变现净值孰低来计量存货，存货列示金额将减少×元。相应地，资产减值损失将增加×元，所得税、净利润和股东权益将分别减少×元、×元和×元。

我们按照中国注册会计师审计准则的规定执行了审计工作。审计报告的“注册会计师对财务报表审计的责任”部分进一步阐述了我们在这些准则下的责任。按照中国注册会计师职业道德守则，我们独立于 ABC 公司，并履行了职业道德方面的其他责任。我们相信，我们获取的审计证据是充分、适当的，为发表审计意见提供了基础。

（三）关键审计事项

关键审计事项是根据我们的职业判断，认为对本期财务报表审计最为重要的事项。这些事项是在对财务报表整体进行审计并形成意见的背景下进行处理的，我们不对这些事项提供单独的意见。

[按照《中国注册会计师审计准则第 1504 号——在审计报告中沟通关键审计事项》的规定描述每一关键审计事项。]

（四）管理层和治理层对财务报表的责任

管理层负责按照企业会计准则的规定编制财务报表，使其实现公允反映，并设计、执行和维护必要的内部控制，以使财务报表不存在由于舞弊或错误导致的重大错报。

在编制财务报表时，管理层负责评估 ABC 公司的持续经营能力，披露与持续经营相关的事项（如适用），并运用持续经营假设，除非管理层计划清算 ABC 公司、停止营运或别无其他现实的选择。

治理层负责监督公司的财务报告过程。

（五）注册会计师对财务报表审计的责任

我们的目标是对财务报表整体是否不存在由于舞弊或错误导致的重大错报获取合理保证，并出具包含审计意见的审计报告。合理保证是高水平的保证，但并不能保证按照审计准则执行的审计在某一重大错报存在时总能发现。错报可能由舞弊或错误所导致，如果合理预期错报单独或汇总起来可能影响财务报表使用者依据财务报表作出的经济决策，则错报是重大的。

在按照审计准则执行审计的过程中，我们运用了职业判断，保持了职业怀疑。我们同时：

（1）识别和评估由于舞弊或错误导致的财务报表重大错报风险；对这些风险有针对性地设计和实施审计程序；获取充分、适当的审计证据，作为发表审计意见的基础。由于舞弊可能涉及串通、伪造、故意遗漏、虚假陈述或凌驾于内部控制之上，未能发现由于舞弊导致的重大错报的风险高于未能发现由于错误导致的重大错报的风险。

（2）了解与审计相关的内部控制，以设计恰当的审计程序，但目的并非对内部控制的有效性发表意见。

（3）评价管理层选用会计政策的恰当性和作出会计估计及相关披露的合理性。

（4）对管理层使用持续经营假设的恰当性得出结论。同时，基于获取的审计证据，就可能导致对ABC公司持续经营能力产生重大疑虑的事项或情况是否存在重大不确定性得出结论。如果我们得出结论认为存在重大不确定性，审计准则要求我们在审计报告中提请报告使用者注意财务报表中的相关披露。如果披露不充分，我们应当发表非无保留意见。我们的结论基于审计报告日可获得的信息。然而，未来的事项或情况可能导致ABC公司不能持续经营。

（5）评价财务报表的总体列报、结构和内容（包括披露），并评价财务报表是否公允反映交易和事项。

我们与治理层就计划的审计范围、时间安排和重大审计发现（包括我们在审计中识别的值得关注的内部控制缺陷）等事项进行沟通。

我们还就遵守关于独立性的相关职业道德要求向治理层提供声明，并就可能被合理认为影响我们独立性的所有关系和其他事项，以及相关的防范措施（如适用）与治理层进行沟通。

从与治理层沟通的事项中，我们确定哪些事项对当期财务报表审计最为重要，因而构成关键审计事项。我们在审计报告中描述这些事项，除非法律法规不允许公开披露这些事项，或在极其罕见的情形下，如果合理预期在审计报告中沟通某事项造成的负面后果超过在公众利益方面的益处，我们确定不应在审计报告中沟通该事项。

二、对其他法律和监管要求的报告

[本部分的格式和内容，取决于法律法规对其他报告责任的性质的规定。法律法规规范的事项（其他报告责任）应当在本部分处理，除非那些其他报告责任与审计准则所要求的报告责任涉及相同的主题。如果涉及相同的主题，其他报告责任可以在审计准则所要求的同一报告要素部分中列示。当其他报告责任和审计准则规定的报告责任涉及同一主题，并且审计报告中的措辞能够将其他报告责任与审计准则规定的责任予以清楚地区分（如差异存在）时，允许将两者合并列示（即包含在对财务报表审计的报告部分中，并使用合适的副标题）。]

××会计师事务所　　　　　　　　　　中国注册会计师：×××（项目合伙人）
（盖章）　　　　　　　　　　　　　　　　　　　（签名并盖章）
　　　　　　　　　　　　　　　　　　中国注册会计师：×××（项目合伙人）
　　　　　　　　　　　　　　　　　　　　　　　（签名并盖章）
中国××市　　　　　　　　　　　　　二○　　年　　月　　日

（二）财务报表存在重大错报而出具否定意见的审计报告

参考格式18-3列示了由于财务报表存在重大错报而出具否定意见的审计报告。

参考格式18-3　财务报表存在重大错报而出具否定意见的审计报告

背景信息：

（1）对整套财务报表实施审计，该审计不属于集团审计。

（2）财务报表由被审计单位管理层基于通用目的、按照企业会计准则的规定编制。

（3）审计业务约定条款中说明的管理层对财务报表的责任，与《中国注册会计师审计准则第1111号——就审计业务约定条款达成一致意见》的规定一致。

（4）财务报表因未合并子公司而存在重大错报，该错报对财务报表影响重大且具有广泛性，但量化该错报对财务报表的影响是不切实际的，注册会计师认为发表否定意见是恰当的。

（5）适用的相关职业道德要求为中国注册会计师职业道德守则。

（6）根据《中国注册会计师审计准则第1324号——持续经营》，注册会计师认为可能导致对被审计单位持续经营能力产生重大疑虑相关事项或情况不存在重大不确定性。

（7）根据《中国注册会计师审计准则第1504号——在审计报告中沟通关键审计事项》的规定沟通了关键审计事项。

（8）负责监督财务报表的人员与负责编制财务报表的人员不同。

（9）除对财务报表实施审计外，注册会计师还承担法律法规要求的其他报告责任，且注册会计师决定在审计报告中履行其他报告责任。

审计报告

ABC股份有限公司全体股东：

一、对财务报表审计的报告

（一）审计意见

我们审计了ABC股份有限公司（以下简称公司）财务报表，包括20×1年12月31日的资产负债表，20×1年度的利润表、现金流量表、股东权益变动表以及财务报表附注。

我们认为，由于“形成否定意见的基础”部分所述事项的重要性，ABC公司的合并财务报表没有在所有重大方面按照企业会计准则的规定编制，未能公允反映ABC公司及其子公司20×1年12月31日的财务状况以及20×1年度的经营成果和现金流量。

（二）形成否定意见的基础

如财务报表附注×所述，20×1 年 ABC 公司通过非同一控制下的企业合并获得对 XYZ 公司的控制权，因未能取得购买日 XYZ 公司某些重要资产和负债的公允价值，故未将 XYZ 公司纳入合并财务报表的范围，而是按成本法核算对公司的股权投资。ABC 公司的这项会计处理不符合企业会计准则的规定。如果将 XYZ 公司纳入合并财务报表的范围，ABC 公司合并财务报表的多个报表项目将受到重大影响，但我们无法确定未将 XYZ 公司纳入合并范围对财务报表产生的影响。

（三）关键审计事项

关键审计事项是根据我们的职业判断，认为对本期财务报表审计最为重要的事项。这些事项是在对财务报表整体进行审计并形成意见的背景下进行处理的，我们不对这些事项提供单独的意见。

[按照《中国注册会计师审计准则第 1504 号——在审计报告中沟通关键审计事项》的规定描述每一关键审计事项。]

（四）管理层和治理层对财务报表的责任

管理层负责按照企业会计准则的规定编制财务报表，使其实现公允反映，并设计、执行和维护必要的内部控制，以使财务报表不存在由于舞弊或错误导致的重大错报。

在编制财务报表时，管理层负责评估 ABC 公司的持续经营能力，披露与持续经营相关的事项（如适用），并运用持续经营假设，除非管理层计划清算 ABC 公司、停止营运或别无其他现实的选择。

治理层负责监督公司的财务报告过程。

（五）注册会计师对财务报表审计的责任

我们的目标是对财务报表整体是否不存在由于舞弊或错误导致的重大错报获取合理保证，并出具包含审计意见的审计报告。合理保证是高水平的保证，但并不能保证按照审计准则执行的审计在某一重大错报存在时总能发现。错报可能由舞弊或错误所导致，如果合理预期错报单独或汇总起来可能影响财务报表使用者依据财务报表作出的经济决策，则错报是重大的。

在按照审计准则执行审计的过程中，我们运用了职业判断，保持了职业怀疑。我们同时：

（1）识别和评估由于舞弊或错误导致的财务报表重大错报风险；对这些风险有针对性地设计和实施审计程序；获取充分、适当的审计证据，作为发表审计意见的基础。由于舞弊可能涉及串通、伪造、故意遗漏、虚假陈述或凌驾于内部控制之上，未能发现由于舞弊导致的重大错报的风险高于未能发现由于错误导致的重大错报的风险。

（2）了解与审计相关的内部控制，以设计恰当的审计程序，但目的并非对内部控制的有效性发表意见。

（3）评价管理层选用会计政策的恰当性和作出会计估计及相关披露的合理性。

（4）对管理层使用持续经营假设的恰当性得出结论。同时，基于获取的审计证据，就可能导致对 ABC 公司持续经营能力产生重大疑虑的事项或情况是否存在重大不确定性得出结论。如果我们得出结论认为存在重大不确定性，审计准则要求我们在审计报告中提请报告使用者注意财务报表中的相关披露。如果披露不充分，我们应当发表非无保留意见。我们的结论基于审计报告日可获得的信息。然而，未来的事项或情况可能导致 ABC 公司不能持续经营。

（5）评价财务报表的总体列报、结构和内容（包括披露），并评价财务报表是否公允反映交易和事项。

我们与治理层就计划的审计范围、时间安排和重大审计发现（包括我们在审计中识别的值得关注的内部控制缺陷）等事项进行沟通。

我们还就遵守关于独立性的相关职业道德要求向治理层提供声明，并就可能被合理认为影响我们独立性的所有关系和其他事项，以及相关的防范措施（如适用）与治理层进行沟通。

从与治理层沟通的事项中，我们确定哪些事项对当期财务报表审计最为重要，因而构成关键审计事项。我们在审计报告中描述这些事项，除非法律法规不允许公开披露这些事项，或在极其罕见的情形下，如果合理预期在审计报告中沟通某事项造成的负面后果超过在公众利益方面的益处，我们确定不应在审计报告中沟通该事项。

二、对其他法律和监管要求的报告

[本部分的格式和内容，取决于法律法规对其他报告责任的性质的规定。法律法规规范的事项（其他报告责任）应当在本部分处理，除非那些其他报告责任与审计准则所要求的报告责任涉及相同的主题。如果涉及相同的主题，其他报告责任可以在审计准则所要求的同一报告要素部分中列示。当其他报告责任和审计准则规定的报告责任涉及同一主题，并且审计报告中的措辞能够将其他报告责任与审计准则规定的责任予以清楚地区分（如差异存在）时，允许将两者合并列示（即包含在对财务报表审计的报告部分中，并使用合适的副标题）。]

××会计师事务所　　　　　　　　　　中国注册会计师：×××（项目合伙人）
（盖章）　　　　　　　　　　　　　　　　　　　　（签名并盖章）
　　　　　　　　　　　　　　　　　　中国注册会计师：×××（项目合伙人）
　　　　　　　　　　　　　　　　　　　　　　　　（签名并盖章）
中国××市　　　　　　　　　　　　　二〇　　年　　月　　日

（三）无法获取充分、适当的审计证据而出具保留意见的审计报告

参考格式 18-4 列示了由于注册会计师无法获取充分、适当的审计证据而出具保留意见的审计报告。

参考格式 18-4　无法获取充分、适当的审计证据而出具保留意见的审计报告

背景信息：

（1）对整套财务报表实施审计，该审计不属于集团审计。

(2) 财务报表由被审计单位管理层基于通用目的、按照企业会计准则的规定编制。

(3) 审计业务约定条款中说明的管理层对财务报表的责任，与《中国注册会计师审计准则第1111号——就审计业务约定条款达成一致意见》的规定一致。

(4) 对于在境外分支机构的投资，注册会计师无法获取充分、适当的审计证据，这一事项对财务报表影响重大但不具有广泛性，注册会计师认为发表保留意见是恰当的。

(5) 适用的相关职业道德要求为中国注册会计师职业道德守则。

(6) 根据《中国注册会计师审计准则第1324号——持续经营》，注册会计师认为可能导致对被审计单位持续经营能力产生重大疑虑相关事项或情况不存在重大不确定性。

(7) 根据《中国注册会计师审计准则第1504号——在审计报告中沟通关键审计事项》的规定沟通了关键审计事项。

(8) 负责监督财务报表的人员与负责编制财务报表的人员不同。

(9) 除对财务报表实施审计外，注册会计师还承担法律法规要求的其他报告责任，且注册会计师决定在审计报告中履行其他报告责任。

审计报告

ABC股份有限公司全体股东：

一、对财务报表审计的报告

(一) 审计意见

我们审计了ABC股份有限公司（以下简称公司）财务报表，包括20×1年12月31日的资产负债表，20×1年度的利润表、现金流量表、股东权益变动表以及财务报表附注。

我们认为，除“形成保留意见的基础”部分所述事项可能产生的影响外，ABC公司财务报表在所有重大方面按照企业会计准则的规定编制，公允反映了ABC公司20×1年12月31日的财务状况以及20×1年度的经营成果和现金流量。

(二) 形成保留意见的基础

如财务报表附注×所述，ABC公司于20×1年取得了XYZ公司30%的股权，因能够对XYZ公司施加重大影响，故采用权益法核算该项股权投资，于20×1年度确认对XYZ公司的投资收益×元，截至20×1年12月31日该项股权投资的账面价值为×元。由于我们未被允许接触XYZ公司的财务信息、管理层和执行XYZ公司审计的注册会计师，我们无法就该项股权投资的账面价值以及ABC公司确认的20×1年度对XYZ公司的投资收益获取充分、适当的审计证据，也无法确定是否有必要对这些金额进行调整。

(三) 关键审计事项

关键审计事项是根据我们的职业判断，认为对本期财务报表审计最为重要的事项。这些事项是在对财务报表整体进行审计并形成意见的背景下进行处理的，我们不对这些事项提供单独的意见。

[按照《中国注册会计师审计准则第1504号——在审计报告中沟通关键审计事项》的规定描述每一关键审计事项。]

（四）管理层和治理层对财务报表的责任

管理层负责按照企业会计准则的规定编制财务报表，使其实现公允反映，并设计、执行和维护必要的内部控制，以使财务报表不存在由于舞弊或错误导致的重大错报。

在编制财务报表时，管理层负责评估 ABC 公司的持续经营能力，披露与持续经营相关的事项（如适用），并运用持续经营假设，除非管理层计划清算 ABC 公司、停止营运或别无其他现实的选择。

治理层负责监督公司的财务报告过程。

（五）注册会计师对财务报表审计的责任

我们的目标是对财务报表整体是否不存在由于舞弊或错误导致的重大错报获取合理保证，并出具包含审计意见的审计报告。合理保证是高水平的保证，但并不能保证按照审计准则执行的审计在某一重大错报存在时总能发现。错报可能由舞弊或错误所导致，如果合理预期错报单独或汇总起来可能影响财务报表使用者依据财务报表作出的经济决策，则错报是重大的。

在按照审计准则执行审计的过程中，我们运用了职业判断，保持了职业怀疑。我们同时：

（1）识别和评估由于舞弊或错误导致的财务报表重大错报风险；对这些风险有针对性地设计和实施审计程序；获取充分、适当的审计证据，作为发表审计意见的基础。由于舞弊可能涉及串通、伪造、故意遗漏、虚假陈述或凌驾于内部控制之上，未能发现由于舞弊导致的重大错报的风险高于未能发现由于错误导致的重大错报的风险。

（2）了解与审计相关的内部控制，以设计恰当的审计程序，但目的并非对内部控制的有效性发表意见。

（3）评价管理层选用会计政策的恰当性和作出会计估计及相关披露的合理性。

（4）对管理层使用持续经营假设的恰当性得出结论。同时，基于获取的审计证据，就可能导致对 ABC 公司持续经营能力产生重大疑虑的事项或情况是否存在重大不确定性得出结论。如果我们得出结论认为存在重大不确定性，审计准则要求我们在审计报告中提请报告使用者注意财务报表中的相关披露。如果披露不充分，我们应当发表非无保留意见。我们的结论基于审计报告日可获得的信息。然而，未来的事项或情况可能导致 ABC 公司不能持续经营。

（5）评价财务报表的总体列报、结构和内容（包括披露），并评价财务报表是否公允反映交易和事项。

我们与治理层就计划的审计范围、时间安排和重大审计发现（包括我们在审计中识别的值得关注的内部控制缺陷）等事项进行沟通。

我们还就遵守关于独立性的相关职业道德要求向治理层提供声明，并就可能被合理认为影响我们独立性的所有关系和其他事项，以及相关的防范措施（如适用）与治理层进行沟通。

从与治理层沟通的事项中，我们确定哪些事项对当期财务报表审计最为重要，因而构成关键审计事项。我们在审计报告中描述这些事项，除非法律法规不允许公开披露这些事项，或在极其罕见的情形下，如果合理预期在审计报告中沟通某事项造成的负面后果超过在公众利益方面的益处，我们确定不应在审计报告中沟通该事项。

二、对其他法律和监管要求的报告

[本部分的格式和内容，取决于法律法规对其他报告责任的性质的规定。法律法规规范的事项（其他报告责任）应当在本部分处理，除非那些其他报告责任与审计准则所要求的报告责任涉及相同的主题。如果涉及相同的主题，其他报告责任可以在审计准则所要求的同一报告要素部分中列示。当其他报告责任和审计准则规定的报告责任涉及同一主题，并且审计报告中的措辞能够将其他报告责任与审计准则规定的责任予以清楚地区分（如差异存在）时，允许将两者合并列示（即包含在对财务报表审计的报告部分中，并使用合适的副标题）。]

××会计师事务所　　　　中国注册会计师：×××（项目合伙人）
（盖章）　　　　　　　　　　（签名并盖章）
　　　　　　　　　　　　中国注册会计师：×××（项目合伙人）
　　　　　　　　　　　　　　（签名并盖章）
中国××市　　　　　　　　二〇　　年　　月　　日

（四）无法获取充分、适当的审计证据而出具无法表示意见的审计报告

参考格式 18-5 列示了由于注册会计师无法针对财务报表多个要素获取充分、适当的审计证据而出具无法表示意见的审计报告。

参考格式 18-5　无法获取充分、适当的审计证据而出具无法表示意见的审计报告

背景信息：

（1）对整套财务报表实施审计，该审计不属于集团审计。

（2）财务报表由被审计单位管理层基于通用目的、按照企业会计准则的规定编制。

（3）审计业务约定条款中说明的管理层对财务报表的责任，与《中国注册会计师审计准则第 1111 号——就审计业务约定条款达成一致意见》的规定一致。

（4）对财务报表的多个要素，注册会计师无法获取充分、适当的审计证据。例如，对被审计单位的存货和应收账款，注册会计师无法获取审计证据，这一事项对财务报表可能产生的影响重大且具有广泛性，注册会计师认为发表无法表示意见是恰当的。

（5）适用的相关职业道德要求为中国注册会计师职业道德守则。

（6）根据《中国注册会计师审计准则第 1324 号——持续经营》，注册会计师认为可能导致对被审计单位持续经营能力产生重大疑虑相关事项或情况不存在重大不确定性。

（7）根据《中国注册会计师审计准则第 1504 号——在审计报告中沟通关键审计事项》的规定沟通了关键审计事项。

（8）负责监督财务报表的人员与负责编制财务报表的人员不同。

（9）除对财务报表实施审计外，注册会计师还承担法律法规要求的其他报告责任，且

注册会计师决定在审计报告中履行其他报告责任。

审计报告

ABC 股份有限公司全体股东：

一、对财务报表审计的报告

（一）审计意见

我们接受委托，审计后附的 ABC 股份有限公司（以下简称 ABC 公司）财务报表，包括20×1 年 12 月 31 日的资产负债表，20×1 年度的利润表、现金流量表和股东权益变动表以及财务报表附注。

我们不对后附的 ABC 公司财务报表发表意见。由于“形成无法表示意见的基础”部分所述事项的重要性，我们无法获取充分、适当的审计证据以为发表审计意见提供基础。

（二）形成无法表示意见的基础

我们于 20×2 年 1 月接受 ABC 公司的审计委托，因而未能对 ABC 公司 20×1 年年初金额为×元的存货和年末金额为×元的存货实施监盘程序。此外，我们也无法实施替代审计程序获取充分、适当的审计证据。并且，ABC 公司于 20×1 年 9 月采用新的应收账款电算化系统，由于存在系统缺陷导致应收账款出现大量错误。截至审计报告日，管理层仍在纠正系统缺陷并更正错误，我们也无法实施替代审计程序，以对截至 20×1 年 12 月 31 日的应收账款总额×元获取充分、适当的审计证据。因此，我们无法确定是否有必要对存货、应收账款以及财务报表其他项目作出调整，也无法确定应调整的金额。

（三）管理层和治理层对财务报表的责任

管理层负责按照企业会计准则的规定编制财务报表，使其实现公允反映，并设计、执行和维护必要的内部控制，以使财务报表不存在由于舞弊或错误导致的重大错报。

在编制财务报表时，管理层负责评估 ABC 公司的持续经营能力，披露与持续经营相关的事项（如适用），并运用持续经营假设，除非管理层计划清算 ABC 公司、停止营运或别无其他现实的选择。

治理层负责监督公司的财务报告过程。

（四）注册会计师对财务报表审计的责任

我们的责任是按照中国注册会计师审计准则的规定对 ABC 公司的财务报表执行审计工作，以出具审计报告。但由于“形成无法表示意见的基础”部分所述事项，我们无法获取充分、适当的审计证据以为发表审计意见提供基础。

按照中国注册会计师职业道德守则，我们独立于 ABC 公司，并履行了职业道德方面的其他责任。

二、对其他法律和监管要求的报告

[本部分的格式和内容，取决于法律法规对其他报告责任的性质的规定。法律法规规范的事项（其他报告责任）应当在本部分处理，除非那些其他报告责任与审计准则所要求的报告责任涉及相同的主题。如果涉及相同的主题，其他报告责任可以在审计准则所要求的同一报告要素部分中列示。当其他报告责任和审计准则规定的报告责任涉及同一主题，

并且审计报告中的措辞能够将其他报告责任与审计准则规定的责任予以清楚地区分（如差异存在）时，允许将两者合并列示（即包含在对财务报表审计的报告部分中，并使用合适的副标题）。]

××会计师事务所　　　　　　　　中国注册会计师：×××（项目合伙人）
（盖章）　　　　　　　　　　　　　　　　　（签名并盖章）
　　　　　　　　　　　　　　　　中国注册会计师：×××（项目合伙人）
　　　　　　　　　　　　　　　　　　　　　（签名并盖章）
中国××市　　　　　　　　　　　二〇　年　月　日

第五节　在审计报告中增加强调事项段和其他事项段

一、强调事项段

（一）强调事项段的含义

审计报告的强调事项段是指审计报告中含有的一个段落，该段落提及已在财务报表中恰当列报或披露的事项，根据注册会计师的职业判断，该事项对财务报表使用者理解财务报表至关重要。

（二）增加强调事项段的情形

如果认为有必要提醒财务报表使用者关注已在财务报表中列报或披露，且根据职业判断认为对财务报表使用者理解财务报表至关重要的事项，在同时满足下列条件时，注册会计师应当在审计报告中增加强调事项段：①按照《中国注册会计师审计准则第1502号——在审计报告中发表非无保留意见》的规定，该事项不会导致注册会计师发表非无保留意见；②当《中国注册会计师审计准则第1504号——在审计报告中沟通关键审计事项》适用时，该事项未被确定为在审计报告中沟通的关键审计事项。

注册会计师可能认为需要增加强调事项段的情形举例如下：异常诉讼或监管行动的未来结果存在不确定性；提前应用（在允许的情况下）对财务报表有广泛影响的新会计准则；存在已经或持续对被审计单位财务状况产生重大影响的特大灾难。

强调事项段的过多使用会降低注册会计师沟通所强调事项的有效性。此外，与财务报表中的列报或披露相比，在强调事项段中包括过多的信息，可能隐含着这些事项未被恰当列报或披露。因此，强调事项段应当仅提及已在财务报表中列报或披露的信息。

（三）在审计报告中增加强调事项段时注册会计师采取的措施

如果在审计报告中增加强调事项段，注册会计师应当采取下列措施：①将强调事项段作为单独的一部分置于审计报告中，并使用包含“强调事项”这一术语的适当标题；②明确提及被强调事项以及相关披露的位置，以便能够在财务报表中找到对该事项的详细描述，强调事项段应当仅提及已在财务报表中列报或披露的信息。③指出审计意见没有因该强调事项而改变。

由于增加强调事项段是为了提醒财务报表使用者关注某些事项，并不影响注册会计师的审计意见，为了使财务报表使用者明确这一点，注册会计师应当在强调事项段中指明，该段内容仅用于提醒财务报表使用者关注，并不影响已发表的审计意见。具体讲，增加强调事项段不能代替下列情形：①根据审计业务的具体情况，注册会计师需要发表保留意见、否定意见或无法表示意见（参见《中国注册会计师审计准则第 1502 号——在审计报告中发表非无保留意见》）。②适用的财务报告编制基础要求管理层在财务报表中作出的披露，或为实现公允列报所需的其他披露。③按照《中国注册会计师审计准则第 1324 号——持续经营》的规定，当可能导致对被审计单位持续经营能力产生重大疑虑的事项或情况存在重大不确定性时作出的报告。

参考格式 18-6 列示了由于带强调事项段的保留意见的审计报告的示例。

参考格式 18-6　偏离适用财务报告编制基础导致的带强调事项段的保留意见的审计报告

背景信息：

（1）对整套财务报表实施审计，该审计不属于集团审计。

（2）财务报表由被审计单位管理层基于通用目的、按照企业会计准则的规定编制。

（3）审计业务约定条款中说明的管理层对财务报表的责任，与《中国注册会计师审计准则第 1111 号——就审计业务约定条款达成一致意见》的规定一致。

（4）由于违反企业会计准则的规定，导致对财务报表可能产生的影响重大，但不具有广泛性，注册会计师认为发表保留意见是恰当的。

（5）适用的相关职业道德要求为中国注册会计师职业道德守则。

（6）根据《中国注册会计师审计准则第 1324 号——持续经营》，注册会计师认为可能导致对被审计单位持续经营能力产生重大疑虑相关事项或情况不存在重大不确定性。

（7）根据《中国注册会计师审计准则第 1504 号——在审计报告中沟通关键审计事项》的规定沟通了关键审计事项。

（8）负责监督财务报表的人员与负责编制财务报表的人员不同。

（9）在财务报表日至审计报告日之间，被审计单位的生产设备发生了火灾，被审计单位已将其作为期后事项披露。根据注册会计师的判断，该事项对财务报表使用者理解财务报表至关重要，但在本期财务报表审计中不是重点关注过的事项。

（10）除对财务报表实施审计外，注册会计师还承担法律法规要求的其他报告责任，且注册会计师决定在审计报告中履行其他报告责任。

审计报告

ABC 股份有限公司全体股东：

一、对财务报表审计的报告

（一）审计意见

我们审计了 ABC 股份有限公司（以下简称公司）财务报表，包括 20×1 年 12 月 31 日的资产负债表，20×1 年度的利润表、现金流量表、股东权益变动表以及财务报表附注。

我们认为，除“形成保留意见的基础”部分所述事项产生的影响外，后附的财务报表在所有重大方面按照企业会计准则的规定编制，公允反映了公司 20×1 年 12 月 31 日的财务状况以及 20×1 年度的经营成果和现金流量。

（二）形成保留意见的基础

ABC 公司于 20×1 年 12 月 31 日资产负债表中反映的交易性金融资产为×元，ABC 公司管理层对这些交易性金融资产未按照公允价值进行后续计量，而是按照其历史成本进行计量，这不符合企业会计准则的规定。如果按照公允价值进行后续计量，ABC 公司 20×1 年度利润表中公允价值变动损失将增加×元，20×1 年 12 月 31 日资产负债表中交易性金融资产将减少×元，相应地，所得税、净利润和股东权益将分别减少×元、×元和×元。

我们按照中国注册会计师审计准则的规定执行了审计工作。审计报告的“注册会计师对财务报表审计的责任”部分进一步阐述了我们在这些准则下的责任。按照中国注册会计师职业道德守则，我们独立于 ABC 公司，并履行了职业道德方面的其他责任。我们相信，我们获取的审计证据是充分、适当的，为发表审计意见提供了基础。

（三）强调事项——火灾的影响

我们提醒财务报表使用者关注，如财务报表附注×描述了火灾对 ABC 公司的生产设备造成的影响。本段内容不影响已发表的审计意见。

（四）管理层和治理层对财务报表的责任

管理层负责按照企业会计准则的规定编制财务报表，使其实现公允反映，并设计、执行和维护必要的内部控制，以使财务报表不存在由于舞弊或错误导致的重大错报。

在编制财务报表时，管理层负责评估 ABC 公司的持续经营能力，披露与持续经营相关的事项（如适用），并运用持续经营假设，除非管理层计划清算 ABC 公司、停止营运或别无其他现实的选择。

治理层负责监督公司的财务报告过程。

（五）注册会计师对财务报表审计的责任

我们的目标是对财务报表整体是否不存在由于舞弊或错误导致的重大错报获取合理保证，并出具包含审计意见的审计报告。合理保证是高水平的保证，但并不能保证按照审计准则执行的审计在某一重大错报存在时总能发现。错报可能由舞弊或错误所导致，如果合理预期错报单独或汇总起来可能影响财务报表使用者依据财务报表作出的经济决策，则错报是重大的。

在按照审计准则执行审计的过程中，我们运用了职业判断，保持了职业怀疑。我们同时：

（1）识别和评估由于舞弊或错误导致的财务报表重大错报风险；对这些风险有针对性地设计和实施审计程序；获取充分、适当的审计证据，作为发表审计意见的基础。由于舞弊可能涉及串通、伪造、故意遗漏、虚假陈述或凌驾于内部控制之上，未能发现由于舞弊导致的重大错报的风险高于未能发现由于错误导致的重大错报的风险。

（2）了解与审计相关的内部控制，以设计恰当的审计程序，但目的并非对内部控制的有效性发表意见。

（3）评价管理层选用会计政策的恰当性和作出会计估计及相关披露的合理性。

（4）对管理层使用持续经营假设的恰当性得出结论。同时，基于获取的审计证据，就可能导致对ABC公司持续经营能力产生重大疑虑的事项或情况是否存在重大不确定性得出结论。如果我们得出结论认为存在重大不确定性，审计准则要求我们在审计报告中提请报告使用者注意财务报表中的相关披露。如果披露不充分，我们应当发表非无保留意见。我们的结论基于审计报告日可获得的信息。然而，未来的事项或情况可能导致ABC公司不能持续经营。

（5）评价财务报表的总体列报、结构和内容（包括披露），并评价财务报表是否公允反映交易和事项。

我们与治理层就计划的审计范围、时间安排和重大审计发现（包括我们在审计中识别的值得关注的内部控制缺陷）等事项进行沟通。

我们还就遵守关于独立性的相关职业道德要求向治理层提供声明，并就可能被合理认为影响我们独立性的所有关系和其他事项，以及相关的防范措施（如适用）与治理层进行沟通。

从与治理层沟通的事项中，我们确定哪些事项对当期财务报表审计最为重要，因而构成关键审计事项。我们在审计报告中描述这些事项，除非法律法规不允许公开披露这些事项，或在极其罕见的情形下，如果合理预期在审计报告中沟通某事项造成的负面后果超过在公众利益方面的益处，我们确定不应在审计报告中沟通该事项。

二、对其他法律和监管要求的报告

[本部分的格式和内容，取决于法律法规对其他报告责任的性质的规定。法律法规规范的事项（其他报告责任）应当在本部分处理，除非那些其他报告责任与审计准则所要求的报告责任涉及相同的主题。如果涉及相同的主题，其他报告责任可以在审计准则所要求的同一报告要素部分中列示。当其他报告责任和审计准则规定的报告责任涉及同一主题，并且审计报告中的措辞能够将其他报告责任与审计准则规定的责任予以清楚地区分（如差异存在）时，允许将两者合并列示（即包含在对财务报表审计的报告部分中，并使用合适的副标题）。]

××会计师事务所　　　　　　　　中国注册会计师：×××（项目合伙人）
（盖章）　　　　　　　　　　　　　　（签名并盖章）
　　　　　　　　　　　　　　　　中国注册会计师：×××（项目合伙人）
　　　　　　　　　　　　　　　　　　（签名并盖章）

中国××市　　　　　　　　　　　二〇　　年　　月　　日

二、其他事项段

（一）其他事项段的含义

其他事项段是指审计报告中含有的一个段落，该段落提及未在财务报表中列报或披露的事项，根据注册会计师的职业判断，该事项与财务报表使用者理解审计工作、注册会计师的责任或审计报告相关。

（二）需要增加其他事项段的情形

如果认为有必要沟通虽然未在财务报表中列报或披露，但根据职业判断认为与财务报表使用者理解审计工作、注册会计师的责任或审计报告相关的事项，在同时满足下列条件时，注册会计师应当在审计报告中增加其他事项段：①未被法律法规禁止；②当《中国注册会计师审计准则第 1504 号——在审计报告中沟通关键审计事项》适用时，该事项未被确定为在审计报告中沟通的关键审计事项。注册会计师应当在审计报告中增加其他事项段，并使用“其他事项”或其他适当标题，将其他事项段紧接在审计意见段和强调事项段（如有）之后。具体讲，需要在审计报告中增加其他事项段的情形包括以下几种。

1. 与使用者理解审计工作相关的情形

在极其特殊的情况下，即使由于管理层对审计范围施加的限制导致无法获取充分、适当的审计证据可能产生的影响具有广泛性，注册会计师也不能解除业务约定。在这种情况下，注册会计师可能认为有必要在审计报告中增加其他事项段，解释为何不能解除业务约定。

2. 与使用者理解注册会计师的责任或审计报告相关的情形

法律法规或得到广泛认可的惯例可能要求或允许注册会计师详细说明某些事项，以进一步解释注册会计师在财务报表审计中的责任或审计报告。在这种情况下，注册会计师可以使用一个或多个子标题来描述其他事项段的内容。

但增加其他事项段不涉及以下两种情形：①除根据审计准则的规定有责任对财务报表出具审计报告外，注册会计师还有其他报告责任；②注册会计师可能被要求实施额外的规定的程序并予以报告，或对特定事项发表意见。

3. 对两套以上财务报表出具审计报告的情形

被审计单位可能按照通用目的编制基础（如 × 国财务报告编制基础）编制一套财务报表，且按照另一个通用目的编制基础（如国际财务报告准则）编制另一套财务报表，并委托注册会计师同时对两套财务报表出具审计报告。如果注册会计师已确定两个财务报告编制基础在各自情形下是可接受的，可以在审计报告中增加其他事项段，说明该被审计单位根据另一个通用目的编制基础（如国际财务报告准则）编制了另一套财务报表以及注册会计师对这些财务报表出具了审计报告。

4. 限制审计报告分发和使用的情形

为特定目的编制的财务报表可能按照通用目的编制基础编制，因为财务报表预期使用者已确定这种通用目的财务报表能够满足他们对财务信息的需求。由于审计报告旨在提供给特定使用者，注册会计师可能认为在这种情况下需要增加其他事项段，说明审计报告只是提供给财务报表预期使用者，不应被分发给其他机构或人员或者被其他机构或人员使用。

需要注意的是，其他事项段的内容明确反映了未被要求在财务报表中列报或披露的其他事项。其他事项段不包括法律法规或其他职业准则（如中国注册会计师职业道德守则中与信息保密相关的规定）禁止注册会计师提供的信息。其他事项段也不包括要求管理层提供的信息。

（三）与治理层的沟通

如果拟在审计报告中增加强调事项段或其他事项段，注册会计师应当就该事项和拟使用的措辞与治理层沟通。

与治理层的沟通能使治理层了解注册会计师拟在审计报告中所强调的特定事项的性质，并在必要时为治理层提供向注册会计师作出进一步澄清的机会。当然，当审计报告中针对某一特定事项增加其他事项段在连续审计业务中重复出现时，注册会计师可能认为没有必要在每次审计业务中重复沟通。

【课堂分组讨论】

审计意见

星海会计师事务所接受委托对A股份有限公司2010年度财务报表进行审计。注册会计师于2011年3月18日完成了审计工作，按审计业务约定书的要求，应于2011年3月28日提交审计报告。A公司2010年度审计前的利润总额为120万元。注册会计师确定的财务报表层次的重要性水平为10万元。现假定存在以下几种情况。

（1）A公司在2010年度变更了发出存货的计价方法，并在财务报表附注中作出了充分披露。注册会计师认为变更是合法和合理的。

（2）在某诉讼案中，A公司被起诉侵权，原告要求赔偿75万元。截至2010年12月31日胜负仍难以预料。诉讼案和可能的影响均已列示在财务报表附注中。

（3）注册会计师得知A公司2010年涉及的诉讼案于2011年3月20日判决，A公司败诉，应向原告赔偿45万元，A公司对判决结果没有提出异议，并在财务报表附注5中进行了披露。注册会计师在3月26日完成了对该事项的审计工作，提请A公司调整2010年度财务报表，A公司拒绝。

（4）A公司2010年7月购买某公司发行的债券，确认为持有至到期投资，成本为112万元，2010年12月31日的市价为80万元。A公司仅在财务报表附注中揭示了该市价。

（5）A公司在2010年11月购入一台设备，当月投入使用，2010年未计提折旧。该设备原始价值为50万元，月折旧率为2%。

(6) 对应收账款项目进行函证时，其中对余额为 16 万元的客户 B 公司的函证未收到回函，注册会计师运用其他审计程序搜集了充分、适当的审计证据。

(7) A 公司利润总额中的 70% 是由其境外子公司提供的，注册会计师无法赴国外对子公司的财务报表进行审查，也无法通过其他审计程序进行验证。

要求：

(1) 假定 A 公司不接受注册会计师的调整意见，分别针对上述情况，说明注册会计师应当出具何种意见的审计报告，并简要说明理由。

(2) 假定只存在上述 (3)、(4) 两种情况，且 A 公司不接受注册会计师的调整意见，说明注册会计师应当出具何种意见的审计报告，简要说明理由。

【模拟实验】

编制审计报告

一、实验目的

通过本实验，使学生掌握审计意见的形成及审计报告的撰写。

二、实验背景

北京东方会计师事务所的注册会计师王豪、李民已于 2013 年 3 月 10 日完成对 ABC 股份有限公司 2012 年度会计报表的外勤审计工作，现正草拟审计报告。按审计业务约定书的要求，审计报告应于 2013 年 3 月 15 日提交。在复核审计工作底稿时，王豪、李民发现存在以下几种主要情况。

(1) 审计工作底稿显示，2012 年度损益表重要性水平为 85 万元，2012 年 12 月 31 日的资产负债表重要性水平为 95 万元。

(2) ABC 股份有限公司 2012 年度计提坏账准备的比例由 2011 年度按应收账款年末余额的 3‰提高至 5‰。

(3) 2012 年 12 月 31 日对 ABC 股份有限公司的 A 产品进行监盘时，发现数量短缺 1000 件，A 产品单位成本 870 元，但 ABC 股份有限公司未作调整。

(4) ABC 股份有限公司 2012 年 6 月购置一台价值 50 万元的设备，已入账，当月由管理部门启用，但当年并未计提折旧。公司会计政策规定，该设备折旧年限为 5 年，残值率为 10%，按直线法计提折旧。

三、实验要求

(1) 针对实验背景中 (1) 种情况，王豪、李民应选择的重要性水平为多少？为什么？

(2) 针对实验背景中 (2)、(3)、(4) 种情况，王豪及李民分别应提出何种处理建议？若需提出调整建议，应列示调整分录。

(3) 针对实验背景中 (2)、(3)、(4) 种情况，并假定 ABC 公司均未接受调整建议，请代王豪、李民编审计报告。

四、实验指导

要求：

(1) 王豪、李民应选择的重要性水平为 85 万元。因为按照《中国注册会计师审计准则》的规定，注册会计师应选择最低的重要性水平。

(2) 针对实验背景中的 (2)：《企业会计准则》允许企业变更会计估计，但应提请 ABC 股份有限公司在会计报表的附注中予以披露。

针对实验背景中的（3）：影响利润总额为87万元［1 000×870=87（万元）］，建议调整。请代审计人员列示调整分录。

针对实验背景中的（4）：需补提折旧并影响利润总额为4.5万元［50×（1－10%）/5×（6/12）=4.5（万元）］，应建议企业调整。请代审计人员列示调整分录。

（3）请代审计人员撰写审计报告。

附录　总体审计策略参考格式

被审计单位：________　　索引号：________

项目：________　　财务报表截止日/期间：________

编制：________　　复核：________

日期：________　　日期：________

一、审计范围

报告要求	
适用的会计准则或制度	
适用的审计准则	
与财务报告相关的行业特别规定	例如：监管机构发布的有关信息披露法规、特定行业主管部门发布的与财务报告相关的法规等
需审计的集团内组成部分的数量及所在地点	
需要阅读的含有已审计财务报表的文件中的其他信息	例如：上市公司年报
制定审计策略需考虑的其他事项	例如：单独出具报告的子公司范围等

二、审计业务时间安排

（一）对外报告时间安排：________

（二）执行审计时间安排

执行审计时间安排	时间
1. 期中审计	
1）制定总体审计策略	
2）制定具体审计计划	
……	
2. 期末审计	
存货监盘	
……	

（三）沟通的时间安排

所需沟通	时　间
与管理层及治理层的会议	
项目组会议主（包括预备会和总结会）	
与专家或有关人士的沟通	
与前任注册会计师沟通	
……	

三、影响审计业务的重要因素

（一）重要性

确定的重要性水平	索引号

（二）可能存在较高重大错报风险的领域

可能存在较高重大错报风险的领域	索引号

（三）重要的组成部分和账户余额

填写说明：

（1）记录所审计的集团内重要的组成部分。

（2）记录重要的账户余额，包括本身具有重要性的账户余额（如存货），以及评估出存在重大错报风险的账户余额。

重要的组成部分和账户余额	索引号
1. 重要的组成部分	
……	
2. 重要的账户余额	
……	

四、人员安排

(一) 项目组主要成员的责任

职　位	姓　名	主要职责

注：在分配职责时可以根据被审计单位的不同情况按会计科目划分，或按交易类别划分。

(二) 与项目质量控制复核人员的沟通（如适用）

复核的范围：________________________________

沟通内容	负责沟通的项目组成员	计划沟通时间

五、对专家或有关人士工作的利用（如适用）

如果项目组计划利用专家或有关人士的工作，需要记录其工作的范围和涉及的主要会计科目等。另外，项目组还应按照相关审计准则的要求对专家或有关人士的能力、客观性及其工作等进行考虑及评估。

（一）对内部审计工作的利用

主要报表项目	拟利用的内部审计工作	索引号
存货	内部审计部门对各仓库的存货每半年至少盘点一次。在中期审计时，项目组已经对内部审计部门盘点步骤进行观察，对其结果满意，因此项目组将审阅其年底的盘点结果，并缩小存货监盘的范围	

（二）对其他注册会计师工作的利用

其他注册会计师名称	利用其工作范围及程度	索引号

（三）对专家工作的利用

主要报表项目	专家名称	主要职责及工作范围	利用专家工作的原因	索引号

（四）对被审计单位使用服务机构的考虑

主要报表项目	服务机构名称	服务机构提供的服务及其注册会计师出具的审计报告意见及日期	索引号

参考文献

［1］中国注册会计师协会．审计［M］．北京：中国财政经济出版社，2017.

［2］秦荣生．审计学（第八版）［M］．北京：中国人民大学出版社，2014.

［3］刘明辉．审计学［M］．大连：东北财经大学出版社，2011.

［4］李雪．审计学原理［M］．上海：立信会计出版社，2014.

［5］李晓慧．审计学——实务与案例［M］．北京：中国人民大学出版社，2011.

［6］王英姿，朱荣恩．审计学（第四版）［M］．北京：高等教育出版社，2017.

［7］杨昌红，赵凌云．审计学［M］．北京：清华大学出版社，2008.

［8］中国注册会计师协会．中国注册会计师审计准则［S］．北京：中国标准出版社，2010.

［9］中国注册会计师协会．中国注册会计师职业道德守则第1号~第5号［S］．北京：中国标准出版社，2009.

［10］中国注册会计师协会．质量控制准则第5101号［S］．北京：中国标准出版社，2010.

［11］中国注册会计师协会．中国注册会计师审计准则［S］．北京：中国标准出版社，2016.

［12］中华人民共和国审计署．中华人民共和国国家审计准则［S］．北京：中国标准出版社，2010.

［13］中国内部审计协会．中国内部审计准则［S］．北京：中国标准出版社，2013.

［14］中华人民共和国财政部，中华人民共和国审计署，中国保险监督管理委员会，等．企业内部控制基本规范［S］．北京：中国标准出版社，2008.

［15］中华人民共和国财政部，中华人民共和国审计署，中国保险监督管理委员会，等．企业内部控制指引［S］．北京：中国标准出版社，2010.

［16］刘静．审计案例与模拟实验［M］．北京：经济科学出版社，2007.

［17］高雅青，李三喜．上市公司审计案例分析［M］．北京：中国时代经济出版社，2003.

［18］董淑兰，杨连刚．审计理论与实务［M］．北京：北京交通大学出版社，2009.